W. v. BECHTEREW

LES VOIES DE CONDUCTION

DU CERVEAU

ET DE LA MOELLE

Traduction par C. Bonne

A. STORCK & Cie
ÉDITEURS
8, Rue de la Méditerranée, 8
LYON

OCTAVE DOIN
ÉDITEUR
8, Place de l'Odéon, 8
PARIS

1900

LES VOIES DE CONDUCTION

DU CERVEAU ET DE LA MOELLE

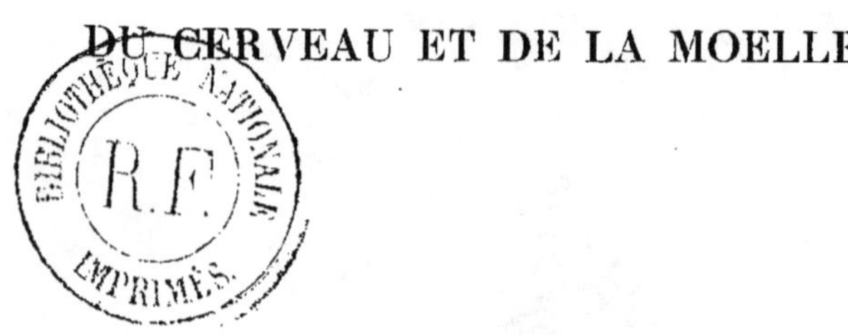

LES VOIES DE CONDUCTION

DU

CERVEAU ET DE LA MOELLE

PAR

W. v. BECHTEREW

Professeur à l'Académie Impériale de Médecine
Directeur de la Clinique des maladies mentales et nerveuses
de Pétersbourg

———

Édition française, refondue et augmentée
Traduction sur la 2ᵉ édition allemande
par C. BONNE

A. STORCK & Cⁱᵉ
ÉDITEURS
8, Rue de la Méditerranée, 8
LYON

Octave DOIN
ÉDITEUR
8, Place de l'Odéon, 8
PARIS

1900

La traduction que voici a été faite sur la deuxième édition allemande qui parut en 1899 sous la signature du Dr Weinberg de l'Institut anatomique de Dorpat et qui contenait déjà de notables améliorations sur celles qui l'avaient précédée. Cette édition française a été l'objet des soins particuliers de M. Bechterew qui l'augmenta d'un nombre considérable de notes, dont quelques-unes représentent plusieurs pages, et s'attacha à en relire la totalité du manuscrit : les infidélités dont le texte est probablement coupable ont donc paru assez légères pour ne pas être relevées.

Ces importantes additions, jointes à certains remaniements du plan de l'ouvrage, permettent de présenter cette nouvelle édition comme une véritable refonte. Elle a cru se conformer aux habitudes de sa langue en introduisant dans chacune des six parties de nombreuses divisions en chapitres, articles et paragraphes : cette répartition pourra, dans plusieurs cas, paraître plus didactique que conforme à la complexité d'un sujet dont toutes les parties sont si étroitement enchaînées les unes aux autres, mais on ne pourra lui contester l'avantage de faciliter la lecture courante et les recherches extemporanées. Ces divisions exigèrent de nombreuses modifications : le rapprochement ou l'intercalation de certains passages, des soudures qui mirent à contribution l'élasticité du texte original, des transitions et des préambules qu'excusent en tout cas les convenances typographiques. Plusieurs chapitres terminaux, dont le titre justifie suffisamment l'individualisation, reçurent des additions plus considérables que l'on voudra bien excuser en pensant qu'un travail de cette nature ne va pas sans de nombreuses documentations personnelles dont on ne saurait exiger le complet sacrifice, et en remarquant avec quel scrupule des indices spéciaux ([]) en préviennent la bonne foi du lecteur.

La plupart des notes du bas des pages purent avantageusement être fondues dans le cours du texte. L'emploi de caractères plus fins permet de reconnaître à première vue les passages qui offrent un intérêt plutôt documentaire que descriptif.

La bibliographie a été étendue, triée, mise à jour et vérifiée en grande partie; sa disposition à la fin de chaque chapitre a l'avantage de souligner les principales divisions et de rapprocher les uns des autres les travaux qui traitent des sujets connexes. On y chercherait en vain quelques mémoires initiateurs aussi connus maintenant qu'à l'époque déjà lointaine de leur publication, mais ils forment la substance même de l'ouvrage et l'on a moins fréquemment l'occasion de s'y reporter qu'à des travaux peut-être moins importants qui agitent des questions encore à l'ordre du jour.

La plupart des titres écrits en une langue étrangère furent traduits en français et placés entre guillemets. Il est incontestable que la reproduction textuelle du titre original, préconisée par M. le professeur Richet, est préférable pour un catalogue d'une grande étendue contenant des indications très disparates, d'autant plus que les mots qui servent de repère ont ordinairement conservé la forme latine: mais un vocable inconnu peut constituer un empêchement momentané; aussi, et dans le but d'une naturalisation plus complète, ce livre n'a-t-il pas craint d'oublier que la Bibliographie aspire au titre de science exacte. Un index général, établi d'après l'ordre alphabétique des noms d'auteurs, réunit toutes les indications du cours de l'ouvrage à un certain nombre d'indications nouvelles.

Les remaniements dont le plan général a été l'objet ont permis la suppression presque totale des répétitions de figures dont plusieurs, dans les éditions antérieures, sont reproduites jusqu'à cinq fois à quelques pages de distance ; leur nombre effectif a pu ainsi être augmenté, grâce à des clichés prêtés par les élèves de M. Bechterew et à des dessins nouveaux d'origine russe et française ; on put en outre accorder un plus large espace aux légendes en les disposant par ordre alphabétique et doubler, ou à peu près, l'étendue du texte, tout en conservant à l'ouvrage un volume en rapport avec son caractère élémentaire.

C'est qu'en effet, malgré les détails techniques qu'il renferme, cet exposé des voies de conduction du cerveau et de la moelle est resté ce qu'indique l'édition allemande : un manuel ; on aurait pu dire un Manuel d'anatomie médicale du système nerveux, si ce titre n'était la propriété d'un de ses aînés. En effet, quoiqu'il ait mis à contribution les techniques les plus délicates de l'histologie et de la physiologie, il a choisi dans les données fournies par ces deux sciences celles qui intéressent le plus directement la pratique médicale. Il laisse de côté, dans l'étude de la cellule, tous les détails purement cytologiques pour ne voir en elle qu'un agent de conduction. A la doctrine du neurone, à l'idolum scolæ qui reçut tant d'offrandes, il ne sacrifie que les quelques pages nécessaires à examiner la solidité de son piédestal et la force du courant qui déjà l'ébrèche et peut-être le renversera. Depuis quelques années des méthodes d'une valeur douteuse et d'une application facile dirigèrent un nombre infini de travaux et de polémiques vers la recherche toujours fructueuse de modifications cellulaires en partie artificielles. Sur la conception du neurone habillé des défroques du vitalisme se greffèrent une foule de subtiles hypothèses, produit hâtif et sans consistance d'une histologie trop brutalement démocratisée ; quelques-uns de ses partisans poussèrent la confiance de leur dévotion jusqu'à implorer sa puissante intervention dans les problèmes de la psychologie les moins aptes à être résolus dans l'état actuel de la Systématique.

Ces questions si encombrantes et d'un intérêt déjà médiocre dans un traité doctrinal se trouvent naturellement éliminées d'une étude limitée aux voies de conduction ; du reste, pour ne pas se baser sur l'inconnu, c'est de la périphérie et non des centres que doit partir, c'est à elle que doit aboutir toute étude du névraxe qui tient à revêtir un caractère pratique. Ni par ses réactions, ni par sa structure, la cellule nerveuse ne peut, pour le moment, être de quelque utilité pour la physiologie. Plus vieille et plus prudente que certaines théories actuellement en cours, la pathologie confond sous le terme de décharge toutes les activités cellulaires qui sont mises en jeu dans le névraxe, et les huit groupes de Nissl sont tombés dans le même oubli que l'ancienne distinction des cellules de la moelle en motrices et sensitives. Quelle est, aux yeux du physiologiste, la valeur des variations régionales que le microscope a depuis longtemps décelées dans la structure de l'écorce cérébrale ? Qu'est devenue l'élégante hypothèse de Flechsig, le jour où l'autorité d'une voix bien connue vint affirmer les connexions des centres d'association avec la périphérie et préluder à la fragmentation de la double unité du début ? C'est dans les voies de conduction qu'il faut chercher la clef du déterminisme des processus d'association, mais il nous échappera encore longtemps et les vastes fronts de Memling ne sont pas plus intellectuels que les parfaites pondérations de l'art grec.

Hors des voies toutes frayées que lui offre la substance blanche, la clinique ne rencontre, de la moelle au cerveau, que des taillis encore impénétrables où elle chercherait en vain les fils indicateurs que lui promet une systématisation injustifiée des cellules et de leurs prolongements. Mais il s'en faut pourtant que, malgré leur fréquentation, ces voies soient sans obstacles. La neurologie a, d'autre part, une marche si rapide, ses changements de tactique sont si inattendus, qu'elle se soustrait bien vite aux regards de ceux qui restent immobiles, quelle que soit la hauteur du point de vue où ils se placent et la largeur de l'horizon que leur coup d'œil peut embrasser : elle veut à sa tête des guides éprouvés, rompus par une pratique constante aux lents efforts et aux ambiguités de la route ; celui qui s'offre au lecteur a gravé son nom à toutes les étapes. Il existe peu d'ouvrages scientifiques dont l'auteur puisse réclamer, comme étant son bien, une part si importante des faits fondamentaux qu'il énumère. Le nombre des matériaux n'avait cependant jamais été aussi considérable que depuis l'époque où des méthodes nouvelles mirent à jour des filons inconnus dans des carrières qui semblaient épuisées.

Pour mettre simultanément en œuvre ces différents moyens, pour trier tous ces documents, les assortir, les refondre, en faire un édifice aussi stable que le permet le sol mouvant de la science moderne, plus homogène que l'on ne pouvait s'y attendre de par la variété de provenance de ses éléments, il fallait une compétence que ne donne jamais l'opiniâtre sincérité des compilateurs, il fallait unir le rigorisme du physiologiste, la pénétration du clinicien, l'habileté de l'histologiste à une érudition assez vaste pour tout voir, à une activité assez tenace pour tout revoir, à une autorité capable d'animer et de conduire une nombreuse équipe de collaborateurs. Telles sont les bases de la renommée de M. Bechterew ; tels sont les gages qu'il offre aux lecteurs de l'ouvrage qui popularisa son nom.

PRÉFACE DE L'AUTEUR

POUR LA DEUXIÈME ÉDITION ALLEMANDE

De fructueuses méthodes sont à l'heure actuelle utilisées sans relâche pour cette branche importante de l'anatomie qui a pour objet les voies de conduction du système nerveux; chaque jour, pour ainsi dire, lui apporte de nouveaux concours et des documents inédits : la méthode de Marchi permet de suivre avec la plus grande exactitude la dégénération des fibres nerveuses; grâce à la méthode de Golgi et de Cajal on peut se représenter d'une façon très satisfaisante le dispositif de la conduction nerveuse; pendant ces dernières années des conclusions fécondes et inattendues sont sorties de l'étude du développement des gaines de myéline.

Il ne faudrait naturellement pas s'attendre à rencontrer une concordance parfaite dans ce matériel scientifique dont l'importance augmente sans cesse; on pourrait relever d'irréductibles contradictions pour des points fondamentaux. Une description de l'ensemble des fibres nerveuses, telle que celle que nous offrons ici, ne peut aspirer à être de quelque utilité que grâce à une refonte personnelle de tous les éléments fournis par la littérature, d'autant plus que certaines questions, celles, justement, dont la portée est la plus grande, sont encore loin d'être complètement résolues.

Pour ce double motif, l'auteur a dû s'assurer des collaborations en vue de la mise au point de tout ce matériel; des problèmes inaccessibles aux forces d'un seul ont pu être attaqués et résolus par la réunion des efforts que son laboratoire dirige vers l'étude de la neurologie; c'est ainsi que la dernière édition de l'œuvre originale avait pu être présentée comme complètement refondue et considérablement augmentée. La traduction allemande qui paraît aujourd'hui est encore très améliorée : elle tient compte des dernières publications se rapportant à la neurologie et a en outre profité des travaux accomplis dans le laboratoire de l'auteur depuis l'édition précédente. Pendant toute la durée de la traduction, et même une fois le manuscrit terminé, et au cours de son impression, de nombreux suppléments et modifications s'efforcèrent de la tenir au courant du continuel progrès de la science.

Sauf quelques exceptions, pour lesquelles la provenance est indiquée, les figures intercalées dans le texte de l'édition originale ont été dessinées d'après les préparations de l'auteur ou de ses élèves. Leur nombre a été considérablement accru dans l'édition allemande, grâce à l'amicale intervention de l'éditeur, M. Arthur Georgi, de Leipzig, que je tiens à remercier publiquement.

Pétersbourg, septembre 1898.

W. v. BECHTEREW.

PRÉFACE COMPLÉMENTAIRE
POUR LA DEUXIÈME ÉDITION ALLEMANDE

De même que pour la première édition allemande, c'est grâce à mon entremise que cette deuxième édition voit aujourd'hui le jour. Je ne pouvais en effet mettre en doute que le monde scientifique allemand n'approuvât cette publication de l'ouvrage de M. Bechterew : mes prévisions se réalisèrent ; j'ai donc le droit d'espérer que la traduction allemande de la deuxième édition ne sera pas accueillie avec un moindre empressement. Malgré le peu de temps écoulé depuis la précédente, la neurologie fait des progrès si multiples et si rapides que des changements radicaux se sont opérés, pendant ce court intervalle, dans le domaine de cette science.

Il est facile de voir à quel point cette édition diffère de la précédente : les additions dont elle fut l'objet portent sur les acquisitions mentionnées par la bibliographie et les résultats obtenus par l'auteur lui-même, et l'on sait quel est le nombre de ceux-ci. A ce point de vue, il faut mentionner spécialement la division détaillée des faisceaux de la moelle, pour les cordons postérieurs comme pour les cordons antéro-latéraux, la description de plusieurs voies médullaires, telles que le faisceau médial du cordon latéral, ou bulbaires (voie centrale de la calotte, fibres de la formation réticulée, etc.), de profondes modifications apportées aux chapitres des noyaux et racines des nerfs craniens (particulièrement du vague et du glosso-pharyngien, de l'acoustique et de l'oculo-moteur), des voies cérébelleuses et de la répartition des différents faisceaux compris dans la masse du cervelet, la description d'un grand nombre de noyaux dans la formation réticulée (noyau réticulé de la calotte, noyau central supérieur interne ou noyau médian, noyau innominé, noyau conique du tractus pédonculaire transverse, etc.).

Notons encore la répartition de la formation réticulée en plusieurs faisceaux, l'exposé détaillé des derniers travaux qui ont eu pour objet les voies sous-corticales du cerveau terminal et les systèmes d'association de l'écorce (système d'association externe de l'auteur), enfin la description, faite d'après les résultats des méthodes de Golgi et de Cajal des relations intimes qui existent entre les différents neurones de la moelle, du bulbe, du cervelet et du cerveau.

Il est à peine besoin de faire remarquer que la doctrine des neurones ou unités nerveuses occupe, dans cette nouvelle édition, la place qu'elle mérite. On ne peut oublier, d'autre part, que la méthode embryologique a, en plusieurs points de l'anatomie du cerveau, dépassé l'étude des neurones, et qu'elle peut ainsi servir de guide aux recherches qui apportent dans ce domaine de la neurologie la lumière qui découle d'une connaissance adéquate des unités nerveuses.

Du reste, ce ne sont pas seulement ces deux méthodes qui furent mises à contribution pour cet ouvrage, mais l'ensemble des procédés connus d'investigation. Le nombre des figures, déjà considérable dans la première édition, a été de beaucoup augmenté dans celle-ci. On ne saurait trop la recommander à l'attention des techniciens, des médecins et des étudiants.

Jurjew-Dorpat, 1er septembre 1898.

A. RAUBER.

La première édition de mes « Voies de conduction du cerveau et de la moelle » a été de la part de toute la presse médicale, et des périodiques spéciaux en particulier, l'objet d'un accueil qui a dépassé mes espérances. Je ne saurais attribuer cette faveur aux qualités propres de l'ouvrage; j'y vois seulement un effet de l'importance du sujet qu'il traite et de son intérêt pour les spécialistes, neuropathologistes et psychiâtres, pour tous ceux, en un mot, dont l'attention est dirigée vers la physiologie du système nerveux.

Il est impossible de supposer qu'une description détaillée des voies de conduction ait aujourd'hui perdu de son intérêt; les éléments de cette science ont acquis droit de cité, non seulement dans les œuvres théoriques, mais encore dans la médecine clinique et jusqu'auprès du lit du malade; j'en juge ainsi d'après l'importance croissante de la littérature qui s'y rapporte et d'après les demandes qui m'ont été adressées de différents côtés pour obtenir mon autorisation à la traduction de ce manuel en d'autres langues européennes, après que, il y a maintenant trois ans, l'édition allemande eut paru. Ces considérations me décidèrent à entreprendre une refonte de mon ouvrage sur « les voies de conduction ». Je pris dès le commencement la détermination de tenir compte des derniers travaux parus sur ce sujet, et de rapporter les résultats de mes recherches personnelles et de celles qui furent faites sous ma direction immédiate, dans mon laboratoire, sur l'anatomie des centres nerveux : de simples changements à la première édition n'auraient pu parvenir à ce but, il fallut la reprendre en entier et compléter tous les points importants. En même temps, le nombre des figures fut considérablement augmenté, ce qui facilite singulièrement la compréhension du texte. Je ne désire d'ailleurs qu'une chose, c'est que ce livre, qui même sous sa nouvelle forme comprend encore des lacunes de toutes sortes, puisse être de quelque utilité pour l'étude des voies de conduction du système nerveux central.

Une fois achevée, cette deuxième édition des « Voies de conduction » fut beaucoup plus volumineuse qu'on ne l'avait prévu tout d'abord. Les acquisitions récentes les plus importantes, ainsi que les résultats de mes propres recherches y furent autant que possible prises en considération. Ce plan conçu au début fut suivi jusqu'à la dernière ligne. Du commencement à la fin, une refonte complète fut nécessaire; on ne pouvait pas songer à étendre simplement les différentes parties. De la première édition, il ne reste à peu près rien autre que la disposition générale. Il fallut naturellement pour cela beaucoup de temps et de travail que mes nombreuses occupations professionnelles me forcèrent à mesurer; pour la même raison l'impression de l'ouvrage fut maintes fois retardée.

Ce m'est, pour terminer, une agréable obligation que de remercier tous ceux qui m'ont aidé à cette publication. Il était impossible, dans l'état actuel de la science, de viser à un exposé complet de la question si importante des voies de conduction nerveuses, sans un examen minutieux des nombreuses controverses et sans la reprise des questions en suspens; la réunion des efforts qui, dans mon laboratoire, ont pris pour but l'anatomie des centres nerveux, m'a apporté, pour la rédaction d'un grand nombre de chapitres, le concours le plus précieux. Les travaux de mes collaborateurs ont été, autant que possible, spécifiés dans le courant du texte, par l'indication du nom de leur auteur. Ce m'est encore une occasion de les remercier de l'aide qu'ils m'ont fournie. Mon assistant, le Dr Ostankoff, a mis le plus grand zèle à la correction des épreuves et à la confection de l'index et des tables. Je demeure en outre l'obligé de tous mes collègues qui ont compris l'importance de mon projet et ont coopéré à sa réalisation. Je veux enfin assurer de toute ma reconnaissance M. K. Ricker, éditeur à Pétersbourg, pour l'attention qu'il a donnée aux qualités extérieures de cette nouvelle édition.

Pétersbourg, août 1897.

PREMIÈRE PARTIE

INTRODUCTION

LES MÉTHODES D'INVESTIGATION

Le Système Nerveux Central est essentiellement formé de *cellules* nerveuses et des *fibres* qui en émanent. D'autres éléments entrent aussi dans sa composition : ce sont les formations épendymo-névrogliques qui forment le tissu de soutien et les vaisseaux accompagnés de quelques cellules conjonctives. Les cellules nerveuses sont ordinairement réparties par petits groupes ; elles représentent l'élément fondamental des *noyaux gris* ; plus rarement elles se trouvent éparses dans les masses blanches formées par les fibres revêtues de leur gaîne de myéline ; elles constituent alors une sorte de substance grise diffuse que l'on désigne ordinairement sous le terme de *formation réticulée*. Les fibres nerveuses émanent des cellules : répandues dans tous les territoires occupés par la substance grise, elles s'amassent sur les limites de ceux-ci en *faisceaux* plus homogènes, compacts, qui dans la moelle comme dans le cerveau forment la masse principale. Disons dès maintenant que leur fonction est de mettre en rapport les unes avec les autres les cellules d'une même région ou de centres gris plus ou moins éloignés, ainsi que de les unir aux éléments du système nerveux périphérique. Ce sont ces modes d'union et non pas seulement les rapports topographiques ni même la structure intime des deux substances qui forment l'objet véritable de l'anatomie du système nerveux : ce but ne saurait être atteint par le seul moyen de l'histologie, trop souvent arrêtée dans l'étude des fibres et des systèmes qu'elles constituent par leur parfaite unité d'aspect et l'absence de toute délimitation ; bien plus, et ceci surtout dans le système nerveux périphérique, des faisceaux blancs, dont l'individualisation est d'ailleurs strictement justifiée, se mêlent entre eux pour former des réseaux.

On comprend ainsi que l'on ait complètement abandonné, du moins pour l'étude des connexions intimes du système nerveux, l'ancien procédé qui consistait à dissocier fibres et faisceaux après durcissement dans l'alcool. Il a fait place à une série de *méthodes* mieux réglées, plus scientifiques et dont voici les traits essentiels :

1º Méthode de Stilling ou des coupes en séries. — En comparant sur deux coupes parallèles la topographie des groupes de cellules et des faisceaux de fibres, on peut le plus souvent reconstituer le trajet de chaque faisceau blanc et en démêler les connexions avec certains territoires de la substance grise. On peut de plus, à l'exemple de STILLING, en mesurant le diamètre d'un faisceau donné à différents niveaux sur les coupes transversales, déterminer ses rapports avec une partie donnée de la substance grise (grâce aux variations de volume qu'entraîne une émission ou un rapport de fibres).

Cette méthode est en défaut quand les faisceaux nerveux s'entre-croisent ou se confondent et surtout quand les fibres, au lieu de se fasciculer, se dirigent dans toutes les directions. Elle est par contre de toute nécessité, combinée à certains des procédés suivants.

2º Méthode des colorations histologiques électives. — Son emploi date de l'époque où GERLACH introduisit le carmin dans la technique histologique. Certains colorants chimiques n'agissent que sur les éléments nerveux proprement dits et ne teignent que peu ou pas les éléments étrangers. Le nombre des réactifs à élection plus ou moins délicate employés en histologie nerveuse, pour tel ou tel but, est considérable. Mais pour l'étude particulière du trajet des fibres, outre les procédés généraux basés sur l'emploi du carmin ou de ses dérivés, on a fait spécialement usage :

a) De l'imprégnation des coupes par les dérivés auriques (FREUD) ;

b) De la coloration à l'hématoxyline d'après WEIGERT; les plus importantes des modifications apportées au procédé initial constituent les méthodes de PAL et de WOLTERS ;

c) De la méthode de MARCHI ou teinture par l'osmium des boules myéliniques résultant d'une dégénération récente des faisceaux blancs. Cette méthode a subi un grand nombre de modifications.

On peut ranger dans la même classe :

d) La méthode bien connue de GOLGI (imprégnation au chromate d'argent), et ses dérivés : procédés de CAJAL, HELD, AUERBACH, etc.; grâce à elle les points les plus délicats des rapports intimes des éléments nerveux, inaccessibles à d'autres méthodes, ont pu être complètement élucidés.

e) La méthode d'EHRLICH ou coloration au bleu de méthylène du tissu nerveux encore vivant constitue au point de vue purement histologique un progrès capital sur toutes les précédentes. Malheureusement elle n'a eu jusqu'ici que des applications restreintes à l'étude du trajet des fibres nerveuses dans le névraxe : pourtant, entre les mains de CAJAL, elle a donné des résultats tout à fait dignes d'attention, en particulier pour l'écorce cérébelleuse.

3º Méthode de Meynert ou de l'anatomie comparée. — Elle a reçu jusqu'à présent de nombreuses et importantes applications. Elle repose sur ce fait que dans toute la série animale il existe un certain parallélisme entre le degré de développement dévolu aux organes périphériques et celui qu'atteignent les districts nerveux centraux où naissent et où se rendent les fibres nerveuses destinées à ces départements de la périphérie. Elle tient compte également du développement respectif des différentes parties du système nerveux central : il est ainsi facile de conclure de l'importance relative de telle ou telle d'entre elles, chez deux espèces données, à leurs rapports fonctionnels réciproques.

Cette méthode permet aussi d'expliquer, par l'examen des cerveaux relativement simples des animaux inférieurs, l'architecture plus compliquée de l'encéphale des vertébrés les plus élevés.

4° Méthode embryologique de Flechsig. — Elle est basée sur ce fait que la myélinisation des fibres nerveuses d'un même territoire central a lieu à des stades du développement très éloignés les uns des autres. La myéline apparaît sur chaque système ou faisceau de fibres suivant des lois connues que l'on peut résumer ainsi : d'abord au niveau des troncs nerveux périphériques, et des voies réflexes de la moelle et du bulbe ; puis sur les fibres de la substance blanche du cervelet, en troisième lieu sur celles qui réunissent l'écorce cérébrale à la substance grise de la moelle, de l'isthme et du cervelet ; enfin au niveau de celles qui assurent les connexions intra-cérébrales : parmi celles-ci les fibres d'association de l'écorce du télencéphale sont les dernières à se myéliniser (1).

On peut donc, chez le fœtus ou chez l'enfant, trouver des fibres déjà myélinisées à côté d'autres fibres encore entièrement nues. Elles sont alors d'autant plus faciles à suivre et à différencier que l'aspect microscopique diffère totalement des unes aux autres. D'autre part, le développement des systèmes de fibres est fonction de celui du territoire central d'où ils émanent. On peut ainsi connaître par une voie détournée le degré de développement de certains centres cérébraux. Cette méthode rend encore de grands services quand on la combine à d'autres procédés pour l'étude de certaines régions des centres devenus trop compliqués à l'état adulte.

Ainsi qu'en témoignent les travaux d'EDINGER et d'après ma propre expérience, elle offre encore, employée concurremment à la méthode de l'anatomie comparée, une série d'autres applications : l'ordre de développement des faisceaux du système nerveux central varie suivant les espèces. On peut ainsi chez un embryon ou un fœtus différencier tel ou tel système, puis, partant de la donnée ainsi acquise interpréter plus facilement certain détail de structure d'un cerveau plus élevé dans l'échelle zoologique.

5° Méthode des arrêts artificiels de développement ou atrophies expérimentales. — GUDDEN qui en régla l'emploi démontra expérimentalement que certains territoires nerveux centraux gardent leur structure fœtale ou bien même s'atrophient complètement lorsque les organes périphériques correspondants sont mis dès le commencement de la vie extra-utérine dans l'impossibilité de fonctionner. Pareil fait s'observe également à la périphérie, comme au niveau des centres nerveux, quand ceux-ci ont été atrophiés au début de leur développement par certains processus morbides graves. Cette méthode est donc très utile pour étudier ces rapports réciproques, avec une restriction cependant : elle ne permet de conclusion dans un sens ou dans l'autre que lorsque les résultats sont positifs ; si par exemple, après destruction du territoire A (central ou périphérique), il n'y a pas d'atrophie du territoire B, on ne peut conclure que A et B soient

[(1) Cette méthode si féconde porte à juste titre le nom de méthode de Flechsig, car c'est incontestablement cet auteur qui en a fait le premier une application réellement systématisée et a vulgarisé l'importance de ses résultats. Mais la loi sur laquelle elle repose : « que les régions du système nerveux physiologiquement distinctes jouissent d'une évolution anatomique spéciale et le plus souvent suffisante pour faire prévoir leurs aptitudes pathologiques », cette loi était déjà connue en France grâce aux travaux de la Salpêtrière : dès l'année 1873, elle avait été formulée par PIERRET : « Les myélites systématiques et le développement de la moelle » (*Arch. Physiologie*, 1873).]

indépendants l'un de l'autre. Ajoutons que l'expérience de Guddex est souvent réalisée par des processus pathologiques embryonnaires ou fœtaux évoluant dans le cerveau ou dans un autre organe et à la suite desquels des atrophies peuvent s'observer dans les centres.

6° L'étude des malformations congénitales du névraxe par arrêt de développement peut être rapprochée de la méthode précédente : l'examen d'un cerveau pathologique peut permettre de suivre une voie de conduction avec plus de facilité que sur un cerveau normal. C'est ainsi que dans le cas d'absence congénitale du corps calleux, les faisceaux nerveux voisins se trouvent naturellement mis en évidence. Cette méthode n'a pourtant reçu qu'un petit nombre d'applications.

7° La méthode anatomo-pathologique, due à Tuerck, étudie les dégénérations secondaires. Son principe est celui-ci : la nutrition d'une fibre dépend de l'intégrité de la cellule dont elle émane : si celle-ci est détruite, la fibre dégénérera ; de même si elle en est séparée ; on le comprend facilement quand on se représente toute fibre nerveuse comme étant en réalité le prolongement d'une cellule.

Cette méthode a fourni pour le trajet des fibres dans l'intérieur du névraxe des résultats remarquables par leur précision. Ces dernières années son emploi se généralisa et produisit une série de travaux qui élargirent en nombre de points nos connaissances touchant les connexions intimes du système nerveux. Elle promet encore beaucoup : le principe sur lequel elle repose (relations trophiques de la cellule et de la fibre) a, en effet, dès aujourd'hui la valeur d'une loi biologique.

De récentes recherches ont montré que la dégénération des fibres n'est pas toujours uniquement centrifuge, cellulifuge, mais peut aussi être cellulipète : tel est le cas de la dégénération ascendante que présentent les nerfs d'un moignon d'amputation, dégénération qui peut progresser jusqu'à la cellule d'origine de la moelle ou du ganglion spinal ; on peut noter le même phénomène après toute section ou lésion d'un nerf périphérique. On avait cru pourtant pendant longtemps qu'une fibre motrice ou sensitive ne pouvait dégénérer que dans le sens cellulifuge. L'explication de ce fait étrange est évidemment celle-ci : soustraite à ses excitations normales, la cellule est progressivement détruite ; il en résulte au niveau du bout central de la fibre sectionnée une dégénération qui progresse dans le sens cellulifuge (1).

[L'interprétation de cette dégénérescence est particulièrement importante et délicate, surtout dans le domaine du système nerveux central. Si en effet il est certaines méthodes telles que celle de Marchi qui permettent, du moins théoriquement, de distinguer une simple atrophie d'une dégénérescence véritable de la myéline, d'autres méthodes, dont l'emploi courant est absolument justifié par les nombreuses découvertes qu'on leur doit, ne permettent pas toujours une appréciation rigoureuse de la lésion dont elles mettent mieux en relief la topographie que la nature intime ; ce point est d'autant plus digne de nous arrêter qu'il est un fait qui semble se dégager de plus en plus des nombreux travaux qui visent la systématisation du névraxe : c'est que, au niveau même de la moelle, mais surtout à partir du bulbe, et dans les centres supérieurs, il est peu de faisceaux qui ne renferment que des fibres ayant la même direction : presque toujours les voies d'aller sont mélangées aux voies de retour : elles le sont aussi le plus souvent à des voies qui, après un trajet en commun plus ou moins long, gagnent une tierce région de la substance grise : c'est le cas des voies cortico-thalamiques, cérébello-olivaires, etc. Tel faisceau considéré comme uniquement descendant, puis, chez la même espèce naturellement, comme uniquement ascendant voit souvent la difficulté arrangée à l'amiable entre les contradicteurs par l'entremise d'une méthode plus analytique que celles mises jusqu'alors en usage : c'est le bénéfice que la plupart des voies du mésocéphale (le faisceau longitudinal postérieur par exemple) ont retiré de l'intervention de la méthode de Golgi.

(1) Voir à ce sujet la thèse de Durante : *Les dégénérescences rétrogrades*, Paris, 1895.

Malheureusement un grand nombre de leurs semblables et non des moins importants attendent encore un jugement définitif et celui-ci risque d'autant plus de traîner en
longueur que cette dernière méthode est en l'espèce souvent inapplicable. Force est donc
de s'en tenir au Pal et au Marchi . C'est alors que la difficulté d'interprétation dont nous
parlions tout à l'heure permet de plaider presque indéfiniment le pour et le contre. Nous
en rencontrerons de nombreux exemples en étudiant la structure de l'encéphale . Une
lésion L a sectionné les fibres qui réunissent deux centres A et B. La dégénération est au
maximum en AL, beaucoup moindre en LB, mais en AL un certain nombre de fibres sont
restées saines : elles peuvent venir de A ou bien encore d'une tierce région. Quant aux
quelques fibres dégénérées en LB, la première idée qui vient à l'esprit c'est de les considérer comme le bout périphérique des fibres demeurées saines en AL ; mais elles peuvent
aussi provenir de B ou d'ailleurs. Il faut donc par les seuls caractères de la dégénération LB
décider du lieu d'origine des fibres qui la présentent, c'est à dire conclure à une dégénération
normale ou rétrograde. C'est ainsi que l'on peut schématiser la difficulté, souvent d'ailleurs
plus compliquée. Il existe bien quelques criteriums : ainsi l'atrophie, mettons même la « dégénération » cellulipète est plus lente, beaucoup plus lente, du moins à partir d'une certaine
distance de la lésion : elle est, dit–on, centrifuge, progressant vers le point d'interruption et
s'accompagne après un temps plus ou moins long de lésions secondaires des cellules d'origine.
Mais ces lésions elles-mêmes quoique très étudiées ces derniers temps ne l'ont été que par des
méthodes radicalement insuffisantes, et dont le déterminisme est tout entier à faire : ce ne sont
encore que des inconnues qui ne feraient souvent que compliquer l'équation, Quant à l'atrophie de ces mêmes cellules d'origine, sa valeur est beaucoup plus grande : mais elle n'est
nettement démontrable que lorsqu'elle est ancienne et porte sur un grand nombre
d'éléments, quand, pour ainsi dire, elle est visible à l'œil nu. Bref il faut attendre et pour
bien apprécier ce qu'on peut espérer des procédés actuels, qu'on se rappelle tous les faisceaux
dont la dégénération, après une lésion déterminée, avait d'abord été interprétée comme
rétrograde et est actuellement considérée comme wallérienne, ou inversement.]

8° **La méthode physiologique** fait usage des vivisections. Elle s'appuie sur
ce fait qu'il est possible, sur l'animal en expérience, de mettre en activité certains centres
et les fibres nerveuses qui en dépendent par des excitations directes (excitation électrique);
d'autre part, la destruction de ces centres ou bien la section des fibres en supprime naturellement le fonctionnement : on peut donc, des symptômes observés au moment de
l'excitation, conclure à l'existence de connexions entre un segment quelconque du système
nerveux et telle ou telle région de la périphérie : la vérification est facile à faire par la
section des faisceaux nerveux intermédiaires. La grande valeur de cette méthode tient à ce
qu'elle permet de suivre une fibre dans tout son trajet et, en même temps qu'elle en
décèle le trajet anatomique, d'en montrer le rôle physiologique sur lequel restent
muettes les autres méthodes énumérées. Ce procédé, d'une extension très générale, sert la
physiologie comme l'anatomie : on peut dire que c'est à lui que l'on doit la majeure partie
des données que nous possédons sur les connexions réciproques, anatomiques et physiologiques du cerveau et de la moelle.

On peut encore lui rattacher :

9° **La méthode pathologique** qui repose sur le même principe : destruction
non plus expérimentale mais pathologique d'une région quelconque du système nerveux
central.

10° Une méthode plus récente [et que l'on ne peut mieux appeler que **Méthode
de Bechterew**] (1) se sert concurremment de la physiologie et de l'embryologie. La

____

(1) V. v. Bechterew : « De la combinaison des méthodes embryologique et physiologique avec la méthode des dégénérations ; son importance dans la physiologie expérimentale
du système nerveux », *Neurol. Central.*, 1895, 1re livraison.

vivisection, suivie de la détermination exacte du degré de développement de la région du système nerveux sur laquelle a porté l'expérience, peut donner, ainsi que j'ai pu maintes fois m'en convaincre, des résultats que l'on ne saurait attendre de l'expérimentation faite sur l'animal adulte. J'ai fait à ce propos les remarques suivantes :

1° Les phénomènes moteurs qui s'observent chez l'animal nouveau-né lors de l'excitation électrique démontrent l'existence de voies de conduction dont la myélinisation est au moins commencée, c'est-à-dire dont le développement est très avancé.

2° Si chez un animal nouveau-né l'excitation d'un territoire quelconque de l'encéphale normalement excitable chez l'adulte ne s'accompagne d'aucun phénomène moteur, on peut en conclure que les fibres qui le relient à la périphérie ne sont pas complètement développées.

3° Quand chez le nouveau-né la destruction de certaines régions des centres provoque des troubles sensitifs ou moteurs, c'est que la lésion aura porté sur des territoires contenant des fibres déjà développées et dont dépendent les troubles observés.

4° Dans le cas, au contraire, où la destruction ou section ne produit aucun des troubles qu'elle aurait dans les mêmes circonstances provoqués chez l'adulte, si d'autre part l'examen histologique des régions opérées montre, à côté des fibre nues, d'autres fibres déjà assez développées, on peut accuser les premières de l'absence des phénomènes attendus.

Comme d'autre part le développement procède toujours systématiquement d'un faisceau à un autre, comme il est aussi très vraisemblable que pour les cellules nerveuses aussi il suit un ordre déterminé, d'une région à une autre, on saisit de suite l'importance de cette méthode : non seulement elle permet de vérifier les données acquises par ailleurs sur le trajet des fibres ou faisceaux, mais elle en fait de plus connaître les fonctions.

11° Un autre **procédé** que l'on pourrait appeler **pathologico-physiologique** permet aussi de mettre en lumière la disposition et surtout les fonctions des systèmes de fibres du névraxe. Il consiste dans la destruction expérimentale d'une région donnée, suivie de l'excitation électrique des territoires dégénérés et de l'examen histologique de ces derniers. Comme ils sont perdus pour les fonctions au même titre que les fibres non développées des animaux nouveau-nés, on peut appliquer tout ce qui a été dit plus haut sur l'excitation électrique de systèmes encore amyéliniques à ce procédé qui produit la dégénération des faisceaux chez l'adulte par section ou destruction.

Cette méthode est d'un usage courant dans mon laboratoire. Depuis longtemps elle a fait ses preuves : elle est digne d'être employée tant à cause de sa précision que pour le grand nombre de circonstances où elle est applicable.

Ces différentes méthodes ne peuvent chacune être employées que sous certaines conditions : aussi une étude complète des voies de conduction suppose-t-elle l'usage comparatif de plusieurs d'entre elles, de telle sorte qu'elles se suppléent ou se complètent réciproquement. Néanmoins, malgré leur nombre et leur variété, on est encore bien loin de connaître le trajet de tous les faisceaux qui entrent dans la constitution du système nerveux.

En ce qui concerne l'architecture du cerveau, nos connaissances sont encore pleines de lacunes : c'est ainsi que certaines des connexions des noyaux moteurs et des noyaux dits sensitifs du bulbe avec l'écorce cérébrale ne sont encore qu'à peine entrevues.

L'exposé qui va suivre portera sur les voies de conduction dont le trajet peut dès maintenant être considéré comme mis hors de contestation ou est au moins en partie bien connu : contrairement à certains manuels, notre description laissera de côté toutes celles dont le trajet n'est l'objet que de simples présomptions. Mais il nous faut auparavant exposer les rapports réciproques des fibres et des cellules.

BIBLIOGRAPHIE. —[Nous ne pouvons donner ici le titre de tous les mémoires où sont exposées la technique et la portée générale des méthodes énumérées ci-dessus. Plusieurs de ces travaux dont l'importance historique est considérable seraient consultés avec moins de fruit que des vulgarisations plus récentes ou encore des publications faites dans le but d'éclaircir un point de détail, mais qui exposent, d'une façon didactique, la technique générale ou une modification utile (1).]

Étude histologique des dégénérations secondaires. — AZOULAY : Méthode de coloration de la myéline et de la graisse par l'acide osmique et le tannin, *Soc. de Biol.*, 1894, p. 630. — BOUCHARD : Des dégénérations secondaires de la moelle épinière, *Arch. génér. de médecine*, 1866. — BUSCH : « Sur une méthode d'examen des dég. secondaires du système nerveux central, à l'acide osmique », *Neurol. Centralbl.*, 1898, p. 476 (résumé). — FREUD : « Colorations électives de la myéline », *Neurol. Centralbl.*, 1885. — KRONTHAL : « Nouvelle méthode de coloration au formiate de plomb pour le système nerveux », *Neurol. Centralbl.*, 1899, p. 196. — MERCIER : Les coupes du système nerveux central, Paris, 1895. — POLLACK : « La technique de coloration du système nerveux », 2e édition, augmentée, Berlin, Karger, 172 pp. Résumé in *Jahres-bericht*, 1897. — TUERCK : *Zeitsch. der Aerzte zu Wien.*, 1850. — WALLER : *Acad. des Sciences*, 1851 et 1852. — WOLTERS, voir DEJERINE : *Anatomie des centres nerveux*, vol. I, p. 659. — ZIEHEN : « Nouvelle méthode de coloration du système nerveux central », *Neurol. Centr.*, 1891.

Méthode de Weigert. — BERKLEY : « Une méthode de Weigert rapide; coloration à l'osmium et à l'hématoxyline cuprique », *Zeitsch. f. wiss. Mikr.*, vol. X, 1893, p. 370 et *Neurol. Centr.*, vol. XI, p. 270. — BOLTON : « Sur la nature de la méthode de Weigert-Pal », *Journ. of Anat. and Phys.*, vol. XXXII. — DŒLLKEN : « Coloration au Weigert-Pal de l'encéphale des très jeunes sujets », *Zeitsch. f. wiss. Micros. u. f. mikr. Technik*, XV, p. 443, 1898. — HERRICK : « Recherches expérimentales sur la méthode de Weigert », *Journ. of comparat. Neurol.*, vol. VIII. — MARINA : « Méthode de fixation permettant l'usage simultané de la méthode de Nissl et de la méthode de Weigert pour la myéline », *Neurol. Centralbl.*, 1897, p. 166. — PAL : *Neurol. Centralbl.*, 1892. — VASSALE : « Modification à la méthode de Weigert pour la coloration du système nerveux », *Riv. sper. di fren.*, vol. XV, 1889 et *Arch. Ital. Biol.*, 1891, vol. XV, p. 158. — WEIGERT : *Fortschritte f. innere Med.*, 1884 et 1885. « Sur la coloration des gaines de myéline », *Deutsche med. Woch.*, 1891. « La coloration des gaines de myéline », *Ergebnisse der Anat. u. Entwick. von Merkel-Bonnet*, 1897.

Méthode de Marchi. — MARCHI et ALGERI : *Riv. sper. di fren.*, 1886. — REDLICH : « Sur l'emploi de la méthode de Marchi dans l'étude anatomo-pathologique du système nerveux », *Centralbl. f. Nervenheilk. u. Psych.*, 1892. — TALATNIK : Modification à la méthode de Marchi, *Rev. Neurol.*, 1897, p. 63.

---

(1) Les guillemets indiquent que le titre donné est la traduction du titre véritable; la langue employée pour chaque mémoire est ordinairement suffisamment indiquée par le titre du périodique auquel renvoie l'indication.

Méthode de Golgi. — Cette méthode est exposée avec tous ses détails et modifications usuelles dans l'ouvrage cité de Dejerine, p. 47 à 51, et surtout dans l'ouvrage de Lenhossek : « *La structure fine du système nerveux à la lumière des nouvelles recherches* », 2ᵉ édition, Berlin 1895, p. 6 à p. 35. — Golgi : *Sulla fina anatomia degli organi centrali del sistema nervoso*, Milan, 1886.

Bolton : « Note sur l'imprégnation au Golgi des cerveaux durcis dans la formaline », *Brit. med. Journ.*, février 1898. — Donaggio : « Sur une modification de la méthode de coloration au sublimé des centres nerveux », *Riforma medica, anno IV*, février. — Donaggio : « Sur le noircissement des éléments nerveux traités par la méthode de Golgi au sublimé », *Riv. sper. di fren. e di med. leg.* t. II, 1896, p. 140. — Dunig : « La formaline comme moyen de fixation à la place de l'acide osmique dans la méthode de Cajal », *Anat. Anz.*, vol. X, p. 659. — Flatau : « Sur l'emploi de la méthode de Golgi au sublimé pour l'examen des cerveaux humains adultes. » *Arch. f. mikr. Anat.*, 1895, vol. XLV, p. 158. — Golgi : Sulla fina anatomia degli organi centrali del sistema nervoso, *Rivista sper. di freniatria e di med. leg.*, vol. VIII, 1882, et Milan 1886. — Greppin : « Contr. à l'étude de la méthode de Golgi », *Arch. f. Anat. u. Phys., Anat. Abth.*, 1889. — Larchi et Del Isola : « La formaline dans la méthode de Golgi », *Arch. Ital. de Biol.*, 1895, t. XXIV, p. 478. — Rabl : « Sur les précipités qui se produisent dans le traitement des tissus au nitrate d'argent », *Neurol. Centralbl.*, 1894. — Sehrwald : « Sur la technique de la coloration de Golgi », *Zeitsch. f. wiss. Mikr.*, 1889, vol. VI, p. 443. — « Le moyen d'éviter les précipités périphériques dans la méthode de Golgi », *Ibid.*, p. 456. — « Influence du durcissement sur la grandeur des éléments histologiques du cerveau et l'aspect des images fournies par la méthode de Golgi », *Ibid.*, p. 461. Ces trois articles sont résumés dans *Jahresbericht*, 1890, t. I, p. 76.

Méthode d'Ehrlich. — Voir pour cette technique les mémoires de Dogiel cités au chapitre suivant. — Bethe : « Le système nerveux du Carcinus Maenas ; nouvelle méthode de fixation du bleu de méthylène, » *Arch. f. mikr. Anat.*, vol. XLIV, 1894, p. 585. — Cajal : « Sur les épines collatérales des cellules du cerveau » (coloration au bleu vital par badigeonnage), *Rev. trimestral micrografica*, 1897, p. 126. — Donaggio : « Sur la présence d'un réticulum dans le protoplasma de la cellule nerveuse », *Riv. sper. di fren.*, vol. XXII, 1896. — Ehrlich : « Sur la réaction du bleu de méthylène. » *Deutsche med. Wochenschr.*, 1886. — Huber : « La méthode du bleu de méthylène appliquée aux coupes du système nerveux », *Journ. appl. Univers.* VI. — Semi-Meyer : « Sur un mode d'union des neurones », *Arch. f. mikr. Anat.*, 1896.

Méthode de l'anatomie comparée. — Edinger : « *Leçons sur la structure des organes nerveux centraux de l'homme et des animaux* », 5ᵉ édit. Leipzig, 1896. — Meynert : « Sur le cerveau des mammifères », *Manuel d'histologie* de Stricker, vol. II, Leipzig 1892. — Soury : *Article* Cerveau du *Dictionnaire de Physiologie* de Richet, Paris 1897.

Méthode embryologique. — Flechsig : « *Les voies de conduction du cerveau et de la moelle d'après les recherches embryologiques* », Leipzig 1876. — Id. *Arch. f. Anat. u. Phys.* 1881. — Id : « Sur les maladies systématiques de la moelle », *Arch. f. Heilkunde* 1877 et 1878. — Pierret : *Archives de Physiologie*, 1873 et *Soc. Biologie*, 1874.

Méthode des atrophies expérimentales. — Voir Durante : *Les dégénérescences rétrogrades*, thèse de Paris 1895. — Klippel et Durante. Id. *Revue de médecine*, 1895. — Gudden : « Recherches expérimentales sur le système nerveux central et périphérique », *Arch. f. Psychiatrie*, 1870, vol. II.

Méthode de Bechterew. — Bechterew : « Sur l'excitabilité des centres moteurs corticaux chez les chiens nouveau-nés », *Arch. Slaves de Biologie*, 1886. — « Sur la recherche de l'excitabilité des cordons postérieurs de la moelle chez les animaux nouveau-nés », *Neurol. Centralbl.* 1888.— « Sur l'excitabilité de différentes régions du cerveau des animaux nouveau-nés », *Ibid.* 1889. — « Sur les phénomènes consécutifs aux destructions nerveuses partielles chez les animaux nouveau-nés et sur le développemnt des fonctions cérébrales », *Ibid.* 1890.

RAPPORTS RÉCIPROQUES DES FIBRES
ET DES CELLULES NERVEUSES

Cette étude nous amènera à parler du mode de passage présumé de l'influx nerveux d'un élément à un autre. La plupart des données que l'on possède sur cette question, et en tout cas les plus certaines, sont dues aux méthodes de Golgi, d'Ehrlich et à leurs dérivés.

Rappelons tout d'abord un principe fondamental : il n'existe pas de fibre nerveuse libre ou indépendante : toute fibre, nue ou myélinique, n'est que la continuation du *prolongement de Deiters, prolongement nerveux, axône* ou *neurite* d'une cellule nerveuse.

|Telle est en effet la loi qui règne depuis Deiters ; c'est une loi purement morphologique et qu'aucun fait n'est jamais venu ébranler. Mais, à côté, il existe une théorie que l'on appelle la *théorie de la polarisation dynamique*, et qui tient compte pour classer les prolongements cellulaires, non pas tant de leurs caractères histologiques, que du sens dans lequel elle suppose qu'ils conduisent l'influx nerveux, par rapport au corps de la cellule. Cette théorie considère comme étant la continuation, non plus d'un axône, mais d'une dendrite ou prolongement protoplasmique, tous les nerfs sensitifs, craniens ou rachidiens, ainsi que les nerfs sensoriels. Si les partisans de cette théorie, qui a d'ailleurs le mérite d'avoir jeté quelque clarté sur la notion physiologique du « centre nerveux », si tous ses promoteurs disaient avec l'un d'entre eux (1) : « nous appelons *dendrite* tout prolongement cellulipète, et *axône* tout prolongement cellulifuge », on se désintéresserait volontiers de cette querelle du grec et du latin. Mais il n'en est pas ainsi et beaucoup d'auteurs prétendent subordonner à leur manière de voir la morphologie des prolongements cellulaires et imposer à la loi de Deiters l'importante restriction dont nous parlions plus haut. Cette théorie suppose que la « conduction » motrice et la « conduction » sensitive sont, au niveau des nerfs périphériques, des phénomènes équivalents et de même nature : nous voyons au contraire dans les centres nerveux que la « conduction » peut édifier des dispositifs différents : l'axône et les dendrites. En outre elle ne s'accommode qu'assez difficilement d'un fait d'observation facile et qui fut d'ailleurs maintes fois contrôlé depuis sa découverte par Dogiel (v. à l'article suivant). A partir d'un certain stade de leur développement, les cellules des ganglions spinaux sont munies, outre les deux prolongements qui leur donnent leur aspect bipolaire bien connu, de prolongements protoplasmiques grêles, ramifiés, quelquefois très longs, plus ou moins nombreux, naissant du corps cellulaire en divers points de sa surface, et que la capsule endothéliale de la cellule entoure sur une certaine portion de leur trajet.

(1) Van Gehuchten : *Leçons sur l'anatomie du système nerveux de l'homme.* Louvain 1897, 2ᵉ édition.

Ils sont faciles à voir chez des embryons beaucoup plus âgés et dont les cellules ont déjà revêtu leur aspect unipolaire. Chez l'adulte, la réaction noire ne réussit que très difficilement pour les ganglions rachidiens, et les dendrites latérales, pas plus du reste que le prolongement en T, n'ont pu être imprégnées par le chromate d'argent : mais tels qu'on les voit chez le fœtus, ils offrent des caractères qui ne laissent aucun doute sur leur nature véritable et qui diffèrent totalement de ceux que présente la branche périphérique du prolongement en T. Il est vrai cependant que cette dernière est plus volumineuse que celle qui se dirige vers la moelle et s'engage dans le tronc de la racine postérieure : cette branche en effet est souvent plus fine et a tous les caractères de l'axône le plus légitime : mais cette simple différence ne saurait prévaloir contre la présence des dendrites véritables dont nous parlions plus haut.

En étudiant le mode d'union réciproque des neurones, nous rencontrerons encore plusieurs dispositifs qui cadrent mal avec la théorie de la polarisation dynamique : revenons pour le moment à quelques points obscurs concernant la nature des axônes et des prolongements qui en partent. Certains neurites, ceux par exemple qui deviennent les cylindraxes des fibres radiculaires antérieures, émettent à une certaine distance du corps cellulaire des collatérales récurrentes qui vont s'arboriser autour des cellules les plus superficielles du groupe d'où l'axône tire son origine : pour des raisons que nous exposerons dans le premier chapitre de la seconde partie, Lenhossek considère ces collatérales comme jouissant de la conduction cellulipète, c'est-à-dire inverse de celle du neurite qui leur donne naissance. On regarde généralement cette manière de voir comme n'étant pas fondée : on admet pourtant d'autre part que deux courants de sens inverse — cellulipète et cellulifuge — peuvent cheminer dans le tronc commun du prolongement en T des cellules unipolaires. Cajal a formulé à ce propos la *théorie de l'évitement* qui se rattache à celle qu'il émit d'ailleurs sur *le plus court chemin* suivi par les fibrilles dans le corps cellulaire et tend comme celle-ci à limiter le rôle de ce dernier dans la fonction conductrice : cette théorie suppose que l'influx nerveux passe directement de la branche périphérique à la branche centrale du prolongement en T sans bifurquer vers le corps cellulaire par la branche commune.

Plus récemment Bethe arriva à une conclusion semblable : cet auteur parvint à obtenir chez le crabe des mouvements réflexes après avoir éliminé de l'arc de conduction les cellules nerveuses correspondantes. Cette constatation quelque intéressante qu'elle soit ne peut nullement confirmer la théorie de Cajal : quel serait, si cette dernière était vraie, le rôle des terminaisons nerveuses qui entourent le corps même de la cellule ? Du reste, qu'il en soit ainsi chez le crabe et d'autres polypodes, peu nous importe puisque, dès les Cyclostomes, nous observons une disposition qui exclut toute interprétation du genre de celle de Cajal : nous voyons en effet les fibrilles des deux branches divergentes s'infléchir pour gagner le corps cellulaire en suivant la branche mère, mais ne jamais passer directement de l'une à l'autre (Renaut : *Traité d'histologie*, tome II, 1899). Cette théorie enfin établit une différence injustifiée entre les cellules qui restent bipolaires et celles qui deviennent unipolaires au cours de leur développement.]

En deuxième lieu, en dehors de son point d'origine, une fibre n'a jamais avec aucune autre cellule des rapports de *continuité*, du moins dans le système nerveux central dans toute l'étendue duquel on ne trouve nulle part de réseau anastomotique entre les cellules, et cela contrairement à l'ancienne opinion de Gerlach, qui admettait que les cellules nerveuses étaient unies entre elles par leurs *prolongements protoplasmiques* ou *dendrites*, contrairement aussi à celle de Golgi (anastomoses au moyen des collatérales des

cylindres-axes). Il existe cependant quelques exceptions: sont-ce des anomalies ? (1) La cellule, avec l'ensemble de ses prolongements, forme un tout,
un élément dont l'individualité démontrée par His a été traduite par le terme
de *neurone* que créa WALDEYER. Elle est l'élément nerveux fondamental,
et de plus, embryologiquement et anatomiquement, toute cellule naît
et reste indépendante de ses semblables (*fig. 1*).

Quant aux *relations fonctionnelles des neurones entre eux*, elles peuvent
être assurées par différents dispositifs anatomiques.

1° Les ramifications terminales d'un cylindre-axe ou d'une de ses
collatérales s'arborisent et entrent en contact partiel avec le corps
cellulaire et les premières portions de ses dendrites. Exemple : terminaison
des fibres radiculaires postérieures dans la substance grise
de la moelle.

2° Les ramifications cylindraxiles terminales forment un réseau plus
ou moins serré qui enlace étroitement le corps et les dendrites d'une
cellule : c'est le cas des fibres grimpantes et des cellules de Purkinje
du cervelet. [Nous verrons, du reste, plus loin que le corps de ces cellules
est entouré d'une sorte de *corbeille* péricellulaire, à la formation de
laquelle prennent part des fibres venues, non seulement de cellules,
mais *d'espèces cellulaires* différentes.

Dans les ganglions cérébro-rachidiens ou sympathiques, les cellules

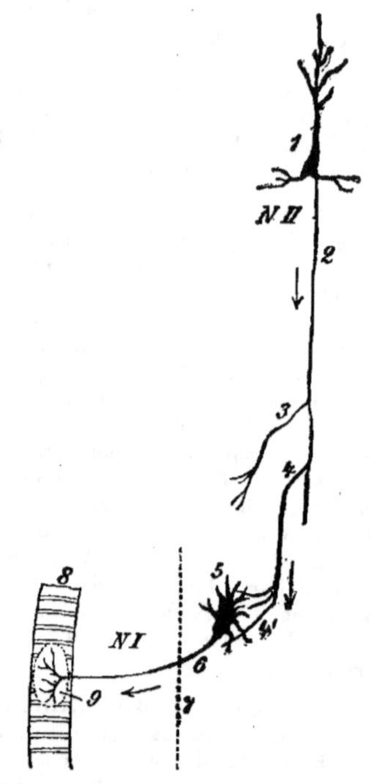

Fig. 1. — DIFFÉRENTES SORTES DE NEURONES DITS MOTEURS

N I, Neurone moteur périphérique ou neurone moteur terminal.
N II, Neurone moteur de deuxième ordre.
1, Sa cellule d'origine.
2, L'axône, avec *3* et *4*, ses collatérales, et *4'*, ses ramifications terminales.
5, Corps de la cellule qui forme le neurone de premier ordre.
6, Son neurite ou axône.
7, Limite de la moelle.
8, Fibre musculaire striée.
9, Ramification nerveuse dans la plaque motrice terminale.

(1) Dans le système nerveux périphérique, les relations entre éléments nerveux sont assurées d'une façon un peu différente : DOGIEL, RENAUT ont décrit dans la rétine des cellules anastomotiques. Il existerait aussi dans le sympathique de certains animaux inférieurs un réseau au sens de GOLGI (BERNARD-RAWITSCH : *Neurologisches Centralblatt*, 1895, p. 34).

nerveuses sont entourées d'une capsule endothéliale ; la corbeille ou nid péricellulaire (Cajal) est souvent double. Dogiel décrit un réseau de fibres myéliniques extra-capsulaires et un réseau plus fin ordinairement amyélinique, intra-capsulaire. L'un et l'autre peuvent être du reste de nature axile ou dendritique. Dans quelques cas, ils se terminent à la surface du corps même de la cellule par des dispositifs spéciaux en forme de disques aplatis, décrits par Huber.]

3° Les ramifications cylindraxiles forment réseau ou s'entrelacent avec les dendrites d'une ou de plusieurs cellules (glomérules olfactifs).

[Tels sont les modes de connexion que l'on rencontre le plus fréquemment dans le névraxe et qui peuvent se retrouver sous les aspects les plus divers. C'est ainsi qu'un même axône, ou une de ses ramifications, horizontal, rectiligne, peut contracter de simples contacts punctiformes avec une série de dendrites appartenant à des cellules différentes : c'est ce que l'on peut observer au niveau des branches de bifurcation horizontales des grains du cervelet, dans la couche moléculaire; c'est ce que l'on voit encore sur une rétine colorée en bleu d'Ehrlich et examinée dans un certain état de tension. Dans tous ces cas, il s'agit de la mise en présence de pôles de nom contraire, et tout semble disposé pour favoriser la transmission d'un élément à un autre, le corps de la cellule pouvant représenter, comme les dendrites, la surface réceptive. D'autres dispositifs sont plus difficiles à expliquer :

4° Ce sont d'abord les contacts indéniables qui existent entre axônes de cellules d'espèces différentes, particulièrement pour les axônes ascendants de certaines cellules de l'écorce cérébrale et cérébelleuse. Rien n'autorise à affirmer que ces contacts ne puissent jamais servir à la transmission de l'influx nerveux;

5° Ce sont surtout des contacts entre dendrites; les exemples en sont plus nombreux et mieux étudiés que ceux de la catégorie précédente : engrènement des dendrites des grains du cervelet, contact interprotoplasmique des cellules multipolaires des cornes antérieures de la moelle au niveau de la commissure ventrale, etc. Nous retrouverons du reste, dans la sixième partie, l'exposé des théories explicatives de ces dispositions particulières. Il en est d'autres enfin, que nous devons mentionner quoiqu'elles ne se rencontrent pas dans les centres nerveux proprement dits, telles sont les cellules dépourvues d'axône ou *cellules amacrines* décrites par Cajal dans la rétine et considérées généralement comme éléments d'association et les *cellules géminées* décrites par Renaut (1) dans la même membrane sensorielle : deux cellules

---

(1) Renaut : *Traité d'histologie pratique*, vol. II, p. 689 et suivantes.

voisines émettent des dendrites sur toute leur périphérie et sont unies l'une à l'autre par un prolongement membraniforme : une seule d'entre elles est munie d'un cylindraxe ; on peut en rapprocher les *cellules couplées* qui, au lieu d'être unies par un prolongement membraniforme, le sont par un prolongement protoplasmique légitime.

La question des rapports réciproques des neurones qui put sembler un moment définitivement résolue grâce aux méthodes d'Ehrlich et de Golgi fut reprise ces derniers temps par un certain nombre d'auteurs qui employèrent des procédés histologiques nouveaux et s'adressèrent, comme objet d'étude, au système nerveux des animaux inférieurs : malheureusement les résultats qu'ils obtinrent ne sont pas aussi inébranlables qu'ils sont inattendus.]

S'appuyant sur des recherches faites au moyen d'une méthode personnelle, BETHE affirma récemment le passage direct des fibrilles terminales du cylindraxe dans le corps de la cellule dont elles formeraient les fibrilles constitutives et qu'elles traverseraient ainsi que les prolongements protoplasmiques. LENHOSSEK s'est inscrit en faux contre ces résultats. De plus, les vues émises par BETHE ne peuvent prétendre à la généralisation à cause de l'incompréhensible insuffisance de la description que donne l'auteur de la méthode de coloration qu'il employa. Déjà auparavant, GOLGI, SALA, LUGARO, DOGIEL, HELD ont élevé des objections contre la théorie des neurones. Les opinions les plus intéressantes émises sur les rapports des ramifications terminales d'une fibre nerveuse avec la cellule qu'elles entourent, sont celles de HELD et L. AUERBACH. D'après ces deux auteurs, dans toute l'étendue du système nerveux central, les cellules et leurs dendrites sont entourées d'un réseau de fibrilles nerveuses moniliformes. Au moyen de certaines méthodes (hématoxyline argentique d'après L. AUERBACH, hématoxyline ferrique d'après HELD), il est facile de prouver que les nodules terminaux des fibrilles sont accolés à la surface des cellules et des dendrites. Ces fibrilles sont unies entre elles par de nombreuses anastomoses. AUERBACH put observer la continuité de deux fibrilles en diverses régions du névraxe : cornes postérieures, substance gélatineuse de Rolando, couche granuleuse du cervelet, tandis qu'en d'autres territoires il ne put la constater. Les ramifications terminales des fibres nerveuses sont dirigées perpendiculairement à la surface des cellules et des dendrites : de cette façon leurs nodules piriformes terminaux ont leur grand diamètre normal à cette surface. On peut se convaincre encore que le pourtour de la cellule dessine une ligne lisse et bien marquée et que les nodules terminaux ne s'avancent pas jusqu'au protoplasma de la cellule.

Devant ces résultats, Auerbach se déclare contre la théorie du simple contact soutenue par Cajal et d'autres auteurs.

Turner et Hunter ont aussi décrit dans les cellules de différentes régions du cerveau un lacis fibrillaire qu'ils considèrent comme l'arborisation terminale d'une fibre venue d'une autre cellule. Enfin Golgi et son élève Veratti ont donné la description détaillée et appuyée par de nombreuses illustrations de véritables terminaisons nerveuses intracellulaires [ces terminaisons se présentent sous l'aspect d'un réseau plus ou moins serré occupant ordinairement la zone périnucléaire du corps de la cellule : elles sont visibles par l'imprégnation au chromate d'argent, un certain temps après le début de la réaction, avant que celle-ci n'ait imprégné d'une façon uniforme tout le corps cellulaire.]

Nous voyons, en résumé, que les opinions émises sur les rapports des cellules et des fibres s'éloignent beaucoup les unes des autres. Ces rapports peuvent du reste varier dans leur mode suivant les régions considérées, ainsi que j'ai déjà eu l'occasion de le remarquer ; on peut dans un cas vérifier la réalité du contact ou de l'adjacence, dans un autre, rencontrer le réseau décrit par Held et Auerbach, comme on peut ailleurs constater le passage direct, la continuité des fibrilles terminales d'une fibre venue d'une autre cellule avec les fibrilles intracellullaires. Mais dans aucun de ces cas la théorie générale des neurones ne paraît être ébranlée dans ses fondements. En effet, l'opinion universellement admise n'affirme pas d'une façon absolument catégorique que les cellules, avec leurs dendrites et les ramifications terminales des neurites voisins, soient complètement séparées les unes des autres ; on a simplement abandonné, pour la théorie actuelle, l'ancienne manière de voir d'après laquelle on décrivait dans le tissu nerveux des fibres provenant d'un *réseau* nerveux et devenant en quelque sorte un nouvel individu. On peut même rattacher à la théorie du neurone l'opinion d'après laquelle le tissu nerveux n'est formé que d'une sorte d'éléments : les cellules et leurs neurites. Il se pourrait d'ailleurs, ainsi que Bethe l'a affirmé, que ces éléments ou neurones ne fussent pas complètement séparés les uns des autres, et que leur réunion fût assurée par des fibrilles péri- et intracellullaires (ces dernières du reste sont connues depuis longtemps : elles ont été décrites en 1844 chez l'écrevisse par Remack et furent étudiées en 1868 par Schultze, puis par la plupart des histologistes) ; mais cela n'empêcherait pas de considérer la cellule avec ses prolongements, nerveux et protoplasmiques, comme un tout indépendant et indivisible : cette individualité est du reste nettement affirmée par le mode même de développement de la cellule et des prolongements qui en naissent.

Quoi qu'il en soit le contact immédiat, le simple voisinage, voire même peut-être la continuité d'une ramification axile ou dendritique et du corps ou des dendrites d'une ou de plusieurs autres cellules forme une chaîne qui peut être constituée de deux, trois unités ou d'un plus grand nombre et qui représente une voie de conduction pour l'influx nerveux: les dendrites que Golgi et ses élèves ont considérées comme étant surtout des organes de nutrition servent à la conductibilité nerveuse aussi bien que le corps de la cellule et son prolongement de Deiters. De la notion des chaînes d'éléments nerveux acquise par l'histologie, découle cette loi que l'influx nerveux ne progresse pas directement d'un élément à un autre, mais que, dans chacun des neurones sériés, naissent des influx successifs: cette déduction est du reste confirmée par les différences que l'on peut observer dans l'énergie physique des éléments nerveux [et par le retard, noté par les physiologistes, d'un influx transmis par une chaîne composée (réflexe) sur un courant transmis par une chaîne moins complexe].

Remarquons aussi que l'opposition admise entre les voies centrifuges et les voies centripètes ne repose pas sur la nature des éléments conducteurs, mais simplement sur la direction des cylindraxes dont elles sont formées : tandis que dans les voies centrifuges ils suivent un trajet descendant, dans les voies centripètes leur trajet est ascendant. Ainsi s'explique cet autre fait général : les voies de conduction dégénèrent dans des sens différents, non par rapport à la cellule qui dirige leur trophisme mais par rapport aux centres nerveux les plus élevés ; après section les voies *centrifuges* souffrent la dégénération descendante, les voies *centripètes* (toujours par rapport aux centres supérieurs et non par rapport à la cellule) présentent la dégénération ascendante. Nous avons parlé plus haut de la dégénération rétrograde et des caractères évolutifs et microscopiques qui la distinguent de la dégénérescence wallerienne qui est plus régulière, plus rapide, plus profonde et s'accompagne dès le début de fragmentation du cylindraxe et de la multiplication des noyaux.

BIBLIOGRAPHIE. — **Rapports des fibres avec les cellules.** Cette question est traitée dans la plupart des mémoires parus à l'époque des premières applications de chaque méthode. On consultera surtout, outre les ouvrages cités au paragraphe suivant : Apathy : « L'élément conducteur du système nerveux et ses rapports topographiques avec les cellules », *Mittheilungen aus der Zool. Station zu Naepel*, vol. LII, p. 485, 1897. — Arnold : Ueber Structur u. Architektur d. Zellen, *Archiv. f. mikr. Anat.*, vol. LII, p. 535, 1898. — Auerbach (L.) : « Terminaisons nerveuses dans les organes centraux », *Neurol. Centralbl.*, vol, XVII, 1898, p. 445 et p. 734. — « Sur la substance protoplasmique des cellules nerveuses et en particulier de celles des ganglions spinaux », *Monatschr. f. Psych. u. Neurologie*, vol. IV, p. 31, 1898. — Babes : Sur une nouvelle forme de terminaison nerveuse : les anses terminales, *Annales de l'Institut de Pathol. et de Bactériol. de Bucharest*, 1898. — Bethe : « Le système nerveux du *carcinus maenas* ; recherches anatomo-physiologiques », *Arch. f. mikr. Anat.*, vol. L, p. 460, 1897. — « Nouveaux faits concernant la structure et les fonctions du neurone », 99ᵉ *Wander-Versammlung d. Südwest deut. Neurol. u. Irrenærzte zu Baden-Baden*, 1897. — « Sur les fibrilles primitives des cellules et des fibres nerveuses des vertébrés et invertébrés », *Verh. d. Anat. Gesellschaft, aus d. XIIᵉ Vers. in Kiel*, avril 1898. — *Anat. Anz.* XIV, suppl., p. 37, 1898. — « Sur les fibrilles primitives des cellules ganglionnaires de l'homme et d'autres vertébrés », *Morphol. Arbeiten v. Schwalbe*, VIII, 1898. — « Les fibrilles primitives dans les cellules ganglionnaires de l'homme ; ce qu'elles deviennent en cas de dégénér. des nerfs périphériques », 23ᵉ *Wanderversam. d. Südwest deut. Neurol. u. Irrenærzte zu Baden-Baden*, mai 1898 et *Neur. Centralbl.* XVII, 13, p. 614, 1898. — Cajal : Nouvelle contribution à l'étude histologique de la rétine et à la question des anastomoses des prolongements protoplasmiques. *Journ. de l'Anat. et de la Phys.*, 1896. — Cox : « L'individualité des fibrilles dans le neurone », *Monatschrift f. Anatomie u. Phys.*, XV, 1898. — Dogiel : '« Structure de la cellule des ganglions spinaux », *Anat. Anzeiger*, vol. XIII, 1896. — Donaggio : « Contribution à l'étude de la structure intime de la cellule nerveuse chez les vertébrés », *Riv. sperim. di Fren*, XXIV, 2, 1898. — « Nouvelles observations sur la structure de la cellule nerveuse », *Ibid.*, 1898, 3 et 4. — Golgi : « Sur la structure de la cellule nerveuse des ganglions spinaux », *Bulletin de la Soc. méd. chir. de Pavie*, 1898. — « Sur la structure des cellules nerveuses », *Arch. Ital. de Biol.*, vol. XXX, p. 60 et *Soc. med. chir. de Pavie*, 1898. — « Contribution à la structure des cellules nerveuses », *Rend. R. Ist. Lomb. di Scie. e Lett.*, vol. XXXI, 930, et *Gaz. med. Lomb.*, LVII, p. 269 et 279. — « Terminaisons nerveuses intracellulaires », *Archiv. Ital. de Biol.*, vol. XXX, p. 70. — Garbowski : « Doctrine d'Apathy sur les éléments nerveux conducteurs », *Biol. Centralbl.* nᵒ 13 et 14, 1898. — Held : « Sur la structure des cellules nerveuses et de leurs prolongements », *Arch. f. Anat. u. Phys., Anat. Abth.*, suppl., p. 273 et p. 350, 1897. — « Sur le mode d'union des cellules nerveuses », IIᵉ *Versammlung mitteldeutsch. Psych. u. Neurol. zu Halle*, octobre 1897. Résumé in *Arch. f. Psych.*, XXX, p. 656, 1898. — Lenhossek : « *La structure fine du système nerveux à la lumière des dernières recherches* », Berlin, 1895. — « Exposé critique du travail de Bethe : les éléments anatomiques du système nerveux et leur rôle physiologique », *Biol. Centralbl.*, 1898, vol. XVIII, p. 843 ; *Neurol. Centralbl.*, 15 mars 1899, p. 242, et *Rev. Neurol.*, 1899, p. 592. — Leydig (F.) : « L'élément conducteur du tissu nerveux », *Arch. f. Anat. u. Phys. Anat. Abth.*, 1897, p. 43. — Mann : « La structure fibrillaire des cellules nerveuses », *Anat. Anz.*, suppl., 1892. — Martinotti : Su alcune particolarita di struttura delle cellule nervose. *Annali di Freniatria*, vol. IX, 1899. — Pierret : Sur les relations existant entre le volume des cellules motrices ou sensitives des centres nerveux et la longueur du trajet qu'ont à parcourir les incitations qui en émanent et les impressions qui s'y rendent. *C. R. Acad. sciences*, 1878. — Redlich : « Sur les cellules nerveuses multipolaires et la théorie du neurone de Waldeyer », *Bull. méd. de Paris*, 1895. — Turner et Hunter : « Sur une forme de terminaison nerveuse dans le système nerveux central », *Brain*, 1899. — Waldeyer : *Abh. d. K. preuss. Akad. der Wissenschaften zu Berlin*, 1888-1889.

SYSTÈME NERVEUX GANGLIONNAIRE

Il n'entre pas dans le plan de cet ouvrage de décrire le système nerveux périphérique, mais quelques mots sont nécessaires sur le système ganglionnaire et ses rapports avec le névraxe. Malgré la lumière qu'y ont apportée des recherches récentes, ce chapitre demeure encore obscur en beaucoup de points.

[**Ganglions cérébro-spinaux.**— Il est utile pour faciliter l'intelligence du système nerveux viscéral de rappeler en quelques mots quelle est la disposition des cellules et des fibres des ganglions rachidiens.

A. *Cellules.* 1° Les cellules sont en grande majorité du *type unipolaire* que nous avons décrit incidemment dans le paragraphe précédent ; quelques-unes d'entre elles possèdent chez l'adulte des prolongements protoplasmiques légitimes : presque toutes en possèdent chez le fœtus (Lenhossek, Dogiel, Spirlas, Sclavunos, Disse) : le prolongement périphérique peut alors provenir d'une dendrite.

Les deux prolongements peuvent émettre chez le fœtus de courtes collatérales, mais chez l'adulte celles-ci naissent uniquement de la branche mère issue du corps de la cellule. Le rôle des dendrites « accessoires » est d'ailleurs mal connu : servent-elles à l'association des cellules ou sont-elles en rapport avec les fibres venues de la moelle par les racines postérieures? (Lenhossek) ; 2° Il existe constamment un petit nombre de *cellules bipolaires* reproduisant le type normal chez l'embryon; 3° des *cellules multipolaires*; 4° des cellules que Dogiel oppose à toutes les catégories précédentes sous le nom d'éléments du deuxième type ou *cellules sympathiques:* ce sont des cellules unipolaires dont le prolongement se bifurque un grand nombre de fois sans quitter le ganglion et se termine autour des cellules des catégories précédentes par des arborisations péricapsulaires, en partie myéliniques et des arborisations sous-capsulaires, amyéliniques. D'autre part le corps de cette cellule est entouré également par des ramifications de fibres sympathiques venues par le rameau communiquant (Dogiel). Ces fibres provenant du sympathique ont été étudiées par Cajal et avant lui par Ehrlich. Elles forment les réseaux péri-cellulaires dont nous avons parlé plus haut et qui furent décrits en premier lieu par Arnold, autour des cellules des ganlions sympathiques.

D'après Huber on pourrait observer chez les batraciens un dispositif particulier de terminaisons péri-cellulaires sous-capsulaires; les dernières et les plus fines ramifications amyéliniques, provenant peut-être elles-mêmes du prolongement de la cellule unipolaire, se terminent à la surface du corps de cette dernière par des *disques* aplatis. Le prolongement de l'unipolaire pourrait enfin prendre naissance par plusieurs racines plus ou moins éloignées les unes des autres sur le corps de la cellule (Daae).

B. *Fibres*. Quant aux fibres des ganglions spinaux, la majorité en est formée par les prolongements mêmes des cellules bipolaires ou multipolaires. Un petit nombre vient de la moelle : on ne sait si quelques-unes de ces dernières s'arrêtent dans le ganglion ou si elles gagnent toutes la périphérie. Il en est de même pour les fibres sympathiques qui abordent le ganglion par son pôle périphérique : on ne sait si toutes se terminent autour des cellules du deuxième type de Dogiel ou si quelques-unes d'entre elles se continuent jusqu'à la moelle.]

Grand sympathique. Le système ganglionnaire du sympathique peut être considéré comme représentant essentiellement une partie aberrante du névraxe. Il est formé comme celui-ci de chaînes d'éléments cellulaires ou neurones, qui conduisent l'influx nerveux dans les deux sens, ascendant et descendant, et dans lesquelles les cellules motrices et sensitives (1) s'agencent entre elles de différentes façons. Quoique possédant une réelle autonomie, le système du grand sympathique est intimement relié au névraxe.

Son individualité lui est assurée par ses ganglions dont les cellules émettent des prolongements de diamètre et de dimensions variables, et qui deviennent myéliniques ou restent amyéliniques. Il est d'autre part placé sous la dépendance du système central par les *rami communicantes* et leurs homologues de la région cranienne.

[Nous rappellerons rapidement les quelques points de l'histoire des *cellules* nerveuses qui peuvent intéresser la conduction de l'influx nerveux, puis nous étudierons les *fibres* et leur fasciculation.

A. *Les cellules* représentent comme dans le système nerveux central des éléments indépendants les uns des autres et munis de prolongements de nature nerveuse ou dendritique, auxquels on accorde le rôle d'appareils de conduction

[(1) L'expression de cellule motrice ou sensitive est en général impropre : toutes les cellules nerveuses, sauf celles qui sont sur les limites du système nerveux et sont ainsi mises en rapport direct avec des surfaces épithéliales ou des éléments contractiles, toutes ces cellules, les grandes pyramidales de l'écorce aussi bien que les cellules des cornes postérieures de la moelle, ne sont que des éléments d'association dont rien n'autorise à admettre une spécification fonctionnelle aussi absolue qu'on le fait ordinairement. Or si, pour le névraxe, ces expressions sont justifiées, d'une part au sujet des multipolaires des cornes antérieures et d'autre part pour les unipolaires des ganglions rachidiens, elles le sont bien encore davantage pour le système sympathique : on y trouve, en effet, des cellules dont l'axône peut être suivi jusqu'à une fibre musculaire (Dogiel, Cœur), et d'autre part, d'après le même auteur, des cellules dont les dendrites vont, quelquefois à de grandes distances, cueillir au niveau des surfaces épithéliales les ébranlements que ces cellules transmettent à leurs collègues de la motricité (directement ou par l'intermédiaire d'un ou de plusieurs relais), ou même aux cellules des ganglions spinaux, ou peut-être à celles de la moelle.]

à direction cellulifuge ou cellulipète et qui se terminent tous par des ramifications libres : les relations entre éléments ne sont assurées que par de simples contacts et jamais par continuité directe. Il en est de même pour les fibres venues du système cérébro-spinal ; elles se résolvent en ramifications libres dans les ganglions du sympathique et n'entrent en rapport avec les cellules que par simple contact.

Longtemps encore après la généralisation des méthodes analytiques on opposait à la cellule unipolaire des ganglions spinaux la cellule multipolaire des ganglions sympathiques : on ne s'attachait en effet qu'à la forme des éléments et au mode d'origine de leurs prolongements. Ces caractères furent décrits avec force détails par plusieurs auteurs (CAJAL, v. GEHUCHTEN, JUSCHTSCHENCO, etc.) qui employèrent dans ce but la méthode du chromate d'argent. Ce n'est que depuis quelques années que, grâce aux travaux de DOGIEL, l'étude des cellules ganglionnaires est entrée dans une voie plus large. Tout en fournissant sur la cellule elle-même, sa structure et ses prolongements, des données d'une précision jusqu'alors inconnue, les admirables recherches de l'histologiste russe éclaircirent et fixèrent d'une façon définitive les rapports de ces prolongements avec les différents éléments du tissu dans lequel ils sont plongés : à la stérile division des cellules en sympathiques et cérébro-spinales, bipolaires et multipolaires, etc., succéda naturellement la féconde opposition de leur nature motrice, sensitive ou d'association. Du même coup, l'arc réflexe, dont seule la physiologie avait pu jusqu'alors affirmer l'existence et désigner tous les composants, se schématisa de lui-même dans le champ du microscope.

DOGIEL distingua dès 1896 « deux sortes de cellules sympathiques » qui se retrouvent dans tous les plexus viscéraux : un *type moteur* ayant de 3 à 20 dendrites relativement courtes, variqueuses, irrégulières, très divisées et formant ainsi un réseau épais dans le ganglion ; l'axône s'engage dans un des troncules nerveux en rapport avec le ganglion et là, s'entoure d'une mince couche de myéline ; un *type sensitif* à dendrites plus volumineuses, se divisant en ramules *longs, fins* et *lisses ;* à la périphérie du ganglion elles pénètrent dans des troncules nerveux : on peut dans le plexus d'Auerbach les voir gagner la sous-muqueuse. Dans ce cas (long trajet), les dendrites ressemblent beaucoup à des axônes dont elles ne se distinguent que par leurs divisions dichotomiques tandis que ces derniers ne font qu'abandonner des collatérales et seulement dans l'intérieur du ganglion. On s'explique ainsi l'erreur de CAJAL qui considérait comme cylindraxiles tous les prolongements des cellules du plexus intestinal. Le neurite traverse quelquefois plusieurs ganglions et leur envoie des collatérales. Chez les poissons, SAKUSSEF a pu voir les dendrites des cellules du deuxième type aller former réseau sous l'épithélium de la muqueuse de l'intestin et entourer même de leurs ramifications chacune des cellules de cet épithélium. Cet auteur put ainsi figurer le schéma complet d'un appareil réflexe dont nous venons de décrire l'extrémité réceptive et dont la première articulation est localisée au niveau des plexus intra-ganglionnaires formés par les axônes ramifiés des cellules sensitives, au milieu des cellules du premier type ou type moteur ; le neurite d'une de ces dernières termine l'arc réflexe en allant exciter une fibre musculaire. Un même cylindraxe sensitif peut d'ailleurs, par ses collatérales, actionner plusieurs ganglions.]

Dans ses intéressants travaux sur les ganglions cardiaques Dociel décrivit un nouveau type de cellules sympathiques. Celles du premier type sont toujours les plus nombreuses : elles ne se rencontrent jamais à l'état isolé. De forme arrondie, elles possèdent quinze à vingt dendrites courtes, épaisses, quelquefois même un plus grand nombre. A une faible distance du corps cellulaire ces prolongements se résolvent en rameaux variqueux plus ou moins allongés, qui de leur côté se ramifient et donnent des fibrilles courtes, épaisses, noueuses et formant une sorte de plexus. L'axône naît en général d'une petite éminence conique de la cellule, ou bien de la base d'une dendrite ou encore d'un rameau d'une de ces dernières. De sa portion conique naissent souvent de nombreuses collatérales, courtes, en forme d'épine. Plus loin, l'axône devient le cylindraxe d'une fibre [amyélinique, qui passe dans le plexus nerveux intramyocardique et se termine au contact d'une fibre musculaire]. Les cellules du deuxième type ressemblent par leur forme à celles du premier mais elles sont plus volumineuses [et se trouvent surtout le long des nerfs du plexus sous-péricardique]. Leurs dendrites (de une à dix) sont d'une longueur considérable, caractéris-tique ; dans le voisinage même de la cellule elles se résolvent en longs filaments, lisses et de diamètre uniforme [qui dépassent toujours les limites de leur ganglion, pénètrent dans les troncules nerveux et sont presque impossibles à distinguer des axônes. Ceux-ci pénètrent aussi dans un troncule du plexus péricardique et se revêtent de myéline à une grande distance de leur origine ; peut être vont-ils se ramifier dans un ganglion voisin. Il est facile de voir que malgré quelques différences de détail ces deux sortes de cellules répondent aux deux types, moteur et sensitif, que nous avons décrits plus haut : il est intéressant de remarquer l'analogie qui existe entre ces dernières cellules dont les dendrites sont presque impossibles à distinguer des axônes et les cellules sensitives des ganglions spinaux. Mais il existe encore dans les ganglions du cœur un troisième type de cellules dont les fonctions sont probablement différentes :]

Les cellules du troisième type sont plus rares que celles du premier dans les ganglions du cœur : elles se rapprochent par leur taille de celles du deuxième type : mais leurs axônes ne dépassent pas les limites du ganglion. Chacune possède de cinq à six dendrites qui se résolvent en fascicules de fibres, ou se divisent en deux ou trois branches. [Ces cellules sont en général piriformes : de la longue tige qui termine le corps cellulaire émane un petit nombre de dendrites courtes et bientôt divisées, très semblables à des axônes et qui forment bientôt au milieu du ganglion une sorte de plexus qui entoure indistinctement les cellules de toutes les catégories : de ce réseau dépendent les nids péricellulaires dont Cajal a donné une des premières descriptions. Quant à l'axône, il est épais, lisse, et naît de la tige qui termine le corps de la cellule, au même point que les dendrites ; il se termine le plus souvent dans le même ganglion, quelquefois dans un ganglion voisin. Ces cellules nous offrent l'exemple d'un mode spécial d'union des neurônes entre eux : leurs dendrites en effet vont cueillir des excitations à la surface même d'autres cellules de diffé-rentes espèces : suivant un dispositif semblable, l'axône va se ramifier autour du corps d'autres éléments.

Il ne peut être ici question d'une conduction nerveuse au sens ordinaire du mot : car les deux cellules ainsi associées par l'élément du troisième type sont munies d'axônes et de dendrites qui leur assurent le transit ordinaire à toute cellule. Nous retrouverons au cours de cet ouvrage plusieurs exemples d'une disposition semblable : nous verrons dans la sixième partie qu'il est une façon simple de l'interpréter en lui attribuant, non pas un rôle de conduction nerveuse ordinaire, c'est-à-dire de transmission d'états de déséquilibration, mais en la considérant au contraire comme un appareil destiné à égaliser les tensions, à mettre à l'unisson deux cellules appelées à vibrer de concert : c'est un premier exemple d'une fonction intéressante mais encore mal connue.

Quant à la structure intime du protoplasma des cellules sympathiques nous n'avons à l'envisager qu'au point de vue de la conduction nerveuse. Ici encore nous constatons une structure fibrillaire : les fibrilles sont différenciées au sein d'une substance fondamentale moins réfringente et plus sensible à l'action des réactifs qui peuvent créer dans sa masse des coagulations prises souvent pour l'expression d'une structure préformée (1).]

Il existe plusieurs preuves de l'existence d'un réseau *à l'intérieur* des cellules des ganglions sympathiques, conformément aux observations faites par Golgi (2), Veratti (3) et Nelis (4), sur les ganglions thoraciques cervicaux : un fin réseau fibrillaire occupe en général tout le protoplasma de la cellule à l'exception d'une mince zone marginale et de la région du noyau : jamais il ne pénètre ce dernier. D'après les résultats de ses recherches, Veratti distingue un réseau intracellulaire qu'il oppose au réseau extracellulaire décrit par Apathy et d'autres auteurs ainsi qu'aux fibrilles intracellulaires décrites par Bethe dans le corps et les prolongements de la cellule. Le rôle de cet appareil réticulé n'est pas encore complètement élucidé. Je lui trouve quant à moi une certaine anologie avec le réseau péricellulaire de Smirnoff : il correspond vraisemblablement, surtout par son mode de terminaison, aux ramifications terminales d'un neurite dans le corps cellulaire.

Chez les vertébrés inférieurs (batraciens) les cellules sympathiques possèdent, outre leur prolongement rectiligne, une fibre spirale. Smirnoff (5) a montré que le premier devient bientôt le cylindre-axe d'une fibre nerveuse nue, tandis que la fibre spirale myélinique forme un réseau variqueux péricellulaire, situé entre la capsule et le protoplasma nerveux, sans pourtant se continuer directement avec celui-ci. Par expérimentation sur la grenouille, Nikolajew (6) montra que la section du nerf vague n'entraîne la dégénérescence que de la seule fibre spirale et du plexus péricellulaire, tandis qu'elle épargne la cellule et son prolongement cylindraxile. Celui-ci va à la périphérie innerver tel ou tel muscle tandis que la fibre spirale qui a son centre dans le système cérébro-spinal en apporte aux cellules sympathiques les influx directeurs.

(1) Voir Bonne : Recherches sur les éléments centrifuges des racines postérieures. *Thèse de Lyon*, 1897, p. 73.

(2) Golgi : Intorno alla struttura delle cellule nervose, *Bolletino della Soc. Med. Chirurgica di Pavia*, 1898.

(3) Veratti : Ueber die feinere Structur der Ganglienzellen des Sympathicus, *Anatom. Anzeiger*, 20 décembre 1898.

(4) Nelis : Un nouveau détail de structure du protoplasma des cellules nerveuses. *Bull. de l'Acad. des Sciences*, février 1899.

(5) Smirnoff : Materialen zur Histologie des peripheren Nervensystems der Batrachier, 1891.

(6) Nikolajew : *Neurolog. Anzeiger*, 1894, n° 4 (original).

B. *Les fibres*. Les *rami communicantes* apportent au système sympathique des fibres, en général plus volumineuses que les siennes propres. Quelques-unes d'entre elles sont sensitives, en ce sens qu'elles conduisent au névraxe les sensations venues des viscères, mais la plupart sont des fibres motrices qui transmettent aux ganglions sympathiques les impulsions nées dans le cerveau et la moelle, et, par l'intermédiaire de ces ganglions, actionnent les muscles lisses et les organes glandulaires : grâce à ces fibres et aux relations qu'elles établissent, des excitations développées dans le névraxe peuvent se résoudre sous forme réflexe dans le sympathique, et inversement.

[Étudions donc : 1° les fibres d'union ; 2° les fibres propres au système du grand sympathique.

1° Les premières, avons–nous vu, peuvent être, par rapport au névraxe, *centripètes* ou *centrifuges*.

a) Quoiqu'elle possède un intérêt considérable au point de vue de l'anatomie générale, la question de la provenance des fibres sensitives ou centripètes du système sympathique n'est pas encore complètement résolue. Quelle que 'soit en effet la méthode employée à ce sujet, elle se heurte à des difficultés d'interprétation qui découlent de la complexité des voies de conduction de ce domaine du système nerveux.

Précisons d'abord les conditions dans lesquelles la méthode des dégénérations expérimentales pourrait donner un résultat positif. Les cellules qui donnent naissance aux fibres centripètes ne peuvent être situées *a priori* qu'à la périphérie ou dans l'intérieur des ganglions spinaux; d'autre part les fibres qui en émanent ne peuvent passer que par les racines postérieures, puisque la section de toute racine antérieure ne laisse intacte aucune des fibres du bout périphérique (1). Lors de la section d'une racine postérieure, ces fibres dégénéreront, quelle que soit leur origine, dans le bout médullaire du troncule sectionné et seront ainsi confondues avec les autres fibres de la sensibilité générale qui subiront le même sort. On ne peut donc s'adresser, pour mettre en évidence les fibres « névraxipètes » du système sympathique, qu'à la section du rameau communiquant lui-même. Or celui-ci est toujours formé de fibres à conduction inverse : après la section, on verra dégénérer dans le bout attenant au ganglion sympathique les fibres motrices venues de la moelle et les fibres venues des ganglions spinaux, s'il est vrai que les fibres issues de ces ganglions représentent les fibres sensitives du système sympathique; si des fibres dégénèrent,' elles ne pourront représenter que le prolongement centripète (nous prenons centre dans le sens de neurone) des cellules sensitives qui seraient alors situées à la périphérie, c'est-à-dire dans un ganglion ou un plexus sympathique. Mais des expériences de ce genre n'ont jamais été faites : seules pourtant elles permettraient de trancher la question qui est ainsi résolue en sens contraire par les écoles de Kœlliker et de Dogiel :

(1) [Cependant Trouchkofsky aurait noté la dégénération partielle des racines antérieures (et des racines postérieures) après l'extirpation d'un ganglion sympathique ou la section de filets sympathiques appartenant à la même région. D'autre part, d'après Cajal, un petit nombre de fibres venues des ganglions sympathiques, et par conséquent centripètes par rapport à la moelle, se rendent à celle-ci en passant par les racines antérieures (Cajal : *Les nouvelles Idées sur la structure du système nerveux*, Paris, 1894, p. 138).]

1° Pour KŒLLIKER et la majorité des auteurs les fibres sensitives des viscères sont, comme les fibres destinées à la périphérie, les prolongements dits protoplasmiques des cellules unipolaires des ganglions spinaux : ces prolongements iraient cueillir au niveau des viscères, comme leurs semblables le font au niveau de la périphérie, les excitations qui se rendraient à la moelle en passant par la cellule ;

2° Mais il est une autre opinion qui date de l'application par DOGIEL de la méthode d'Ehrlich à l'étude des ganglions et plexus sympathiques : cette opinion considère comme correspondant seule à la réalité la deuxième des alternatives dont nous avons envisagé la possibilité : toute fibre sympathique sensitive (centripète par rapport aux centres dont les associations sont conscientes) ne serait autre que l'axône (ou une ramification, myélinique ou non, de cet axône) d'une « cellule du deuxième type » (voir plus haut) située dans un ganglion périphérique (sympathique) ; cette cellule peut d'ailleurs être uni ou multipolaire. Quant à la fibre sensitive, à son arrivée dans le ganglion rachidien, elle s'arborise et forme un panier péricellulaire autour d'une des cellules de l'espèce particulière que nous avons étudiée précédemment (cellule d'association).

La solution proposée par DOGIEL et son école soulève une autre question : les fibres qui proviennent des ganglions du sympathique se terminent-elles toutes dans le ganglion spinal ou bien quelques-unes d'entre elles ne font-elles que le traverser pour se rendre dans la substance grise de la moelle par la voie de la racine postérieure ? La première alternative paraît s'accommoder assez bien d'un fait physiologique banal : la rareté et le manque de localisation des sensations viscérales ; les impressions venues des viscères n'arriveraient au névraxe, pour y être élaborées en sensations (1), qu'en empruntant la voie que suivent les impressions reçues par la périphérie ; il se pourrait ainsi qu'elles influassent sur ces dernières en modifiant le tonus des cellules chargées de leur transmission (par le moyen des arborisations des fibres sympathiques autour du corps des cellules d'association de DOGIEL). Pourtant rien ne s'oppose à l'existence de fibres qui, parties des ganglions sympathiques, se rendraient directement à la moelle en passant par la racine postérieure : nous avons déjà vu que la section expérimentale de cette dernière ne peut pas les mettre en évidence, mais il faut remarquer par contre que la résection d'un ganglion sympathique entraîne une dégénération partielle de plusieurs racines dorsales ;

[(1) Il est à peine besoin de rappeler que l'excitation du bout central d'une racine postérieure n'est ni plus ni moins douloureuse que celle du bout central du nerf mixte : c'est dire que l'excitation est suivie des mêmes résultats, qu'elle soit faite en amont ou en aval de la cellule unipolaire, ou qu'elle porte, en d'autres termes, sur le prolongement central ou périphérique de cette dernière : l'excitation d'une seule cellule ne suffit pas à provoquer un phénomène conscient : pour qu'il y ait sensation, c'est-à-dire souvenir, et la douleur est une sorte de souvenir, il faut qu'il y ait mise en jeu simultanée de plusieurs neurones et association de leurs résidus respectifs. L'expérience montre encore que ces neurones doivent être hiérarchisés. Or ces conditions anatomiques ne se trouvent réalisées que dans l'intérieur du névraxe. Il est donc rationnel de rapprocher du fait physiologique dont nous parlions plus haut, au sujet des sensations viscérales, la disposition anatomique en question : l'absence de voies spéciales qui conduisent au névraxe les impressions venues des viscères.]

pourtant, d'après GAULE et LEWIN, le nombre des fibres d'une de ces racines est déjà de beaucoup inférieur à celui des cellules de ganglion spinal (dix fois moins chez le lapin).

b) Quant aux *fibres venues du système cérébro-spinal*, la plupart passent par les racines antérieures : il se pourrait qu'un petit nombre d'entre elles fît partie des éléments centrifuges des racines dorsales puisque TROUCHKOFSKY a retrouvé des fibres dégénérées dans le sympathique, après la section de ces racines (1). On sait que ces fibres possèdent chez plusieurs vertébrés (amphibiens) un rôle moteur viscéral. On sait, d'autre part, que chez l'homme et les mammifères supérieurs, les fibres sympathiques d'origine cérébro-spinale ne se terminent jamais au niveau d'un élément contractile (fibre lisse ou fibre cardiaque, DOGIEL) : ce n'est que par l'intermédiaire des cellules *motrices* du sympathique qu'elles président à la motricité viscérale.

Au point de vue microscopique, dès avant 1894, au cours de ses recherches classiques sur les plexus viscéraux (vésicule biliaire, intestin, etc.) DOGIEL décrivait et figurait la terminaison des fibres cérébro-spinales autour des cellules du type moteur.] Dans ses études sur les ganglions du cœur il distingue deux sortes de fibres sympathiques : 1° des fibres en partie amyéliniques qui se dichotomisent un grand nombre de fois après leur pénétration dans le ganglion ; après s'être dépouillés de leur gaine de myéline, les derniers ramuscules se terminent dans le même ganglion ou dans un ganglion voisin ; ces fibres et leurs ramifications forment dans chaque amas cellulaire un réseau particulièrement serré qui en baigne tous les éléments sans jamais cependant traverser les capsules des cellules : il ne peut donc y avoir contact immédiat qu'au niveau des dernières ramifications dendritiques dépourvues de cette formation conjonctive ; du réseau d'un ganglion partent des fibres qui se rendent dans un autre et le font ainsi communiquer avec le premier ; 2° des fibres, toutes myéliniques, moins nombreuses que les précédentes ; elles se ramifient souvent dès avant leur pénétration dans le ganglion et leurs ramifications se rendent ordinairement à plusieurs ganglions différents. Là elles pénètrent dans les groupes cellulaires et entourent les cellules du premier type (moteur). Les fibres pourvues ou privées de myéline qui se terminent dans les ganglions appartiennent tantôt à des cellules de ces derniers, tantôt à des ganglions sympathiques extra-cardiaques. Par leur disposition générale les ganglions du cœur rappellent les ganglions vasculaires.

[(1) Au cours d'une expérience semblable mais dans laquelle la section datait de neuf jours seulement, nous avons fait en vain la même recherche.]

[Quant à la nature et à l'*origine* de ces fibres, Dogiel admet que presque toutes les fibres amyéliniques et un très petit nombre des fibres myéliniques qui se terminent dans les ganglions du cœur appartiennent aux cellules de ces ganglions : les autres fibres myéliniques et peut-être aussi quelques-unes des fibres amyéliniques naissent dans les cellules sympathiques des ganglions extracardiaques. Pour les fibres du deuxième type, caractérisées, comme nous l'avons vu, par leur terminaison sous forme d'un filament épais et variqueux enroulé directement autour du corps d'une cellule motrice, et par conséquent sous-capsulaire, Dogiel les considère comme *cérébro-spinales*.

2. *Les fibres propres du sympathique* nous sont suffisamment connues maintenant que nous avons décrit les cellules.] Il existe dans les rameaux longitudinaux, de même que dans les filets interganglionnaires du sympathique, des fibres qui proviennent des cellules d'un ganglion donné et se terminent par des ramifications moniliformes autour des éléments d'un autre ganglion. Elles émettent à des distances variables des collatérales par l'intermédiaire desquelles une cellule sympathique est mise en rapport avec un grand nombre d'autres. D'autre part, outre leur axône, les cellules possèdent de nombreuses dendrites, de forme et de disposition variables, qui meurent dans leur ganglion natal ou se rendent à d'autres ganglions : il existe de ce chef une nouvelle source de connexions intercellulaires.

[Nous n'avons pas à décrire les infinies variétés de relations interganglionnaires qui résultent du trajet toujours compliqué des fibres sympathiques : mais celles-ci nous présentent une particularité sur laquelle nous ne craignons pas de revenir car elle est d'importance capitale au point de vue de l'anatomie générale. Dogiel a démontré en effet qu'un même troncule nerveux, situé dans un parenchyme viscéral, un ganglion de la chaîne ou un rameau intermédiaire, peut contenir, à côté de fibres qui représentent des axônes, d'autres fibres qui sont en réalité des dendrites, très allongées, impossibles à distinguer à une certaine distance de leur origine de l'axône de la même cellule — ou de ses ramifications — lequel chemine souvent au milieu d'elles ou bien s'engage dans un autre fascicule nerveux. Ce fait est très important : c'est une donnée anatomique que pourrait invoquer la théorie de la polarisation dynamique pour justifier son interprétation de la disposition des cellules des ganglions spinaux.]

Quant aux autres parties du *Système nerveux périphérique* et aux appareils terminaux moteurs et sensitifs, rappelons seulement que le plan général de structure des éléments nerveux se retrouve ici sans modification. Les fibres des nerfs périphériques avec leurs cellules d'origine situées d'une part dans certains noyaux des nerfs craniens et dans la colonne grise antérieure de la moelle, d'autre part dans les ganglions intervertébraux et dans d'autres ganglions placés sur le trajet des nerfs, ont avec les cellules nerveuses les mêmes rapports que dans les deux systèmes, central et sympathique.

BIBLIOGRAPHIE. — **Ganglions cérébro-spinaux et système nerveux sympathique.** Cajal : Sobre la existencia de terminaciones nerviosas pericellulares en los ganglios nerviosos raquidianos. *Pequenas comunicaciones anatomicas*, Barcelone, 1895 : —

CAJAL et OLORIS : Los ganglios sensitivos craneales de los mamiferos, *Revista trimestral micrografica*, 1897.— DISSE : Ueb. die Spinalganglien der Amphibien, *Anat. Anzeiger*, supplément, 1893. — DAAE : « Sur les cellules des ganglions spinaux chez les mammifères », *Arch. f. mikr. Anat.*, vol. XXXI. — DOGIEL : « Deux sortes de cellules nerveuses sympathiques », *Anat. Anz.*, vol. XI, 1896.— « La structure des ganglions spinaux chez les mammifères », *Anat. Anz.*, vol. XII, 1897, p. 140, et *Internal. Monatschrift f. Anat. u. Phys.*, 1897. — « Sur la structure des ganglions du cœur chez l'homme et les mammifères », *Arch. f. mikr. Anat.*, vol. LIII, 1898. — « Les terminaisons nerveuses sensibles dans le cœur et dans les vaisseaux sanguins chez les mammifères », *Arch. f. mikr. Anat.*, vol. LII. — GAD et JOSEPH : « Rapports des fibres et des cellules nerveuses dans les ganglions spinaux (ganglions jugulaires du vague), » *Arch. de Du Bois Reymond*, 1889. — GAULE et LEWIN : « Sur le nombre respectif des fibres et des cellules dans les ganglions spinaux du lapin », *Centralbl. f. Physiologie*, 1896. — V. GEHUCHTEN : Ganglions cérébro-spinaux, *La Cellule*, t. VIII, p. 211. — V. GEHUCHTEN et NELIS : Quelques points concernant la structure des cellules des ganglions spinaux, *Bulletin de l'Acad. roy. de Méd. de Belgique*, 1898. — GOLGI : « Terminaisons nerveuses intracellulaires », *Arch. Ital. de Biol.*, 1898. — HEIMANN : « Contribution à la structure fine des ganglions spinaux », *Virchow's Arch.*, vol. CLII, p. 298. — « Sur la structure fine des cellules des ganglions spinaux », *Fortschritte d. Med.*, 1898. — HUBER : The spinal ganglia of Amphibia, *Anat. Anz.*, 1896. — KŒLLIKER : « Anatomie fine et fonctions du système sympathique », 65° *Versamml. der Deut. Naturfors. u. Aerzte zu Wien*, 1894, et *Neurol. Centralbl.*, 1894. — JUSCHTSCHENCO : « Sur la structure des ganglions sympathiques chez l'homme et les mammifères », *Arch. f. mikr. Anat.*, vol. XLIX, 1897.— LENHOSSEK : « Sur les ganglions spinaux », *Beitræge z. Histologie des Nervensystems u. der Sinnesorgane, Wiesbaden*, 1894 ; résumé in *Neur. Centralbl.*, 1894. — Id. « Remarques sur la structure des cellules des ganglions spinaux », *Neurol. Centralbl.* n° 13, 1898. — LUGARO : Sulla struttura delle cellule dei ganglii spinali nel cane, *Riv. di pat. nerv. e mentale*, 1898. — SAKUSSEFF : « Sur les plexus intestinaux des poissons », *Société Impériale de Pétersbourg*, décembre 1895. — SMIRNOFF : « Sur la structure des ganglions spinaux », *Obozr. Psychiatr.*, 1896. — SPIRLAS et SCLAVUNOS : « Sur les ganglions spinaux des mammifères », *Anat. Anz.*, vol. XI. — STEIL : « Sur l'origine spinale du sympathique cervical », *Arch. f. die gesammte Physiologie*, vol. LVIII, 1894. — TROUCHKOFSKY : « Sur les rapports du grand sympathique et du système nerveux central », *Moniteur russe zoologique*, vol. VII ; résumé in *Revue Neurologique*, août 1899. — VERATTI : « Sur la structure fine des cellules ganglionnaires du sympathique », *Anat. Anz.*, 1898, n° 11 et 12.

Voici maintenant la division qui nous paraît la plus rationnelle pour l'étude des voies de conduction des centres nerveux.

Comme les fibres nerveuses ont pour fonction de relier les différentes masses grises entre elles ou avec la périphérie, il est naturel de faire précéder leur description de celle de ces centres gris. Ceux-ci peuvent être divisés en quatre segments principaux correspondant, non pas à des territoires embryologiques, mais aux quatre grandes divisions naturelles du névraxe : la *moelle*, le *tronc cérébral*, comprenant le bulbe, la protubérance, les pédoncules cérébraux et les formations dérivées du cerveau intermédiaire, le *cervelet* et le *cerveau* ; sous cette dernière dénomination sont désignées l'écorce cérébrale et ses dépendances embryologiques, noyau caudé et noyau lenticulaire dont l'ensemble forme le corps strié.

Nous étudierons donc successivement :

1° *Les voies de conduction de la moelle* et, avec elles, les racines des nerfs rachidiens ;

2° *Les voies de conduction du tronc cérébral* qui en relient les masses grises, entre elles, et avec les segments voisins ou éloignés du névraxe ;

3° *Les voies de conduction du cervelet,* suivant le même plan ;

4° Celles enfin des *hémisphères cérébraux :*

a) Fibres de *projection* unissant l'écorce et le corps strié à la moelle et aux noyaux du tronc cérébral ;

b) Fibres d'*association* unissant entre elles différentes régions de l'écorce.

Dans chacune de ces quatre sections, l'étude des voies de conduction sera précédée de celle de la substance grise de la même région.

DEUXIÈME PARTIE

VOIES DE CONDUCTION DE LA MOELLE

CHAPITRE PREMIER

L'AXE GRIS

La substance grise de la moelle s'étend du cône terminal au bulbe sous forme d'une colonne ininterrompue dont la coupe transversale a en général la forme d'un H. Les cellules nerveuses s'y présentent en groupes ou disséminées. Dans la corne antérieure on peut décrire un *groupe médian* et un *groupe latéral* de cellules qui se distinguent par leur grande taille et la richesse de leurs ramifications dendritiques. Le groupe latéral se compose d'une partie ventrale et d'une partie dorsale. Dans la portion dorsale de la substance grise, à la base de la corne postérieure, est un autre groupe cellulaire que l'on désigne sous le nom de *colonne de* Clarke. Nous trouvons encore les *cellules disséminées de la corne postérieure*, les petites cellules nerveuses de la *substance gélatineuse de* Rolando, un groupe cellulaire spécial situé immédiatement en avant de celle-ci dans la *tête de la corne postérieure*, et enfin les éléments dits *cellules marginales* de la corne dorsale.

Dans la portion moyenne de la substance grise on rencontre également quelques cellules nerveuses qui forment le petit *groupe central*. A la périphérie de la substance grise, à la pointe de la corne latérale, on trouve par places un groupe de cellules très serrées les unes contre les autres mais qui peuvent encore se présenter à l'état isolé dans les portions marginales de la corne antérieure; d'après leur situation on peut les désigner sous le terme de *cellules limitantes*. Enfin, toujours à la périphérie de la colonne grise, immédiatement en arrière de la corne latérale, entre celle-ci et la corne dorsale, est un groupe cellulaire formé seulement d'un petit nombre d'éléments, mais constant; je propose de l'appeler *groupe latéral* de la corne postérieure.

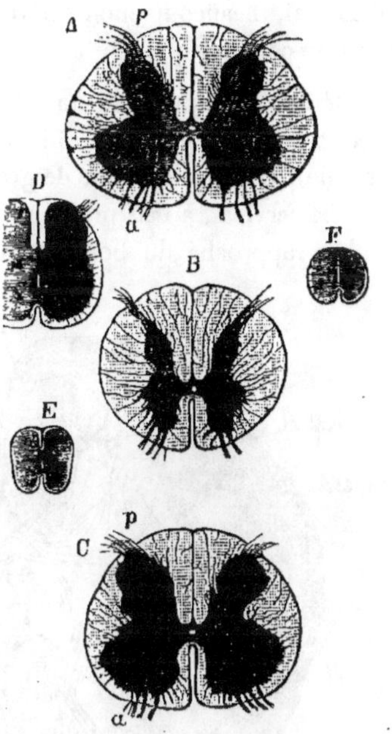

Fig. 2.— COUPES DE LA MOELLE, FAITES A DIFFÉRENTES HAUTEURS

A, Coupe passant par le milieu du renflement cervical, au niveau de la VIe paire cervicale.
B, par le milieu de la moelle thoracique.
C, par le milieu du renflement lombaire.
D, par la portion supérieure du cône médullaire.
E, par le niveau de la Ve paire sacrée.
F, par le niveau du nerf coccygien.
A, *B*, *C*, grossis deux fois; *D*, *E*, *F*, grossis trois fois.
a, Racines antérieures; *p*, racines postérieures.

Il faut remarquer que la présence de cellules nerveuses solitaires n'est pas une particularité propre à la corne postérieure et qu'on en trouve aussi dans d'autres territoires de la substance grise, par exemple dans la région moyenne, autour du canal central et dans la corne ventrale, où ces cellules se distinguent par leurs moindres dimensions de celles du groupe latéral. Même dans les cordons blancs et entre les fibres des racines antérieures on peut rencontrer çà et là des cellules disséminées dont la nature nerveuse ne peut faire aucun doute.

On a étendu à tous les groupes cellulaires individualisés jusqu'à présent la loi mise en lumière par SCHIEFFERDECKER à propos des cellules nerveuses de la corne antérieure. Ces groupes ne forment pas des chaînes ininterrompues sur toute la hauteur de la moelle. Ils sont au contraire disposés de telle sorte que des segments riches en cellules alternent avec des segments qui n'en contiennent qu'un petit nombre. Ce fait est sans doute l'expression d'une segmentation véritable, d'une métamérie originelle de la moelle, ainsi que le démontre l'anatomie comparée : il est en concordance également avec les données de la physiologie qui a démontré qu'il existe, sur toute la hauteur de la moelle, une suite régulière de centres réflexes et trophiques. Les groupes cellulaires de la corne antérieure sont ceux qui présentent les plus grandes variations suivant le niveau considéré. Dans le voisinage des renflements, les groupes antérieurs, interne et externe, sont plus développés et mieux délimités ; le second se divise même, ainsi que nous l'avons vu, en deux amas faciles à distinguer l'un de l'autre. Par contre, du bulbe au quatrième nerf cervical et du huitième nerf cervical au dixième thoracique, on ne trouve qu'un groupe latéral, beaucoup moins développé que le groupe antérieur avec lequel il tend à se confondre.

Dans la moelle cervicale, la corne antérieure comprend le noyau de la portion médullaire de la onzième paire cranienne (la seule qui prenne naissance, au moins en partie, dans la moelle). Ce noyau, formé de grandes cellules, est situé, au niveau du premier nerf cervical, à peu près au milieu de la corne antérieure. Plus bas il est plus rapproché du bord latéral de la corne et représente le groupe cellu-laire latéral proprement dit (*fig. 3*).

[Ce n'est pas seulement en hauteur, mais aussi sur un même plan transversal que l'on peut observer des inégalités de répartition des cellules nerveuses. En dehors de tout état pathologique on peut voir, sur une même coupe, les cellules, parti-culièrement celles de grande taille, sensiblement plus nombreuses dans une moitié de la moelle que dans l'autre. Cette asymétrie structurale peut même se poursuivre sur une assez grande hauteur : par exemple, d'une paire rachidienne à une autre.

Classification des cellules ner-veuses de l'axe gris. — Ce n'est guère que depuis l'avènement des méthodes analy-tiques de Golgi et d'Ehrlich que l'on possède des notions réellement scientifiques sur la signification fonctionnelle de ces cellules. Les doctrines que l'on enseignait auparavant sur la conduction nerveuse, sur ce qu'on appelle maintenant la polarité des cellules, sur l'ori-gine réelle des fibres nerveuses étaient tout à fait imprécises. On s'attachait à de grossières différences portant sur la taille des éléments et la disposition des prolongements qui en partent : on allait jusqu'à opposer aux cellules

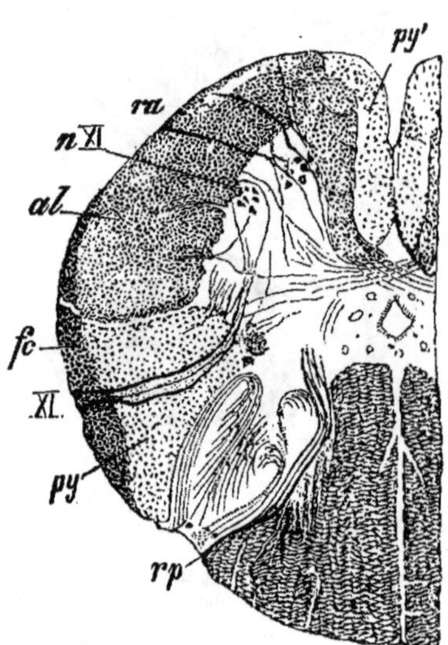

Fig. 3. — COUPE TRANSVERSALE DE LA MOELLE CERVICALE D'UN NOUVEAU-NÉ

a l, Faisceau antéro-latéral ou f. de Gowers.
f c, F. cérébelleux direct.
n XI, Noyau du nerf accessoire du vague ou nerf spinal ; *XI*, ses racines.
p y. F. pyramidal direct ; *p y'*, f. pyr. croisé.
r a, Racine antérieure ; *r p*, r. postérieure.
(Coloration par la méthode de Pal.)

« motrices » de la corne antérieure, les cellules « sensitives » de la corne postérieure. De même, de tout l'appareil commissural, on ne connaissait guère que les fibres situées dans la substance blanche]. L'étude histologique de la moelle au moyen de l'imprégnation argentique de Golgi est au contraire des mieux appropriées à déceler le trajet et la direction des prolongements de Deiters : elle a fourni sur les dispositifs d'union réciproque des cellules des images claires et précises. Les travaux de Golgi, de Cajal, Forel, Lenhossek, Waldeyer, Koelliker, Lawdowski ont dirigé sur une tout autre voie la conception généralement adoptée de la structure de la moelle épinière ; pourtant les résultats obtenus ne peuvent pas encore être considérés comme absolument définitifs ; beaucoup d'objections demandent encore à être écartées : je n'exposerai dans la description qui va suivre que les résultats sur lesquels je possède des données acquises soit par moi-même, soit par les travaux poursuivis dans mon laboratoire, en particulier par MM. Teljatnik, Blumenau, Korolkoff et Giese.

D'après la direction et le mode de ramification de leur axône les cellules de l'axe gris médullaire peuvent être divisées en :

1° Cellules radiculaires ;

2° Cellules commissurales ;

3° Cellules des cordons (dont quelques-unes envoient les ramifications de leur axône à plusieurs cordons différents) ;

4° Cellules du deuxième type de Golgi ou, plus simplement, cellules de Golgi ou à neurite court se divisant bientôt en un grand nombre de rameaux (*fig. 5 g, g'*, fig.).

1° *Cellules radiculaires.* — Elles sont remarquables par leur volume et le nombre de leurs dendrites ; elles se cantonnent presque exclusivement dans le groupe latéral, sur toute la hauteur de la moelle. Leur axône se continue immédiatement avec une fibre radiculaire antérieure (*fig. 5, a, a', a''*, et *fig. 6*) ; leurs dendrites, dépassant les limites du groupe cellulaire, et même quelquefois celles de la substance grise, vont souvent se ramifier dans les cordons antéro-latéraux ou bien dans la commissure antérieure et enfin, traversant la partie interne des cordons antérieurs, arrivent dans la corne du côté opposé (*fig. 4*) en formant ainsi une véritable commissure protoplasmique.

Parmi ces cellules il en est quelques-unes dont le neurite, au lieu de passer dans une racine antérieure pénètre dans une racine dorsale.

Ces derniers éléments ne sont pas exclusivement localisés dans la corne antérieure et se rencontrent dans d'autres régions de la substance grise, en particulier dans le voisinage du canal central.

[Ces cellules n'ont guère été décrites que chez l'embryon ; quant aux prolongements qu'elles envoient dans les racines postérieures ils avaient été niés (Sherrington, etc.) d'après les résultats des sections expérimentales et les dégénérations consécutives. On peut admettre actuellement que l'histologie expérimentale a confirmé leur existence postulée depuis longtemps par la physiologie (Morat, Stricker).]

2° Sous le nom de *cellules commissurales* on désigne depuis les travaux de Cajal des cellules dont l'axône pénètre dans la commissure (*fig. 5 b, b' b''*, *fig. 8 c*) et ensuite, ou bien prend immédiatement une direction verticale (ascendante ou descendante) et en même temps envoie des collatérales dans la substance grise, ou bien se divise en deux rameaux d'égal diamètre, l'un ascendant et l'autre descendant, lesquels envoient, chez l'Homme assez souvent et constamment chez certains animaux, des collatérales à la substance grise. Ces cellules se localisent chez l'Homme et d'autres espèces dans le groupe interne de la corne antérieure ; elles sont aussi représentées par des éléments plus petits situés dans le voisinage du canal central, dans les colonnes de Clarke et dans la corne postérieure (1). Quelques-unes sont particularisées par ce fait que leur prolongement de Deiters, au lieu de pénétrer dans un des cordons blancs, se rend dans la substance grise de l'autre moitié de la moelle pour s'y terminer bientôt par de très fines ramifications : on peut en somme les considérer comme une variété spéciale de cellules de Golgi.

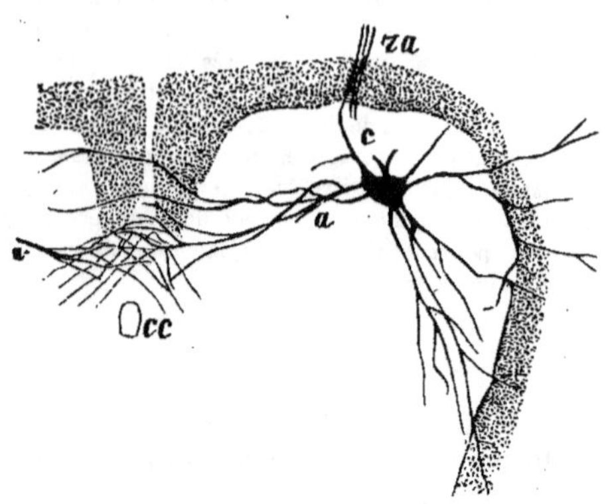

Fig. 4. — UNE CELLULE RADICULAIRE DE LA CORNE ANTÉRIEURE.

Les dendrites traversent la commissure antérieure, le cordon antérieur et pénètrent dans la corne du côté opposé.

a, Dendrites.

c, Axône allant faire partie d'un fascicule radiculaire, *r a*.

c c, Canal central.

Moelle de chat. Méthode de Golgi.

(1) V. Lenhossek (*Der feinere Bau des Nervensytems...* 1895) nie la présence de cellules commissurales dans la corne postérieure ; par contre d'autres auteurs l'ont démontrée chez de nombreuses espèces animales.

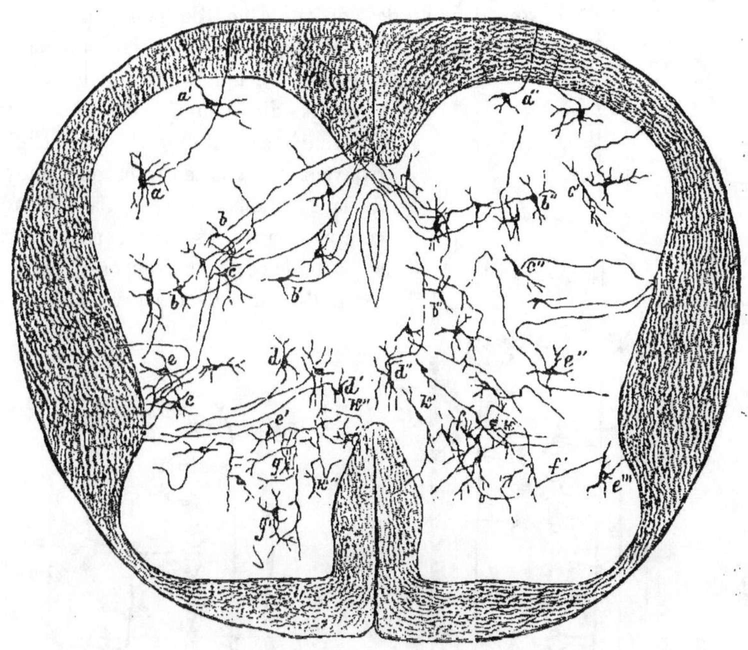

Fig. 5. — MOELLE LOMBAIRE DE CHAT NOUVEAU-NÉ
LES CELLULES ET LEURS PROLONGEMENTS.

La position des cellules, leurs dendrites, le trajet et la longueur des axônes ont été représentés fidèlement d'après des préparations de BLUMENAU faites par la méthode rapide de Golgi. Figure combinée.

a, a' a'', Cellules radiculaires de la corne antérieure.
b, b', b'', Cellules commissurales.
c, c', c'', Cellules de cordons de la corne antérieure et du groupe moyen ; leurs axônes se rendent dans le cordon latéral.
d, d', Cellules de la colonne de Clarke : leurs axônes se rendent également au cordon latéral : *d''*, cellule commissurale de la colonne de Clarke.
e', e''', Cellules de différentes régions de la corne postérieure ; leurs axônes vont au cordon latéral.
f, Cellule de la même corne, à neurite divisé ; la branche *f'* se dirige vers le cordon latéral.
g, g', Cellule de Golgi à axône ramifié.
k, k', Cellules de la corne postérieure.
K'', Cellule située sur le bord antérieur de la s. de Rolando : une des branches de l'axône, *k''*, passe dans le cordon postérieur.

3° Les *cellules des cordons* (*fig. 5 : c, c', c'' ; d, d', d'' ; k', k'' ; fig. 6 et 8*) envoient directement leur axône dans un des cordons blancs dont il devient une fibre longitudinale et d'où il émet des collatérales vers la

substance grise, comme les cylindraxes nés des cellules commissurales. La
pénétration de l'axône dans un des cordons a lieu, de même que pour ceux
de ces dernières cellules, tantôt avec inflexion immédiate en haut ou en bas
(fig. 6 et 7), tantôt après division en deux
rameaux divergents, l'un ascendant et
l'autre descendant *(fig. 9)*. Ces cellules se
trouvent surtout dans la zone moyenne
de la substance grise et dans la région
comprise entre les deux cornes antérieure
et postérieure ; on en rencontre aussi dans
toute l'étendue de ces deux cornes, dans

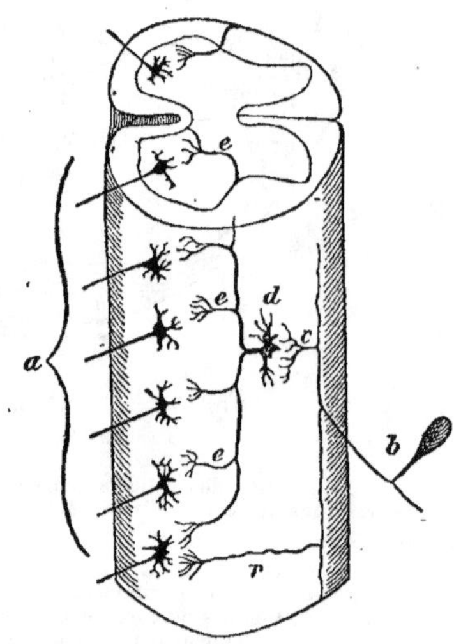

Fig. 6. — SCHÉMA DES FIBRES
LONGITUDINALES D'ASSOCIATION.

Une cellule commissurale *c* envoie son
axône dans la commissure ventrale. Celui-ci
se divise en une branche ascendante *a* et
une branche descendante *b*. Il émet des collatérales à direction transversale qui vont se ramifier autour d'autres cellules commissurales.
d, Cellule commissurale qui envoie son
axône dans le cordon antéro-latéral du
même côté.
e, Axône d'une cellule commissurale située
dans la corne postérieure, Ces deux axônes
se comportent comme le précédent vis-à-vis
des cellules commissurales situées à différents étages.

Fig. 7. — SCHÉMA DE LA VOIE RÉFLEXE
INDIRECTE DE KOELLIKER ET LENHOS-
SEK ; UNE COLLATÉRALE RÉFLEXE
DIRECTE.

a, Cellules et fibres radiculaires motrices.
b, Cellule à prolongement en T d'un ganglion spinal ; fibre radiculaire qui en émane
et ses deux branches verticales.
c, Collatérale sensible.
d, Cellule de cordons avec axône divisé
en T.
e, ses collatérales qui vont se mettre en
rapport avec les cellules motrices.
r, Collatérale faisant partie d'un arc
réflexe direct.

la substance gélatineuse de Rolando et dans les colonnes de Clarke [1] *(fig. 11)*.

Suivant la topographie des faisceaux où cheminent les cylindraxes, on distingue les cellules des cordons en cellules des *cordons antérieurs, latéraux* ou *postérieurs*. Quelques-unes présentent cette particularité, que leur axône se divise à l'intérieur même de la substance grise en deux ou trois rameaux d'égal volume qui deviennent aussitôt fibres longitudinales d'un seul cordon ou de plusieurs : dans ce dernier cas il se peut que, tandis qu'une des fibres chemine dans un des cordons du même côté, une autre, née de la même dichotomie, se rende, par la commissure antérieure, dans le cordon antérieur du côté opposé.

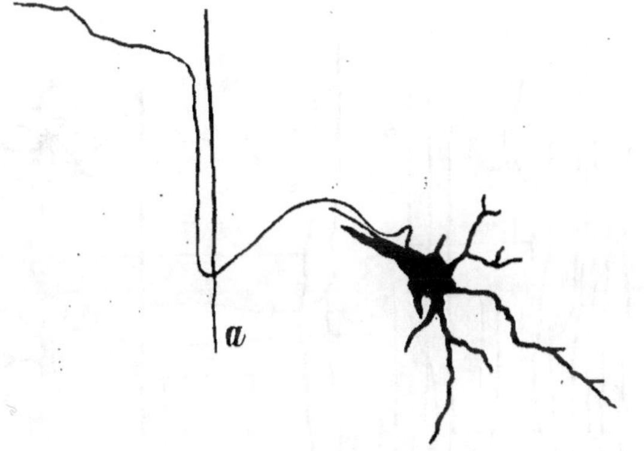

Fig. 8. — CELLULE NERVEUSE DONT L'AXONE SE REND DANS LE CORDON LATÉRAL.

Coupe longitudinale de la moelle. Imprégnation par le chromate d'argent. *a*, limite de la substance grise.

On peut, d'après cela, diviser ainsi les cellules des cordons, suivant le sort de leur axône et de ses divisions principales :

a) Celles dont l'axône accomplit tout son trajet dans un seul et même cordon *(fig. 5 : d, d', d''; e, e', e''; h, k', k'')*;

b) Cellules dont l'axône se divise en deux prolongements qui se rendent dans deux cordons différents du même côté *(fig. 5 f)*;

(1) Nous savons que sous cette dernière dénomination on désigne un groupe cellulaire situé au niveau de la partie interne de la base de la corne postérieure et qui s'étend en hauteur depuis la région cervicale inférieure jusqu'à la région lombaire supérieure. De plus, STILLING a décrit dans la moelle cervicale et dans la moelle lombaire des amas cellulaires qui représentent dans ces régions la colonne de Clarke, laquelle n'existe sous forme continue que dans la région dorsale.

c) Cellules dont l'axône envoie une de ses divisions dans un cordon du même côté et dont l'autre passe par la commissure antérieure pour se rendre dans un cordon du côté opposé. Ces dernières sont pour ainsi dire intermédiaires entre celles de la deuxième catégorie et les cellules commissurales ; on peut à leur tour les répartir en :

1° Cellules dont les ramifications neuritiques se rendent dans les deux cordons antérieurs ;

2° Cellules dont l'axône envoie une ramification dans le cordon latéral d'un côté et une autre dans le cordon antérieur du côté opposé ;

3° Cellules dont l'axône envoie ses branches, l'une dans le cordon postérieur du même côté, et l'autre dans le cordon antérieur du côté opposé.

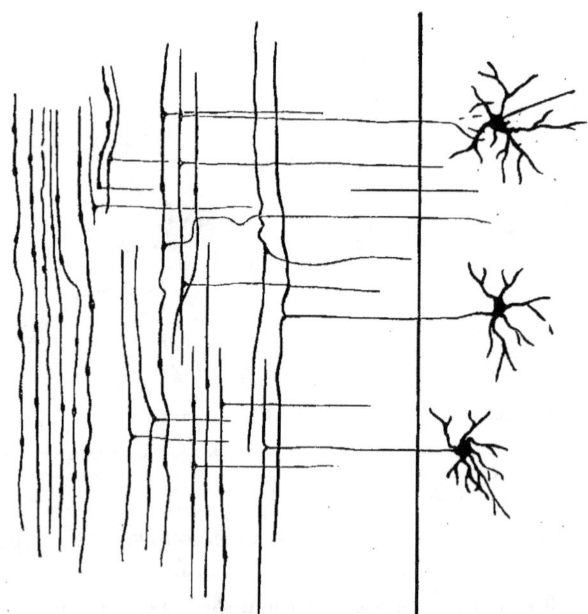

Fig. 9. — RELATIONS DES CELLULES DITES CELLULES DE CORDONS ET DES FIBRES LONGITUDINALES DE LA SUBSTANCE BLANCHE.

Coupe longitudinale de la moelle. On voit les axônes des trois cellules se diviser chacun en deux branches verticales. (EDINGER d'après une préparation de CAJAL.)

Répartition des cellules nerveuses dans la substance grise. — Les résultats auxquels on est arrivé sur la situation respective des différentes sortes de cellules dans la substance grise, grâce à l'emploi de la méthode de

Golgi, ont permis d'énoncer certains principes généraux qui n'ont naturellement rien d'absolu dans leur application. D'après les recherches faites dans mon laboratoire par BLUMENAU et GIESE, les cellules radiculaires occupent la partie antéro-latérale de la corne antérieure; les cellules commissurales s'adjugent de préférence la portion interne de la corne antérieure et de la couche limitante de la substance grise; il s'en trouve aussi dans les colonnes de Clarke. Les cellules des cordons latéraux sont répandues en grand nombre dans la corne postérieure et dans la partie latérale de la couche limitante entre la corne postérieure et la corne antérieure *(fig. 10)*. Celles enfin des cordons postérieurs sont réparties dans la corne dorsale et dans les colonnes de Clarke.

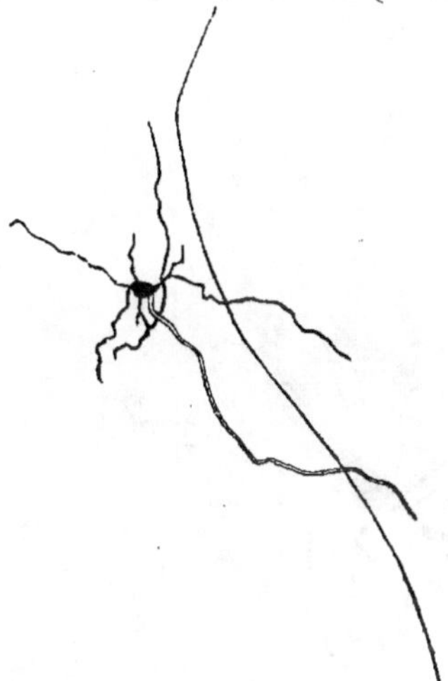

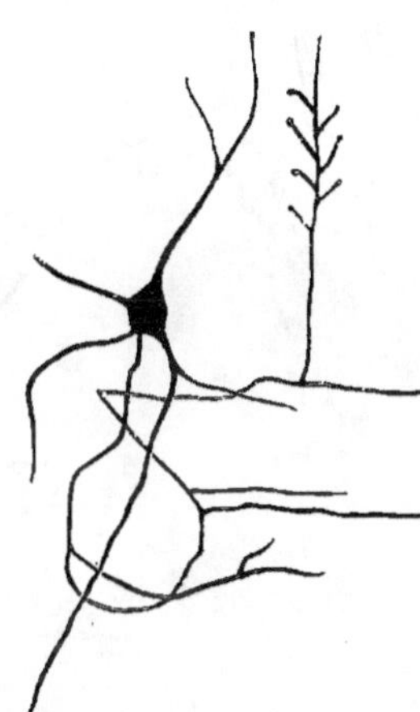

Fig. 10. — UNE CELLULE DU CORDON LATÉRAL.

Renflement cervical de la moelle de l'homme. Le trait curviligne indique la limite de la corne postérieure dans laquelle se trouve la cellule représentée : à droite de ce trait est le cordon latéral. (Préparation de GIESE, méthode de Golgi.)

Fig. 11. — CELLULE DU TYPE II DE GOLGI, OU A NEURITE RAMIFIÉ.

Cette cellule provient du groupe moyen de la s. grise de la moelle. L'axône est figuré par un double trait. (D'après une préparation de BLUMENAU. Méthode de Golgi.)

Quant aux *cellules de Golgi* ou *à cylindraxe court* ou encore *dendraxônes* de LENHOSSEK (1), elles se distinguent entre toutes par la brièveté de ce prolongement qui, dans le voisinage immédiat du corps de la cellule et à l'intérieur

(1) LENHOSSEK : *loc. cit.*, p. 369.

même de la substance grise, se divise en fines ramifications arborisées, dont la richesse contraste avec l'extraordinaire pauvreté des ramifications protoplasmiques *(fig. 11 et 12)*. Chez l'homme ces cellules sont particulièrement nombreuses dans la corne postérieure et spécialement dans l'espace compris entre la substance de Rolando et la colonne de Clarke *(Voy. fig. 12)*. Il est facile de comprendre que, grâce au développement de leur appareil cylindraxile, elles entrent en contact avec de nombreux éléments qu'elles unissent fonctionnellement. Ce sont donc des *cellules d'association*. LENHOSSEK a encore mentionné l'existence dans la corne postérieure de formes de transition entre les cellules de Golgi et les cellules des cordons proprement dites : une des branches de l'axône de ces éléments particuliers se comporte comme le neurite d'une cellule de Golgi ; l'autre branche devient une fibre longitudinale de l'un des cordons postérieurs (1).

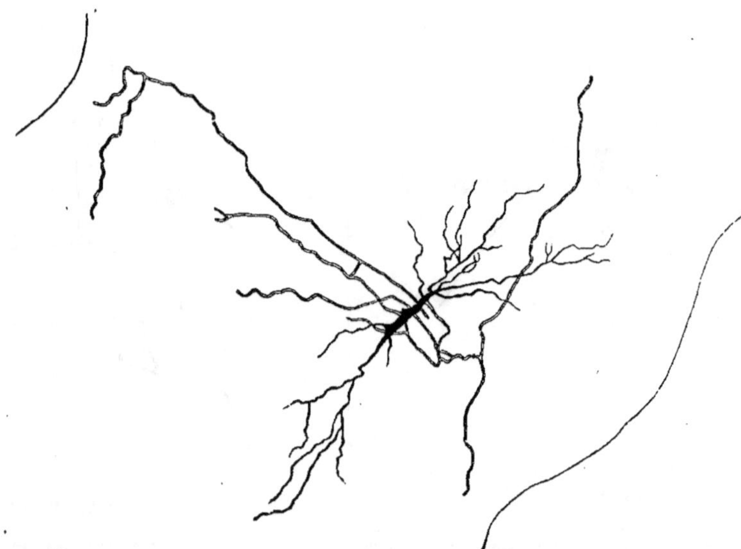

Fig. 12. — UNE CELLULE DU TYPE II DE GOLGI OU A NEURITE COURT.

Renflement cervical de la moelle de l'homme. Le trait de l'angle supérieur gauche de la figure indique la limite du cordon latéral ; l'autre, la limite du cordon postérieur. L'axône est figuré par un trait à double contour.
Préparation de GIERSE ; méthode de Golgi.

Pour terminer cette étude nous devons maintenant dire quelques mots des *cellules nerveuses de la substance gélatineuse de Rolando*. LENHOSSEK nota

(1) LENHOSSEK : *loc. cit.*, p. 374.

l'absence de toute *cellule commissurale* dans ce territoire de la substance grise ; d'autres auteurs (Cajal) en décrivirent au contraire. Il est évident en tout cas que ces éléments y sont en petit nombre. Pour les *cellules de Golgi*, il n'en existe pour ainsi dire pas dans la substance de Rolando proprement dite ; elles sont par contre des plus abondantes dans d'autres régions de la corne postérieure et tout particulièrement, ainsi que nous l'avons vu, dans la région située immédiatement en avant de la substance gélatineuse. Quant aux *cellules des cordons*, nous trouvons comme éléments caractéristiques de la région : 1° des *cellules piriformes* remarquables par leur extrême petitesse. Leur corps fusiforme ou piriforme est généralement orienté dans le sens antéro-postérieur. Il émet un très grand nombre de dendrites à direction radiaire qui s'entrecroisent et s'entremêlent plus ou moins ; l'axône naît ordinairement de l'extrémité dorsale de la cellule et pénètre dans le cordon postérieur.

2° Des cellules fusiformes ou en forme de triangle allongé, à direction transversale ; leurs dendrites suivent les contours de la substance de Rolando : leur prolongement de Deiters se dirige en avant en abandonnant quelques collatérales à la substance gélatineuse puis il s'infléchit en dehors et passe dans la portion la plus postérieure du cordon latéral. Ce sont les *cellules limitantes* de Cajal ; elles contribuent à former la *couche zonale* de Waldeyer ;

3° Dans le voisinage de la pointe de la corne sont des cellules étoilées dont les dendrites se ramifient dans la substance de Rolando et dont les axônes se perdent dans le même territoire ou bien s'infléchissent en dedans pour passer dans le cordon postérieur, ou en dehors pour se rendre dans la zone marginale.

Valeur physiologique des différents groupes cellulaires de la moelle. — Il ne sera pas question ici des *centres* médullaires dont la notion est due à la physiologie. Les grandes cellules radiculaires de la corne antérieure sont des éléments moteurs et en même temps trophiques pour les fibres nerveuses qui en émanent et les muscles qu'elles innervent. Les autres cellules qui envoient leur axône dans les racines antérieures, celles par exemple de la corne latérale, président très vraisemblablement par l'intermédiaire de fibres sympathiques à l'innervation des muscles lisses des viscères (Gaskell).

[Il a été en effet impossible de déceler dans le tronc du sympathique, ni dans les *rami communicantes*, la présence de fibres dégénérées, après section des racines postérieures de la même région. Ces fibres motrices viscérales — si elles sont réellement, chez l'animal mis en expérience (chien), d'origine cérébro-spinale — doivent donc passer par les racines ventrales].

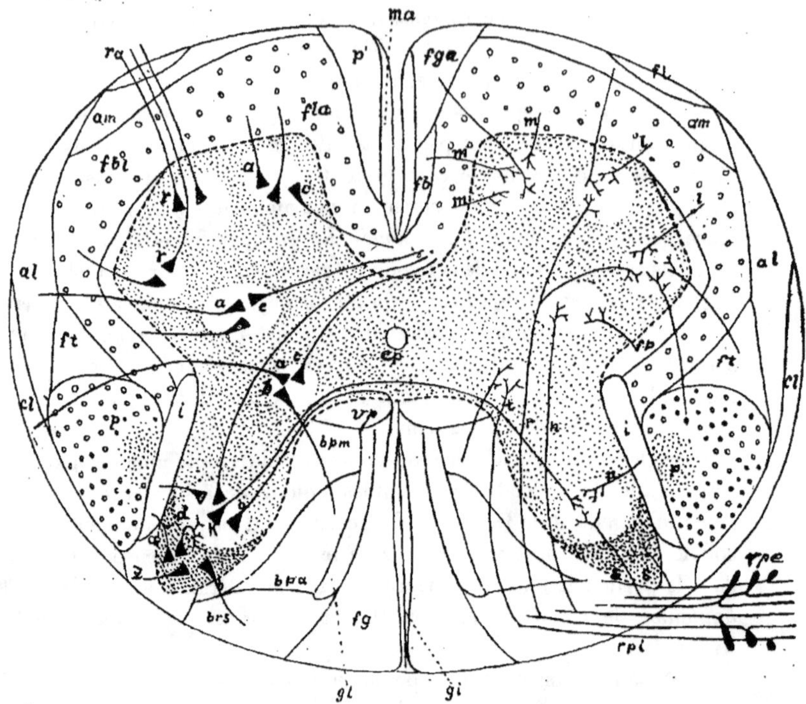

Fig. 13. — SCHÉMA REPRÉSENTANT : 1° LE MODE D'ORIGINE OU DE TERMINAISON DES FIBRES RADICULAIRES DANS L'INTÉRIEUR DE LA SUBSTANCE GRISE ; 2° LA RÉPARTITION DES CELLULES DE CETTE DERNIÈRE ; 3° LA SYSTÉMATISATION DE LA SUBSTANCE BLANCHE, EN COUPE TRANSVERSALE.

1° Racines :

r, Cellules et
r a, Fibres radiculaires antérieures.
r p e, Faisceau externe et
r p i, Faisceau interne d'une racine postérieure avec
n, Collatérale allant au groupe postéro-externe de cellules de la corne antérieure et
r, — — à un groupe antérieur de la même.
s s, — — à la corne postérieure.
t, — — à la colonne de Clarke.

2° S. grise :

a, Cellules du cordon latéral.
b, Cellules du cordon postérieur.
c, Cellules dont l'axône passe par la commissure blanche.
c p, Commissure postérieure.
d, (dans la substance de Rolando) cellule de Golgi ou avec axône court.
k, Cellule dont l'axône passe par la commissure postérieure et va dans la corne postérieure du côté opposé.
r, Cellule dont l'axône se rend dans la zone radiculaire postérieure.

3° Faisceaux de la s. blanche :

a l, Faisceau antéro-latéral ou de Gowers.
a m, Faisceau marginal antérieur ou de Lœwenthal.

bpa, bpm, brs, Portions moyenne, antérieure et postérieure du faisceau de Burdach.
c l, Cérébelleux direct.
f b, Continuation de la bandelette longitudinale postérieure.
f b l, Fondamental du cordon latéral.
f g, F. de Goll ou cordon grêle.
f g a, F. descendant provenant du tubercule quadrijumeau antérieur et passant par la commissure en fontaine.
f l, F. périolivaire.
f l a, Fondamental du cordon antérieur.
f p, F. interne antérieur.
f t, F. aberrant ou f. de Monakow [ou f. triangulaire prépyramidal de Thomas].
g', i, Portion du f. de Goll contiguë au septum dorsal.
g l, Zone ou couche intermédiaire du cordon postérieur.
i, F. médial ou profond du cordon latéral.
l, Fibres venant du fondamental latéral et se terminant dans la corne antérieure.
m, Fibres venues du fondamental antérieur.
m a, F. ascendant du cordon antérieur.
n, Fibre venue du f. profond et se terminant dans la corne postérieure.
p, F. pyramidal latéral avec deux sortes de fibres.
p, F. pyramidal antérieur.
v.p., Zone ventrale du cordon postérieur.
z, Territoire radiculaire externe ou zone marginale.

Le groupe antéro-interne ne contient pas, avons-nous dit, de cellules radiculaires, mais seulement des cellules commissurales ; il n'a par conséquent aucun rôle moteur et ne sert qu'à la transmission des excitations entre les cellules des deux moitiés de la moelle. Pareil rôle s'attribue de lui-même à toutes les commissurales médullaires. Quant aux cellules qu'entourent les bouquets terminaux des collatérales des fibres radiculaires postérieures, elles servent d'étape pour les excitations centripètes conduites par ces dernières : elles ont ainsi la signification de centre sensitif ou réflexe.

Les noyaux de l'axe gris et l'innervation des groupements musculaires fonctionnels. — Les observations pathologiques ont appris que chez l'homme les groupes destinés au plexus brachial s'étendent du bord supérieur de la quatrième vertèbre cervicale jusqu'au bord inférieur de la première thoracique : le territoire affecté à l'épaule et au bras étant situé le plus haut, celui de l'avant-bras et de la main au-dessous. Les cellules nerveuses qui commandent aux fléchisseurs sont plus latérales et plus profondes que celles qui commandent aux extenseurs. Les centres de la musculature du dos sont situés vers le bord interne de la partie antérieure de la corne ventrale (KAISER). Les muscles de l'éminence thénar sont innervés par les cellules du groupe latéral de la moelle cervicale inférieure (PRÉVOST et DAVID).

Dans le renflement lombaire le groupe moyen, au niveau des quatrième et cinquième racines lombaires, est destiné aux muscles du mollet (KALHER et PICK). Les cellules d'origine du sciatique et du crural se trouvent un peu au-dessus de l'extrémité inférieure du même renflement ; le centre du tibial antérieur est voisin de l'origine du crural (SCHULTZE). Enfin les centres de la vessie et du rectum sont situés à la partie supérieure de la moelle sacrée.

Nous possédons actuellement sur les rapports existant entre les groupes cellulaires de la moelle et chaque groupement de muscles des données plus précises fournies par différents auteurs, Déjerine, Maior, Dreschfeld, Gilbert, Krause, Friedlander, v. Gudden, Collins, Schaffer, F. Sano et beaucoup d'autres ; malheureusement elles n'offrent pas une complète concordance ; cependant, ainsi que cela semble résulter des figures fournies par ces auteurs, il s'agit de divergences plus apparentes que réelles. Les résultats obtenus récemment à ce propos par F. Sano (1), grâce aux procédés de dégénérations et d'atrophies expérimentales et à l'usage de la méthode de Nissl, nous paraissent être de la plus haute importance.

Cet auteur distingue dans les cornes antérieures deux groupes ou colonnes cellulaires : la colonne interne et la colonne intermédio-latérale ; chacune peut encore être divisée en deux, trois ou quatre groupes secondaires. C'est dans ces groupes que se trouvent les noyaux moteurs des masses musculaires des membres et du tronc. Chaque colonne contient de haut en bas les noyaux suivants : au niveau du premier nerf cervical, la colonne intermédio-latérale est occupée par le noyau de l'accessoire de Willis qui innerve le sterno-mastoïdien et le trapèze : la colonne interne de cette région doit donc servir évidemment à l'innervation des muscles rotateurs courts de la tête (d'après Gowers). Certains muscles de la langue semblent aussi tirer leur innervation de la même région (muscles sous-hyoïdiens). D'accord avec Collins, F. Sano place dans la colonne médiane les noyaux moteurs des muscles extenseurs et rotateurs de la colonne vertébrale : splénius, sacro-spinal, iléo-costal, long du dos, spinal, semi-spinal, multifide du rachis, interspinaux, intertransversaires, etc. ; la localisation exacte du noyau de chacun de ces muscles se heurte à certaines difficultés ; mais il est un fait qui paraît acquis : c'est que chacun d'eux possède son centre particulier : l'ensemble de ces noyaux forme une chaîne ininterrompue sur toute la hauteur de la colonne interne.

Dans la partie inférieure du troisième segment cervical, se trouve, d'après Sano, un noyau volumineux à grosses cellules très apparentes, qui se continue en bas avec la colonne interne en arrière de laquelle il est situé et se termine dans le sixième segment cervical. Certains faits, entre autres des expériences de section du nerf phrénique, l'ont fait considérer comme lieu d'origine de ce nerf. Au niveau du troisième segment sacré et des suivants est un noyau qui occupe une position analogue et serait d'après Sano celui du muscle releveur de l'anus. Dans les parties les plus postérieures de la colonne interne, au voisinage du canal central, il faudrait localiser encore le noyau du sympathique thoracique, le centre cilio-spinal et vraisemblablement aussi les noyaux du sympathique cardiaque, abdominal, génital, rectal et vésical. D'après d'autres auteurs, le centre cilio-spinal du lapin se trouve dans la colonne interne, principalement dans sa moitié postérieure, du Vᵉ au VIIᵉ segment cervical ; à propos d'un cas de généralisation au névraxe d'une tumeur du sein, Jacobsohn (2) conclut que le centre cilio-spinal est représenté chez l'homme par un groupe de cellules de la corne latérale du même côté et probablement aussi du côté opposé, à la limite des portions cervicale et dorsale de la moelle. On peut dire toutefois

____

(1) F. Sano: *Les localisations des fonctions motrices de la moelle épinière*, Bruxelles, 1898.

(2) « Sur les lésions de la moelle après paralysie périphérique », *Zeitschrift f. klin. Medicin*, vol. XXXVII.

que pour ce qui regarde les localisations spinales des nerfs viscéraux, nos connaissances sont encore très incomplètes.

Quant à la colonne intermédio-latérale, Sano arriva aux données suivantes : au niveau du premier segment cervical, elle forme le noyau de la onzième paire cranienne ; puis elle s'interrompt sur une certaine hauteur, se reconstitue au niveau du septième segment cervical, et, au huitième, se confond avec l'importante colonne accessoire qui descend jusqu'au troisième segment thoracique. Le premier noyau innerverait une partie du trapèze : le deuxième, le muscle *latissimus dorsi* : résultat conforme à ceux auxquels arriva Collins dans l'étude d'un cas de polyomyélite. Dans la région thoracique moyenne, la colonne intermédio-latérale est peu développée, peut-être parce que cette région contient les centres de muscles de faible volume, les intercostaux. Plus bas et dans la région lombaire supérieure, la colonne devient plus volumineuse et se subdivise en plusieurs noyaux secondaires dont l'un (le moyen) d'après Sano et Hammond innerve les muscles de l'abdomen et l'inférieur (très vraisemblablement), le crémaster.

Les recherches de Sano portèrent aussi sur les *noyaux moteurs des extrémités* : la colonne qui préside à l'innervation de l'extrémité supérieure s'étend du milieu du troisième segment cervical jusqu'au premier thoracique : dans toute cette étendue se trouvent, séparés les uns des autres, les noyaux des muscles grand dentelé, pectoral, élévateur de l'épaule, biceps et triceps, long supinateur, extenseurs et fléchisseurs des doigts (1). La colonne nucléaire destinée au membre pelvien apparaît au niveau de l'extrémité inférieure de la moelle lombaire et s'étend exactement jusqu'au troisième segment sacré. On peut y distinguer les uns des autres les noyaux du quadriceps, de l'iléo-psoas, des fessiers, des jumeaux, du piriforme et du carré crural, un noyau pour le pectiné et les adducteurs (région du nerf obturateur). Vers la partie moyenne du quatrième segment lombaire se trouve le noyau des fléchisseurs de la jambe (biceps, semi-tendineux et semi-membraneux) ; plus bas le noyau du poplité et des muscles du mollet : ce noyau se termine dans la région du troisième segment sacré. Dans la partie la plus inférieure du troisième segment lombaire, commence le centre du jambier antérieur qui se continue en bas avec celui des extenseurs du gros orteil et des péroniers. En arrière et en dehors se trouvent les noyaux des fléchisseurs du gros orteil. Ceux des muscles internes de la plante du pied sont situés au niveau des troisième et quatrième segments sacrés, à l'extrémité inférieure de la colonne d'innervation des membres pelviens.

Dans toutes les expériences de Sano, les cellules motrices furent seules trouvées altérées, les cellules d'association restant intactes.

Cette question du reste ne doit pas être considérée comme complètement résolue. Ainsi v. Gehuchten et de Buck (2) localisent les différents centres un centimètre plus bas que ne l'avait fait Sano et nient tout rapport des groupes cellulaires centraux, dans le segment compris entre L^V et S^{IV}, avec le triceps de la jambe. Ces deux auteurs constatèrent en outre certaines modifications des cellules de la corne antérieure du côté opposé :

[(1) Flatau (« Sur la localisation du centre médullaire des muscles de l'avant-bras et de la main chez l'homme », *Archio f. Physiol.* 19 février 1899) arriva à un résultat tout à fait comparable, par l'examen de la moelle d'un sujet qui avait subi seize ans auparavant la désarticulation du bras : il y avait une atrophie évidente des cellules des cornes antérieures du côté de l'amputation, de la quatrième à la huitième paire cervicales : au-dessus et au-dessous il n'y avait plus aucune différence entre les deux cornes antérieures. Dans un autre cas d'absence congénitale de l'avant-bras et de la main, cet auteur constata l'atrophie de la corne antérieure, dans le même territoire. C'est donc bien définitivement le segment compris entre *la troisième* ou *la quatrième et la huitième* paire cervicales qui préside à l'innervation du membre supérieur.]

(2) — La chromatolyse dans les cornes antérieures de la moelle après désarticulation de la jambe et ses rapports avec les localisations motrices. *Journal de Neurologie*, 1898, p. 11. — Contribution à l'étude des localisations des noyaux moteurs dans la moelle lombo-sacrée et sur la vacuolisation des cellules nerveuses, *Revue neurol.*, 1898.

chromatolyse et vacuolisation. F. Sano (1) explique ces différences dans le niveau des localisations par la présence constante d'anastomoses entre les racines de L^V et S^I et affirme catégoriquement la situation centrale du noyau du triceps de la jambe. Dans le segment central de S^{III} et dans S^{IV} ce noyau se continue avec le centre des muscles propres du pied. O. Konstamm (2) trouve chez le lapin, quatorze jours après la résection du nerf phrénique, de la chromatolyse des cellules des cornes antérieures dans le groupe cellulaire central, depuis l'extrémité inférieure de C^{IV} jusqu'à la partie supérieure de C^{VI} : les noyaux de chaque côté sont bien séparés l'un de l'autre, de même que les origines des nerfs destinés à la partie ventrale (C^{IV}) et à la partie dorsale (C^V–C^{VI}) du diaphragme. Sano (3) soumit à des expériences de contrôle les recherches de Konstamm : il arriva aux mêmes résultats que confirmèrent encore ses recherches faites sur l'homme. Marinesco (4) réséqua sur des cobayes la totalité du plexus brachial puis chacun de ses rameaux séparément. Il distingue dans la corne antérieure de la moelle cervicale quatre groupes cellulaires : ventro-médial, ventro-latéral, médial et dorso-latéral ; le plexus brachial est en connexion avec chacun de ces groupes à l'exception de quelques cellules des cordons situées dans le voisinage de la commissure antérieure. Le nerf musculo-cutané est relié au groupe dorso-latéral au niveau de C^V — C^{VII} : en bas ces cellules se placent plus en avant et plus en dedans ; les noyaux du médian et du cubital se trouvent en arrière de celui du radial : le premier au niveau de C^{VII} — C^{VIII}, le cubital au niveau de C^{VIII}. Cet auteur insiste en outre sur les nombreuses transitions qui relient les groupes voisins et la participation d'un grand nombre de segments à la formation d'un seul nerf. Enfin Monakow (5) constata, dans un cas d'arrachement ancien du plexus brachial, l'atrophie complète du groupe cellulaire latéral, de C^{III} jusqu'à la partie inférieure de la moelle cervicale : au niveau de C^{VIII} la corne redevenait normale : ainsi s'expliquait la restitution observée pendant la vie de l'activité des fléchisseurs des doigts. Le groupe médial était normal dans toute son étendue.

[Il nous reste, pour terminer l'étude des cellules nerveuses de la moelle, dont nous venons d'étudier le mode de groupement et les caractères généraux, à chercher ce que deviennent leurs axônes et comment ils se répartissent dans les cordons blancs. Mais cette étude sera faite avec plus de fruit quand nous connaîtrons le mode de distribution, au sein de la s. grise, des fibres et collatérales des racines postérieures.]

BIBLIOGRAPHIE. — **Cellules nerveuses de l'axe gris de la moelle.**
Cajal : Nuevas observaciones sobre la estructura de la médula espinal de los mamíferos. Barcelona, 1890. — « Sur l'origine et les ramifications des fibres nerveuses de la moelle embryonnaire », Anat. Anz., 1890. — « A quelle époque apparaissent les expansions des cellules nerveuses de la moelle épinière du poulet ? », Anat. Anz., 1891. – La medula espinal de los reptiles. Pequenas contribuciones... Barcelona, 1891. — V. Gehuchten : La moelle épinière, La cellule, t. VI, 1891. — « Les éléments moteurs des racines postérieures », Anat. Anz., 1893. — Contribution à l'étude des cellules dorsales (Hinterzellen) de la moelle épinière des vertébrés inférieurs, Bull. de l'Acad. roy. de Belgique, vol. XXXIV,

(1) — Localisation des fonctions motrices de la moelle épinière, Comm. faite à la Société médico-chirurgicale d'Anvers, 1898.
(2) — Zur Anat. u. Phys. des Phrenicus Nervs. Fortschr. d. Medecin, XXI, 17, 1898.
(3) — Le noyau du diaphragme. Journ. méd. de Bruxelles, 1898, n° 42.
(4) — Contribution à l'étude des localisations des noyaux moteurs dans la moelle épinière. Rev. Neurol., VI, 14, 1898.
(5) — « Lésions médullaires consécutives à l'arrachement du plexus brachial chez l'homme. » Centr. f. Nervenheilk. u. Psych., nouvelle série, vol. IX, suppl., octobre 1898.

p. 24, 1897. — Golgi : « Sur la structure fine de la moelle », *Anat. Anz.*, 1890. — La rete nervosa diffusa degli organi centrali del sistema nervoso, *Rendiconti del Ist. Lombardo*, ser. II, vol. XXIV et *OEuvres complètes*, p. 251. — Koelliker : *Handbuch der Gewebelehre*, 6ᵉ édit., Leipzig, 1893, p. 92 à 100. — Kolster : « Sur des cellules particulières de la moelle », *Anat. Anz.* vol. XIV, 1898. — Kronthal : « Histologie des grandes cellules de la corne antérieure », *Neur. Centralbl.*, 1889. — Laura : Sur la structure de la moelle épinière », *Arch. Ital. Biologie*, 1882. — Lawdowsky : « Sur la structure de la moelle », *Arch. f. mikr. Anat.*, vol. XXXVIII. — Lenhossek : « *La structure fine du système nerveux, etc.* », p. 248 à 382. — « Sur les cellules superficielles de la moelle du poulet » ; « Sur les cellules commissurales de Golgi », *Beitræge zur Hist. d. Nervensystems u. der Sinnesorgane*, 1894. — Mott : Microscopical examination of Clarkes column in Man, the monkey and the dog, *Journ. of. Anat. and Physiology*, vol. XXII, 1888. — The bipolar cells of the spinal cord and their connections, *Brain*, 1891. — Nissl : « De la nomenclature anatomique des cellules nerveuses et de son but immédiat », *Neur. Centralbl.*, vol. XIV, 1895. — Oyarzun : « Structure de la corne antérieure chez les amphibiens », *Arch. f. mikr. Anat.*, vol. XXXV. — Pick : « Sur l'histologie des colonnes de Clarke », *Med. Centralbl.*, 1878. — Pick et Kahler : « Nouvelles recherches sur l'anatomie normale et pathologique du système nerveux central », *Arch. f. Psychiatrie*, vol. X, 1880, p. 353 (cellules commissurales). — Pierret : Recherches sur la structure de la moelle épinière, du bulbe et de la protubérance, *Soc. Anatomique*, juillet 1876. — Retzius : *Biologische Untersuchungen*, 1893. — Sala : *Estructura de la médula espinal de los batracios*. Barcelona, 1892. — Schlesinger : « Sur le véritable neurone de la moelle », *Arbeiten aus dem Institut f. Anat. u. Phys. des Centralnervensystems*, Vienne, 1895. — Sczawinska : Sur la structure réticulaire des cellules nerveuses centrales (cellules de la moelle), *C. R. Acad. Sciences*, 17, VIII, 1896. — Sherrington : « Sur les cellules situées dans les cordons blancs, dans la moelle des mammifères », *Philos. Trans. Roy. Soc.*, vol. CLXXXI, 1890. — Vignal : Sur le développement des éléments de la moelle des mammifères, *Arch. de Phys.*, 1884. — Villiger : Schéma du trajet des fibres dans la moelle (cellules des cordons), Bâle, 1894. — Waldeyer : « La moelle du gorille », *Abhandl. d. Kœn. Acad. d. Wiss. zu Berlin*, 1888.

Substance gélatineuse de Rolando. — Bonne : Note sur le mode d'oblitération partielle du canal épendymaire embryonnaire chez les mammifères, *Rev. Neurol.*, 1899. — Cajal : La substancia gelatinosa di Rolando, *Pequenas contribuciones*, p. 52. — Corning : « Sur le développement de la substance gélatineuse de Rolando chez le lapin », *Arch. f. mikr. Anat.*, vol. XXXI, 1888. — Gierke : « La substance de soutien du système nerveux central », *Arch. f. mikr. Anat.*, vol. XXVI, 1886. — Lenhossek : « *Structure fine du système nerveux, etc.* », p. 356-374. — Lissauer : « Sur le trajet des fibres dans la corne postérieure de la moelle de l'homme, etc. », *Arch. f. Psychiatrie*, vol. XVII, 1886. — Prenant : « Critériums histologiques pour la détermination de la partie persistante du canal épendymaire primitif », *Internat. Monatsch. f. Anat. u. Phys.*, vol. XI, 1894. — Wirchow (H.) : « Ueber Zellen in der S. gelatinosa Rolandi », résumé in *Neur. Centralbl.*, 1887. — Weigert : « Remarques sur la charpente névroglique du système nerveux central de l'homme », *Anat. Anz.* 1890. — *Festchr. zum 50ᵉ Jubilæum des Aerztlichen Vereins zu Frankfurt a. M.*, novembre 1895.

Localisations motrices et sensitives dans l'axe gris.

— Brissaud : « Les symptômes de topographie métamérique aux membres », *Sem. méd.* 1898. — *Leçons sur les maladies du système nerveux*, 1899, leçon 7, p. 120 à 128. — Collins : « Sur la disposition et les fonctions des cellules de la moelle cervicale, etc. », *New-York med. Journ.*, 1894, résumé in *Arch. Neurol.*, 1895. — Dejerine : « Sur l'existence de troubles de la sensibilité à topographie radiculaire dans un cas de lésion circonscrite de la corne postérieure », *Rev. Neurol.*, 1899. — Flatau : « Sur les lésions médullaires consécutives aux grandes amputations des membres (chromatolyse des cellules des cornes antérieures après amputation de la jambe) », *Deutsche med. Woch.*, vol. XXIII, 1897. — Gad et Flatau : « Principales localisations médullaires des voies motrices destinées aux différentes parties du corps », *Neur. Centralbl.*, vol. XVI, p. 481, 1897. — V. Gehuchten : La chromatolyse dans les cornes antérieures de la moelle après désarticulation de la jambe et ses rapports avec les localisations motrices, *Journ. de Neurol.*, 1898. — V. Gehuchten et de Buck : Contribution à l'étude des localisations des noyaux moteurs dans la moelle lombo-sacrée et sur la vacuolisation des cellules nerveuses, *Belg. Méd.*, VI, 15, p. 510, 1898. — Jacobsohn : « Le centre cilio-spinal », résumé in *Rev. Neurol.*, 15 octobre 1899. — Kaiser : « Les fonctions des cellules de la moelle cervicale », *Gekrœnte Preisschrift, Haag. Mart. Nijhoff*, 1891. — Kohnstamm : « Sur le noyau du phrénique », 23ᵉ *Congrès des neurol. de l'Allemagne du sud-est à Baden-Baden*, 22 mai 1898, résumé in *Neur. Centralbl.*, 1898. — « Sur l'anatomie et la physiologie du noyau du phrénique », *Fortschr. d. Med.*, vol. XVI, 1898. — Lehmann : « *Essai de localisation du noyau d'origine du nerf du quadriceps* », thèse de Wurzbourg, 1890. — Marinesco : Localisations sensitives et motrices de la moelle épinière, *Sem. Méd.*, 1896. — Contribution à l'étude des localisations des noyaux moteurs dans la moelle épinière, *Rev. Neurol.*, 1898, p. 463. — Monakow : « Lésions médullaires consécutives à l'arrachement du plexus brachial chez l'homme », *Association des naturalistes, Congrès de Dusseldorf*, 1898, Résumé in *Centralbl. f. Nervenheilkunde u. Psych.*, nouvelle série, IX, supplément, 1898. — Page, W. Alay : « *Recherches sur la représentation segmentaire des mouvements dans la moelle lombaire, chez les mammifères* », Londres, 1897. — Sano : Localisations motrices dans la moelle lombo-sacrée, *Journ. Neurol. et Hypnol.*, 1897. — De la constitution des noyaux moteurs médullaires, *Ibid.*, 1898, p. 62. — Localisations médullaires motrices et sensitives, *Ibid.*, 1898, p. 129. — Les localisations des fonctions motrices de la moelle épinière, *Soc. médico-chirurgicale d'Anvers*, 1898. — Souques : De l'origine réelle du nerf phrénique, *Sem. méd.* 1898, p. 510 (résumé). — Souques et Marinesco : Lésions de la moelle épinière dans un cas d'amputation congénitale des doigts, *Presse Médicale*, juin 1897.

CHAPITRE II

RACINES ET CORDONS POSTÉRIEURS

ARTICLE I. — LES RACINES POSTÉRIEURES (R. P.)

A l'exception de leurs éléments centrifuges qui président à l'innervation des vaisseaux, les racines postérieures servent exclusivement à la conduction des excitations sensitives. Les mêmes rapports existent entre les racines antérieures et les groupes de muscles qu'elles innervent qu'entre les racines postérieures et les territoires affectés à la sensibilité ; avec cette restriction que celles-ci ne sortent pas directement des segments de la moelle dans lesquels elles trouvent leur terminaison. Il est important de remarquer en outre qu'un territoire cutané quelconque est toujours innervé par plusieurs racines.

Origine des racines postérieures. — On sait depuis WALLER qu'après section d'une de ces racines entre la moelle et le ganglion le bout ganglionnaire reste intact ; le bout médullaire (périphérique par rapport au centre trophique des fibres de la racine, lequel se trouve dans le ganglion) subit une dégénération qui progresse en sens ascendant, se continue dans les cordons postérieurs et peut être suivie jusque dans la substance grise.

La grande majorité des fibres radiculaires postérieures représente le rameau central du prolongement en T des cellules des ganglions spinaux. Ce fait, facile d'ailleurs à constater histologiquement, est encore mis en évidence par la dégénération qui suit la section des racines : lorsque celle-ci est faite au-dessous du ganglion, le bout périphérique inférieur dégénère seul ; quand elle porte entre le ganglion et la moelle, le segment médullaire dégénère complètement (sauf les fibres centrifuges venues de la moelle, celles-ci naturellement subissent comme les racines antérieures la dégénération descendante), le segment ganglionnaire reste intact (à l'exception des fibres centrifuges qui dégénèrent dans le sens opposé, c'est-à-dire de la moelle à la périphérie). Les racines postérieures doivent donc être considérées comme formées non pas exclusivement de fibres centripètes ou sensibles, mais aussi, en nombre infiniment moindre, d'éléments centrifuges venus de la moelle et qui traversent le ganglion sans s'y diviser ni contracter aucun rapport avec les cellules qu'ils y rencontrent.

Nous avons vu que chez certains vertébrés inférieurs, et chez les mammifères pendant la vie fœtale, ces cellules possèdent la forme bipolaire, et sont pourvues d'un prolongement à chaque extrémité. Chez les animaux supérieurs les deux prolongements se rapprochent progressivement l'un de l'autre, finissant par confondre leurs origines, formant ainsi un prolongement unique en forme de T. His a d'ailleurs montré que chez l'embryon les ganglions spinaux s'éloignent de l'ébauche de la moelle dès avant la fermeture de la gouttière médullaire et se montrent inclus dans la vertèbre primitive sous forme d'un appendice de la moelle primaire relié à celle-ci par un simple cordon ; c'est de ces appendices, ébauches des futurs ganglions spinaux, que naissent les fibres nerveuses qui pénètrent progressivement dans la moelle où elles forment la grande masse des cordons postérieurs.

Les nerfs sensoriels (optique, acoustique, etc.) se développent d'une façon analogue : ils croissent de la périphérie (rétine, ganglion spiral, ganglion de Scarpa) vers les centres.

Quant à leur *systématisation* propre, les fibres des R. P. ont une topographie tout autre que les nerfs périphériques qu'elles contribuent à former. Chacun de ceux-ci est formé de fibres qui proviennent de racines différentes : il est ainsi permis de supposer que les muscles fonctionnellement associés, innervés par plusieurs nerfs distincts, le sont en réalité par des fibres de même provenance radiculaire. L'échange de fibres entre racines se fait dans les plexus et dans les troncs nerveux qui peuvent jusqu'à un certain point être considérés comme des plexus (ÉDINGER).

Trajet intramédullaire des fibres radiculaires postérieures. — [Ce n'est que petit à petit que l'on est arrivé à superposer les résultats obtenus par les différentes méthodes au sujet du trajet intramédullaire des racines postérieures. Pendant longtemps les notions que l'on possédait paraissaient essentiellement divergentes :] les anciens procédés au chlorure d'or de GERLACH et FREUD, les méthodes plus importantes de WEIGERT, PAL et WOLTERS aboutirent à des résultats exacts quoique incomplets, en s'adressant surtout à l'étude de la moelle du fœtus ou de l'enfant nouveau-né : à cette période du développement les affinités des éléments myéliniques pour les différents réactifs sont alors plus énergiques ; d'autre part les fibres radiculaires se développent à des stades très éloignés les uns des autres ; on peut donc, à un moment donné, trouver un système de fibres mis seul en évidence par l'action des réactifs, les systèmes voisins n'ayant pas encore acquis les affinités chimiques ni le degré de développement suffisants pour cela. [Mais malgré leur valeur, ces méthodes ne sont qu'incomplètement analytiques ; les données qu'on leur doit avaient à leur tour besoin d'être expliquées et commentées. Grâce à la méthode de Golgi, on fut bientôt en possession de notions plus claires et plus précises, plus analytiques en un mot, quoique encore incomplètes ; nous allons les exposer en premier lieu car elles doivent servir de base à toute description systématique des cordons postérieurs : c'est à elles que l'on doit s'efforcer de rapporter les résultats acquis par l'anatomie pathologique ou l'embryologie.]

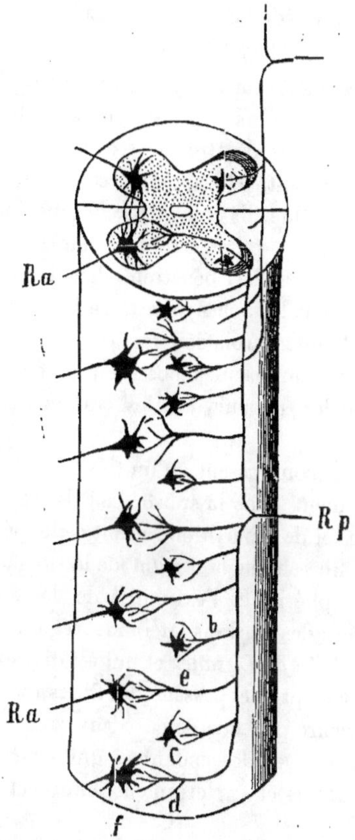

Sur des coupes longitudinales de moelles d'embryons imprégnées au chromate d'argent on peut voir que la majorité des fibres radiculaires postérieures se divise après sa pénétration dans la moelle en deux branches verticales. La branche ascendante est plus volumineuse et surtout beaucoup plus longue : elle dépasse toujours de beaucoup les limites d'une préparation microscopique (fig. 14). Quant à la branche descendante, sa longueur est variable, peut-être suivant les espèces animales et sûrement aussi suivant le niveau de la moelle considéré ; nous verrons en étudiant les dégénérations descendantes des cordons postérieurs que ce point n'est pas encore complètement élucidé.

Fig. 14.— SCHÉMA, D'APRÈS CAJAL, DU MODE DE RAMIFICATION DES FIBRES RADICULAIRES DORSALES.

Ra, Racines antérieures : *Rp*, racine postérieure.
f, Grande multipolaire de la corne antérieure.
c, Cellule commissurale.
d, Ramification terminale.
e et *b*, Collatérales longue et courte d'une fibre radiculaire postérieure.

Les deux branches de division accomplissent un certain trajet vertical dans les cordons postérieurs puis se coudent et pénètrent dans la substance grise où elles se terminent dans le voisinage immédiat des cellules par de fines ramifications arborisées ou pénicillées (*fig. 14 d; fig. 24*, p. 66; *fig. 27*, p. 69).

Nous avons vu que les rameaux ascendants sont toujours beaucoup plus longs que les branches descendantes : nous verrons plus loin que la méthode des dégénérations a montré que quelques-uns d'entre eux se poursuivent jusqu'au bulbe et peut-être même le dépassent. Durant tout ce trajet, les rameaux descendants se comportent de même, ils émettent à des distances variables des collatérales plus ou moins fines qui en partent à angle droit, ordinairement au niveau d'une incisure de Ranvier, pénètrent dans la substance grise et s'y ramifient à l'instar des deux branches mères. Enfin le tronc de la fibre radiculaire lui-même émet de une à trois collatérales avant de se bifurquer. Toutes ces branches et tous ces ramuscules possèdent une gaîne de myéline, formation dont sont seules dépourvues les ramifications ultimes (*fig. 14 b, e*, et *fig. 22*, p. 64).

Quant aux fibres radiculaires qui n'accomplissent qu'un très court trajet en hauteur et pénètrent presque directement dans la substance grise elles se comportent en général suivant la même loi de répartition : avant cette pénétration, elles cheminent avec les autres fibres dans la région de la substance blanche qui est comprise entre la périphérie et l'extrémité de la corne postérieure et qui empiète sur le territoire des cordons latéraux, région que l'on désigne sous le nom de *zone radiculaire de Lissauer* et qui est divisée en une portion interne et une portion externe par le passage des fibres radiculaires ; avant d'aborder la corne postérieure par une de ces deux zones, ces fibres émettent des collatérales ascendantes et descendantes, qui pénètrent dans la substance grise à différentes hauteurs et s'y terminent enfin par des arborisations péricellulaires.

[C'est l'ensemble de ces fibres à *trajet horizontal* qui devint le premier l'objet d'une étude analytique basée sur l'embryologie : quoique leur signification ait été d'abord mal interprétée puisqu'on les considérait uniquement comme fibres radiculaires et non comme de simples collatérales, les divisions établies grâce à ces premières recherches sont conservées encore aujourd'hui et doivent servir de base à notre description. Dans l'article suivant nous reviendrons aux fibres verticales et commencerons ainsi l'étude des cordons postérieurs dont ces fibres forment la portion la plus importante, contrairement à ce qu'on croyait autrefois.]

Développement des fibres radiculaires dorsales. Faisceau médial et faisceau latéral. — Nous avons vu que ce développement s'espace sur une assez longue période. Les premières fibres myélinisées sont celles qui cheminent dans la portion la plus externe et la plus dorsale du

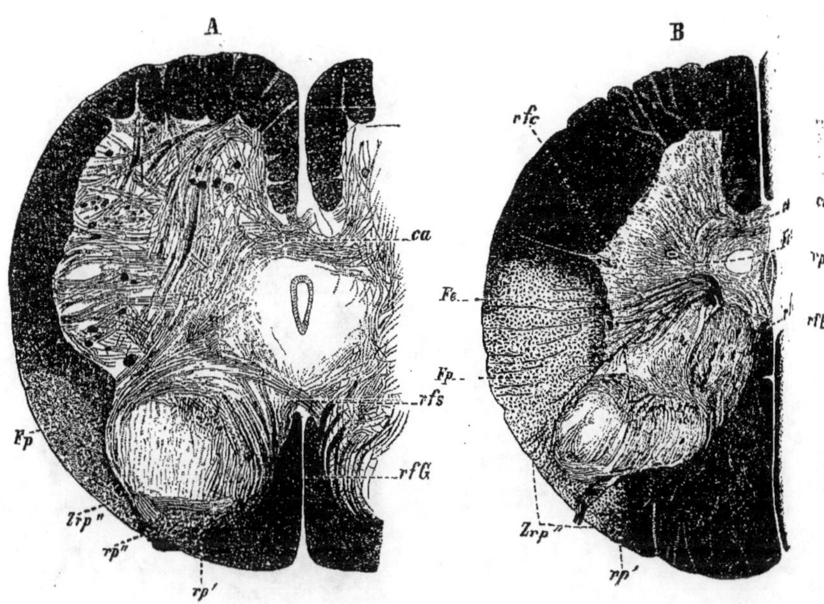

Fig. 15. — COUPES TRANSVERSALES DE LA MOELLE D'UN NOUVEAU-NÉ. A, RÉGION DES RACINES SACRÉES ; B, RÉGION DE TRANSITION ENTRE LE RENFLEMENT LOMBAIRE ET LA MOELLE DORSALE.

c a, Commissure ventrale.
F c a, Fibres allant de la colonne de Clarke à la commissure ventrale.
F e, F. cérébelleux direct.
F p, F. pyramidal latéral.
r f B, Fibres allant de la colonne de Clarke au cordon de Burdach *(figure suivante).*
r f c, Fibres allant de la colonne de Clarke au cérébelleux direct.
r f G, Fibres provenant des cellules disséminées de la corne postérieure et allant au cordon de Goll; ces fibres représentent la continuation centrale du faisceau externe à fibres fines de la racine postérieure.
r f s, Fibres provenant des cellules disséminées de la corne postérieure et allant à la commissure dorsale : même signification que les précédentes.
r p', Faisceau médial ou à grosses fibres de la racine postérieure.
r p", Faisceau latéral, à fibres fines.
Z r p", Territoire radiculaire externe ou zone marginale.

Coloration par la méthode de Weigert.

cordon postérieur et forment la zone radiculaire interne *(fig. 13, rpi; fig. 15, rp')* : quelques-unes pénètrent directement dans la substance grise par la pointe de la corne postérieure (1); les dernières myélinisées sont celles *(fig. 13, rpe; fig. 15; r p'')* qui contribuent à former le territoire

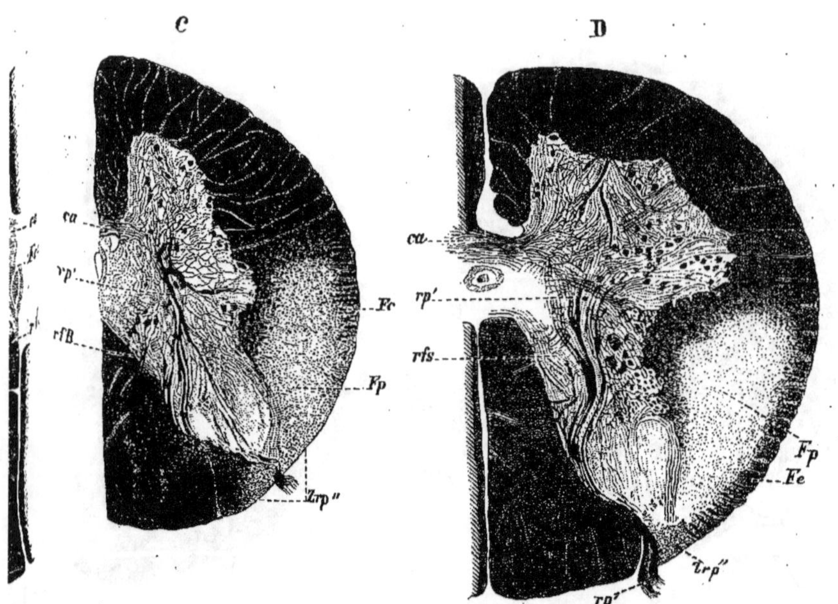

Fig. 16. — COUPES TRANSVERSALES DE LA MOELLE AU NIVEAU DE LA RÉGION THORACIQUE (C) ET DU RENFLEMENT CERVICAL (D).

Même provenance que les coupes représentées dans la figure précédente. S'y reporter pour les indications.

radiculaire externe ou zone limitante *(fig. 13 z; fig. 15 et 16 Zrp'')*. Les autres fibres se développent dans les stades intermédiaires *(fig. 42, 43, 54, 55)*. Ces différentes catégories de fibres sont ordonnées en faisceaux distincts avant leur pénétration dans la moelle : leur séparation n'est pourtant pas absolue.

a) Parmi les fibres qui se myélinisent en premier lieu, la majorité se dirige en dedans après sa pénétration dans la moelle et arrive dans la portion la plus externe du cordon postérieur et. dans la moelle lombaire, dans la portion la

(1) D'après l'ancienne opinion de KUPFFER les racines dorsales se développeraient beaucoup plus tard que les racines antérieures. On sait maintenant d'une façon certaine qu'une partie des radiculaires postérieures est déjà myélinisée à l'époque de la première apparition de la myéline dans les racines motrices. En tout cas la myélinisation des dernières fibres radiculaires postérieures n'a lieu qu'après la complète myélinisation des racines ventrales.

plus interne ou faisceau de Goll ; une petite partie passe par la pointe de la corne postérieure, traverse la portion interne de la substance gélatineuse de Rolando et se perd dans la substance grise.

b) Quant au faisceau qui se myélinise en deuxième lieu, une bonne partie de ses fibres, situées au moment de leur pénétration dans la moelle en dehors du faisceau précédent, se dirige vers la zone radiculaire externe ou zone marginale externe ; de là elle prend un trajet vertical et pénètre dans la corne dorsale à différents niveaux.

c) Pour les fibres dont la myélinisation se fait dans la période intermédiaire, les unes pénètrent dans la corne par sa pointe ou par les territoires avoisinants de la substance grise, les autres se rendent dans le cordon postérieur (1).

Les différents faisceaux radiculaires se distinguent encore les uns des autres par le diamètre de leurs fibres. Le faisceau qui se développe le premier est formé de fibres volumineuses ; le dernier, d'éléments relativement fins. Pour abréger, nous appellerons *faisceau médial* ou *interne* celui qui se développe le premier, et *faisceau latéral* celui qui se développe en dernier lieu (2).

Nous voici dès maintenant en possession d'une conception exacte de la constitution *fondamentale* des cordons postérieurs : nous savons qu'ils sont formés essentiellement par les rameaux ascendants et descendants des racines postérieures et par leurs collatérales. De ces branches ascendantes, celles qui occupent la zone marginale sont les plus courtes ; celles qui occupent, ou constituent plutôt, du moins en majeure partie, les cordons postérieurs proprement dits sont de longueur variable : quelques-unes remontent jusqu'au bulbe.

[Nous avons vu, d'autre part, que ces fibres et leurs collatérales se terminent dans la substance grise où elles sont réparties différemment suivant la période embryologique à laquelle elles arrivent à leur complet développement. Il nous reste maintenant à compléter, au moyen de l'étude de leurs dégénérations secondaires, les notions fournies par l'histologie normale sur le trajet intramédullaire des racines postérieures : nous prendrons d'abord ainsi une idée générale de la topographie des cordons postérieurs, topographie qui ne nous sera complètement connue qu'après l'étude des

---

(1) Nous verrons plus loin qu'une partie des fibres radiculaires postérieures se rend, après sa pénétration dans la corne, dans un feutrage très dense de fibrilles des plus fines, situé immédiatement en avant de la substance de Rolando (*Plexus de la substance de Rolando*). Après section des racines postérieures, ce feutrage s'atrophie toujours ainsi que l'ont montré les recherches faites par ZELEHITZKI dans mon laboratoire.

(2) Il ressort de notre description que cette division ne correspond pas tout à fait à la division habituelle en faisceau interne et faisceau externe.

fibres de ces mêmes cordons qui proviennent de la moelle, puis nous terminerons la description des fibres et des collatérales que nous avons vu pénétrer dans la substance grise pour aller entourer de leurs ramifications terminales les cellules de ses différents groupes.]

ARTICLE II. — LES FIBRES RADICULAIRES : TRAJET ET TERMINAISON.
ÉLÉMENTS EXOGÈNES DES CORDONS POSTÉRIEURS.

Division des cordons postérieurs. Cordons de Goll et de Burdach. — Depuis longtemps on distingue deux territoires dans les cordons postérieurs : l'un interne, contigu au septum dorsal, a sur les transversales la forme d'un coin à base postérieure, c'est le *cordon de* GOLL *ou cordon grêle (fig. 13 fg, gi, gl)* ; l'autre comprend le reste des cordons postérieurs, c'est le faisceau externe ou *cordon de* BURDACH, ou *cordon cunéiforme (fig. 13 brs, bpa, bpm)*. Dans la moelle cervicale, les deux faisceaux sont ordinairement séparés l'un de l'autre par un fin septum conjonctif; ils se distinguent encore par le volume de leurs fibres; dans le cordon de Goll celles-ci sont en majorité relativement fines et de diamètre uniforme; dans le cordon de Burdach, elles sont très inégales et pour la plupart volumineuses. Je dois à ce propos faire remarquer que, contrairement à certaines opinions, il existe dans le cordon de Goll, en dehors des fibres qui lui sont communes avec le cordon de Burdach, d'autres fibres qui lui sont absolument spéciales et qui, entre autres particularités, se développent beaucoup plus tard que celles des cordons cunéiformes.

[Cependant il ne faudrait pas considérer chacun de ces faisceaux comme un *système* : nous verrons qu'ils sont formés d'éléments de provenance diverse ; que, d'autre part, certaines fibres qui font d'abord partie de l'un font ensuite partie de l'autre et qu'enfin les fibres qui, par exemple, dans la région lombaire, sont situées près de la portion postérieure du septum médian ne sont pas les mêmes que celles qui occupent la même position dans la région cervicale. Pareille remarque pourrait être faite pour la zone ventrale des cordons postérieurs ou zone cornu-commissurale. Bref, pour leur architecture, ces faisceaux sont, on le conçoit facilement, totalement différents des faisceaux systématisés par excellence, tels que les faisceaux pyramidaux; on ne peut même les comparer aux systèmes commissuraux à fibres longues ou courtes de la couche limitante, par exemple. En effet, l'arrivée incessante des fibres radiculaires leur inflige, presque à chaque étage intersegmentaire, une topographie nouvelle d'autant moins schématisable que ces fibres sont de longueurs différentes et impriment ainsi aux éléments endogènes des déplacements dont le degré ne peut être l'objet d'une formule même régionale, car il est le résultat d'un trop grand nombre de facteurs.]

Zones radiculaires postérieures *(fig. 13 z ; fig. 15 et 16 zrp''; fig. 28, p. 74.* — En réalité les cordons postérieurs ne sont pas limités en dehors par les

fibres radiculaires. Nous avons vu plus haut que le faisceau médial de ces dernières, ou faisceau à grosses fibres, entre dans la constitution, au cours de son
trajet vertical, d'un territoire particulier de la substance blanche : la *zone
radiculaire interne;* elle est comprise entre la périphérie de la moelle et
l'extrémité de la corne postérieure (1). A la limite du cordon postérieur et
du cordon latéral, et empiétant sur le territoire de celui-ci, est un système de
fibres semblable au précédent par sa constitution et que LOEWENTHAL désigna
sous le nom de *zone marginale de la corne postérieure,* à cause de sa situation
près du bord externe de cette corne. Prenant en considération la présence,
dans le même système, de fibres radiculaires postérieures, je l'ai décrit de
mon côté sous le nom de *zone radiculaire (postérieure) latérale,* pour le
distinguer de la zone radiculaire interne qui est située dans les cordons
postérieurs. Ma description était basée sur l'embryologie : les fibres de ce
faisceau se myélinisent en effet de très bonne heure : on peut déjà voir de
fines gaines de myéline chez des fœtus de 33 à 45 centimètres de longueur;
pourtant chez le nouveau-né il n'a pas encore atteint tout son développement.
A peu près à la même époque ce système fut étudié par LISSAUER, dans un
cas de tabes.

Les fibres de cette région représentent celles du faisceau latéral des racines
postérieures. Elles sont d'une finesse remarquable et plongées dans une abon-
dante substance intermédiaire, de telle sorte que, dans les préparations au Pal
ou au Weigert qui teignent la myéline en noir *(fig. 15, rp''),* cette région
tranche par sa coloration pâle. On la voit contourner, à la manière d'une
ceinture, le bord, puis la pointe de la corne dorsale, à la limite des deux
cordons. Elle est limitée en avant par le bord postéro-externe de la corne
dorsale, en dehors par la portion la plus reculée du cérébelleux direct, du

[(1) En avant de la zone radiculaire interne, et ayant essentiellement la même constitution,
le long du bord interne de la corne postérieure, beaucoup d'auteurs, en France principalement,
décrivent une zone *cornu-radiculaire.* Située en avant de celle-ci, mais d'une constitution
tout autre (nous verrons en effet que les fibres qui la forment proviennent presque uniquement des cellules de la substance grise) est la zone *cornu-commissurale.* Quant aux fibres
du faisceau interne qui forment la zone radiculaire interne et la zone cornu-radiculaire,
suivant le principe fondamental de l'architecture des cordons postérieurs, elles s'éloignent
peu à peu de la substance grise pour se rapprocher de la ligne médiane. Si donc l'on considère les fibres venues d'une même racine et qui forment ces deux zones, on les voit, à partir
d'un étage plus élevé et dont le niveau varie suivant les régions, s'écarter de la substance
grise tout en formant un faisceau compact et en se condensant petit à petit dans les
régions plus postérieures du cordon. Ce faisceau est d'ailleurs individualisé par certaines
dégénérescences « primitives ».

PIERRET a montré, en 1871, que c'est par ce territoire que débute toujours la lésion
du tabes; son aspect est alors celui d'une mince bandelette parallèle à la corne postérieure
dont elle est séparée par l'espace occupé par les fibres radiculaires entrées dans la moelle au-
dessus de celles qui forment la bandelette dégénérée. C'est encore au niveau de ce faisceau
ou *bandelette externe de Pierret* et non pas plus bas, au contact de la substance grise, que
les grosses fibres radiculaires qui forment le faisceau médial émettent les collatérales qui
pénètrent dans la corne dorsale par son bord interne ou par son extrémité postérieure;
aussi cette même région a-t-elle reçu de LENHOSSEK le nom significatif de *zone d'irradiation*
(Einstrahlungszone). V. LENHOSSEK, *loc. cit.,* p. 203.]

pyramidal croisé et du faisceau médial ou profond du cordon latéral, en arrière par le bord postérieur de la moelle, en dedans par les fibres radiculaires postérieures ; en dedans de celles-ci est la zone radiculaire interne, laquelle est bornée en dedans par le faisceau de Burdach avec lequel elle n'a aucun rapport de constitution, malgré son voisinage immédiat (1).

D'après mes recherches embryologiques, l'étendue et la forme de la zone radiculaire varient beaucoup suivant le niveau de la moelle considéré ; ces variations sont commandées jusqu'à un certain point par le nombre de fibres qui y pénètrent et le degré de développement de la substance gélatineuse : ses fibres sont en effet en connexion étroite avec les plexus et cellules de cette dernière. C'est dans la région lombo-sacrée que la zone radiculaire est le plus développée. A ce niveau, ainsi que dans la portion inférieure de la moelle dorsale, elle occupe tout l'espace compris entre la substance gélatineuse qui est ici puissamment développée et le bord de la moelle : elle touche en avant au cérébelleux direct et à la couche limitante et s'étend, en arrière et en dedans, un peu au delà du point de sortie des fibres radiculaires postérieures. Par contre, dans la région dorsale moyenne et supérieure, à mesure que la substance gélatineuse devient plus réduite et que la pointe de la corne postérieure s'écarte de la périphérie, elle prend la forme d'une mince couche parallèle aux fibres radiculaires postérieures, étendue de la corne à la périphérie et limitée en arrière et en dedans par les fibres radiculaires internes. Au milieu du renflement cervical la substance gélatineuse occupe un espace beaucoup plus considérable : conséquemment, le territoire radiculaire augmente d'étendue. Il semble que c'est dans la région cervicale inférieure qu'il est le plus réduit : à ce niveau la majorité de ses fibres s'intercale entre les fascicules des R. P. Plus haut, parallèlement au grand développement de la substance gélatineuse, ce territoire augmente encore progressivement d'étendue ; petit à petit ses fibres (ascendantes) sont remplacées, de bas en haut, par celles qui forment la racine spinale du trijumeau. Nous avons vu que ses dimensions dépendent jusqu'à un certain point du nombre des fibres radiculaires qui pénètrent dans la moelle, et du développement de la substance gélatineuse. Cela s'explique, par ce fait qu'il contient principalement des fibres radiculaires qui sont en relations étroites avec les cellules nerveuses de la substance de Rolando et avec son plexus ; mais il comprend encore un petit nombre de

(1) Si l'on prend pour limite des cordons latéral et postérieur la pointe de la corne dorsale et le lieu d'émergence des fibres radiculaires postérieures, ce qui est du reste l'usage de la majorité des anatomistes, une partie du système radiculaire zonal se trouve forcément incluse dans le domaine du cordon latéral ; une portion plus petite est comprise dans le cordon postérieur. L'opinion de FLECHSIG, qui le place tout entier dans ce dernier, ne correspond donc pas à la réalité des faits.

fibres provenant des petites cellules de la substance gélatineuse. Dans les cas pathologiques de même qu'après la section transversale de la moelle, il dégénère surtout dans le sens descendant et sur une faible hauteur. Des observations ont été faites et publiées à ce sujet, d'abord par Lissauer (dans des cas de tabes), puis par moi-même (après section de la moelle). En outre, on en a encore observé la dégénération après section des racines postérieures.

Constitution générale des cordons postérieurs; systèmes endogènes et exogènes. — Lors d'une compression pathologique ou d'une destruction de la moelle, le cordon postérieur tout entier est atteint par la dégénération ascendante : celle-ci, dans le cordon de Goll, remonte jusqu'au noyau bulbaire de ce dernier ; dans le cordon de Burdach elle ne s'étend qu'à une faible hauteur au-dessus de la lésion (*fig. 19, 20, 21*). Nous verrons en outre que de nombreuses observations démontrent que ces deux faisceaux dégénèrent aussi dans le sens descendant. Nous pouvons donc conclure dès maintenant que les cordons grêles sont surtout formés de fibres longues qui montent directement pour la plupart jusqu'au noyau bulbaire ; que les cordons cunéiformes sont par contre formés de fibres relativement courtes. Mais ceux-ci comme ceux-là comprennent des fibres de même origine et à ce point de vue ne diffèrent pas essentiellement les uns des autres. Nous verrons en effet que la dégénération des fibres radiculaires, consécutive à leur section expérimentale, leur compression pathologique, etc., après avoir primitivement occupé le cordon de Burdach, se cantonne de plus en plus vers la région interne de ce dernier et passe progressivement dans le cordon de Goll auquel elle se limite exclusivement à partir d'une certaine distance du point de pénétration de la racine sectionnée. Le cordon de Burdach n'est donc pas uniquement formé de fibres courtes : il comprend aussi des fibres longues qu'il abandonne progressivement au faisceau de Goll. Mais il ne faudrait pas croire que les cordons postérieurs se composassent exclusivement des rameaux et des collatérales des racines postérieures, opinion récemment encore acceptée par un grand nombre d'auteurs. Sur des préparations au Golgi on peut voir les neurites ou axônes de quelques cellules des cornes postérieures et des colonnes de Clarke (*fig. 5*) passer dans les cordons postérieurs. En outre, une certaine partie des fibres de ces derniers, et surtout celles des faisceaux de Goll, se myélinise plus tard que les faisceaux internes des R. P. Grâce aux méthodes de Weigert-Pal, j'ai pu voir, dans la moelle lombaire, des paquets de fibres venues de la substance grise pénétrer jusqu'à la périphérie des cordons (*fig. 15 A.*). Enfin, dans le cas de compression expérimentale ou pathologique de l'aorte thoracique, la destruction consécutive de la substance grise s'accompagne toujours d'une dégénération secondaire des cordons postérieurs, en particulier des cordons de Goll. [Il est donc évident qu'à côté des fibres d'origine radiculaire, dites encore *exogènes*, les cordons postérieurs contiennent aussi des fibres qui tirent leur origine des cellules mêmes de la substance grise et que l'on oppose aux précédentes sous le nom de fibres *endogènes*. Nous allons maintenant étudier leur répartition réciproque.]

Topographie des fibres radiculaires d'après leur dégénération. — Lorsqu'on sectionne une paire radiculaire dorsale, ou plusieurs, on trouve des fibres dégénérées non seulement dans le cordon postérieur, mais encore dans la portion la plus reculée du cordon latéral, dans les zones radiculaires postérieures de Lissauer (V. plus haut). Mais cette dégénération ne s'étend que sur une faible hauteur, tandis que celle des cordons postérieurs peut être suivie jusqu'au bulbe. Singer en tira parti pour étudier la localisation précise des fibres radiculaires. Chaque racine, en pénétrant dans la moelle, se place en dehors des fibres venues des paires radiculaires inférieures, lesquelles par conséquent sont repoussées en dedans. De cette façon, des fibres qui dans le voisinage de leur point de pénétration se trouvent situées en dehors, c'est-à-dire dans le cordon de Burdach, sont ensuite petit à petit reportées dans les cordons de Goll. C'est pour cela que dans la moelle cervicale les fibres radiculaires des nerfs des membres inférieurs sont localisées dans les cordons grêles, tandis que les cordons cunéiformes contiennent encore à ce niveau un grand nombre de fibres correspondant aux nerfs des membres supérieurs. Ces résultats acquis par Singer furent confirmés ensuite par Kahler, Wagner, Borgherini, Muenzer et Singer et par mes travaux personnels. On sait en outre qu'à mesure qu'ils accomplissent leur trajet ascendant et sont repoussés en dedans, les faisceaux radiculaires abandonnent à la substance grise un certain nombre de leurs fibres : le champ de dégénération d'une R. P. sectionnée, considéré à des niveaux de plus en plus élevés, devient donc, non seulement de plus en plus interne, mais encore de plus en plus réduit. Quant aux fibres

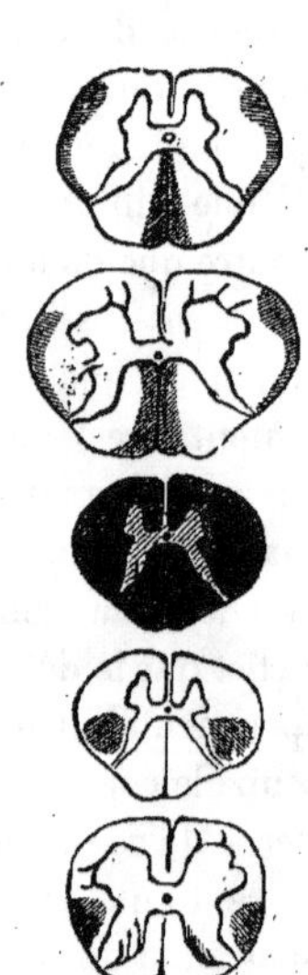

Fig. 17. — PRINCIPALES DÉGÉNÉRATIONS SECONDAIRES ASCENDANTES ET DESCENDANTES CONSÉCUTIVES A UNE SECTION DE LA MOELLE.

La section a porté sur la 3ᵉ coupe. Au-dessus la dég. atteint la portion interne des cordons postérieurs, le cérébelleux direct et le f. de Gowers ; au-dessous, elle porte sur les voies pyramidales (d'après Strumpell).

qui pendant leur trajet dans le cordon se sont coudées pour pénétrer dans la substance grise, elles sont en réalité continuées par celles qui naissent des cellules mêmes de cette dernière et cheminent ensuite dans les cordons pour plonger derechef dans la substance grise après un trajet plus ou moins long ou bien même se poursuivre jusqu'au bulbe. Nous les retrouverons plus loin en étudiant les cordons antéro-latéraux et les systèmes endogènes des cordons postérieurs.

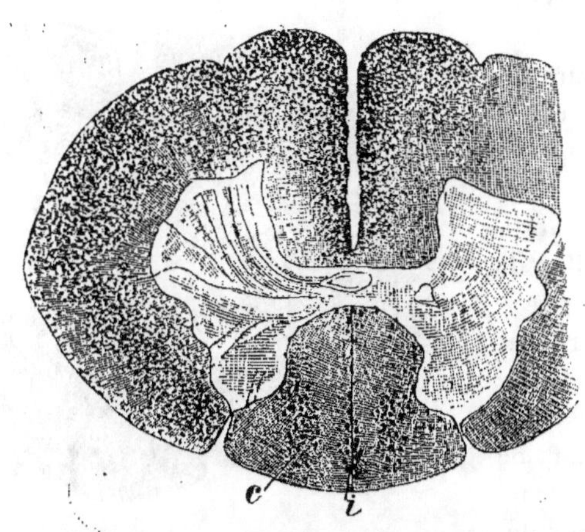

Fig. 18. — DÉGÉNÉRATIONS CONSÉCUTIVES A UNE SECTION TRANSVERSALE COMPLÈTE DE LA MOELLE, AU NIVEAU DE LA VIII° VERTÈBRE DORSALE.

(La coupe représentée dans cette figure a été faite un centimètre au-dessous du niveau de la section expérimentale. Méthode de Marchi. Préparation de DOBROTWORSKY, ainsi que les coupes des trois figures suivantes.)

c, Dég. en virgule du cordon postérieur.
i, Dég. du f. médio-marginal.

Mes expériences personnelles de section des racines de la queue-de-cheval m'ont permis de noter l'existence d'une dégénération partielle du cordon de Burdach : elle commençait immédiatement au-dessus du point de pénétration des racines ; plus haut il y avait dégénération du cordon grêle, diminuant de bas en haut et se poursuivant jusqu'au bulbe (1).

On doit donc tenir pour absolument démontré ce fait, qu'à chaque nerf qui pénètre dans la moelle, correspond, sur toute la hauteur de celle-ci, un territoire déterminé ; que ce territoire se montre toujours plus étendu et moins bien limité sur la coupe transversale d'un segment plus voisin du point de pénétration du nerf ; qu'enfin il est repoussé en dedans et en arrière, à mesure qu'il diminue d'étendue, par l'arrivée des fibres des paires rachidiennes situées au-dessus, lesquelles se placent en dehors du territoire considéré. En outre, tant dans les cordons de Goll que dans les cordons de

<hr>

(1) Voir à ce sujet la thèse de DUFOUR, Paris 1896.

Burdach, les fibres radiculaires qui viennent de pénétrer dans la substance blanche se mettent en rapport par leur branche de division descendante avec des segments de la moelle situés plus inférieurement.

Ce fait, qu'une fibre radiculaire ascendante placée d'abord dans le cordon de Burdach peut, à un niveau plus élevé, aller faire partie du cordon de Goll, montre d'une façon évidente la similitude d'origine, au moins partielle, de ces deux systèmes. Après section des racines postérieures thoraciques ou cervicales le territoire dégénéré s'étend en dedans jusqu'au cordon de Goll (Pfeiffer, Sottas). Pourtant ce point est encore discuté, puisque d'après Hofrichter, et Barbacci, les rameaux ascendants des racines cervicales concourent pour une certaine part à la formation des cordons grêles.

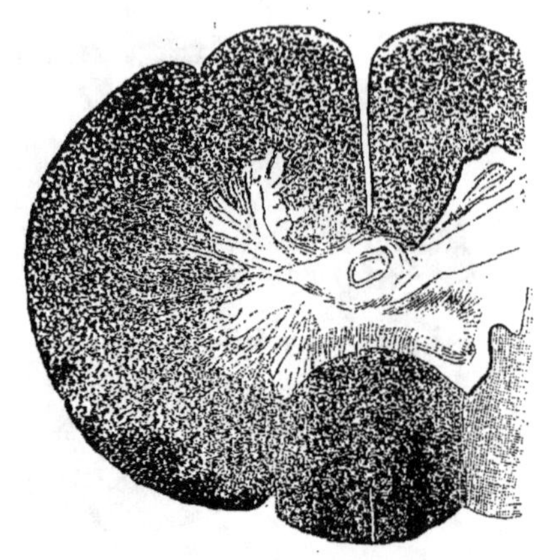

Fig. 19. — DÉGÉNÉRATIONS CONSÉCUTIVES A UNE SECTION COMPLÈTE DE LA MOELLE.

(Même provenance que pour la figure précédente. La coupe a été faite un demi-centimètre au-dessus de la section expérimentale.)
La dégénération des cordons postérieurs est diffuse.

De ses recherches récentes, faites sur le cobaye, Berdez (1) a conclu que les fibres longues des cordons de Goll représentent pour la plupart les fibres longitudinales des R. P. (2). Après section de ces dernières cet auteur trouva en outre des fibres dégénérées dans l'autre moitié de la moelle ; ces fibres croisées passeraient par la commissure grise postérieure.

Karl Schaffer publia (*Neur. Centr.*, 1898, p. 434) un cas très instructif de dégénération (de cause extra-médullaire) des R. P. des deuxième et troisième paires dorsales : au-dessus de la lésion le champ de dégénération formait une bandelette curviligne ; à des niveaux plus élevés, celle-ci était repoussée en dedans et finissait, au niveau de la cinquième et surtout de la deuxième paires cervicales, par occuper le plan du septum paramédian. En ce point les deux bandelettes dégénérées, écartées à leurs extrémités postérieures, étaient accolées au septum médian dans leur cinquième antérieur, et touchaient la commissure grise ; elles décrivaient ainsi en dehors de chaque cordon de Goll une mince bordure, très nette quoique contenant encore des fibres saines. D'un autre cas publié par le même auteur (*ibid.*), il résulte que les fibres ascendantes de la septième

____

(1) *Revue médicale de la Suisse romande*, 1892, p. 300.

(2) D'après Lenhossek, les préparations au Golgi les mieux réussies ne permettent pas de déceler des collatérales dans les cordons de Goll (*loc. cit.*, p. 297).

racine postérieure cervicale forment d'abord une dégénération diffuse à la partie postéro-externe du cordon, puis une bandelette allongée mais n'arrivant pas au contact de la périphérie de la moelle ni de la commissure grise. Petit à petit cette bandelette s'allonge et se place dans le plan du septum paramédian, et ensuite plus en dedans. D'après FLATAU, les rameaux ascendants des quatrième et cinquième paires thoraciques empruntent encore, pour atteindre le bulbe, la voie des cordons de Goll.

[Remarquons que dans la plupart des cas de dégénération d'une racine cervicale ou dorsale supérieure, la lésion revêt, dès qu'elle s'est condensée, et en particulier quand elle vient occuper le plan du septum paramédian, un aspect assez caractéristique, en clavicule, avec une petite courbure antérieure concave en dehors, et une courbure postérieure de plus grand rayon et concave en dedans. Notons enfin par anticipation que dans les deux cas de SCHAFFER, la dégénération des fibres radiculaires descendantes ne s'étendait pas au-dessous du point de pénétration de la paire rachidienne immédiatement consécutive à la racine dégénérée; elle revêtait d'ailleurs l'aspect en virgule bien connu (V. plus loin : *Dégénération descendante des cordons postérieurs*).

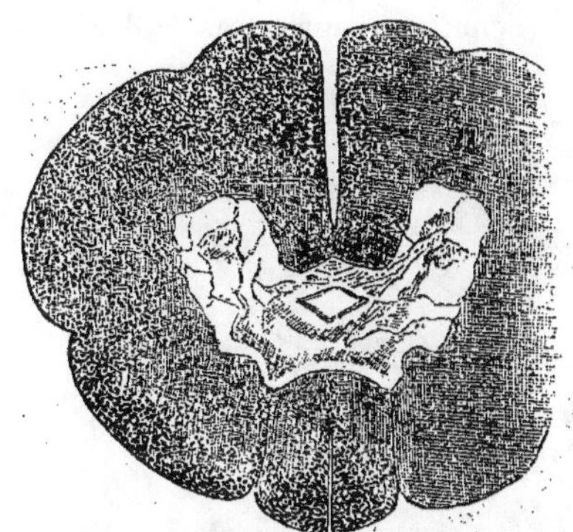

Fig. 20. — DÉGÉNÉRATIONS CONSÉCUTIVES A UNE SECTION TRANSVERSALE COMPLÈTE DE LA MOELLE.

(Même provenance que les coupes des *fig. 18, 19 et 21;* la coupe représentée ici a été faite un centimètre et demi environ au-dessus de la section expérimentale).

Sur des préparations faites par REIMERS dans mon laboratoire, je puis constater que chez le chien, après section des R. P. lombaires, il y a dégénération non seulement des fibres qui se rendent au bulbe, mais aussi d'un petit territoire situé d'abord près du bord interne de la corne postérieure, puis dans la région antérieure du cordon postérieur, et enfin de quelques fibres situées le long du septum postérieur (1).

(1) Il est pourtant indubitable que, dans la région cervicale de la moelle, on peut arriver à distinguer plusieurs territoires correspondant chacun aux fibres thoraciques, lombaires et sacrées. Ainsi d'après EDINGER l'aspect lagéniforme de la coupe transversale des cordons de Goll, au niveau de la région thoracique supérieure, dépend de la combinaison d'un triangle situé en arrière et constitué par les fibres sacrées et d'un losange situé en avant et formé par les fibres radiculaires venues de la région lombaire inférieure.

[D'un autre côté il ne faut pas se dissimuler que les quelques cas connus de dégénérescence pauci-radiculaire, seuls utilisables pour ces essais de localisation des fibres longues dans la région cervicale de la moelle, ne sont pas tous superposables : SCHAFFER publia (*Arch. f. mikr. Anat.*, vol. XLIII, 1894) un cas de destruction de la moelle au niveau de la XI⁰ dorsale : la dégénération ascendante des cordons postérieurs se limitait aux faisceaux de Burdach et pouvait être suivie jusque dans leurs noyaux bulbaires : il est vrai qu'elle pouvait porter sur des fibres endogènes, mais les fibres endogènes ascendantes ne sont pas d'une si grande longueur et se cantonnent de préférence dans les zones ventrales des cordons postérieurs, respectés dans le cas de SCHAFFER. Cet auteur du reste attribue ce résultat à la délicatesse du procédé qu'il mit en usage (méthode de Marchi).]

Quant aux *rameaux descendants* des fibres radiculaires postérieures, nous avons déjà vu qu'ils ne sont formés que de fibres courtes qui pénètrent bientôt dans la substance grise : ils ne s'étendent pas à plus de 2 cent. 5 au-dessous de leur point de pénétration (Schultze : quatre cas de dégénération

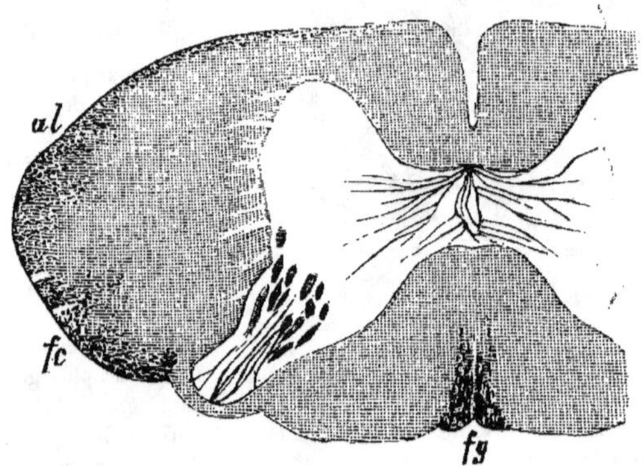

Fig. 21 . — DÉGÉNÉRATIONS CONSÉCUTIVES A UNE SECTION COMPLÈTE DE LA MOELLE DORSALE. COUPE DE LA MOELLE CERVICALE.

(Même provenance que pour les deux figures précédentes.)

a l, F. antéro-latéral dégénéré.
fc, F. cérébelleux direct dégénéré.
fg, Dégénération des cordons postérieurs limitée à la région postérieure des cordons de Goll.

secondaire). Dans un cas de Schaffer en nota la dégénération descendante allant de la onzième dorsale à la première lombaire, ou jusqu'au cône médullaire. Pourtant chez certains animaux les rameaux descendants semblent être plus développés : chez le cobaye Berdez les trouva, il est vrai, en petit nombre, mais leur dégénération s'étendait à une grande distance. D'après certains auteurs ces branches descendantes ne forment pas de fascicules, et demeurent disséminées ; pour d'autres au contraire elles forment une série de systèmes bien individualisés mais sur la nature et l'origine desquels existent encore des controverses que nous exposerons dans l'article suivant : tel est le *faisceau en virgule* de Schultze, lequel correspond à celui que j'ai appelé *faisceau intermédiaire* ; tel encore le *faisceau médio-marginal* ou *champ ovale* de Flechsig.

Terminaison dans la substance grise des fibres radiculaires et de leurs collatérales. — Voici quels sont les résultats auxquels on est arrivé par l'emploi des méthodes de Golgi et de Weigert.

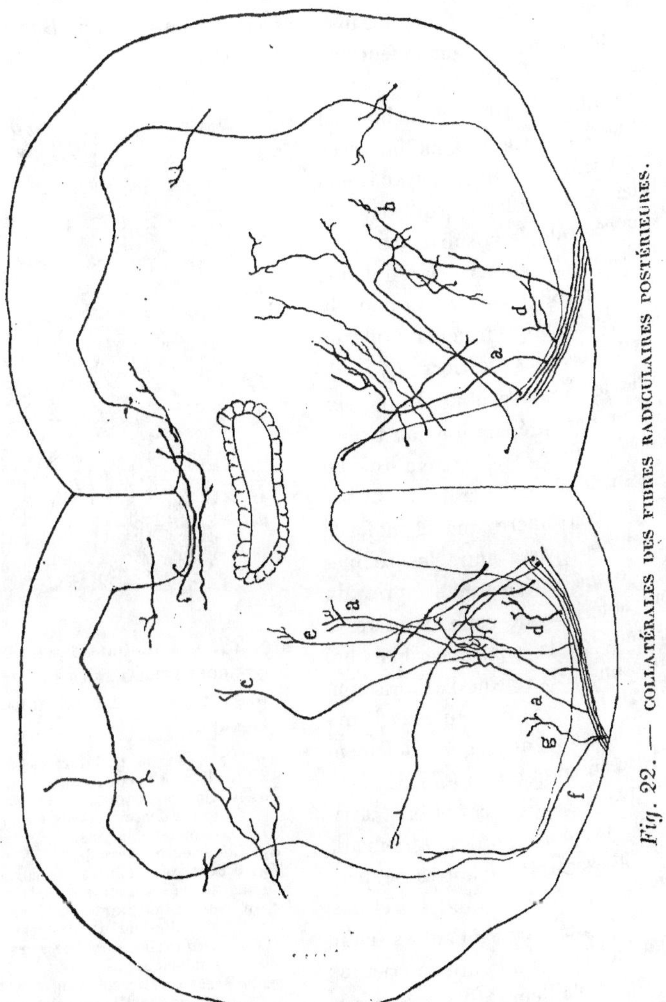

Moelle de fœtus humain. Préparation de GIESE. Méthode de Golgi.

a, Collatérales des fibres radiculaires postérieures qui vont se terminer dans les
    colonnes de Clarke.
b, Collatérales qui vont se terminer dans la région située en avant de la s. gélatineuse.
c, Collatérales pour la corne antérieure.
d, Collatérales pour la région interne de la corne postérieure.
e, Collatérales pour la région moyenne de la s. grise.
f et *g*, Collatérales des fibres du faisceau externe de la racine postérieure ; elles vont
    se terminer dans la corne postérieure.

a) *Les rameaux et collatérales du faisceau interne* suivent deux directions : 1° ceux qui se dirigent en dedans à travers les faisceaux de *Burdach* et de *Goll* vont se perdre dans le feutrage de la colonne de Clarke (*fig. 23*) ; 2° ceux qui sont situés en dehors du précédent pénètrent dans la corne et s'y terminent soit au-devant de la substance de Rolando soit dans la région centrale de la substance grise par des ramifications péricellulaires (*fig. 26,* p. 68) : le reste va dans la corne antérieure former un plexus entre les cellules motrices (*fig. 25*).

Chez le rat nouveau-né, LENHOSSEK vit, sur des préparations au Golgi, l'imprégnation se restreindre au faisceau des collatérales, et put ainsi se convaincre que la majorité de celles-ci passe entre les cellules de la corne antérieure, et, près du bord antérieur de cette dernière, à la limite de la substance blanche, forme un épais réseau d'arborisation (*fig. 28, H,* p. 74). J'ai pu, chez l'embryon humain, imprégner isolément le faisceau en question (*fig. 25*) (1) : quelques-unes de ces fibres arrivaient jusqu'au bord antérieur de la corne ventrale ; d'autres se perdaient entre les grandes cellules de cette dernière ; d'autres enfin gagnaient la commissure antérieure : on ne sait d'ailleurs s'il y a positivement passage de l'autre côté.

Quelques fibres enfin du faisceau médial entrent directement dans la

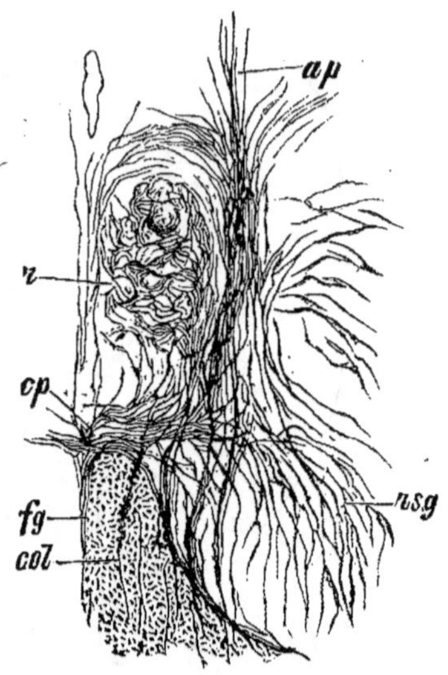

Fig. 23. — ARBORISATION TERMINALE DES COLLATÉRALES DES R. P. AUTOUR DES CELLULES DE LA COLONNE DE CLARKE.

a p, Faisceau de collatérales des R. P. allant à la corne antérieure.
c o l, Collatérales des fibres radiculaires qui effectuent leur trajet vertical dans les cordons.
c p, Commissure dorsale.
f g, Fibres des cellules des cornes postérieures, allant au cordon de Goll.
r, Réseau de la colonne de Clarke, formé essentiellement des ramifications terminales des fibres radiculaires postérieures.
r s g, Réseau « prérolandique » ayant la même constitution que le précédent.

(1) J'avais déjà vu (au Weigert) qu'une partie des R. P. se met en connexion étroite avec les cellules des cornes antérieures (*Arch. f. Anat. u. Physiol.*, 1887). Ultérieurement un grand nombre d'auteurs sont revenus sur cette question, armés des méthodes de Golgi et de Marchi (CAJAL, LENHOSSEK, SINGER, MUENZER, V. GEHUCHTEN). Ce dernier (*Anat. Anz.* 1893) considère les fibres en question comme les neurites des grandes cellules de la partie postérieure de la corne antérieure. Les prolongements de ces cellules ne doivent pas être confondus avec les collatérales venues réellement des R. P.

substance grise et là seulement se divisent en rameaux ascendant et descendant,
situés immédiatement en avant de la substance de Rolando où il est assez
facile d'en voir la coupe transversale (*fig. 16, D*). KŒLLIKER les a individua-

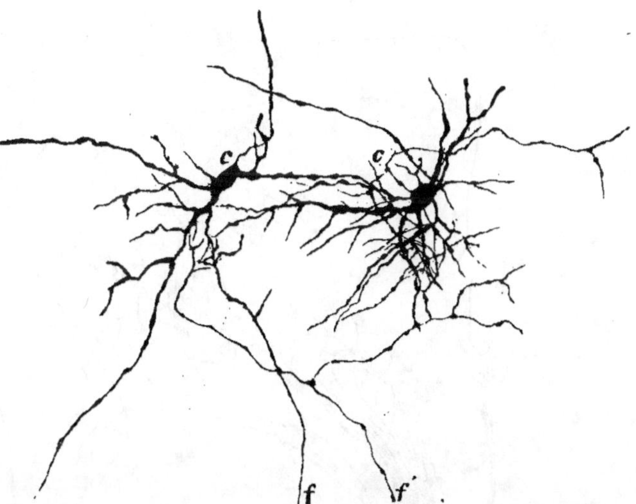

Fig. 24. — ARBORISATION TERMINALE DES COLLATÉRALES DES RACINES
POSTÉRIEURES AUTOUR DES CELLULES DU GROUPE CENTRAL DE LA S. GRISE.

c c, Axônes de ces cellules.
ff', Collatérales des fibres radiculaires postérieures.
(Fœtus humain de 4 mois. Méthode de Golgi.)

lisées sous le nom de *faisceau longitudinal de la corne postérieure*. Quant aux
collatérales du segment antérieur du faisceau de Burdach, lesquelles pénètrent
dans la corne immédiatement en arrière de la colonne de Clarke, les unes
forment réseau en arrière de cette dernière, d'autres se coudent et se dirigent
en arrière vers la région la plus postérieure de la corne dorsale.

b) *Rameaux et collatérales du faisceau externe* (ou faisceau latéral). Les
uns gagnent la substance grise à travers la zone marginale (*fig. 15 et 16 Zrp''*);
d'autres y arrivent directement par la pointe de la corne. Ils traversent donc,
pour une part, la substance gélatineuse de Rolando que quelques-uns entourent de leurs fines ramifications terminales : les fibres du faisceau sont ainsi
en rapport, d'un côté, avec les cellules de la substance de Rolando, de l'autre,
avec les cellules propres de la corne postérieure et, parmi celles-ci, avec
celles surtout qui se trouvent immédiatement en avant de la substance

gélatineuse. C'est à ce groupe que se rendent la majorité des fibres qui traversent la substance de Rolando et une bonne partie de celles qui la contournent en dedans et en dehors. C'est à ce niveau en effet que se trouve le plexus

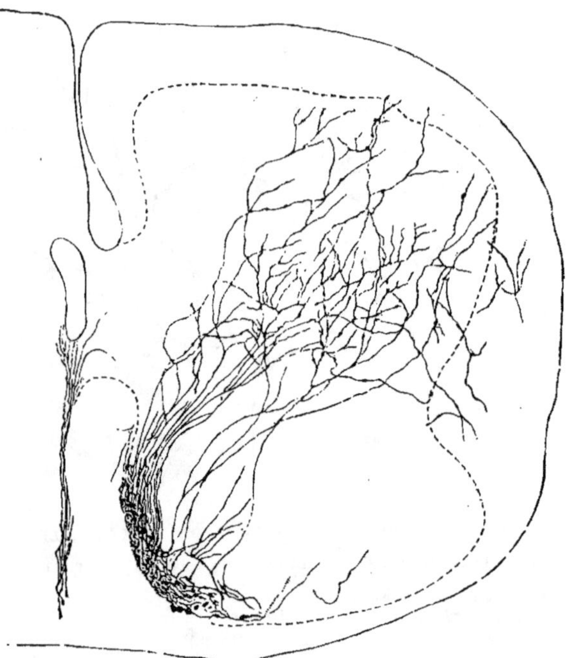

Fig. 25. — TERMINAISON DES COLLATÉRALES DES FIBRES RADICULAIRES POSTÉRIEURES DANS LA S. GRISE CENTRALE ET DANS LA CORNE ANTÉRIEURE.

(Fœtus humain de 4 mois. Méthode de Golgi.)

de la substance gélatineuse, plexus dont nous avons déjà parlé. Enfin, parmi les fibres qui contournent cette dernière, quelques-unes se dirigent plus en avant et se rendent au groupe de cellules situé entre la corne postérieure et la corne latérale. On peut également tenir pour démontré le passage dans la moitié opposée de la substance grise de quelques-unes des fibres les plus internes du faisceau radiculaire latéral (1).

(1) BECHTEREW: « Sur les racines postérieures et leur lieu de terminaison dans la substance grise de la moelle », Zeitsch. f. klin. u. forensische Psychiatrie u. Neuropath., 1887, et Arch. f. Anat. u. Phys., 1887.

Nous voyons donc les fibres des deux faisceaux radiculaires distribuer leurs ramifications terminales à des territoires bien différents de la substance grise : le *faisceau interne* à la colonne de Clarke, au groupe cellulaire central, aux cellules des cornes antérieures, et à quelques-uns des éléments du groupe « prérolandique » ; *l'externe*, aux cellules de la substance de Rolando et au groupe « prérolandique », aux cellules disséminées de la corne postérieure et très vraisemblablement au groupe latéral de cette dernière. En outre une partie considérable des fibres radiculaires postérieures (surtout celles du faisceau médial ou interne) passe dans les cordons postérieurs et se divise en deux branches, l'une ascendante, l'autre descendante, la première remontant jusqu'à différentes hauteurs, et, pour un petit nombre de fibres, jusqu'aux noyaux bulbaires des cordons postérieurs. [Nous avons vu que ce sont ces branches verticales que l'on regarde actuellement comme étant seules la continuation des fibres radiculaires : on considère les fibres qui se distribuent à la substance grise et forment les deux faisceaux que nous avons étudiés plus haut comme étant presque toutes de simples collatérales des fibres radiculaires.]

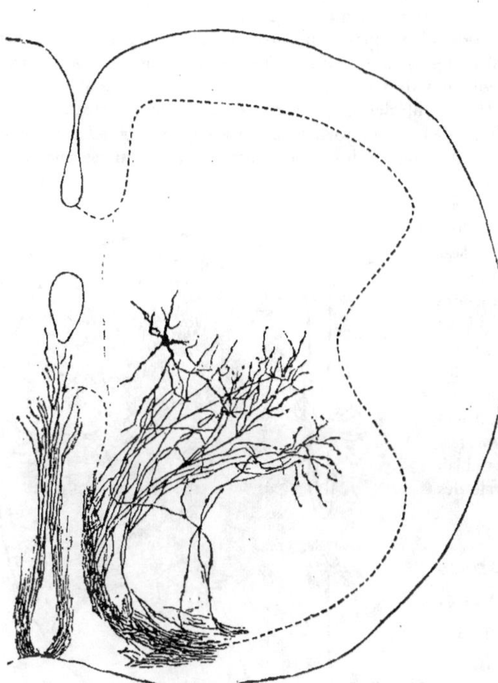

Fig. 26. — COLLATÉRALES DU FAISCEAU MÉDIAL D'UNE R. P.

On les voit se ramifier au devant de la substance de Rolando et dans la s. grise centrale. Les fibres qui côtoient le septum dorsal sont les prolongements des cellules épithéliales du canal central : elles constituent le cône épendymaire postérieur.

(Fœtus humain de 4 mois. Méthode de Golgi.)

Il est intéressant de rapporter à ce propos les résultats auxquels arriva Margulies dans ses expériences de section des R. P., chez le singe, à différentes hauteurs de la moelle (méthode de Marchi). Cet auteur confirma d'abord la manière de voir généralement admise et qui distingue parmi les fibres radiculaires postérieures les *fibres longues* qui vont jusqu'aux noyaux bulbaires et les *fibres courtes* ou *moyennes* qui pénètrent dans la substance grise de la moelle à différents étages. Parmi celles-ci il distingue :

1° Celles qui vont à la corne postérieure du même côté ;

2° Celles qui vont à celle du côté opposé, en traversant la commissure postérieure (l'existence de ces éléments est en opposition avec certains résultats obtenus d'autre part) ;

3° Celles qui vont aux colonnes de Clarke ;

4° Celles qui vont aux cornes antérieures (voie réflexe sensitivo-motrice).

Les fibres radiculaires descendantes s'approchent progressivement de la ligne médiane à partir du point de pénétration de la racine dont elles émanent. Dans un cas elles purent être suivies sur une hauteur de neuf segments : elles se dirigeaient vers la commissure postérieure. Le même auteur distingue parmi les *fibres endogènes* (voir plus loin) : 1° les fibres ascendantes situées à la limite de la corne postérieure et qui se rendent finalement, du côté proximal, dans les cordons de Goll ; 2° les fibres commissurales descendantes *longues* (virgule de Schultze et champ ovale de Flechsig) et *courtes*; celles-ci cheminent très vraisemblablement dans la portion centrale des cordons postérieurs.

Physiologie des fibres radiculaires postérieures.

— Il est très probable que les différents systèmes de fibres que nous venons de décrire ne possèdent pas les mêmes fonctions. Mais l'exposé complet de cette question nous entraînerait trop loin. Remarquons seulement que le faisceau interne paraît surtout approprié à la conduction des sensations venues des muscles, et l'externe, accaparé par les sensations d'origine cutanée.

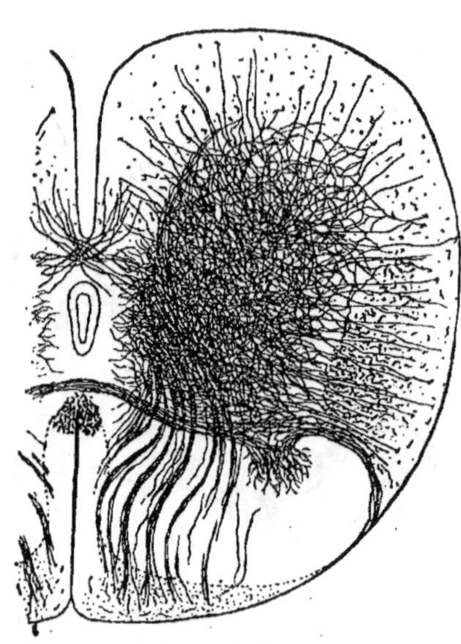

Fig. 27. — LES COLLATÉRALES DES FIBRES DES CORDONS DANS LA S. GRISE.

(Moelle lombaire d'un chien de deux jours; méthode de Golgi): le chromate d'argent a imprégné les collatérales du cordon antéro-latéral, quelques collatérales des racines postérieures, des fibres de la commissure antérieure et une partie de la commissure postérieure. (D'après V. Gehuchten.)

La méthode de Golgi a démontré en effet qu'une partie des fibres et collatérales des R. P. pénètre dans la substance grise pour s'y ramifier autour des cellules des cordons postérieurs, des cellules centrales, de celles des colonnes de Clarke et enfin de celles des cornes antérieures; que l'autre partie (fibres verticales longues) va se terminer, suivant la même disposition histologique, autour des cellules des noyaux bulbaires. Par le moyen de leur division en deux branches principales, ascendante et descendante, et grâce aussi à leurs nombreuses collatérales, les fibres radiculaires se mettent en rapport non seulement avec les différents étages de la substance grise de la moelle, mais aussi avec certains noyaux du bulbe. Si donc les effets d'une excitation physiologique quelconque semblent se limiter à un seul territoire radiculaire, c'est que l'excitation, plus intense pour les premières collatérales, est presque épuisée pour les collatérales les plus éloignées. En outre il est à croire qu'il n'y a pas rapport de continuité entre les ramifications des collatérales et les cellules, mais simple contiguïté entre celles-ci et les arborisations qui les entourent de leur déploiement (1).

Cette particularité de structure conduit à penser que la conduction de l'excitation n'a pas besoin pour avoir lieu de la continuité anatomique des éléments qui la transmettent, continuité repoussée du reste par les recherches histologiques modernes. Celles-ci ont en effet montré l'absence de toute continuité organique entre les arborisations d'une fibre et la cellule qu'elles entourent même dans les cas où l'existence de rapports fonctionnels entre les deux n'est pas douteuse. Quel que soit le sens de sa progression, l'excitation, dans le système nerveux central ou périphérique, se transmet grâce à de simples contacts ou à des voisinages immédiats : nous en trouvons un exemple dans le mode de rapport des fibres radiculaires postérieures avec les cellules de la corne antérieure (*fig. 24*, p. 66); quoique le passage des excitations de ces éléments-là à ceux-ci soit un fait physiologique des plus certains, il n'en est pas moins vrai que le microscope n'a jamais montré qu'un simple contact entre les deux éléments, protoplasma cellulaire et ramifications terminales des collatérales.

Celles-ci se comportent de même à l'égard de beaucoup d'autres cellules médullaires dont l'axône à son tour se divise en rameaux verticaux, ascendant et descendant, et se met en rapport par une disposition histologique semblable de ses collatérales avec les cellules de la corne antérieure; quoique rendue indirecte dans ce dernier cas par interposition d'un nouveau neurone, la continuité de la voie radiculo-cellulaire est assurée par le même dispositif (*fig. 7, d*, p. 35).

Nous avons vu que les racines postérieures contiennent au milieu de leurs fibres d'origine ganglionnaire un petit nombre d'éléments centrifuges dont les cellules originelles se trouvent dans les cornes antérieures et dans la

____

(1) *Brain*, 1891.

substance grise centrale. Ces fibres dégénèrent donc dans le sens descendant comme celles des racines antérieures, c'est-à-dire qu'après section d'une R. P. entre la moelle et le ganglion on les trouve, à l'inverse des fibres radiculaires centripètes, dégénérées dans le bout périphérique et saines dans le bout central ou médullaire (1).

Rapport des fibres radiculaires postérieures avec la moitié opposée de la moelle. — Malgré son importance au point de vue physiologique, par exemple pour le synchronisme des deux moitiés de la moelle, cette question n'est pas encore complètement élucidée au point de vue histologique. On voit assez souvent sur des préparations au Weigert des collatérales des fibres radiculaires dorsales passer directement par la commissure antérieure pour s'entre-croiser avec leurs homologues du côté opposé. Elles sont en effet revêtues d'une gaine de myéline. [On a d'ailleurs remarqué depuis longtemps que dans certaines affections des R. P., ou après leur section expérimentale, le feutrage de la substance grise se raréfie considérablement du côté de la section, et quelquefois aussi, mais dans de moindres proportions, du côté opposé; ces lésions de la substance grise peuvent s'étendre sur une hauteur de plusieurs segments inter-radiculaires. On avait supposé d'autre part que ces collatérales croisées étaient surtout amyéliniques et l'on expliquait ainsi que leur disparition pût échapper aux méthodes usuelles de l'anatomie pathologique; se basant sur ce fait on les avait chargées à tort de la *conduction croisée* de la sensibilité. Or des raisons de tout ordre que nous exposerons plus loin s'opposent à cette attribution qui n'avait du reste été faite que faute de mieux, pour ainsi dire, par voie d'exclusion]. De plus, la méthode de Golgi ne permet pas de mettre ces collatérales en évidence, tandis que d'autre part la physiologie démontre la possibilité de la transmission, d'une moitié de la moelle à l'autre, des excitations apportées par des fibres radiculaires; les voies de conduction les plus probables paraissent être constituées par les *cellules commissurales.* Ces cellules sont très répandues dans la substance grise et en particulier dans les cornes postérieures (2), les colonnes de Clarke, la région périépendymaire, et enfin les cornes antérieures à l'angle interne desquelles elles s'amassent même en groupement. Comme les collatérales des R. P. pénètrent profondément dans la substance grise et n'entourent pas seulement

---

(1) Ces notions admises sur la foi des examens histologiques insuffisants de VÉJAS et de MAX JOSEPH furent contredites par les recherches de plusieurs auteurs, GABRI, SHERRINGTON, mais elles furent finalement confirmées (BONNE, *thèse de Lyon* 1897) grâce à l'emploi de la technique ordinaire (imprégnation osmique).

(2) LENHOSSEK cependant conteste la présence de cellules commissurales dans la corne postérieure, chez les hommes et les mammifères supérieurs.

les cellules de la corne postérieure et des colonnes de Clarke, mais aussi le groupe cellulaire central et les cellules de la corne antérieure, les cellules commissurales semblent parfaitement adaptées à conduire les excitations apportées par ces fibres jusque dans l'autre moitié de la moelle.

Un nouvel élément semblable d'association est fourni par les dendrites des cellules commissurales et radiculaires antérieures : ces prolongements en effet passent par la commissure ventrale et se perdent dans l'autre moitié de la substance grise (*fig. 14*, p. 33 *et fig. 5*, p. 34). Dans la commissure même, et du même côté, ils se rencontrent avec les ramifications terminales des axônes des cellules commissurales et peut-être aussi avec les collatérales des fibres radiculaires. Enfin GOLGI et, après lui, LENHOSSEK (*Beitraege zur Histologie des Nervensystems und der Sinnesorgane*, Wiesbaden 1894) décrivirent des cellules commissurales dont le prolongement nerveux passe dans la substance grise du côté opposé et s'y ramifie sans en dépasser les limites : ces cellules ne peuvent avoir qu'un rôle : transmettre aux éléments de l'autre moitié de la moelle les excitations qu'elles reçoivent.

D'un autre côté, j'ai pu démontrer que quelques fibres des cordons postérieurs s'entre-croisent au niveau de la commissure dorsale : cet entrecroisement est évident chez le fœtus humain (*fig. 15* A, p. 52). Récemment son existence a été confirmée par les travaux d'un grand nombre d'auteurs, FLATAU, MAYER, MARGULIES, malgré les résultats négatifs de VALENZI, RUSSEL et quelques autres : il ne porte que sur un petit nombre de fibres : la majeure partie de la commissure postérieure est formée, avons-nous vu, par des fibres qui proviennent des cellules de la corne postérieure (cellules de la région de la substance gélatineuse de Rolando, des colonnes de Clarke et du voisinage du canal central). [Après section expérimentale des R. P. on trouve toujours chez le chien des fibres dégénérées dans le cordon postérieur du côté respecté par l'expérimentation. Ces fibres sont peu nombreuses, disséminées et paraissent indépendantes des collatérales dégénérées que l'on peut suivre dans la substance grise, surtout du côté de la lésion. Leur véritable origine n'est pas encore complètement déterminée.]

Groupes cellulaires de la substance grise en rapport avec les fibres radiculaires postérieures. — Connaissant la disposition des fibres qui apportent à la substance grise les excitations qui sont le primum movens de son activité, nous allons maintenant terminer l'étude des cellules dont elle est formée. Il existe dans l'axe gris un feutrage très dense de fibres, myéliniques ou non, provenant des cellules de la même région, ou se rendant dans les cordons, ou venant enfin se terminer autour des cellules. Nous allons décrire ici celles de ces fibres qui proviennent des cellules dans le voisinage desquelles s'épanouissent les ramifications des R. P.

1° Dans les *colonnes de Clarke* au niveau desquelles se termine une grande partie du faisceau interne des R. P. naissent de nombreuses fibres qui unissent ses cellules avec celles d'autres territoires de la s. grise (1). Ces fibres prennent trois directions différentes :

a) Les unes vont former le *faisceau cérébelleux latéral* (*fig. 15 B, r f c :* elles émergent du côté ventral de la colonne, quittent la substance grise entre la corne latérale et la corne postérieure, traversent les cordons latéraux et, arrivées près de la périphérie de la moelle, se coudent et deviennent ascendantes. On les retrouve, particulièrement nombreuses, dans la région de transition de la moelle lombaire à la moelle dorsale. Il est certain cependant que, plus haut, les colonnes de Clarke continuent à abandonner des fibres qui se rendent au même faisceau, mais elles sont beaucoup moins nombreuses. Il est en outre infiniment probable que d'autres territoires du cordon latéral reçoivent des fibres ascendantes ayant la même provenance.

b) Un autre faisceau important, parti de la face antérieure de la colonne de Clarke se dirige directement en avant, et là, suivant mes propres observations, se tourne vers la commissure antérieure et passe du côté opposé (*fig. 15 B, f c a*). C'est dans la partie inférieure de la moelle dorsale que ces fibres sont le plus développées.

c) Enfin d'après les résultats de la méthode de Golgi et contrairement à l'opinion de LENHOSSEK, il existe des fibres qui, parties des colonnes de Clarke, se rendent dans les cordons postérieurs, en particulier dans le faisceau de Burdach.

2° *Groupe cellulaire central ou paraépendymaire.* Les axônes qui en partent se rendent, les uns, à la commissure antérieure (*fig. 5, b. b.,* p. 34), en compagnie des fibres venues de la colonne de Clarke et qui ont la même direction, les autres dans les cordons latéraux en traversant transversalement la substance grise (*fig. 5, c*). Ainsi les axônes qui proviennent des deux plus importants territoires de terminaison des R. P. se rendent dans les cordons homomères et hétéromères : donnée du reste parfaitement d'accord avec ce qu'enseigne la physiologie ; celle-ci en effet démontre l'existence d'un croisement partiel, dans la moelle, des voies conductrices de la sensibilité.

3° Les *cellules situées vers le bord externe de la substance grise* et qui forment un groupe spécial *entre les cornes latérale et postérieure* envoient généralement leur axône dans le cordon latéral (*fig. 5, e, e*).

4° Les neurites des *cellules de la corne antérieure* se rendent en rayonnant

(1) J'ai représenté d'après nature dans la figure 15 B tous ces systèmes de fibres : on voit ainsi sur la même coupe les voies centrales des deux faisceaux radiculaires interne et externe.(Cf. *fig.* 25 et 26, p.67, où l'on voit aussi la terminaison du faisceau radiculaire interne.)

vers la région voisine du cordon antéro-latéral dont ils constituent le faisceau fondamental. D'autres passent par la commissure antérieure (*fig. 5*, p. 34).

5° Des *cellules disséminées dans la corne postérieure* ou groupées au-devant de la substance de Rolando et dans le voisinage desquelles se termine

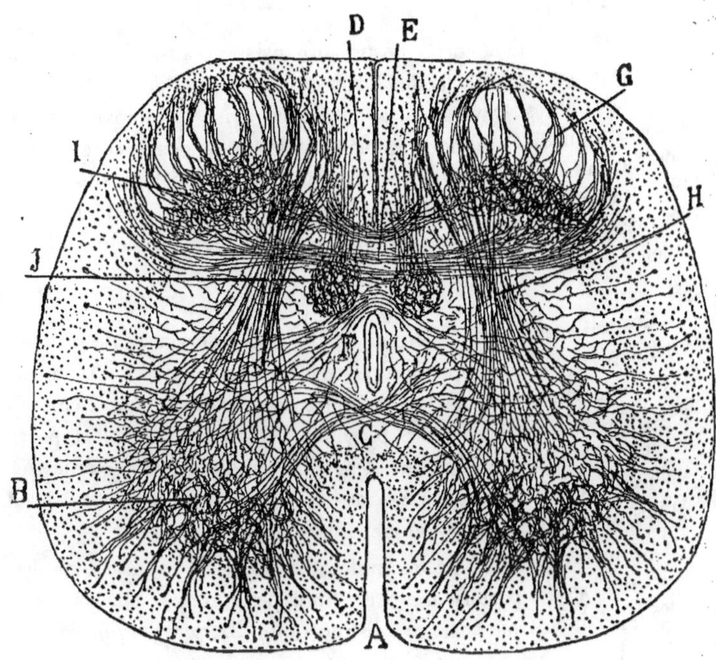

Fig. 28. — LES COLLATÉRALES DANS LA S. GRISE.

(Moelle de nouveau-né. Méthode de Golgi.)

A, Cordons antérieurs.
B, Arborisations terminales péri-cellulaires des collatérales des cordons postérieurs.
C, Collatérales de la commissure antérieure.
D, Faisceau postérieur ; E, f. moyen ; F, f. antérieur de la commissure dorsale.
G, Faisceau de fibrilles venues du cordon postérieur ; il se ramifie dans la corne postérieure au devant de la s. gélatineuse de Rolando.
H, Faisceau réflexe ou sensitivo-moteur.
I, Réseau « prérolandique ».
J, Colonne de Clarke: on voit des collatérales qui viennent s'y ramifier. (D'après CAJAL)

le faisceau radiculaire postérieur externe, partent des fibres fines qui vont les unes en avant vers la commissure antérieure, les autres en arrière dans le cordon postérieur (*fig. 5*, K'' et *fig. 13*, b, p. 41).

6° Nous avons déjà parlé des connexions des autres cellules de la corne postérieure, à l'exception des cellules de Golgi ; nous avons vu que les axônes des cellules bordantes du voisinage de la substance de Rolando, pénètrent dans la partie postérieure du cordon latéral ; que par contre, *les cellules de la substance* même *de Rolando* et de la pointe de la corne envoient leur axône dans les cordons du même côté, surtout dans le cordon de Burdach et la zone marginale (1).

Des cellules de la corne postérieure naissent aussi quelques-unes des fibres du cordon de Goll, faciles à voir sur des coupes de moelle lombaire ou sacrée. Ces fibres traversent la substance grise principalement dans le voisinage immédiat du bord interne de la corne postérieure (*fig.* 25 D). Dans la commissure postérieure elles suivent un trajet curviligne : les unes restent du même côté ; les autres traversent la ligne médiane, se dirigent en arrière et, placées le long du septum dorsal, font partie des éléments du cordon de Goll.

Commissure postérieure. — Les fibres nerveuses de la commissure postérieure ne se développent que très tardivement : à un moment où les fibres radiculaires des cordons postérieurs sont déjà complètement myélinisées, elle ne contient encore presque pas de fibres qui soient parvenues à cet état. Ce n'est que lorsque les fibres radiculaires externes et leurs ramifications commencent à se myéliniser que l'on peut trouver dans la commissure des fibres myéliniques très fines.

La méthode de Golgi démontre que ces fibres représentent des collatérales des racines postérieures et des fibres des cordons : elle permet en outre de les répartir en trois faisceaux distincts (*fig.* 27, p. 69 *et fig.* 28) :

1° Un faisceau *postérieur* formé de fibres ou collatérales qui proviennent du territoire radiculaire des cordons postérieurs et se rendent dans le plexus fibrillaire de la corne de l'autre côté. Nous avons déjà parlé à plusieurs reprises de cet entrecroisement des éléments radiculaires postérieurs ; il se voit avec la plus grande netteté dans la moelle lombaire et surtout dans la moelle sacrée (*fig.* 15 A, p. 52) ;

2° Un faisceau *moyen*, il provient de la région la plus interne des cordons latéraux et va se perdre dans le même réseau ;

3° Un faisceau *antérieur* enfin qui n'est en rapport ni avec les cordons,

(1) Ces cellules se distinguent par leur forme nettement étoilée : d'après Cajal, elles posséderaient, chez l'embryon de pigeon, non pas un mais deux prolongements ayant le caractère d'un axône. Il reste à savoir s'il s'agit uniquement d'un simple stade de développement comme c'est le cas par exemple pour les cellules primitivement bipolaires des ganglions spinaux, ou bien si l'on se trouve en présence d'une particularité spécifique.

ni avec les cornes antérieures; ses fibres passent au-devant des colonnes de Clarke et semblent se perdre dans le plexus des cornes antérieures. Du reste, chez l'homme, la commissure dorsale est beaucoup moins développée que chez certains animaux et ne forme en somme qu'un très petit faisceau.

[Valenza (1) étudia chez l'embryon humain la constitution de la commissure grise dorsale et y nota la présence de quelques axônes venus de la substance gélatineuse de Rolando, des colonnes de Clarke, ou du groupe péri–épendymaire; elle serait en outre traversée par quelques prolongements protoplasmiques.]

Ciaglinski (2) décrivit dans la substance grise, entre le canal central et l'extrémité ventrale des cordons postérieurs, un faisceau de fibres dont il observa la dégénération, sur toute la hauteur de la moelle, consécutivement à la section ou l'écrasement par ligature de la moelle lombaire, chez le chien. [Il supposa que ces fibres étaient chargées de la conduction de la douleur et de la sensibilité thermique et crut expliquer ainsi les résultats expérimentaux obtenus par Schiff (V. chapitre IV).] Des recherches entreprises spécialement par d'autres auteurs dans le but de vérifier l'existence de ce faisceau ne permirent pas de la confirmer.

Article III. — Topographie générale des cordons postérieurs; leurs éléments endogènes.

[Nous connaissons maintenant la provenance des fibres exogènes des cordons postérieurs. Nous avons étudié également dans le chapitre précédent les cellules qui donnent naissance à leurs *fibres endogènes* ou cellules des cordons; nous avons plus loin étudié leur répartition en décrivant la distribution des collatérales des R. P. à l'intérieur de la substance grise] Parmi ces fibres endogènes, dites autrefois commissurales, les unes sont à court trajet et réunissent entre eux des étages voisins; ce sont des voies d'*association intersegmentaire*; les autres sont des fibres longues qui unissent la substance grise médullaire aux noyaux du bulbe, au cervelet, aux hémisphères cérébraux. Les fibres endogènes des cordons postérieurs appartiennent toutes à la première catégorie : elles peuvent être du reste

(1) *Soc. de Biologie*, 27 juillet 1897.

(2) « Voies sensitives longues dans la substance grise de la moelle, et leur dégénération expérimentale », *Neurol. Centralbl.*, 1896, p. 773.

ascendantes ou descendantes. De plus, sur les préparations au Golgi, on les voit abandonner, pendant leur trajet longitudinal, des collatérales qui en partent à angle droit (*fig. 27*, p. 69) et se rendent dans la substance grise pour s'y terminer par des arborisations qui entourent des cellules analogues situées à d'autres niveaux. Quelques axônes, d'autre part, au moment de pénétrer dans la substance blanche pour devenir chacun le cylindraxe d'une fibre des cordons se divisent en deux branches, l'une ascendante, l'autre descendante, lesquelles envoient des collatérales dans la substance grise. Ceci du reste peut s'observer dans les cordons antérieurs aussi bien que dans les cordons postérieurs (1).

Suivant une règle générale dont nous avons déjà vu maintes applications, les collatérales, d'ailleurs revêtues d'une fine gaine myélinique, découverte par FLECHSIG, conservent toujours leur individualité sans jamais se réunir l'une à l'autre, ni devenir continues avec les cellules auxquelles elles sont destinées. Nous étudierons plus loin le mode de terminaison des fibres endogènes des cordons antéro-latéraux. Disons seulement maintenant que toutes ces fibres forment de concert avec les collatérales des R. P. un feutrage très dense qui remplit les intervalles laissés libres par les cellules dans l'étendue de la substance grise (*fig. 27*, p. 69) et qui est formé en définitive :

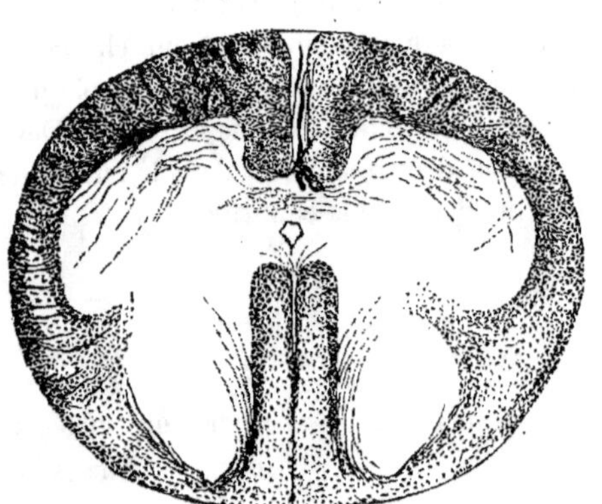

Fig. 29. — MOELLE D'UN FŒTUS HUMAIN DE 5 A 6 MOIS.

Il n'y a de myélinisée, dans les cordons postérieurs, que la zone antéro-latérale du f. de Burdach. (Méthode de Weigert.)

(1) De nouvelles recherches ont montré que, du moins chez les vertébrés inférieurs (grenouille), les *dendrites* des cellules nerveuses peuvent, tout comme les neutrites, devenir fibres des cordons (KOELLIKER, LAWDOWSKI). D'après CAJAL la présence de dendrites en ce point peut s'expliquer par la particularité suivante : c'est qu'il se trouve aussi dans les cordons eux-mêmes des collatérales et ramifications avec lesquelles ces dendrites peuvent se mettre en rapport. [On sait d'autre part, depuis STILLING, que l'on peut rencontrer des cellules nerveuses disséminées dans la substance blanche de la moelle; ces cellules ont été l'objet d'une étude minutieuse de la part de SHERRINGTON. Mais ce n'est guère que dans les cordons latéraux et en particulier au niveau du *processus reticularis* de LENHOSSEK que leur nombre acquiert quelque importance.]

1° Des axônes qui se ramifient dans la substance grise avant de devenir fibres des cordons;

2° Des collatérales émises par quelques axônes pendant leur passage à travers la substance grise;

3° Des ramifications terminales des fibres radiculaires postérieures;

4° Des ramifications terminales des fibres endogènes des cordons;

5° Des collatérales des fibres de ces deux dernières catégories.

Avant d'étudier la répartition de ces fibres endogènes pendant leur trajet dans les cordons postérieurs, il est utile de connaître la topographie de ces derniers telles qu'elle est établie non plus par la dégénérescence de tel ou tel système de fibres, mais d'après leur développement.

Topographie des cordons postérieurs d'après leur développement. — En me basant sur l'embryologie j'ai, il y a déjà plusieurs années, distingué dans le cordon de Burdach deux régions bien distinctes: l'une ventro-latérale (*fig. 13, bpm, bpa,* p. 41) et l'autre *périphérique* ou dorsale (*fig. 13, brs*). Celle-là est la première région myélinisée des cordons postérieurs; celle-ci ne l'est pas avant le sixième ou le septième mois (*fig. 30*). Plus tard, FLECHSIG armé de sa méthode de coloration des gaines de myéline sur les coupes (par l'acide osmique) a individualisé dans le cordon cunéiforme une nouvelle zone *moyenne* ou *médiane* (*fig. 13, bpa*) dont je puis confirmer l'existence d'après plusieurs préparations histologiques (*fig. 30 et 31*) (1). Cette zone contient d'après FLECHSIG des fibres radiculaires

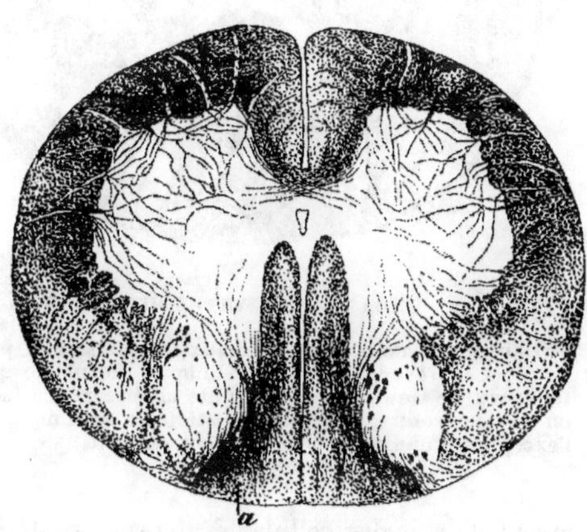

Fig. 30. — MOELLE D'UN FŒTUS HUMAIN DE 7 MOIS.

Dans les cordons postérieurs, on voit que les cordons de Burdach sont myélinisés, à l'exception de la zone dorsale *a*. La portion des cordons de Goll qui avoisine le septum postérieur est également myélinisée.
(Méthode de Weigert).

(1) La situation de cette zone se reconnaît facilement par comparaison des territoires myélinisés dans les figures 29 et 3o : dans la figure 3o la zone moyenne est déjà myélinisée dans la figure 29 elle l'est encore à peine.

courtes qui se rendent exclusivement dans les colonnes de Clarke. Cet auteur appelle *zones radiculaires* les différentes parties du cordon de Burdach et distingue une *zone antérieure* correspondant à celle que je nomme ventro-latérale, une *moyenne* et une *postérieure*. Du reste nous avons déjà vu que dans les cordons cunéiformes, avec les fibres radiculaires, il existe une série de fibres qui mettent en connexion les différents étages de la moelle. Cette notion (entrevue dès longtemps par l'anatomie pathologique, grâce en particulier à l'étude des lésions du tabes) a été confirmée par la méthode de

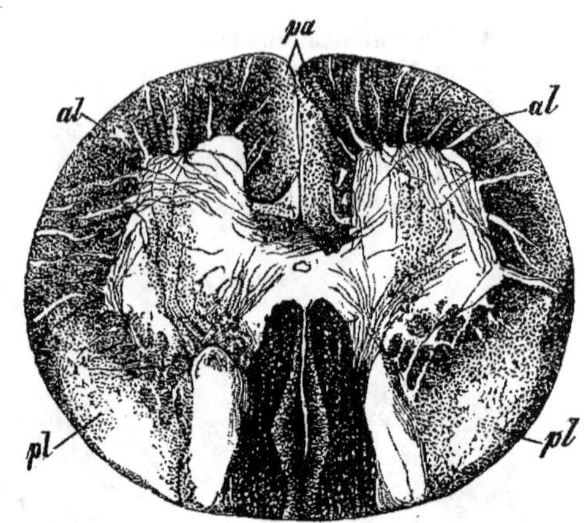

Fig. 31. — MOELLE D'UN FŒTUS HUMAIN DE 8 MOIS.

Dans les cordons antéro-latéraux, les faisceaux pyramidaux *p a* et *p l* sont encore amyéliniques, de même que les faisceaux de Gowers dont la limite antérieure est indiquée en *a l* ; par contre, les cordons postérieurs sont myélinisés à l'exception d'une portion des cordons de Goll.

Golgi qui permet assez souvent de voir des cellules des cornes postérieures envoyant leur axône dans les cordons de Burdach (*fig.* 5, p. 34 *et fig. 13 b,* p. 41).

Les dimensions relatives des différentes zones peuvent varier suivant le niveau de la moelle considéré, ainsi que l'ont démontré mes recherches personnelles. Trépinski distingue dans les cordons postérieurs (non compris la zone marginale) *quatre* systèmes ombryonnaires qu'il répartit ainsi, aux différents étages de la moelle : 1° Les fibres du *premier système,* qu'on trouve déjà myélinisées chez le fœtus de 24 centimètres, se répartissent au niveau du renflement lombaire d'une façon absolument régulière sur toute la surface des cordons postérieurs, à l'exception de leur région dorsale où elles manquent complètement; dans les régions thoracique et cervicale, on les trouve au voisinage du septum postérieur et le long du bord interne de la corne postérieure, sauf dans sa partie postérieure;

2° Les fibres du *deuxième système* sont myélinisées chez le fœtus de 28 centimètres ; au niveau du renflement lombaire elles sont réparties sur toute l'étendue de la coupe transversale des cordons postérieurs, plus nombreuses dans la portion postérieure de ces derniers. Dans la moelle cervicale et dorsale elles ont la même répartition, toujours plus condensées au voisinage du septum et dans la portion dorsale des cordons de Burdach;

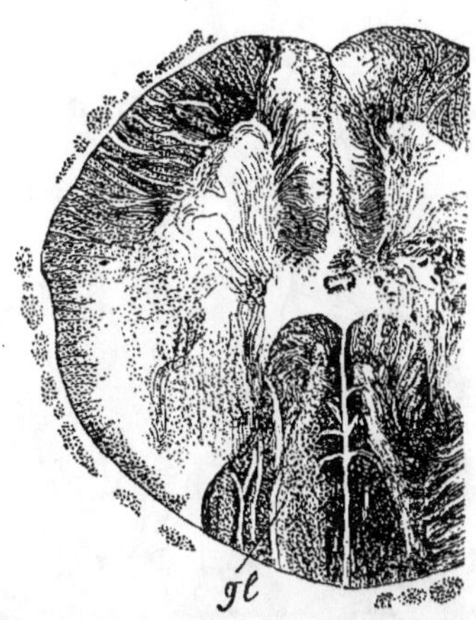

Fig. 32. — MOELLE D'UN FŒTUS HUMAIN DE 8 MOIS.

Dans les cordons postérieurs, il n'y a plus que la zone intermédiaire (*g*) qui ne soit pas encore complètement myélinisée. (Méthode de Pal.)

3° Les fibres du *troisième système* se myélinisent quand le fœtus atteint une longueur de 35 centimètres environ. Elles occupent, dans le renflement lombaire, un territoire considérable, au milieu des cordons postérieurs. Dans les régions thoracique et cervicale les fibres se placent le long du bord interne de la corne postérieure, d'autres forment une strie accolée au septum dorsal;

4° Le *quatrième système* est myélinisé chez le fœtus de 42 centimètres. Dans le renflement lombaire il occupe les portions dorsale, interne et ventrale des cordons postérieurs; dans la moelle thoracique il en occupe les territoires dorsal et moyen; dans le renflement cervical enfin, la portion dorsale du cordon de Burdach et la portion latérale du cordon de Goll.

D'après le même auteur, chacun de ces systèmes possède un territoire parfaitement déterminé, quoique ses fibres puissent se mêler avec des fibres voisines. Dans les portions supérieures de la moelle où le cordon de Goll se sépare du cordon de Burdach, chacun de ces systèmes se retrouve aussi bien dans le premier que dans le second. TRÉPINSKI insiste sur ce point que cordons de Goll et cordons de Burdach contiennent les mêmes éléments en voie de développement.

Quant à l'époque de myélinisation des différents systèmes médullaires, voici à quels résultats arrivèrent les recherches poursuivies par A. GIESE dans mon laboratoire (je dois à l'amabilité de cet auteur les planches qui illustrent cette description, *fig. 33 à 92*).

Les régions qui se myélinisent les premières sont la zone antéro-latérale du faisceau de Burdach (*fig. 33 à 40, a*) située près du bord interne de la corne postérieure (à l'exception de la partie la plus reculée de ce bord) et la

plus
oelle
sées
ach
tème
teint
tres
ren
con
lons
rac
cent
orne
une
;
yé
res.
upe
ven
s la
les
s le
or
ach
don

oire
res
l se
bien
ons
de

es,
ESE
qui

ale
; la
t la

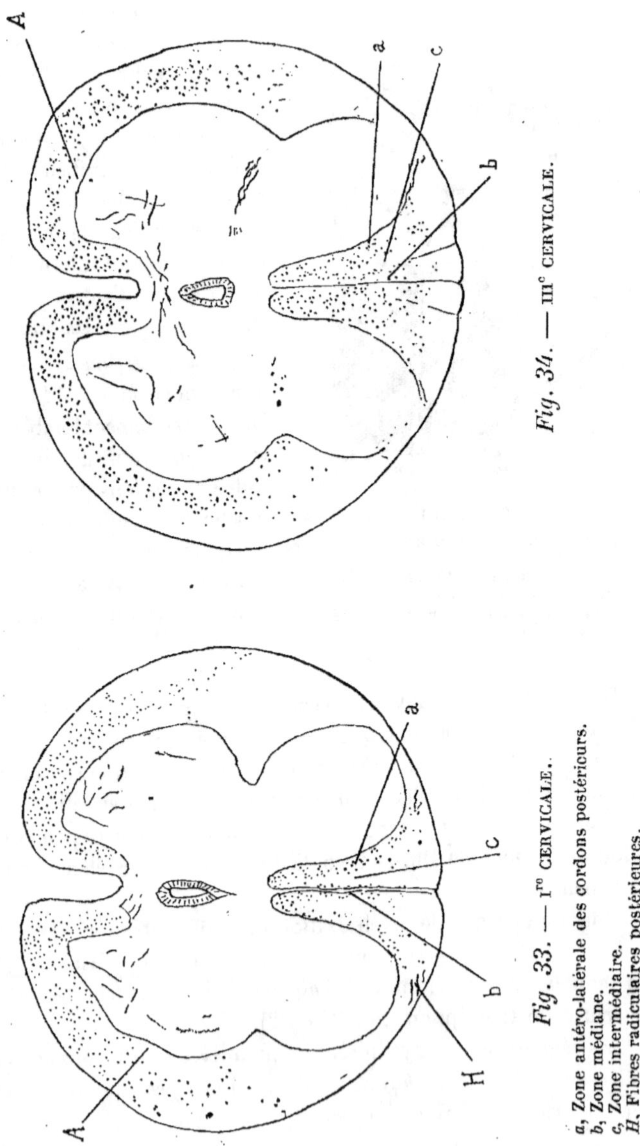

Fig. 33 à Fig. 41 — FŒTUS DE 4 MOIS (16 centimètres).
(Préparation de GIESE. Méthode de Weigert.) Les parties blanches sont amyéliniques.

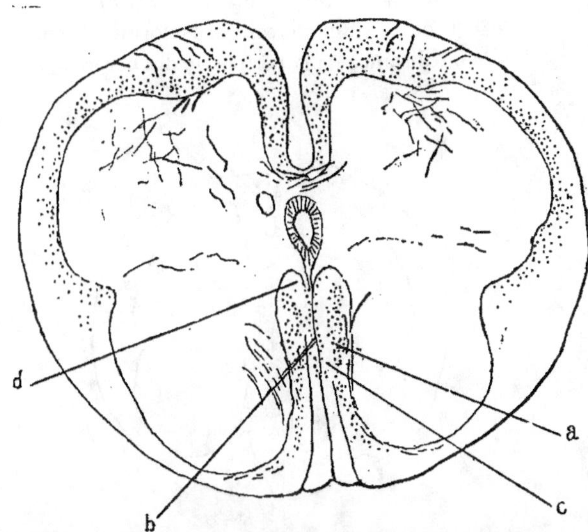

Fig. 35. — VII° CERVICALE.

d, Zone ventrale des cordons postérieurs.

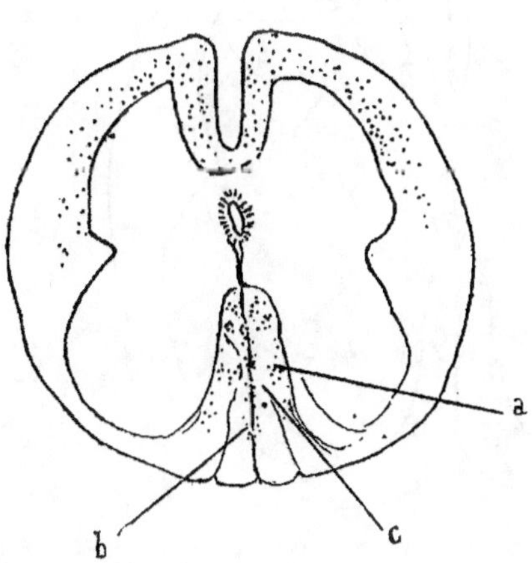

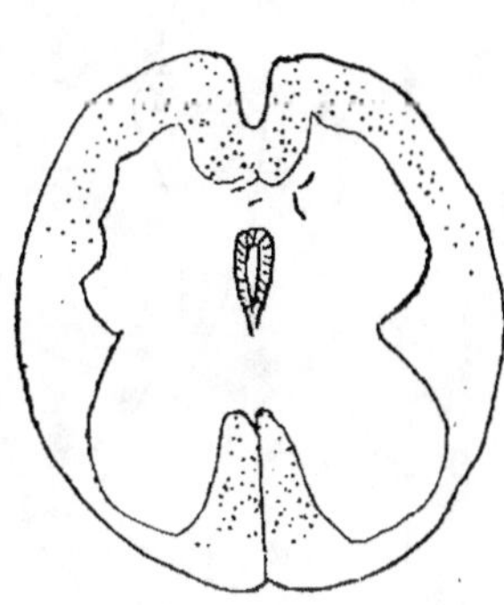

Fig. 36. — III° THORACIQUE.   *Fig. 37.* — X° THORACIQUE.

zone médiane du cordon de Goll (*fig. 33 à 41, b*), qui s'étend dans le voisinage immédiat du septum dorsal, sous forme d'une fine strie qui disparaît à une faible distance de la périphérie des cordons postérieurs.

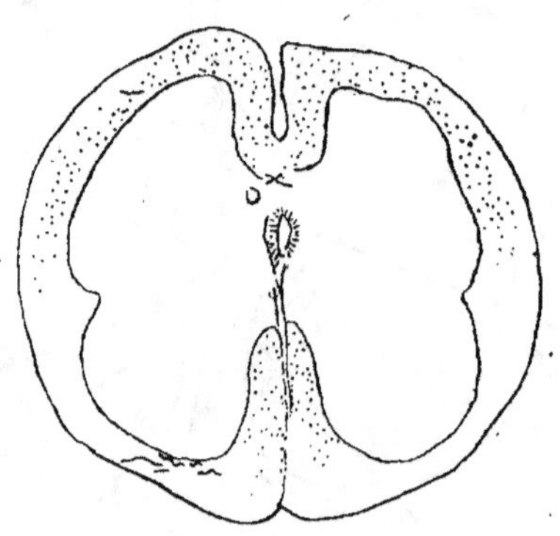

Fig. 38. — III° LOMBAIRE.

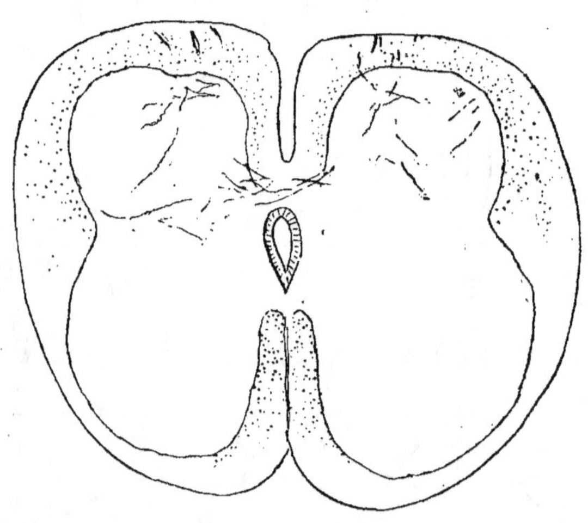

Fig. 39. — V° LOMBAIRE.

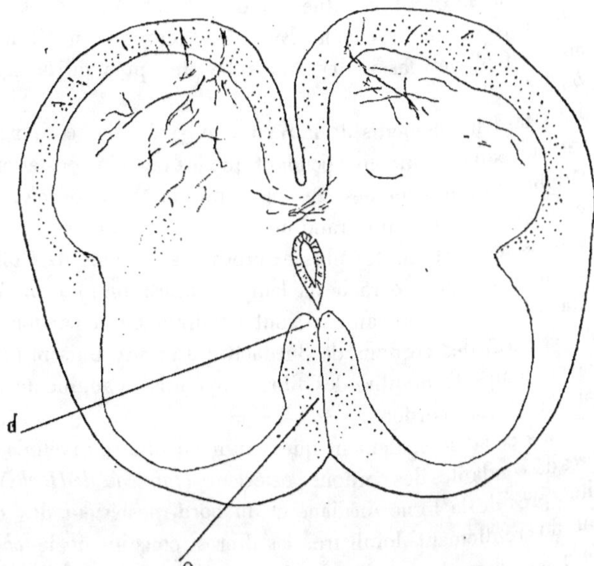

Fig. 40. — ENTRE IIe ET IIIe SACRÉES.

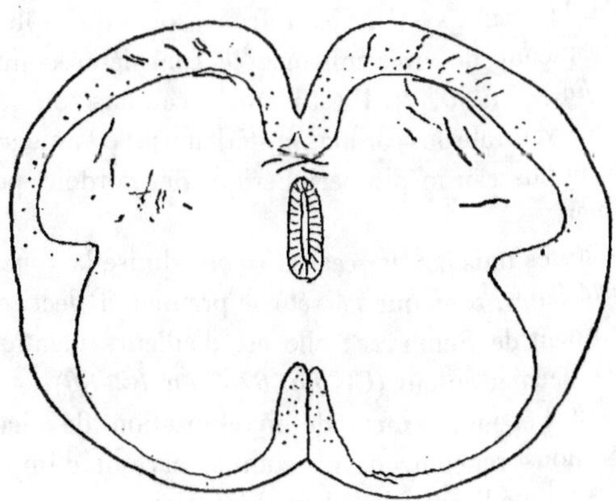

Fig. 41. — ENTRE IVe ET Ve SACRÉES.

Dans la période suivante, se myélinisent : 1° la zone radiculaire moyenne des cordons de Burdach entre le territoire antéro-latéral et le territoire dorso-périphérique de ces cordons (*fig. 42 à 54*); 2° un nombre relativement faible de fibres situées dans la portion postérieure ou périphérique des cordons de Burdach. En même temps se myélinisent dans les cordons de Goll les fascicules situés le plus près de la ligne médiane (*fig. 43 à 47*).

Plus tard les éléments de la région moyenne des cordons de Burdach revêtent leur gaine de myéline pendant que les portions postérieures, c'est-à-dire périphériques des mêmes cordons continuent leur développement; on y trouve encore cependant un grand nombre de fibres amyéliniques. En même temps, dans les portions les plus externes des cordons de Goll, on voit un grand nombre de fibres parachever leur myélinisation (*fig. 55 à 66*).

Dans la période suivante ce sont les fibres de la portion périphérique (ou postérieure) des cordons de Burdach qui se myélinisent (*fig. 67 à 80*). En même temps le nombre des fibres myélinisées augmente dans la partie latérale des mêmes cordons.

C'est à ce stade également que commencent à se myéliniser le système de fibres descendantes des cordons postérieurs (*faisceau de Hoche*). Ce système est situé près de la ligne médiane et du bord postérieur des cordons. Au niveau du renflement lombaire, les fibres constituent le *champ ovale de Flechsig* et, dans la moelle sacrée, le *triangle de Gombault et Philippe* (*fig. 75 à 80, o*).

Parmi les régions de la moelle qui se développent les dernières, il faut compter d'après Giese un petit territoire de la portion ventrale des cordons postérieurs. Au niveau de la région lombaire inférieure et de la région sacrée de la moelle, le même système se retrouve près du septum postérieur. On peut avec beaucoup de vraisemblance le considérer comme complètement différencié (*fig. 77 à 80, d*). Il est identique au faisceau que certains auteurs appellent zone ventrale des cordons postérieurs; il commence sa myélinisation quand celle du faisceau médio-périphérique des cordons postérieurs est près de se terminer.

Enfin, après tous ces faisceaux, se myélinise la *zone intermédiaire des cordons postérieurs*, zone que j'ai été le premier à décrire chez le fœtus et indépendamment de Schultze : elle est d'ailleurs identique au *faisceau en virgule* de ce dernier auteur (Cf. *fig. 67-74* et *82-86*).

Quant à l'époque exacte de myélinisation de chacun des cordons postérieurs, nous rencontrons ici comme partout d'importantes variations individuelles ; mais l'ordre dans lequel les faisceaux arrivent successivement à leur développement complet est essentiellement invariable.

Fig. 42 à Fig. 54. — FŒTUS DE 6 MOIS (28 centimètres).

(Préparations de GIESE. Méthode de Pal : les parties blanches sont encore dépourvues de myéline).

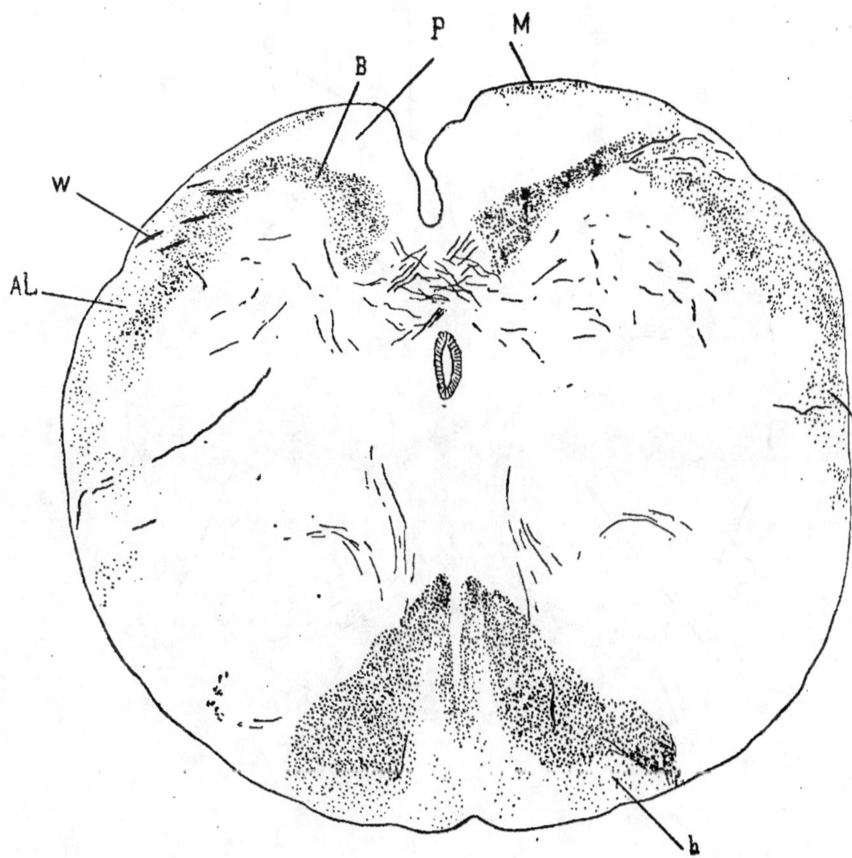

Fig. 42. — COUPE PASSANT PAR L'ENTRE-CROISEMENT DES PYRAMIDES.

A L, F. antéro-latéral.
B, F. fondamental du cordon latéral.
h, Zone postérieure ou périphérique du cordon postérieur.
K, Cérébelleux direct.
M, F. marginal antérieur.
P, Pyramides.
W, Racines antérieures.

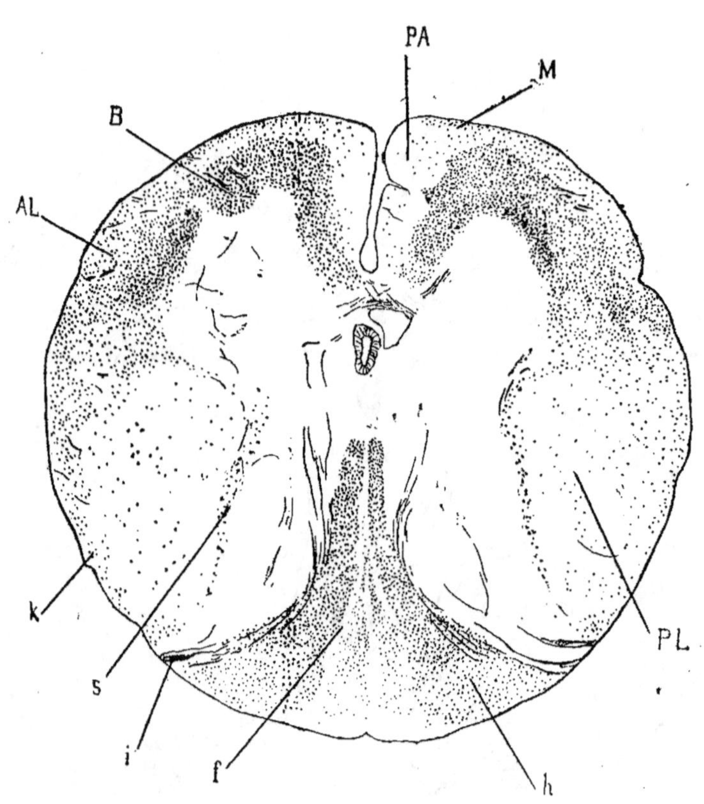

Fig. 43. — IIIᵉ CERVICALE.

ƒ, Région encore amyélinique du f. de Goll.
i, F. radiculaire médial ou interne.
P L, P A, F. pyramidaux antérieur et latéral.
s, F. profond ou médial du cordon latéral.

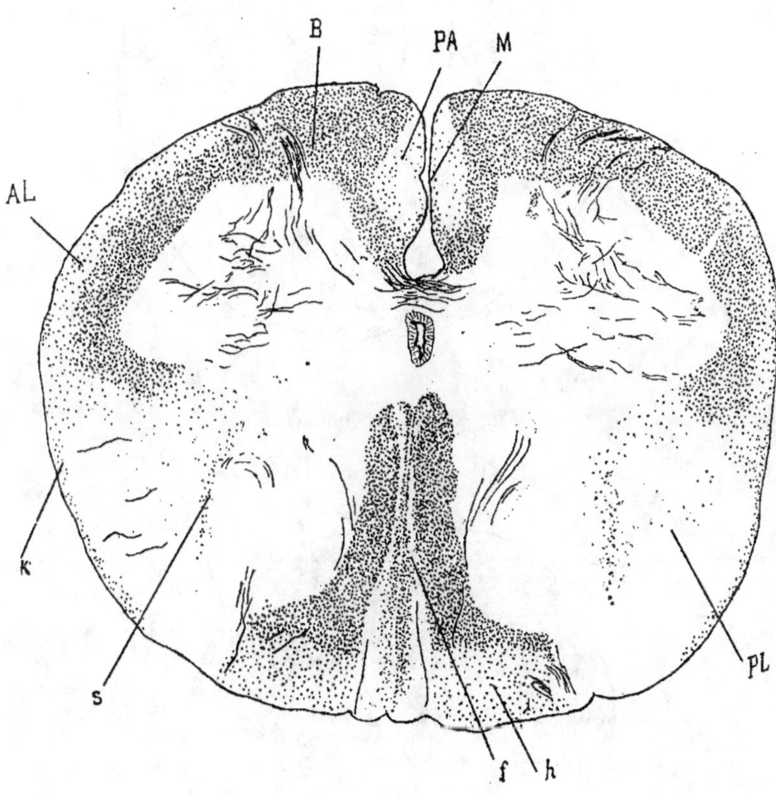

Fig. 44. — VIᵉ CERVICALE.

M, Fibres myélinisées dans la partie médiale (interne) du cordon antérieur.

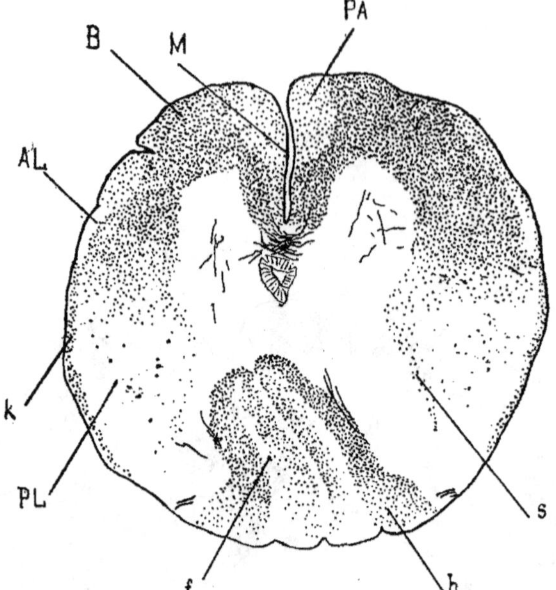

Fig. 45. — III° DORSALE.

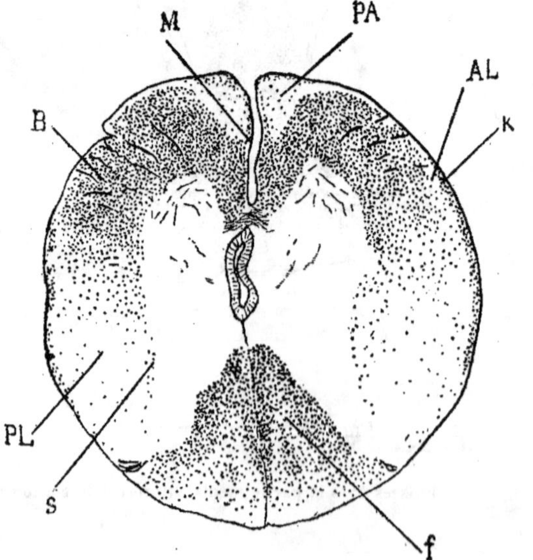

Fig. 46. — VI° DORSALE.

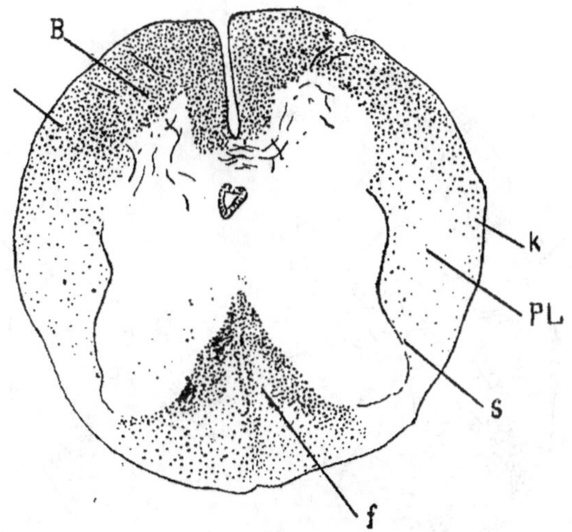

Fig. 47. — Xᵉ DORSALE.

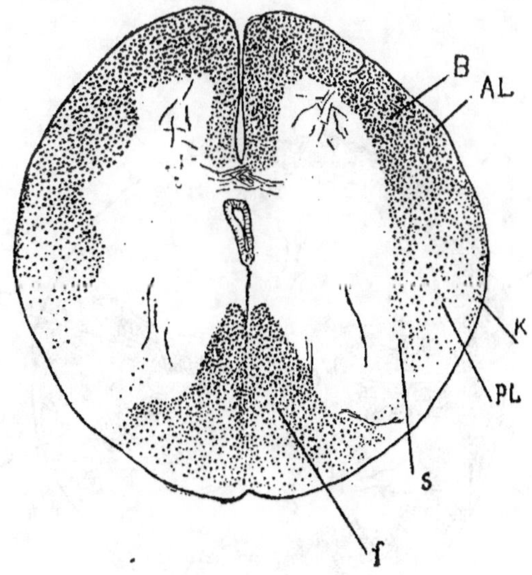

Fig. 48. — XIIᵉ DORSALE.

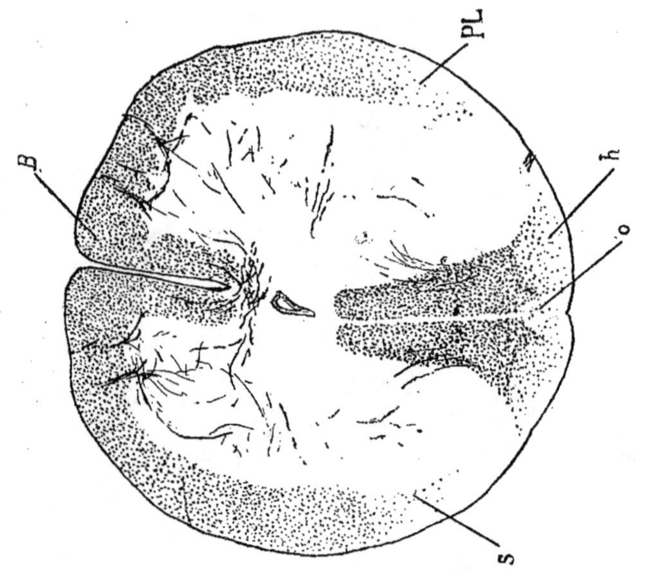

Fig. 50. — IVᵉ LOMBAIRE.

o, Faisceau médio-périphérique du cordon postérieur.

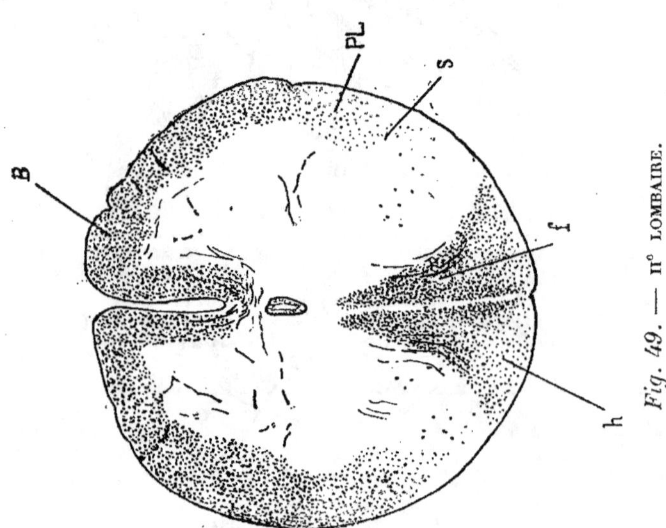

Fig. 49. — IIᵉ LOMBAIRE.

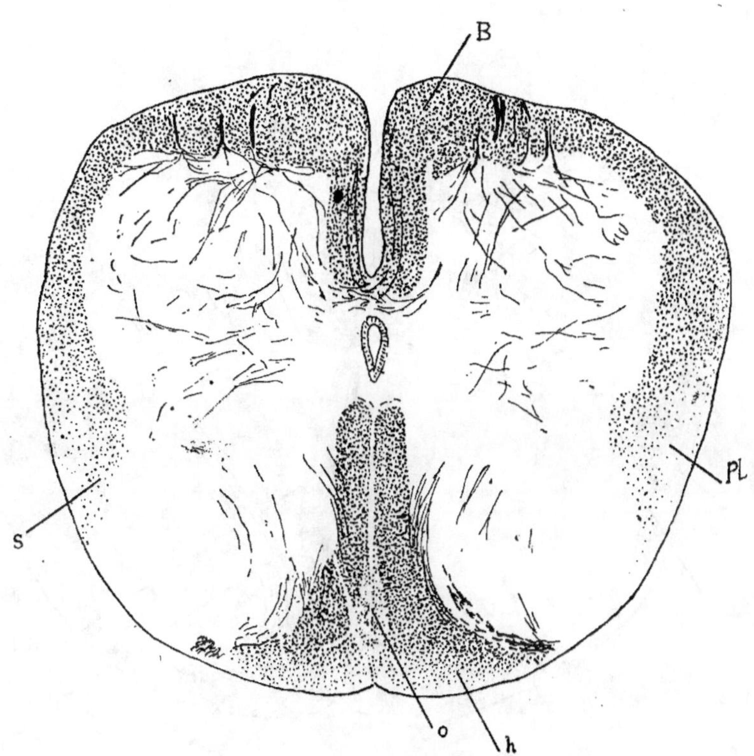

Fig. 51. — 1ʳᶜ SACRÉE.

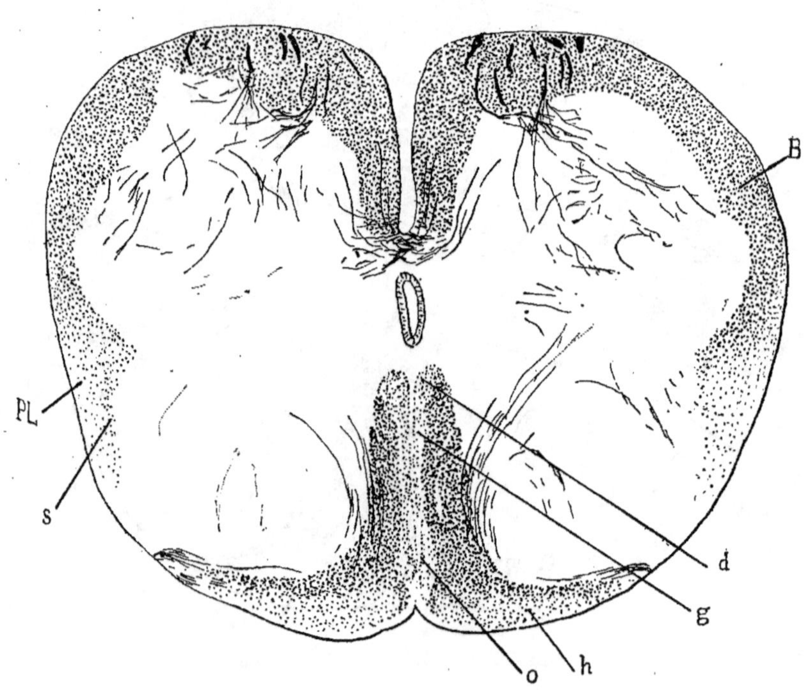

Fig. 52. — 11ᵉ SACRÉE.

d, Zone ventrale des cordons postérieurs, avec
g, sa portion postérieure non encore myélinisée.

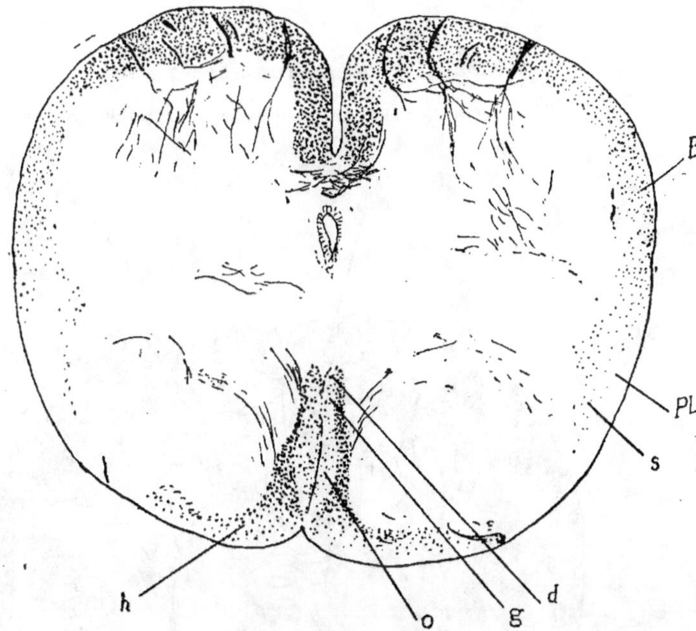

Fig. 53. — IV° SACRÉE.

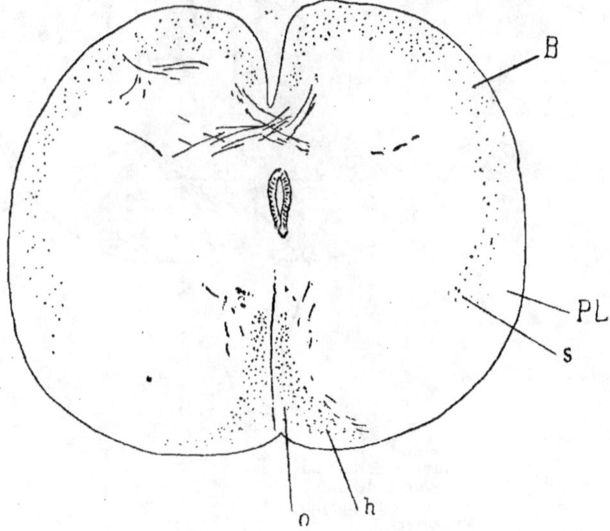

Fig. 54. — Ire COCCYGIENNE.

Fig. 55 à Fig. 66. — FŒTUS DE 7 MOIS.

Préparation de GIESE ; méthode de Pal. Les parties non encore myélinisées sont en blanc.

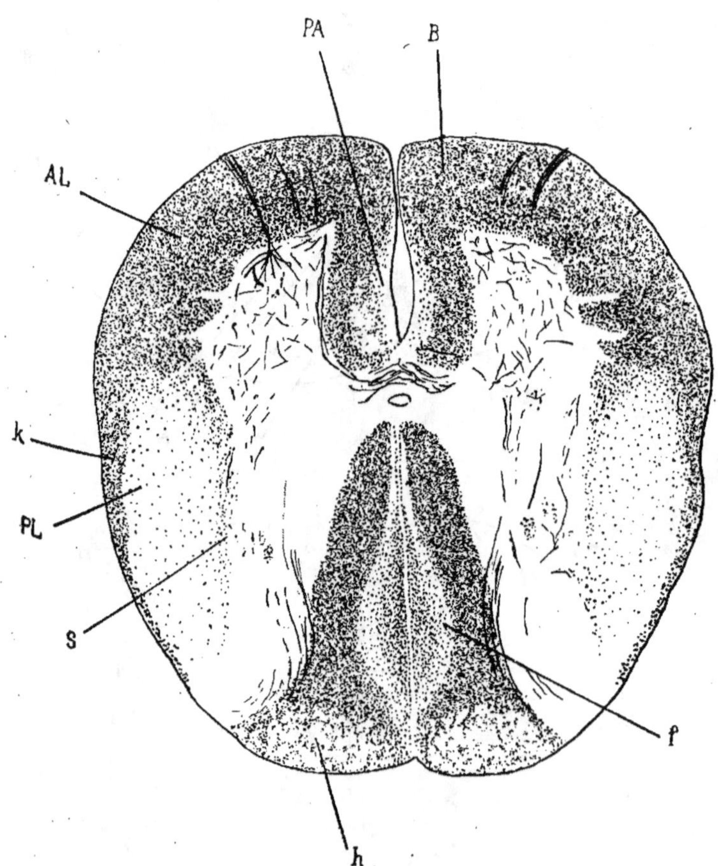

Fig. 55. — IIIᵉ CERVICALE.

A L. F. antérolatéral.
B, F. fondamental du cordon latéral.
f, Partie externe du f. de Goll.
h, Zone postérieure du f. de Burdach.
K, Cérébelleux direct.
P A, P L, F. pyramidaux antérieur et latéral.
s, F. médial ou profond du cordon latéral.

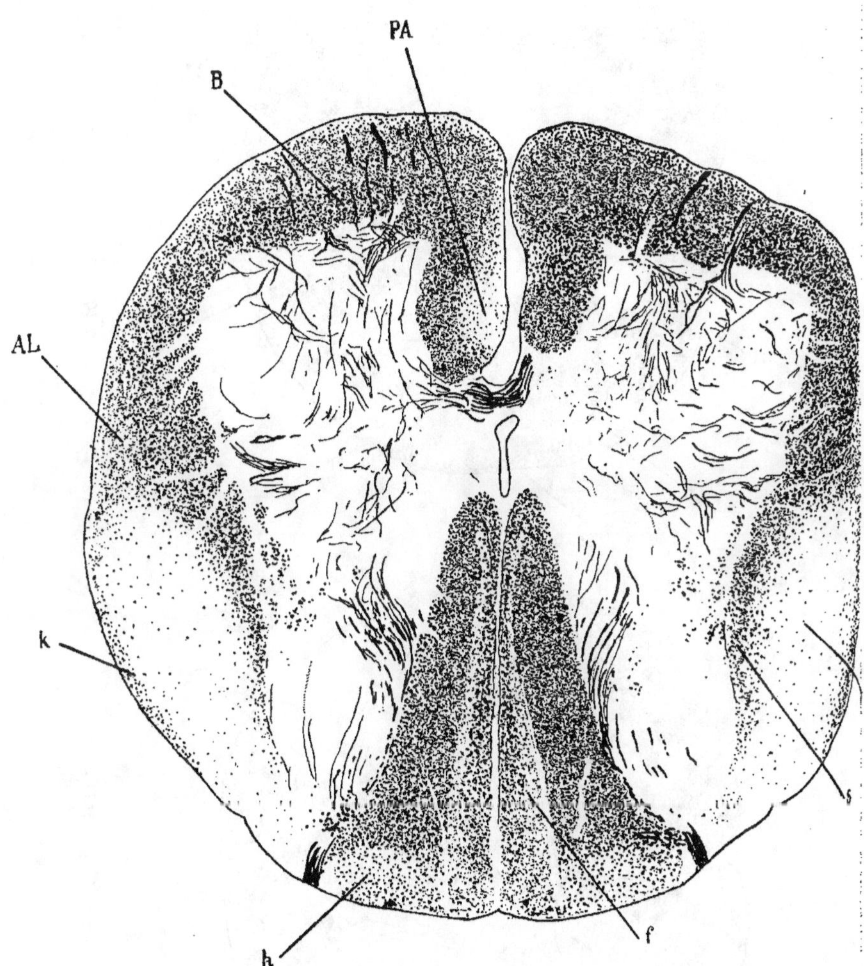

Fig. 56. — VII° CERVICALE.

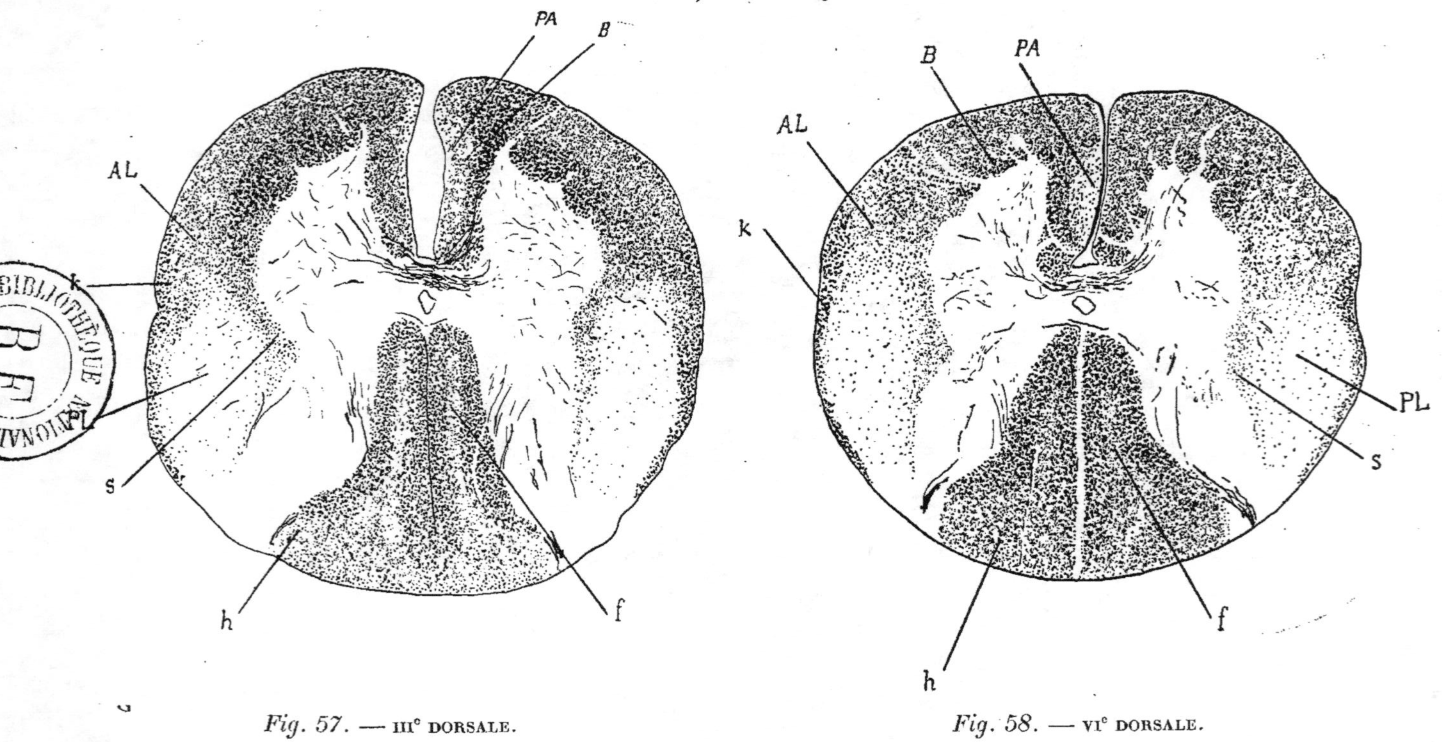

Fig. 57. — IIIᵉ DORSALE.

Fig. 58. — VIᵉ DORSALE.

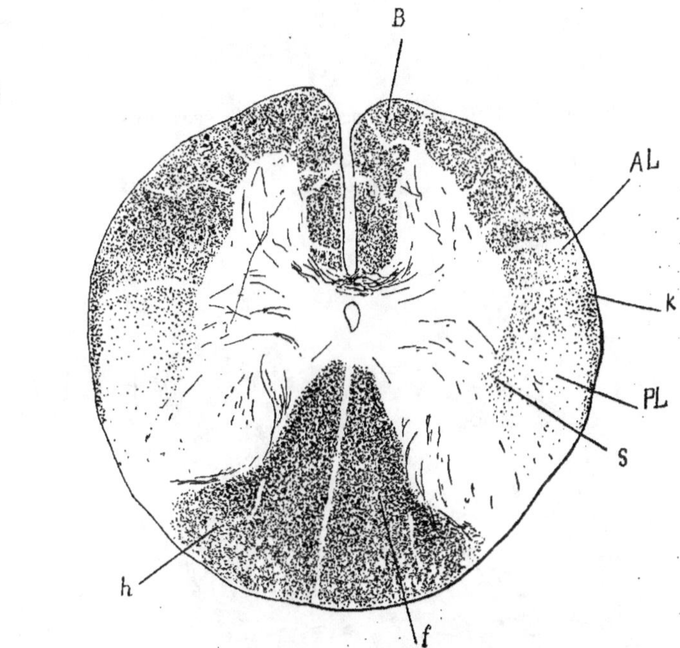

Fig. 59. — XII° DORSALE.

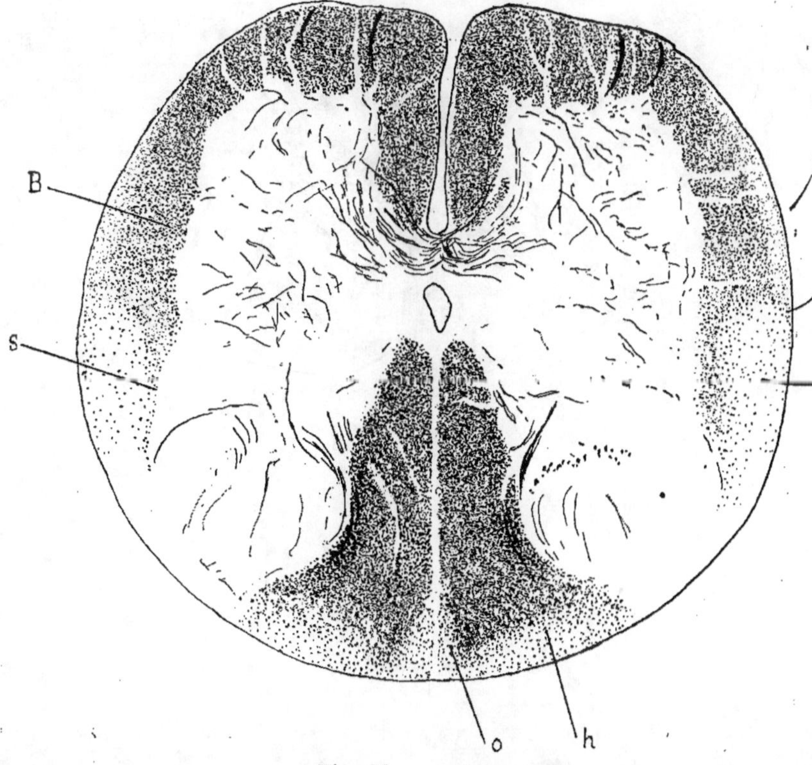

Fig. 60. — IV° LOMBAIRE.

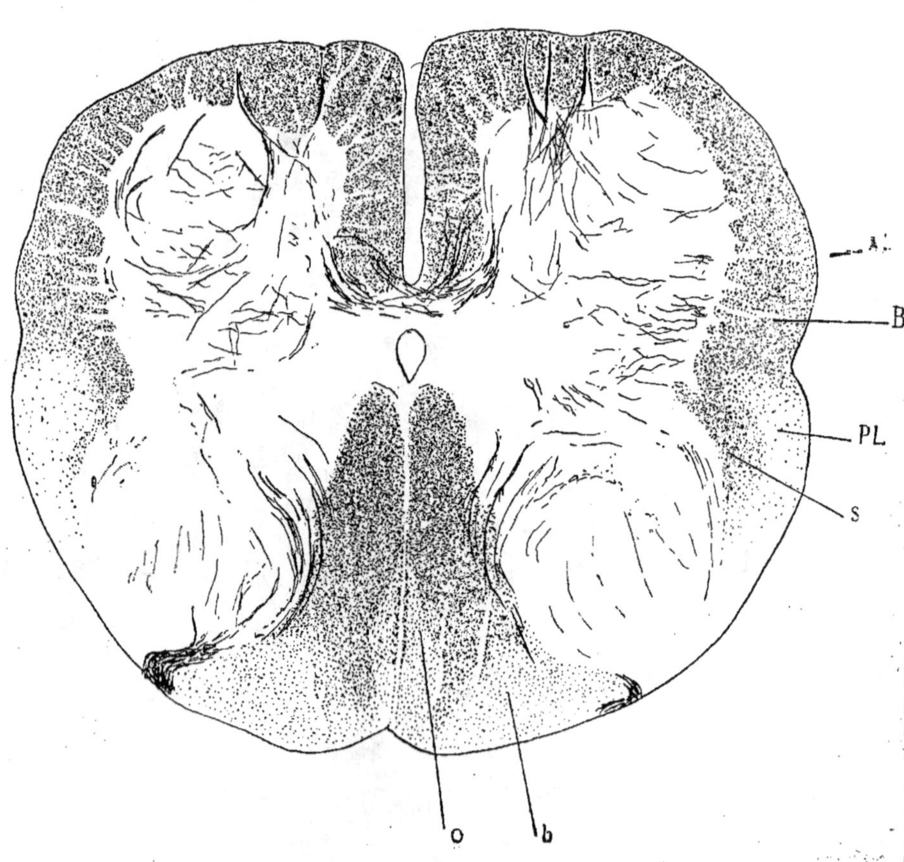

Fig. 61. — Vᵉ LOMBAIRE.

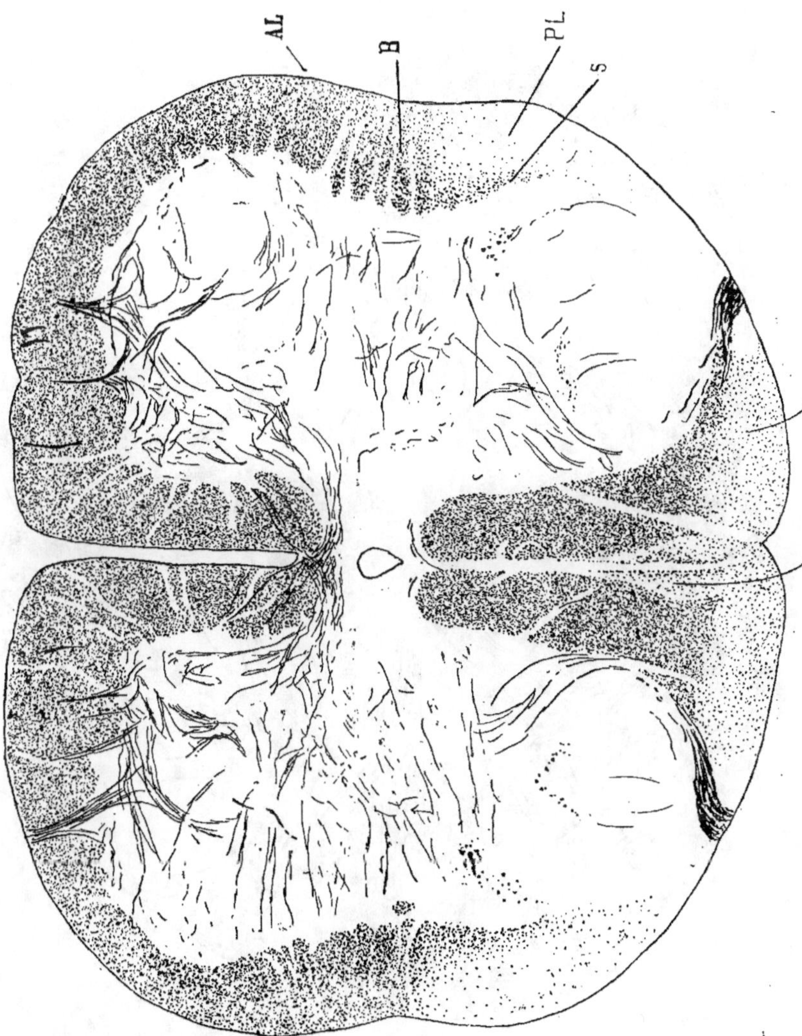

Fig. 62. — 1re SACRÉE.

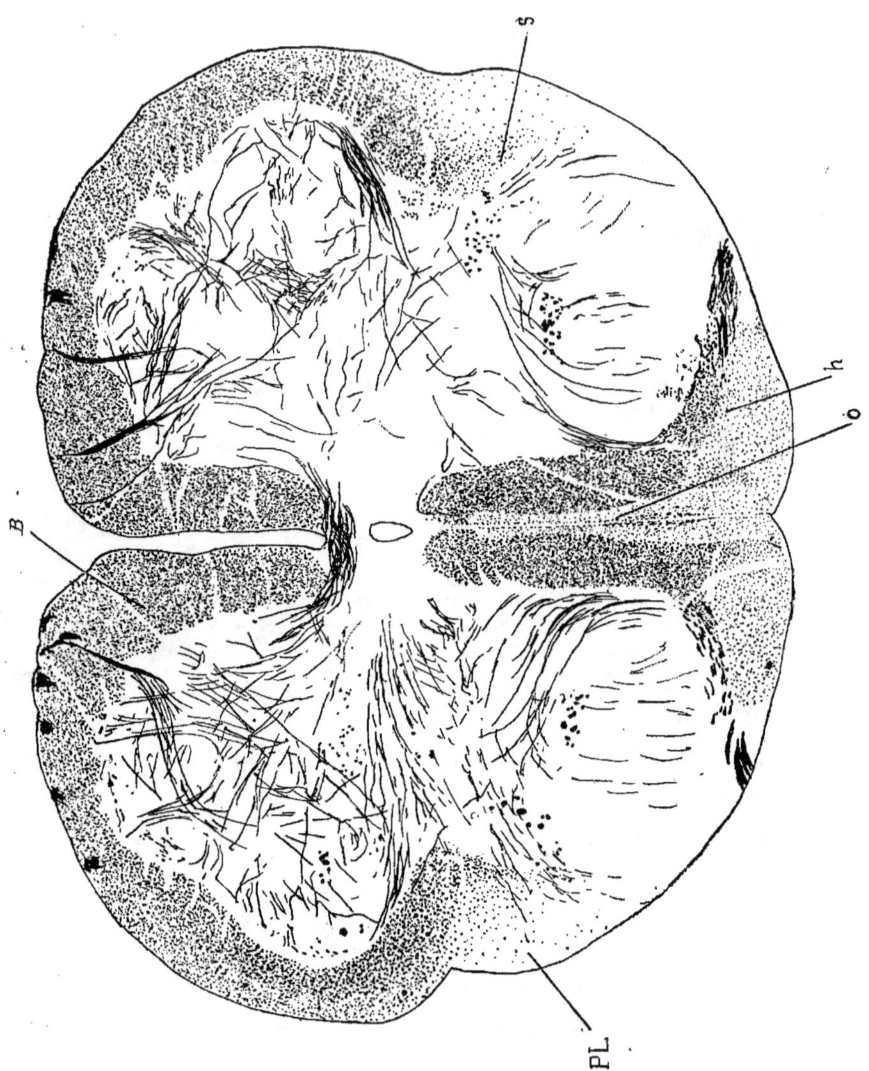

Fig. 63. — II° SACRÉE.

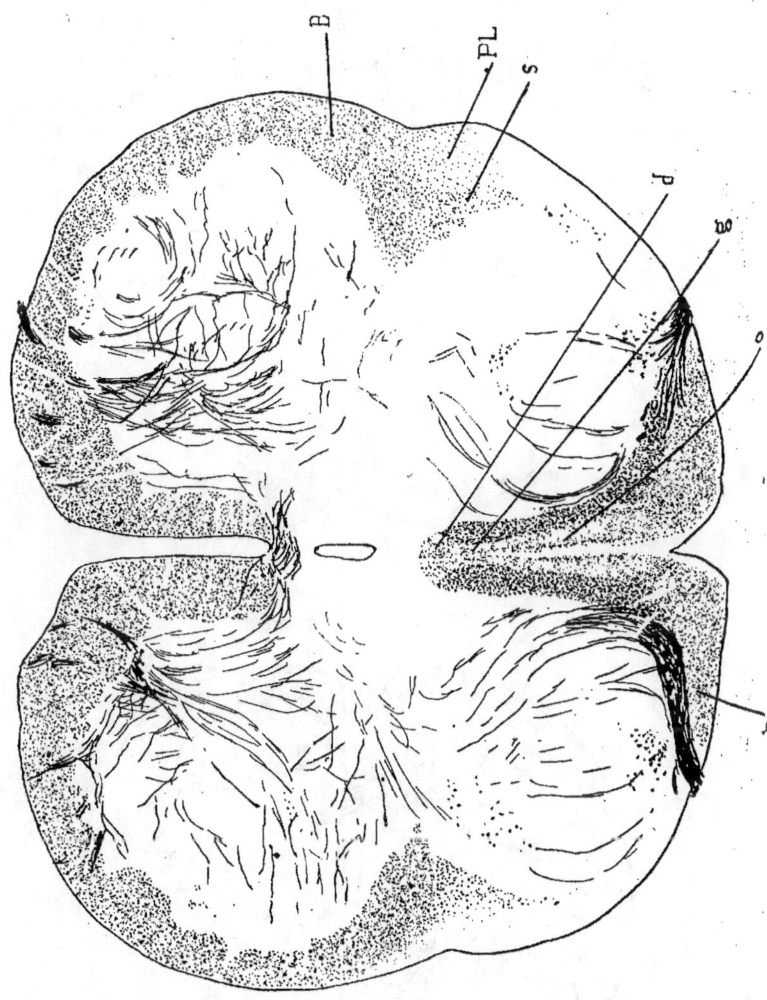

Fig. 64. — IIIᵉ SACRÉE.

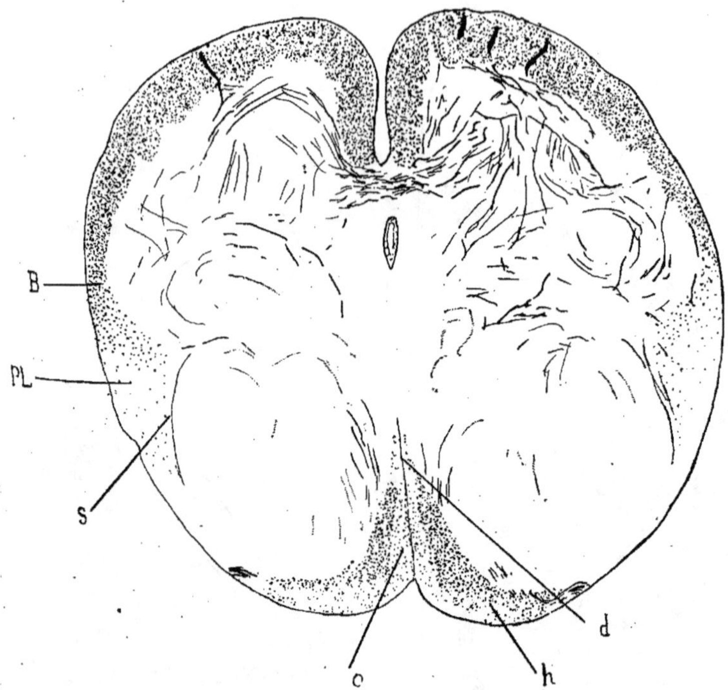

Fig: 65. — Vᵉ SACRÉE.

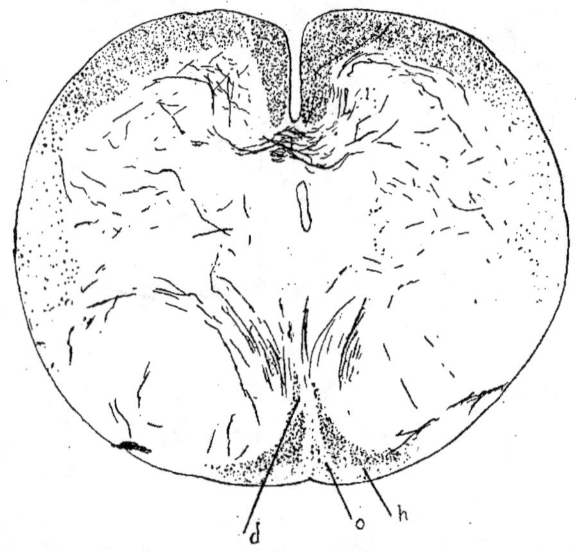

Fig. 66. — Iʳᵉ COCCYGIENNE.

Fig. 67 à Fig. 80. — FŒTUS DE 9 MOIS.

(Préparations de Giese. Méthode de Pal.)

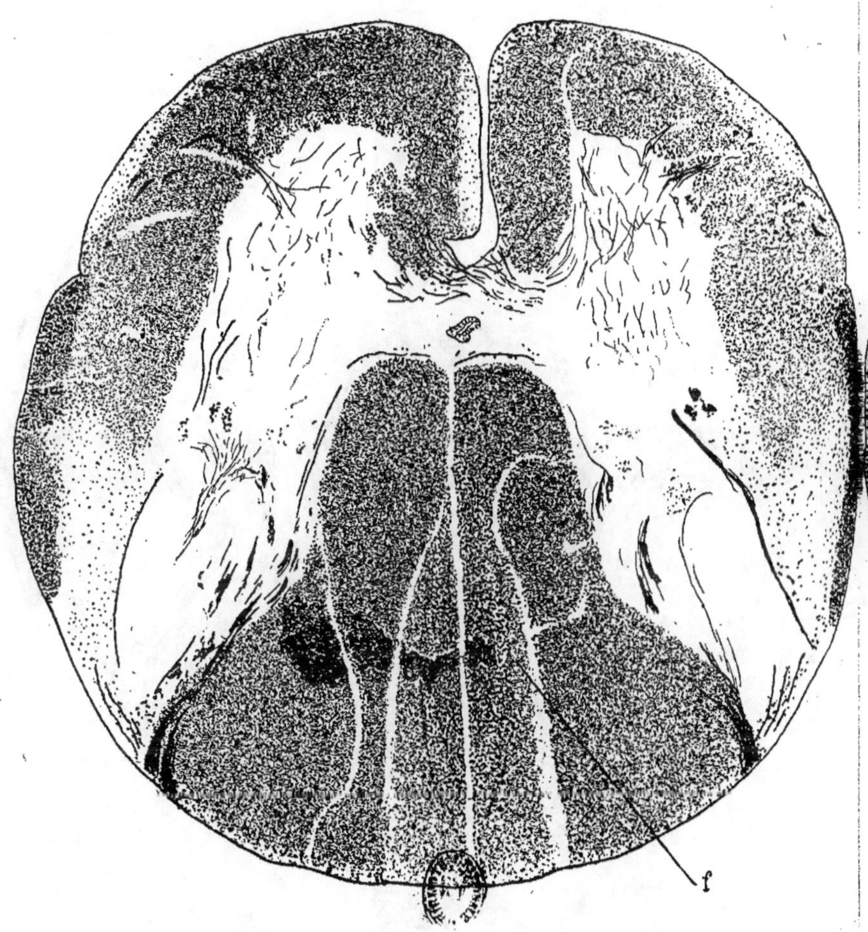

Fig. 67. — 1ʳᵉ CERVICALE.

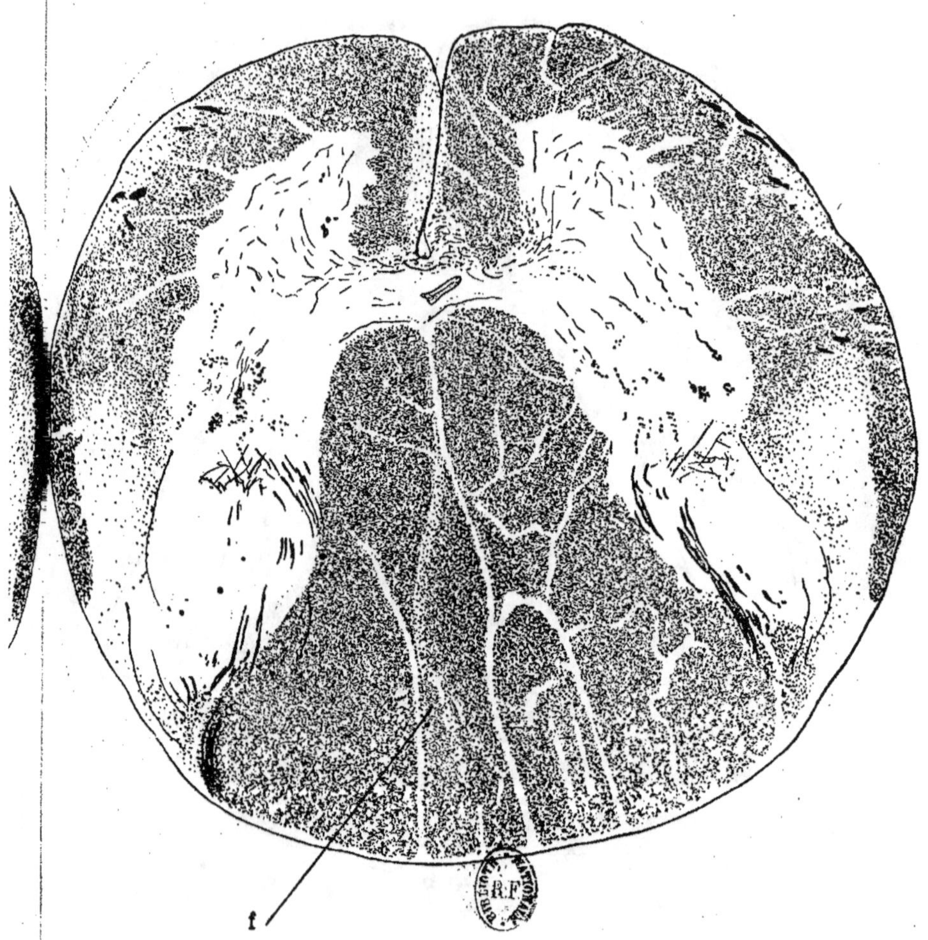

Fig. 68. — IIIe CERVICALE.

b, Zone intermédiaire ou en virgule des cordons postérieurs.

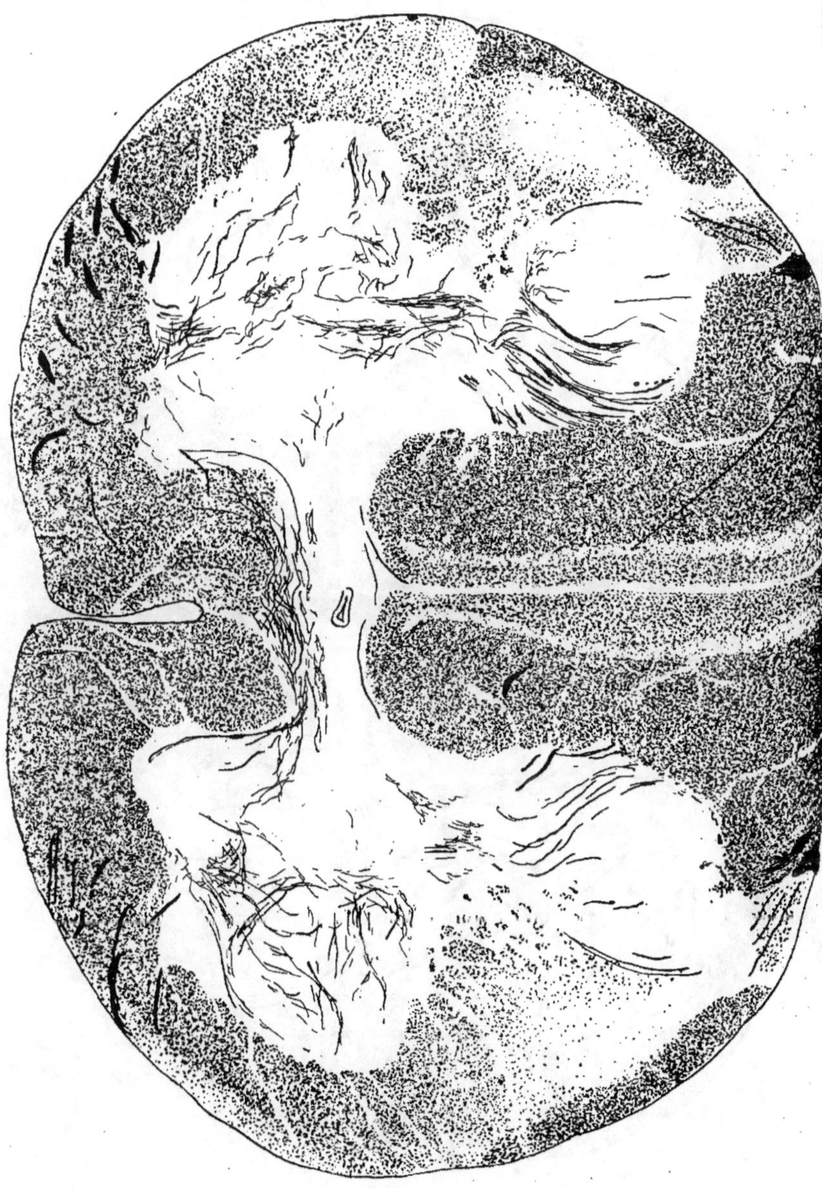

Fig. 69. — VI° CERVICALE.

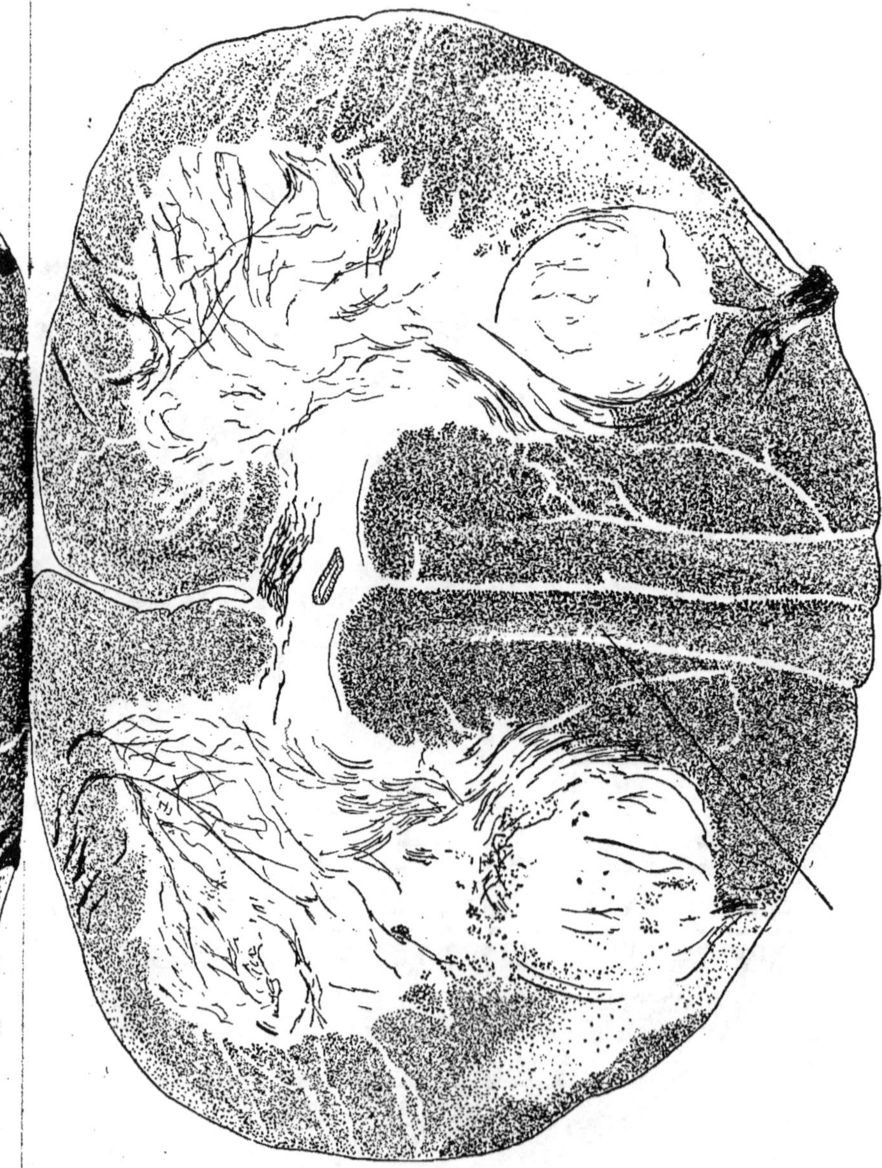

Fig. 70. — VII° CERVICALE.

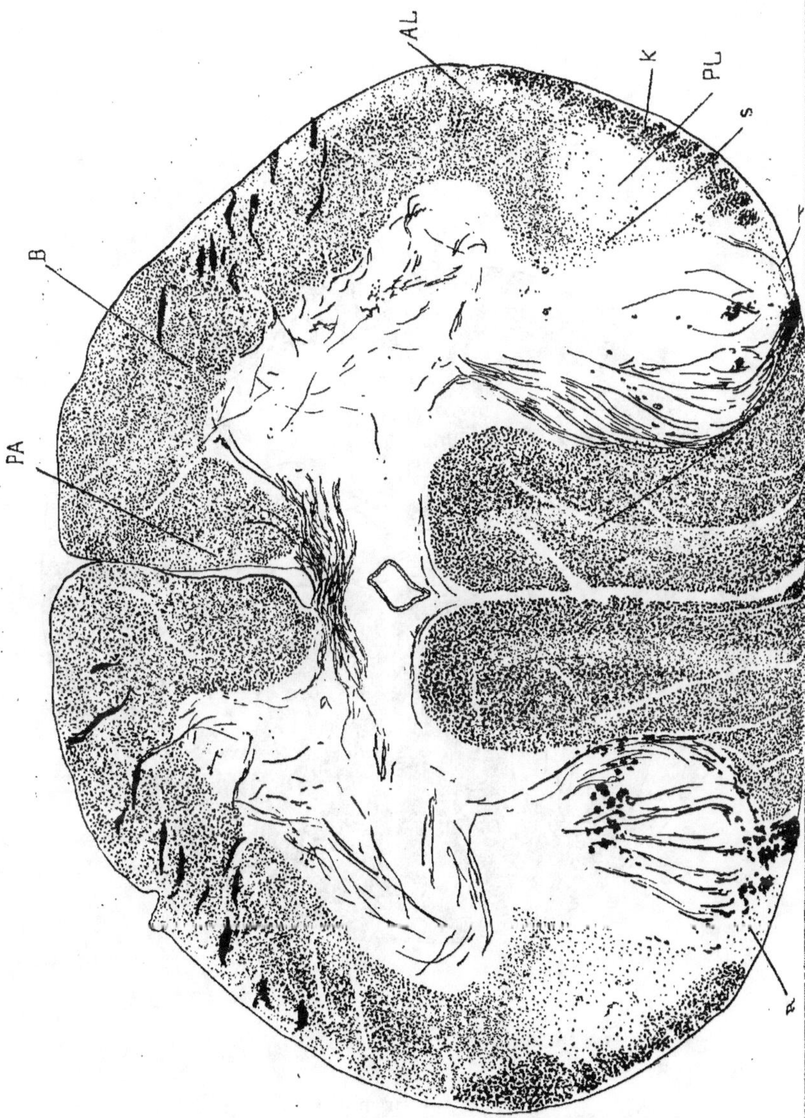

Fig. 71. — 1re DORSALE.

AL. F. antéro-latéral.
B, F. fondamental.
f, Zone intermédiaire ou virgule de Schultze.
k, F. cérébelleux direct.

PA. PL, F. pyramidaux antérieur et latéral.
R, Zone radiculaire externe.
s. F. médial ou profond du cordon antérieur.
T, Fibres postéro-externes.

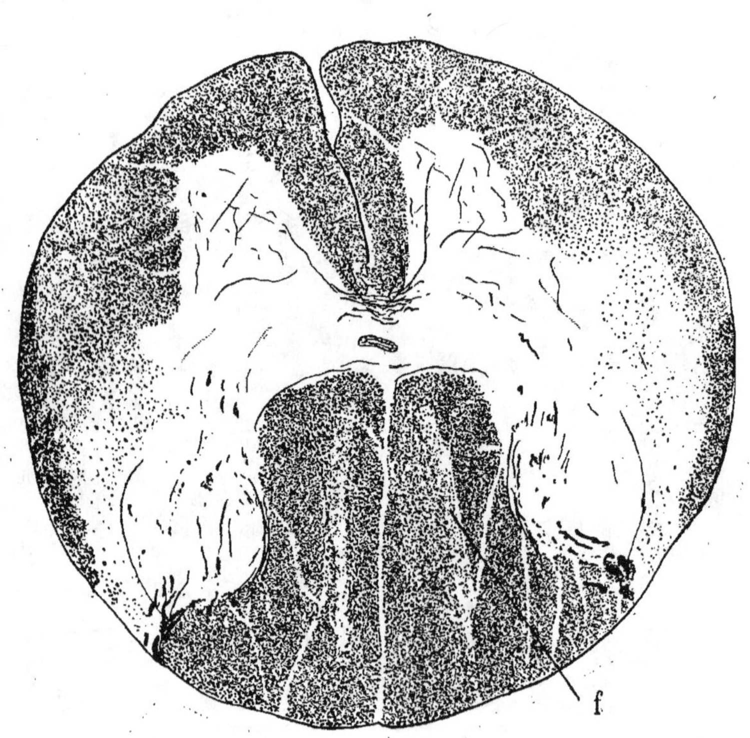

Fig. 72. — 11ᵉ DORSALE.

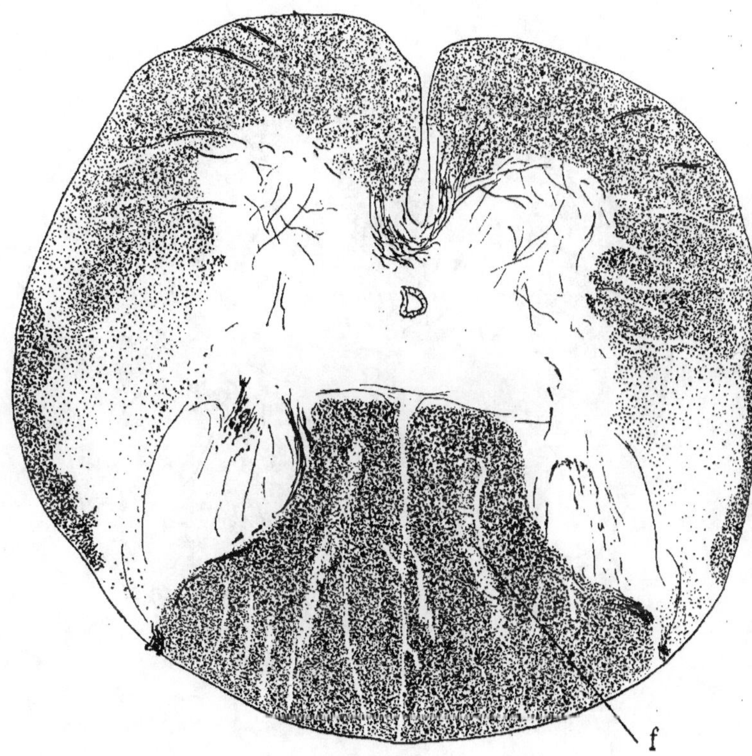

Fig. 73. — IV⁰ DORSALE.

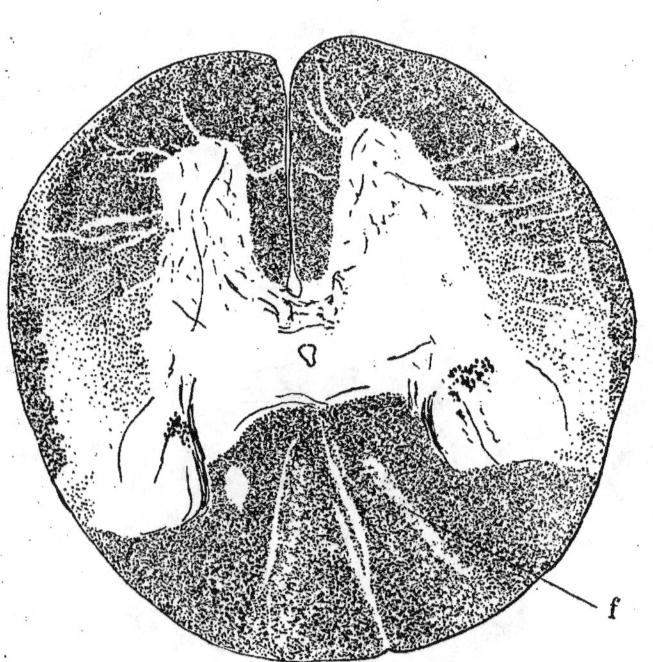

Fig. 74. — VIIIᵉ DORSALE.

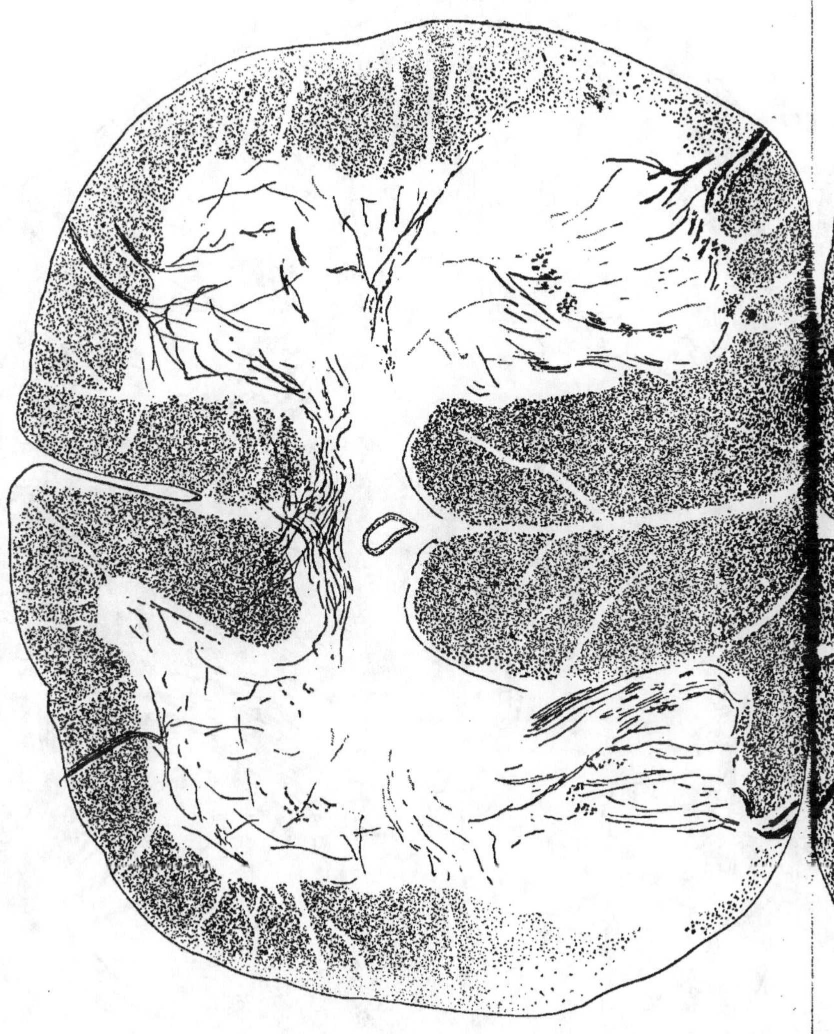

Fig. 75. — 1ᵣₒ LOMBAIRE.

o, F. descendant médio-périphérique.

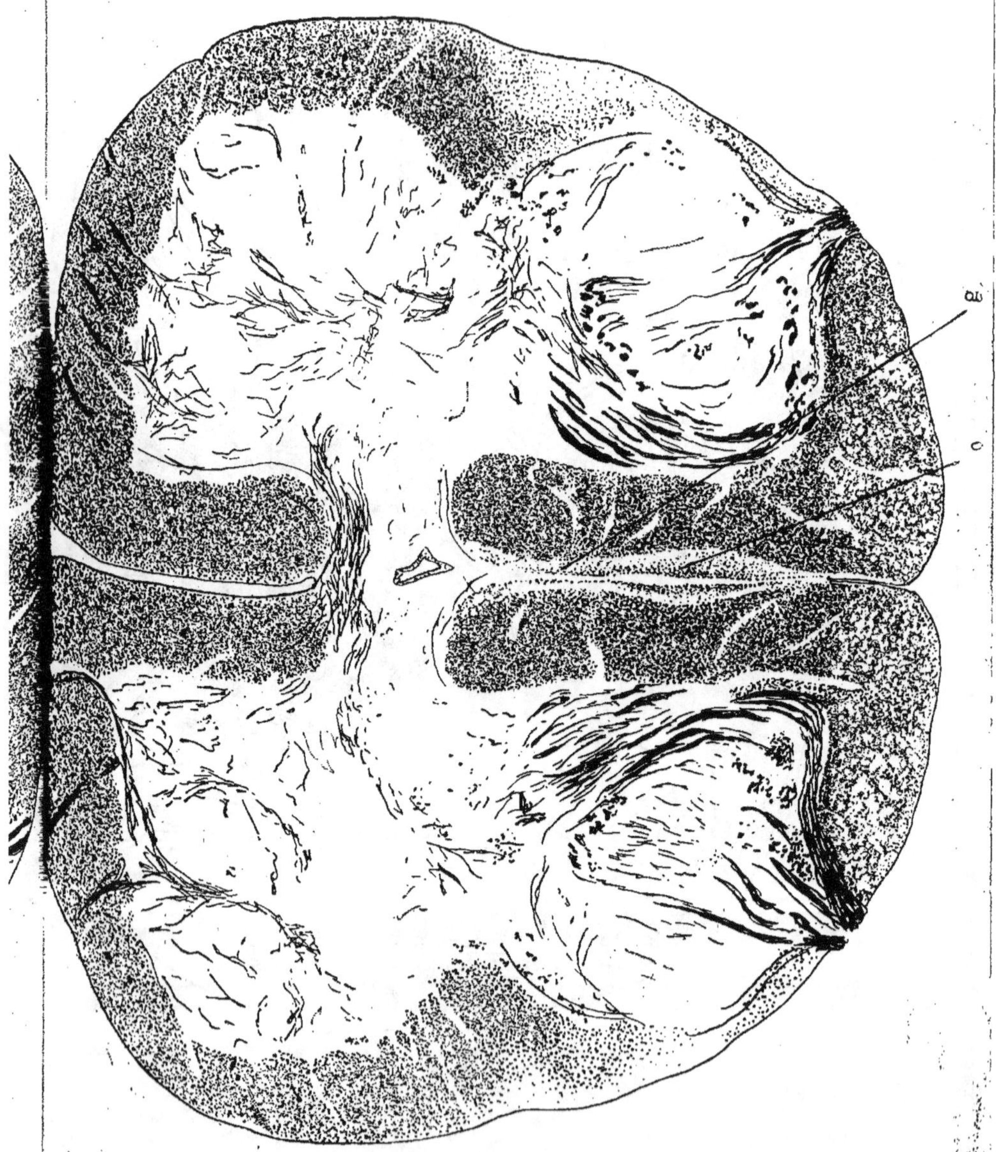

Fig. 76. — IVe LOMBAIRE.

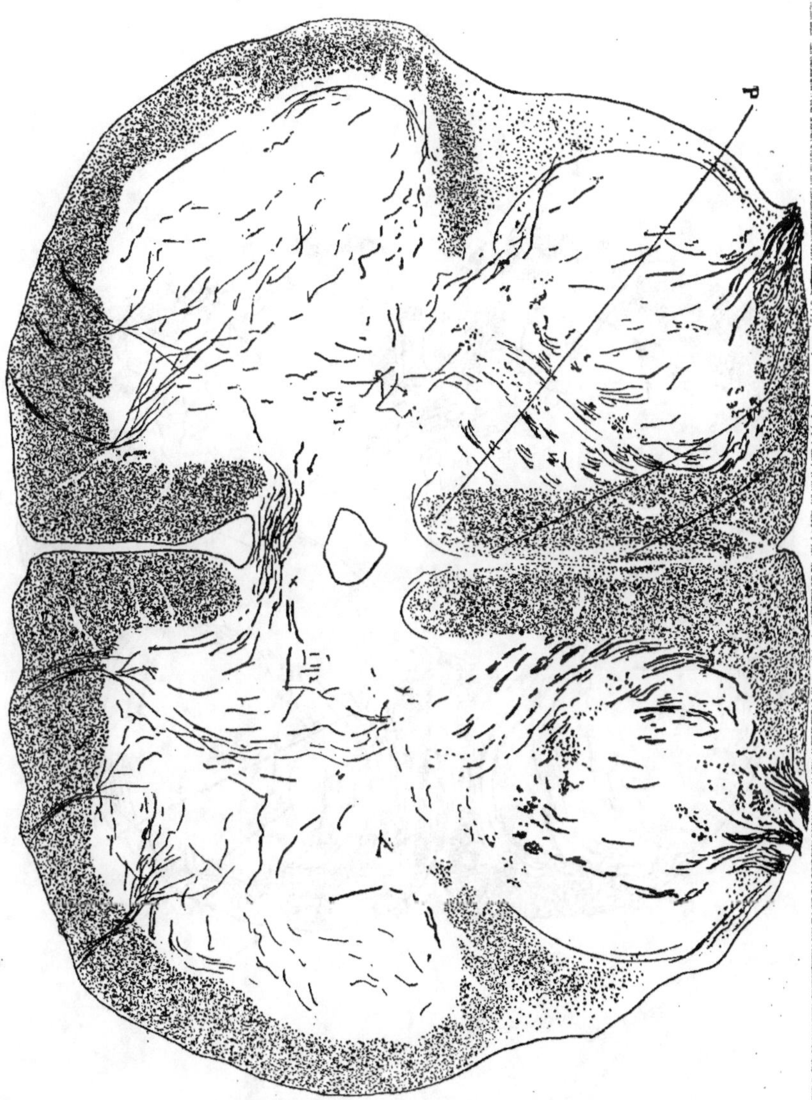

Fig. 77. — Vᵉ LOMBAIRE.

d, Zone ventrale des cordons postérieurs.
g, Portion interne du cordon de Goll.
o, F. médio-périphérique.

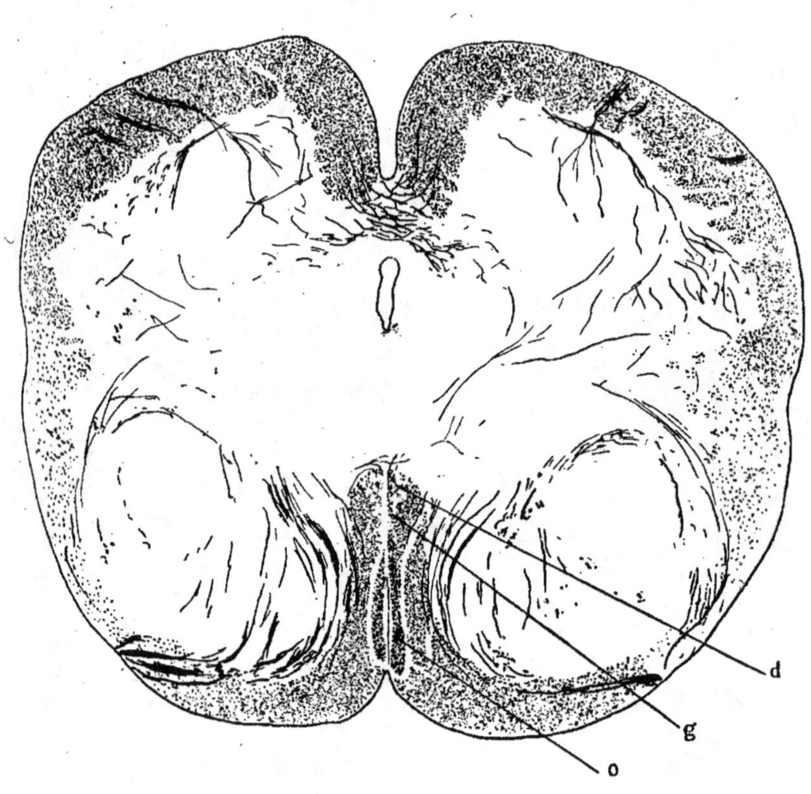

Fig. 78. — III᷃ᵉ SACRÉE.

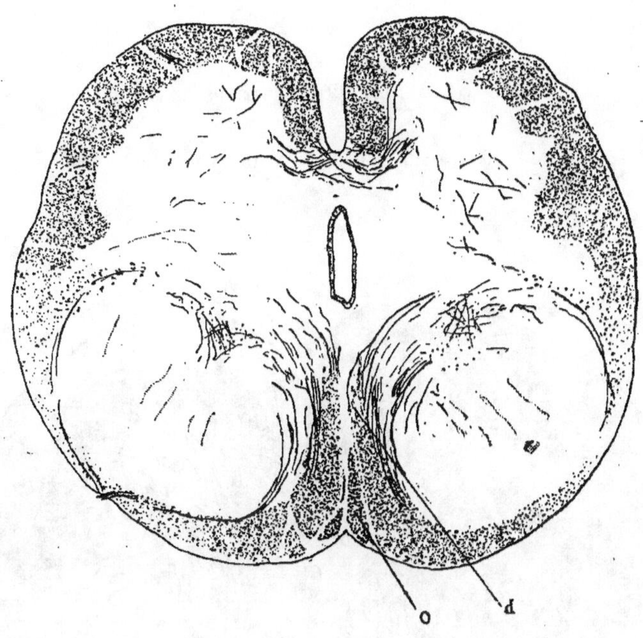

Fig. 79. — ıvᵉ SACRÉE.

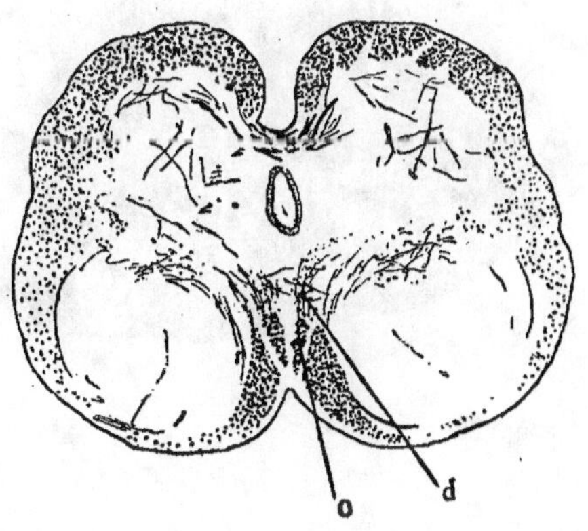

Fig. 80. — ıʳᵉ COCCYGIENNE.

Fig. 81 à Fig. 92. — FŒTUS A TERME.

(Préparations de GIESE. Méthode de Pal.)

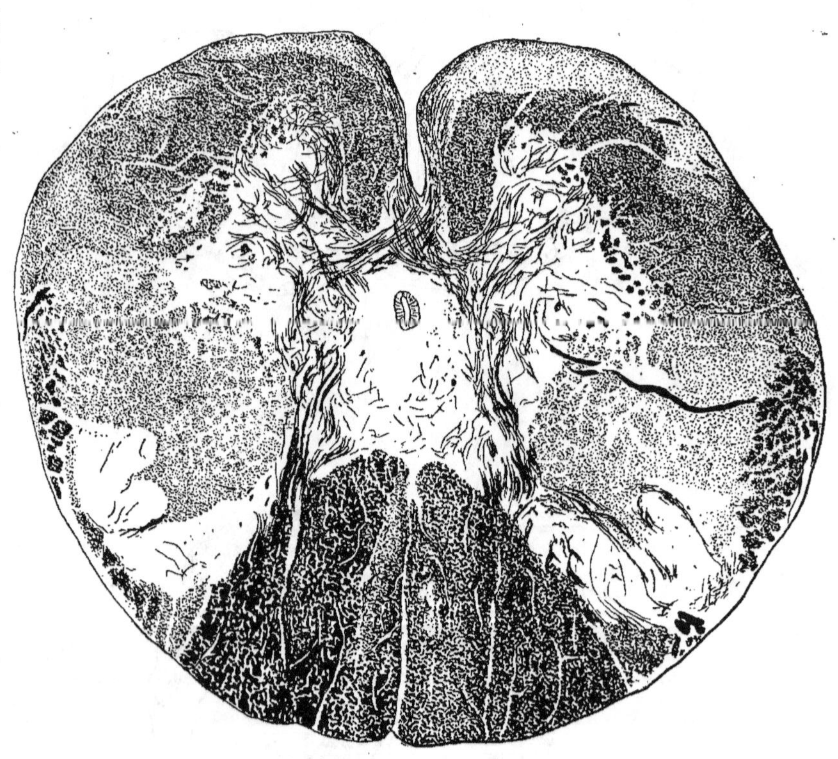

Fig. 81. — 1ʳᵉ CERVICALE.

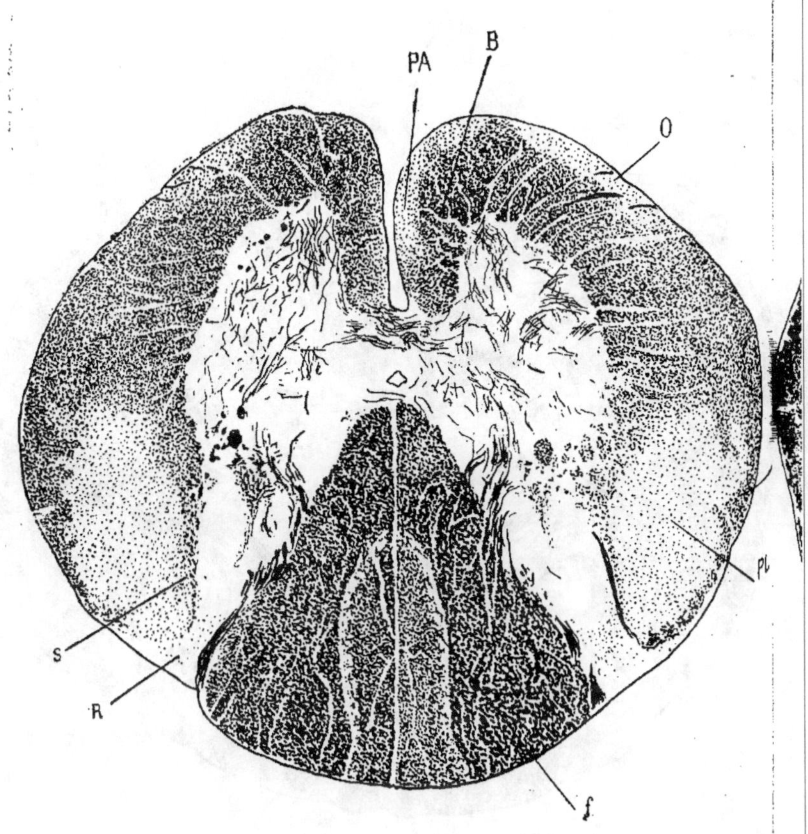

Fig. 82. — IIIᵉ CERVICALE.

B, F. fondamental ;
f, Zone intermédiaire des cordons postérieurs, virgule de SCHULTZE ;
k, Cérébelleux direct ;
PA. PL, F. pyramidaux antérieur et latéral ;
O, F. péri-olivaire ;
R, Zone externe des racines postérieures ou zone radiculaire externe ;
s, F. médial ou profond du cordon latéral.

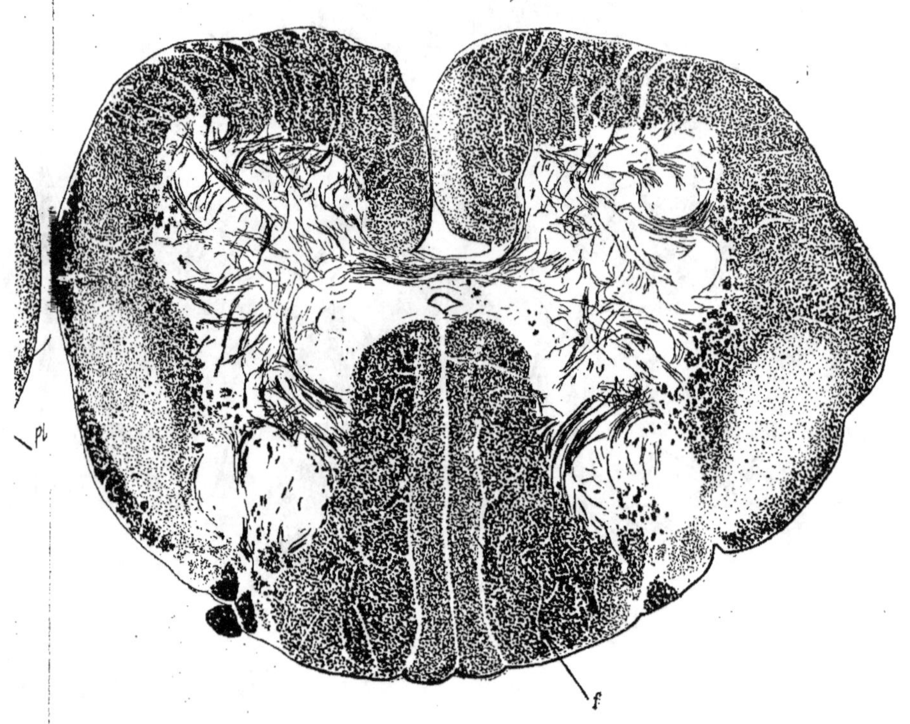

Fig. 83. — VIe CERVICALE.

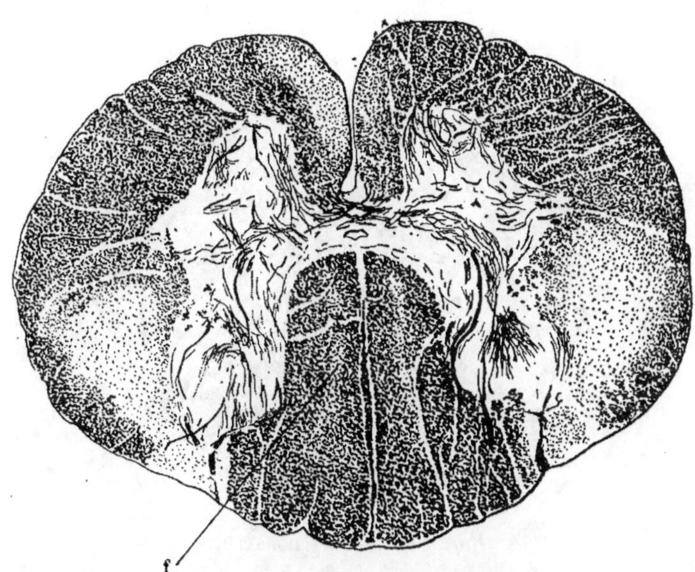

Fig. 84. — 1re DORSALE.

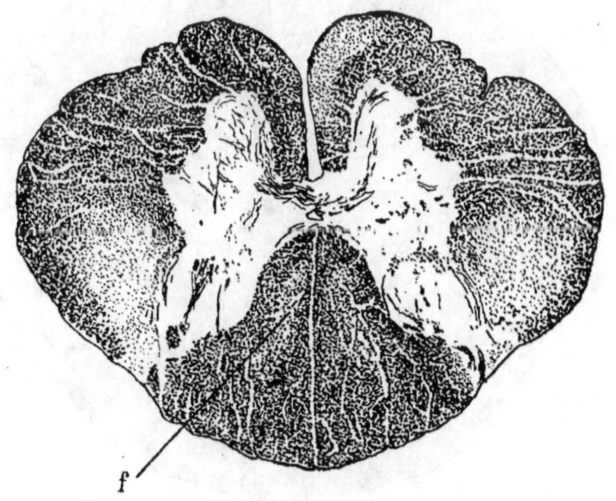

Fig. 85. — VIIe DORSALE.

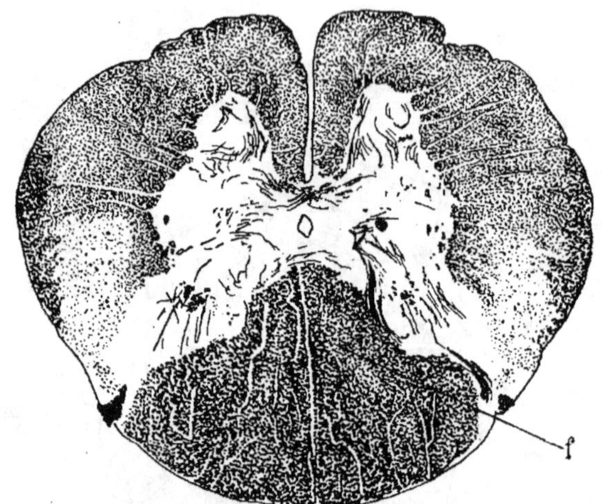

Fig. 86. — Xe DORSALE.

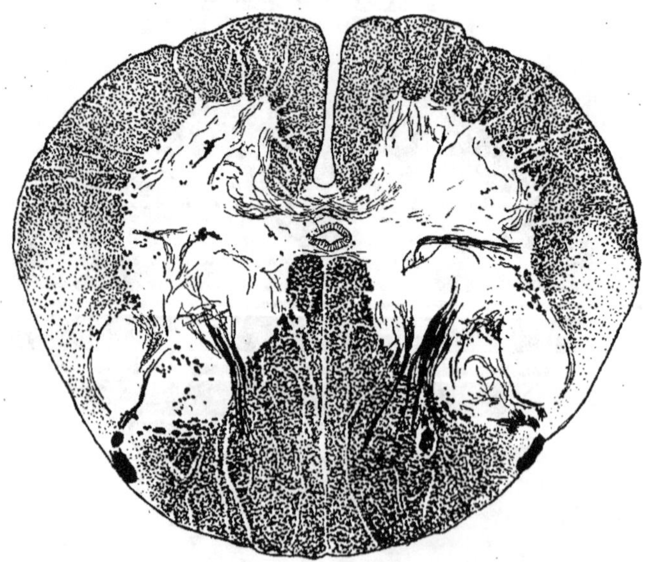

Fig. 87. — IIIe LOMBAIRE.

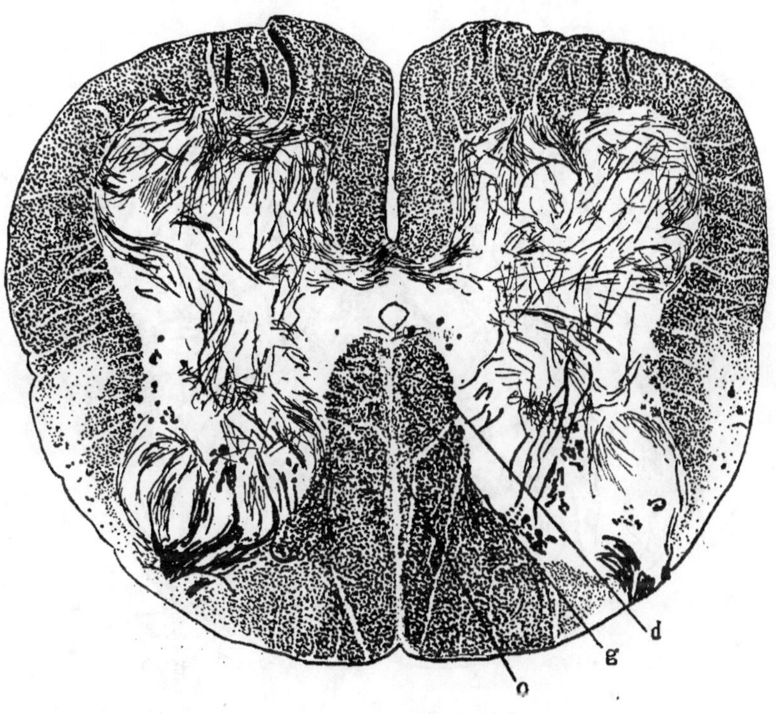

Fig. 88. — 1ʳᵒ SACRÉE.

d, Zone ventrale des cordons postérieurs ;
g, sa portion postérieure ;
o, Zone médio-périphérique (champ ovale de Flechsig).

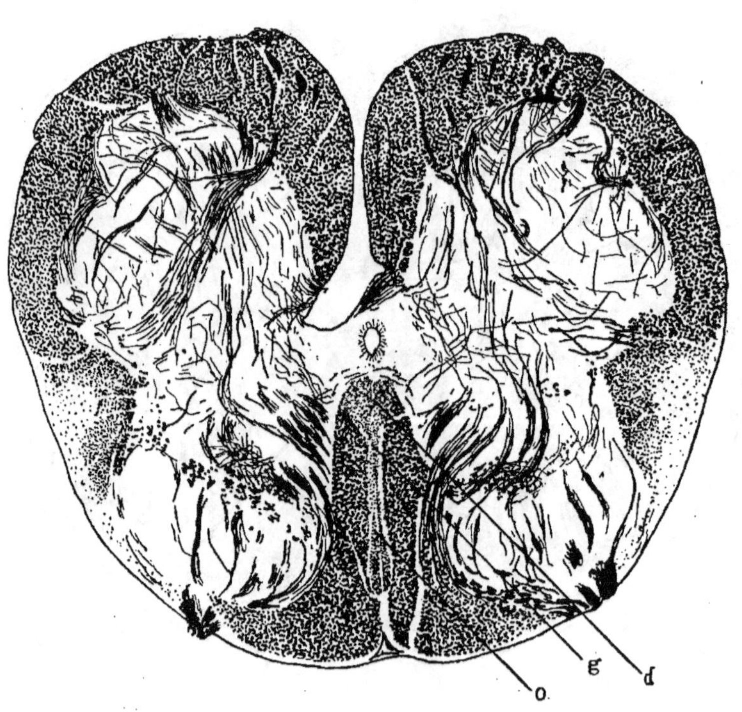

Fig. 89. — IIIᵉ SACRÉE.

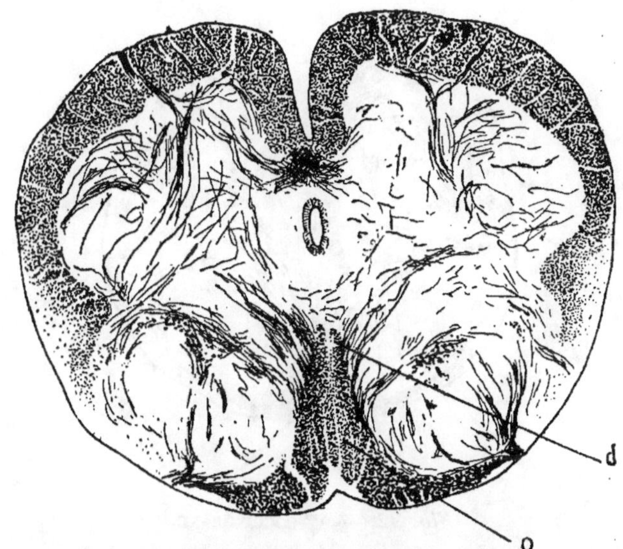

Fig. 90. — IVᵉ SACRÉE.

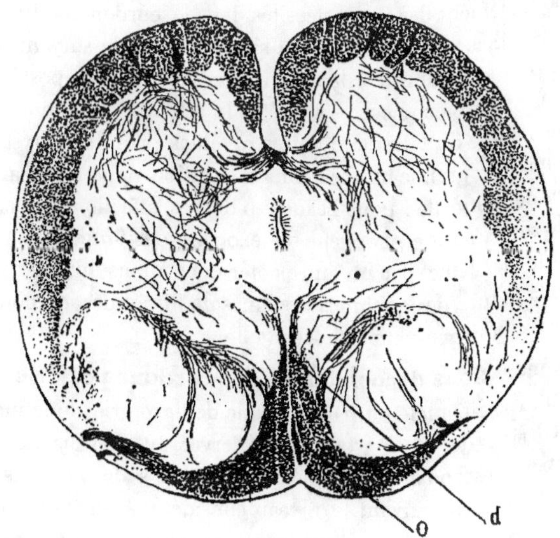

Fig. 91. — Vᵉ SACRÉE.

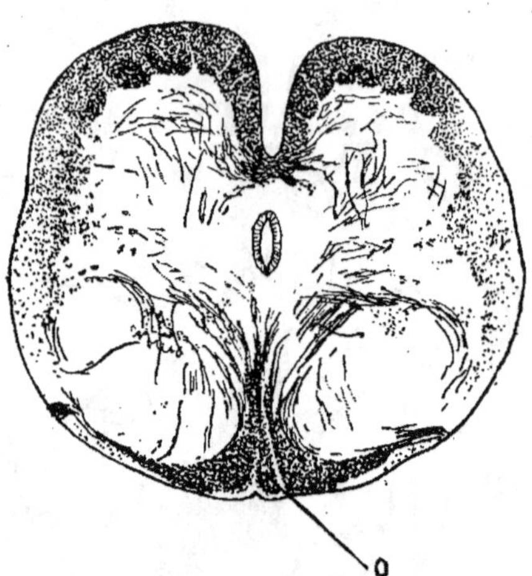

Fig. 92. — 1ʳᵉ COCCYGIENNE.

Dans certains cas pathologiques, et cela constitue une particularité digne de remarque, particulièrement dans le tabes, on voit assez souvent une partie seulement des zones décrites dans le cordon de Burdach atteinte de dégénérescence; les autres restent saines *(fig. 93)* : suivant son degré, le processus peut s'être limité à la zone moyenne, à la zone postérieure ou aux deux à la fois, ou bien encore s'être étendu à tout le cordon postérieur.

[Mais l'étude du tabes et d'autres myélites primitives systématiques ne peut pas apporter grande lumière dans la question de la localisation des fibres endogènes de la moelle : pour beaucoup de ces affections en effet la discussion roule sur la nature endogène ou exogène des fibres qu'elles atteignent. Abordant le problème par un autre côté, nous allons maintenant chercher à connaître la nature des quelques systèmes de fibres des cordons postérieurs qui subissent la dégénération descendante.

Dégénérations descendantes des cordons postérieurs. — Après une lésion expérimentale ou pathologique de l'axe gris de la moelle, comme après une lésion des R. P., on peut observer au-dessous du point lésé la dégénération descendante de différents systèmes des cordons postérieurs : sa localisation varie suivant le niveau considéré et surtout suivant le siège de la lésion primitive, elle varie enfin d'un individu à un autre, pour des lésions primitives en apparence identiques. Plusieurs de ces faisceaux n'ont été retrouvés que dans un très petit nombre de cas : d'autres au contraire se sont montrés assez constants dans les caractères de leur dégénération pour recevoir une dénomination définitive : les plus connus sont de haut en bas : le faisceau en virgule de Schultze ou zone intermédiaire et le champ ovale de Flechsig ou champ médio-marginal.

Nous allons les étudier tour à tour, discuter la nature et l'origine des fibres qui les composent et décrire enfin les systèmes intermédiaires aux systèmes principaux.]

Zone intermédiaire de Bechterew ou virgule de Schultze. — La dégénération descendante du cordon de Burdach peut revêtir, sur les coupes

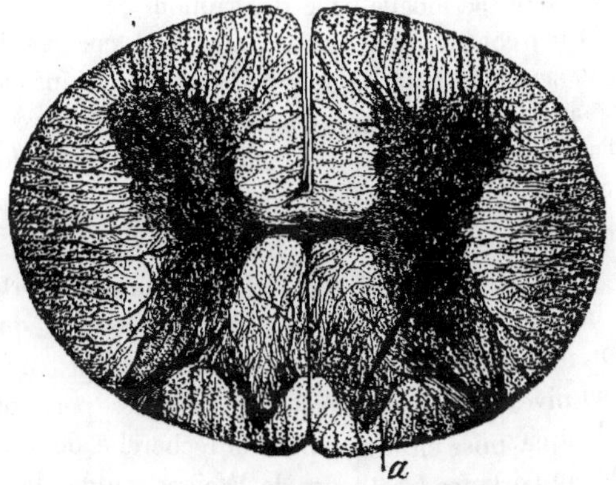

Fig. 93. — DÉGÉNÉRATION TABÉTIQUE DES CORDONS POSTÉRIEURS.

La lésion se limite presque exclusivement à la zone moyenne (*a*) du cordon de Burdach [la coupe étant colorée au carmin, cette zone sclérosée paraît *plus foncée* que les régions voisines].

transversales, une forme en virgule notée par Schultze (1), Tooth et Daxenberger (2). Le territoire dégénéré se confond avec la *zone intermédiaire* que j'ai décrite plus haut d'après l'embryologie. Cette dégénération ne descend jamais à plus de 2 cent. 5 au-dessous du point lésé et ne s'étend pas, en particulier, au-dessous du niveau de la paire nerveuse la plus voisine. Je l'ai observée dans un cas à la région cervicale. Dans certains cas la zone en virgule s'individualise en restant saine au milieu de la dégénération de la

(1) *Arch. f. Psychiatrie u. Nervenkr.*, vol. XIV, p. 379.
(2) *Deutsche Zeitschr. f. Nervenheilk.*, vol. IV, p 148.

plus grande partie des cordons postérieurs : les lésions du tabes sont à ce sujet des plus instructives.

Cette dégénération a été observée dans mon laboratoire par Dobrotworski et Lazúrski, après section de la moelle chez le chien (*fig. 20*, p. 62). Dans ce cas elle ne s'étendait que sur une faible hauteur; après section entre la huitième et la neuvième vertèbres cervicales, elle ne s'étendait pas au-dessous de la onzième paire rachidienne.

L'interprétation en est encore discutée : Schultze qui en a fait une description complète, après Westphal, Struepell, Kahler et Pick, décrit dans le cordon de Burdach une dégénération en virgule parallèle au bord interne de la corne postérieure dont elle est séparée par des fibres saines et qui n'atteint, dans le sens antéro-postérieur, ni la commissure postérieure ni le bord postérieur de la moelle. La description de Tooth est en complète concordance; par contre, dans d'autres cas (Daxenberger, Berdez, Schmaus, Bruns et Schaeffer) la dégénération était beaucoup plus étendue en avant et en arrière, atteignant la commissure grise postérieure d'une part et la pie-mère d'autre part. Mes propres observations concordent avec celles de Schultze et de Tooth.

On ne peut actuellement proposer une explication définitive de ces différences de localisation : il faut attribuer une importance capitale au niveau en hauteur de la lésion primitive. Il est clair que l'étendue de la dégénération ne peut être la même dans les régions proximales ou distales de la moelle, au niveau des renflements ou dans les portions intermédiaires; enfin la technique mise en usage pour la recherche de la lésion n'est peut-être pas sans importance (méthodes de Weigert ou de Marchi).

On n'a pas observé jusqu'à présent la dégénération de la partie antérieure des cordons de Burdach consécutivement aux lésions des parties distales de la moelle. Même après double section complète de la moelle, Fajerstajn (1) trouva, dans le tronçon ainsi isolé, toute la partie ventrale des cordons postérieurs absolument saine. Il arriva ainsi à la conclusion que nous avons déjà formulée à plusieurs reprises; cette région est bien formée de fibres endogènes courtes nées dans la substance grise lombaire. Je dois dire pourtant que chez le chien, après section de la moelle, on peut déceler au Marchi la dégénération diffuse de quelques fibres, situées près du bord antérieur des cordons postérieurs (*fig. 18*, p. 60; *fig. 19 et 20*). On peut cependant, ainsi que nous l'avons vu plus haut, rencontrer, dans les portions inférieures de la moelle, certains faisceaux longs situés dans la région antérieure ou ventrale des cordons postérieurs, au voisinage du septum postérieur.

Dégénérescence descendante dans la région médiane des cordons postérieurs. — L'origine des fibres du cordon de Goll ne fait pour nous aucun doute; ce faisceau est formé en grande partie des branches ascen-

(1) *Neurol. Centralbl.*, 1895, n° 8.

dantes et descendantes des fibres radiculaires dorsales. Quelques-unes de ces fibres vont jusqu'au bulbe et entourent de leurs ramifications les cellules du noyau homonyme (noyau du cordon grêle); d'autres s'infléchissent, et, sur toute la longueur du cordon, pénètrent dans la substance grise pour se terminer de même autour des cellules des cornes postérieures; d'autres enfin, *en particulier celles qui avoisinent le septum*, prennent, ainsi que le montrent les dégénérations secondaires, *une direction descendante* et vont aussi se perdre dans la substance grise. Quant aux *fibres endogènes* de ce cordon elles représentent essentiellement des voies ascendantes, provenant des différents étages de la moelle pour aller, comme les fibres des R. P.

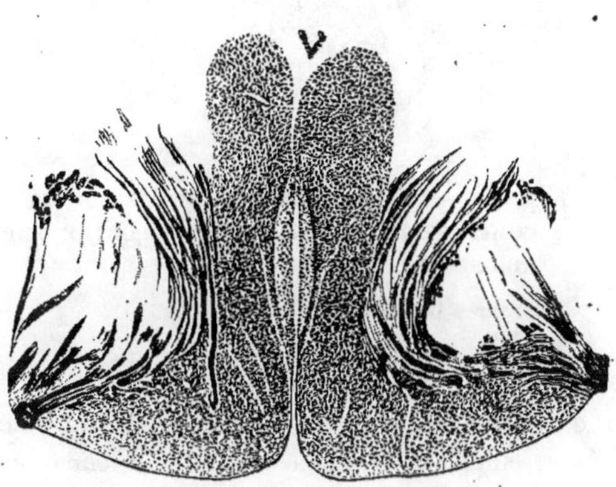

se terminer par arborisation autour des cellules du noyau bulbaire du cordon de Goll. Mais un certain nombre d'entre elles prend une *direction descendante* et paraît contribuer à former le *champ ovale de Flechsig* (*fig.* 94) et le *faisceau médio-périphérique* des cordons postérieurs, situé près du septum dorsal.

Ainsi que nous l'avons déjà vu plus haut, les cordons de Goll dégénèrent de bas en haut, la dégénération remonte, sur une faible étendue

Fig. 94. — COUPE TRANSVERSALE DU RENFLEMENT LOMBAIRE D'UN FŒTUS HUMAIN A TERME.

Coupe au niveau de la VIe paire lombaire. (Préparation de GIESE. Méthode de Weigert.)

transversale, jusqu'au bulbe; elle porte sur la majeure partie des fibres, mais il en est toujours qui restent saines; ce sont celles dont le lieu d'origine est situé au-dessus du foyer de la lésion. Dans certains cas, les fibres situées près du septum restent indemnes sur toute la hauteur du cordon. Nous avons indiqué plus haut le sort de cette dégénération après section des nerfs de la queue-de-cheval et des racines postérieures. Voyons ce que devient, dans les cas pathologiques, la dégénération descendante.

A côté de la dégénérescence en virgule, DAXENBERGER et SCHAEFFER (cas II) en observèrent une autre qui se localisait dans les cordons de Goll, de chaque côté du septum (*fig. 95*). Dans un autre cas (cas I) de SCHAEFFER on nota au contraire une dégénération de tout le cordon postérieur sauf de la région mentionnée (1).

Berdez essaya de prouver par ses expériences que, même après la section d'un grand nombre de racines, le territoire qui avoisine le septum est épargné par la dégénérescence : il en conclut que les fibres qui le constituent proviennent non pas des racines mais de la substance grise. Cette opinion a besoin d'être confirmée car d'autres auteurs observèrent après section des R. P. la dégénération de tout le cordon postérieur y compris la virgule de Schultze et le voisinage du septum médian. C'est le résultat auquel aboutirent les recherches faites par Reimers dans mon laboratoire.

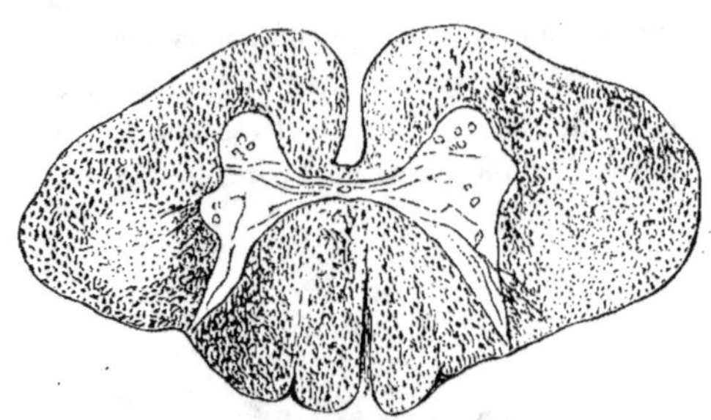

Fig. 95. — Dég. descendantes dans un cas de compression chronique de la portion supérieure de la moelle cervicale.

(D'après Daxenberger.)

D'un autre côté, on observe après section expérimentale ou lésion pathologique de la moelle, non seulement la dégénérescence descendante en virgule des zones intermédiaires, mais aussi celle — dans le même sens, — des régions avoisinant le septum : ce qui démontre qu'en ces dernières également il existe des fibres descendantes. Quant à leur nature, elles peuvent, ou bien représenter les branches descendantes des fibres radiculaires, ou bien provenir des cellules de la substance grise, c'est-à-dire être myélogènes.

(1) Cet auteur eut du reste l'occasion de constater une dégénération des cordons postérieurs, tout à fait analogue par sa topographie transversale, mais *ascendante*. Il explique cette contradiction apparente de l'opinion généralement admise sur la dégénération des cordons postérieurs, par une défectuosité de la méthode de Weigert qui ne révélerait pas les dégénérations récentes : les différents faisceaux ne dégénéreraient pas en même temps il faudrait donc pour chaque cas employer conjointement le Marchi (lésions récentes) et le Weigert-Pal (lésions anciennes).

Worotynski observa également dans un cas de compression de la moelle cervicale une dégénération tout à fait particulière, ascendante et descendante, mais il ne mentionne pas exactement quel territoire des cordons postérieurs la dégénération avait atteint. Il admet avec Schaeffer la non-simultanéité de production de la lésion secondaire, pour les différents faisceaux de ces cordons : les territoires qui au Weigert paraissent manifestement dégénérés peuvent paraître, au Marchi, absolument sains (*Wratsch*, 1895). [Ne pourrait-on pas faire intervenir, pour expliquer cet asynchronisme, une dégénérescence tertiaire qui serait due à la lésion ou à la perte de fonctionnement d'un neurone intercalaire (cellule des cordons)? V. Briau et Bonne, *Revue Neurologique*, 1898.]

Daxenberger publia un cas de dégénérescence descendante du cordon de Goll par compression de la moelle à la limite des régions cervicale et dorsale (1). La dégénération portait sur le voisinage du septum et s'étendait en bas jusqu'à la moelle lombaire. Dobrotworski et Lazurski furent conduits à des résultats semblables par des expériences faites dans mon laboratoire et qui consistèrent dans la section de la moelle, chez le chien (*fig. 18, i, p. 60).* La comparaison de ces différentes coupes me conduit à penser que dans le cas de Daxenberger il y eut dégénérescence descendante de la zone médiane du cordon de Goll, zone qui, ainsi que nous l'avons vu, s'individualise précisément dans le cas de dégénérescence ascendante des cordons postérieurs en ce qu'elle reste seule saine au milieu des fibres dégénérées. Nous devons à ce propos mentionner particulièrement un cas de Struempell (2) cas de lésion combinée, dans lequel, outre la zone médiane, le territoire de la virgule de Schultze avait également été épargné. Il en est de même dans le tabes, au processus dégénératif duquel ces deux zones sont ordinairement soustraites.

Nous avons donc à distinguer, dans la région dite zone médiane des cordons grêles, un faisceau particulier, peu connu, dont la partie inférieure fut autrefois décrite par Flechsig sous le nom de *champ ovale.* Elle se voit assez nettement, chez des fœtus d'un développement avancé, dans la région des troisième à cinquième paires lombaires, de chaque côté du tiers moyen du septum. Les recherches faites par Giese sous ma direction ont démontré que ce faisceau contient aussi bien des fibres fines que des fibres à gros diamètre et qu'il est en outre séparé sur une hauteur variable du reste du cordon postérieur par un septum conjonctif (*fig. 94 p. 128).* L'origine de ses fibres est d'ailleurs fortement discutée. C'est ainsi que pour Flechsig elles iraient, plus haut, former le cordon de Goll. [Il y aurait d'après cet auteur identité de diamètre entre les éléments de ces deux formations.]

Schultze décrit un cas de compression de la queue-de-cheval avec dégénération consécutive des cordons postérieurs de la moelle lombaire, et intégrité de la région correspondant au champ ovale. Il attribue cette intégrité à la nature de la lésion: la compression ne détruisant pas toutes les fibres, les fibres centripètes peuvent ne pas toutes dégénérer. Cette opinion n'est plus soutenable depuis les recherches de Sottas, Gombault et Philippe, Déjerine, Spiller et Dufour qui, même en cas de compression de tous les nerfs de la queue-de-cheval, ne constatèrent pas de dégénérescence du champ ovale.

(1) *Deutsche Zeits. f. Nervenheil.,* vol. IV.
(2) *Arch. f. Psychiatrie,* vol. XI.

De plus, de nombreux cas de tabes étudiés par GOMBAULT et PHILIPPE, STRUEMPELL, PINELES, KRAUSS, P. MARIE, REDLICH et autres, cas de tabes avec dégénération des nerfs sacrés, lombaires et dorsaux, montrèrent l'intégrité du champ ovale et permettent par conséquent d'affirmer que ce dernier n'a aucun rapport avec les fibres radiculaires. On ne peut donc le considérer que comme étant d'origine endogène. Cette opinion est du reste confirmée par les cas de myélite syphilitique transverse de SCHULTZE, DAXENBERGER, BARBACCI, REDLICH, BISCHOFF et HOCHE, qui observèrent tous la dégénérescence du champ ovale. Plus tard HOCHE, se basant sur plusieurs cas de compression au niveau des septième dorsale et huitième cervicale, arriva aux conclusions suivantes :

Dans les lésions transverses, la dégénération descendante atteint, outre les fibres courtes, deux voies longues : 1° la zone intermédiaire de Bechterew, ou virgule de Schultze ; 2° un système de fibres qui va du niveau de la lésion jusqu'aux *filum terminale*. Ces fibres sont situées dans la moelle dorsale, au-dessous du point comprimé, vers le bord postérieur des cordons. Dans la moelle lombaire elles finissent par former, en se condensant petit à petit, le champ ovale qui est situé vers le tiers moyen du septum ; dans la moelle sacrée elles forment un triangle à sommet antérieur, accolé contre le tiers postérieur du septum. Il est donc évident qu'il s'agit ici d'un système de voies longues descendantes. Sur des préparations de moelle sacrée d'un enfant nouveau-né et d'un fœtus à terme, GIESE retrouva cette région triangulaire dégénérée dans les cas de HOCHE ; elle correspondait au champ ovale, de chaque côté du tiers postérieur du septum et se différenciait du reste des cordons postérieurs par la coloration plus foncée de ses fibres, d'ailleurs particulièrement serrées. Ces recherches démontrent donc, ainsi que celles de HOCHE, que le triangle en question, qu'OBERSTEINER décrit comme faisceau sacré dorsal et interne, est la continuation distale immédiate du champ ovale de Flechsig.

Ce système pourrait aussi recevoir la dénomination de *faisceau médio-marginal des cordons postérieurs* ; il a été retrouvé également par A. BRUCE et K. MUIRA (1), dans un cas de fracture de la douzième vertèbre dorsale ; la dégénération descendante, d'abord diffuse et irrégulière, commençait, vers la troisième lombaire, à se condenser contre la partie postérieure du septum et le bord périphérique du cordon ; vers les premier et deuxième segments sacrés elle diminuait d'étendue et prenait une forme triangulaire ; finalement ses fibres passaient dans la substance grise et s'y terminaient dans le voisinage de la corne postérieure. Avec beaucoup d'autres, ces deux auteurs pensent que ce

(1) *Brain*, vol. LXXIV et LXXV, 1896, p. 333.

faisceau ne représente pas la continuation directe des racines lombo-sacrées puisqu'il reste indemne en cas de dégénération de la queue-de-cheval et dans le tabes. Il est également indépendant du faisceau en virgule.

Des recherches récentes de FLATAU le portèrent à considérer le faisceau médio-marginal comme constitué par les rameaux descendants des fibres radiculaires postérieures. Ceux-ci, de même que les branches ascendantes, seraient d'abord situés dans la zone de pénétration des racines ou zone radiculaire; puis le plus grand nombre s'infléchit et pénètre dans la substance grise à travers le cordon de Burdach et la partie ventrale du cordon postérieur, le reste continuant à suivre la même direction descendante. Chez l'homme, en cas de myélite transverse de la région moyenne de la moelle dorsale, on peut les suivre jusqu'à la région sacrée. Ces longues voies descendantes se placent peu à peu dans la région ventrale du cordon postérieur et pénètrent finalement dans la substance grise à travers la commissure postérieure.

D'après FLATAU, leur topographie, qui varie suivant le niveau considéré (d'abord le faisceau en virgule de Schultze ou zone intermédiaire de Bechterew, puis le faisceau médio-marginal ou champ ovale de Flechsig), n'est modifiée qu'en apparence; en effet le faisceau en virgule est séparé du septum par le cordon de Goll, tandis que dans la moelle lombo-sacrée, ce dernier n'existant pas encore, le même système, qui forme à ce niveau le faisceau marginal, est accolé au septum; le faisceau marginal et le faisceau en virgule seraient donc deux formations analogues constituées l'une et l'autre par les fibres radiculaires descendantes (1).

D'autres auteurs pensent de même que le faisceau en virgule se continue en bas avec le faisceau médio-périphérique des cordons postérieurs ou avec le champ ovale, mais il semble que cette opinion ne repose pas sur des données certaines; on ne peut mettre en doute que ces deux territoires, faisceau intermédiaire et faisceau périphérique, ne contiennent des rameaux descendants des fibres radiculaires postérieures, mais ils renferment aussi, semble t il, des éléments endogènes.

Remarquons à ce propos que l'on peut individualiser dans les cordons postérieurs une *zone ventrale* qui paraît être formée sinon exclusivement, du moins en majeure partie, de fibres endogènes : cette région en effet ne dégénère pas après section des racines postérieures, ou du moins ne présente qu'un petit nombre de fibres dégénérées très clairsemées. [Dès 1892 MARIE la décrivit, au niveau de la moelle lombaire, sous le nom de *zone cornu-commissurale* et montra par l'étude comparée du tabes et

---

(1) D'après le même auteur, le champ ventral des cordons postérieurs est aussi formé de fibres radiculaires ascendantes et descendantes.

d'autres affections (pellagre), sa véritable signification et la nature endogène des fibres qui la composent. Plus tard, Dufour démontra que ces fibres sont surtout des fibres courtes, les fibres endogènes longues formant divers systèmes situés en bordure des cordons et comprenant entre autres le champ ovale de Flechsig. D'après les observations de Déjerine et Spiller, Souques et Marinesco, etc., cette zone perd son caractère presque uniquement endogène à partir du troisième segment lombaire, c'est-à-dire que les fibres qui la constituent sont refoulées en dehors et en arrière par les fibres ascendantes (voir plus loin).]

Du reste la dégénération descendante n'a pas toujours la même localisation. Après section de la moelle, chez le chien, on trouve, dans le voisinage immédiat de la corne postérieure, directement en avant de sa pointe, un champ triangulaire de dégénération descendante, et ascendante aussi sur une certaine hauteur : il s'agit donc bien ici des deux branches divergentes des R. P. De plus, on observe assez fréquemment, au-dessous de la lésion, des fibres dégénérées disséminées dans tout le cordon postérieur.

Certaines observations démontrent aussi que la dégénération descendante peut également s'observer dans le même territoire médullaire, après *les lésions anciennes du cerveau ;* dans ces cas elle dépendrait d'une atrophie préalable des noyaux bulbaires homonymes. Durante (1) signala la dégénération du tiers postérieur des deux cordons de Goll après lésion d'une couche optique ; il y avait intégrité des cordons de Burdach et des R. P. et dégénérescence des voies pyramidales, surtout du côté du foyer primitif : d'après cet auteur ces lésions secondaires se rattacheraient à celles du thalamus (par l'intermédiaire de l'atrophie du noyau du cordon de Goll, pour la dégénérescence de ce dernier faisceau). Malheureusement la lésion réunissant celle de la couche optique à celle du noyau bulbaire n'a pas été décrite. [Plus récemment, Klippel (2) décrivit dans la moelle des hémiplégiques une dégénérescence très marquée des seuls cordons de Goll, intéressant surtout la région cervicale, disparaissant au niveau de la région dorsale inférieure, et toujours plus intense en cas de lésion de l'hémisphère gauche. Il la considéra comme étant de nature rétrograde.]

Sherrington et Lœwenthal observèrent, après certaines lésions cérébrales expérimentales, une dégénération du cordon postérieur du côté de la lésion ou des deux côtés ; il peut s'agir ici des fibres pyramidales des cordons

<hr>

(1) *Bulletin Soc. Anatom. de Paris*, décembre 1894 et Congrès de Moscou, 1897.

[(2) Fernique : *Sur quelques particularités des dégénérations spinales descendantes consécutives à une lésion hémisphérique*, thèse de Paris, 1899. Voir aussi : Durante : Contr. à l'étude des dégénérescences propagées et en particulier des altérations des cordons postérieurs consécutives aux lésions en foyer de l'encéphale, *Rev. Neurol.* 1898, p. 390 à 403.]

postérieurs, fibres dont l'existence a été démontrée chez plusieurs espèces animales par les recherches de LENHOSSEK et les miennes. Chez certains rongeurs même, les voies pyramidales sont localisées dans les cordons postérieurs (voir plus loin). C'est ainsi que je puis expliquer la dégénérescence descendante que j'ai décrite chez le cobaye dans la portion ventrale de ces cordons, après lésion du bulbe. Il faut encore attendre de nouvelles expériences mais dès maintenant on doit admettre la possibilité d'une atrophie des fibres de ces cordons après lésion cérébrale, avec ou sans dégénération concomitante des fibres pyramidales.

[En résumé, dans une *première période*, on ne connaît de la dég. descendante des cordons postérieurs que la virgule de Schultze. On sait d'autre part, grâce aux travaux de Bechterew, que ce faisceau se différencie également par son développement, plus tardif que celui des parties voisines. On sait enfin que le faisceau que FLECHSIG a décrit dans la moelle lombaire sous le nom de zone ovale et qui se particularise également par son développement, peut aussi être atteint par la dég. descendante. Quant à leur nature, elle est très discutée, surtout pour la zone intermédiaire de Bechterew ou virgule de Schultze. Si depuis le mémoire de cet auteur (1886), on ne considère plus la dég. descendante des cordons postérieurs comme représentant des foyers multiples de nécrose, on ne s'accorde pas encore sur la nature des fibres sur lesquelles elle porte : SCHULTZE la considère comme radiculaire ; cette opinion est aussi celle d'OBERSTEINER, BRUNS et des histologistes qui ont pu, comme LENHOSSEK, mettre en évidence les branches descendantes des racines postérieures. D'autres auteurs, tels que MARIE, et en particulier les physiologistes, avec MOTT, considèrent la dég. descendante comme étant de nature endogène.

Dans une *seconde période* que l'on peut faire remonter au mémoire de GOMBAULT et PHILIPPE, on essaye de rattacher les uns aux autres les différents faisceaux décrits jusqu'alors. Ces deux auteurs vont même jusqu'à ne faire qu'un seul système, endogène et descendant, de la virgule et du centre ovale. Ils lui rattachent un faisceau de forme triangulaire qu'ils décrivent, après BARBACCI, dans la moelle sacrée : le système ainsi constitué est donc, si on le suit de bas en haut, d'abord médian, accolé à la partie postérieure du système, puis repoussé en dehors à mesure que les fibres radiculaires ascendantes viennent elles-mêmes se condenser près du septum. Il finit ainsi par revêtir, à la région cervicale, l'aspect classique en virgule. Quoique inexact en partie, le schéma ainsi établi a été reproduit par la plupart des traités classiques (TESTUT, *Anatomie*, 4ᵉ édition, tome II, p. 461) ; sa simplicité n'a d'égale en effet que celle du schéma connexe qui parque dans la zone cornu-commissurale les fibres endogènes *courtes* et, pour accentuer l'opposition, les déclare toutes ascendantes.

En 1895, dans une excellente revue critique de la question, BLUM (« *Sur la dég. secondaire descendante des cordons postérieurs* », thèse de Strasbourg), se montre moins synthétiste. Il décrit une zone de dégénération *latérale* correspondant à peu près au plan du septum intermédiaire, et comprenant la virgule de Schultze, et une zone *médiane*, moins régulière, moins constante, accolée à la portion postérieure du septum médian. Cette zone comprend à la région sacrée le triangle de Gombault et Philippe et, à la région lombaire, le centre ovale de Flechsig ; les fibres de ces deux systèmes peuvent être considérées, sinon comme identiques, du moins comme étant de même nature, c'est-à-dire commissurales ; quant à celles qui constituent la zone latérale, BLUM conserve l'opinion de SCHULTZE qui les considérait comme radiculaires.

Aux trois systèmes décrits jusqu'alors et dans le cadre desquels on était parvenu à faire rentrer la plupart des cas publiés de dég. descendante, HOCHE ajouta en 1896 un système nouveau : il apparaît dans la région dorsale supérieure, plus bas il se condense sous forme d'une mince bandelette à la périphérie du cordon postérieur, puis s'insinue le long du septum en décrivant ainsi avec son congénère du côté opposé deux L accolées par leur branche verticale ; dans la région lombaire la branche horizontale disparaît petit à petit et le système de Hoche forme alors le centre ovale de Flechsig, puis, dans la région sacrée, le triangle de Gombault et Philippe : ces trois systèmes, continus entre eux, sont complètement indépendants de la virgule de Schultze.

Un peu plus tard, DUFOUR montra dans sa thèse (Paris, 1890) le parti que l'on pouvait tirer, pour l'étude des systèmes endogènes, des cas de compression des nerfs de la queue-de-cheval ; dans ces cas en effet, tous les éléments radiculaires de la moelle lombo-sacrée sont dégénérés et les faisceaux endogènes sont réservés, par une sorte de contre-épreuve, comme en négatifs : s'appuyant sur ces faits et sur d'autres observations de compression de la moelle, DUFOUR décrivit (1) :

1° Un système de fibres endogènes *longues*, formé d'une part à la région cervicale et dorsale supérieure de la virgule de Schultze, et, d'autre part, du système décrit par HOCHE et que nous avons suivi depuis la région dorsale supérieure jusqu'au cône terminal ;

2° Un système de fibres endogènes *courtes* qui, contrairement aux précédentes, se tiennent éloignées de la périphérie du cordon et se cantonnent dans le cône terminal, le long de la portion antérieure du septum, se condensent de plus en plus dans le voisinage de la commissure grise, s'adjoignent au niveau de la région lombaire la zone cornu-commis-surale qui est envahie dès la III° paire lombaire par les fibres radiculaires (DÉJERINE et SPILLER) lesquelles, dès la I° lombaire, en ont complètement expulsé les éléments endogènes courts. Ceux-ci, refoulés en dehors et en arrière, formeraient, au niveau de la région dorsale supérieure, la virgule de Schultze.

Enfin, dans une *troisième période* les fibres radiculaires descendantes sont mieux connues ; on ne les considère plus comme étant essentiellement disséminées ; on admet qu'elles peuvent aussi se grouper en faisceaux ; on a appris d'autre part à créer par des embolies expérimentales des lésions exactement limitées aux éléments endogènes de la moelle et à leurs cellules d'origine. L'usage enfin de la méthode de Marchi s'est généralisé et a permis de déceler les dégénérations qui échappaient à d'autres méthodes : la tendance de la période actuelle est de considérer comme mixtes, avec prédominance naturellement de l'un ou de l'autre système, les territoires que l'on avait auparavant strictement attribués à chacun d'eux, en faisant d'ailleurs une plus large part aux variations individuelles.

Dans sa thèse sur le tabes (Paris, 1897), PHILIPPE conserve à peu près le schéma établi en 1894 ; il admet en plus dans la région dorso-lombaire l'existence de la bandelette périphérique décrite par HOCHE ; mais, contrairement à cet auteur, il pense que ce dernier faisceau fait partie du système général qui comprend la virgule de Schultze dans sa partie supérieure et le triangle médio-périphérique à son extrémité sacrée. GUIZÉ (de Pétersbourg) distingue chez le fœtus deux systèmes de fibres :

1° La virgule de Schultze à la région dorsale, plus bas un faisceau périphérique et, à la région lombaire, la plus grande partie des fibres du champ ovale ; 2° un système formé, dans la région lombaire inférieure, par le centre ou champ ovale et plus bas par le triangle de Gombault et Philippe. MARGULIES admet à peu près la description de PHILIPPE : un système de fibres longues dont la topographie varie suivant le niveau considéré et un système de fibres courtes localisées dans le champ ventral des cordons postérieurs. ACHALME et THÉOARI (*Soc. Biologie*, 1898) affirmèrent au contraire, d'après un cas de myélite transverse de la région dorsale (4° D), que la virgule de Schultze est formée de fibres radiculaires descendantes, tandis que le système de Hoche-Flechsig est constitué par des fibres endogènes. Quant au triangle de Gombault, il serait mixte, et contiendrait également (DÉJERINE et SPILLER) des fibres radiculaires et des fibres endogènes. Tout récemment, après un historique complet de la question et la critique de toutes les observations publiées, DÉJERINE et THÉOARI résumèrent ainsi, à propos d'un cas personnel, la topographie de la dég. descendante des cordons postérieurs :

(1) *Archives de Neurologie*, 1898.

1° *La lésion transverse occupe la moelle cervicale dorsale* : *a*) champ de dégénération dans la zone ventrale, de faible hauteur ; *b*) virgule de Schultze s'étendant jusqu'à treize segments au-dessous de la lésion primitive, se réduisant peu à peu à sa portion antérieure et s'épuisant dans la s. grise ; *c*) faisceau périphérique (f. de Hoche), formant, ainsi que nous l'avons vu, le champ ovale de Flechsig puis le triangle sacré. L'étendue en hauteur de ces diverses dégénérations est naturellement fonction du siège de la lésion primitive.

2° *La lésion transverse occupe la moelle lombaire* : dans le segment sous-jacent à la lésion, dégénérescence diffuse ; plus bas, dég. parallèle à la corne postérieure et figurant une virgule de Schultze.

Le f. de Hoche et la virgule représentent deux systèmes anatomiquement indépendants. Cette dernière est formée de *deux sortes de fibres* : les plus courtes représentent les branches descendantes des R. P. ; les plus longues sont endogènes. Il en est de même de la partie inférieure au moins du long système commissural qui commence à la région dorsale par le faisceau de Hoche, forme plus bas la bandelette périphérique de Souques et Marinesco et se termine par le triangle sacré de Gombault et Philippe ; ce triangle en effet contient des fibres des deux origines. Enfin le champ ventral des cordons postérieurs contient surtout des fibres endogènes courtes, et cela en particulier au niveau des deux renflements ; mais même en ces deux points et surtout dans les régions intermédiaires, il contient un grand nombre de fibres radiculaires ; en bas (moelle sacrée) sa dégénération tend à se confondre avec celle du système médio-périphérique, c'est-à-dire qu'elle s'étale le long du septum (DUFOUR).

NAGEOTTE et ETTLINGER enfin confirmèrent par l'étude de plusieurs cas de tabes et de myélite transverse la distinction qui paraît désormais définitivement établie entre le système de la virgule de Schultze et le système en bordure (Hoche–Flechsig–Gombault et Philippe) : le premier, d'après ces auteurs, est formé de fibres relativement courtes : il comprend outre la virgule, et lui faisant suite, la majeure partie du champ de Flechsig et quelques fibres du triangle sacré ; le second commence par le f. de Hoche, comprend une petite partie du champ ovale et se termine par le triangle sacré qui contient ainsi des fibres endogènes courtes et longues et des fibres radiculaires.]

BIBLIOGRAPHIE. — Division et première répartition des fibres radiculaires postérieures. — BECHTEREW : « Sur les racines postérieures, leur terminaison dans la s. grise de la moelle », *Arch. f. Anat. u. Pysiol.*, anat. Abt., 1887, p. 126. — CAJAL : Las bifurcaciones de las Raices Post. e las collaterales de la substancia blanca de la medula ospinal, *Revista trimestr. micrografica*, 1897. — V. GEHUCHTEN : La moelle épinière de la truite, *La Cellule*, 1895. — KOELLIKER : *Loc. cit.*, p. 73 à 88. — LENHOSSEK : *Loc. cit.*, p. 280 à 315. — LISSAUER : « Recherches sur le trajet des fibres dans la corne postérieure de la moelle de l'homme », *Arch. f. Psych.*, 1886. — MARTIN : Contr. à l'étude de la structure intérieure de la moelle épinière chez le poulet et chez la truite, *La Cellule*, 1895. — TAKACS : « Sur les fibres radiculaires postérieures dans la moelle », *Neur. Centralb.*, 1887. — WALDEYER : « Sur le trajet des fibres radiculaires postérieures dans la moelle de l'homme et du gorille », *Sitzb. d. Gesel. Naturf. zu Berlin*, 1889.

Topographie des cordons postérieurs, d'après l'embryologie, l'expérimentation et l'anatomie pathologique. — ACQUISTO : Sul decorso spinale delle fibre radicolari posteriori, *Monit. zool. Ital.*, 1899. — AUERBACH : « Sur l'anatomie des systèmes à dég. ascendante de la moelle », *Anat. Anz.*, 1890. — Sur la dég. asc. de la moelle et sur l'anat. des f. cérébelleux directs », *Virchow's Arch.*, vol. CXXIV, 1891. — BARBACCI : Le deg. sistematiche secondarie ascendenti del midollo spinale, *Riv. sperim. di fren. e med. leg.*, 1891. — BECHTEREW : « Sur la constitution des cordons postérieurs, étude d'embryologie », *Neur. Centralb.*, 1885. — « Sur les fibres de la s. grise de la moelle », *Soc. de Psych. de Pétersbourg*, 1895. — « Sur les R. P., leur lieu de terminaison dans la s. grise et leur continuation du côté des centres supérieurs », *Arch. f. Anat. u. Physiol. Anat. Abt.*, 1887. — B. et ROSENBACH : « Phys. des ganglions intervertébraux

tébraux ; sur les modifications de la moelle après section des R. P. », *Neur. Centralb.* 1884. — BERDEZ : Rech. expér. sur le trajet des fibres centripètes de la moelle épin., *Rev. méd. de la Suisse romande*, 1892, p. 300. — BOTTAZZI : « Sur l'hémisection de la moelle », *Centralbl. f. Physiol.*, 1894, et *Arch. Ital. Biol.*, 1895. — BRIAU et BONNE : Rech. sur le trajet intramédullaire des R. P., *Rev. Neurol.*, 1898. — BRUNS : *Arch. f. Psych.*, 1893. — BRUCE : « Sur les fibres endogènes intrinsèques de la région lombo-sacrée », *Brain*, 1897. — CENI : Contrib. allo studio della deg. descendente dei cordoni posteriori e delle fibre arciforme del midollo allongato nell' uomo, *Rif. med.*, XI, 1895. — CIAGLINSKI : « Les longues voies sensitives de la s. grise de la moelle et leur dég. expér. », *Neur. Central.*, 1896. — DARKSCHEWITSCH : « Dég. de la s. blanche de la moelle dans les lésions de la queue-de-cheval », *Neur. Centralb.*, 1896. — DÉJERINE et SOTTAS : Sur la distribution des fibres endogènes dans le cordon postérieur de la moelle et sur la constitution du cordon de Goll, *Soc. de Biol.*, juin 1895. — DÉJERINE et SPILLER : « Contr. à la texture des cordons postérieurs, trajet intramédullaire des R. P. sacrées et lombaires inférieures », *Soc. Biol.*, 1895. — DÉJERINE et THOMAS : Trajet intramédullaire des R. P. dans la moelle cervicale et dorsale supérieure, *Soc. Biol.*, 1896. — DONETTI : Sur le trajet des fibres endogènes de la moelle épinière, *Rev. Neurol.*, 1897. — EHRLICH et BRIEGER : « Sur l'exclusion de la moelle lombaire » (nécrose expérimentale de la s. grise), *Zeitsch. f. klin. Med.*, 1884. — FAJERSZTAJN : « Rech. sur les dég. consécutives aux sections doubles de la moelle », *Neur. Centralbl.*, 1895. — FLATAU : « Sur la section portant sur une région élevée de la moelle, chez le chien », *Neur. Centralbl.*, 1896. — FLECHSIG : « Le tabes est-il une maladie systématique ? » *Neur. Centralbl.*, 1890. — GOMBAULT et PHILIPPE : Contr. à l'étude des lésions systématiques des cordons blancs dans la moelle épinière, *Arch. de méd. expérim.*, mai et juillet 1894. — État actuel de nos connaissances sur la systématisation des cordons postérieurs de la moelle épinière, *Sem. Méd.*, 1895. — KAHLER : « Sur les lésions secondaires de la moelle consécutives à une compression légère », *Zeitsch. f. Heilk.*, Prague, 1892. — LAWDOWSKY : « Sur la structure de la moelle », *Arch. f. mikr. Anat.*, 1891. — LENHOSSEK : « Sur le trajet des R. P. dans la moelle », *Arch. f. mikr. Anat.*, 1890. — LONG : Contr. à l'étude des fibres endogènes de la moelle, *Soc. Biol.*, 1898. — MARCHI : Sul decorso dei cordoni posteriori nel midollo spinale, *Rivista sperin. di freniatria*, 1888. — MARGULIES : « Rech. expér. sur l'architecture des cordons postérieurs chez le singe », *Monatsh. f. Psych. u. Neurol.*, vol. I, 1897. — « Contr. à l'étude du trajet des R. P. chez l'homme », *Neurol. Centralbl.*, 1896. — MARIE : Sur l'origine exogène ou endogène des lésions du cordon postérieur étudiées comparativement dans le tabes et la pellagre, *Sem. Méd.*, 1894. — *Leçons sur les maladies de la moelle*, Paris, 1892. — DE MASSARY : *Le tabes dorsalis, dégénérescence du protoneurone centripète*, thèse de Paris, 1896. — MAYER : « Sur l'anatomie pathologique des cordons postérieurs de la moelle », *Jahrbucher f. Psych. u. Neur.*, 1895. — MOTT : « Dég. ascendante résultant des lésions de la moelle chez le singe », *Brain*, 1892, vol. XV. — « Note sur les cellules de la colonne de Clarke », *Brit. med. Journ.*, 1897. — « Les voies afférentes de la moelle au cervelet chez le singe », *Monatsch. f. Psych. u. Neurol.*, vol. I, 1897. — ODDI et ROSSI : Sur le cours des voies afférentes de la moelle épinière, *Arch. Ital. Biol.*, 1891. — PALADINO : Sur le sort des R. P. dans la moelle épinière et les effets de leur résection ; — Les effets de la résection des R. P. et leur interprétation, *Arch. Ital. de Biol.*, t. XXII et XXIII et *Neur. Centr.*, 1896. — PATRICK : « Sur la dég. ascendante consécutive à la section transverse de la moelle », *Arch. f. Psych. u. Nervenkr.*, 1893. — PELLIZZI : Dég. secondaires dans le système nerveux central après lésion de la moelle et section des racines spinales, *Arch. Ital. de Biol.*, 1895, vol. XXIV. — PIERRET : Note sur la sclérose des cordons postérieurs dans l'ataxie locomotrice (bandelettes externes), *Arch. de Physiologie*, 1871. — PHILIPPE : Contr. à l'étude anatomique et clinique du tabes dorsalis, thèse de Paris, 1897. — POPOFF : Rech. sur la structure des cordons postérieurs, *Arch. Neurol.*, 1889. — REIMERS : « Dég. dans la moelle après section des racines antérieures et postérieures », *Clin. Neurol. de Pétersbourg*, 1897, et *Rev. Neurol.*, 1897. — ROTHMANN : « Sur les dég. secondaires après exclusion de la s. grise de la moelle sacrée et lombaire par embolies expérimentales chez le chien », *Arch. f. Physiol.* 1899 ; résumé in *Journ. Phys. et Path. gén.*, 1899, p. 599. — Schaffer, Karl : « Rech. sur l'histologie de la dég. secondaire », *Arch. f. mikr. Anat.*, 1894. — « Sur la chronologie des dég. secondaires dans chacun des cordons de la moelle », *Neur. Centralbl.* 1895. — « Rech. sur le trajet des fibres radicul. postér. dans la moelle cervicale chez l'homme », *Neur. Centr.*, 1898. — Singer : « Sur la dég. secondaire dans la moelle du chien », *Sitzb. des Wiener Akad.*, vol. LXXXIV, 1881. — Singer et Muenzer : « Contr. à l'anatomie du système nerveux central », *Wiener Denkschrift math. natur. Classe*, 1890. — Sottas : *Rev. de Médecine*, 1893. — Souques : Dég. ascendante du f. de Burdach et du f. cunéiforme consécutive à l'atrophie d'une racine postérieure cervicale. *Soc. de Biol.*, 1895. — Souques et Marinesco : Sur la dég. ascendante de la moelle, consécutive à la destruction par compression lente de la queue-de-cheval et du cône terminal, *Soc. de Biologie*, 1894. — Tooth, *The gulstonian lectures on secondary deg. of the spinal cord*, 1889. — Tschermack : « Sur le trajet central des voies ascendantes des cordons postérieurs et leurs rapports avec les faisceaux du cordon antéro-latéral », *Arch. f. Anat. u. Phys., anat. Abt.*, 1898. — Trépinsky : « Systématisation des cordons postérieurs chez le fœtus ; leur dégénération dans le tabes », *Arch. f. Psych.*, vol. XXX, 1898. — Worotynski : « Sur les dég. second. dans la moelle », *Neur. Centralbl.*, vol. XVI, 1897. — « Sur le début et la marche des dég. secondaires dans les différents systèmes de la moelle du chien », résumé in *Rev. Neurol.*, 1896, p. 601. — « Documents relatifs à l'étude des dég. second. de la moelle consécutives aux lésions transverses », thèse de Kazan, 1897. — Waldeyer : « Sur le trajet de R. P. », *Sitzb. d. Gesel. naturf. Freunde*, Berlin, 1889.

Dégénérescence descendante des cordons postérieurs. — En outre des mémoires cités ci-dessus, consulter spécialement : — Achalme et Théoari : Contr. à l'étude de la dég. descendante des cordons postérieurs dans un cas de myélite transverse, *Soc. de Biologie*, décembre 1898. — Barbacci : Contrib. anatomico e sperimentale allo studio della deg. second. del midollo spinale col metodo di Marchi e Algeri, *Lo Sperimentale*, 1891 et *Centralbl. f. allg. Path. u. path. Anat.*, mai 1891. — « Sur les dég. second. consécutives à la section longitudinale de la moelle » *Beitr. z. path. Anat.* (Ziegler), v. XXIII. — Bastian : *Med. chir. Trans.*, 1897. — Bischoff : *Wien. kl. Wochensch.*, 1896. — Blum : « Sur la dég. second. descendante dans les cordons postérieurs de la moelle », thèse de Strasbourg, 1895. — Bruce et Muir : On a descending deg. in the posterior columns in the lumbo-sacral region of the spinal cord, *Brain*, 1896. — Bruns : *Arch. f. Psych.*, 1893. — *Ibid* : 1897. — Daxenberger : « Sur un cas de compression chronique de la moelle cervicale ; considérations sur la dég. descendante », *Deutsche Zeitsch. f. Nervenheilk.*, 1893. — Déjerine et Théoari : Contr. à l'étude des fibres à trajet descendant dans les cordons postérieurs de la moelle épinière, *Journ. de Phys. et de Path. générale*, vol. I, 1899. — Dufour : Sur le groupement des fibres endogènes de la moelle dans les cordons postérieurs, *Arch. de Neurol.*, 1896. — Egger : *Arch. f. Psychiatrie*, vol. XXVII. — Eisenlohr : *Neurol. Centralbl.*, 1884. — Flatau : *Zeitsch. f. kl. Med.*, 1897. Furstner : *Arch. f. Psych.*, 1895. — Guizet : « Le champ ovale de Flechsig et le renflement lombaire de la moelle », *Rev. Russe de Psych.*, 1897 ; résumé in *Rev. Neurol.*, 1898. — « Les parties constitutives de la s. blanche dans la moelle de l'homme, d'après la méthode d'évolution », thèse de Strasbourg, 1898 ; analysé in *Rev. Neurologique*, 1899. — Hise : « Du faisceau ovalaire dans le renflement lombaire de la moelle », *Soc. Alien. Pétersbourg*, 1896 ; analysé dans *Presse Médicale*, 1897. — Hoche : « Trajet et mode de terminaison des fibres du champ ovale des cordons postérieurs dans la moelle lombaire », *Neurol. Centr.*, 1896 ; analysé in *Arch. Neurol.*, 1897. — *Arch. f. Psych.*, 1896. — Marinesco : Sur le trajet intramédullaire des R. P., *Roumanie Médicale*, 1899, et *Rev. Neurol.*, 1899. — Nageotte et Ettlinger : Étude sur les fibres endogènes descendantes des cordons postérieurs de la moelle dans la région lombo-sacrée, *Journ. de Phys. et de Path. générale*, 1899. — Pfeiffer : « Deux cas de paralysie des racines inférieures du plexus brachial », *Deut. Zeitsch. f. Nervenheilk.*, 1891. — PICK : « Sur la dég. en virgule des cordons postérieurs », *Beitraege zur Pathologie, etc.*, Berlin, 1898. — QUESNEL : *Neurol. Centralbl.*, 1898. — RUSSEL : *Brain*, 1898. — SCARPATETTI : *Jahrbucher f. Psychiat.*, 1898. — SCHLESINGER : « Sur les lésions des cordons postérieurs dans la syringomyélie », Vienne, 1895. — SCHMAUS : *Virchow's Archiv*, 1890. — SCHULTZE : « Rech. sur les dég. secondaires dans la moelle de l'homme avec remarques sur l'anatomie du tabes », *Arch. f. Psych.*, vol XIV, 1882, 1883. — SENATOR : *Zeits. f. klin. Med.*, 1878. — STRUEMPELL : « Contribution à la pathologie de la moelle », *Arch. f. Psychiatrie*, 1880. — TEDESCHI : « Contr. à la connaissance des dég. descendantes de la moelle », *Policlinico*, IV, 1897, p. 228, — WALLENBERG : *Deut. Zeitsch. f. Nervenheilk.*, 1898. — WESTPHALL : *Arch. f. Psych.*, 1880. — ZAPPERT : « Contribution à l'étude de quelques cas de dég. descendante des cordons postérieurs », *Neur. Centralbl.*, 1898, p. 102.

CHAPITRE III

CORDONS ANTÉRO-LATÉRAUX. — RACINES ANTÉRIEURES

Le cordon antérieur et le cordon latéral ne sont pas séparés l'un de l'autre par des limites précises : on peut donc les décrire ensemble. Les faisceaux qui les composent se montrent disposés de la manière suivante sur une coupe transversale :

1° En arrière, près du bord externe de la corne dorsale, le *faisceau pyramidal croisé*, F. Py. C. (*fig. 13*, p. 41, *p* ; *fig. 15* et *16*, p. 52 et 53, *Fp*), et, inclus dans celui-ci :

2° Le *faisceau intermédiaire* ;

3° A la périphérie du cordon latéral, en dehors du F. Py. C., le *faisceau cérébelleux direct* (*fig. 13*, *cl* ; *fig. 15* et *16 Fe*) ;

4° Le territoire du cordon latéral qui reste inoccupé après qu'on a distrait le F. Py. C. et le cérébelleux direct, a été décrit par FLECHSIG sous le nom de *reste du cordon latéral* et, d'après les différents stades de son développement, divisé par cet auteur en deux portions principales : l'une, voisine de la s. grise, est la *couche limitante* ; l'autre est la *zone mixte*, ainsi nommée parce que ses fibres échelonnent leur développement sur une assez longue période. Aujourd'hui cette distinction, quoique vraie en général, n'a plus guère qu'un intérêt historique, car on distingue une série de faisceaux dans l'étendue de ces deux territoires. C'est ainsi qu'en dedans du F. Py. C. entre lui et le bord externe de la s. grise, et dans la région appelée autrefois couche limitante, j'ai décrit un faisceau particulier que j'ai désigné sous le nom de *faisceau médial* (ou *profond*) du cordon latéral (*fig. 13, i; fig. 43 à 64, p. 87 à 103, s*). Le reste des fibres de la couche limitante se développe beaucoup plus tôt que celles du système médial : elles appartiennent au f. fondamental du cordon antéro-latéral ;

5° A la périphérie du cordon latéral, dans sa moitié antérieure, immédiatement en avant du F. Py. C. et du cérébelleux direct s'étend le *faisceau antéro-latéral* ou *f. de Gowers* (*fig. 13, al*) ; en dedans de celui-ci se trouve :

6° Le *faisceau fondamental du cordon latéral* (*fig. 13, fbl*) dans l'épaisseur duquel on peut différencier plusieurs systèmes qui se distinguent entre eux par l'époque de leur développement. En avant il se continue sans aucune ligne de démarcation avec :

7° Le *faisceau fondamental du cordon antérieur* (*fig. 13, fla*) en dedans duquel se trouve :

8° Le *faisceau pyramidal du cordon antérieur* ou *pyramidal direct* (F. Py. D.) (*fig. 13, p'*), situé le long du sillon médullaire antérieur.

9° Le *faisceau marginal antérieur*, situé le long du sillon médian antérieur ;

10° Le *cordon olivaire* (*fig. 13, f l*), propre à la moelle cervicale et localisé à la périphérie, dans le voisinage des racines antérieures.

[Telle est, sommairement, la répartition, dans les cordons antérieurs, des fibres qui en constituent les différents faisceaux. Mais, si, au lieu de considérer la substance blanche, nous rappelons la structure et les connexions de l'axe gris dans lequel ces faisceaux trouvent leur origine ou leur terminaison, nous verrons qu'ils se répartissent d'eux-mêmes en deux grandes catégories. Nous avons vu en effet que la majorité des cellules de la substance grise envoient leurs axônes — et quelques-unes même leurs dendrites — dans les cordons blancs ; que ces axônes y parcourent un trajet ascendant ou descendant plus ou moins long et vont enfin se terminer, eux ou leurs collatérales, dans des régions plus ou moins éloignées de l'axe gris]. Les collatérales des cordons antérieurs se perdent en partie entre les cellules de ces cordons (*fig. 28, B, p. 74*) ; d'autres pénètrent jusqu'à la base des cordons antérieurs ; d'autres, du moins chez les animaux, se rendent dans la commissure antérieure (*fig. 28, C*). Celles du f. fondamental du cordon antéro-latéral se rendent de préférence dans la s. grise centrale. Les plus longues de toutes sont celles de la partie postérieure du cordon latéral qui vont à la commissure postérieure (*fig. 28, E*), ainsi d'ailleurs que celles de fibres pyramidales qui vont, à une assez grande distance, chercher les cellules radiculaires antérieures. [Avec une topographie différente, ces collatérales offrent ainsi la même disposition essentielle que celle des cordons postérieurs. Les fibres dont elles partent forment des voies d'association ascendantes ou descendantes, courtes ou longues, réunissant entre eux des étages plus ou moins éloignés de la s. grise de la moelle : elles représentent un ensemble de systèmes essentiellement comparables et auquel, d'autre part, on doit réunir les fibres qui unissent la substance grise de la moelle aux formations homologues du tronc cérébral que nous étudierons dans la troisième partie : telles sont la bandelette longitudinale postérieure et plusieurs autres faisceaux du bulbe et du pont : ces faisceaux, du reste, formés de fibres d'association longues et courtes ne font en général que répéter ou continuer dans l'étendue du tronc cérébral l'architecture qui les caractérise dans la moelle épinière. Bref, quoique certains d'entre eux contiennent un petit nombre de fibres provenant de formations grises étrangères, nous pouvons les réunir sous le terme de *faisceaux d'association*, dans une première classe qui comprendra :

Le f. fondamental des cordons antéro-latéraux, les différents cordons qui se partagent aujourd'hui le *reste du cordon latéral* de Flechsig ;

Le f. antéro-latéral.

Une deuxième catégorie se trouve naturellement constituée par les systèmes de fibres qui unissent la substance grise de la moelle à des formations grises étrangères telles que l'écorce cérébrale, les différents noyaux et l'écorce du cervelet ou certaines masses grises *surajoutées* du tronc cérébral, auxquelles on ne peut trouver d'homologue dans la moelle épinière elle-même : telle est par exemple l'olive bulbaire. Quant aux faisceaux ou fibres plus ou moins disséminés qui réunissent la s. grise de la moelle à certains autres noyaux du tronc cérébral tels que les tubercules quadrijumeaux, le noyau rouge, les couches optiques, leur description sera mieux placée dans la troisième partie, après celle de ces noyaux eux-mêmes.

Cette seconde classe, des *faisceaux de projection*, comprend :

Le f. marginal de Lœwenthal, dont la nature n'est pourtant pas encore complètement élucidée ;

Les fibres ascendantes ou descendantes qui réunissent la moelle au cervelet (f. cérébelleux direct, une partie des fibres du f. de Loewenthal, fibres disséminées dans divers territoires et dont MARCHI étudia le premier la dég. descendante consécutivement aux lésions du cervelet) ;

Les voies pyramidales, avec lesquelles nous décrirons certains faisceaux qui se trouvent inclus au milieu de leurs fibres, situés dans leur voisinage

immédiat ou enfin entièrement confondus avec elles au point de vue topographique, ne se différenciant que par leur mode de développement ou de
dégénération : tel est le faisceau intermédiaire, que l'on ne peut séparer des
voies pyramidales quoiqu'il ne partage pas leur origine ;

Le f. péri-olivaire.

Après cette étude de faisceaux blancs il nous sera facile de résumer en
quelques lignes la constitution de la commissure blanche. Enfin, fidèle au
plan que nous avons adopté à propos des racines postérieures, et suivant la
marche de l'influx nerveux, nous décrirons, après les voies pyramidales et
leurs homologues venues du cervelet, les fibres qui naissent des cellules auxquelles sont destinées les ramifications ultimes de ces différents faisceaux
et terminerons ce chapitre par l'étude des *Racines Antérieures*, voies de projection par excellence du système nerveux central.]

————

ARTICLE 1. — FAISCEAUX D'ASSOCIATION.

Nous commencerons la description de ces faisceaux par celle du plus
important par la longueur et le nombre de ses fibres, et du plus schématique
par sa constitution.

Faisceau fondamental du cordon antéro-latéral. — On désigne
sous ce terme un ensemble de fibres qui se distinguent de toutes les autres
fibres du cordon par la précocité de leur développement : leur myélinisation
est déjà commencée chez des fœtus de 25 cent. de long : la situation topographique et les limites du faisceau sont ainsi particulièrement faciles à préciser
à ce stade. Sur des coupes transversales on le voit border toute la périphérie
des cornes antérieure et latérale. Il commence à la commissure antérieure et
occupe dans le cordon antérieur tout le domaine laissé libre par le F. Py. D.
Plus loin il s'adjuge une bonne partie du territoire de transition entre les
deux cordons antérieur et latéral, lieu de passage des racines antérieures, et
enfin une portion considérable de la région antérieure du cordon latéral. Ici,
surtout dans les parties supérieures de la moelle, le bord externe du f. fondamental commence à s'écarter de la périphérie. A peu près au niveau de la
corne latérale, ce bord se dirige brusquement en dedans et se termine vers
la s. grise, entre les cornes latérale et postérieure. Ce faisceau pénètre donc

en partie dans cette région qui est située entre la s. grise et le F. Py. C. et que FLECHSIG appelait *couche limitante de la s. grise.*

Les limites que nous venons de tracer ne sont d'ailleurs pas invariables sur toute la hauteur de la moelle : dans les régions inférieures où le F. Py. D. a disparu, le f. fondamental occupe tout le cordon antérieur, sauf l'espace qu'il abandonne au f. marginal. Plus bas encore, par suite de la réduction du f. de Gowers, il atteint la périphérie du cordon latéral (en avant de l'extrémité antérieure du f. cérébelleux direct) et en même temps pénètre profondément dans la couche limitante de la s. grise. Inversement, dans la moelle cervicale supérieure, le f. fondamental s'éloigne de la corne antérieure : dans l'espace laissé libre se placent les fibres d'un faisceau à développement tardif et qui appartient à la couche limitante (V. plus loin).

Nous avons vu que deux systèmes de fibres peuvent être distingués l'un de l'autre dans le f. fondamental, de par le moment de leur développement : quelques-unes en effet, commencent à se myéliniser au cinquième mois ; à ce moment les racines antérieures ne le sont pas encore complètement (*fig. 29*, p. 77) ; quant celles-ci ont complété leur myélinisation, le f. fondamental se montre de son côté encore beaucoup plus riche en fibres myélinisées (*fig. 43, B*, p. 87), mais il contient encore, surtout dans sa portion externe des fibres sans myéline disséminées qui n'arrivent à leur complet développement que plus tard, après les deux autres systèmes (*fig. 30* et *31*). (Voir aussi *fig. 56 à 65, B*, p. 93 à 103.)

Les systèmes qui se développent les premiers dans le f. fondamental sont probablement en rapport étroit avec les R. A. : ils contiennent des fibres radiculaires antérieures ; les fibres les plus jeunes forment vraisemblablement des voies courtes unissant les cellules des cornes antérieures situées à différents étages (1) : la méthode de Golgi montre en effet que les axônes des cellules des cordons se rendent dans la région ventrale des cordons latéraux des deux côtés. En outre, le fait de la conduction des excitations motrices par irritation des cordons antéro-latéraux, depuis les portions proximales jusqu'aux segments inférieurs de la moelle, fait mis en évidence par mes expériences sur le chien nouveau-né, démontre nettement que cette région ne contient pas uniquement des fibres radiculaires.

Les fibres de la périphérie du cordon antérieur et de la partie ventrale du cordon latéral se développent un peu plus tôt que celles des régions voisines (*fig. 42* et *43*, p. 86 et 87) : on peut donc les considérer comme formant un système spécial ; leur mode de dégénération permet encore d'individualiser

(1) PROBST a montré que la destruction d'une corne antérieure, sur une faible hauteur, amène la dégénération des faisceaux voisins. Il constata en même temps l'existence de voies longues naissant dans la s. grise (région dorsale), passant par le cordon antérieur et pouvant être suivies jusqu'à la région lombo-sacrée. (*Deutsche Zeitsch. f. Nervenheilk*, n°⁵ 3 et 4, 1899).

dans cette région un nouveau faisceau que nous étudierons dans l'article suivant, le *f. marginal antérieur de Loewenthal* (*fig. 42, M*, p. 86).

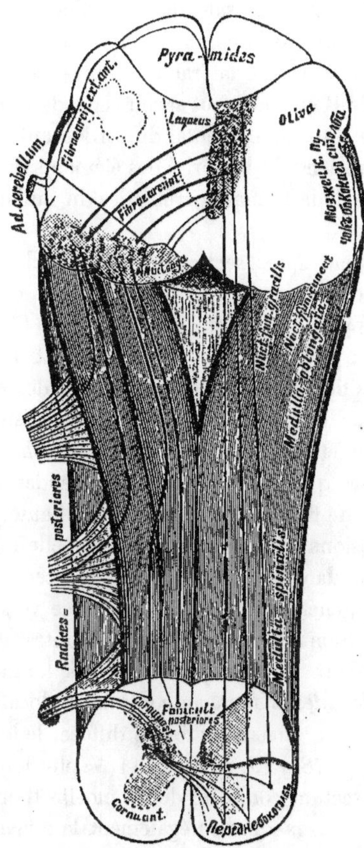

Fig. 96. — SCHÉMA DU TRAJET DES VOIES SENSITIVES DES R. P. DEPUIS LEUR PÉNÉTRATION DANS LA MOELLE JUSQU'AU BULBE.

On voit le faisceau sensitif croisé d'Edinger rejoindre le ruban de Reil dans la couche interolivaire. (D'après EDINGER.)

De plus, le f. fondamental du cordon antérieur contient encore un système de fibres que j'ai été le premier à décrire : elles proviennent des cellules de la corne dorsale, en particulier de la colonne de Clarke (V. plus haut), et viennent s'entrecroiser dans la commissure ventrale. EDINGER les a récemment considérées comme des voies de la sensibilité et admit qu'au niveau du bulbe elles se joignent au ruban de Reil (*fig. 96*). KOELLIKER adopte la même opinion : il nie cependant la présence de voies longues dans le système en question et n'en fait par conséquent qu'une voie de deuxième ordre (voie d'association). Après destruction du cordon dorsal et d'une partie du cordon latéral, AUERBACH observa une dég. descendante, et diminuant de haut en bas, du cordon latéral opposé : il constata en même temps la présence de nombreuses fibres dégénérées dans la commissure antérieure. De même, après section des R. P., ODDI et ROSSI (1) observèrent une dég. diffuse du reste du cordon latéral du côté opposé.

Dans des expériences semblables faites dans mon laboratoire, LAZURSKI constata la dég. descendante du f. fondamental du cordon latéral du côté opposé, et, à un moindre degré, de celui du même côté. Les fibres dégénérées passaient dans le ruban de Reil, principalement dans le ruban latéral où

(1) *Arch. Ital de Biologie*, 1891.

l'on pouvait les suivre jusqu'au corps sous-thalamique. Ces observations confirment pleinement l'opinion qui admet l'existence d'un système autonome de fibres nées des cellules de la corne dorsale, et en particulier des cellules de la colonne de Clarke, passant par la commissure ventrale pour aller dans le f. fondamental du cordon antéro-latéral de l'autre côté et se réunir plus haut à celles du ruban de Reil (1). Il faut savoir cependant que ce n'est qu'un petit nombre des fibres du f. fondamental du cordon antéro-latéral qui va se joindre à celles du ruban : la majorité des éléments de ce faisceau va contribuer à la constitution de la formation réticulée du bulbe et y continue son trajet ascendant.

Berdez (*loc. cit.*) observa également après section des R. P. chez le cobaye une dégénération ascendante des cordons antéro-latéraux des deux côtés, mais de celui surtout du côté opposé ; au niveau de la lésion les fibres atteintes étaient contiguës à la s. grise : plus haut elles s'approchaient de la périphérie. Il y avait aussi des fibres radiculaires dégénérées, en sens descendant, dans les cordons antéro-latéraux : ces fibres étaient de même voisines de la s. grise au niveau de la lésion et gagnaient plus bas la périphérie. Elles étaient du reste moins nombreuses que leurs homologues ascendantes.

L'existence de plusieurs systèmes de fibres dans le fondamental antéro-latéral découle encore de certaines lésions pathologiques de la moelle : on voit alors ce faisceau dégénérer à la fois dans les deux sens sur une certaine étendue. La *dég. descendante* est en général diffuse : ce n'est que vers la périphérie des faisceaux et le long du sillon antérieur qu'elle se montre plus condensée : il existe en effet dans ces deux régions quelques voies longues descendantes (2) (*fig. 20*, p. 62); la *dég. descendante* au contraire se localise vers le centre du faisceau et s'étend aussi, mais sous forme diffuse, le long du bord interne du cordon antérieur (*fig. 18 et 19*, p. 60 et 61) (V. plus loin).

Dans des expériences de double section complète de la moelle thoracique inférieure ou lombaire, J. Fajerstajn observa également la division

---

(1) Rossolimo a publié un cas de destruction gliomateuse très étendue de la corne dorsale ; il ne dit pas s'il y avait dégénération du système en question. Il y avait dégénération du ruban de Reil opposé. De plus une partie importante du cerveau et la moitié inférieure du bulbe ne furent pas examinés : on peut donc se demander si la dég. du ruban ne dépendait pas de modifications pathologiques des cordons postérieurs.

(2) Nous verrons plus loin que, dans la portion périphérique du Fondamental antéro-latéral, la dég. descendante porte sur les fibres suivantes: 1° celles qui continuent dans la moelle la bandelette longitudinale postérieure ; 2° des fibres qui naissent dans le quadrijumeau antérieur du côté opposé et forment l'entre-croisement de Meynert (entre-croisement « en forme de fontaine » des auteurs allemands). Par contre les fibres à dég. descendante de l'entre-croisement de Forel, fibres qui proviennent de la portion latérale du thalamus et du noyau rouge, se placent dans la partie la plus postérieure du Fondamental, en avant du F. Py. C. (Boyce, *Neur. Centralblatt*, 1894.) Nous verrons dans l'article suivant que la région antérieure du fondamental contient encore le *f. marginal antérieur* dont les fibres proviennent du cervelet et dégénèrent suivant le sens descendant et le *cordon olivaire* qui vient de l'olive bulbaire

du Fondamental en deux territoires nettement séparés : l'un périphérique, dégénéré, l'autre, central, demeuré presque intact. Ces expériences montrent aussi que les voies longues contenues dans ce faisceau se localisent de préférence à sa périphérie.

Quant à sa constitution intime, le faisceau fondamental est formé des axônes des cellules de cordons homolatérales et des cellules commissurales du côté opposé : les neurites de ces dernières se croisent par la commissure antérieure : ils ne contribuent que pour une faible part à la formation du faisceau. Toutes ces fibres, en général courtes, prennent aussitôt une direction ascendante ou descendante, ou bien encore se divisent en deux branches verticales qui divergent en T. Leurs collatérales, ainsi que l'extrémité de chaque fibre, s'arborisent autour des cellules motrices et des cellules commissurales dans la corne ventrale et aussi autour des cellules du cordon, surtout de celles du même côté.

Fibres thalamiques descendantes du Fondamental. — Boyce (1), ayant pratiqué chez le chat l'ablation totale d'un hémisphère ou, ce qui revient au même, l'hémisection du pédoncule au niveau de la IIIe paire, observa, outre celle des voies pyramidales et de la racine ascendante du trijumeau, la dég. descendante des fibres internes et dorsales de la bandelette longitudinale postérieure (V. plus loin). La lésion de la bandelette pouvait être suivie à travers la protubérance et le bulbe jusque dans la moelle cervicale inférieure. A ce niveau elle correspondait par sa situation au F. Py. D. du côté de la lésion, faisceau qui manque chez les animaux : quant aux fibres des croisements de Meynert et de Forel, elles continuaient leur trajet à travers la protubérance et le bulbe jusque dans la moelle : au-dessous de leur entre-croisement les premières se présentaient sous l'aspect d'un faisceau complètement individualisé, situé au-dessous de la bandelette longitudinale postérieure du côté opposé : on pouvait les suivre jusqu'à la moelle thoracique où elles occupaient la face antéro-interne du cordon antérieur (le texte porte : cordon antéro-latéral) ; les secondes se plaçaient, au-dessous de leur entre-croisement, en arrière du ruban, et descendaient jusqu'à la moelle lombaire au niveau de laquelle on les retrouvait en avant du F. Py. C. *(fig. 97, 98, 99).* Ssakowitsch (de mon laboratoire) observa la dégénération de ce dernier système de fibres consécutivement à une lésion localisée de la couche optique (produite en pénétrant dans la cavité cranienne par la cavité buccale de l'animal) : on doit en conclure que ces fibres proviennent du thalamus. Elles forment un système absolument différencié, indépendant du Fondamental du cordon antéro-latéral dans l'intérieur duquel il se trouve inclus.

(1) *Neurol. Centralbl.*, 1894.

On me permettra de faire remarquer que dès avant les recherches de Boyce j'avais de mon côté décrit ce système des fibres au moyen de la méthode embryologique : j'avais fait remarquer depuis longtemps que le territoire occupé par le F. Py. C. dégénéré dans le cordon latéral de la moelle s'étend, en avant, beaucoup moins loin que le territoire amyélinique correspondant de la moelle fœtale. Cela me conduisit à admettre que, dans la partie antérieure de ce dernier, il existe, outre les fibres pyramidales, d'autres fibres à myélinisation également tardive. Je pus même démontrer au cours de ces recherches que ces fibres, lesquelles correspondent évidemment à celles que décrivit Boyce, n'arrivent à leur complet développement que peu de temps avant le système pyramidal : aussi, chez le fœtus à terme, voit-on souvent, en avant du territoire non myélinisé qui représente le F. Py. C., un système de fibres fines dont la myélinisation ne fait que commencer et qui sont pour la plupart mêlées aux fibres déjà myélinisées de la portion voisine du Fondamental (1).

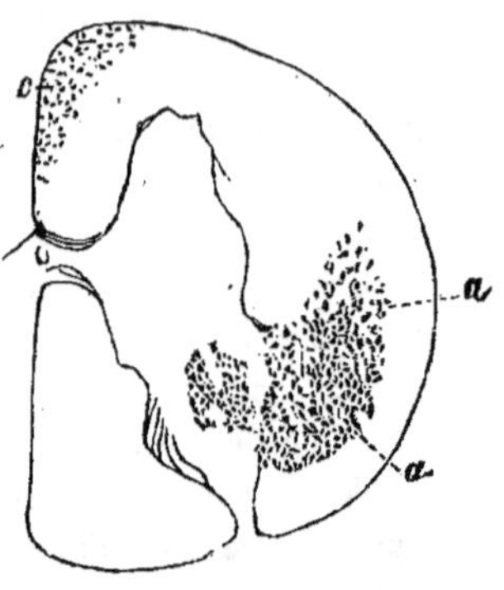

Fig. 97. — FIBRES DES COMMISSURES DE FOREL ET DE MEYNERT.

(Extrémité supérieure de la moelle cervicale : moitié droite. Ablation de l'hémisphère gauche).

a, F. pyramidal croisé dégénéré.
c, F. dégénéré du cordon antérieur, provenant de la commissure de Meynert.
d, Fibres dégénérées du cordon latéral, provenant de la commissure de Forel.

(D'après Boyce.)

Couche limitante de Flechsig; faisceau médial de Bechterew. — Nous avons vu que le Fondamental se confond en partie avec l'ancienne

[(1) Singer et Muenzer avaient déjà remarqué qu'après l'ablation des zones motrices de l'écorce la dégénération du territoire du F. Py. C. est moins étendue qu'après une section de la moelle. Tschermack fit la même remarque (*Arch. f. Anat. u. Phys.*, 1898) : il était donc évident que le territoire en question contient, outre les fibres qui viennent de l'écorce, d'autres éléments dont l'origine devait être cherchée dans les ganglions sous-jacents : Tschermack la plaça dans le noyau rouge, Ferrier et Turner (*Philos. Trans.*, 1894) l'avaient localisée dans le noyau du ruban de Reil latéral ; Monakow soutint la même opinion ; Russel (*Brain*, 1898) admit que ces fibres naissent dans l'olive inférieure ; Thomas enfin, d'après lequel nous résumons cet historique, décrivit l'ensemble des fibres situées en avant du F. Py. C. et qui dégénèrent après section de la moelle ou lésion de la protubérance (Monakow) ou du bulbe (Russel), sous le nom de *faisceau triangulaire prépyramidal.* On n'en connaît bien chez l'homme que ce que l'on sait de la différence des dégénérations d'origine corticale et médullaire. Quant à son origine véritable, chez les animaux, elle est toujours en discussion : c'est ainsi que, outre Tschermack, Held et Cajal allèrent jusqu'à décrire la totalité du trajet de ces fibres depuis la moelle jusqu'au noyau rouge : cordon latéral, partie externe du tronc cérébral entre l'olive bulbaire et la racine spinale du trijumeau, plus haut, entre celle-ci et l'olive protubérantielle, ruban de Reil latéral, entre-croisement ventral de Forel, et noyau rouge du côté opposé. (Thomas : *Étude sur quelques faisceaux descendants de la moelle : Journ. de Phys. et de Path. générale*, 1899.)]

« *couche limitante de la substance grise* ». Dans la description de Flechsig,
ce dernier faisceau est situé, dans la moelle cervicale supérieure, en dehors
de la corne ventrale et, sur une coupe transversale, s'étend depuis le groupe
cellulaire antérieur jusqu'à l'extrémité postérieure de cette dernière ; au
niveau du renflement cervical il se place dans l'angle formé par les deux
cornes antérieure et latérale. Dans la moelle thoracique il récupère une position plus antérieure et se place contre le bord latéral de la corne antérieure ;
à ce niveau il paraît plus développé qu'il ne l'est dans la moelle cervicale

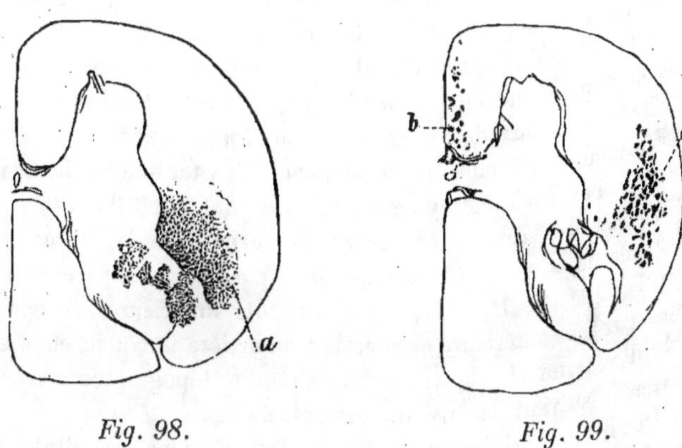

Fig. 98.   Fig. 99.

DÉGÉNÉRATIONS CONSÉCUTIVES A L'ABLATION DE LA ZONE
CORTICALE MOTRICE GAUCHE.

Fig. 98. — EXTRÉMITÉ SUPÉRIEURE DE LA MOELLE CERVICALE ; MOITIÉ DROITE

a, F. pyr. latéral dégénéré.

Fig. 99. — MÊME RÉGION ; MOITIÉ GAUCHE DE LA MOELLE.

Pas de dégénération dans le f. pyramidal latéral ou f. croisé.
b, Fibres dégénérées provenant du faisceau longitudinal postérieur.
d, Fibres dégénérées du cordon latéral provenant de la commissure de Forel
    atteintes par le plan de la coupe au-dessous de leur entre-croisement.

supérieure. On ne sait pas exactement comment il se comporte dans le renflement lombaire. Flechsig en faisait déjà un système hétérogène : on le supposait composé de fibres courtes d'une part, de fibres venues des colonnes de
Clarke, d'autre part, et enfin de fibres provenant des R. P. : mais la présence
de ces derniers éléments ne doit pas être admise, car la dégénération de

racines n'entraîne aucune modification de la couche limitante. Quant aux fibres venues de la colonne de Clarke et qui, pour se rendre au cervelet, empruntent ce chemin de la couche limitante, elles ne doivent pas être comptées parmi ses voies longues : la couche limitante est en effet constituée uniquement de fibres courtes provenant de la s. grise voisine. Du reste, CAJAL a montré que ces fibres naissent des cellules des cornes antérieure et postérieure et, après un court trajet ascendant ou descendant pénètrent de nouveau, pour s'y terminer, dans la s. grise. Il faudrait aussi distinguer dans la couche limitante (1) une portion ventrale, en rapport avec la s. grise de la corne antérieure et une portion dorsale en connexion surtout avec les cellules de la corne postérieure. En employant la méthode de coloration des gaines de myéline, j'ai individualisé et décrit cette dernière région sous le nom de *faisceau médial* (ou *profond*) *du cordon latéral* (*fig. 13, i*, p. 41). Ses fibres sont des dernières à se développer parmi les éléments du Fondamental, mais elles se développent plus tôt que les faisceaux voisins et sont ainsi faciles à distinguer chez l'embryon(*fig. 29 et 30*, p. 77 et 78). Ce faisceau est situé en arrière de la corne latérale, immédiatement en dehors de la s. grise : il occupe une partie de l'espace compris entre celle-ci et le F. Py. C. ; son extrémité antérieure, élargie, s'insinue entre les cornes antérieure et latérale ; en arrière il côtoie en s'amincissant le bord externe de la corne dorsale. La topographie varie du reste légèrement suivant le niveau considéré.

Quant à son origine, nous l'avons trouvée dans les cellules des parties postérieures de la s. grise : nous avons vu que ce faisceau est formé de voies courtes dont la dégénération n'a pas encore été observée chez l'homme. Chez le lapin, j'en ai observé, après section de la moelle, la dégénération ascendante, sur une faible étendue.

Faisceau antéro-latéral ou f. de Gowers (*fig. 13, al; fig. 71*, p. 108). — Ce faisceau occupe dans le cordon latéral le territoire qui, dans les régions proximales de la moelle, est situé immédiatement en dehors du Fondamental, directement en avant du cérébelleux direct et

---

(1) A. BRUCE (*Rev. Neurol.*, 1896, n° 23) publia un cas de sclérose latérale amyotrophique où, en dehors du F. Py. C. et des cellules de la corne ventrale, le f. fondamental et la partie antérieure de la couche limitante étaient également dégénérés, tandis que la région dorsale de cette dernière, en connexion avec la corne postérieure, était saine. Ceci corrobore la division qui est établie ici.

Ainsi que je l'ai montré dans un travail consacré à cette question, le territoire qui dans ce cas est épargné par la dégénération est justement cette partie de la couche limitante qui est comprise dans le faisceau que j'ai décrit sous le nom de f. profond du cordon latéral (f. médial) : il serait encore préférable de lui donner le nom de *f. médio-dorsal* du cordon latéral pour le distinguer du *f. médio-ventral* du même cordon, faisceau placé dans la partie antérieure de la couche limitante, immédiatement en avant du précédent et en dehors de la s. grise de la corne antérieure.

du F. Py. C., tout à fait à la périphérie de la moitié antérieure du cordon latéral. Ses fibres se développent un peu plus tard que celles du f. médial. Il a été décrit pour la première fois, d'après son mode de dégénération, par le neurologiste dont il porte le nom ; je l'ai décrit de mon côté, indépendamment de cet auteur, en me basant sur des recherches embryologiques (*fig. 3*, p. 31 ; *fig. 42 et 43, AL*, p. 86 et 87).

Le f. antéro-latéral peut être mis en évidence dès la région inférieure de la moelle thoracique, et même, d'après Russel, au-dessous du IIIe segment lombaire : dans la région dorsale inférieure il est situé en avant et en dehors

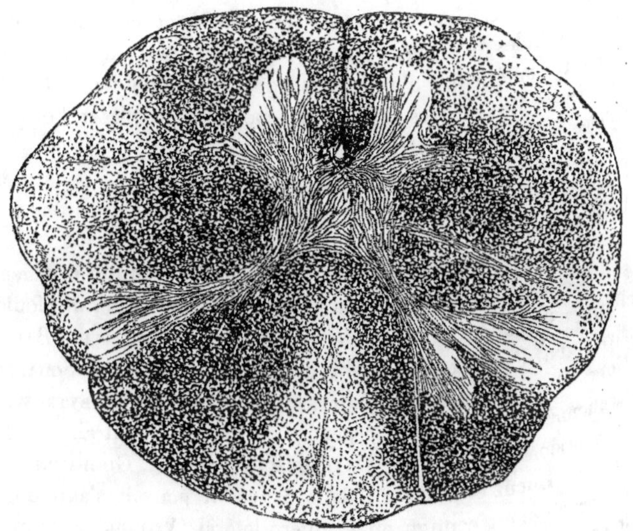

Fig. 100. — DÉG. ASCENDANTE DU CORDON DE GOLL, DU CÉRÉBELLEUX DIRECT ET DU F. DE GOWERS.

du F. Py. C. Au cours de son trajet ascendant il devient progressivement plus volumineux : dans la région thoracique supérieure ses fibres sont en parties disséminées entre celles de la portion postérieure du Fondamental, en partie conglomérées dans l'angle dessiné par la limite antérieure du F. Py. C. et le cérébelleux direct. Au-dessus du renflement cervical il devient plus compact ; il est alors contigu en arrière au cérébelleux direct et s'étend en avant, en côtoyant la périphérie, à peu près jusqu'au point de sortie des racines antérieures (*fig. 21, al*, p. 63). D'après Gowers (1), il s'étendrait même plus

____

(1) Gowers, *Neurol. Centralbl.* 1886, p. 150.

loin en avant, jusqu'au contact immédiat du F. Py. D. : mais ceci ne concorde pas tout à fait avec les conclusions auxquelles me conduisirent mes recherches embryologiques. On ne peut même admettre avec cet auteur, pour expliquer les divergences de nos résultats, qu'en dedans des racines antérieures le faisceau soit réduit à une bordure excessivement mince : cette explication n'aurait en tout cas aucune valeur pour les régions proximales de la moelle : nous verrons plus loin qu'il existe à ce niveau, à la périphérie du cordon antérieur, deux autres faisceaux qui se développent à un stade plus avancé : le f. marginal antérieur et le cordon olivaire.

Origine des fibres du f. antéro-latéral. — Les opinions des auteurs sur ce sujet diffèrent beaucoup entre elles. D'après Mott, ces fibres proviennent des grandes cellules de la corne latérale ; d'après Gombault et Philippe, de celles de la corne antérieure ; d'après V. Gehuchten enfin de celles de la corne postérieure. Mes propres recherches tendent à en placer l'origine dans les cellules de la région centrale de la substance grise.

Du côté de l'encéphale le faisceau peut être suivi — chez l'embryon — à travers toute la hauteur de la protubérance. Nous décrirons plus loin son trajet ultérieur.

D'après les recherches de Gowers et les miennes il dégénère dans le sens ascendant. La dégénération a été étudiée ensuite par une foule d'auteurs : Tooth, Sherrington, Hadden, Francotte, Auerbach, Barbacci, Pal, Mingazzini, Patrick, Gombault et Philippe, Pellizzi, Schaffer, Hoche, Mott, Dobrotworsky, Worotynski, Wessilow, Prybytkow, etc. On a mentionné quelquefois sa dégénération en sens contraire : telles sont les observations de Gowers, Daxenberger, Bruns, Gombault et Philippe, Pellizzi, Hoche et d'autres : dans ces cas il pouvait s'agir du f. marginal antérieur qui est contigu au f. antéro-latéral (V. plus loin) : mais il se peut très bien d'autre part que celui-ci contienne des fibres descendantes dont rien d'ailleurs n'autorise à nier l'existence (1).

La dégénérescence du faisceau de Gowers s'associe ordinairement dans les cas pathologiques à celles du f. cérébelleux direct, mais il peut cependant dégénérer seul : Barbacci a montré que, consécutivement aux lésions situées au niveau de la XIIᵉ vertèbre thoracique, il dégénère seul dans le cordon latéral : ce n'est qu'en cas de foyer primitif localisé vers la VIᵉ dorsale que sa dégénération s'accompagne de celle du cérébelleux direct.

[(1) Par des expériences de section de la portion la plus élevée de la moelle cervicale, Thomas a montré récemment que la dég. descendante du f. antéro-latéral pouvait-être, du moins dans certains cas, très importante (Étude sur quelques faisceaux descendants de la moelle, *Journal de phys. et de path. générale*, 1899).]

ARTICLE II. — FAISCEAUX DE PROJECTION.

Faisceau marginal antérieur (*fig. 13, am*, p. 41). — LOEWENTHAL a décrit sous ce nom un système de fibres longues et d'assez gros diamètre occupant la périphérie du cordon antérieur et de la partie voisine du cordon latéral. En descendant ce faisceau s'approche peu à peu de la ligne médiane et se place finalement le long du bord interne du cordon antérieur : il borde ainsi de chaque côté le sillon médullaire antérieur. Il dégénère chez le chien après section transversale de la moelle et par contre reste intact après ablation des zones motrices de l'écorce : LOEWENTHAL en conclut avec raison qu'il ne fait pas partie du faisceau pyramidal antérieur. Dans la suite ce même faisceau a été mis en évidence, grâce à l'emploi de la méthode des dégénérations, par un grand nombre d'auteurs et en particuliers SINGER, HERZEN, MARCHI et ALGERI, KAHLER, MOTT, SHERRINGTON, BRUNS, PELLIZZI, SCHAFFER, BISCHOFF, HOCHE, MULLER, BIEDL, EGGER, KLIMOW, WOROTZINSKI, BASILEWSKI, et DOBROTWORSKI (de mon laboratoire), etc. MARCHI en nota de plus la dég. descendante après extirpation unilatérale du cervelet. Plus tard, BIEDL, BASILEWSKI et d'autres auteurs encore le virent dégénérer consécutivement à la section du pédoncule cérébelleux inférieur. Comme le f. intermédiaire, ce faisceau appartient donc aux voies cérébelleuses centrifuges. Pourtant, d'après les préparations de BASILEWSKI, on ne pouvait pas affirmer qu'il se fût déplacé en dedans pour venir occuper, dans les régions inférieures de la moelle, le bord interne du cordon antérieur (*fig. 101* et *102*).

FOSTER décrivit le même système sous le nom de *voie descendante antéro-latérale*. Il désigne ainsi des fibres à dégénération descendante situées vers la périphérie de la moelle, entre le F. Py. D. et le f. cérébelleux direct et qui s'insinuent entre les éléments du f. ascendant antéro-latéral. HADDEN et SHERRINGTON (1), TOOTH et GOWERS (2) fournirent aussi quelques indications sur ce système de fibres. Dans quelques observations de dég. ascendante du f. antéro-latéral il s'agit sûrement d'une dégénération du f. marginal antérieur. Ajoutons qu'en cas de section du pédoncule cérébelleux inférieur il y a aussi dégénération de la bandelette longitudinale postérieure et des parties voisines de la formation réticulée : cette dégénération se continue au niveau de la moelle dans le f. fondamental du cordon antérieur et peut être considérée comme individualisant un système spécial (*fig. 101* et *102, a*). Ainsi deux

(1) FOSTER, *Physiologie*, 1890.
(2) *Brain*, vol. VIII.

faisceaux arrivent à la moelle par le pédoncule cérébelleux inférieur : d'après les recherches faites par Basilewski dans mon laboratoire, le faisceau situé près du bord antérieur du cordon antéro-latéral est en rapport avec la partie interne (médiale) de ce pédoncule ; celui qui se trouve près du bord antéro-interne du même cordon paraît être la continuation de la bandelette longitudinale postérieure du bulbe qui reçoit en outre des fibres du corps restiforme,

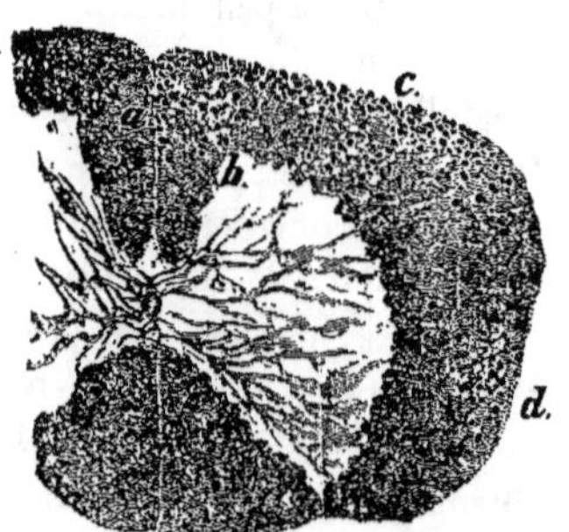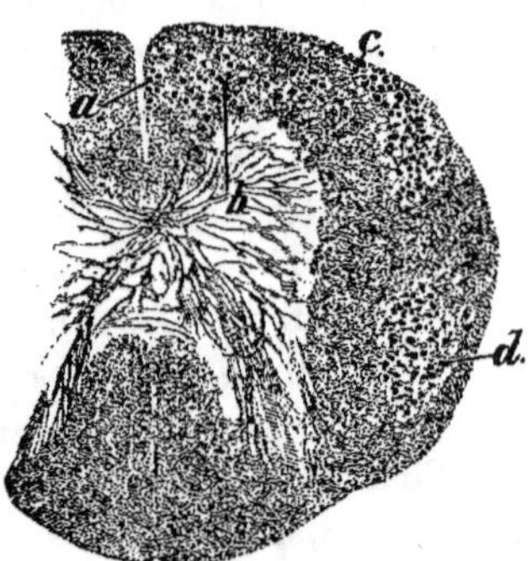

Fig. 101 et Fig. 102.— DÉGÉNÉRATIONS CONSÉCUTIVES A LA SECTION DU PÉDONCULE CÉRÉBELLEUX INFÉRIEUR.

La coupe de la *fig. 101* provient de la portion inférieure, celle de la *fig. 102*, de la portion cervicale de la moelle d'un chien. La dégénération a atteint les systèmes suivants :
a, Continuation dans la moelle de la bandelette longitudinale postérieure.
b, Fibres provenant des parties voisines de la formation réticulée.
c, — de la portion interne (médiale) du pédoncule cérébelleux inférieur.
d, F. intermédiaire.
(Préparations de Basilewski. Méthode de Marchi.)

c'est-à-dire de la portion latérale du pédoncule cérébelleux inférieur par l'intermédiaire des fibres arciformes antérieures et en parties aussi des fibres arciformes internes (V. quatrième partie, chap. II). Remarquons encore ici que le faisceau situé près du bord antérieur du cordon antéro-latéral représente, d'après certains auteurs, un système spécial qui s'interrompt dans le noyau de Deiters et qui pour d'autres provient directement du cervelet. Nous reviendrons sur ce point à propos des voies cérébelleuses (1).

(1) Il faut tenir compte de ce fait que le Fondamental du cordon antérieur comprend dans son territoire plusieurs faisceaux descendants. L'un d'eux est formé par les fibres du *faisceau longitudinal postérieur* qui naissent dans le noyau de la commissure postérieure et que l'on peut suivre, dans le cordon antérieur jusqu'à la moelle lombaire ; pendant tout leur trajet médullaire les fibres de la bandelette longitudinale postérieure sont localisées vers la partie postérieure du sillon ventral.
La bandelette contient, à la fois des éléments ascendants et descendants : ceux-là proviennent du noyau de Deiters du côté opposé; ceux-ci du noyau de la commissure postérieure, des noyaux moteurs oculaires, ainsi que, plus bas, du noyau de Deiters : comme les premiers ils émettent des collatérales qui vont aux noyaux du trochléaire, de l'abducens et de l'hypoglosse de chaque côté. D'après Probst la bandelette contiendrait encore des fibres descendantes qui se rendent au noyau de Deiters (voir la troisième partie, chap. III).

En sa qualité de système descendant, le faisceau marginal antérieur doit être en rapport avec les cellules motrices de la moelle : on s'explique difficilement l'opinion de Lœwenthal qui lui supposait des rapports immédiats avec les racines postérieures.

Ce faisceau est également facile à mettre en évidence par la méthode embryologique ; d'après mes observations faites sur un grand nombre de fœtus, ses éléments se myélinisent plus tôt que les éléments voisins du faisceau fondamental.

Le système descendant situé le long du bord interne du cordon antérieur a reçu de Marie (1) le nom de *faisceau descendant de la zone sulco-marginale* ou encore de *faisceau sulco-marginal*. Ainsi que le reconnaît du reste cet auteur, il s'agit ici du f. marginal de Loewenthal dont Marchi observa aussi la dégénération descendante après lésions du cervelet. Marie pense du reste que ce système contient, à côté des fibres cérébelleuses, des fibres commissurales provenant des cellules de cordon des cornes antérieures ; d'après Cajal les axônes de ces éléments passent par la commissure ventrale et se rendent dans le cordon antérieur du côté opposé : là ils se divisent en deux branches, ascendante et descendante, qui émettent en chemin des collatérales qui pénètrent dans la corne antérieure, pour s'y terminer par de fines ramifications qui s'épanouissent dans le voisinage des grandes cellules de cette région de l'axe gris.

Au cours d'expériences faites sur le singe, Sherrington (2) nota l'existence dans les cordons antérieurs (moelle cervicale) et près de la ligne médiane, d'un f. à dég. descendante, nettement circonscrit, et qui disparaissait après un court trajet au-dessus de la lésion.

Dans le cas de compression pathologique des portions proximales de la moelle, on peut voir quelquefois la dégénération marginale ascendante se cantonner le long du bord interne du cordon antérieur en dessinant un mince liseré : pareille localisation s'observe avons-nous vu chez le chien après section transversale de la moelle, mais alors la dégénération est toujours moins étendue (*fig. 19 et 20*, p. 61 et 62). Malheureusement on ne peut actuellement rien dire de plus précis sur les fibres en question.

Dans certains cas de dégénération secondaire, Redlich et Probst purent suivre les fibres de la commissure de Meynert (commissure « en fontaine ») jusqu'aux cornes antérieures de la moelle. Chez les animaux (chien) les fibres en question peuvent être suivies jusqu'à la portion supérieure de la moelle cer-

---

(1) *Leçons sur les maladies de la moelle*, Paris 1892.

(2) *Journal of Physiology*, vol. XIV, p. 3.

vicale : mais dès la région cervicale inférieures elles deviennent plus clair-semées.

Faisceau cérébelleux direct.— Ce faisceau se développe un peu plus tard que le Fondamental. Sur une coupe transversale on le voit s'étendre sous forme d'une mince bordure allongée le long de la périphérie de la moitié postérieure du cordon latéral (*fig. 3, fc*, p. 31 ; *fig. 13, cl*, p. 41). Il était déjà connu de Foville qui l'observa chez le nouveau-né, sous la forme d'un faisceau de grosses fibres, contrastant nettement avec son voisin le F. Py. C., lequel à ce stade du développement n'est pas encore myélinisé (1) ; il put le suivre à travers le bulbe jusqu'au cervelet.

Ce faisceau est formé de fibres de gros diamètre. Il est ascendant et commence au niveau du renflement lombaire, et même, d'après Rothmann, dans le cône terminal. Il augmente très rapidement de volume, de telle sorte que dès la moitié inférieure de la moelle thoracique il occupe un espace assez considérable ; au-dessus, le nombre de ses fibres augmente beaucoup plus lentement. Par la méthode embryologique et par celle des dégénérations — dans les affections de la moelle il subit ordinairement en effet la dég. ascendante (*fig. 17*, p. 59) — on peut le suivre jusqu'au bulbe ; de là il passe dans le corps restiforme et finalement dans le vermis supérieur du cervelet (V. plus bas). Quant à sa topographie, remarquons d'abord qu'au niveau des racines lombaires il est encore d'un développement extrêmement réduit : il ne forme qu'une mince bordure à la périphérie du cordon latéral, correspondant à la moitié antérieure du bord externe du F. Py. C., vis-à-vis de la base de la corne postérieure. Dans la moitié inférieure de la moelle dorsale, le bord postérieur du Cérébelleux direct est encore séparé des racines postérieures par les fibres du F. Py. C. Mais dans la moitié supérieure (au-dessus de D^{VI}), et jusqu'à C^{III} et C^{IV}, le cérébelleux direct s'étend en arrière jusqu'au contact immédiat des racines postérieures tandis que sa limite antérieure dépasse un peu le plan dans lequel la ligne d'insertion de la corne latérale rencontre le bord de la moelle. Plus haut, dans le domaine des IIe et IIIe segments cervicaux, on voit apparaître de nouveau entre le Cérébelleux direct et les R. P. des fibres du F. Py. C. lequel atteint ici la périphérie de la moelle. Plus haut encore (portion supérieure du IIe segment et Ier segment) le Cérébelleux direct s'étend de nouveau jusqu'aux racines dorsales ; en avant sa limite atteint le plan transversal qui divise la moelle en deux moitiés (Flechsig). Dans le bulbe ce faisceau devient de plus en plus compact ; il conserve sa position rigoureusement périphérique et passe finalement dans le corps restiforme.

(1) D'après mes propres observations, le f. cérébelleux direct a terminé sa myélinisation au commencement du 6e mois : chez des embryons de 25 à 28 centimètres on le trouve en effet composé d'éléments myélinisés.

Quant à son *origine* dans la moelle, il est certain, ainsi que nous l'avons déjà vu, que la majorité de ses fibres provient des cellules de la colonne de Clarke du même côté ; mais il n'est pas prouvé qu'il ne renferme pas des fibres ayant une autre origine : leur nombre, en tout cas, ne peut être que très restreint (1).

Rothmann (2) décrit encore un faisceau cérébelleux latéral spécial, naissant dans la région lombo-sacrée : il le vit dégénérer chez le chien consécutivement à la nécrose de la s. grise produite par compression de l'aorte au-dessous des artères rénales. Ce faisceau peut être suivi jusqu'au niveau des noyaux des cordons postérieurs. Dans son trajet ultérieur il se confond complètement avec le faisceau cérébello-spinal.

La dégénérescence du Cérébelleux direct qui, régulièrement, est ascendante a été étudiée dans une longue série de recherches expérimentales et pathologiques : rappelons les travaux de Tuerck, Schiefferdecker, Flechsig, Westphal, Loewenthal, Singer, Barbacci, Daxenberger, Bruns, Pellizzi, Mott, Flatau, Worotynski, Dobrotworski, Pribytkow, Wessilow et beaucoup d'autres. Tout récemment, quelques auteurs le virent dégénérer dans le sens descendant : c'est ce qui fut noté par exemple dans les observations de Westphal, Schmauss, Daxenberger, Pellizzi, Bischoff, etc.

Voies pyramidales. — Avec le *faisceau péri-olivaire* décrit par Helweg et moi-même, les voies pyramidales sont les dernières myélinisées de toutes celles du cordon antéro-latéral. Elles tirent leur dénomination de ce qu'elles sont la continuation des pyramides bulbaires : elles comprennent, avons-nous vu, deux faisceaux distincts : l'un *direct*, situé dans la portion interne du cordon antérieur (*fig. 13, p et p'*, p. 41 ; *fig. 30*, p. 78 et *fig. 31, pa, pl*, p. 79), l'autre, beaucoup plus important, situé dans la moitié postérieure du cordon latéral, limité en dehors par le Cérébelleux direct et le fondamental, en dedans par le f. médial ou profond, en arrière par la zone radiculaire latérale ; c'est le f. pyramidal *croisé*. Le premier représente une voie relativement courte, il disparaît le plus souvent dans la moitié supérieure de la moelle cervicale et quelquefois même au-dessus du renflement cervical. Le second par contre peut être suivi jusqu'au renflement lombaire. Il se termine au niveau de la IIIe ou IVe paire sacrée et même beaucoup plus bas, si l'on s'en rapporte au cas (d'hémiplégie

---

(1) Loewenthal a récemment avancé à ce propos une opinion opposée qui ne me semble pas justifiée : il nie les rapports qui existent certainement entre le Cérébelleux direct et la colonne de Clarke : il se base sur ce fait que, chez un chat nouveau-né, la section transversale unilatérale du bulbe produisit une atrophie marquée des cellules de la colonne de Clarke, tandis que le Cérébelleux direct ne présentait aucune modification. Cet auteur me semble avoir oublié, dans cette interprétation, que la colonne de Clarke ne donne pas naissance au seul Cérébelleux direct, mais encore à d'autres faisceaux de la moelle.

(2) *Berliner Gesellschaft f. Psych. u. Nervenk.*, séance du 10 juillet 1899.

droite) publié récemment par Déjerine et Thomas : la dégénérescence décelée par la méthode de Marchi dans le F. Py. C. pouvait être suivie jusqu'à la portion supérieure du filum ; mais dès la IVe paire sacrée, les limites du faisceau devenaient plus diffuses et il s'approchait de la périphérie ; le f. direct atteignait le niveau du premier nerf coccygien : dans le renflement lombaire il revêtait l'aspect d'une virgule à grosse extrémité dirigée en arrière et touchant la commissure ventrale, et dont la partie postérieure devenait, en descendant, de plus en plus réduite pour ne plus se composer, au niveau du IVe nerf sacré, que de quelques fibres situées dans la région postéro-interne du cordon postérieur ; quant aux *fibres homolatérales* (V. plus loin) on pouvait les suivre jusqu'au IVe nerf sacré : elles étaient disséminées et non réunies en faisceau.

La *disposition topographique* du faisceau pyramidal offre des variations assez considérables d'une coupe transversale à une autre sur toute la hauteur de la moelle. Flechsig, entre autres, a appelé l'attention sur les rapports de ce faisceau avec la périphérie du cordon latéral. Ainsi, au niveau de C^{II} et C^{III} la lésion postérieure du F. Py. C. s'étend, pour la plus grande partie, jusqu'à la périphérie : ce n'est que dans quelques cas très rares qu'on l'en trouva séparée par des fibres saines du cérébelleux direct. Dans les régions cervicale inférieure et thoracique supérieure, ce même faisceau s'éloigne de la périphérie qu'il atteint quelquefois cependant, mais rarement. A partir de D^{VI} le F. Py. C. confine déjà totalement au bord de la moelle. Dans le territoire de D^{XI} il n'en atteint que le sixième postérieur. Enfin, à partir de L^1, son bord externe tout entier touche la périphérie de la moelle.

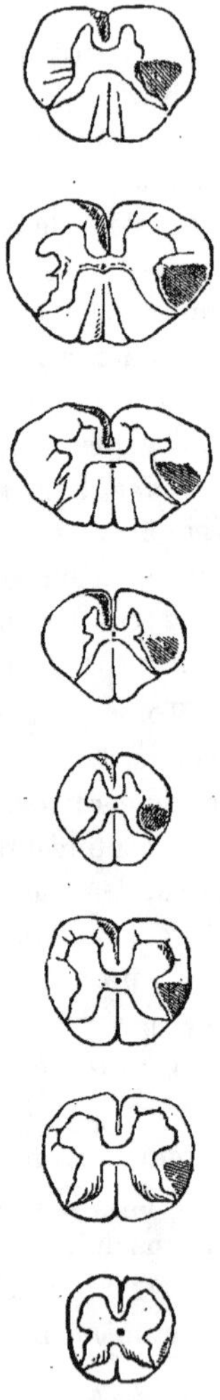

Fig. 103. — Dég. descendante des voies pyramidales consécutive a une lésion en foyer de l'hémisphère cérébral gauche.
(D'après Erb.)

Dégénération des voies pyramidales. — Cette dégénération fut décrite pour la première fois par Tuerck et devint rapidement d'une constatation banale. Elle fut ensuite étudiée plus en détail par Charcot, Turner, Bouchard, Schiefferdecker, Pitres, Flechsig, Brissaud, Singer, Biswanger, Moeli, Loewenthal, Schaffer, Langley et Sherrington, Marchi et Algeri, Déjerine et Thomas, et cette longue liste est loin d'épuiser la littérature de la question. Ces travaux ont démontré que les voies pyramidales ont leur centre trophique dans les circonvolutions rolandiques du cerveau : elles dégénèrent, en effet, dans le sens descendant lors d'une lésion de ce territoire de l'écorce ou bien quand une lésion en foyer quelconque a interrompu leur continuité : le faisceau antérieur étant composé de fibres directes dégénère du côté de la lésion ; le faisceau latéral, constitué par les fibres qui se sont entrecroisées au niveau des pyramides bulbaires, dégénère du côté opposé (*fig. 103*). L'observation montre en outre que l'étendue de la lésion secondaire dépend de l'étendue et du siège de la lésion cérébrale primitive : si celle-ci est limitée au centre cortical des membres thoraciques, la dégénération ne s'étend que jusqu'au renflement cervical ; si elle atteint le centre des membres pelviens ou bien la zone motrice tout entière, la lésion descendante se poursuit jusqu'au renflement lombaire, et même, avons-nous vu, jusqu'au filum.

L'étude des dégénérations secondaires a montré que les fibres pyramidales correspondant à chacun des centres moteurs de l'écorce ne possèdent, ni dans les pyramides bulbaires, ni dans la moelle, une localisation définie, mais qu'elles sont au contraire plus ou moins mêlées entre elles ; elle prouva en outre qu'il existe dans le cordon latéral, outre les fibres croisées qui constituent la voie la plus importante, des *fibres directes* ou *homolatérales.* Ces fibres ne sont pas agglomérées en faisceau mais disséminées. On les rencontre très fréquemment chez l'homme ; elles sont constantes dans la série animale ; elles remplacent en quelque sorte le F. Py. D. qui manque le plus souvent. Nous y reviendrons quand nous aurons pris une idée d'ensemble des voies pyramidales.

Terminaison des voies pyramidales. — Les fibres du F. Py. C. se comportent à l'instar de tous les éléments du cordon latéral ; de distance en distance elles envoient des collatérales qui pénètrent dans la s. grise du même côté et entourent de leurs arborisations les cellules motrices de la corne antérieure : les fibres elles-mêmes se terminent de la même manière. Celles du F. Py. D. abandonnent également des collatérales qui se comportent de même vis-à-vis des cellules de la corne antérieure. Par suite de ces émissions successives destinées à la s. grise, les deux voies pyramidales s'épuisent petit à petit en descendant et finissent par disparaître complètement.

Jusqu'à ces derniers temps la question de savoir si le F. Py. D. se croise dans la moelle même n'avait pas reçu de solution définitive. Beaucoup d'auteurs pensent que chez l'homme le croisement partiel des voies pyramidales au niveau du bulbe est complété par le croisement qu'elles effectuent sur toute la hauteur de la moelle au niveau de la commissure ventrale (V. plus loin). Cette opinion n'est pourtant pas confirmée par l'examen de la moelle de l'embryon ni du fœtus. Les préparations au Golgi sont à cet égard très démontratives. CAJAL a montré que chez le poulet et les mammifères, de très nombreuses collatérales venues des cordons antérieurs passent dans la commissure ventrale. Ce fait fut confirmé plus tard par KOELLIKER, V. GEHUCHTEN, et V. LENHOSSEK. Or puisque le F. Py. D. n'existe ni chez le poulet ni chez les mammifères, les collatérales en question ne peuvent appartenir qu'au f. fondamental du cordon antérieur.

L'étude analytique de la moelle de l'homme peut donc seule permettre une affirmation catégorique. Des derniers travaux de LENHOSSEK, qui concordent du reste avec les données de l'embryologie, il résulte que chez l'homme, pas plus que celles du f. fondamental, les collatérales du F. Py. D. n'arrivent jusqu'à la commissure (1) : des fibrilles très rares et particulièrement fines traversent radiairement le cordon antérieur pour pénétrer dans la corne ventrale du même côté, sans jamais passer par la commissure antérieure et sans établir ainsi aucune connexion entre le F. Py. D. et les cellules motrices de la corne hétéromère. D'autre part, si ce croisement avait lieu, on devrait trouver chez l'embryon, dans la commissure ventrale, un territoire occupé par des fibres non encore myélinisées ; or cette observation n'a jamais été faite. Disons cependant que l'on peut quelquefois constater chez le fœtus, avec toute évidence, la présence de quelques fascicules de fibres pyramidales amyéliniques dans le voisinage immédiat de la commissure antérieure ; on ne peut d'ailleurs, en se basant sur l'embryologie, nier que, dans quelques cas au moins, une certaine partie des éléments de la voie pyramidale antérieure ne vienne s'entre-croiser dans la commissure ventrale. Enfin on connaît plusieurs cas pathologiques, ceux de HOCHE, par exemple, qui parlent en faveur d'un croisement partiel des fibres pyramidales dans la moelle.

Variations des voies pyramidales. — Les voies pyramidales sont sujettes à d'importantes variations individuelles, portant sur leur longueur, leur

____
(1) LENHOSSEK : *Der feinere Bau des Nervensystems im Lichte neuester Forschungen,* 1895, p. 378.

diamètre et leur topographie sur les coupes transversales de la moelle. *L'absence complète de tout entre-croisement* au niveau des pyramides est extrêmement rare : dans ce cas la voie pyramidale tout entière est confinée dans le cordon antérieur. Les cas d'*entre-croisement unilatéral* sont d'une rareté relative ; le faisceau pyramidal latéral manque alors totalement dans une moitié de la moelle tandis que le faisceau pyramidal antérieur se trouve d'autant plus développé qu'il correspond à la pyramide dont les fibres n'ont pas subi d'entre-croisement.

On observe un peu plus souvent le *croisement total* des pyramides : les faisceaux pyr. latéraux existent alors dans la moelle, mais celle-ci est privée des deux faisceaux antérieurs. On connaît aussi certains cas de croisement total d'une pyramide avec croisement partiel de l'autre : le faisceau antérieur manque alors du côté de la première et existe du côté de la seconde. Mais l'anomalie de beaucoup la plus fréquente consiste dans l'entre-croisement partiel des deux pyramides, inégal de l'une à l'autre : les deux faisceaux pyramidaux existent alors dans chaque moitié de la moelle.

La situation et le diamètre de la coupe transversale des deux faisceaux pyramidaux antérieur et latéral nous offrent encore une série de nombreuses variations. Chaque modification topographique entraîne naturellement un déplacement complémentaire des faisceaux voisins, mais, en dehors des légères variations que l'on rencontre couramment, les véritables transposition des faisceaux ne sont en somme pas très fréquentes. Je considère comme plus importantes les modifications du développement relatif des deux faisceaux antérieur et latéral : on peut dire qu'elles sont d'observation courante. D'après FLECHSIG qui le premier attira l'attention sur ce sujet, il y aurait toujours compensation réciproque dans le degré de développement des deux faisceaux pyramidaux, direct et croisé : à mon avis cette loi est vraie en général mais ne se vérifie pas dans tous les cas ; on peut, et même assez souvent, constater qu'avec un F. Py. C. plus volumineux que normalement, le F. Py. D. du côté opposé n'a pas souffert de réduction de ses dimensions normales.

Ces données furent récemment confirmées par plusieurs auteurs, entre autres par BICKELET (« La phylogénie du faisceau pyramidal antérieur », *Neur. Centralbl.*, 1898, XVII). Mais on ne peut accepter l'opinion de cet auteur d'après laquelle le f. pyramidal antérieur représenterait une voie d'union, d'une constitution particulière, de l'écorce cérébrale et de la moelle, et devrait être considérée, de par la phylogénie, comme intersegmentaire. En tout cas, en effet, l'embryologie ne permet pas de douter que les deux voies pyramidales, antérieure et latérale, ne constituent des systèmes dont toujours et partout le développement est synchrone.

On observe très souvent l'inégalité de développement des deux pyramides et, en même temps, des faisceaux pyramidaux correspondants. D'autres fois encore, ces deux formations, bulbaire et médullaire, se montrent, ou bien réduites, ou plus volumineuses que normalement.

Remarquons enfin que le F. Py. D. ne varie pas seulement dans les dimensions de sa section transversale mais peut encore, d'après mes observations, offrir des différences de longueur considérables : maintes fois il atteint le milieu de la moelle thoracique : il peut même s'étendre plus bas ; dans d'autres cas au contraire il ne dépasse pas la région dorsale supérieure ou se limite même à la moelle cervicale. On ne peut à ce sujet déceler de différence constante entre les moitiés droite et gauche de la moelle (1).

Toutes ces variations de la voie pyramidale, dans les dimensions et le mode d'entrecroisement de ses faisceaux, jouent naturellement un certain rôle en clinique et en anatomie pathologique. Les autres faisceaux de la moelle présentent aussi, quant à leurs dimensions et à leur topographie, des variations d'une certaine importance ; tels sont en particulier le f. antéro-latéral et le cérébelleux direct, mais elles sont loin d'être aussi étendues que celles des voies pyramidales.

Faisceau intermédiaire.— Il existe, régulièrement disséminées dans l'épaisseur des faisceaux pyramidaux, un petit nombre de fibres qui se particularisent au milieu des autres par un développement un peu moins tardif. J'ai remarqué, en effet en examinant des coupes en série de moelles de fœtus à terme, que le territoire qui par sa topographie correspond aux voies pyramidales contient surtout des fibres amyéliniques ; mais entre celles-ci sont disséminées des fibres déjà myélinisées (colorées en noir intense par les réactifs) et que l'on retrouve du reste dans les pyramides bulbaires. Il ne faut pas les confondre avec celles qui appartiennent aux faisceaux médullaires voisins des voies pyramidales et traversent le domaine de ces dernières : chez des fœtus un peu moins avancés en développement et chez lesquels les faisceaux fondamental, cérébelleux direct, antéro-marginal et f. profond de la couche limitante sont déjà myélinisés, le territoire des voies pyramidales ne contient presque pas de fibres myéliniques, à l'exception, naturellement, de sa périphérie qui est occupée par un plus ou moins grand nombre de fibres

(1) Dans la série animale le développement des faisceaux pyramidaux montre des différences considérables d'une espèce à l'autre. J'ai remarqué que leur importance est fonction de l'adaptation des membres de l'animal à certains mouvements propres à l'espèce. La situation relative des faisceaux pyramidaux varie aussi d'une façon vraiment remarquable. Chez tous les vertébrés, même les plus élevés (chien, chat), le F. Py. D. manque complètement : il est remplacé par un faisceau direct situé dans le cordon latéral ; chez certaines espèces (rat, souris, cobaye), LENHOSSEK et moi avons montré que la voie pyramidale est située non pas dans les cordons latéraux, mais dans le champ ventral des cordons postérieurs.

des faisceaux voisins. Ce n'est seulement que dans les portions inférieures de la moelle que ce territoire comprend un nombre considérable de fibres entremêlées aux siennes et qui sont d'origine étrangère (faisceaux voisins) ainsi que l'a démontré FLECHSIG; elles sont en effet plus nombreuses à la périphérie que dans les régions centrales des faisceaux pyramidaux. Celle au contraire dont nous parlions en premier lieu et qui se développent un peu plus tard que celles qui appartiennent aux faisceaux voisins s'en distinguent encore par une répartition à peu près égale sur toute l'étendue de la coupe transversale des faisceaux pyramidaux. Malgré cette diffusion elles forment un système spécial que je désigne sous le nom de *faisceau intermédiaire et qui* est identique à celui que LOEWENTHAL individualisa d'après les résultats de la méthode des dégénérations *(fig. 101* et *102, d,* p. 153).

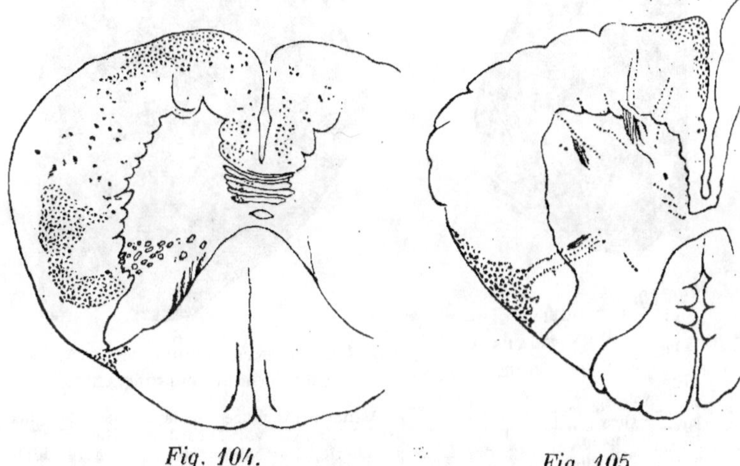

Fig. 104.   *Fig. 105.*

DÉG. DESCENDANTE DU CORDON ANTÉRO-LATÉRAL, CONSÉCUTIVEMENT A LA SECTION
DU PÉDONCULE CÉRÉBELLEUX INFÉRIEUR.

(D'après BIEDL.)

En effet, après destruction expérimentale ou pathologique de la zone motrice de l'écorce cérébrale, le F. Py. C. ne dégénère pas totalement ; la dégénération ne porte que sur les fibres fines, les éléments d'un plus gros diamètre conservant leur intégrité. Par contre, après section ou lésion de la moelle, l'aspect de la lésion secondaire indique une dégénération complète de toutes les fibres du f. pyramidal : elle est donc plus étendue, plus générale que dans le premier cas. Tous ces faits ne laissent aucun doute : il existe dans le territoire du F. Py. C. et dans les régions avoisinantes, outre les fibres pyramidales propres, d'autres fibres qui proviennent du tronc cérébral et se mêlent plus ou moins intimement aux fibres pyramidales légitimes ou bien encore se groupent dans le voisinage immédiat de ces dernières.

Ces fibres naissent dans le cervelet : au niveau du bulbe elles se joignent aux voies pyramidales ; elles n'existent plus au-dessus de la protubérance ; de plus, après ablation unilatérale du cervelet, il y a dégénération descendante de certaines fibres pyramidales homolatérales et même de quelques fibres radiculaires antérieures (1).

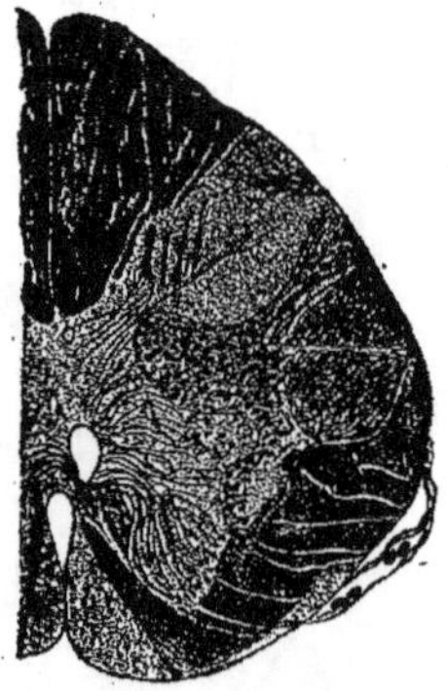

Fig. 106. — MOELLE CER-
VICALE D'UN FŒTUS A
PEU PRÈS A TERME.

On voit le cordon péri-
olivaire, encore dépourvu de
myéline, dans le voisinage des
racines antérieures (en bas et
à droite).

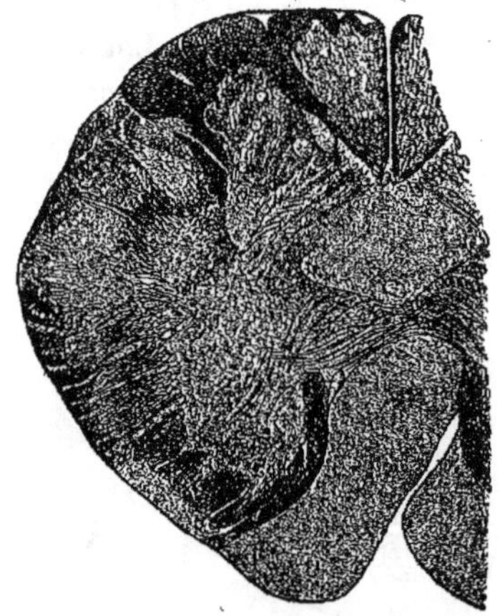

Fig. 107. — ENTRE-CROISEMENT DES PYRA-
MIDES. CORDON PÉRIOLIVAIRE.

(Même provenance que la coupe de la figure
précédente). On voit le cordon périolivaire à la
périphérie, immédiatement en dehors de la
pyramide (en bas et à gauche).

Après section du pédoncule cérébelleux inférieur BIEDL (2) et BASILEWSKI (3) (de mon laboratoire) virent dégénérer le f. intermédiaire jusqu'à la *région lombaire inférieure (fig. 104 et 105)*. Il en résulte que ces fibres cérébelleuses descendantes gagnent la moelle par le pédoncule cérébelleux inférieur, et non par le pédoncule moyen, ainsi que le pensait MARCHI ; en second lieu, que l'existence d'une voie cérébelleuse centrifuge (4), sur laquelle

(1) MARCHI : *Rivista speriment. di freniatria*, vol. XIII, 1883.
(2) BIEDL : « Voies cérébelleuses descendantes », *Neur. Centralbl.* 1895.
(3) BASILEWSKI. Thèse de Pétersbourg, 1896.
(4) BIEDL eut le tort de croire qu'il était le premier à décrire la présence dans les faisceaux pyramidaux de fibres cérébelleuses centrifuges, à côté des fibres venues de l'écorce cérébrale (*loc. cit.* p. 497).

on manquait jusqu'alors de données définitives, peut être considérée comme démontrée. La dégénération de ces fibres fut encore décrite par d'autres auteurs : SHERRINGTON, HERZEN et LOEWENTHAL, MARCHI, SINGER, MUENZER, DAXENBERGER, BRUNS, WIENER, PELLIZZI, RAYMOND, NAGEOTTE, MUELLER, FUSARI, KLIMOIS, WOROTYNSKI, etc.

Mes préparations permettent en outre de constater que le champ de dégénération secondaire du F. Py. C. s'étend sensiblement moins en avant que le territoire amyélinique correspondant de la moelle fœtale. Ce fait semble prouver, ainsi que nous l'avons vu plus haut, que la portion antérieure de ce territoire contient, outre les éléments du Pyramidal croisé, un système de fibres à développement également tardif; suivant toute vraisemblance, ces fibres proviennent de la couche optique et arrivent à la moelle après entrecroisement par la commissure de Forel.

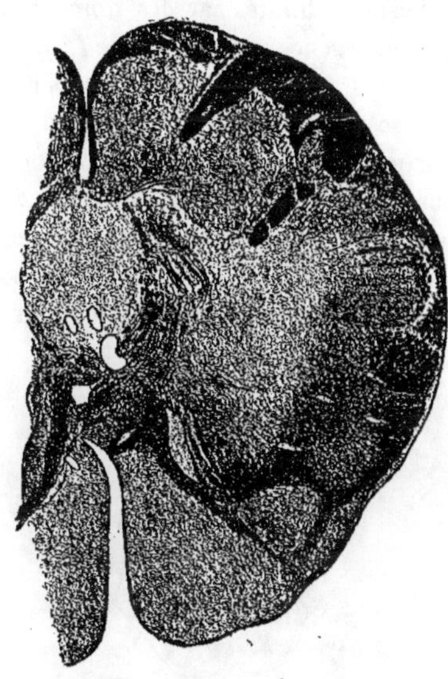

Fig. 108. — CORDON OLIVAIRE AU NIVEAU DE L'ENTRE-CROISEMENT SENSITIF.

Entre le f. périolivaire et la partie antérieure de la pyramide motrice, on aperçoit l'extrémité inférieure de l'olive bulbaire.

Je les avais déjà décrites, d'après l'embryologie, dans la première édition de cet ouvrage, et identifiées à celles que MARCHI vit dégénérer dans les voies pyramidales, consécutivement à l'ablation d'une moitié du cervelet. Il est utile de faire remarquer au point de vue de l'historique de cette question que LOEWENTHAL plaça l'origine de ce système dans les colonnes de Clarke, opinion que l'on doit tenir pour erronée. De même, on ne peut admettre la manière de voir de KLIMOIS d'après laquelle ces mêmes fibres représenteraient une voie descendante du tubercule quadrijumeau postérieur.

Faisceau périolivaire. — Ce faisceau est facile à mettre en évidence par la méthode embryologique : chez le nouveau-né en effet, on ne trouve plus que lui et les voies pyramidales qui soient dépourvus de myéline. Ce n'est qu'un certain temps après la naissance qu'il parvient à son complet développement. Il est propre à la moelle cervicale : arrivé au bulbe, il se termine dans l'olive inférieure *(fig. 109* et *110, fo)*. En considération des rapports qu'affecte son extrémité supérieure et en attendant que ses connexions bulbaires nous soient mieux connues, je le désigne, pour ne rien préjuger, sous le terme de faisceau périolivaire. Si on le suit de bas en haut sur des coupes transversales, on le voit apparaître sous forme d'une fine strie au niveau du renflement cervical ; cette strie est tout à fait périphérique et s'étend transversalement, à la limite des cordons antérieur et latéral, sur l'espace limité par les fibres radiculaires antérieures au niveau de leur émergence de la moelle *(fig. 109 et 110, fo ; fig. 111, 112, 113, o)*. Plus haut il s'élargit rapidement par adjonction de nouveaux éléments et se place de plus en plus en avant. A son passage dans le bulbe, il a acquis des dimensions assez considérables : il touche en dedans le bord externe de la pyramide *(fig. 107 et 110)*. Il disparaît enfin brusquement au niveau de l'extrémité inférieure de l'olive bulbaire. On pourrait d'après cela conclure qu'il est en rapport avec les cellules de cette formation grise, mais on manque de preuves décisives pour étayer cette opinion.

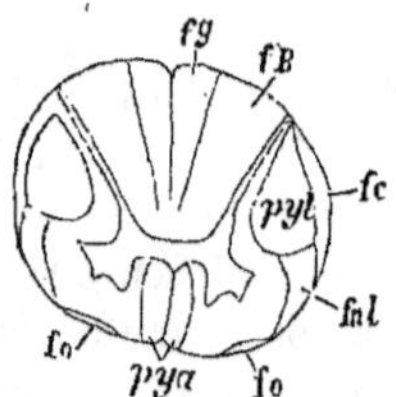

Fig. 109.

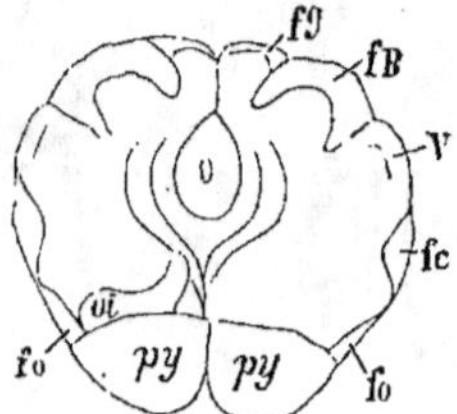

Fig. 110.

LE FAISCEAU PÉRIOLIVAIRE A DEUX ÉTAGES DIFFÉRENTS.

fal, F. antéro-latéral.
fB, F. de Burdach.
fc, Cérébelleux direct.
fg, F. de Goll.
fo, Cordon olivaire.

pya, F. pyramidal antérieur.
pyl, F. pyr. latéral.
oi, Olive bulbaire.
py, Pyramide.
V, Racine spinale du trijumeau.

Quant à sa forme, au niveau de son extrémité distale, il est lenticulaire ; dans la région moyenne de la moelle cervicale, il devient triangulaire et s'aplatit ensuite jusqu'à disparaître en approchant du bulbe. Les fibres qui le composent sont toutes de petit diamètre. Je ne crois pas cependant que l'on puisse, avec Helweg, les considérer comme ne formant qu'un seul système avec les fibres également fines que l'on trouve disséminées dans la zone mixte de Flechsig au voisinage du Fondamental et dans le voisinage de la corne anté-

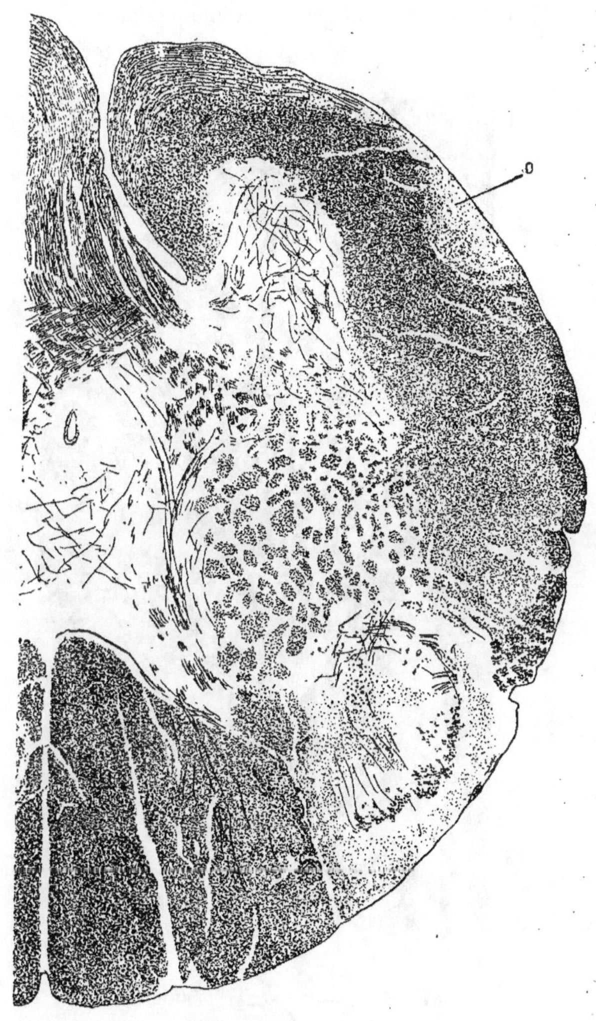

Fig. 111. — LE FAISCEAU PÉRIOLIVAIRE.

(Enfant d'un mois. Coupe au niveau de l'entre-croisement des pyramides.)
o, Faisceau périolivaire.
(Préparation de GIESE. Méthode de Pal.)

rieure. En effet dans le premier mois après la naissance, le faisceau périolivaire est encore complètement, ou à peu près, privé de myéline, tandis que le
Fondamental présente déjà des gaines myéliniques dans toute son étendue :

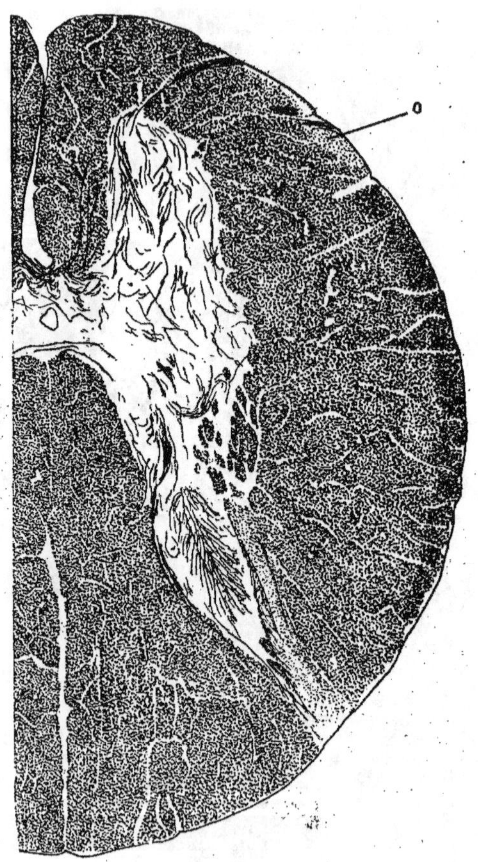

Fig. 112. — FAISCEAU PÉRIOLIVAIRE.

III* cervicale. Même provenance que la coupe précédente.

En tout cas, il n'est pas douteux que le premier ne naisse dans
la corne antérieure du même côté et traverse ainsi le territoire du
Fondamental. Quant aux fibres plus volumineuses qui contrastent

au sein du faisceau olivaire avec les fibres propres de celui-ci,
elles se développent à une période antérieure et appartiennent évidemment aux systèmes voisins.

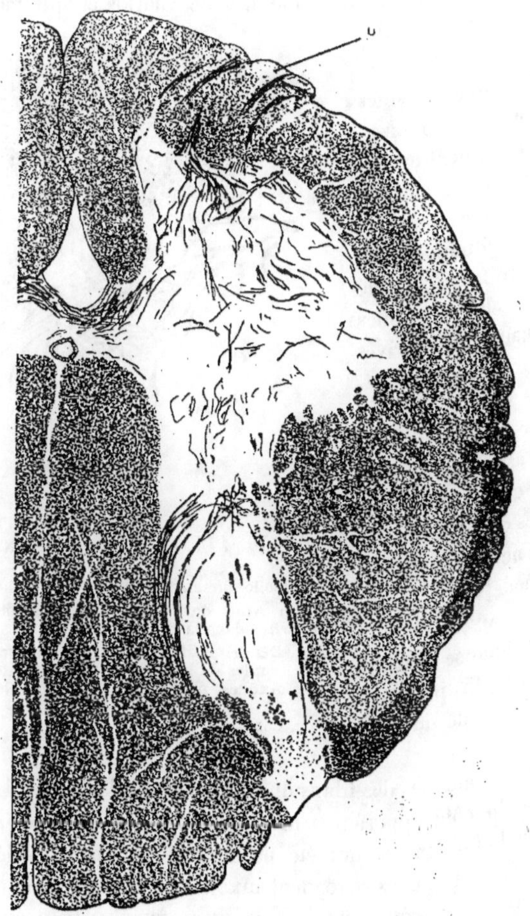

Fig. 113. — FAISCEAU PÉRIOLIVAIRE.

VI⁰ cervicale.— Même provenance que les coupes précédentes.

Commissure blanche ou commissure ventrale. — Nous y trouvons, outre les fibres radiculaires :

1⁰ Les dendrites des cellules radiculaires ou commissurales des cornes antérieures : de ces dendrites, quelques-unes s'anastomosent entre elles et forment une commissure protoplasmique dont nous avons parlé plus haut (*fig. 114*);

2° Des fibres venues des colonnes de Clarke et qui paraissent faire partie des voies centrales des R. P.;

3° Des fibres venues d'autres voies commissurales, qui représentent également des voies centrales des R. P. et en même temps une des voies longitudinales du cordon antéro-latéral du côté opposé à celui où elles prennent naissance : arrivés dans la substance blanche, les axônes de ces cellules peuvent se diviser en deux branches, ascendante et descendante, qui émettent en chemin des collatérales plus ou moins nombreuses, suivant le mode général dont nous avons souvent parlé et qui est schématisé dans la figure 16 (p. 35) pour une fibre longitudinale du cordon antérieur.

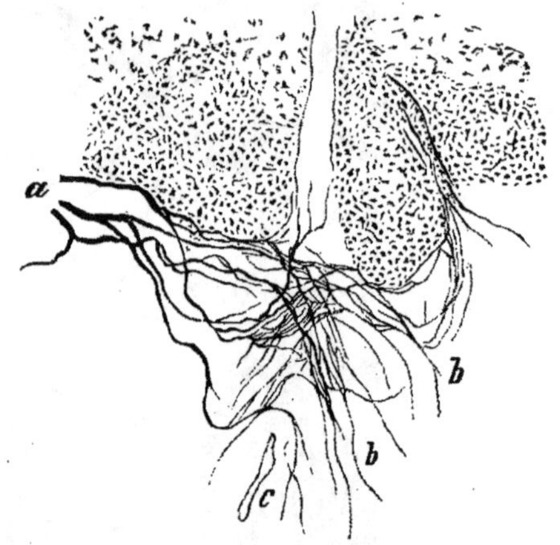

Fig. 114. — COMMISSURE ANTÉRIEURE.

(Moelle de chat nouveau-né. Méthode de Golgi.)
On voit des axônes se rencontrer avec des dendrites dans la commissure.

a, Dendrites de cellules radiculaires et commissurales de la corne antérieure gauche.
b, Axônes provenant de la moitié droite de la s. grise.
c, Canal central.

4° Des collatérales des fibres du cordon antéro-latéral, qui se rendent à la s. grise du côté opposé ; parmi celles-ci il en est qui proviennent du fondamental antérieur et ont été pendant longtemps considérées comme venant du F. Py. D. : elles se rendent aux grandes multipolaires motrices de la corne antérieure du côté opposé, Nous avons vu plus haut quelles sont les raisons qui militent pour et contre l'existence de cet entre-croisement, lequel en tout cas ne peut être décelé par la méthode de Golgi.

ARTICLE III. — RACINES ANTÉRIEURES (R. A.)

Comme les racines dorsales, les racines antérieures des nerfs rachidiens contiennent des fibres de gros diamètre et des fibres fines : celles-ci se développent les dernières. Dans le faisceau radiculaire toutes ces fibres sont confondues, mais dans la s. grise on les voit tirer leur origine de deux catégories différentes de cellules : les premières naissent des grandes multipolaires de la corne antérieure (*fig. 5. a, a', p. 34 ; fig. 13, ra, p. 41*), en particulier de celles du groupe latéral : les fibres fines, d'après GASKELL, des cellules du tractus intermédio-latéral et des éléments solitaires de la corne postérieure ; elles proviendraient aussi des cellules de la colonne de Clarke, mais cette dernière opinion a été récemment contredite par MOTT : quant à leur provenance des cellules solitaires de la corne postérieure elle n'est pas non plus démontrée.

Contrairement à l'opinion de LENHOSSEK, quelques fibres radiculaires proviennent de la corne antérieure de l'autre côté, en passant par la commissure ventrale (1). Ce fait peut être mis en évidence sur des embryons de 4 à 5 mois chez lesquels les fibres radiculaires sont seules myélinisées, ainsi que par une simple section expérimentale entraînant la dégénération des R. A.

Comme les fibres grosses et les fibres fines ne se développent pas en même temps, on fut porté à leur attribuer des rôles physiologiques différents. Il est démontré en effet que les premières sont destinées aux muscles striés et servent ainsi aux mouvements de la vie de relation ; que la majorité des fibres fines se rend, par la voie du sympathique, aux viscères qui sont ainsi pourvus de fibres nerveuses motrices (MOTT, GASKELL) ; ainsi, d'après GASKELL, les origines médullaires du sympathique doivent être cherchées dans la corne latérale.

Les fibres radiculaires antérieures se comportent tout autrement que celles des R. P. par rapport aux cellules de la s. grise : il est facile de constater en effet que les grandes multipolaires de la corne antérieure envoient directement leur axône dans les fascicules radiculaires : il faut admettre aussi que la majorité au moins des autres fibres radiculaires, lesquelles proviennent d'autres groupes cellulaires, représentent aussi des prolongements nerveux.

Les R. A. ne naissent pas uniquement des cellules situées au niveau de leur origine apparente ; les éléments d'origine de chaque racine occupent en

[(1) Voyez au sujet du croisement de certaines fibres radiculaires antérieures GRÜNBAUM, *Journ. of Physiology*, vol. XVI, 1894, p. 368.]

hauteur, un segment assez considérable de la moelle : ainsi s'explique la présence de nombreuses fibres radiculaires ascendantes et descendantes au milieu des éléments du cordon antéro-latéral.

Les recherches faites par REIMERS dans mon laboratoire ont démontré que chez certains animaux (chien, lapin) la section des R. A. produit dans le Fondamental antéro-latéral de chaque côté une dégénération diffuse ascendante et descendante. Le croisement des fibres dégénérées se fait évidemment dans la commissure antérieure.

On voit assez souvent les axônes qui vont faire partie d'un faisceau radiculaire antérieur émettre, dans le voisinage de leur origine, un certain nombre de fines collatérales dont le rôle n'est pas encore absolument défini : certains auteurs en font des appareils de conduction cellulifuge (KOELLIKER), d'autres au contraire, avec LENHOSSEK, les considèrent comme faisant partie de l'appareil à conduction cellulipète de la cellule radiculaire motrice ; mais cette opinion est la moins répandue.

[Ces collatérales, d'après GOLGI et LENHOSSEK, existent constamment chez l'homme ; elles naissent de l'axône au moment où celui-ci pénètre dans la s. blanche, ou même pendant son trajet à l'intérieur de cette dernière, puis deviennent récurrentes et arrivées dans la s. grise, se ramifient et forment un plexus très serré autour des cellules les plus superficielles du groupe d'origine des fibres radiculaires. LENHOSSEK les compare aux dendrites qui naissent de la première portion d'un axône, aux *cylindro-dendrites* de RETZIUS.

Nous avons vu plus haut que les R. A. contiennent encore quelques fibres centripètes d'origine sympathique (v. la première partie, p. 22). Rappelons à ce propos les cellules nerveuses isolées, « sporadiques », que l'on peut rencontrer dans la portion extramédullaire des R. A. Ces cellules n'appartiennent pas au système nerveux central, car elles sont munies d'une capsule conjonctive : un peu trop volumineuses pour être assimilées aux éléments des ganglions spinaux, il faudrait, d'après TANZI, les considérer comme représentant des éléments des ganglions du sympathique.]

Origines et racines médullaires du Spinal ou Accessoire de Willis. — On peut considérer eomme analogues aux R. A. les fibres de la XI° paire cranienne (nerf spinal ou accessoire du vague) dont le territoire d'origine médullaire s'étend, en bas, jusqu'au V° ou VI° nerf cervical *(fig. 115)*. Ces fibres traversent d'abord le cordon latéral et, une fois arrivées dans la région de la s. grise comprise entre les cornes latérales et postérieures, se tournent en avant et se dirigent vers le groupe cellulaire latéral de la corne antérieure du même côté *(fig. 3, nXI, p. 31)*. En chemin, une bonne partie d'entre elles se coudent, immédiatement après leur entrée dans la s. grise, prennent une direction verticale, puis, redevenues horizontales, pénètrent dans le groupe de cellules qui forment le noyau de la XIe paire.

Conformément au mode d'origine apparente du spinal dont les racines émergent du névraxe sur une longue ligne verticale, ce noyau forme une longue colonne ininterrompue, située en dehors et en arrière du groupe cellulaire interne de la corne antérieure. Son extrémité inférieure atteint le niveau de la Ve paire cervicale : elle se trouve à la limite latérale de la corne antérieure : plus haut le noyau se place de plus en plus en dedans ; son extrémité supérieure arrive à occuper le centre puis la portion interne de la corne antérieure : elle semble être la continuation du noyau de l'hypoglosse.

Les fibres qui émanent du noyau du spinal représentent, tout comme les R. A. des nerfs rachidiens, les prolongements nerveux ou axônes des cellules qui le forment et rappellent tout à fait par leur taille et leur configuration les grandes multipolaires motrices de la corne antérieure.

Le segment proximal, bulbaire ou céphalique du noyau de la XIe paire cranienne appartient en réalité à la Xe paire ou nerf vague : on s'explique ainsi l'atrophie qui, consécutivement à l'arrachement du tronc du spinal, envahit progressivement le noyau dorsal du vague (surtout dans sa moitié inférieure), le noyau du cordon latéral et peut-être aussi le noyau ambigu, enfin la portion du faisceau solitaire qui appartient au pneumogastrique ; tel fut le résultat des expériences faites par Ossipoff dans mon laboratoire.

D'après les recherches de Staderini et Pieraccini, un faisceau originaire du noyau latéral des cordons postérieurs s'enfonce dans le cordon de Burdach et, parvenu dans la région des IIe et IIIe paires cervicales, donc au niveau de l'émergence des fibres du spinal, leur devient contigu et suit leur direction. Ce faisceau représente évidemment l'élément sensitif du nerf accessoire de Willis.

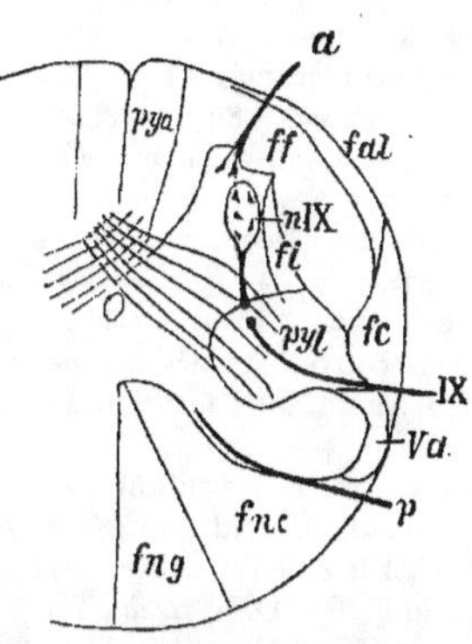

Fig. 115. — SCHÉMA DES ORIGINES MÉDULLAIRES DU SPINAL.

a, Racine antérieure d'un nerf rachidien.
fal, F. antéro-latéral.
fc. Cérébelleux direct.
ff, Fondamental antéro-latéral.
fi, F. médial ou profond.
fnc. F. de Burdach.
fng, F. de Goll.
nIX (par erreur p. *nXI*), Noyau du spinal.
pya, *pyl*, F. pyramidaux antérieur et latéral.
Va. Racine spinale du trijumeau.
IX (par erreur p. *XI*), Racine du spinal.

BIBLIOGRAPHIE. — Voies pyramidales. — Bechterew : « Sur un faisceau spécial contenu dans le faisceau pyramidal », *Neur. Centralbl.*, 1895. — « Sur les variations de la situation et des dimensions des voies pyramidales chez l'homme et chez les animaux... », *Neur. Centralbl.*, 1890. — Bikelet : « La phylogénèse du F. Py. D. », *Neur. Centr.*, 1898. — Bouchard : Des dég. secondaires de la moelle épinière, *Arch. gén. Méd.*, 1866. — Cajal : « Quelques nouveaux détails sur l'anatomie de la protubérance et considérations sur les fonctions de la double voie motrice », *Revista trim. microgr.*, 1898. — Déjerine et Thomas : Fibres pyramidales homolatérales ; terminaison inférieure du f. pyramidal, *Arch. Phys.*, 1896. — Fraser : « Sur le f. pyr. de certains rongeurs », *Dublin Journ.*, 1889. — Gad et Flatau : « Sur la localisation médullaire approximative des voies motrices destinées aux différentes parties du corps », *Neur. Centralbl.*, 1897. — Hoche : « Sur l'anatomie de la voie pyr. et du ruban principal avec remarques sur les faisceaux anormaux du bulbe et du pont », *Arch. f. Psych.*, 1897. — Lenhossek : « *La Structure fine du système nerveux, etc.* », 2e édit. p. 387 à 394. — « Sur le f. pyramidal de quelques mammifères », *Anat. Anz.* 1889. — Pick : « Asymétrie des deux moitiés de la moelle », *All. Zeit. f. Psych.*, 1894. — Pitres : Des dég. secondaires de la moelle dans le cas de lésions corticales du cerveau, *Gaz. méd. de Paris*, 1877. — Sur les dég. bilatérales de la moelle consécutives à des lésions unilatérales du cerveau, *Progrès méd.*, 1882. — Distribution topographique des dég. secondaires consécutives aux lésions destructives des hémisphères cérébraux, *Arch. Phys.*, 1884. — Redlich : « Sur l'anatomie et la physiologie des voies motrices », *Wien. med. Presse*, 1898, p. 840. — Rothmann : « Sur la dég. des voies pyramidales après extirpation unilatérale des centres des extrémités », *Neur. Centr.*, 1896. — Spitzka : « Anat. comparée du f. pyr. », *J. of Med. and. Surgery*, 1886. — Starlinger : « La section des deux pyramides chez le chien », *Neur. Cent.*, vol. XIV, p. 390. — Stoddart : « Étude expérimentale sur le F. Py. D. », *Brain*, 1897, p. 441. — Williamson : « Le F. Py. D. de la moelle épinière », *Bristish med. Journ.*, 1893, p. 946. — Wertheimer et Lepage : Sur les fonctions des pyramides bulbaires », *Arch. Phys.*, 1896, p. 614. — Action de la zone motrice du cerveau sur les mouvements des membres du côté correspondant, *Soc. Biol.*, 1896.

Faisceau fondamental et couche limitante. — Bechterew : « Sur un f. spécial des cordons latéraux de la moelle », *Neur. Centr.*, 1885, n° 10 et *Arch. f. Anat. u. phys. Anat. Abth.*, 1886. — « Sur un f. spécial à fibres longues, situé dans la part. ant. des cordons latéraux », *Neur. Centr.*, 1885, n° 7. — « Sur le f. médial des cordons latéraux », *Neur. Centr.*, 1897. — Bruce : « Sur un f. spécial situé dans la couche latérale », *The Scotish med. surgical Journ.*, 1897, p. 40. — Codeluppi : « Sur les dég. ascendantes et descendantes consécutives aux compressions de la moelle cervicale », *Rev. sperim. di freniatria*, 1887. — Flatau : « La loi de la situation excentrique des voies longues de la moelle », *Acad. des sciences de Berlin*, mars 1897. — Fusari : « Sur la racine spinale du trijumeau et sur quelques faisceaux descendants du cordon antéro-latéral », *Boll. d. sc. med. di Bologna*, 1896. — Gruenbaum : « Note sur les dégénérations consécutives aux sections doubles, longitudinales et transversales, de la corne antérieure de la moelle », *Journ. of Physiology*, mai 1894. — Held : « Les rapports du cordon antéro-latéral avec le cerveau postérieur et le cerveau moyen », *Acad. des Sciences de Saxe*, Leipzig, 1892. — Helweg : « Étude sur le trajet central des voies nerveuses vaso-motrices », *Arch. f. Psych.*, 1887. — Herzen et Loewenthal : Trois cas de lésion médullaire au niveau du point de jonction de la moelle et du bulbe, *Arch. de Phys.*, 1886. — Pellizzi : « Dég. secondaire dans le syst. nerveux central après lésion de la moelle et section des racines spinales », *Arch. Ital. de Biol.*, vol. XXIV, p. 89 à 134, 1895. — « *Trajet dans le bulbe, la protubérance et le cervelet des fibres ascendantes des faisceaux périphériques du cordon antéro-latéral, et sur les rapports que contractent les faisceaux des cordons postérieurs avec le corps restiforme* ». Turin, 1895. — Russel : *Brain*, 1898. — Thomas : Étudé sur quelques faisceaux descendants de la moelle, *Journ. de Phys. et de Path. générale*, t. I, 1899. — Worotynski : « Documents relatifs à l'étude des dég. secondaires de la moelle consécutives aux lésions transverses », *Thèse de Kasan*, 1897.

Faisceau de Gowers. — Brissaud : Double syndrôme de Brown-Séquard dans la syphilis spinale, *Cliniques*, Paris, 1899, et *Progrès médical*, 1897. — Déjerine et Thomas : Syndrôme de Brown-Séquard avec autopsie, *Arch. de Phys.*, 1898. — Francotte : De la dég. ascendante second. du f. de Gowers, *Acad. Roy. de méd. de Belgique*, 1889. — V. Gehuchten : La dissociation syringomyélique de la sensibilité dans les compressions et les traumatismes de la moelle épinière et son explication physiologique, *Sem. méd.*, 1899, p. 113. — Gowers : « Remarques sur le f. antéro-latéral ascendant », *Neurol. Centralbl.*, 1886, nᵒˢ 6 et 7. — Hoche : « Sur les dég. second., spécialement sur celles du f. de Gowers, avec remarques sur l'état des réflexes dans la compression de la moelle », *Arch. f. Psych. u. Nervenh.*, 1896, vol. X, 28. — Mott : « Dég. ascendante résultant des lésions de la moelle épinière chez le singe », *Brain*, 1892, p. 215. — Patrick : « Trajet et terminaison du f. de Gowers », *Journ. of nervous and. mental diseases*, 1896. — Quensel : « Un cas de sarcome de la dure-mère rachidienne » (fibres dégénérées allant du Gowers au thalamus par le Reil latéral), *Neurol. Centralbl.*, 1898. — Rossolymo : « Trajet central du f. de Gowers », *Neur. Centr.*, 1895, p. 235. — Thomas : *loc. cit.* — Tooth : « Terminaison du f. ascendant antéro-latéral », *Brain*, 1892, p. 397.

Voies cérébelleuses ascendantes et descendantes ; f. périolivaire. — Basilewski : *Rev. Neurol.*, 1896. — Bechterew : « Sur un faisceau particulier, f. intermédiaire, situé dans le F. Py. C. », *Neur. Centr.*, 1895. — « F. olivaire de la moelle cervicale », *Neur. Centr.*, 1894. — Biedl : « Voies cérébelleuses descendantes », *Neur. Centr.*, 1895. — Ferrier et Turner : *Philosoph. Trans. of the Roy. Soc. of London*, vol. CLXXXV, 1894. — Loewenthal : *Des dég. second. de la moelle épinière consécutivement aux lésions expérimentales médullaires et corticales*, Thèse de Genève, 1885. — Note sur l'atrophie unilatérale de la colonne de Clarke, après lésion du bulbe rachidien, *Rec. méd. de la Suisse romande*, 1886. — Marchi : « Sur les dég. consécutives à l'extirpation totale ou partielle du cervelet », *Riv. sper. di fren.*, 1886 et 1887. — Mott : « Les voies afférentes de la moelle au cervelet chez le singe », *Monatschr. f. Psych. u. Neurol.*, vol. I, 1897. — Pellizzi : *Loc. cit.* — « Trajet dans le bulbe, la protubérance et le cervelet des fibres à dég. ascendante des faisceaux périphériques du cordon antéro-latéral », *Annali di fren.*, 1895. — Pick : « Sur le f. intermédiaire de Loewenthal avec remarques sur le f. marginal antérieur du même auteur », *Beitraege zur Path. u. path. Anat. des Centralnervensystems*, 1898. — « Sur le f. olivaire de Bechterew ou f. triangulaire d'Helweg », *Ibid.* — Russel : *Phil. Trans.*, 1895. — Thomas : *Le Cervelet*, thèse de Paris 1897. — Sur les fibres d'union de la moelle avec les autres centres nerveux et principalement sur les faisceaux cérébelleux ascendants, *Soc. de Biol.*, 1897. — Étude sur quelques faisceaux descendants de la moelle : f. cérébelleux descendant, *Journ. de Phys. et de Path. génér.*, t. I, 1899.

Racines antérieures ; origines du spinal. — Cajal : *Les Nouvelles Idées sur la structure du système nerveux*, p. 138. — Gaskell : *Journ. of Physiology*, VII, 1886. — V. Gehuchten : La moelle épinière, *La Cellule*, 1891, p. 86. — Golgi : Recherches sur l'histologie des centres nerveux, *Arch. Ital. de Biol.*, t. III et IV, 1893. — Gruenbaum : *Journ. of Phys.*, 1894. — Koelliker : *Loc. cit.*, p. 89. — Lenhossek : *Loc. cit.*, p. 254, 257. — Onodi : « Sur le développement du système nerveux sympathique », *Arch. f. mikr. Anat.*, vol. XXVI, 1886. — « Sur le développement des ganglions spinaux et des racines nerveuses », *Internat. Monatsch. f. Anat. u. Phys.*, vol. I. — Pellizzi : Dég. secondaire dans le système nerveux central après lésion de la moelle et section des racines spinales (… après section des R. A.), *Arch. Ital. de Biol.*, t. XXIV, 1895. — Reimers : « Sur les dég. médullaires consécutives à la section des racines antérieures et postérieures », résumé in *Neur. Centralbl.*, vol. XVII, p. 143, 1898 et *Rev. Neurol.*, 30 novembre 1897. — C.-S. Sherrington : On the anatomical constitution of nerves of skeletal muscles, *Journ. of Physiology*, p. 211, 1894. — Staderini et Pieraccini : Sopra l'origine reali e piu particolarmente sopra le radici posteriori del nervo accessorio dell uomo, *Labor. di Anat. normale della r. Univ. di Roma*, 1899. — Steil : « Sur l'origine spinale du sympathique cervical », *Arch. f. Gesammte Phys.*, vol. LVIII, 1894. — Tanzi : *Rivista sperimentale di freniatria*, 1893, p. 373.

CHAPITRE III

CONSIDÉRATIONS PHYSIOLOGIQUES

[Avant d'exposer les grandes lignes de la physiologie des faisceaux de la moelle, il est utile de dire quelques mots des données générales sur lesquelles on s'est basé pour les différencier les uns des autres : ce sont, avons-nous vu, leur mode de dégénération et leur mode de développement : nous les avons longuement étudiés à propos de chaque système de fibres. Sans en refaire une étude d'ensemble, il nous reste à exposer les rapports chronologiques de ces deux points de leur histoire].

Chronologie des dégénérations médullaires. — Consécutivement à une même lésion primitive, les différents faisceaux de la moelle sont envahis par la dégénération secondaire à des époques relativement très éloignées. [Nous ne parlons pas ici des *dégénérations rétrogrades* qui sont toujours beaucoup plus tardives et sont d'ailleurs loin d'être utilisables pour la systématisation de la moelle.] K. Schaffer a montré en outre par des expériences de section transversales de la moelle, chez le chat, que chaque système commence à dégénérer à une époque déterminée. Il arriva aux résultats suivants :

Quatre jours après la section : dég. ascendante du f. de Goll ; dég. descendante du f. marginal du cordon antérieur et du f. intermédiaire de Loewenthal ;

Au 6e jour : dég. du Cérébelleux direct ;

Au 14e jour, dég. du F. Py. C.

C'est au 4e jour pour le f. de Loewenthal, au 12–14e pour le Cérébelleux et les cordons de Goll que la destruction de la myéline atteint son maximum.

La dég. descendante de la virgule de Schultze peut se voir à partir du 4e jour, mais elle est peu marquée, puis elle reste stationnaire.

WOROTYNSKI et DOBROTWORSKI (de mon laboratoire) sont arrivés à des conclusions semblables au point de vue de l'ordre de début des dégénérations, mais légèrement différentes quant aux données numériques de temps.

Si maintenant, avec SCHAFFER, nous comparons l'ordre de dégénération et l'ordre de développement, nous découvrons facilement certaines relations : les systèmes qui se développent les premiers dégénèrent plus rapidement que ceux dont le développement est plus tardif, tels que les voies pyramidales (1) : la concordance n'est cependant pas parfaite, car certains systèmes myélinisés de bonne heure, comme le Cérébelleux direct, dégénèrent plus tard que d'autres plus récents, tels que les cordons de Goll : les conditions qui régissent les deux processus, pathologique et embryologique, ne sont donc pas identiques (2).

Ce dernier du reste est d'autant plus difficile à préciser que l'on ne possède pas de point de repère absolument fixe. La longueur du corps et l'âge du fruit de la conception ne permettent que d'une façon très approximative d'apprécier le degré de développement des sytèmes de fibres médullaires. On manque jusqu'à présent de méthode objective pour déterminer l'âge du fœtus humain. D'autre part il n'y a pas de parallélisme parfait entre la longueur du corps et le degré de développement, surtout pendant la vie extra-utérine. En faisant abstraction des nombreuses variations individuelles, il en reste beaucoup d'autres qui dépendent de conditions générales plus ou moins mal connues, lesquelles, avant comme après la naissance, influencent le développement du système nerveux, dans certaines circonstances qu'il reste à chercher.

La longueur du corps est cependant le point de repère admis par tous les auteurs, car il permet en somme une certaine approximation et est d'une estimation facile ; de recherches très nombreuses mettraient peut-être au jour quelques lois générales qui acquerraient peut-être la valeur relative d'une moyenne définitive ; mais en attendant, on se tromperait si l'on accordait aux données actuelles, simplement approximatives, une valeur absolue.

Tout ce que l'on sait de précis jusqu'à présent concerne l'ordre dans lequel les différents systèmes se développent relativement entre eux et non par rapport au début de la formation de l'individu. Voici quelles sont en résumé les données les plus importantes :

1° Les premiers systèmes développés sont : *a)* la portion du Fondamental qui avoisine la corne antérieure ; *b)* la zone ventrale du cordon de Burdach ; *c)* la région moyenne du cordon de Goll ;

2° Ensuite : *a)* le reste du Fondamental ; *b)* le cérébelleux direct ; *c)* la zone moyenne et aussitôt après la zone postérieure du f. de Burdach ;

3° *a)* Le f. médial ou profond du cordon latéral et quelque temps après

(1) K. SCHAFFER : *Neurol. central.*, 1895, p. 386.

[2 On pourrait peut-être encore invoquer, pour expliquer l'asynchronisme de dégénérescence des différents faisceaux, leur développement phylogénique, dont l'ordre semble être jusqu'à un certain point parallèle à celui du développement ontogénique.]

le f. de Gowers ; *b)* le reste du cordon de Goll et la zone marginale du cordon postérieur ;

4° Enfin, et toujours en dernier lieu, les voies pyramidales et le cordon olivaire.

La myélinisation ne s'effectue pas simultanément sur toute l'étendue d'un faisceau : elle est progressive et marche dans le sens de conduction physiologique de ce dernier.

Les différents systèmes de fibres ne sont pas toujours d'une délimitation facile, non pas tant les faisceaux les plus importants tels que ceux de Goll et de Burdach, le Fondamental, le Cérébelleux et le Pyramidal mais ceux surtout dont les dimensions sont moins considérables : tels, le f. antéro-latéral, le f. médial ou profond du cordon latéral, et principalement les systèmes formés d'un petit nombre de fibres et inclus dans le Fondamental antéro-latéral et dans les cordons de Goll et de Burdach : ceux-ci sont moins nettement limités et se confondent, sur une coupe transversale, avec les systèmes voisins. Il en résulte de grandes variations individuelles de forme et d'étendue : on ne trouve jamais les deux moitiés de la moelle exactement superposables ni semblables quant à la forme et aux dimensions des faisceaux qu'elles renferment. Ce n'est pourtant pas une raison pour rejeter les résultats obtenus jusqu'ici sur la différenciation de ces faisceaux, ni pour discréditer les méthodes employées dans ce but (1).

Quant à leur topographie générale, les voies médullaires sont soumises chez l'homme et chez les mammifères supérieurs à une loi fondamentale dont il est impossible de méconnaître la justesse ni la portée : les voies courtes, ascendantes ou descendantes, se groupent dans le voisinage de l'axe gris ; les voies longues préfèrent la périphérie : FLATAU a récemment posé en principe l'*excentricité des grandes verticales.*

Physiologie. — L'étude du rôle attribué à chacun des faisceaux de la moelle ne rentre pas précisément dans le cadre de cet ouvrage, d'autant plus que la physiologie est encore loin des formules définitives. Le résumé suivant peut être de quelque utilité malgré sa brièveté : il permettra en effet de relier entre elles les notions acquises au point de vue anatomique.

Racines des nerfs rachidiens. — Les R. P. apportent au névraxe les impressions venues de la périphérie ou des viscères ; les R. A. conduisent aux muscles les influx nerveux élaborés par les centres ; les unes et les autres président au trophisme des organes auxquels elles se distribuent et se prêtent à la conduction des excitations vasomotrices.

(1) KARUSIN : « *Sur la systématisation de la moelle d'après son développement* », Thèse de Moscou, 1894.

Des recherches récentes ont démontré que chaque racine ventrale représente un ensemble de fibres groupées, non pas d'après leur destination
anatomique, mais suivant leur rôle physiologique. Ainsi, chez le singe,
l'excitation d'une racine déterminée donne lieu à des mouvements parfaitement coordonnés (Ferrier et Yeo) : par exemple, lors de l'excitation de la
Iʳᵉ paire thoracique on voit les membres supérieurs accomplir un mouvement
approprié à la cueillette d'un fruit ; par l'excitation de la VIᵉ paire cervicale, le
bras s'approche de la branche ; — de la VIIᵉ, l'animal fait le geste de se redresser
en se servant de la main ; — de la VIIIᵉ enfin, il se gratte le substratum
anatomique de la position assise.

Il résulte des observations pathologiques qu'une disposition semblable
existe chez l'homme : plusieurs racines participent souvent à l'innervation
d'un seul et même muscle.

Voies pyramidales. — D'innombrables expériences et observations
pathologiques relatives aux centres cérébraux moteurs et à la région de la
capsule interne par où passe la voie pyramidale ont servi de base à nos
connaissances actuelles sur ce chapitre. Les fonctions motrices de ce
faisceau proviennent de ce que chez l'animal il participe à l'exécution des
mouvements voulus ou appris (instinctifs), lesquels, comme l'observation le
démontre, sont intimement liés aux impulsions psychiques dites volontaires
et ne sont que dans certains cas indépendants de la « volonté » [c'est-à-dire
des processus d'association intracorticaux].

Faisceau fondamental. — On sait d'autre part d'une façon certaine que
les voies pyramidales ne sont pas les seuls conducteurs des impulsions
motrices : en effet : 1° après ablation totale de la zone corticale motrice ou
après section des pyramides les animaux ne perdent pas définitivement la
faculté de marcher ; les troubles primitifs de la motilité s'effacent avec le
temps ; 2° la section de la moitié verticale de la moelle produit de la parésie
de la motilité ; 3° on peut par l'excitation électrique démontrer la persistance
de l'excitabilité, dans le tronçon inférieur de la moelle, au niveau des cordons
antérieurs et de la région ventrale des cordons latéraux ; c'est-à-dire en
somme dans le faisceau fondamental. Ce fait a été mis en doute par quelques
auteurs : je persiste pourtant à croire, d'après mes expériences sur le chien
nouveau-né, que le faisceau en question ne possède pas seulement l'excitabilité motrice, mais aussi une excitabilité qui lui appartient en propre et que
l'on a eu tort de considérer comme empruntée aux racines antérieures ou
comme simulée par les effets de l'excitation concomitante des cordons
postérieurs (1).

(1) Bechterew : « Rech. sur l'excitabilité des cordons médullaires chez le chien
nouveau-né », *Neurol. Cent.*,1887.

L'expérimentation sur l'animal nouveau-né est ici, à mon avis, tout à fait démonstrative : toutes les régions nerveuses en effet qui, chez l'adulte, paraissent excitables ne permettent de produire, chez le nouveau-né, aucun mouvement différencié tant qu'elles sont encore privées de myéline. On peut donc, dans la moelle comme en tout autre territoire du système nerveux central, *isoler* et mettre ainsi en évidence l'excitabilité d'un système donné qui échapperait le plus souvent, chez l'adulte, à cette différenciation expérimentale ; comme d'autre part l'excitabilité motrice progresse parallèlement à la myélinisation, il est facile, en produisant et en comparant deux symptomatologies différentes, de fournir les prémisses d'une conclusion sur l'excitabilité de tel ou tel système de fibres.

Faisceau cérébelleux direct. — D'après des expériences que j'ai faites chez le chien nouveau-né et qui ont consisté dans la section de la moelle cervicale, j'ai été amené à attribuer à ce faisceau un certain rôle dans la conservation de l'équilibre, rôle en rapport avec sa conduction centripète : cette section s'accompagnait en effet toujours de mouvements de rotation et de manège. Des recherches faites au moyen de l'excitation électrique m'ont amené à des résultats qui parlent dans le même sens : on peut, chez le chien nouveau-né, démontrer que certaines parties des cordons latéraux sont excitables, non seulement au-dessous, mais encore au-dessus d'une section transversale de la moelle. C'est ainsi que lorsqu'on applique les électrodes d'un courant induit de faible intensité sur le segment supérieur, à la périphérie de la moitié postérieure du cordon latéral, ou encore à l'extrémité du diamètre transversal, on observe un mouvement caractéristique de la tête et du tronc : celui-ci se tourne légèrement sur son axe et en même temps la tête s'incline sur l'épaule du côté correspondant. D'après la localisation de l'excitation expérimentale, le faisceau qui préside à cette réaction motrice ne peut être que le cérébelleux direct, lequel du reste est complètement myélinisé chez le chien au moment de la naissance.

Quant au *f. intermédiaire*, au *f. marginal antérieur* et à certaines fibres du cordon antérieur, nous avons vu que l'on peut les considérer comme des voies cérébelleuses descendantes, qui, par l'intermédiaire des cellules des cornes ventrales, apportent aux R. A. des excitations motrices.

Il est très vraisemblable que le *f. olivaire* sert également à la conservation de l'équilibre, de par ses connexions probables avec l'olive inférieure que je considère aussi, d'après mes expériences, comme affectée à l'équilibration.

Deux autres faisceaux doivent encore d'après le sens de leur dégénération être considérés comme centrifuges. Ils proviennent du cerveau moyen et des couches optiques : ce sont les systèmes de fibres spinales venues des croisements de Meynert et de Forel.

Faisceau antéro-latéral. — C'est du deuxième au quatrième jour après la naissance, que, chez le chien, la partie antérieure du cordon latéral (segment central de la moelle sectionnée transversalement) commence à réagir aux excitations artificielles : celles-ci produisent des mouvements du tronc et des membres thoraciques. Cela semble prouver qu'il existe en ce point une voie de conduction centripète ; les fibres de cette région appartiennent surtout au f. antéro-latéral, mais il existe aussi dans ce point d'autres voies centripètes.

Cordons postérieurs. Conduction de la sensibilité. — Les cordons postérieurs sont excitables par l'électricité : cela s'explique facilement par la présence des fibres radiculaires dorsales dont les collatérales conduisent l'excitation aux R. A., lesquelles réagissent fatalement au courant électrique. L'excitabilité de ces cordons peut se démontrer par l'excitation de la moelle au-dessus comme au-dessous du point de pénétration de la racine : ce fait concorde parfaitement avec ce que nous savons de la division des fibres radiculaires en deux branches, l'une ascendante, l'autre descendante.

Un autre procédé d'étude de la physiologie des cordons postérieurs consiste dans la section transversale de la moelle. L'expérience bien connue de Brown-Séquard démontre : 1° que les voies de la motilité et du sens musculaire sont situées dans la moitié de l'axe médullaire correspondant aux muscles qu'elles innervent ; que ces voies par conséquent ne s'entre-croisent pas dans la moelle, mais plus haut, dans le bulbe ; 2° que les voies de conduction de la sensibilité cutanée s'entre-croisent pendant leur trajet médullaire, mais d'une façon incomplète. On doit considérer comme actuellement démontré ce fait qu'une section intéressant toute l'épaisseur des cordons postérieurs et la plus grande partie de la s. grise et des cordons antérieurs ne produit chez les animaux aucune trace d'analgésie. Les voies de la sensibilité à la douleur doivent donc passer par les cordons latéraux, ce que l'on peut encore prouver directement par la section de ces derniers (Woroschiloff et autres auteurs).

Quant à savoir dans quelle partie des cordons latéraux passent les voies de la sensibilité au toucher et à la douleur, Holzinger a montré par les recherches qu'il fit dans mon laboratoire que ces voies se cantonnent surtout dans la région moyenne de ces cordons. Des recherches spéciales lui ont démontré qu'elles manquent complètement dans la couche limitante de la s. grise, dans le territoire médial ou profond ; leur présence est encore plus que douteuse dans le f. antéro-latéral : on peut du moins, sans produire aucun symptôme d'analgésie, sectionner les portions de ce dernier qui font partie du cordon latéral. On est ainsi amené à conclure par élimination que les voies de la sensibilité cutanée, après s'être entre-croisées dans la commissure ventrale, effectuent leur trajet ascendant en passant par les *f. fondamentaux*.

La conduction des autres modes de sensibilité, par exemple du sens musculaire, est assurée suivant toute apparence par les cordons postérieurs : cela découle de mes recherches personnelles et de celles qui furent faites dans mon laboratoire par Borowikow : toutes les expériences, en particulier, de section des cordons postérieurs ont produit, de la façon la plus nette, des troubles du sens musculaire et de l'ataxie des mouvements des membres : cela concorde on ne peut mieux avec les observations analogues faites sur l'homme dans les cas de tabes [ainsi, du reste, qu'avec le résultat des expériences dès longtemps pratiquées par les physiologistes et qui démontrent que la section des R. P. produit, dans certaines circonstances, de l'ataxie, de la parésie, et de plus, à la longue, une certaine diminution de l'excitabilité de la zone cérébrale motrice et des R. A. correspondantes].

[*Remarques sur la conduction intramédullaire de la sensibilité.* — Les expériences relatées au cours de ce chapitre suffisent pour réduire à leur juste valeur certaines théories ingénieuses proposées pour élucider quelques points obscurs de la physiologie des cordons postérieurs. Ces tentatives d'explication ont cependant l'avantage, sinon de résoudre toutes les difficultés, du moins de bien mettre en lumière les différentes faces du problème : il peut donc n'être pas inutile de les rapprocher les unes des autres. Mais auparavant, il est bon de préciser en quelques mots l'idée que l'on peut se faire actuellement de la *conduction sensitive* d'après l'histologie, la clinique, l'anatomie pathologique et la physiologie.

L'étude des fonctions des cordons postérieurs soulève une question d'une portée beaucoup plus générale et qui malheureusement ne peut guère être abordée ni résolue séparément. Aussi, malgré le nombre et la variété des méthodes qui se sont successivement offertes à élucider la nature des *voies de conduction* de la sensibilité, malgré l'importance des travaux suscités, ce problème est-il encore bien éloigné d'une solution définitive : d'autant plus que l'on a, ces dernières années, remis en cause une donnée que l'on avait considérée pendant longtemps comme un terme connu et fait entrer comme telle dans toutes les équations.

On s'est en effet demandé si les diverses modalités de la sensibilité diffèrent essentiellement entre elles, c'est-à-dire s'il faut les considérer comme spécifiques et irréductibles : or cette question ressortit peut-être davantage à la psychologie qu'à la physiologie générale ; on comprend ainsi l'obscurité dont elle s'entoure encore à présent et qui alla pendant si longtemps jusqu'à la dissimuler aux yeux des cliniciens, mais on s'explique difficilement les conclusions hardies auxquelles arrivèrent certains d'entre eux, plus empressés à classer qu'à chercher des transitions (LANDRY). Il est plus prudent et plus conforme au plan de cet ouvrage de considérer cette question comme encore en suspens, et, sans chercher à la résoudre, d'examiner le problème de la conduction sensitive à la lumière des derniers travaux.

Si, pour une même surface impressionnée, les différentes sensations perçues ne sont fonction que de la nature ou même uniquement du degré de l'excitation causale, il devient évidemment impossible d'attribuer à chacune de ces sensations une voie réservée qui la conduise à l'écorce cérébrale. Il en est de même s'il est prouvé que plusieurs surfaces de structure différente peuvent, dans certaines conditions, répondre par une même sensation à une même excitation. Il est impossible, dans ces deux cas, d'admettre l'existence d'une voie de conduction spécifique pour chaque forme de la sensibilité (au contact, à la douleur, à la pression, à la température, etc.). On a cependant émis l'hypothèse (CIAGLINSKI, etc.) qu'un afflux trop considérable de courants centripètes consécutifs à une excitation trop forte et constituant une sorte de sommation produit un encombrement des voies ordinairement suivies et force l'excédent à renoncer aux chemins battus pour s'engager dans des passages détournés : à quitter par exemple, pour les broussailles de la substance grise (sensations douloureuses), la route large et directe des cordons postérieurs.

Cette manière de voir, était à peu près celle de SCHIFF : elle paraît recevoir un semblant de confirmation lors de la découverte des collatérales que les fibres des cordons postérieurs envoient aux cellules de la substance grise : les éléments de cette dernière n'entreraient en action que sous l'influence d'une impulsion suffisante venue de la périphérie : nous verrons plus loin quelles sont les raisons que l'histologie elle-même oppose à cette interprétation. Quant aux « voies longues de la substance grise » décrites par CIAGLINSKI et considérées par cet auteur comme capables d'élucider définitivement le rôle conducteur attribué à cette dernière, leur existence a été niée par tous les auteurs qui entreprirent de la contrôler.

Ce n'est du reste que sur un échafaudage d'a priori que sont édifiées les théories dont nous venons de rappeler les propositions essentielles et qui toutes supposent une sorte « d'aiguillage » du courant nerveux, selon certaines conditions de tension du courant, de tonus des éléments conducteurs, etc. Dans le cas particulier de la conduction des sensations douloureuses par la s. grise de la moelle, ces hypothèses s'accommodent du reste assez bien de certains faits d'observation banale : tel le retard des sensations douloureuses sur les sensations tactiles : nous n'avons pas à envisager pour le moment l'interprétation des symptômes de la syringomyélie et d'un grand nombre d'autres faits cliniques cités ordinairement à ce propos : retenons seulement que s'il est vrai qu'il y ait identité de nature entre les différentes formes de sensibilité, ce n'est qu'en s'appuyant sur des hypothèses difficiles à accepter au point de vue histologique que l'on peut attribuer à un système médullaire donné une conduction nerveuse spécifique, distincte de celle des autres faisceaux. Les mêmes arguments qui s'opposent au rôle conducteur spécifique de l'axe gris peuvent naturellement être objectés aux fonctions semblables attribuées aux faisceaux dont il est le lieu d'origine, tels que le Gowers ou le Fondamental. Les théories de l'aiguillage ne paraissent plus actuellement soutenables. Serait-il utile et même possible de construire une autre hypothèse qui pût servir de rempart à la doctrine des conducteurs médullaires différenciés, s'il était démontré que les divers modes de sensibilité ne sont pas spécifiquement distincts ?

Or, si cette démonstration n'est pas encore rigoureuse, si jusqu'ici quelques formes seulement de la sensibilité se sont prêtées à l'analyse objective, la doctrine opposée, celle de la spécificité absolue de chacune de ces formes (postulat nécessaire, avons-nous vu, à la théorie des conducteurs différenciés), quoique en apparence plus fondée (1), se heurte à de nombreuses

[(1) La nouvelle manière de voir choque en effet au premier abord l'observation vulgaire : cela tient à ce que l'on essaye ordinairement de ramener aux sensations tactiles les diverses formes de la sensibilité. Or la sensation de tact la plus simple en apparence est en réalité, et au même titre que toute autre, le sens musculaire par exemple, un complexus qui ne peut servir de commune mesure : la sensation élémentaire qui est au fond des sensations connues nous sera toujours insaisissable : c'est à elle seule pourtant que l'on devrait essayer de ramener les autres. L'observation démontre en effet que ce n'est que par lente accumulation que les sensations s'élèvent jusqu'au seuil de la conscience et que toute modification n'est sentie que par l'aide de celles qui l'ont été antérieurement : une impression qui arriverait à un cortex vierge de tout souvenir ne serait ni localisée, ni reconnue ; elle ne pourrait même être douloureuse et ne saurait être rapportée au tégument ou aux régions profondes ou, en d'autres termes, perçue comme sensation de tact, de pression forte, etc. La perception est en effet basée sur des associations : parmi celles-ci, beaucoup se font dans le domaine des centres inférieurs et échappent aux conditions qui régissent la connaissance : elles ont lieu pourtant, nombreuses et fatales : nous verrons plus loin en effet que le tissu nerveux se distingue des autres tissus par la richesse et la complexité inqualifiables des appareils destinés à relier entre eux, souvent à de grandes distances, les différents éléments qui rentrent dans sa constitution, en en faisant ainsi participer le plus grand nombre possible à la modification d'un seul. C'est sur ce canevas déjà infiniment complexe que travaillent les associations conscientes de certaines régions de l'écorce cérébrale. Lors donc qu'une impression est perçue, comme sensation tactile, par exemple, c'est qu'un nombre infini de résidus médullaires, bulbaires, cérébraux, a déjà modifié l'ébranlement primitif en se joignant à lui pour cheminer jusqu'à la conscience, c'est-à-dire jusqu'à l'écorce où d'autres associations plus complexes permettent sa localisation en surface et en profondeur et peuvent en outre rendre possible, par comparaison, un jugement sur son degré. Mais nous n'avons pas à nous occuper des processus de l'aperception : retenons seulement ceci : la sensation de tact est complexe comme les autres et, comme elles, se forme et se différencie par l'éducation : s'il nous semble si difficile de confondre les différentes formes de sensibilité, c'est que, pour opérer leur rapprochement, nous avons à manier, au lieu du léger contingent des organes périphériques, le lourd appareil des associations qui chargent le phénomène primitif pendant sa marche à la conscience : la gangue ainsi formée n'est malheureusement pas transparente : on peut bien entrevoir le noyau primitif, mais on ne saurait le différencier.]

objections : on a, ces derniers temps, rappelé les plus importantes (BROWN-
SÉQUARD, RICHET, DÉJERINE, LONG, etc.) ; il nous paraît en exister quelques
autres : nous les rencontrerons incidemment au cours de ce rapide résumé
de la question des voies de conduction affectées à la sensibilité.

A.— On a souvent assimilé à une chaîne, c'est-à-dire à une *série d'éléments*, un ensemble de neurones unis dans une même fonction : cette comparaison ne doit pas être considérée comme rigoureusement exacte : l'ancienne
conception, erronée au point de vue anatomique, du plexus ou feutrage
nerveux était peut-être plus voisine de la réalité physiologique : en effet,
dès son arrivée dans une masse grise, une fibre nerveuse s'y met en rapport,
directement ou indirectement, avec tous les éléments de cette dernière. Cela
est évident pour les noyaux gris compris dans le névraxe ; ceux par exemple
où se terminent les fibres longues des cordons postérieurs : non seulement
ces fibres se ramifient autour des cellules, associées d'ailleurs entre elles,
mais de plus elles se retrouvent dans l'intérieur des noyaux bulbaires avec
d'autres fibres venues des cellules auxquelles elles ont abandonné des collatérales pendant leur trajet médullaire. Les derniers travaux parus sur la
structure des ganglions rachidiens ont montré qu'un dispositif essentiellement
semblable préside à la diffusion de l'influx nerveux apporté par chaque fibre
à sa cellule d'origine. De cet appareil de diffusion on connaît : 1° *les cellules
du type II de Dogiel* dont les prolongements, axônes et dendrites, vont se
ramifier autour des cellules unipolaires ; 2° les fibres sympathiques, lesquelles s'arborisent toujours autour de plusieurs cellules ; 3° les dendrites
légitimes décrites par DOGIEL, étudiées par LENHOSSEK, SPIRLAS, etc. : ces
dendrites à l'inverse des deux branches du prolongement en T s'arborisent
à l'intérieur du ganglion sans en dépasser les limites ; 4° les nombreuses et
longues collatérales qui naissent de ces deux branches ou du tronc lui-même
et dont quelques-unes se rendent dans la moelle, tandis que le plus grand
nombre se divise à l'intérieur du ganglion.

Les fibres que celui-ci envoie dans la moelle se répartissent en plusieurs
faisceaux longitudinaux dont chacun contient une proportion variable de
fibres longues et courtes : en supposant que les premières, celles qui vont
jusqu'au bulbe, puissent se charger d'une conduction spécifique, il est difficile
d'attribuer un pareil rôle aux fibres moyennes et courtes car on ne peut
supposer que celles-ci trouvent dans la substance grise, ou dans les fibres
qui en partent, un dépositaire scrupuleux du dépôt qu'elles y apportent, et
ceci en raison du dispositif général qui dans tout le système nerveux assure
aux modifications primitivement localisées une diffusion la plus large et la
plus rapide possible. De même, si nous envisageons les collatérales de ces
fibres radiculaires qui amorcent, dans la substance grise, les voies indirectes

qui passent par les cordons latéraux, nous constatons la présence des mêmes obstacles à la spécificité de conduction : les cellules de l'axe gris qui donnent naissance aux fibres de ces faisceaux sont en rapport, non seulement avec les éléments d'un même groupe, mais encore avec ceux de groupes différents : et ceux-ci de leur côté, directement ou indirectement, avec les fibres des faisceaux radiculaires interne ou externe, non seulement d'une même paire, mais très probablement de plusieurs paires voisines : d'autre part, un certain nombre de ces cellules envoient les branchés de division de leur axône dans plusieurs faisceaux ou cordons différents : tout cet appareil n'est le substratum que de la seule diffusion en sens transversal : si on envisage sa disposition en hauteur, il devient évident que le nombre des chances de diffusion est encore multiplié. Enfin, de même que celles des racines, les collatérales qui naissent des fibres des cordons et vont se perdre dans la substance grise ne peuvent se voir attribuer une conduction spécifique : d'ailleurs, comme pour les fibres longues des racines postérieures, l'ébranlement qu'elles transmettent ne peut être qu'une *résultante* de l'association fatale de plusieurs neurones : ceux-ci, dans la moelle comme dans le ganglion, impriment à tout influx qui les traverse des modifications que l'on ne peut connaître, mais qui en dernière analyse sont fonction des résidus laissés par les ébranlements antérieurs.

En résumé, si nous considérons la *structure* du système nerveux nous rencontrons partout un même dispositif qui s'oppose non seulement à la conservation intégrale de la « nature » d'une impression venue de la périphérie mais de plus cherche à confondre dans une même voie indirecte des ébranlements venus de territoires de la périphérie assez éloignés les uns des autres : tel semble être, par exemple, le rôle des branches descendantes des racines postérieures (1).

C'est alors que l'on pourrait faire intervenir le « dynamisme » des cellules et cette élasticité qui les fait se prêter avec tant de complaisance aux théories les plus opposées. Les courants nerveux qui dans un système inerte diffusent forcément le plus loin possible pourraient être engagés dans certaines directions et maintenus dans des limites précises grâce à l'activité des éléments qu'ils parcourent : tel serait le but de la contractilité des prolongements protoplasmiques, des variations de tension des fibres nerveuses (perles, varicosités, etc.), de la rétraction des appendices latéraux en forme

[(1) On sait d'autre part que plusieurs racines prennent part à l'innervation d'un même territoire cutané et, sinon partout, du moins dans certaines régions, d'un territoire d'étendue inférieure au minimum nécessaire pour provoquer une sensation double à l'épreuve du compas de Weber. Les sensations produites par chaque pointe passent donc par deux ganglions différents : ce fait paraît démontrer que la localisation des sensations ne repose nullement sur la spécificité de leurs voies de conduction.]

de massue, ou enfin des mouvements mêmes du corps cellulaire (Wiedersheim) si ces mouvements existaient réellement et étaient autres que de simples translations de la cellule. Nous verrons dans la VIᵉ partie les objections capitales que l'on peut faire à la réalité de ces faits, ou du moins à leur interprétation comme phénomènes vitaux et non pas cadavériques ou artificiels : nous verrons combien la plupart des techniques mises en usage pour cette étude sont mal proportionnées à la délicatesse de leur objet, tant par leur brutalité que par les conditions dans lesquelles elles doivent être employées; comment enfin, de ces observations défectueuses, incomplètes et contradictoires, sortent des conclusions hasardées et pénibles et certaines théories dépouillées d'artifice qui avancent des explications prévues et prématurées des phénomènes psychiques les plus inaccessibles actuellement : remarquons par exemple combien de fois des modifications cellulaires résultant précisément d'une influence extérieure, le plus souvent intense et longtemps prolongée, ont été prises pour les signes de l'activité propre de l'élément considéré.

Admettons cependant que la contractilité cellulaire soit démontrée, que l'indépendance absolue des neurones soit toujours intangible et que les derniers travaux de Bethe, d'Apathy, etc., n'aient de ce chef aucune valeur, que ces neurones puissent, grâce à ces deux propriétés, interrompre ou rétablir leurs communications réciproques et cela par différents artifices, suivant les espèces cellulaires et suivant les auteurs. Il n'en est pas moins évident que pour se conformer au principe des chemins réservés et conserver leur spécificité aux impressions venues de la périphérie, les cellules devraient être capables de faire un choix *intelligent* dans les matériaux qui leur arrivent directement ou indirectement : ce choix supposerait un véritable automatisme cellulaire dont la source devrait toujours, en fin de compte, être cherchée dans le système nerveux et non dans les modifications imprimées à l'organisme par les agents extérieurs ; cela serait un exemple de réaction élémentaire, non plus fatale, mais contingente et « vitale ».

Mais si la cellule vierge est incapable de ce choix, ne pourrait-elle arriver par l'habitude, de même que les leucocytes peuvent à la longue acquérir une chimiotaxie positive ou négative à l'égard d'un corps donné liquide ou solide ? En d'autres termes, ne se pourrait-il pas qu'une cellule possédant, grâce à son fonctionnement antérieur, des résidus A répondît à un influx A' mais restât inerte devant tout autre, lequel serait ainsi arrêté dans sa marche ou du moins engagé dans une autre voie : la spécificité de la sensation serait ainsi conservée tout le long du trajet de la fibre qui la transmet et celle-ci, arrivée dans le névraxe, l'offrirait par ses collatérales à plusieurs cellules dont les unes la refuseraient, les autres l'accepteraient suivant leurs dispositions acquises. Cette explication n'est guère vraisemblable d'après la structure des ganglions rachidiens : il devient impossible de l'admettre si l'on examine les conditions dans lesquelles la répétition d'un même acte peut à la rigueur différencier une voie de conduction, c'est-à-dire modifier les conditions de transmission de l'influx nerveux qui en résulte. On a admis en effet que la transmission devient plus rapide dans un nerf soumis fréquemment aux mêmes excitations (en dehors des conditions de fatigue) : mais il s'agit dans ce cas d'une *localisation* déjà déterminée par l'agent extérieur : toutes les fibres du même tronc nerveux y sont également soumises : si l'on considère au contraire les fibres qui partent d'un même territoire cutané, on ne trouve aucun appareil terminal qui, dans l'état actuel de la science, puisse être regardé comme spécialement affecté à une forme de sensibilité; on n'est pas autorisé à admettre, malgré les recherches nombreuses faites dans cette voie, que les modifications thermiques affectent tel dispositif nerveux terminal, et les actions de pression tel autre. Dans le cas rappelé précédemment la condition créatrice de l'habitude était la localisation originelle du processus ; pour la sensibilité, cutanée ou autre, cette condition manque : l'habitude ne peut se créer ; il en résulte que, de même que les cellules, les fibres nerveuses ne conduisent pas des impressions de nature déterminée pour chacune d'entre elles et que les cellules, d'autre part, réagissent aux excitations apportées par les fibres avec une indifférence qui semble absolue lorsqu'on les voit répondre par la même réaction aux divers modes d'excitation expérimentale.

Il serait impossible de rapporter ici toutes les observations cliniques qui démontrent la non spécificité des fibres nerveuses périphériques en tant qu'agents conducteurs des impressions sensitives. On a noté à plusieurs reprises la dissociation des différentes formes de sensibilité dans les névrites périphériques, dans les cas de paralysie transitoire par compression ; il est facile de remarquer qu'après une compression passagère du nerf cubital, la sensibilité tactile reparaît un certain temps avant la sensibilité à la pression profonde et la sensibilité à la douleur.

Si nous considérons maintenant les conducteurs de la sensibilité au niveau de la moelle nous voyons que des difficultés semblables s'opposent à la doctrine des conducteurs spécifiques, doctrine qui, réprouvée actuellement par un grand nombre de physiologistes, cherche encore à se réfugier dans les cavités de la syringomyélie : la critique de toutes les observations publiées avec examen anatomique suffisant, au point de vue qui nous occupe, a déjà été faite à différentes reprises : il est inutile de la reproduire ici. Lors même que la lésion gliomateuse serait toujours localisée à un territoire de l'axe gris ou des cordons blancs rigoureusement déterminé, il n'en résulterait pas que les voies conductrices passassent par ce point précis, et cela, en raison des considérations cliniques et histologiques que nous avons exposées plus haut. Mais il est loin d'en être toujours ainsi, et, pour la syringomyélie comme pour les autres affections de la moelle (myélites, compressions, etc.) qui s'accompagnent de dissociation de la sensibilité, les lésions connues sont si variables dans leur localisation, la plupart des examens anatomo-pathologiques, si complaisants dans leurs conclusions, que ces mêmes lésions se sont vues réclamées tour à tour par les différentes théories proposées successivement pour expliquer le curieux syndrome en question, et que l'auteur d'une des dernières hypothèses édifiées à ce propos a pu s'exprimer en ces termes : « La dissociation syringomyélique de la sensibilité ne peut plus être considérée comme due à la lésion de la substance grise, elle est souvent la conséquense immédiate d'une lésion de la substance blanche. »

Il n'est donc plus possible d'attribuer à chaque forme de la conduction centripète une voie différenciée. A ce point de vue il est utile de rapprocher les différentes formes de la sensibilité et le processus qui préside à leur création de celui qui gouverne la *localisation* des impressions nées au niveau de la peau, des muscles, des viscères, etc. Pas plus que le premier, ce dernier n'est servi par la disposition anatomique des voies de conduction : dès les ganglions spinaux, des appareils de diffusion multiples s'opposent à la spécificité des voies de conduction. L'observation du développement psychologique de l'enfant apprend d'autre part que la localisation est un processus central et centrifuge, relevant de l'éducation et se perfectionnant progressivement : il consiste essentiellement dans *l'association* d'impressions d'origines différentes qui convergent vers les centres gris du mésocéphale et l'écorce cérébrale pour y caser leurs résidus respectifs : à mesure que la répartition se fait, les phénomènes moteurs par lesquels se traduit la localisation deviennent de plus en plus précis et coordonnés.

Rien ne s'oppose à ce que l'on admette qu'un processus semblable préside à la création des différentes formes de sensibilité : la plupart des excitations externes ne réveillent d'abord que des réflexes désordonnés, quelle que soit leur nature et leur degré. Les phénomènes que l'on considérerait chez un adulte, comme l'indice de la douleur, c'est-à-dire comme le résultat d'excitations trop fortes, ne se coordonnent que petit à petit : c'est alors seulement que l'on assiste au développement du sens musculaire en même temps que l'enfant apprend à distinguer les différents territoires du tégument externe : le stade intermédiaire de douleur démontre l'intervention de l'écorce dans la formation et le perfectionnement des formes de sensibilité (cutanée, profonde, etc.) et prouve de ce fait l'inutilité des voies de conduction distinctes.

B.— Celles-ci du reste sont loin d'avoir été décrites d'une façon satisfaisante et certains points fondamentaux de leur histoire se trouvent actuellement encore en litige : telle est par exemple la question de leur entre-croisement sur la ligne médiane au cours de leur trajet médullaire. Il n'est pas sans intérêt, au point de vue qui nous occupe, de résumer cursivement les opinions des auteurs à ce sujet.

Dès l'année 1823, Bellingeri avançait que les sensations sont conduites au cerveau par la substance grise. A la même époque Fodéra constatait la conservation de la sensibilité, chez le lapin, après section des cordons postérieurs, et sa disparition après section longitudinale de la moelle. Cette opinion fut acceptée avec quelques variantes par Schœps (1827), Rolando et Calmeil (1828). En 1841, van Deen conclut de ses nombreuses expériences que l'axe gris partageait avec les cordons postérieurs son rôle de conducteur de la sensibilité : ce fut l'opinion adoptée par Stilling. Cet auteur conclut de ses recherches que la partie postérieure de la s. grise (hémi-section transversale) est indispensable et suffisante pour la conduction sensitive, de même que la partie antérieure l'est pour la conduction motrice. Quelques années plus tard (1846), Brown-Séquard constatait qu'après section des cordons postérieurs la sensibilité à la douleur est conservée et même augmentée : les excitations périphériques étant alors conduites au cerveau par la substance grise : celles-ci ne peuvent l'être, d'autre part, par les cordons postérieurs seuls. Schiff (1856) confirma ces résultats, du moins dans leurs propositions fondamentales : il admit l'existence dans la région postérieure de la s. grise de fibres conductrices, mais non excitables, qu'il appela *esthésodiques*, réservant pour les fibres de la région antérieure de la substance grise la dénomination de fibres *kinésodiques*. Il supposa en outre que les sensations de tact passaient par les cordons postérieurs, les sensations douloureuses et thermiques par l'axe gris dans lequel pénètrent, dès leur entrée dans la moelle, les fibres chargées de cette conduction. Mais à cette époque on n'accordait qu'aux seules fibres nerveuses le rôle de conducteurs que l'on refusait aux cellules : aussi Leyden et Goldscheider expliquaient-ils par des phénomènes de sommation la conductibilité de la substance grise ; Vulpian de son côté concluait de ses recherches « qu'il n'y a pas de route déterminée dans la s. grise pour la conduction des impressions sensitives » (Long) (1).

Edinger reprit, avec quelques modifications, l'ancienne doctrine des voies de conduction spécifiques : il admit l'existence d'une voie secondaire, née de la s. grise, s'entre-croisant dans la commissure ventrale puis passant dans le cordon antéro-latéral où elle serait représentée par des fibres disséminées qui se condenseraient au niveau du bulbe pour aller dans la couche interoolivaire se confondre avec le ruban de Reil principal (*fig. 96*, p. 144). Cette

(1) *Les Voies centrales de la sensibilité générale*, thèse de Paris, 1899, p. 28.

voie secondaire serait réservée aux sensations cutanées, les cordons postérieurs restant affectés au sens musculaire. KOELLIKER adopta une opinion semblable, mais sans se prononcer sur l'existence d'un entre-croisement de la voie issue de la s. grise. V. GEHUCHTEN (1) construisit une théorie plus complexe qu'il compléta tout récemment à propos d'un cas de dissociation syringomyélique de la sensibilité par compression de la moelle : « Les fibres longues des cordons postérieurs qui sont des fibres directes serviraient à la transmission de la sensibilité tactile et peut-être de la sensibilité musculaire ; les fibres du f. cérébelleux, également directes, serviraient à la transmission de la sensibilité musculaire. Quant aux fibres du *faisceau de Gowers* qui sont pour la plupart des fibres croisées, elles auraient pour fonction de transmettre aux centres nerveux supérieurs les impressions douloureuses et thermiques. »

Les idées de V. GEHUCHTEN furent admises dans la suite par plusieurs auteurs : BRISSAUD, LLOYD et SCHLESINGER. Malgré sa complexité apparente, cette ingénieuse théorie s'est trouvé applicable à l'interprétation d'un cas d'hémiparaplégie avec anesthésie croisée et troubles syringomyéliques publié par DÉJERINE et THOMAS (2). Son auteur a du reste fait lui-même le départ des hypothèses sur lesquelles il base son opinion : le tabes, d'une part, et de l'autre, « un grand nombre de recherches expérimentales dues à BELLINGERI, FODERA, MIESCHER, VOROCHILOV, NAVROZKY, DITTMAR, BECHTEREW, MARTINOTTI, HOLZINGER, ont prouvé que la section des cordons postérieurs faite chez les animaux n'entraîne guère des troubles appréciables de la sensibilité ». Ajoutons à cela que dans le seul cas publié, dont l'examen anatomique n'ait pas contredit la théorie en question, l'examen clinique n'a pu être complet et que l'on ne put constater l'abolition du sens musculaire que postulait la lésion vérifiée du Cérébelleux direct, lequel attend encore ainsi la confirmation de ses nouvelles fonctions ; remarquons en outre que le Gowers est formé de fibres directes et croisées qui doivent les unes comme les autres avoir leur symptomatologie et qu'il est par conséquent difficile d'admettre que des lésions quoique assez délicates pour interrompre « pour un certain temps » les fonctions du Pyramidal, sachent respecter les fibres directes du Gowers et n'en détruire que les fibres croisées. On sait d'ailleurs que la section longitudinale (BROWN-SÉQUARD), et « les expériences faites dans le laboratoire de LUDWIG par MIESCHER, VOROSCHILOW, etc., portent à croire que toutes les impressions de la sensibilité sont transmises aux centres nerveux supérieurs par les fibres des cordons latéraux de la moelle ». Enfin, objection capitale, DÉJERINE et THOMAS ont fait remarquer que la dégénération

(1) *Semaine Médicale*, 1899, p. 114.
(2) *Archives de Physiologie*, 1898.

du Gowers ne s'accompagne d'aucun trouble de la sensibilité. La théorie de van Gehuchten n'est donc pas admissible.

C. — Quant à la question de l'*entre-croisement* des voies de la sensibilité elle s'est trouvée mêlée, ainsi que nous le faisions remarquer plus haut, à des problèmes plus complexes qui ont retardé sa solution en déroutant les recherches faites à ce sujet : aussi la pathogénie des troubles que l'on rattache à cet entre-croisement supposé, c'est-à-dire le syndrome de Brown-Séquard, n'est-elle guère plus avancée à l'heure actuelle que lors des premières publications de cet auteur. Pourtant un grand nombre de schémas ont été construits à ce sujet, les uns simples et presque insuffisants, les autres, vrais modèles d'élégance. L'histoire de ce syndrome est comparable à celle de la paralysie faciale d'origine centrale ou de l'amblyopie réputée cérébrale : les hypothèses furent bâties sur des examens cliniques incomplets pour la plupart et guidées par des idées théoriques sur la structure de la moelle qui étaient fausses en partie et en désaccord avec les données contemporaines de l'histologie normale ou pathologique. Il y a longtemps du reste que l'on fit à la première interprétation proposée par Brown-Séquard (entre-croisement des voies sensitives) des objections assez importantes pour lui faire abandonner sa manière de voir. Nous en trouvons le résumé dans le mémoire de Déjerine et Thomas que nous citions précédemment : 1° l'hyperesthésie directe est plus constante et plus marquée que l'hémianesthésie croisée, laquelle varie beaucoup, chez l'homme comme chez les animaux ; 2° l'hémisection a d'autant moins d'influence sur les membres postérieurs qu'elle est faite à une plus grande distance de la région lombaire ; 3° l'hémisection dorsale accompagnée de l'hémisection cervicale n'altère pas la sensibilité des deux membres inférieurs ; 4° la simple piqûre du cordon postérieur suffit pour produire l'hyperesthésie directe et l'anesthésie croisée et de plus la paralysie motrice et vaso-motrice du côté hyperesthésié ; 5° la section unilatérale des racines postérieures de la partie supérieure de la moelle dorsale produit également l'hyperesthésie du côté opposé ; 6° enfin, fait capital, la section des fibres entre-croisées seules, c'est-à-dire la section longitudinale du renflement lombaire (expérience de Galien) produit, non pas l'abolition mais une simple diminution de la sensibilité.

Du reste, ces différents symptômes varient beaucoup suivant les espèces animales. Mott démontra que chez le singe l'anesthésie produite par l'hémisection est surtout directe : elle peut d'ailleurs disparaître par élongation du sciatique de la région anesthésiée. Enfin Gotsch et Horsley démontrèrent par une méthode élégante et précise que la conduction de la sensibilité d'un côté du corps est assurée par les deux moitiés de la moelle mais surtout par la moitié correspondante : l'excitation du nerf sciatique produit dans la moelle un courant de réaction qu'il est possible de mesurer : or, quelle que soit l'espèce animale employée, ce courant, dont l'intensité est parallèle à celle du courant nerveux qu'il sert à déceler, se montre toujours plus fort du côté de l'excitation.

Tous ces faits ont été confirmés par un grand nombre d'expérimentateurs : la plupart d'entre eux sont inexplicables par les schémas construits pour éclaircir la pathogénie du syndrome de Brown–Séquard : ce n'est pas en exagérant l'importance numérique de celles des collatérales qui s'entrecroisent sur la ligne médiane, ni en faisant abstraction, pour un faisceau donné, des fibres directes qu'il peut contenir, que l'on en pourra tracer une représentation graphique satisfaisante. Il en en est de même, a fortiori, pour les nombreuses combinaisons d'anesthésie ou d'hyperesthésie que l'on peut observer dans la syphilis spinale ou dans les compressions de la moelle. Raymond (1) a fait remarquer que l'anesthésie est souvent sans rapport avec le siège de la lésion. La seconde interprétation à laquelle s'arrête Brown–Séquard (2), devant les objections que Mott fit à sa première manière de voir, eut au moins sur celle-ci le mérite de ne rien préjuger sur la structure histologique de la moelle et de tenir compte, non seulement de la localisation, mais aussi du degré et des variations de chacun des éléments du syndrome : au lieu de faire de l'anesthésie le résultat de l'interruption de la conduction sensitive, il la regarda comme un phénomène d'inhibition, et l'hyperesthésie, comme un phénomène de dynamogénie. Vulpian avait autrefois considéré l'anesthésie croisée comme un effet de l'hyperesthésie directe : Ces explications n'en sont pas, il faut bien l'avouer, mais elles ont le mérite de tout envisager et l'avantage de mettre en lumière les termes du problème au lieu de les effacer sous une solution prématurée.]

BIBLIOGRAPHIE — **Rôle des racines antérieures et postérieures.**
Belmondo et Oddi : « Sur l'influence des racines spinales postérieures sur l'excitabilité des racines antérieures », *Rivista sperim. di freniatria e. med. leg.*, 1890, p. 265 et *Arch. Ital. de Biol.*, 1891. — Bonne : *Les éléments centrifuges des R. P.*, thèse de Lyon, 1897, p. 81 à 108. — Chipault : *Travaux de neurologie chirurgicale*, 1re année. Troubles trophiques chez l'homme par lésions des R. P., p. 240 à 242. — Morat : Fonctions vaso-motrices des R. P., *Arch. de Phys.*, oct. 1892. — Mott et Sherrington : « Effets consécutifs à la section des R. P. chez le singe », *Congrès de Physiologie de Berne*, 1895. — Polimanti : Sur la distribution fonctionnelle des racines motrices dans les muscles des membres, *Arch. Ital. Biologie*, vol. XXIII, p. 333, 341. — Sherrington : « Sur la constitution anatomique des nerfs des muscles du squelette avec remarques sur les fibres récurrentes des racines ventrales », *Journ. of Physiology*, vol. XVII, 1894-1895. — « Existe-t-il dans les racines dorsales, chez les mammifères, des fibres d'origine médullaire? », *Journ. of Phys.*, mars 1897. — Steinach : « Fonctions motrices des R. P. », *Pfluger's Archiv*, vol. LX.

(1) *Iconographie de la Salpêtrière*, 1897.

(2) Remarques à propos des recherches du docteur Mott sur les effets de la section d'une moitié latérale de la moelle épinière. *Arch. de Physiologie*, 1894, p. 195.

1895. — Stricker : « Recherches sur les nerfs vasomoteurs du sciatique », Acad. des Sc. de Vienne, juillet 1876. — Tomasini : L'excitabilité de la zone motrice après section des R. P., Lo sperimentale, 48ᵉ année et Arch. Ital. de Biol., vol. XXIII. — Vezzilow : « Sur les fonctions vaso-motrices des R. P. de la moelle », thèse de Moscou, 1898. — Wana : « Sur le trajet anormal et aberrant de quelques fibres motrices dans un territoire radiculaire », Arch. f. Phys., vol. LXXI, p. 555, 1898.

Dégénérations médullaires en général. — Campbell : « Sur les faisceaux de la moelle épinière et leur dégénération ; étude critique », Brain, hiver 1897. — Flatau : « La loi de la situation excentrique des voies longues de la moelle », Acad. des Sc. de Berlin, 1897. — Giese : « Topographie de la substance blanche de la moelle de l'homme, d'après des recherches embryologiques », thèse de Pétersbourg, 1898, 257 pages et 131 figures. — Klippel : Comment commencent les dégénérescences spinales? (étude histologique), Arch. de Neurologie, 1896. — Schaffer (K.) : « Contr. à l'étude des dég. secondaires », Arch. f. mikr. Anat., 1894, vol. XLIII, et Neurol. Centralbl., 1895. — « Technique de l'examen histologique des dégénérations des cordons de la moelle à leur début », Neur. Centralbl., 1898. — Soukhanoff : « Contr. à l'étude des dég. secondaires », Journ. de Neurol. et d'Hypnologie, 1898, n° 1. — Stroebe : « Histologie générale des processus de dé- ou de régénération dans le système nerveux central et périphérique d'après les derniers travaux », publication du Centralbl. f. allg. Pathologie u. path. Anat., vol. VI, 1895. — Vassale : « Sur la différence anatomo-pathologique entre les dég. primaires et secondaires de la moelle épinière », Riv. sper. di fren. e med. leg., 1896, p. 788-796. — Vorotynsky : Sur le début et la marche des dég. secondaires dans les différents systèmes de la moelle épinière du chien. Rev. Neurol., 1896, p. 601.

Cordons antéro-latéraux. — Bechterew : « Recherches sur l'excitabilité des cordons de la moelle chez les animaux nouveau-nés », Neurol. Centralbl., 1888. — « Sur le développement relatif et les différences topographiques des voies pyramidales chez l'homme et les animaux et sur leurs fibres à myélinisation précoce », Neur. Centralbl., 1890. — V. Gehuchten : Contribution à l'étude du faisceau pyramidal, Journ. de Neurol. et Hypnol., Bruxelles, 1896. — Hoche : « Sur les variations du trajet des voies pyramidales », Neur. Centralbl., vol. XVI, 1897. — Klippel : La non-équivalence des deux hémisphères cérébraux, Presse médicale, 29 janvier 1898. — Marie : Leçons sur les maladies de la moelle, 1892. — Mingazzini : « Du rôle du faisceau antéro-latéral ascendant », Riv. sper. di freniatria, vol. XVIII. — Soukhanoff : Contribution à l'étude de la marche de la dégérescence des voies pyramidales chez les cobayes, Journ. de Neurol. et d'Hypnol., 1897. — Stoddart : « Étude expérimentale sur le F. Py. D. », Brain, 1897, et Rev. Neurol., 1898. — Wertheimer et Lepage : Action de la zone motrice du cerveau sur les mouvements des membres du côté correspondant, Soc. Biol., 1896. — Article Bulbe in Dict. de Physiologie, de Richet. — Zenner : « Un cas de tumeur cérébrale de la sphère motrice gauche, hémiplégie gauche, absence de croisement des pyramides », Neurol. Centr., vol. XVII, p. 202, 1898.

Cordons postérieurs et conduction de la sensibilité. — Bechterew et Holzinger : « Les voies sensitives dans la moelle », Neur. Centralbl,, septembre 1894. — Bikeles : « Sur la localisation des voies sensitives (centripètes) dans la moelle du chien et du lapin au niveau des régions lombaire supérieure et thoracique inférieure avec recherches sur l'anatomie et les fonctions de la substance grise », Anzeiger d. Wissensch. in Krakau, avril 1898, p. 192 ; Centralbl. f. Physiol., XII, p. 346, et Neur. Centralbl., 1ᵉʳ février 1899. — Bottazzi : « Sur l'hémi-section de la moelle épinière », Centralbl. f. Physiol., 1894, et Arch. Ital. de Biol., 1895, t. XXIV, p. 466. — Brissaud : Le syndrome de Brown-Séquard, Leçons cliniques, 1893, p. 247. — Le double syndrome de Brown-Séquard dans la syphilis spinale, Progrès Médical, 1897 et Leçons cliniques, 1898. — Brown-Séquard : Thèse, 1846. — Soc. de Biol., 1849 et 1850. — Gaz. hebd. de méd. et de chirurgie, 1856. — Arch. de Phys., 1868 et 1869. — Remarques à propos des recherches de Mott sur les effets de la section d'une moitié latérale de la moelle épinière, Arch. de Phys., 1894, p. 195. — Charcot (J.-B.) : Sur un cas de dissociation de la sensibilité à type syringomyélique, consécutive à une compression (d'un nerf périphérique), *Soc. Biol.*, 10 déc. 1892 et *Sem. Méd.*, 1892, p. 504. — CIAGLINSKY : « Les longs traj. sensitifs de la s, grise de la moelle et leur dégénération expérimentale », *Neur. Central.*, 1896. — CLAPARÈDE : *Du sens musculaire*, thèse de Genève, 1897, et *Année Psychologique*, 1898. — CROCQ : Un cas de syndrome de Brown-Séquard avec dissociat. syringomyélique de la sensibilité, *Journ. de Neurol. et Hypnol. de Bruxelles*, février 1899. — DÉJERINE : SOTTAS : Sur un cas de syringomyélie unilatérale à début tardif, suivi d'autopsie (symptômes homomères), *Soc. de Biol.*, juillet 1892. — DÉJERINE et THOMAS : Un cas de syringomyélie, type scapulo-huméral avec intégrité de la sensibilité, *Soc. de Biol.*, 10 juillet 1897. — Un cas d'hémiparaplégie avec anesthésie croisée, *Arch. de Phys.*, 1898. — EDINGER : « Note sur le trajet des voies de sensibilité dans le système nerveux central », *Deutsche med. Woch.*, 1890, n° 20. — EDSALL : « Dissociation syringomyélique au cours d'un mal de Pott », *Journ. of nervous and ment. diseases*, 1898. — V. GEHUCHTEN : Le mécanisme des mouvements réflexes ; un cas de compression de la moelle dorsale avec abolition des réflexes, *Journ. de Neurol. et Hypnol.*, 1897. — La dissociation syringomyélique de la sensibilité dans les compressions et les traumatismes de la moelle épinière et son explication physiologique, *Sem. Méd.*, 1899. — GOTSCH et HORSLEY (Étude physiologique sur le point d'entre-croisement, dans la moelle, des voies de la sensibilité), *Philos. Trans.*, 1891. — HANOT et MEUNIER : Gomme syphilitique double de la moelle épinière, ayant déterminé un syndrome de Brown-Séquard bilatéral avec dissociation syringomyélique, *Nouv. Iconographie de la Salpêtrière*, 1896. — KAHLER et PICK : « Sur la syringomyélie et l'hydromyélie », *Prager Vierteljahr. f. prakt. Heilkunde*, 1879. — KIRCHHOFF : « Sur les centres trophiques cérébraux et le trajet des fibres trophiques et des fibres de conduction de la douleur et de quelques systèmes de fibres à conduction incertaine », *Arch. f. de Psych.*, vol. XXIX, 1897, et *Rev. Neurol.*, 1897, p. 693. — KOELLIKER : *Loc. cit.*, p. 118. — KRAUSS : (Gliose centrale sans dissociation syringomyélique) *Virchow's Arch.*, vol. CI, 1885. — LANGENDORFF : « Contribution à l'étude des voies longues de la sensibilité dans la moelle », *Pfluger's Arch.*, vol. LXXI, et *Neur. Central.*, février 1899. — LLOYD : « Étude sur les lésions présentées par un cas de traumatisme de la région cervicale de la moelle ayant à la douleur syringomyélie », *Brain*, 1898, p. 36. — LAEHR : « Troubles de la sensibilité à la douleur et à la température consécutifs aux maladies de la moelle », *Arch. f. Psychiatrie*, vol. XXII, 3. — LONG : *Les voies centrales de la sensibilité générale ; étude anatomo-clinique*, thèse de Paris, 1899. — MINOR : Recherches cliniques et anatomiques sur les affections traumatiques de la moelle, suivies d'hématomyélie centrale et de formations cavitaires centrales, *Sem. Méd.*, 1897. — « Dissociation syringomyélique de la sensibilité dans les myélites transverses », *Neur. Central.*, juin 1898. — MIRAILLÉ : Les faisceaux sensitifs du névraxe, *Gazette Méd. de Nantes et Indépendance Méd.*, 1898. — MOTT : « Recherches expérimentales sur les faisceaux afférents du système nerveux chez le singe », *Brain*, 1895. — MUSCATELLO et WIENER : « Contribution à l'analyse des fonctions des cordons postérieurs de la moelle », *Neur. Centr.*, 1899, 1er octobre. — PIATOT et CESTAN : Syndrome de Brown-Séquard et de dissociation syringomyélique d'origine syphilitique, *Ann. de dermatol. et de syph.*, juillet 1897. — RAYMOND : Syndrome de Brown-Séquard, d'origine probablement syringomyélique, *Progrès Méd.*, 1895. — Sur un cas d'hémisection traumatique de la moelle, *Nouv. Iconographie de la Salpêtrière*, 1897, p. 1, 166 et 305. — RICHET : Recherches expérimentales et cliniques sur la sensibilité, thèse de Paris, 1877. — SCHLESINGER : « La syringomyélie », Vienne, 1895. — « Localisation des voies de la sensibilité à la douleur et à la température dans la moelle », *Neur. Centralbl.*, août 1895. — SCHIFF : Sur la transmission des impressions sensitives dans la moelle épinière, *Acad. des Sciences*, 2 mai 1854. — *Berner naturf. Gesellschaft*, 1857. — *Versamml. deut. Naturf.*, Karlsruhe, 1858. — Recueil des mémoires physiologiques de M. Schiff, Lausanne, 1896. — SOTTAS : Des paralysies spinales syphilitiques, thèse de Paris, 1894. — VULPIAN : Art. Moelle du Dictionnaire Dechambre. — WALLENBERG : « Recherches sur la topographie des cordons postérieurs chez l'homme », *Leutsche Zeitsch. f. Nervenheilk.*, vol. XIII, 1898.

TROISIÈME PARTIE

VOIES DE CONDUCTION DU TRONC CÉRÉBRAL

[Le terme de *tronc cérébral* correspond à une réelle unité anatomique, mais au point de vue embryologique il n'a pas une signification bien déterminée car il comprend des formations dérivées de l'arrière-cerveau (bulbe), du cerveau postérieur (protubérance), du cerveau moyen (pédoncules cérébraux et tubercules quadrijumeaux) et du cerveau intermédiaire (couche optique, etc.). Néanmoins, et surtout au point de vue des voies de conduction, la division que suppose cette dénomination est des plus justifiées : ses faisceaux de projection et d'association présentent en effet certaines dispositions générales et une complexité que l'on ne retrouve plus dans les formations dérivées du cerveau terminal et dont l'étude de la moelle ne peut donner qu'une faible idée. Enfin, de la moelle au thalamus, toutes les formations grises du tronc cérébral sont unies entre elles par de nombreuses voies d'association et s'unissent le plus souvent dans les faisceaux de projection qu'elles envoient au reste du névraxe.

Suivant le plan adopté dans la deuxième partie nous exposerons brièvement la structure de ces *masses grises* en insistant surtout sur les détails topographiques ou histologiques qui concernent plus spécialement les voies de conduction. Les chapitres suivants seront respectivement consacrés aux *origines des nerfs craniens*, aux *voies médullaires prolongées*, aux *faisceaux d'association du tronc cérébral*, aux *voies centrales et connexions réciproques des noyaux des nerfs craniens* et enfin à un court résumé du *développement et des anomalies*, ainsi qu'à quelques *considérations physiologiques*.]

CHAPITRE PREMIER

NOYAUX GRIS DU TRONC CÉRÉBRAL

La substance grise du tronc cérébral ne se présente pas comme celle de la moelle sous forme d'une colonne à peu près homogène et ininterrompue, ni comme celle du télencéphale, sous forme d'une vaste couche périphérique et continue : elle se répartit en amas ou îlots plus ou moins nettement délimités dans l'intervalle desquels les fibres blanches se croisent dans toutes les directions et donnent ainsi à ce territoire une complexité beaucoup plus grande que celle que nous présente le reste du névraxe.

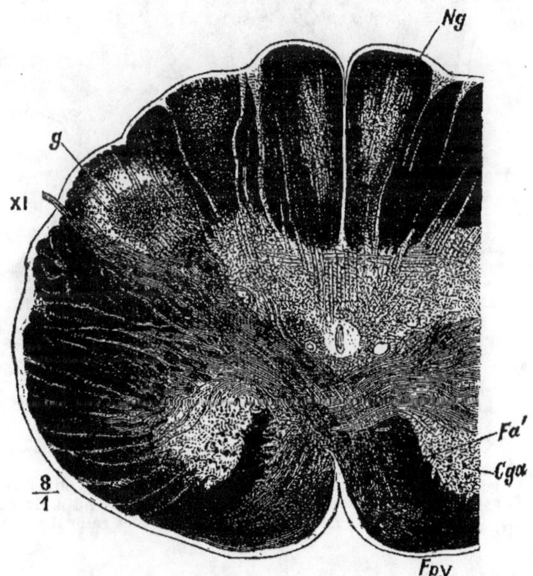

Fig. 116. — COUPE TRANSVERSALE DE LA MOELLE AU NIVEAU DE L'ENTRE-CROISEMENT DES PYRAMIDES.

Cga, Corne antérieure.
Fa', F. fondamental du cordon antérieur.
Fpy, Pyramide.
D'après HENLE.

g, S. gélatineuse de Rolando.
Ng, Noyau du cordon grêle.
Xl, Nerf accessoire de Willis.

ARTICLE I. — RÉSUMÉ DE LA DISPOSITION ET DE LA STRUCTURE DES NOYAUX GRIS.

[Dans cet exposé nous ne nous appesantirons pas sur la forme ni sur les dimensions, ni même sur tous les détails de structure des noyaux gris du tronc cérébral : cette étude n'a pour but que de faciliter celle que nous ferons ensuite des voies de conduction de la même région du névraxe ; nous allons donc les parcourir en suivant l'ordre dans lequel ils se présentent sur une

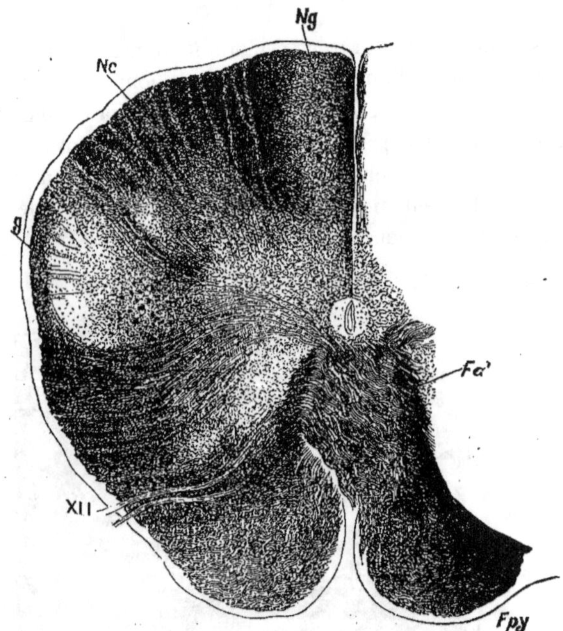

Fig. 117. — COUPE DU BULBE PASSANT PAR LES DERNIÈRES FIBRES RADICULAIRES DE L'HYPOGLOSSE.

L'entre-croisement des pyramides est à peu près terminé.

Fa', Décussation des pyramides.
Fpy, Pyramide.
g, Racine spinale du trijumeau.
D'après HENLE.

Nc, N. cunéiforme ou n. du cordon de Burdach.
Ng, N. de Goll ou n. du cordon grêle.
XII, Un filet radiculaire de l'hypoglosse.

série de coupes étagées de bas en haut et intéressant successivement le *bulbe,* la *protubérance,* le *cerveau moyen* (pédoncules cérébraux et tubercules quadrijumeaux — nous n'avons pas à nous occuper pour le moment des pédoncules cérébelleux), enfin le *cerveau intermédiaire* (région sous-thalamique et thalamus).]

Formations bulbaires. — Au moment de leur passage dans le bulbe, les colonnes grises de la moelle subissent une série de modifications de forme et de structure. Ce sont les cornes postérieures qui commencent le mouvement dès la partie supérieure de la moelle cervicale : elles s'écartent l'une de

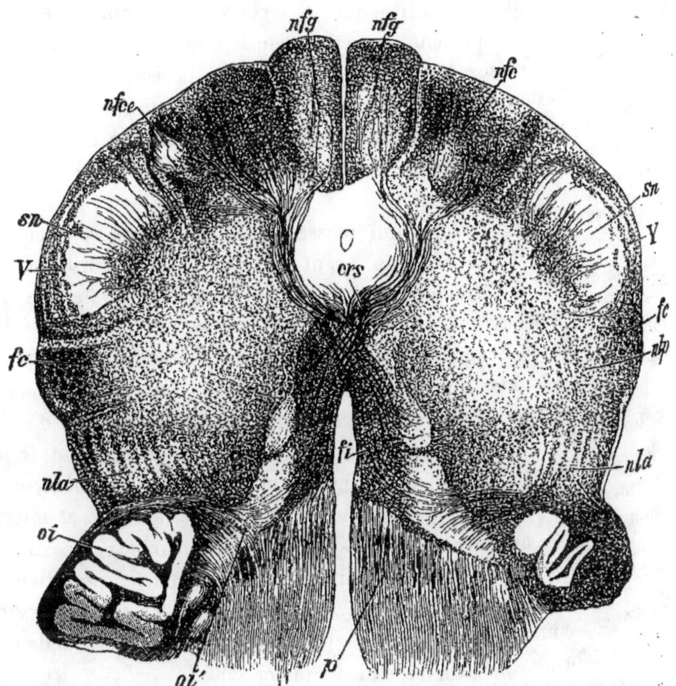

Fig. 118. — COUPE DU BULBE AU NIVEAU DE L'ENTRE-CROISEMENT SENSITIF.

crs, Croisement sensitif ou cr. supérieur ou postérieur.
fc, F. cérébelleux direct.
fi, Couche interolivaire ; en dehors de crs et fi on voit la substance réticulée grise.
nfc, Noyau interne du cordon cunéiforme.
nfce, Portion du noyau externe du cordon cunéiforme.
nfg, Noyau du cordon grêle.
nla, Noyau antérieur du cordon latéral.
nlp, Noyau postérieur du cordon latéral.
oi, Olive inférieure ou bulbaire.
oi' Parolive interne.
p, Pyramide.
Sn, Substance gélatineuse.
V. Trijumeau.

l'autre, se portent en dehors et semblent répondre par leur étirement à l'allongement des diamètres que l'on peut constater sur une coupe transversale de la moelle faite à ce niveau : leur portion basale s'amincit en conséquence. En même temps on voit émerger de leur base deux masses grises qui deviennent de plus en plus importantes et finissent par dessiner chacune une saillie considérable dans le territoire des cordons postérieurs. La saillie externe, cunéiforme, est le noyau du cordon de Burdach ; l'interne, piriforme, est le noyau du cordon de Goll (*fig. 117* et *118*) : c'est dans ces deux amas de substance grise que se terminent les fibres des faisceaux médullaires dont ils portent respectivement le nom : ces terminaisons sont d'ailleurs disposées sur le modèle général des arborisations péricellulaires. Les extrémités de ces noyaux dépassent de quelques millimètres le calamus scriptorius : celui du cordon grêle descend dans la moelle cervicale un peu plus bas que le noyau cunéiforme, mais ce dernier le dépasse à son tour du côté proximal.

La plupart des axônes qui naissent des cellules de ces deux masses grises se dirigent d'arrière en avant et vont s'entre-croiser avec leurs congénères, sur la ligne médiane, au-devant du canal central, dans la région dite de l'*entre-croisement sensitif* ou encore *postérieur* ou *supérieur*. [Elle est située en effet au-dessus et en arrière de l'entre-croisement des pyramides motrices. Ces axônes font partie des fibres qui sillonnent transversalement le bulbe : ce sont les *fibres arquées internes* : quelques-unes d'entre elles continuent leur trajet horizontal d'arrière en avant, cheminent le long du raphé et arrivent à la surface du bulbe qu'elles suivent pendant un certain parcours sous le nom de *fibres arquées* ou *arciformes externes et antérieures*.] Enfin d'autres neurites, à leur émergence des noyaux, se dirigent en arrière et affectent les mêmes rapports avec la partie postérieure de la périphérie du bulbe. [Ce sont les *fibres arciformes externes et postérieures d'Edinger* : comme les précédentes (fibres externes) elles se rendent dans le corps restiforme, mais dans celui du même côté.]

Le noyau du cordon de Burdach est beaucoup plus volumineux que celui du f. de Goll : il se compose de deux parties (*fig. 118, nfc, nfce*), un noyau interne et un noyau externe, immédiatement voisins l'un de l'autre, mais présentant certaines différences dans leur structure et leurs connexions : le noyau externe dit *n. de Monakow* est formé principalement de grandes cellules à neurite long : dans l'autre, par contre, on trouve une forte proportion de cellules dites du type II de Golgi, à axône court et ramifié (*fig. 121*, p. 202); le premier est en rapport, non seulement avec les fibres venues de la moelle, mais aussi avec la formation réticulée et le corps restiforme (V. plus loin).

Au-dessous du point de passage de la moelle au bulbe, on voit encore émerger de la s. grise, dans l'angle formé par la corne latérale et la base de la corne postérieure, une saillie que traversent des fascicules de fibres blanches : on la désigne sous le nom de *processus reticularis* : dans le bulbe elle représente l'origine de deux noyaux situés près de sa face extérieure : n. antérieur et n. postérieur du cordon latéral (*fig. 118 et 119, nla, nlp*) : on peut, au Golgi, y constater la présence de grandes cellules ramifiées (*fig. 122, p. 202*). Le noyau antérieur semble servir de relais à une partie des fibres du

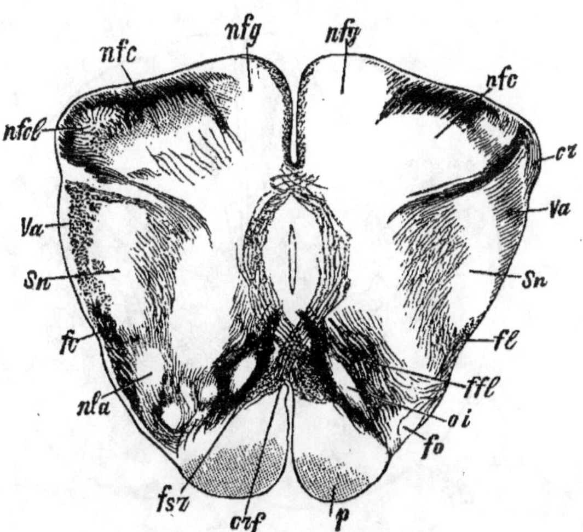

Fig. 119. — COUPE DU BULBE AU NIVEAU DE L'EXTRÉMITÉ INFÉRIEURE DES OLIVES.

Fœtus humain de 6 à 7 mois — Méthode de Weigert.

cr, Corps restiforme.
crf, Entre-croisement postérieur ou sensitif, formé de fibres venues des noyaux de Burdach.
fc, Faisceau cérébelleux direct.
ffl, Fibres venant du Fondamental latéral.
fi. Faisceau aberrant du bulbe.
fo, Cordon olivaire.
fsr, Fibres du Fondamental du cordon antéro-latéral.
nfc et *nfcl*, Noyau principal et noyau externe du cordon de Burdach.
nfg, Noyau du cordon de Goll.
nla, Noyau antérieur du cordon latéral.
oi, Extrémité distale de l'olive.
p, Pyramide
Sn, Substance gélatineuse.
Va, Racine spinale du trijumeau.

fondamental antéro-latéral ; il envoie la majeure partie de ses axônes vers la périphérie du bulbe (*fig. 118*) ; il est très probablement, d'autre part, en rapport avec les racines du vago-glosso-pharyngien ; quant au noyau postérieur, situé près de la corne dorsale, un peu plus haut que le précédent, on ne sait encore rien de certain sur les relations qu'il affecte avec les cordons de la moelle.

La région de transition de la moelle au bulbe est marquée par le *décussation des pyramides motrices* : les fibres des faisceaux pyramidaux, latéraux, en s'entre-croisant sur la ligne médiane, séparent du reste de la s. grise la corne latérale et la corne antérieure (*fig. 116*, p. 196 et *fig. 120*) : celle-ci, grâce à la pénétration successive de nombreuses fibres blanches,

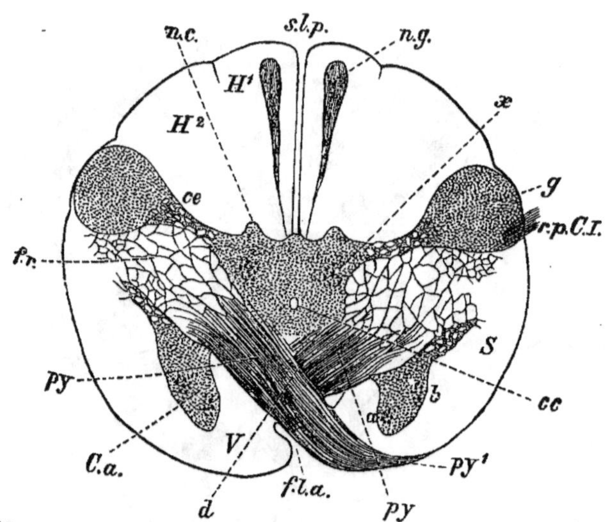

Fig. 120. — COUPE TRANSVERSALE DE LA RÉGION DE TRANSITION DE LA MOELLE AU BULBE ; ENTRE-CROISEMENT DES PYRAMIDES.

a et *b*, Groupes cellulaires de la corne antérieure.
Ca, Corne antérieure.
cc, Canal central.
ce, Col de la corne postérieure.
d, Croisement des pyramides.
fla, Sillon longitudinal antérieur.
Fr, Formation réticulée.
g, Tête de la corne postérieure.
H¹ Cordon grêle.
H², Cordon cunéiforme.
nc, Première ébauche du noyau de ce cordon.
ng, Noyau du cordon de Goll.
py, py¹, F. pyramidal dont les fibres en s'entre-croisant repoussent de côté le sillon antérieur.
rpCI, R. P. de la première paire cervicale.
S, Cordon latéral.
slp, Sillon longitudinal postérieur.
V, Cordon antérieur.
x, Groupes de cellules à la base de la corne postérieure.

devient peu à peu la *formation réticulée du bulbe* : elle est toujours essentielle-ment constituée par de grandes cellules multipolaires ramifiées dont les axônes, pourvus de nombreuses et fines collatérales, affectent différentes direc-tions. Ces cellules s'amassent de préférence dans la région latérale du bulbe où l'on peut ainsi décrire une *substance réticulée grise*, par opposition à la *s. réticulée blanche* qui occupe presque tout le reste de la moelle allongée (*fig. 118*, p. 198). KOELLIKER désigne sous le terme de *noyau diffus à grandes cellules* l'ensemble de la s. grise diffuse dans la formation réticulée.

Fig. 121. — CELLULE DE GOLGI PROVENANT DU NOYAU INTERNE DU F. CUNÉIFORME.

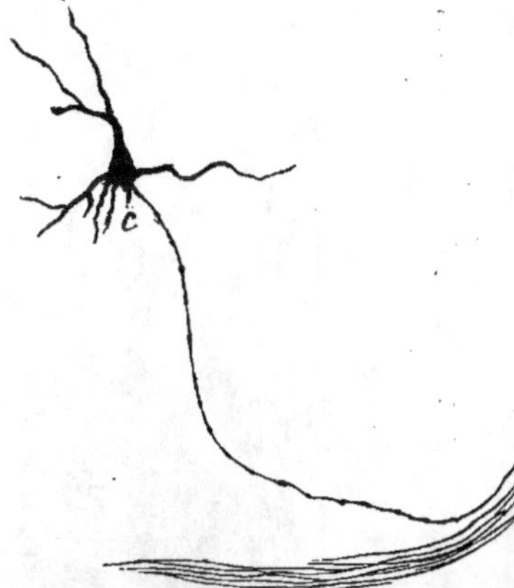

Fig. 122. — CELLULE PROVENANT DU NOYAU ANTÉRIEUR DU CORDON LATÉRAL.

Bientôt également la base de la corne dorsale devient le lieu de passage d'un grand nombre de fibres (entre-croisement sensitif) ; la formation réticulée gagne ainsi en étendue ; la s. gélatineuse de Rolando par contre se sépare plus ou moins du reste de la s. grise : du côté proximal elle se continue sous l'aspect d'une formation indépendante qui accompagne la racine spinale ou descendante du trijumeau (*fig. 118, Sn*) : on peut y voir sur des préparations au Golgi, au milieu d'un réseau serré de fibrilles très fines qui représentent vraisemblablement les ramifications des fibres de cette dernière, de petits amas de cellules de taille plus ou moins réduite, allongées ou fusiformes : un grand nombre d'entre elles appartiennent au type II de Golgi. On rencontre aussi çà et là dans la s. de Rolando de grandes cellules ramifiées qui sont particulièrement nombreuses dans sa portion interne et en dedans de celle-ci : leurs axônes se dirigent presque tous d'arrière en avant et passent finalement dans la formation réticulée, la majeure partie s'entre-croise au raphé, quelques-uns seulement restent dans le côté correspondant. CAJAL distingue en outre des *cellules marginales*, localisées sur le bord de la s. gélatineuse et des *cellules interstitielles* situées profondément entre les faisceaux de la racine du trijumeau.

Dans la région de l'entre-croisement inférieur, tandis que les pyramides bulbaires se rapprochent l'une de l'autre, on voit apparaître, sur les côtés

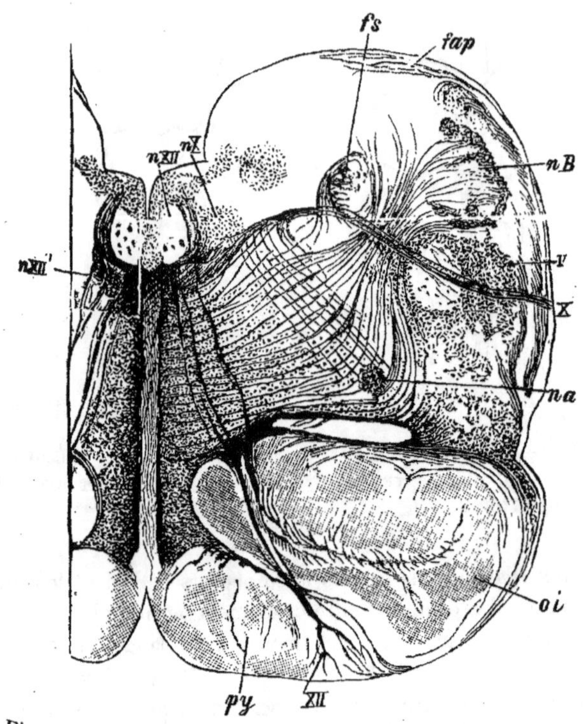

Fig. 123. — COUPE DU BULBE AU NIVEAU DE LA PARTIE MOYENNE
DE L'OLIVE BULBAIRE.

Fœtus humain. Méthode de Weigert.
fap, Fibres arquées postérieures.
f's, Faisceau solitaire.
na, Noyau ambigu.
oi, Olive inférieure.
py, Pyramide.
V, X, XII, Racines des nerfs craniens correspondants.
nX, Noyau du nerf vague.
nXII, nXII', Noyaux principal et accessoire de l'hypoglosse.

de celles-ci, au milieu de la formation qui continue le reste de la corne antérieure, deux nouvelles masses grises, minces lames plissées et sinueuses : ce sont les *olives inférieures* ou *bulbaires* (*fig. 118, 119, 123, oi*);

elles s'étendent en haut jusqu'à la partie inférieure de la protubérance et se traduisent chacune à la face antérieure du bulbe par une saillie oblongue, verticale, de couleur blanche, séparée de la pyramide par un profond sillon. Leurs cellules se présentent sur les préparations au Golgi sous l'aspect d'éléments arrondis, ramifiés, de moyenne taille : entre elles s'étend, à côté des fibres arquées à direction transversale, un épais feutrage formé des ramifications terminales de fibres appartenant à des systèmes éloignés et des propres axônes et dendrites de ces cellules. Parmi les

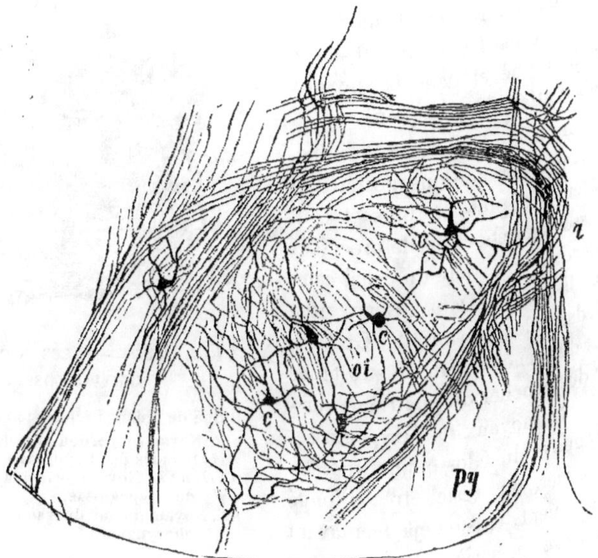

Fig. 124. — CELLULES DE L'OLIVE INFÉRIEURE.

Chat nouveau-né.

ccc, Neurite des cellules de l'olive.
oi, Olive inférieure ou bulbaire.
py, Pyramide.
r, Raphé.

(Préparation de TELJATNIK. Méthode de Golgi.)

neurites, les uns se dirigent en dedans et traversent le raphé; d'autres d'abord en avant puis en dedans et deviennent des fibres arquées *(fig. 124)*; un petit nombre seulement se dirigent du côté externe.

Deux petites formations grises tout à fait comparables aux olives par leur forme et leur structure se rencontrent dans leur voisinage immédiat. Ce sont les *parolives (fig. 118, oi'; fig. 127,* p. 207, *ois).* On les a toujours considérées comme offrant la même disposition histologique que les olives : d'après

Vincenzi (1) pourtant, leurs cellules n'appartiendraient pas à la même espèce. Mais les résultats obtenus par cet auteur n'ont pas été pleinement confirmés par les recherches ultérieures (2).

Au-dessus et en dedans de chaque pyramide, près du sillon médian antérieur, est un petit amas de substance grise : le *noyau arciforme*, dit encore *prépyramidal*, placé sur le chemin des fibres arciformes qui passent en avant de la pyramide, et ne contractant aucun rapport direct avec les fibres de cette dernière (*fig. 158*, p. 241). Ses cellules sont de moyenne taille, triangulaires ou fusiformes ; en haut il se pérd dans la substance grise du raphé et dans les noyaux protubérantiels (V. plus loin).

Dans la moitié dorsale du bulbe, les noyaux des cordons postérieurs s'écartent de plus en plus et sont repoussés en dehors par le processus d'ouverture en arrière du canal central de la moelle. Dans l'espace situé en dedans des noyaux de Goll on voit se différencier, dans la substance grise du plancher du quatrième ventricule, les noyaux de l'Hypoglosse, du Vague et du Glosso-pharyngien ; le premier du reste, très allongé verticalement, existe déjà bien avant l'ouverture en arrière du canal central, c'est-à-dire au-dessous du calamus scriptorius ; à ce niveau il est en continuité avec la s. grise péri-épendymaire. Les cellules de ces noyaux offrent différentes tailles : on peut même dans chacun d'eux distinguer plusieurs régions d'après les caractères des cellules qui s'y trouvent.

Le *noyau de l'Hypoglosse* est situé dans la partie inférieure du plancher du quatrième ventricule, tout à fait près de la ligne médiane ; il répond à l'aile blanche interne qu'il dépasse du reste en haut et en bas. Il est formé de cellules d'assez grande taille dont les axônes se rendent dans les faisceaux radiculaires du douzième nerf cranien ; ainsi que j'ai pu le constater chez

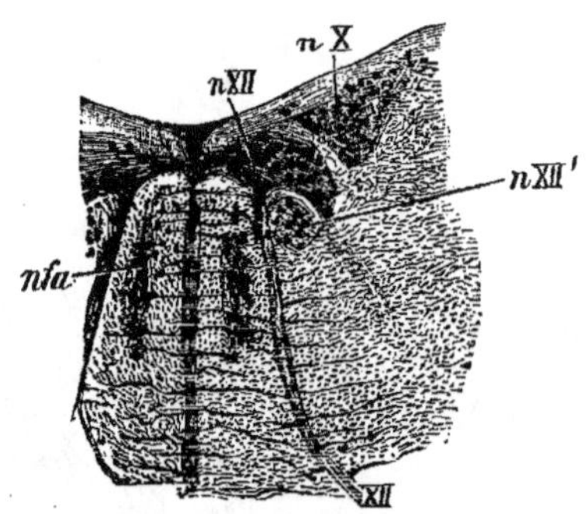

Fig. 125. — LES NOYAUX DE L'HYPOGLOSSE.

Bulbe de chien. Préparation au carmin.
nfa, Noyau du cordon antérieur.
XII, Racines de l'hypoglosse.
nXII, nXII' Noyaux principal et accessoire de l'hypoglosse.
nX, Noyau dorsal du vague et du glosso-pharyngien.

(1) Vincenzi : *Atti della R. Acad. med. di Roma*, 1886-1887. Résumé par Edinger in Schmidt's *Jahrbucher*, 1887.
(2) Voyez à ce sujet O. Klinke : « Sur les cellules des olives inférieures », *Neur. Centrabl.* XVI, p. 17, 1897.

plusieurs espèces animales, les cellules les plus volumineuses se trouvent dans la portion externe du noyau (*fig. 155,* p. 234). Tous ces éléments sont caractérisés par des dendrites très longues qui s'enfoncent profondément dans la formation réticulée (*fig. 156,* p. 236).

On décrit encore un *noyau accessoire* situé en avant du noyau principal et en dedans de la racine de l'hypoglosse, et formé également de cellules relativement volumineuses (*fig. 155,* p. 234); un autre noyau accessoire situé aussi en avant du noyau principal mais en dehors de la racine, se compose au contraire de cellules relativement petites (*fig. 125*).

Le *noyau dorsal du Vague* (dans sa portion inférieure) *et du Glosso-pharyngien* (dans sa portion supérieure) est accolé en dehors et en arrière à celui de l'hypoglosse : il est principalement formé de cellules petites et moyennes (*fig. 125*).

Au même niveau on rencontre encore deux formations nucléaires plus petites : l'une est située dans la profondeur du bulbe, plus latéralement, et formée de cellules ramifiées assez volumineuses : c'est le *noyau*

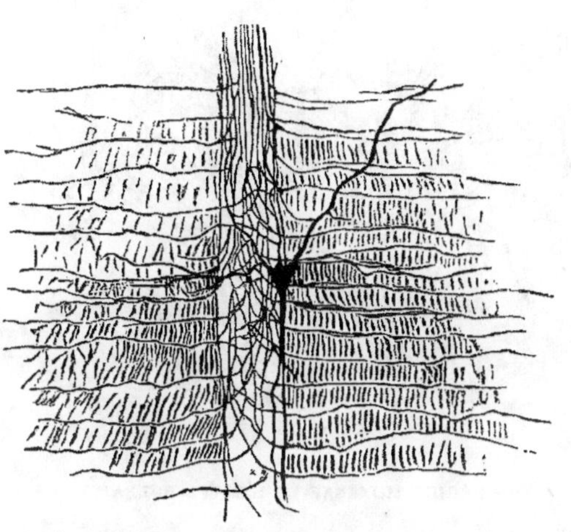

Fig. 126. — CELLULE DU RAPHÉ BULBAIRE.

Son axône prend une direction ascendante.

ambigu ou *noyau antérieur* du vague et du glosso-pharyngien (*fig. 123,* n°, p. 203); l'autre est plus près de la surface, sous le plancher ventriculaire, au-dessus du noyau de l'hypoglosse : c'est le *noyau du funiculus teres*; ses cellules sont généralement très petites et presque toutes fusiformes : des fibres auxquelles elles donnent naissance, les unes se dirigent en dedans vers le raphé, les autres se rendent dans le réseau du noyau interne ou médial de l'acoustique en traversant le noyau du vago-glosso-pharyngien (MUCHIN).

Mentionnons encore avec ces formations la *s. grise du raphé,* beaucoup moins apparente d'ailleurs chez l'homme que chez les animaux ; ses cellules sont surtout de petite et de moyenne taille, et contrairement aux grandes cellules de la formation réticulée, ne possèdent qu'un petit nombre de ramifications (*fig. 126*).

Immédiatement en dedans des fibres radiculaires de l'hypoglosse, qu'il dépasse un peu en dehors, se trouve, dans la formation réticulée, un noyau décrit par Misslawski sous le nom de *noyau respiratoire*. Obersteiner désigne plus spécialement, sous le terme de *n. du cordon antérieur* la portion de cette masse grise qui est située en dedans des fibres radiculaires (*fig. 125* et *127, nfa*). Sur les préparations au Golgi on peut voir les cellules de ces

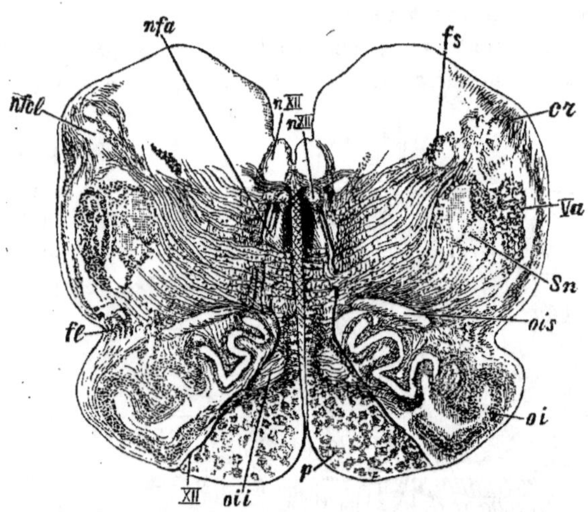

Fig. 127. — RÉGION MOYENNE DE L'OLIVE BULBAIRE.

Fœtus de sept mois.
cr, Corps restiforme.
fl, Faisceau aberrant du bulbe.
fs, Faisceau solitaire.
nfa, Noyau du cordon antérieur ou n. respiratoire de *Misslawski*.
nfcl, Noyau latéral du cordon cunéiforme.
nXII et *nXII'*, Noyaux principal et accessoire de l'hypoglosse.
oi, Olive bulbaire ou inférieure.
oii, Parolive interne.
ois, Parolive supérieure.
P, Pyramide.
Sn, Substance gélatineuse.
Va, Racine spinale du trijumeau.

noyaux disséminées entre les fibres de la formation réticulée ; elles sont ramifiées, de différentes tailles, et envoient presque toutes leur axône en dedans, vers le raphé (*fig. 128*).

Sur des coupes passant par la partie supérieure des olives, on voit, en arrière de celles-ci, de chaque côté du raphé, des masses considérables et mal limitées de cellules multipolaires extraordinairement volumineuses et

ramifiées, réparties dans les intervalles des très nombreuses fibres myéliniques de la région : ce sont les *noyaux centraux inférieurs,* ou noyaux de
ROLLER (*fig. 129, nci*). Ils sont déjà très faciles à voir sur des préparations
au carmin et fournissent au Golgi, des images admirables : les neurites qui
en partent affectent différentes directions : ils traversent le raphé ou s'en
éloignent au contraire tandis qu'alors une dendrite — ou plusieurs — se
dirige du côté de la ligne médiane
(*fig. 131, G,* p. 211). Les noyaux
contiennent encore les ramifications des fibres arciformes du bulbe
ou d'autres fibres venues de territoires plus éloignés ; souvent elles se
mettent en contact dès leur passage
au raphé avec les dendrites des
cellules de ces noyaux (*fig. 132*).

Des masses grises moins
importantes se rencontrent dans le
corps restiforme : elles sont formées essentiellement d'éléments
de moyenne taille ; elles sont
encore peu connues. Récemment,
LAZURSKI en a fait, dans mon laboratoire, une étude complète. On
peut les désigner sous le nom de
noyaux des corps restiformes.

A peu près au même niveau,
on voit apparaître, entre l'olive
et la s. gélatineuse du trijumeau
le *noyau du nerf facial* (*fig. 135,*
p. 213, *n VII*) dont les cellules assez
volumineuses envoient leur neu-

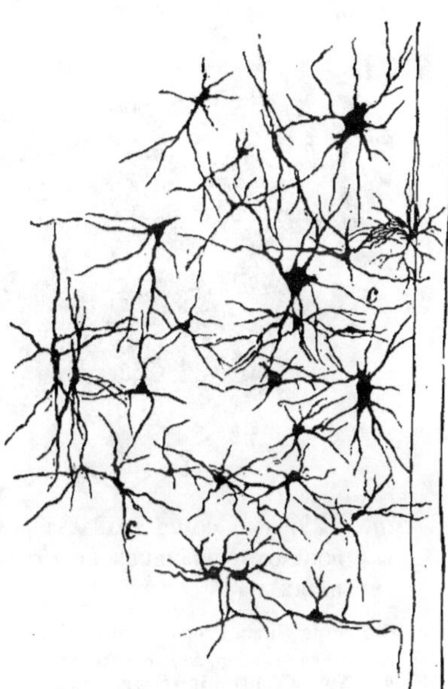

Fig. 128. — CELLULLES DU NOYAU
DU CORDON ANTÉRIEUR.

(Chat nouveau-né.)

cc, Axônes de ces cellules.

(Préparation de TELJATNIK. Méthode de Golgi.)

rite dans les racines de ce nerf ; on voit de plus apparaître, près de la face dorsale du bulbe, le *noyau interne* ou *médial de l'acoustique ;* ses cellules sont de plus
petite taille. Immédiatement en dehors de lui on rencontre un amas de grandes
cellules ; c'est le *noyau de Deiters* dans la partie descendante duquel CAJAL distingue une portion interne et une portion externe qu'il désigne sous le nom de
noyau descendant du nerf vestibulaire (*fig. 129 et 135, nD*). Enfin, à la
périphérie, tout à fait en dehors, au point d'émergence du nerf auditif, se
trouve son *noyau antérieur* ou *latéral* (*fig. 135, naa*) et le tubercule
acoustique dont nous exposerons plus loin la structure (*fig. 129, ta*), ces

deux noyaux appartenant à la branche cochléaire de la VIIIe paire.

Formations protubérantielles. — Au point de transition de la région olivaire à la protubérance, on voit, en dedans et un peu en avant du noyau du facial, des masses grises dont l'aspect rappelle celui des olives inférieures : ce sont les *olives supérieures* ou *protubérantielles*, avec leurs *parolives* (*fig. 138*, p. 214, *os*). Leurs cellules, de moyenne taille, sont en général allongées et entourées des ramifications de fibres venues de l'auditif (*fig. 134*, *fff*) ; sur des préparations au Golgi on peut voir leurs axônes se diriger en dedans vers le raphé ; mais on trouve aussi quelques cellules dont les neurites se dirigent en dehors et arrivent au nerf auditif (*fig. 133*, p. 212).

Dans le voisinage immédiat des olives supérieures en rencontre des fibres à direction transversale, entre lesquelles sont incluses de petites masses grises : ce sont les fibres et les noyaux du corps trapézoïde (*fig. 135*, p. 213, *ct*). Leurs cellules, petites, ovalaires ou très allongées, sont en connexion, de même du reste que celles des olives supérieures, avec les fibres mêmes du corps trapézoïde, et par elles avec le nerf acoustique (1) (voir plus loin) (*fig. 137*, p. 214).

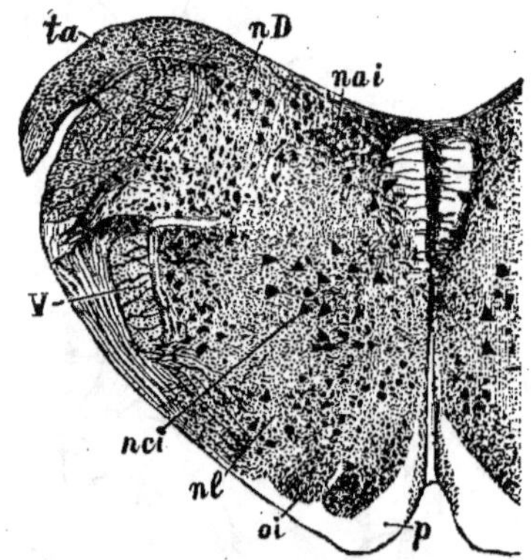

Fig. 129. — COUPE PASSANT PAR LA PORTION SUPÉRIEURE DE L'OLIVE BULBAIRE.

(Bulbe de chien. Préparation au carmin.)
nai, Noyau interne de l'acoustique.
nci, Noyau central inférieur.
nD, Noyau de Deiters.
nl, Noyau du cordon latéral.
oi, Olive inférieure.
p, Pyramide.
ta, Tubercule acoustique.

Au même niveau on rencontre, à l'extrémité du diamètre transversal du losange ventriculaire, un noyau que j'ai décrit le premier sous le nom de *noyau angulaire* ou n. du *nerf vestibulaire* (*noyau de Bechterew* dans la nomenclature de RAUBER, OBERSTEINER et autres auteurs). Il reçoit les fibres de la branche vestibulaire de l'acoustique. Ses cellules sont de taille moyenne : leurs axônes se dirigent, les uns en dedans vers la région dorsale de la Réticulée, les autres vers le pédoncule cérébelleux inférieur (*fig. 135*, p. 213, *nv*).

(1) CAJAL décrit sous le nom de *noyau préolivaire* un amas cellulaire situé au-devant de l'olive supérieure et en dehors du noyau horizontal. D'autres auteurs considèrent ces cellules comme faisant partie du noyau du trapèze.

Toujours au même niveau et contourné par le « genou » du facial
se trouve le *noyau de l'abducens* (*fig. 135, nVI*). De chaque côté du raphé
on voit émerger dans la région ventrale de la calotte un puissant noyau gris
qui se continue avec la s. grise protubérantielle de telle sorte qu'il semble
que celle-ci se cintre et fasse saillie en haut dans la calotte ; extérieurement
ces noyaux se traduisent par des proéminences assez nettement marquées.
Les deux noyaux sont traversés horizontalement par de nombreuses fibres

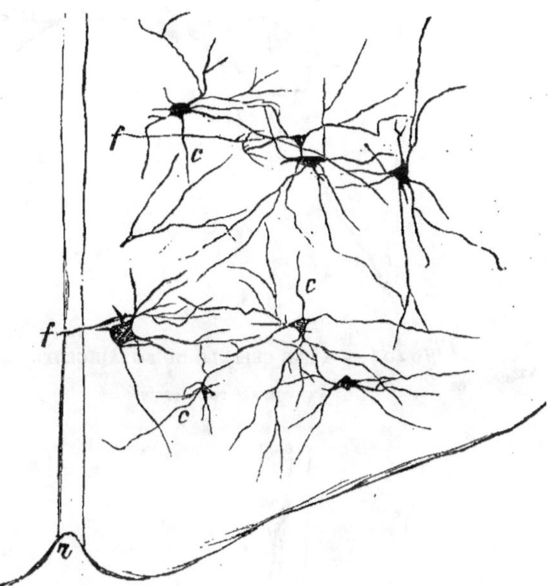

Fig. 130. — CELLULES DU NOYAU CENTRAL INFÉRIEUR.

(Coupe de la partie supérieure du bulbe d'un chien nouveau-né.)
ccc, Axônes des cellules du noyau.
ff, Ramification des fibres qui viennent se terminer dans le noyau central.
r, Raphé.
(Préparation de *Korolkoff*. Méthode de Golgi.)

qui vont du raphé aux régions latérales de la Réticulée à laquelle ils donnent
son aspect caractéristique en considération duquel je les ai décrits d'abord
sous le nom de *noyaux réticulés de la calotte* (*n. reticulares tegmenti*) puis
de *noyaux de la calotte protubérantielle* (*fig. 138 et 140, p. 214 et 216, nrt*).
Leur segment supérieur (antérieur) forme en arrière, dans le territoire de
la bandelette longitudinale postérieure, une saillie que l'on peut désigner
sous le nom de *nucleus fasciculi longitudinalis posterioris*.

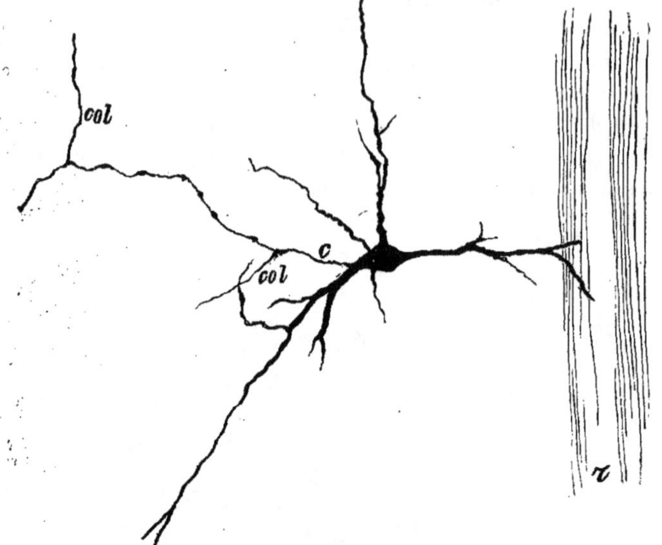

Fig. 131. — UNE CELLULE DU NOYAU CENTRAL.

c, Axône avec   col, ses collatérales.   r, Raphé.

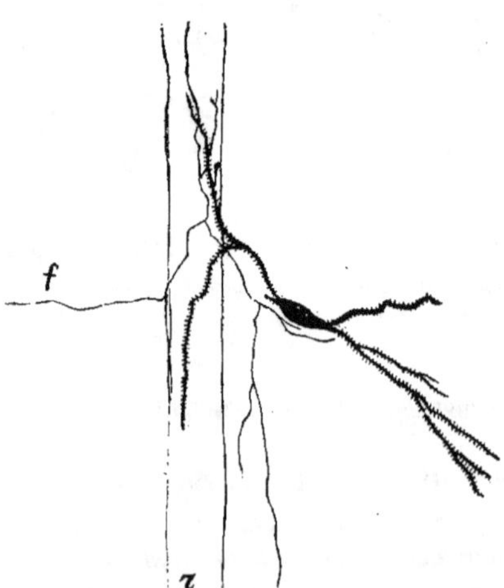

Fig. 132. — UNE CELLULE DE LA FORMATION RÉTICULÉE.

f, Fibre venue de la formation réticulée du côté opposé : elle se ramifie dans le voisinage de la cellule et de ses prolongements.
r, Raphé, dans lequel on voit une dendrite de la cellule se diviser en deux branches.

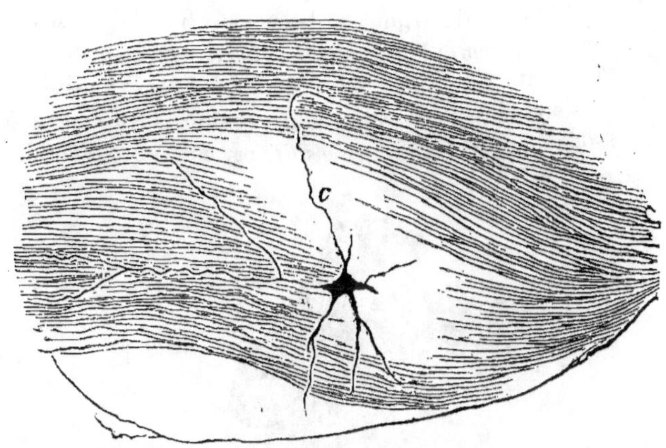

Fig. 133. — UNE CELLULE DE L'OLIVE PROTUBÉRANTIELLE.

c, Son axône.
(Méthode de Golgi).

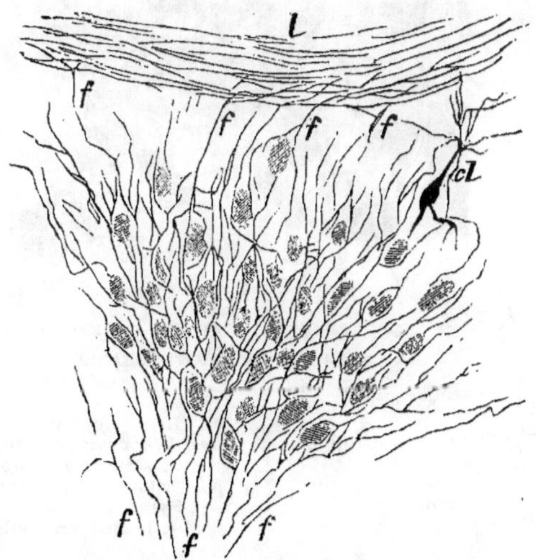

Fig. 134. — OLIVE PROTUBÉRANTIELLE, FIBRES ET CELLULES.

(Chien nouveau-né.)

cl, Cellule nerveuse.
ff, Fibres nerveuses avec leurs ramifications terminales.
l, Couche de fibres myéliniques autour du noyau de l'olive.
(Préparation de *Korolkoff*. Méthode de Golgi.)

Un peu plus haut, nous voyons apparaître dans le voisinage de la *racine descendante* ou *spinale* du trijumeau les noyaux moteur et sensitif de ce nerf *(fig. 138, nvs, nvm)*; le n. réticulé est arrivé en ce point à son complet développement. Le *noyau moteur* du nerf de la V° paire est formé, suivant le type ordinaire, de grandes cellules multipolaires dont l'axône passe dans les racines du nerf. Le *noyau sensitif*, par contre, contient des cellules

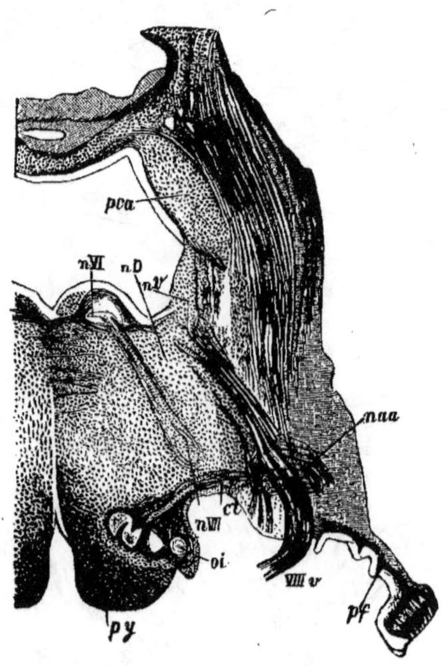

Fig. 135. — COUPE PASSANT PAR LA RÉGION DE TRANSITION
DU BULBE A LA PROTUBÉRANCE.

(Encéphale d'un nouveau-né.)

ct, Noyau du trapèze.
naa, Noyau antérieur de l'acoustique.
nD, Noyau de *Deiters*.
nc, Noyau vestibulaire.
n VI, Noyau de l'abducens.
n VII, Noyau du facial.

oi, Olive inférieure.
pca, Pédoncule cérébelleux supérieur (immédiatement en dehors est le péd. moyen).
pf, Pédoncule du flocculus.
py, Pyramide.
VIIIc, Racine vestibulaire de l'acoustique.

de petite taille entourées des très fines ramifications de ses fibres radiculaires; ce n'est du reste pas une formation distincte, car il se continue immédiatement avec la s. gélatineuse de la V° paire.

Dans le voisinage de l'angle supérieur du plancher ventriculaire est un groupe cellulaire auquel se rend la *racine ascendante* du trijumeau;

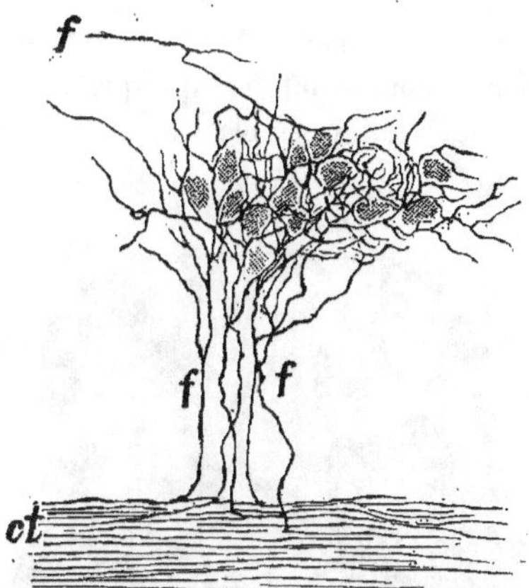

Fig. 136. — CONNEXIONS DU CORPS
TRAPÉZOÏDE AVEC LE NOYAU DU
FACIAL.

(Chien nouveau-né.)

ct, Corps trapézoïde.
f f f, Fibres qui viennent se ramifier entre
les cellules du facial.
(Méthode de Golgi.)

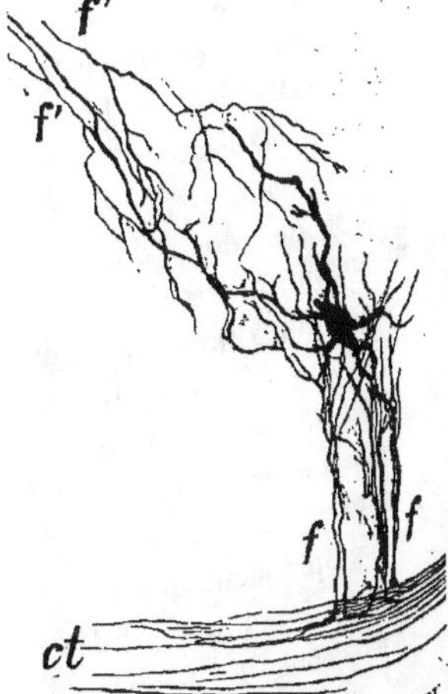

Fig. 137. — UNE CELLULE DU
NOYAU DU TRAPÈZE.

ct, Corps trapézoïde.
f f f' f' Fibres dont les ramifications terminales viennent entourer la
cellule et ses prolongements.

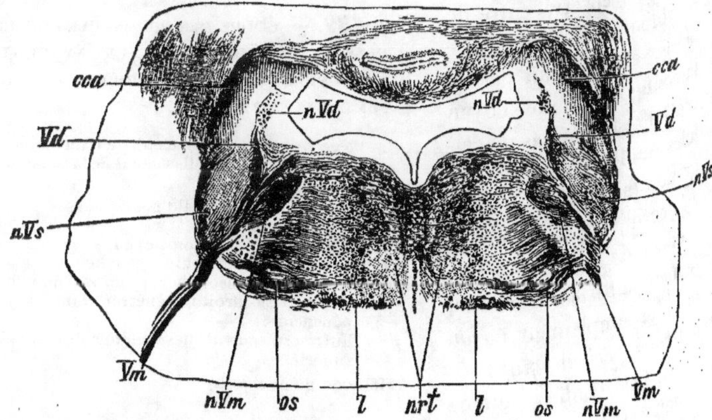

Fig. 138. — COUPE DE LA PROTUBÉRANCE AU NIVEAU
DE L'ÉMERGENCE DU TRIJUMEAU.

(Fœtus à terme. Méthode de Weigert.)

cca, Pédoncule cérébelleux supérieur.
l, Ruban de Reil.
nrt, Noyau réticulé de la calotte.
nVd, Cellules vésiculeuses autour desquelles
se terminent les fibres de la racine
cérébrale du trijumeau.

nVm, Noyau moteur et
nVs, Noyau sensitif du trijumeau.
os, Olive supérieure.
Vd, Racine descendante et
Vm, Racine motrice du trijumeau.

ses cellules sont vésiculeuses et de moyenne grandeur (1) (*fig. 138, nVd*).

En avant et un peu en dedans, continuant en quelque sorte ce groupe cellulaire, et formé du reste de cellules semblables, se trouve le noyau appelé *locus cœruleus* ou *substantia ferruginea*. Il y a de plus, dans la calotte protubérantielle, en dedans du ruban de Reil latéral, un amas gris appelé *noyau du ruban latéral (n. lemnisci lateralis)* (*fig. 139*, à droite, *ll*); il se divise topographiquement en deux portions que l'on peut désigner sous les termes de *noyau supérieur* et *noyau inférieur* du ruban latéral.

A peu près à la même hauteur, au centre de la Réticulée, enserré entre de nombreux fascicules de fibres, et rappelant par là la configuration du noyau central, est un amas de cellules multipolaires de très grande taille et qui n'a pas été décrit jusqu'à présent : je propose de l'appeler *noyau central supérieur externe*, ou, plus simplement, *noyau central supérieur* (*fig. 140*, *ncse*) (2). Enfin, immédiatement en arrière du tubercule quadrijumeau postérieur, en dehors des noyaux que nous avons décrits de chaque côté du raphé, on trouve

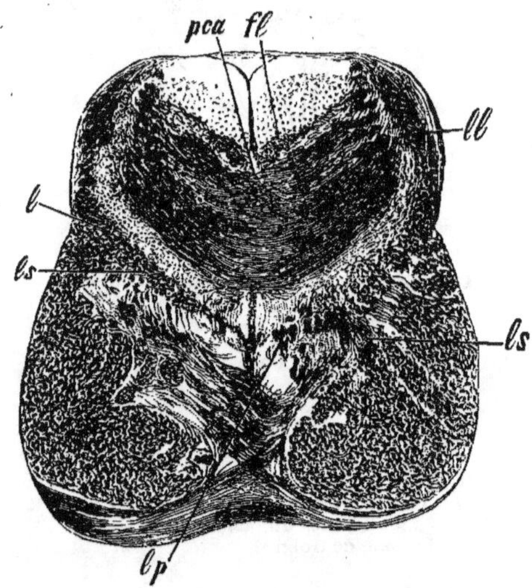

Fig. 139. — COUPE DES PÉDONCULES CÉRÉBRAUX PASSANT IMMÉDIATEMENT EN AVANT DE LA PROTUBÉRANCE ET EN ARRIÈRE DES QUADRIJUMEAUX POSTÉRIEURS.

(La pièce provient de l'encéphale d'un sujet adulte, porteur d'un ramollissement de la capsule interne droite.)

fl, Bandelette longitudinale postérieure.
l, Ruban de Reil.
l l, Ruban latéral avec son noyau.
l p, Ruban interne atrophié à gauche.
l s, Faisceaux accessoires disséminés du ruban : on les voit, à droite, pénétrer dans le pied du pédoncule.
p c a, Entre-croisement des pédoncules cérébelleux supérieurs.

(Méthode de Weigert.)

(1) GOLGI considérait ces cellules comme unipolaires et pourvues uniquement d'un axône : cette opinion n'a pas été confirmée ; au pôle opposé au point d'émergence du neurite, on peut voir un ou même deux prolongements protoplasmiques (LUGARO).

(2) Ce noyau se voit très nettement chez le chien et le chat sur les coupes de la région comprise entre le tubercule quadrijumeau postérieur et le cervelet. Les cellules en sont si volumineuses qu'on peut les voir à l'œil nu sur des préparations au carmin.

encore un amas de cellules que j'ai décrit autrefois sous le nom de *noyau central supérieur* et que l'on peut appeler, par opposition au précédent, *noyau central supérieur médial* (ou *interne*). Il est formé de cellules petites et très serrées et se distingue ainsi du noyau réticulé de la calotte, qui est situé immédiatement derrière lui (*fig. 140, n r t*).

La Réticulée comprend encore un grand nombre de masses grises qui se distinguent plus ou moins des formations voisines et ne sont pas limitées avec une netteté parfaite; on en trouve dans la *substance grise du bulbe*, au voisinage des noyaux de l'acoustique, en dedans du corps restiforme et au-dessus des olives protubérantielles, dans la région des quadrijumeaux, en dedans du pédoncule cérébelleux supérieur et le long du bord interne du ruban. On en rencontre aussi en avant et surtout en dehors de la bandelette longitudinale postérieure.

Dans toute la région du pied de la protubérance, depuis l'extrémité supérieure de l'olive bulbaire jusqu'au tubercule quadrijumeau postérieur, on voit de même de grandes masses grises disséminées entre les fibres blanches ou conglomérées dans les régions postéro-interne, ventrale et latérale de la protubérance : ce sont les

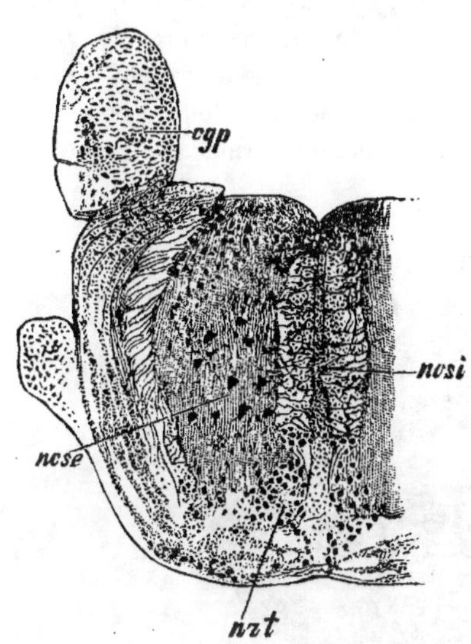

Fig. 140.— COUPE DE LA PROTUBÉRANCE PASSANT PAR LA PORTION DISTALE DES QUADRIJUMEAUX POSTÉRIEURS.

(Chien. Préparation au carmin.)

c g p, Tubercule quadrijumeau postérieur.
n c s e, Noyau central supérieur externe.
n c s i, Noyau central supérieur interne.
n r t, Portion antérieure du noyau réticulé de la calotte.

On peut se rendre compte des dimensions relatives des cellules de ces différents noyaux.

noyaux du pont (*fig. 141*) que l'on distingue en internes (*fig. 139*) et externes (*fig. 145*). Ils contiennent : 1° des cellules assez volumineuses, ramifiées et dont l'axône se dirige ordinairement en dedans vers le raphé; 2° des fibres nerveuses qui viennent s'y terminer par arborisation et qui offrent la plus grande ressemblance avec les fibres moussues du cervelet (V. plus loin. — *Fig. 142*).

Immédiatement au-dessus ou en avant de la protubérance est le *ganglion interpédonculaire de Gudden*, très développé chez les animaux mais qui n'existe plus, chez l'homme, qu'à l'état de vestige.

Formations grises du cerveau moyen.— Sur des coupes passant par la région des quadrijumeaux postérieurs, on voit, sous la voûte décrite par leur circonférence, la s. grise ou ganglion du tubercule quadrijumeau postérieur (*fig. 140, cgp; fig. 144, ncqp; fig. 145, cgp; fig. 180, cbp,* p. 280); on rencontre à la même hauteur le noyau du nerf trochléaire (*fig. 180, nIV*) que nous étudierons en détail à propos des racines de ce nerf. Quant aux quadrijumeaux postérieurs, les préparations au Golgi permettent d'y distinguer les couches suivantes, outre celles que forme la névroglie :

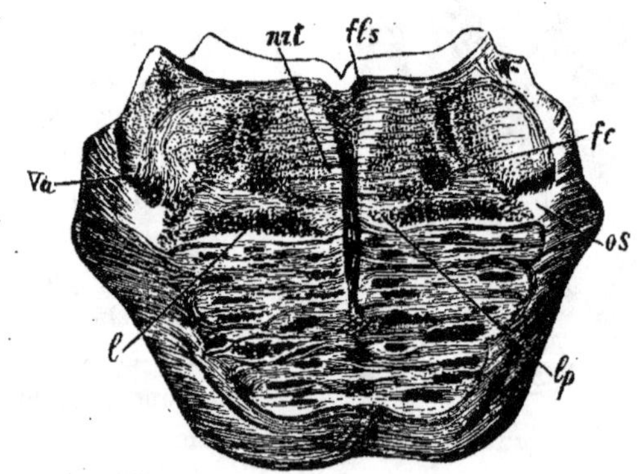

Fig. 141. — COUPE PASSANT PAR LA MOITIÉ INFÉRIEURE DE LA PROTUBÉRANCE.

(Même pièce que celle dont provient la coupe de la figure 139.)
fc, Voie centrale de la calotte.
fls, Bandelette longitudinale postérieure.
l, Ruban de Reil.
lp, Ruban interne ou médial, atrophié du côté gauche.
os, Territoire de l'olive supérieure.
Va, Racine ascendante du trijumeau.

1° Une couche externe formée de fibres myéliniques; elle se continue avec la substance blanche du cervelet et peut être suivie d'autre part depuis le quadrijumeau antérieur jusqu'au quad. postérieur;

2° Une puissante couche de fibres myéliniques qui se perdent en arrière dans la naissance du voile médullaire antérieur;

3° Le ganglion ou *noyau du tubercule quad. postérieur*, complètement entouré de substance blanche;

4° Une couche de grosses fibres situées au dedans du cordon latéral;

5° La substance grise centrale.

Le *noyau* contient un grand nombre de petites cellules ovales ou triangulaires dont les nombreux prolongements ramifiés forment feutrage dans toute son étendue. Les fibres qui viennent du ruban latéral forment autour du noyau une enveloppe continue, assez semblable à une bourse et pénètrent dans sa profondeur en formant un épais réseau (1).

Un peu plus haut, entre les deux paires quadrijumelles, on rencontre dans la région de la calotte un petit amas gris que j'ai décrit, il y a quelques années, sous le nom de *noyau latéral du lemnisque* (*fig.* 145, *cpr*; *fig.* 186, *cpb*, p. 280) : actuellement, pour éviter toute confusion avec le noyau du

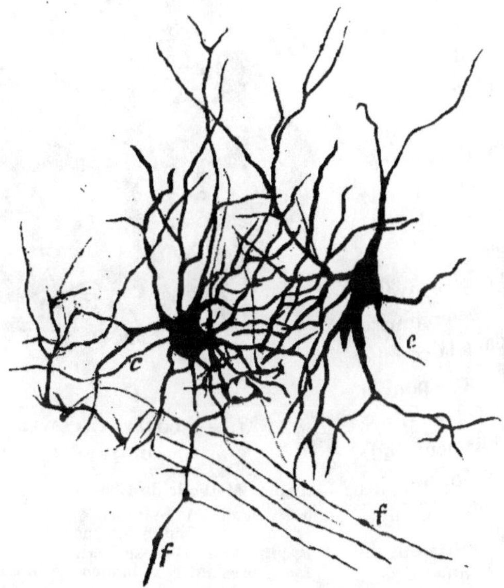

Fig. 142. — DEUX CELLULES NERVEUSES DES NOYAUX DU PONT.

(Chat nouveau-né. Méthode de Golgi.)
cc, Neurites.
ff, Fibres moussues se rendant vers ces cellules.

lemnisque ou ruban latéral dont nous avons déjà parlé, et en considération de la dénomination proposée originellement par FLECHSIG, je préfère le terme de *corps parabigéminé*.

Le *tubercule quadrijumeau antérieur* ne possède pas les caractères des

(1) MINGAZZINI décrit, en avant du tubercule postérieur et en dedans de l'extrémité dorsale du ruban inférieur, un champ quadrilatère, l'aire *parabigéminée* qui contient des fibrilles remarquablement fines et, dans sa portion externe, de grandes multipolaires à contours assez nets.

noyaux gris à contours nets : la s. grise se comporte d'une façon très analogue à celle de l'écorce cérébrale à l'égard des fibres qui rayonnent dans le tubercule. Si l'on considère l'ensemble de ce dernier, on voit que la s. grise qui entre dans sa constitution est traversée en plusieurs points par de puissantes couches de fibres myéliniques (*fig. 143*) : on peut ainsi y décrire les couches sui-vantes :

1° La s. *grise super-ficielle* et la *couche myélinique périphérique* : celle-ci est constituée par les fibres du nerf optique ;

2° La *substance grise moyenne* qui continue immédiatement la précé-dente et contient de nombreuses cellules de grande taille ;

3° La *couche myéli-nique moyenne* comprise en partie dans la couche précédente, mais pour la plus grande partie, située plus profondément ; elle contient en outre les fibres venues du lobe occipital sous le nom de *radiations optiques de Gratiolet* ;

4° La *s. grise* et la *s. blanche profondes* : la première n'est en réalité que la portion profonde de la s. grise du tubercule ; la seconde est formée par des fibres qui naissent des cellules de la s. grise moyenne et profonde et descendent le long de la s. grise de l'aqueduc pour passer au-dessous de celui-ci dans la commissure que les auteurs allemands appellent entre-croisement fontani-forme (*fontainenfoermig, fontainenartig... V. plus loin*).

Quant aux cellules nerveuses elles-mêmes qui entrent dans la constitution du quadrijumeau antérieur, elles offrent de grandes différences

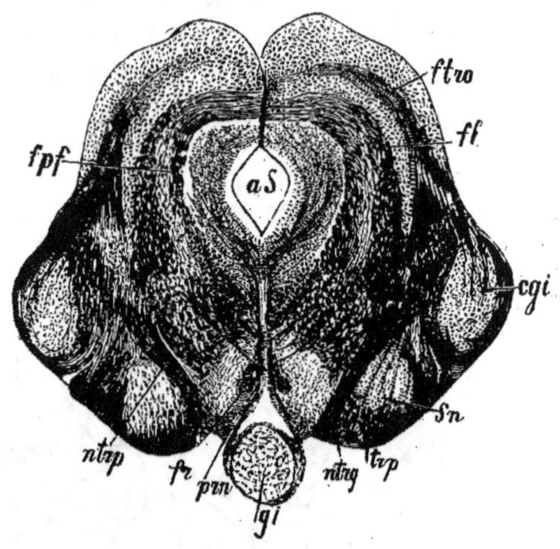

Fig. 143. — COUPE TRANSVERSALE DE LA RÉGION DU QUADRIJUMEAU ANTÉRIEUR.

(Lapin. Méthode de Weigert.)
aS, Aqueduc de Sylvius.
cgi, Corps genouillé interne.
fl, Fibres du ruban de Reil.
fpf, Fibres de la s. blanche profonde du quadrijumeau antérieur.
f r, Faisceau de Meynert ou f. rétroflexe.
gi, Ganglion interpédonculaire.
n t r g, n t r p, Noyau conique où se termine le tractus pédonculaire transverse.
p m, Pédoncule du corps mamillaire.
S n, Substance noire.
t r p, Tractus pédonculaire transverse.

de volume et de configuration ; on peut les répartir dans les trois couches suivantes, en faisant abstraction de la névroglie.

1° Couche de petites cellules dont les axônes affectent différentes directions ;

2° Les grandes multipolaires dont les neurites se rendent pour la plupart dans les couche blanche, moyenne et profonde du quadrijumeau : ceux

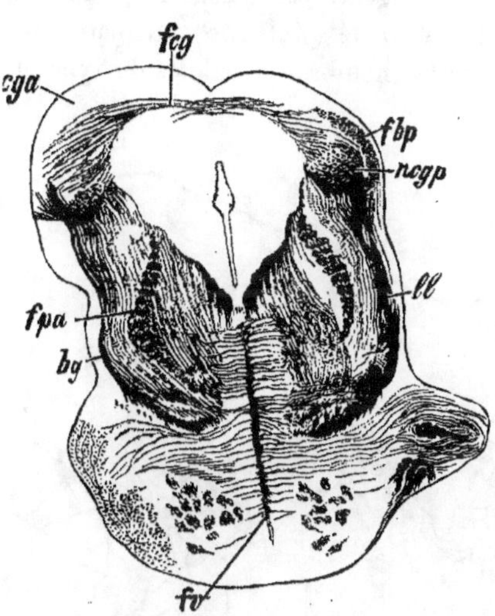

Fig. 144. — COUPE OBLIQUE DES QUADRIJUMEAUX ANTÉRIEURS ET DE LA PROTUBÉRANCE.

(Fœtus humain à peu près à terme.)

b g, Fibres du ruban de Reil allant au tubercule quadrijumeau antérieur.
c g a, Tubercule quad. antérieur.
fbp, Fibres du bras postérieur venues du noyau du quad. postérieur.
fcg, Croisement de fibres au-dessus de l'aqueduc, dans la région du quad. antérieur.
fp a, Fibres du pédoncule cérébelleux supérieur.
fv, Faisceau vertical de la protubérance.
l l, Ruban latéral.
n c g p, Noyau du quad. postérieur.

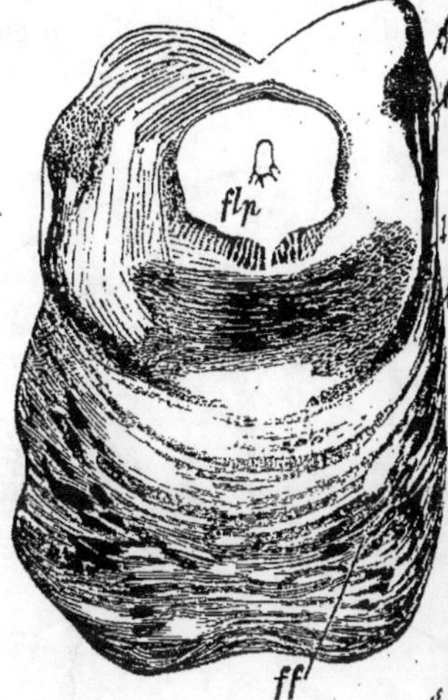

Fig. 145. — COUPE TRANSVERSALE PASSANT PAR LES QUADRIJUMEAUX POSTÉRIEURS.

(Enfant de trois mois. Méthode de Pal.)

c g p, Noyau du quad. postérieur.
c p r, Corps parabigéminé.
f f, Fibres internes et
f o, Fibres externes du pied du pédoncule : elles commencent à se myéliniser.
l, Ruban de Reil.
p, Voie pyramidale.
Entre les faisceaux de fibres on voit les masses grises des noyaux latéraux du pont.

des cellules voisines du raphé se dirigent en dedans, passent au-dessus de l'aqueduc de Sylvius et arrivent ainsi dans la s. blanche du tubercule du côté opposé (*fig. 146*).

3° Dans le voisinage de la s. grise péri-épendymaire, on voit de nouveau apparaître de petites cellules qui se confondent à tous les points de vue avec celles de la première couche. Du reste ces trois strates ne sont pas séparées l'une de l'autre aussi nettement qu'on pourrait le croire : les neurites nés dans la couche moyenne se rendent les uns en dehors, pour former les fibres arquées du quadrijumeau antérieur, les autres en dedans vers la substance centrale : là ils s'infléchissent et cheminent le long de la paroi du ventricule ; d'autres enfin se dirigent, par-dessus l'aqueduc de Sylvius, vers le raphé et gagnent l'autre côté (*fig. 146*). Remarquons encore que le tubercule contient un grand nombre de cellules du type II de Golgi (ou à cylindraxe court) (*fig. 147*).

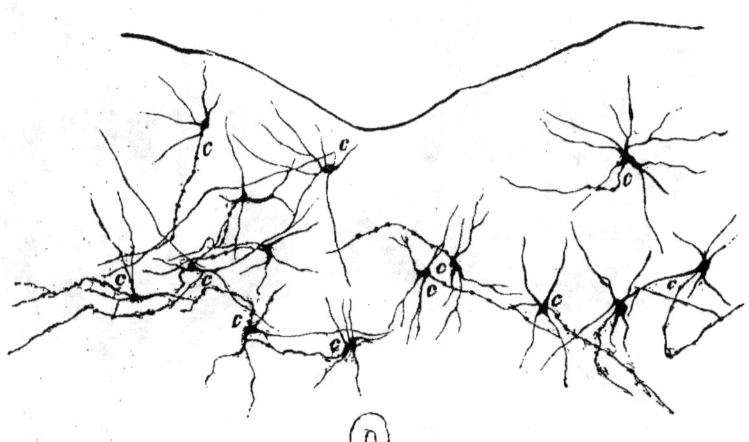

Fig. 146. — CELLULES DU QUADRIJUMEAU ANTÉRIEUR.

(Chien nouveau-né. Préparation de KOROLKOFF. Méthode de Golgi. Dessin à la chambre claire.)
Pour économiser de l'espace, le canal central a été représenté un peu plus haut qu'en réalité.
cc, Neurites des cellules.

Au niveau de la portion proximale du quadrijumeau antérieur, dans la région antérieure de la s. grise de l'aqueduc, on commence à voir les *noyaux de l'Oculo-moteur commun* (*fig. 181 à 186*, p. 281 et *fig. 234, n.III*). Un peu plus haut, en arrière et en dehors, se trouve une petite formation grise : le noyau de la *commissure postérieure* (*fig. 148, ncp*) (1) ; en avant et en dehors des noyaux de la IIIᵉ paire, est le *noyau rouge* (*fig. 148, nr*) formé de cellules moyennes et petites. Près du segment antéro-interne

(1) DARKSCHEWITSCH l'a décrit, par erreur, sous le nom de « noyau supérieur de la IIIᵉ paire » (*Neurol. Central.*, 1885).

de ce noyau (1), se trouve le petit *ganglion profond du mésencéphale* : il est formé de cellules pigmentées, triangulaires.

En dehors du noyau rouge et séparant la calotte et le pied du pédoncule est un amas de cellules pigmentées qui forment la *substance noire de Soemmering* (*fig. 148, sn*) : elle s'étend depuis la partie supérieure du pont de Varole jusqu'au corps sous-thalamique (voir plus loin). Ses cellules sont de taille moyenne et de forme très variable : leurs axônes suivent différentes directions : les uns se rendent dans le pédoncule cérébral, les autres, en arrière, dans la calotte (2).

Dans la profondeur du pédoncule cérébral, entre le noyau rouge et la substance noire, est un petit noyau mince, allongé, oblique par rapport au plan vertical antéro-postérieur. Je l'ai décrit sous le nom de *noyau du tractus pédonculaire transverse* : il est en effet l'aboutissant des fibres de cette formation blanche.

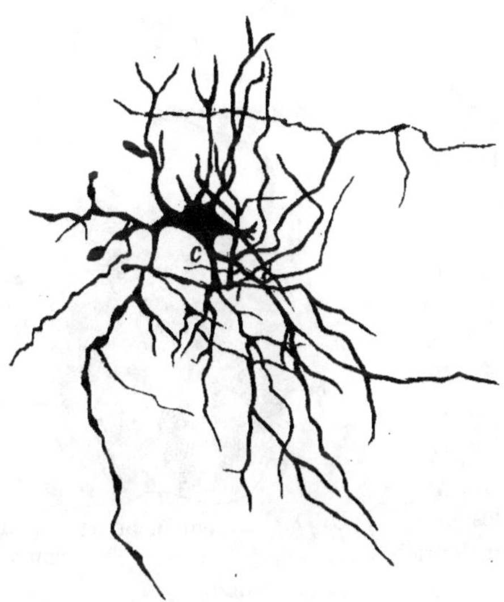

Fig. 147. — CELLULE DE GOLGI (CELLULA AXIRAMIFICATA OU DENDRAXONE) PROVENANT DU QUADRIJUMEAU ANTÉRIEUR.

c, Neurite.

A peu près dans la même région, entre le noyau rouge d'un côté et de l'autre, la couche du ruban de Reil qui s'approche de la face externe du bulbe est un volumineux amas gris que j'ai été le premier à décrire et que j'on appelle le *noyau innominé* de Bechterew (*fig. 234*, en dedans de *l*). On trouve aussi en dedans du noyau rouge, de chaque côté du raphé, quelques amas de

(1) MAHAIM a décrit récemment trois portions dans le noyau rouge, chez le lapin et le cobaye : une antérieure, à petites cellules, une moyenne et une postérieure, la première serait en rapport avec la moitié correspondante du cervelet, les deux autres avec l'hémisphère cérébelleux du côté opposé. Le noyau rouge comprendrait encore un noyau plus petit (n. minimus). *Rech. sur la structure anatomique du noyau rouge*, Bruxelles, 1894.

(2) D'après les dernières recherches de MIRTO (*Rivista sperim. di Freniatria*, 1896, vol. XXII), certains axônes venus de la s. noire se divisent en deux rameaux en forme de T ; d'autres s'infléchissent et se dirigent en haut après avoir gagné le ruban de Reil. Les éléments de la s. noire rappellent, par les nombreuses ramifications de leurs collatérales, les cellules du 2e type de Golgi.

cellules de moyenne taille : je les ai décrits et désignés sous le nom de *substance grise médiane*.

Formations grises du cerveau intermédiaire. — Au-dessus du tubercule quadrij. antérieur est la *glande pinéale* qui, contrairement à l'opinion de SCHWALBE, CIOMINI et autres contient des éléments nerveux (1).

A proximité de l'extrémité supérieure de la substance noire est le *corps sous-thalamique* de LUYS, contrastant nettement avec la substance blanche qui l'entoure (*fig. 151* et 206, *cs*); plus loin, la *zona incerta* de Forel, le *globus pallidus du noyau lenticulaire* (*fig. 151, gp*), le noyau de l'*habenula* (*fig. 152, nh*) et la *couche optique* (*fig. 148, 151* et 152, *th*) avec les deux noyaux voisins : les *corps genouillés interne et externe* (*fig. 143*, p. 219, *cgi*; *fig. 193*, p. 300, *cgi*), dans lesquels on peut encore distinguer plusieurs portions différentes.

A la base du cerveau, en dehors de la *s. grise du IIIᵉ ventricule* qui se continue immédiatement avec celle de l'aqueduc de Sylvius, sont les *corps mamillaires* (*fig. 152, cc*), le *tuber cinereum* et l'*hypophyse*. Plus haut encore, entre la tête du noyau caudé et le chiasma optique, sont le *noyau de Ganser* et la *substance perforée antérieure*. Le globus pallidus est traversé par la *lame médullaire interne* qui le divise en deux parties : elles contiennent chacune des cellules ramifiées de moyenne taille, de forme triangulaire ou autre, et dont les neurites se rendent pour la plupart dans la capsule interne.

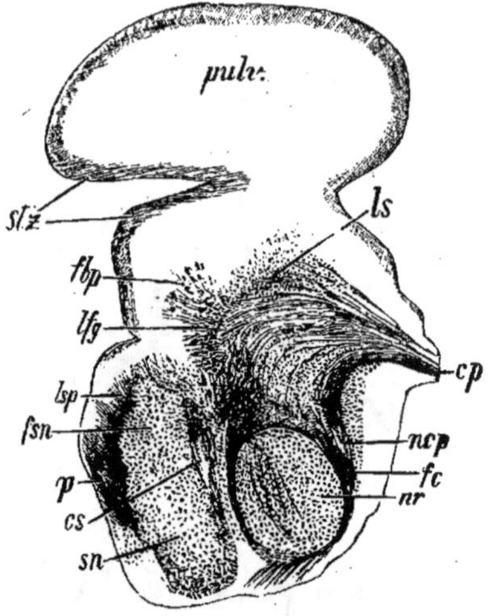

Fig. 148. — COUPE DU TRONC CÉRÉBRAL PASSANT PAR LA RÉGION DU NOYAU ROUGE.

(Enfant de quelques semaines. Méthode de Weigert.)
c p, Commissure postérieure.
cs, Partie inférieure du c. sous-thalamique.
f b p, Fibres du bras postérieur.
fc, Fibres de la voie centrale de la calotte.
f s n, Fibres de la s. noire.
l f g, Fibres du ruban s'écartant les unes des autres à leur passage dans le thalamus.
l s, Faisceau de fibres provenant du noyau du quadrijumeau postérieur et allant au thalamus.
l s p, Fibres du ruban après leur entrée dans le pied du pédoncule.
n c p, Noyau de la commissure postérieure.
n r, Noyau rouge.
p, Voie pyramidale.
pulv, Pulvinar du thalamus.
s n, Substance noire.
S t z, Stratum zonal de la couche optique.

(1) On sait que cet organe atrophié est le vestige d'un œil pariétal dont la présence a été constatée chez certaines variétés de lézards par GRAAF, SPENCER et MICLUCHO-MACLAY.

Dans le *noyau de l'habénula*, CAJAL distingue un noyau médian et un n. externe : tous les deux envoient leurs axônes dans le *faisceau réfléchi* ou *faisceau rétroflexe* qui unit le ganglion de l'habénula au ganglion interpédonculaire (v. plus loin).

On a distingué un grand nombre de noyaux dans l'épaisseur de la couche optique ; les principaux sont les suivants :

1° Un *noyau interne* dit aussi n. profond, ou *principal*, ou encore *noyau interne de Burdach*, en rapports directs avec le *pulvinar* (*fig. 148*, p. 223, *pulv*) ;

2° Un *noyau supérieur* ou *antérieur*, en avant du précédent ;

3° Un *noyau latéral* traversé par de nombreuses fibres myéliniques ;

4° Un petit *noyau moyen* (centre médian de Luys) entre le noyau interne et le noyau latéral.

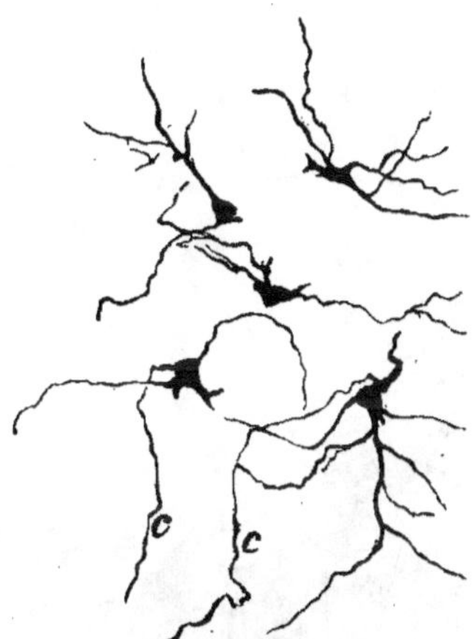

Fig. 149. — CELLULES DU GLOBUS PALLIDUS.

(Chat nouveau-né. Méthode de Golgi.)
c, Neurites.

W. TSCHISCH (laboratoire de FLECHSIG) décrit encore sous le nom de *corps cupuliforme* ou *semi-lunaire* un noyau situé entre le noyau moyen et

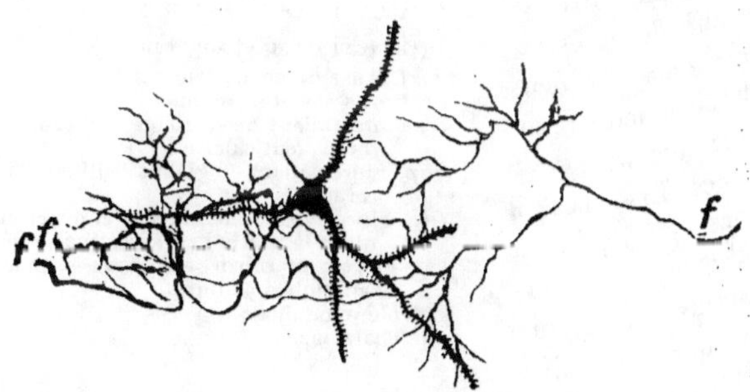

Fig. 150. — UNE CELLULE DE LA PORTION POSTÉRIEURE DU THALAMUS.

ff, Fibres qui viennent se ramifier autour de la cellule.

les fibres du noyau rouge qui se rendent au noyau latéral. V. MONAKOW enfin distingue dans la couche optique un noyau postérieur, en avant de pulvinar, entre les corps genouillés externe et interne, et un noyau antérieur (1).

Sur les préparations de la couche optique faites au Golgi, on voit des cellules dont les axônes se divisent aussitôt en très fines fibrilles et d'autres éléments à neurite au contraire très long, muni de collatérales et que j'ai pu suivre quelquefois jusque dans la capsule interne ; un très grand nombre de fibres viennent enfin se terminer par arborisations autour des cellules (*fig. 150*).

D'après les recherches de GUDDEN, *les corps mamil- laires* (*fig. 152, ce ; fig. 143*) contiennent trois noyaux cachés sous leur enveloppe de fibres blanches, deux noyaux internes et un n. externe qui diffèrent entre eux par leurs connexions. Sur les préparations au Golgi on voit en outre un grand nombre de fibres venir étendre dans ces deux masses blanches leurs ramifications terminales.

D'après BERKELEY il existe dans la *s. grise de l'Infundibulum*, outre cer- tains éléments névrogliques caractéristiques et diffé- remment stratifiés, des cellules nerveuses dont les axônes contournent souvent la cavité infundibulaire.

On décrit ordinairement dans l'*hypophyse* une portion antérieure ou

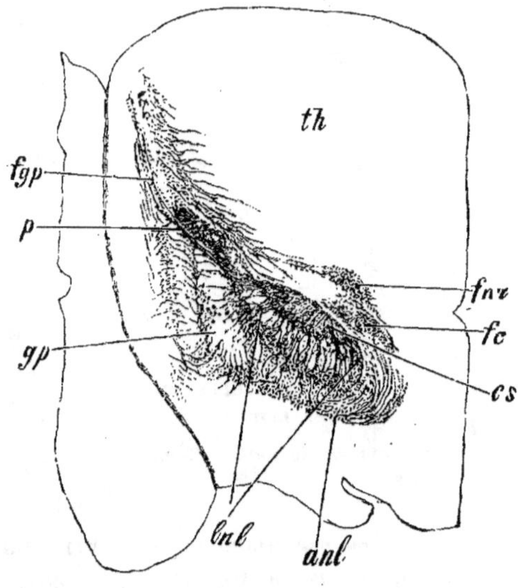

Fig. 151.— COUPE DES NOYAUX GRIS CENTRAUX PASSANT PAR L'ANSE DU NOYAU LENTICULAIRE.

(Cerveau d'enfant nouveau-né.)

a n l, Anse du noyau lenticulaire.
c s, Corps sous-thalamique.
fc, Fibres allant du n. rouge à la capsule interne et au n. lenticulaire.
f g p, Fibres allant du globus pallidus à l'écorce céré- brale.
fnr, Fibres venues du n. rouge et pénétrant peu à peu dans la partie basale du thalamus.
lnl, Fibres du ruban allant du c. sous-thalamique au globus pallidus.
g, Voie pyramidale.
t h, Thalamus.

(1) Tous ces noyaux ne sont autre chose que la même substance séparée par des lamelles de fibres myéliniques et contenant à leur tour des noyaux plus petits. Du moins NISSL décrit, chez le lapin, dans chacun des gros noyaux, trois à quatre noyaux plus petits qui se différencient d'après les réactions de leurs cellules envers les matières colorantes. Il décrit encore chez le même animal un *noyau de la couche grillagée*, un *noyau moyen* situé au-devant

glandulaire et un lobe postérieur ou nerveux]. Les recherches récentes de HALLER (1) démontrèrent qu'elle présente toujours sur son côté ventral un orifice libre par où son produit de sécrétion s'écoulerait directement dans l'espace compris entre la pie-mère et la dure-mère : il s'agit donc bien d'une glande d'un type spécial et qui verse sa sécrétion dans la cavité cranienne. CAJAL décrit dans le lobe nerveux des cellules fusiformes, triangulaires ou étoilées, à axône très court et, tout à côté, les ramifications terminales de fibres provenant du tuber cinereum en passant par la tige de la glande. Elles forment autour des cellules un réseau particulièrement épais. CAJAL a décrit entre les cellules de l'épithélium qui borde le lobe nerveux, des ramifications très nombreuses de cylindraxes qui viennent s'y terminer librement

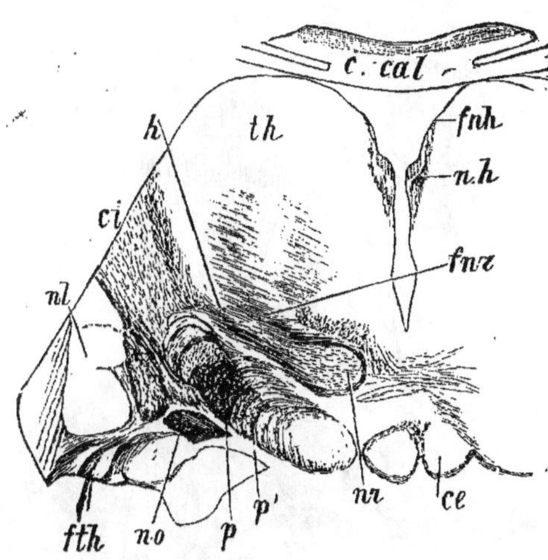

Fig. 152. — COUPE DES NOYAUX CENTRAUX PASSANT PAR LES CORPS MAMILLAIRES ET LA PARTIE ANTÉRIEURE DES NOYAUX ROUGES.

(Cerveau d'un enfant de deux mois et demi à trois mois.)
c. cal, Corps calleux.
c e, Corps mamillaire.
c i, Capsule interne.
f n h, Faisceau allant de l'habénula au stratum zonal du thalamus.
h, Faisceau allant du noyau rouge au thalamus.
h, Faisceau allant du n. rouge à la capsule interne.
n h, Noyau de l'habénula.
n l, Noyau lenticulaire.
n o, Bandelette optique.
n r, Noyau rouge.
p, Région de la voie pyramidale.
p', Voie centrale des nerfs craniens moteurs, encore incomplètement myélinisée.

absolument comme dans un neuro-épithélium : on ne trouve dans le lobe glandulaire aucun élément semblable (2).

Il existe plusieurs noyaux dans le *tuber cinereum* ; v. LENHOSSEK et du ganglion de l'habénula, enfin un *noyau à grandes cellules* dans la partie la plus antérieure du thalamus. D'après MONAKOW, le corps genouillé externe contient jusqu'à cinq noyaux différents : dorsal, latéral, interne, ventral et ventro-latéral, les deux premiers divisés chacun en deux parties : la partie postérieure du noyau dorsal serait seule en rapport avec les fibres de la rétine, les autres noyaux seraient en communication avec les centres visuels corticaux.

(1) « Recherches sur l'hypophyse et les organes de la région de l'Infundibulum », *Morphologisches Jahrbuch*, XXV, 1898.

(2) BERKELEY affirme, d'après les résultats de la méthode de Golgi, que le lobe glandulaire est traversé par des ramifications cylindraxiles. La structure du lobe nerveux est très compliquée : à sa périphérie est une couche de cellules rondes entre lesquelles on voit

décrit trois, plus ou moins distincts : l'un est situé immédiatement en avant et au-dessus du tractus optique : noyau *supérieur* ou *supra-optique* ; derrière celui-ci, est le noyau *antérieur*, en arrière duquel se trouve le noyau *disto-latéral*.

Quant à la structure de la substance grise qui entoure les cavités du IVe ventricule, je rappelle qu'elle est dans toute son étendue traversée d'un réseau de très fines fibrilles et semée de cellules petites et moyennes dont beaucoup appartiennent au type II de Golgi : le réseau fibrillaire est formé des axônes des cellules endogènes, et des fibres exogènes (*fig. 153, ff*). Les cellules s'amassent surtout dans la région de la moitié distale du tubercule quadrijumeau postérieur, de chaque côté de la ligne médiane ; elles représentent en ce point les noyaux de l'aqueduc, allongés dans la direction sagittale ; leurs axônes se dirigent en avant et vont se terminer dans les régions voisines du raphé.

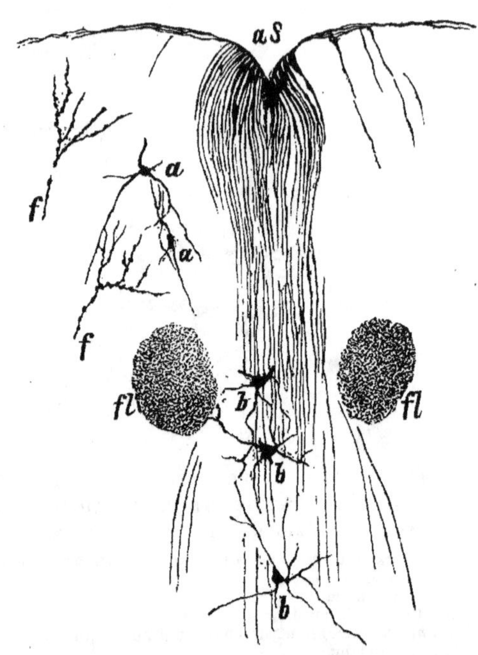

Fig. 153.— LES CELLULES DE LA S. GRISE CENTRALE

(Coupe de l'isthme de l'encéphale au niveau du quadrijumeau postérieur : paroi ventrale de l'aqueduc. Chien nouveau-né ; méthode de Golgi).
a, a, Cellules de la s. grise centrale.
aS, Plancher de l'aqueduc.
b, b, b, Cellules du noyau médian.
f, f, Fibres venant se ramifier dans la s. grise centrale.
fl, Faisceau longitudinal postérieur.
Le faisceau de fibres longitudinales qui occupe le centre de la figure représente les prolongements périphériques des cellules épendymaires.

En général on peut considérer cette s. grise centrale péricavitaire comme un point nodal du réseau des voies de conduction : elle est en colonnes de fibres radiaires : outre les éléments névrogliques il contient un grand nombre de cellules pyramidales dont la dendrite apexienne traverse toute l'épaisseur de la glande et se résout, à sa surface, en très fines ramifications. Souvent le cylindraxe court parallèlement à ce prolongement ; il donne naissance à des arborisations touffues tout à fait caractéristiques et souvent munies de corpuscules ovalaires. On y trouve aussi des cellules fusiformes, bipolaires et multipolaires et enfin des tubes épithéliaux qui appartiennent en réalité au lobe glandulaire.

connexion avec les systèmes les plus différents par les collatérales des fibres de ces derniers : celles-ci, suivant le type commun à tout le système nerveux, viennent entourer les petites cellules de la s. grise centrale, cellules dont les neurites prennent à leur tour une direction excentrique. D'après PAWLOFF, chez l'homme et chez les mammifères, la s. grise centrale, depuis le tubercule quad. postérieur jusqu'au niveau de la région moyenne du tubercule antérieur, comprend plusieurs couches bien distinctes :

1° Cellules épithéliales cylindriques, dont l'extrémité effilée en un long prolongement se dirige radiairement en dehors. C'est la couche épendymaire ;

2° Cellules nerveuses de configuration variable, mais ordinairement ovales, disposées radiairement : elles envoient leurs axônes, les unes vers l'aqueduc de Sylvius, les autres au contraire dans les formations situées latéralement ;

3° Une couche dessinant un anneau régulier, presque complètement privée de cellules nerveuses : elle est formée d'un feutrage épais à la constitution duquel prennent également part les cylindraxes de la couche précédente et ceux de la couche suivante ;

4° Cellules nerveuses très serrées, ovales, possédant 3-4 prolongements peu ramifiés ;

5° Couche complètement privée de cellules nerveuses ; c'est un plexus rétiforme dans lequel s'arborisent les prolongements des deux couches voisines ;

6° Grandes multipolaires de forme variable. A partir de la région moyenne du tubercule quadrijumeau antérieur, cette disposition régulière disparaît ; on ne distingue plus qu'une masse homogène de cellules nerveuses dont les prolongements forment un épais feutrage.

ARTICLE II. — APERÇU PHYSIOLOGIQUE.

Les données que nous possédons à ce sujet sont encore pleines de lacunes : c'est ainsi que tout ce que l'on sait, ou à peu près, sur les noyaux des nerfs craniens a été déduit de leurs connexions avec les racines qui en émanent.

Les *olives inférieures* jouent dans l'équilibration un rôle démontré par mes expériences : ce fait concorde du reste parfaitement avec ce que nous savons des connexions olivo-cérébelleuses ; il faut admettre aussi, d'après mes expériences, que les régions voisines de la cavité du 3° ventricule jouent un rôle essentiel dans la même fonction ; il en est de même enfin des noyaux protubérantiels, unis, comme nous le verrons plus loin, aux hémisphères cérébraux et cérébelleux : mais nos connaissances sont sur ce sujet moins étendues.

Les *noyaux de la formation réticulée* représentent sans aucun doute d'importants centres réflexes ; on ne sait pourtant rien de certain sur la nature des excitations qui viennent se réfléchir dans chacun d'eux. Remarquons seulement que, d'après N. Mislawski, le noyau du funiculus antérieur peut être considéré comme un centre respiratoire. Le noyau central inférieur correspond par sa situation au centre vaso-moteur pour la fonction duquel il est peut-être différencié (1). Par contre, le noyau réticulé de la calotte doit être regardé comme un *centre moteur* véritable à cause de ses connexions que nous étudierons plus loin.

Nous ne savons pas encore d'une façon précise jusqu'à quel point le noyau médial ou interne et les n. centraux supérieurs servent aux fonctions réflexes. Quant aux noyaux gris du champ latéral de la formation réticulée, nous pouvons nous étendre à leur propos sur quelques considérations, touchant les fonctions des olives supérieures. Celles-ci ne sont pas seulement en rapport avec le noyau antérieur de l'acoustique (n. ant. de Meynert), mais aussi avec le noyau de l'abducens : on est donc absolument autorisé à en faire un centre réflexe des mouvements des yeux. Cette opinion est encore confirmée par les rapports qui existent entre l'olive et le cervelet : des lésions suffisamment étendues de celui-ci entraînent régulièrement des troubles réflexes de la statique et des mouvements du globe oculaire.

Le *tubercule quadrijumeau antérieur* et le corps genouillé externe de la couche optique sont en rapports étroits avec la fonction visuelle : on peut déjà prévoir cette participation en voyant les fibres du nerf optique subir une interruption dans ces deux ganglions. Le quadrijumeau antérieur joue aussi, très probablement, le rôle de centre réflexe, par le moyen duquel les excitations visuelles peuvent agir sur la sphère motrice.

Des expériences faites sur plusieurs espèces animales ont démontré qu'une excitation des plus légères, électrique ou mécanique, portant sur cette région du mésocéphale est rapidement suivie d'un tremblement convulsif de tout le corps. Il est certain donc que les excitations lumineuses agissent, par son intermédiaire, sur la musculature extérieure de l'œil. Enfin, on rencontre dans la littérature quelques faits en faveur de la participation du même ganglion à d'autres fonctions : respiration, vaso-motricité ; mais on manque encore de données précises.

(1) D'après Reinhold, le centre vaso-moteur occupe la majeure partie de la région moyenne de la substance grise centrale du plancher du quatrième ventricule. On ne peut pas considérer cette opinion comme étant dès maintenant absolument fondée.

Jusqu'à ces derniers temps la physiologie du *tubercule quadr. postérieur* était mal définie. Des recherches récentes m'ont prouvé qu'il intervient dans l'audition, l'émission de la voix et la coordination des mouvements réflexes. Sa destruction expérimentale produit, lorsqu'elle est complète, de la surdité, de l'aphonie, de l'astasie et de l'abasie : inversement, l'excitation du ganglion met en jeu la fonction vocale, produit des mouvements des yeux qui se dirigent du côté opposé, des mouvements tétaniques des membres, de l'autre côté surtout ; enfin le pavillon de l'oreille du côté opposé se redresse et se dirige en avant. Les connexions immédiates du tubercule quad. postérieur avec le noyau antérieur de l'acoustique (par le ruban de Reil latéral et les fibres du corps trapézoïde) expliquent le rôle qu'il joue dans la fonction auditive, tandis que ses relations avec le noyau réticulé de la calotte et les noyaux du pont expliquent suffisamment sa participation aux fonctions motrices.

Substance noire. — Des recherches faites récemment dans mon laboratoire par Juermann conduisent à penser que cette formation est en rapport avec les fonctions de la déglutition et de la respiration : son excitation en effet est constamment suivie d'une exagération des mouvements respiratoires et de réflexes de déglutition.

Couche optique. — Disons par anticipation que ce noyau doit avant tout être considéré comme un lieu d'interruption des voies sensitives qui du tronc cérébral se dirigent vers l'écorce ; sa destruction expérimentale ou pathologique, en particulier celle de sa portion postéro-externe, produit de l'hémianesthésie. Mais, d'un autre côté, la pathologie et mes propres expériences démontrent que ses fonctions propres sont surtout motrices : elle joue un rôle essentiel dans la production des mouvements dits involontaires soit des organes internes (cœur, tube digestif, vessie) soit des muscles du squelette, et des mouvements qui, exprimant des états psychologiques plus intimes, sont qualifiés d'affectifs ou de psycho-réflexes. Les couches optiques ont ainsi évidemment la signification de centres réflexes par le moyen desquels les excitations cutanées, et en particulier les excitations tactiles, très vraisemblablement d'ailleurs aussi des excitations fournies par les sens supérieurs, se résolvent et se réfléchissent en mouvements des organes internes ou des muscles dits volontaires. Ces mouvements peuvent du reste être plus ou moins compliqués et revêtir différentes formes.

Parmi les autres noyaux basaux des hémisphères, le *globus pallidus* semble jouer un rôle dans la sensibilité : tout au moins représente-t-il un centre de réflexes qui se transmettent par la voie du ruban de Reil. D'après les travaux les plus récents, le *tuber cinereum* interviendrait dans la régulation de la température centrale. Quant à l'hypophyse enfin, on sait, de par la pathologie, le rôle qu'elle joue dans la nutrition des os et de certains autres tissus qui subissent, lors des affections de cette glande, une hypertrophie plus ou moins notable.

BIBLIOGRAPHIE. — Noyaux gris bulbo-protubérantiels(1). — Bechterew: « Sur un noyau particulier de la formation réticulée », *Neurol. Wjestnik*, 1898 (en russe). — « Sur un noyau particulier de la substance réticulée dans la portion supérieure de la protubérance », *Neurol. Bote*, vol. VI, 1898 (en russe). — Bettoni : Quelques observations sur l'anatomie de la moelle allongée, de la protubérance et des pédoncules cérébraux, *Arch. Ital. de Biol.*, 1895. — Blumenau : « Sur le noyau externe du cordon cunéiforme dans le bulbe », *Neurol. Centralbl.*, 1890. — « Remarques sur le noyau externe du cordon cunéiforme », *Ibid.*, 1891, résumé in *Arch. de Neurologie*, 1892. — « Sur l'anatomie microscopique du bulbe », *Neurol. Bote*, vol. VI, 1898 (en russe). — Cajal : Le pont de Varole, *Bibliogr. Anatomiq.*, 1894. — « Nouvelle contribution à l'étude du bulbe rachidien », *Rev. trim. microgr.*, 1897. — Cajal (Pedro) : « Quelques détails sur l'anatomie du Pont de Varole et considérations sur les fonctions de la double voie motrice », *Rev. trim. microgr.*, III, 1898. — Held : « Contribution à la structure fine du cervelet et du tronc cérébral », *Arch. f. Anat. u. Phys.*, 1892 et 1893. — Klinke : « Sur les cellules des olives inférieures », *Neur. Centralbl.*, 1897 et *Arch. Neurol.*, 1898, p. 486. — Mingazzini : Interno alla fina anatomia del nucleus arciformis, *Atti della R. Acad. di Roma*, 1889. — Mucuin : « Sur la structure microscopique du bulbe », *Arch. psich. Neurol. i. szud.*, 1892 (en russe). — Pusateri : « Sur la fine anatomie du Pont de Varole chez l'homme », *Riv. di patol. nervosa e mentale*, vol. I, 1896. — de Sanctis : « Noyau du funiculus teres et noyau intercalaire », *Monitore zoologico Ital.*, 1896 et *Rev. Neur.*, 1896, p. 363. — Vincenzi : Sulla fina anatomia della oliva bulbare dell' uomo, *Atti della R. Acad. med. di Roma*, 1886 et 1887, vol. XIII.

Noyaux gris du cerveau moyen (pédoncules et quadrijumeaux). — Amaldi : « Recherches sur la structure de la région pédonculaire », *Riv. sper. di fren.*, vol. XVIII, 1892. — Cajal : Sur la structure fine du lobe optique des oiseaux et sur l'origine réelle des nerfs optiques, *Intern. Monatsch. f. Anat. u. Phys.*, 1891, vol. VIII. — Darkschewitch : « Sur l'anatomie des quadrijumeaux », *Neur. Centralb.*, 1885. — Sur la commissure postérieure du cerveau, *Ibid.* 1885. — Gudden : « Recherches sur la région de la calotte », *Arch. f. Psych.*, 1877, vol. VII. — Habel : Topogr. de l'étage supérieur du pédoncule, *Rev. Neurol.*, 1893. — Mahaim : Recherches sur la structure anatomique du noyau rouge, *Mém. couronnés de l'Acad. de Méd. de Belgique*, 1894. — Mingazzini : Sur la fine structure de la s. noire de Soemmering, *Arch. Ital. de Biol.*, XII, 1889. — Minto : Contrib. alla fina anatomia della sostanza nera di Soemmering, *Riv. sperim. di freniatria*, 1896, vol. XXII, p. 197. — Sulla fina anatomia delle regioni pedonculare et subtalamica dell' uomo, *Riv. di pat. nerv. e ment.*, 1896. — Ris : « Sur la structure du lobe optique des oiseaux », *Arch. f. mikr. Anat.*, vol. LIII, 1898, p. 106. — Tartuferi : « Structure des quadrijumeaux antérieurs chez l'homme », *Mem. prem. d. R. Instit. Lombardo di Milano*, 1885 et *Arch. Ital. per le mal. nervose*, 1885.

Noyaux gris du cerveau intermédiaire. — Ahlborn : « Sur la signification de la glande pinéale », *Zeitsch. f. wiss Zool.*, vol. XL, 1884. — Andriezen : « Morphologie, origine et évolution des fonctions de la pituitaire », *Brit. med. Journ.*, 1894. — Béraneck : « Sur le nerf pariétal et la morphologie du troisième œil des vertébrés », *Anat. Anzeig.*, 1892. — Berkeley : « Anatomie fine de la région infundibulaire du cerveau et de la glande pituitaire », *Brain*, IVᵉ partie, 1894. — « Éléments nerveux de la glande pituitaire », *J. Hopkins Hosp. Reports*, 1895. — Cajal : « Structure du ganglion de l'habénula chez les mammifères », *Annales de la Soc. espagnole d'histoire naturelle*, 1894, vol. XXIII. — Cionini : Sulla struttura della glandula pineale, *Riv. sper. di freniatria*, 1887. — Dark-

Voir la bibliographie du chapitre suivant pour les noyaux des nerfs craniens.

SCHEWITCH : « Sur l'anat. de la glande pinéale », *Neur. Centralbl.*, 1886. — MEYNERT : « Nouvelles recherches sur les ganglions de la base du cerveau et le tronc cérébral », *Wien. Akad. Anz.*, 1879. — KOELLIKER : « Sur la fine anatomie du cerveau intermédiaire et de la région hypothalamique », *Anat. Anz.*, vol. VI. — « Histologie du thalamus », *Histologie*, 6e édit., vol. II, p. 539 à 560. — MARCHI : Sulla struttura dei talami ottici, *Riv. sper. di fren.*, 1884 et 1887. — MINGAZZINI : « Sur la glande pinéale des mammifères », *Monit. zool. Ital.*, 1898. — PEMBERTON : Recent investigations on the structure and relations of the optic thalami, *Journ. of comp. Neurol.*, 1891. — PEYTOUREAU : La glande pinéale et le troisième œil des vertébrés, thèse de Bordeaux, 1887. — PISENTI : « Sur l'interprétation de quelques particularités histologiques de la pituitaire », *Gaz. degli Osped.*, 1895. — DE SANCTIS : Contr. à l'étude du corps mamillaire de l'homme, *Congrès intern. de méd. de Rome*, 1894. — STADERINI : « Sur la glande pinéale des mamifères », *Monitore Zool. Ital.*, 1897. — TSCHISCH : « Recherches sur l'anatomie des ganglions de la base du cerveau chez l'homme », *Sitzb. d. math. phys. Klasse d. K. Sechs. Ges. d. Wiss.*, 1886. — VALENTI : « Sur le développement de l'hypophyse », *Monit. Zool.*, 1895.

Physiologie. — AFANASSIEW : « Sur la physiologie des pédoncules cérébraux », *Wien. med. Woch.*, 1870. — BECHTEREW : « Sur les fonctions de la substance grise centrale du IIIe ventricule », *Pfluger's Arch.*, 1883, vol. XXXI. — « Le rôle de la couche optique d'après des faits expérimentaux et pathologiques » *Virchow's Archiv.*, vol. CX, 1887. — « Sur le rire et le pleurer involontaires dans les affections cérébrales », *Arch. f. Psych.*, 1894, p. 791. — « Le tubercule quadrijumeau postérieur comme centre de l'ouïe, de la voix et des réflexes », *Neurol. Centralbl.*, XIV, 1895, et *Arch. de Neurol.*, 1896. — « Le centre convulsif et le centre de la locomotion au niveau de la protubérance », *Neurol. Centr.*, XVI, 1887, résumé in *Arch. de Neurol.*, juin 1889, p. 489. — BEEVOR et HORSLEY : « Recherches expérimentales sur le pédoncule cérébral », *4e Congrès de physiologie*, Cambridge, août 1898. — BRISSAUD : Sur le rire et le pleurer spasmodiques, *Leçons sur les maladies nerveuses*, 1894, XXIe leçon. — BROWN-SÉQUARD : Recherches sur la physiologie et la pathologie de la protubérance annulaire, *Journ. de Physiologie*, t. I, 1858 et t. II. 1859. — Faits montrant que c'est parce que le bulbe est le principal foyer d'inhibition de la respiration qu'il semble être le principal centre des mouvements respiratoires, *Soc. de Biol.*, 1887, p. 293. — GAUTHIER : *Les mouvements automatiques rythmiques*, thèse de Paris, 1897-1898, no 359. (Localisation dans la couche optique.) — GIRARD : Recherches sur l'appareil respiratoire central, *Mémoires de la Soc. de physique et d'hist. nat. de Genève*, 1891. — GOTTFRIED : « Contr. à l'étude de la topographie du centre vasomoteur dans le bulbe de l'homme », *Deutsche Zeits. f. Nervenheilk.*, 1896, vol. X, p. 67. — HENSCHEN : « Sur les localisations dans le corps genouillé externe », *Neur. Centralb.*, 1898, p. 194, et *Rev. Neurol.*, 1898. — KIRILZEW : « Sur les différents phénomènes qui dépendent de la couche optique », *Neur. Centralbl.*, 1891. — LABORDE : Effets de la lésion expérimentale des pédoncules cérébraux, *Trav. du lab. de Phys. de Paris*, vol. I, 1885. — LANGENDORFF : « Études sur l'innervation des mouvements respiratoires », *Arch. f. Anat. u. Phys., Phys. ablh.*, 1886-1888. — MISLAWSKI : « *Sur le centre respiratoire* », thèse de Kasan, 1885, et *Centralbl. f. d. med. Wiss.*, 1885, p. 593. — LO MONACO : Sur la physiologie des couches optiques, *Arch. Ital de Biol.*, 1898, vol. XXX, f. 2. — MONAKOW : « Recherches expérimentales et anatomo-pathologiques sur la région de la calotte, la couche optique et la région sous-optique », *Arch. f. Psych. u. Nervenkr.*, t. XXVII, 1895, et *Arch. de Neurol.*, février 1897, p. 419. — SAKOVITCH : « Influence du tuber cinereum sur la température des animaux », *Clin. des mal. nerv. et ment. de Pétersbourg*, 1897, et *Presse Méd.*, 1897. — SELLIER et VERGER : « Recherches expérimentales sur la physiologie de la couche optique », *Soc. de Biol.*, mai 1898, et *Arch. de Phys.*, oct. 1898, p. 706. — WERTHEIMER : *Article* Bulbe in *Dictionnaire de Physiologie* de Ch. Richet.

CHAPITRE II

LES NERFS CRANIENS

Nous nous en tiendrons dans ce chapitre aux origines de ceux des nerfs craniens qui naissent du tronc cérébral, laissant de côté le *spinal* dont nous avons étudié les origines propres dans la seconde partie et le *nerf olfactif* qui appartient au cerveau terminal ; nous n'exposerons pas en détail toutes les particularités connues du trajet intracérébral des racines, mais insisterons

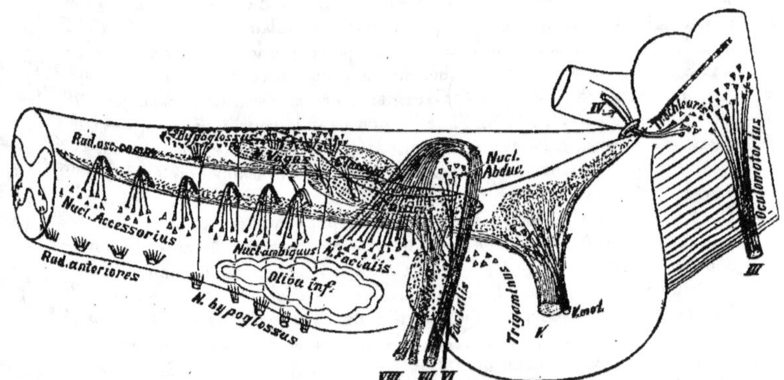

Fig. 154. — TOPOGRAPHIE DES NOYAUX DES NERFS CRANIENS.

Le tronc cérébral est supposé transparent. Les noyaux des nerfs moteurs sont en noir, ceux des nerfs sensitifs en bleu. (D'après EDINGER.)

seulement sur leurs terminaisons et noyaux respectifs en nous arrêtant sur tous les points controversés. [La fin de ce chapitre sera consacrée à un résumé des rapports généraux des fibres des nerfs craniens avec leurs noyaux d'origine ou de terminaison. Quant aux *voies centrales* de ces noyaux bulbaires, c'est-à-dire aux fibres qui les unissent à l'écorce cérébrale, et quant à leurs connexions entre eux ou avec les autres masses grises du tronc cérébral, leur description se place naturellement après l'étude des faisceaux de projection et d'association de cette portion du névraxe.]

ARTICLE I. — L'HYPOGLOSSE.

La majeure partie des fibres de l'hypoglosse naissent d'un noyau volumineux, allongé verticalement : sa partie inférieure est située en avant du canal central ; au-dessus du calamus il s'étend le long du sillon longitudinal du plancher du quatrième ventricule (*fig. '155, 156* et *158, n XII*). Il est formé de cellules de grande taille (moins volumineuses pourtant que

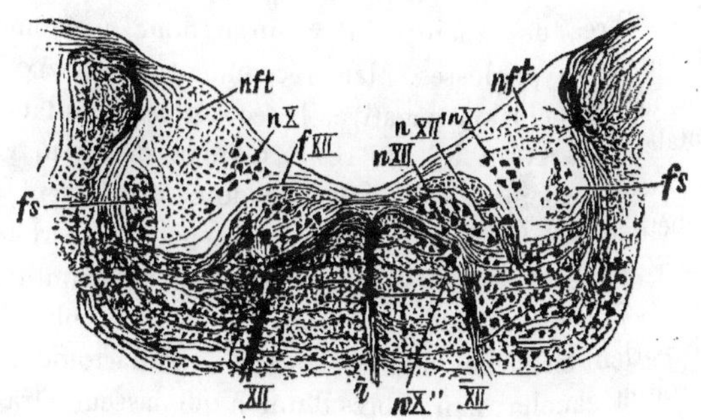

Fig. 155. — NOYAU DE L'HYPOGLOSSE, NOYAU DORSAL DU VAGUE.

(Chien nouveau-né ayant subi la résection d'un tronçon du vague droit.)
fs, Faisceau solitaire.
nft, Noyau à petites cellules de la Xe paire.
r, Raphé.
nX, Noyau dorsal du vague.
nXII, Noyau principal de l'hypoglosse avec *nXII'*, cellules nerveuses situées sur son bord externe et *nXII''*, sa partie antérieure ou ventrale.
XII, Fibres radiculaires de l'hypoglosse.

Par suite de l'intervention, le f. solitaire *fs*, le noyau à petites cellules *nft* et le noyau dorsal du vague *nX*, sont atrophiés du côté droit.

leurs homologues des cornes antérieures de la moelle), toutes multipolaires et que l'on peut répartir en plusieurs groupes ; leurs axônes se rendent directement dans les racines du nerf ; leurs dendrites, nombreuses et richement ramifiées, vont souvent jusqu'à atteindre, d'après CAJAL, le noyau de l'hypoglosse du côté opposé, et donnent ainsi lieu à la formation d'une commissure particulière, une *commissure protoplasmique*. Un réseau fin et serré de fibrilles nerveuses s'étend entre les cellules du noyau.

Nous avons vu que ce dernier peut être divisé en plusieurs territoires d'après le volume des éléments dont ceux-ci sont peuplés : cette particularité importante avait pourtant jusqu'ici peu attiré l'attention. Il est cependant facile de voir, chez le chien et le chat, que des cellules plus grandes que la moyenne sont localisées dans la région latérale et surtout supéro-externe du noyau et y forment un groupe distinct des éléments voisins (*fig. 155*). De même, les cellules les plus antérieures du segment supérieur du noyau, situées en dedans et en dehors du faisceau radiculaire, se distinguent par leur grande taille de celles des autres territoires. La segmentation ainsi établie dans son centre bulbaire est à rapprocher du caractère compliqué des fonctions du nerf hypoglosse.

Beaucoup d'auteurs admettent un entre-croisement sur la ligne médiane de quelques fibres des racines : il y aurait donc anastomose entre les noyaux des deux hypoglosses. Mais récemment MINGAZZINI est arrivé sur ce sujet à une conclusion négative, basée sur les résultats des atrophies expérimentales (1). Avant lui, du reste, GANSER, MAYSER, v. GUDDEN (de Munich) avaient également nié l'existence de ce croisement en employant la même méthode d'atrophies expérimentales ; les recherches poursuivies par DJÉLOFF et TELJATNIK dans mon laboratoire aboutirent au même résultat (2). Cependant, comme nous le verrons plus loin, des faits importants parlent en faveur de l'existence d'une anastomose entre les deux noyaux, droit et gauche ; leurs fibres d'union qui passent à travers la s. grise sont déjà visibles chez le fœtus à partir d'un certain stade du développement ; cependant nous avons vu qu'elles ne sont pas altérées dans les expé- riences de dégénération. Remarquons aussi qu'après arrachement de l'hypoglosse chez les jeunes animaux, on voit aussi s'atrophier le noyau dorsal du glosso-pharyngien, ce qui fait supposer qu'il existe quelques connexions entre les centres bulbaires des deux nerfs.

(1) Les recherches de MINGAZZINI (*Ann. di freniatria*, II, 1890) et de SCHAFFER (thèse d'Erlangen, 1889) ont montré qu'après arrachement ou section de l'hypoglosse chez les animaux jeunes il y a atrophie du noyau du même côté ; les fibres de la formation réticulée et de l'olive voisine restent intactes, de même que les fibres arciformes qui passent en avant du noyau de l'hypoglosse, à qui par conséquent elles ne peuvent appartenir. Mentionnons encore les nouvelles recherches de STADERINI qui ne parvint pas plus que ses prédécesseurs à mettre en évidence le croisement, sur la ligne médiane, des fibres de l'hypoglosse.

(2) Dernièrement HELD a pu suivre les fibres radiculaires de l'hypoglosse jusqu'aux cellules de la formation réticulée.

Dans le voisinage de la partie proximale du noyau principal à grandes cellules, tout près du point de sortie des racines, est situé le petit noyau *accessoire* de Duval et Koch (1) (*fig. 123 et 127, nXII', p. 203*).

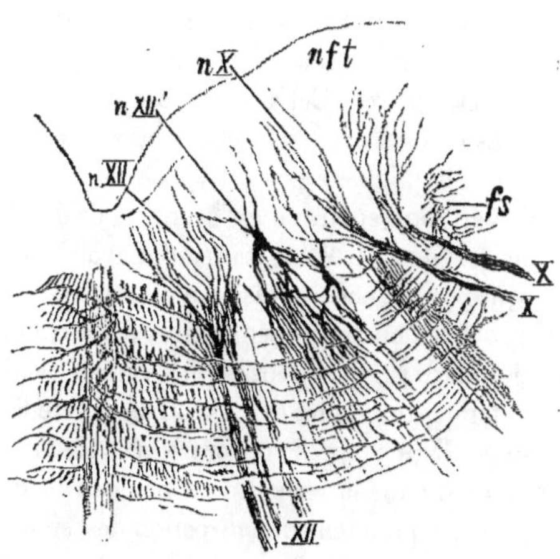

Fig. 165. — Noyaux et racines du vague et de l'hypoglosse.

(Chat nouveau-né. Méthode de Golgi.)

X, Racines; *nX*, noyau du vague: *nft*, son noyau à petites cellules.
XII, Racines; *nXII*, noyau principal de l'hypoglosse.
nXII' Cellules multipolaires situées dans le voisinage de la partie latérale du noyau principal.

D'après quelques auteurs ce noyau serait l'aboutissant de quelques-unes des fibres de l'hypoglosse mais cette opinion paraît plutôt contredite par les résultats actuels des recherches faites par les méthodes de dégénération et d'atrophie. Immédiatement en dehors du point d'émergence nucléaire des racines se trouve le noyau *accessoire de Roller* (*fig. 125*, p. 205, *nXII*). C'est une masse de petites cellules dont les connexions avec l'hypoglosse ont été également rendues douteuses par les dernières recherches faites sur ce sujet. Rappelons ici que le noyau ambigu et les olives inférieures n'ont aucun rapport avec la XIIᵉ paire : il n'en est pas de même de la formation réticulée qui envoie au noyau de nombreuses fibres qui le pénètrent par sa face ventrale et doivent probablement être considérées comme l'unissant aux centres réflexes compris dans cette formation bulbaire (2).

Parmi les fibres exogènes qui rayonnent dans le noyau de l'hypoglosse nous trouvons :

(1) Ce noyau a été décrit en premier lieu par Duval d'après un cas dans lequel l'examen histologique montra la destruction complète du noyau principal et partielle du noyau accessoire ; la langue avait perdu tous ses mouvements volontaires, ne conservant que ses mouvements associés de l'acte de déglutition. Duval et Raymond concluent que le noyau principal est le centre des mouvements d'articulation de la parole ; le noyau accessoire, celui des mouvements de déglutition. Cette hypothèse a besoin d'une nouvelle confirmation d'autant plus que des doutes se sont élevés récemment sur la réalité des connexions pouvant exister entre le noyau accessoire et les racines de l'hypoglosse.

(2) Immédiatement en arrière du noyau principal, dans le système des *fibres propres de l'hypoglosse* de Koch (V. plus bas), se trouve un nouvel amas de petites cellules, le *noyau intercalaire* de Staderini. Djéloff en observa l'atrophie particlle (moitié inférieure) après extirpation des racines de l'hypoglosse.

1° Les *collatérales* des fibres venues des noyaux sensitifs du vago-glosso-pharyngien ;

2° De la substance gélatineuse du trijumeau ;

3° De la voie centrale commune des V°, IX° et X° paires, qui, suivant Cajal, est représentée par les fibres blanches dorsales de la substance réticulée entre les noyaux des V°, X°, IX° et XII° paires. Cet auteur ne put constater le passage direct des collatérales des racines du trijumeau, du vague et du glosso-pharyngien dans le noyau de l'hypoglosse.

Sur les préparations au Weigert on remarque en avant de ce dernier un faisceau qui se détache avec une grande netteté sur les régions avoisinantes et qui après avoir contourné le noyau vient s'entre-croiser au niveau du raphé (*fig. 123*, p. 203 ; *fig. 157*). Il provient, en partie seulement, du noyau de l'hypoglosse et du noyau voisin des nerfs vague et glosso-pharyngien : il tire sa principale origine des régions latérales profondes de la formation réticulée, ainsi que de la région du noyau ambigu : après son entre-croisement au raphé, une partie de ses fibres se rend dans la formation réticulée (du côté opposé à celui de son origine), les autres prennent une direction descendante et disparaissent dans la couche interolivaire. Ce faisceau relie entre eux les centres réflexes de la Réticulée de chaque côté du bulbe et particulièrement le noyau du funiculus antérieur (n. respiratoire) avec les noyaux ambigus ; il unit aussi, par le moyen de la couche interolivaire, les noyaux des XII° et IX° paires avec les masses grises situées plus haut.

Les grandes multipolaires que nous avons décrites plus haut à la face externe du noyau (*fig. 156, nXII*) envoient leurs dendrites dans la profondeur de la formation réticulée où elles se mettent en rapport avec les ramifications cylindraxiles qui s'y trouvent en grand nombre.

Article II. — Les trois nerfs mixtes.

Nous comprenons sous cette dénomination les trois paires craniennes dont les racines sont dès leur origine motrices et sensitives et se répartissent d'ailleurs dans les mêmes noyaux bulbaires.

Nerf spinal ou accessoire de Villis. — Sa portion spinale et son origine médullaire ont été décrites dans la II° partie à propos des fibres radiculaires antérieures ; sa portion encéphalique naît de la partie inférieure du bulbe, dans le voisinage immédiat du pneumogastrique : c'est une des raisons qui lui ont valu le nom d'*accessoire du vague*, nerf cranien dont il

partage du reste l'origine réelle et dont il est difficile de le séparer. De plus,
son trajet extra-encéphalique, sous forme de tronc nerveux distinct, est
très court : il se confond bientôt avec le tronc du vague ; aussi nous a-t-il
paru rationnel de ne décrire séparément que sa portion médullaire et de
réunir à celle du pneumogastrique l'étude de sa portion bulbaire.

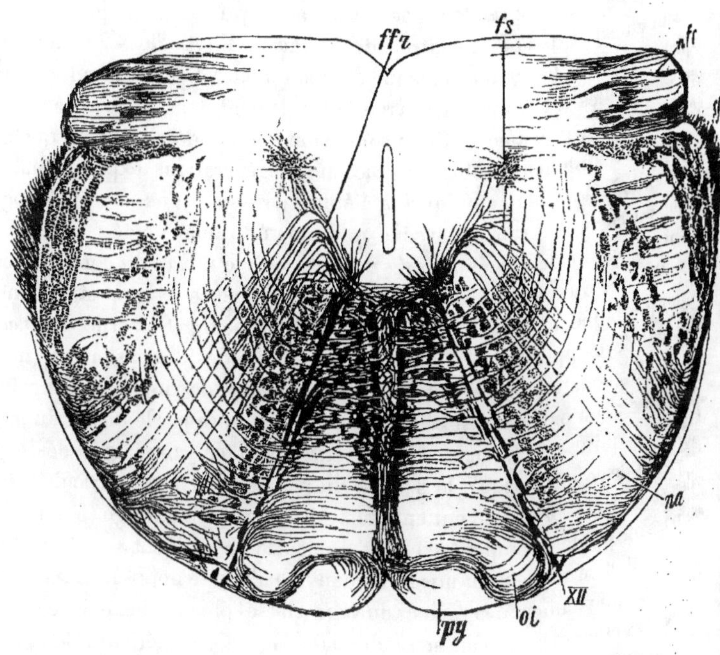

Fig. 157. — COUPE DE LA PORTION INFÉRIEURE DU BULBE.

(Chien de quelques semaines. Préparation de SHUKOFF. Méthode de Pal.)

cr, Corps restiforme.
ffr, Fibres passant en avant du noyau de l'hypoglosse et se dirigeant vers la région du
    noyau ambigu.
fs, Faisceau solitaire.
na, Région du noyau du cordon latéral.
nfc, Noyau du faisceau cunéiforme.
oi, Olive inférieure.
py, Pyramide.
sg, S. gélatineuse du trijumeau.
XII, Racines de l'hypoglosse.

Nerf vague ou pneumogastrique. — Le nerf de la XII° paire émerge
de la face latérale du bulbe, dans le sillon des nerfs mixtes. On lui décrit
plusieurs noyaux bulbaires.

1° Le *noyau dorsal* ou *postérieur* (*fig. 123*, p. 203, et *156, nX*), situé sous le plancher du IVᵉ ventricule, à côté, en dehors, et en arrière de la portion proximale du noyau de l'hypoglosse : c'est l'origine de la plus grande partie des fibres du vague qui s'y dirigent directement dès leur pénétration dans le bulbe (1).

2° *Noyau ambigu.* Les fibres nées des cellules des ganglions périphériques du noyau ne se rendent pas toutes au noyau dorsal : quelques-unes passent en avant de la face ventrale du noyau de l'hypoglosse, traversent le raphé et gagnent la région moyenne du champ latéral de la réticulée du côté opposé : là elles se terminent très vraisemblablement dans un noyau à grandes cellules : le *noyau ambigu.* Cette connexion que j'ai décrite il y a quelques années est maintenant confirmée grâce aux dégénérations expérimentales et à la méthode de Golgi appliquée à l'étude des embryons. Le pneumogastrique est encore en rapport avec le n. ambigu du même côté : c'est un fait acquis ; il en est de même pour ses rapports avec le noyau du cordon latéral.

D'après Grabower (2) le n. ambigu commence à apparaître dans la région du bulbe où l'olive et les parolives antérieure et externe ont acquis tout leur développement : il atteint ses plus grandes dimensions au niveau du noyau acoustique antérieur : il contient en tout de vingt à trente cellules nerveuses : son extrémité supérieure paraît continuée par le noyau du facial. Les fibres qui le relient au nerf vague cheminent en compagnie des autres éléments de ce nerf jusqu'à la s. grise du plancher du IVᵉ ventricule ; de là, elles se tournent brusquement en avant et gagnent le n. ambigu (3) ; d'autres, en passant par le champ dorsal de la Réticulée se dirigent vers le raphé, le traversent et se rendent au noyau homonyme du côté opposé. Cajal décrit des fibres qui viennent des racines du vago-glosso-pharyngien puis se dirigent en dehors et en arrière pour se rendre dans la partie postérieure de la racine spinale du trijumeau (4).

(1) Chez la plupart des poissons, ce noyau est particulièrement développé : un rameau du vague, qui y prend son origine, le *nerf latéral*, va innerver une série d'organes sensoriels d'une nature particulière, situés sur les côtés du corps, jusqu'à l'extrémité caudale.

(2) Cet auteur est arrivé à prouver que l'innervation des muscles laryngiens ne ressortit pas au spinal mais au vague et très vraisemblablement au noyau moteur de ce nerf (noyau ambigu).

(3) Mayser et plus récemment Koch (*Nord. med. Ark.*, XXII, 1889) ont remis en question, mais à tort, me semble-t-il, les rapports du vague et du noyau ambigu ; cette connexion est en effet évidente sur le bulbe de l'embryon. De plus, Gudden, après arrachement du vague, a observé l'atrophie du n. ambigu du même côté. (Forel, *Sur l'atrophie expérimentale, etc.*, Zurich, 1891). Ossipoff (de mon laboratoire) est arrivé au même résultat.

(4) D'après les derniers travaux de Ramon, les racines motrices du vago-glosso-pharyngien ne tirent pas exclusivement leur origine du n. ambigu mais aussi de cellules situées plus bas, jusque dans la région du noyau de l'hypoglosse, et en dedans de la voie cérébelleuse descendante de la substance réticulée grise. Cet auteur affirme aussi les rapports de la racine motrice avec le noyau ambigu de l'autre côté. Les résultats contraires de Kljatschkin (thèse de Kasan, 1897) me paraissent attribuables à ce que cet auteur n'a pas employé la méthode de Marchi.

3° *Noyau de l'aile grise.* On doit encore considérer comme démontrés les rapports du nerf vague avec une région du bulbe déjà connue des anciens anatomistes comme lieu de terminaison des fibres de ce nerf : elle fait partie du plancher du IV° ventricule et est située en dehors du noyau dorsal du vague : elle est généralement désignée sous le nom d'*aile grise* (*fig. 156, p. 236, nft*). Ossipoff (de mon laboratoire) la trouva toujours nettement atrophiée, consécutivement à l'extirpation du pneumogastrique, pratiquée chez des animaux nouveau-nés. Il est du reste facile de voir, chez l'embryon, une partie des fibres radiculaires du vague se rendre directement dans l'aile grise.

4° *Faisceau solitaire* (*fig. 157 et 158 fs*). Un certain nombre de fibres radiculaires du vague chemine, de compagnie avec des fibres de la IX° paire, suivant une direction descendante et forme ainsi dans la partie postérieure de la Réticulée une colonne verticale, le faisceau solitaire du bulbe.

J'ai constaté chez le fœtus que les fibres du glosso-pharyngien se myélinisent un peu plus tard que celles du vague. Celles-ci abandonnent des collatérales qui, au sortir du f. solitaire, se mêlent aux fibres arquées et se dirigent vers le raphé. Comme ces collatérales, devenues fibres arciformes, traversent le raphé à peu près au niveau du noyau respiratoire, on peut, malgré l'absence de preuves positives, admettre qu'elles pénètrent dans ce noyau aussitôt après leur entre-croisement au niveau du raphé (1). C'est ainsi que s'explique que le f. solitaire diminue progressivement en épaisseur de haut en bas.

Nous avons vu qu'il contient aussi des fibres du glosso-pharyngien : ce dernier, et le pneumogastrique se comporte de même, lui envoie soit des fibres radiculaires, soit simplement les rameaux descendants de ces dernières.

Au niveau des racines de la IX° paire, le faisceau s'insinue par son extrémité supérieure dans la région dorso-latérale de la formation réticulée ; plus bas, il se place de plus en plus en dedans et disparaît finalement dans la partie supérieure de la moelle cervicale. Là il se confond, dans la substance grise centrale, avec un groupe cellulaire qui n'est en somme que la continuation du faisceau solitaire et qui est décrit par quelques auteurs sous le nom de *ganglion commissural*. Ce noyau est ovale, légèrement arqué, situé entre

(1) Après section du vague chez des cobayes nouveau-nés, Dees observa la disparition complète des cellules du noyau dorsal et du n. ventral (n. ambigu) et une atrophie considérable du f. solitaire. Comme dans cette expérience toutes les fibres sensitives du vague, le rameau auriculaire et le rameau laryngé, ainsi que le glosso-pharyngien, étaient restés intactes, on doit refuser aux fibres émanant du noyau dorsal la signification d'éléments sensitifs. En même temps que le vague, cet auteur avait sectionné le laryngé inférieur qui innerve les muscles du larynx et, comme, consécutivement, les noyaux du nerf accessoire étaient restés normaux, il s'ensuit que les muscles laryngés sont innervés par le noyau antérieur du vague (noyau ambigu). De plus dans des expériences de vagotomie, Forel nota l'atrophie d'un noyau situé en avant et près de celui de l'hypoglosse et qu'il considère comme noyau moteur du vague. Ce dernier auteur élève des doutes, d'ailleurs non justifiés, sur les rapports du noyau ambigu et du pneumogastrique.

l'épendyme et la commissure postérieure, formé de petites cellules fusiformes, ovales, ou triangulaires et munies de dendrites fines et très lisses : d'après

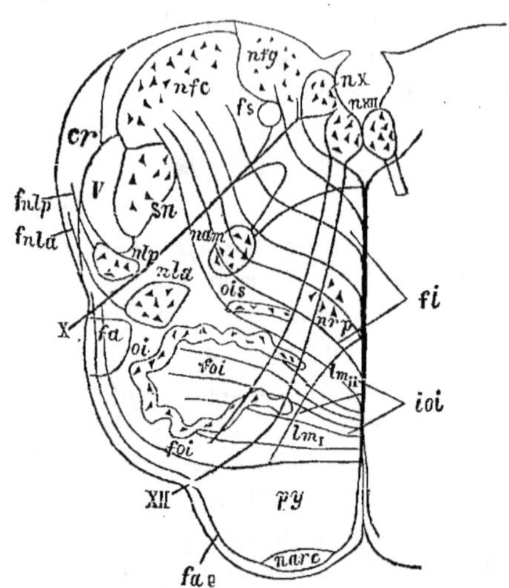

Fig. 158. — Coupe schématique montrant les racines et noyaux des Xᵉ et XIIᵉ paires et la couche interolivaire.

cr, Corps restiforme.
fa, Territoire occupé par le faisceau aberrant du bulbe qui provient de la partie postérieure du fondamental latéral.
fae, Fibres arciformes externes.
fi, Fibres arciformes internes.
fnla, fnlp, Faisceau antérieur et f. postérieur de fibres allant des noyaux du cordon latéral au corps restiforme.
foi, Fibres allant de l'olive au corps restiforme.
fs, F. solitaire.
ioi, Couche interolivaire.
lmI, Fibres de la couche interolivaire venues du noyau de Burdach du côté opposé et formant plus haut le segment latéral du ruban principal.
lmII, Fibres de la couche interolivaire venues du noyau de Goll du côté opposé et formant plus haut le segment interne du ruban principal.
nam, Noyau ambigu.
narc, Noyau arciforme.
nfc, Noyau du faisceau cunéiforme.
nfg, Reste du noyau grêle.
nla, nlp, Noyaux antérieur et postérieur du cordon latéral.
nrp, Noyau respiratoire ou n. funiculi anterioris.
oi, ois, Olive bulbaire et parolive supérieure.
py, Pyramide.
sn, S. gélatineuse.
V, Racine spinale du trijumeau.
X et nX, Racines et noyau dorsal du vague.
XII et nXII, Racines et noyau principal de l'hypoglosse.

Cajal, il reçoit les trois quarts des fibres du f. solitaire. Une portion moins importante de celui-ci descend sous forme d'un cordon longitudinal et se

termine un peu au-dessous du croisement des pyramides vers la part[ie]
interne de la base de la corne postérieure, c'est-à-dire vers la substance gé[la-]
tineuse du trijumeau avec les cellules de laquelle elle se met en relation p[ar]
quelques-unes au moins de ses fibres (1) (*fig. 175*, p. 272). Beauc[oup]
d'auteurs partagent encore l'opinion de KRAUSE d'après laquelle le faisce[au]
descendrait jusqu'au VIIIe nerf cervical, mais il est facile de se rendre com[pte]
que cette opinion n'est pas fondée : chez l'embryon le faisceau déjà myélin[isé]
tranche nettement sur les régions voisines qui ne le sont pas encore : il e[st]
alors facile de voir qu'il ne descend pas jusqu'à ce niveau. Dans le cours [de]
son trajet, ses fibres abandonnent de distance en distance des collatérales q[ui]
vont arboriser leurs ramifications terminales dans la s. gélatineuse du tri[ju-]
meau. On ne sait si les fibres du faisceau solitaire qui se comportent ain[si]
appartiennent au vague ou au glosso-pharyngien.

Outre les fibres qui viennent de ces deux paires craniennes, ce faisce[au]
en contient encore très probablement d'autres sur la nature et l'orig[ine]
desquelles les opinions sont malheureusement très divergentes. ROLLE[T et]
quelques autres auteurs ont nié la participation des fibres du vague [à]
sa constitution : c'est pourtant un fait démontré ; du reste l'examen his[to-]
logique du bulbe du fœtus est à cet égard si démonstratif que l'on p[eut]
considérer la question comme définitivement tranchée dans le sens posi[tif].

La réalité de tous ces faits est confirmée par la méthode des atrophies expérimenta[les]
plusieurs fois appliquée à l'étude des terminaisons centrales du vague, en particulier p[ar]
v. GUDDEN, FOREL, MAYSER, DEES et OSSIPOFF (de mon laboratoire). MAYSER trouva, ap[rès]
arrachement du vague près de son ganglion et soi-disant aussi avec le glosso-pharyn[gien]
l'atrophie du noyau central du vague (probablement le noyau dorsal), du f. soli[taire]
et l'atrophie partielle d'un noyau nouvellement décrit, situé dans la région latéra[le du]
bulbe, ainsi qu'un état atrophique particulier de la s. gélatineuse ; le noyau ambigu pers[istant]
normal des deux côtés : v. GUDDEN par contre en constata l'atrophie du côté de l'arrac[he-]
ment du vague (2). DEES constata chez le lapin, après section du vague, le glosso-phary[ngien]
les rameaux auriculaire et laryngé supérieur du vague étant épargnés, l'atrophie comp[lète]
du noyau dorsal, du n. ambigu et une atrophie partielle de la racine qui se rend a[u f.]
solitaire (3).

Analysant les résultats obtenus par MAYSER, v. GUDDEN et autres dans leurs ex[pé-]
riences sur le vague et le glosso-pharyngien, FOREL arrive aux conclusions suivantes[:]

1° Les fibres sensitives de ces deux nerfs proviennent, topographiquement, du f. solitaire et semblent se terminer entre les cellules de la s. gélatineuse voisine, leur vérit[able]
origine étant d'ailleurs dans le ganglion périphérique ;

(1) En avant de la s. gélatineuse on trouve un petit nombre de grandes cellu[les]
nerveuses semblables à celles qu'on rencontre çà et là dans la s. gélatineuse elle-mêm[e ...]
ne puis affirmer d'une façon certaine qu'elles soient en rapport avec le f. solitaire.

(2) Les résultats des expériences d'atrophie secondaire faites dans le laboratoire [de]
Munich sont contraires à l'existence d'aucune connexion entre ce noyau et les racin[es ...]
l'hypoglosse. (FOREL, *Festchrift* de v. *Koelliker* 1891 : Sur la méthode d'atrophie et dégénérations expérimentales et ses résultats dans l'anatomie du système nerveux central).

(3) Nous verrons plus loin que ce f. solitaire est formé en partie de fibres descenda[ntes]
des racines du vague et du glosso-pharyngien.

2° Leurs fibres motrices représentent les axônes des cellules d'un noyau situé sur le côté dorsal de celui de l'hypoglosse ;

3° Ainsi que ses noyaux d'origine, chaque racine est située tout entière du côté du tronc nerveux correspondant : il n'existe donc pas d'entre-croisement de leurs fibres.

Forel remarque enfin que des recherches ultérieures pourront peut-être démontrer les rapports de ces deux nerfs avec le n. ambigu et le noyau de Mayser.

Enfin, la résection expérimentale du vague cervical, chez de jeunes chiens et de jeunes chats, pratiquée dans mon laboratoire par Ossipoff, s'accompagna toujours d'une atrophie évidente du noyau dorsal, de la région dite de l'aile grise, du f. solitaire, et, mais à un moindre degré, du n. ambigu du même côté *(fig. 155)* : l'aile grise fait donc partie, d'une façon certaine, des noyaux d'origine de la X⁰ paire. Il est à remarquer que, du côté opéré, le noyau de l'hypoglosse parut aussi légèrement atrophié, ce qui conduit à supposer qu'il est en relation avec les racines du vago-glosso-pharyngien ; d'autre part ces mêmes recherches — faites au Marchi — permettaient de se rendre compte que les fibres arquées dorsales du champ médian de la formation réticulée participent au processus de dégénération.

D'après les expériences plus récentes d'Ossipoff, le vague serait relié, non seulement aux noyaux de l'hypoglosse, mais encore au n. *intercalaire de Staderini* et au n. latéral lesquels présentent des modifications atrophiques après section du nerf. De plus, mes propres recherches et celles qui furent faites ultérieurement sous mes yeux par Ossipoff et Blume-nau parlent en faveur d'un croisement partiel des fibres émanées du n. ambigu, noyau qui, d'après Cajal, contiendrait encore des ramifications ténues des cellules des cordons et serait uni de cette façon à la s. grise centrale.

Glosso-pharyngien. — Comme le nerf vague, le nerf de la IX⁰ paire est formé de fibres motrices qui naissent dans le bulbe et de fibres sensitives qui tirent leur origine de cellules unipolaires de son ganglion périphérique : ces fibres, arrivées aux papilles fungiformes de la moitié postérieure de la langue s'y terminent par des ramifications libres dans l'intérieur des bourgeons du goût, ainsi que l'a démontré, d'une façon aujourd'hui irréfutable, la méthode de coloration au bleu de méthylène. Les ramifications extrêmes ne se continuent pas, ainsi qu'on l'avait cru tout d'abord, avec le prolongement central des cellules axiales des bourgeons du goût ; elles pénètrent entre celles-ci, s'y accolent étroitement et viennent se terminer dans le voisinage du pore gustatif (K. Arnstein).

Malgré les nombreux travaux d'Edinger, Obersteiner, de Koelliker, Pierret, Roller, Gierke, sur le mode de terminaison centrale de la IX⁰ paire, un grand nombre de questions attendent encore leur solution définitive. Dans l'exposé suivant je m'appuierai surtout sur mes propres expériences et ne m'adresserai aux travaux des auteurs qu'en l'absence de données personnelles.

Le nerf de la IX⁰ paire se comporte en général comme le pneumo-gastrique pour ses origines réelles : comme lui il a un *noyau dorsal* situé sous le plancher ventriculaire en arrière et en dehors du noyau l'hypoglosse *(fig. 155, nX, p. 234)*, se met en rapport avec l'*aile grise*, les *noyaux ambi-gus* des deux côtés et concourt à la constitution du *f. solitaire*. La substance

grise de ce dernier dépasse en haut, sur une petite étendue, l'émergence
des racines des deux nerfs : d'après KOELLIKER elle formerait en ce point
noyau d'origine de l'intermédiaire de Wrisberg, lequel est continué jusqu'a

nerf lingual par la cord
du tympan : cette op
nion aurait besoin d'être
confirmée par l'emploi de
la méthode des atrophie
expérimentales ; mais i
est certain d'autre par
que le f. solitaire con
tient, outre celles de l
IX⁰ paire, des fibres d
la V⁰ et de la VII
(intermédiaire de Wris
berg) (1).

Quoique les auteurs n
soient pas unanimes à ce
sujet, il faut considére
comme absolument dé
montrés les rapports du
glosso-pharyngien avec
le noyau ambigu. Enfin
une partie des fibres de
ce nerf pénètre avec celle
du vague dans le f. soli-
taire et concourt à sa
formation (fig. 159, f;
fig. 160, IX'); ces fibre
gagnent la région sous

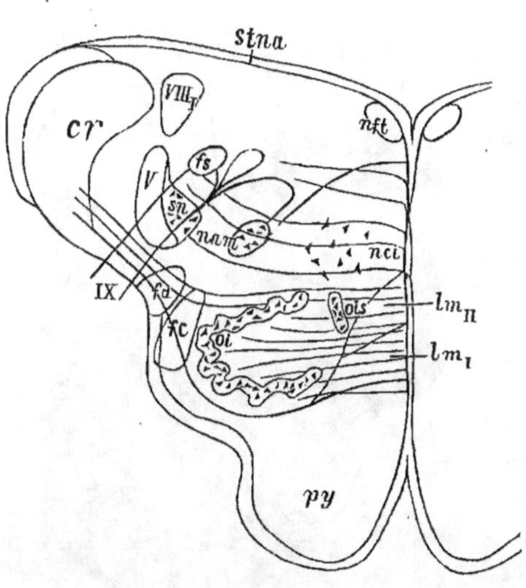

Fig. 159. — SCHÉMA DES RACINES DU
GLOSSO-PHARYNGIEN.

cr, Corps restiforme.
fa, Territoire occupé par le faisceau aberrant du bulbe.
fs, Faisceau solitaire.
nft, Noyau du funiculus teres.
sn, Substance gélatineuse.
V, Racine spinale du trijumeau.
VIII, Racine descendante du nerf auditif.
IX, Racines du glosso-pharyngien.

En dedans du f. solitaire (*fs*), est figuré le noyau dont
il est parlé dans la note de cette page.

l'extrémité supérieure du croisement des pyramides et disparaissent sensi-
le calamus scriptorius, en dedans des fibres de l'entre-croisement
dans le groupe cellulaire que nous avons décrit plus haut sous le nom de
ganglion commissural et qui est voisin du canal central (*fig. 175*, p. 273)
sur des préparations au Weigert et au Golgi de bulbes d'embryons humains
j'ai pu en effet suivre le f. solitaire dans la s. grise qui entoure le canal cen

(1) Je trouve sur mes préparations, au niveau des racines de IX, en dehors du
segment supérieur du noyau de XII et en dedans du f. solitaire, un noyau petit mais assez
net (*fig. 159*) qui ne me paraît pourtant avoir aucun rapport avec le IX. Il est probablement
identique à celui que MAYSER a vu s'atrophier après l'arrachement des IX⁰ et X⁰ paires
(*fig. 6* in FOREL : *Sur l'atrophie expérim., etc.* Munich 1891).

tral (*fig. 175*). Avec ces deux méthodes, ses fibres se détachaient dans toute leur étendue avec une extrême netteté et laissaient voir tous les détails de leur trajet terminal.

La s. grise qui accompagne le f. solitaire forme le noyau sensitif du glosso-pharyngien : elle ne représente en réalité pas autre chose que la s. gélatineuse, semée de petites cellules nerveuses et détachée de la s. gélatineuse centrale. Ses rapports avec le nerf de la IX⁰ paire sont identiques à ceux que contracte la s. gélatineuse de la corne postérieure et de la racine spinale du trijumeau avec les racines postérieures des nerfs rachidiens et la racine descendante de la V⁰ paire (1). Avec la méthode de Golgi on voit facilement les fibres du glosso-pharyngien se terminer par des ramifications pénicillées dans la s. gélatineuse, dans le noyau dorsal, dans les noyaux sensitifs : on voit avec la même facilité le noyau ambigu envoyer ses axônes dans le nerf de la IX⁰ paire dont il est ainsi un centre moteur (2).

CAJAL a pu suivre des fibres de la racine motrice qui se dirigeaient en arrière et se rendaient dans la racine spinale du trijumeau : la réalité de la connexion ainsi établie entre le glosso-pharyngien et la s. gélatineuse de la

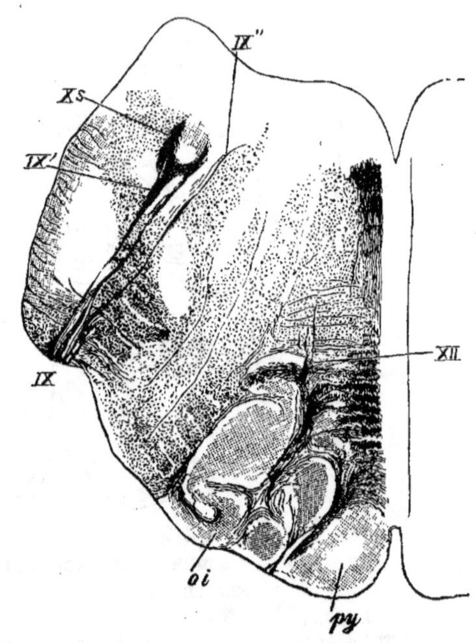

Fig. 160. — RACINES DU GLOSSO-PHARYNGIEN.

oi, Olive bulbaire.
py, Pyramide.
IX, Racines du glosso-pharyngien avec
IX', Racine allant au faisceau solitaire :
Xs, Le faisceau solitaire.
IX", Racine motrice du même nerf.
XII, Racine de l'hypoglosse.

(1) BETTIGER (*Arch. f. Physiol.*, 1889, XXII) a avancé que le quart supérieur du f. solitaire se continue du côté du pont, au-dessus des racines du IX⁰, en accompagnant la racine descendante de l'acoustique : cette portion du faisceau serait formée de fibres extrêmement fines : elle enverrait de nombreuses fibres ascendantes à la racine sensitive descendante (*spinale*) du trijumeau.

(2) KLJATSCHKIN met en doute, à tort, avons-nous vu, l'existence des connexions admises entre le IX⁰ et le noyau ambigu.

Vᵉ paire a été du reste confirmée par les expériences faites sous mes yeux par TELJATNIK au moyen de la méthode des atrophies expérimentales.

Les recherches de O. DEES (1) ont abouti à ce sujet aux résultats suivants :

1° Les fibres qui proviennent du noyau principal (n. dorsal?) des IXᵉ-Xᵉ paires ne sont pas de nature sensitive ;

2° Le noyau ventral de ces deux nerfs (n. ambigu) est le premier centre des muscles du larynx ;

3° Le f. solitaire peut être considéré comme racine sensitive descendante des deux nerfs. Aucune fibre radiculaire ne traverse le raphé.

De son côté enfin, TELJATNIK est arrivé, au moyen de la méthode des atrophies expérimentales (chien, lapin), à considérer comme faisant partie des centres bulbaires de la IXᵉ paire :

Son noyau dorsal avec le noyau de l'aile grise ;

Le f. solitaire avec sa substance gélatineuse ;

Le noyau ambigu.

Le noyau dorsal et la s. gélatineuse doivent être considérés comme de nature *sensitive*, d'abord parce qu'ils s'atrophient après section du rameau sensitif ; ensuite, il est facile de voir au Golgi les fibres du glosso-pharyngien venir s'arboriser autour de leurs cellules ; le f. solitaire contient les fibres sensorielles descendantes de ce nerf. Inversement, le n. ambigu et le noyau du cordon latéral paraissent être ses centres bulbaires *moteurs*. D'autre part, la majorité de ses fibres se terminent dans les noyaux du côté correspondant ; un petit nombre seulement se termine, après entre-croisement, dans ceux du côté opposé.

Les expériences de TELJATNIK, consistant dans la résection du glosso-pharyngien, suivie de l'examen du bulbe par la méthode de Nissl démontrèrent que la dégénération consécutive à la neurectomie ne se localise pas aux noyaux communs aux IXᵉ et Xᵉ paires et au noyau de l'aile grise mais s'étend aussi à la s. gélatineuse de la racine spinale de la Vᵉ paire, au noyau intercalaire de Staderini, aux noyaux de Roller et de Duval, de l'hypoglosse et du facial : cela semble prouver que ces noyaux sont unis par des connexions réciproques et met en évidence les rapports qui existent entre le glosso-pharyngien et une série de masses grises qui entrent synergiquement en jeu lors de la préhension des aliments et pendant la mastication.

D'autre part, l'extirpation de la glande sous-maxillaire produit l'atrophie des cellules situées en arrière de la s. gélatineuse de la racine spinale du trijumeau (TELJATNIK) : cela démontre que les fibres sécrétoires possèdent dans

_____
(1) *Arch. f. Psychiatrie*, vol. XX.

le bulbe des lieux de terminaison qui leur appartiennent en propre. Notons encore que la vagotomie ne détermine pas d'atrophie du f. solitaire : le rôle attribué à ce dernier par quelques auteurs semble ainsi ne pouvoir être admis.

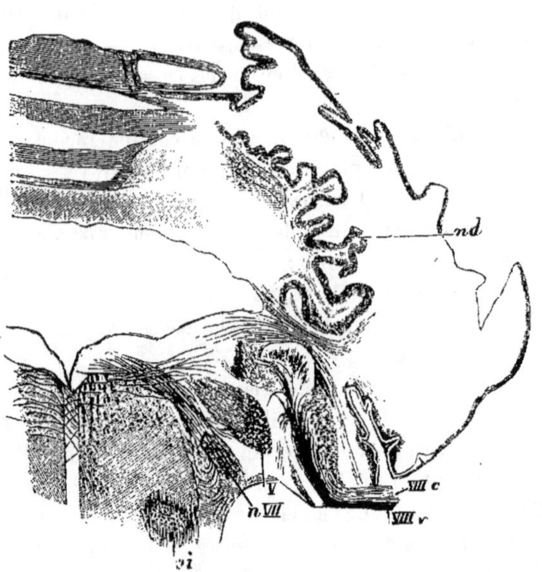

Fig. 161. — COUPE DU BULBE ET DU CERVELET AU NIVEAU DE L'ÉMERGENCE DE L'ACOUSTIQUE.

(Embryon humain de sept mois. Méthode de Weigert.)
nd, Noyau denté du cervelet.
oi, Partie supérieure de l'olive bulbaire.
V, Racine spinale du trijumeau.
n VII, Noyau du facial.
VIIIc, Branche cochléaire de l'auditif, presque complètement dépourvue de myéline.
VIIIv, Branche vestibulaire myélinisée : en dedans de son extrémité centrale, au-dessus de la racine spinale du V°, on voit la coupe triangulaire de la racine descendante de l'auditif.

Remarquons pour conclure que la nature véritable du *noyau dorsal* des IXe et Xe paires est toujours en discussion. Ces noyaux étaient autrefois considérés comme moteurs ; de tous côtés des objections se sont élevées contre cette opinion. Pourtant, la manière de voir de DEES qui leur attribuait des fonctions vaso-motrices, a été reprise récemment. La section du vaso-glosso-pharyngien produit, au niveau du noyau dorsal une atrophie que l'on peut déceler par la méthode de Nissl et qui précède celle que subit aussi le noyau ambigu.

MARINESCO en a conclu que le noyau dorsal est de nature motrice, et destiné en particulier à l'innervation des fibres lisses tributaires du glosso-pharyngien, le noyau ambigu restant affecté à l'innervation des muscles striés. Dans une publication ultérieure cet auteur revint à l'opinion qui attribue au n. dorsal des fonctions sensitives ; mais une doctrine basée du reste sur les recherches d'un grand nombre d'auteurs, Onuf et Collins, Bruce, Mahaim et V. Gehuchten, lui attribue des fonctions motrices, et précisément même au sens de Marinesco : la question attend donc encore sa solution définitive.

Article III. — Nerf auditif.

Le nerf auditif est formé de deux branches, la branche cochléaire et la branche vestibulaire ; avant leur pénétration dans le névraxe elles ne forment qu'un seul tronc sans cependant mêler leurs fibres ; après cette pénétration, elles sont représentées par deux racines complètement distinctes l'une de l'autre.

1° La *racine latérale ou postérieure* corespond au nerf cochléaire ainsi que je l'ai montré le premier d'après l'embryologie elle traverse le ganglion cochléaire s'arque de dehors en dedans autour du corps restiforme et se perd dans l'épaisseur du bulbe (*fig. 161, VIIIc*) ; 2° la *racine médiale ou interne, ou antérieure* : elle se développe un peu plus tôt que la précédente et pénètre dans le bulbe en passant en dedans du corps restiforme : elle correspond, comme je l'ai démontré, au rameau vestibulaire (*fig. 161, VIIIv*) (1).

Racine latérale ou postérieure. — Une partie des fibres de cette racine se terminent dans

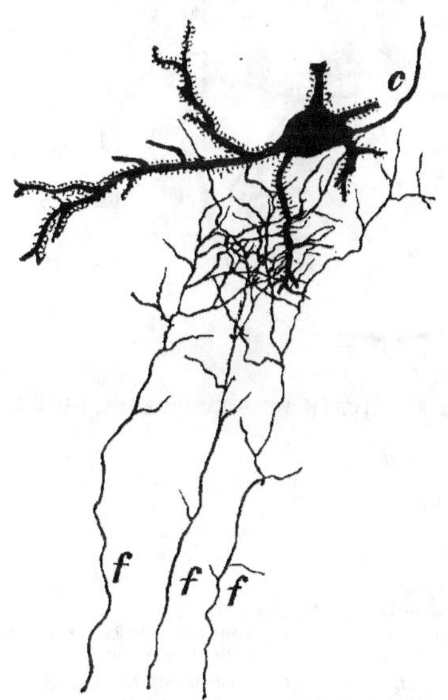

Fig. 162.— RAMIFICATIONS TERMINALES DES FIBRES DESCENDANTES (f, f, f) DE LA VOIE ACOUSTIQUE DANS LE VOISINAGE D'UNE CELLULE NERVEUSE DU TUBER-CULE ACOUSTIQUE.

le noyau appelé par Meynert *noyau antérieur* (*noyau latéral ou noyau accessoire*) et dans le *tubercule acoustique*, par des ramifications péri-

(1) Les nouvelles recherches de Retzius, v. Gehuchten, Cajal, Lenhossek démontrèrent qu'au niveau de l'épithélium sensoriel de l'organe de l'ouïe, dans la macula et la crête acoustique, les fibres du nerf auditif se résolvent en ramifications libres qui pénètrent entre les cellules épithéliales et se terminent près de la surface de l'épithélium par de petits renflements moniliformes : de simples rapports de contact existent, dans toute son étendue, entre les cellules ciliées de ce dernier et les terminaisons nerveuses : il est

cellulaires pénicillées ou arborisées. Une autre partie se rend directement dans le *corps trapézoïde* : de là certaines fibres se mettent en relation avec les olives supérieures des deux côtés et le quadrijumeau posté-

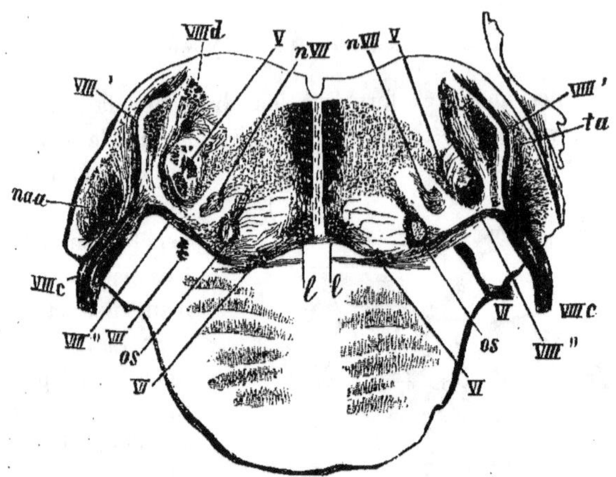

Fig. 163. — COUPE DU BULBE AU NIVEAU DE L'ÉMERGENCE DE L'AUDITIF.

(Fœtus à terme. Méthode de Weigert.)

ll, Couche du ruban de Reil.
naa, Noyau antérieur de l'acoustique.
os, Olive supérieure.
ta, Tubercule acoustique.
V, Racine cérébrale du trijumeau.
VI, Une partie des racines de l'abducens.
VII et *nVII*, Une partie des racines et noyau du facial.
VIII, Fibres radiculaires de l'auditif : les unes montent dans le tubercule acoustique ; les autres passent dans les stries acoustiques de MONAKOW.
VIII", Fibres radiculaires de l'acoustique passant directement dans le corps trapézoïde pour se mettre en relation avec les olives des deux côtés.
VIIIc, Branche cochléaire (racine postérieure).
VIIId, Racine descendante de la branche antérieure de l'acoustique ou nerf vestibulaire.

rieur (*fig. 163*) ; d'autres passent directement dans le ruban de Reil du côté opposé. D'après les recherches faites par ONUFROWITSCH chez le lapin, le noyau antérieur doit être considéré comme un parfait homologue des

résulte que lors des mouvements de l'endolymphe, celles-ci ne sont excitées qu'indirecte-ment, par l'intermédiaire de ces cellules, analogues ainsi aux cônes et bâtonnets de la rétine (CAJAL) : comme ceux-ci, elles facilitent la transmission de l'excitation aux fibres nerveuses sensorielles. Le centre trophique de ces dernières se trouve dans les ganglions périphéri-ques de l'acoustique : les cellules émettent, dès les premiers stades de leur développement, deux prolongements, l'un central et l'autre périphérique : tous les deux se terminent par des ramifications arborisées libres autour des cellules qui forment les neurones de deuxième ordre, comme autour des cellules épithéliales. Chaque fibre acoustique se met en rapport avec un grand nombre de celles-ci, grâce à son mode de ramification périphérique.

ganglions spinaux : les fibres de la racine acoustique latérale n'y subissent
qu'une interruption analogue à celle des racines dorsales des nerfs rachidiens dans les ganglions intervertébraux : elles se terminent en réalité dans

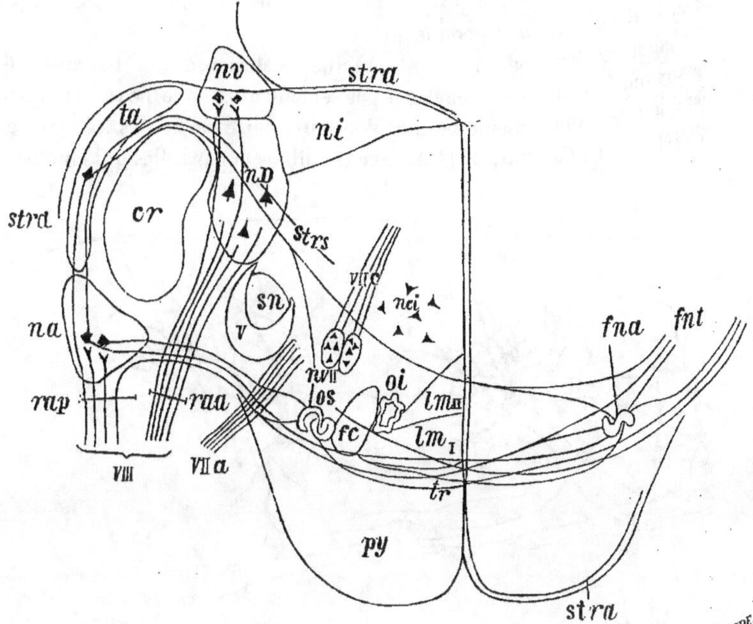

Fig. 164. — SCHÉMA DES FIBRES DE L'ACOUSTIQUE ET DU CORPS TRAPÉZOÏDE.

cr, Corps restiforme.
fc, Voie centrale de la calotte.
fna, Fibres venues de l'olive supérieure et allant au noyau de l'abducens.
fnt, Fibres du ruban latéral ou inférieur.
na, Noyau antérieur de l'acoustique.
nci, Noyau central inférieur.
nD, Noyau de Deiters.
ni, Noyau dit n. médial ou interne de l'auditif.
no, Noyau vestibulaire.
oi, Extrémité supérieure de l'olive bulbaire.
os, Olive protubérantielle.
py, Pyramide.
raa, rap, Racines antérieure et postérieure de l'auditif.
sn, Substance gélatineuse.
stra, Stries médullaires ou stries accoustiques.
strs, Stries médullaires de Monakow.
ta, Tubercule acoustique.
tr, Corps trapézoïde.
V, Racine spinale du trijumeau.
VIIa, VIIc, nVII, Racine ascendante, racine descendante et noyau du facial.
VIII, Le tronc de l'acoustique.

la s. grise du tubercule acoustique. OBERSTEINER et quelques autres admettent que la branche latérale, en contournant en dehors le corps restiforme,

détache un rameau qui s'enfonce en dedans de celui-ci, dans le champ dorsal du bulbe, et aboutit ainsi à un noyau formé de petites cellules et appelé *noyau interne* ou *médial* (*fig. 164, ni*). Sans vouloir contredire cette opinion, je dois avouer que jusqu'à présent rien n'a confirmé d'une façon certaine l'existence de cette connexion.

L'étude embryologique de la racine postérieure de l'auditif m'a démontré que ses fibres ne pénètrent pas seulement dans le noyau antérieur et dans le tubercule acoustique mais vont aussi faire partie des éléments du corps trapézoïde (*fig. 163, VIII'*) : par ces fibres et par celles qui entourent

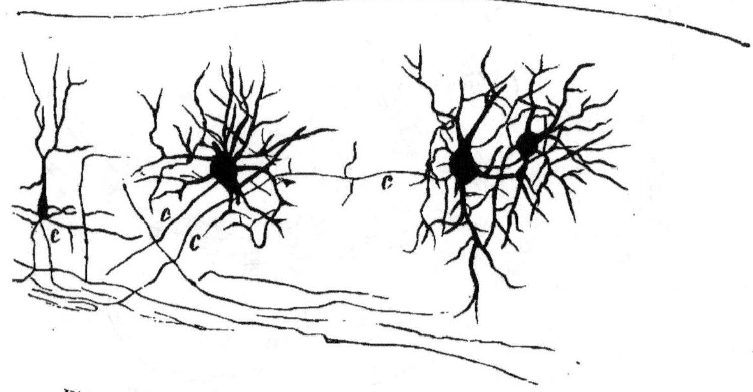

Fig. 165. — CELLULES NERVEUSES DU TUBERCULE ACOUSTIQUE.
(Chien nouveau-né. Méthode Golgi.)
c, c, c, Neurites : ils représentent les systèmes de deuxième ordre qui naissent dans le tubercule acoustique.

le corps restiforme (stries acoustiques de MONAKOW, *fig. 163, VIII'*) la racine latérale se met en rapport avec les deux olives, le noyau du trapèze, le noyau du ruban latéral et, par l'intermédiaire de ce dernier, avec le quadrijumeau postérieur du côté opposé (*fig. 164*). Il se peut enfin que quelques-unes de ses fibres se rendent à celui du même côté, par la voie du ruban latéral homomère (1).

(1) Les recherches faites par FLECHSIG sur le chat nouveau-né lui ont permis de répartir en quatre systèmes au moins les fibres qui naissent des centres primaires du nerf cochléaire : deux ventraux et deux dorsaux. Trois d'entre eux contribuent à la formation du corps trapézoïde : un des deux systèmes dorsaux se croise partiellement au raphé derrière le trapèze et se trouve ainsi, dans la région de l'olive, au voisinage immédiat de ce dernier. Le ruban inférieur ou latéral a une double connexion avec le nerf cochléaire : 1° par les fibres qui forment le corps trapézoïde et 2° par les fibres qui se croisent derrière celui-ci dans le raphé. Celles-là naissent de préférence dans le tubercule acoustique ; celles-ci dans le noyau antérieur du VIII'. L'olive supérieure contient des fibres venues des deux nerfs cochléaires et est unie d'autre part au ruban inférieur.

Les fibres du trapèze, qui se croisent au raphé, forment donc, de concert avec ces fibres que nous avons vues s'entrecroiser au-dessus même du trapèze et entourer le corps restiforme, une voie auditive centrale qui se continue plus haut par le ruban latéral (1).

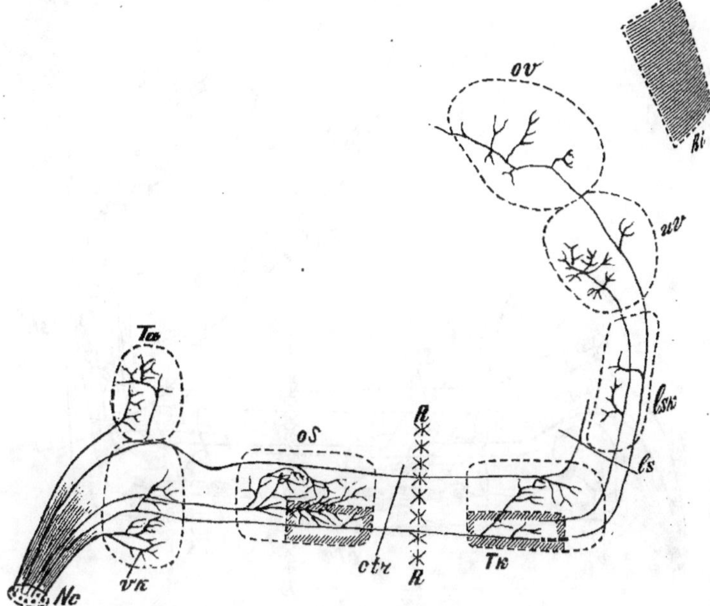

Fig. 166. — SCHÉMA DES VOIES AUDITIVES CENTRALES :
SYSTÈMES DE PREMIER ORDRE.

ctr, Corps trapézoïde.
ls, Ruban latéral.
lsk, Noyau du ruban latéral.
Nc, Nerf cochléaire.
os, Olive protubérantielle.
ov, Quadrijumeau antérieur.
R, Raphé.
Ri, Écorce cérébrale.
Ta, Tubercule acoustique.
Tk, Noyau du trapèze.
uv, Quadrijumeau postérieur.
vk, Noyau antérieur de l'acoustique.

(D'après HELD.)

Les résultats auxquels est arrivé HELD, grâce à l'emploi de la méthode de Golgi sont à ce sujet des plus instructifs. J'ai pu du reste, par mes

(1) Chez beaucoup d'animaux doués d'une acuité auditive très élevée, le trapèze est beaucoup plus développé que chez l'homme. Comme, en même temps, la protubérance diminue considérablement de volume, le trapèze se trouve situé en arrière et à distance de celle-ci, sur la face antérieure du bulbe.

recherches personnelles, en confirmer les points généraux. Ces travaux démontrèrent qu'au moment de leur pénétration dans le noyau antérieur de l'acoustique, les fibres du cochléaire se divisent chacune en rameaux

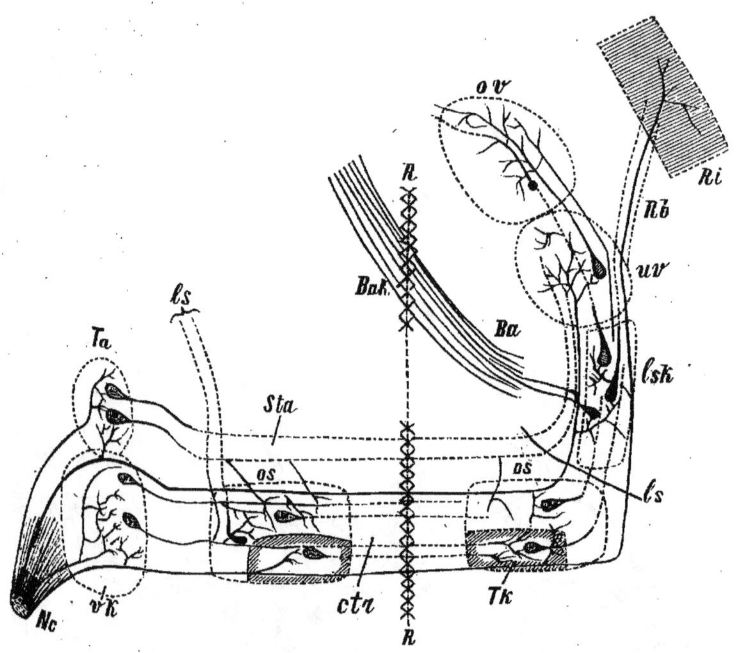

Fig. 167. — SCHÉMA DES VOIES AUDITIVES CENTRALES :
SYSTÈMES DE DEUXIÈME ORDRE.

Ba, Bras conjonctif ou pédoncule cérébelleux supérieur avec
Bak, Son entre-croisement.
ctr, Corps trapézoïde.
ls, Ruban latéral avec
lsk, Son noyau.
Nc, Nerf cochléaire.
os, Olive protubérantielle.
ov, Quadrijumeau supérieur.
Rb, Voie corticale.
Ri, Écorce cérébrale.
Sta, Stries acoustiques.
Ta, Tubercule acoustique.
Tk, Noyau du trapèze.
uv, Quadrijumeau inférieur.
ck, Noyau antérieur de l'acoustique.
(D'après HELD.)

ascendant et descendant : celui-ci émet des collatérales qui vont se ramifier autour des cellules du noyau. Je résume ici les conclusions de HELD :

1° La voie auditive centrale est essentiellement constituée par les ramifications directes des cylindres-axes de la VIIIe paire : elles forment le *système de premier ordre* ou radiculaire dont les terminaisons se trouvent dans le noyau acoustique antérieur et le tubercule acoustique. En outre, on trouve aussi des fibres radiculaires dans les olives supérieures, et, apparemment, dans des masses grises encore plus éloignées (*fig. 166*).

2° Les *systèmes de deuxième ordre* continuent la direction des premiers. Ils naissent des cellules qui se trouvent aux points de terminaison des fibres de l'accoustique, c'est-à-dire (*fig. 167*) dans toute l'étendue de la voie acoustique centrale, notamment dans le noyau acoustique antérieur, le tubercule acoustique, l'olive supérieure, le noyau du trapèze, le noyau du ruban latéral, immédiatement au-dessous des quadrijumeaux postérieurs. De toutes ces masses grises, la voie auditive reçoit un nouveau contingent de fibres, équivalent numérique et fonctionnel de celles qui s'arrêtent à ces premiers relais. Elles forment une portion importante de la voie auditive centrale (*fig. 165 et 167*).

3° Les *systèmes récurrents* suivent une direction opposée à celle des systèmes de deuxième ordre. Ils naissent de régions plus élevées de la voie centrale et descendent pour pénétrer dans des masses grises situées plus profondément.

Les fibres de ces systèmes se rendent aux noyaux de terminaison primaires des fibres de l'acoustique, et ceci, de telle sorte que les derniers faisceaux du système rétrograde se terminent dans les territoires d'origine des systèmes de deuxième ordre (*fig. 162*, p. 248, *et 169*. p. 256).

4° La voie auditive centrale est surtout une voie croisée ; quelques-unes de ses fibres seulement se rattachent au nerf auditif du côté correspondant ; cette disposition rappelle celle des voies optiques.

Cette voie se termine presque en entier, du moins pour les fibres radiculaires et celles des systèmes de deuxième ordre, dans le cerveau moyen et spécialement dans les tubercules quadrijumeaux qui sont aussi le lieu d'origine des systèmes récurrents (*fig. 168*). Une petite portion seulement traverserait le cerveau moyen et irait dans le cerveau antérieur, formant ainsi une voie auditive corticale directe (1). Cependant l'existence de cette dernière n'est pas encore scientifiquement établie, elle n'est que vraisemblable (2).

(1) Une description complète de la voie acoustique se trouve dans le travail cité de Held et dans le beau mémoire de Cajal : « *Contribution à l'étude du bulbe* », Leipzig, 1894, pages 75 à 102.

(2) Les recherches récentes de Thomas concordent, en général, avec les opinions admises antérieurement : les divergences ne portent que sur quelques points de détail. Les expériences de cet auteur consistèrent à sectionner, chez des chiens, dans la cavité cranienne, le nerf cochléaire : elles démontrent que les fibres de l'organe de Corti se rendent aux olives supérieures des deux côtés, au noyau du trapèze contralatéral et au noyau du ruban latéral du même côté, noyau que quelques-unes d'entre elles ne font que traverser pour revenir ensuite faire partie du trapèze.

La voie auditive possède, en outre, de nombreuses connexions qui sont évidemment affectées à la conduction réflexe (*fig. 169*). Nous verrons plus loin que les fibres par lesquelles sont assurées ces différentes relations se rendent dans le quadrijumeau antérieur, autour des cellules qui, d'une part, donnent naissance aux fibres des systèmes récurrents et, d'autre part, sont en

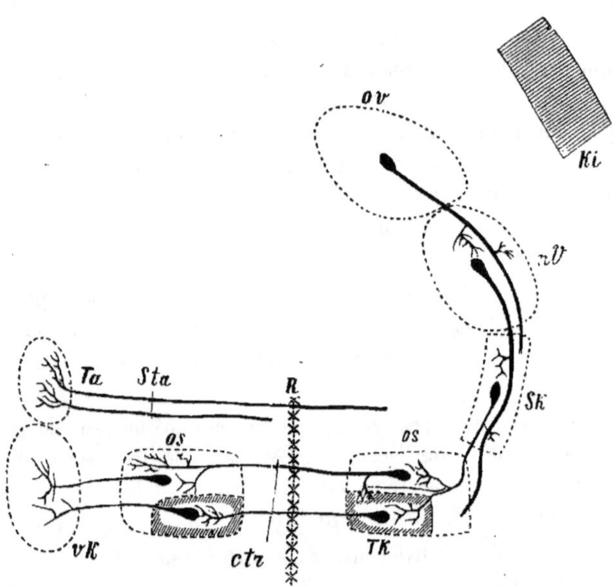

Fig. 168. — SCHÉMA DES VOIES AUDITIVES CENTRALES : SYSTÈMES RÉCURRENTS.

ctr, Corps trapézoïde.
nv, Quadrijumeau postérieur.
os, Olive protubérantielle.
ov, Quadrijumeau supérieur.
R, Raphé.
Ri, Écorce cérébrale.
SK, Noyau du ruban latéral.
Sta, Stries acoustiques.
Ta, Tubercule acoustique.
Tk, Noyau du trapèze.
vk, Noyau antérieur de l'auditif.

(D'après HELD.)

rapport avec les fibres du nerf optique. Telle est la constitution essentielle de la grande voie réflexe optico-acoustique (HELD). D'autre part, des fibres ou des collatérales venues du trapèze se rendent au noyau du facial (*fig. 136*, p. 214) au noyau du trapèze (*fig. 137*) et à la formation réticulée. Enfin, les olives inférieures dans lesquelles, ainsi que je l'ai démontré, il y a

longtemps, par l'embryologie, la voie acoustique subit une interruption,
envoient un faisceau de fibres au noyau de l'abducens du même côté.

Racine acoustique interne, médiale ou antérieure. — Ses
fibres naissent, au niveau des ampoules du vestibule, des cellules du ganglion
de Scarpa dont le prolongement périphérique pénètre dans l'épithélium de

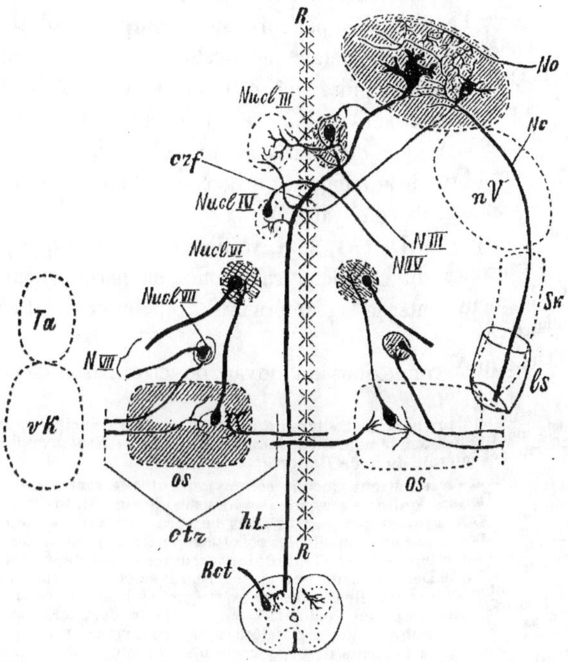

Fig. 169. — SCHÉMA DES VOIES AUDITIVES CENTRALES : VOIES RÉFLEXES.

crf, Entre-croisement « en forme de fontaine ».
hl. Bandelette longitudinale postérieure.
No, Fibres du nerf optique s'arborisant dans le quadrijumeau antérieur.
NuclIII, etc., Noyaux des différentes paires craniennes.
Rct, Première racine cervicale.
Les autres indications sont celles des *fig. 167* et *168.*
(D'après HELD.)

la macula et de la crête acoustique. Dans le bulbe, cette racine se met en
rapport avec les noyaux suivants :

1° Avec le *noyau latéral,* ou *de Deiters,* noyau à grandes cellules.

2° Avec le *noyau du nerf vestibulaire,* ou *n. de Bechterew,* noyau formé
d'éléments plus petits et situé à l'angle latéral du plancher ventriculaire
(*fig. 135, nD et nv,* p. 213).

3° Très vraisemblablement avec le noyau dit *médial interne* (1) ou *triangulaire*.

Après sa pénétration dans le n. de Deiters, une partie des fibres de la racine prend une direction descendante et parcourt ainsi un certain trajet dans l'intérieur du noyau, dans lequel elle s'épuise petit à petit en formant la racine dite *descendante de l'acoustique*, laquelle disparaît du côté distal dans le voisinage de l'extrémité supérieure du noyau de Burdach (2). En chemin elle abandonne des collatérales aux cellules de la portion descendante du n. de Deiters : elle s'épuise ainsi petit à petit. Ce n'est que la portion proximale de la racine antérieure qui arrive au noyau vestibulaire ; sur les coupes passant par la région de transition du bulbe à la protubérance on voit une partie des fibres de la racine se diriger du côté dorsal et disparaître bientôt entre les cellules de ce noyau (3).

Comme le noyau de Deiters, le n. vestibulaire est en rapport avec les masses grises centrales du cervelet : cela concorde parfaitement avec ce qu'on sait de la racine interne ou antérieure : celle-ci provient en effet du nerf vestibulaire (4).

Quant aux autres connexions du noyau de terminaison de ce nerf, on

(1) CAJAL distingue dans le n. de Deiters un noyau dorsal ou principal et un autre que nous avons déjà mentionné sous le nom de *n. descendant du nerf vestibulaire* ; il correspond à la partie inférieure et latérale du n. de Deiters.

(2) Quelques auteurs n'admettent aucune connexion entre la racine antérieure de la VIIIᵉ paire et le n. de Deiters, qui ne s'atrophie pas lors des dégénérations expérimentales du nerf auditif. Cet argument n'est pas décisif dans l'espèce, car avec cette méthode les résultats négatifs n'ont pas la valeur probante des résultats positifs, quoique. beaucoup d'auteurs aient commis et commettent encore la faute de leur accorder l'importance de ces derniers. Si l'on réfléchit que le n. de Deiters forme une masse relativement très volumineuse, qu'il est en relations en outre avec la moelle et le cervelet, et émet enfin des fibres qui se rendent aux centres supérieurs, on comprend facilement que, en cas de dégénération de l'auditif, malgré les connexions que l'embryologie a décelées entre ce nerf et le noyau, ce dernier puisse ne pas offrir de signes évidents de dégénération. Du reste, cette connexion a été affirmée de nouveau par HELD, grâce à l'emploi de la méthode de Golgi.

(3) SALA (Sull' origini del nervo acustico, *Monitore zoologico Italiano*, 1891), s'appuyant sur des recherches faites au Golgi, nie l'existence de tout rapport entre le n. de Deiters et le noyau que j'ai décrit sous le nom de n. vestibulaire, d'une part, et la branche vestibulaire, d'autre part. Quelle est dans ce cas la valeur du Golgi ? En tout cas, l'existence de ces connexions est facile à mettre en évidence par d'autres procédés: par exemple par l'embryologie; la méthode des dégénérations expérimentales est du reste tout aussi affirmative : tout récemment, THOMAS (Les terminaisons centrales de la racine labyrinthique, *Soc. de Biologie*, 12 février 1898, p. 725) conclut de ses recherches que la *branche ascendante* du nerf vestibulaire se ramifie dans les noyaux de Deiters et de Bechterew et dans le noyau triangulaire ; qu'une petite partie de ses fibres enfin gagne le noyau du toit dans le cervelet : *la branche descendante* se rend au noyau de Monakow, à son noyau propre (n. de la racine spinale du n. vestibulaire) et, par quelques-unes de ses fibres, à l'extrémité inférieure du noyau triangulaire. D'un autre côté, les expériences faites dans mon laboratoire et qui consistèrent dans la section des canaux semi-circulaires avec examen du bulbe au Marchi, ne laissent aucun doute à cet égard : la branche supérieure du nerf vestibulaire est bien réellement en rapport au moins avec les noyaux de Deiters et de Bechterew. On peut encore remarquer à cette occasion que ces expériences ne purent déceler aucune trace d'entre-croisement des fibres du nerf vestibulaire.

(4) Quant à la question de l'union directe, admise par quelques auteurs, entre l'acoustique ou d'autres nerfs craniens sensitifs et le cervelet, les points essentiels en seront exposés à propos de ce dernier organe.

sait qu'un grand nombre de fibres venues du noyau de Deiters et du
n. interne se dirigent vers le raphé ; quelques-unes vont du n. de Deiters au
n. de l'abducens (OBERSTEINER) et dans la bandelette longitudinale postérieure
où l'on peut les suivre jusqu'aux noyaux des nerfs oculo-moteurs ; d'autres
descendent dans la colonne grise antérieure de la moelle ; d'autres, enfin,
se dirigent en avant dans la profondeur de la formation réticulée, vers le
noyau latéral et le n. moteur des IXᵉ et Xᵉ paires ; elles forment vraisemblablement une voie d'union entre les fibres motrices de ces deux nerfs et le
nerf vestibulaire.

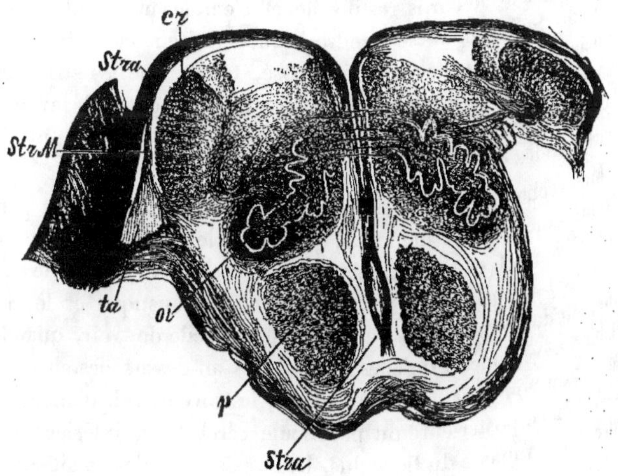

Fig. 170. — COUPE DE LA RÉGION INFÉRIEURE DE LA PROTUBÉRANCE :
DÉVELOPPEMENT EXAGÉRÉ DES STRIES MÉDULLAIRES.

cr, Corps restiforme.
oi, Olive inférieure.
p, Pyramide.
Stra, Stries médullaires provenant de la région du flocculus du cervelet : elles chemi-
       nent sur le plancher ventriculaire jusqu'au raphé, où elles se croisent et
       descendent dans le pied de la protubérance.
strM, Stries acoustiques de MONAKOW, venant du tubercule acoustique antérieur.
ta, Tubercule acoustique.

Stries médullaires. — Jusqu'à ces derniers temps on a considéré
comme appartenant aux racines de la VIIIᵉ paire les fibres dites *stries*
médullaires ou *acoustiques*. Ces faisceaux de fibres sont assez faciles à
distinguer sur le plancher rhomboïdal ; ils n'existent pourtant que d'une
façon inconstante : ils se dirigent transversalement de dehors en dedans, du
corps restiforme qu'ils contournent horizontalement jusqu'au sillon médian
longitudinal du bulbe, sillon dans lequel ils s'enfoncent et disparaissent

(*fig. 170*). Ils s'entre-croisent dans la profondeur du raphé, contournent la pyramide du côté opposé, et, après interruption dans le noyau arciforme correspondant, vont faire partie des fibres arciformes antérieures. Quelques-uns, dont l'entre-croisement a eu lieu dès leur pénétration dans le sillon médian, continuent leur trajet sous le plancher ventriculaire. Il ne faut pas les confondre avec certains faisceaux bien développés chez les animaux et qui furent décrits également sous le nom de stries acoustiques : MONAKOW a prouvé qu'ils sont la continuation *directe* des fibres de l'auditif. Chez l'homme les *stries acoustiques de Monakow* sont beaucoup moins développées : elles contournent le corps restiforme et s'enfoncent aussitôt dans la profondeur du bulbe, pour se rendre immédiatement aux olives supérieures, et principalement à celle du côté opposé, tandis que les stries proprement dites courent à la surface du plancher losangique, et, après avoir traversé le raphé, apparaissent à la surface antérieure du bulbe sans contracter aucun rapport avec les olives supérieures.

Mes recherches personnelles, confirmées ultérieurement par celles de différents auteurs, ont démontré que les stries médullaires se développent assez tardivement, et ne continuent pas, en réalité, les racines de l'acoustique ; elles sont en rapport étroit avec le tubercule acoustique et le cervelet. Du moins, sur de bonnes coupes en série, il est facile de voir, quand les stries sont bien développées, qu'elles sont situées au-dessus des stries acoustiques de Monakow ; on peut, même à l'œil nu, les suivre sur le plancher losangique jusqu'à la face postérieure du pédoncule cérébelleux inférieur et les voir se perdre dans la masse du flocculus. Leur existence n'est d'ailleurs pas constante : dans certains cas elles ne sont visibles qu'au microscope ; elles peuvent manquer complètement, ou au contraire traverser la surface du ventricule sous forme de puissants faisceaux. Souvent leur développement est inégal d'un côté à l'autre ; leur trajet sur le plancher ventriculaire est également sujet à de nombreuses variations : il est fréquent de voir un ou plusieurs fascicules abandonner leur direction transversale et, formant avec la ligne médiane un angle aigu ouvert en haut, se diriger obliquement en haut et en dehors. Dans ces cas, j'ai pu les suivre très facilement jusqu'à la région du pédoncule cérébelleux moyen.

POPOFF (1) étudia récemment l'anomalie des stries de l'auditif connue sous le nom de *conductor sonorus :* les résultats qu'il obtint concordent absolument avec ceux que j'ai exposés plus haut ; ils démontrent que les fibres du *conductor sonorus* ont la même origine que les stries médullaires,

(1) « Sur le trajet du faisceau connu sous le nom de conductor sonorus », *Deutsche Zeitsch. f. Nervenh.,* 1895.

pénètrent dans le pédoncule cérébelleux moyen et montent avec lui dans le cervelet.

MONAKOW (1), ayant sectionné, chez le chat, le ruban de Reil latéral ou inférieur, constata l'atrophie des stries acoustiques (2) et, ultérieurement, celle du tubercule acoustique.

Enfin, d'après FLECHSIG, les stries médullaires atteignent finalement chez l'homme le quadrijumeau postérieur : mes recherches n'ont pu jusqu'à présent confirmer cette assertion.

Les voies acoustiques d'après l'expérimentation. — Quelque incomplètes qu'elles soient encore, les données que nous possédons sur les voies acoustiques sont cependant basées sur un grand nombre de faits expérimentaux et en particulier sur les résultats de la méthode de Gudden.

ONUFROWITCH (3) et BAGINSKY (4) ont montré, il y a déjà longtemps, que la destruction de l'oreille interne, chez le lapin, entraîne à la longue l'atrophie de la racine dorsale de la VIIIe paire et des cellules en rapport avec elle ; la racine antérieure au contraire reste intacte ou diminue à peine de volume ; il y a en outre une forte atrophie du noyau antérieur et du tubercule acoustique. Dans la même expérience, BAGINSKY constata la disparition d'un certain nombre des fibres du trapèze et de l'olive supérieure du même côté ; il y avait en même temps atrophie du ruban inférieur du côté opposé, du bras du tubercule quadr. postérieur, du noyau de ce dernier et du corps genouillé interne ; cet auteur obtint les mêmes résultats en détruisant le limaçon chez le chat nouveau-né.

BAGINSKY est arrivé à pratiquer chez les lapins une destruction de l'oreille interne localisée au labyrinthe, cette opération entraîne l'atrophie de la racine antérieure de l'auditif et d'une région de la s. grise du plancher correspondant au noyau que j'ai décrit sous le nom de noyau vestibulaire ; il y avait aussi des signes évidents d'atrophie dans le segment interne du pédoncule cérébelleux inférieur (5).

---

(1) *Correspond. Bl. f. Schweizer Aerzte*, 1888, vol. XVII, 5.

(2) Ce terme désigne ici les stries profondes décrites par cet auteur, celles qui foncent obliquement en avant et en dedans vers l'olive supérieure. Du reste, afin d'éviter toute confusion, il serait à propos, pour désigner les stries de l'homme, de n'employer que le terme de *stries médullaires* en laissant de côté celui de *stries acoustiques* qui ne peut s'appliquer à proprement parler qu'au système des fibres décrites par MONAKOW : celles-ci sont seules en effet la continuation directe du nerf de la VIIIe paire.

(3) *Arch. f. Psychiatrie*, vol. XVI, 3.

(4) *Académie des Sciences de Prusse*, séance du 25 février 1886.

(5) Quelques mots sur des questions de priorité à propos des terminaisons centrales du VIIIe :

En 1885, je concluais dans un travail publié dans le *Neurol. Centr.* :

1° D'après l'époque de myélinisation l'auditif, se compose de deux portions bien distinctes :

a) Une portion déjà myélinisée chez le fœtus de 0,25. Elle correspond à peu près à

De recherches faites au moyen de la méthode de Gudden, BUMM conclut que la racine postérieure de l'auditif est en rapport avec le tubercule acoustique et le noyau acoustique antérieur ; ces deux noyaux sont en outre le lieu d'origine de la totalité ou d'une bonne partie des fibres du trapèze ; il n'existe pas de connexion certaine entre la racine postérieure et le cervelet. Le même auteur pratiqua chez le chat une série de lésions expérimentales portant toutes sur le même côté du bulbe : ablation du tubercule acoustique

racine antérieure des auteurs et comprend toutes les fibres qui pénètrent dans le bulbe en dedans du corps restiforme ; elle provient du *nerf vestibulaire* dont on peut lui donner le nom ;

b) Une portion que l'on ne trouve myélinisée que chez des fœtus de 0,30 et qui se confond avec la racine postérieure des auteurs ; elle comprend toutes les fibres qui cheminent en dehors du c. restiforme et peut, en raison de sa provenance, prendre le nom de racine du *nerf cochléaire* ;

2° Ni l'une ni l'autre n'a de connexion directe avec le cervelet :

3° Presque toutes les fibres de la première racine se terminent dans une masse grise située sous la paroi latérale du IVe ventricule. en arrière du noyau de Deiters ; quelques autres se rendent le long de cette paroi, vers la partie inférieure du bulbe.

La racine du *nerf cochléaire se termine en majeure partie dans le noyau antérieur du VIIIe* dont proviennent les *fibres du corps trapézoïde* (FLECHSIG).

4° Les stries médullaires se myélinisent beaucoup plus tard que les deux racines avec lesquelles elles n'ont donc aucun rapport direct.

J'avais écrit dans le même journal (numéro précédent): « Le *c. trapézoïde* provient essentiellement de la racine antérieure de l'auditif dont il représente une voie centrale. » (FLECHSIG.)

Plus tard (« Sur la couche du ruban de Reil », *Neur. Centr.*, 1885, n° 15), j'ai affirmé que le tubercule quadr. postérieur est en rapport par le ruban latéral avec l'olive supérieure et le corps trapézoïde (et par là avec le VIIIe). Dans un autre mémoire « Sur les rapports de l'olive inférieure » (*Ibid.*), j'admettais, toujours d'après l'embryologie, que le ruban de Reil inférieur ou latéral naît en majeure partie dans l'olive supérieure homomère, et, pour une faible partie, dans celle de l'autre côté, l'unissant ainsi au tubercule quadr. postérieur. Je prouvais en même temps que les olives protubérantielles sont en rapport avec le noyau antérieur du VIIIe par l'intermédiaire des fibres transversales du corps trapézoïde. Enfin dans un article sur « *Les voies nerveuses du cerveau et de la moelle* », 1888, je m'exprimais ainsi : « On peut constater chez le fœtus, sur des coupes transversales, l'union de l'olive supérieure avec le noyau acoustique latéral (n. antérieur de Meynert) ainsi qu'avec le noyau de l'abducens. Les fibres qui assurent la première de ces deux connexions partent du noyau latéral, se dirigent en dedans et se croisent avec la racine antérieure du VIIIe ; quelques-unes seulement se perdent dans l'olive du même côté ; la majorité va faire partie des fibres transversales du c. trapézoïde, et, après entre-croisement au niveau du raphé, s'élève dans le ruban latéral jusqu'au tuber. quadr. postérieur. De plus, dans le schéma qui accompagne le texte, les fibres unissant le noyau latéral et le tubercule, ainsi que leur trajet ultérieur vers l'écorce, étaient nettement indiquées. Je traitai le même sujet dans un article sur « *Le cerveau de l'homme dans ses rapports et connexions intimes* », publié en français dans les *Archives slaves de biologie* en 1887.

Un mois avant la publication de mon travail déjà cité « *Sur la topographie intérieure du c. restiforme* », FOREL avait fait paraître (*Neurol. Centr.*, 1885) une courte note préliminaire « Sur l'origine du nerf auditif ». Cette note n'a que quelques points de communs avec les miennes : le nerf acoustique possède deux racines, fait déjà connu des anciens, et la racine postérieure se termine en majeure partie dans le noyau antérieur. Par contre, FOREL ne dit pas un mot des rapports de la racine antérieure avec le nerf vestibulaire et de la r. postérieure avec le nerf cochléaire.

Il résulte de tout ceci que ces faits ont été affirmés pour la première fois dans mes publications. Il est donc étonnant que la question de priorité (au sujet de l'origine des deux racines) ait été soulevée à mon égard par ONUFROVITCH : cette question a, du reste, été tranchée par FLECHSIG. Plus tard, BAGINSKI « Origine et trajet central de l'auditif chez le lapin et le chat » (*Virchow's Archiv.*, vol. CXIX) reprit la tentative d'ONUFROVITCH, en s'attribuant la démonstration, et ne me laissant que l'honneur de l'hypothèse (Union du noyau acoustique antérieur avec le tuber. quadr. postérieur par l'intermédiaire des fibres du trapèze et du ruban latéral). Mais l'exposé que j'ai fait plus haut montre suffisamment que j'apportais en même temps la preuve de ce que j'avançais.

et du noyau acoustique antérieur, des deux racines de l'auditif et enfin du trapèze. Il conclut de cette expérience que le tubercule quad. postérieur est probablement le noyau d'origine proximal du ruban latéral et du trapèze, le centre distal étant l'olive inférieure avec la parolive et le noyau acoustique antérieur. Il ne put constater aucune relation entre le corps trapézoïde et le cervelet ni ses pédoncules.

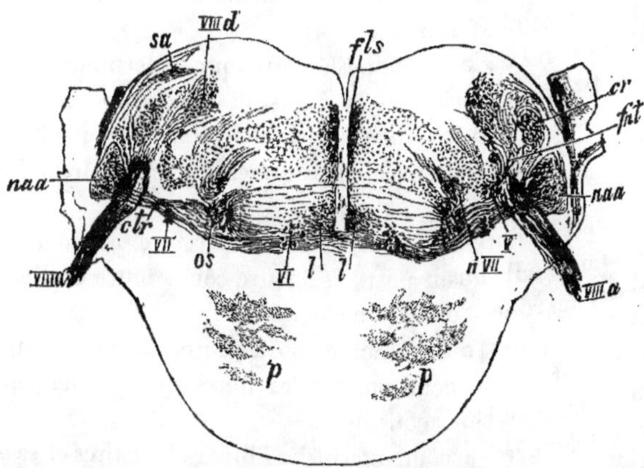

Fig. 171. — COUPE DE LA PROTUBÉRANCE AU NIVEAU
DE L'ÉMERGENCE DE L'AUDITIF.

(Fœtus à terme. Méthode de Weigert.)
cr, Corps restiforme.
ctr, Fibres du c. trapézoïde venues du noyau antérieur du VIIIᵉ et allant aux olives supérieures des deux côtés; elles représentent le système de deuxième ordre.
fls, Bandelette longitudinale postérieure.
fnt, Fibres allant de l'olive bulbaire au noyau du toit du cervelet.
ll, Ruban de Reil principal.
naa, Noyau antérieur de l'auditif.
os, Olive supérieure.
p, Voie pyramidale.
sa, Stries acoustiques de Monakow.
V, Racine descendante du trijumeau.
VI, Racine de l'abducens coupée transversalement.
VII et *nVII*, Racines et noyau du facial.
VIIIa, Racine antérieure de l'acoustique.
VIIId, Sa racine descendante.

Je ne saurais mieux terminer qu'en résumant, avec quelques modifications peu importantes, les conclusions adoptées par S. Kirilzeff (1), après des expériences faites sur le cobaye au moyen de la méthode de Gudden.

1° Après leur entrée dans le bulbe, les fibres de la racine dorsale se rendent pour la plupart au noyau antérieur et au tubercule acoustique du même côté ; quelques-unes vont à l'olive supérieure et aux ganglions du

(1) *Neurol. Central.* 1894, p. 5, et « *La racine postérieure de l'acoustique et ses centres primaires.* » Thèse de Moscou, 1894.

tubercule quadr. postérieur, principalement à celui du côté opposé, pour se terminer dans tous les centres gris que nous avons énumérés ; un très petit nombre enfin, se termine vraisemblablement dans le noyau latéral du ruban de Reil latéral ou inférieur.

2° Ces différents noyaux gris constituent les centres primaires de cette racine, ou, autrement dit, du nerf cochléaire.

3° Aucune fibre de la racine postérieure ne se termine dans le noyau interne ni dans celui de Deiters.

4° Les fibres de la racine postérieure qui se terminent dans les olives supérieures sont continuées par les fibres du corps trapézoïde ; celles qui se rendent dans le noyau du ruban de Reil latéral et le quadrijumeau infé- rieur passent, les unes, dans le corps trapézoïde, les autres, dans le ruban latéral.

5° Seules les fibres qui vont à l'olive supérieure, au noyau du ruban de Reil, et au tubercule quad. post. de l'autre côté s'entre-croisent au raphé ; toutes les autres restent du même côté.

6° Outre celles de la racine postérieure, le corps trapézoïde et le ruban inférieur contiennent encore des fibres qui proviennent du noyau antérieur et du tubercule acoustique.

7° Ces dernières accompagnent les fibres radiculaires et se terminent au même point, c'est-à-dire dans les olives supérieures, le noyau du ruban et dans les deux tubercules inférieurs, mais surtout dans celui du même côté.

8° Le trapèze reçoit encore des fibres de la partie postérieure des stries acoustiques : on s'explique ainsi la présence des quelques fibres radi- culaires qu'il contient : elles proviennent du noyau antérieur et peut-être aussi du tubercule acoustique et forment la partie dorsale du trapèze puis se rendent aux deux olives supérieures, surtout à celle du côté opposé et, vrai- semblablement, pénètrent en partie dans le ruban de Reil latéral ou inférieur.

9° Ce dernier contient en outre des fibres provenant de l'olive supé- rieure du même côté et aussi du côté opposé ; celles-ci, suivant toute vraisem- blance, se rendent au tuber. quadr. inférieur.

10° Le corps trapézoïde et le ruban inférieur ou latéral représentent la voie centrale du nerf cochléaire, en raison des faisceaux qu'ils reçoivent.

11° La portion antérieure des stries acoustiques naît dans le tubercule acoustique, donne quelques fibres au noyau antérieur et se rend à l'olive supérieure, puis, par la voie du ruban inférieur, aux tubercules quadr. infé- rieurs, surtout à celui du côté opposé. Le croisement des stries au raphé se fait en arrière du corps trapézoïde.

12° Elles représentent à peu près sûrement des voies centrales particu-

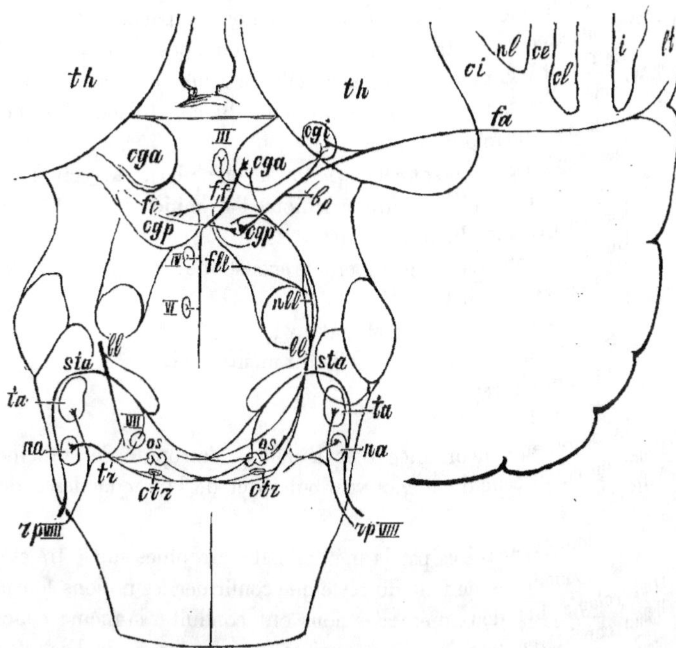

Fig. 172. — LA RACINE POSTÉRIEURE (BRANCHE COCHLÉAIRE) ET LES VOIES
DE CONDUCTION CENTRALES DU NERF AUDITIF.

bp, Bras postérieur des quadrijumeaux.
ci, Capsule interne.
cga, Quadrijumeau antérieur.
cgi, Corps genouillé postérieur ou interne.
cgp, Quadrijumeau postérieur.
cl, Claustrum ou avant-mur.
ctr, Noyau du trapèze.
fa, Trajet intracérébral du faisceau acoustique.
fc, Fibres venant du quadrijumeau postérieur et passant de l'autre côté en se croisant
au-dessus de l'aqueduc de Sylvius.
ff, Fibres qui viennent de la région du quadrijumeau antérieur, descendent dans sa
couche profonde et forment entre les deux noyaux rouges l'entre-croisement
dit « en forme de fontaine ».
fll, Fibres venues du noyau du ruban latéral, se dirigeant en dedans et passant de
l'autre côté.
i, Insula de Reil.
ll, Ruban latéral.
ll, Lobe temporal (région du centre auditif).
na, Noyau antérieur de l'auditif.
nl, Noyau lenticulaire.
nll, Noyau du ruban latéral.
rp VIII, Racine postérieure de l'auditif.
sta, Stries acoustiques de MONAKOW.
ta, Tubercule acoustique.
th, Thalamus.
tr, Corps trapézoïde.
III, IV, VI, VII, Noyaux des paires craniennes correspondantes.

fibres et en même temps des voies d'association en partie croisées, en rapports étroits avec les centres primaires de la racine postérieure.

13° Quant à la racine antérieure, elle se rend en partie au noyau de Bechterew. Ses autres fibres se dirigent du côté distal avec la racine acoustique descendante de Roller.

Mes expériences personnelles (faites sur le chien), de section complète d'un seul nerf auditif me permirent de noter l'atrophie :

Des deux racines du nerf ;

Du noyau antérieur et du tubercule acoustique ;

Du trapèze (très nette) ;

Des stries acoustiques de Monakow ;

Des deux olives, surtout de celle du même côté ;

Du noyau du trapèze ;

Du ruban de Reil latéral.

En outre, en concordance avec le fait de l'atrophie de la racine antérieure, on notait celle du noyau vestibulaire et de la racine descendante du VIIIe (1).

Les données acquises par la méthode des atrophies sur le trajet central des voies acoustiques ne font du reste que confirmer les notions fournies par l'embryologie. Les deux méthodes nous ont conduit à la même conclusion. Il faut considérer comme noyaux primaires terminaux de l'acoustique le noyau antérieur, le tubercule acoustique, les olives supérieures des deux côtés, les noyaux du trapèze, les noyaux du ruban de Reil du côté opposé et enfin la substance grise du quadrijumeau postérieur contra-latéral et aussi, d'après Held, du quadrijumeau antérieur (toujours du côté opposé).

Nous verrons plus loin que le quadrijumeau distal est uni par le bras postérieur au corps genouillé interne et à l'écorce des première et deuxième circonvolutions temporales (centre auditif chez l'homme) : nous connaîtrons ainsi l'ensemble des voies centrales du nerf cochléaire (*fig 172*) : les notions que l'on possède dès maintenant sur leur trajet si compliqué sont une preuve éclatante de la valeur des deux méthodes (embryologie et atrophies expérimentales) employées pour l'étude des voies de conduction.

L'anatomie comparée fournit aussi à cette question d'intéressantes contributions : Spitzka a noté chez certains cétacés le haut degré de développement atteint parallèlement par certains systèmes de la voie auditive centrale : racine acoustique postérieure, trapèze, tubercule quadrijumeau postérieur et corps genouillé interne. D'après Ziehen et Kuekenthal, chez

(1) Disons, pour être complet, que, d'après Cramer, des fibres nées du noyau antérieur de l'acoustique pénètrent dans le pédoncule du flocculus et arrivent ainsi à l'écorce de ce lobule du cervelet.

certains animaux du même ordre, la majeure partie des fibres de la VIIIe paire suit un trajet ascendant ininterrompu jusqu'au corps genouillé interne et se met en même temps en rapport avec le quadrijumeau postérieur fort développé chez ces animaux, disposition déjà connue de SPITZKA : on peut, en outre, suivre jusqu'au cervelet des fibres venues de la racine antérieure.

L'anatomie pathologique ne nous offre jusqu'ici qu'un petit nombre de cas de dégénération de la voie auditive chez l'homme : voici les résultats les plus importants de l'étude d'un cas de carie du rocher avec dégénération consécutive, examiné dans mon laboratoire au moyen de la méthode de Marchi. Après leur pénétration dans le bulbe, on voyait les fibres dégénérées du nerf cochléaire se rendre au noyau antérieur ou ventral et au tubercule acoustique et s'enrouler de dehors en dedans et d'arrière en avant autour du corps restiforme : quelques-unes d'entre elles se dirigeaient vers le corps trapézoïde ; de là, les unes se perdaient dans l'olive supérieure, d'autres traversaient le raphé : la dégénération était plus prononcée dans l'olive du côté correspondant que dans celle du côté opposé. Dans le sens vertical, on pouvait suivre dans le ruban latéral de chaque côté des fibres qui montaient jusqu'au quadrijumeau postérieur.

Les fibres dégénérées du nerf vestibulaire passaient en dedans du corps restiforme et gagnaient les noyaux de Deiters et Bechterew ainsi que le noyau dorsal interne du nerf auditif, non seulement du même côté, mais aussi, en petit nombre, du côté opposé : on pouvait également constater la dégénération de la racine descendante du nerf de la VIIIe paire.

———

ARTICLE IV. — FACIAL ET INTERMÉDIAIRE

Nerf facial. — Je ne m'étendrai pas longtemps sur les origines de ce nerf : elles sont actuellement bien connues. Je rappellerai seulement que sa racine, après avoir décrit un coude, dans la région dorsale du pont, autour du noyau de l'abducens, se rend à un noyau à grandes cellules situé dans la portion ventrale de la formation réticulée en dedans de la racine descendante du trijumeau, en arrière du corps trapézoïde (*fig. 173*).

Au niveau du genou, quelques fibres quittent le tronc de la racine, se dirigent en dedans, traversent la ligne médiane et atteignent le noyau du côté opposé.

Contrairement à BREGMANN, LUGARO, et à d'autres auteurs, je pense qu'il faut admettre la réalité du croisement d'une partie des fibres radiculaires du facial, ceci, d'après mes propres recherches et d'après aussi les derniers résultats obtenus avec la méthode de Marchi. Les connexions admises par maints auteurs entre la racine du facial et le noyau de l'abducens sont remises maintenant en question par la plupart des anatomistes. D'après EDINGER des faisceaux venus de la racine spinale du trijumeau se joignent à la racine du facial au niveau de son coude de sortie. Enfin la racine de ce dernier reçoit encore des fibres venues des cellules voisines (LAURA).

Les résultats de la méthode des atrophies expérimentales confirment cette description dans ses points essentiels.

Les lésions portant sur la racine ascendante du facial produisent assez souvent, d'après le témoignage de différents auteurs, la dégénération du genou et de la racine descendante.

Dans un cas de destruction pathologique d'une pyramide bulbaire MAYER eut récemment l'occasion d'étudier, au Marchi, le trajet du facial dégénéré et le trouva conforme aux descriptions basées sur l'étude des dégénérations ou atrophies consécutives à la destruction de ce nerf chez les animaux : il remarqua en

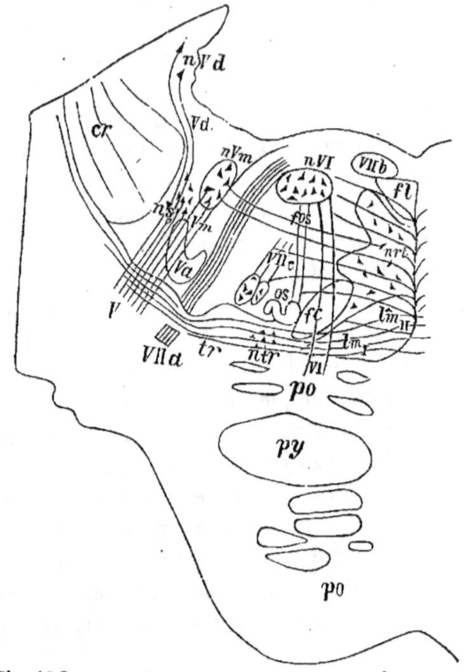

Fig. 173. — SCHÉMA DU TRAJET INTRA-ENCÉPHALIQUE DU TRIJUMEAU, DE L'ABDUCENS ET DU FACIAL.

cr, Corps restiforme.
fc, Voie centrale de la calotte.
fl, Bandelette longitudinale postérieure.
fos, Fibres allant de l'olive supérieure au noyau de l'abducens.
lmI, *lmII*, Couche du ruban de Reil.
nrt, Noyau réticulé de la calotte.
ns, Noyau sensitif du trijumeau.
ntr, Noyau du trapèze.
nVd, Fibres et cellules d'origine de la racine cérébrale du trijumeau.
nVm, Noyau moteur du trijumeau.
os, Olive supérieure.
po, Pied de la protubérance.
py, Faisceau pyramidal.
tr, Trapèze.
V, *Va*, *Vd*, *Vm*, Tronc, racine spinale, racine cérébrale et branche motrice du trijumeau.
VI, *nVI*, Racine et noyau de l'abducens.
VIIa, *VIIb*, *VIIc*, Racine ascendante, genou et racine descendante du facial.

outre que quelques fibres venues du noyau du facial se perdaient au niveau du raphé : mais il ne put les suivre de l'autre côté du bulbe.

Connexions du noyau de la VIIe paire. — Ce noyau est uni au noyau sensitif du trijumeau par des fibres qui sortent de celui-ci par sa face ventrale et qui représentent des collatérales des axônes venus de la s. gélatineuse. Il recevrait encore, d'après KOELLIKER, des collatérales du Reste du cordon latéral, faisceau situé en avant de la racine d'émergence du facial et en arrière de l'olive supérieure : d'autres fibres l'unissent au trapèze, ainsi que nous l'avons vu à propos des voies auditives. Nous parlerons plus loin de ses connexions avec les faisceaux pyramidaux.

Entre-croisement des fibres du facial. — D'après le résultat de l'examen de plusieurs cas personnels, je me crois autorisé à poser en règle que, consécutivement aux lésions du noyau, il y a toujours atrophie à peu près complète du genou et de la branche d'émergence du facial du même côté, et atrophie partielle de la branche émergente du côté opposé.

FLATAU (1) s'appuyant sur plusieurs cas de dég. rétrograde du facial (étudiée au Marchi) affirma contrairement à KLJATSCHKIN l'existence d'une racine croisée chez l'homme.

Cependant le croisement partiel des fibres radiculaires a été nié encore tout récemment par plusieurs auteurs : il n'est donc pas sans intérêt de rapporter les résultats des recherches faites dans mon laboratoire par BARY (2) et WYRUBOW (3) : ces deux auteurs examinèrent plusieurs cas de paralysie faciale chez l'homme : leurs conclusions ne permettent aucun doute sur l'existence de l'entre-croisement.

La méthode de Marchi permit de suivre la dégénération non seulement dans les racines du facial du même côté, mais aussi, quoique à un moindre degré, dans celles du côté opposé : les fibres émanées du noyau hétéromère cheminaient sous le plancher ventriculaire et atteignaient la racine du côté de la lésion primitive au niveau de son genou. La méthode de Nissl permit à WYRUBOW de constater les dégénérations secondaires étudiées par MARINESCO (V. plus loin) dans les cellules du noyau direct ; dans celui du côté opposé, ce processus se localisait à la portion interne du noyau : on peut en conclure que c'est de là que partent les fibres croisées ; on notait en outre l'atrophie d'un groupe spécial de cellules situé dans la formation réticulée au niveau du noyau réticulé de la protubérance et de la portion supérieure du noyau du

(1) « Paralysie faciale périphérique avec dégénération rétrograde », *Zeitsch. f. klis. Med.*, 1897.

(2) *Obosrenye psichiatrii*, 1899 (en français) et *Neur. Centralbl.*, 1899.

(3) *Comptes rendus de l'Assoc. scientif. de la clinique des mal. nerveuses et mentales de Pétersbourg*, 1900.

facial, en dehors et en avant du noyau de l'abducens et en dehors de la racine émergente du facial (1).

Centre bulbaire des différentes branches du facial. — [On a cru pendant longtemps, en partant de données cliniques incomplètes et de principes physiologiques erronés, que le facial inférieur possédait dans le bulbe une origine séparée de celle du facial supérieur, lequel fut rattaché tour à tour à chacun des noyaux de la région (noyau de l'abducens, du moteur oculaire commun, etc.). Cette question si longtemps discutée peut être considérée comme actuellement résolue : elle se relie du reste à un problème du même ordre que nous soulèverons à propos des localisations corticales et auquel fut apportée une solution analogue. Le noyau classique du facial appartient aux deux branches de ce nerf, supérieure et inférieure : seulement, dans ce noyau comme dans celui de la III⁰ paire, pour prendre un exemple, il est probable qu'on pourra un jour distinguer *définitivement* plusieurs groupes cellulaires en rapport, chacun, avec un territoire périphérique déterminé.]

MENDEL réséqua les paupières supérieures et le muscle frontal chez des animaux nouveau-nés; il observa consécutivement l'atrophie de la partie inférieure du noyau du moteur oculaire commun et localisa en ce point le centre bulbaire facial supérieur en supposant que les fibres venues de ce noyau arrivaient au facial par la voie de la bandelette longitudinale postérieure. Mais les résultats obtenus récemment par BREGMANN contredisent cette interprétation; l'arrachement du facial n'entraîna aucune modification de la bandelette longitudinale postérieure, tandis que le nerf lui-même présentait des signes évidents de dégénération.

Les récentes recherches de MARINESCO (2) sur l'origine respective du facial supérieur et du facial inférieur semblent avoir tranché la question. Cet auteur sectionna chez le chien, le chat et le lapin, l'une ou l'autre des deux branches de la VII⁰ paire et, pour laisser aux dégénérations le temps de se produire, conserva les animaux pendant huit à vingt jours. Il conclut que l'on peut en général distinguer plusieurs groupes cellulaires dans le noyau du facial et les répartit sous les noms de noyaux interne, externe et moyen, ce dernier, d'ailleurs, comprenant un segment antérieur et une portion postérieure qui serait seule l'origine du facial supérieur ; sa topographie est exac-

---

[(1) Il n'est pas sans intérêt de mentionner à ce propos les conclusions d'un récent travail de BISCHOFF « Sur le trajet intramédullaire du facial », *Neur. Centralbl.*, octobre 1889 : 1⁰ Aucune fibre venue du noyau du facial ne passe dans la racine du nerf du côté opposé ; 2⁰ le soi-disant entre-croisement radiculaire est formé en entier ou en partie de fibres qui proviennent d'une moitié de la calotte, croisent le raphé dans le voisinage immédiat du genou du facial et sortent du bulbe avec le nerf vestibulaire du côté opposé dont elles forment les fibres les plus internes. Ces fibres dégénèrent dans le sens centrifuge.]

(2) *Presse Médicale*, 1899, 16 août.

tement la même chez le chien et le chat, mais légèrement différente chez le lapin. Quant au noyau interne, l'auteur adopte l'opinion de v. Gehuchten, d'après laquelle ce noyau donnerait naissance, et en particulier par sa portion externe, aux fibres du nerf auriculaire ; le noyau externe et la partie ventrale du groupe cellulaire moyen seraient par contre le lieu d'origine de la branche inférieure. Chez l'homme, on pourrait établir des divisions analogues parmi les différents groupes cellulaires du noyau : le centre du facial supérieur serait localisé dans sa partie médio-externe et médio-postérieure. Quoi qu'il en soit, les faits pathologiques sont unanimes à démontrer que le centre du facial supérieur est localisé dans le même amas cellulaire que celui du facial inférieur.

Nerf intermédiaire de Wrisberg. — Nous en avons déjà parlé à propos des racines de la IXe paire ; nous avons vu que Koelliker localise son origine dans la s. grise qui accompagne le faisceau solitaire et en dépasse l'extrémité supérieure. Il émerge de l'encéphale entre les racines du facial et de l'auditif, puis, après s'être confondu avec le premier de ces deux nerfs, se rend dans le ganglion géniculé dont les cellules sont, d'autre part, en rapport de continuité avec les fibres de la corde du tympan.

Amabilino pratiqua, chez le chien, la section isolée de la corde ou du facial ; ses recherches démontrèrent, entre autres choses, qu'il existe dans le ganglion géniculé deux sortes de cellules nerveuses : les unes envoient leur prolongement central dans le nerf intermédiaire et leur prolongement périphérique dans la corde du tympan, les autres envoient leurs prolongements dans le segment périphérique du facial [His avait en effet remarqué que le ganglion géniculé contient beaucoup plus de cellules que la corde ne contient de fibres.]

Rien ne s'oppose donc plus actuellement à l'hypothèse déjà émise depuis longtemps et qui considère la corde comme le prolongement périphérique de l'intermédiaire [au moins pour ses fibres gustatives ; ses fibres vasomotrices et sécrétoires peuvent provenir du facial, directement, d'après Morat et Doyon.]

Article V. — Trijumeau.

A son émergence de la protubérance, ce nerf est formé de deux branches ; l'une, plus volumineuse, est la branche sensitive, l'autre est la branche motrice : la première naît des unipolaires du ganglion de Gasser, la seconde a son origine dans les centres bulbo-protubérantiels.

Au delà du ganglion, le trijumeau se présente sous l'aspect bien connu que lui donnent ses trois rameaux de division. Entre le deuxième et le troisième, il existe, ainsi que le clinique le démontre d'une façon irréfutable, un échange de fibres sensitives pour les deux tiers antérieurs de la langue ; ces fibres sont d'abord contenues dans le nerf lingual, puis passent dans la corde du tympan, arrivent au facial et enfin à son ganglion géniculé ; par l'intermédiaire du grand pétreux superficiel elles gagnent ensuite le ganglion sphéno-palatin et, par lui, le nerf maxillaire supérieur *(fig. 174)*.

[Parmi les centres bulbaires du trijumeau, il en est quelques-uns dont les attributions sont bien définies : tels sont le noyau moteur, dit noyau masticateur, le noyau formé par la colonne de substance gélatineuse, homologue de la substance de Rolando de la moelle ;

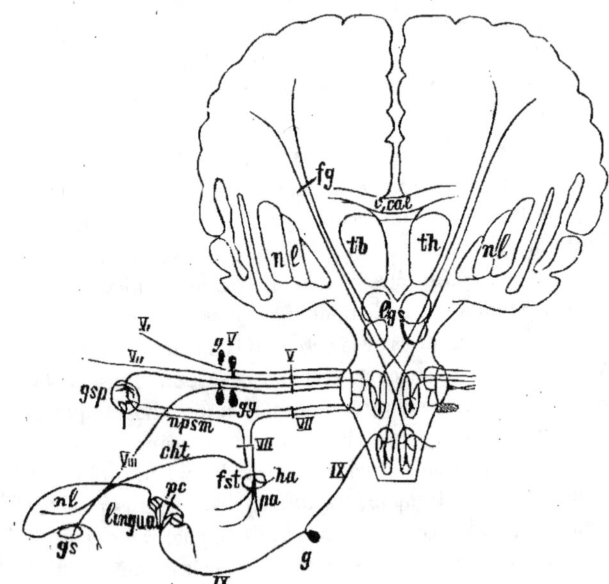

Fig. 174. — SCHÉMA DES VOIES GUSTATIVES CENTRALE ET PÉRIPHÉRIQUE.

cal, Corps calleux.
cht, Corde du tympan.
fg, Faisceau géniculé.
fst, Trou stylo-mastoïdien.
g, Ganglion d'Andersh.
gg, Ganglion géniculé.
gs, Glande sous-maxillaire.
gsp, Ganglion sphéno-palatin.
gV, Ganglion de Gasser.

ha,pa, Branches périphériques du facial.
lgs, Les quadrijumeaux.
nl, Nerf lingual.
npsm, Grand pétreux superficiel.
pc, Papilles caliciformes.
th, Thalamus.
V, VI, VII, VIII, Le tronc et les trois branches du trijumeau.
VII et *IX*, Facial et glosso-pharyngien.

il en est d'autres, au contraire, dont la nature véritable est encore en discussion et qui, d'après les travaux les plus récents, répartiraient leurs fibres entre les deux racines d'émergence. Aussi nous paraît-il plus rationnel et plus prudent de ne pas tenir compte, dans le classement des centres bulbaires du trijumeau, du trajet des fibres qui en émanent et de ne rien préjuger ainsi sur leur direction ni sur leur trajet au sortir du névraxe : nous éviterons ainsi les confusions auxquelles peuvent donner lieu les dénominations de « racine » ascendante et descendante. D'autre part, nous verrons que chacun de ces faisceaux contient, quoique en proportion inégale, des fibres ascendantes et des fibres descendantes (ces deux dénominations étant prises dans leur sens propre, celui qui est spécifié par le sens de la dégénération après section). Nous classerons donc ainsi, d'après leur localisation, les noyaux gris du trijumeau.

1° Système *ponto-spinal* qui s'étend de la protubérance à la moelle cervicale et comprend la s. grise accolée à la racine descendante des auteurs français, cette racine elle-même et le noyau décrit sous le nom de « noyau sensitif du trijumeau ».

2° Système *ponto-pédonculaire* qui s'étend de la protubérance au pédoncule cérébral, plus hétérogène que le précédent, mais dont les éléments sont unis par différents points communs : il comprend le noyau moteur proprement dit, ou noyau masticateur, le noyau du locus cœruleus et le noyau « vésiculeux » avec les fibres « ascendantes » ou « descendantes » qui s'y rendent ou qui en émanent.

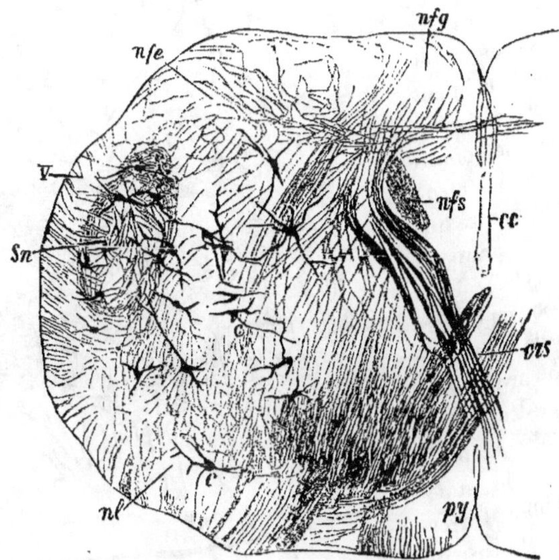

Fig. 175. — COUPE DU BULBE AU NIVEAU DE L'ENTRE-CROISEMENT SENSITIF.

(Chat nouveau-né. — Préparation de TELJATNIK; méthode de Golgi.)

cc, Canal central.
crs, Entre-croisement sensitif.
nfe, Région du noyau de Burdach.
nfg, Région du noyau de Goll.
nfs, Première portion du faisceau solitaire.
nl, Région du noyau du cordon latéral.
py, Pyramide.
sn, Substance gélatineuse du trijumeau.
V, Trijumeau.

Cette classification se rapproche beaucoup de celle de KOELLIKER (*Traité d'histologie*, 6e édit., p. 279) qui divise ainsi les origines centrales du trijumeau : 1° *racine ascendante*, uniquement sensitive; 2° racine *motrice*; 3° racine *descendante*, très probablement motrice; mais cette classification porte avec elle les désavantages créés par l'ambiguïté des termes « racine » et « ascendant » : elle confond, en outre, et d'une façon prématurée, l'histologie et la physiologie.]

1° **Système ponto-spinal.** — Après leur pénétration dans la protubérance, les fibres de la grosse racine ou racine sensitive du trijumeau (*fig. 177, vs*), prolongements centraux des cellules du ganglion de Gasser, se divisent, au moins pour la plupart d'entre elles, en rameau ascendant et rameau descendant. Les premiers se terminent dans un noyau à petites cellules, le *noyau sensitif du trijumeau* (*fig. 138, n Vs*, p. 214 ; *fig. 173, ns*, p. 267) ; les secondes se dirigent du côté distal, accolées à la face externe d'une colonne de substance gélatineuse avec laquelle elles plongent dans le bulbe en formant la *racine descendante* ou *racine spinale* du trijumeau : celle-ci descend dans la région de l'entre-croisement des pyramides, la dépasse même, et s'enfonce profondément dans la moelle cervicale : les expériences de GUDDEN jun. (méthode des atrophies) ont démontré que chez certains animaux (chien, chat, etc.), elle se poursuit jusqu'en dehors des racines de la Ve paire cervicale. Au niveau de la région de la décussation des pyramides et de la moelle cervicale supérieure, ses fibres traversent la s. gélatineuse qui est située sur sa face interne, se dirigent en dedans, et, semblables au faisceau externe des racines postérieures des nerfs rachidiens, se terminent, les unes, immédiatement en dedans de la s. gélatineuse, dans le groupe de cellules inclus dans le plexus de cette dernière, les autres autour des cellules nerveuses de la s. gélatineuse elle-même (*fig. 176*).

Celle-ci doit être considérée, avec les cellules du plexus situé sur sa face interne, comme représentant le noyau sensitif du trijumeau : le noyau sensitif que nous avons mentionné dans la protubérance n'est autre, en effet, que la portion supérieure épaissie de la colonne de substance gélatineuse

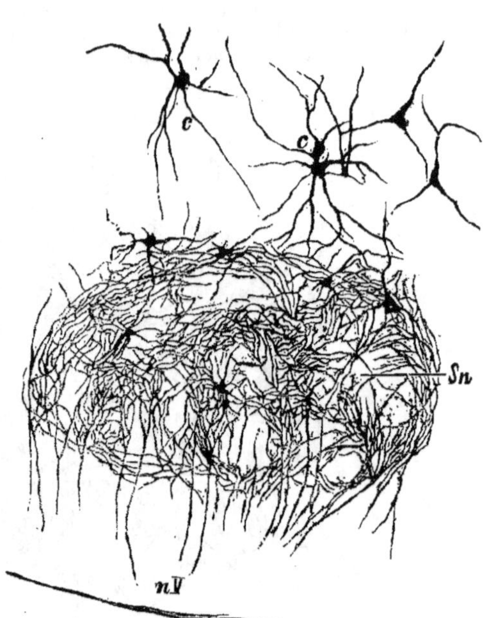

Fig. 176. — SUBSTANCE GÉLATINEUSE DU TRIJUMEAU ET PORTION AVOISINANTE DE LA FORMATION RÉTICULÉE.

ccc, Neurites des cellules de la formation réticulée.
n V, Région de la racine descendante du trijumeau.
sn, Substance gélatineuse.
(Préparation de TELJATNIK, méthode de Golgi).

qui accompagne la racine spinale du trijumeau. La pathologie enseigne
d'autre part que c'est dans cette racine, en particulier, que cheminent les
fibres affectées à la sensibilité de la face (1). Il faut savoir aussi qu'elle envoie
directement quelques fibres au *noyau moteur* du trijumeau que nous décrirons plus loin.

Pendant tout son trajet, elle envoie de nombreuses collatérales, non seulement aux cellules de la substance gélatineuse, mais aux noyaux moteurs
du facial, de l'hypoglosse, etc.

Il résulte des recherches récentes de Bregmann que les fibres qui sur
sa coupe transversale occupent sa portion ventrale dégénèrent, chez le lapin,
après section de la branche ophtalmique ; les autres, après section des
deux nerfs maxillaires, inférieur et supérieur. D'après quelques auteurs, la
racine spinale, à l'instar des racines dorsales des nerfs rachidiens, contiendrait
en outre quelques fibres centrifuges, c'est-à-dire dégénérant, après section,
du centre à la périphérie. Il est prouvé, enfin, que quelques unes de ses
fibres sont croisées ; il est probable que ces fibres proviennent de la portion
inférieure d'un amas cellulaire situé près de l'angle supérieur du losange, et
que les anciens anatomistes ont appelé substantia ferruginèa : de là elles
atteindraient la racine spinale en cheminant sous le plancher ventriculaire ;
mais leur origine n'est pas encore connue d'une façon certaine.

Sur toute sa hauteur, le noyau sensitif de la Ve paire émet des fibres
arciformes qui se dirigent en dedans, vers la ligne médiane: les unes vont
s'entre-croiser au raphé, puis font partie du ruban de Reil du côté opposé;
les autres restent dans le même côté du bulbe et suivent un trajet ascendant
dans l'épaisseur de la formation réticulée ; ces fibres représentent les voies
centrales de la racine sensitive : à ce titre nous les retrouverons plus loin.

Système ponto-pédonculaire. — Dans le voisinage du IVe ventricule, près du quadrijumeau postérieur, il existe dans la paroi ventriculaire
latérale, au niveau du bord externe de la s. grise centrale, un amas de cellules
vésiculeuses, origine de la *racine cérébrale* du trijumeau. Les fibres radiculaires auxquelles elles donnent naissance descendent jusqu'à la racine commune
du trijumeau et quittent avec elle la protubérance. On peut considérer
comme étant définitivement à rejeter la connexion directe admise autrefois

[(1) Voyez à ce sujet la thèse de Pierret: *Sur les symptômes céphaliques du tabes dorsal*.
Paris, 1876.

Plus récemment, les localisations sensitives de la racine spinale du trijumeau ont été
précisées par l'expérimentation. Grâce à des expériences faites sur le cobaye, Wallenbach a pu
(Zur Physiologie des spinalen Trigeminus, *Neur. Centrabl.*, 1896, vol. XV, p. 873) a pu entre-croisement
indiquer sur une coupe transversale de la racine spinale, au niveau de l'entre-croisement
des pyramides, chacun des points dont la lésion détermine respectivement l'anesthésie de la
l'œil, de la tempe, du nez, de la région de l'angle de la mâchoire, de la cornée, de la
bouche et de la langue, et enfin produit du myosis.]

par quelques auteurs entre la racine cérébrale du trijumeau et le cervelet.

D'après l'ancienne opinion de MEYNERT, cette racine appartiendrait à la racine ou mieux à la branche sensitive de la V° paire : d'autres auteurs l'attribuent à la racine motrice : la question n'est pas complètement résolue ; quelques faits plaident en faveur de la première opinion : d'autres au contraire lui sont opposés. BREGMANN ayant en effet sectionné le rameau moteur du trijumeau, observa la dégénération de la petite portion de la racine d'émergence et de la racine cérébrale. D'ailleurs, HELD, s'appuyant sur ses récentes recherches, fait provenir des cellules du locus cœruleus une partie de la branche sensitive. MENDEL range la racine descendante parmi les origines de cette branche sensitive. Enfin, les recherches de Cajal semblent prouver que la racine cérébrale contient une racine motrice accessoire du trijumeau.

[C'est aussi l'opinion anciennement soutenue par KOELLIKER (voir son traité d'histologie, 6° édit., vol. II, p. 291) : « Je considère la racine cérébrale comme motrice, et ceci d'après l'épaisseur de ses fibres, ses rapports topographiques avec la *portio minor* et l'absence de toute autre signification possible. Quant à savoir quels sont les muscles qu'elle innerve, ce sont très probablement le tenseur du voile du palais (ou péristaphylin externe) et le tenseur du tympan et peut-être aussi le stylo-hyoïdien et le ventre antérieur du digastrique ».

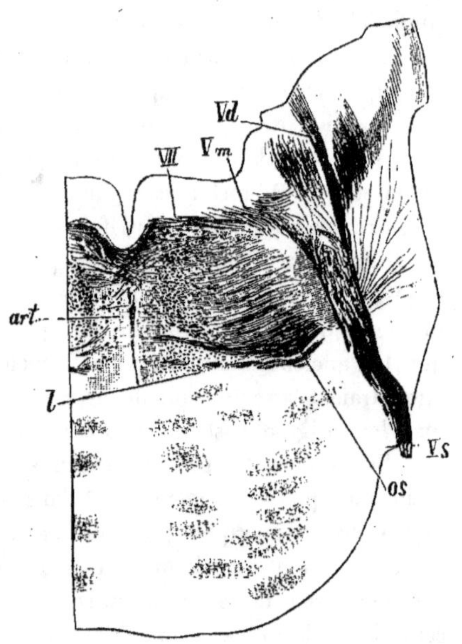

Fig. 177. — COUPE DE LA PROTUBÉRANCE AU NIVEAU DE L'ÉMERGENCE DU TRIJUMEAU.

(Fœtus à terme. Méthode de Weigert).
art, Noyau réticulé de la calotte.
l, Ruban de Reil.
os, Olive supérieure.
Vd, Racine ascendante du trijumeau.
Vm, Fibres de la racine motrice du trijumeau, passant de l'autre côté.
Vs, Grosse racine ou racine sensitive du trijumeau.
VII, Fibres radiculaires du facial passant de l'autre côté.

Cette opinion a été confirmée dans un récent travail de TERTERJANZ (1):
cet auteur fit, en outre, une étude minutieuse des cellules d'origine de cette
racine, cellules *vésiculeuses* dont l'axône peut affecter différentes directions
et dont quelques-unes sont dépourvues de dendrites, ainsi que LUGARO l'avait
admis précédemment.]

Tout dernièrement PROBST (2) reprit l'étude du système ponto-
pédonculaire du trijumeau au moyen de la méthode des dégénérations artificielles et du procédé de Marchi. D'après ses recherches, la racine cérébrale de
ce nerf envoie de nombreuses collatérales à son noyau moteur ou n. masticateur en passant sur son côté dorso-latéral ; plus loin ses fibres s'insinuent
entre la racine motrice et la racine sensitive de la VIe paire, puis elles continuent leur trajet descendant : les unes se joignent aux fibres motrices ; les
autres se pénicillent dans la s. gélatineuse de la racine spinale, prennent une
direction postéro-antérieure en compagnie des fibres sensitives de cette dernière et sortent avec elles de la protubérance. Ainsi, la racine cérébrale ainsi
répartit ses fibres entre les deux portions du nerf, mais les fibres ainsi
distribuées ne représentent pas, d'après PROBST, la totalité de ses éléments : du
point de sortie du trijumeau, cet auteur put suivre un faisceau descendant
qui passait en avant du noyau de l'acoustique et envoyait des collatérales au
noyau de Deiters ; plus loin, il se plaçait en arrière de la s. gélatineuse de la
Ve paire, en avant de la branche d'origine du facial ; plus bas encore, il était
situé sur le côté ventral du noyau dorsal des IXe et Xe paires et du faisceau
solitaire. Sur des coupes transversales sériées, on pouvait le suivre encore
sur toute la hauteur de l'émergence des racines de ces deux nerfs et le voir
envoyer des collatérales au noyau dorsal du vague, jusqu'à son extrémité
inférieure.

En raison de ces différentes connexions, PROBST émet l'hypothèse que
la racine cérébrale du trijumeau sert aux fonctions de mastication et de
déglutition. En outre, elle contiendrait un petit nombre de fibres ascendantes.

Outre la racine cérébrale, le système ponto-pédonculaire comprend
encore les cellules de la *substance ferrugineuse* ou *locus cœruleus* : elles sont
du reste situées dans la continuation immédiate des éléments vésiculeux
adjoints à la racine cérébrale ; dans un cas d'atrophie faciale progressive avec
dégénération des fibres de la Ve paire, MENDEL put constater l'atrophie des
cellules de la s. ferrugineuse. D'autres faits semblent prouver que les fibres
du trijumeau sont en rapport, non seulement avec les cellules du même côté

(1) « La racine supérieure du trijumeau », *Arch. f. mikr. Anat.*, 1899, vol. LIII, p. 63.
(Bon historique).

(2) *Deutsche Zeitsch. f. Nervenheilk.* 1899, 3 et 4.

mais encore avec la s. ferrugineuse du côté opposé; pourtant ces connexions ont été récemment remises en doute pour la racine sensitive (KLJATSCHKIN) (1).

Enfin CAJAL et LUGARO ont montré que la racine cérébrale, en passant devant le noyau moteur du trijumeau, lui envoie de nombreuses collatérales richement ramifiées (2).

Nous avons en effet rattaché le *noyau masticateur* de la Ve paire à son système ponto-pédonculaire. Ce noyau, très petit, est situé dans la profondeur de la formation réticulée, à contours très nets, formé de cellules de grande taille (*fig. 138*, p. 214, *nvm*); c'est le lieu d'origine de la plus grande partie des fibres de la racine motrice ou *portio minor* qui arrive jusqu'à lui en cheminant en dedans et en avant de la racine sensitive. On admet généralement que quelques fibres traversent la ligne médiane sous le plancher ventriculaire mais on ne sait si elles gagnent le n. masticateur du côté opposé ; elles proviendraient dans ce cas de sa portion interne, les fibres directes naissant de sa portion externe. Le tronc de la racine motrice est donc en rapport avec le noyau masticateur et avec certains éléments de la s. ferrugineuse et des cellules situées en arrière de celle-ci ou cellules vésiculeuses de la racine dite cérébrale.

Chez les poissons électriques, le noyau moteur de la Ve paire forme à lui seul un lobe central spécial, le *lobe électrique*.

ARTICLE VI. — NERFS OCULO-MOTEURS

Nerf abducens ou Moteur oculaire externe. — Ses racines naissent d'un noyau situé sous le plancher ventriculaire, du côté de leur émergence, dans l'espace circonscrit par le genou du facial (*fig. 173*, p. 267 et *178*, *nVI*) ; quelques auteurs décrivent des fibres radiculaires qui proviendraient du noyau du côté opposé : mais leur existence est au moins rendue douteuse par les travaux de BREGMANN (3) (dégénération expérimentale). Cependant au cours des recherches faites sous ma direction par GERVER (ablation du muscle droit externe et examen au Marchi du nerf abducens), on trouva des boules de myéline dans les noyaux des deux côtés, mais sans pouvoir affirmer

(1) « Matériel pour l'étude de l'origine et du trajet central des VIIe, IVe, X^e, XIe et XIIe paires craniennes ».

(2) Quant aux fonctions de ce noyau et des fibres qui en proviennent, il semble que l'on doive de plus en plus s'en tenir à l'opinion qui les considère comme vaso-motrices.

(3) *Jahrb. f. Psychiatrie*, vol. XI.

leur origine ou bien aux dépens des fibres radiculaires entre-croisées, ou bien aux dépens de fibres d'association unissant entre eux les deux noyaux.

Le noyau de l'abducens n'a aucune connexion avec les racines du facial.

Au moyen de la méthode de Golgi, HELD put suivre quelques-unes des fibres radiculaires de la VIᵉ paire jusqu'aux cellules de la formation réticulée. D'après LUGARO (recherches faites au Golgi) l'abducens contient aussi des fibres qui proviennent de groupes cellulaires situés en avant et en dehors de son noyau et parcourent un certain trajet dans la direction de la racine

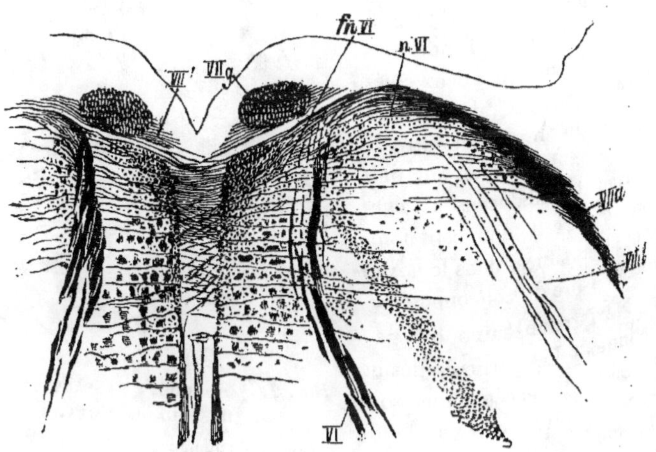

Fig. 178. — COUPE PASSANT PAR LE NOYAU DE L'ABDUCENS.

(Fœtus humain de 33 centimètres, méthode de Weigert.)
VI et *n VI*, Racine et noyau de l'abducens.
fn VI, Fibres que ce noyau envoie au faisceau longitudinal postérieur du côté opposé.
VIIa, VIIg, VIId, Branche ascendante, genou, branche descendante du facial.
VII', Fibres du facial qui passent de l'autre côté.

ascendante du facial. Ce fait fut confirmé par les recherches de v. GEHUCHTEN. Du noyau de l'abducens, enfin, partent des fibres qui se dirigent en dedans, vers la région de la bandelette longitudinale postérieure, où, d'après DUVAL et LABORDE, elles s'élèvent vers le noyau de l'oculo-moteur commun du côté opposé : les connexions supposées par ces auteurs entre ces deux nerfs moteurs de l'œil n'avaient jamais été confirmées : j'ai pu me convaincre cependant que de très nombreuses fibres parties du noyau de l'abducens se dirigent en dedans vers la bandelette longitudinale postérieure, la traversent, se croisent en partie au raphé et pénètrent dans celle du côté opposé ; ces fibres servent évidemment à établir une connexion croisée entre les deux noyaux de l'abducens et de l'oculo-moteur commun.

Tout récemment GERVER (1) a repris, sous ma direction, l'étude des rapports du noyau de l'abducens avec la bandelette du côté opposé et, par celle-ci, avec le noyau du moteur commun du côté opposé. Il fit usage des dégénérations expérimentales et de la méthode de Marchi : il enlevait chez des chiens le muscle droit externe et observait consécutivement la dégénération ascendante de la VI⁰ paire : les fibres dégénérées, après avoir atteint le noyau d'origine, se continuaient en direction ascendante dans les bandelettes long. postérieures des deux côtés jusqu'aux noyaux du moteur commun. On observa en outre la dégénération du faisceau qui unit le noyau de l'abducens à l'*olive supérieure* et celle d'un petit nombre de fibres situées dans le noyau de la VI⁰ paire du côté opposé.

Nerf trochléaire ou pathétique. — Les particularités de son trajet intra-encéphalique sont faciles à suivre chez le fœtus (*fig. 179* et *180*) car ses fibres se myélinisent avant celles des faisceaux voisins. Il est ainsi facile de se convaincre que, contrairement à l'opinion de MAUTHNER. ces deux nerfs se croisent dans l'épaisseur du voile médullaire antérieur ; que, de plus, le croisement est total et non partiel ainsi que l'admettaient OBERSTEINER et quelques autres auteurs : du moins on ne peut arriver par la méthode de Pal à mettre en évidence aucune fibre directe chez le fœtus dans les centres duquel tous les nerfs craniens, y compris le trochléaire, tranchent pourtant si nettement sur les régions voisines.

Après leur entre-croisement, les fibres forment un cordon arrondi qui remonte dans l'intérieur du mésocéphale, en dedans de la racine cérébrale

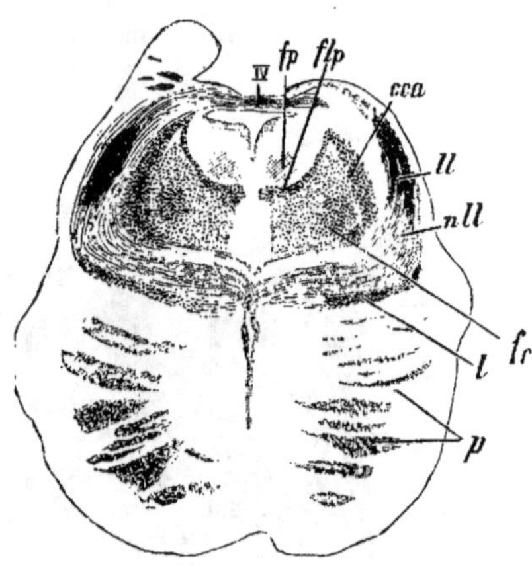

Fig. 179. — COUPE PASSANT EN ARRIÈRE DES QUADRIJUMEAUX.

(Enfant de quelques semaines.)
cca, Pédoncule cérébelleux supérieur.
fc, Voie centrale de la calotte.
flp, Bandelette longitudinale postérieure.
fp, Région du faisceau dorsal de Schütz.
l, Ruban principal.
ll, Ruban latéral.
nll, Noyau du ruban latéral.
p, Fibres pyramidales.
IV, Racines du trochléaire se croisant dans la paroi dorsale de l'aqueduc.

(1) Association scientifique des médecins et aliénistes de la clinique neurologique de Pétersbourg, 1899.

de la Ve paire, s'infléchit peu à peu en dedans et atteint finalement la bandelette longitudinale postérieure : il est alors dirigé à peu près transversalement de dehors en dedans. Ses fibres arrivent à un noyau situé en arrière et en dedans de la bandelette et s'y terminent en grande partie (1). Ce noyau est formé de cellules multipolaires assez volumineuses et se continue sans interruption avec celui du M. O. C. Aussi WESTPHAL et SIEMERLING (2) l'ont-ils décrit sous le nom de *noyau ventral postérieur du nerf oculo-moteur*. KAUSCH (3) s'est élevé récemment contre l'opinion qui attribue ce noyau au nerf de la IIIe paire: mes résultats personnels parlent absolument dans le même sens.

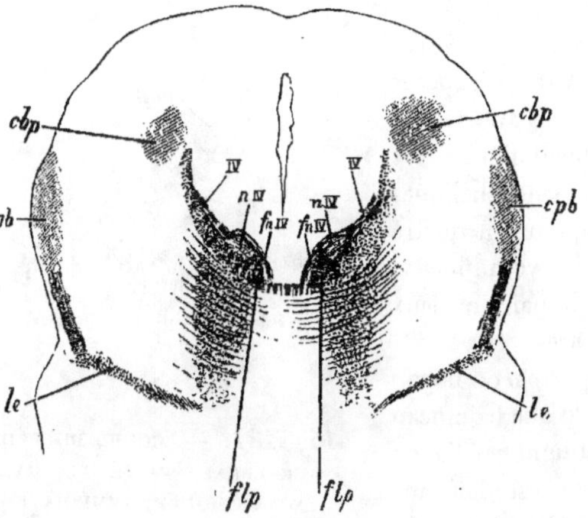

Dans le voisinage immédiat, en arrière et en dehors de ce noyau, à l'intérieur de la substance grise centrale, se trouve un autre amas de cellules arrondies assez volumineuses, considéré par WESTPHAL et SIEMERLING comme noyau principal du trochléaire : il n'a cependant aucun rapport avec ce nerf. D'après KAUSCH, il fait partie des noyaux

Fig. 180. — COUPE PASSANT PAR LES QUADRIJUMEAUX POSTÉRIEURS.

Fœtus de 6 mois.)

cbp, Quadrijumeau postérieur.
cpb, Corps parabigéminé ou noyau du lemnisque latéral.
flp, Bandelette longitudinale postérieure.
e, Portion externe du ruban principal.
IV et *nIV*, Racines et noyau du trochléaire.
fnIV, Fibres allant de ce noyau à la bandelette longitudinale postérieure.

de la substance grise centrale. Son rôle physiologique reste à déterminer.

On ne peut non plus considérer comme appartenant à la IIIe paire l'amas arrondi de petites cellules, immédiatement contigu à la portion distale du noyau précédent et que WESTPHAL a décrit, à tort, sous le nom de noyau postérieur, à petites cellules, du trochléaire.

(1) D'après KAUSCH une petite partie du trochléaire se rend dans la bandelette ou bien passe de l'autre côté.

(2) *Arch. f. Psychiatrie*, vol. XXII. Supplément.

(3) *Neurol. Centralblatt*, 1894, n° 14.

D'après J. Stilling, de petits fascicules de fibres, venues du cervelet en passant par la lingula, viennent se joindre au nerf trochléaire.

Moteur oculaire commun. — Le nerf de la IIIᵉ paire tire son origine d'une série de noyaux situés au niveau du tubercule quadrijumeau antérieur. De très nombreuses discussions ont été soulevées au sujet de la nature et du rôle de ces différentes masses grises ainsi que sur la question de l'entre-croisement de leurs fibres : elles ne peuvent être toutes reproduites ici ; citons seulement les noms de Duval, Meynert, Merkel, v. Gudden, Perlia, van Gehuchten, v. Koelliker, Mendel, Edinger, Westphal, Bernheimer. Je me contenterai d'exposer mes résultats personnels d'après l'embryologie et l'expérimentation.

Les centres mésencéphaliques de la IIIᵉ paire comprennent quatre noyaux dont deux plus volumineux, l'un pair et l'autre impair, et deux noyaux pairs accessoires.

1° Le noyau *principal* ou noyau dorsal est situé sous le quadrijumeau antérieur à côté de la ligne médiane : sa section transversale est de forme semi-lunaire (*fig. 182 à 186, nd*). C'est le plus volumineux et le plus apparent. Il contient des cellules de moyenne taille, à nombreuses ramifications noyées dans un épais réseau de très fines fibrilles. Par sa face antéro-externe il touche aux fibres

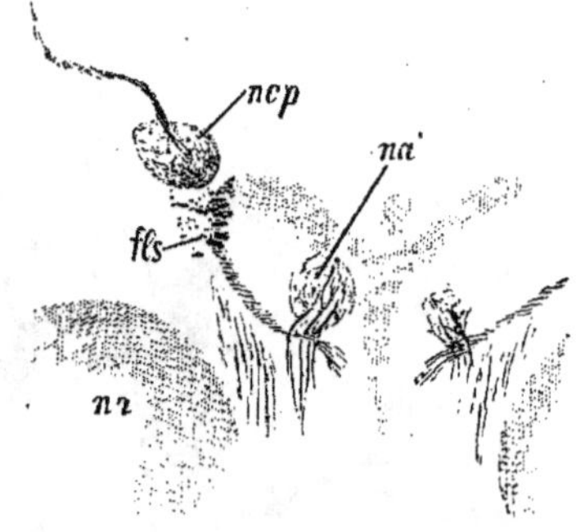

Fig. 181. — **Coupe du pédoncule cérébral, faite au niveau du noyau rouge, immédiatement en en avant du noyau principal de l'oculo-moteur.**

fls, Extrémité supérieure de la bandelette longitudinale postérieure.
na', Noyau antero-interne accessoire de l'oculo-moteur.
ncp, Noyau de la commissure postérieure.
nr, Noyau rouge.

de la bandelette longitudinale postérieure ; une portion même de la substance du noyau se place en avant et en dehors de la bandelette ; il en résulte que sur les coupes transversales celle-ci semble traverser la portion ventro-latérale du noyau. Ce dernier enfin est contigu par son bord interne à son homonyme du côté opposé avec lequel il se confond même en partie par sa portion ventro-médiale.

2° Entre les deux tiers supérieurs des deux noyaux principaux on peut voir, sur la ligne médiane, un petit noyau impair qui se distingue facilement des deux noyaux qui l'enserrent, et par son petit volume et par la grande taille des éléments qui le constituent : c'est le *noyau médian* (*fig. 182, nam* ; *fig. 183 et 184, nm*).

3° Sur le côté dorsal et dorso-latéral du n. principal avec lequel il est en partie continu, se trouve un petit noyau pair que j'ai été le premier à décrire (*fig. 182, nad, et fig. 184, na*);

4° Près du segment antérieur du n. principal, en avant du n. médian, de chaque côté de la ligne médiane existe un petit noyau à contours arrondis (*fig. 184, na'*) : j'ai décrit ces deux dernières paires sous le nom de *noyaux accessoires*: les fibres radiculaires qui en partent sont très fines et se myélinisent tardivement : elles sont ainsi des plus faciles à mettre en évidence vers la fin de la vie intra-utérine.

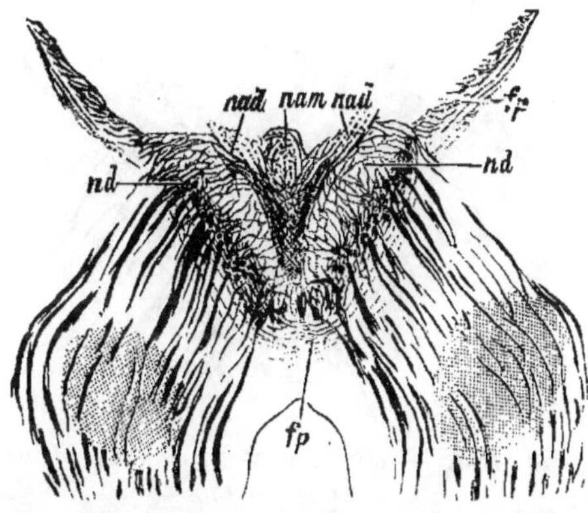

Fig. 182. — COUPE DES PÉDONCULES CÉRÉBRAUX PASSANT PAR LA RÉGION DES NOYAUX DU M.O.C.

fp, Un faisceau venu de la s. blanche profonde des quadrijumeaux et pénétrant dans les noyaux du M.O.C.
nad, Noyaux accessoires.
nam, Noyau médian.
nd, Noyau latéral ou postérieur du M.O.C.

De la portion antérieure du noyau principal se détache en arrière une saillie assez distincte du reste de la masse mais pas assez cependant pour être décrite séparément (*fig. 183*).

WESTPHAL et EDINGER décrivent un groupe de petites cellules situé en arrière du noyau médian, de chaque côté de la ligne médiane, et dont les limites externes sont variables et indécises. Je ne peux rien préciser sur ses rapports avec les noyaux que j'ai décrits sous le nom d'accessoires. Il reste à savoir en tout cas jusqu'à quel point il fait partie des origines du M.O.C. Quelques auteurs lui ont attribué des fonctions vaso-motrices; mais cette opinion n'a pas encore été confirmée par l'expérimentation.

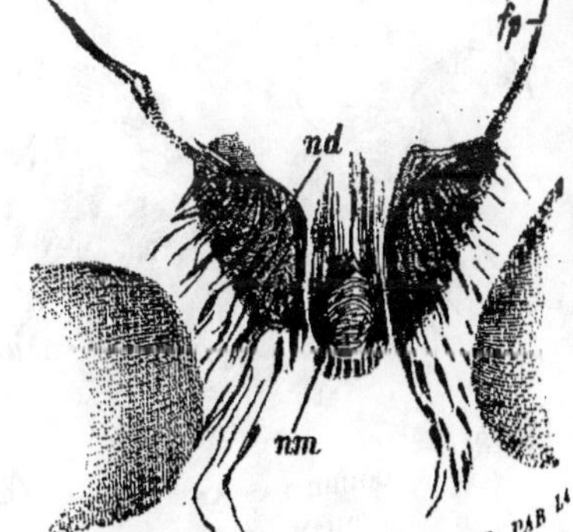

Fig. 183. — COUPE PASSANT PAR LA RÉGION DU M.O.C.

fp, Faisceau venu des quadrijumeaux.
nd, Noyau latéral ou postérieur.
nm, Noyau médian.

A une faible distance en arrière de la partie antérieure du noyau principal, sur le bord latéral de la s. grise centrale, on trouve un noyau gris de petites dimensions (*fig. 148*, p. 223 et *fig. 181*, p. 281, *n c p*): c'est celui que DARKSCHEWITCH a par erreur considéré comme noyau supérieur du M. O. C. ; avec KOELLIKER et BERNHEI-MER je crois pouvoir nier toute relation entre ce noyau et les racines de ce nerf. Il appartient en effet sans aucun doute à la portion ventrale de la commissure postérieure, portion dont les fibres, ainsi que je l'ai dé-montré, se développent de très bonne heure et sont déjà myélinisées chez des fœtus de 28 à 30 centimètres.

Au Golgi les noyaux du M. O. C. se montrent formés de cellules ramifiées, de moyenne taille et de confi-guration très variable : leurs axônes abandonnent des collatérales et deviennent bientôt fibres radiculaires. Une grande partie de celles-ci provient des noyaux du même côté; un certain nombre s'entre-croise : l'existence de ces dernières a été démontrée chez le lapin par GUDDEN au moyen des atrophies expérimentales ; on peut aussi chez l'homme, sur-tout chez le fœtus, constater directement cet entre-croise-ment partiel (*fig. 186*). Des recherches plus précises ont démontré qu'il porte uniquement sur les fibres radiculaires les plus postérieures, qui sor-tent du pédoncule en décrivant un trajet arqué, tandis que les fibres situées plus en avant sont directes. Les premières naissent dans la moitié postérieure du noyau, les secondes dans l'autre portion ainsi que dans les deux noyaux accessoires.

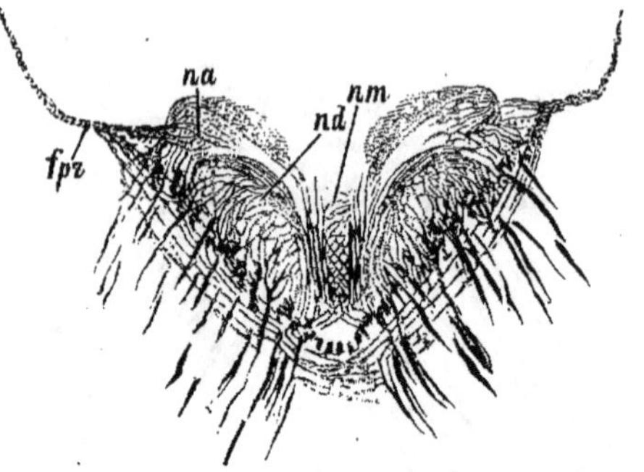

Fig. 184. — COUPE PASSANT PAR LA RÉGION DU M. O. C.

fpr, Faisceau venu de la s. blanche profonde des quadrijumeaux et se rendant en partie au noyau accessoire.
na, Noyau accessoire situé en arrière et en dehors du n. principal.
nd, N. principal ou postérieur.
nm, N. médian.

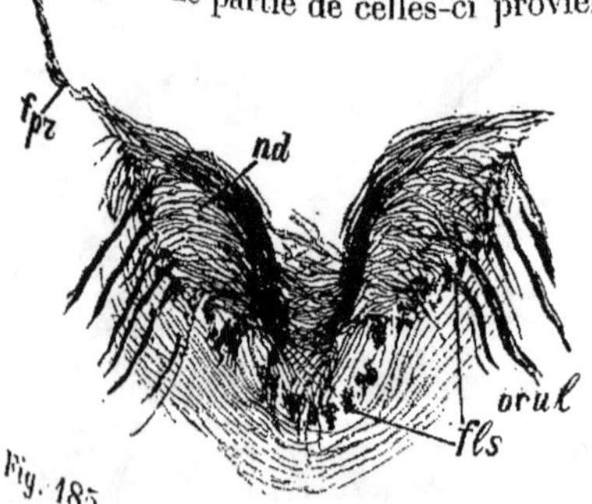

Fig. 185. — COUPE PASSANT PAR LA RÉGION DU M. O. C.

fls, Bandelette longitudinale postérieure.
fpr, Fibres allant de la couche blanche profonde du quadrijumeau au noyau médian.
nd, Noyau principal ou postérieur.
orul, Racines du M.O.C.

Quelques auteurs (DUVAL, LABORDE) nient tout entre-croisement des fibres du M. O. C. : les fibres qui s'entre-croisent dans le voisinage de son noyau appartiendraient à la bandelette longitudinale postérieure. S'appuyant sur l'autorité de DUVAL, TESTUT figure un faisceau de fibres se rendant directement du noyau de l'abducens au tronc du M. O. C. ; cette description est en complète opposition avec les résultats de la méthode des atrophies expérimentales et de l'embryologie : aussi est-elle avec raison repoussée par tous les auteurs.

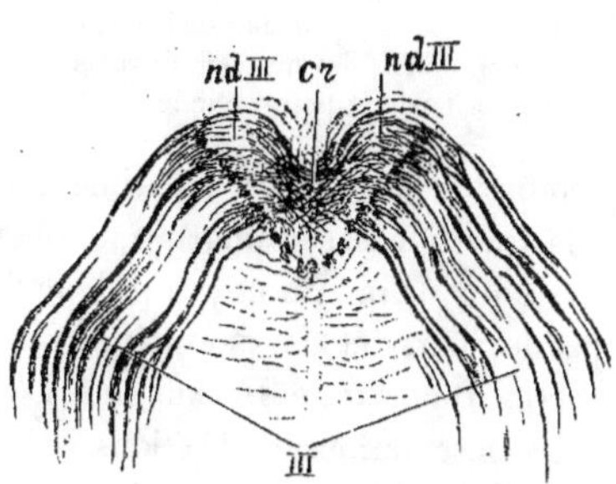

Fig. 186. — COUPE DES PÉDONCULES CÉRÉBRAUX PASSANT PAR LE NOYAU DU M. O. C.

(Fœtus de 7 mois.)

cr, Croisement de fibres du M. O. C. entre les deux noyaux principaux.
ndIII, Noyau principal ou noyau dorsal.

Fonctions respectives des noyaux d'origine du M. O. C. — On a dû longtemps s'en tenir sur ce sujet aux seules données de la clinique : malheureusement les observations d'ophtalmoplégie avec examen histologique suffisant ne sont encore qu'en trop petit nombre pour permettre des conclusions certaines. Mais depuis quelques années la question est entrée dans la voie expérimentale et les schémas incomplets proposés par les premiers auteurs ont été remaniés et précisés grâce à l'emploi de différentes méthodes.

D'après KAHLER, PICK et STARR, les fibres pupillaires et accommodatrices sont les plus antérieures, elles proviennent du noyau dit antérieur ou supérieur (noyau de Darkschewitch). Les autres fibres, destinées à la musculature interne de l'œil, émergent : 1° d'un *groupe cellulaire latéral* destiné au releveur de la paupière, au droit supérieur et au petit oblique ; 2° d'un *groupe interne* attribué au droit interne et au droit inférieur.

Mais nous avons vu que le noyau antérieur ou supérieur n'a aucune connexion avec le M. O. C.: il ne peut donc jouer aucun rôle dans les mouvements de l'iris ni de l'accommodation. Il est très possible que les fibres destinées à la musculature interne proviennent des noyaux accessoires, les autres, du noyau principal et du noyau médial ou interne (1).

Rappelons encore, à propos du muscle releveur, que le ptosis s'observe fréquemment consécutivement à la destruction de la partie frontale du noyau principal ou noyau

(1) Nous avons déjà vu que MENDEL, en extirpant chez de jeunes animaux la paupière supérieure et le muscle frontal, produisait l'atrophie d'une partie du noyau du M. O. C. homomère. Il en résulte que l'élévateur est innervé par des fibres directes. S'appuyant sur la même expérience, MENDEL crut pouvoir affirmer que les fibres du facial supérieur pour viennent aussi du noyau du M. O. C. et suivent la bandelette longitudinale supérieure pour atteindre le facial au niveau de son genou ; mais les observations cliniques cadrent difficilement avec cette conception. Nous savons de plus que BREGMANN, dans ses expériences déjà mentionnées d'arrachement du facial, n'observa aucune trace de lésion de la bandelette quoique le nerf fût nettement dégénéré (*Jahrb. f. Psy.*, vol. XI).

latéral. C'est donc en ce point qu'il faut chercher l'origine du nerf palpébral supérieur.

Quant à la *disposition topographique* des fibres radiculaires, nos connaissances actuelles reposent sur les expériences bien connues de HENSEN et VOELKERS (1) (expériences faites sur le chien): l'excitation de la paroi du troisième ventricule, en avant de l'orifice du canal de Sylvius, produit d'abord un mouvement d'accommodation puis une contraction de l'iris. L'excitation de la même région, exactement au niveau du point de passage du ventricule à l'aqueduc, produit une contraction du droit interne; celle du plancher de l'aqueduc produit successivement, pratiquée d'avant en arrière, la contraction des muscles suivants : 1° droit supérieur; 2° releveur de la paupière; 3° droit inférieur; 4° petit oblique.

Ces derniers temps, un grand nombre de recherches expérimentales et anatomo-pathologiques ont éclairci la question des rapports qui unissent chacun des muscles oculaires à un territoire défini du noyau pédonculaire. Mentionnons entre autres les recherches de SCHIFF et CASSIREW, SIEMERLING et BOEDECKER, BACH, SCHWABE, V. GEHUCHTEN, BIERVLIET et BERNHEIMER. D'après SCHIFF et CASSIREW qui se basent sur des observations d'affections bulbaires chroniques, ni le noyau de Darkschewitch (noyau de la commissure posté-rieure), ni les noyaux d'Edinger-Westphal ne contribuent à l'innervation des muscles de l'œil. PANEGROSSI arriva à un résultat approchant. Par contre, d'autres auteurs, SIEMERLING et BOEDECKER, BERNHEIMER, rattachent ces derniers noyaux au système de l'oculo-moteur commun. Quant à la localisation exacte du noyau affecté à chaque muscle, SCHIFF et CASSIREW, de même que SIEMERLING et BOEDECKER, ne la croient pas encore possible. Pourtant on ne peut passer sous silence les recherches faites dans ce but par BACH, SCHWABE, BERNHEIMER, V. GEHUCHTEN et BIERVLIET. Ces expériences consistèrent dans la section ou l'ablation de certains muscles oculaires et l'examen par la méthode de Nissl du noyau du M. O. C.; elles permettent ainsi, grâce aux lésions constatées dans ce dernier, de rattacher à tel ou tel muscle le territoire dégénéré. Les recherches de V. GEHUCHTEN et BIERVLIET faites sur le lapin, animal chez lequel le noyau interne (médial) à grandes cellules n'existe pas, ont montré que les territoires du noyau principal affectés à l'innervation de chaque muscle ne peuvent pas être nettement séparés les uns des autres. Les fibres croisées proviennent en majeure partie de la portion caudale du noyau, en particulier de la région postérieure de cette dernière; les noyaux de la musculature interne de l'œil (iris, muscle de Brücke) occupent les régions antérieure (frontale) et moyenne; ceux du droit supérieur et de l'oblique inférieur, la région dorso-caudale; ceux enfin des droits inférieur et interne sont situés en avant et tout à fait en dedans. Pourtant cette topographie ne pourrait pas sans modification être appliquée à l'homme.

Les recherches que BERNHEIMER a faites sur le singe sont par contre, dans cet ordre d'idées, du plus haut intérêt. Cet auteur pratiquait l'ablation

(1) *Arch. f. Ophtalmologie*, vol. XXIV, p. 1 à 27.

partielle ou totale, soit des muscles moteurs du globe oculaire, soit de la
musculature intérieure et examinait les centres à l'aide de la méthode de
Nissl. Il conclut qne tous les muscles moteurs du globe sont innervés par le
grand noyau latéral; le noyau médian et le n. d'Edinger-Westphall préside-
raient seuls à l'innervation de la musculature intérieure, étant seuls atrophiés
après la destruction de cette dernière. Quant au grand noyau latéral, ce
n'est que par la voie expérimentale que l'on peut parvenir à y localiser le
centre de chacun des muscles; une délimitation stricte n'est d'ailleurs pas
possible. Les fibres croisées proviennent, ainsi que nous l'avons répété plusieurs fois, de la portion caudale de ce noyau, les fibres directes des portions
moyenne et antérieure (frontale); la portion moyenne du noyau qui contient
des fibres croisées innerve le droit inférieur. Plus en avant se trouve le
noyau du droit interne du même côté; en outre, la partie latérale du noyau
fournit des fibres pour le droit interne de l'autre côté.

Nous avons vu que la portion interne du noyau en question est voisine
du noyau médian à grandes cellules que BERNHEIMER considère comme le
centre de la musculature interne ; EDINGER a émis l'opinion que le noyau
médian devait servir à l'innervation bilatérale du muscle droit interne. En
avant du groupe cellulaire attribué à ce muscle est le noyau du droit supérieur, à extrémité effilée dirigée en avant, et à base dirigée en arrière. Enfin,
le reste de la portion frontale du noyau latéral contient le centre du releveur
de la paupière supérieure. Les noyaux de la musculature externe sont partout
séparés du n. latéral, à l'exception du groupe cellulaire du droit interne qui
se trouve, avons-nous vu, près du n. médian ; d'après EDINGER, cette disposition est l'expression anatomique d'un fait physiologique, l'association de
l'accommodation avec la convergence des deux axes oculaires. De même, la
portion distale du noyau, destinée au droit inférieur, touche le noyau du
trochléaire et comme lui ne contient que des fibres croisées ; cette topographie est évidemment commandée par l'association fonctionnelle des deux
noyaux lors des mouvements de rotation des globes oculaires. La localisation
du centre du releveur à l'extrémité antéro-supérieure du n. principal est
prouvée en outre par plusieurs observations de pathologie humaine ; cependant, les opinions des auteurs ne sont pas encore sur ce point absolument
concordantes.

ARTICLE VII. — NERF OPTIQUE.

Les fibres nerveuses du nerf optique et de la rétine se développent aux
dépens d'une éminence de la paroi de la vésicule cérébrale primitive. Le nerf

de la II⁰ paire diffère ainsi des autres nerfs craniens : sa portion, en effet, qui par son mode de développement se prête le plus facilement à l'assimilation aux autres nerfs issus de l'encéphale est représentée uniquement par la rétine ; aussi, croyons-nous qu'un résumé rapide de la structure de cette membrane est le préliminaire naturel de l'étude du nerf optique et de son trajet central. L'exposé suivant, visant seulement la conduction nerveuse, laissera naturellement de côté un grand nombre de détails de structure et se basera uniquement sur les résultats obtenus grâce aux méthodes de Golgi et d'Ehrlich.

Architecture de la rétine. — La rétine est composée essentiellement d'éléments de réception qui sont mis en activité par l'excitation lumineuse et de cellules chargées de transmettre les modifications ainsi produites ; ces cellules sont disposées par couches stratifiées ; celles de la couche la plus éloignée de la surface de réception sont l'origine des fibres du nerf optique. Faisant abstraction de la couche des cellules pigmentaires et des deux membranes limitantes, nous avons à décrire sept couches d'éléments nerveux :

1° Couche des cônes et bâtonnets ;
2° Couche granuleuse externe ;
3° Couche réticulée externe ou moléculaire externe ;
4° Couche granuleuse interne ;
5° Couche réticulée interne ou moléculaire interne ;
6° Couche des cellules ganglionnaires ;
7° Couche des fibres du nerf optique.

Le squelette propre de la rétine est formé par les *fibres de Muller*, cellules épithéliales névrogliques étendues de la surface interne de la rétine aux cônes et bâtonnets et dans l'intervalle desquelles sont situées les fibres et cellules nerveuses.

Les noyaux des cellules appelées fibres de Muller se trouvent au niveau de la couche granuleuse : les prolongements plus ou moins effilés ou aplatis de leur protoplasma exoplastique s'élargissent à leurs extrémités et forment par leur accolement les deux *membranes limitantes* : l'une est située au devant de la couche des cônes et bâtonnets ; l'autre à la surface interne de la rétine. Les fibres radiales de Muller sont en réalité, *de par leur origine*, leur forme, leur disposition, leurs réactions histologiques, des éléments nerveux-névrogliques, complètement indépendants les uns des autres et n'ayant rien de commun avec les cellules nerveuses : leur rôle est celui de toute la névroglie : le soutien et peut-être l'isolement des éléments conducteurs de l'influx nerveux.

1° La *couche des cônes et bâtonnets* contient ces deux sortes d'éléments que l'on doit considérer comme faisant partie des cellules de la couche externe des grains qui est située au-dessous et avec laquelle ils forment en réalité une seule assise épithéliale.

2° La *couche granuleuse externe* contient les corps des cellules dont les prolongements forment les cônes ou les bâtonnets. Les premiers traversent la limitante externe qui est située entre cette couche et la précédente ; leurs noyaux, ovales, sont situés près de cette membrane ; en dedans de celle-ci ils se continuent sous forme d'une simple fibre et s'étendent en se ramifiant dans la couche réticulée externe. De leur extrémité et de leur surface basale partent en direction horizontale quelques fibrilles qui se terminent bientôt

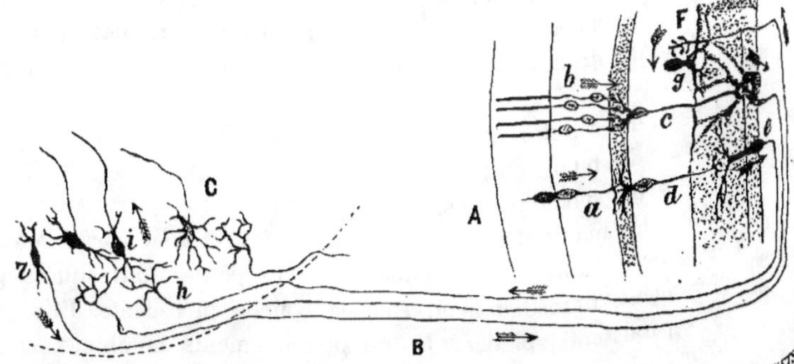

Fig. 187. — SCHÉMA DES VOIES OPTIQUES DEPUIS LES CÔNES ET BÂTONNETS JUSQU'AU CORPS GENOUILLÉ EXTERNE.

(D'après CAJAL.)

A, Rétine; B, nerf et bandelette optiques ; C, corps genouillé externe.
a, Cône et
b, Bâtonnets avec les cellules dont ils sont le prolongement.
c, Cellule bipolaire de bâtonnets.
d, Cellule bipolaire de cônes.
e, Cellule ganglionnaire.
F, Fibre centrifuge du n. optique.
g, Spongioblastes.
h, Terminaison libre d'une fibre venue d'une cellule ganglionnaire.
i, Cellule nerveuse recevant par ses dendrites les influx apportés par les fibres optiques.
r, Cellule nerveuse donnant naissance à une fibre centrifuge du n. optique.

en arborisations. Les cellules de bâtonnets ont aussi des noyaux ovales mais un peu plus petits, situés à distance de la limitante, à une profondeur variable dans l'épaisseur de la granuleuse externe. En dedans comme en dehors, elles s'amincissent en de fins prolongements : l'externe plus volumineux traverse la limitante, augmente brusquement de volume et devient un bâtonnet : l'interne se termine dans la couche voisine (c. réticulée externe) par un petit renflement conique, qui n'émet aucun prolongement, contrairement à l'opinion de quelques auteurs (CAJAL).

3° *Couche réticulée externe*. Elle est ainsi nommée de ce que les rameaux basaux des cônes y forment avec les dendrites des deux couches granuleuses voisines des entrelacs et des réseaux. On peut lui distinguer deux portions, l'une interne et l'autre externe : dans la première les extrémités renflées des prolongements internes des cellules visuelles de bâtonnets arrivent en contact avec les prolongements à ramification pennée des bipolaires de la couche suivante ; dans la seconde les prolongements et ramifications terminales des cellules de cônes forment plexus avec les arborisations horizontales des prolongements externes des bipolaires de cônes : c'est donc dans cette couche qu'ont lieu les premiers abouchements des éléments sensoriels (cellules des cônes et des bâtonnets) aux éléments nerveux (cellules bipolaires).

4° *Couche granuleuse interne*. Cajal y distingue trois assises superposées :

a) Assise des cellules horizontales ;

b) Assise des bipolaires ;

c) Assise des spongioblastes.

a) Chez les mammifères on peut classer les *cellules horizontales* en deux catégories, d'après leur volume : les plus petites sont situées plus superficiellement, immédiatement sous la couche précédente. Elles sont étoilées et paraissent aplaties. Leurs prolongements nombreux et fins forment un épais réseau au-dessous des ramifications du pied des cellules de cônes ; leur axône est également très fin : sa direction est horizontale, il émet quelques collatérales à terminaison libre et se résout finalement lui-même en ramifications terminales libres.

Les grandes cellules horizontales se distinguent des précédentes, d'abord par leurs dimensions et ensuite par leur situation plus profonde. Leurs axônes suivent également un trajet horizontal (Cajal) ; ils se terminent en arborisations variqueuses sans outrepasser les limites de la couche réticulée ; de plus, chaque rameau abandonne une courte collatérale qui devient variqueuse et se termine dans le plan des ramifications terminales en massue des cellules de bâtonnets. Les auteurs ne sont pas encore d'accord sur le trajet des axônes des cellules horizontales : d'après Dogiel, ils abandonnent brusquement leur direction horizontale, traversent les couches situées en dedans de leurs cellules d'origine et deviennent finalement des fibres du nerf optique.

b) Les *cellules bipolaires* sont fusiformes et disposées radiairement ; elles sont munies de deux prolongements, l'un externe et l'autre interne. Celui-ci se termine ordinairement dans la couche réticulée interne par des ramifications pennées ; l'externe au contraire se résout, souvent dès son origine, en plusieurs rameaux dont les ramifications forment dans la portion interne de la c. réticulée externe un épais réseau étendu à toute la rétine

(Tartuferi, A. Dogiel). Tous les rameaux des bipolaires se terminent librement, d'après Cajal, sans former réseau. Cet auteur distingue encore :

1° Les *bipolaires de bâtonnets*, dont le fin prolongement externe entre en contact par sa terminaison avec deux renflements terminaux des cellules de bâtonnets ;

2° Les *bipolaires de cônes*, à extrémité externe aplatie et ramifiée en éventail dans la région de la couche réticulée où se ramifient les prolongements basaux des cônes ;

3° Les bipolaires à prolongement externe très arborisé qui, comme celui des petites cellules horizontales, étend ses ramifications en éventail à tout un territoire de la rétine. En outre, d'après Cajal, le prolongement interne des cellules bipolaires de bâtonnets touche le corps des cellules de la couche ganglionnaire, tandis que celui des bipolaires de cônes se termine sous forme d'un buisson de fibrilles dans la couche réticulée interne.

c) *Spongioblastes*. — Ils sont situés dans la portion profonde de la couche réticulée interne. Ainsi que Golgi l'a montré le premier, ils ne possèdent pas d'axône : d'après Dogiel, toutefois, quelques-uns en seraient munis : quant à leurs dendrites, elles sont richement ramifiées et s'étendent horizontalement dans la couche réticulée interne : à chacun des cinq étages de cette couche correspondent des spongioblastes spéciaux qui y localisent leurs ramifications sans les étendre à un étage voisin. Ontre ces spongioblastes ordonnés en strates, il en est aussi dont les prolongements se ramifient à travers toute la couche réticulée interne ; mais la plus grande partie de leurs rameaux se condense toujours dans la portion la plus interne de cette couche. Dans chaque étage pénètrent encore les nombreuses ramifications des dendrites de la couche de cellules sous-jacente. En somme, d'après Cajal, chaque étage de la couche des grains se compose d'une portion externe qui reçoit des rameaux des spongioblastes, d'une assise interne où se ramifient les dendrites de la couche des cellules ganglionnaires et d'une strate moyenne où pénètrent les fibrilles en buisson du prolongement interne des cellules bipolaires.

5° *Couche réticulée interne*. — Nous connaissons déjà ses parties essentielles : c'est le lieu de rencontre des axônes des bipolaires, des ramifications des spongioblastes et de celles des cellules nerveuses de la couche ganglionnaire. Tous ces éléments se donnent rendez-vous dans des régions déterminées de cette couche. Les cinq étages que nous avons énumérés chez les mammifères ne sont pas absolument constants ; chez les oiseaux de petite taille et chez les reptiles on peut en compter jusqu'à sept (Cajal).

6° *Couche des cellules ganglionnaires*. — Ce sont des éléments de dimensions variables, dont le corps peut être pyramidal, semi-lunaire, ovale ou simplement arrondi : il émet par son côté interne un axône qui devient ensuite une fibre du nerf optique ; leurs dendrites, au contraire, se dirigent en dehors et vont se ramifier dans les différents étages de la couche réticulée. Ces cellules s'atrophient (MONAKOW) après section du nerf optique. D'après CAJAL, les dendrites de certaines cellules se ramifient dans un étage seulement, d'autres s'étendent à plusieurs assises, d'autres, enfin, s'épanouissent dans toute la hauteur de la couche réticulée.

7° *Couches des fibres du nerf optique.* — Cette couche est essentiellement constituée par les axônes venus de la précédente, mais elle comprend aussi des *fibres centrifuges* que les centres optiques primaires envoient à la rétine (CAJAL, MONAKOW).

Il nous est maintenant facile de nous représenter le trajet d'une excitation sensorielle lumineuse : l'excitation reçue par un bâtonnet passe par le corps de la cellule puis par son prolongement externe à terminaison en bouton et arrive ainsi, dans l'épaisseur de la zone plexiforme, à une cellule bipolaire. Celle-ci la transmet aux éléments de la couche ganglionnaire qui l'envoient, par leur axône, dans les centres encéphaliques où les ramifications des cylindraxes se mettent en contact avec les dendrites des cellules de ces centres. L'excitation reçue par un cône est transmise, dans la couche profonde de la zone plexiforme externe, à une cellule bipolaire. Elle arrive ainsi à la zone plexiforme interne ; de là les axônes des cellules ganglionnaires la conduisent finalement aux centres encéphaliques.

Nous ne saurions mieux terminer ce rapide exposé des voies de conduction rétiniennes qu'en rappelant les lois générales établies par CAJAL :

1° C'est toujours par leurs ramifications dendritiques que les cellules nerveuses de la rétine reçoivent l'excitation sensorielle ; celle-ci est ensuite conduite et transmise par les axônes et leurs ramifications. Les éléments de la rétine sont ainsi analogues à ceux du bulbe olfactif et de tous les nerfs sensoriels : nous trouvons dans tous ces cas des organes de réception (corps cellulaire et dendrites) et des organes de conduction et transmission (axône et ses ramifications terminales).

2° L'onde d'excitation parcourt dans la rétine, nou pas une série unique, mais un groupe entier de cellules unies entre elles. Plus le nombre des éléments qui prennent part à la conduction est considérable, plus l'excitation pénètre avec force dans les régions situées plus profondément. Ainsi, l'excitation qui a frappé un cône est reçue par plusieurs bipolaires grâce à leurs ramifications pénicillées. Comme, d'autre part, ces cellules conduisent à leur tour l'influx nerveux, par leurs ramifications terminales, dans les différents étages de la couche réticulée interne, on voit quel est le nombre de cellules — égal au moins à celui des bipolaires — qui prennent part à la conduction d'une excitation. Dans les centres optiques enfin, chaque fibre se met en rapport avec une série de cellules nerveuses. Dans la *fovea centralis*, les voies de conduction ont des limites plus étroites ; car chaque pied de cellule de cône ne se met en contact qu'avec les ramifications d'une seule bipolaire ; celle-ci, de même, avec une seule cellule ganglionnaire. L'extraordinaire finesse des cônes et des autres éléments de cette région de la rétine qui prennent part à la conduction nerveuse, explique suffisamment l'acuité particulière de sa sensibilité à la lumière.

3° Les cellules horizontales servent à réunir deux territoires (ou un plus grand nombre) plus ou moins éloignés : ce sont des éléments d'association pour les cellules des cônes et bâtonnets.

4° On peut considérer les spongioblastes de la rétine comme étrangers à tout processus nerveux. Leur fonction est difficile à déterminer. Privés d'axône, ils ne sont assimilables aux cellules nerveuses que par leurs dendrites; on peut en tout cas supposer qu'ils sont destinés à transmettre aux cellules nerveuses de la rétine les excitations venues des centres; ce sont les seuls éléments de la rétine autour desquels viennent s'arboriser les fibres centrifuges du nerf optique. Ils ne sont d'ailleurs pas des formations inconstantes; on les retrouve, en effet, chez tous les vertébrés, tant dans le territoire de la fovea centralis (reptiles, oiseaux) qu'à sa périphérie (mammifères); nombreuses sont, de plus, leurs variétés morphologiques. Les rétines épaisses et compliquées telles que celles des reptiles et des oiseaux sont toujours pourvues d'un système très compliqué de spongioblastes.

Chiasma et bandelette optiques. — Au sortir de la rétine le nerf optique se dirige en arrière et en dedans et se réunit à celui du côté opposé en constituant le *chiasma* (*fig. 188, ch*). De là, après un entre-croisement partiel, ses fibres forment la bandelette optique qui les conduit aux centres ganglionnaires de la voie optique où nous les retrouverons plus loin.

Mode d'entre-croisement des fibres optiques dans le chiasma. — Chez l'homme et les mammifères supérieurs (singe, chien, chat, lapin) l'entre-croisement ne porte pas sur la totalité des fibres de chaque nerf. Il est complet, au contraire, chez les oiseaux et les poissons.

La réalité de l'entre-croisement incomplet ne peut faire aucun doute. Elle est prouvée, en effet, non

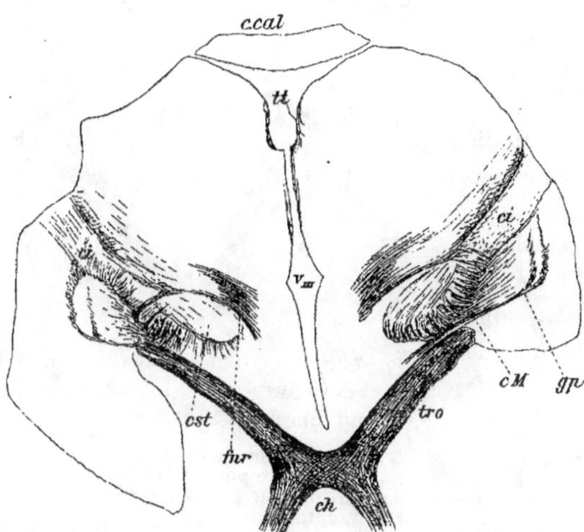

Fig. 188. — COUPE DU DIENCÉPHALE FAITE
PARALLÈLEMENT AUX NERFS ET TRACTUS OPTIQUES.

(Enfant de 3 mois. Méthode de Pal.)
c. cal, Corps calleux.
ch, Chiasma des nerfs optiques.
ci, Capsule interne.
cM, Commissure de Meynert.
cst, Corps sous-thalamique.
fnr, Fibres venues du noyau rouge, en continuation des
        fibres apportées par le pédoncule cérébelleux supérieur
        et allant au globus pallidus et au thalamus.
gp, Globus pallidus.
tro, Tractus ou bandelette optique.
tt, Tænia thalami.
VIII, Troisième ventricule.

seulement par l'anatomie, mais aussi par la clinique et l'expérimentation : celle-ci me paraît même fournir les preuves les plus convaincantes. Ainsi, après une section longitudinale complète du chiasma, faite chez le chien, je n'ai pas observé de cécité mais seulement une double hémianopsie temporale. D'un autre côté, la section transversale d'une bandelette, une lésion d'un corps genouillé externe, du bras antérieur des tubercules quadrijumeaux ou du quadrijumeau antérieur ont toujours déterminé l'hémianopsie homonyme des deux yeux mais non pas la cécité unilatérale. Par la méthode des atrophies expérimentales (énucléation d'un œil), on arrive à des résultats qui ne sont pas moins convaincants *(fig. 189)*. Non moins nombreux sont les arguments fournis par l'observation clinique : cas d'atrophie des deux bandelettes après énucléation d'un œil ou exophtalmie unilatérale congénitale, hémianopsies homonymes dues aux lésions de la bandelette.

On ne peut donc, malgré les objections de MICHEL, revenir à la doctrine de l'entre-croisement complet. KOELLIKER pourtant l'a récemment soutenue de nouveau, mais en ne se basant que sur l'histologie : après la publication de son mémoire, la question fut étudiée encore une fois dans mon laboratoire par TELJATNIK, au moyen des atrophies expérimentales et du procédé de Marchi : le résultat ne laissa aucun doute ; après l'énucléation d'un seul œil, les deux bandelettes contenaient des fibres dégénérées.

L'entre-croisement est donc partiel : mais la clinique ne saurait se contenter de cette donnée : elle veut encore savoir quel est *le rapport numérique des fibres croisées aux fibres directes;* malheureusement les opinions sont à ce sujet très divergentes.

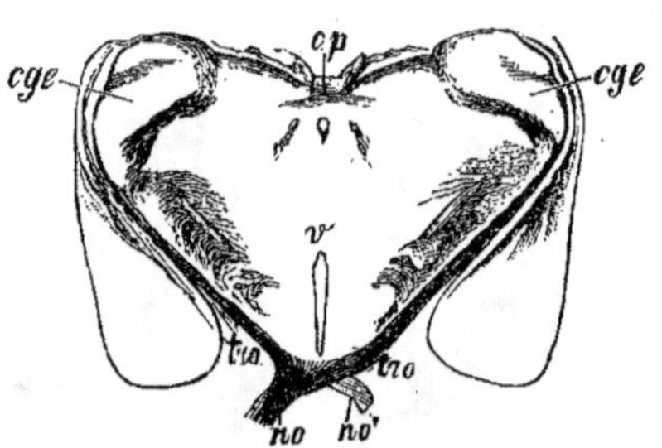

Fig. 189. — COUPE DU DIENCÉPHALE D'UN LAPIN AYANT SUBI L'ÉNUCLÉATION DE L'ŒIL DROIT.

cge, Corps genouillé externe.
cp, Commissure postérieure.
no, Nerf optique gauche, sain.
no', N. optique droit, atrophié.
tro, Bandelettes optiques, atrophiées légèrement à droite et fortement à gauche.
v', Cavité du troisième ventricule.

D'après GUDDEN, chez le lapin, le faisceau direct est le plus externe, au niveau du chiasma ; chez le chien et le chat il est au contraire situé en dedans. De plus, dans la bandelette, le f. direct est situé en dehors chez ces trois espèces. PICK produisit chez le lapin des lésions circonscrites de la rétine ; il constata au Marchi de la dégénération ascendante des voies optiques, disposée de telle sorte que les fibres externes du nerf optique et les fibres internes de la bandelette du côté opposé correspondaient à la moitié temporale de la rétine ; les fibres de la moitié interne du nerf optique se retrouvaient dans la portion externe de la bandelette ; les territoires dorsaux (supérieurs) de la rétine semblaient correspondre aux faisceaux dorsaux du nerf et de la bandelette. Le croisement des fibres au chiasma est donc horizontal et non pas vertical : il porte d'abord sur les fibres internes puis sur les fibres externes.

GANSER observa chez le chat nouveau-né, après énucléation d'un œil et section du tractus correspondant, l'atrophie du nerf optique opposé, dont seul le faisceau direct était épargné. Il conclut de ces expériences que le faisceau direct, contrairement à l'opinion de GUDDEN, occupe le côté externe dans la bandelette, le chiasma et le nerf optique, puis se perd dans le segment temporal de la rétine. Entre les deux faisceaux, croisé et direct, il y a une zone de transition où les deux catégories de fibres se confondent entre elles.

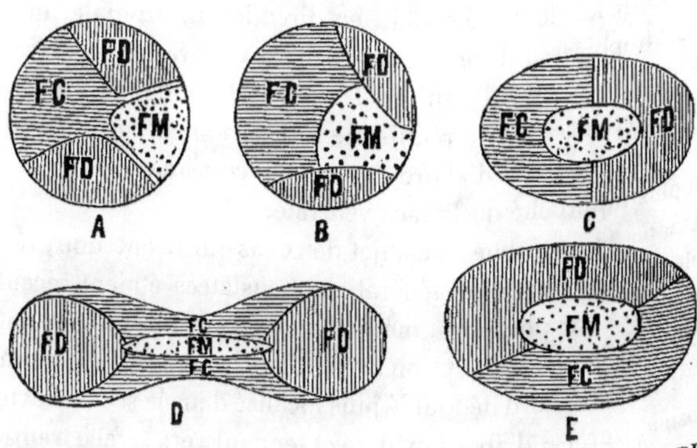

Fig. 190.— SCHÉMA INDIQUANT LA POSITION RELATIVE DES FAISCEAUX DIRECT (FD) CROISÉ (FC) ET MACULAIRE (FM) DANS LE NERF OPTIQUE, LE CHIASMA ET LA BANDELETTE.

(D'après VIALET).
A, N. optique gauche immédiatement à sa sortie du globe de l'œil.
B, Le même pendant son trajet orbitaire et
C, Au niveau du trou optique.
D. Chiasma.
E, Bandelette optique gauche.

GANSER décrit en outre le cas d'un épileptique à l'autopsie duquel on constata que le faisceau direct du côté droit était séparé et complètement libre sur une grande étendue : il quittait le nerf optique dans le voisinage immédiat du globe de l'œil, se coudait au niveau de l'angle latéral du chiasma, puis se plaçait, sous forme d'un cordon, à la face ventrale du tractus avec lequel il se confondait de nouveau peu avant sa pénétration dans le corps genouillé externe.

V. MONAKOW examina quatre cas de dégénération descendante des tractus, consécutive à une lésion du lobe occipital (chez l'homme). Il conclut que le faisceau direct, dans le nerf comme dans la bandelette, occupe surtout la région dorso-latérale et forme, sur tout son parcours, un faisceau bien délimité ; le f. croisé passe de l'autre côté dans la portion antérieure du chiasma ; après son entre-croisement il en occupe la région ventro-latérale.

Jatzow décrivit un cas intéressant d'énucléation de l'œil droit pour un sarcome ; le malade présentait de l'hémianopsie du segment ventro-latéral du champ visuel ; c'est donc la moitié interne de la rétine dont la fonction était annihilée. L'examen anatomique permit de voir que la tumeur ne s'était pas limitée à l'œil ni au nerf optique droits, mais avait atteint aussi la moitié du chiasma et la bandelette droites. Sur les coupes transversales du nerf optique gauche, immédiatement en arrière du bulbe oculaire, les fibres saines formaient deux faisceaux dans les région dorso-latérale et ventrale du tronc nerveux. Entre les deux s'étendait, en direction horizontale, un petit faisceau de fibres atrophiées qui se réunissaient aux fibres atrophiées de la moitié interne du nerf. Au niveau de la pénétration de l'artère centrale de la rétine les deux faisceaux se réunissaient et formaient un cordon situé sur le côté externe du nerf d'abord, puis du chiasma où il était cependant un peu plus rapproché de la face ventrale.

[Dimmer (1) a publié à ce sujet deux cas qui tirent une grande partie de leur intérêt de ce que les dégénérations constatées étaient récentes et ont pu être examinées par plusieurs méthodes différentes ; ces cas confirment, sauf quelques détails, la description généralement acceptée comme moyenne (f. latéral direct d'abord dédoublé puis localisé dans le secteur externe du nerf ; au chiasma, f. croisé d'abord médian et tendant vers la face ventrale puis mêlé aux fibres de la commissure de Gudden et se portant ensuite vers la face dorsale en s'éloignant de la ligne médiane ; dans la bandelette, f. croisé surtout ventro-interne ; fibres de la commissure occupant la portion dorsale, mélangées aux autres ; — atrophie du corps genouillé externe et du bras des quadrijumeaux antérieurs). Dans une des deux observations le champ visuel était très rétréci : les fibres occupant le centre du nerf optique étaient pourtant les plus atteintes, ce qui semble prouver que les fibres qui servent à la perception des parties périphériques du champ visuel se disposent au centre du tronc nerveux.]

Les observations de Schmidt-Rimpler, Delbrueck, Siemerling, Hebold, Williamsen, Henschen, etc., aboutirent à des conclusions différentes les unes des autres au sujet de la position respective des faisceaux croisé et direct, à différents niveaux ; ces divergences sont dues aux variations individuelles et au déplacement des fibres saines par l'atrophie des fibres voisines. On peut toutefois dire qu'en général, chez l'homme et les mammifères supérieurs, les fibres directes sont, dans le nerf optique, situées en dehors et en haut,

(1) [Von Graefe's Arch. f. Ophthal., 1899, vol. XLVIII. Résumé in Presse médicale, 1900, n° 19].

les fibres croisées en dedans et en bas. En avant du point de pénétration
de l'artère centrale, les fibres directes se divisent en deux faisceaux : l'un supéro-externe ou dorso-latéral, l'autre inféro-externe ou ventro-latéral. Dans le
chiasma les fibres directes
sont situées en dehors, les
fibres croisées en dedans,
et elles commencent déjà
à se mêler entre elles. Elles
s'entremêlent encore en
passant dans la ban-
delette, mais les fibres
croisées sont toujours
plus nombreuses à la
face inférieure du tractus.

Chez l'homme éga-
lement les fibres croi-
sées sont ordinairement
de beaucoup prédomi-
nantes (1).

Faisceau maculaire.
— On sait d'une façon
certaine que les fibres de
la moitié externe ou tem-
porale de la rétine sont
localisées dans la por-
tion externe du nerf, du
chiasma et de la bande-
lette et qu'elles restent
directes; qu'inversement
celles de la moitié nasale
se croisent au chiasma et

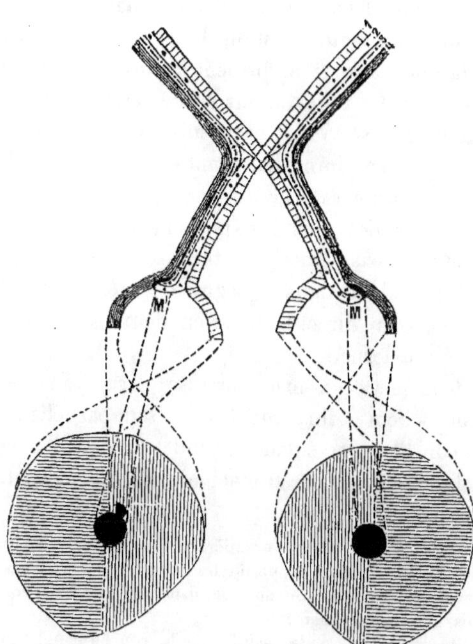

Fig. 191. — POSITION RELATIVE DES DEUX
FAISCEAUX MACULAIRES, DIRECT ET CROISÉ, DANS
LE CHIASMA.

(D'après VIALET.)

1 et *4*, Faisceaux rétiniens, croisé et direct.
2 et *3*, Faiscaux maculaires, croisé et direct.
M, Macula.

gagnent ainsi la bandelette du côté opposé. On sait aussi que l'angle postérieur
du chiasma est occupé par les fibres de la *commissure de Gudden* qui passent
d'un tractus optique à l'autre et que nous étudierons plus loin (*fig. 192*).

(1) Dans un important travail sur *le trajet des nerfs optiques*, Moscou 1895, basé sur
l'expérimentation et des recherches et observations cliniques, PRIBYTKOW arrive aux conclusions suivantes : Chez l'homme et les mammifères supérieurs (chien, chat), on retrouve les
mêmes rapports topographiques entre les fibres croisées et directes; celles-ci supéro-externes
ou dorso-latérales; celles-là inféro-internes ou ventro-médiales. Les fibres directes se
divisent dans le segment antérieur du nerf optique en deux faisceaux assez distincts plus
dorso-latéral et ventro-latéral. Ni chez l'homme, ni chez les espèces animales citées plus
haut les fibres directes ou croisées ne forment dans le chiasma de faisceau séparé : le mélange

p. 299, *cg*; *fig. 194*, p. 3o2, *cg*) et qu'enfin les fibres commissurales allant d'une rétine à l'autre et localisées par quelques auteurs au niveau de l'angle antérieur du chiasma, doivent être absolument rejetées.

Mais on ne connaît pas encore dans tous ses détails, malgré les nombreux travaux parus récemment sur cette question, le trajet des fibres qui naissent, dans la rétine, de la macula lutea et forment le *faisceau maculaire* (*fig. 190, FM*; *fig. 191*). D'après les observations de Samelshon, Vossius, Nettelchips, Uhthoff et Thomsen il suivrait le trajet suivant : sur des coupes transversales du nerf optique, passant immédiatement en arrière du globe de l'œil, on le voit occuper la partie externe du nerf (*fig. 190, A*) sous forme d'un coin à base périphérique ; puis il s'approche progressivement du centre qu'il occupe à peu près exactement ou bien se place un peu en dehors. C'est lui qui, en s'intercalant, dans le segment antérieur du nerf optique, entre les fibres du faisceau direct le divise en deux portions, une supéro-externe et l'autre inféro-externe.

Dans le chiasma les deux faisceaux maculaires se placent au centre (*fig. 190 et 191*) puis se rapprochent et finalement se croisent partiellement, chaque faisceau mixte ainsi constitué passe dans la bandelette dont il occupe le centre. Vossius cependant décrit un faisceau maculaire direct, central, et un faisceau croisé, situé à la partie inférieure.

Nous ne saurions mieux résumer l'étude de cette première portion des voies optiques, si importante pour le diagnostic clinique, qu'en rappelant les résultats des importantes recherches de Henschen. Cet auteur considère la voie optique, dans son ensemble, comme composée de deux segments unis fonctionnellement.

1° La voie antérieure constituée par les grandes cellules de la couche ganglionnaire de la rétine et par les fibres qui en naissent, forme successivement le nerf optique, le chiasma et la bandelette et se ramifie finalement dans les ganglions du cerveau intermédiaire et du cerveau moyen (c'est-à-dire dans la couche optique, d'une part, et les tubercules quadrijumeaux, d'autre part).

2° La voie postérieure représentée par les cellules de ces ganglions et leurs axônes ; ceux-ci se dirigent vers le lobe occipital en formant un faisceau bien individualisé et se terminent enfin dans le voisinage de la scissure calcarine. Pendant tout ce trajet, les différents faisceaux occupent les positions suivantes (*fig. 191*) :

1° Le *f. maculaire* correspondant à la portion latéro-ventrale de la rétine s'approche progressivement du centre qu'il occupe dans le chiasma et la bandelette. Mais auparavant il s'est partagé entre les deux bandelettes, ce qui explique la conservation de la portion centrale du champ visuel dans l'hémianopsie.

2° Le *f. direct* est, dans la rétine, divisé par l'intercalement du f. maculaire en deux portions (supérieure et inférieure) qui, dans le nerf optique, se réunissent de nouveau en un seul faisceau, le f. latéral.

des différents systèmes commence à se faire dès la partie antérieure du chiasma ; pourtant, ici comme dans le tractus, les fibres croisées se condensent vers la face inférieure ou ventrale. Cette absence de limites précises entre les différents systèmes, jointe aux variations individuelles, explique les divergences des auteurs : ajoutons encore à cela l'âge des sujets examinés, l'ancienneté de l'atrophie, sa cause enfin : d'un côté l'énucléation ou la phtisie de l'œil, qui amènent une atrophie secondaire ascendante, de l'autre, le tabes, la paralysie générale, l'alcoolisme.

3° Le f. croisé correspond à la portion supéro-interne de la rétine et conserve la même situation dans le nerf et le chiasma. Là il se clive et se partage en une série de lamelles horizontales disposées radiairement et entre lesquelles s'interposent les fibres directes. En même temps une partie de celles-ci gagne le bord externe du chiasma, sa masse principale se mélangeant avec les fibres croisées et restant un peu plus en dedans.

Dans la bandelette, le f. croisé, de dorso-interne qu'il était d'abord, devient ventro-interne. Le f. direct subit aussi une légère modification : nous avons vu que, dans la rétine, il est situé en bas et en dehors : dans le tractus il devient supéro-externe ou dorso-latéral. Malgré ces modifications de détail on peut dire que les deux faisceaux gardent leur même position respective dans la rétine et les voies optiques : les éléments de la moitié dorsale de la surface de réception conservent cette situation le long des voies de transmission.

Ce n'est que jusqu'à leur entrée dans le *corps genouillé externe* que tous ces faisceaux sont relativement faciles à distinguer. A partir de ce point, certaines de leurs fibres constituent la capsule du c. genouillé, d'autres pénètrent dans sa profondeur et prennent une part importante à la formation des lames médullaires. Chez l'homme il apparaît comme le ganglion optique le plus important, quoique le thalamus et la paire antérieure des tubercules quadrijumeaux reçoivent aussi des fibres optiques.

La description de Henschen explique suffisamment les différents troubles pathologiques des fonctions nerveuses de la vision : l'hémianopsie bitemporale peut être causée par les affections qui intéressent la région moyenne du chiasma ; l'hémianopsie horizontale par celle de ses faces supérieure ou inférieure ; l'hémianopsie nasale par une lésion du f. direct.

Centres ganglionnaires du nerf optique. — Au delà du chiasma chaque bandelette se dirige, en cheminant sous la substance grise de la base de l'encéphale vers la face externe des pédoncules cérébraux qu'elle contourne et arrive ainsi aux corps genouillés dans lesquels elle se termine après s'être divisée en deux portions dites racine externe et racine interne. C'est dans la première que passent les fibres du nerf optique, pour se rendre au c. genouillé externe : l'autre est formé en majeure partie par les fibres de la commissure de Gudden qui vont au c. genouillé interne. Nous les étudierons plus loin.

La racine externe ne se termine qu'en partie dans le corps genouillé externe : un certain nombre de ses fibres passe en dedans de celui-ci et se rend : 1° à la partie postérieure du thalamus et à son stratum zonal (ceci est contredit par quelques auteurs) ; 2° au quadrijumeau antérieur, dont elles forment la *couche myélinique superficielle* (*fig. 193*, p. 300, *ftro*), par le bras conjonctif antérieur : elles se terminent surtout dans ses deux tiers antérieurs.

a) *Dans le c. genouillé externe*, Cajal divise les fibres de la bandelette en superficielles et profondes : les premières, disposées en une couche très mince, envoient des collatérales aux cellules sous-jacentes et se résolvent finalement en un buisson d'arborisations très fournies dont chacune entre en rapport avec plusieurs cellules. Les fibres profondes, également richement ramifiées, se terminent en partie, non pas dans le c. genouillé externe, mais dans la substance grise située sous le stratum zonal, en formant comme les premières d'épais buissons d'arborisations. Le corps genouillé n'est donc pas simplement intercalé, comme le pensent quelques auteurs, sur le trajet des voies optiques : il constitue, comme le tubercule quadrijumeau antérieur, un véritable lieu de terminaison.

b) Le mode de terminaison des fibres de la bandelette *dans le quadrijumeau antérieur* a été dernièrement l'objet d'un grand nombre de travaux.

TARTUFERI divise tous les éléments du tractus en *fibres visuelles* et *fibres optiques* ou *oculaires* : les premières doivent dégénérer et disparaître après l'énucléation ; les secondes par contre ne doivent que diminuer de nombre; celles-là, d'autre part, se croisent totalement au chiasma et passent dans le tractus de l'autre côté ; arrivées dans le tubercule antérieur, elles forment la couche myélinique superficielle de GANSER et se terminent dans la cappa cinerea : les fibres oculaires correspondent à la partie supérieure ou postérieure du chiasma ; elles forment ensuite la partie dorsale du tractus, puis, dans le tubercule, la couche myélinique moyenne de GANSER.

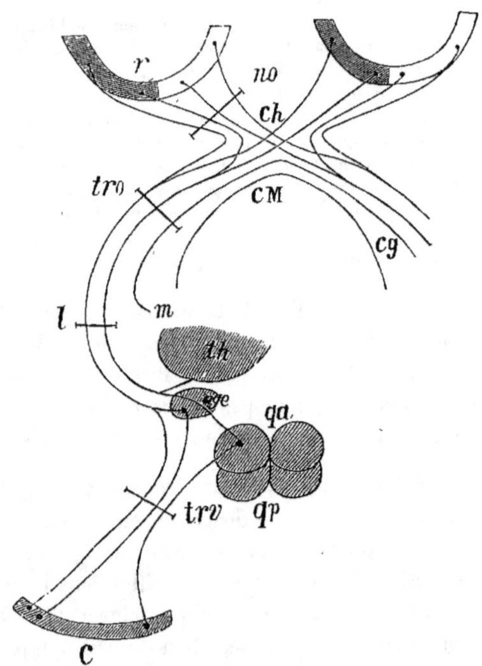

Fig. 192. — SCHÉMA DES FIBRES DU NERF OPTIQUE ET DE LEUR TERMINAISON DANS L'ENCÉPHALE.

c, Écorce du lobe occipital.
ch, Chiasma.
cg, Commissure de Gudden.
cM, Commissure de Meynert.
l, Racine externe de la bandelette et
m, Sa racine interne.
nge, Corps genouillé externe.
no, Nerf optique.
qa, qp, Quadrijumeaux antérieurs et postérieurs.
r, Rétine.
th, Thalamus.
tro, Bandelette ou tractus optique.
tro, Radiations optiques de Gratiolet.

D'après Ganser, la troisième couche ou c. myélinique externe du quadrijumeau antérieur s'atrophie après section du nerf : elle est donc en rapport direct avec le tractus ; la cinquième couche ou couche myélinique moyenne proviendrait de la capsule interne, c'est-à-dire du lobe occipital, et, d'après Tartuferi, de la commissure postérieure : Ganser, reconnaît du reste, qu'il existe certaines connexions entre la commissure et la couche moyenne du quadrijumeau.

Monakow distingue, d'une façon générale, deux systèmes de fibres dans le nerf optique : 1° f. fines provenant du tubercule antérieur : les cellules de sa substance grise superficielle, ou cappa cinerea, s'atrophient après l'énucléation ; 2° f. grosses provenant des grandes multipolaires de la rétine. Les fibres oculaires de Tartuferi ne sont que partiellement en rapport direct avec le nerf optique. Les fibres visuelles du tractus cheminent dans le bras antérieur des quadrijumeaux, ainsi que je l'ai montré expérimentalement, il y a déjà plusieurs années.

Le stratum zonal du quadrijumeau antérieur ne subit aucune modification du fait de l'énucléation : il n'est donc pas en relation de continuité avec la rétine ; la dégénération est par contre évidente au niveau de la couche myélinique superficielle (Pribytkow).

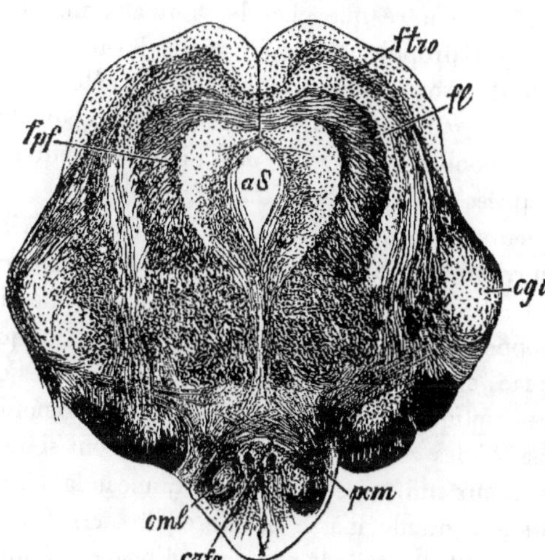

Fig. 193. — COUPE DES QUADRIJUMEAUX ANTÉRIEURS.

(Lapin. Méthode de Weigert.)

aS, Aqueduc de Sylvius.
cgi, Corps genouillé interne.
cml, Corps mamillaire.
crfr, Entre-croisement des fibres qui viennent des corps mamillaires.
fl, Fibres du ruban, dans le quadrijumeau antérieur.
fpf, Substance blanche profonde du quad. ant.
ftro, Fibres optiques du quad. ant.
pcm, Pédoncule du corps mamillaire.

Chez le lapin et le cobaye on peut, sur des préparations au Weigert, suivre directement les terminaisons des fibres du nerf optique : elles pénètrent surtout dans les deux tiers antérieurs de l'éminence quadrijumelle et vont s'épanouir près de la périphérie de sa moitié externe, tandis que les couches superficielles de la moitié interne sont le lieu d'origine des fibres qui vont à l'écorce cérébrale : celles-ci ne doivent pas être confondues avec d'autres fibres qui naissent dans la couche myélinique moyenne et se rendent, à travers la capsule interne, à l'écorce de l'hémisphère : ces dernières font essentiellement partie de la commissure postérieure et, comme telles, représentent un système particulier.

c) D'après Bernheimer, les fibres du tractus qui se terminent *dans le thalamus* se divisent en deux faisceaux : l'un est profond et provient des cellules de la s. grise du thalamus : il comprend des fibres longues et courtes ; l'autre est superficiel et provient des cellules du stratum zonal.

Les voies optiques d'après l'anatomie comparée. — Les travaux de Gudden, Ganser, Monakow, ont montré que chez les animaux inférieurs l'énucléation d'un œil entraîne l'atrophie du nerf optique lui-même, des deux bandelettes, mais surtout, avons-nous vu, de celle du côté opposé (*fig.* 189, p. 293) et, parmi les ganglions de la base, des deux quadrijumeaux antérieurs, du c. genouillé externe et des fibres du pulvinar (celles-ci ne sont bien développées que chez les primates).

Chez les vertébrés inférieurs, la racine externe de la bandelette provient surtout du tubercule antérieur, tandis que les autres noyaux d'origine sont en état de régression. Dans l'échelle zoologique, du reste, plus les hémisphères cérébraux sont développés, moindre est le nombre des fibres optiques qui proviennent du tuber. quad. antérieur, plus est grand celui des fibres qui viennent des autres centres optiques, en particulier du corps genouillé externe. Chez l'homme, ainsi, où les centres optiques corticaux sont si puissamment développés, les faisceaux qui naissent du quadrijumeau antérieur sont particulièrement réduits : la grande masse des fibres du nerf optique est en rapport avec le corps genouillé latéral. On peut, avec Edinger, résumer ainsi ces relations et leurs variations ; chez les animaux dont la vision est assurée exclusivement ou à peu près par les centres optiques inférieurs, la branche quadrijumelle du nerf optique est la plus développée ; mais, à mesure que les centres corticaux se développent, les centres de relation de terminaison qui sont en rapport étroit avec l'écorce, pulvinar, c. genouillé externe, acquièrent plus d'importance et la portion quadrijumelle du nerf optique voit la sienne diminuer d'autant.

L'étude anatomique comparative des espèces animales à vision rudimentaire peut fournir des données intéressantes sur le trajet des voies optiques ; chez la taupe, par exemple, mes recherches ont démontré que la bandelette existe, mais à l'état rudimentaire ; le corps genouillé antérieur ou externe manque totalement, tandis que l'autre est au contraire extraordinairement développé. A l'opposé du quadrijumeau postérieur, le quadrijumeau antérieur est rudimentaire ; la couche des fibres optiques s'y montre ou complètement absente ou très réduite ; la commissure de Meynert existe, mais

peu développée ; le tractus pédonculaire transverse manque complètement,
ainsi que son noyau conique terminal ; la couche profonde du tubercule
antérieur, le croisement fontaniforme, le f. rétroflexe de Meynert (voir plus
loin) sont nettement apparents. On distingue aussi assez facilement les fibres
qui vont du ganglion de l'habénula à la glande pinéale et de celle-ci à la commissure postérieure : il en est de même pour la portion ventrale de cette
dernière et pour son noyau, tandis que la bandelette longitudinale postérieure qui se termine dans les noyaux du M. O. C. est très réduite dans son
développement. Ce nerf cranien et ses noyaux sont d'ailleurs absolument
rudimentaires. On ne peut déceler aucune fibre allant de la bandelette optique
à la substance grise centrale.

Commissures de Gudden et de Meynert ; tractus pédonculaire transverse.

**Commissures de Gudden et de Meynert ; tractus pédonculaire
transverse.** — Une portion assez considérable de la partie dorsale de la
bandelette optique est constituée par les fibres de la *commissure de Gudden* qui
forment la presque totalité de la racine
interne. D'autre part, sa portion dorso-
interne. latérale contient, d'après HENSCHEN, les
fibres pupillaires (voir plus loin).

Comme la racine externe, la racine
interne de la bandelette ne se termine
qu'en partie dans le corps genouillé correspondant (c. interne) ; un certain nombre de ses fibres passe sans s'interrompre
dans le bras conjonctif postérieur, lequel
les conduit au quadrijumeau distal :
d'après certains auteurs elles se rendent
au noyau lenticulaire.

On sait, grâce à la méthode et aux
travaux de GUDDEN, que les fibres commissurales qui portent le nom de cet auteur
ne dégénèrent pas lors de l'énucléation
des deux globes oculaires, mais leur rôle

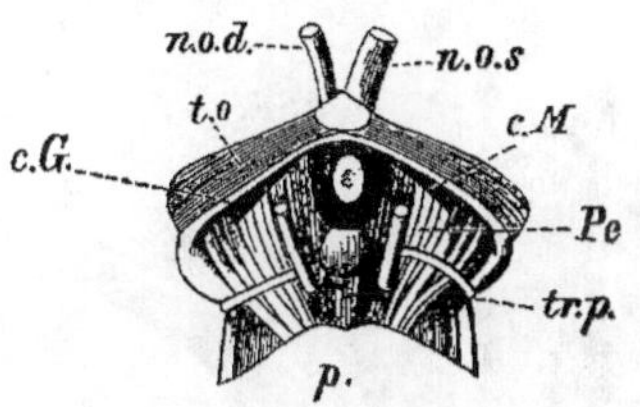

Fig. 194. — BASE DU CERVEAU
INTERMÉDIAIRE ET DU CERVEAU
MOYEN D'UN LAPIN AYANT SUBI
L'ÉNUCLÉATION DE L'ŒIL DROIT.

(D'après GUDDEN. — 2/1.)

cG, Commissure inférieure de Gudden.
cM, Commissure de Meynert pénétrant
　　dans le pédoncule.
nod, Nerf optique droit, atrophié.
nos, Nerf optique gauche.
p, Protubérance.
Pe, Pédoncule cérébral.
to, Bandelette optique.
trp, Tractus pédonculaire transverse.

est loin d'être déterminé ; l'opinion la plus vraisemblable me semble être
celle qui les considère comme une anastomose réunissant le corps genouillé
interne d'un côté au noyau lenticulaire de l'autre, mais de nouvelles
recherches sont encore nécessaires, en particulier avec usage du procédé
de Marchi.

GUDDEN put encore suivre, au moyen de la méthode des atrophies, un
faisceau qu'il décrivit sous le nom de *racine corticale directe du tractus,*

indiquant par ce nom le trajet qu'il lui supposait. Cette racine n'a en réalité rien de commun avec le nerf optique ni la rétine. Elle chemine, cachée profondément, dans le segment postérieur de la bandelette. On peut la mettre en évidence à l'état isolé par la méthode des atrophies expérimentales ; on la voit alors contourner la face externe du pédoncule puis le corps genouillé interne, s'approcher du corps genouillé externe et, suivant la direction de la bandelette, gagner le quadrijumeau antérieur. Après en être sortie elle s'enfonce, d'après la description de Monakow qui la nomme la *tige du quadrijumeau antérieur*, dans l'espace compris entre le corps genouillé et le noyau postérieur du thalamus, s'incurve autour du corps genouillé latéral, se rend ensuite dans le segment interne du pied du pédoncule et pénètre enfin dans le bras postérieur de la capsule interne. Il n'existe pas, contrairement à l'opinion de certains auteurs (Forel, Obersteiner, Wernicke, etc.), de fibres optiques qui se rendent directement dans les hémisphères cérébraux.

Gudden décrivit enfin sous le nom de *tractus pédonculaire transverse* un faisceau qui, parallèlement à la bandelette, contourne de dehors en dedans le pédoncule cérébral et pénètre dans l'épaisseur de celui-ci pour s'y terminer dans un petit noyau conique (*fig. 143*, p. 219, *ntrp* et *fig. 194*). Il unit directement le nerf optique et la rétine à la formation réticulée du tronc cérébral (1) : il dégénère en effet toujours après l'énucléation de l'œil, ainsi que Gudden l'a montré le premier. L'opinion de Perlia, d'après laquelle il monterait, dans l'épaisseur du pédoncule, jusqu'au niveau du noyau du moteur oculaire commun, est manifestement erronée.

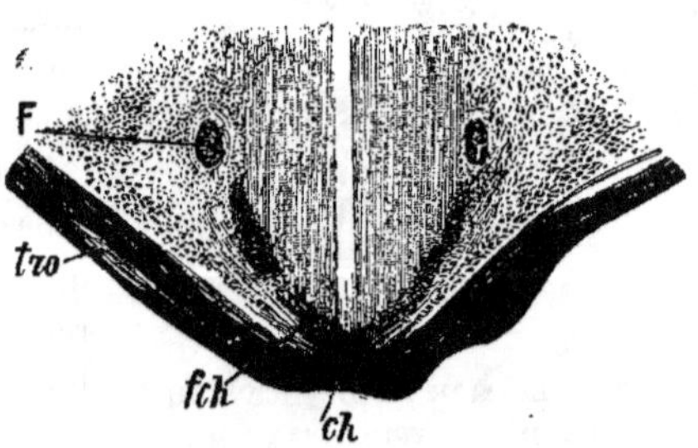

Fig. 195. — COUPE DE LA RÉGION DU IIIᵉ VENTRICULE PASSANT PAR LES BANDELETTES OPTIQUES ET LE CHIASMA.

(Lapin.)
ch, Chiasma.
F, Fornix.
fch, Fibres allant du chiasma à la s. grise du IIIᵉ ventricule.
tro, Bandelette optique.

Le *ganglion optique basal* décrit par Meynert dans la substance grise

(1) Edinger découvrit chez les amphibiens, les reptiles et les poissons une racine particulière du nerf optique se rendant, à la base du cerveau, à un ganglion analogue au corps mamillaire. Ce dernier est, de son côté, uni au ganglion de l'habénula, origine du nerf optique de l'œil pariétal des reptiles.

de la base, en arrière et au-dessus du chiasma ne s'atrophie jamais après l'énucléation, même après l'énucléation double (GUDDEN); il ne peut donc avoir aucune relation avec l'organe de la vision; le même expérimentateur ne put pas davantage, après énucléation unilatérale, constater des signes d'atrophie dans le nerf optique de l'œil respecté, ce qui infirme encore (v. plus haut) l'existence d'une commissure arquée antérieure.

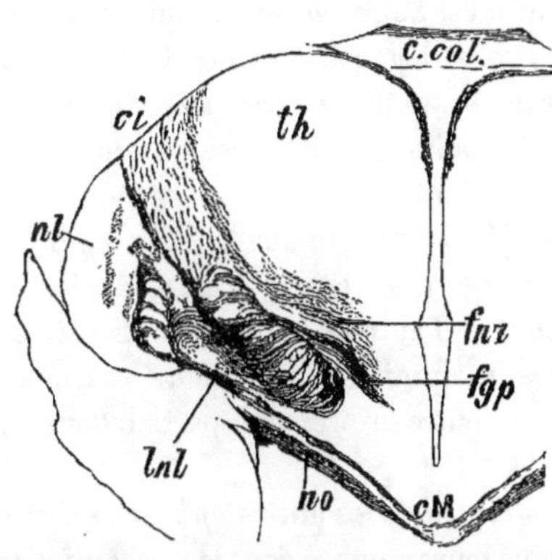

Fig. 196. — PORTION D'UNE COUPE VERTICALE DU DIEACÉPHALE, PASSANT PAR LE CHIASMA.

(Enfant de 2 à 3 mois.)

c. col, Corps calleux.
ci. Capsule interne.
cM, Commissure de Meynert se rendant dans l'anse du noyau lenticulaire.
fgp, Faisceau allant du noyau rouge au globus pallidus.
fnr, Faisceau allant du n. rouge à la couche optique.
lnl, Anse du noyau lenticulaire.
nl, Noyau lenticulaire.
no, Nerf optique.
th, Thalamus.

La commissure dite de Meynert (*fig. 196, cM*) n'est que sur un court trajet unie au nerf optique : elle n'a en réalité aucun rapport ni avec celui-ci ni avec les noyaux optiques. Elle n'est que la continuation des fibres du ruban de Reil qui vont du corps sous-thalamique d'un côté au noyau lenticulaire (globus pallidus) de l'autre.

STILLING a décrit autrefois dans la bandelette optique une racine descendant jusqu'au bulbe: son existence n'a jamais pu être confirmée chez l'homme ni chez les animaux supérieurs. ANGE-LUCCI a montré récemment que cette soi-disant racine n'était que du tissu conjonctif.

PERLIA (1) ayant pratiqué chez des oiseaux (poulet, moineau) l'énucléation de l'œil, nota l'atrophie d'un faisceau assez volumineux qu'il put suivre à travers tout le cerveau moyen jusqu'au bulbe où ses fibres se terminaient dans un noyau situé en dehors du trochléaire.

Fibres pupillaires. — On connaît d'une façon générale quels sont parmi les ganglions de la base, ceux qui servent de centre aux réflexes pupillaires: mais le trajet des fibres qui leur apportent les diverses excitations lumineuses ou bien leur servent de voies centrifuges ne nous est pas encore connu dans tous ses détails.

(1) *Fortschritte der Med.*, VII, 1889.

DARKSCHEWITCH décrivit, il y a quelques années, un faisceau qui abandonne la bandelette optique par sa face interne, passe devant le genouillé externe, gagne le ganglion de l'habénula, de là, traverse le thalamus, le *pedunculus conarii*, arrive à la base de la glande pinéale puis se poursuit dans la portion ventrale de la commissure postérieure dont les fibres, avons-nous vu, sont en connexion avec un noyau appelé à tort par cet auteur *noyau supérieur de l'oculo-moteur*, et qui n'est autre, en réalité que le *noyau de la commissure postérieure* dont nous avons déjà parlé. Chez le lapin les lésions expérimentales de cette commissure se traduisent par l'affaiblissement des réactions de la pupille ; l'auteur en conclut que le faisceau en question sert à la transmission du réflexe pupillaire à la lumière.

Les expériences de GUDDEN avaient déjà démontré que, chez le lapin, le nerf et la bandelette optiques comprennent deux ordres de fibres : 1° des fibres fines allant aux tubercules quad. antérieur ; 2° d'autres, de plus gros diamètre, allant au c. genouillé externe. Chez les mammifères supérieurs ces deux catégories de fibres sont soumises à un entre-croisement partiel dans le chiasma.

GUDDEN appela les premières *fibres visuelles*, les autres, *fibres réflexes* ou *pupillaires*. KEY et RETZIUS ont confirmé leur présence dans le nerf optique. De plus, les recherches de GUDDEN et les miennes ont prouvé que la destruction (de la plus grande partie) du tubercule quadrijumeau antérieur chez les oiseaux, et celle du c. genouillé externe chez les mammifères, n'empêche pas la pupille de réagir à la lumière. J'ai montré encore que la pupille n'est pas paralysée par la section d'une bandelette ni par la lésion du c. genouillé externe chez les mammifères, tandis que des lésions intéressant la région du IIIe ventricule produisent des modifications tout à fait caractéristiques de la réaction à la lumière. C'était la première démonstration d'un fait important ; que, pendant une certaine étendue de leur trajet central les fibres pupillaires sont séparées des voies optiques. J'ai montré plus tard expérimentalement que ces fibres se croisent partiellement au chiasma, cheminent un certain temps dans la bandelette (ce qui explique la réaction dite hémiopique que l'on observe lors des lésions de cette dernière) puis l'abandonnent par son côté interne et se dirigent en dedans : cette séparation a lieu dans la région comprise entre le tuber cinereum et le nerf oculo-moteur-commun ou immédiatement en avant du corps genouillé externe (1). Les lésions de celui-ci ne produisent pas, d'après HENSCHEN (2), de réaction hémiopique : on doit

(1) Voyez à ce sujet mon mémoire inséré dans les *Archives slaves de biologie* : « Rétrécissement réflexe de la pupille par la lumière », 15 mars 1886 (en français) : Voyez aussi un article : « Sur les fibres du myosis », *Neurol. Centrabl.*, 1894.
(2) *Recherches cliniques et anatomiques sur la pathologie cérébrale*, vol. III, Upsale, 1894.

conclure que les fibres pupillaires abandonnent la bandelette avant qu'elle n'atteigne le corps genouillé.

Cette description anatomique concorde à un certain point de vue avec les principaux résultats de mes recherches physiologiques (1). Malgré les expériences de DARKSCHEWITCH, la question du trajet anatomique des fibres pupillaires est encore loin d'être résolue ; en effet le noyau que cet auteur a considéré comme appartenant au M. O. C. n'a, ainsi que nous l'avons vu, aucun rapport avec ce nerf et n'est qu'un simple relai pour les fibres de la commissure postérieure et de la bandelette longitudinale dorsale : il ne peut donc faire partie de l'arc réflexe des mouvements de l'iris. Par contre, j'ai montré que la portion ventrale de la commissure postérieure n'est pas seulement en rapport avec ce noyau mais aussi avec les noyaux qui appartiennent réellement au M. O. C. et en particulier avec ceux que j'ai appelés n. accessoires *(fig. 182, nad, p. 282 ; fig. 184, na)*. Ce résultat me paraît expliquer suffisamment mes divergences apparentes avec DARKSCHEWITCH.

La pathologie fournit de nombreuses preuves de ce fait que les fibres pupillaires sont séparées des voies optiques, dans la partie centripète de leur arc réflexe. Tels sont les cas dans lesquels, après destruction du tubercule quadrijumeau antérieur, malgré la cécité complète, la réaction à la lumière est conservée ; dans le tabes et la paralysie générale, on connaît depuis longtemps l'état dit « paralytique » ou mieux l'immobilité de la pupille et qui consiste dans la perte du réflexe à la lumière avec conservation des mouvements d'accommodation, la vision et les mouvements du globe restant d'ailleurs normaux. MOELI constata toujours dans ces cas des altérations anciennes de la substance grise du IIIe ventricule. Il décrivit un cas de tumeur de cette région, n'intéressant ni le nerf optique ni l'oculo-moteur ; le malade n'avait présenté aucun trouble de la vue ni de la motilité du globe de l'œil ; au repos le diamètre pupillaire était, des deux côtés, de 5 millimètres. Il n'y avait aucune réaction à la lumière : mais, lors des mouvements de convergence des axes oculaires, on observait une contraction rapide des deux iris.

WEIR-MITSCHEL publia l'observation d'un cas dans lequel le chiasma était divisé en deux moitiés latérales par la présence d'une tumeur : nerf et bandelette étaient ainsi complètement isolés de leurs homonymes de l'autre côté.

(1) Jamais, on le conçoit, des recherches physiologiques sur une voie de conduction nerveuse ne pourront être aussi concordantes que des recherches anatomiques. Celles-là ne donnent que le trajet général ; celles-ci le suivent pas à pas en s'arrêtant à chaque particularité, et à toutes les variations possibles. Mes recherches sur les fibres pupillaires ne paraissent pas avoir été justement interprétées par DARKSCHEWITCH. Au lieu de reconnaître la concordance générale de ses résultats avec les miens, il se plaît à en faire ressortir les divergences (v. mon article : « L. O. DARKSCHEWITCH, Sur la conduction de l'excitation lumineuse de la rétine au moteur commun », *Arch. f. Psychiatrie*, vol. XIII, 1889).

Cliniquement il y avait eu de l'hémianopsie bitemporale avec conservation de la réaction pupillaire à la lumière. Dans ce cas, comme chez les animaux auxquels j'avais pratiqué une section antéro-postérieure du chiasma, la réaction sympathique était conservée grâce au passage de l'influx nerveux de l'un à l'autre côté, en arrière du chiasma.

Dans une observation de BAUMEISTER, la réaction sympathique provoquée par la lumière était abolie des deux côtés ; les pupilles cependant se rétrécissaient sous l'action directe de la lumière. Par contre, il existe aussi des observations cliniques de perte unilatérale de la réaction à la lumière avec conservation complète de la réaction sympathique, la vision et les mouvements de l'œil étant d'ailleurs normaux. Enfin REDLICH publia un cas de paralysie générale avec abolition unilatérale de la réaction à la lumière et conservation de la réaction sympathique de l'autre côté ; la pupille se contractait sous l'action directe de la lumière mais sans produire dans l'œil au repos aucune réaction parallèle ou sympathique.

Dans l'amaurose unilatérale consécutive aux affections d'un seul nerf optique, la réaction pupillaire directe est complètement supprimée ; la réaction sympathique par contre existe comme normalement. Si l'une des bandelettes est lésée, on observe, avec l'hémianopsie, le réflexe pupillaire dit hémiopique ; il consiste en ce que les régions de la rétine dont l'excitabilité est perdue ne peuvent plus être le point de départ d'une contraction réflexe de la pupille qui se produit par contre sous l'influence de l'excitation des territoires rétiniens demeurés sains. Au contraire, dans les affections localisées au corps genouillé externe, ainsi que dans les lésions des centres optiques occipitaux, l'hémianopsie ne s'accompagne d'aucune modification du réflexe pupillaire.

Grâce à tous ces faits cliniques on a pu compléter en partie les notions actuellement admises sur le trajet intra-encéphalique des fibres pupillaires, trajet que l'on peut dès lors, semble-t-il, schématiser ainsi : les fibres pupillaires que le nerf optique conduit au chiasma y subissent un entrecroisement partiel, suivent ensuite la bandelette jusqu'au corps genouillé puis se dirigent en dedans et vraisemblablement, après un nouveau croisement partiel, se rendent finalement, à travers la partie postérieure du thalamus et la commissure postérieure, à leur centre propre, c'est-à-dire au noyau de l'oculo-moteur commun. Ce n'est que de cette façon que l'on peut s'expliquer l'indépendance réciproque, observée en clinique, des deux réactions, directe et sympathique, de la pupille : c'est-à-dire de la réaction à la lumière agissant sur la rétine du même œil et sur celle du côté opposé.

En arrière du chiasma on voit partir de la bandelette un faisceau qui se rend directement à la substance grise du IIIe ventricule ; il est très facile à mettre en évidence chez quelques animaux, le lapin par exemple (*fig.* 195, p. 303). Son rôle est inconnu. Il sert peut-être à conduire les sensations visuelles qui servent à l'équilibration.

D'après BOGROFF (du laboratoire de FLECHSIG), les fibres qui se rendent, sans interruption, des nerfs optiques à la substance grise centrale constituent une racine particulière qui va du point où le tractus passe devant le tuber cinereum à la surface basale du thalamus (1) : elle servirait à la conduction du réflexe pupillaire ; mais cette opinion repose sur une hypothèse qui ne semble passible d'objections : il n'est pas prouvé, en effet, que cette racine se continue jusqu'aux noyaux de l'oculo-moteur.

D'après les recherches ultérieures de PRIBYTKOW, l'existence même de cette racine doit être remise en question, en ce sens qu'elle ne serait autre en réalité que le faisceau du tuber cinereum. Cet auteur ne put confirmer l'existence du faisceau décrit par L. DARKSCHEWITCH. De plus, après l'énucléation de l'œil chez les animaux, il n'observa pas d'atrophie de la commissure, ni du noyau de l'habénula, contrairement à l'opinion de MENDEL d'après lequel l'iridectomie totale produirait chez les animaux l'atrophie de ces deux organes. HENSCHEN combat aussi les données de DARKSCHEWITCH en s'appuyant sur ce fait connu, que le soi-disant noyau du M. O. C. n'a rien à faire avec ce nerf. D'après cet auteur les fibres pupillaires cheminent dans la bandelette, où elles forment une partie des faisceaux superficiel et profond de la racine interne, et se rendent directement au tubercule quad. antérieur sans pénétrer dans le corps genouillé externe. Rappelons pourtant à ce sujet que les lésions du premier n'ont, ainsi que je l'ai montré pour le chien, aucune influence sur les réactions de la pupille : cela prouve évidemment qu'il ne contient aucun élément destiné à cette dernière. La section de la commissure postérieure et en particulier de son segment ventral produit d'après les expériences de DARKSCHEWITCH et N. WYROBOFF (de mon laboratoire) un certain affaiblissement des réactions pupillaires. D'un autre côté, ainsi que mes expériences l'ont démontré il y a déjà longtemps, les lésions de la partie distale du thalamus, contrairement à celles de sa portion proximale, produisent des modifications du diamètre de la pupille et entraînent aussi d'après KAUFMANN qui a confirmé mes résultats, l'abolition de la réaction à la

---

(1) Ce trajet peut être suivi sur des coupes sagittales passant par le thalamus et les quadrijumeaux. Du nerf optique, le faisceau se dirige obliquement d'avant en arrière; il atteint un système de fibres qui vont des parties basales de l'écorce au thalamus et se perd dans leur masse. Sur des coupes transversales, on le retrouve dans le voisinage immédiat de la surface interne du thalamus. D'après BOGROFF, une petite partie de ses fibres arrive à la bandelette, au-dessous des fibres de la commissure de MEYNERT, tandis que la plus grande partie passe au-devant de celle-ci : quelques fibres traversent le ganglion optique basal, d'où l'opinion erronée de MEYNERT qui faisait provenir de ce ganglion une partie des fibres du nerf optique.

lumière. Donc, après avoir abandonné le tractus dans le voisinage du c. genouillé externe, les fibres pupillaires doivent passer par la partie distale du thalamus et la portion ventrale de la commissure postérieure: celle-ci d'ailleurs d'après mes recherches personnelles, se myélinise longtemps avant la portion dorsale, et est en rapport avec les noyaux gris, qui appartiennent réellement à l'oculo-moteur (et non avec le noyau de Darkschewitch). Il reste encore à savoir par quelle voie les fibres pupillaires de la bandelette atteignent la commissure cérébrale postérieure : nous avons vu que d'après DARKSCHEWITCH elles quittent le tractus en formant un cordon nettement individualisé au-devant du corps genouillé latéral ; de là elles vont au ganglion de l'habénula, puis dans le pédoncule de la glande pinéale et la commissure postérieure. KAUFMANN, élève de l'auteur précédent, considère cette voie comme formée des éléments suivants :

Les fibres du tractus allant au c. genouillé ;

Les fibres du stratum zonal du thalamus ;

Le ganglion de l'habénula avec l'épiphyse et la commissure postérieure. D'après DARKSCHEWITCH lui-même cette description serait incomplète. *Au point de vue anatomique* nous ne connaisssons donc que d'une façon encore très imparfaite le trajet véritable des fibres pupillaires ; mais les résultats importants obtenus jusqu'à présent forment un solide point de départ pour les recherches futures.

Il n'est pas impossible d'autre part que les fibres pupillaires se rendent aussi au noyau du M. O. C. et ceci, non pas forcément par l'intermédiaire de la commissure postérieure, mais par toute autre voie. A ce sujet les récentes recherches de BERNHEIMER sont dignes d'attention (1). Elles consistent dans l'examen au Weigert de l'encéphale de plusieurs fœtus humains et dans la section, pratiquée chez le singe, du chiasma et de la bandelette avec examen consécutif des centres à la méthode de Marchi. Elles démontrent que les fibres pupillaires, après s'être croisées partiellement dans le chiasma, cheminent dans la bandelette jusqu'au corps genouillé externe; de là elles se dirigent, dans le voisinage du bord interne du c. genouillé interne, vers le bord supéro-interne de celui-ci ; là elles se réunissent en un faisceau non décrit jusqu'à présent qui se rend au sillon latéral du quadrijumeau antérieur dans la substance grise duquel il s'épanouit en éventail ; puis il gagne la région de l'aqueduc de Sylvius en décrivant une double courbe ; enfin ses fibres devenues amyéliniques se ramifient autour des petites cellules caractéristiques du noyau médian pair du M. O. C. Les deux noyaux du sphincter de l'iris sont en outre unis l'un à l'autre par de longs prolongements que l'on voit

(1) « La voie réflexe des réactions pupillaires ». *Archiv f. Ophthalmologie*, LXVII, I, p. 1, 1898.

traverser la ligne médiane. BERNHEIMER confirme encore l'existence de fibres
allant de la commissure postérieure au noyau de cette dernière (n. de Darkschewitch). Il ne croit pas, d'autre part, que l'on puisse dès maintenant
considérer comme démontrée la participation du ganglion ciliaire à l'innervation de la pupille. En tout cas, les faits connus jusqu'à présent parlent
tous en faveur de cette participation.

ARTICLE VIII. — MODE DE TERMINAISON DES NERFS CRANIENS DANS LEURS NOYAUX.

Nerfs moteurs. — Tous ces nerfs, y compris la racine cérébrale
du trijumeau et la portion motrice des nerfs mixtes (noyau ambigu) proviennent de leurs noyaux d'origine comme les racines antérieures des nerfs
rachidiens proviennent des grandes multipolaires des cornes antérieures : en
d'autres termes, leurs fibres représentent les axônes de ces cellules. Celles-ci,
du reste, dans le bulbe comme dans la moelle, ont le même aspect multipolaire. Leurs neurites gagnent la périphérie et deviennent des fibres radiculaires. Ils abandonnent des collatérales avant de sortir du noyau et dans le
reste de leur parcours intra-encéphalique. Il faut remarquer, pour les VIe et
XIIe paires, qu'une petite partie de leurs fibres radiculaires provient des
grandes multipolaires disséminées de la formation réticulée. De même, une
partie des fibres de la IIIe provient, non de son noyau propre, mais des cellules
situées en avant de la bandelette longitudinale postérieure. Les grandes multipolaires des noyaux moteurs des nerfs craniens sont toutes, par leur nature,
des cellules radiculaires : quelques-unes de celles du M. O. C. font pourtant
exception à cette règle ; il existe en effet dans ce noyau, outre les cellules
radiculaires, d'autres éléments dont l'axône va faire partie des fibres (commissurales) de la bandelette longitudinale postérieure ; on trouve de même dans
le noyau de l'hypoglosse un certain nombre de cellules d'association.

Nerfs sensitifs. — Contrairement aux nerfs moteurs, les nerfs
sensitifs, y compris le nerf optique, se terminent par de fines ramifications dans le voisinage des cellules de leur noyau encéphalique primaire.
De même que les racines postérieures rachidiennes ont leur origine dans
les ganglions intervertébraux, les nerfs sensitifs craniens et les nerfs sensoriels naissent en réalité des ganglions périphériques (rétine, ganglions
jugulaire, pétreux, acoustique, de Gasser, géniculé, etc.).

Ces ganglions, comme leurs homologues rachidiens, sont formés
essentiellement de cellules munies d'un prolongement nerveux en T. Les
ganglions de l'acoustique font exception : chez tous les vertébrés, l'homme

y compris, le ganglion spiral de la cochlée et l'intumescence ganglionforme de Scarpa sont formés de cellules bipolaires qui rappellent par leur forme les cellules unipolaires en T, au stade moins avancé auquel les deux prolongements n'ont pas encore conflué en un seul.

Plusieurs nerfs craniens, comme le cochléaire et le vestibulaire, de même que les deux nerfs mixtes se divisent en pénétrant dans l'encéphale. On peut en outre mettre en évidence de fines collatérales sur les fibres de tous les nerfs craniens sensibles.

Comme l'ont montré les recherches de Held (1) et d'autres auteurs, les racines sensitives des *deux nerfs mixtes*, à l'instar des R. P. rachidiennes, se divisent en rameaux ascendants et descendants. Ceux-ci forment dans le bulbe le faisceau dit f. solitaire, faisceau dont partent latéralement de nombreuses collatérales dont les ramifications atteignent la région de l'aile grise.

La *branche vestibulaire* subit une division semblable. L'ensemble des rameaux descendants représente la racine spinale de la VIIIe paire ; les rameaux ascendants forment le reste de la racine vestibulaire dont les fibres vont se terminer dans le noyau de Deiters et le noyau vestibulaire ou n. de Bechterew, et dans le noyau acoustique dit postérieur et interne ou n. triangulaire. La *branche cochléaire* subit de même, après sa pénétration dans l'encéphale, une division en forme de T (Koelliker).

Il en est de même enfin du *trijumeau*. Ses rameaux descendants forment la racine dite spinale dont les collatérales vont se terminer autour des cellules de la s. gélatineuse : les neurites de celles-ci, semblables aux voies de deuxième ordre, cheminent dans les cordons latéraux, suivant les deux directions, proximale et distale (Held).

Comme premiers relais bulbaires des nerfs sensitifs, nous avons donc les régions suivantes :

Nerfs mixtes (vago-glosso pharyngien) : l'aile grise ;

Nerf vestibulaire : la portion du plancher qui avoisine la paroi latérale du IVe ventricule ;

Nerf cochléaire : noyau antérieur de l'acoustique et tubercule acoustique ;

Racine sensitive de la Ve paire : son noyau sensitif et le locus cœruleus.

Les racines dites descendantes par les auteurs français, appelées autrefois « ascendantes » et maintenant racines spinales, sont en réalité formées de fibres descendantes : les rameaux des deux nerfs mixtes constituent le f. solitaire ; la portion interne ou médiale du c. restiforme contient les

(1) *Arch. f. Anat. u. physiol., Anat. Abt.* 1892 et 1893.

rameaux descendants du nerf vestibulaire ; la racine spinale de la IIe paire contient les fibres descendantes de ce nerf. Les faisceaux descendants diminuent peu à peu en s'approchant de la moelle, par l'émission de collatérales à terminaison libre. Quant aux fibres radiculaires, elles se terminent dans leurs noyaux propres par des ramifications libres qui ne s'anastomosent jamais.

Remarquons que, topographiquement, les racines descendantes ne sont pas nettement et rigoureusement délimitables. Ainsi, dans la portion interne du c. restiforme, à côté des rameaux descendants du nerf vestibulaire, se voient les collatérales des fibres radiculaires des Ve, des Xe et IXe paires, lesquelles, comme les racines du nerf vestibulaire, abandonnent des collatérales ramifiées à la substance grise du IVe ventricule. En conséquence, les noyaux primaires de la branche vestibulaire ne doivent pas être considérés comme étant exclusivement affectés aux terminaisons de ce nerf.

Ces ganglions, dits *primaires*, ne sont pas, à proprement parler, des noyaux terminaux ; une grande partie, il est vrai, des fibres radiculaires qui y parviennent y trouve en réalité sa terminaison, mais un certain nombre les traverse pour aller faire partie des fibres arciformes internes dont quelques-unes doivent donc être considérées comme ramifications directes des fibres radiculaires. Chacun des nerfs craniens possède ainsi, même en faisant abstraction de ses rameaux descendants qui lui assurent de nombreuses relations dans le sens longitudinal, un champ de terminaison extrêmement étendu. La substance grise centrale, la formation réticulée et même l'autre moitié du tronc cérébral sont parcourues par les ramifications terminales des nerfs sensitifs.

Les fibres radiculaires sensitives qui outrepassent le territoire de leurs centres primaires ont évidemment, comme les collatérales des racines postérieures des nerfs rachidiens, le rôle de voies réflexes.

Quant aux cellules qui constituent ces noyaux, on peut, sans tenir compte des variétés morphologiques de leur corps et de leurs dendrites, les ranger sous deux chefs principaux :

1° Cellules dont l'axône se ramifie immédiatement dans le noyau, ou bien en sort, et, par ses ramifications, le met en rapport avec les formations voisines, mais seulement dans le sens transversal. Le premier cas qui est celui des cellules de Golgi est en somme moins répandu que le second : la cellule ne remplit alors qu'un rôle de conduction locale ; dans le deuxième cas, au contraire, elle facilite la conduction des excitations sensibles sur une certaine étendue dans le plan transversal.

2° Cellules dont l'axône devient une fibre longitudinale du tronc cérébral ou même, après division, donne naissance à deux ou même trois fibres semblables, comme les cellules de la moelle qui envoient dans plusieurs cordons différents les ramifications de leur axône ; comme celles encore que l'on nomme cellules des cordons, elles représentent des voies ou systèmes sensitifs secondaires.

Terminaison centrale du nerf optique. — La majeure partie des fibres visuelles se termine par des ramifications libres, richement arborisées, dans les centres optiques du cerveau moyen, notamment dans la couche superficielle du tubercule quadrijumeau antérieur et dans le c. genouillé externe (*fig. 187*, p. 288) (1).

D'autres fibres, en plus petit nombre, représentent les axônes des cellules de ces noyaux gris : c'est à elles que correspondent évidemment les terminaisons libres que nous avons rencontrées dans la rétine. Dans le cerveau moyen, réparties au milieu des nombreuses ramifications terminales des fibres du nerf optique, on trouve des cellules fusiformes dont les dendrites entrent partout en contact avec ces ramifications.

La voie optique se compose donc de plusieurs segments unis entre eux par les arborisations terminales de leurs fibres (*fig. 187*) : c'est ainsi que nous rencontrons des points de raccordement :

Entre les ramifications proximales des cônes et bâtonnets et les dendrites des bipolaires rétiniennes ;

Entre les ramifications de ces dernières et les dendrites des grosses cellules ganglionnaires.

Cajal décrit chez les oiseaux d'autres voies de conduction formées par le contact des axônes nés dans le tectum opticum avec les ramifications des cellules des différentes couches du cerveau moyen ; ces cellules, de leur côté, sont le point de départ de nouveaux systèmes conducteurs dont le lieu et le mode de terminaison sont encore mal connus.

Dans la rétine, comme dans les centres optiques du cerveau moyen, il existe des voies d'association.

Enfin le quadrijumeau est le lieu d'arrivée des fibres venues d'autres centres encéphaliques qui viennent se ramifier autour de ses cellules (2).

(1) En concordance avec cette manière de voir, Keibel et His ont vu chez l'embryon des fibres optiques nées des grandes multipolaires de la rétine croître en direction centripète du côté de l'encéphale.

(2) Étant donnée l'importance de cette question, je veux rappeler ici quelques-unes des conclusions auxquelles Cajal est arrivé dans ses nombreuses recherches sur les centres optiques des oiseaux.

1° Une grande partie des fibres visuelles se termine dans le lobe optique (homologue du tubercule quadrijumeau antérieur) par des ramifications compliquées, très étendues et absolument libres.

2° Le nerf optique contient des cylindraxes venus des cellules du toit optique : ces fibres se terminent très vraisemblablement dans la rétine par des ramifications libres.

3° Dans la substance grise du toit optique existent de nombreuses cellules fusiformes dont les dendrites externes se mettent en contact avec les ramifications libres des fibres venues de la rétine.

4° On peut distinguer deux sortes de cellules nerveuses dans le toit optique :

a) Cel. fusiformes ou sphériques à axône court et se résolvant rapidement en de nombreuses ramifications (cellules sensitives de Golgi);

V. Gehuchten a étudié récemment les rapports des fibres du nerf optique avec les cellules du quadrijumeau antérieur représenté chez les oiseaux par une formation beaucoup plus importante que chez l'homme et plus propre à l'analyse histologique (1) : on peut y distinguer trois couches concentriques :

1° *Couche des fibres rétiniennes* dans laquelle se terminent par ramifications libres les fibres du nerf optique et les dendrites venues de la couche moyenne ; entre celles-ci et celles-là on trouve des cellules à axône long ou court, il existe encore d'autres cellules à proximité des éléments névrogliques et dont la nature est difficile à interpréter,

2° *Couche des cellules du nerf optique.* Leurs dendrites se terminent dans la couche précédente ; leurs longs cylindraxes pénètrent, partie dans la couche interne où ils peuvent être considérés comme fibres optiques centrales, partie dans la couche externe où ils représentent apparemment les fibres optiques centrifuges allant à la rétine.

3° *Couche des fibres optiques centrales.* Ces fibres naissent en partie dans

b) Cel. fusiformes et triangulaires à long neurite allant se ramifier au dehors (cellules motrices de Golgi). Les premières transmettent les excitations lumineuses aux parties profondes du toit optique : les secondes transmettent directement ces excitations aux ganglions optiques ou aux centres cérébraux éloignés.

5° C'est au niveau même de la rétine, du toit optique, des ganglions optiques, que s'établissent les contacts des cellules qui servent à la vision, en vue de leur fonctionnement synergique. Au niveau de ces points de transmission de l'excitation se mettent en contact : *a)* les ramifications proximales des cellules des cônes et bâtonnets avec les prolongements distaux des bipolaires rétiniennes ; *b)* les ramifications de celles-ci avec les dendrites de la cellules nerveuses rétiniennes ; *c)* les ramifications des fibres optiques venues de la rétine avec les dendrites externes des cellules fusiformes du lobe optique; de là l'excitation peut se propager par voie directe ou indirecte : c'est-à-dire par les cylindraxes longs aux centres éloignés ou par les cylindraxes courts aux parties profondes du tectum opticum; *d)* les longs axônes venus de ce dernier se mettent en rapport avec les cellules étoilées des ganglions optiques externe, moyen ou interne. Ici commence une voie nouvelle dont la terminaison n'est pas encore bien connue. Quelques-uns des neurites naissent des grandes cellules du tectum et vont aux centres cérébraux plus profondément situés. Cajal ne dit pas si les faisceaux plus profonds du tectum se rendent à la bandelette.

6° Outre ces voies directes il doit exister encore dans la rétine et le tectum de nombreux arcs secondaires d'association; le contact peut s'établir entre les collatérales des dendrites et celles des axônes voisins.

7° Il est possible que ces voies d'association proviennent des grandes cellules horizontales de la rétine dont le neurite se dirige vers les différentes couches du tectum.

8° Le tectum est le lieu de terminaison des fibres qui tirent leur origine d'autres régions du névraxe.

9° Les fibres myéliniques du tectum abandonnent quelquefois des collatérales à la s. grise ; elles présentent aussi des divisions en T ou en Y ;

10° En général, la transmission de l'influx se fait des ramifications cylindraxiles aux ramifications dendritiques : on doit donc trouver de nombreuses dendrites dans les régions où se terminent des fibres amyéliniques (axoniennes).

11° Une seule fibre du nerf optique actionne de nombreux éléments du lobe optique.

12° Les fibres nerveuses qui se terminent librement dans la rétine peuvent être considérées comme des voies sensibles conduisant au cerveau l'impression de l'intensité de la lumière pour que la quantité en soit réglée par contraction réflexe de la musculature de l'iris.

13° Les connexions des cellules nerveuses des lobes optiques et des ganglions optiques peuvent servir à prouver que le corps cellulaire et les dendrites sont également propres à la conduction des excitations nerveuses.

(1) La structure des lobes optiques chez l'embryon de poulet, *La Cellule*, 1892 et *Névrax. Centr.* 1893.

les cellules du nerf optique de la couche moyenne ; le reste a une origine inconnue ; toutes vont se terminer dans les couches plus externes. De ce fait que les fibres du nerf optique se terminent librement dans la couche superficielle du lobe optique, on doit conclure que ce dernier est un noyau terminal et non un noyau d'origine.

De la rétine au lobe optique la conduction est assurée par des systèmes établis sur le mode général dont nous avons vu jusqu'à présent de si fréquentes applications : les axônes des cellules ganglionnaires de la rétine se mettent en contact avec les ramifications dendritiques des élément du lobe optique (pour la voie centripète ou sensorielle) : ces connexions sont même ici si nettement établies qu'elles forment une démonstration évidente, au moins pour ce cas, du rôle de conducteur cellulipète et cellulifuge, attribué respectivement aux dendrites et à l'axône.

Quant aux rapports des éléments de la rétine avec ceux du lobe optique, on peut diviser en deux catégories les cellules de la couche moyenne de ce dernier ; celles de la première ne possèdent qu'un seul prolongement périphérique par lequel elles ne se mettent en rapport qu'avec un petit nombre des fibres rétiniennes voisines ; elles servent probablement à la vision des objets dont l'image n'occupe qu'un territoire limité de la rétine ; les cellules de la seconde catégorie se mettent en contact par le moyen de leurs dendrites ramifiées avec un grand nombre de fibres rétiniennes ; elles peuvent servir à la perception d'impressions lumineuses qui ont frappé des territoires rétiniens plus étendus.

L'excitation apportée par une seule fibre du nerf optique peut gagner les centres par le moyen d'une ou de plusieurs fibres des cellules du lobe : les cellules à axône court ont en effet pour office de propager à un grand nombre de cellules du lobe optique l'excitation transmise par une seule fibre nerveuse. Une excitation apportée au lobe optique par un grand nombre de fibres rétiniennes peut être conduite aux centres plus élevés par deux voies différentes.

Outre cette voie centripète, il existe, entre la rétine et les centres optiques supérieurs, une deuxième chaîne ininterrompue formée de cellules dont l'axône est dirigé du côté distal : elle conduit les excitations des centres à la périphérie : c'est donc une voie centrifuge.

L'existence de la double voie, d'aller et de retour, étendue entre la rétine et les centres, avait été déjà, de la part de MONAKOW, l'objet d'une tentative de démonstration au moyen de cas pathologiques observés chez l'homme. Une disposition semblable assure la conduction auditive : nous pouvons en induire que nous rencontrerons d'autres nerfs sensoriels également pourvus d'un système de conduction centripète et d'un système de projection à l'extérieur des impressions recueillies par l'organe périphérique.

BIBLIOGRAPHIE. — Nerfs craniens en général. — Bregmann : « Sur b
dégénération ascendante expérimentale des nerfs craniens sensibles et moteurs », Trav. de
l'Inst. d'Anat. et Phys. du syst. nerv. à Vienne, 1892. — Cajal : « Contr. à l'étude du
bulbe rachidien, du cervelet et de l'origine des nerfs craniens », Madrid, 1895. — « Structure
du chiasma optique et théorie générale des entre-croisements des voies nerveuses ». Rev.
trim. micrografica, 1888, vol. III. — Cajal et Oliriz : « Les ganglions sensitifs craniens oculo-
mammifères », Rev. trim. microgr., 1897. — Chiarugi : Développement des nerfs du
moteurs et trijumeau, Arch. Ital. de Biol, 1898, t. XXX, p. 257 et Boll. del r. Istituto di
studi superiori pratici in Firenze, 1897, 100 pp. — Duval : Rech. sur l'origine réelle des
nerfs craniens, Journ. de l'Anatomie, 1877-1880. — Ernst : Sull'origine di alcuni nervi
encefalici, Arch. ottalm., 1895. — Froriep : « Sur le développement des nerfs craniens », Ibid.
Anat. Anz., supplément au vol. VI, 1891 ; — « Sur la question de la neuromérie », Ibid.
supp. au vol. VII, 1892. — V. Gehuchten : Existence ou non de fibres croisées dans le tronc
des nerfs moteurs craniens, Soc. Belge de Neurol, 20 oct. 1898 et Rev. Neur., 15 mai 1899,
p. 345. — Held : « Mode de terminaison des nerfs sensitifs dans l'encéphale », Arch. f.
Anat. et Phys., Anat. Abt., 1892. — Kupffer : « Le développement des nerfs craniens
des vertébrés », Anat. Anz., suppl. au vol. VI, 1891. — Gaskell : « Sur les relations
existant entre la structure, les fonctions et l'origine des nerfs craniens, avec une théorie
du système nerveux des vertébrés », Journ. of Physiology, 1889. — Laura : « Recherches
sur l'origine réelle des IXe, VIIIe, VIIe, VIe, V^e nerfs craniens, », Mémoires de l'Acad. r.
des Sciences de Turin, 1878 et 1879, vol. XXXI et XXXII. — Lugaro : « Critique
de l'hypothèse de Cajal sur la signification des entre-croisements sensoriels, sensitifs
et moteurs », Riv. di pat. nerv. e ment. vol. IV, p. 241, juin 1899 et Rev. Neurol.,
30 octobre 1899. — Meynert : « Le plan médian du tronc cérébral comme faisant partie
de la voie de conduction entre l'écorce cérébrale et les racines des nerfs moteurs »,
Wien. Allg. Zeit., 1865, 1866. — Monro : « Valeur clinique de la théorie des quatre
racines des nerfs craniens », Journ. of Anat., oct. 1896. — Pierret : Recherches sur
l'origine réelle des nerfs de sensibilité générale dans le bulbe et dans la moelle, C. R.
Acad. Sciences, 27 nov. 1876. — Roller : « Connexions cérébrales et cérébelleuses des
IIIe à XIIe nerfs craniens. Les racines spinales des nerfs craniens sensitifs », All. Zeitsch.
f. Psych., 1882, vol. XXXVIII, p. 228. — Staderini : « Particularités de structure de
quelques racines nerveuses encéphaliques », Acad. med. fisica Fiorentina, 1893 ; —
« Topographie et rapports de quelques noyaux de substance grise du bulbe : n. triangulaire
de l'auditif, n. terminal du vague, n. de l'hypoglosse et n. du funiculus teres », Internat.
Monatsch. f. Anat. u. Phys. 1896, vol. XIII. — Turner : « Connexions centrales et
relations des nerfs trijumeau, vago-glosso-pharyngien, spinal et hypoglosse », Journ. of.
Anat. and Phys. norm. and path., vol. XXIX, oct. 1894 ; « Connexions centrales de
certains nerfs craniens », Brit. Med. Journ., 1894. — Van Wijhe : « Sur les segments
mésodermiques céphaliques et le développement des nerfs craniens chez les Sélaciens »,
Amsterdam, 1882.

Hypoglosse. — Hirsch : « La question des fibres sensitives de l'hypoglosse »,
The New-York med. Journ. 1898. — Koch : « Recherches sur l'origine et les connexions
de l'hypoglosse dans le bulbe », Arch. f. mikr. Anat., 1897, [vol. XXXI. — Mingazzini :
« Sur l'origine de l'hypoglosse », Ann. di fren, 1891. — Pierret : Étude sur le noyau
d'origine du nerf hypoglosse, Bull. de la Soc. Ana., 1876. — Raymond et Artaud : Du
trajet intracérébral de l'hypoglosse, Arch. de Neurol., 1884. — Roller : « Noyau à petites
cellules appartenant à l'hypoglosse, » Arch. f. mikr. Anat. 1881. — Schæffer : « Sur
l'origine du l'hypoglosse », thèse d'Erlangen, 1889. — Staderini : « Recherches expérimentales sur l'origine réelle de l'hypoglosse », Internat. Monatsch. f. Anat. u Phys.
vol. XIII, 1895 et Arch. Ital. de Biol. vol. XXIV, 1895, p. 319 ; « Sur un noyau de
cellules nerveuses intercalé entre les noyaux d'origine du vague et de l'hypoglosse » Monit.
zool. Ital., 1894 et 1896. — « Les fibres propres et les fibres arciformes dans l'atrophie

expérimentale du noyau de l'hypoglosse », *Ibid.*, 1898. — Vincenzi : « Sur l'origine réelle de l'hypoglosse », *Actes de l'Acad. r. de Turin*, 1885.

Les trois nerfs mixtes. — Bechterew: « Sur la terminaison centrale du nerf vague et la constitution du faisceau solitaire du bulbe ». *Wiestnik Klin. i szud psych.*, 1887 (en russe). — Bruce : « Sur le noyau dorsal soi-disant sensitif du glosso-pharyngien et sur le noyau d'origine du trijumeau », *Brain*, 1898, p. 383. — Bunzl-Federn : « Sur le noyau du nerf accessoire », *Monat. f. Psych. u. Neurol.*, vol. II, p. 427, déc. 1897, résumé in *Rev. Neurol.* 1898, p. 611. — Darkschewitch : « Sur l'origine et le trajet central du nerf accessoire », *Arch. f. Anat. u. Phys.*, 1885. — Dees : « Sur l'origine et le trajet central du nerf accessoire », *Allg. Zeitsch. f. Psych.*, 1887. — Sur l'anatomie et la physiologie du vague, *Arch. f. Psych. u. Nervenkr.*, vol. XX. — Dixon : « Trajet suivi par les fibres du goût » *Edinburgh. med. Journ.*, avril 1897 et *Arch. de Neurol.* 1898, t. I, p. 62. — V. Gehuchten : « Recherches sur l'origine réelle du glosso-pharyngien et du vague, *Journ. de Neurol. et d'Hypnol.*, n° 6, 1898 et 1899. — Connexions bulbaires du pneumogastrique, *Associat. des anatomistes*, Paris 1899. — Grabower : « Sur les noyaux et racines du vague et leurs rapports réciproques », *Arch. f. Laryngol. u. Rhinol.*, 1894, vol. II et *Neurol. Centralbl.*, 1895. — Harald Holm : « Anatomie et pathologie du noyau dorsal du vague », *Neurol. Centralbl.* 1892, *Arch. f. path. An. u. Phys. u. f. kl. Med.*, janvier 1893, p. 78 ; résumé in *Rev. Neurol.*, 1893, p. 134. — Kreidl : « Recherches expérimentales sur le territoire radiculaire du glosso-pharyngien, du vague et de l'accessoire », *Wien. Sitzungsber d. Acad. d. Wiss.*, 1897. — Lubosch : « *Anatomie comparée de l'origine de l'accessoire* », thèse de Berlin 1898. — Marinesco : Noyaux musculo-strié et musculo-lisse du pneumogastrique, *Soc. de biologie*, février 1897. — Mendel : « Sur le faisceau solitaire », *Arch. f. Psych.* vol. XV, 1884. — Meyer : « *Expériences de section du glosso-pharyngien* », (Lésions secondaires des bourgeons du goût), thèse de Berlin 1896. — Mirto et Pusateri : « Les anastomoses entre le spinal et le vague », *The Alienist. and Neurol.*, juillet 1896 ; résumé in *Arch. de Neurol.*, mai 1897, p. 354. — Muchin : « Le noyau dorsal et le noyau sensitif du glosso-pharyngien », *Centralbl. f. Nervenheilk.*, 1893. — Obersteiner : « L'origine centrale du glosso-pharyngien », *Biol. Centrabl.* 1880, vol. I. — Onodi : « Les faisceaux nerveux du larynx en rapport avec la phonation et la respiration », *Arch. f. Laryngologie*, vol. VII. — Ossipoff : « Sur l'origine centrale et la terminaison du nerf accessoire de Willis », *Neurol. Bote*, VI (en russe). Résumé in *Rev. Neurol.*, 1898, p. 36. — Pierret : Sur les relations du système vaso-moteur du bulbe avec celui de la moelle épinière chez l'homme et sur les altérations de ces deux systèmes dans le cours du tabes sensitif (Anatomie du faisceau solitaire), *Acad. des Sciences*, 30 janvier 1882 et thèse de Putnam, Paris 1883. — Rollen : « Trajet central du glosso-pharyngien », *Arch. f. mikr. Anat.*, 1881. — « Trajet central du nerf accessoire », *Allg. Zeitsch. f. Psych.*, 1881. — Staderini et Pierraccini : « Sur l'origine réelle et plus particulièrement sur les racines postérieures du nerf accessoire de l'homme », *Lab. d'anatomie de l'Université de Rome*, 1898. — Sternberg : « Sur la branche externe du nerf accessoire », *Arch. f. Physiol.*, vol. LXXI, p. 158. — Turner : « Connexions centrales et relations des V°, X°, IX° et XII° paires craniennes », *Journ. of Anat. and. Phys.*, vol. XXX. — Turner et Bulloch : « Observations sur les relations centrales des IX°, X° et XI° paires », *Brain*, 1894.

Auditif. — Baginski : « Sur l'origine et le trajet central du nerf auditif du lapin », *Sitz. des K. Preuss. Akad. der Wiss.*, 25 févr. 1886 ; — « Sur le trajet de la racine postérieure de l'acoustique et sur les stries médullaires », *Arch. f. Psych. u. Nervenkr.*, 1891. — Bechterew: « Sur les fonctions des canaux semi-circulaires du labyrinthe membraneux », *Pflüger's Arch. f. d. Gesammte Phys.*, vol. XXX ; — « Sur l'origine de l'auditif et le rôle de la branche vestibulaire », *Neurol. Centralbl.*, 1887 ; — « Sur les stries médullaires ou acoustiques du bulbe », *Neurol. Centralbl.*, 1892. — Bonnier : *L'Oreille, Anatomie*, vol. I, 1 vol. de la bibliothèque Léauté, Paris ; — Rapports entre l'appareil ampulaire de l'oreille interne et les centres oculo-moteurs, *Soc. de Biologie*, 1895, p. 368. — FOREL : « Communication préliminaire sur l'origine de l'acoustique », *Neur. Centralb.*, 1885 ; — « Sur la question de l'acoustique », *Ibid.*, 1887. — FREUD : « Sur l'origine de l'acoustique », *Arch. f. Ohrenheilk.*, 1886. — HELD : « Les voies centrales du nerf acoustique chez le chat, » *Arch. f. Anat. u. Phys.*, 1891 ; — « Sur une voie corticale directe du nerf acoustique », *Arch. f. Anat. u. Phys.*, 1892 ; — « La voie acoustique centrale », *Arch. f. Anat. u. Phys.*, 1893 ; — « Sur la conduction auditive périphérique », *Arch. f. Anat. u. Physiol., Anat. Abtheil*, 1897, p. 350 et *Centralbl. f. Med. Wissensch.*, 1898, p. 362. — KIRILZEFF : « Sur l'origine et le trajet central de l'auditif », *Mediz. Obosrenye*, 1892 (en russe) et *Neur. Centralbl.* 1893. — LARIONOFF : « Les voies auditives », *Neurol. Wjestnik von Bechterew et Popoff*, 1898 (en russe), résumé in *Centralbl. f. Nervenheilk.*, 1898, p. 686. — LA VILLA : « Quelques détails concernant l'olive supérieure et les centres acoustiques », *Rev. trim. micr.*, 1898. — MARTIN : « La terminaison du nerf acoustique dans l'encéphale du chat », *Anat. Anz.*, vol. IX, p. 181, 1894. — MATTE : « Contr. à l'étude de l'origine des fibres de l'acoustique », *Arch. f. Ohrenheilk.* 1895. — V. MONAKOW : « Contr. anatomique à l'étude du corps restiforme, du noyau externe de l'acoustique et de ses rapports avec la moelle », *Corr. Arch. f. Psych.*, vol. XIV ; — « Sur l'origine et le trajet central de l'acoustique », *Corr. Bl. f. Schweizer Aerzte*, 1887, vol. XVII. — ONUFROWITCH : « Contr. expérimentale à l'étude de l'origine du nerf acoustique chez le lapin », *Arch. f. Psych.*, vol. XVI. — OSERETZTOWSKY : « Sur le trajet central de l'acoustique », *Arch. mikr. Anat.*, vol. XLV, p. 450, 1895. — PIERRET : Origines centrales du nerf auditif, *Bull. de la Soc. Anat.*, 1876. — POPOFF : « Sur le trajet du faisceau connu sous le nom de conductor sonorus », *Neurolog. Wjestnik*, vol. III. — ROLLER : « Une racine ascendante de l'acoustique », *Arch. f. mikr. Anat.*, 1880. — SALA : « Sur l'origine du nerf acoustique », *Monitore Zool. Ital.*, 1891. — SPITZKA : « Trajet central des voies auditives », *Neur. Centralbl.*, 1886. THOMAS : Les terminaisons centrales de la racine labyrinthique, *Soc. de Biol.*, 12 février 1898. — WALLENBERG : « Les voies secondaires de l'auditif chez le pigeon », *Anat. Anz.*, XIV, 1898. — WESTPHAL : *Sur l'auditif, le cerveau moyen et le cerveau intermédiaire des oiseaux*, thèse de Berlin, 1898.

Facial et Intermédiaire. — AMABILINO : « Sur les rapports du ganglion géniculé avec la corde du tympan et le facial », *Il Pisani*, résumé in *Riv. di Patol. nerv. et ment.*, septembre 1898. — BREGMANN : « Sur la dégénération ascendante expérimentale des nerfs craniens sensibles et moteurs », *Iahrbuch. f. Psych.*, vol. XI, p. 73, 1892. — BRUCE : « Contr. à la question de l'origine du nerf facial », *The Scottisch med. and. surg. Journ.*, vol III, 1898, résumé in *New-York Med. Journ.*, décembre 1898. — CANNEC : Remarques sur le nerf intermédiaire de Wrisberg, *C. R. Acad. Sciences*, 22 avril 1895. — COLE, FRANK : « Sur les nerfs craniens de Chimæra monstruosa, avec discussion sur le système de la ligne latérale et la morphologie de la corde du tympan », *Trans. of the Royal Soc. of Edinb.*, vol. XXXVIII, 1898. — FLATAU : « Paralysie faciale périphérique avec dég. rétrograde des neurones ; Contr. à l'anatomie normale et pathologique des nerfs facial, cochléaire et trijumeau », *Zeitsch. f. klin. Med.*, XXXII, f. 3 et 4, p. 280, 1897 et *Neurol. Centralbl.* vol. XV, p. 718, 1896. — V. GEHUCHTEN : Recherches sur l'origine réelle du nerf facial, *Journ. de Neurol. et d'Hyppnol.*, n° 6, 1898. — KOTELEWSKY : « Sur le noyau de la branche supérieure du facial », *Séances de la Soc. russe de Méd. de Varsovie*, résumé in *Obozrenje psichyatrji*, n° 10, 1898, p. 810. — LENHOSSEK : « Le ganglion géniculé du facial et ses connexions », *Beitr. z. Hist. d. Nervensyst. u. d. Sinnesorgane*, Wiesbaden, 1894. — LUGARO : « Sur l'origine de quelques nerfs craniens », *Moleschott's Untersuchungen*, vol. XVI. — MARINESCO : L'origine du facial supérieur, *Rev. Neurolog.*, 1898, n° 2. — MAYER : « Contr. à l'étude de la dégénération ascendante des nerfs craniens moteurs chez l'homme », *Iahrbüch. f. Psych.*, 1894, vol. XII, p. 138. — MENDEL : « Sur le noyau d'origine du facial oculaire », *Arch. f. Psych.*, 1886, vol. XVII, et *Neurol. Centralbl.*, 1887. — MEYER : « Lésions anatomiques dans un cas de paralysie faciale ayant duré cinq jours chez un paralytique général, avec remarques sur la terminaison du nerf auditif », *Journ. of experiment. Med.* II, 6, 1897. — Negro : Sur l'existence de fibres d'association entre la VIIe et la IIIe paire », *Acad. de méd. de Turin,* 1897. — Pardo : « Contr. à l'étude du noyau du facial chez l'homme », *Ricerche del lab. di anat. norm. della R. Univ. di Roma,* vol. IV, 1898. — Penzo : « Sur le ganglion géniculé et les nerfs qui en dépendent », *Anat. Anz.,* 1893. — Popowsky : « Sur le développement du facial chez l'homme », *Morphol. Iahrb.,* 1895. — Sapolini : Étude anatomique sur le nerf de Wrisberg et la corde du tympan, *Journ. de méd. de Bruxelles,* 1884.

Trijumeau. — Bechterew : « Sur la terminaison centrale du nerf trijumeau », *Wjestnik klin. i. szudebnoï psych.,* 1887 (en russe). — « Sur les racines du trijumeau », *Neur. Centralbl.* 1887. — Bidel : « Sur la racine spinale, dite ascendante, du trijumeau », *Wien. Klin. Wochenschr.,* 8e année, 1895, p. 585 et *Neurol. Centralbl.,* 1895. — Bruce : « Sur le noyau dorsal, dit n. sensitif du glosso-pharyngien et sur les noyaux d'origine du trijumeau », *Brain,* automne 1898. — Cajal : « *Origines du trijumeau* », Madrid 1895. — Fusari : Sur le tractus spinalis du trijumeau et sur quelques faisceaux des fibres descendantes dans le faisceau antéro-latéral de la moelle, *Arch. Ital. de Biol.,* vol. XXVI, 1896, p. 387. — V. Gudden : « Contr. à l'étude des racines du trijumeau », *Allg. Zeitsch. f. Psych.,* XLVIII, 1891 et *Arch. Neurol.,* 1892. — Hagelstram : « Paralysie du trijumeau et dégénération de ses racines à la suite d'une néoformation du ganglion de Gasser », *Deutsche Zeitsch. f. Nervenheilk.,* XIII, 1898. — Homen : « Sur l'origine du trijumeau », *Neur. Centralbl.,* 1890. — Huguenin : « De l'origine du pathétique et de la racine supérieure du trijumeau », Bruxelles 1895. — Kamkoff : « Sur la structure du ganglion de Gasser chez les mammifères », *Intern. Monatsch. f. Anat. u. Phys.,* vol. XIV. — Kljatschkin : « Recherches expérimentales sur l'origine du trijumeau », *Neurol. Centralbl.,* XVI, 1897 et *Arch. Neurol.,* juin 1898, p. 490. — Lugaro : « Sur les cellules d'origine de la racine cérébrale du trijumeau », *Arch. Ital. de Biol.* vol. XXIII, p. 78. — Merkel : « Les racines trophiques du trijumeau », *Mitt. des anat. Inst. zu Rostock,* 1874. — Pierret : « Essai sur les symptômes céphaliques du tabes : Anatomie du trijumeau considéré au point de vue spécial de l'ataxie locomotrice, thèse de Paris 1876. — Soukhanoff : De la racine spinale du trijumeau, *Rev. Neurol.,* 1897. — Terterjanz : « La racine supérieure du trijumeau », *Arch. f. mikr. Anat.,* vol. LIII, p. 632, 1899. — Tooth : « Lésion destructive du tronc du nerf de la Ve paire ; étude anatomique », *St-Bartholomew's Hospital Reports,* XXIX, p. 215, — Wallenberg : « Le territoire dorsal de la racine spinale du trijumeau et ses rapports avec le faisceau solitaire chez l'homme », *Deutsche Zeitsch. f. Nervenheilk.* 1897. — « La voie secondaire du trijumeau sensitif, *Anat. Anz.,* 1895, p. 95. — « Sur la physiologie de la racine spinale du trijumeau », *Neur. Centralbl.,* XV, 1896, p. 873, et *Arch. de Neurol.* 1898, vol. I, p. 50.

Nerfs oculo-moteurs. — Bechterew : « Sur les noyaux des nerfs en rapport avec les mouvements de l'œil », *Arch. Anat. u. Phys.,* 1897. — Duval et Laborde : « De l'innervation des mouvements associés des globes oculaires, *Journ. de l'Anat.,* 1880. — Edinger : « Trajet des voies centrales des nerfs craniens », *Arch. f. Psych.,* 1885. — V. Gehuchten : Recherches sur l'origine réelle des nerfs craniens ; les nerfs moteurs oculaires, *Journ. de Neurol. et d'Hypnol.,* n° 6, 1898. — V. Gehuchten : Sur l'existence ou la non-existence des fibres croisées dans le tronc des nerfs craniens moteurs, *Annales de la Soc. belge de Neurol.,* vol. III, n° 5, 1898. — V. Gudden : « Nerfs moteurs de l'œil », *Gesammelte Abhandlungen, Edinger's Bericht pro* 1888. — Jelgersma : « Origine des nerfs moteurs de l'œil chez les oiseaux, » *Psych. u. neurol. Bladen, Afl.* 1, 1897. — Mahaim : Recherches sur les connexions qui existent entre les noyaux des nerfs moteurs oculaires et le faisceau longitudinal postérieur de la formation réticulée, *Bull. Acad. r. de Belgique,* 1895. — Nussbaum : « Sur les rapports réciproques des territoires d'origine centrale des nerfs des muscles de l'œil », *Wien. med. Iahrb.,* 1887. — Panegrossi : « Contrib. à l'étude anatomo-physiologique des centres des nerfs oculo-moteurs de l'homme », *Labor. d. Anat. normale di Roma*, 1898. — Sachs : « Sur les processus atrophiques secondaires dans les noyaux d'origine des nerfs moteurs oculaires », *V. Graefe's Arch. f. Ophth.*, vol. XLII, p. 40, 1896. — Siemerling et Bœdecker : « Paralysie chronique progressive des muscles de l'œil, etc. », *Arch. f. Psych.*, vol. XXIX, 1897, p. 420. — Spitzka : « Les centres oculo-moteurs et leur coordination », *The Journ. of nerv. and ment. Diseases*, 1888. — Starr : « Ophtalmoplégie externe partielle », *Journ. of nerv. and ment. Diseases*, 1888. — Wallenberg : « Sur un faisceau croisé allant du cervelet aux noyaux oculo-moteurs chez le pigeon », *Allg. Zeitsch. f. Psych.* t. LVI, mai 1899 et *Rev. Neurol.*, 30 nov. 1899.

Moteur oculaire commun. — Bernheimer : « Sur l'anatomie de l'oculo-moteur », *Verh. d. Ges. Naturf.*, 1894. — « Étude expérimentale sur les nerfs moteurs des muscles intérieurs et extérieurs de l'œil », *Arch. f. Ophthalmologie*, 1897. — « Recherches expérimentales sur les muscles intérieurs et extérieurs de l'œil, innervés par le moteur oculaire commun », *Neurol. Centralbl.*, 1899, 15 février. — Biervlie : Noyau d'origine du nerf moteur oculaire commun du lapin, *La Cellule*, t. XVI, 1898. — Bruce : « Sur la segmentation du noyau de la IIIe paire cranienne », *Proc. of the roy. Soc. of Edinburgh*, 1891. — Darkschewitch : « Sur le noyau supérieur de l'oculo-moteur », *Arch. f. Anat. u. Phys.*, 1889. — Grasset : Le chiasma oculo-moteur (semi-décussation de l'oculo-moteur commun), *Rev. Neurol.*, 1897. — *Anatomie clinique des centres nerveux*, Paris, Baillière, 1900, p. 39 à 58. — Hensen et Voelkers : « Sur l'origine des nerfs de l'accommodation », *Arch. f. Ophtalm.*, 1878. — Kahler et Pick : « Sur la localisation de la paralysie partielle de l'oculo-moteur », *Prag. Zeitsch. f. Medicin*, 1881. — Klimoff : « Connexions du cervelet avec le noyau de l'oculo-moteur commun », *Wratsch*, 1896. — Koelliker : « Sur l'origine du nerf oculo-moteur commun chez l'homme », *Sitz. d. Wurzb. phys. med. Gesellschaft*, 1892. — *Histologie de l'homme*, 6e édition, vol. II, p. 294. — V. Gehuchten : De l'origine du nerf moteur oculaire commun, *La Cellule*, 1892. — Miralli é : Note sur l'état du moteur oculaire commun dans certains cas d'hémiplégie d'origine cérébrale, *Soc. de Biol.*, 9 juillet 1898, p. 736. — Perlia : « L'anatomie du centre de l'oculo-moteur chez l'homme », *Graefe's Arch.*, 1889. — Schwabe : « Sur la division du noyau du M. O. C. en noyaux secondaires affectés à chaque muscle », *Neurol. Centralbl.*, 1896. — Westphall : « Un nouveau groupe de cellules dans le noyau de l'oculo-moteur », *Centralbl. f. Nervenheilk.*, 1889. — Zander : « Sur la disposition des faisceaux radiculaires de la IIIe paire à leur sortie du pédoncule », *Anat. Anz.*, 1896, vol. XII, p. 545.

Pathétique. — V. Gehuchten : De l'origine du pathétique et de la racine supérieure du trijumeau, *Bull. Acad. royale des Sc. de Belgique*, 1895. — Golgi : Sur l'origine du IVe nerf cérébral, *Arch. Ital. de Biol.*, 1893. — Kausch : « Sur la situation du noyau du trochléaire », *Neur. Centralbl.*, 1894.

Moteur oculaire externe. — Gowers : « Sur le noyau dit noyau du facial et de l'abducens », *Centralbl. f. d. med. Wissenschaft*, 1878, p. 417. — Mingazzini : « Sur l'origine réelle du nerf abducens », *Gaz. méd. de Rome*, vol. XVI. — Pacetti : « Sur le noyau d'origine du nerf abducens », *Lab. d'Anat. normale de l'Univ. de Rome*, vol. V, 1895, p. 121. (Voir la bibliographie de la fin du chapitre V.)

Nerf, chiasma et bandelette optiques. — Bechterew : « Études expérimentales sur l'entre-croisement des fibres du nerf optique au chiasma », *Neurol. Centr.*, 1893. — « Le croisement partiel des nerfs optiques dans le chiasma des mammifères supérieurs », *Neurol. Centralbl.*, vol. XVII, 1898. — Bernheimer : « Sur les racines du nerf optique de l'homme, origine, développement et trajet de leurs fibres », *Wiesbaden*, 1891. — Cajal : « Le chiasma optique », *Rev. trim. micrograf.*, II, p. 15, 1898. — Cramer : « Contr. à l'étude de l'entre-croisement des nerfs optiques au chiasma et de l'influence sur les centres de l'atrophie d'un des globes oculaires », *Anat. Hefte, Abtheil.* I, 1898. — Darkschewitch : « Sur l'entre-croisement des fibres du nerf optique », *Arch. f. Ophthalmol.* 1891, vol. XXXVII. — Dexler : « Recherches sur le trajet des fibres dans le chiasma du cheval et la vision binoculaire chez cet animal », *Trav. de l'Inst. d'Anat. et Phys. du système nerveux central*, à Vienne, 1897, *Iahrb. f. Psych. u. Neurol.*, XVI, 1897. — Don : Sur les nervi nervorum des nerfs optiques, *La Clinique ophthalmologique*, 1899. — Faravelli et Fasola : La force électromotrice nerveuse appliquée à l'étude du chiasma des nerfs optiques, *Arch. Ital. de Biol.*, 1889, t. XII, p. 224. — Gruetzner : « Remarques critiques sur l'anatomie du chiasma optique », *Deut. Med. Woch.*, XXIII, 1897. — Gudden : « Sur l'entre-croisement des fibres des nerfs optiques au niveau du chiasma », *Arch. f. Ophthalmol.* vol. XX, 1874 ; vol. XXI, 1875 ; vol. XXV, 1879. — Hebold : « Le trajet des fibres dans le nerf optique », *Neurol. Centralbl.*, 1891. — Hosen : « Sur l'entre-croisement des nerfs optiques chez l'homme », *Corresp. Bl. f. Schweizer Aerzte*. 1894. — Hufler : « Sur le trajet des fibres dans le nerf optique de l'homme », *Deuts. Zeitsch. f. Nervenh.*, 1895. — Koelliker : « Preuve du croisement complet du nerf optique chez l'homme, le chien, le chat, le renard et le lapin », *Verhandl. d. Anat. Gesells., Xe Versam.*, Berlin, p. 13. — Krause : « Une particularité du nerf optique », *Anat. Anz.*, vol. XV, 1898. — Jacqueau : *Des troubles visuels dans leurs rapports avec les tumeurs intéressant le chiasma*, thèse de Lyon, 1896. — Michel : « Sur la présence de cellules névrogliques dans le nerf optique, le chiasma et la bandelette », *Sitzb. Physik. med. Gesell. Würzburg*, 1893, p. 23, 24. — Moeli : « Lésions du tractus et du nerf optiques secondaires aux lésions du lobe occipital », *Arch. f. Psych.*, 1890 ; — « Sur les états atrophiques secondaires dans le nerf optique », *Neurol. Centralbl.*, vol. XVII, 1898, et *Arch. f. Psych. u. Nervenkr.*, XXX, 1898. — Pick : « Recherches sur les rapports topographiques existant entre la rétine, le nerf optique et le faisceau croisé de la bandelette, chez le lapin », *Nova Acta d. k. Leop. Carol. Akad. d. Naturf.*, 1895, vol. LXVI. — Popoff : « Contr. à l'étude de la structure du chiasma des nerfs optiques chez l'homme », *Wratch*, 1893. — Pribytkow : Contr. à l'étude du trajet des fibres du nerf optique, *Société des aliénistes et neurol. de Moscou*, 1892 et *Arch. de Neurol.*, 1892. — Sachs : « Sur les processus atrophiques secondaires dans les noyaux d'origine des nerfs des muscles oculaires », *Arch. f. Ophthalmologie*, 1898. — Schlagenhaufer : « Contr. anat. au trajet des fibres des voies optiques et sur l'atrophie tabétique du nerf optique », *Iahrb. f. Psych., u. Neurol.*, XVI et *Wiener Klin. Woch.*, 1897. — Singer et Müenzer : « Contr. à l'étude de l'entre-croisement des nerfs optiques », *Denksch. d. Wiener Akad.*, 1888. — Solder : « Sur l'anatomie du chiasma optique chez l'homme », *Wien. Klin. Wochensch.* XI, 44, 1898. — Staurenghi : « Sur le trajet des fibres myéliniques du nerf optique », *Rendiconti d. Real. Ist. Lombardo*, 1891. — Tartuferi : « Étude comparative du tractus optique et des corps genouillés », Turin, 1881 : — « Étude comparative du tractus optique chez les mammifères », *Mem. de l'Acc. d. Sc. di Bologna*, 1885. — Telatria : « Sur l'entre-croisement des fibres du nerf optique », *Neurol. Centralbl.*, vol. XVI, p. 321, 1897. — Usher et Dean : « Recherches expérimentales sur le trajet des fibres du nerf optique », *Brit. med. Journ.*, 1896 et *Neurol. Centralbl.*, 1896, vol. XV. p. 885. — Wallenberg : « Le faisceau médial du nerf optique chez le pigeon, *Neurol. Centralbl.*, XVII, p. 552, 1898. — Wieting : « Sur l'anatomie du chiasma humain », *Arch. f. Ophthalmologie*, XLV, première partie, p. 73, 1889. — Zander : « Sur la topographie et les dimensions du chiasma optique et leur importance pour le diagnostic des tumeurs de l'hypophyse », *Deutsche med. Woch.*, XXIII, 1897.

Centres optiques primaires. — Bellonci : La terminaison centrale du nerf optique chez les mammifères, *Arch. Ital. de Biologie*, 1884. — Cajal : Sur la fine structure du lobe optique des oiseaux et sur l'origine réelle des nerfs optiques, *Internat. Monat. f. Anat. u. Physiol.*, 1891, vol. VIII. — Cajal : « *Terminaison centrale des fibres rétiniennes*», Madrid 1894. — Cajal (Pedro) : « Centres optiques des oiseaux », *Rev. trim. microgr.*, III, 1898. — Darkschewitsch : « Sur les centres optiques dit primaires et leurs rapports avec l'écorce cérébrale », *Arch. f. Anat. u. Phys.*, 1886. — Dimmer : « Les voies optiques », *Arch. f. Augenheilk.*, 1898. — Elinson : Les fibres centrifuges du nerf optique, *Soc. de Biol.* 1896, n° 26. — Ganser : « Sur la disposition centrale et périphérique des fibres du nerf optique et sur les quadrijumeaux antérieurs », *Arch. f. Psych*, vol. XVI. — V. Gehuchten : Structure des lobes optiques chez l'embryon du poulet, *La Cellule*, 1893. — Henschen : « *Anatomie des voies optiques au point de vue du diagnostic* », Upsales, 1893. — « Sur les localisations sensorielles à l'intérieur du corps genouillé externe », *Neur. Centralbl.* 1894, p. 194. — Sur le centre optique cérébral, *Congr. intern. de médecine de Rome*, 1894 et *Rev. gén. d'ophtal.*, 1894. — Jaboulay : *Relations des nerfs optiques avec le système nerveux central*, thèse d'agrégation, Paris 1886. — Manouélian : Recherches sur l'origine des fibres centrifuges du nerf optique, *Soc. de Biol.* 18 nov. 1899. — V. Monakow : « Recherches expérimentales et pathologico-anatomiques sur les rapports de la sphère visuelle sur les centres optiques infra-corticaux et le nerf optique », *Arch. f. Psych.*, vol. XIV, fasc. 3, et vol. XVI, fasc. 1 et 2. — Perlia : « Sur un nouveau centre optique chez le poulet », *Graefe's Arch.* 1889, vol. XXXV. — « Sur les rapports du nerf optique avec le système nerveux central », *Klin. Monatsch. f. Augenheilk.* 1891. — Richter : « Sur les voies optiques de l'encéphale de l'homme », *Arch. f. Psych.*, vol. XII. — Vialet : L'appareil nerveux visuel et ses rapports avec la pathologie cérébrale, *Semaine méd.*, oct. 1893 et thèse de Paris 1893. — Tartuferi : « *Contr. anat. et expérimentale à l'étude du tractus optique et des organes centraux de l'appareil de la vision* », Turin 1881 ; — « Sur la fine anatomie des quadrijumeaux antérieurs », *Arch. Ital. per le mal. nerv.*, 1885.

Fibres pupillaires. — Alarina : Il neurone del ganglio ciliare e i centri dei movimenti pupillari, *Rivista di patol. nerv. e ment.*, III, 1898, p. 529. — Bach : « Sur les paralysies des muscles de l'œil et les troubles des mouvements de la pupille », *Arch. f. Ophthalmologie*, 1898, p. 339. — Bechterew : « La transmission de l'excitation lumineuse de la rétine à l'oculo-moteur », *Arch. psichiatrii. neurol. i szud. psichopatol.*, 1889 (en russe) ; — « Sur les fibres du myosis », *Neurol. Centralbl.*, 1894. — Bernheimer : « Contr. à l'étude des rapports entre le ganglion ciliaire et la réaction pupillaire », *Arch. f. Ophthalm.*, vol. XLIV, 1897 ; — « La voie réflexe des réactions pupillaires, d'après des recherches anatomiques et embryologiques sur le cerveau de l'homme et des recherches expérimentales sur le singe », *Arch. f. Ophthalm.*, 1898. — Darkschewitch : « Sur les fibres pupillaires de la bandelette optique », *Neur. Centralbl.*, 1887. — Frenkel : Etude sur l'inégalité pupillaire dans les maladies et chez les personnes saines, *Revue de Médecine*, 1897. — Schirmer : « Recherches sur la pathologie de la pupille et sur les fibres pupillaires centripètes », *V. Graefe's Arch. f. Opht.*, 1897, vol. XLIV, p. 358.

CHAPITRE III

PROLONGEMENT DES VOIES MÉDULLAIRES

[L'étude des voies de conduction du bulbe se prêterait difficilement à la division habituelle en faisceaux de projection et faisceaux d'association : cette manière de faire obligerait en effet à séparer les uns des autres des systèmes dont le trajet est absolument parallèle et qui ne diffèrent entre eux que par l'absence ou la présence d'un relai dans un noyau gris bulbaire : tels sont, par exemple, le faisceau de Gowers, d'une part, et le Fondamental, d'autre part : telles sont encore, parmi les fibres des cordons postérieurs, celles qui s'interrompent dans les noyaux bulbaires de ces cordons et celles qui passent directement dans le ruban de Reil et se continuent ainsi jusqu'à la couche optique. Aussi, sans tenir compte de leurs rapports avec les masses grises du tronc cérébral, allons-nous décrire dans ce chapitre les faisceaux bulbaires qui font suite aux voies médullaires, directement ou indirectement.]

La description précise du trajet de chacun de ces faisceaux et des rapports qu'il contracte avec les noyaux gris qu'il rencontre est liée en général à des difficultés quelquefois insurmontables qui proviennent surtout de l'extraordinaire complication structurale de cette région où les faisceaux blancs se mêlent et s'entremêlent à plaisir : de nouvelles données ne pourraient être acquises que par l'introduction de méthodes particulières ; toutefois, il faut reconnaître la grande valeur des résultats obtenus jusqu'ici, grâce à l'embryologie et à la méthode des atrophies expérimentales, sur les rapports réciproques des noyaux gris et le trajet des faisceaux du tronc cérébral.

On divise habituellement cette portion de l'encéphale en deux régions longitudinales :

La *calotte* ou *tegmentum*, en haut et en arrière ;

Le *pied* ou *base*, en bas et en avant.

Leur limite est indiquée dans leur partie inférieure par le bord postérieur des pyramides ; plus haut par un faisceau particulier, le *ruban de Reil (fig. 171, ll, p. 262 ; fig. 197)* ; plus haut encore par la *substance noire de Soemmering (fig. 148, sn, p. 223)* qui s'interpose entre le ruban et le pied. La calotte contient des faisceaux venus de toutes les parties de la moelle, à l'exception des voies pyramidales qui passent par la région du pied ; nous allons donc y retrouver, outre les faisceaux venus directement de la moelle, la continuation de tous les systèmes qui, dans la moelle, unissent entre eux les différents étages de la substance grise : [nous étudierons ainsi successivement :

I. — Les voies de continuation des cordons postérieurs :

a) Le Ruban de Reil ;

b) Les autres connexions proximales de ces cordons ;

II. — Les systèmes homologues et continuateurs des Fondamentaux antéro-latéraux ;

III. — Les faisceaux venus de la moelle et qui ne contractent avec les masses grises du tronc cérébral que des relations d'ordre secondaire :

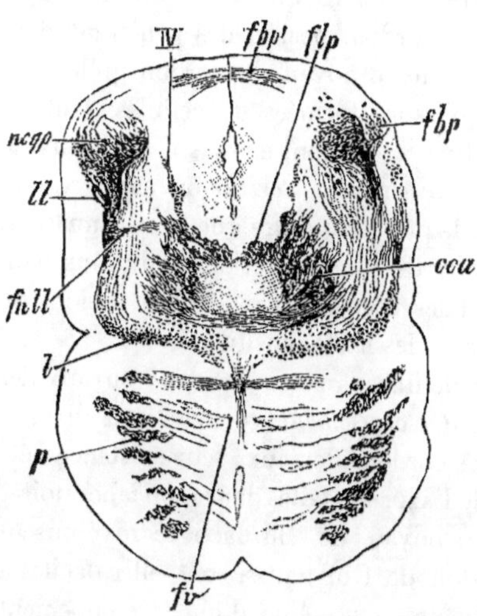

Fig. 197. — COUPE TRANSVERSALE DU CERVEAU MOYEN AU NIVEAU DES QUADRIJUMEAUX POSTÉRIEURS.

(Enfant de quelques semaines. Méthode de Weigert.)

cca, Pédoncule cérébelleux supérieur.
fbp, Fibres allant du quadrijumeau postérieur au bras postérieur du même côté et
fbp', à celui du côté opposé, en passant au-dessus de l'aqueduc.
flp, Bandelette longitudinale postérieure.
fnll, Faisceau s'entre-croisant et venant du noyau du ruban latéral.
fo, Faisceau vertical de la protubérance.
l, Ruban principal.
ll, Ruban latéral.
ncqp, Noyau du quadrijumeau postérieur.
p, Faisceau pyramidal.
IV, Racines du trochléaire.

a) Ceux qui passent par la calotte : le Gowers et le Cérébelleux direct ;

b) Ceux qui passent par la région du pied : les voies pyramidales.

Ces différents systèmes contractent avec certaines formations bulbaires (noyaux des nerfs craniens, formation réticulée) des connexions qu'il sera plus profitable d'étudier séparément dans les chapitres suivants.]

ARTICLE I. — VOIES DE CONTINUATION DES CORDONS POSTÉRIEURS.

Nous avons vu, dans le chapitre premier, qu'au niveau de l'angle inférieur du IV° ventricule les fibres des cordons postérieurs pénètrent dans deux masses grises appelées respectivement le noyau du cordon grêle et le noyau du faisceau cunéiforme et qui sont formées de cellules dont les neurites, revêtus d'une gaine de myéline, se croisent en masse avec ceux du côté opposé, constituant ainsi l'*entre-croisement postérieur* ou *supérieur* dit encore *sensitif* (*fig. 118, crs,* p. 198), lequel n'est autre que la continuation, du côté proximal, des fibres des noyaux de Burdach et de Goll : plus haut les fibres dont il est formé s'adjoignent des fibres venues d'autres régions du tronc cérébral, en particulier des noyaux des nerfs sensitifs.

Mais il existe un certain nombre de fibres venues des deux noyaux des cordons postérieurs qui gagnent *sans entre-croisement* la couche interolivaire, lieu de rendez-vous des fibres venues des cordons dorsaux : leur existence a été mise hors de doute par les recherches de LAZURSKI, faites dans mon laboratoire.

Les fibres qui proviennent du noyau de Burdach se myélinisent beaucoup plus tôt que celles du cordon de Goll; aussi sont-elles faciles à distinguer chez le fœtus de 30 centimètres ou même d'un développement moins avancé; les secondes au contraire ne sont visibles qu'à partir de 35 à 38 centimètres.

Toutes ces fibres, après s'être conglomérées dans la couche interolivaire, prennent une direction ascendante et constituent le *ruban de Reil*.

A. — *Ruban de Reil ou Couche du Ruban.*

Sous les noms de *ruban*, de *lemnisque* ou de *couche du ruban* on désigne une masse importante de fibres myéliniques formant une large cloison qui sépare sur une certaine étendue le pied et la calotte (*fig. 177,* p. 275; *fig. 179, l,* p. 279). Déjà très apparent au-dessous de la protubérance (*fig. 174, l,* p. 262), il reçoit pendant son trajet de nouvelles fibres qui viennent de diverses sources pour se joindre à celles des noyaux des cordons postérieurs dont est formée sa masse fondamentale; en s'approchant des quadrijumeaux, il s'étale, s'aplatit, se rapproche de la face externe de la calotte et devient ainsi, en partie, visible à l'extérieur en avant du sillon latéral de l'isthme. Au niveau des quadrijumeaux antérieurs il offre, sur les coupes transversales, la forme d'une faux à concavité dirigée en dedans (*fig. 193, fl*, p. 300), aspect qu'il conserve jusqu'au niveau de la moitié supérieure du quadrijumeau (*fig. 148*, p. 223). Plus haut il se termine dans certains noyaux de la base (couche optique, globus pallidus du noyau lenticulaire) d'où partent des fibres qui le continuent jusqu'à l'écorce, mais son mode de terminaison supérieure est encore entouré de nombreuses obscurités.

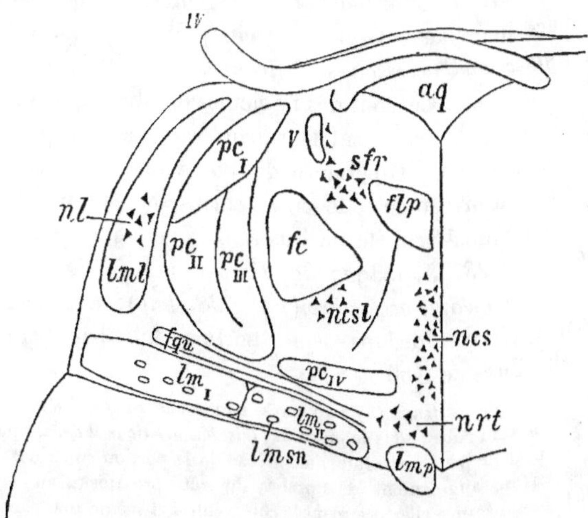

Fig. 198. — SCHÉMA DE LA DIVISION TOPOGRAPHIQUE DU RUBAN DE REIL
ET DU PÉDONCULE CÉRÉBELLEUX SUPÉRIEUR.

aq, Aqueduc de Sylvius.
fc, Voie centrale de la calotte.
flp, Bandelette longitudinale postérieure.
fqu, Fibres allant de la région du quadrijumeau postérieur au noyau réticulé.
lm I, Fibres du ruban principal venant du noyau de Burdach.
lm II, Fibres venant du noyau de Goll.
lml, Ruban latéral ou acoustique.
lmp, Ruban interne ou médial accessoire pédonculaire.
lmsn, Faisceaux disséminés du ruban.
ncs, Noyau central supérieur.
ncsl, Noyau central supérieur latéral.
nl, Noyau du ruban latéral.
nrt, Partie antérieure du noyau réticulé de la calotte.
pc I, pc II, pc III, pc IV, Portions dorsale, moyenne, interne et ventrale du pédoncule cérébelleux supérieur.
sfr, Substantia ferruginea ou locus cœruleus.
IV, Racines du trochléaire.
V, Racine cérébrale du trijumeau.

Division topographique. — Les fibres qui forment le ruban de Reil ou couche du ruban peuvent être réparties de la façon suivante :

1° Le *ruban principal* ou *ruban interne* (*médial*) des auteurs; c'est la portion la plus importante : elle se poursuit sur toute la hauteur du tronc cérébral (*fig. 163, l*, p. 249; *fig. 179, l*, p. 279; *fig. 198, lm*);

2° Le *ruban latéral* ou *inférieur* immédiatement en dehors du précédent, situé à la face externe de la calotte ; il s'étend depuis la région de l'olive supérieure jusqu'au quadrijumeau postérieur (*ll: fig. 139*, p. 215 ; *fig. 144*, p. 220 ; *fig. 179*, p. 279 ; *fig. 197*, p. 324 ; *fig. 201 à 204*, p. 330 ; — *lml: fig. 198*) (1). Il fait partie des voies acoustiques centrales.

Le ruban principal peut être divisé en : *a*) un *faisceau externe* formé de fibres venues du noyau de Burdach (*fig. 198, lmI*) ; un faisceau *interne* formé de fibres venues du noyau de Goll (*Ibid., lmII*). Il comprend en outre :

c) Les *faisceaux accessoires disséminés* (*fig. 198, lmsn*) ou *ruban pédonculaire disséminé*. Ce sont des fascicules de fibres qui, plus nombreux dans sa partie interne, traversent le ruban principal sur presque toute sa largeur depuis la portion supérieure du bulbe jusqu'à la substance noire (*fig. 199, lm*). Au niveau de celle-ci, ils correspondent au *ruban du pied* de FLECHSIG (Pedunculus-Schleife ou Fussschleife) et se rendent dans le pied du pédoncule (*fig. 237, 5*, p. 392 ; *fig. 139*, p. 215, *ls* ; *fig. 215, lsp*, p. 355).

d) Le *ruban médial accessoire* (*fig. 198, lmp*) : à sa sortie du pied du pédoncule il se place en dedans de la portion du ruban principal qui est formée par des fibres de Goll.

Dernièrement, SCHLESINGER (2) a, d'après leur mode de dégénération, individualisé un groupe de fibres du ruban sous le nom de *faisceau pontique latéral* : lors de la dég. ascendante du ruban on peut y constater, au niveau de la portion supérieure de l'olive, des fibres dégénérées qui augmentent de nombre du côté proximal : au niveau du tiers inférieur de la protubérance elles occupent le côté ventral et même une partie de la portion latérale du ruban principal. Plus haut, dans son trajet dirigé vers l'entre-croisement du trochléaire, ce faisceau est repoussé en dehors avec le ruban principal et pénètre bientôt dans la région dorso-latérale de la voie pyramidale. D'après SCHLESINGER il ne serait autre que celui que FLECHSIG a décrit sous le nom de *ruban du pédoncule*, et que j'ai appelé moi-même ruban disséminé accessoire. Je crois pourtant qu'il s'agit ici d'un système particulier, une sorte de complément du ruban médial, lequel, d'ailleurs, chemine à côté de la voie pyramidale.

[Ce faisceau présente d'assez grandes variations individuelles : lorsqu'il est très développé il peut être visible à la surface externe du pédoncule et constitue alors le *faisceau en écharpe* de FÉRÉ ; DÉJERINE et LONG (3) lui donnent le nom de *pes lemniscus superficiel* par opposition au *pes lemniscus profond* qui pénètre dans la partie externe du ruban de Reil principal et, de là, traverse le locus niger par fascicules séparés pour se rendre dans la pyramide bulbaire au niveau de l'entre-croisement moteur : ce pes lemniscus profond comprend encore, d'après ces auteurs, des fibres qui sont simplement détachées de la face postérieure des voies pyramidales et refoulées en arrière jusque dans le ruban de Reil par les faisceaux transverses des pédoncules cérébelleux moyens. Il paraît correspondre au faisceau accessoire disséminé décrit ci-dessus.

----

(1) Par opposition au terme de ruban latéral ou inférieur, on peut, sous celui de *ruban supérieur*, décrire un faisceau qui va du quadrijumeau postérieur à la couche optique et, au niveau du tubercule antérieur, devient contigu au bord dorsal du ruban. Habituellement pourtant, ce nom est réservé à l'un des faisceaux de la couche du ruban, au ruban principal.

(2) *Travaux de l'Institut Viennois d'anatomie et physiologie du système nerveux*, 1896, IV. fascicule.

(3) Sur quelques dég. secondaires du tronc encéphalique de l'homme étudiées par la méthode de Marchi : ruban de Reil, pes lemniscus, etc., *Soc. Biologie*, 30 juillet 1898. — LONG : thèse citée, p. 59 à 64.

Enfin ces deux auteurs distinguent également des fibres aberrantes *pédonculaires* (*lemniscus superficiel et profond*) les fibres aberrantes *protubérantielles*, lesquelles se placent, d'après la description de SCHLESINGER, dans l'angle qui sépare le ruban de Reil *médian du* ruban de Reil latéral. Nous retrouverons ces différents faisceaux à propos des voies centrales des nerfs craniens. (Voir chap. V et V⁰ partie, chap: II.)]

Fig. 199. — RÉGION DE LA COUCHE DU RUBAN.

Coupe transversale de la protubérance d'un enfant de 2 à 3 mois; fort grossissement.
fv, Faisceau vertical reliant la s. grise protubérantielle avec le noyau réticulé, la formation réticulée et le quadrijumeau postérieur.
l, Couche du ruban.
lm, Faisceaux disséminés de fibres descendantes, à l'intérieur de la couche du ruban.
En arrière de la couche du ruban (au-dessus dans la figure), on voit la coupe transversale des fibres qui montent au quadrijumeau.

Origines inférieures du ruban de Reil. — A son extrémité distale, le ruban est constitué par des fibres :

1° Du noyau de Burdach ;

2° Du noyau de Goll ;

3° Des cordons postérieurs (fibres venues directement, sans passer par les noyaux de ces cordons) ;

4° Des cordons latéraux.

1° Après avoir pris part à la formation de l'entre-croisement sensitif, les fibres venues du noyau de Burdach se dirigent, les unes, vers le noyau central inférieur, les autres, vers la couche interolivaire dont elles forment la portion antérieure (*fig. 118, fi,* p. 198), puis elles continuent leur trajet ascendant et forment, immédiatement en arrière des fibres transversales du trapèze, fibres qu'elles dissocient en partie, la *portion externe* du ruban (*fig. 198, lml*).

2° Les fibres venues du noyau du cordon grêle se placent, dans la couche interolivaire, en arrière des précédentes, et *en dedans*, dans le ruban de Reil.

3° Après qu'Edinger eut décrit des fibres venues des régions profondes des cordons antéro-latéraux et pénétrant dans le territoire du ruban pour en suivre le trajet ascendant, un grand nombre d'auteurs publièrent des observations de dég. ascendante du ruban consécutive à des lésions en foyer de la moelle et se poursuivant jusqu'à la couche optique. Expérimentalement aussi, l'existence des fibres *spino-thalamiques* a été démontrée, il y a quelques années, dans mon laboratoire, par Lazurski (section, chez le chien, de la partie supérieure de la moelle; examen au Marchi). Les recherches ultérieures de Mott démontrèrent que ces mêmes fibres dégénèrent chez le singe, même après lésion de la moelle lombaire. La littérature dispose aujourd'hui d'une longue série d'observations sur la dégénération des fibres spino-thalamiques, chez l'homme, après lésion de la moelle. Tels sont les cas publiés par v. Soelder, Mott, Quensel, Wersilow, etc.

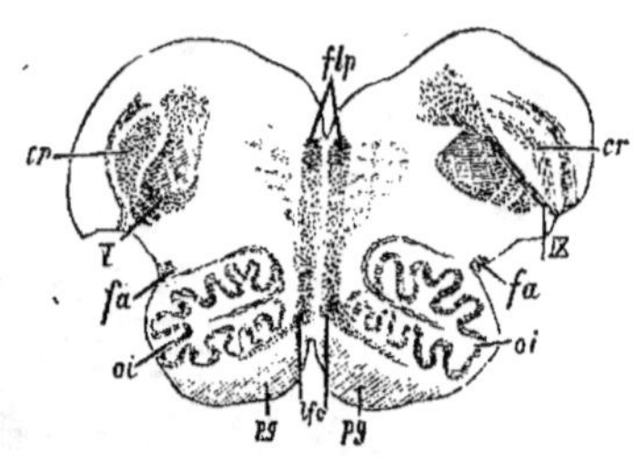

Fig. 200. — LES FIBRES DU NOYAU DE BURDACH DANS LA COUCHE INTER-OLIVAIRE.

(Fœtus de 6 mois.)

cr, Fibres myélinisées du corps restiforme.
fa, Faisceau aberrant du bulbe.
flp, Bandelette longitudinale postérieure.
lfc, Fibres de la couche interolivaire venues du noyau du cordon cunéiforme.
oi, Olive inférieure.
pg, Faisceau pyramidal.
V, Racine spinale du trijumeau.
IX, Fibres du glosso-pharyngien naissant du noyau de l'aile grise.

Le premier de ces auteurs (1) vit dégénérer, consécutivement à un ramollissement de la moelle cervicale, des fibres qui s'élevaient en traversant tout le tronc cérébral, jusqu'à la région des couches optiques. Il décrivit deux faisceaux ascendants situés dans le ruban latéral et dans la substance réticulée : parvenus sous les quadrijumeaux, ces faisceaux suivaient la direction du ruban et s'infléchissaient avec lui en avant pour gagner la région sous-thalamique, passaient ensuite en avant du c. genouillé externe et se terminaient dans le noyau ventral de la couche optique. Quensel (2) observa également la dégénération de la même voie, chez l'homme, après compression des IXe et X^e segments de la moelle; quelques faisceaux aberrants venaient de dehors en dedans se joindre au ruban, mais v. Soelder ne put arriver, dans ses recherches ultérieures, à confirmer l'existence de ce dernier système. Wersilow observa aussi la dégénération des fibres spino-thalamiques dans la couche du ruban, après compression de la moelle au niveau du IIe nerf cervical.

4° Le ruban reçoit encore des fibres du cordon antéro-latéral qui se croisent

(1) *Neur. Centralbl.*; XVI, 1897.
(2) *Neur. Centralbl.*, XVII, p. 482, 1898.

dans la commissure ventrale de la moelle (*fig. 119*, p. 200, *ffl*) : il semble que leur développement précède celui de tous les autres éléments constitutifs du ruban. Dans la région de l'olive inférieure elles se placent de préférence dans la portion externe de la couche interolivaire : plus haut elles disparaissent dans la masse du ruban principal : leur localisation dans la couche interolivaire et leur trajet ultérieur demandent à être précisés par de nouveaux travaux : en

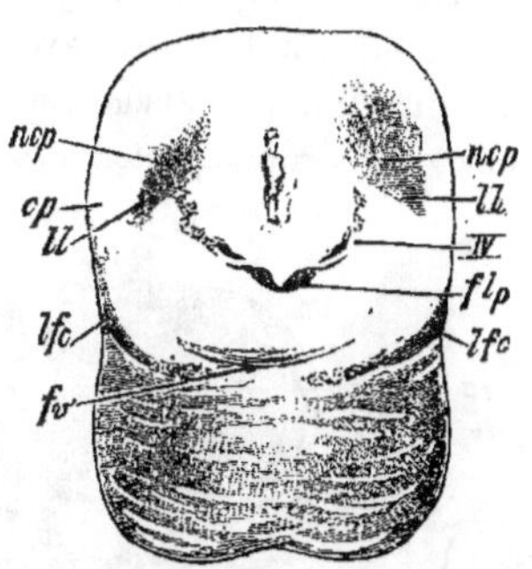

Fig. 201. — COUPE DU CERVEAU MOYEN PASSANT PAR LES QUADRIJUMEAUX POSTÉRIEURS.

(Fœtus de 6 à 7 mois. Méthode de Weigert.)

cp, Territoire occupé par le noyau parabigéminé.
flp, Bandelette longitudinale postérieure.
fv, Faisceau ventral du pédoncule cérébelleux supérieur.
lfc, Fibres du ruban principal venues du noyau du cordon cunéiforme.
ll, Ruban latéral ou acoustique.
ncp, Noyau du quadrijumeau postérieur.
IV, Racines du trochléaire.

tout cas, et ainsi qu'il résulte des recherches faites par LAZURSKI dans mon laboratoire, au moyen de la méthode de Marchi, la section du cordon latéral au niveau de la partie supérieure de la moelle s'accompagne d'une dégénération diffuse des fibres du ruban ; cette dégénération peut être suivie jusqu'à la couche optique.

Développement du Ruban. — C'est le ruban latéral ou inférieur qui se myélinise en premier lieu : du cinquième au sixième mois de la vie fœtale (*fig. 139, ll*, p. 215 ; *fig. 198, lml*) ; peu de temps après, le ruban principal (*fig. 204, lfcg ; fig. 198, lml* et *lmII*) : en premier lieu, les fibres qui proviennent du noyau de Burdach (*fig. 203, lfc ; fig. 198, lmI*). Après la naissance, le ruban accessoire ou pédonculaire disséminé ; plus tard le ruban accessoire ou pédonculaire

médial. Le ruban principal ou interne se divise de son côté, au point de vue embryologique, en une portion interne et une portion externe ; celle-ci se myélinisant la première (*fig. 201, lfc ; fig. 203* et *204, lfc, lfcg*) [1].

Trajet et terminaison proximale du ruban de Reil. — Nous ne traiterons pas ici du ruban latéral (voie auditive centrale), du ruban pédonculaire disséminé ni du ruban pédonculaire médial (voie centrale des nerfs craniens) et ne nous occuperons que du ruban principal.

---

(1) La portion externe correspond en général au ruban inférieur ; l'interne, au ruban supérieur des auteurs allemands : d'ailleurs, on comprend sous le terme de ruban inférieur des faisceaux qui proviennent de la région des quadrijumeaux, et inversement, sous celui de ruban supérieur, des fibres qui proviennent de la couche optique et de l'écorce (voyez : EDINGER : « *Leçons sur la structure du système nerveux central* ». Quelquefois aussi le ruban latéral est désigné sous le nom de ruban inférieur.

A. — Chez le fœtus de 3o à 35 centimètres on voit *les fibres issues du noyau du cordon de Burdach* suivre deux directions différentes après leur pénétration dans la portion externe du ruban principal.

Les unes (*fig. 205, bn,* et *fig. 212,* p. 35o) commencent, dès la région du quadrijumeau postérieur, à décrire un coude pour se diriger du côté distal (postérieur) le long du bord externe du pédoncule : elles se mettent ainsi bientôt en rapport avec le *noyau latéral du ruban* ou *corps parabigéminé* (*fig. 180, cpb,* p. 280, et *fig. 145, cpr,* p. 220) et, d'autre part, avec la *substance noire* : les recherches faites sous ma direction par JUERMANN ont montré, en effet, que la destruction des noyaux des cordons postérieurs est

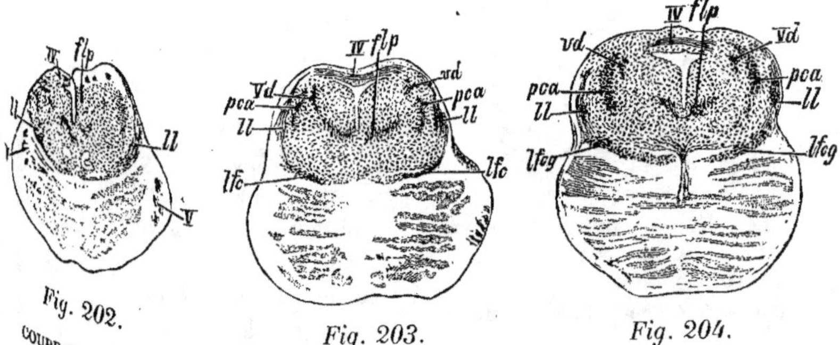

Fig. 202.

Fig. 203.

Fig. 204.

COUPE DU MÉSOCÉPHALE AU NIVEAU DE L'ENTRE-CROISEMENT DU TROCHLÉAIRE.

(Fig. 202, fœtus de 5 à 6 mois ; *fig. 2o3,* fœtus de 6 à 7 mois ; *fig. 2o4,* fœtus à terme. Méthode de Weigert.)

flp, Bandelette longitudinale postérieure.
lfc, Fibres du ruban principal venant du noyau de Burdach.
lfcg, Ruban principal avec des fibres venant des deux noyaux des cordons postérieurs.
ll, Ruban latéral.
pca, Pédoncule cérébelleux supérieur.
IV, Trochléaire.
V, Trijumeau.
Vd, Racine descendante du trijumeau.

suivie, entre autres dégénérations, de celle de fibres myéliniques situées dans le territoire de la s. noire : on peut donc dès maintenant considérer comme démontrées les connexions admises antérieurement entre celle-ci et les noyaux des cordons postérieurs. Ces deux catégories de fibres ne forment qu'une minorité ; la plus grande partie atteint la région du quadrijumeau antérieur.

Les autres continuent sans interruption leur trajet ascendant et commencent, au niveau du noyau rouge, à se placer de plus en plus en dehors pour se diriger vers le *corps sous-thalamique* de LUYS (*fig. 188, cst,* p. 292, et *206, cs,* p. 335) au niveau duquel elles paraissent subir une nouvelle interruption. De là une partie d'entre elles passe au-devant du corps de

Luys ou bien le traverse pour se rendre dans *l'anse du noyau lenticulaire.*
ensemble de fibres venues du tronc cérébral et qui pénètrent dans le noyau
lenticulaire, puis forment l'anse pédonculaire, de concert avec le pédoncule
inférieur de la couche optique. Par le moyen de l'anse lenticulaire, ces fibres du
ruban se mettent en connexion avec le premier et le second segments du globus
pallidus (*fig. 206, lnl*). La *commissure de Meynert*, qui est située dans leur
prolongement, les conduit de chaque côté, le long de la bandelette optique, au
globus pallidus du côté opposé (*fig. 206, rM*).

On peut, par la méthode des dégénérations, ainsi que cela ressort des observations de Tschermak, Mayer, et des recherches faites dans mon laboratoire par Lazursit, démontrer l'existence de fibres allant du ruban au noyau lenticulaire. D'ailleurs leur terminaison dans le globus et le corps sous-thalamique se voit nettement chez le fœtus de 33 à 35 centimètres: parmi tous les faisceaux qui parcourent l'hémisphère cérébral, les voies centrales du ruban sont alors en effet seules myélinisées (*fig. 207,* p. 336, *lfc*). Nous verrons plus loin que quelques auteurs

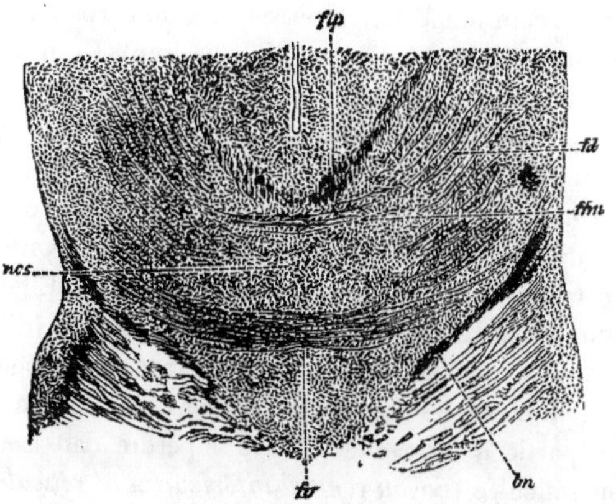

Fig. 205. — PORTION D'UNE COUPE TRANSVER-
SALE PASSANT PAR LES QUADRIJUMEAUX POSTÉ-
RIEURS.

(Fœtus de 33 centimètres. Méthode de Weigert.)

bn, Segment externe du ruban principal.
fd, Pédoncule cérébelleux supérieur.
flp, Bandelette longitudinale postérieure.
fm, Fibres de la formation réticulée pénétrant dans le
    noyau médial.
fv, Faisceau ventral du pédoncule cérébelleux supérieur.
ncs, Noyau médial.

L'aqueduc de Sylvius est représenté par une fente
étroite partant du milieu du bord supérieur de la figure.

admettent qu'un certain nombre des fibres du ruban se rend directement à
l'écorce cérébrale (gyrus coronaire ou circonvolutions centrales).

Quant aux *rapports du ruban et de la commissure de Meynert, mes*
recherches personnelles ont démontré que celle-ci se myélinise presque en
même temps que les fibres du ruban qui viennent du noyau du cordon
cunéiforme et, d'autre part, avant tous les autres éléments de la bandelette
ou tractus optique. C'est ainsi que l'on peut voir chez le fœtus que certaines
fibres du ruban passent dans cette commissure (*fig. 208,* p. 337) et qu'on

outre, les éléments de cette dernière sont en rapport avec le globus pallidus (*fig. 208*, p. 337). Il est donc évident que les fibres du ruban qui appartiennent au noyau de Burdach s'unissent non seulement au globus pallidus du même côté, mais aussi à celui du côté opposé (*fig. 209*, p. 344) par l'intermédiaire de la commissure de Meynert (*fig. 196*, p. 304, *cM*) (1). Ce fait, que j'ai découvert grâce à l'embryologie, a été du reste récemment confirmé par les recherches de Pribytkow (2). Il faut savoir d'ailleurs que cette commissure n'est pas uniquement formée de fibres du ruban, elle représente avant tout une voie de communication croisée allant du corps sous-thalamique d'un côté au globus pallidus de l'autre (V. plus loin). Ce n'est donc que médiatement qu'elle continue le ruban. On a cru enfin qu'elle reliait entre eux les deux corps genouillés internes : on sait maintenant, et d'une façon certaine, que cette union n'existe pas (3).

B. — *Les fibres qui proviennent des noyaux de Goll* ou noyaux des cordons grêles, peuvent être distinguées chez le fœtus de celles des noyaux des cordons cunéiformes, car elles se myélinisent plus tardivement. Elles constituent la seconde portion de l'entre-croisement supérieur ou sensitif (dit aussi postérieur) (*fig. 118* et *119*, p. 198 et 200). En traversant la couche interolivaire, elles se placent derrière les fibres des cordons de Burdach (*fig. 229*, *lfg*, p. 379) : une partie d'entre elles semble se perdre dans les gros noyaux de la formation réticulée (*noyau central inférieur* et *n. réticulé de la calotte*), mais le plus grand nombre continue son trajet ascendant et forme la *portion interne du ruban principal* : on peut très facilement s'en rendre compte en comparant la couche du ruban de Reil d'un embryon de six à sept mois (*fig. 205* et *fig. 180*, p. 280) avec celle d'un nouveau-né (*fig. 145*, p. 220) : chez le premier les fibres du cordon de Burdach sont seules myélinisées ; chez le second celles du cordon grêle le sont aussi devenues. Dans le ruban, ces fibres montent sans interruption : au niveau du noyau rouge de la calotte elles s'unissent à celles qui proviennent du noyau de Burdach pour former un faisceau, falciforme sur coupe transversale (*fig. 235*, *l*, p. 388), et se rendre aussitôt en grand nombre dans la partie inférieure ou ventrale de la *couche optique*, plus exactement dans le centre *médian* de Luys et dans le *noyau externe* placé au-dessous et en dehors du précédent, en dedans du corps genouillé interne (*fig. 236*, *l*, p. 389 et *206 llb*). Sur les préparations au Golgi, on peut voir ces fibres pénétrer dans le thalamus par sa face inférieure, rayonner à son intérieur et s'y

----

(1) Il se peut aussi que certaines fibres du ruban de Reil passant par la commissure de Meynert se rendent dans la capsule interne du côté opposé et par là à l'écorce de l'hémisphère du côté opposé. Mais ce n'est là qu'une supposition qui a besoin d'être vérifiée.

(2) *Sur le trajet des fibres du nerf optique*, thèse de Moscou, 1895, p. 72.

(3) Darkschewitch et Pribytkow, *Neurol. Centr.*, 1891, n° 14.

terminer par des ramifications touffues : elles partagent du reste, d'après
HELD, avec les fibres du pédoncule cérébelleux supérieur, ce mode de pénétration et de terminaison dans la couche optique.

Outre les fibres venues du noyau de Goll, il est probable que celle-ci en reçoit encore quelques-unes qui viennent du noyau de Burdach.

Rapports du ruban avec l'écorce cérébrale. — Malgré le grand nombre de matériaux apportés par la clinique ou l'expérimentation, cette question n'est pas encore complètement résolue. Certains faits parlent en faveur d'une voie directe formée par les fibres des noyaux de Goll et aussi par quelques fibres des noyaux de Burdach et allant aboutir aux circonvolutions centrales; telles sont par exemple les dégénérations produites expérimentalement par FLECHSIG et HŒSEL. Déjà MONAKOW avait, chez le chat nouveau-né, produit des lésions expérimentales de l'écorce cérébrale; les dégénérations qu'il observa consécutivement le conduisirent à admettre l'union directe d'une partie des fibres du ruban avec le lobe pariétal : il décrivit des fibres qui, venues de cette région de l'écorce, se rendaient, en passant par la portion postéro-externe de la couche optique, à la région sous-thalamique, puis, de là, à la couche du ruban, descendaient au-dessous du trapèze, s'entre-croisaient avec les fibres de la décussation sensitive et arrivaient enfin au noyau de Goll du côté opposé. Dans une autre expérience faite sur un animal de même espèce, il détruisit la partie postéro-inférieure du lobe occipital; il une portion de la moitié droite de la protubérance avec le ruban latéral; observa consécutivement : 1° la dégénération totale et précoce de tout le cordon latéral ; 2° une atrophie très accusée du ruban cortical : celle-ci se poursuivait le long des fibres arciformes jusqu'aux noyaux de Goll et de Burdach du côté opposé.

Dans un cas d'HŒSEL et FLECHSIG, il s'agissait d'une porencéphalie de l'hémisphère gauche, la lésion portant sur l'écorce et la s. blanche de la Pariétale ascendante ainsi que sur les parties voisines du lobe pariétal; la dégénération du ruban se continuait, sans aucune interruption dans des masses grises, jusqu'aux deux noyaux bulbaires du côté opposé. Plus tard, HŒSEL publia une autre observation qui paraissait prouver l'existence d'un faisceau du ruban principal allant sans interruption jusqu'à l'écorce (1). Tout récemment, ces interprétations furent relevées et contredites par MAHAIM (2); cet auteur affirma que le soi-disant ruban de Reil cortical n'est pas direct, mais s'interrompt dans les noyaux du thalamus, opinion à laquelle se range MONAKOW, d'après ses propres recherches expérimentales.

(1) *Arch. f. Psychiatrie*, vol. XXV, 1893.
(2) *Arch. f. Psychiatrie*, vol. XXV, 1893, n° 20.

[Telle est aussi la conclusion adoptée par Déjerine (1), d'après de nombreux cas de dégénération ascendante du ruban où l'on vit constamment la lésion secondaire s'arrêter à la couche optique. Cet auteur fait remarquer en outre que les lésions congénitales de l'écorce sont les seules qui entraînent une véritable régression du ruban de Reil dont les fibres restent d'ailleurs colorables par les réactifs de la myéline : ce n'est qu'une atrophie, qui n'a rien de commun avec la dégénérescence des fibres cortico-thalamiques que l'on peut observer après lésion de l'écorce.]

Dans des expériences faites sous ma direction par Lazurski et qui consistèrent dans la destruction du lobe pariétal (examen au Marchi), on ne parvint pas non plus à déceler aucun système de fibres reliant directement les deux noyaux bulbaires à l'écorce cérébrale. Si cette voie existe, c'est-à-dire si le ruban passe dans la couronne rayonnante des hémisphères, cela n'est le cas que pour l'infime minorité des fibres qui le composent : leur grande majorité s'interrompt dans les ganglions de la base (thalamus et noyau caudé).

[Nous verrons dans la Vᵉ partie que le ruban de Reil est continué par les radiations thalamo-corticales et que les fibres ascendantes qui constituent ces dernières sont mêlées à un petit nombre de fibres descendantes allant de l'écorce à la couche optique, de même que les

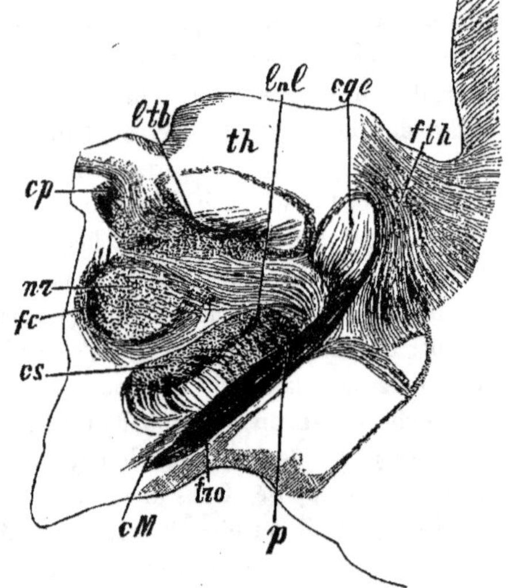

Fig. 206. — COUPE DE LA COUCHE OPTIQUE ET DE LA RÉGION SOUS-THALAMIQUE PASSANT PAR LA BANDELETTE OPTIQUE.

(Enfant de quelques semaines.)

cge, Corps genouillé externe.
cM, Commissure de Meynert.
cp, Commissure postérieure.
cs, Corps sous-thalamique.
fc, Voie centrale de la calotte.
fth, Fibres allant du thalamus à l'écorce cérébrale.
lnl, Fibres du ruban allant du corps sous-thalamique au globus pallidus.
ltb, Fibres du ruban allant au thalamus.
nr, Noyau rouge.
p, Faisceau pyramidal.
th, Thalamus.
tro, Tractus optique.

(1) Connexions du ruban de Reil avec la corticalité cérébrale, *Soc. Biol.* 1895 et Long, thèse de Paris, 1899.

fibres ascendantes du ruban contiennent — outre les fibres descendantes des rubans accessoires — des fibres descendantes venues de la couche optique et d'autres noyaux gris sous-jacents : mais, pas plus que dans le sens ascendant, il n'existe, dans le sens descendant, de fibres reliant directement les extrémités opposées des deux systèmes, spino-thalamique et thalamo-cortical : il n'y a pas de fibres qui descendent directement de l'écorce aux noyaux des cordons postérieurs.]

Connexions latérales du ruban principal. — Il est facile, en pratiquant la destruction expérimentale des noyaux des cordons postérieurs (Froschin, Lazursky, etc.), d'étudier les dégénérations secondaires des fibres ou collatérales que le ruban abandonne au formations grises situées sur son trajet : masses grises de la protubérance, noyau réticulé de la calotte, noyau médian, corps parabigéminé, quadrijumeaux antérieurs et postérieurs, substance noire, noyau rouge et corps sous-thalamique. Plusieurs faits démontrent aussi qu'un certain nombre de ses fibres se rend dans la zona *incerta* de Forel. Le ruban établit donc des connexions centripètes entre des formations du tronc cérébral les plus différentes par leurs fonctions. On peut considérer ces voies collatérales comme étant de nature réflexe.

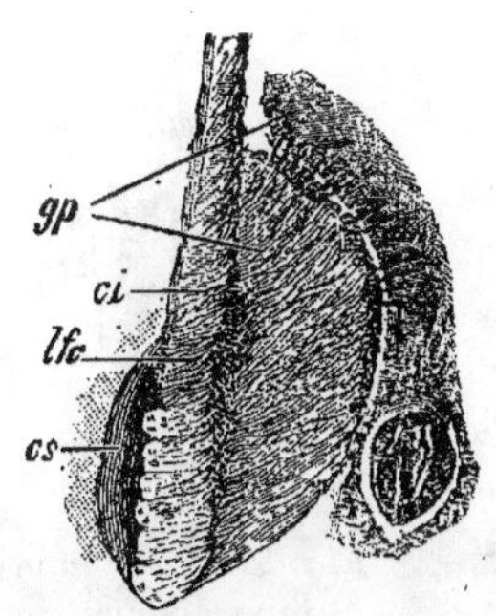

Fig. 207. — COUPE DE LA RÉGION SOUS-THALAMIQUE.

(Fœtus de 6 à 7 mois. Méthode de Weigert.)

cs, Corps sous-thalamique.
ci, Capsule interne.
gp, Premier et deuxième segments du noyau lenticulaire.
lfc, Fibres du ruban venues du noyau cunéiforme et se terminant dans le globus pallidus.

Les plus importantes des connexions latérales du ruban principal sont assurées par ces fibres de petit diamètre que nous avons déjà mentionnées sous le nom de faisceau accessoire interne (médial) ou ruban pédonculaire médial et de faisceaux accessoires disséminés à fibres fines, ou ruban pédonculaire disséminé. Ces deux systèmes unissent directement à l'écorce cérébrale les nerfs craniens moteurs et une partie des nerfs craniens sensitifs, par les fibres qui s'en dégagent et pénètrent successivement dans la calotte : elles passent par le pédoncule et la capsule interne. Nous y reviendrons ultérieurement.

Nous avons déjà parlé du développement du ruban à propos de ses origines inférieures : ajoutons maintenant qu'il est facile, par l'étude de l'embryologie, de vérifier les données acquises par celle des dégénérations, ainsi que par la méthode de Golgi sur les aboutissants des fibres du lemnisque : on peut voir, chez le fœtus de 35 à 40 centimètres environ, les fibres qui proviennent du noyau de Goll s'épanouir dans la portion disto-ventrale du thalamus, en dedans des corps genouillés (*fig. 236, l*, p. 289 ; *fig. 206, llb*). Au-dessus de ce point de terminaison on ne peut plus déceler de fibres myéliniques qui puissent être considérées comme continuation directe du ruban. Quant aux fibres venues du noyau de Burdach, elles se terminent pour la plupart dans le corps sous-thalamique et le globus pallidus ; nous avons déjà mentionné cette dernière terminaison d'après l'étude du fœtus de 33 à 35 centimètres.

Dégénération du ruban de Reil. —

Nous avons déjà parlé à plusieurs reprises des dégénérations expérimentales ou pathologiques des fibres du lemnisque interne. Il n'est pourtant pas inutile de parcourir encore une fois quelques-unes des observations les plus importantes pour essayer d'éclaircir les points obscurs dus à la présence de fibres ascendantes et descendantes qui cheminent côte à côte dans les mêmes faisceaux du ruban et rendent ainsi difficile la détermination exacte de la nature de leur lésion secondaire, atrophique ou dégénérative.

Dégénération ascendante. — Dans un cas de lésion en foyer siégeant en avant des noyaux des cordons postérieurs, avec participation des fibres arciformes internes, Meyer (1) observa la dégénération de la couche interolivaire et de la couche du ruban du côté opposé ; la lésion secondaire se continuait dans le sens ascendant jusqu'au quadrijumeau antérieur. Semblablement, dans un cas de Rossolymo (2) (destruction gliomateuse d'une corne postérieure), la dég. ascendante s'était developpée sur tout le trajet bulbaire, protubérantiel et pédonculaire du ruban de Reil. L'état des deux noyaux de Goll et de Burdach n'a malheureusement pas pu être spécifié.

K. Miura (3) décrivit aussi un cas de gliomatose des cordons postérieurs suivie de dégénération ascendante du ruban.

Schultze constata dans un cas de lésion de la moitié droite du bulbe,

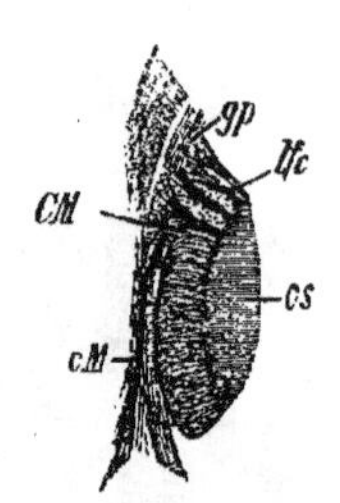

Fig. 208. — PORTION D'UNE COUPE DE LA RÉGION SOUS-THALAMIQUE.

(Fœtus de 6 à 7 mois. Méthode de Weigert.)

CM, Commissure de Meynert.
cM, Fibres du ruban allant à cette commissure.
cs, Corps sous-thalamique.
gp, Globus pallidus.
lfc, Fibres du ruban provenant du noyau cunéiforme.

(1) *Arch. f. Psychiatrie*, vol. XVII, 1886.
(2) *Wjestnik klinitscheskoi i szudebnoi psichiatrii* (en russe), 1890.
(3) *Virchow's Jahresbericht*, 1891.

au niveau de l'ouverture du canal central, la dégénération ascendante du ruban : il y avait des lésions gliomateuses jusque dans la formation réticulée; la partie de la moelle contenant les noyaux des cordons postérieurs ne put pas être examinée plus en détail.

Schaffer décrivit un cas de destruction des cordons de Burdach et de Goll par tubercule siégeant au niveau de la moitié droite postérieure du plancher ventriculaire : dég. ascendante de la couche interolivaire à droite, et dégénération du ruban jusqu'au niveau du quadrijumeau antérieur.

Après destruction expérimentale des noyaux des cordons postérieurs chez des animaux nouveau-nés, Véjas constata, au bout de quelque temps, l'atrophie des fibres arciformes internes du même côté, de la couche inter-olivaire opposée et d'un faisceau du ruban que l'on pouvait suivre en haut jusque dans la région du trapèze.

Dans les recherches de Singer et Muenzer (1), la destruction des deux noyaux bulbaires fut suivie de l'atrophie des fibres arquées internes et du ruban de l'autre côté, jusqu'à la couche optique. Rappelons enfin les recherches de Lazurski dont nous avons parlé plus haut.

Tous ces cas pathologiques, ainsi que les recherches expérimentales de Monakow, Singer et Muenzer, confirment donc ce fait bien établi maintenant, que la couche du ruban contient des fibres ascendantes : les lésions du bulbe ou de la moelle qui produisent sa dég. ascendante démontrent évidemment qu'une bonne partie au moins de celles de ses fibres qui dépendent des cordons postérieurs et latéraux suit un trajet ascendant. Du reste sur les préparations au Golgi, on peut voir des axônes partis des noyaux des cordons postérieurs aller prendre part à l'entre-croisement sensitif, origine topographique du ruban : cela encore démontre la direction ascendante d'une partie au moins des fibres de ce dernier qui proviennent de ces noyaux.

Dans aucun des cas que nous avons rapportés la lésion secondaire ne s'étendait, du côté des hémisphères, au-dessus de la couche optique : il est donc plus que vraisemblable que les voies ascendantes du ruban ne vont pas sans interruption jusqu'à l'écorce, ce qui concorde avec ce qu'enseigne l'embryologie (2).

Dégénérescence descendante. — On possède d'assez nombreuses obser-

(1) « *Travaux de la section des Sciences naturelles de l'Académie des Sciences de Vienne* », 1890.

(2) Au congrès de physiologie de Berne, en 1895, j'ai pu examiner une série de préparations au Marchi, présentées par Mott. Elles provenaient de cerveaux de singes chez lesquels les noyaux des cordons postérieurs avaient été détruits expérimentalement. J'ai pu me convaincre que la dégénération du ruban qui avait suivi cette intervention ne dépassait pas en haut la région postérieure de la couche optique. Des préparations faites par Lazurski dans mon laboratoire (encéphale d'un chat qui avait subi la même opération) justifient la même remarque.

vations de dégénération propagée dans les deux sens, et un nombre encore plus grand, dans lesquelles la lésion du ruban est uniquement descendante.

A la première catégorie appartient l'observation de MEYER (1) : outre de petits foyers dans le centre ovale, il existait sur le plancher du IVe ventricule, à droite de la ligne médiane et un peu en avant des stries acoustiques, un autre petit foyer. Au microscope, on trouva, dans le voisinage du quadrijumeau postérieur, de la dégénération du ruban latéral et d'une partie du ruban principal dont seule la portion la plus interne était conservée. Au niveau des tubercules antérieurs, on ne remarquait aucune différence essentielle entre les rubans des deux côtés. Au-dessous du quadrijumeau postérieur, outre la dégénération du ruban, on notait encore celle de la région de la formation réticulée et de l'olive supérieure. Dans le bulbe, la lésion occupait la région interolivaire et l'olive droite. Les noyaux des cordons postérieurs ne présentaient aucune modification ; par contre, au niveau de l'entre-croisement des pyramides, sur le bord du cordon latéral, se trouvait un champ triangulaire de dégénération.

Dans un cas de SPITZKA (2), outre de nombreux petits foyers criblant la substance blanche du lobe occipital droit, on trouva, du même côté, une ancienne cicatrice dans la partie antérieure du noyau caudé et un foyer du volume d'une lentille en avant et au-dessus du noyau lenticulaire ; deux autres foyers, à peu près du même volume, siégeaient dans le segment postérieur de ce ganglion. On trouva enfin, dans le tiers antérieur du pont de Varole, entre le raphé et la racine motrice du trijumeau, une cavité kystique, résidu d'une ancienne hémorragie. Consécutivement à cette dernière lésion, la dégénération s'était développée, dans le sens ascendant, au niveau de la région du tubercule postérieur, dans le tiers moyen du ruban ; dans le sens descendant, on pouvait la suivre à travers l'entre-croisement sensitif jusqu'au noyau de Burdach droit qui présentait une disparition presque complète de ses cellules.

J'ai publié, il n'y a pas longtemps, un cas de sclérose syphilitique (3) où l'un des foyers, du volume d'un grain de chanvre, était situé au-dessous du tubercule quadrijumeau postérieur, dans l'épaisseur de la couche du ruban, empiétant sur le territoire de la voie centrale de la calotte. La dég. descendante du ruban s'étendait jusqu'aux noyaux — atrophiés — des cordons postérieurs ; la lésion ascendante commençait au foyer primitif et se poursuivait jusqu'à la partie postérieure du thalamus où elle disparaissait complètement. Il y avait en outre dégénération de la voie centrale de la calotte.

(1) *Arch. f. Psychiatrie*, 1882, vol. XIII.
(2) *The Americ. Journ. of. neurolog. and psych.*, 1883, vol. II.
(3) Communiqué à la Société scientifique des neurologistes et aliénistes de Pétersbourg, octobre 1895. *Obosrenije psichiatrii*, 1896.

Dans ce cas donc, comme dans les précédents, nous voyons la dégénération ascendante du ruban s'arrêter avant sa pénétration dans les
hémisphères, ce qui prouve encore la non-existence d'une voie ascendante
continuant directement le ruban jusqu'à l'écorce cérébrale.

Rappelons encore brièvement quelques-uns des plus importants des cas déjà nombreux de dégénération *descendante* du ruban.

Un des plus anciens est celui de Kahler et Pick. La lésion secondaire commençait et atteignant, en haut, l'extrémité supérieure du IVe ventricule, en bas, les stries acoustiques. Entre
autres lésions secondaires il y avait dégénération descendante de la couche interolivaire
gauche et sclérose de la parolive interne.

Schrader (1) : Thrombose de la sylvienne gauche, atrophie des circonvolutions supra-
marginale, angulaire et Ire temporale, de la capsule interne, du corps strié et du noyau
lenticulaire (gauches); foyer de ramollissement du pédoncule cérébral du même côté, situé
dans le territoire du segment antérieur du noyau du M. O. C., et s'étendant sur presque
toute la hauteur du pédoncule : dég. descendante du f. pyramidal et du ruban gauche, de
l'olive bulbaire et d'un territoire situé en arrière et en dehors de cette dernière. La lésion
secondaire s'étendait jusqu'aux noyaux des cordons postérieurs, en particulier jusqu'au
noyau de Burdach, et jusque dans les faisceaux pyramidaux de la moelle.

Gebhard (2) : Foyers caséeux de l'écorce et, dans la protubérance, tubercule du
volume d'une châtaigne en occupant toute la largeur, depuis l'extrémité inférieure de
l'aqueduc de Sylvius jusqu'aux stries médullaires antérieures : dégénération partielle de la
deux pyramides, des deux rubans jusqu'aux noyaux des cordons, des éléments de la
formation réticulée où la lésion s'arrêtait en partie, continuant aussi, d'autre part, dans le
f. fondamental du cordon antéro-latéral de la moelle.

Mœli et Marinesco (3) : Lésion en foyer du plancher du IVe ventricule un peu en
avant des stries acoustiques droites: dans la région du quadrijumeau postérieur droit ce foyer
avait détruit le segment externe du ruban principal, la portion ventrale du ruban externe, et
la formation réticulée, sur le côté et en avant de la bandelette longitudinale postérieure et
la voie centrale de la calotte; dans le bulbe, dégénération de la couche interolivaire et de
l'olive droite; cette dernière lésion était en rapport évident avec celle de la voie centrale
de la calotte (V. plus bas).

Dans un cas que je dois à la bienveillance du professeur Flechsig (4), je notai les
lésions suivantes : Ramollissement étendu de l'hémisphère gauche et petit foyer de l'hémisphère droit ; à gauche la lésion occupait toute la troisième frontale gauche et une grande
partie de la deuxième, la moitié inférieure des deux circonvolutions centrales, la partie
inférieure du lobe pariétal et tous les faisceaux des circonvolutions de l'insula de Reil. La
lésion intéressait aussi les capsules interne et externe, le noyau lenticulaire, le noyau caudé
et la partie supérieure de la couche optique; *lésions secondaires* : atrophie du bras
conjonctival postérieur, de tout le pédoncule cérébral gauche, de la moitié gauche de toute la
protubérance et de la pyramide correspondante; au microscope, dég. descendante de tout le
pied du pédoncule, y compris sa partie la plus externe (faisceau de Tuerck); atrophie et
disparition des cellules de la substance noire; dég. descendante du ruban médian accessoire et de toute la couche du ruban. La lésion du ruban accessoire pouvait être suivie jusqu'à
la partie inférieure de la protubérance où elle disparaissait petit à petit. L'état de la région

(1) Thèse de Hallé, 1884.
(2) Gebhard : « *Dégénérations secondaires à une destruction de la protubérance par lésions
tuberculeuses* », thèse de Halle, 1887.
(3) *Arch. f. Psychiatrie*, vol. XXIV, 1892.
(4) Bechterew : *Arch. f. Psychiatrie*, vol. XIX.

de l'entre-croisement sensitif et des noyaux des cordons postérieurs n'a pas été mentionné. En examinant de nouveau mes préparations, je constate de plus de l'atrophie des fibres arquées et des noyaux des cordons postérieurs, de celui surtout du cordon de Goll.

Dans un cas de sclérose latérale amyotrophique, MURATOFF (1) constata la dég. descendante du ruban : les noyaux des cordons postérieurs et l'entre-croisement sensitif paraissaient normaux. La lésion du ruban et sa portion interne commençait dans la région où ses fibres s'étalent en surface, en avant de la formation réticulée.

DÉJERINE (2) : Foyer s'étendant à tout le noyau lenticulaire gauche, au tiers postérieur du bras antérieur et au genou de la capsule interne. Lésion secondaire du faisceau pyramidal dans le tronc cérébral et dans la moelle; atrophie du ruban gauche et des noyaux de Goll-Burdach du côté droit.

Le cas de FLECHSIG et HŒSEL (3) a été rapporté précédemment.

Dans un autre cas, résumé plus haut, de HŒSEL, il y avait dans la calotte du pédoncule droit un foyer qui s'étendait jusqu'à la région du segment postérieur de la couche optique, du pulvinar et de la capsule interne. Entre autres lésions secondaires, dégénération de la couche du ruban, à partir des noyaux de Goll-Burdach, du côté opposé, se poursuivant à travers l'entre-croisement sensitif, tout le long du tronc cérébral, jusqu'à la capsule interne : là, les fibres du ruban pénétraient, d'après HŒSEL, avec les voies pyramidales, dans la couronne rayonnante des circonvolutions centrales.

MAHAIM (4) : Foyer de l'hémisphère droit, occupant la région du gyrus supramarginalis, la circonvolution temporale supérieure, l'insula et la substance blanche sous-jacente, le putamen et la tête du noyau caudé; consécutivement : dég. de toute la capsule interne à l'exception de ses deux extrémités, postérieure et antérieure, des trois quarts internes du pédoncule ; atrophie de tous les noyaux du thalamus et atrophie du ruban, se poursuivant en bas, à travers l'entre-croisement sensitif, jusqu'aux noyaux des cordons postérieurs du côté opposé.

HENSCHEN (5) publia cinq cas de dégénération et atrophie du ruban ; dans le premier cas, il s'agissait d'hémorragies du lobe pariétal, du thalamus, du cervelet et de la portion antéro-supérieure de la protubérance, avec participation du ruban médial pédonculaire (ruban médial accessoire). Comme *lésions secondaires* : atrophie du nerf optique gauche, du pédoncule cérébelleux supérieur gauche, du ruban médial pédonculaire ; atrophie également de la couche interolivaire ainsi que des fibres arquées internes du côté droit. Les noyaux des cordons de Goll-Burdach paraissaient sains.

Deuxième cas : Lésion de l'hémisphère droit détruisant les circonvolutions frontales supérieure et ascendante, et deux circonvolutions temporales; lésion kystique du thalamus droit ; la couche du ruban présentait de la dég. descendante, surtout dans la région des quadrijumeaux, dans le pont et le bulbe.

Troisième cas : Atrophie de la région de la scissure calcarine et disparition presque complète des corps genouillés interne et externe : dans la région externe du quadrijumeau antérieur droit se trouvait une lésion cicatricielle s'étendant à la partie moyenne de la couche du ruban et consécutivement à laquelle s'étaient développées : de la dég. descendante du ruban, de l'atrophie de la couche interolivaire droite, des fibres arquées internes et du noyau de Burdach gauches.

Quatrième cas : Destruction de l'écorce et du centre ovale droits : dég. descendante du f. pyramidal droit, du ruban pédonculaire et de la partie externe du ruban principal.

Cinquième cas : Atrophie de l'écorce de la deuxième frontale, de la région du sillon interpariétal et des deux lobes occipitaux : de plus, dans la capsule externe, un foyer avait

(1) *Wjestnik klinitscheskoi i szudebnoi psichiatrii*, 1888.
(2) *Arch. de physiologie*, 1890.
(3) *Arch. f. Psychiatrie*, 1893, vol. XXV.
(4) *Arch. für Psychiatrie*, 1893, vol. XXV.
(5) « *Pathologie du cerveau* », 1890-1892. p. 182.

détruit une partie de la couronne rayonnante ; quelques foyers plus petits dans l'écorce, particulièrement dans les lobes occipitaux et dans le noyau lenticulaire droit. À droite, le ruban était atrophié dans toute son étendue, de même que la couche interolivaire.

GREIWE (1) : Foyer caséeux dans le pédoncule cérébral droit près de la portion postérieure interne du thalamus, s'étendant, dans le sens distal, jusqu'au quadrijumeau antérieur : dég. du pédoncule cérébelleux supérieur ; dég. moins accusée du ruban interne gauche, du ruban latéral et d'une partie du ruban principal droits. La lésion diminuait en descendant : dans la protubérance elle n'intéressait plus que la portion interne du ruban principal et la formation réticulée. Dans le bulbe, atrophie de la couche interolivaire et de l'olive droite. Les noyaux des cordons postérieurs étaient cependant normaux.

HOMEN (2) : Foyer de ramollissement dans la moitié gauche de la protubérance ; dégénération du f. pyramidal et du ruban dans la moitié inférieure de la protubérance et dans le bulbe.

WITKOWSKY (3) : Porencéphalie de l'hémisphère droit : absence de l'insula, de la partie voisine des lobes frontal, pariétal et temporal, des capsules interne et externe ; une partie seulement de la couche optique était conservée : dégénération descendante de tout le pied du pédoncule droit, sauf de sa partie externe ; atrophie de la pyramide au-dessous de la protubérance. Dans la calotte, atrophie du ruban, du noyau rouge et de la substance noire. L'atrophie du ruban s'étendait jusqu'à la région de la couche interolivaire.

WOLLENBERG (4) : Dég. descendante du ruban sur une petite étendue, consécutive ment à une lésion kystique, du volume d'un pois, située au niveau du quadrijumeau antérieur et s'étendant au territoire du noyau rouge et de la couche du ruban.

SCHAFFER (5) : Lésion du ruban dans la région du quadrijumeau postérieur droit : dég. descendante du ruban, de la couche interolivaire et des fibres arciformes internes. Pas d'atrophie des noyaux des cordons postérieurs.

BRUCE (6) : Destruction de la capsule interne droite : dég. descendante consécutive du ruban et de la couche interolivaire à droite, des fibres arciformes externes à gauche et des deux noyaux gauches des cordons postérieurs.

La destruction expérimentale du lobe pariétal *chez les animaux jeunes* entraîne, suivant les expériences déjà citées de MONAKOW, l'atrophie progressive du ruban, des fibres arciformes internes et du noyau du cordon grêle du côté opposé. D'autre part, dans les cas d'atrophie de la couche du ruban, outre celle du noyau de Goll, on a constaté l'atrophie du noyau de Burdach, mais avec conservation de sa portion externe qui est en connexion avec le cervelet. Enfin, nous avons étudié plus haut (IIᵉ partie, p. 133) l'atrophie descendante des cordons postérieurs, consécutive aux lésions cérébrales : cette lésion est évidemment secondaire à l'atrophie préalable du ruban et des noyaux des cordons postérieurs.

Nous pouvons donc conclure que le *ruban principal contient non seulement des fibres ascendantes mais encore des fibres descendantes.* Quant à l'origine de celles-ci, il n'y a qu'une chose qui paraisse aujourd'hui défini-

(1) *Neurol. Central.* 1894, nᵒ 4, 5.
(2) *Virchow's Arch.*, vol. LXXXVIII, 1882.
(3) *Arch. f. Psychiatrie*, 1883, vol. XIV.
(4) *Arch. f. Psychiatrie*, 1888, vol. XXI.
(5) *Virchow's Arch.*, 1890, vol. CXXII.
(6) *Brain*, Winter, 1893.

tivement prouvée, c'est qu'elles ne proviennent pas de l'écorce cérébrale. En effet, dans les observations qui paraissent infirmer cette loi, une simple atrophie a été considérée comme dégénération ; nous avons parlé plus haut des particularités de cette atrophie et des conditions nécessaires à son développement (lésions anciennes ou bien congénitales). Parmi les cas que nous avons rapportés, deux ou trois seulement semblent de prime abord être en faveur de l'existence d'une voie corticale descendante directe : telles sont par exemple les observations de Flechsig et Hœsel, mais Mahaim s'est déjà élevé contre leur valeur probante et a émis l'idée qu'il s'agissait d'atrophie du ruban consécutive à celle des noyaux du thalamus ; nous verrons en effet dans la cinquième partie que les lésions de l'écorce produisent régulièrement l'atrophie des noyaux de la couche optique (Monakow), et que, de plus, les lésions de cette dernière s'accompagnent toujours d'atrophie du ruban et même des cordons postérieurs de la moelle.

[Enfin, si l'expérimentation a pu, entre les mains de Ferrier et Turner (1), Tschermak (2), etc., produire la dégénération de quelques fibres du centre ovale se rendant aux circonvolutions sensitivo-motrices, elle n'est jamais parvenue à produire, d'une façon évidente, une dégénération du ruban principal consécutive à une lésion primitive de l'écorce : les faisceaux qui, partis du cortex, se rendent dans la couche du ruban, passent par les rubans pédonculaires accessoires (ruban médial et ruban disséminé) : en réalité, ils font partie des voies pyramidales et se terminent, non pas dans les noyaux des cordons postérieurs, mais dans ceux des nerfs crâniens moteurs.]

B. — *Autres connexions des noyaux des cordons postérieurs.*

L'existence d'une voie unissant les cordons postérieurs aux *olives* bulbaires et, par elles, au cervelet est au moins douteuse pour le moment. Si l'on examine en effet des embryons de 38 à 40 centimètres chez lesquels toutes les fibres provenant des noyaux des cordons postérieurs se montrent revêtues de myéline, on ne constate aucune fibre myélinisée dans la substance grise des olives inférieures. Mais le dernier mot reste encore à dire sur cette question. L'étude du névraxe fœtal conduit d'autre part à admettre l'existence de voies de communication plus directes entre les *noyaux de Goll et le cervelet* : sur des coupes passant par la portion supérieure de l'entrecroisement sensitif, on rencontre constamment des faisceaux qui, partis de la région de l'entre-

(1) Ferrier et Turner : « Recherches expérimentales sur les tractus afférents et efférents de l'écorce cérébrale », *Phil. trans.*, 1898, vol. CXC.
(2) Tschermak : « Sur le trajet central des voies ascendantes des cordons postérieurs », *Arch. f. Anat. u. Phys., Anat. Abth.*, 1898 et *Neurol. Centralbl.*, 1898.

croisement qui est réservée aux fibres du noyau de Goll, pénètrent dans la pyramide : là, une partie d'entre eux se perd au milieu des fibres longitudinales ; d'autres contournent la pyramide en s'interrompant dans le noyau arciforme, d'arrière en avant ou d'avant en arrière, puis, à son angle latéral, se réunissent et convergent en un nouveau faisceau bien

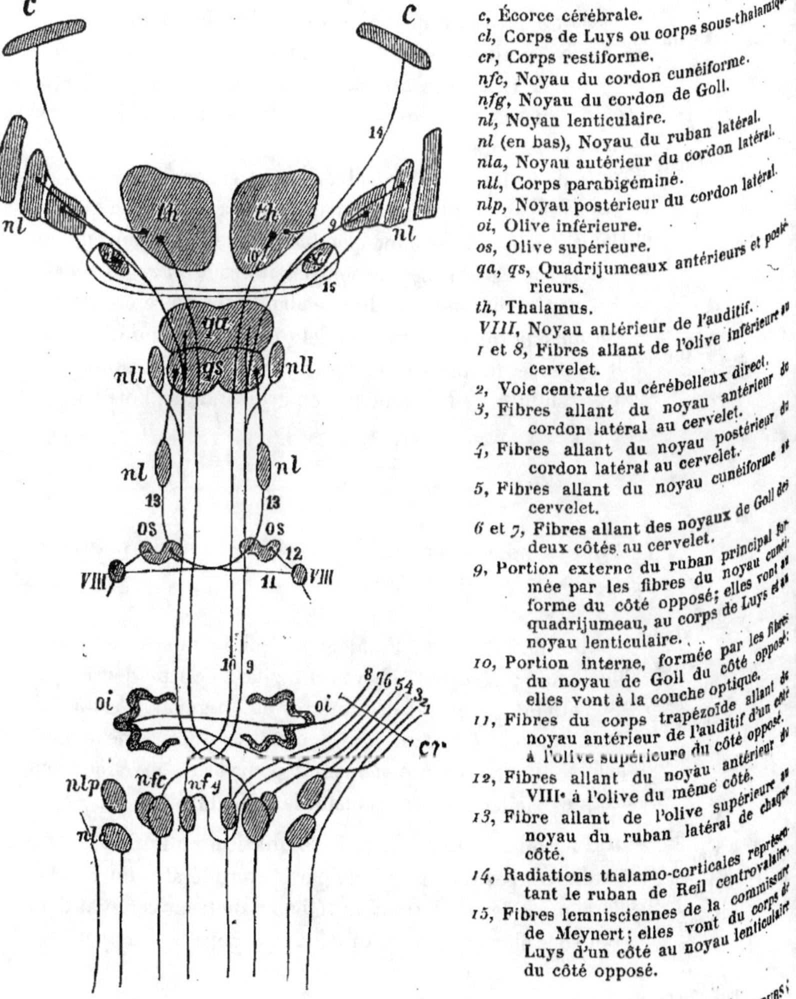

c, Écorce cérébrale.
cl, Corps de Luys ou corps sous-thalamique.
cr, Corps restiforme.
nfc, Noyau du cordon cunéiforme.
nfg, Noyau du cordon de Goll.
nl, Noyau lenticulaire.
nl (en bas), Noyau du ruban latéral.
nla, Noyau antérieur du cordon latéral.
nll, Corps parabigéminé.
nlp, Noyau postérieur du cordon latéral.
oi, Olive inférieure.
os, Olive supérieure.
qa, qs, Quadrijumeaux antérieurs et postérieurs.
th, Thalamus.
VIII, Noyau antérieur de l'auditif.
1 et 8, Fibres allant de l'olive inférieure au cervelet.
2, Voie centrale du cérébelleux direct.
3, Fibres allant du noyau antérieur du cordon latéral au cervelet.
4, Fibres allant du noyau postérieur du cordon latéral au cervelet.
5, Fibres allant du noyau cunéiforme au cervelet.
6 et 7, Fibres allant des noyaux de Goll des deux côtés au cervelet.
9, Portion externe du ruban principal formée par les fibres du noyau cunéiforme du côté opposé; elles vont au quadrijumeau, au corps de Luys et au noyau lenticulaire.
10, Portion interne, formée par les fibres du noyau de Goll du côté opposé; elles vont à la couche optique.
11, Fibres du corps trapézoïde allant d'un côté du noyau antérieur de l'auditif d'un côté à l'olive supérieure du côté opposé.
12, Fibres allant du noyau antérieur VIII à l'olive du même côté.
13, Fibre allant de l'olive supérieure au noyau du ruban latéral de chaque côté.
14, Radiations thalamo-corticales représentant le ruban de Reil centrovalaire.
15, Fibres lemnisciennes de la commissure de Meynert; elles vont du corps de Luys d'un côté au noyau lenticulaire du côté opposé.

Fig. 209. — SCHÉMA DES VOIES CENTRALES DES CORDONS POSTÉRIEURS, RUBAN DE REIL ET PÉDONCULE CÉRÉBELLEUX INFÉRIEUR.

individualisé : ce dernier qui n'est autre que l'ensemble des *fibres arciformes ou zonales antérieures*, s'élève le long de la face antéro-externe du bulbe jusqu'au corps restiforme (*fig. 158, fae et narc, p. 241*) (1).

Ces fibres, disons-nous, proviennent du noyau du cordon de Goll : on peut en effet, dans certaines circonstances, en constater directement l'origine ; de plus elles se myélinisent à la même époque que d'autres fibres que l'on sait d'une façon certaine provenir de ce noyau, c'est-à-dire lorsque le fœtus atteint 35 à 38 centimètres. Elles établissent une *communication croisée* entre les noyaux de Goll et le cervelet de la même façon que chaque hémisphère de cet organe est uni au noyau de Burdach du côté opposé par les *fibres arquées internes*.

Les deux noyaux de Goll et de Burdach émettent encore d'autres fibres qui se dirigent *en arrière*, sans entre-croisement, vers la périphérie qu'elles suivent horizontalement sur une certaine étendue, puis se dirigent en haut pour s'élever dans le corps restiforme. Ce sont les fibres *arquées ou zonales postérieures*. Elles constituent une voie directe allant sans entre-croisement des noyaux des cordons postérieurs au cervelet (*fig. 123*, p. 203, *fap*).

Ces différents systèmes unitifs seront repris plus en détail à propos des voies cérébelleuses ; il suffit pour le moment d'en avoir indiqué l'origine.

ARTICLE II. — SYSTÈMES HOMOLOGUES ET CONTINUATEURS DU FONDAMENTAL ANTÉRO-LATÉRAL

Un grand nombre des fibres du Fondamental de la moelle se myélinisent de très bonne heure : elles ont achevé cette phase de leur développement quand le fœtus atteint 25 ou 30 centimètres de longueur, c'est-à-dire à un stade où tous les autres faisceaux de la moelle, sauf la zone antéro-latérale du Burdach, sont encore complètement dépourvus de myéline : leur trajet est donc des plus faciles à suivre pendant la période fœtale.

Répartition du Fondamental dans la formation réticulée. — On peut voir ainsi sur des coupes sériées qu'une partie considérable du Fondamental antéro-latéral passe dans la formation réticulée du tronc cérébral dont ce faisceau devient un des éléments constitutifs. Il en occupe le *champ interne*

(1) Comme les voies pyramidales se myélinisent un peu plus tard que ces fibres qui viennent du croisement sensitif, celles-ci sont des plus faciles à voir chez le fœtus parvenu à un certain degré de développement. De même, lors des dégénérations de la voie pyramidale, on les voit se détacher avec la plus grande netteté sur le territoire dégénéré.

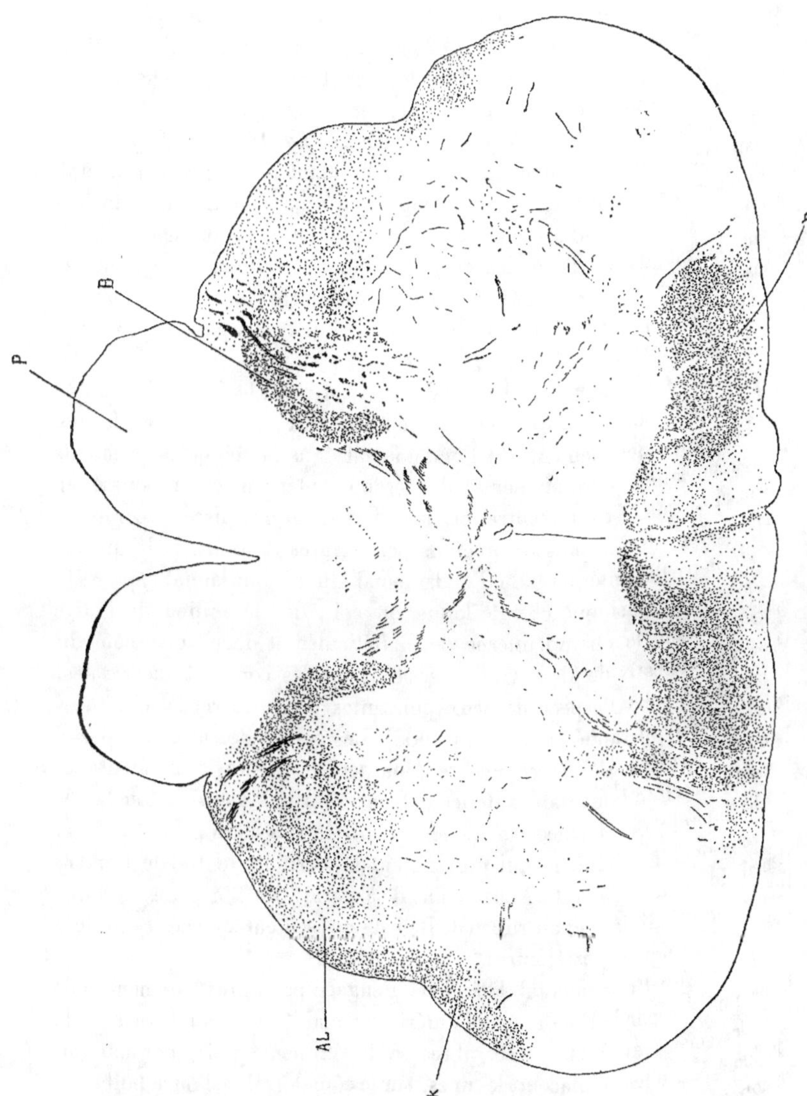

Fig. 210. — COUPE DU BULBE AU NIVEAU DU CROISEMENT DES PYRAMIDES.

Fœtus de 7 mois (v. *fig. 55 à 66 ;* p. 95 à 103). Préparation de GIESE. Méthode de Pal.

AL, Faisceau antéro-latéral.
B, Fondamental du cordon latéral.
h, Zone postérieure du cordon de Burdach.

k, Cérébelleux direct.
p, Pyramide.

ou *médial*, c'est-à-dire la portion limitée en dehors par un plan passant par les racines de l'hypoglosse et de l'abducens, et les parties avoisinantes du *champ externe* ou *latéral*, c'est-à-dire de la portion située en dehors de la précédente et limitée en dehors par les racines de sortie des IXe et X^e paires, obliques d'arrière en avant et de dedans en dehors (*fig. 118*, p. 198; *fig. 119*, p. 200). Une portion beaucoup moindre du Fondamental du cordon latéral, située d'abord en arrière de la précédente, s'en sépare au moment de leur pénétration dans le bulbe, se place à la périphérie de ce dernier, dans le champ latéral de la Réticulée et y continue son trajet ascendant en formant un faisceau rigoureusement individualisé: le *faisceau aberrant du bulbe* (*fig. 119*, p. 200, *fl*, marqué par erreur *fi* dans la légende; *fig. 127*, p. 225, *fl*; *fig. 158*, p. 241, *fa*).

Enfin, les fibres du Fondamental qui constituent le f. marginal antérieur sont en rapport avec le cervelet d'où elles sortent par le corps restiforme.

Le passage des éléments du Fondamental dans la Réticulée se fait de la façon suivante: le Fondamental du cordon antérieur est repoussé en arrière ainsi que le canal central et, sous l'aspect d'un faisceau compact, s'approche de plus en plus des régions postérieures du bulbe ; il entraîne avec lui la partie antérieure du Fondamental du cordon latéral (*fig. 119*, p. 200). C'est ainsi que chez le fœtus, on voit, dès le milieu de l'olive inférieure, dans le champ interne de la Réticulée et de chaque côté du raphé, des faisceaux de fibres très serrées qui, sur des coupes transversales, se présentent sous l'aspect de deux puissantes colonnes verticales situées de chaque côté du raphé (*fig. 123*, p. 203). Les parties dorsales de celles-ci paraissent formées de fibres encore plus serrées ; elles renferment les éléments du Fondamental antérieur ; leur portion ventrale touche la couche interolivaire formée par les voies centrales des cordons postérieurs : elle comprend les éléments qui proviennent du territoire ventral du Fondamental du cordon latéral. Nous avons déjà parlé des fibres des cordons latéraux qui s'adjoignent au ruban de Reil et représentent les voies centrales, croisées, des racines postérieures.

Le reste du Fondamental latéral ne s'engage pas immédiatement dans le chemin suivi par le Fondamental antérieur : mais, tandis qu'il traverse le reste des cornes antérieures, ses fibres se disséminent, puis, de nouveau conglomérées, elles se placent, les unes, sur le côté dorsal de l'olive bulbaire, les autres, beaucoup plus nombreuses, de chaque côté des deux colonnes que nous avons décrites plus haut : elles dépassent un peu en dehors les racines de l'hypoglosse.

Rapports avec les masses grises de la région. — Si l'on suit ces fibres de bas en haut sur des coupes sériées de l'encéphale d'un fœtus de

25 à 28 centimètres, on constate qu'une grande partie des fibres des champs interne et latéral de la Réticulée disparaissent dans la région de l'olive bulbaire au moment où apparaît le *noyau du cordon antérieur* ou noyau de MISSLAWSKY (*fig. 125, nfa,* p. 205), plus exactement, au niveau du noyau central inférieur (*fig, 135,* p. 213 et *fig. 223,* p. 370). Au-dessus de ces deux masses grises on ne voit plus que les faisceaux postérieurs, plus compacts, des colonnes du champ médial, formés surtout, avons-nous vu, de fibres provenant du Fondamental antérieur ; on ne peut plus suivre qu'un petit nombre de fibres myélinisées dans le champ latéral. On doit en conclure qu'une partie importante des fibres de la Réticulée qui proviennent des deux Fondamentaux de la moelle possède des connexions étroites avec le noyau du cordon antérieur ou *noyau de Misslawsky* et avec le noyau central inférieur. Cela est surtout vrai, comme le montrent les coupes en série faites au-dessus et au-dessous de ces noyaux, pour les voies centrales du Fondamental du cordon latéral, mais cela s'applique aussi à celles du Fondamental antérieur.

Il existe d'autres fibres du Fondamental latéral, et celles en particulier du champ latéral de la formation réticulée et du voisinage immédiat des grandes colonnes du champ interne ou médial, qui ne contractent aucun rapport avec le noyau central inférieur, mais qui continuent, sans l'interrompre, leur trajet ascendant. Il en est de même pour la majorité de ces fibres du Fondamental antérieur qui correspondent aux parties postérieures ou dorsales des colonnes que nous avons décrites dans le champ interne (*fig. 135,* p. 213). Ces deux voies se dirigent, en conservant leurs rapports réciproques, vers le noyau que j'ai décrit sous le nom de *noyau réticulé de la calotte* et qui est situé dans la protubérance (*fig. 211, nrt*). A ce niveau disparaissent encore un grand nombre de fibres des champs interne et externe, tandis qu'au-dessus, les fibres du Fondamental antérieur, en particulier celles qui sont situées de chaque côté de l'extrémité dorsale du raphé, continuent leur trajet ascendant, accompagnées d'un nombre relativement restreint de fibres du Fondamental latéral. Le noyau réticulé de la calotte est donc également en rapports immédiats avec les fibres de la Réticulée qui viennent du Fondamental.

Quant aux autres fibres de cette catégorie, les unes s'entre-croisent au raphé et se mettent en rapport avec le *noyau médian* (*fig. 212, fsr*) ; les autres, les fibres les plus dorsales du champ interne, surtout celles qui représentent la continuation de la zone dorso-médiale du Fondamental antérieur, forment un faisceau connu sous le nom de *bandelette longitudinale postérieure* (*fig. 211, flp*). Celle-ci s'élève jusqu'au niveau des noyaux du M. O. C. et de la commissure postérieure (*fig. 148,* p. 223, *ncp*). Les fibres provenant de la portion ventro-médiale du Fondamental antérieur passent sous le quadri-jumeau antérieur dans le *croisement en forme de fontaine* de MEYNERT (V. plus loin). La continuation bulbaire de la zone dorsale du fondamental latéral, immé-diatement en contact avec le F. Py C., forme à partir du bulbe le faisceau dit *aberrant* et pénètre dans l'*entre-croisement ventral* de FOREL (V. plus loin).

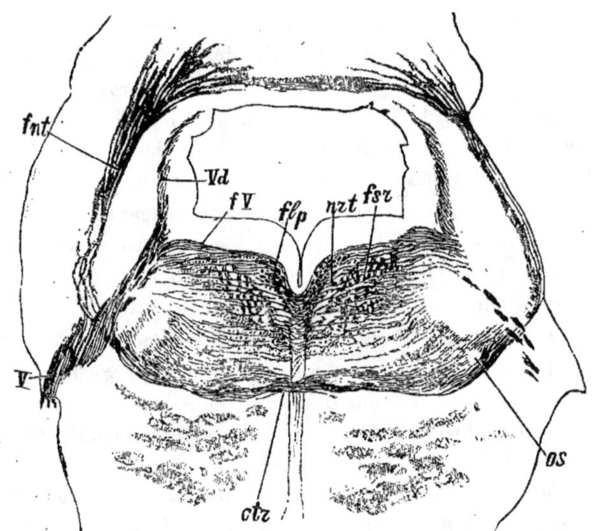

Fig. 211. — COUPE DE LA PROTUBÉRANCE ET DU PÉDONCULE CÉRÉBELLEUX MOYEN PASSANT PAR L'ÉMERGENCE DU TRIJUMEAU.

(Fœtus de 6 à 7 mois.)

ctr, Trapèze.
flp, Bandelette longitudinale postérieure.
fnt, Fibres allant de l'olive supérieure au noyau du toit du cervelet.
fsr, Fibres, myélinisées, de la formation réticulée allant à :
nrt, Noyau réticulé de la calotte.
os, Olive supérieure.
V, *Vd*, *fV*, Trijumeau, sa racine cérébrale et ses fibres motrices.

Il faut en outre mentionner ici un faisceau qui naît du noyau rouge, se croise avec son homologue du côté opposé en dedans et en avant de ce noyau, puis descend dans le voisinage de la portion interne du ruban latéral pour se rendre aussi au cordon latéral de la moelle (1).

Enfin, quelques fibres de la réticulée s'interrompent dans le *noyau central supérieur* (*fig. 140, ncse, ncsi*, p. 216).

(1) Au sujet des fibres médullaires qui proviennent de certaines masses grises du tronc cérébral, et en particulier du thalamus et du noyau rouge, voyez page 146 et la note de la page 147.]

De même que, dans son trajet médullaire, il envoie des collatérales aux cellules motrices des cornes antérieures, de même, pendant son trajet bulbaire, le Fondamental latéral en envoie, dans la formation réticulée, aux noyaux moteurs des Vᵉ, VIIᵉ, IXᵉ à XIᵉ paires craniennes. De même encore, le Fondamental antérieur en envoie, par la bandelette longitudinale postérieure, aux noyaux de l'hypoglosse et des nerfs moteurs oculaires.

Il est évident que tous ces systèmes de la formation réticulée ont, en totalité ou pour une bonne partie, une direction descendante ou mixte, le fait suivant en serait-il l'unique preuve: après section de la moelle le Marchi ne peut y déceler qu'un nombre restreint de fibres dégénérées disséminées, tandis qu'après lésion du tronc cérébral, la dégénération y est presque totale.

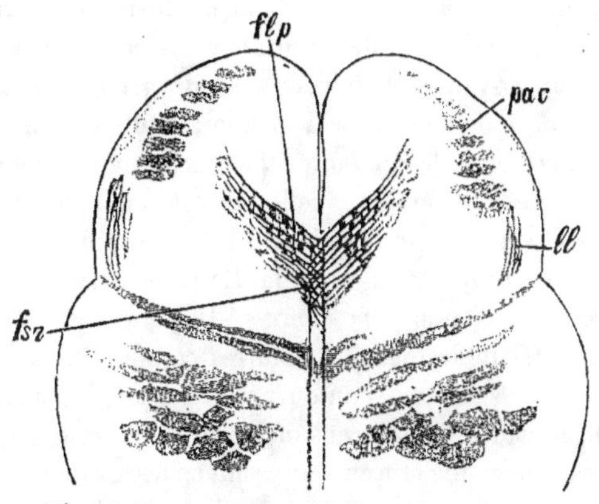

Fig. 212. — COUPE DES QUADRIJUMEAUX
POSTÉRIEURS.

(Fœtus de 6 à 7 mois. Méthode de Weigert.)

flp, Bandelette longitudinale postérieure.
fsr, Fibres myélinisées de la formation réticulée pénétrant dans le noyau médian.
ll, Ruban latéral.
pac, Pédoncule cérébelleux moyen.

Rapports avec le noyau de Deiters. — Un certain nombre des fibres qui continuent le fondamental antérieur se rendent au noyau de Deiters (*fig. 135, nD*, p. 213). Monakow pratiqua chez de jeunes chiens une section unilatérale de la moelle détruisant totalement la continuité du cordon antérieur et du faisceau de Goll : au bout de quelque temps il constata l'atrophie du noyau de Deiters et en conclut que cette masse grise est directement en rapport avec la moelle. Monakow crut aussi que le noyau de Deiters était relié au noyau de Burdach dont il constata en même temps l'atrophie.

Mais cette dernière opinion n'a pas été confirmée : les expériences de Vejas, faites dans le laboratoire de Forel, démontrèrent que la destruction directe des noyaux des cordons postérieurs, pratiquée chez de jeunes animaux, n'entraîne pas d'atrophie des cellules du n. de Deiters. Ce noyau n'est donc uni qu'au seul Fondamental des cordons latéraux. L'existence de cette connexion est du reste démontrée d'ailleurs par la marche de la myélinisation : chez le fœtus de 28 centimètres de longueur environ, il est déjà très facile de suivre dans la Réticulée les fibres myéliniques qui viennent du n. de Deiters : on les voit se diriger en dedans et, arrivées dans la bandelette longitudinale postérieure, changer de direction pour descendre vers la moelle. D'autre part, on peut voir, par l'emploi de la méthode de Golgi, des axônes venus des noyaux de Deiters et de Bechterew croiser le genou du facial (CAJAL) et, à partir du noyau de l'abducens, se diriger en dedans et en avant ; le plus grand nombre descend vers la moelle ; d'autres se divisent en deux branches, ascendante et descendante, quelquefois après avoir abandonné un certain nombre de collatérales ; celles-ci vont au raphé et le traversent peut-être : on en voit souvent qui, parties du point de bifurcation des deux branches, se perdent entre les cellules de la Réticulée. Les fibres descendantes forment d'après RAMON une *voie latérale*. Le *faisceau médial* dont nous avons déjà parlé représente les neurites d'autres cellules du n. de Deiters : ces neurites se dirigent en dedans, contournent en avant le genou du facial, puis traversent le noyau de l'abducens ou passent en arrière de lui et, finalement, pénètrent dans la bandelette en se divisant en deux rameaux, ascendant et descendant. Quelques-uns suivent un trajet ascendant sans subir de division, mais, en s'infléchissant pour contourner le noyau de l'abducens, ils lui abandonnent quelques collatérales (1). Enfin, la méthode des dégénérations peut aussi fournir la preuve de l'existence d'un système de fibres de Deiters et de Bechterew, se dirigeant en dedans vers la bandelette longitudinale postérieure et descendant en compagnie de cette dernière dans les cordons antérieurs de la moelle (2).

Pour terminer cette description des rapports de la moelle avec les différents noyaux de la Réticulée il nous faut encore mentionner les recherches de KOHNSTAMM (3). Cet auteur pratiqua la section de ces voies de conduction à différents niveaux et examina, par la méthode de Nissl, les cellules des noyaux du tronc cérébral :

(1) BRUCE (*Proceedings of the royal Society of Edinburgh* 1891 et *Compte rendu d'Edinger pour l'année 1891*) décrit des fibres allant de l'olive bulbaire au noyau de Deiters. Il se pourrait que cette voie d'union fût identique à celle que nous venons de décrire et qui va du Fondamental à ce même noyau.

(2) Dans un travail déjà cité à propos du trijumeau, PROBST décrivit plusieurs faisceaux ascendants de la Réticulée : c'est ainsi qu'il démontra l'existence, dans les cordons antérieurs, de fibres ascendantes situées tant dans le faisceau sulco-marginal que dans le faisceau marginal antérieur. Les premières dégénèrent après lésion de la moelle cervicale, jusque dans la couche interolivaire et, dans la bandelette longitudinale postérieure, jusqu'à la protubérance où elles se rendent, latéralement, aux cellules de la Réticulée. Les secondes dégénèrent jusqu'au noyau de Deiters, ainsi d'ailleurs que quelques fibres du faisceau sulco-marginal. PROBST décrit en même temps ce faisceau que nous avons déjà mentionné et qui provient du cervelet, passe dans la partie antérieure du trapèze puis en arrière du ruban et enfin, en direction ascendante, se rend de chaque côté aux ganglions de la Réticulée. Sans affirmer son origine cérébelleuse dont j'ai pu me convaincre de mon côté, d'après les recherches de JUSTCHENKO, PROBST admet comme probable la terminaison de ce faisceau dans le noyau ventral du thalamus (*Deutsche Zeitsch. f. Nervenheilk.*, 1899).

(3) XXIV. *Wanderversammlung der sudwestdeutschen Neurologen und Irrenaerzte zu Baden-Baden*, 3 et 4 juillet 1899.

Après section unilatérale de la moelle entre C^I et C^{II} il vit dégénérer : 1° du même côté (et peut-être aussi du côté opposé), le noyau du faisceau longitudinal dorsal qui sert de lieu d'origine à la bandelette longitudinale postérieure et représente vraisemblablement un centre de coordination et un centre réflexe pour les mouvements de la tête et des yeux ; 2° du côté opposé, le noyau rouge de la calotte d'où descend, à travers la commissure ventrale de Forel, le f. aberrant de Monakow. Le noyau rouge est un centre de réflexes et de coordination des plus importants pour les courants nerveux qui arrivent au cervelet par son pédoncule supérieur ; 3° « le noyau du tractus quadrigémino-spinal descendant », il est situé dans la couche profonde des quadri-jumeaux, un peu en dehors et en arrière du noyau de la racine cérébrale du trijumeau (noyau de la commissure postérieure). Il envoie aux portions centrales de la Réticulée des fibres qui passent par l'entre-croisement « en fontaine » de Meynert et se placent en avant de la bandelette longitudinale postérieure ; 4° du même côté que la lésion, il vit encore dégénérer le noyau de Deiters, « n. du tractus vestibulo-spinalis » de KOHNSTAMM qui envoie un faisceau important à la région externe du cordon antérieur ; par contre le n. de Bechterew ne subit aucune modification ; 5° des deux côtés, mais à un moindre degré du côté opposé, le noyau diffus à grandes cellules de KOEL-LIKER, « noyau du tractus réticulo-spinalis lateralis » de KOHNSTAMM, c'est-à-dire la totalité des grandes cellules de la Réticulée depuis le quadrijumeau postérieur jusqu'à l'entre-croisement des pyramides ; donc, en somme, le n. supérieur de Bechterew, le n. inférieur de Roller et probablement aussi le n. réticulé et le n. médian. Aucune trace de dégénération ne put être décelée dans les olives inférieures, les ganglions de la protubérance, le cervelet, les noyaux des nerfs oculo-moteurs, ni dans les noyaux moteurs des nerfs pneumogastriques.

Après section du faisceau respiratoire bulbo-spinal, le même auteur nota, entre autres lésions secondaires, la dégénération des cellules d'un noyau situé à la partie antérieure du raphé, entre le trapèze et les racines de l'hypoglosse. Ce noyau, décrit auparavant par MISSLAWSKI, est considéré par KOHNSTAMM comme étant au service de la fonction respiratoire.

Bandelette longitudinale postérieure. — A côté des fibres dont nous avons déjà parlé et qui viennent du Fondamental antérieur, ce faisceau contient un certain nombre d'éléments d'association qui relient entre eux, et peut-être avec d'autres nerfs craniens, les noyaux de l'abducens, du trochléaire et du M. O. C. En outre, dans sa portion inférieure cheminent des fibres du corps restiforme qui se rendent à la moelle.

D'après MEYNERT, la bandelette irait sans interruption jusqu'à l'écorce cérébrale. Il n'en est rien en réalité : la bandelette ne va pas jusqu'à l'écorce en tant qu'il ne s'agit que de fibres issues du Fondamental : celles-ci s'arrêtent, les unes, dans le noyau de la partie ventrale de la commissure postérieure, les autres, dans le noyau du M. O. C., surtout dans le noyau principal, peut-être aussi dans le noyau médian ; cela est facile à constater chez le fœtus à un certain moment de la vie intra-utérine ; la commissure postérieure et la bandelette se voient alors avec une grande netteté : elles sont en effet les deux seules formations myélinisées de toute la région des quadrijumeaux antérieurs.

Mais existe-t-il d'autre part dans la bandelette des fibres qui se rendent dans les noyaux accessoires du M. O. C.? On ne peut encore l'affirmer. Les fibres qui ne se terminent pas dans les noyaux de ce nerf commencent, dès le niveau du noyau principal, le long du bord de la s. grise centrale, à se placer peu à peu plus en arrière et en dehors, Elles pénètrent finalement dans le *noyau de la commissure postérieure* dont nous avons parlé plus haut (1).

Une partie de la bandelette est donc ainsi la continuation immédiate de cette portion de la commissure ; l'autre est en rapports étroits avec les noyaux moteurs de l'œil. Il se peut encore qu'elle contienne d'autres éléments : mais seul l'examen de dégénérations récentes étudiées avec la méthode de Marchi pourra mettre en complète lumière ses rapports avec l'écorce cérébrale.

C'est sur des coupes sagittales que ses rapports avec le noyau du M. O. C. sont le plus faciles à voir ; à partir de l'extrémité supérieure

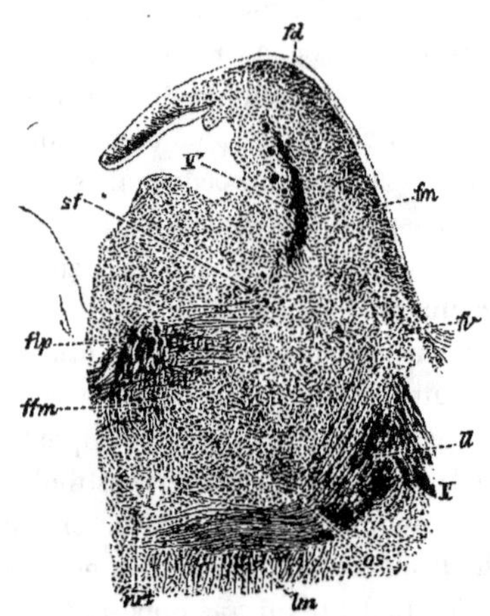

Fig. 213. — COUPE FAITE ENTRE LE CERVELET ET LES QUADRIJUMEAUX POSTÉRIEURS.

(Fœtus de 44 centimètres. Méthode de Weigert.)

fd, Portion dorsale du pédoncule cérébelleux supérieur.
ffm, Fibres dorsales de la formation réticulée se terminant dans le noyau interne.
flp, Bandelette longitudinale postérieure.
fm, Portion moyenne et
fv, Portion antérieure du pédoncule cérébelleux moyen.
ll, Ruban de Reil latéral.
lm, Ruban principal.
nrt, Noyau réticulé de la calotte.
os, Olive supérieure.
sf, Substantia ferruginea.
V, Fibres radiculaires du trijumeau.
V', Racine cérébrale du trijumeau.

(1) Ce noyau existe également chez la taupe : il est l'aboutissant de la bandelette longitudinale postérieure, extraordinairement réduite chez cette espèce. La portion ventrale de la commissure postérieure est, chez le même animal, relativement très développée (V. plus haut).

de ce noyau, les fibres de la bandelette augmentent rapidement de nombre:
on peut les voir s'en détacher et, décrivant des arcs de cercle, plonger dans le
feutrage de fibres de la masse grise (*fig. 214*). Cette disposition peut être
aussi mise en évidence par la méthode des dégénérations : dans un cas de
JAKOWENKO on voyait la dégénération de la bandelette cesser exactement au
niveau du noyau du M. O. C. Dans un cas pathologique examiné dans mon
laboratoire par WYRUBOW, cette dégénération pouvait également être suivie
jusqu'aux noyaux que j'ai décrits dans les masses grises d'origine du M. O. C.

On peut en conclure qu'ils sont en connexion avec les fibres de la bandelette.

Celle-ci comprend encore une importante proportion de fibres courtes qui réunissent entre eux les noyaux des nerfs moteurs de l'œil. D'autre part, les préparations au Golgi démontrent qu'une bonne partie de ses fibres représente les axônes des cellules du noyau de la commissure postérieure et des noyaux du M. O. C.

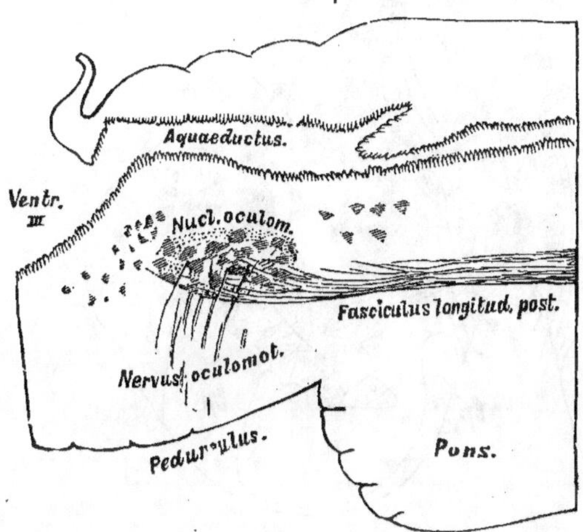

Fig. 214. — TERMINAISON DE LA BANDELETTE LONGI-
TUDINALE POSTÉRIEURE DANS LE NOYAU DE L'OCULO-
MOTEUR COMMUN.

Coupe longitudinale du pédoncule cérébral et de la protubérance (D'après EDINGER).

Les autres fibres forment une voie ascendante. Elles envoient leurs collatérales aux noyaux des trois oculo-moteurs et se terminent dans le noyau
de la commissure postérieure ainsi que dans le thalamus, d'après CAJAL [1].

La bandelette longitudinale postérieure comprend donc des fibres de

(1) CAJAL distingue dans la bandelette : 1º des fibres venant du *n. de Deiters*: elles se
dirigent en dedans, se réunissent au raphé ; après avoir atteint la bandelette, chacune
d'elles se divise en deux rameaux, l'un ascendant, plus volumineux, et l'autre descendant.
Quelquefois elles s'infléchissent et se dirigent en haut sans se diviser; elles abandonnent
de nombreuses collatérales aux noyaux des nerfs oculo-moteurs.

2º Des fibres venant du *trijumeau* : ce sont de forts cylindraxes provenant des cellules de la partie postérieure de la s. gélatineuse de ce nerf. Elles montent en s'incurvant
en dedans entre les noyaux de l'hypoglosse et la substance grise réticulée, envoient à ces
noyaux quelques collatérales, se croisent et se divisent finalement dans la bandelette ou
dans son voisinage en rameaux ascendants et descendants.

3º Des fibres qui proviennent de la *formation réticulée blanche*. Ce sont les axônes
des grandes cellules qui s'y trouvent (n. central inférieur ?). Elles se dirigent d'abord en

provenance et de directions différentes. Ce sont : 1° les *fibres d'association* des noyaux des nerfs moteurs oculaires et d'autres nerfs craniens ; 2° des *fibres descendantes* venues : *a*) du noyau de la commissure, *b*) probablement

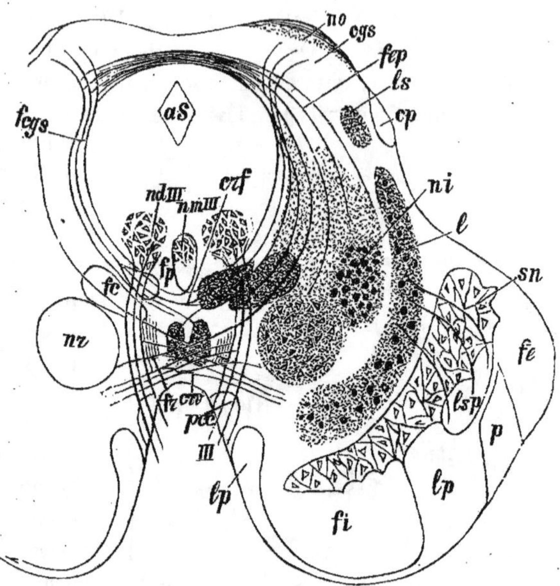

Fig. 215. — SCHÉMA DU TRAJET DES FIBRES DU PÉDONCULE AU NIVEAU
DU QUADRIJUMEAU ANTÉRIEUR.

as, Aqueduc de Sylvius.
cgs, Quadrijumeau antérieur.
cp, Corps parabigéminé.
crf, Entre-croisement « en forme de fontaine ».
crc, Entre-croisement ventral de la calotte.
fc, Voie centrale de la calotte.
fcgs, Fibres de la substance blanche profonde du quadrijumeau antérieur, passant par l'entrecroisement en fontaine.
fe, Faisceau externe du pied du pédoncule.
fcp, Fibres de la commissure postérieure.
fi, Faisceau interne du pied du pédoncule.
fp, Bandelette longitudinale postérieure.
fr, Faisceau rétroflexe de Meynert.

l, Couche du ruban.
lp, Voie accessoire du ruban.
ls, Fibres allant du quadrijumeau postérieur à la couche optique.
lsp, Faisceaux disséminés du ruban pénétrant dans le pédoncule.
ni, Noyau innominé.
no, Bandelette optique.
nr, Noyau rouge.
p, Voie pyramidale.
pcc, Pédoncule du corps mamillaire.
sn, Substance noire.
III, *ndIII*, *nmIII*, Racines, noyau dorsal ou principal et noyau médian du moteur oculaire commun.

aussi des noyaux des muscles de l'œil, *c*) des noyaux terminaux du nerf vestibulaire du même côté ; *d*) des fibres descendantes allant probablement

arrière puis changent de direction et se dirigent en dedans vers le raphé, s'y croisent, et, arrivées à la bandelette, se divisent chacune en deux rameaux, ascendant et descendant, ou bien encore prennent immédiatement un trajet ascendant.

aux noyaux des muscles de l'œil ; 3° des *fibres ascendantes* venues de la moelle et des noyaux terminaux des nerfs vestibulaires des deux côtés, mais surtout de celui du côté opposé.

Pour terminer l'étude de la bandelette longitudinale postérieure, il nous faut décrire maintenant la *substance blanche profonde du tubercule quadrijumeau antérieur* (*fig. 215*).

Les fibres qui la constituent représentent les neurites de la substance grise de la même région ; elles se dirigent en dedans en convergeant vers la s. grise de l'aqueduc de Sylvius, puis descendent le long de sa paroi latérale en abandonnant des collatérales à la s. grise centrale, passent au-devant et en dehors du noyau principal du M. O. C. et arrivent dans la région comprise entre les deux noyaux rouges de la calotte. A ce niveau elles sont situées en avant de la bandelette et passent de l'autre côté en constituant l'*entre-croisement « en fontaine »* de MEYNERT. Plus bas, elles traversent la portion médiale de la formation réticulée (1) et enfin, en compagnie de la bandelette, se rendent dans le Fondamental du cordon antérieur (2).

Cette description se trouve confirmée par les recherches récentes de BOYCE (3) : cet auteur vit les fibres en question, atteintes par une dégénération secondaire, s'entre-croiser au niveau du raphé et former un véritable faisceau situé immédiatement en avant de la bandelette (*fig. 216, c*) et qui descendait jusqu'à la moelle thoracique où il occupait la partie interne du cordon antérieur (*fig. 97, c*, p. 147). En chemin il envoyait des collatérales, à la au noyau rouge de la calotte, au ganglion mediale mesencephali, à la substance réticulée et aussi, mais en petit nombre, aux noyaux du M. O. C. de chaque côté, au trochléaire du côté opposé et à l'abducens (*fig. 169*, p. 256) (4). Assez souvent, pendant leur passage à travers les noyaux rouges, ces fibres se divisent en branches ascendantes et descendantes — celles-ci plus volumineuses (CAJAL) — qui, de leur côté, envoient des collatérales à ces noyaux.

D'après la description de HELD, un autre système de fibres réunit le quadrijumeau antérieur aux noyaux des oculo-moteurs et sert ainsi à la conduction des réflexes optico-acoustiques qui occasionnent la contraction des muscles

---

(1) EDINGER considère à tort ces fibres comme faisant partie du ruban. Il les décrit sous le nom de *faisceau croisé du ruban*.

(2) Le trajet de ces éléments descendants n'est pas tout à fait le même chez l'homme et chez certains animaux (chat) ; chez le premier ils se confondent pour continuer leur trajet descendant avec la partie moyenne de la bandelette longitudinale postérieure ; chez le second ils forment un faisceau séparé qui descend de chaque côté de la ligne médiane, en avant de la bandelette avec laquelle il ne se réunit, pour ne former qu'un seul système, qu'au niveau seulement de la région supérieure de la protubérance (HELD, *Arch. f. Anat. u. Phys., Anat. Abtheil.*, 1893, p. 239).

(3) *Neurol. Centralbl.*, 1894, n° 13.

(4) Nous avons vu que l'entre-croisement « en fontaine » est particulièrement net chez la taupe, à cause de l'état rudimentaire que présentent chez cet animal le nerf et le tractus optiques.

du globe de l'œil. Comme celui que nous avons décrit précédemment, il est formé par les axônes de cellules du quadrijumeau. Mais il n'est pas immédiatement contigu à la substance grise : ses fibres se dirigent un peu en dehors et viennent s'entre-croiser au devant du croisement « en fontaine »; finalement elles s'élèvent, en suivant les racines du M. O. C., jusqu'aux noyaux de ce nerf dans lesquels elles se terminent par arborisations libres.

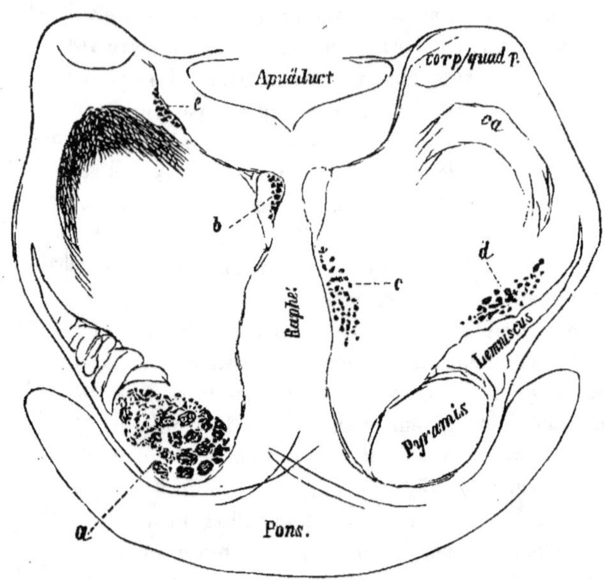

Fig. 216. — DÉGÉNÉRATIONS CONSÉCUTIVES A LA SECTION DE LA MOITIÉ GAUCHE DU TRONC CÉRÉBRAL AU NIVEAU DES QUADRIJUMEAUX.

La coupe passe par la région inférieure de la protubérance.
a, Pyramide dégénérée.
b, Fibres dégénérées de la bandelette longitudinale postérieure.
c, Fibres provenant de l'entrecroisement en fontaine de Meynert.
ca, Pédoncule cérébelleux supérieur.
d, Fibres du croisement ventral de la calotte de Forel.
e, Dégénération de la racine cérébrale du trijumeau.
Cette pièce provient de la même série d'expériences que celle qui est figurée au n° 97, p. 142.
(D'après Boyce; méthode de Marchi.)

Ce système se rattache à la voie auditive centrale (Held) car un certain nombre des fibres de cette dernière viennent se ramifier dans le quadrijumeau antérieur autour des cellules dont il tire lui-même son origine et autour desquelles, d'autre part, viennent se ramifier les arborisations terminales des éléments de la couche superficielle du quadrijumeau antérieur : ceux-ci, enfin, sont immédiatement en rapport avec les fibres du nerf optique : ainsi les excitations développées dans le territoire de ces deux nerfs, acoustique et optique, sont engagées par mode réflexe dans les voies propres des nerfs oculo-moteurs (HELD). Comme, d'autre part, ces systèmes se poursuivent du côté distal jusqu'à la moelle (et en particulier le long de la face ventrale de la bandelette longitudinale postérieure du côté opposé), on comprend que des mouvements « réflexes » de la tête puissent être produits par des exci-

Fig. 217 à 221. — DÉGÉNÉRATION DU FAISCEAU ABERRANT CONSÉCUTIVEMENT A UNE LÉSION LOCALISÉE A LA PARTIE INFÉRIEURE DE LA COUCHE OPTIQUE.

Préparations de TITOFF. Méthode de Marchi.

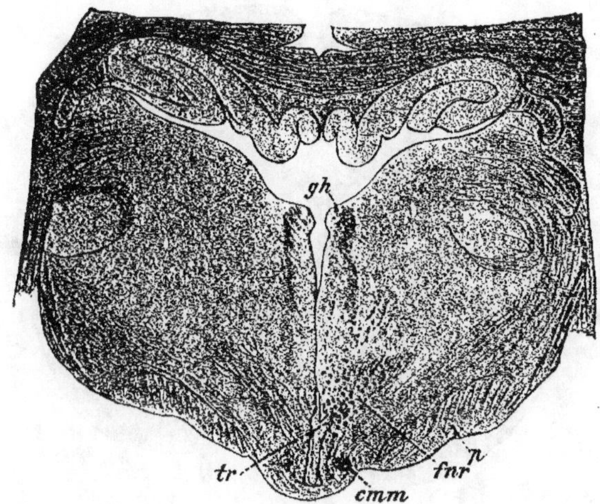

Fig. 217. — COUPE VERTICALE DES COUCHES OPTIQUES PASSANT PAR LES CORPS MAMILLAIRES.

cmm, Corps mamillaire.
gh, Ganglion de l'habénula.
fnr, Fibres dégénérées allant au noyau rouge de la calotte.
p, Pédoncule.
tr, Siège de la lésion.

tations optiques ou acoustiques. Consécutivement à certaines lésions du quadrijumeau antérieur, HELD observa chez le lapin une déviation latérale de la tête qui persista jusqu'à ce que l'animal fût sacrifié : l'examen post mortem montra que la voie réflexe optico-acoustique était dégénérée jusque dans la moelle. Il faut remarquer d'ailleurs que les voies auditives centrales possèdent des connexions qui servent à d'autres réflexes : telles sont, par exemple, les voies de communication, dont nous avons déjà parlé, qui unissent l'olive supérieure et le noyau de l'abducens ; telles sont encore les collatérales du corps trapézoïde qui vont au noyau du facial du même côté et à la formation réticulée dans laquelle nous savons qu'il existe des centres réflexes pour la respiration, la circulation, etc.

Les voies de conduction qui unissent le quadrijumeau antérieur au tronc cérébral et à la moelle cheminent donc dans la substance blanche profonde de ce ganglion ; dans la couche superficielle s'étendent et s'épanouissent les fibres du nerf optique ; dans la couche moyenne on trouve principalement les fibres qui vont aux régions postérieures de l'écorce de l'hémisphère.

Faisceau aberrant ou de Monakow (*fig. 13, ft,* p. 41 ; *fig. 159, fa,* p. 244 et *fig. 200,* p. 329. — Quant aux voies centrales qui constituent la

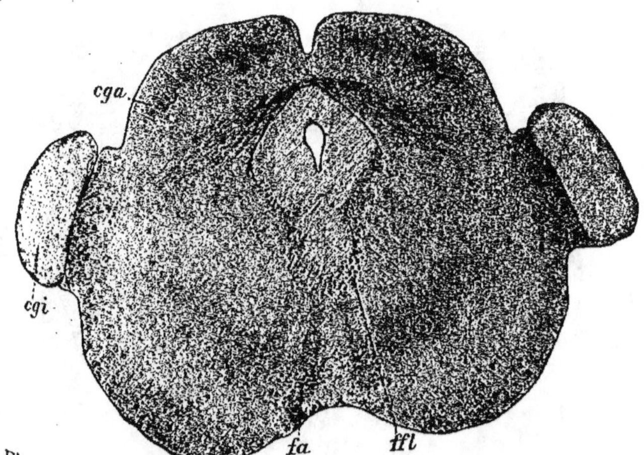

Fig. 218. — COUPE DES PÉDONCULES PASSANT PAR LES QUADRIJUMEAUX
ANTÉRIEURS.

cga, Quadrijumeau antérieur.
cgi, Corps genouillé interne.
fa, Fibres dégénérées du faisceau aberrant, au delà de l'entre-croisement de Forel.
ffl, Dégénération de la bandelette longitudinale postérieure par suite de sa lésion dans
la région des noyaux du M. O. C.

partie *la plus postérieure* du Fondamental du cordon latéral de la moelle, voies qui, sous le nom de *faisceau aberrant* se placent (à la périphérie) contre le bord du bulbe, on peut les suivre avec la plus grande facilité chez le fœtus. dans la région du noyau du trapèze et des olives supérieures (*fig. 238, fl,* p. 397). Plus haut, elles se joignent à des fibres qui cheminent primitivement avec le ruban latéral (*fig. 216, d*), et qui, arrivées dans la région du quadrijumeau posté-rieur, se placent immédiatement en dedans de celui-ci, dans la région ventrale de la calotte. Plus haut encore, elles forment l'*entre-croisement ventral de la calotte*, dit entre-croisement de FOREL (*fig. 215, crv*, p. 355) et de là montent, les unes vers la région latérale du thalamus, les autres au noyau rouge; celui-ci reçoit, d'autre part, les fibres du pédoncule cérébelleux supérieur (V. plus bas) et est relié également au noyau latéral de la couche optique (*fig. 224, fnt*, p. 371 (1).

Il est facile de constater avec la méthode de Marchi que cette voie dégénère après section transversale d'un pédoncule cérébral, ainsi qu'après l'ablation d'un hémisphère, et ce dans toute son étendue, jusqu'à la région lombaire (*fig. 97*, p. 147 et *216*). Ce fait concorde entièrement avec la description

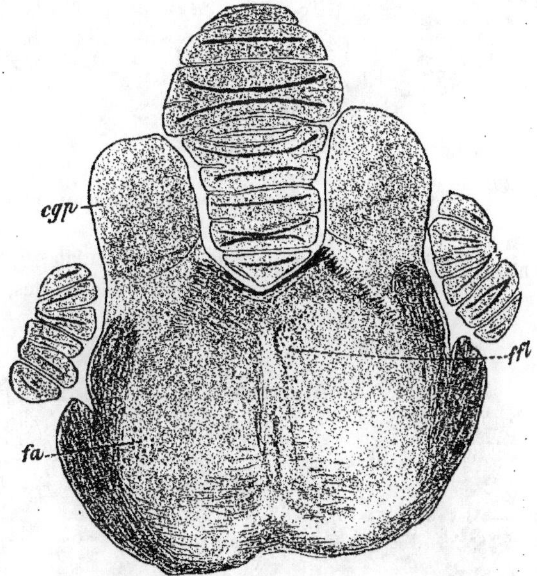

Fig. 219. — COUPE DES PÉDONCULES PASSANT PAR LES
QUADRIJUMEAUX POSTÉRIEURS.

cgp, Quadrijumeaux postérieurs.

que j'ai donnée dans la première édition de cet ouvrage, ainsi qu'avec les résultats obtenus par d'autres expérimentateurs, EDINGER, HELD, TITOFF (*fig. 217* à *221*).

L'origine de ce faisceau se trouve d'après BOYCE dans la portion latérale du thalamus, en arrière du chiasma : SAKOWITSCH (de mon laboratoire) le vit

(1) D'après CAJAL, le ganglion interpédonculaire aurait quelques connexions avec ce système de fibres : cet auteur vit en effet un certain nombre des axônes des cellules de ce ganglion s'engager dans le croisement ventral de la calotte.

dégénérer de haut en bas sur toute sa longueur après une lésion strictement localisée à la couche optique.

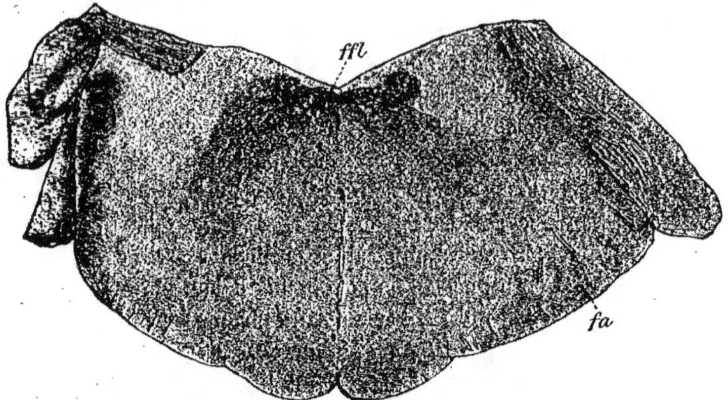

Fig. 220. — COUPE PASSANT PAR LA PORTION SUPÉRIEURE DU BULBE.

PROBST a conclu de ses recherches expérimentales que le faisceau aberrant n'est pas uniquement formé de fibres descendantes, mais contient

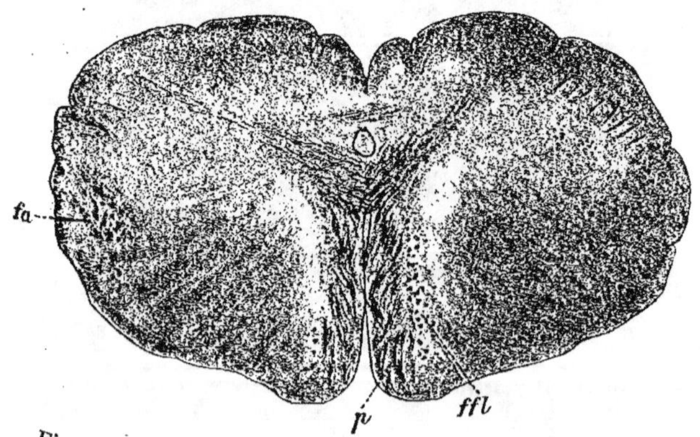

Fig. 221. — COUPE PASSANT PAR L'EXTRÉMITÉ SUPÉRIEURE
DE L'ENTRE-CROISEMENT DES PYRAMIDES.

p, Pyramide.
ffl, Bandelette longitudinale postérieure, passée dans le cordon antérieur de la moelle.

aussi des fibres ascendantes. Son extrémité inférieure, représentée par quelques fibres isolées, peut être suivie jusque dans la moelle sacrée ; quant à son

(1) *Deutsche Zeitsch. f Nervenheilkunde*, fasc. 3 et 4, 1899.

origine supérieure, Probst la localise dans le noyau rouge car il ne dégénère que consécutivement aux lésions de la couche optique qui intéressent ce noyau ou bien à des lésions limitées au noyau rouge lui-même; mais comme ce dernier est uni au thalamus par un grand nombre de fibres, les faits remarqués par Probst peuvent très bien se concilier avec l'origine thalamique du faisceau en question : il semble que ce point demande encore de nouvelles recherches pour être complètement élucidé. Remarquons enfin que Probst put suivre des fibres dégénérées provenant de ce faisceau jusque dans les parties latérales de la corne antérieure de la moelle.

Le faisceau que j'ai décrit sous le nom de *f. fondamental profond (médial) du cordon latéral* est un peu plus tardif dans sa myélinisation. Chez le fœtus de 30 à 32 centimètres, on peut le suivre dans le champ latéral de la Réticulée où il se trouve situé entre le reste de chaque corne postérieure et les noyaux des cordons latéraux (*fig. 118*, p. 198). Ses terminaisons sont mal connues; il en est de même pour les voies centrales des fibres qui avoisinent le bord externe de la corne antérieure.

ARTICLE III. — *A*. FAISCEAUX DE GOWERS ET CÉRÉBELLEUX DIRECT.

Faisceau antéro-latéral du cordon latéral ou F. de Gowers. — Ce faisceau conserve, à son passage dans le bulbe, la localisation qu'il avait dans la moelle. Il chemine le long de la face antéro-externe du bulbe, jusqu'à la protubérance, Plus haut, on peut le suivre facilement, sur des préparations au Marchi, jusqu'à la région du trijumeau ou même du trochléaire. A ce niveau il revêt, sur les coupes transversales, la forme d'un mince triangle à sommet externe, placé en dehors du ruban latéral. Par le pédoncule cérébelleux supérieur et le voile médullaire antérieur il arrive au cervelet et se rend principalement, d'après mes recherches, au vermis inférieur *.* (*fig. 21*, p. 63, et *fig. 210, al*, p. 346; V. aussi IVe partie, chap. II, art. Ier).

Sa dégénération fut à plusieurs reprises étudiée chez l'homme et permit de constater qu'il effectue son trajet ascendant intrabulbaire en compagnie du cérébelleux direct, jusqu'à ce que celui-ci s'engage dans le corps restiforme. Au niveau du facial il se place entre la branche de sortie de ce nerf et le trapèze. Dans la région de l'émergence du trijumeau il se dirige assez brusquement en arrière, contourne de dedans en dehors et de bas en haut le pédoncule cérébelleux supérieur et se rend, comme nous l'avons vu, à travers le voile médullaire antérieur, dans le vermis inférieur du cervelet.

Rossolymo (1) put en étudier la dég. secondaire dans un cas de lésion de la

(1) Société des Neurologistes et Psychiatres de Moscou, séance du 13 mai 1898 (en russe). Résumé in *Arch. de Neurol.*, 1898, t. II, p. 343-345.

moelle localisée à la région des XIe et XIIe segments dorsaux et Ier et IIIe sacrés, chez une fille de douze ans. Il nota les faits suivants : au niveau du noyau de Goll le f. antéro-latéral s'accroît d'un petit nombre de fibres que lui envoie ce dernier ; à la périphérie du bulbe, il forme un triangle à pointe dirigée vers la ligne médiane, Pendant tout son trajet bulbaire il enverrait des collatérales au corps restiforme. Au niveau du trapèze, il quitte la péri-phérie et s'en éloigne de plus en plus ; à la partie inférieure de la protubé-rance il se place dans l'angle formé en avant par le faisceau des fibres du trapèze et latéralement par la racine d'émergence du facial. Dans son trajet ultérieur il envoie quelques rares fibres (collatérales ?) dans la direction du noyau du ruban latéral et s'engage en même temps lui-même dans cette direction. Enfin, au niveau de ce noyau, il se dirige brusquement en arrière et se joint aux fibres qui ont antérieurement pénétré dans le ruban. Plus loin, on voit des fibres dégénérées (*fibres du Gowers*) se rendre au voile médullaire antérieur où certaines d'entre elles (le petit nombre seulement, d'après Rossolymo) s'entre-croisent, le reste se dirigeant vers la région des quadriju-meaux et s'unissant au faisceau croisé venu de l'autre côté. En pénétrant dans le noyau du quadrijumeau postérieur, le faisceau lui abandonne une bonne partie de ses fibres et continue son chemin ascendant avec le ruban latéral. Dans le pédoncule cérébral, il se place sur le bord de la substance noire, et, pénétrant dans le *faisceau longitudinal intermédiaire*, continue son trajet sous la substance de Soemmering. D'après Rossolymo, au niveau de l'extré-mité antérieure du bras postérieur de la capsule interne, ses fibres pénètrent dans les deux segments du globus pallidus. En résumé, suivant cet auteur, le faisceau de Gowers ne contient pas uniquement des fibres cérébelleuses : il en comprend encore qui sont destinées à d'autres régions de l'encéphale ; mais ces conclusions, qui ne sont basées que sur l'examen d'un seul cas, demandent à être confirmées par de nouvelles recherches.

Faisceau cérébelleux direct. — En passant de la moelle au bulbe, ce faisceau se condense de plus en plus dans l'angle formé par la corne postérieure et la circonférence de la moelle (*fig.* 222). Au moment où apparaît le corps restiforme, il se joint à lui et l'accompagne le long de la périphérie du bulbe : il atteint avec lui le cervelet, entouré de tous côtés par les fibres cérébello-olivaires. Nous reviendrons plus loin sur son trajet et sa terminaison les fibres cérébelleuse (V. IVe partie, chap. II, art. I).

B. Faisceau pyramidal.

Au-dessus de leur décussation, dans la partie inférieure du bulbe (*fig.* 116 et 117, p. 196 ; *fig.* 222), suivant la disposition fasciculée bien connue, les fibres des faisceaux pyramidaux se rassemblent au niveau de

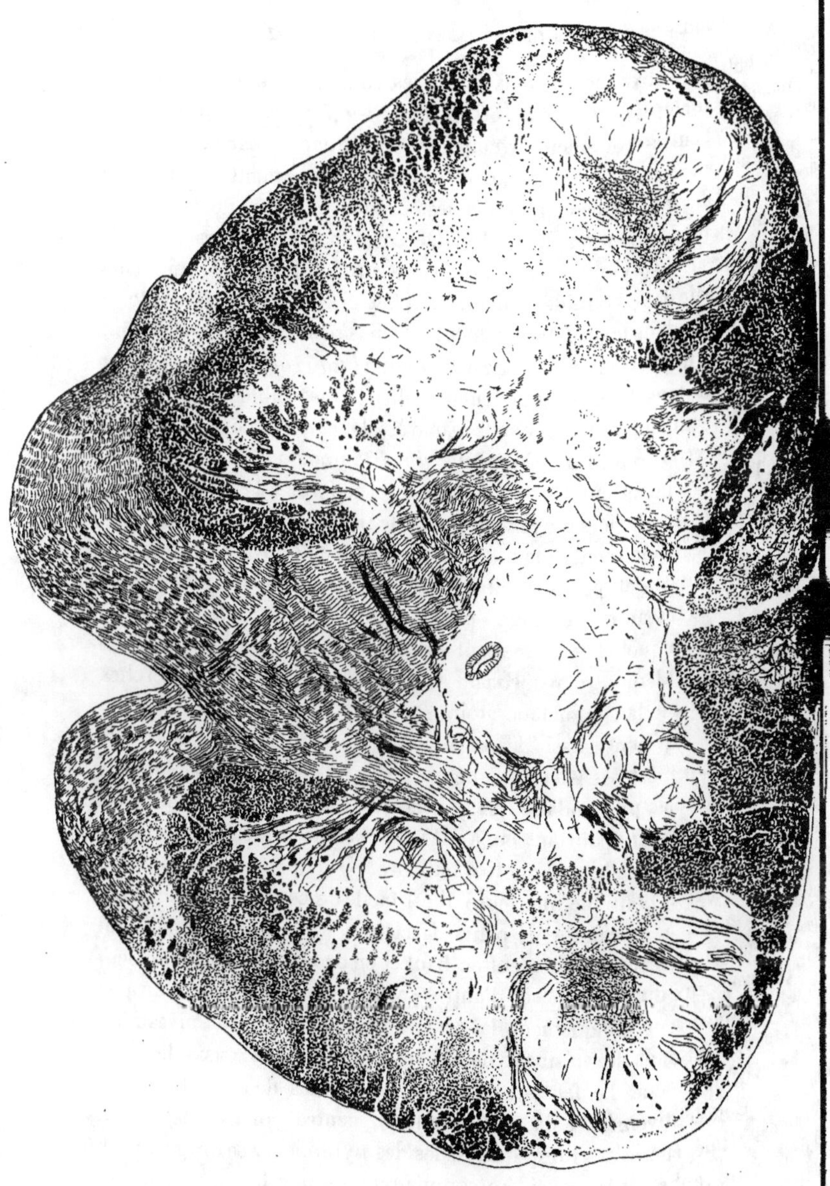

Fig. 222. — DÉCUSSATION DES PYRAMIDES.

(Préparation de GIESE. Méthode de Pal.)

A droite, les pyramides; à gauche, les cordons postérieurs dans lesquels on distingue la saillie formée par les noyaux des cordons de Burdach.

la région bulbaire moyenne en deux colonnes compactes et volumineuses, les pyramides bulbaires (*fig. 157 à 160 py*, p. 238-245 ; *fig. 238 p*, p. 397). Au-dessus de cet entre-croisement principal, et jusque dans la partie inférieure de la protubérance il se produit encore des entre-croisements partiels de fibres pyramidales qui descendent dans les cordons latéraux de la moelle. En amont de la décussation, le F. Py. D. correspond toujours à l'angle externe ou latéral des pyramides : en dedans est situé le F. Py. C. qui forme la masse principale des pyramides bulbaires. Celles-ci se continuent du côté de l'encéphale jusque dans le pied du pédoncule. Dans la protubérance elles sont dissociées par les fibres transversales de cette région (*fig. 144 et 145*, p. 220); mais, en passant dans le pied du pédoncule, elles se rassemblent de nouveau en un faisceau, cunéiforme sur sa coupe transversale, et qui occupe à peu près le IIIᵉ quart interne du pied du pédoncule (*fig. 148 p*, p. 223 et *fig. 237, 4*, p. 392). Puis elles pénètrent dans la capsule interne (*fig. 224*, p. 371) dont elles occupent environ le tiers moyen, ou mieux le troisième quart du bras postérieur. De là elles cheminent sans interruption jusqu'à l'écorce cérébrale (1).

Pendant leur trajet protubérantiel elles envoient des *collatérales* qui pénètrent dans le réseau ou feutrage épais des fibres de cette région, réseau dans l'épaisseur duquel elles se mettent en rapport avec les cellules qu'il contient : ce fait, démontré par HELD, a été confirmé par des recherches faites par KOROLKOFF dans mon laboratoire.

Ces fibres envoient aussi des collatérales à la substance noire de Soemmering. On n'est pas parvenu à déceler, par la méthode de Golgi, des collatérales des voies pyramidales qui se rendissent à d'autres territoires du tronc cérébral : CAJAL pourtant en a décrit, chez la souris, qui allaient s'arboriser autour des cellules de l'olive bulbaire.

Dans la région pontique inférieure il est facile de constater que chaque pyramide envoie à la calotte de petits fascicules (*fig. 243*, p. 404) dont quelques-uns se dirigent obliquement en haut et en dedans et s'entre-croisent au raphé avec ceux du côté opposé; d'autres se dirigent en arrière et un peu en dehors, traversent obliquement la couche du ruban et, au niveau du facial, se perdent dans le voisinage de l'olive supérieure. LAZURSKI les a pu mettre en évidence chez l'enfant au moyen des méthodes de coloration de la myéline. Consécutivement à la destruction du centre cortical du facial, MURATOFF vit dégénérer des fibres qui, issues des pyramides, se dirigeaint en dedans vers le raphé : il les considéra comme représentant les voies centrales de la branche inférieure du facial.

(1) La localisation des voies pyramidales varie un peu suivant les régions considérées de la capsule interne. Il paraît y avoir aussi des différences individuelles assez importantes et qui expliquent, au moins en partie, les divergences des auteurs à ce sujet.

Consécutivement à la destruction expérimentale du centre de la déglutition, un de mes élèves, TRAPEZNIKOFF, vit dégénérer ces fibres, ainsi que les fibres arciformes de la formation réticulée : on trouvait aussi des éléments dégénérés en dedans des noyaux des IXᵉ et Xᵉ paires.

De l'examen de deux cas de lésion en foyer de la capsule interne avec sclérose descendante des voies pyramidales, HOCHE (1) conclut que celles-ci abandonnent des fibres aux noyaux des deux faciaux : les fibres destinées à celui du côté opposé sont les plus nombreuses : elles proviennent de la portion interne du faisceau pyramidal et se croisent bientôt au raphé ; celles qui se rendent au noyau du même côté proviennent de la portion externe et abordent le noyau, les unes directement, les autres en contournant l'olive protubérantielle. D'autre part, le f. pyramidal envoie aux noyaux des deux hypoglosses des fibres qui passent par la région du raphé qu'elles parcourent dans le sens antéro-postérieur, par les olives et par la substance noire. La dégénérescence du réseau de fibres qui s'étend entre les deux noyaux de la XIIᵉ paire est de règle lors des lésions en foyer d'un hémisphère.

[Mentionnons pourtant dès maintenant, comme très analogues à ceux de HOCHE qu'ils contrôlent en quelque sorte, les résultats obtenus par P. ROMANOW (2), par voie expérimentale : cet auteur ayant pratiqué chez le chien la destruction du centre cortical du trijumeau d'un seul côté, vit des fibres dégénérées se détacher du faisceau pyramidal et pénétrer dans la calotte pour se rendre au noyau moteur du trijumeau de chaque côté; consécutivement à la destruction du centre cortical du facial puis de l'hypoglosse, il vit aussi des fibres parties des voies pyramidales traverser les régions intermédiaires de la calotte et se rendre de chaque côté aux noyaux de ces deux paires.

Nous avons déjà étudié à propos du ruban de Reil certaines fibres qui empruntent sur un plus ou moins long trajet la voie de ce faisceau, mais qui appartiennent en réalité, du moins en partie, aux voies pyramidales et aux systèmes descendants qui réunissent l'écorce aux noyaux des nerfs crâniens; nous aurons encore à y revenir ultérieurement].

BIBLIOGRAPHIE. — Ruban de Reil. — BECHTEREW : « Sur la couche du ruban dans l'encéphale du fœtus », *Acad. des Sc. de Saxe*, Leipzig, 1885. — « Sur les dég. secondaires du pied du pédoncule », *Arch. f. Psych.*, 1888. — « Sur la couche du ruban », *Neur. Centralbl.*, 1896. — « Sur la couche du ruban, etc. », *Arch. f. Anat. u. Phys., Anat. Abt.*, 1895, p. 379. — BIELSCHOWSKY : « Ruban supérieur et écorce cérébrale », *Neur. Centralbl.*, 1895, p. 205. — BRUCE : « Sur un cas de dég. descendante du ruban »

(1) « Contribution à l'anatomie de la voie pyramidale et du ruban supérieur avec remarques sur les faisceaux anormaux de la protubérance et du bulbe. » *Arch. f. Psych.*, vol. XXX, 1ᵉʳ fascicule, p. 103, 1898. Résumé in *Rev. Neurol.* 15 juin 1898.

(2) « Sur la question des connexions centrales des nerfs crâniens moteurs », *Neur. Centralbl.*, 1898, vol. XVII, p. 592.

Brain, 1893. — Cajal : « *Contribution à l'étude du bulbe* », Leipzig, 1896. — Déjerine : « Sur un cas d'hémianesthésie de la sensibilité générale », *Arch. de Phys.*, 1890. — Sur les connexions du ruban de Reil avec la corticalité cérébrale, *Soc. de Biol.*, 6 avril 1895.— Déjerine et Long : Sur quelques dég. secondaires du tronc encéphalique de l'homme étudiées par la méthode de Marchi : ruban de Reil, pes lemniscus, locus niger, f. lenticulaire de Forel, anse lenticulaire, corps de Luys, commissure de Meynert, *Soc. de Biol.*, 30 juillet 1898. — Déjerine et Thomas : Un cas de syringomyélie, type scapulo-huméral avec intégrité de la sensibilité, *Soc. de Biol.*, 10 juillet 1897 (dég. ascendante du ruban).— Doellken : « Sur le développement du ruban de Reil et de ses connexions centrales », *Neur. Centralbl.*, 15 janvier 1899. — Edinger : « Sur le trajet des fibres des cordons postérieurs dans le bulbe et le pédoncule cérébelleux inférieur », *Neur. Centr.*, 1885. — « Sur les voies qui continuent les R. P. vers le cerveau », *Anat. Anz.* 1889. — Féré : *Anatomie médicale du système nerveux*, 1886, p. 185. — Flechsig : « Les voies de conduction du cerveau et de la moelle, etc. », Leipzig, 1876, p. 322 et 345. — « Sur les connexions encéphaliques des cordons postérieurs » *Neur. Centralb.*, 1885. — « Sur le trajet central des nerfs de la sensibilité », *Neur. Centr.*, 1886, n° 23. — « Notice sur le ruban », *Neur. Centralbl.*, 1896. — Flechsig et Hoesel : « Les circonvolutions centrales, organe central des cordons postérieurs », *Neur. Centralbl.*, 1890, n° 14. — Gebhard : « *Dég.* secondaire (dég. descend. du ruban) par destruction tuberculeuse du Pont », Thèse de Halle, 1887. — Greiwe : « Tubercule solitaire du pédoncule cérébral droit ; dég. du ruban dans les deux sens », *Neur. Centralbl.*, 1894, n° 4. — Gudden : « Recherches sur la région de la calotte », *Arch. f. Psych.*, vol. XI.— Henschen : « *Contr.* cliniques et anatomiques à la pathologie de l'encéphale », Upsale, 1890 (dég. ascend. du ruban). — Hoche : « Sur l'anatomie de la voie pyramidale et du ruban principal etc. », *Arch. f. Psych. u. Nervenkr.*, vol. XXX, 1898. — Hoesel : *Arch. f. Psych.*, 1892. — « Nouvelle contribution à l'étude du trajet du ruban cortical et des racines centrales du trijumeau chez l'homme », *Arch. f. Psych.*, 1893, vol. XXV. — « Terminaison du ruban de Reil », *Neur. Centralbl.*, 1893, p. 576. — « Contribution à l'étude anatomique du ruban », *Congrès de Rome* 1894 et *Neur. Centralbl.* 1894, p. 546 à 550. — Jacobsohn : (Dég. desc. du ruban), *Neur. Centr.*, 1897, p. 323. — Jakob : « Sur un cas d'hémiplégie et hémianesthésie, etc. », *Deutsche Zeitsch. f. Nervenheilk.*, 1897 (Dég. desc. du ruban) ».— « Contr. à l'étude du trajet du ruban de Reil supérieur cortical ». *Neur. Centr.*, 1895. — Koelliker : *Histologie de l'homme*, 6e édit., vol. II, p. 198 à 202 et p. 391 à 405 (ruban latéral). — Lazursky : « Sur la couche du ruban », *Neurol. Bote*, vol. VI (en russe) : *Jahresbericht*, 1897. — Long : *Les voies centrales de la sensibilité générale*, étude anatomo-clinique, thèse de Paris, 1899. — Mahaim : Réplique au mémoire de Hoesel (*Neur. Centralbl.*, 1893 : Terminaison du ruban de Reil), *Neurol. Centralbl.*, 1893. — « Un cas d'affection secondaire du thalamus et de la région sous-optique, atrophie du ruban », *Arch. f. Psych.*, vol. XXV, 1893. — *Note à propos des récents travaux concernant le trajet du ruban de Reil médian*, Liège, 1896. — Marchi : Sulle origine del lemnisco, *Riv. di patol. nervosa e ment.*, 1898. — Mayer : « Sur le trajet des fibres dans la calotte », *Iahrbuch f. Psych. u. Neurol.*, 1897. — Meyer : « Recherches sur la dégénération du ruban », *Arch. f. Psych.*, 1886, vol. XVII, p. 438. — « Sur un cas d'hémorragie protubérantielle avec dég. secondaire du ruban », *Arch. f. Psych.*, vol. XIII, 1882. — Meynert : in *Manuel d'histologie* de Stricker, vol. II, 1872. — Mingazzini : (Dég. descend. du ruban) *Ziegler's Beitraege*, vol. XX, p. 413. — *Archivio per la scienza medica*, 1890. — Miura : (Dég. ascend. du ruban) *Ziegler's Beitraege*, vol. XI, p. 91.— Mœli et Marinesco : « Lésions localisées dans la calotte protubérantielle avec remarques sur les voies de la sensibilité cutanée », *Arch. f. Psych.* 1892, vol. XXIV, p. 655. — Monakow : « Recherches expérimentales sur les pyramides et le ruban », *Corresp. Bl. f. Schweizer Aerzte*, 1884. — « Nouvelle contr. expérimentale à l'anatomie du ruban », *Neur. Centr.*, 1885, n° 12. — « Recherches expérimentales et pathologiques, etc. », *Arch. f. Psych.*, vol. XVI, p. 151. — *Ibid.* vol. XXII, 1890. — « Recherches expérimentales et pathologico-anatomiques sur la région de la calotte, la couche optique et la région sous-thalamique », *Arch. f. Psych.*, 1895, vol. XXVII, p. 151. — Mott : « Recherches expérimentales sur les tractus afférents du système nerveux central chez le singe », *Brain* 1896 (Terminaison du ruban au thalamus). — Mueller et Meder : (Dég. ascend. du ruban), *Zeitschr. f. klin. Med.*, 1895, vol. XXVIII. — Probst : « Recherches expérimentales sur le cerveau intermédiaire et ses connexions, particulièrement sur le ruban dit cortical », *Neurol. Centralbl.*, 1899, XV. — Redlich : « Sur les lésions secondaires consécutives aux extirpations de portions étendues des centres corticaux moteurs chez le chat », *Neurol. Centralbl.*, 1897, p. 818. — Reil : *Arch. f. mikr. Arch. f. d. Physiologie*, 1809, vol. IX, p. 505. — Roller : « Le ruban », *Arch. f. Psych. Anat.*, vol. XIX, 1881. — Rossolymo : « Sur la physiologie du ruban » *Arch. f. Psych.*, vol. XXI. — Sappey et Duval : Trajet des cordons nerveux qui relient le cerveau à la moelle épinière, *Acad. des Sciences*, 17 janvier 1876. — Shaffer : « Contr. à l'étude des dég. secondaires et multiples », *Virchow's Arch.* vol. CXXII, p. 125 (Dég. ascend. du ruban). — Schlesinger : « Remarques sur la structure du ruban », *Neurol. Centralbl.*, 1896. — « Contr. à l'étude des dégénérations du ruban », *Travaux de l'Institut d'Anat. et Phys. du syst. nerv. central*, Vienne 1896. — Spitzka : « Contr. à l'étude anatomique du ruban », *Americ. Journ. of Neurology*, 1883, vol. II, p. 617, et *The Med. Record*, 1884. — *Neurol. Centralbl.*, 1885, p. 35. — Tschermak : « Sur le trajet central des voies ascendantes des cordons postérieurs, etc. », *Arch. f. Anat. u. Phys., Anat. Abth.*, 1898, p. 291. — « Notice sur le champ cortical des voies des cordons postérieurs », *Neurol. Centralbl.*, 1898. — Werdnig : « Concrétion dans la s. noire de Soemmering avec dégénération du ruban dans les deux sens ». *Med. Iahrbucher, neue Folge*, 1888.

Autres faisceaux venus de la moelle. — Consulter à ce sujet la bibliographie du chapitre III de la II° partie, du chapitre suivant et du chapitre II de la IV° partie. — Loewenthal : Dégénérations secondaires ascendantes dans le bulbe, le pont, et l'étage supérieur de l'isthme, *Rev. méd. de la suisse romande*, 1885. — Mayer : « Sur le trajet des fibres de la calotte dans le cerveau moyen et le cerveau intermédiaire, d'après un cas de dég. ascendante secondaire ». *Zeitsch. f. Psych. u. Neurol.* XVI, p. 221, 1897. — Soelder : « Voies dégénérées dans le tronc cérébral consécutivement à une lésion de la moelle cervicale inférieure », *Neurol. Centralbl.*, vol. XVI, 1897.

Voies pyramidales. — Boyce : « Sur le système pyramidal dans le mésencéphale et le bulbe », Londres, 1898, 432 pp. — Jacobsohn : « Sur la situation des fibres du f. pyramidal dans le bulbe », *Neurol. Centralbl.*, 1895, p. 348. — Mellus : « Note préliminaire sur la dégénération bilatérale dans la moelle du singe », *Proc. of the R. Society*, mai 1894. — Pierret : Influence des anomalies d'entre-croisement des fibres pyramidales sur la localisation des paralysies de cause cérébrale; causes de la forme de la moelle, *Tribune Médicale*, janvier 1876. — Ransohoff : « Sur les rapports du faisceau de Pick avec la voie pyramidale, avec remarques sur la coloration de la myéline », *Neurol. Centralbl.*, 1er octobre 1899. — Sherrington : « Note sur la dégénération bilatérale du f. pyramidal », *Brit. med. Journ.* 1890. — Sherrington et Haden : « Dégénération bilatérale de la moelle, *Brain*, 1888.

Bandelette longitudinale postérieure. — Gée et Tooth : « Hémorragie protubérantielle ; lésions secondaires du lemnisque, du faisceau longitudinal postérieur et du flocculus cérébelleux », *Brain*, vol. XXXII, 1898. — V. Gehuchten : Le faisceau longitudinal postérieur, *Acad. roy. de méd. de Belgique*, 1895. — Jakowenko : « Sur la structure de la bandelette longitudinale postérieure », *Neur. Centralbl.*, 1888. — Koeppen : « Sur la bandelette long. postérieure » *Tagebl. d. deut. Naturf. Versam. in Heidelberg*, 1890. — Mahaim : Recherches sur les connexions qui existent entre les noyaux moteurs du globe oculaire d'une part et d'autre part le faisceau long. post. et la formation réticulée, *Bull. Acad. roy. de Belgique*, 1895. — Marinesco : Constitution et rôle de la bandelette longitudinale postérieure, *Sem. Méd.* 1896, n° 44. — Thomas : Dégénérescences secondaires à la section du faisceau longitudinal postérieur, chez le chien, *Soc. de Biologie*, 28 mai 1898. — Étude sur quelques faisceaux descendants de la moelle, *Journ. de phys. et path. gén.* 1899 (bandelette longitudinale postérieure).

CHAPITRE IV

FAISCEAUX D'ASSOCIATION DU TRONC CÉRÉBRAL

Parmi les faisceaux du tronc cérébral, nous n'avons étudié jusqu'à présent que ceux que l'on peut rattacher immédiatement aux systèmes d'origine médullaire. Sous le terme abréviatif de faisceaux d'association, nous allons maintenant décrire ceux qui unissent entre elles les masses grises de cette portion du névraxe et les font ainsi servir à la continuation centrale des voies de conduction de la moelle et des nerfs craniens.

[Il est difficile d'établir des divisions rigoureuses dans un chapitre traitant des relations réciproques de différents noyaux gris, surtout quand les voies d'union qui assurent ces connexions se confondent plus ou moins entre elles, et lorsque, d'autre part, ces noyaux gris eux-mêmes ne sont pas complètement différenciés les uns des autres. Il y a néanmoins avantage à étudier séparément :

I. — Les connexions de la *formation réticulée* (champ interne et champ latéral) avec les différents noyaux du tronc cérébral ;

II. — Les connexions du *globus pallidus* et du *noyau rouge* : à l'étude de cette région se joint celle de la *commissure postérieure* ;

III. — Les connexions de la *substance grise protubérantielle* et de la *substance noire* de Soemmering. Nous aurons en outre à décrire à ce propos la systématisation du *pied du pédoncule cérébral*.]

ARTICLE I. — CONNEXIONS DE LA FORMATION RÉTICULÉE.

Nous avons déjà suivi sur toute la hauteur du tronc cérébral les fibres qui émanent des noyaux des cordons postérieurs : ces fibres, en effet, sous le nom de ruban de Reil, ne sont autre chose que la continuation centrale, indirecte, il est vrai, du moins en majeure partie, des cordons postérieurs. Nous avons à décrire maintenant les voies d'association qui continuent, dans le bulbe, les Fondamentaux des cordons antéro-latéraux de la moelle.

Les premiers relais que cette voie rencontre dans le tronc cérébral sont :

Le noyau du cordon antérieur ou n. de Misslawsky ;

Le noyau central inférieur ou n. de Roller ; ce noyau est situé en dedans et un peu en arrière de l'olive bulbaire ;

Le noyau réticulé de la calotte ;

Le noyau central supérieur et médial (interne) ;

Le noyau innominé ;

Le noyau rouge ;

Les noyaux du M. O. C. ;

Le noyau de la commissure postérieure ;

Le quadrijumeau antérieur et, semble-t-il aussi, le ganglion profond de la calotte décrit pour la première fois chez le lapin, par GUDDEN. Tous ces noyaux sont compris dans la formation réticulée : celle-ci se continue à travers tout le tronc cérébral jusqu'à la couche optique au niveau de laquelle elle disparaît brusquement (*fig.* 224 et *fig. 151*, p. 225). Elle est unie par différents faisceaux :

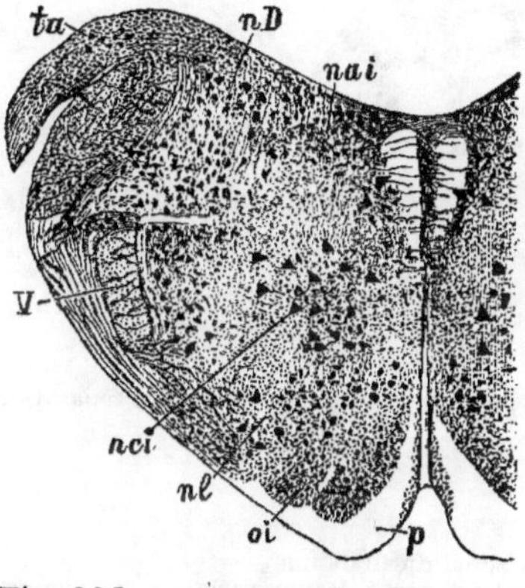

Au thalamus ;

Aux corps mamillaires ;

Aux quadrijumeaux et au noyau de la commissure postérieure ;

A plusieurs formations appartenant ou reliées à la voie olfactive : ganglion interpédonculaire, ganglion de l'habénula, etc.

Fig. 223. — COUPE TRANSVERSALE DU BULBE.

(Chien. Préparation au carmin.)

nai, Noyau médial de l'acoustique.
nci, Noyau central inférieur.
nD, Noyau de Deiters.
nl, Noyau du cordon latéral.
oi, Olive inférieure.
p, Pyramide.
ta, Tubercule acoustique.
V, Racine spinale du trijumeau.

Réticulée et thalamus. — Les rapports immédiats que nous venons de mentionner entre la Réticulée et la couche optique conduisent à admettre que quelques-uns au moins de ses noyaux sont mis, par ses fibres propres, en relation médiate ou immédiate avec le thalamus, et, en particulier, avec le

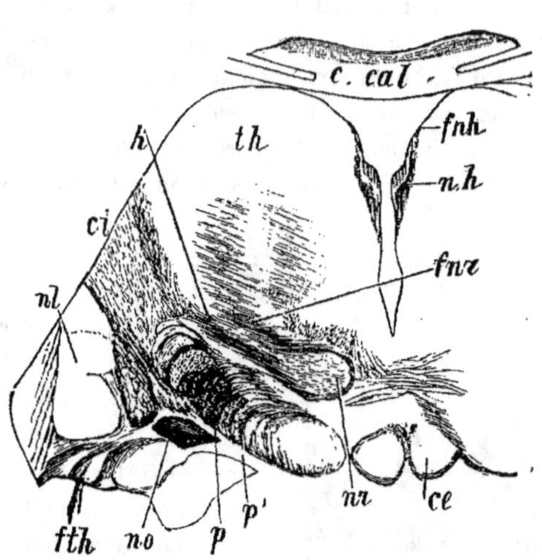

Fig. 224. — RÉGION SOUS-OPTIQUE. RADIATIONS DU NOYAU ROUGE.

(Coupe verticale du diencéphale d'un enfant de 2 mois et demi à 3 mois. Préparation de Teljatnik. Méthode de Weigert.)

c.cal, Corps calleux.
ce, Corps mamillaire.
ci, Capsule interne.
fnh, Faisceau allant de l'habénula au stratum zonal du thalamus.
fnr, Faisceau allant du noyau rouge au thalamus et non *h*, comme cela est indiqué par erreur dans la figure 152.
fth, Pédoncule inférieur de la couche optique.
h, Faisceau allant du noyau rouge à la capsule interne.
nh, Noyau de l'habénula.
nl, Noyau lenticulaire.
no, Bandelette optique.
nr, Noyau rouge.
p, Région de la voie pyramidale.
p', Voie centrale des nerfs craniens moteurs.
th, Thalamus.

noyau latéral de celui-ci, dans lequel rayonnent d'importantes masses de fibres venues du tronc cérébral ; ce sont les voies réticulo-thalamiques ; les voies thalamo-réticulées sont représentées par ces fibres que certains auteurs considèrent à tort comme une continuation des fibres de la commissure pos-

térieure et qui sont situées en arrière et en dehors de la bandelette longitudinale postérieure ; mes recherches personnelles ont démontré qu'elles
dégénèrent dans le sens descendant après lésion de la couche optique : au
Marchi on peut les suivre de haut en bas, jusqu'au noyau réticulé et jusqu'aux
noyaux centraux supérieur et inférieur lesquels sont ainsi directement unis
au thalamus.

Réticulée et corps mamillaires. — De ces ganglions partent
deux faisceaux qui se dirigent en arrière ou plus exactement du côté distal,
ce sont : le *pédoncule du corps mamillaire* et le faisceau décrit par GUDDEN
sous le nom de *f. de la calotte* (*fig. 227, fg*, p. 377). Ce dernier naît dans la
partie antérieure du noyau interne ou médial du ganglion mamillaire, il se
termine dans un petit noyau situé dans la calotte en avant et en dehors de la
bandelette longitudinale et qui est connu depuis GUDDEN sous le nom de
ganglion profond de la calotte. En traversant le noyau rouge, le faisceau de la
calotte abandonne de nombreuses collatérales à la partie externe de ce noyau.
Il se croise avec son homonyme dans la région antérieure de la calotte, sur le
côté dorsal du croisement ventral de la calotte (CAJAL).

Le faisceau dit de la calotte, ainsi que GUDDEN l'a montré lui-même, se
continue par son extrémité proximale avec le *faisceau de Vicq d'Azyr* dont les
fibres cheminent dans l'épaisseur de la paroi latérale du IIIe ventricule,
depuis le c. mamillaire jusqu'au noyau antérieur de la couche optique du
même côté (1). On est ainsi conduit à penser que ces deux faisceaux sont
destinés à unir le thalamus à la formation réticulée, c'est-à-dire aux Fondamentaux de la moelle ; il faut, d'autre part, considérer cette voie comme
ascendante, car les fibres du f. de Vicq d'Azyr, ainsi qu'il est facile de le
démontrer, naissent des cellules du noyau ventro-distal du corps mamillaire et se terminent dans le thalamus par des ramifications libres pénicillées.
Mais le c. mamillaire ne présente aucune ramification terminale dans le
territoire où s'épanouit le faisceau de la calotte (KOELLIKER) ; ce dernier donc et
le f. de Vicq d'Azyr ne semblent pas faire partie d'un même système quoiqu'ils
possèdent des rapports réciproques très étroits : c'est ainsi que, d'après CAJAL,
on voit naître dans le noyau médial ou interne du c. mamillaire, un
faisceau assez considérable qui se divise en deux branches : l'antérieure, plus
volumineuse, va le plus souvent se confondre avec le faisceau de Vicq
d'Azyr ; la postérieure, avec le f. de la calotte de Gudden. Les fibres du f.
de Vicq d'Azyr abandonnent des collatérales ramifiées aux parties voisines
de la couche optique (CAJAL). Il semble que, d'après cela, il faut consi-

---

(1) D'après les recherches de MONAKOW (*Arch. f. Psychiatrie*, XVI, 1885), il existerait un
faisceau de Vicq d'Azyr croisé, moins développé que le faisceau direct.

dérer les faisceaux de Vicq d'Azyr et de Gudden comme les voies descendantes de systèmes situés plus haut et, en particulier, des *fibres du trigone* (1). Du reste, ainsi qu'on pouvait le prévoir d'après ces données anatomiques, toute lésion expérimentale du c. mamillaire, produite chez le chien en ouvrant la base du crâne par le fond de la cavité buccale (BECHTEREW) est suivie — d'après les recherches faites par SCHIPOFF dans mon laboratoire — des dégénérations du f. de Vicq d'Azyr, du f. de la calotte de Gudden et du pédoncule du c. mamillaire, dégénérations faciles à suivre jusqu'à la terminaison de tous ces faisceaux dans leurs noyaux respectifs.

Le pédoncule du corps mamillaire est constitué par les neurites venus du ganglion latéral du c. mamillaire. Il descend le long du côté interne du pédoncule cérébral ; d'après KOELLIKER, avant d'arriver à la protubérance, au niveau de l'extrémité postérieure du ganglion interpédonculaire, ses fibres se dirigent du côté dorsal et se terminent pour la plupart dans le ganglion décrit par GUDDEN, sous le nom de *ganglion dorsale tegmenti* : c'est un noyau arrondi qui fait partie de la s. grise centrale et est situé en arrière du noyau du trochléaire : quelques fibres seulement se termineraient dans la substance grise centrale du voisinage (2). Je ne puis admettre, d'après mes préparations, la réalité de ce trajet arqué à concavité dorsale que décriraient les fibres du pédoncule mamillaire ; je n'admets pas non plus leur terminaison dans le noyau rond de Gudden, ni dans la s. grise centrale. Il n'y a qu'un fait que je considère comme démontré : c'est que, sur les préparations au Pal ou sur des pièces traitées au Marchi, le pédoncule mamillaire peut être suivi jusqu'à mon *noyau médian* ; l'obscurité règne encore sur ses autres connexions. On rencontre, en outre, par places, dans la région du tuber cinereum une fine strie de fibres blanches qui se dirige d'arrière en avant et va se perdre sous le chiasma. C'est la *stria alba tuberis* ; elle provient également du corps mamillaire, prend une direction ascendante, passe au-dessus de la bandelette optique et, finalement, s'épanouit en gerbe dans le

(1) D'après KOELLIKER les fibres des pédoncules antérieurs du trigone peuvent être suivies, en direction distale, jusqu'aux noyaux du M. O. C., au noyau de la commissure postérieure et au noyau rouge ; mais cet auteur ne put décrire exactement leur véritable terminaison. SANTE DE SANTIS (*Travaux du laboratoire d'anatomie de Rome*, 1894) arriva aux résultats suivants, lesquels concordent avec les observations de ZUMMO, HENSCHEN et MINGAZZINI :

1° La partie distale du c. mamillaire est en rapports plus étroits que ne l'est la partie proximale avec le pilier antérieur du trigone ;

2° La capsule de fibres blanches qui contournent le c. mamillaire comprend dans sa portion ventrale des fibres du trigone, exclusivement, dans sa portion médiale (interne) un réseau de fibres provenant des faisceaux de Vicq d'Azyr et de Gudden ;

3° Le réseau intérieur du corps mamillaire contient surtout des éléments du fornix. (D'après MINGAZZINI, ce réseau se compose en proportions à peu près égales de fibres du trigone et du f. de Vicq d'Azyr). La portion ventrale du c. mamillaire est revêtue d'une couche de cellules qui, en beaucoup de points, sont situées tout à fait à la périphérie.

(2) De ce noyau et des cellules situées dans son voisinage, naissent quelques fibres du f. longitudinal dorsal de la s. grise ou faisceau de SCHUETZ (V. plus bas).

voisinage du trigone tout en restant nettement séparée de ce dernier (Lenhossek) (1). Il n'est pas sûr qu'elle soit en rapport avec le pédoncule du corps mamillaire.

Réticulée et quadrijumeaux. — Outre ses fibres longitudinales qui la mettent en relation, comme nous l'avons vu antérieurement, avec la substance blanche profonde de ces ganglions, la formation réticulée envoie encore aux quadrijumeaux postérieurs des fibres qui suivent d'abord une direction oblique le long de la face latérale du pédoncule et cheminent ensuite, en passant immédiatement derrière la couche du ruban, jusqu'au noyau réticulé de la calotte (*fig. 197*, p. 294) : une partie pourtant se rend directement au raphé puis gagne la protubérance avec le *faisceau vertical* (*fig. 179*, *fp*, p. 279). Il est plus que vraisemblable que ces fibres se terminent dans la substance grise pontique : on ne sait si quelques-unes d'entre elles se continuent jusqu'au cervelet.

Nous avons vu que le *noyau de la commissure postérieure* est l'aboutissant des fibres de la portion ventrale de cette commissure (*fig. 148*, *ncp*, p. 223). Ces fibres se croisent sous la glande pinéale et, par l'intermédiaire de la glande elle-même, se mettent en relation avec ses pédoncules : ceux-ci gagnent, du côté proximal, les *noyaux de l'habénula* (*fig. 225* et *227*, *gh*; *fig. 226*, *nh*) ; ils ne sont autres en réalité que les *tæniæ thalami* sur le trajet desquels est intercalé le ganglion de l'habénula (formé d'un noyau interne et d'un noyau externe).

Réticulée et ganglion interpédonculaire. — La masse grise qui constitue ce ganglion n'est pas homogène ; c'est ainsi que chez le chien elle comprendrait au moins cinq noyaux différents (Edinger : « *Leçons sur la structure du système nerveux central* », 1893, p. 122). Cajal, de son côté, décrit deux noyaux, l'un médial et l'autre latéral. D'après Ganser on en voit partir des faisceaux de fibres qui se rendent au ganglion dorsale tegmenti de Gudden, situé dans la calotte en arrière du noyau du trochléaire (*fig. 227*, *gd*). D'autre part, le ganglion interpédonculaire est relié immédiatement au noyau de l'habénula (*fig. 226*, *nh*) par le *faisceau réfléchi* ou faisceau rétroflexe de Meynert : ce faisceau se croise en partie avec son homonyme du côté opposé, immédiatement au-dessus du ganglion interpédonculaire. Enfin, le noyau de l'habénula est relié intimement au tænia thalami et peut-être au thalamus lui-même par le *stratum zonale* de ce dernier (*fig. 224*, *fnh*) (2).

<hr>

(1) *Anat. Anz.*, II, 4, 1887.

(2) **On décrit sous le nom de *stratum zonale thalami*, une couche myélinique de 1 millimètre d'épaisseur située à la face supérieure de la couche optique. Ses éléments sont orientés de préférence dans le sens antéro-postérieur. Ce sont des fibres de la racine externe de la bandelette qui cheminent à la surface du corps genouillé externe, des fibres allant du thalamus au lobe occipital et des fibres du bras inférieur de la couche optique.**

Gudden, qui a décrit le premier le ganglion interpédonculaire, a montré qu'après la destruction d'un des deux ganglions de l'habénula, le faisceau rétroflexe du même côté dégénère dans toute son étendue jusqu'au ganglion interpédonculaire du côté opposé, lequel s'atrophie. Cette expérience prouve qu'il s'agit ici d'un système descendant. Il en est de même pour le pédoncule du corps mamillaire et pour les fibres ventrales de la commissure postérieure. Il est facile d'appuyer cette assertion sur un grand nombre de preuves.

Les recherches de v. Gehuchten, Cajal et Koelliker ont en effet prouvé que le f. rétroflexe naît dans le ganglion de l'habénula et se termine par des ramifications pénicillées dans le ganglion interpédonculaire du côté opposé. Il est formé de fibres de différents diamètres; quelques-unes, surtout des plus volumineuses, vont au delà du ganglion et pénètrent jusque dans la protubérance. D'après Cajal, les fibres du f. rétroflexe, avant de pénétrer dans le ganglion interpédonculaire, le contournent circulairement. Quant à leur origine, on voit sur les préparations au Golgi qu'elles ne sont autres que les axônes du ganglion de l'habénula : en même temps, ces deux noyaux reçoivent de fines terminaisons pénicillées venues du tænia thalami. Celui-ci a son origine dans la sphère olfactive (1), ainsi qu'il ressort des observations d'Edinger : après section transversale du tænia, cet auteur ne put constater aucune trace d'atrophie dans le tronçon antérieur jusqu'au niveau même de la lésion ; le f. réfléchi était également intact (2).

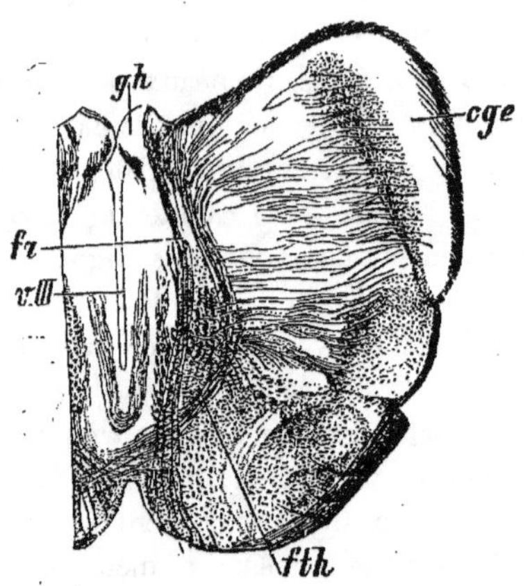

Fig. 225. — COUPE A TRAVERS LE THALAMUS ET LE PÉDONCULE CÉRÉBRAL.

(Lapin. Méthode de Weigert.)

cge, Corps genouillé externe.
fr, Faisceau rétroflexe.
fth, Faisceau venu du thalamus et se croisant avec son homonyme du côté opposé entre les deux pédoncules cérébraux.
gh, Ganglion de l'habénula.
vIII, Troisième ventricule.

(1) D'après Lotheisen (*Anat. Hefte*, I, 12, 1894), le tænia provient de la formation olfactive de la substance grise de la paroi antérieure de l'infundibulum et du fornix (V. plus loin); d'après Cajal, de la s. grise située en avant du chiasma optique.
(2) Les éléments du noyau interne de l'habénula rappellent les cellules de cordons de la moelle. Par contre, le noyau latéral contient des cellules tout à fait caractéristiques à dendrites peu nombreuses qui naissent au pôle opposé au point de sortie de l'axône et envoient de chaque côté de nombreuses collatérales.

D'après des recherches plus récentes, le tænia n'est pas seulement en rapport avec le thalamus, par le stratum zonale de ce dernier, mais aussi avec le champ olfactif de la substance perforée antérieure. On peut donc le considérer comme destiné, entre autres fonctions, à unir l'appareil olfactif à certaines parties du tronc cérébral.

De plus, le *f. longitudinal dorsal de la s. grise centrale* de SCHUETZ (voir plus loin) s'interrompt dans le ganglion dorsale tegmenti dont nous avons déjà parlé; nous verrons que ce faisceau unit entre eux les noyaux de presque tous les nerfs craniens. L'appareil olfactif est ainsi mis en connexion par

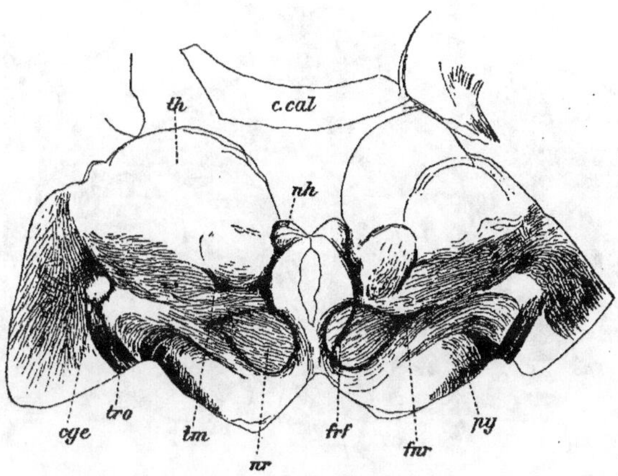

Fig. 226. — COUPE VERTICALE DU CERVEAU INTERMÉDIAIRE (COUCHES OPTIQUES) ET DES PÉDONCULES CÉRÉBRAUX.

(Enfant de 3 mois. Méthode de Pal.)

c.cal, Corps calleux.
c.ge, Corps genouillé externe.
fnr, Fibres venant du noyau rouge.
frf, Faisceau rétroflexe.
nh, Ganglion de l'habénula.

nr, Noyau rouge.
py, Voie pyramidale.
th, Thalamus.
tm, Portion restante du ruban de Reil.
tro, Tractus optique.

l'intermédiaire du tænia thalami, du ganglion de l'habénula, du f. réfléchi, du ganglion interpédonculaire et des faisceaux qui en proviennent, avec les noyaux de différents nerfs craniens.

Il est uni, en outre, par l'intermédiaire des pédoncules de la pinéale et de la portion ventrale de la commissure postérieure, aux noyaux des nerfs oculo-moteurs, à la formation réticulée, et aux cordons antérieurs de la moelle.

(1) HENSCHEN observa, après lésion étendue de l'écorce et des ganglions sous-corticaux, une atrophie partielle de la portion médio-ventrale du f. réfléchi avec intégrité complète du noyau de l'habénula : cela démontre que tous les éléments du faisceau ne proviennent pas de ce ganglion.

Tous ces faits sont en parfaite concordance avec les résultats de la méthode des dégé-nérations : récemment, un de mes élèves, le Dr SCHIPOFF, ayant créé chez des chiens des lésions expérimentales des deux gyrus fornicatus (reliés, comme on le sait, à l'appareil olfactif), observa consécutivement, outre la dégénération du fornix longus, des bulbes olfactifs et des crura fornicis, celle du tænia thalami : à partir de celui-ci, la lésion se poursuivait jusqu'au f. réfléchi, au stratum zonale thalami et, par les pédoncules de l'épiphyse, jusqu'à la commis-sure postérieure et la substance blanche profonde des tubercules quadrijumeaux. De plus, beaucoup de fibres dégénérées se continuaient à travers le raphé jusqu'à la région des noyaux du M. O. C. ; d'autres pénétraient dans le faisceau longitudinal postérieur et dans la s. grise de l'aqueduc ; mais le plus grand nombre descendait dans le champ interne de la formation réticulée, en avant de la bandelette longitudinale postérieure, s'entre-croisait par-

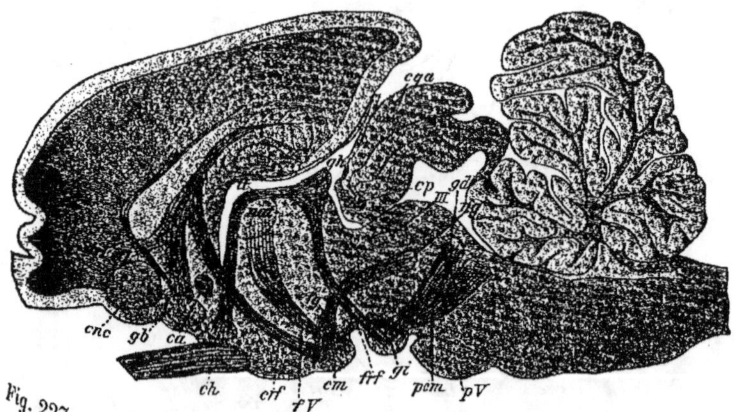

Fig. 227. — LES FIBRES DU TRIGONE ET LE TÆNIA THALAMI CHEZ LE LAPIN.

(D'après KOELLIKER. Modifiée.)

ca, Commissure antérieure.
ch, Chiasma.
cm, Corps mamillaire.
cnc, Tête du corps strié.
cp, Commissure postérieure.
cqa, Quadrijumeau antérieur.
crf, Crus ou pédoncule du fornix.
fg, Fasciculus tegmentarius de Gudden.
fl, Fornix longus.
frf, Faisceau rétroflexe.
fc, Faisceau de Vicq d'Azyr.

gb, Ganglion basal.
gd, Ganglion dorsal de la calotte.
gh, Ganglion de l'habénula.
gi, Ganglion interpédonculaire.
nat, Noyau antérieur du thalamus.
ng, Noyau de Gudden.
pcm, Pédoncule du corps mamillaire.
pe, Pont de Varole.
strl, Stries de Lancisi.
tt, Tænia thalami.
III, Noyaux de l'oculo-moteur.

tiellement et entrait en connexion avec les amas de substance grise que j'ai décrits sous les noms de noyau médian et n. réticulé de la calotte ; quelques-unes cependant descendaient jusqu'au bulbe. Une partie des fibres dégénérées, qui avaient pénétré dans le noyau réticulé de la calotte, gagnait, de l'autre côté du raphé, les ganglions dorsaux de la protubérance. La dégénération descendait le long des pédoncules du trigone jusqu'au corps mamillaire et s'étendait à tous les faisceaux qui en partent (f. de Vicq d'Azyr, pédoncule du c. mamil-laire, f. de Gudden) ; enfin, par le f. rétroflexe, elle atteignait le ganglion interpédonculaire.

Réticulée et cervelet. — La formation réticulée est unie, avons-nous vu, au cervelet et à la s. *grise protubérantielle* par des faisceaux qui, partis de ses territoires les plus externes et du noyau réticulé de la calotte, se rendent au raphé le long duquel ils cheminent en se dirigeant en avant (du côté ventral) après un entre-croisement au moins partiel : pendant ce trajet ils reçoivent la dénomination de *faisceau médial* (ou *interne*) de la protubérance. Arrivés à la base de celle-ci, les uns se perdent dans sa substance grise, d'autres s'infléchissent en dehors et montent directement au cervelet (*fig. 141*, p. 217).

Nous parlerons des fibres cérébelleuses de l'*olive inférieure* (*fig. 228*) en même temps que du pédoncule cérébelleux supérieur, dans la quatrième partie. Rappelons seulement qu'en dehors des fibres de l'olive et de ce pédon-

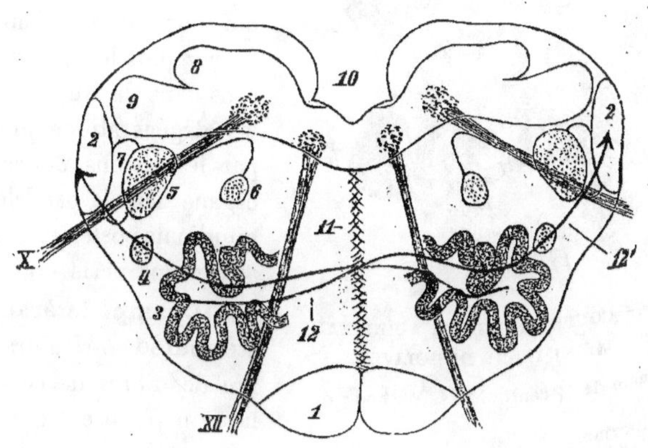

Fig. 228. —— SCHÉMA DE LA VOIE OLIVO-CÉRÉBELLEUSE.

(D'après RAUBER.)

1, Pyramide.
2, Corps restiforme.
3, Olive bulbaire.
4, Noyau latéral du bulbe.
5, Substance gélatineuse de la colonne grise postérieure (racine spinale du trijumeau).
6, Noyau ambigu.
7, Racine spinale du trijumeau.

8, Noyau du cordon grêle.
9, Noyau du cordon cunéiforme.
10, Plancher ventriculaire.
11, Raphé.
12 et *12'*, Voie olivo-cérébelleuse.
X, Nerf vague.
XII, Nerf hypoglosse.

cule, d'autres voies cérébelleuses parcourent le tronc cérébral : après destruction du cervelet, chez le chien, JUCHTCHENKO (de mon laboratoire) constata la présence dans la protubérance de fibres dégénérées qui descendaient jusqu'à la région du trapèze : à ce niveau elles traversaient le raphé se dirigeaient du côté proximal et, traversant la calotte en arrière de la

(1) Nous parlerons plus loin des autres dégénérations notées au cours de cette expérience : elles portaient sur certaines régions des hémisphères, sur le faisceau du noyau caudé, etc.

couche du ruban et en dedans des gros noyaux de la réticulée (noyaux médial et réticulé, *fig. 242, nrt*, p. 403), elles arrivaient au quadrijumeau antérieur et à la substance grise du III⁰ ventricule : leur origine et leur trajet ultérieur demandent de nouvelles recherches. Sur des préparations analogues faites par Teljatnik j'ai vu quelques-unes des fibres dégénérées se placer près du bord externe du ruban du même côté, mais on ne pouvait les suivre que sur une moindre étendue : de la région inférieure du pont jusqu'à l'extrémité proximale de l'olive supérieure : il s'agissait peut-être ici des fibres qui unissent celle-ci au cervelet (voyez plus loin). Nous décrirons dans la quatrième partie les dégénérations provoquées par les lésions de ce dernier organe dans la bandelette longitudinale postérieure, le ruban et certains nerfs craniens (1).

Champ latéral de la Réticulée. — Un grand nombre des fibres de ce territoire ne se myélinisent que dans les derniers temps de la vie intra-utérine et même après la naissance. Après leur complet déloppement elles offrent différents diamètres : les unes sont beaucoup plus fines que les autres.

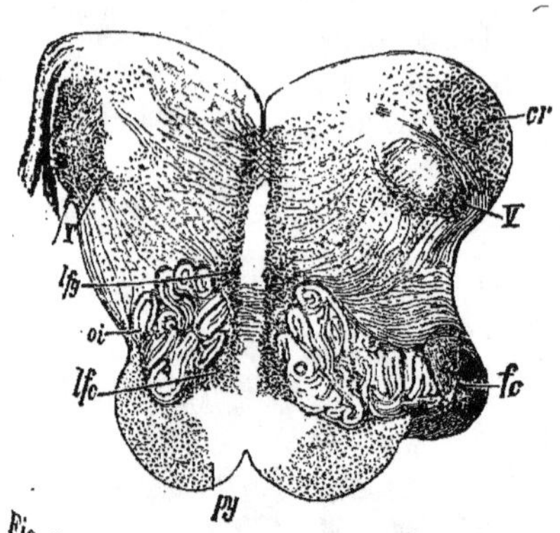

Fig. 229. — COUPE DU BULBE, AU NIVEAU DE LA PARTIE MOYENNE DES OLIVES.
(Fœtus humain de 44 centimètres. Méthode de Weigert.)
cr, Corps restiforme.
fc, Portion d'origine de la voie centrale de la calotte.
lfc, Fibres de la couche interolivaire venues du noyau de Burdach.
lfg, Fibres de la couche interolivaire venues du noyau de Goll.
oi, Olive inférieure.
py, Pyramide.
V, Racine spinale du trijumeau.

1⁰ *Fibres grosses*. — Ces fibres proviennent de l'olive bulbaire ; dès la région olivaire supérieure elles convergent en un faisceau compact, facile à distinguer, situé entre l'olive inférieure et la face externe du bulbe. Je l'ai décrit sous le nom de *faisceau central de la calotte*. Il parcourt toute la hau-

(1) Mon mémoire original « sur la voie centrale de la calotte » parut en 1885. Plus tard Helweg reprit la question. Dans la suite la dégénération de ce faisceau a été maintes fois observée après lésion du tronc cérébral. Dans les cas de destruction étendue du cerveau antérieur (idiotie), on observe sa dégénération et quelquefois en même temps celle de l'olive inférieure correspondante (Elgersma, *Schmidt's Jahrbucher*, vol. 219). J'ai observé nombre de cas semblables ; dans l'un d'eux, consécutivement à un foyer scléreux siégeant sur le trajet du faisceau, toute la partie descendante de celui-ci avait dégénéré.

teur du tronc cérébral. Dans la région inférieure de la protubérance il se place immédiatement en arrière du corps trapézoïde, dans l'espace compris entre l'olive supérieure et la couche du ruban. Plus haut, dans les régions moyenne et supérieure, il se place presque au centre — de là son nom — au milieu des fibres de la calotte, puis il traverse l'entre-croisement des pédoncules cérébelleux supérieurs sous les tubercules quadrijumeaux postérieurs et se place alors dans la région quadrijumelle antérieure, en avant et en dehors de la bandelette longitudinale postérieure. Plus haut encore, il est situé en dedans du noyau rouge et se perd finalement dans la région du IIIe ventricule, et aussi, d'après les récentes recherches de FLECHSIG, dans la couche optique, mais cela n'est pas encore définitivement prouvé. Quant à son extrémité distale elle semble se continuer avec le faisceau périolivaire de la moelle.

Dans la protubérance on voit se joindre à la voie centrale de la calotte des fibres qui contournent en dehors l'olive inférieure et descendent finalement dans la moelle ; elles proviennent peut-être du noyau du trijumeau, mais de nouvelles recherches à ce sujet sont nécessaires (*fig. 141*, p. 217).

La dégénération descendante du faisceau central de la calotte a été observée par moi-même puis par d'autres auteurs, après lésion du tronc cérébral ; dans un cas de MAYERT et dans un cas semblable que j'ai publié, on nota en outre l'atrophie de l'olive bulbaire et du faisceau péri-olivaire de la moelle. La voie centrale de la calotte représente donc un système descendant.

Il faut encore mentionner ici un faisceau qui va de la moelle aux quadrijumeaux : il provient d'après TSCHERMAK de la substance grise de la moelle (du tiers central de la zone circonscrite par les racines antérieures à leur émergence), s'élève dans la partie ventro-latérale du reste du cordon latéral (cordon fondamental), se place ensuite près de la partie externe de l'olive bulbaire, puis en avant et en dehors de l'olive protubérantielle et en avant et en dedans de la racine spinale du trijumeau, en dedans également du noyau du ruban latéral et atteint enfin la substance grise du quadrijumeau antérieur.

2° *Fibres fines*. — Les fibres fines du champ latéral de la formation réticulée se développent pour la plupart un peu plus tôt que celles de la voie centrale de la calotte ; contrairement à celles-ci, elles ne forment pas un faisceau compact, mais sont distribuées plus ou moins irrégulièrement dans la s. grise de la Réticulée (*fig. 160*, p. 245). Dans la région supérieure du bulbe on les trouve au voisinage de la racine ascendante du Ve et des noyaux des cordons latéraux ; dans la région de la protubérance, en dehors et en bas de l'olive supérieure, on les retrouve dans le voisinage du noyau du facial, en dedans de la racine ascendante du trijumeau (*fig. 163*, p. 249, entre V et n VII). Sans sortir du champ réticulé latéral, elles se placent, dans la région quadrijumelle antérieure, en arrière et en dehors du noyau rouge, dans le voisinage de la petite masse grise que j'ai appelée noyau innominé (*fig.* 215, *ni*, p. 355) : leurs relations avec ce dernier ne sont pas encore élucidées. Jusqu'à présent leur trajet cérébral ultérieur n'a pu être suivi d'une façon précise : il est cependant hors de doute qu'elles vont au delà des quadrijumeaux antérieurs et gagnent le thalamus. Leur origine bulbaire est également très difficile à localiser : on peut vraisemblablement la placer dans la s. grise du champ réticulé latéral, et peut-être aussi dans les noyaux des cordons latéraux. Quant à leur signification, ces fibres représentent essentiellement une voie de continuation centrale du Fondamental et du faisceau profond (médial) du cordon latéral de la moelle (1).

Les deux *noyaux latéraux*, l'antérieur et le postérieur, sont en connexion avec certains nerfs craniens, tels que le vague et le glosso-pharyngien. Ils émettent, en outre, des faisceaux de fibres qui cheminent sous la surface externe (antéro-externe) du bulbe et se rendent au cervelet (*fig.* 223, p. 370) : en compagnie du cérébelleux direct, ils gagnent le corps restiforme avec lequel nous les décrirons plus complètement.

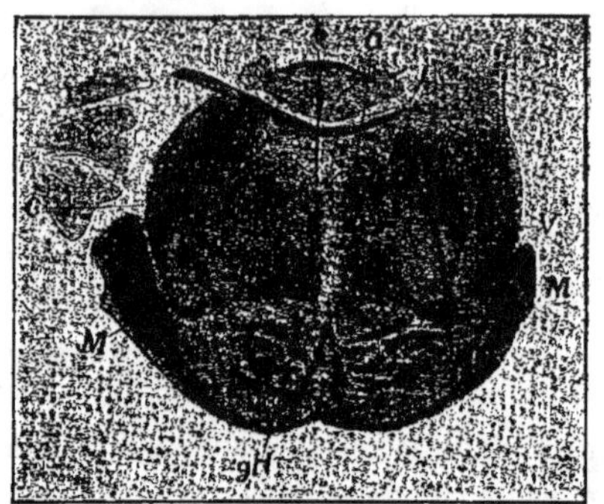

Fig. 230. — COUPE DE LA PROTUBÉRANCE.

(Préparations de PROBST : cette figure et les deux suivantes. Méthode de Marchi.)

a, Faisceau du champ latéral de la calotte protubérantielle, allant au cordon antérieur de la moelle du même côté.

b, Fibres venues du champ latéral de la Réticulée protubérantielle et se rendant dans la Réticulée de la moitié opposée de la protubérance, dans la couche interolivaire et dans le cordon antérieur du côté opposé.

c, Faisceau venant du champ latéral de la protubérance et de la région des quadrijumeaux postérieurs pour aller à la s. réticulée latérale du côté opposé et au cordon latéral de la moelle du côté opposé.

M, Faisceau de Monakow.

gh, Faisceau ventral cérébello-thalamique.

V, Trait de section à direction sagittale, passant par le champ latéral de la calotte protubérantielle et sectionnant les fibres arquées.

Fibres descendantes de la Réticulée. — On peut isoler encore dans la Réticulée quelques autres faisceaux plus ou moins individualisés mais qui sont tous caractérisés par leur direction descendante. PROBST (2)

(1) Consécutivement à une lésion tuberculeuse de la protubérance, WEIDENHAMMER observa une dég. descendante localisée dans le champ latéral de la Réticulée, en dedans de la racine spinale du trijumeau, et que l'on pouvait suivre de haut en bas, jusqu'au niveau de l'entre-croisement sensitif (*Société des neurologistes et aliénistes de Moscou,* décembre 1896).

(2) *Deutsche Zeitsch. f. Nervenheilk.*, fasc. 3 et 4, 1899.

a décrit, d'après leur dégénération, des fibres arciformes situées dans la région comprise entre les quadrijumeaux postérieurs et la portion proximale de la protubérance (1) ; ces fibres se réunissaient en faisceau sans s'entre-croiser: les unes se joignaient à celles de la bandelette longitudinale postérieure ; les autres suivaient un trajet descendant avec le faisceau fontaniforme (voie allant des quadrijumeaux aux cordons antérieurs) du même côté (*fig. 230, e*) et pouvaient être suivies dans le cordon antérieur, jusque dans la moelle thoracique. D'autres auteurs avaient d'ailleurs décrit des fibres qui, des portions latérales de la calotte, se rendaient à la bandelette longitudinale postérieure : mais jamais on n'avait démontré qu'elles descendissent

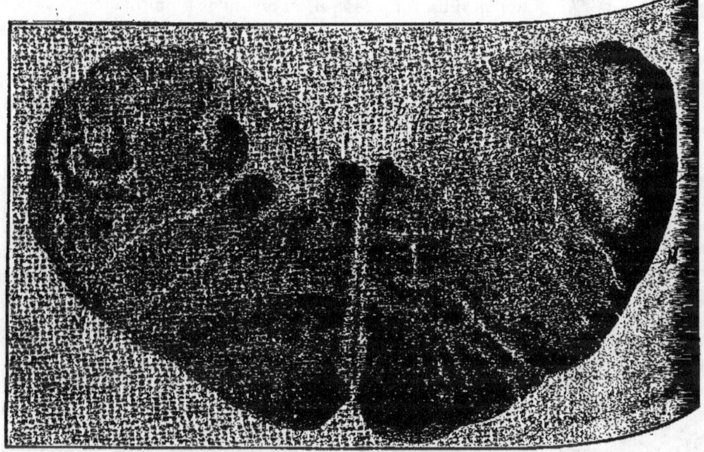

Fig. 231. — COUPE PASSANT PAR LA PARTIE MOYENNE DU BULBE.

(Voir l'explication de la figure précédente.)

d, Fibres descendantes allant de la racine cérébrale du trijumeau aux noyaux du vague et du glosso-pharyngien.

jusque dans la moelle. D'après PROBST, elles proviennent en partie des cellules disséminées de la formation réticulée et représentent des voies motrices : outre ces fibres arquées, cet auteur décrit encore des fibres également descendantes, venues du champ latéral de la formation réticulée protubérantielle et qui, contrairement aux précédentes, traversent le raphé et se pacent en avant et en dehors du faisceau fontaniforme : on peut les suivre

(1) Le trait de section est représenté dans la fig. 230. Il intéresse la portion externe de la réticulée et s'étend du point d'émergence du trochléaire jusqu'au faisceau de Monakow.

dans la substance réticulée blanche jusqu'au croisement des pyramides (*fig. 230, b*) : quelques-unes d'entre elles disparaissent, presque aussitôt après avoir traversé le raphé, soit dans le noyau réticulé soit dans le voisinage des cellules disséminées de la Réticulée : d'autres, et surtout les plus fines, continuent leur trajet descendant et vont se perdre dans la couche inter-olivaire. D'autres fibres fines qui proviennent du champ latéral de la Réticulée passent sur la portion dorsale de la couche du ruban, traversent le raphé et atteignent la région du faisceau de Moñakow ou faisceau aberrant dans lequel on peut les suivre jusque dans la moelle cervicale (*M, fig. 231 et 232*; les fibres latérales sont représentées en *c, fig. 232*) (1).

Le même auteur distingue encore dans la région dorsale de la calotte un faisceau descendant particulier; ce sont des fibres arquées qui, au niveau de la protubérance, occupent une situation dorsale et, en descendant, s'approchent progressivement de la bandelette longitudinale postérieure; on les voit enfin cheminer dans la portion dorsale de la Réticulée du côté opposé (*fig. 230 c*), après s'être entre-croisées pour gagner la bandelette du côté opposé au niveau du genou du facial. Après avoir atteint la partie moyenne de la formation réticulée, elles prennent une direction descendante, en dedans de l'arc décrit par la branche d'émergence du facial : elles forment un faisceau isolé que l'on peut suivre jusque dans les cordons latéraux de la moelle (*fig. 231, c*) et qui, sur les coupes passant au-dessous du genou du facial, est situé exactement en arrière du noyau de ce nerf cranien et en dedans de la racine spinale du trijumeau, position qu'il conserve jusqu'au niveau de l'émergence de l'hypoglosse. Au niveau de l'entrecroisement des pyramides, il se place dans l'angle compris entre la corne postérieure et les fibres arquées qui proviennent des noyaux des cordons postérieurs et vont concourir à la formation du ruban de Reil, puis, entre la corne et les noyaux eux-mêmes, à peu près au même point que les fibres les plus internes du faisceau aberrant. Dans la moelle cervicale, on le retrouve dans la couche limitante latérale, en dedans du faisceau de Monakow. Plus bas, il se place un peu plus en dehors, grossi par les fibres de ce dernier qui sont situées en dedans de lui.

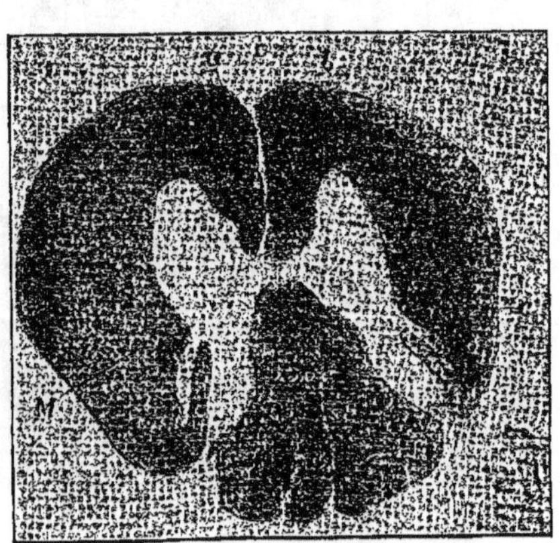

Fig. 232. — COUPE DE LA MOELLE.

(Voir l'explication des deux figures précédentes.)

(1) Probst distingue trois sortes de fibres dans le faisceau aberrant : 1° des fibres grosses, descendantes, qui vont jusqu'à la moelle sacrée; 2° des fibres grosses, ascendantes, que l'on peut suivre jusqu'au noyau rouge ; 3° des fibres fines qui proviennent des portions latérales de la formation réticulée et qui, comme les premières, descendent jusque dans la moelle.

Pour Probst, ce faisceau représente une voie motrice venant du champ latéral de la Réticulée du côté opposé et allant au cordon latéral de la moelle. Son origine véritable, ainsi que celle des autres faisceaux décrits par cet auteur, demeure pourtant incertaine; on peut hypothétiquement le considérer comme une voie d'union descendante provenant du quadrijumeau postérieur et peut-être du cervelet, par ses pédoncules.

Parmi les voies descendantes du champ externe de la formation réticulée, il faut ranger encore ce faisceau décrit par Biedl, Basilewski, Thomas et quelques autres: il provient, en partie, du cervelet par la portion interne du

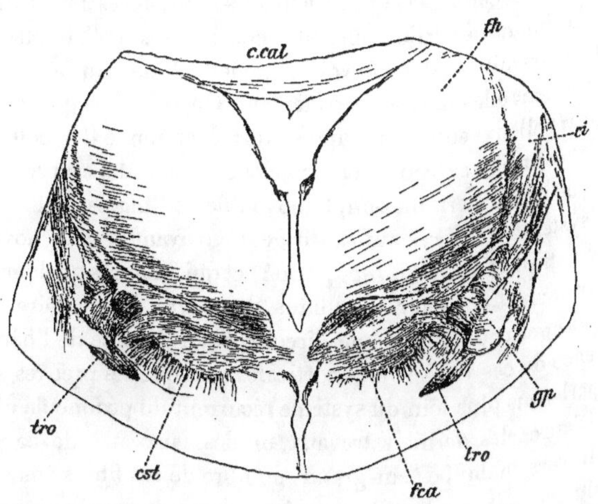

Fig. 233. — COUPE VERTICALE DES COUCHES OPTIQUES ET DE LA RÉGION SOUS-THALAMIQUE.

(Enfant de 3 mois. Méthode de Pal.)

c.cal, Corps calleux.
ci, Capsule interne.
cst, Corps sous-thalamique.
fca, Fibres venant du noyau rouge et allant à la capsule interne.
gp, Globus pallidus.
th, Thalamus.
tro, Tractus optique.

pédonculaire cérébelleux inférieur, mais surtout du noyau de Deiters. Tra- versant la substance réticulée de dehors en dedans et d'arrière en avant, il se rend à la portion latérale de l'olive et, plus loin, dans le faisceau marginal ventral du cordon antérieur correspondant ainsi que dans le territoire avoi- sinant du cordon latéral, au niveau de l'émergence des racines antérieures. D'après Probst, il ne serait pas formé uniquement de fibres descendantes, mais contiendrait aussi des fibres ascendantes qui dégénèrent seules après lésion de la région périphérique de la corne antérieure.

Article II. — Connexions du globus pallidus et du noyau rouge. Commissure postérieure.

Noyau rouge et cervelet. — Nous avons vu qu'un des faisceaux des cordons antéro-latéraux de la moelle se termine dans le noyau rouge de la calotte (*nr* : *fig.* 206, p. 335, et *fig.* 224, p. 371). Les fibres que celui-ci reçoit du pédoncule cérébelleux supérieur émettent, après leur entre-croisement sous la lame quadrijumelle, de nombreuses collatérales dont les ramifications se terminent dans le voisinage des cellules du noyau ; d'autres fibres s'y terminent elles-mêmes directement. On voit ainsi qu'une partie du pédoncule cérébelleux supérieur, après avoir abandonné des collatérales au noyau rouge, continue sa route vers le télencéphale. Mais en même temps qu'il lui sert de lieu de terminaison, le noyau de Stilling est le lieu d'origine d'un autre système de fibres qui se dirigent en avant vers le noyau latéral de la couche optique (*fig.* 196, *fgp*, p. 304) et qui, d'après quelques auteurs, se rendraient aussi au globus pallidus du noyau lenticulaire (*fig.* 196 et *fig.* 224, *fnr*) et peut-être même directement à l'écorce de l'hémisphère : mais l'existence de ces voies rubro-corticales manque de preuves certaines.

Nous parlerons plus loin du système récurrent du pédoncule cérébelleux supérieur. D'après les derniers travaux, un des faisceaux de ce pédoncule descend à travers le bulbe : un grand nombre de ses fibres émettent après leur sortie du cervelet, à peu près au même niveau et presque à angle droit, des collatérales descendantes : quelquefois même (Cajal) elles présentent une véritable bifurcation en une branche ascendante et une descendante : le *faisceau cérébelleux descendant* ainsi formé envoie en chemin des collatérales ramifiées aux formations voisines. Il est d'abord placé en avant, au-dessous et en dehors du noyau moteur du trijumeau et en dedans de la partie supérieure de la substance gélatineuse puis forme une voie longitudinale qui chemine immédiatement en avant de cette dernière. Les collatérales se rendent aux noyaux des Ve et VIIe paires craniennes, aux cellules de la réticulée, peut-être aussi au noyau ambigu et au noyau de l'abducens. Cajal, qui a le premier décrit sa terminaison distale, ne donne pas d'autres détails. On sait pourtant que ce faisceau ne descend pas jusqu'à la moelle : il s'épuise en traversant le bulbe en dedans de la s. gélatineuse du trijumeau.

____

(1) Toute l'étendue du noyau rouge est occupée par un réseau extrêmement dense formé des ramifications de toutes les fibres et collatérales qui viennent y rayonner : pédoncule cérébelleux supérieur, collatérales du faisceau descendant de l'entre-croisement « en fontaine » de la calotte, collatérales du f. de la calotte de Gudden.

Suivant toute vraisemblance il relie le cervelet aux noyaux des nerfs craniens (1).

Globus pallidus. — Le globus pallidus, autre lieu de terminaison des fibres du pédoncule cérébelleux supérieur, est uni d'autre part avec plusieurs centres gris : avec le thalamus par les fibres transversales de la capsule interne, faciles à voir sur des coupes frontales (*fig. 196*, p. 3o4), avec le corps sous-thalamique (*fig. 151*, lnl, p. 225, et 206, p. 335) et avec le corps genouillé interne. Le globus pallidus est encore réuni à celui du côté opposé par une voie de conduction croisée, le *faisceau du tuber cinereum*, dont les éléments, assez volumineux, cheminent d'un côté à l'autre sous le plancher du III° ventricule en s'écartant en éventail à partir de la ligne médiane. Du côté distal, ils entourent le fornix en passant surtout sur sa face interne (*fig. 195*, p. 2o3) et se perdent ensuite dans le pédoncule en avant du noyau rouge. Les fibres les plus ventrales se dirigent en dehors : dans la région du tuber, sous le plancher ventriculaire, elles se croisent avec leurs homonymes, se joignent, sur le bord interne du pédoncule cérébral, à la commissure de Meynert, et, continuant

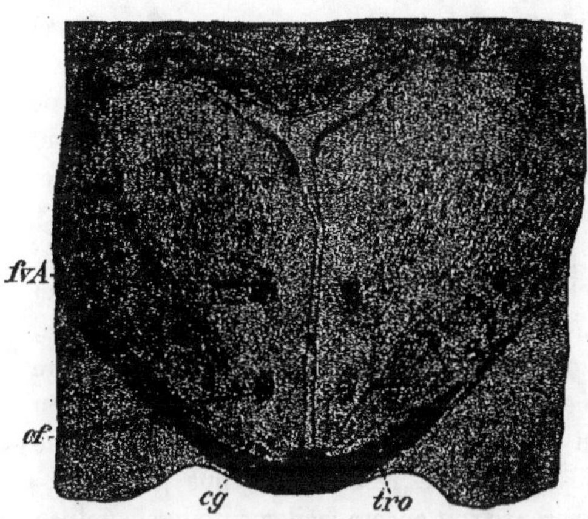

Fig. 234. — COUPE PERPENDICULAIRE DES COUCHES OPTIQUES D'UN CHIEN, APRÈS LÉSION EXPÉRIMENTALE DE LA PARTIE POSTÉRIEURE DU PLANCHER DU III° VENTRICULE.

(Préparation de SCHIPOFF. Méthode de Marchi.)
cf, Pédoncule du fornix.
cg, Fibres dégénérées du faisceau du tuber cinereum cheminant dans la paroi inférieure du III° ventricule.
fvA, Faisceau de Vicq d'Azyr.
tro, Bandelette optique.

leur chemin au delà du pédoncule, atteignent la partie ventrale du noyau lenticulaire (*fig. 234*, cg).

Cependant le faisceau du tuber n'appartient pas au système de la commissure de Meynert qui est d'un développement plus tardif ; il n'est pas davantage en rapports avec le nerf optique et ne s'atrophie pas après l'énu-

(1) J'en ai observé la dég. dans quelques cas de lésions bulbaires. On manque de données précises sur sa dégénération consécutive aux lésions du cervelet et du pédoncule cérébelleux supérieur.

cléation de l'œil ; j'en ai par contre fréquemment constaté l'atrophie après lésion de la partie moyenne du thalamus, avec lequel il aurait ainsi d'étroites connexions. Les fibres dégénérées partent du point lésé, ordinairement des deux côtés des pédoncules du trigone, descendent vers le plancher du IIIe ventricule, traversent la ligne médiane et vont finalement, avec les éléments de la commissure de Meynert, se perdre dans le noyau lenticulaire qu'elles abordent par sa face ventrale.

Le mode exact de terminaison de ce système n'est pas encore bien connu. Boyce le vit dégénérer après l'ablation des hémisphères ainsi qu'après section transversale du mésocéphale (cerveau moyen). D'après cet auteur, le faisceau en question se croise sur la ligne médiane, sous le plancher du IIIe ventricule, et se rend, par la capsule interne, au noyau de la couche optique du côté opposé et à l'écorce, mais non pas, en tout cas, au noyau lenticulaire : cela, contrairement à l'opinion de Pribytkow et Darkschewitch.

Le globus pallidus est uni par une double voie au *corps sous-thalamique* ou corps de Luys : d'abord directement par les fibres du pied du pédoncule et de la capsule interne (*fig. 151, lnl,* p. 225) et ensuite par une voie croisée, la commissure de Meynert (*fig. 196, cM,* p. 304), laquelle est peut-être aussi d'autre part, ainsi que nous l'avons vu plus haut, la continuation centrale des fibres du ruban qui proviennent du noyau de Burdach : cette manière de voir est d'ailleurs justifiée par les résultats obtenus par Pribytkoff [1]. Cette voie d'union croisée se voit encore facilement chez le fœtus : la commissure de Meynert, déjà myélinisée, tranche sur les régions voisines qui ne le sont pas encore [2].

Enfin le globus pallidus est uni probablement au *c. genouillé interne* de l'autre côté par la commissure de Gudden qui se trouve comprise dans la masse des fibres optiques. Le rôle attribué à ces fibres commissurales a été confirmé d'une façon décisive par de récents travaux ; on peut admettre aussi qu'elles servent à relier entre eux les deux corps genouillés internes [3], mais cela n'est pas absolument prouvé. Il est possible également que la commissure de Gudden soit en rapport avec le corps sous-thalamique (Koelliker).

Commissure cérébrale postérieure. — Les fibres de la Réticulée que nous avons considérées comme représentant les voies centrales du Fondamental de la moelle sont reliées aux centres nerveux plus élevés par un

[1] « *Sur le trajet des fibres du nerf optique* », p. 73.

[2] Après section, la moitié environ des fibres de la commissure de Meynert s'atrophie. Dans les expériences de Pribytkoff, la lésion des c. genouillés interne et externe ne fut pas suivie de dégénération de la commissure.

[3] Comme la commissure de Meynert, la commissure de Gudden ne s'atrophie que partiellement après section transversale (Pribytkoff).

puissant faisceau qui chemine dans la portion dorsale de la commissure postérieure (1).

La portion ventrale de cette dernière se développe de très bonne heure. Nous l'avons déjà citée comme étant la voie centrale de la bandelette longitudinale postérieure et des parties adjacentes de la Réticulée ; la portion dorsale est d'un développement beaucoup plus tardif et ne semble rien avoir de commun avec la précédente.

Malheureusement on ne possède pas de données plus précises sur son origine ni sur sa terminaison véritables. Il est pourtant un fait certain, c'est qu'après s'être croisées sur l'aqueduc de Sylvius, ses fibres descendent en décrivant des arcs élégants dans la profondeur du tubercule quadrijumeau antérieur dont elles forment la s. blanche moyenne et une partie de la s. blanche profonde (*fig.* 235 et 236, *cp*), puis elles passent dans la formation réticulée et se placent dans le voisinage immédiat de la bandelette longitudinale postérieure.

Quelques auteurs (MEYNERT, EDINGER) localisent l'origine proximale des fibres dorsales de la commissure postérieure dans la portion postérieure de la couche optique : c'est d'ailleurs le résultat auquel je suis arrivé de mon côté par la section de cette commissure; mais des recherches plus récentes semblent démontrer, en outre, l'existence d'une origine corticale. On doit admettre que les fibres commissurales dorsales traversent la capsule interne et le pédon-

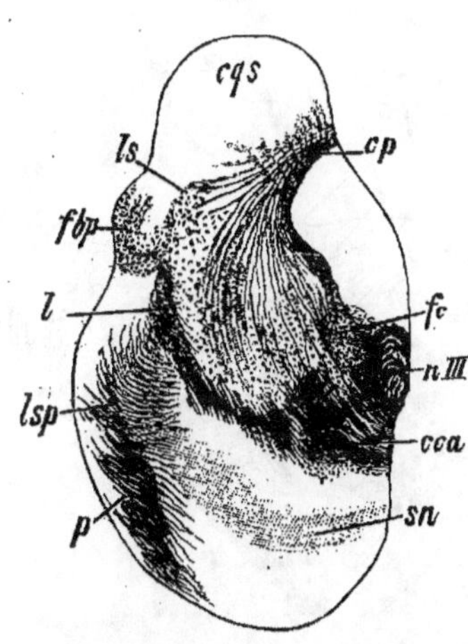

Fig. 235. — COUPE DE LA RÉGION DU QUADRIJUMEAU ANTÉRIEUR.

(Enfant de quelques semaines. Méthode de Weigert.)

cca, Fibres du pédoncule cérébelleux supérieur.
cp, Commissure postérieure.
cqs, Territoire du quadrijumeau antérieur.
fbp, Fibres du bras postérieur.
fc, Fibres de la voie centrale de la calotte.
l, Couche du ruban.
ls, Fibres des faisceaux disséminés accessoires du ruban.
lsp, Fibres allant du noyau du quadrijumeau postérieur au thalamus.
nIII, Noyau de l'oculo-moteur commun.
p, Voie pyramidale.
sn, Substance noire.

---

(1) La division de la commissure postérieure en deux portions, ventrale et dorsale, s'appuie sur des particularités de développement et sur ses connexions avec d'autres régions cérébrales. Au point de vue topographique, elle peut souffrir quelques objections : elle s'applique principalement aux fibres commissurales considérées au delà de leur entre-croisement : à ce niveau, celles qui pénètrent dans la s. blanche profonde des quadrijumeaux correspondent en général à la portion ventrale, les autres à la portion dorsale de la commissure.

cule cérébral puis arrivent à la s. blanche moyenne du quadrijumeau antérieur, se croisent ensuite sur l'aqueduc de Sylvius, pénètrent dans la s. blanche profonde du côté opposé où elles cheminent en dehors et en avant de la bandelette longitudinale postérieure et finalement se perdent, au moins en partie, dans le *noyau innominé de Bechterew* et en partie dans le n. rouge.

Après destruction de la commissure postérieure, les dégénérations ne sont pas très étendues, dans un sens ni dans l'autre. Elles s'arrêtent toujours à la région du quadrijumeau opposé et à la s. grise de l'aqueduc (BOYCE). En s'entre-croisant au-dessus de ce dernier, les fibres de la commissure abandonnent, d'après BOYCE, un faisceau qui se rend à la capsule interne en passant par le bras antérieur des quadrijumeaux et dont on a observé la dégénération après lésion du lobe frontal (1). J'ai moi-même observé la dég. de la commissure posté-rieure, non seulement après lésion de la face externe du lobe frontal, mais après lésion des lobes temporaux et occipitaux avec participation des voies optiques. Consécutivement à une section transversale totale de la partie antérieure de la commissure, SCHIPOFF (de mon labora-toire) observa la dégénération secondaire des fibres commissurales, s'éten-

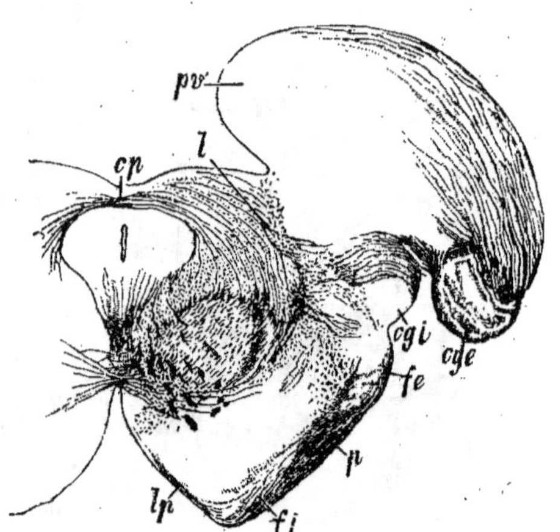

Fig. 236. — LA COMMISSURE POSTÉRIEURE.

(Coupe du pédoncule cérébral. Enfant de 2 mois. Méthode de Pal.)

cge, cgi, Corps genouillés interne et externe.
cp, Commissure postérieure.
fe, fi, Faisceaux à myélinisation précoce situés respec-
    tivement dans les portions latérale et interne
    du pédoncule.
l, Couche du ruban.
lp, Ruban médial.
p, Voie pyramidale.
pv, Pulvinar.

(1) SPITZKA observa, chez un jeune chat, après lésion du tronc cérébral en avant du quadrijumeau antérieur, l'atrophie des fibres d'un territoire situé du côté opposé à la lésion, en avant de la bandelette longitudinale postérieure (*Neurol. Centr.*, 1885, p. 246). Comme ce territoire correspondait à celui des fibres de la commissure postérieure, SPITZKA en conclut avec MEYNERT que celle-ci est formée par des fibres du thalamus qui s'entre-croisent pour se rendre à la calotte du côté opposé. Il faut remarquer cependant que, dans ce cas, l'atro-phie de la commissure pouvait être attribuée à une lésion portant sur le trajet thalamo-cor-tical de ses fibres. De plus, il n'est pas absolument démontré que la dégénération ait réel-lement porté sur le système des fibres de la commissure postérieure.

dant, du côté proximal, jusqu'à la partie postérieure du thalamus, au bras
conjonctif postérieur et, de là, à la capsule interne et aux circonvolutions de
la face externe des hémisphères ; du côté distal la lésion s'étendait jusqu'au
noyau innominé de Bechterew et au noyau rouge, d'une part, et, d'autre part,
jusqu'à la bandelette longitudinale postérieure et à la région comprise entre
les deux noyaux rouges. Il est probable qu'une partie des fibres de la commissure se met ici en relation avec les cellules situées près du raphé dans
cette même région (1) ; une autre partie chemine le long du raphé en se
dirigeant du côté dorsal et pénètre dans le noyau du M. O. C.; une autre descend de chaque côté du raphé et s'épuise peu à peu dans la Réticulée, particulièrement au niveau du noyau médian et du noyau réticulé de la calotte.
Quelques fibres enfin peuvent être suivies, avec celles de la bandelette longitudinale postérieure, jusque dans les cordons antérieurs de la moelle. Pourtant,
une partie seulement des fibres en question appartient au territoire dorsal de
la commissure postérieure ; les autres appartiennent à sa portion ventrale et
sont en rapport avec les pédoncules de la glande pinéale et le ganglion de
l'habénula ; ceux-ci, de leur côté, sont reliés à l'écorce cérébrale par les
éléments du stratum zonal du thalamus et par le fornix longus.

———

ARTICLE III. — CONNEXIONS DES NOYAUX GRIS DU PONT
ET DE LA SUBSTANCE NOIRE.

[Ces deux formations possèdent des connexions quelque peu différentes,
dans leur ensemble, de celles des autres noyaux gris du tronc cérébral; les
fibres blanches qui y aboutissent ont d'autre part ceci de commun qu'elles
cheminent en majeure partie, non pas dans la région de la calotte, mais dans
la région du pied. D'autre part, quoique ces systèmes appartiennent pour la
plupart aux voies de projection du tronc cérébral, on ne saurait séparer leur
description de celles qui précèdent].

Substance grise protubérantielle. — Nous avons vu que les
noyaux gris du pont sont unis au noyau réticulé de la calotte et à la formation
réticulée par des fibres ascendantes situées dans le raphé. Ils sont, de plus,
largement unis au cervelet par les très nombreuses fibres qui traversent

<hr>

(1) On peut désigner la substance grise voisine du raphé, située entre les deux
noyaux rouges, sous le nom de *noyau médian supérieur* et le noyau médian (médial) que
j'ai décrit dans la région postérieure des quadrijumeaux sous le terme de *noyau médian
(médial) inférieur.*

transversalement la protubérance et passent dans le pédoncule cérébelleux moyen (*fig. 248*, p. 417).

Ces masses grises sont en outre directement unies à l'écorce du *lobe frontal* par des fibres qui passent par le segment interne du pied du pédoncule (*fig. 237*, p. 392), et à l'écorce du *lobe temporo-occipital* par des fibres qui cheminent dans le segment le plus externe (*fig. 148*, p. 223 et *fig. 235*, p. 388) ; plus haut celles-là se placent dans la portion la plus antérieure (ventrale), celles-ci dans la portion la plus postérieure (dorsale) du bras postérieur de la capsule interne : puis elles pénètrent ensemble dans la couronne rayonnante de l'hémisphère : les premières se dirigent vers le lobe frontal ; les secondes, vers les lobes temporo-occipitaux (V. plus loin). Les auteurs ne sont pas complètement d'accord sur l'origine de la voie temporo-occipito=protubérantielle : cependant les dégénérations consécutives aux lésions corticales (chez le chien) ne laissent aucun doute à cet égard : entre les mains d'un de mes élèves, le Dr HERWER, elles ont prouvé qu'il s'agit bien dans ce cas de l'écorce des circonvolutions temporales et d'une partie des circonvolutions occipitales. Les lésions de l'hémisphère font dégénérer ces deux systèmes — fronto-protubérantiel et temporo-occipito=protubérantiel — dans le sens descendant, jusqu'à la partie antérieure du pont de Varole dont la substance grise s'atrophie conjointement (1).

Il est donc évident que ces fibres prennent naissance dans les lobes frontal et temporal et se terminent dans la portion antérieure de la protubérance. Celles du premier système cheminent dans le champ interne ou médial du pied du pédoncule et vont à la substance grise pontique ventrale et ventro-médiane ; les autres (origine temporale) passent par le champ externe ou latéral et se rendent aux ganglions protubérantiels dorsaux et dorso-latéraux. D'après les recherches faites par LAZURSKI dans mon laboratoire, une partie de la voie frontale se rend directement au noyau réticulé de la calotte. Chez l'enfant, dans la région des racines de l'abducens, on voit facilement sur des coupes transversales un petit faisceau compact émerger des faisceaux longitudinaux ventraux de la protubérance et se continuer directement avec la voie fronto-protubérantielle : situé en dedans du f. pyramidal, il se tourne du côté dorsal, devient parallèle au f. vertical du pont, coupe le ruban de Reil à peu près entre son tiers externe et son tiers moyen, passe en dedans de la racine de l'abducens et se poursuit dans l'intérieur de la calotte en gardant la même direction. Il disparaît finalement par épuisement progressif dans la portion dorso-latérale du noyau réticulé.

(1) Grâce à l'autorité de CHARCOT, on a cru pendant longtemps que les fibres de la portion la plus externe du pied du pédoncule étaient de nature sensitive et ne dégénéraient jamais en sens descendant. J'ai pourtant publié moi-même une série de cas de dég. descendante et les résultats auxquels je suis arrivé ont été du reste confirmés ultérieurement.

Considérons maintenant une coupe transversale du pied du pédoncule, passant au niveau du quadrijumeau antérieur *(fig. 237)*. Nous pouvons, d'après les faisceaux rencontrés par la coupe, y distinguer quatre territoires principaux, d'inégale étendue.

1° Dans le champ le plus externe *(6)* se trouve la voie temporo-occipito=protubérantielle.

2° Dans le quart suivant *(4)* le faisceau pyramidal.

3° Dans le territoire suivant *(3)* cheminent des fibres qui, sur des coupes transversales faites à des niveaux moins élevés, représentent le ruban médial accessoire, ou, plus simplement, le ruban médial (V. plus loin). Ce territoire paraît contenir la voie affectée au langage articulé, laquelle réunit le pied de la troisième frontale au noyau bulbaire de l'hypoglosse *(1)*.

4° Enfin, dans le quart interne *(2)* passent les fibres fronto-protubérantielles.

Les préparations faites sous mes yeux par TELJATNIK permettent de reconnaître que, tant dans le système frontal que dans le système temporo-occipital du pied du pédoncule, certaines fibres sont plus avancées que d'autres dans leur développement; on peut ainsi, d'après l'embryologie, distinguer deux systèmes dans chaque faisceau. Il est probable, d'autre part, que cette différence tient à une différence d'origine cérébrale : la question a besoin d'être reprise mais on peut se demander dès maintenant si les fibres les plus jeunes de la voie fronto-protubérantielle ne proviennent pas du corps strié, les autres venant seules de l'écorce même.

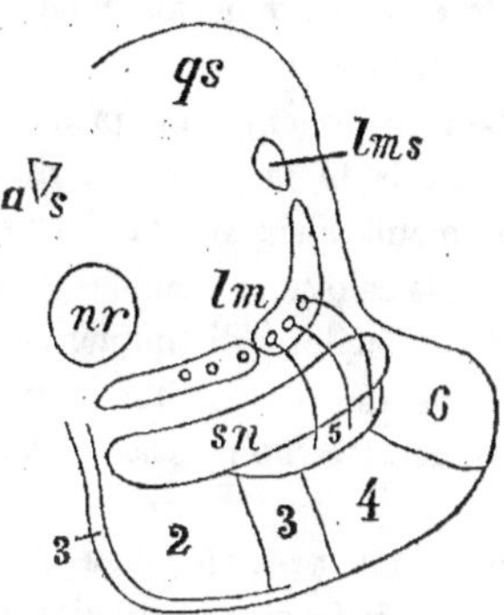

Fig. 237. — TOPOGRAPHIE DU PÉDONCULE, SUR UNE COUPE TRANSVERSALE.

as, Aqueduc de Silvius.

lm, Ruban principal divisé en deux portions: l'externe provient surtout du noyau du cordon grêle; l'interne, du noyau du cordon cunéiforme.

lms, Ruban supérieur venant du quadrijumeau postérieur.

nr, Noyau rouge.

qs, Quadrijumeau antérieur.

sn, Substance noire.

2, Segment interne du pied du pédoncule, occupé par la voie fronto-protubérantielle.

3, Voie centrale des nerfs craniens moteurs; plus bas elle fournit le ruban médial accessoire.

4, Voie pyramidale.

5, Voie des nerfs craniens sensitifs; elle est constituée par les faisceaux disséminés à fibres fines de la couche du ruban.

6, Faisceau de Tuerck.

(1) En s'appuyant sur l'examen de vingt-trois cerveaux porteurs d'anciens foyers de ramollissement de l'écorce et du centre ovale, DÉJERINE soutient que toutes les fibres du pied du pédoncule ont une origine corticale et dégénèrent par conséquent dans les voies de conduction descendant. Il divise le pied du pédoncule en cinq parties qui se partageraient les voies de conduction de la façon suivante :

1° *En dehors*, passent les fibres provenant de la région moyenne du lobe temporal, en particulier de T2 et T3; ces fibres passent en arrière du noyau lenticulaire et n'atteignent la capsule interne que dans la région hypo-thalamique. Cette particularité explique

Connexions de la substance noire. — Sur des coupes transversales intéressant une région plus élevée du pied du pédoncule, on peut distinguer un faisceau descendant qui réunit l'hémisphère cérébral à la substance noire; il est situé en partie dans la portion externe de cette dernière, en partie dans le stratum zonal intermédiaire de Meynert. Il est probable qu'il unit la s. noire à l'écorce et aussi au noyau caudé. Le locus niger est uni principalement à la partie postérieure des circonvolutions de la face externe du lobe frontal et aux territoires corticaux immédiatement voisins de la scissure de Sylvius. D'autre part, il abandonne des fibres à la calotte et, semble-t-il également, au pied du pédoncule ; ces éléments sont faciles à distinguer sur des préparations au Weigert et au Golgi. Avec cette dernière méthode on peut voir un grand nombre d'axônes des cellules de la s. noire passer dans la calotte et se diriger du côté de la moelle.

Nous avons parlé plus haut de ses connexions avec le ruban de Reil, connexions qui sont mises hors de doute par différentes méthodes, entre autres par l'embryologie et les dégénérations expérimentales. WERDNIG publia l'examen d'une lésion intéressant la s. noire du côté droit (concrétions) il y avait dég. descendante et ascendante du ruban et d'une partie du pied pédonculaire. DÉJERINE et LONG (1) ont décrit tout récemment des fibres qui, venues de ce dernier, se rendent également au locus niger. Celui-ci enfin, surtout par sa portion externe, envoie au quadrijumeau antérieur d'assez nombreuses fibres qui passent par la région du ruban (*fig. 193*, p. 3oo). On ne connaît pas encore bien leur lieu de terminaison ; il en est du reste ainsi pour toutes les connexions de la s. noire. Celle-ci, d'autre part, contient un riche réseau de fibres dont l'origine est indéterminée et qui souvent restent intactes lors des dégénérations du pied du pédoncule; on ne peut cependant affirmer, avec MINGAZZINI, qu'elles n'en tirent pas leur provenance.

BIBLIOGRAPHIE. — **Connexions de la formation réticulée.** — BECHTEREW : « Sur les fibres longues de la formation réticulée, d'après leur embryologie, et sur leurs connexions avec le noyau réticulé de la calotte », *Wratsch*, 1886 (en russe) et *Neurol. Centralbl.*, 1885. — « Sur les voies médullaires descendantes provenant de la région de la couche optique et des quadrijumeaux », *Neurol. Centralbl.*, 1897. — « Sur les voies descendantes allant de la région des quadrijumeaux à la moelle », *Neurol. Cen-*

d'abord la rareté clinique de leur dégénérescence, ensuite et surtout le fait que cette dernière peut se produire isolément ;

2° *Les trois cinquièmes moyens* correspondent à peu près aux circonvolutions sensitivo-motrices (Fa et Pa, lobule paracentral et partie antérieure du lobe temporal). D'autre part, la répartition est faite de telle sorte que les fibres venues des territoires les plus postérieurs de cette région de l'écorce sont les plus voisines du bord externe du pied du pédoncule.

3° Dans le cinquième interne se condensent les fibres venues de l'opercule, particulièrement de sa portion frontale et pariétale.

(1) *Société de Biologie*, 1899.

tralbl., vol. XVI, 1897. — FOREL : « Recherches sur la région de la calotte », *Arch. f. Psych.*, 1877, vol. VII. — FUSARI : « Sur les fibres nerveuses à trajet descendant situées dans la substance réticulée blanche du rhombencéphale de l'homme », *Riv. sper. di fren.*, vol. XXII, 1896. — HELD : « Origine des fibres blanches de la région des quadrijumeaux », *Neurol. Centralbl.*, 1890, n° 16. — KAM : « Sur les dégénérations secondaires du tronc cérébral », *Arch. f. Psych.*, vol. XXVII. — LOTHEISEN : « Sur la strie médullaire de la couche optique et ses connexions », *Anatomische Hefte*, 1894. — MINGAZZINI : « Recherches sur les fibres arciformes », *Arch. per le scienze med.*, vol. X, et *Internat. Monat. f. Anat.*, vol. IX. — MONAKOW : « Recherches expérimentales et anatomo-pathologiques sur la région de la calotte », *Arch. f. Psych.*, vol. XVII. — MOTT : « Atrophie descendante unilatérale des faisceaux de fibres arciformes et des noyaux de la colonne postérieure par lésion expérimentale chez un singe », *Brain*, Summer, 1898 et *Journ. of Physiol.*, vol. XXII. — PICK : « Un cas de lésion partielle de la couche interolivaire avec remarques sur les fibres arquées antérieures », *Beitraege z. Path. des Centralnervensystems*, Berlin, 1898, S. Karger. — DE SANTIS : « Contr. à l'étude du corps mamillaire de l'homme », *Labor. anat. de Rome*, 1894. — SCHIFF et CASSIREW : « Contr. à la pathologie des affections chroniques du bulbe », *Travaux du laboratoire d'Obersteiner*, vol. IV, 1896. — SCHUETZ : « Recherches anatomiques sur le trajet des fibres de la substance grise du canal central », *Arch. f. Psych.*, vol. XXI, 1890. — « Recherches anatomiques sur le trajet des fibres de la substance grise du canal central et son atrophie dans la paralysie générale », *Arch. f. Psych.*, vol. XXII, 1891, p. 527. — SOELDER : « Communication sur le trajet des fibres du tronc cérébral », *Wien. klin. Woch.*, 1897. — SOUKHANOFF : « Sur la dég. ascendante dans le tronc cérébral et la dég. descendante dans la moelle après lésion portant sur les régions latérales du tronc cérébral entre le trou occipital et l'atlas », *Neurol. Bote*, vol. VI (en russe). — WEIDENHAMMER : « Sur les dégénérations secondaires aux lésions en foyer de la protubérance », *Neur. Centr.*, vol. XVI, 1897. — WERDNIG : « Concrétion dans la substance grise », *Wien. med. Iahrb.*, 1888.

Pied du pédoncule cérébral. — BECHTEREW : « Sur la question des dégénérations secondaires du pied du pédoncule », *Wjestnik klin. i. szudebnoi psich.*, 1885 (en russe). — RASSKAJA : « Un nouveau cas de dégénération de la portion externe du pied du pédoncule », *Russkaja medizina*, 1885. — VAN BRERO : « La terminaison corticale du faisceau latéral pédonculaire (f. de Türck) », *Nouv. Iconogr. de la Salpêtrière*, 1897. — DÉJERINE : « Sur l'origine corticale et le trajet intracérébral des fibres de l'étage inférieur du pédoncule cérébral », *Mémoires de la Société de Biologie*, 30 décembre 1893. — GERWER : « Terminaison corticale du faisceau latéral du pied du pédoncule (f. de Türck) », Association des médecins de la clinique psychiatrique et neurologique de Pétersbourg, 1897 et *Neurol. Centralbl.*, vol. XVIII, 1899. — « Recherches sur le faisceau externe du pied du pédoncule cérébral ou faisceau de Türck », *Neurol. Bote*, vol. VI (en russe). — HERWER : « Recherches anatomiques sur le faisceau latéral du pied du pédoncule ou faisceau de Türck », *Neurol. Wjestnik de Bechterew et Popoff*, 1898 (en russe) ; résumé in *Centralbl. f. Nervenheilk.*, 1898, p. 687. — KLINKE : « Contr. à l'étude du trajet des fibres du pied du pédoncule, à propos d'un cas de paralysie cérébrale infantile », *Arch. f. Psych.*, vol. XXX, p. 943, 1898. — ROSSOLYMO : « Un cas de dégénération totale du pied d'un pédoncule », *Neurol. Centralbl.*, etc. », 1886. — ZACHER : « Contr. à l'étude du trajet des fibres dans le pied du pédoncule, etc. », *Arch. f. Pysch.*, 1891, vol. XXII.

CHAPITRE V

VOIES CENTRALES ET AUTRES CONNEXIONS DES NOYAUX DES NERFS CRANIENS

Quand on examine une série de coupes du bulbe et de la protubérance on voit de nombreuses fibres arquées traverser horizontalement la formation réticulée pour venir, de chaque côté, se rencontrer au raphé (*fig. 238*, p. 397, et *fig.* 240, p. 401). Les unes proviennent des noyaux des cordons postérieurs et se rendent à l'entre-croisement sensitif que nous avons déjà décrit; d'autres viennent de l'olive bulbaire et se rendent dans le corps restiforme (V. plus loin); d'autres représentent les fibres croisées de la Réticulée; d'autres enfin proviennent des *noyaux des nerfs craniens* (*fig. 239*, p. 398, et *fig.* 173, p. 267): ces noyaux, en effet, envoient presque tous au raphé des fibres arciformes: quelques-unes vont faire partie des faisceaux radiculaires de l'autre nerf de la même paire: on sait en effet que certains nerfs craniens possèdent à la fois des fibres directes et des fibres croisées; mais un grand nombre reste étranger aux racines du nerf cranien: au point de vue de leur origine, ces fibres peuvent représenter des axônes des cellules du noyau affecté à chaque nerf ou bien des fibres radiculaires de plus grande longueur qui outrepassent ce centre bulbaire (1). Il nous reste à examiner maintenant leur trajet ultérieur et leur rôle au point de vue de la conduction nerveuse.

Après leur entre-croisement au raphé, ces fibres d'association parcourent un certain trajet d'arrière en avant dans le raphé lui-même puis en sortent de chaque côté. Il est facile de constater chez le nouveau-né que les fibres arciformes provenant des nerfs craniens moteurs et sensitifs ne

(1) HELD: *Arch. f. Anat. u. Phys., Anat. Abt.*, 1893.

possèdent pas encore leur gaine de myéline dont elles ne se revêtent que quelques semaines plus tard, en même temps que certaines fibres que l'on trouve disséminées dans la couche du ruban : cette coïncidence permet de supposer qu'elles se continuent, au moins en partie, dans le ruban, dont certains éléments font ainsi partie des voies centrales des nerfs craniens.

[Nous décrirons d'abord les voies centrales des *nerfs sensitifs* en commençant par celui d'entre eux (le trijumeau) au niveau duquel cette disposition est le plus facile à constater, puis nous passerons à l'étude des voies centrales des *nerfs moteurs ;* nous décrirons ensuite celles des deux branches du *nerf auditif,* qui s'écartent considérablement (principalement pour la branche cochléaire) du type commun aux autres nerfs craniens. Quant aux *voies optiques centrales,* parties du quadrijumeau antérieur et du corps genouillé externe, elles n'appartiennent pour ainsi dire pas au tronc cérébral qu'elles abandonnent dès leur origine pour pénétrer dans l'hémisphère et se diriger vers le lobe occipital en passant par le bras postérieur de la capsule interne : nous n'avons donc pas à les décrire dans ce chapitre et réservons leur étude pour la cinquième partie. Nous exposerons enfin dans un paragraphe spécial les *connexions réciproques* des noyaux des nerfs craniens.]

ARTICLE I. — VOIES CENTRALES DES NERFS CRANIENS SENSITIFS.

Les données que l'on possédait autrefois sur ce sujet ont été récemment précisées et complétées grâce à l'emploi de la méthode de Golgi. Held a montré que les neurites issus des noyaux de terminaison primaires (ou relais de premier ordre) des nerfs craniens sensitifs (branche postérieure ou cochléaire de l'auditif, substance gélatineuse du trijumeau, noyau principal du nerf vestibulaire ou noyau de Bechterew, locus cœruleus) se joignent aux fibres arquées internes qui représentent la continuation directe des fibres radiculaires issues du tronc des mêmes nerfs (1) ; ils forment ainsi

(1) Les fibres non radiculaires qui se terminent dans les noyaux primaires des nerfs sensitifs forment comme les autres des fibres arquées internes : au point de vue de leur provenance on peut les catégoriser ainsi :

a) Neurites des cellules de la formation réticulée, des deux côtés. — Ces cellules se distinguent par leur moindre volume des autres éléments de projection ou d'association de la Réticulée. Après avoir abandonné de nombreuses collatérales à la substance grise de cette dernière, leurs axônes vont se terminer dans les noyaux de premier relais des nerfs sensitifs ; là ils pénètrent dans le réseau formé par les racines de ces derniers.

b) Collatérales des cordons. — Elles proviennent : 1° des restes des cordons antéro-latéraux des deux côtés ; 2° du champ réticulé externe du même côté. Elles envoient un grand nombre de collatérales aux noyaux moteurs.

c) Fibres à trajet arqué de différents faisceaux de la Réticulée, entre autres, de la partie médiale des restes des cordons antéro-latéraux.

une fraction très importante de ces fibres arquées. On ne sait jusqu'à quelle distance ils peuvent être suivis : d'après HELD les fibres arquées internes se continuent dans les systèmes suivants : 1° dans les restes des cordons antéro-latéraux, de chaque côté de la ligne médiane ; 2° dans la moitié contra-latérale de la couche interolivaire ; 3° dans le champ réticulé externe ou latéral du même côté. Au premier groupe appartiennent les fibres arquées dorsales : elles forment une voie cérébro-spinale ; au deuxième, les

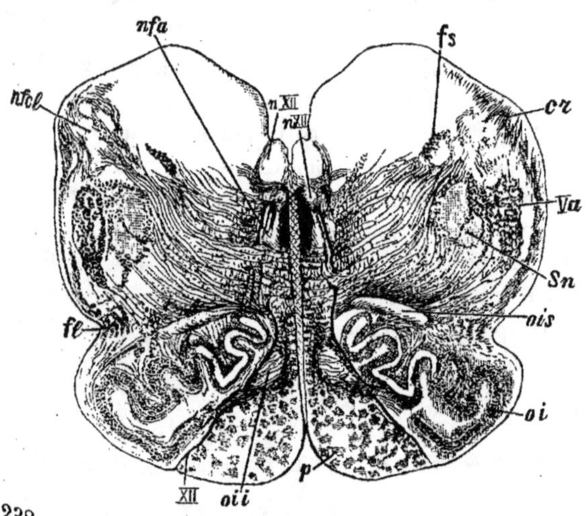

Fig. 238. — LES FIBRES ARCIFORMES ET LES NOYAUX DES NERFS CRANIENS.

(Fœtus de 7 mois. Région olivaire inférieure.)

cr, Corps restiforme.
fl, Faisceau aberrant du bulbe.
fs, Faisceau solitaire.
nfa, Noyau du cordon antérieur ou n. respiratoire de Misslawski.
nfcl, Noyau latéral du cordon cunéiforme.
nXII et nXII', Noyaux principal et accessoire de l'hypoglosse.
oi, Olive bulbaire ou inférieure.
oii, Parolive interne.
ois, Parolive supérieure.
p, Pyramide.
Sn, Substance gélatineuse.
Va, Racine spinale du trijumeau.
XII, Racines de l'hypoglosse.

fibres arquées ventrales : les deux catégories sont constituées par des axônes à direction d'abord transversale et qui deviennent ensuite longitudinaux. Ils abandonnent toujours de nombreuses collatérales à la Réticulée. Les fibres du champ réticulé latéral représentent en général les axônes des cellules des masses grises latérales du tronc cérébral : relais de premier ordre des nerfs craniens ou substance grise avoisinante. Comme les dendrites de ces cellules se mettent en contact avec les collatérales et les ramifications terminales des fibres radiculaires, ces éléments peuvent être également considérés comme appartenant aux systèmes des nerfs craniens sensitifs. Souvent leur axône se divise en plusieurs rameaux, les uns ascendants, les autres descendants; d'autres fois il ne subit qu'une simple bifurcation; les fibres descendantes courent parallèlement aux fibres radiculaires sensitives; les autres (ascendantes) correspondent à ce que certains auteurs appellent le *ruban des tubercules quadrijumeaux*. Une partie de celles-ci du reste se ramifie déjà dans le noyau moteur du trijumeau, constituant ainsi une voie réflexe. Les autres vont se terminer dans le cerveau moyen.

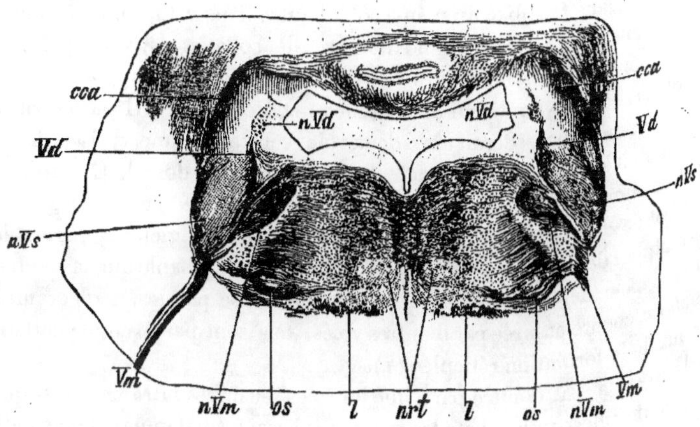

Fig. 239. — VOIES CENTRALES DU TRIJUMEAU.

(Coupe de la protubérance d'un fœtus à terme.)

cca, Coupe du pédoncule cérébelleux supérieur.
l, Ruban de Reil.
nrt, Noyau réticulé de la calotte.
nVd, Cellules vésiculeuses, origine de certaines des fibres de la racine cérébrale du trijumeau.

nVm, Noyau moteur et
nVs, Noyau sensitif du trijumeau.
os, Olive supérieure.
Vd, Racine descendante et
Vm, Racine motrice du trijumeau.

Rappelons que les nerfs craniens sensitifs possèdent des *voies secondaires descendantes* dont l'importance est grande au point de vue de la réflectivité et qui sont représentées, pour le trijumeau, par sa racine descendante; pour les nerfs mixtes, par le faisceau solitaire, et pour le nerf vestibulaire, par des fibres issues du noyau de Deiters.

Voies centrales du trijumeau. — Du noyau sensitif de la Vᵉ paire naissent des fibres qui s'entre-croisent entre les deux pédoncules cérébelleux supérieurs et pénètrent successivement dans le ruban (*fig. 239, nVs*).

D'après la description de Cajal, les neurites des grandes cellules nerveuses de la s. gélatineuse et du noyau sensitif proprement dit du trijumeau naissent de la base d'une des dendrites puis se dirigent vers le raphé, chacun représentant alors une fibre arciforme. Celle-ci, après avoir abandonné quelques collatérales à la s. gélatineuse elle-même et à la formation réticulée grise, traverse le raphé à un niveau plus ou moins élevé, dans sa moitié dorsale ; devenue verticale elle suit un trajet ascendant dans le ruban principal du côté opposé à celui de son origine ; d'autres fibres restent directes : issues de la s. gélatineuse, elles arrivent au bord distal de la Réticulée grise, s'infléchissent et forment une voie verticale ascendante dans le voisinage du genou du facial du même côté ; d'autres enfin se divisent en deux branches dont l'une se rend dans le ruban du même côté, l'autre dans celui du côté opposé. Ces fibres émettent un assez grand nombre de collatérales, principalement dans la région située au-dessous des noyaux des nerfs moteurs ; elles en abandonnent aussi au noyau dorsal du trijumeau et à ceux des VIIe et X^e paires.

Le trijumeau posséderait ainsi deux voies centrales, l'une, croisée, dans le ruban de Reil et l'autre, directe, dans le champ réticulé dorsal. Cajal décrit une disposition semblable pour les voies centrales des IXe et X^e paires.

C'est des noyaux du trijumeau et du glosso-pharyngien que partent les voies centrales des impressions gustatives. Il est très probable que la conduction centripète des impressions apportées au bulbe par les nerfs craniens sensitifs est encore assurée par d'autres voies, tels sont par exemple certains faisceaux de la formation réticulée (1).

Il se peut aussi, d'autre part, que les voies sensitives intra-encéphaliques subissent une interruption dans les ganglions basaux (thalamus, globus pallidus). Du moins, peut-on, dans certains cas pathologiques (lésions portant sur la substance réticulée), suivre les fibres du trijumeau jusqu'aux couches optiques. Dans la capsule interne les fibres des voies sensitives centrales se placent probablement en arrière du faisceau pyramidal, dans le tiers postérieur du bras postérieur, mais, contrairement à ce que pensaient beaucoup d'auteurs, elles ne forment pas ici de faisceau distinct. De là elles se rendent aux circonvolutions centrales et aux portions avoisinantes des lobes frontal et pariétal, fait démontré par l'anatomie pathologique et l'expérimentation. D'après les recherches de Hoesel (2), la pariétale ascendante paraît être le centre cortical du trijumeau. D'après les résultats de ses expériences, Schtscherbach place le centre du goût dans la région pariétale. Pourtant,

(1) D'après Gowers, toutes les fibres du goût arriveraient au cerveau par le trijumeau ; rien ne s'oppose cependant à ce qu'il existe d'autres voies sensorielles dans la portion intra-cérébrale du glosso-pharyngien.

(2) Hoesel : *Arch. f. Psychiatrie*, vol. XXV.

certaines recherches faites sous ma direction tendraient à le localiser dans la portion externe du gyrus-sigmoïde.

Nerfs mixtes. — D'après ce que nous venons de dire, c'est dans cette région de l'écorce qu'il faudrait chercher le centre sensitif du *glosso-pharyngien*, mais nous aurons plusieurs fois l'occasion de remarquer que cette localisation n'est pas la seule qui ait été proposée au sujet du centre cortical du goût.

De nombreuses recherches personnelles me permettent d'affirmer que les fibres motrices du *nerf vague* sont en rapport avec le gyrus-sigmoïde, territoire de l'écorce cérébrale des mammifères qui répond aux circonvolutions centrales du cerveau de l'homme. C'est aussi dans le voisinage de ces dernières qu'aboutissent également les voies sensitives centrales de cette même paire cranienne.

Nous parlerons plus loin des connexions cérébelleuses des racines et noyaux des nerfs sensitifs.

ARTICLE II. — VOIES CENTRALES DES NERFS CRANIENS MOTEURS.

Les voies centrales des nerfs craniens moteurs sont probablement représentées par ces faisceaux qui, venus du pédoncule cérébral, se joignent au ruban et forment surtout le ruban accessoire ou pédonculaire médial, lequel paraît identique au faisceau pontique latéral de SCHLESINGER, et une partie du ruban disséminé.

Les fascicules de fibres fines qui sont disséminés dans le ruban commencent à se montrer dans la partie supérieure du bulbe ; là ils sont situés dans la portion de la couche interolivaire où prend naissance le ruban principal. Vers le milieu de la protubérance, ces fascicules deviennent plus nombreux et se poursuivent à l'intérieur du ruban principal jusqu'au niveau du pédoncule cérébral. Là ils abandonnent la couche du ruban et j'ai pu constater qu'ils passent par la partie latérale du locus niger pour se localiser dans le pied du pédoncule, sur le côté dorsal ou dorso-latéral du faisceau pyramidal (*fig. 241, lsp*, p. 402). Plus haut ils passent dans le bras postérieur de la capsule interne pour se rendre aux zones corticales sensitivo-motrices. Comme ils dégénèrent dans le sens descendant consécutivement aux lésions de leurs centres corticaux, ces éléments sont généralement considérés comme représentant les voies centrales des nerfs craniens moteurs. TRAPEZNIKOFF (de mon laboratoire) détruisit expérimentalement, chez le chien, le centre cortical de la déglutition : consécutivement, il observa d'une manière constante, outre la dégénération du f. pyramidal, celle du ruban et de la couche interolivaire. Hoche constata la même dégénération secondaire dans un cas de ramollissement de l'hémisphère gauche avec intégrité des ganglions (cliniquement: hémiplégie, aphasie et paralysie de la langue) : il identifia ces fibres dégénérées du ruban avec le faisceau que j'ai appelé ruban accessoire ou pédonculaire et avec le faisceau pontique latéral de Schlesinger.

Le ruban accessoire ou pédonculaire médial qui se joint à la portion la plus interne de la couche du ruban (*fig. 237, 3, p. 392*) dans la région supérieure de la protubérance, est de tous les faisceaux de cette région celui qui se myélinise le dernier. Consécutivement aux lésions de l'hémisphère, il dégénère toujours dans le sens descendant (*fig. 241, lsp; fig. 242, lp*) : c'est donc une voie motrice et probablement la voie centrale des nerfs craniens moteurs : il est, en effet, remarquablement développé chez les animaux qui n'ont pas de voies pyramidales (1). Il est très volumineux jusqu'au niveau du trijumeau; mais on peut

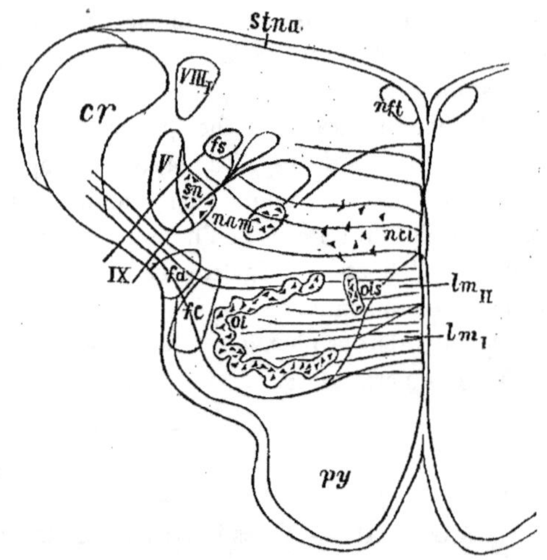

Fig. 240. — VOIES CENTRALES DES NERFS MIXTES.

cr, Corps restiforme.
fa, Territoire du faisceau aberrant du bulbe.
fc, Faisceau central de la calotte.
fs, Faisceau solitaire.
lmI, Fibres de la couche interolivaire qui viennent du noyau du cordon cunéiforme du côté opposé et forment plus haut la portion latérale du ruban principal.
lmII, Fibres de la couche interolivaire venant du noyau grêle du côté opposé et formant plus haut la portion interne du ruban principal.
nam, Noyau ambigu.
nci, Noyau central inférieur.
nft, Noyau du funiculus teres.
oi, ois, Olive bulbaire et parolive interne.
py, Pyramide.
sn, Substance gélatineuse du trijumeau.
stna, Strie acoustique.
V, Racine spinale du trijumeau.
VIIIi, Racine descendante du nerf vestibulaire.
IX, Racines du glosso-pharyngien.
Des noyaux de terminaison des Vᵉ, IXᵉ et Xᵉ paires, on voit partir des fibres arciformes qui se rendent au raphé et à la couche interolivaire (Cf. *fig. 158*, p. 241).

(1) Spitzka, *New-York med. Journ.*, oct. 1888.

le suivre beaucoup plus bas, jusqu'à la partie supérieure du bulbe. Il provient sûrement en droite ligne de l'écorce cérébrale ; j'en ai observé la dégénération, à un degré très avancé, dans un cas de large ramollissement cortical des ganglions de la base. Dans le cas de Hoche, où le malade présenta de l'hémiplégie avec paralysie de la face et de la langue, le ruban interne ou médial n'était pas dégénéré.

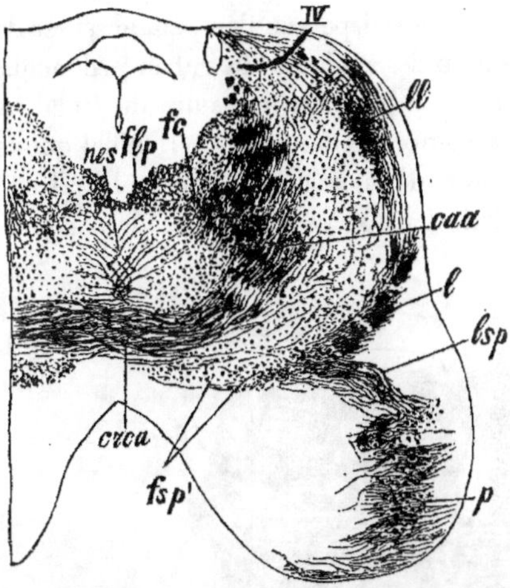

Ce faisceau chemine, avons-nous vu, en dedans de l'extrémité médiale de la couche du ruban (*fig.* 242, *lp*, et *fig.* 139, p. 215). Dans la région inférieure du pédoncule il contourne la partie interne du pied et se place dans le deuxième quart interne de ce dernier, en dedans du F. Py. (*fig.* 237, 3, p. 393 ; *fig.* 224, *p'*, p. 371) (1).

Plus haut il pénètre dans le bras postérieur de la capsule interne et se place dans le voisinage du genou (V. cinquième partie, chapitre II) ; de nombreux faits pathologiques démontrent qu'il passe ensuite près du bord supérieur du noyau lenticulaire et se dirige vers la portion inférieure des circonvolutions centrales et le pied des trois frontales

Fig. 241. — LES SYSTÈMES DU RUBAN AFFECTÉS AUX NERFS CRANIENS MOTEURS.

(Coupe du tronc cérébral obliquement dirigée de haut en bas et d'arrière en avant. Enfant de quelques semaines. Méthode de Weigert.)

caa, *crca*, Entre-croisement des pédoncules cérébelleux supérieurs.
fc, Voie centrale de la calotte.
flp, Faisceau longitudinal postérieur.
fsp', Fibres fines disséminées de la couche du ruban.
l, Ruban principal.
ll, Ruban latéral.
lsp, Fibres du ruban allant dans le pied du pédoncule.
nes, Région du noyau central supérieur interne.
p, Voie pyramidale.
IV, Trochléaire après son entre-croisement au-dessus de l'aqueduc.

horizontales : c'est de là qu'il tire son origine.

Remarquons encore qu'une partie des fibres qui forment les voies centrales des nerfs craniens moteurs effectuent tout leur trajet, jusqu'au

(1) D'après Hoche (*Arch. f. Psychiatrie u. Nervenkr.* vol. XXX), le ruban pédonculaire doit être identifié ainsi que nous l'avons vu plus haut avec le faisceau pontique latéral de Schlesinger ; il contient la voie centrale du facial et de l'hypoglosse que cet auteur pourtant localise dans le pied du pédoncule, en dehors du f. pyramidal : cette opinion aurait en tout cas besoin d'être confirmée.

noyau bulbaire de chaque nerf, en compagnie des fibres du faisceau pyramidal ; tel est le cas, par exemple, pour le facial (V. plus loin). MURATOFF put en suivre la dégénération jusqu'au noyau du facial du côté opposé, après ablation expérimentale du centre cortical de ce nerf. Mais ce n'est que lorsque le centre du facial supérieur a été extirpé que l'on peut observer dans la région quadrijumelle la dégénération descendante du ruban pédonculaire médial ; quand, au contraire, la lésion a porté sur le centre du facial inférieur, on voit dégénérer des fibres comprises dans le f. pyramidal qui vont jusqu'à la région de la VIIe paire, puis, de là, se croisent au raphé. Il existe donc, au moins pour ce nerf cranien, deux voies différentes de conduction

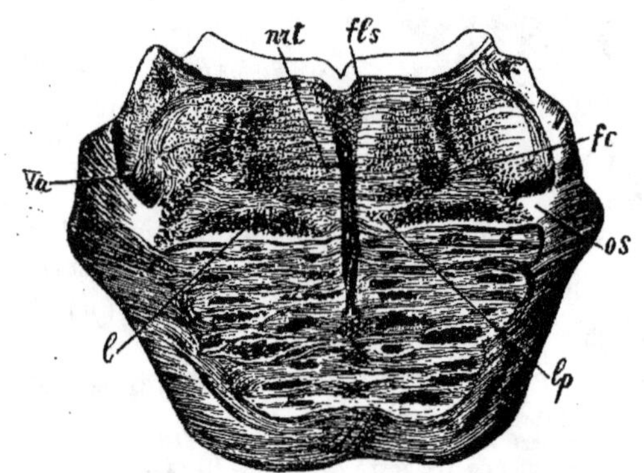

Fig 242. — LE RUBAN MÉDIAL ACCESSOIRE.

(Coupe passant par la moitié inférieure de la protubérance ; homme adulte.)

fc, Voie centrale de la calotte.
fls, Bandelette longitudinale postérieure.
l, Ruban de Reil.
lp, Ruban interne ou médial, atrophié du côté gauche (V. la fig. 139, p. 215).
nrt, Noyau réticulé de la calotte.
os, Territoire de l'olive supérieure.
Va, Racine ascendante du trijumeau.

centrale : l'une dans le ruban, l'autre dans le f. pyramidal. Sur plusieurs encéphales provenant d'enfants âgés de quelques semaines, j'ai vu très nettement, au niveau du trapèze, des fibres myélinisées venues du pyramidal se rendre à la calotte (fig. 243). Ces fibres, très probablement voies centrales de nerfs craniens moteurs, proviennent de fibres pontiques longitudinales, lesquelles, de leur côté, semblent continuer les fibres situées en dedans de la grande voie motrice, dans la portion la plus interne du pied. Ainsi que l'a démontré LAZURSKI (de mon laboratoire), elles divergent obliquement en dedans et en dehors, atteignent ensuite la partie ventrale du raphé, s'y entre-croisent, arrivent à la région du trapèze et peuvent même être suivies jusqu'au noyau de la VIIe paire.

Consécutivement à des lésions portant sur les zones corticales motrices, chez le chien, et surtout sur les territoires corticaux situés au-dessus et en avant de la scissure de Sylvius, j'ai pu suivre des fibres pyramidales dégé-

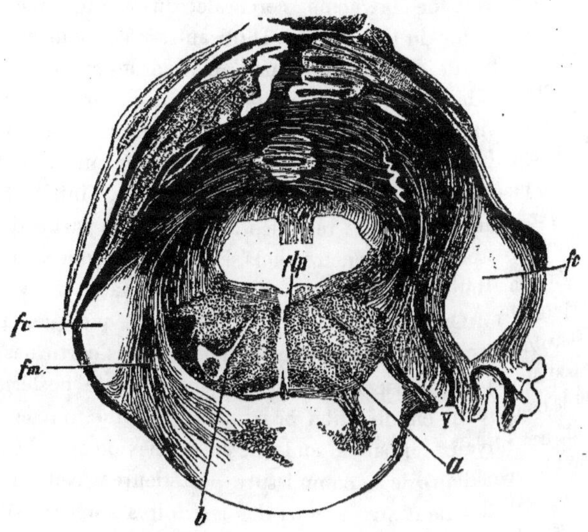

Fig. 243. — LES FIBRES PYRAMIDO-TEGMENTAIRES.

(Coupe transversale de la protubérance et du cervelet d'un enfant de quelques semaines. Méthode de Weigert.)

a, Voie centrale de la calotte .
b, Fibres venant du noyau de Deïters.
fc, Faisceau cérébral du pédoncule cérébelleux moyen.
flp, Bandelette longitudinale postérieure.
fm, Faisceau spinal du pédoncule cérébelleux moyen.
V, Racines du trijumeau.

On voit facilement à droite un faisceau de fibres parties de la région du pied pénétrer dans la région de la calotte.

nérées jusqu'aux noyaux des VIIe et XIIe paires. Récemment encore, Hoche vit la dégénération du f. pyramidal se continuer jusqu'aux noyaux des VIIe et XIIe paires, des deux côtés : les fibres dégénérées cheminaient dans le raphé et descendaient finalement en suivant un trajet onduleux, à travers les olives et la substance réticulée.

Ainsi que nous l'avons déjà fait remarquer, il n'est pas douteux que le ruban accessoire ou pédonculaire ne représente, avec les fibres pyramidales. la voie motrice de quelques nerfs craniens moteurs. Quelques-uns de ceux-ci possèdent des territoires corticaux disséminés. Dans des expériences faites sous ma direction, TRAPEZNIKOFF détruisit, chez le chien, les centres corticaux de la mastication et de la déglutition : dans la partie externe du thalamus et dans la région quadrijumelle, sur le côté interne de la s. grise centrale, outre la dégénération du Pyramidal et du ruban de Reil, il nota celle d'un faisceau situé à côté de la racine cérébrale du trijumeau et de fibres situées dans l'épaisseur du locus niger. D'un autre côté, nous avons appris, de par les recherches de LAWKOWSKY, que l'ablation des centres respiratoires corticaux entraîne la dégénération de la substance noire, du ruban, du F. Py. et d'un faisceau particulier qui passe par la capsule interne, puis dans le voisinage du corps genouillé interne, du quadrijumeau postérieur, du ruban latéral, jusqu'au noyau du ruban latéral, et, de là, s'infléchit en dedans pour pénétrer dans la substance réticulée : une grande partie de ses fibres s'entrecroise au raphé puis pénètre dans le noyau médian, mais l'autre descend dans la Réticulée jusqu'au niveau des noyaux du vague et du noyau respiratoire. On peut admettre, d'autre part, quoique, à ce sujet, toute obscurité ne soit pas encore dissipée, que les voies corticales des nerfs moteurs oculaires passent par la bandelette longitudinale postérieure et les fibres qui la continuent en direction proximale. Comme on le comprend facilement, ces noyaux bulbaires sont mis en connexion avec l'écorce cérébrale par l'intermédiaire de la commissure postérieure : celle-ci, du reste, dégénère consécutivement aux lésions des territoires antérieurs de l'écorce, où se trouvent les centres des mouvements des yeux.

Nous avons vu que les noyaux des nerfs craniens moteurs sont encore réunis à l'écorce par les fibres des voies pyramidales. D'après HOCHE, chaque faisceau pyramidal est uni aux noyaux des deux faciaux : par ses fibres internes (médiales) avec celui du côté opposé, et par ses fibres externes avec celui du même côté. D'après EDINGER, les f. pyramidaux sont en connexion, au moyen de fibres qui passent par le raphé, la couche interolivaire et la substance réticulée, avec les noyaux des deux nerfs hypoglosses. Enfin, les recherches expérimentales de BOYCE, ROMANOW, et celles qui furent faites sous ma direction par ASPIDOFF, ne laissent aucun doute à cet égard : chez les animaux (chien, chat) comme chez l'homme, les voies pyramidales contiennent des fibres qui unissent l'écorce cérébrale aux noyaux des nerfs craniens moteurs (1).

---

(1) D'après HOCHE, le faisceau pontique aberrant de Schlesinger, le faisceau de Spitzka et la portion interne du pied du pédoncule peuvent rester intacts dans les cas de paralysie d'origine cérébrale du facial et du trijumeau.

ARTICLE III. — VOIES CENTRALES DU NERF AUDITIF.

Branche cochléaire.— Ni dans le ruban principal, ni dans la formation réticulée, la voie centrale de la branche cochléaire n'accompagne celle des

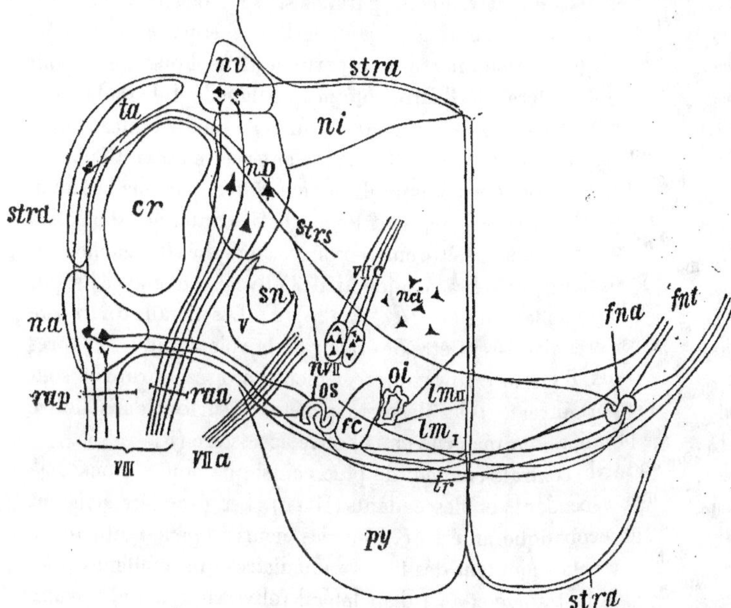

Fig. 244. — ORIGINES DES VOIES CENTRALES DE LA BRANCHE COCHLÉAIRE.

cr, Corps restiforme.
fc, Voie centrale de la calotte.
fna, Fibres venues de l'olive supérieure et allant au noyau de l'abducens.
fnt, Fibres du ruban latéral ou inférieur.
lmI, lmII, Fibres de la couche interolivaire venues respectivement du noyau de Burdach et du noyau de Goll du côté opposé.
na, Noyau antérieur de l'acoustique.
nci, Noyau central inférieur.
nD, Noyau de Deiters.
ni, Noyau dit n. médial ou interne de l'auditif.
no, Noyau vestibulaire.

oi, Extrémité supérieure de l'olive bulbaire.
os, Olive protubérantielle.
py, Pyramide.
raa, rap, Racines antérieure et postérieure de l'auditif.
sn, Substance gélatineuse.
stra, Stries médullaires ou stries acoustiques.
strs, Stries médullaires de Monakow.
ta, Tubercule acoustique.
tr, Corps trapézoïde.
V, Racine spinale du trijumeau.
VIIa, VIIc, n VII, Racine ascendante, racine descendante et noyau du facial.
VIII, Tronc de l'acoustique.

nerfs craniens sensitifs : elle se place à quelque distance en dehors et en arrière, dans le *ruban latéral (fig. 179*, p. 279, *ll*).

Les fibres qui naissent dans le noyau antérieur de l'acoustique et dans le tubercule acoustique, les deux points de terminaison les plus importants de la branche postérieure ou cochléaire du nerf auditif, suivent, en compagnie des fibres radiculaires, deux directions différentes. Les unes contournent le corps restiforme d'avant en arrière et de dehors en dedans ; de là, un petit nombre d'entre elles se dirige vers l'olive bulbaire du même côté mais le plus grand nombre se dirige en dedans et en avant : elles arrivent au contact des fibres du trapèze, leur deviennent parallèles, se croisent transversalement au raphé et gagnent enfin la région de l'olive supérieure du côté opposé ; finalement, après une interruption partielle dans l'olive, elles sont conduites par le ruban latéral de l'autre côté jusque dans le tubercule quadrijumeau postérieur ; quelques-unes se rendent aussi au quadrijumeau antérieur (1). Les autres croisent la voie de la racine antérieure ou vestibulaire ; de là elles gagnent, soit l'olive supérieure du même côté et par elle le ruban latéral de chaque côté, soit le trapèze, en côtoyant la face antérieure de l'olive (*fig. 244* et *246*, p. 411) ; après s'être entre-croisées au raphé elles gagnent le quadrijumeau postérieur par le bras conjonctif de l'olive protubérantielle, ou, directement, par le ruban latéral (*fig. 144*, p. 220) (2). Les noyaux du trapèze et les olives accessoires paraissent être des relais de la voie auditive. D'après les derniers travaux d'OSERETZKOWSKI les éléments croisés et directs sont entre eux en rapport inverse : les derniers pénètrent surtout dans l'olive supérieure ; les premiers, en majorité dans l'olive accessoire (3).

La voie auditive centrale contient de plus, ainsi que nous l'avons déjà vu, des systèmes ascendants et descendants (HELD). Les premiers naissent surtout du noyau acoustique antérieur dont les neurites pénètrent dans le corps trapézoïde; à cela s'ajoutent des fibres radiculaires qui montent directement aux noyaux du trapèze et au ruban latéral (olive supérieure, noyaux du trapèze, noyau du lemnisque latéral, quadrijumeau postérieur). Les seconds, après avoir pénétré dans le trapèze, se terminent autour des cellules des deux olives supérieures ou bien se contentent de leur envoyer de simples collatérales, ainsi qu'aux cellules du noyau du trapèze, et continuent directement leur trajet dans le ruban latéral du côté opposé (*fig. 166*, p. 252) ; à ce

(1) D'après OSERETZKOWSKI, quelques-unes des fibres de ce faisceau se rendent à la paroi ; cet auteur admet que les fibres dorsales de la voie auditive (horizontale) sont en rapport avec les noyaux du facial et de l'abducens ; v. MONAKOW et d'autres décrivent à tort ces fibres dorsales sous le nom de stries acoustiques ; HELD préfère la dénomination de voie auditive dorsale.

(2) D'après les résultats de ses expériences faites sur le cobaye (méthode de Marchi), KIRILZEFF (thèse de 1892) affirma que les fibres acoustiques qui viennent se terminer dans l'olive sont en réalité des fibres radiculaires qui ont traversé les noyaux de l'acoustique sans s'y interrompre. Plus tard, KIRILZEFF et HELD trouvèrent dans le trapèze des fibres acoustiques allant à l'olive du côté opposé et au quadrijumeau postérieur. Il faut remarquer que, outre ces connexions directes entre le nerf auditif, l'olive et le quadrijumeau, il existe certainement, chez l'homme, des fibres qui, du noyau acoustique antérieur, vont à l'olive du même côté et au trapèze, ce que HELD, du reste, avait aussi avancé.

(3) Une partie des fibres du trapèze forme commissure entre les deux noyaux acoustiques antérieurs : ce sont les plus dorsales parmi les fibres croisées de cette formation complexe.

moment leurs fibres abandonnent des collatérales qui se dirigent vers le noyau du lemnisque latéral et se terminent enfin dans le quadrijumeau postérieur (*fig. 166*) [1], et aussi, mais en petit nombre, dans le quadrijumeau antérieur (*fig. 166*). D'autre part, on voit partir de l'olive protubérantielle, du trapèze et même du noyau du ruban acoustique, des fibres ascendantes, analogues aux précédentes, qui se dirigent vers les quadrijumeaux et abandonnent en chemin des collatérales aux noyaux de la voie auditive centrale (*fig. 167*, p. 253).

Les *systèmes descendants* sont formés des neurites récurrents de ces noyaux, neurites dont les ramifications terminales vont aux cellules d'une des masses grises situées sur le trajet du ruban latéral ou dans l'épaisseur du trapèze. Comme les systèmes ascendants, ils envoient des collatérales aux noyaux situés sur leur parcours (*fig. 168*, p. 255).

Le trapèze envoie des collatérales et même, d'après mes observations, des fibres mères au noyau du facial (*fig. 136*, p. 214), de même qu'à la formation réticulée. Tel est, très vraisemblablement, le substratum anatomique des réflexes mimiques, respiratoires, circulatoires (pouls et vasomotricité) qui peuvent suivre des excitations auditives.

Le c. trapézoïde et le ruban latéral sont donc les voies centrales essentielles du nerf auditif. Les quadrijumeaux, en particulier le quad. postérieur, lieu d'interruption du ruban latéral, représentent ainsi des étapes dont l'importance est de premier ordre dans la conduction auditive [2].

Une partie du ruban latéral passe dans les cellules du quadrijumeau et se continue probablement sans interruption dans le bras conjonctif postérieur, et plus loin encore, du côté de l'hémisphère cérébral.

Le corps trapézoïde et le ruban latéral possèdent donc une structure extraordinairement compliquée. Outre les fibres radiculaires de la VIIIe paire, ils contiennent des axônes venus des noyaux acoustiques antérieurs des deux côtés, des deux tubercules acoustiques, des deux olives supérieures avec leurs parolives et des deux noyaux du trapèze. Dans le ruban latéral se trouvent en outre des fibres venues de son noyau propre et du quadrijumeau postérieur, ainsi que des systèmes récurrents ; il contient d'autre part un petit noyau : le *noyau du ruban latéral (fig. 179*, nll, p. 279), probablement en connexions très étroites avec les fibres du ruban. De sa portion supérieure

<hr>

(1) Il semble que quelques fibres du ruban latéral passent directement dans le toit de l'aqueduc de Sylvius et, de là, gagnent le quadrijumeau postérieur du côté opposé.

(2) Après section du ruban inférieur, v. MONAKOW (*62e Congrès des naturalistes et médecins allemands*, Heidelberg, 1889) en observa l'atrophie : celle-ci se continuait dans la blanche dorsale de l'olive supérieure et de là, par les fibres arquées de la formation réticulée, dans les stries du côté opposé (V. la 1re note de la page 407) ainsi que dans le tubercule acoustique. Du côté de la lésion l'olive supérieure était également atrophiée. En direction ascendante, il y avait atrophie du noyau du lemnisque latéral, du ganglion du quadrijumeau du même côté ainsi que de son bras conjonctif et de l'entre-croisement ventral de la calotte. Le c. trapézoïde était aussi atrophié mais à un moindre degré.

on voit naître un faisceau de fibres fines (*fig. 197*, *fnll*, p. 324), très développé chez certains animaux (chien, chat) : il se dirige obliquement en arrière et en dedans, traverse le pédoncule cérébelleux supérieur et gagne la face latérale de la s. grise de l'aqueduc de Sylvius le long duquel il se dirige vers le raphé. Mes préparations et celles de LAZURSKI m'ont démontré d'une façon évidente qu'il se perd en majeure partie dans le noyau médian et qu'une petite partie de ses fibres se met en rapport avec le noyau de la racine cérébrale du trijumeau. On peut admettre qu'il sert à unir à la substance réticulée la voie centrale de la branche cochléaire. Il joue probablement le rôle d'une voie réflexe, à l'instar des fibres qui proviennent du noyau antérieur de l'acoustique, se rendent aux olives et, de là, au noyau de l'abducens (1).

Un autre faisceau émerge du *quadrijumeau postérieur*, passe sous le quadrijumeau antérieur en se dirigeant vers le bord dorsal de la faux figurée par la coupe transversale du ruban (*fig. 237*, *lms*, p. 392) puis se perd dans la partie postérieure du thalamus : on peut le suivre encore plus loin (2).

On peut enfin constater, chez le nouveau–né, qu'une partie des fibres issues du quad. postérieur se dirige en arrière et en dedans, et se croise sur l'aqueduc de Sylvius.

Le *trajet ultérieur* de la voie centrale du cochléaire a pu être élucidé par de récentes expériences d'atrophie et de dégénération ; cette voie passe par le bras conjonctif postérieur, puis, soit après s'être interrompue dans le c. genouillé interne, soit peut–être directement, pour quelques-unes de ses fibres, elle arrive au lobe temporal en passant par la base de la capsule interne (*fig. 245*) (3).

Après la destruction de ce lobe on observe chez le lapin (MONAKOW) l'atrophie des fibres correspondantes de la couronne rayonnante, du c. genouillé interne et du bras postérieur des quadrijumeaux, ainsi que la disparition des fibres de la zone grillagée de la couche optique. Des lésions semblables furent observées chez l'homme après différentes lésions de la circonvolution temporale supérieure (voir plus bas).

Pour terminer l'étude des voies centrales de la branche cochléaire, il nous faut parler maintenant des *stries médullaires*, continuation apparente de la racine postérieure de la VIIIe paire (*fig. 170*, *stra*, p. 258).

(1) D'après MONAKOW il existe dans le ruban latéral : 1° des fibres des stries (champ postérieur) ; 2° des fibres venant de l'olive supérieure (*id*) ; 3° du noyau du ruban latéral du côté opposé (champ central) ; 4° du croisement ventral de la calotte (champ médial) ; 5° des fibres courtes (champ ventro-latéral).

(2) Nous avons déjà parlé des rapports du quad. postérieur avec le noyau réticulé de la s. grise protubérantielle.

(3) Cette description se trouve confirmée par l'anatomie comparée : chez certains cétacés la racine postérieure de l'acoustique est remarquablement développée : il en est ainsi du trapèze, du quad. postérieur et du c. genouillé interne (SPITZKA).

Nous avons déjà eu l'occasion de faire remarquer que ces stries médullaires n'ont rien de commun avec les faisceaux striés décrits par Monakow chez certains animaux, qu'elles ne proviennent pas du tronc même du nerf,

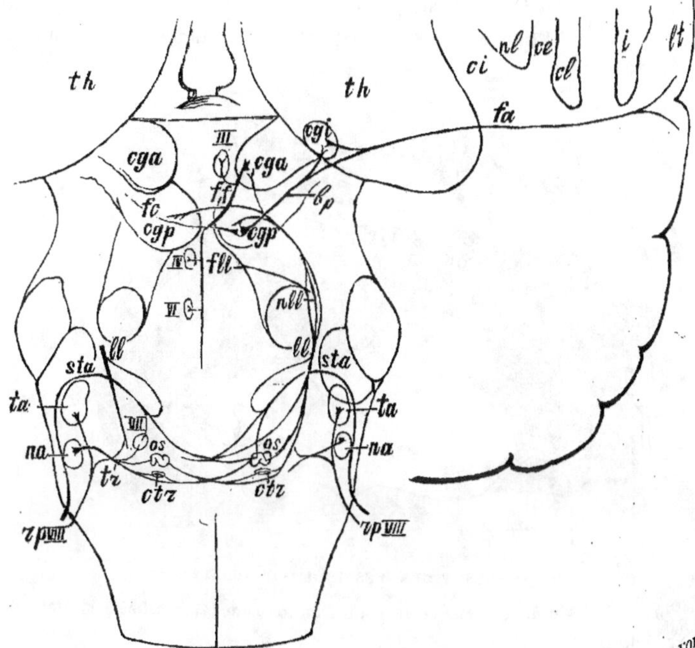

Fig. 245. — LA RACINE POSTÉRIEURE (BRANCHE COCHLÉAIRE) ET LES VOIES DE CONDUCTION CENTRALES DU NERF AUDITIF.

bp, Bras postérieur des quadrijumeaux.
ci, Capsule interne.
cga, Quadrijumeau antérieur.
cgi, Corps genouillé postérieur ou interne.
cgp, Quadrijumeau postérieur.
cl, Claustrum ou avant-mur.
ctr, Noyau du trapèze.
fa, Portion intracérébrale du faisceau acoustique.
fc, Fibres venant du quadrijumeau postérieur et passant de l'autre côté en se croisant au-dessus de l'aqueduc de Sylvius.
ff, Fibres qui viennent de la région du quadrijumeau antérieur, descendent dans sa couche profonde et forment entre les deux noyaux rouges l'entre-croisement dit « en forme de fontaine ».

fll, Fibres venues du noyau du ruban latéral, se dirigeant en dedans et passant de l'autre côté.
i, Insula de Reil.
ll, Ruban latéral.
lt, Lobe temporal (région du centre auditif).
na, Noyau antérieur de l'auditif.
nl, Noyau lenticulaire.
nll, Noyau du ruban latéral.
rpVIII, Racine postérieure de l'auditif.
sta, Stries acoustiques de Monakow.
ta, Tubercule acoustique.
th, Thalamus.
tr, Corps trapézoïde.
III, IV, VI, VII, Noyaux des paires crâniennes correspondantes.

mais du tubercule acoustique dans le voisinage immédiat duquel on les voit émerger de la masse encéphalique ; elles se dirigent transversalement en dedans en embrassant le corps restiforme : arrivées au raphé elles pénètrent dans la profondeur du bulbe et traversent la ligne médiane. Dans le raphé lui-même, elles descendent jusque dans la région des pyramides, s'interrompent en partie dans le noyau pré-pyramidal et s'enrôlent dans les fibres arquées du côté opposé : sous cet aspect on peut facilement les suivre

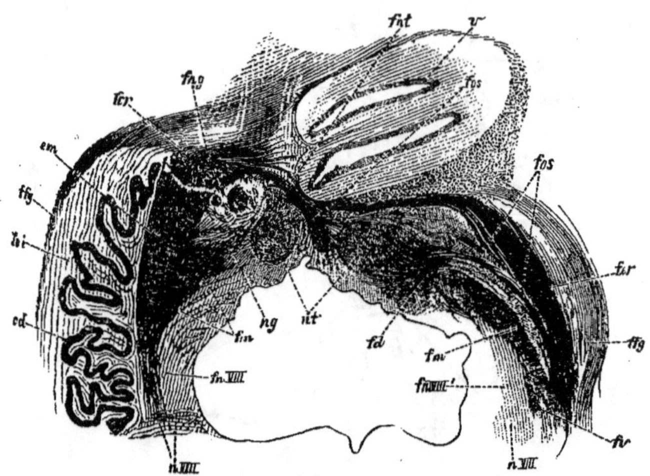

Fig. 246. — LES VOIES VESTIBULO-CÉRÉBELLEUSES.

(Coupe transversale du cervelet et du pont d'un fœtus de 44 centimètres. Méthode de Weigert.)

cd, Noyau denté.
cm, Noyau de l'embole.
fcr, Fibres du corps restiforme venues du f. cérébelleux direct de la moelle, du noyau de Burdach et du noyau du cordon latéral.
fd, Faisceau dorsal du pédoncule cérébelleux supérieur.
ffg, Fibres du corps restiforme venues du noyau de Goll (continuation des fibres arciformes externes antérieures du bulbe).
fm, Faisceau moyen du pédoncule cérébelleux supérieur.
fng, Fibres venues du noyau sphérique et de l'embole et allant à l'écorce du vermis.
fnt, Fibres allant du noyau du toit à l'écorce du vermis.
fn VIII, Fibres venues du noyau principal du nerf vestibulaire et allant aux noyaux centraux du cervelet, principalement au noyau sphérique et à l'embolus.
foi, Fibres venues des olives inférieures, encore dépourvues de myéline.
fos, Fibres allant du noyau du toit à l'olive supérieure.
fv, Faisceau ventral du pédoncule cérébelleux supérieur.
ng, Noyau globuleux ou noyau sphérique.
nt, Noyau du toit.
n VIII, Noyau de Bechterew ou n. principal de la branche vestibulaire.
v, Écorce du vermis.

jusqu'au niveau des racines de l'acoustique du côté opposé. Là elles se joignent aux fibres du c. restiforme et ne peuvent être suivies plus loin. Mais il est plus que vraisemblable qu'elles montent au cervelet avec le corps restiforme et quelquefois aussi avec le pédoncule moyen. Je n'ai pu retrouver, parmi les fibres des stries, celles dont FLECHSIG et HELD ont décrit le trajet jusqu'au quadrijumeau postérieur du côté opposé.

Quant à leur développement, les stries médullaires sont sujettes à d'extraordinaires variations individuelles : elles manquent quelquefois complètement. Leur trajet sur le plancher ventriculaire est également très variable : souvent elles sont, non pas transversales, mais obliques et se dirigent radiairement en dehors à partir du raphé : d'autres fois, au lieu de plonger dans le raphé, elles le dépassent et pénètrent dans l'autre moitié du bulbe. Toutes ces variations s'expliquent facilement si l'on tient compte de leur origine telle que nous l'avons décrite plus haut, mais elles sont complètement incompatibles avec l'opinion qui considérerait les stries comme la continuation directe des fibres du nerf auditif.

Branche vestibulaire. — Du noyau de Deiters, point de terminaison d'une partie des fibres de la racine antérieure ou branche vestibulaire de l'auditif, partent des fibres qui se dirigent en dedans vers le raphé : leur trajet ultérieur n'est pas connu dans tous ses détails, mais on sait qu'elles continuent leur parcours dans les bandelettes longitudinales postérieures, principalement dans celle du côté opposé : il est permis de les considérer comme une des voies centrales du nerf vestibulaire (*voie médiale du noyau de Deiters*, CAJAL).

Du noyau principal du nerf vestibulaire ou noyau de Bechterew partent également des fibres qui se rendent aux deux bandelettes, mais surtout à celle du côté opposé, comme les précédentes, et, comme elles aussi, gagnent la région des noyaux des nerfs oculo-moteurs : il en est enfin probablement de même des fibres qui naissent du troisième lieu de terminaison de la branche vestibulaire, c'est-à-dire de son noyau interne ou triangulaire.

Les autres fibres qui se terminent dans le noyau principal trouvent très probablement leur conduction centrale dans la portion interne du pédoncule cérébelleux inférieur : il est ainsi plus que vraisemblable que le nerf vestibulaire est uni au cerveau par l'intermédiaire du cervelet.

Enfin, de même qu'elle est unie aux noyaux des nerfs oculo-moteurs par des fibres nées du noyau principal et des noyaux de Deiters, de même la branche vestibulaire est unie à l'axe gris de la moelle par des fibres qui partent de ces deux masses nucléaires et descendent dans le cordon antérieur du même côté de la moelle : ces deux connexions servent évidemment aux fonctions réflexes.

ARTICLE IV. — AUTRES CONNEXIONS DES NOYAUX DES NERFS CRANIENS MOTEURS.

Nous exposerons dans ce paragraphe les connexions de ces noyaux entre eux et avec le reste de la substance grise du tronc cérébral.

Sur des coupes sériées de la partie inférieure du bulbe on voit un grand nombre de fibres qui cheminent derrière le canal central et semblent être comme un résidu de la commissure grise postérieure de la moelle.

Les trois nerfs mixtes et l'hypoglosse. — Une partie de ces fibres transversales forme commissure bilatérale entre les cellules situées de chaque côté à la limite ventro-médiale ou dans l'intérieur de la substance gélatineuse et qui représentent l'origine la plus importante de la racine spinale du trijumeau. Il est difficile d'affirmer si parmi ces fibres il en est qui unissent d'un côté à l'autre les noyaux sensitifs du *glosso-pharyngien*. KOCH a décrit des fibres associant l'un à l'autre les deux faisceaux solitaires et qui doivent très vraisemblablement servir à assurer cette connexion entre les deux nerfs de la IXe paire.

Le même auteur a décrit des faisceaux de fibres situés immédiatement en arrière et en dedans du noyau de l'hypoglosse et qui serviraient à réunir entre eux les différents étages de cette masse grise. FOREL considéra ces fibres comme provenant directement des faisceaux radiculaires du nerf et allant simplement contourner le noyau d'origine. Pourtant, les recherches faites dans mon laboratoire par DJELOFF ont démontré que la section de ce nerf entraîne une dégénération profonde de ses racines tandis que le Marchi ne permet de constater qu'une simple atrophie des fibres que KOCH considère comme commissurales. Nous verrons plus loin que de nombreux éléments semblables sont contenus dans le *faisceau dorsal longitudinal* de SCHUETZ.

On rencontre dans la région du *vague* un faisceau assez important qui provient de la région du noyau postérieur du cordon latéral, se dirige obliquement en dedans et arrive dans le voisinage immédiat du nerf de la Xe paire avec lequel il se met en connexion, suivant toute vraisemblance : il se peut toutefois qu'il s'agisse ici non pas de fibres d'association internucléaire, mais d'éléments radiculaires.

Il existe des fibres d'association réunissant les deux noyaux de la XIIe paire ; j'ai remarqué d'autre part que ceux-ci sont reliés, comme les noyaux dorsaux du glosso-pharyngien, au noyau du cordon antérieur du même côté. Nous avons déjà parlé des rapports que contractent avec le champ réticulé externe les longues dendrites des cellules radiculaires du noyau de l'hypoglosse (*fig. 156*, p. 236). Remarquons d'autre part que ce noyau s'atrophie au bout de peu de temps, consécutivement à la section des IX° et X° paires. Inversement, la section de l'hypoglosse entraîne l'atrophie partielle du noyau dorsal de ces deux nerfs mixtes.

Sur des coupes de bulbe de chiens nouveau-nés, faites dans mon laboratoire par SHUKOFF, on pouvait distinguer avec la plus grande netteté un faisceau assez considérable reliant la portion latérale de la Réticulée et les noyaux du cordon latéral qui y sont situés, ainsi que le noyau ambigu, au champ interne ou médial du côté opposé : né des cellules de ces noyaux, le faisceau s'élevait entre le faisceau solitaire et le noyau dorsal du pneumogastrique, le long du plancher ventriculaire ; puis il se dirigeait en dedans, contournait le noyau de l'hypoglosse en passant au-devant de lui, s'entre-croisait au raphé et arrivait ainsi dans le champ médial de la Réticulée où il rencontrait le noyau respiratoire. Un grand nombre d'auteurs ont déjà étudié ces fibres qui passent au-devant du noyau de la XIII° paire, mais leur trajet ultérieur n'a pu être déterminé ; elles n'ont, en tout cas, qu'un seul point de commun avec celles qui, nées des noyaux des X° et XII° paires, se rendent au raphé puis à la couche interolivaire ; c'est qu'elles leur sont parallèles pendant une certaine partie de leur trajet.

Trijumeau, facial. — Nous avons déjà parlé des fibres qui unissent entre elles les deux racines spinales de la V° paire. Il en existe aussi qui unissent chaque racine spinale au faisceau solitaire du même côté : EDINGER put en démontrer l'existence chez l'homme, dans un cas de mélano-sarcome de la racine sensitive du trijumeau, par l'examen des dégénérations consécutives.

On peut encore mettre en évidence des fibres qui unissent cette racine spinale au noyau dorsal des X°-IX° paires. HAGELSTAMM décrit un cas d'endothéliome du ganglion de Gasser et du trijumeau avec dégénération de la racine descendante de ce dernier et du faisceau solitaire.

Quant au *facial* nous examinerons plus loin la question des rapports des deux noyaux entre eux et avec les voies acoustiques. Chacun de ces noyaux reçoit en outre des fibres qui proviennent du noyau sensitif du trijumeau du même côté.

Auditif. — Il existe probablement, entre les noyaux des deux branches cochléaires, des voies d'association comprises dans le corps trapézoïde. D'autre part, les noyaux antérieurs de l'acoustique donnent naissance à des fibres qui pénètrent également dans le trapèze et aboutissent ensuite, les unes, aux deux olives supérieures, les autres, au ruban latéral. On voit d'après tout cela combien sont nombreux les systèmes de fibres qui entrent dans la constitution du trapèze : les uns viennent de la branche cochléaire ainsi que de son noyau antérieur et arrivent directement ou par l'intermédiaire de l'olive supérieure au ruban latéral de chaque côté ; d'autres forment commissure entre les deux noyaux antérieurs de l'acoustique ; d'autres encore se rendent directement de ceux-ci à l'olive supérieure du même côté, laquelle pour sa part, envoie des fibres au trapèze et au ruban latéral du côté opposé. Enfin, un faisceau venu du cervelet par la portion interne de son pédoncule postérieur se rend également au trapèze (*fig. 246, fos*, p. 411). Ce faisceau issu du noyau du toit du cervelet passe par l'olive supérieure (V. plus loin).

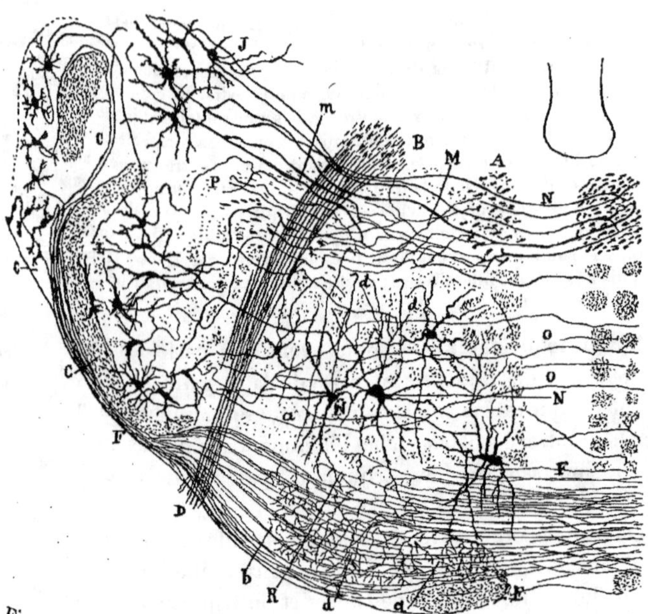

Fig. 247. — COUPE DU BULBE AU NIVEAU DU NOYAU DE DEITERS
ET DU CORPS TRAPÉZOIDE.

(Souris. Méthode de Golgi. D'après CAJAL.)

A, Bandelette longitudinale postérieure.
B et *D*, Branche d'émergence du facial.
C, Racine spinale du trijumeau.
cc, Fibres du corps trapézoïde venant du noyau antérieur et du tubercule acoustiques.
E, Pyramide.
F, Corps trapézoïde.
G, Noyau accessoire ou antérieur de l'acoustique.
J, Noyau de Deiters.
L, Cellules de la substance gélatineuse du trijumeau.
M, Noyau de l'abducens.
N, Fibres venues de la s. gélatineuse du trijumeau et du noyau de Deiters et se croisant au raphé.
P, Voie sensitive bulbo-spinale.
R, Ramifications des fibres du corps trapézoïde.

Nous avons déjà parlé des collatérales que les fibres de la branche cochléaire envoient au noyau du facial.

On peut voir chez le fœtus que le noyau principal de la *branche vestibulaire*, à l'angle latéral de la fosse rhomboïdale, est uni à celui du côté opposé par un faisceau particulier ; ce faisceau est situé en avant du pédoncule cérébelleux supérieur ; il ne prend pas part à l'entre-croisement de ce dernier, mais traverse la ligne médiane un peu en arrière, à la façon d'un système commissural ; du côté distal, il ne peut être suivi que jusqu'aux noyaux vestibulaires et doit ainsi être considéré comme leur voie d'union commissurale.

Nerfs oculo-moteurs. — Plusieurs auteurs ont décrit des fibres commissurales unissant transversalement l'un à l'autre les noyaux de chaque paire oculo-motrice : tous ces noyaux sont en outre unis les uns aux autres par certaines fibres de la bandelette longitudinale postérieure qui se distinguent par leur développement tardif, leur moindre diamètre et leur situation latérale. Nussbaum (1) ne put constater l'existence d'une voie d'union croisée entre l'abducens et le M. O. C., telle qu'elle avait été décrite par Duval et Laborde ; il vit simplement des fibres nées des noyaux de l'abducens et du trochléaire se rendre dans la bandelette longitudinale postérieure. J'ai vu par contre, à plusieurs reprises, des fibres provenant de la région du noyau de la VI⁵ paire suivre le raphé avec la bandelette du même côté, s'entre-croiser, passer dans celle du côté opposé pour aboutir peut-être ainsi aux noyaux du M. O. C., (*fig. 178*, p. 278) (2). D'autre part, on peut voir chez l'embryon des fibres venues du noyau de l'abducens se rendre au f. longitudinal postérieur du même côté (*fig. 180*, p. 280). Nous avons déjà parlé plus haut d'expériences et recherches, faites au Marchi, qui démontrent également la réalité de cette connexion. Mentionnons encore les recherches pratiquées par Hoche sur un cas de sclérose latérale amyotrophique et qui l'amenèrent à conclure que la bandelette longitudinale postérieure possède de nombreuses connexions, directes ou croisées, avec les noyaux de nerfs craniens moteurs qui se trouvent dans son voisinage.

On possède d'autre part des données d'une certaine importance sur l'existence de fibres nées des noyaux de Deiters et de Bechterew et se dirigeant en dedans sous le plancher du quatrième ventricule pour se rendre au noyau de l'abducens : là, quelques-unes d'entre elles se ramifient ; d'autres continuent leur chemin et aboutissent à la bandelette longitudinale postérieure du côté opposé. Ces fibres ont été décrites en premier lieu par Cajal et retrouvées plus tard par Thomas et par Edinger. Je ne puis pour ma part qu'en confirmer l'existence. Il est très vraisemblable qu'elles jouent un certain rôle dans

(1) *Wiener med. Woch.*, 1887, et Bregmann, *loc. cit.*

(2) Les fibres croisées du M. O. C. innervent surtout le droit interne (Spitzka). Ainsi deviendrait inutile l'hypothèse d'un entre-croisement de fibres, telle qu'elle fut proposée par Duval et Laborde, pour expliquer la simultanéité d'action du droit externe d'un côté et du droit interne de l'autre.

les mouvements latéraux des yeux, analogues en cela aux éléments qui unissent l'olive supérieure avec le noyau de l'abducens et avec la bandelette longitudinale postérieure.

[Nous aurons, dans la cinquième partie, l'occasion de parler de la déviation conjuguée des yeux à propos de son centre cortical, mais c'est ici le lieu de dire quelques mots de la déviation d'origine bulbaire ; on sait le rôle qu'on a toujours fait jouer, dans la pathogénie de ce symptôme, aux noyaux bulbaire des nerfs moteurs de l'œil, en particulier à celui de l'abducens et aux fibres de la bandelette longitudinale postérieure qui l'unissent au noyau de la IIIe paire ; telle était l'opinion soutenue anciennement par LABORDE et GRAUX (1). Dans un récent travail critique et expérimental, THOMAS (2) fit remarquer que ni l'anatomie pathologique, ni l'anatomie normale (recherches de CAJAL), ne justifiaient cette hypothèse. Cet auteur ayant produit chez un lapin et un cobaye une lésion limitée du noyau de l'abducens droit, observa la paralysie du droit externe et là déviation de l'œil gauche à gauche, ou, en d'autres termes,

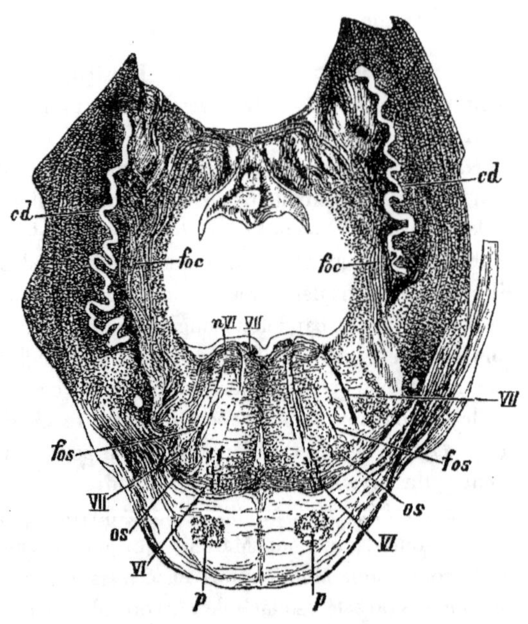

Fig. 248. — COUPE DE LA RÉGION MOYENNE
DE LA PROTUBÉRANCE.

(Enfant nouveau-né. Méthode de Pal.)

cd, Noyau denté du cervelet.
foc, Fibres allant de l'olive supérieure au noyau du toit et se croisant au-dessous de celui-ci.
fos, Fibres allant de l'olive supérieure au noyau de l'abducens.
os, Olive supérieure.
p, Pyramide.
VI, nVI, Noyau et racine de l'abducens.
VII, nVII, Noyau et racine du facial.

(1) GRAUX : *De la paralysie du moteur oculaire externe avec déviation conjuguée (paralysie centrale par lésion du noyau de la VIe paire),* thèse de Paris, 1898. Cet auteur admet que le noyau de l'abducens n'agit sur le droit interne du côté opposé (par l'anastomose de DUVAL et LABORDE) que lors de la contraction du droit externe correspondant.
(2) THOMAS : Expérimentation sur les déviations conjuguées des yeux et les rapports anatomiques des noyaux de la IIIe et de la VIe paire, *Soc. de Biol.,* 1896, no 10.

de la déviation conjuguée des deux yeux. En outre, la face de l'animal, suivant la même direction, était tournée en haut et à gauche, et particularité intéressante et bien connue des physiologistes qui expérimentent sur le cervelet et l'appareil central de l'équilibration, la moindre excitation de l'animal déterminait des mouvements de rotation de droite à gauche. Ce fait est très important ; il éclaire d'un jour tout nouveau les mouvements de rotation que l'on observe consécutivement aux lésions du cervelet et permet de les rattacher aux troubles de l'innervation oculaire, plutôt qu'à des phénomènes d'excitation.

Les lésions trouvées à l'autopsie (méthode de Marchi) concordent du reste parfaitement avec cette idée : le noyau de l'abducens droit était complètement détruit : la bandelette du même côté ne contenait pas de fibres dégénérées, tandis que celle du côté opposé en présentait un certain nombre qui provenaient de deux des noyaux détruits expérimentalement : celui de l'abducens et le noyau de Deiters. On pouvait en outre remarquer que ces fibres dégénérées disparaissaient dans le noyau du moteur oculaire commun du côté gauche (côté opposé à celui du noyau de la VIᵉ paire qui avait été lésé).

La conclusion est facile à tirer : 1° le noyau du moteur-commun contient bien réellement des fibres qui proviennent du noyau du moteur externe du côté opposé et traversent *immédiatement* le raphé pour gagner aussitôt la bandelette du côté opposé qui les conduit au noyau de la IIIᵉ paire. Ces fibres expliquent la déviation conjuguée des deux yeux par lésion d'un seul noyau ;

2° D'autre part, le centre bulbaire du moteur commun contient encore des fibres qui lui arrivent par la même voie, mais proviennent du noyau de Deiters du côté opposé et le rattachent ainsi directement à l'appareil vestibulo-cérébelleux qui préside à l'équilibration de la tête et à la coordination de ses mouvements. C'est grâce à ces fibres que peuvent se produire les mouvements compensateurs et associés des yeux quand la tête et le corps changent de position d'équilibre : leur lésion explique la déviation conjuguée de la tête et des yeux.

Prévost est revenu tout récemment (1) sur cette importante question qu'il avait, avec Vulpian, soulevée et résolue en grande partie en 1866 : nous relevons dans son mémoire quelques particularités symptomatiques qui différencient la déviation d'origine protubérantielle de celle qui relève d'une lésion de l'écorce : c'est ainsi que la première n'est pas égale pour les deux yeux ; l'œil dont l'abducens est sain suit la déviation de celui dont l'abducens

(1) De la déviation conjuguée des yeux et de la rotation de la tête en cas de lésions unilatérales de l'encéphale. *Volume jubilaire du cinquantenaire de la Société de Biologie* Paris 1899, p. 99 à 119.

est paralysé, quand les deux yeux sont ouverts, mais peut se diriger dans un autre sens quand l'œil paralysé est fermé : rien de semblable ne s'observe dans les déviations d'origine hémisphérique, qu'elles relèvent de l'excitation ou de la paralysie : celles-ci ne peuvent donc être expliquées par les symptômes produits par des lésions bulbaires.

Prévost remarque enfin, avec Thomas et la plupart des physiologistes, que la déviation conjuguée des yeux accompagne toujours les mouvements de rotation (manège ou roulement) et que la déviation associée de la tête peut ainsi être considérée comme une ébauche de mouvements de rotation. Quant à l'interprétation anatomique de ces différents phénomènes il croit qu'aucune des lésions rencontrées jusqu'à présent ne peut, en l'état actuel de la systématique et de la physiologie, fournir une explication satisfaisante.]

Le noyau de l'*abducens* est uni par un faisceau spécial à l'olive supérieure (*fig.* 248, *fos*) (1). L'existence de cette connexion a été récemment confirmée par un de mes élèves, le Dr Herwer : après l'ablation du muscle droit externe, il observa la dég. ascendante des fibres de l'abducens : sur des préparations au Marchi on pouvait, entre autres, constater la dégénération des fibres qui unissent le noyau de la VIe paire à l'olive protubérantielle, qui, ainsi que nous l'avons déjà vu, reçoit des fibres de la branche cochléaire du nerf acoustique et un faisceau descendant venu du cervelet.

Notons enfin que la bandelette reçoit encore des fibres qui proviennent des noyaux de Deiters et de Bechterew et qui descendent avec elle dans la moelle où elles atteignent les cellules nerveuses des cornes antérieures : nous les avons déjà suffisamment décrites pour ne plus avoir à y revenir.

Nous avons déjà parlé des connexions les plus importans du M. O. C. avec les *quadrijumeaux antérieurs*. On sait que chez la taupe ce ganglion est uni à la glande pinéale par un puissant faisceau qui se croise sous l'épiphyse, se dirige ensuite du côté distal et disparaît bientôt dans la partie médiale du quadrijumeau antérieur. Du stratum zonale du thalamus part un petit faisceau qui descend le long du bord interne du quad. antérieur, mais on ne sait rien sur ses connexions cérébrales. La couche latérale du ganglion, laquelle se continue du côté distal avec le stratum zonale du quad. postérieur, s'étend, avons-nous vu, jusqu'au voile médullaire antérieur, c'est-à-dire jusqu'au cervelet.

Mentionnons encore la connexion qu'établit le tænia thalami entre le ganglion de l'habénula et la sphère olfactive (*fig.* 227, p. 377).

(1) J'ai été le premier à démontrer l'existence de cette connexion : « Sur les connexions de l'olive supérieure et son rôle physiologique probable », *Neurol. Centr.*, 1885, no 21.

[La question des rapports réciproques des noyaux des nerfs craniens a suscité, ces dernières années, un assez grand nombre de recherches expérimentales basées sur le principe des dégénérations cellulaires consécutives aux lésions (section ou arrachement) du tronc ou d'une branche d'un nerf périphérique : c'est la méthode de Nissl qui est généralement employée dans ces cas pour l'examen des centres nerveux. Les résultats ainsi obtenus sont loin d'avoir la certitude de ceux auxquels on arrive par la méthode de Golgi ou par la méthode de Marchi employée pour déceler des dégénérations secondaires expérimentales : les modifications imprimées à la structure des cellules par un réactif aussi peu approprié que l'est l'alcool, paraissent en effet considérables si on les compare aux modifications légères que présentent les même cellules, consécutivement à différentes interventions expérimentales, mais examinées au bleu d'Erlich ou après fixation par les bichromates; ces modifications dues à l'alcool, d'ailleurs peu connues en elles-mêmes, mal déterminées et surtout très contingentes, très variables, sont à leur tour compliquées dans quelques cas par la technique subséquente : certains auteurs en effet, « pour faciliter l'obtention des coupes en série », ne craignent pas de se servir de la paraffine pour inclure un bulbe fixé à l'alcool. On comprend alors que si des lésions étendues à un grand nombre de cellules peuvent survivre en partie à ces brutalités et permettre une moyenne complaisante, il ne saurait en être de même pour des modifications restreintes à un petit nombre d'éléments isolés au milieu de cellules considérées comme normales; c'est cependant sur cette base que sont fondées les recherches dont nous parlions plus haut et dont nous allons maintenant résumer les plus importantes. Dans le but de résoudre la question de l'existence des fibres croisées dans le tronc des nerfs craniens moteurs, v. GEHUCHTEN pratiqua chez différents animaux l'arrachement ou la section de ces troncs nerveux et examina leurs noyaux d'origine au moyen de la méthode de Nissl, admettant en principe que si les lésions cellulaires observées se cantonnent exclusivement au noyau correspondant au nerf sectionné, on peut conclure que celui-ci ne contient pas de fibres croisées. Cet auteur arriva ainsi aux conclusions suivantes :

1° Le *moteur oculaire commun* contient une majorité de fibres directes, lesquelles proviennent des parties centrale et proximale du noyau d'origine.

2° Le *trochléaire* contient presque uniquement des fibres croisées : on pouvait constater la présence de quelques rares cellules dégénérées dans le noyau du même côté. (Les fibres qui en naissent devraient ainsi subir un double entrecroisement.)

3° La racine motrice du *trijumeau* est uniquement formée de fibres croisées provenant du noyau masticateur et des grandes cellules vésiculeuses de la racine cérébrale.

4° L'*abducens* est constitué uniquement par des fibres directes; quelques-unes proviendraient, d'après v. GEHUCHTEN, d'une petite masse grise située au sein de la formation réticulée, signalée pour la première fois par cet auteur, chez le poulet, et opposée, sous le nom de noyau ventral, au noyau principal ou dorsal.

5° Le *facial* ne contient que des fibres directes. Il en est de même du vague; la section de ce nerf entraîne la chromatolyse de tout le noyau ambigu, qui pour v. GEHUCHTEN appartiendrait en entier au pneumogastrique, du moins chez le lapin, et du noyau dorsal; ce dernier serait actuellement moteur (DEES, FOREL, MARINESCO, MAHAIM) et non plus sensitif (V. GEHUCHTEN, *Congrès de Moscou*, 1897). En outre, ces modifications cellulaires se cantonnent exclusivement aux masses grises du même côté.

Enfin, les nerfs des XIᵉ, XIIᵉ et IXᵉ paires ne sont également constitués que par des fibres directes : le glosso-pharyngien, dépossédé au profit de vague de sa part de noyau ambigu, tirerait ses fibres motrices d'une colonne cellulaire située au-dessous du noyau du facial, en dedans de l'extrémité du noyau central du vague.]

(1) Sur l'existence ou la non-existence de fibres croisées dans le tronc des nerfs moteurs craniens, *Société Belge de Neurologie*, 29 oct. 1898; *Journal de Neurol.* 1899, n° 1; *Revue Neurol.*, 1899, p. 345

Faisceau de Schütz. — Il nous faut mentionner à propos des voies de conduction des nerfs craniens un faisceau particulier que Schuetz a décrit sous le nom de *f. dorsal de la substance grise centrale :* il traverse en effet longitudinalement toute la s. grise du tronc cérébral. D'après le même auteur, il est en connexion avec les noyaux de tous les nerfs craniens et avec beaucoup d'autres masses grises. En haut, on peut le suivre jusqu'à l'infundibulum : il atteint les noyaux du thalamus, le ganglion de l'habénula, le tuber cinereum, le ganglion optique basal, le corps sous-thalamique et l'anse du noyau lenticulaire.

Dans la région de l'aqueduc de Sylvius ses fibres sont plus ou moins disséminées dans la masse de la s. grise. D'après Schuetz quelques-unes d'entre elles se rendent à la commissure postérieure ; d'autres vont par le toit de l'aqueduc aux deux quadrijumeaux, d'autres enfin semblent se rendre au cervelet, en passant par le voile médullaire antérieur. La masse principale des fibres court longitudinalement dans le plancher de l'aqueduc de Sylvius et pénètre dans la substance grise basale du IVe ventricule pour s'épanouir finalement dans toute l'étendue de cette dernière, jusqu'à la région du vague. A ce niveau, ses fibres se rassemblent et forment, au voisinage de la XIIe paire, le *champ myélinique (Markfeld)* de Koch ; puis, lorsque le canal central s'est reformé, elles l'entourent en constituant une couche de fines fibres longitudinales.

Outre les noyaux des nerfs craniens et les autres masses grises que nous avons mentionnées, ses fibres vont encore à la Réticulée et se rendent au feutrage de la colonne grise antérieure de la moelle.

D'après les travaux d'Obersteiner il faudrait encore distinguer, en particulier au niveau du plus grand développement du noyau du funiculus terres, un *faisceau longitudinal interne* (ou médial) ; il prend naissance dans ce noyau même, chemine de bas en haut en longeant la ligne médiane, sous l'épendyme ventriculaire. D'après le même auteur il aboutirait en haut au noyau médian de Bechterew.

Les recherches de Golgi ont démontré que les épais réseaux de la s. grise centrale sont formés des ramifications des nombreuses cellules à axône court qui se trouvent dans cette région ainsi que des collatérales des systèmes voisins : on voit partir en effet de tous les territoires de la Réticulée, même de ceux qui sont le plus profondément situés, des collatérales qui convergent en rayons de roue vers la substance grise centrale : il lui en arrive aussi des fibres arciformes internes du voisinage, ainsi que des fibres radiculaires des nerfs craniens sensitifs, X^e, IXe, V^e paires, et du nerf vestibulaire ; dans la région des quadrijumeaux, on voit irradier des collatérales des neurites des cellules voisines, des racines motrices de la Ve paire, de la bandelette longitudinale postérieure de la couche du ruban, du pédoncule cérébelleux supérieur, du champ réticulé latéral. Plus haut, la s. grise centrale reçoit des collatérales des neurites du noyau central supérieur et interne : on peut voir ceux-ci décrire un trajet arqué et pénétrer dans le faisceau longitudinal dorsal de la s. grise centrale (HELD).

Consécutivement aux lésions de cette dernière, on peut, sur des préparations au Marchi, suivre la dégénérescence de ses fibres propres sur une assez grande étendue, mais toujours uniquement en direction descendante. J'ai observé pareil fait, en même temps que la dégénération du stratum zonale thalami et de la commissure postérieure, consécutivement à des lésions de l'écorce du lobe temporal. Il est probable que les éléments du stratum zonale et du ganglion de l'habénula servent ici d'intermédiaire.

Les fibres de la commissure cérébrale moyenne passent d'une couche optique à l'autre. Elles sont aussi très vraisemblablement en rapport avec le faisceau de Schütz : une partie de celui-ci semble réunir entre eux les ganglions des deux couches optiques.

BIBLIOGRAPHIE. — **Voies centrales et connexions réciproques des noyaux des nerfs craniens** (Voir la bibliographie des chapitres II et IV). — DÉJERINE et LONG : Sur quelques dégénérations secondaires du tronc encéphalique de l'homme : ruban de Reil, pes lemniscus, locus niger, f. lenticulaire de Forel, corps de Luys, commissure de Meynert, *Soc. de Biologie*, 30 juillet 1898. — EDINGER : « Les voies centrales des nerfs craniens », *10ᵉ Congrès des neurologistes de l'Allemagne du sud-ouest, et Arch. f. Psych.*, 1885, vol. XVI. — « Sur l'union des nerfs sensitifs avec le cerveau intermédiaire », *Anat. Anz.*, 1887. — V. GEHUCHTEN : Sur l'existence ou la non-existence de fibres croisées dans le tronc des nerfs craniens moteurs, *Journal de Neurol.*, 1899. nᵒ I, et *Rev. Neurol.*, 1899, p. 345. — HELD : « Sur une voie acoustique corticale directe », *Arch. f. Anat. u. Phys., Anat. Abth.*, 1892. — « La voie auditive centrale », *Arch. f. mikr. Anat. u. Entw.*, 1893, p. 201. — HOCHE : « Sur les voies centrales des nerfs craniens moteurs », *21ᵉ Congrès des Neurol. de l'Allemagne du sud-ouest à Baden-Baden, 1896, et Neurol. Centralbl.*, 1896, p. 607. — LUGARO : Sur l'hypothèse de Cajal sur la signification des entre-croisements sensoriels, sensitifs et moteurs, *Revue Neurol.*, 30 octobre 1899. — MAHAIM : Recherches sur les connexions qui existent entre les noyaux des nerfs moteurs oculaires, d'une part, et, d'autre part, le f. longitudinal postérieur de la formation réticulée, *Bull. Acad. méd. de Belgique*, 1895. — NUSSBAUM : « Sur les connexions réciproques des noyaux d'origine centrale des muscles de l'œil », *Wiener med. Iahrbucher*, 1887, vol. II, p. 487. — OZERETZKOWSKI : « Contr. à l'étude du trajet central du nerf auditif », *Arch. f. mikr. Anat.*, vol. XLV, 1895, p. 450. — ROMANOFF : « Sur les connexions centrales des nerfs craniens moteurs », *Neurol. Centralb.*, 1898. — SCHLESINGER : « Remarques sur l'architecture du ruban », *Neurol. Centralbl.*, 1896. — TSCHERMAK : « Sur les suites de la section du corps trapézoïde chez le chat », *Neurol. Centralbl.*, 1899, 1ᵉʳ et 15 août.

Déviation conjuguée de la tête et des yeux. — BENNET et SAVILLE : « Un cas de déviation permanente des yeux et de la tête résultant d'une lésion limitée au noyau de la VIᵉ paire avec remarques sur les mouvements latéraux associés des globes oculaires et la rotation de la tête », *Brain*, juillet 1889. — DUVAL et LABORDE : *Journal de l'Anat. et de la Phys.*, 1880.

— Garel : Nouveau fait de paralysie de la VIe paire avec déviation conjuguée dans un cas d'hémiplégie alterne, *Rev. de méd.*, 7 juillet 1882. — Grasset : Le chiasma oculo-moteur (semi-décussation de l'oculo-moteur commun), *Revue Neurol.*, 1897, p. 321 et *Leç. de Clin. méd.*, t. III, 1898, p. 502 ; *Anat. cliniq. des centres nerveux*, Paris, 1900, p. 40. — Graux : *De la paralysie du moteur oculaire externe avec déviation conjuguée (paralysie centrale par lésion du noyau de la VIe paire)*, thèse de Paris, 1898. — Prévost : De la déviation conjuguée des yeux et de la rotation de la tête en cas de lésions unilatérales de l'encéphale, *Vol. jub. du Cinquantenaire de la Soc. de Biol.*, Paris, 1899, p. 99-119. — Quioc : Déviation conjuguée des yeux et rotation de la face dans les lésions bulbo-protubérantielles, *Lyon Médical*, 1881. — Thomas : Thèse citée et *Article* Coordination *du Dictionnaire de Physio-logie de* C. Richet. — V. la bibliographie des Localisations Cérébrales.

CHAPITRE VI

ANOMALIES ET DÉVELOPPEMENT
APERÇU PHYSIOLOGIQUE

Article I. — Faisceaux anormaux. Myélinisation.

Outre les variétés que nous avons signalées incidemment en décrivant certains faisceaux du tronc cérébral (stries acoustiques, pyramides, ruban médial, etc.), on rencontre quelquefois dans le bulbe de véritables faisceaux anormaux qui furent décrits par un grand nombre d'auteurs : Schaffer, Kronthal, v. Gieson, J. Heard, Obersteiner, Epstein et moi-même. Le plus fréquent est celui qui fut découvert par Pick : l'extrémité inférieure de ce faisceau se trouve au voisinage de la pyramide et souvent même plus bas, dans le cordon latéral. Dans le bulbe il est nettement circonscrit par les fibres arquées et situé en dedans et un peu en avant de la s. gélatineuse. Il conserve en montant la même position, mais ses contours deviennent moins nets; dans la partie inférieure de la protubérance il se divise en plusieurs petits fascicules, de telle sorte que sa terminaison supérieure n'a pu encore être précisée. Récemment, à propos d'un cas de dégénération d'un faisceau pyramidal, Hoche attribua l'existence du faisceau de Pick à un entre-croisement unilatéral anormal de fibres pyramidales : il s'étendrait en haut jusqu'à la protubérance, au niveau du noyau du facial, sous forme de fascicules d'abord isolés puis conglomérés, puis il recevrait de nouvelles fibres de la pyramide du côté opposé ; au-dessous de la décussation des pyra- mides il serait situé dans la corne postérieure et passerait finalement dans le F. Py. C. de la région cervicale. Son origine supérieure représenterait, au moins en partie, les fibres que le f. pyramidal envoie au noyau du facial ; dans la région du noyau de la XII⁰ paire il reçoit encore des fibres pyra- midales, en bas il disparaît au niveau des racines cervicales supérieures ou du nerf spinal. En résumé, sur tout son trajet, il semble distribuer des fibres pyramidales à chacun des nerfs craniens moteurs. On peut le considérer comme représentant une des nombreuses variétés de l'entre-croisement des pyramides.

On rencontre souvent un autre faisceau anormal situé sur le milieu du plancher du IV⁰ ventricule dans la région du noyau du funiculus teres ; souvent ce faisceau se divise en deux ou trois fascicules distincts. On ne possède pas encore de données certaines sur sa terminaison proximale. D'après Heard et Obersteiner il réunirait le noyau du funiculus teres au noyau central supérieur et au noyau médian ; pour d'autres auteurs il serait en rapports avec le f. longitudinal de Schütz et servirait ainsi à assurer d'un côté à l'autre les relations des noyaux des nerfs craniens. Mes recherches personnelles permettent de confirmer l'exactitude de cette dernière attribu- tion fonctionnelle.

On voit, mais rarement, un faisceau anormal qui, parti de la pointe du lobe temporal. se dirige en dedans sur la base du cerveau, vers la région du rhinencéphale ; à partir de ce point son trajet est inconnu.

Époque de myélinisation des faisceaux du tronc cérébral. —

Ce processus embryologique commence dès le V⁰ mois au niveau du plus grand nombre des racines des nerfs craniens ; en même temps il s'étend à une partie des fibres longitudinales de la Réticulée qui continuent directement le fondamental antéro-latéral, ainsi qu'à quelques fibres du f. longitudinal dorsal. Quant aux nerfs craniens, ce sont les racines motrices des XII⁰, VI⁰, IV⁰, III⁰ paires qui se myélinisent les premières, d'après mes recherches personnelles ; la portion sensitive de la IX⁰, un peu plus tard que celle de la X⁰ ; la racine antérieure de l'acoustique se développe plus tôt que la branche cochléaire. Le nerf et la bandelette optiques ne sont pas myélinisés dans toute leur étendue au moment de la naissance.

Quant aux fibres longitudinales de la Réticulée, les premières développées sont celles du champ interne qui avoisinent le raphé et quelques autres fibres clairsemées des champs interne et latéral. Plus haut on remarque une diminution rapide du nombre des premières fibres myélinisées de la formation réticulée, particulièrement au-dessus des noyaux des cordons antérieurs et des noyaux centraux inférieurs. Dans la région du n. réticulé du toit, leur quantité diminue toujours : le petit nombre qu'on y trouve encore passe dans le faisceau longitudinal dorsal et dans le noyau médian. A ce moment les fibres arquées de la Réticulée sont encore presque toutes amyéliniques. Parmi les éléments à développement précoce, il faut ranger aussi ceux du trapèze et du ruban latéral. Leur myélinisation a lieu en même temps que celle de la racine postérieure de l'acoustique.

Plus tard la Réticulée effectue progressivement sa myélinisation, tant dans le champ interne que dans les parties voisines du champ externe. Le f. longitudinal dorsal et la portion ventrale de la commissure postérieure se myélinisent alors ; il en est de même pour les fibres de l'entre-croisement postérieur de Meynert et de l'entre-croisement ventral de Forel, ainsi que pour les éléments centraux du corps restiforme qui se rendent au cervelet. Puis on voit apparaître des fibres myéliniques dans la portion latérale et peu à peu aussi dans la portion interne du ruban principal, dans l'entre-croisement de la calotte de Forel et dans le f. aberrant : en même temps se myélinisent l'anse du noyau lenticulaire et la commissure de Meynert ; la formation réticulée, surtout dans la région de l'entre-croisement sensitif, reçoit un nouveau contingent de fibres arciformes myélinisées et le pédoncule cérébelleux antérieur commence à se myéliniser.

Dans la suite, la Réticulée, le c. restiforme et le pédoncule cérébelleux supérieur deviennent de plus en plus riches en fibres myélinisées, en même temps, on voit se développer les fibres qui vont du quadrijumeau postérieur au noyau réticulé et à la protubérance, ainsi que celles du faisceau rétroflexe.

Au moment de la naissance, la plus grande partie des fibres de la Réticulée est myélinisée (sauf celles de la portion dorso-latérale et de la voie centrale de la calotte), ainsi que la majorité des fibres du pédoncule céré-belleux inférieur : celui-ci est déjà très avancé dans son développement, quand les voies cérébello-olivaires sont encore très en retard. Le pédoncule cérébelleux supérieur est complètement myélinisé, de même que les fibres qui représentent sa continuation centrale au delà du noyau rouge, de même aussi que la voie centrale du faisceau antéro-latéral, le faisceau spinal du pédoncule cérébelleux moyen et le faisceau vertical de la protubérance. Les fibres pyramidales ne possèdent encore qu'une mince enveloppe de myéline ; il en est de même des fibres dorsales de la commissure postérieure et des faisceaux thalamiques descendants.

Enfin, après la naissance on voit se myéliniser une partie des fibres du champ dorso-latéral de la Réticulée et la voie centrale de la calotte, le ruban accessoire (accessoire médial et faisceaux accessoires disséminés), les fibres arquées de la Réticulée qui représentent des voies centrales de nerfs craniens, le faisceau cérébral du pédoncule cérébelleux moyen, les voies centrales de la s. noire, enfin les fibres qui vont du quadrijumeau antérieur à la capsule interne ainsi que les différents faisceaux qui émanent du corps mamillaire.

Article II. — Fonctions conductrices des faisceaux du tronc cérébral.

L'étude du rôle physiologique des voies de conduction du tronc cérébral est entourée de difficultés presque insurmontables qui tiennent en grande partie à ce que certains faisceaux profondément situés et de faibles dimensions échappent à l'expérimentation. Le résumé qui va suivre n'est donné qu'à titre d'indication.

Les fonctions de certaines voies de conduction de cette portion du névraxe peuvent être connues par déduction. C'est ainsi qu'il est naturel d'admettre qu'un faisceau provenant de la moelle conserve au niveau du bulbe le même rôle conducteur ; d'autre part les noyaux de terminaison bulbaire de quelques-uns de ces faisceaux sont plus ou moins connus dans leurs fonctions, de par l'expérimentation. Il en est de même de certains noyaux d'origine et de terminaison, tels que ceux des nerfs craniens. Enfin, les fonctions de quelques autres faisceaux peuvent être déduites de leurs rapports avec l'écorce cérébrale dont la physiologie est actuellement beaucoup mieux assise que celle de ces formations du tronc cérébral. Pourtant, les données ainsi acquises sont encore insuffisantes : l'expérimentation est ici plus ardue et plus délicate que pour la moelle, aussi un grand nombre de points n'ont-ils pu être éclaircis que grâce à la pathologie ou par l'emploi de méthodes de recherche spéciales, telles que celles qui combinent l'embryologie à la physiologie en s'adressant à des animaux nouveau-nés ou incomplètement développés.

Le rôle de chacune des racines des nerfs craniens peut être déduit des fonctions connues du nerf lui-même. Il est inutile de revenir ici sur les particularités physiologiques que peut entraîner la division de certaines d'entre elles en plusieurs faisceaux qui effectuent des trajets différents.

C'est au sujet des voies centrales qui continuent immédiatement les *faisceaux de la moelle* que la physiologie du tronc cérébral est le plus avancée. Nous laisserons de côté deux de ces systèmes; le faisceau cérébelleux et le faisceau antéro-latéral, ainsi que plusieurs faisceaux des pédoncules cérébelleux dont l'étude sera plus fructueuse dans le chapitre suivant.

Conduction sensitive. — Le *ruban principal* continue à travers le tronc cérébral les cordons postérieurs de la moelle, et contient de plus des fibres du cordon latéral qui se croisent dans la commissure antérieure et représentent évidemment des voies centrales de fibres radiculaires postérieures. Il est donc affecté à la conduction de la sensibilité.

On peut admettre que les fibres des cordons latéraux et les voies centrales du trijumeau viennent attribuer aux fibres du ruban la conduction de la *sensibilité cutanée*, tandis que celles qui continuent les cordons postérieurs, lui confient la sensibilité musculaire. Mais il est probable que les voies de conduction de la sensibilité cutanée passent aussi par la substance réticulée.

Le ruban principal est le lieu de passage de sensations venues de la moitié opposée du corps : c'est ce que démontrent de très nombreuses recherches anatomo-pathologiques (Kahler et Pick, P. Meyer, Rossolymo, Henschen) et les cas décrits par Leyden (1), Hunnius (2), Bleuler (3), Senator (4), Eisenlohr (5) et autres.

Ces observations pathologiques sont du reste suffisamment appuyées par les recherches expérimentales : c'est ainsi que W.-P. Bogatschoff est arrivé au résultat suivant par des recherches faites dans mon laboratoire : chez le chien la destruction unilatérale de la couche du ruban, dans la partie supérieure du bulbe, ne produit pas seulement de l'analgésie et de l'anesthésie tactile, mais abolit aussi la sensibilité musculaire du côté opposé ; cependant ces différents troubles se rétablissent toujours avec le temps, soit que les voies de la sensibilité ne subissent chez le chien qu'un entre-croisement incomplet, soit que d'autres voies coexistent avec le ruban dans le tronc cérébral. Ces deux alternatives sont vraisemblables car les voies de conduction de la douleur se croisent partiellement dans la moelle et, outre le ruban, il existe dans la Réticulée d'autres voies de conduction sensitive.

Le rôle du *ruban latéral*, du *ruban médial accessoire* du pédoncule, et des *faisceaux accessoires pédonculaires disséminés* se déduit lui-même de

(1) « *Clinique des maladies de la moelle* », Berlin, 1878.
(2) « *Symptomatologie des maladies de la moelle* », Bonn, 1881.
(3) *Deutsch. Arch. f. klinische Med.*, 1885.
(4) *Arch. f. Psychiatrie*, vol. XIX.
(5) *Deutsche med. Wochenschrift*, 1892.

leurs rapports avec la s. grise. Nous connaissons déjà le ruban latéral comme
voie auditive centrale ; nous l'avons suivi à travers le quadrijumeau postérieur,
le bras postérieur et le c. genouillé interne jusqu'à l'écorce du lobe temporal.
Les faisceaux accessoires ou pédonculaires servent à réunir les noyaux des
nerfs craniens moteurs à l'écorce cérébrale. Le ruban sert aussi à conduire
aux centres supérieurs une partie des fibres sensitives des nerfs craniens ; le
reste s'y rend en passant par la formation réticulée (V. plus haut).

Conduction motrice. — Nous avons déjà parlé en détail du *f. pyramidal* et de son rôle dans la motilité (Voy. le chapitre III de la IIe partie,
p. 178). Au-dessus de sa décussation il contient, outre les fibres destinées aux
muscles des extrémités, une partie des voies centrales de quelques nerfs
craniens, de la branche inférieure du facial par exemple.

La conduction descendante, de l'écorce cérébrale aux noyaux moteurs
de la moelle, n'est pas assurée uniquement par le f. pyramidal. En effet,
la section totale d'une pyramide bulbaire n'entraîne pas de paralysie
complète et les symptômes paralytiques observés diminuent peu à peu
d'intensité. De même, après destruction des deux zones corticales motrices
et, consécutivement, dégénération complète des deux voies pyramidales,
l'animal n'est privé que de certains mouvements spéciaux, en particulier
des mouvements appris : les mouvements des extrémités, tels que ceux de la
locomotion, ne sont que peu altérés. D'après mes recherches expérimentales
le degré de paralysie motrice est en rapport direct avec le rang occupé dans
l'échelle zoologique par l'animal mis en expérience : le trouble produit est
ainsi d'autant plus considérable que l'on s'adresse à un animal plus élevé
dans la série et que l'on passe, par exemple, du lapin au chat ou au chien,
au singe et à l'homme.

Puisque le faisceau pyramidal n'est pas seul à assurer la conduction
motrice, du cerveau à la moelle, quelles sont les autres systèmes du tronc
cérébral qui partagent avec lui cette fonction ? Nous avons vu en parlant de
la physiologie de la moelle que certains faisceaux du Fondamental sont de
nature motrice : il en est donc de même des fibres longitudinales de la
réticulée qui les continuent dans le tronc cérébral ; mais comme les Fondamentaux contiennent aussi une voie cérébelleuse centrifuge on peut se
demander si celle-ci ne joue pas un certain rôle dans les mouvements que
produit chez les animaux nouveau-nés l'excitation directe de ces faisceaux ;
mais mes expériences d'excitation de la Réticulée chez le chien nouveau-né
sont contraires à cette interprétation : à cette époque du développement la
Réticulée ne contient en effet, en fait de fibres myélinisées, que celles qui
continuent immédiatement les fondamentaux de la moelle ; toutes ses autres

fibres, ainsi que les voies pyramidales sont encore complètement privées de myéline et inexcitables : l'effet de l'électricité peut ainsi être exactement localisé aux fibres des Fondamentaux. J'ai fait un très grand nombre d'expériences de ce genre et toujours avec résultat positif.

Des excitations, même très faibles, de ces faisceaux au niveau de la protubérance, sont suivies de secousses toniques des membres, lesquelles cessent au moment précis où les électrodes sont éloignées. Des convulsions se produisent aussi lors de l'excitation des portions les plus internes de la calotte, dans la région des quadrijumeaux antérieurs. Ce fait est nettement en faveur du rôle moteur de la bandelette longitudinale postérieure et du faisceau aberrant qui traversent cette région et continuent du reste aussi les Fondamentaux de la moelle : d'ailleurs, lors de lésions pathologiques du tronc cérébral ils dégénèrent toujours dans le sens descendant : tel est également le cas des autres éléments de la Réticulée qui proviennent des fondamentaux. On doit aussi considérer comme conduisant des incitations motrices du cerveau moyen à la moelle un autre faisceau qui dégénère également dans le sens descendant et se rend dans le Fondamental antérieur : le faisceau du croisement en fontaine de Meynert.

Il ne faut pas cependant considérer comme moteurs tous les faisceaux que les Fondamentaux de la moelle transmettent à la Réticulée du bulbe. Celle-ci contient aussi un certain nombre de *fibres centripètes*, qui se continuent, pour une part, avec celles des fondamentaux, et dont d'autres proviennent des noyaux sensitifs bulbo-protubérantiels. Une série de centres réflexes est en outre intercalée sur le trajet de ces fibres (noyau du cordon antérieur, noyau central inférieur, noyau réticulé de la calotte, noyau central supérieur et noyau médian). Toutes les notions physiologiques qui ont été rappelées précédemment au sujet des fibres qui continuent dans la Réticulée les fondamentaux de la moelle peuvent s'appliquer également aux voies centrales qui prolongent ces faisceaux jusqu'au thalamus, aux quadrijumeaux et au globus pallidus, voies dont nous avons déjà signalé l'importance au point de vue de la réflectivité.

Mais parmi les voies bulbaires des Fondamentaux il en est trois qui méritent de nous arrêter plus longuement : la bandelette longitudinale postérieure, les fibres de l'entre-croisement en fontaine qui descendent dans le cordon antérieur et le faisceau aberrant.

D'après sa dégénération, la *bandelette longitudinale postérieure* contient des fibres à conduction ascendante et descendante : celles qui unissent les noyaux des nerfs oculo-moteurs aux cornes antérieures de la moelle servent vraisemblablement à associer les mouvements des yeux à ceux des membres ; les fibres qui unissent entre eux les noyaux de ces nerfs sont également des voies d'association. Les particularités essentielles des fonctions des fibres ventrales de la commissure postérieure, voie centrale de la bandelette longitudinale postérieure, ont été exposées plus haut.

Le *faisceau du croisement fontaniforme de la calotte*, qui va du quadrijumeau à la Réticulée et finalement au cordon antérieur de la moelle, sert selon toute vraisemblance à conduire les réflexes optiques aux organes de la motilité et à assurer la subordination des mouvements des membres aux impressions lumineuses. Mais comme d'autre part le quadrijumeau antérieur est en connexion avec le ruban latéral, on peut supposer également que le faisceau du croisement fontaniforme sert en même temps à apporter aux organes du mouvement les excitations auditives, ainsi qu'à régir les mouvements oculaires d'origine réflexe.

Le *faisceau aberrant* est essentiellement formé de fibres à dégénération descendante qui naissent de préférence dans le thalamus. Celui-ci reçoit d'autre part des fibres venues du ruban principal. Ainsi est constitué un système réflexe dont la voie centripète passe par le ruban et la voie centrifuge par le f. aberrant. La couche optique est encore le lieu de terminaison d'autres voies centripètes telles que les voies optiques et olfactives, mais leur rôle dans la réflectivité n'est pas encore bien connu.

Les fibres qui vont du quad. postérieur au noyau réticulé du toit et de celui-ci à la s. grise protubérantielle possèdent aussi des fonctions réflexes; il en est de même pour celles qui unissent l'olive supérieure au noyau de l'abducens, ainsi que pour une partie de celles qui vont des noyaux de Deiters et de la Vᵉ paire à la Réticulée et pour un certain nombre de faisceaux descendants de l'acoustique.

Quant aux longues fibres longitudinales que j'ai décrites dans la Réticulée sous le nom de *voie centrale de la calotte*, je crois qu'il faut les ranger parmi les organes de l'équilibration, et ceci tant à cause de leurs relations avec l'olive inférieure qu'en considération du sens descendant de leur dégénération consécutive aux lésions de la calotte.

Les voies de conduction qui, de l'écorce cérébrale, descendent aux *ganglions protubérantiels* ne forment évidemment qu'un seul système avec les éléments du pédoncule cérébelleux supérieur ; ce système apporte au cervelet les excitations centrifuges venues de l'écorce cérébrale.

Nous ne connaissons encore que très imparfaitement les voies qui unissent *l'écorce à la substance noire* ainsi que les autres connexions de cette dernière; remarquons cependant que les territoires corticaux d'où naissent les fibres de la s. noire se superposent aux centres de la déglutition et de la respiration ; on peut donc avec quelque vraisemblance conclure à l'existence de certains rapports entre ces deux fonctions et la substance noire (1); de nombreuses recherches physiologiques et cliniques seront d'ailleurs nécessaires pour élucider le rôle de cette dernière.

Il en est absolument de même pour le champ dorso-latéral de la formation réticulée et les fibres dorsales de la commissure cérébrale postérieure. Le premier représente très vraisemblablement un système à fonctions réflexes, de très grande étendue, abstraction faite des voies centrales des nerfs craniens sensitifs. Les secondes constituent une voie de conduction qui provient en partie de la région postérieure du thalamus, en partie de l'écorce cérébrale. Les fibres corticales de la *commissure postérieure* qui se rendent dans la substance blanche profonde des quadrijumeaux jouent très probablement un certain rôle dans les mouvements du globe de l'œil ; les fibres de la commissure qui viennent du thalamus représentent très vraisemblablement des voies réflexes.

Quant aux voies d'union réciproque des différents noyaux du tronc cérébral, on sait que leur rôle consiste autant dans l'association que dans la conduction réflexe des excitations nerveuses.

BIBLIOGRAPHIE. — La plupart des mémoires importants touchant : 1° les anomalies et le développement, et 2° les fonctions de conduction des faisceaux du tronc cérébral ont été cités dans la bibliographie des chapitres précédents.

Voici quelques nouvelles indications.

1° HEARD : « Sur un faisceau anormal du bulbe de l'homme », *Arb. aus dem Labor. f. Anat. u. Histol. des Nervensyst.*, Vienne 1894. — PICK : « Asymétrie des deux moitiés de la moelle », *Allgem. Zeitsch. f. Psych.*, 1894. — RYCHLINSKI : « Un faisceau anormal du plancher du IVᵉ ventricule », *Neurolog. Wjestnik*, vol. II.

2° BECHTEREW : « Sur la couche du ruban dans l'encéphale du fœtus humain » *Berichte der math. phys. Klasse der Koen. Saechsischen Gesellsch. der Wiss.*, 1885. — « Les fonctions des centres optiques », *Wjestnik Klin. i. szud. psich.*, 1885 (en russe). — BOGATSCHOFF : (Expériences de section de la couche du ruban), thèse de Pétersbourg 1894. — BROWN-SÉQUARD : Recherches cliniques et expérimentales sur les entre-croisements des conducteurs servant aux mouvements volontaires, *Arch. de Phys.*, 1889, p. 219.

(1) Les recherches poursuivies par JUERMANN, sous ma direction, ont montré que l'excitation de la s. noire, faite par un orifice pratiqué dans la base du crâne, provoque constamment, chez le chien, des mouvements de déglutition et des mouvements respiratoires. Des excitations plus fortes produisent en même temps une contraction des muscles du tronc.

QUATRIÈME PARTIE

VOIES DE CONDUCTION DU CERVELET

[Suivant le plan que nous avons suivi jusqu'à présent, nous ferons précéder l'étude des voies de conduction du cervelet de celle des formations de *substance grise, écorce* et *noyaux centraux* qui servent aux faisceaux blancs de territoire d'origine ou de terminaison. Nous décrirons ensuite les *voies de projection* en consacrant successivement un article spécial à chacune des trois paires de pédoncules cérébelleux, inférieurs, moyens et supérieurs; puis nous étudierons les *voies d'association* et confirmerons dans quelques *considérations physiologiques*, les données acquises par notre analyse anatomique et expérimentale.]

CHAPITRE PREMIER

SUBSTANCE GRISE DU CERVELET

La substance grise du cervelet est étalée à la surface de cet organe où elle forme une *couche corticale* à laquelle la présence des *lames* et des *lamelles* donne un aspect caractéristique bien connu ; dans l'épaisseur de la substance blanche formée par les fibres d'association et par l'irradiation des trois paires de pédoncules, elle constitue plusieurs masses paires de dimensions et de forme très différentes, ce sont : le *noyau denté (fig. 249, d)*, le noyau du toit ou *nucleus fastigii* de STILLING *(fig. 249, a)*, le noyau sphérique *(fig. 249, g, g¹, g²)* et l'embole ou *nucleus emboliformis (fig. 334, e)*.

Fig. 249. — COUPE HORIZONTALE DU VERMIS ET DES HÉMISPHÈRES CÉRÉBELLEUX.

aa, Noyaux du toit.
c, Grand entre-croisement commissural antérieur du vermis.
dd, Noyau denté.
e, Noyau de l'embole.
g, *g1*, *g2*, Fragments du noyau sphérique.
li, Coupe transversale des circonvolutions de la lingula.
oi, Coupe transversale des circonvolutions du vermis inférieur.
(D'après STILLING.)

Sur une coupe perpendiculaire à sa surface, la s. grise cérébrale se montre formée de deux couches visibles à l'œil nu : une couche grise, superficielle, et une couche profonde dont la coloration tire sur le jaune ou le rose. La première correspond à la *zone moléculaire*, la seconde à la *zone des grains*.

Entre les deux on peut distinguer au microscope une série de grosses cellules disposées sur une seule rangée et dont les arborisations dendritiques pénètrent dans la couche superficielle : ce sont les *cellules de Purkinje*. C'est autour d'elles que convergent la plupart des éléments de l'écorce ; ce sont elles qui en règlent pour ainsi dire l'ordonnance structurale, aussi est-il naturel de les décrire en premier lieu.

Cellules de Purkinje. — Leur corps est piriforme ; de la petite extrémité dirigée vers la surface naît un volumineux prolongement dendritique qui se ramifie et forme un buisson très fourni mais aplati, étalé perpendiculairement à l'axe longitudinal de la circonvolution; sur des coupes transversales il se montre dans tout son développement (*fig. 250*) ; sur des coupes longitudinales on ne le voit que de profil, en épaisseur (*fig. 251*). Ses ramifications traversent toute l'épaisseur de la couche moléculaire et s'étendent jusqu'à la surface de l'écorce. Le neurite part du pôle opposé (pôle profond) ; il se revêt bientôt d'une gaine de myéline et pénètre dans la substance blanche en traversant la couche des grains ; pendant ce trajet il abandonne assez souvent quelques collatérales récurrentes qui retournent à la couche moléculaire.

Fig. 250. — CELLULES DE PURKINJE.

(Coupe transversale d'une circonvolution cérébelleuse.)

cc, Axônes.

(Préparation de TELJATNIK. Méthode de Golgi.)

Couche moléculaire. — Dans ses assises superficielles et moyennes, de même qu'au-dessus et dans les intervalles des cellules de Purkinje, cette couche nous présente à étudier des *cellules étoilées*. Les plus superficiels de ces éléments sont d'un volume particulièrement réduit et diffèrent aussi probablement par leur fonctionnalité de ceux qui sont situés plus profondément. Ils sont munis d'une riche ramification dendritique et d'un axône à direction horizontale qui croise les buissons étalés des cellules de Purkinje et émet ordinairement des collatérales qui vont quelquefois se ramifier à une certaine distance, puis se résout enfin en arborisations terminales dans l'intérieur de la couche moléculaire. Quelquefois il se divise brusquement, à l'instar de l'axône des cellules de Golgi, en un grand nombre de ramifications ; d'autrefois encore il devient, tout en émettant des collatérales, une très longue fibre horizontale ou parallèle (*fig. 252*).

Dans la profondeur de la couche moléculaire se trouvent des cellules étoilées de forme arrondie et de moyenne taille, à neurite assez long et à dendrites peu ramifiées; celles-ci prennent différentes directions: assez souvent elles traversent toute la couche moléculaire et adhèrent quelquefois par leur extrémité aux dendrites des cellules de Purkinje (*fig. 253*) : l'axône est ordinairement horizontal, dirigé parallèlement à l'axe de la circonvolution, et s'étend, sur une plus ou moins grande étendue, au-dessus de la rangée des

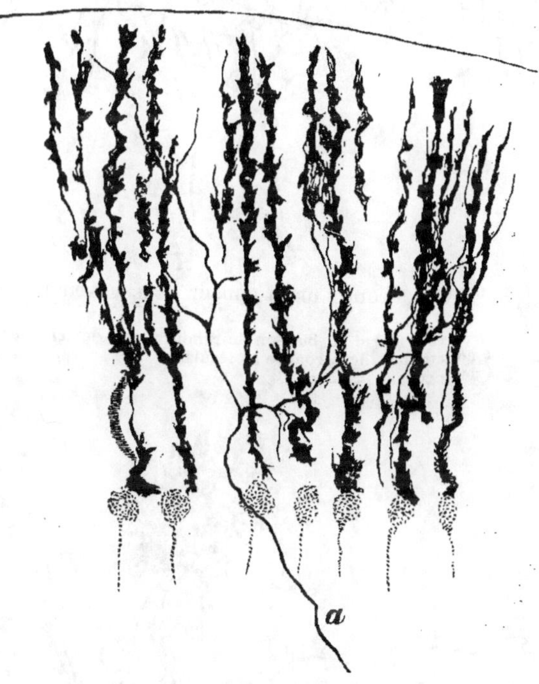

Fig. 251. — CELLULES DE PURKINJE VUES DE PROFIL.

(Coupe transversale d'une lame cérébelleuse d'un chat nouveau-né. Préparation de TELJATNIK. Méthode de Golgi.)
Entre les prolongements des cellules de Purkinje, on voit se ramifier une fibre (*a*) venant de la profondeur.

cellules de Purkinje. Il émet quelques collatérales ramifiées qui descendent obliquement ou verticalement vers l'assise de ces cellules qu'elles entourent souvent de leurs ramifications terminales ; lui-même il fournit des ramifications terminales, qui, comme les collatérales, entrent en contact avec le corps des cellules de Purkinje. Ces cellules étoilées sont donc de véritables éléments d'association : elles unissent entre eux des groupes entiers de

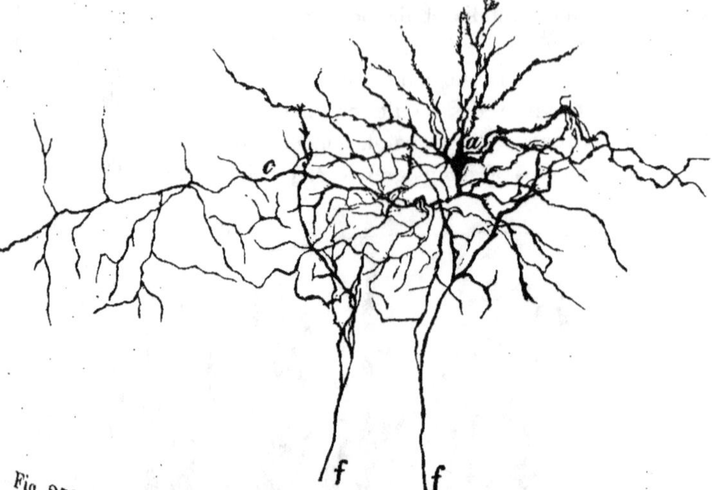

Fig. 252. — CELLULE ÉTOILÉE DE LA COUCHE MOLÉCULAIRE DU CERVELET.
(Méthode de Golgi.)
c, Axône qui, après avoir fourni un buisson de ramifications, devient une fibre longue
et munie de collatérales, de la couche moléculaire.
f, Fibres venues de la couche profonde.

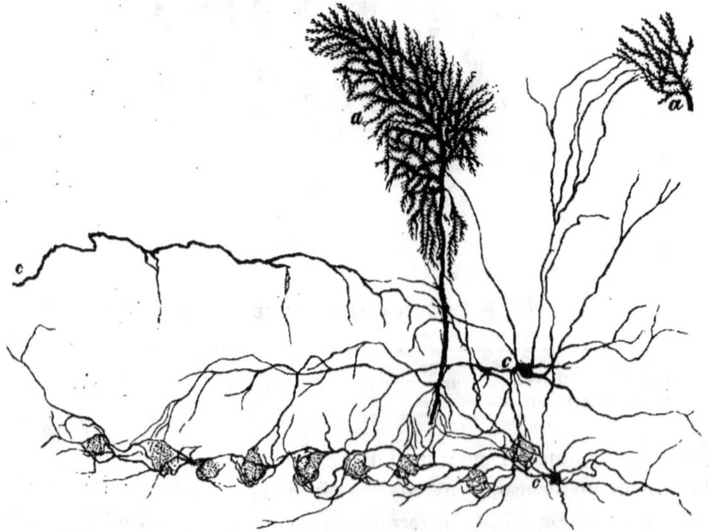

Fig. 253. — CELLULE ÉTOILÉE DE LA COUCHE MOLÉCULAIRE.
(Méthode de Golgi.)
a, a, Extrémités des panaches dendritiques de deux cellules de Purkinje.
c, c, Cellules étoilées avec leurs axônes.

cellules de Purkinje, Au-dessus de la rangée fournie par ces dernières, on voit toujours cheminer un certain nombre de neurites horizontaux des cellules étoilées, soit dans une même direction, soit en plusieurs directions différentes (*fig.* 253 et 254). Souvent ils sont placés au-dessus de l'un de l'autre et envoient de concert leurs collatérales aux cellules de Purkinje : souvent aussi une de ces dernières est entourée par les collatérales de plusieurs axônes d'origine différente. La longueur de ceux-ci est très variable : fréquemment ils sont très courts et ne s'étendent qu'à deux cellules de Purkinje : d'autres fois, il distribuent leurs collatérales à toute

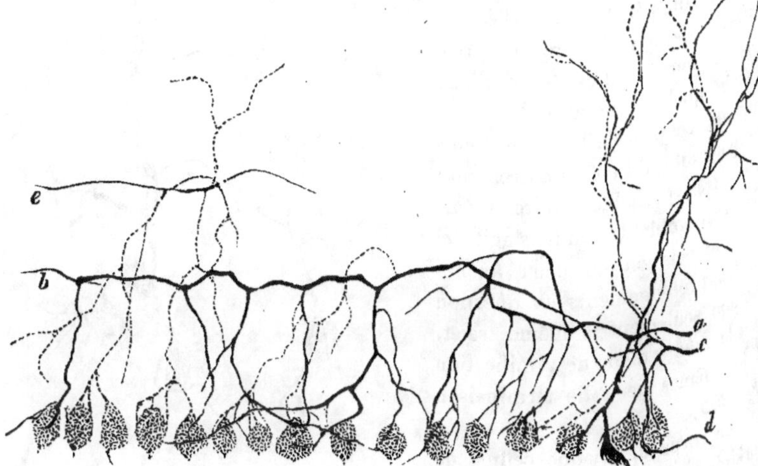

Fig. 254. — RAPPORTS DES CELLULES ÉTOILÉES ET DES CELLULES DE PURKINJE.

(Chat nouveau-né. Préparation de TELJATNIK. Méthode de Golgi).

a, *b*, *c*, *e*, Neurites des cellules d'association étoilées. Leurs collatérales se rendent aux cellules de Purkinje.

d, Neurite qui envoie des ramifications aux cellules de Purkinje et se met en rapport intime par d'autres branches de division avec des fibres venues de la profondeur.

une série de ces éléments ; quelquefois enfin, après un trajet plus ou moins long, il se coudent et deviennent récurrents pour aller se terminer au niveau de l'un d'entre eux (*fig.* 254, *a*, *c*).

Mais les cellules étoilées ne sont pas seulement destinées à enlacer de leurs collatérales les cellules de Purkinje ; il est probable que d'autres fonctions leur sont attribuées car leurs neurites envoient des collatérales dans d'autres directions et se résolvent souvent à l'intérieur de la couche moléculaire en terminaisons libres. Celles-ci s'accrochent aux fibres qu'elles rencon-

trent, les cramponnent sur le reste de leur parcours et se ramifient parallèlement à elles, représentant ainsi comme une ombre, une répétition de la fibre
ainsi accompagnée (*fig.* 254) ; celle-ci provient, ainsi que j'ai pu quelquefois le constater, des éléments de la couche profonde, ou même de la substance
blanche : traversant la couche des cellules de Purkinje elle suit peut-être de
son côté les dendrites de ces dernières
et leur devient contiguë. Le fait
que des neurites se trouvent dans
la proximité de ces ramifications
terminales qui pénètrent dans l'écorce
cérébelleuse pourrait être interprété
dans le sens de l'existence d'une
relation quelconque avec les dendrites des cellules de Purkinje. Mais
il se pourrait qu'il en fût autrement :
il est très probable, voire même
plus vraisemblable qu'il s'agit ici
d'une association de deux axônes
car les prolongements en question
ont non seulement le même trajet,
mais le même mode de ramification
et les mêmes lieux de terminaison
(*fig.* 255).

Le corps de chaque cellule de
Purkinje se trouve ainsi enlacé d'un
véritable treillis : celui-ci est formé
par des fibres ramifiées qui peuvent
être d'ailleurs d'origine différente
(*fig.* 258, 259). Sur les préparations
au chromate d'argent la cellule se
montre entourée d'une *corbeille* de
fibres plus ou moins enchevêtrées,
particularité qui la distingue de tous
les autres éléments du cervelet. Ces
corbeilles ne sont pas uniquement
formées de ramifications cylindraxi-
les ; j'y ai trouvé de petites cellules ovales ou allongées, de caractère sûrement nerveux et dont les deux extrémités étaient munies de quelques prolongements protoplasmiques (*fig.* 257) qui s'embrouillaient d'une façon si
intime avec les ramifications qui forment la corbeille, que ce n'était que sur

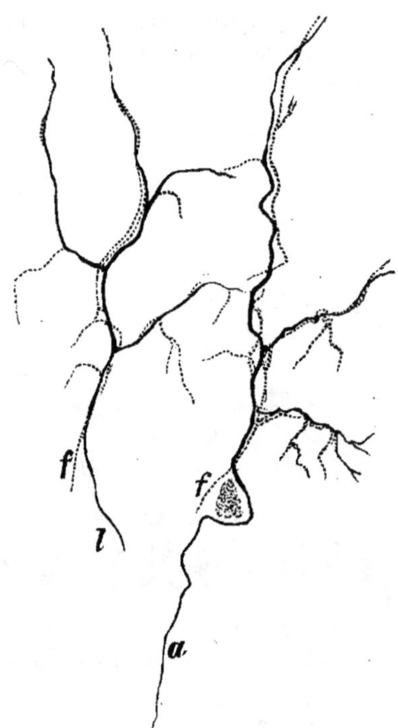

Fig. 255. — LES FIBRES GRIMPANTES
DANS LA COUCHE MOLÉCULAIRE.

(Chat nouveau-né. Méthode de Golgi.)

al, Fibres qui, de la couche des grains,
montent entre les corps des cellules
de Purkinje jusqu'à la couche moléculaire.
ff, Fibres grimpantes des cellules étoilées
de la couche des grains.

des préparations particulièrement bien réussies que l'on pouvait les distinguer (*fig.* 256 et 258).

Il arrivait quelque fois que ces cellules étaient seules à fixer l'imprégnation chromargentique (*fig.* 257). Je n'ai pu arriver à mettre leur neurite en évidence : on doit très probablement considérer ces éléments comme apolaires. Leur signification n'est pas encore connue : ils servent peut-être à transmettre aux cellules de Purkinje l'influx apporté par les fibres qui forment la corbeille. On rencontre dans la couche moléculaire des cellules de taille encore plus réduite et qui sont peut-être de la même espèce que ces

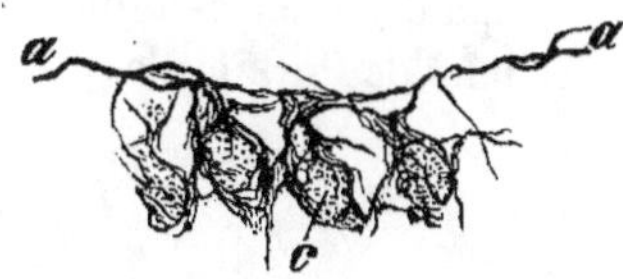

Fig. 256. — CORBEILLE DE FIBRES ENTOURANT UNE CELLULE DE PURKINJE.

aa, Prolongement des cellules de corbeilles, dont les ramifications terminales entrent dans la constitution de la corbeille.
c, Corps d'une cellule de Purkinje.

cellules apolaires. A la formation des corbeilles péricellulaires participent encore les *fibres grimpantes* (1) qui viennent de la s. blanche (*fig.* 259) et enfin les dendrites de la couche des grains (cell. étoilées) (*fig.* 260). Ces dernières pénètrent souvent fort avant dans l'intérieur de la couche moléculaire (*fig.* 261) où l'on trouve aussi les neurites d'autres éléments venus de la couche profonde (*fig.* 262, p. 445).

Couche granuleuse. — Les *grains* sont des cellules nerveuses de petite taille, à noyau relativement très volumineux et à protoplasma très réduit. Ce sont les éléments essentiels de la couche profonde (*fig.* 262, p. 445). Leur caractéristique consiste dans la présence de trois à quatre dendrites (rarement plus) qui en partent en direction radiée ; elles sont très courtes se divisent brusquement en petits ramuscules encore plus courts et assez semblables à une griffe d'oiseau ; deux de ces griffes terminales appartenant

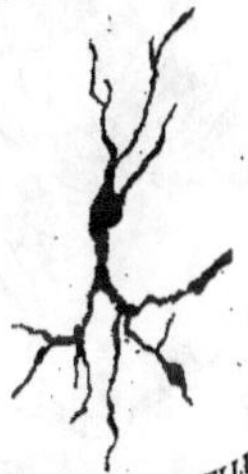

Fig. 257. — CELLULE ISOLÉE D'UNE CORBEILLE DE CELLULE DE PURKINJE.

(1) [Le mode de contact des fibres grimpantes et des cellules de Purkinje nous offre une particularité intéressante au point de vue des rapports des neurones entre eux; elle fut mise en lumière par ATHIAS (*Recherches sur l'histogénèse du cervelet,* thèse de Paris 1897). A un certain stade du développement, les cellules de Purkinje ne possèdent pas encore de panache protoplasmique, tandis qu'elles sont déjà entourées par les ramifications des fibres grimpantes. A mesure que les dendrites se développent, on voit le treillis formé par ces fibres abandonner le corps cellulaire qu'il enlaçait au début et suivre dans leur développement les dendrites et leurs plus grosses branches qu'il enserre de la même façon; les dendrites paraissent donc bien, du moins dans ce cas, être l'agent récepteur par excellence. En même temps, le corps cellulaire ainsi libéré offre sa surface aux excitations qui lui sont transmises par les cellules d'association (cellules de corbeilles de la couche moléculaire).]

à des cellules voisines peuvent s'entrelacer l'une avec l'autre. De chaque grain naît un neurite qui monte verticalement, sans émettre de collatérales, jusqu'à la couche superficielle de la zone moléculaire. D'après CAJAL, il se divise à ce niveau en deux rameaux horizontaux qui divergent dans un plan perpendiculaire à celui des ramifications des cellules de Purkinje lesquelles

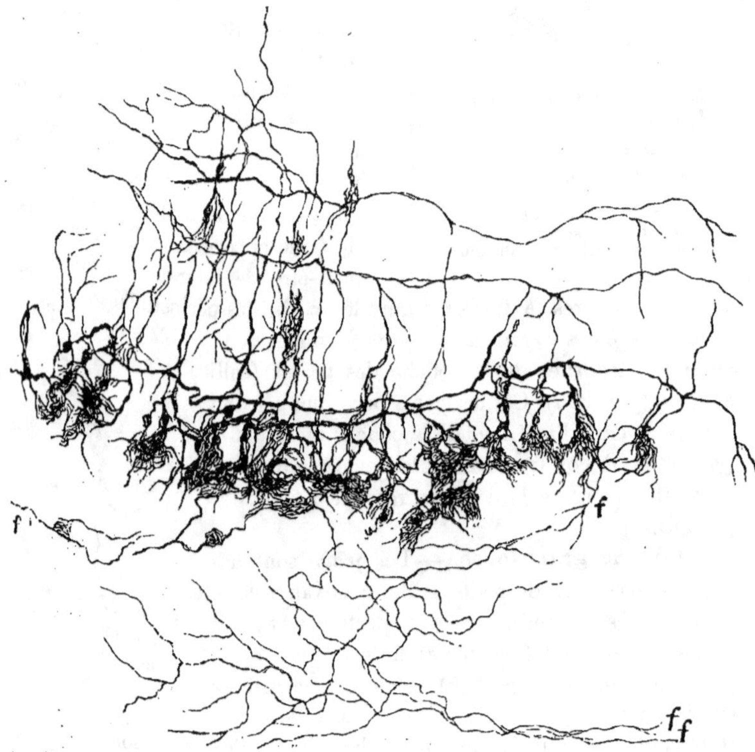

Fig. 258. — LE RÉSEAU DE LA COUCHE DES CELLULES DE PURKINJE.
On y distingue quelques petites cellules dans la partie gauche de la figure.
(Chat nouveau-né. Méthode de Golgi.)
fff, Fibres se terminant dans la couche des grains.

sont ainsi associées, par contact, avec les grains dont émanent ces fibres (*fig.* 262 et 263, p. 445).

Nous venons de voir que ces derniers peuvent s'unir entre eux par leurs prolongements protoplasmiques. Ce fait est très important : il prouve que, contrairement à l'opinion régnante, des cellules peuvent être par ce moyen en connexion réciproque. La possibilité d'une transmission de l'excitation grâce au contact des dendrites montre en outre que de nombreux éléments s'associent pour une action commune au sein de la couche profonde (1).

La couche des grains contient encore de *grandes cellules étoilées* situées

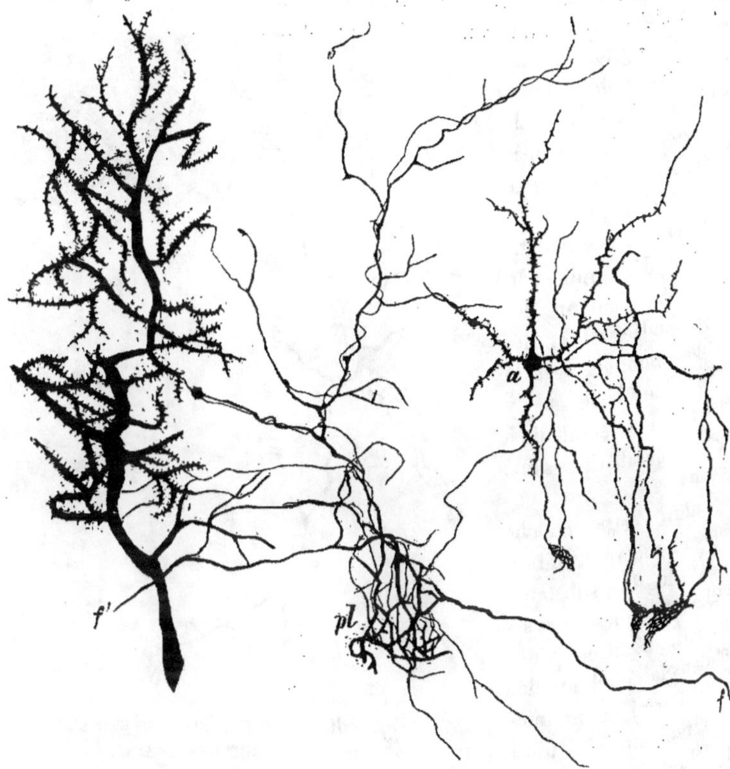

Fig. 259. — DIFFÉRENTS ÉLÉMENTS DE LA COUCHE MOLÉCULAIRE.
(Méthode de Golgi.)
a, Cellule de corbeille de la couche moléculaire; ses ramifications neuritiques se rendent à une corbeille péri-cellulaire.
ff, Fibres grimpantes venant, des profondeurs de l'écorce, faire partie d'une corbeille.
pl, Plexus de fibres formant corbeille autour d'une cellule de Purkinje.
A gauche, ramifications dendritiques d'une cellule de Purkinje.

en général près de la couche superficielle dans laquelle elles envoient des ramifications dendritiques très fournies (*fig.* 261 et 265, p. 447) qui commencent

(1) L'existence de ces chaînes de cellules n'est pas une particularité propre à la couche des grains ; on observe une disposition semblable en beaucoup d'autres points du système nerveux. Ainsi, chez quelques vértébrés inférieurs, on remarque dans la commissure antérieure un entrelacement semblable des dendrites de cellules des deux cornes. Il s'agit encore ici de l'association fonctionnelle d'éléments de même valeur.

à se diviser dans l'épaisseur de la couche granuleuse. Mais la particularité la plus caractéristique de ces cellules consiste dans la division de leur neurite en un nombre considérable de très fins ramuscules. L'arbre neuritique s'épanouit entre les grains et entre en contact intime avec le corps ou les dendrites de ces derniers. Le nombre des grains ainsi entourés des ramifications neuritiques propres aux cellules d'association est considérable, grâce à la richesse de ces arborisations.

Azoulay a décrit dans la couche des grains du cerveau de l'enfant des cellules étoilées dont les dendrites montent vers la couche moléculaire et s'y ramifient en revêtant ainsi l'aspect général d'un saule pleureur.

Enfin, cette couche comprend encore des fibres venues de la substance blanche ; quelques-unes s'y terminent, d'autres pénètrent dans la couche moléculaire. Parmi les premières, on rencontre des fibres qui n'offrent aucun caractère particulier et les *fibres moussues* : celles-ci présentent, à intervalles inégaux, des renflements allongés et sont munies de courtes pointes latérales (*fig. 266, a*, p. 448). Elles sont en général peu ramifiées et ne développent, au niveau de leur terminaison, qu'un petit nombre de divisions. On admet généralement qu'elles sont en rapport avec les grandes cellules étoilées de la couche des grains, cellules dans le voisinage desquelles on rencontre le plus souvent leurs rameaux terminaux (*fig. 261 et 265, a*, p. 447) (1).

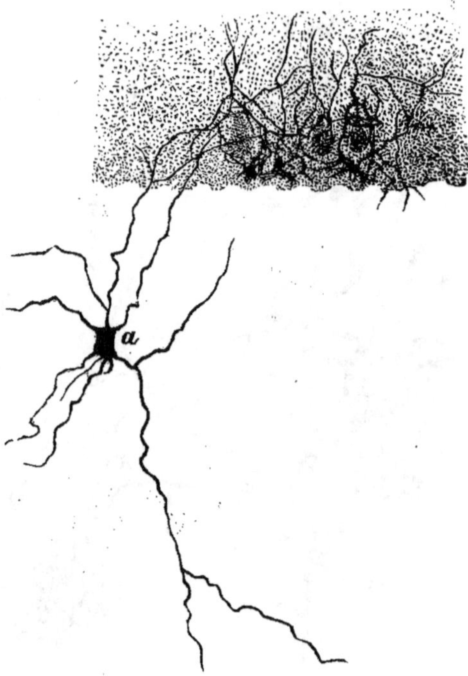

Fig. 260. — UNE CELLULE ÉTOILÉE DE LA COUCHE DES GRAINS.

(Méthode de Golgi.)

a, Corps de la cellule; on en voit partir des prolongements qui se rendent aux corbeilles de Purkinje.

(1) Lugaro n'admet pas de contact direct entre les fibres moussues et les grains ; d'après cet auteur, les cellules du cervelet ne seraient pas toutes entourées de ramifications

Les autres fibres qui viennent de la substance blanche ne présentent aucune particularité : chacune d'elles se divise en un buisson de fibrilles terminales au milieu des grains de la couche profonde.

J'ai encore rencontré dans cette région de l'écorce des fibres d'un genre spécial, plus volumineuses que les précédentes : elles se terminent par des pénicilles très fournis dans le voisinage des engrenures formées par les griffes dont sont munies les dendrites des grains, à leur extrémité

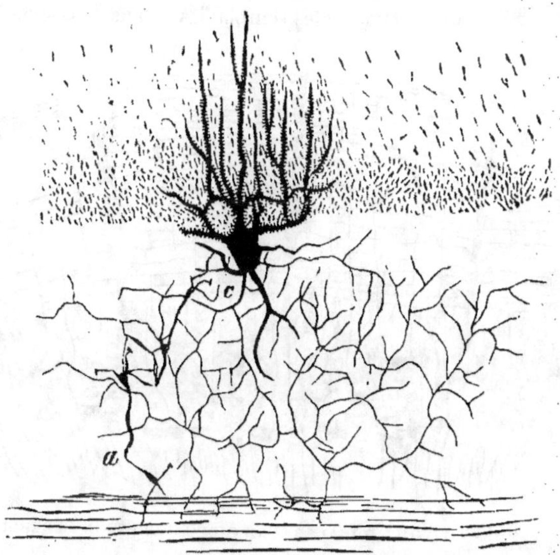

Fig. 261. — UNE CELLULE ÉTOILÉE DE LA COUCHE DES GRAINS.
(Méthode de Golgi).

a, Une fibre moussue se terminant dans la couche des grains.
c, Neurite ramifié de la cellule étoilée.

(fig. 204, f, p. 447). Elles semblent avoir des relations étroites avec ces cellules, car c'est toujours à proximité des dendrites de ces dernières qu'on les voit se terminer, sur les préparations au Golgi.

Nous avons vu que certaines de ces fibres venues de la substance blanche pénètrent dans la couche superficielle ou moléculaire : là les unes se termi-

neuritiques terminales. On ne peut démontrer de contact immédiat que pour les cellules de Purkinje et certains grains. LUGARO a maintes fois rencontré dans l'écorce cérébelleuse des cylindraxes sans aucune relation de proximité avec des cellules nerveuses : il en conclut que le principe généralement admis des rapports des neurites avec les cellules doit subir une restriction. Il démontra d'autre part que les neurites de plusieurs cellules différentes peuvent entrer en connexion : mes recherches personnelles me permettent de confirmer cette dernière assertion, ainsi que je l'ai déjà fait remarquer.

nent en pénicille dans le voisinage des cellules étoilées (*fig. 267, bb,* p. 449), d'autres émettent des collatérales qui entourent d'un épais buisson le corps des cellules de Purkinje ; ou bien encore elles s'étendent sur la surface de ces dernières, montent le long de leurs dendrites et les enlacent étroitement de leurs arborisations, ou se contentent de se ramifier dans leurs intervalles (*fig. 251, a,* p. 436).

Toutes ces fibres appartiennent aux voies cérébelleuses ascendantes. Il est possible cependant que les longues fibres d'association du cervelet possèdent des ramifications terminales semblables. Dans la couche profonde

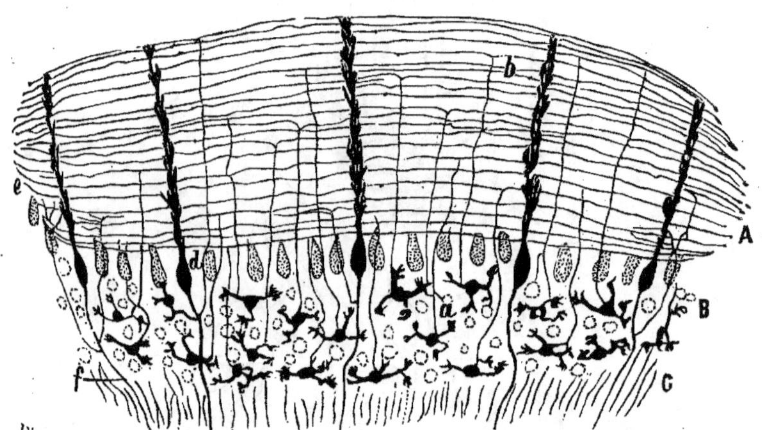

Fig. 262. — COUPÉ LONGITUDINALE D'UNE CIRCONVOLUTION CÉRÉBELLEUSE.

(Demi schématique, d'après CAJAL.)

A, Couche moléculaire.
B, Couche des grains.
C, Substance blanche.
a, Neurite ascendant d'un grain, se bifurquant et donnant une fibre parallèle.
b, Fibres parallèles.
d, Cellule de Purkinje vue de profil.
e, Terminaison en bouton des fibres parallèles.
f, Neurite d'une cellule de Purkinje.

on trouve enfin des ramifications terminales qui proviennent de la couche moléculaire : elles appartiennent probablement aux neurites des cellules étoilées.

Quant aux rapports fonctionnels réciproques des cellules et des fibres du cervelet, il est facile de tirer des descriptions qui précèdent quelques conclusions assez importantes.

De même que dans la moelle, la conduction de l'influx nerveux a pour substratum, dans l'écorce cérébelleuse, le contact d'un axône ou de ses ramifications avec le corps ou les dendrites d'une autre cellule ; comme dans les autres domaines du système nerveux, les dendrites sont affectées à la propagation de l'influx nerveux, de concert avec le corps de la cellule ; d'autre part, chaque élément peut se trouver en rapport avec un grand nombre d'éléments

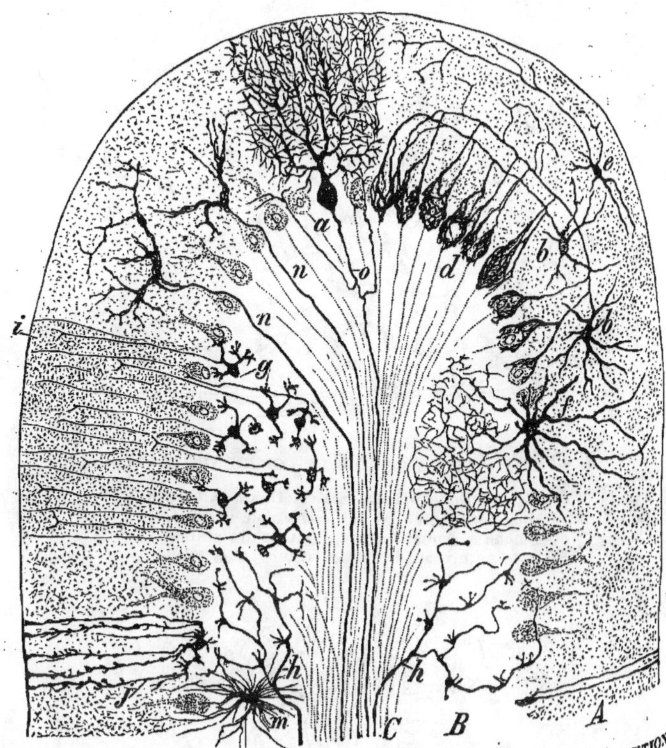

Fig. 263. — COUPE TRANSVERSALE SCHÉMATIQUE D'UNE CIRCONVOLUTION CÉRÉBELLEUSE.

(D'après Cajal.)

A, Couche moléculaire.
B, Couche des grains.
C, Substance blanche.
a, Cellule de Purkinje.
b, Cellule de corbeille avec les corbeilles qui en dépendent.
d, Corbeilles péricellulaires.
e, Petite cellule de la couche moléculaire.
f, Grande cellule étoilée de la couche des grains.

g, Grains.
h, Fibres moussues.
i, Coupe transversale des fibres parallèles.
j, Cellule névroglique de la couche moléculaire.
m, Cellule névroglique de la couche des grains.
n, Fibres grimpantes.
o, Neurite et ses collatérales venant d'une cellule de Purkinje.

semblables ou différents : ainsi les cellules de Purkinje sont unies aux cellules étoilées de la couche moléculaire, aux grains et aux autres éléments de la couche profonde et enfin à des cellules situées dans des régions très distantes

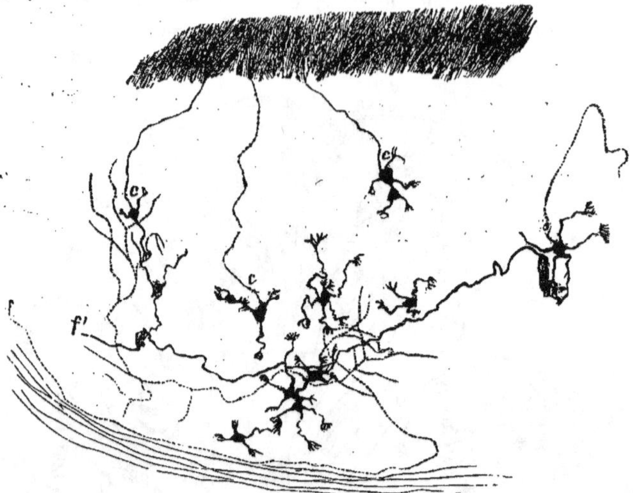

Fig. 264. — LES GRAINS DE LA COUCHE GRANULEUSE.

(Chat nouveau-né. Préparation de Teljatnik. Méthode de Golgi.)
cc, Axônes des grains, pénétrant dans la couche moléculaire.
f, Fibres de la s. blanche se rendant dans la couche des grains.
f', Fibres se terminant au niveau des articulations des grains.

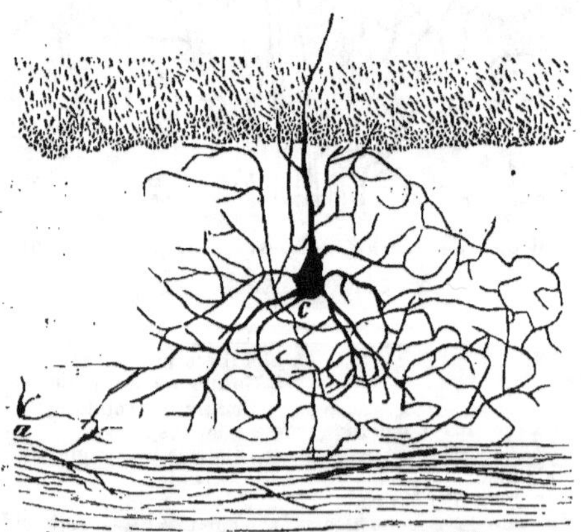

Fig. 265. — CELLULE ÉTOILÉE DE LA COUCHE DES GRAINS.

(Jeune chat. Méthode de Golgi.)
a, Fibre moussue venant de la substance blanche et pénétrant dans la couche des grains.
c, Axône de la cellule étoilée.

du cerveau et de la moelle. D'autre part, les grains sont en connexion avec les cellules étoilées du voisinage et, par le contact ou la proximité des ramifications de fibres à long trajet, avec les cellules de territoires encéphaliques très éloignés.

Noyaux gris centraux. — Dans le *corps denté*, il existe des cellules polygonales de différentes tailles, munies de riches ramifications dendritiques et dont les neurites abandonnent des collatérales au noyau denté lui-même puis se dirigent en avant et quittent le cervelet en passant, au moins pour un certain nombre, par le pédoncule supérieur (CAJAL). Cette masse grise reçoit

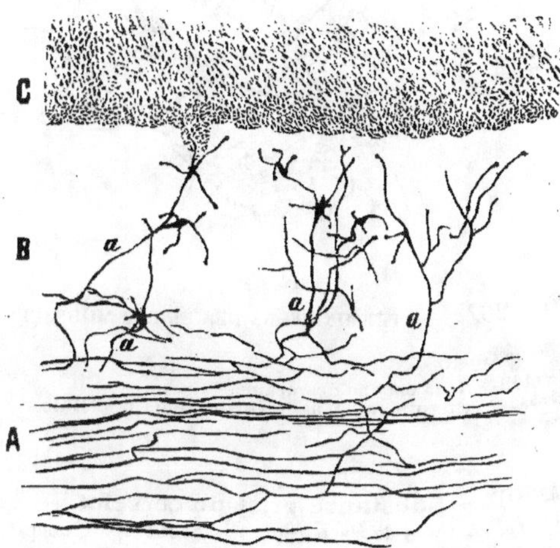

Fig. 266. — LES FIBRES MOUSSUES DANS LA COUCHE DES GRAINS.

(Chat nouveau-né. Préparation de TELJATNIK. Méthode de Golgi.)

A, Substance blanche.   *C*, Couche moléculaire.
B, Couche granuleuse.   *aaa*, Fibres moussues.

encore un grand nombre de fibres qui l'abordent par son hile ou par sa face externe : les premières viennent de la ligne médiane ; les ramifications terminales de ces fibres sont pourvues de nodosités et se mettent en connexion avec un grand nombre de cellules.

Dans le *noyau du toit*, on trouve, chez les petits mammifères, des cellules polygonales dont les dendrites prennent différentes directions et dont certains neurites peuvent être suivis jusqu'à la ligne médiane dans l'épaisseur de la s. blanche du vermis, tandis que d'autres, et en particulier ceux qui proviennent des portions ventrale et latérale du noyau, se rendent dans le faisceau acoustique cérébelleux et vont avec lui, en abandonnant des collatérales, se ramifier dans le noyau principal du nerf vestibulaire ou noyau de Bechterew. Le noyau du toit est en outre le lieu de terminaison d'un grand nombre des fibres du vermis. Il est encore parcouru par des fibres qui, après avoir émis des collatérales, s'y résolvent en ramifications terminales.

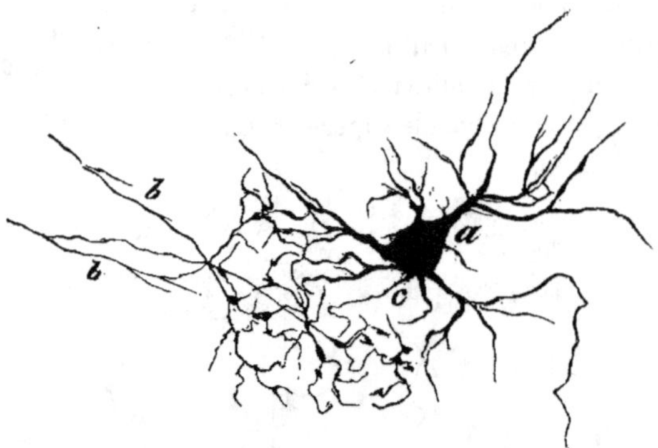

Fig. 267. — TERMINAISONS DES FIBRES MOUSSUES.

(Chat. Méthode de Golgi).
a, Une cellule étoilée de la couche des grains.
bb, Fibres moussues se terminant dans le voisinage de la cellule a.
c, Son neurite.

BIBLIOGRAPHIE. — Substance grise du cervelet. — ATHIAS : Recherches sur l'histogénèse du cervelet, thèse de Paris 1897. — AZOULAY : Quelques particularités de la structure du cervelet chez l'enfant, Soc. Anat., 1894, février et mars. — BELLONCI et STEFANI : Contribution à l'histogénèse de l'écorce cérébelleuse, Arch. Ital. Biol., 1899. — BEEVOR : « L'écorce cérébelleuse », Arch. f. Anat. u. Phys., 1883. — CAJAL : Sur l'origine et la direction des prolongements nerveux de la couche moléculaire du cervelet, Internat. Monatsch. f. Anat u. Phys., vol. VI, 1889.— « Sur certains éléments bipolaires du cervelet en voie de développement », Gaceta sanitaria Barcelona, 1890. — « Sur les fibres nerveuses de la couche moléculaire du cervelet », Rev. trimestr. de Histol., 1899 et Internat. Monatsch. f. Anat. u. Phys., 1890. — « Pont de Varole et ganglions cérébelleux », Annales de la Sociedad de hist. natural, 1894. — CAPOBIANCO : « Sur une particularité de structure de l'écorce du cervelet », Rif. med. 1893 et Arch. Ital. de Biol., t. XXI. — CHEVATIN : « Sur les cellules de Frussari et Ponti dans l'écorce cérébelleuse des mammifères », Anat. Anz. vol. XIV, 1898. — DOGIEL : « Les éléments nerveux du cervelet des oiseaux et des mammifères », Arch. f. mikr. Anat., t. XLVII, p. 707, 1896. — FALCONE : « L'écorce du cervelet », Naples, 1893, et Arch. Ital. de Biol., 1894, p. 275 ; résumé in Neurol. Centralbl., 1894, p. 530. — FUSARI : « Sur l'origine des fibres nerveuses de la couche moléculaire du cervelet, chez l'homme », Atti della R. Acad. delle Sc. di Torino, 1883. — GEHUCHTEN : La structure des centres nerveux : la moelle épinière et le cervelet, La Cellule, 1891. — HELD : « Contribution à l'anatomie fine du cervelet et du tronc cérébral », Arch. f. Anat. u. Phys., Anat. Abt., 1893.— HILL : « Sur les grains de la couche granuleuse du cervelet », Brain, 1897. — KUITHAN : « Structure du cervelet chez les mammifères », thèse de Munich, 1895. — LAHOUSSE : Recherches sur l'ontogénèse du cervelet, Arch. de Biologie,

1888, t. VIII. — Lugaro : « Sur la structure du noyau denté du cervelet chez l'homme », *Anat. Monit. zool. ital.*, 1895. — « Sur l'histogénèse des grains de l'écorce cérébelleuse », *Anat. Anz.* 1894, p. 711. — Sur les connexions qui existent entre les éléments de l'écorce cérébelleuse, avec considérations générales sur la signification physiologique des rapports entre éléments nerveux, *Arch. Ital. de Biol.*, t. XXIII, p. 86. — Lui : « Sur le développement histologique de l'écorce du cervelet dans ses rapports avec la faculté de locomotion », *Riv. sper. di fren. e di med. leg.*, vol. XX, p. 218, 1894 et vol. XXII, p. 27, 1896. — Mahaim : « Les éléments Le cervelet, *Annales de la Soc. méd. chir. de Liège*, 1898. — Retzius : « Recherches sur nerveux de l'écorce cérébelleuse », *Biol. Untersuch.*, 1892. — de Santis : « Recherches sur la structure et la myélinisation du cervelet, chez l'homme », *Monatschrift f. Psych. t. Neurol.*, vol. IV, fasc. 3 et 4, 1898. — Schaper : « Sur la fine anatomie du cervelet des Téléostéens », *Anat. Anz.*, 1893. — Smirnow : « Quelques remarques sur les fibres nerveuses myéliniques de la couche moléculaire du cervelet chez le chien adulte », *Arch. f. mikr. Anat.*, vol. LII, p. 195. — « Sur une sorte particulière de cellules nerveuses dans la couche moléculaire du cervelet chez les mammifères à l'état adulte et chez l'homme », *Anat. Anz.*, août 1897, p. 636. — Stœhr : « Sur les petites cellules de l'écorce du cervelet de l'homme », *Anat. Anz.*, 1897, vol. XII. — Weidenreich : « Anatomie des noyaux centraux du cervelet chez les mammifères », *Zeitsch. f. Anat. u. Anthrop.*, 1899.

CHAPITRE II

SUBSTANCE BLANCHE DU CERVELET
LES PÉDONCULES

Les fibres myéliniques qui forment la masse blanche du cervelet et se continuent dans ses pédoncules peuvent être divisées en quatre catégories au point de vue de leurs rapports avec les éléments histologiques de la substance grise de cet organe :

1° Les neurites des cellules de Purkinje ;

2° Les fibres centripètes qui vont se terminer par ramifications dans la couche des grains (fibres moussues et autres fibres, en particulier celles qui se terminent au niveau des engrenures dendro-dendritiques des grains) ;

3° Les fibres corticipètes, plus volumineuses, qui pénètrent jusqu'à la couche moléculaire et là, ou bien enlacent de leurs branchements les dendrites des cellules de Purkinje, ou bien forment plexus avec les prolongements des cellules étoilées ;

4° Les fibres nées dans la substance grise des noyaux centraux et celles qui y trouvent leur terminaison.

Parmi ces fibres il en est qui associent entre eux les différents territoires de l'écorce ou des noyaux gris centraux ; d'autres, au contraire, pénètrent dans les pédoncules qui les conduisent à la moelle et aux noyaux du tronc cérébral pour les aboucher aux nombreux systèmes qui servent de voie secondaire à la conduction cérébelleuse.

[Quoique les connexions histologiques établies par chaque paire de pédoncules ne répondent que très imparfaitement aux rapports macroscopiques de ces derniers et les contredisent même quelquefois (faisceau de Gowers), il paraît plus rationnel d'appliquer à l'étude des *voies de projection* du cervelet les divisions indiquées par l'anatomie descriptive que de prendre successivement en considération les territoires du névraxe avec lesquels il est mis en connexion directe. Nous décrirons donc chaque paire de pédoncules et étudierons ensuite les *fibres d'association* du cervelet.]

ARTICLE I. — PÉDONCULE CÉRÉBELLEUX INFÉRIEUR

C'est par ce pédoncule que passent les plus importantes des voies de projection du cervelet, celles qui le mettent en rapport avec la périphérie du corps par l'intermédiaire de la moelle.

[Il conduit en effet, de celle-ci au cervelet :

1° Le faisceau cérébelleux direct ;

2° Des fibres venues directement des cordons postérieurs.

Il conduit d'autre part, suivant la même direction ascendante, des fibres issues de différentes formations bulbaires :

3° Des noyaux des cordons postérieurs ;

4° Des olives bulbaires ;

5° Des noyaux du cordon latéral et du noyau arciforme ;

6° Des noyaux du nerf vestibulaire.

Il est enfin le lieu de passage de plusieurs *systèmes descendants*, les uns (faisceau de RUSSELL, faisceau marginal antérieur de Loewenthal) sont isolés des fibres ascendantes ; les autres (fibres allant à l'olive, aux noyaux latéraux, aux noyaux vestibulaires, etc.) sont mélangés aux fibres qui, venues des mêmes noyaux gris, s'élèvent jusqu'au cervelet.

Un certain nombre des fibres que celui-ci envoie à la moelle, surtout si l'on fait abstraction des fibres descendantes qui s'arrêtent au bulbe et du faisceau en crochet de Russell qui, à proprement parler, ne fait partie du pédoncule inférieur que sur un très court trajet, passent par le pédoncule moyen ou même par le pédoncule supérieur. Celui-ci est en outre le lieu de passage d'un important faisceau qui va de la moelle au cervelet : le faisceau de Gowers.]

Le faisceau antéro-latéral, en effet, une fois arrivé dans la partie inférieure de la protubérance, se sépare du Cérébelleux direct qu'il avait jusque là accompagné : tandis que ce dernier passe en dehors de la racine spinale du trijumeau. il passe en dedans et se dirige, dans le champ latéral de la Réticulée, vers le bord externe du pédoncule supérieur qu'il contourne en envoyant peut-être un certain nombre de fibres au quadrijumeau postérieur ; il atteint finalement le vermis supérieur et la ligula, soit directement en occupant la partie interne du pédoncule du même côté, soit indirectement, après entre-croisement dans le voile médullaire antérieur (1).

Au point de vue topographique, le pédoncule inférieur peut être divisé en deux portions : l'une, *externe*, correspondant au *corps restiforme*, et l'autre, *interne* : la première contient la majorité des voies cérébelleuses de la moelle et de l'olive inférieure (*fig.* 272, p. 458) ; dans la seconde cheminent des fibres qui se rendent à certains nerfs craniens, l'acoustique en particulier, et aux olives protubérantielles (*fig.* 276, *foc*, p. 465).

A. *Segment externe du pédoncule cérébelleux inférieur.*

Faisceau cérébelleux direct. — Parmi les fibres de la portion externe du pédoncule, ou corps restiforme proprement dit, les premières myélinisées sont celles du faisceau cérébelleux direct, appelé encore, par opposition au faisceau de Gowers, *f. cérébelleux latéral* ou *postérieur*. Nous avons déjà parlé de sa topographie dans la moelle, de son origine dans la colonne de Clarke, surtout au niveau du renflement lombaire et un peu au-dessus. Arrivé au bulbe, il se place entre l'olive inférieure et la racine ascendante du trijumeau, puis s'engage dans le c. restiforme et pénètre ainsi dans le cervelet (*fig.* 21, *fc*, p. 63 ; *fig.* 268, *fc*). Il est facile d'observer son mode de

(1) Pellizzi décrit comme formant un faisceau spécial un certain nombre de fibres du f. antéro-latéral qui pénètrent dans le cervelet en passant par le pédoncule moyen.

terminaison sur des cervelets encore incomplètement développés de fœtus ayant de 25 à 28 centimètres de longueur, c'est-à-dire avant que la myélinisation soit terminée : on voit alors que presque toutes ses fibres passent en avant du corps denté et se rendent dans la *portion antérieure de l'écorce du vermis supérieur*, en particulier dans le lobule central et l'éminence du vermis ou monticulus, en moins grand nombre dans la ligula. D'autre part, après section unilatérale de la moelle cervicale, on voit se développer peu à peu chez les animaux jeunes de l'atrophie de la moitié *correspondante* du vermis (MONAKOW). Cette terminaison directe se voit très nettement avec le Marchi ; mais un croisement partiel dans le vermis est encore possible (*fig.* 269 et 270, *fc*, p. 455).

Dans les cas d'anciennes lésions en foyer du cervelet, on observe quelquefois l'atrophie de la colonne de Clarke du même côté ainsi que celle d'un certain nombre de cellules de la corne antérieure et des noyaux des cordons postérieurs : cette lésion secondaire paraît être rétrograde.

Fibres des cordons postérieurs et de leurs noyaux.— Les cordons postérieurs envoient au cervelet des fibres qui s'y rendent directement sans passer par leurs noyaux bulbaires.

D'autre part, du noyau latéral du *cordon de Burdach* (*fig. 123, nB,* p. 203) ou n. de Monakow, naissent des fibres (fibres arciformes postérieures) qui vont au corps restiforme correspondant et montent au cervelet en compagnie des éléments venus du cordon latéral. Elles se terminent aussi dans le vermis supérieur, ainsi qu'il est facile de le voir chez l'embryon. Ce noyau est également le lieu d'origine des fibres arquées internes qui cheminent dans le

Fig. 268 à *Fig. 270.* — COUPES DU BULBE ET DU TRONC CÉRÉBRAL D'UN CHIEN AYANT SUBI UNE SECTION TOTALE DE LA MOELLE CERVICALE SUPÉRIEURE.

(D'après les préparations de DOBROTWORSKI. Méthode de Marchi.)

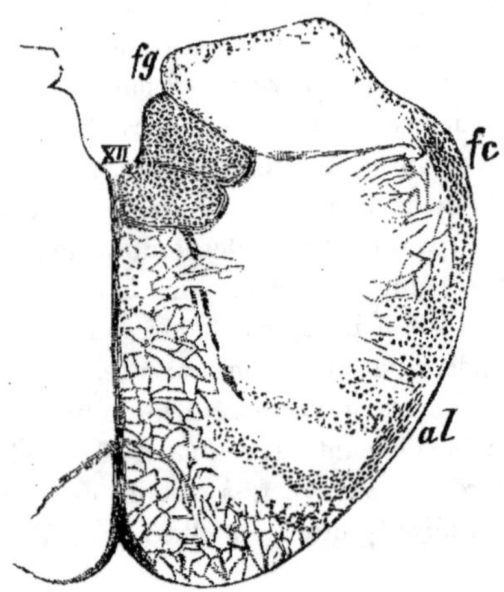

Fig. 268. — COUPE PASSANT PAR LES RACINES DE L'HYPOGLOSSE.

al, Faisceau antéro-latéral.
fc, Faisceau cérébelleux direct complètement dégénéré.
fg, Faisceau de Goll.
v, Vermis inférieur du cervelet (fig. suivantes).

La figure 21, p. 63, représente la moelle cervicale du même sujet.

voisinage immédiat du f. solitaire et vont, par le c. restiforme du côté opposé, à l'autre moitié du cervelet (*fig. 123*, p. 2o3).

Les noyaux des *cordons de Goll* et ces cordons eux-mêmes se comportent de même dans leurs connexions avec le cervelet : ils lui envoient des fibres directes qui font également partie des fibres arciformes postérieures (*fig. 123*, *fap*). D'autres éléments issus de ces noyaux prennent part à la

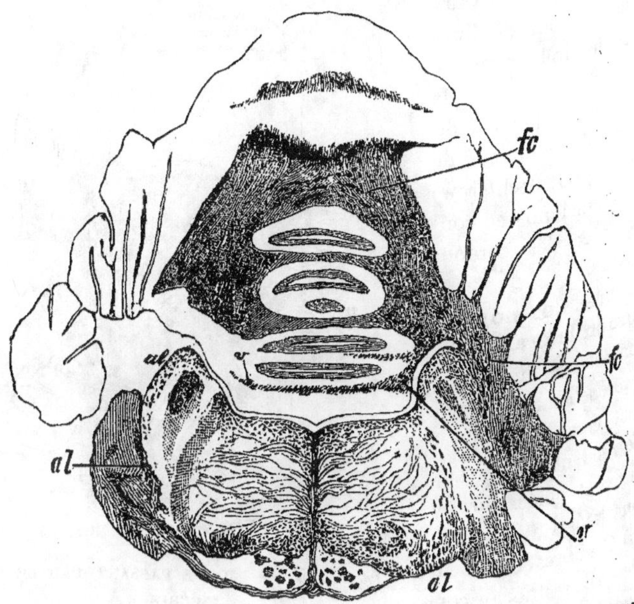

Fig. 269. — COUPE PASSANT PAR LA RÉGION MOYENNE DE LA PROTUBÉRANCE.

(Voir les explications de la figure 268.)

formation de l'entre-croisement sensitif, traversent la couche interolivaire et gagnent la pyramide et le noyau arciforme de l'autre côté, puis, devenus fibres arquées ou zonales antérieures, côtoient la périphérie du bulbe pour monter dans le corps restiforme et finalement pénétrer dans le cervelet (*fig. 271*, p. 457, *faa*) (1).

(1) MINGAZZINI a publié récemment les résultats de l'examen du cerveau d'un paralytique général chez lequel il avait trouvé une atrophie partielle des fibres arciformes externes antérieures. Sous le nom de *stratum zonal*, cet auteur comprend toutes les fibres qu'il rent l'olive inférieure en suivant les contours de ses lamelles. Il leur oppose les fibres qu'il appelle *péri-olivaires* ; celles-ci se trouvent en dehors de l'olive, et, contrairement aux précédentes, au lieu de se diriger vers le bord ventral de cette dernière, se joignent au côté interne de la masse des fibres qui contournent en dehors la pyramide (fibres péri-pyramidales)

De là, on peut les voir, chez le fœtus, aborder le corps denté par la moitié antérieure de sa face externe, puis se diriger en dedans en décrivant un trajet arqué et pénétrer dans la portion externe de la moitié homomère du vermis supérieur (*fig. 274, ffg, p. 461*).

Pendant leur trajet vers le corps restiforme les fibres qui viennent des noyaux et (?) des cordons de Burdach et de Goll abandonnent un grand nombre de collatérales aux noyaux du nerf vestibulaire (noyaux de Deiters et de Bechterew) qui sont ainsi mis en connexion avec les cordons postérieurs.

Fibres des noyaux du cordon latéral. — La portion externe du pédoncule cérébelleux inférieur contient encore des fibres qui se rendent aux noyaux antérieur et postérieur du cordon latéral (*fig. 238, p. 397*). Ces fibres cheminent dans le corps restiforme correspondant en compagnie de celles du cérébelleux direct dont elles se distinguent par leur moindre diamètre et leur myélinisation plus tardive. Elles le suivent sur un certain parcours, dans le cervelet, puis se perdent dans la portion antérieure du vermis supérieur (*fig. 274, p. 461, fos*).

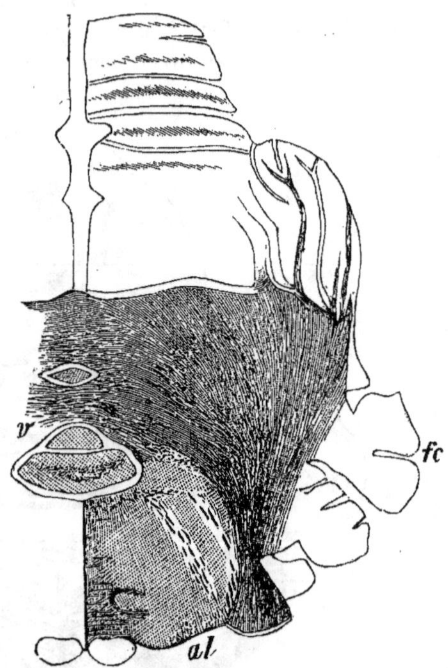

Fig. 270. — COUPE PASSANT PAR LE VERMIS INFÉRIEUR.

(Voir les explications de la figure 268.)

dales); à une certaine distance, et plus en dehors, se trouvent les *fibres rétro-trigéminales* qui suivent, en dehors et en arrière, la direction de la racine ascendante de la V⁰ paire.

MINGAZZINI arrive aux conclusions suivantes sur les fibres arquées considérées dans leur ensemble :

A. Les fibres pyramidales *ventro-internes* représentent : 1⁰ pour un petit nombre, des fibres du ruban dont l'origine se trouve dans les noyaux des cordons postérieurs du côté opposé : 2⁰ des fibres du corps restiforme hétéromère dont elles proviennent par l'intermédiaire des fibres intra- et rétro-trigéminales. Ces fibres forment la couche ventrale du noyau arciforme auquel elles envoient de très fins ramuscules ; la partie dorsale de ce noyau est formée presque exclusivement de fibres du ruban mêlées à un très petit nombre d'éléments venus du c. restiforme.

B. Les fibres péri-pyramidales *ventro-latérales* continuent immédiatement les fibres

L'existence de ces fibres peut être mise en évidence par la méthode des atrophies expérimentales; la destruction d'une moitié du cervelet entraîne, surtout quand elle est pratiquée chez de jeunes animaux, une atrophie très accusée du noyau antérieur du cordon latéral.

[D'après Thomas, une partie des fibres dont on constate la dégénération dans le corps restiforme, consécutivement à l'ablation d'un hémisphère cérébelleux, chemine avec les fibres arciformes externes jusqu'aux noyaux du cordon latéral dans lesquels elle se termine. Ces noyaux sont donc aussi reliés au cervelet par des fibres descendantes.]

Olive et cervelet. — Des connexions croisées relient le cervelet à l'olive inférieure; celle-ci reçoit un grand nombre de fibres apportées par le pédoncule inférieur. Ces fibres se rendent à l'olive bulbaire du côté opposé, en formant, les unes, des fibres arquées externes, les autres, des fibres arquées internes passant par le raphé (*fig.* 272 et *fig.* 238, p. 397). Quelques-unes se rendent, semble-t-il, à l'olive du même côté (1). L'entre-croisement de la voie olivo-cérébelleuse est démontré, en particulier, par les cas d'anciens foyers cérébelleux unilatéraux avec atrophie de l'olive du côté opposé. Cette atrophie se développe également et atteint même un degré très accusé chez les animaux jeunes qui ont subi la destruction unilatérale du cervelet (2).

Le trajet du faisceau olivo-cérébelleux dans le c. restiforme et le cervelet peut être facilement suivi chez le nouveau-né : à ce stade, les fibres de ce système ne sont encore pourvues que de gaines myéliniques très délicates. A son origine cette voie correspond à la portion interne du c. restiforme;

péri-olivaires. Elles proviennent en partie du noyau du cordon latéral (portion externe) en partie des fibres prétrigéminales du même côté (portion restiforme).

C. Le *stratum zonal* de l'olive bulbaire contient presque exclusivement des fibres prétrigéminales.

Dans les régions distales de la moelle allongée, les fibres arquées externes antérieures (non compris les fibres cérébello-olivaires ni celles qui continuent les fibres péri-pyramidales internes du côté opposé) représentent presque exclusivement les fibres arquées internes qui viennent des noyaux des cordons postérieurs de l'autre côté. Mais sur des coupes sériées de bas en haut, dès que l'on commence à voir des fibres cérébello-olivaires sortir du corps restiforme, les fibres péri-pyramidales situées en dedans de la pyramide sont déjà formées en majeure partie par les éléments du c. restiforme du côté opposé ; celles qui sont situées en dehors de la pyramide représentent, les unes, des fibres cérébello-olivaires homonymes les autres, des fibres du noyau du cordon latéral.

(1) Les fibres olivo-cérébelleuses qui suivent le trajet des fibres arquées internes antérieures s'interrompent, au moins en partie, dans le noyau arciforme contra-latéral.

(2) C'est à la même classe de faits qu'appartiennent les observations d'atrophie d'un hémisphère cérébelleux chez l'homme. Un de ces cas a été rapporté par Kramer (*Beitraege z. path. Anat. u. z. Allg. Path.*, XI, 1891). Outre les lésions secondaires du pédoncule cérébelleux supérieur et de la protubérance, il y avait une atrophie portant à un même degré sur tout le corps restiforme : les noyaux des cordons postérieurs étaient atteints des deux côtés; une partie des cordons latéraux avec leurs noyaux ainsi que l'olive bulbaire opposée étaient atrophiques. Intégrité du ruban et des noyaux auditifs. Marchi (*Rivista di fren.* XVI, 1891) observa après destruction du cervelet, outre la dégénération des pédoncules, la dégén. du ruban ascendante de la bandelette longitudinale postérieure de chaque côté, la dégén. du ruban et de la portion marginale des cordons antéro-latéraux. A. Basilewski (de mon laboratoire) nota des résultats semblables (au Marchi), consécutivement à la même intervention expérimentale.

peu à peu elle est repoussée en dehors de telle sorte que, plus haut, elle arrive à entourer de tous côtés la portion du corps restiforme dont la myélinisation est précoce et que, avant de pénétrer dans l'hémisphère cérébelleux, elle est placée immédiatement en dehors du cette dernière. Dans le cervelet, on retrouve les fibres olivaires au voisinage du corps denté surtout à son côté externe, dans la région de la toison (1) (*fig. 274, foi*), où on les voit se mettre en rapport immédiat avec les éléments du noyau gris. Une partie des fibres cérébello-olivaires provient directement de l'écorce cérébelleuse et passe en dehors du corps denté.

Nous avons vu plus haut que, par le moyen de la voie centrale de la calotte, les olives bulbaires sont unies à certains territoires de la base du cerveau. On ne peut pourtant, d'autre part, considérer le système cérébello-olivaire comme la continuation de la voie centrale de la calotte, car des recherches récentes ont montré qu'il est formé en majeure partie de neurites des cellules de Purkinje : c'est donc une voie descendante, au moins partiellement. Les

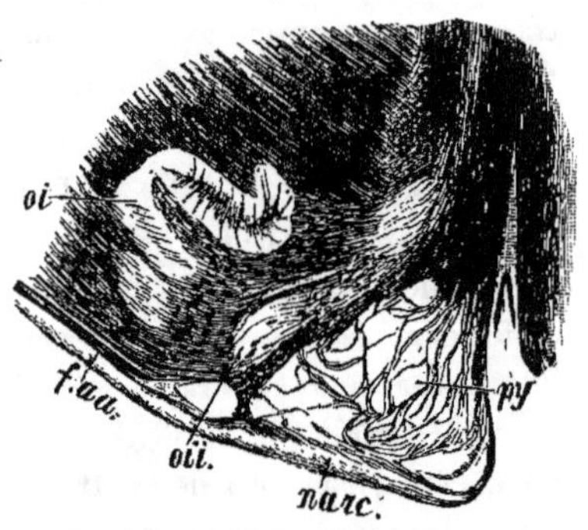

Fig. 271. — COUPE TRANSVERSALE D'UNE PYRAMIDE BULBAIRE DÉGÉNÉRÉE.

(Homme.)

faa, Fibres arciformes externes antérieures.
narc, Noyau arciforme.
oi, Olive inférieure.
oii, Parolive interne.
py, Pyramide dégénérée.

travaux de CAJAL ont démontré que les axônes des cellules de l'olive se rendent pour le plus grand nombre au raphé, et qu'un petit nombre seulement va faire partie des fibres arciformes externes, ce qui démontre bien la direction ascendante d'une partie, au moins, des fibres cérébello-olivaires. Nous avons vu précédemment qu'un faisceau, le cordon péri-olivaire, qui se termine dans la moelle cervicale, a son extremité supérieure au niveau de l'olive bulbaire.

Le rôle du système cérébello-olivaire doit consister avant tout dans l'union du cervelet avec la moelle et en particulier avec les cornes antérieures. Telle est du reste l'opinion de KOELLIKER qui considère ce faisceau comme une voie descendante, ce qu'indique d'ailleurs le sens de sa dégénération (2) :

[(1) On désigne sous le nom de *toison*, ou *plexus extra-ciliaire*, une capsule de fibres blanches située sur la face externe du noyau denté.]
[(2) D'après THOMAS, la section d'une moitié du cervelet, pratiquée chez différentes espèces animales, n'entraîne la dégénération que d'un petit nombre de fibres olivo-cérébelleuses : la majorité de ces fibres serait donc ascendante].

il est certain que les fibres de l'olive ne sont centrifuges qu'en partie ; on ne sait toutefois rien de certain sur ses éléments centripètes.

Dans l'ancienne hypothèse de MEYNERT, les olives inférieures faisaient partie d'une voie unissant au cervelet les noyaux des cordons postérieurs : cette opinion est infirmée par les récentes observations d'EDINGER et de plusieurs autres auteurs. Il me semble que de nouvelles recherches à ce sujet sont nécessaires, en particulier au moyen de la méthode des dégénérations expérimentales et du procédé de Marchi : d'après CAJAL, en effet, certaines fibres du ruban de Reil envoient des collatérales aux cellules de l'olive ; d'autre part, FERRIER et TURNER observèrent la dégénération des fibres de l'olive

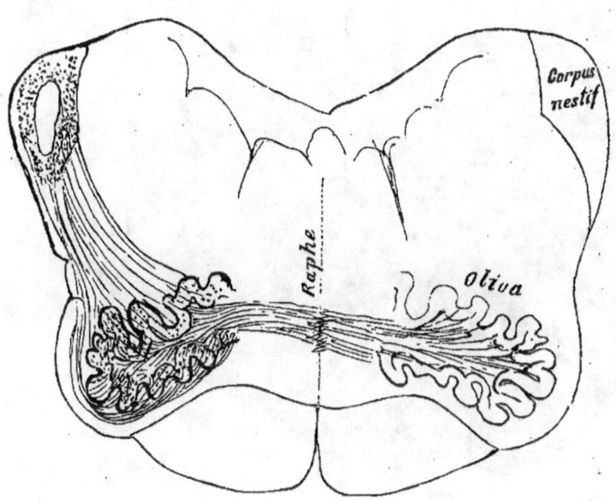

Fig. 272. — SCHÉMA DES FIBRES CÉRÉBELLO-OLIVAIRES.

(D'après EDINGER.)

bulbaire, consécutivement à une lésion localisée aux noyaux de Goll et de Burdach. Les connexions autrefois admises entre les cordons postérieurs et l'olive ne doivent donc pas être complètement rejetées.

Enfin, d'après CAJAL, l'olive bulbaire reçoit encore des collatérales des fibres pyramidales et des fibres qui, dans le bulbe, sont situées sur son côté externe (voie centrale de la calotte ?).

[**Fibres descendantes du corps restiforme.** — On a remarqué que la plupart des fibres que le cervelet reçoit des différentes formations bulbaires sont mêlées à un petit nombre de fibres descendantes d'origine cérébelleuse qui y trouvent au contraire leur terminaison ; telles sont les fibres qu'il envoie à l'olive bulbaire de chaque côté, aux noyaux du cordon latéral et au segment externe du noyau de Burdach ou noyau de Monakow. Ces fibres dégénèrent en effet après lésion du vermis, du noyau denté ou du noyau du toit. En outre, la méthode de Golgi permet de constater directement l'origine de quelques-unes d'entre elles.]

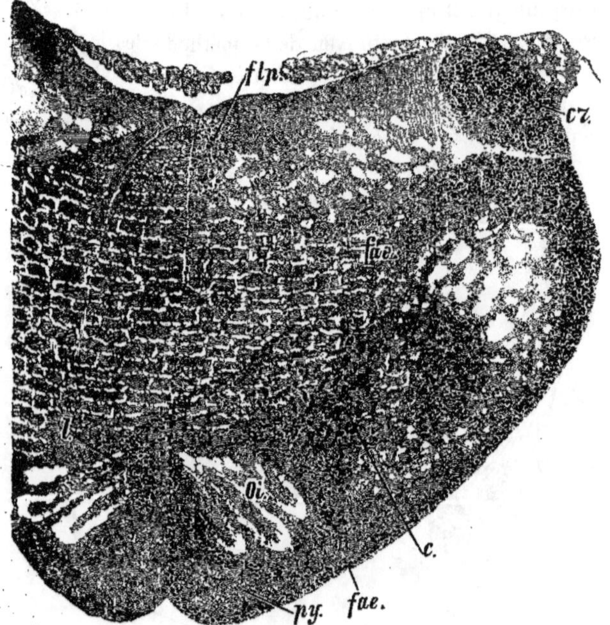

Fig. 273. — DÉGÉNÉRATIONS BULBAIRES CONSÉCUTIVES A LA SECTION DU PÉDONCULE CÉRÉBELLEUX INFÉRIEUR.

(D'après BASILEWSKI. Méthode de Marchi.)
c, Système du faisceau antéro-marginal.
cr, Corps restiforme.
fai, Fibres arquées internes.
fae, Fibres arquées externes antérieures.
flp, Bandelette longitudinale postérieure.
l, Couche interolivaire
oi, Olive inférieure.
py, Pyramide.
Les fibres dégénérées du c. restiforme, des systèmes arciformes, de la bandelette, etc., sont représentées par des points noirs. Cette pièce provient du même animal d'expériences que celles des figures 101 et 102, p. 153.

On voit, il est vrai, sur des préparations au chromate d'argent, que le plus grand nombre des fibres du c. restiforme se terminent dans les deux moitiés du vermis où elles sont en majeure partie représentées par les fibres moussues de la couche profonde ; elles abandonnent en même temps des collatérales au noyau denté et aux circonvolutions voisines, de même que, dans le bulbe, elles en envoient au noyau vestibulaire (HELD). Mais on peut constater à l'aide de la même méthode qu'un assez grand nombre de fibres du corps restiforme provient de certaines cellules des noyaux centraux et que d'autres représentent les axônes des cellules de Purkinje : [ce sont ces fibres dont on peut suivre la dégénération, après lésion cérébelleuse, jusqu'à l'olive infé-rieure, aux noyaux du cordon latéral et au noyau de Monakow. Mais elles sont loin de représenter la totalité des fibres *descendantes* par lesquelles le cervelet se met en rapport avec le bulbe : quelques-unes en effet passent par les pédoncules moyen et supérieur (branche descendante du pédoncule supérieur de THOMAS) ; en outre, le cervelet envoie à la moelle des fibres descendantes qui furent longuement décrites dans la seconde partie de cet ouvrage et dont il reste à étudier le trajet proximal.]

Nous avons vu que, consécutivement à la section du pédoncule cérébelleux inférieur, BIEDL constata au moyen de la méthode de Marchi, dans un territoire du F. Py. C. corres-pondant au *faisceau intermédiaire* que j'ai décrit d'après l'embryologie, une dégénération qui se poursuivait, en diminuant d'étendue, jusqu'à la moelle lombaire. Un autre champ de dégénération, localisé au niveau de la région cervicale supérieure, dans les parties ventrales du cordon antéro-latéral, devenait également plus petit en descendant, tout en se plaçant plus en dedans, et finissait par devenir contigu au bord interne du cordon antérieur (f. marginal antérieur de Loewenthal) (1). Au niveau du bulbe, ni dans la pyra-mide, ni dans le ruban de Reil, ni dans les noyaux des cordons postérieurs, ni dans l'entre-croisement sensitif, il n'y avait de fibres dégénérées. Bien plus, la lésion secondaire se limi-tait à la bandelette longitudinale postérieure, continuation du Fondamental antérieur, et à l'espace compris entre le reste de la corne antérieure et la racine ascendante du triju-meau. En même temps il y avait dégénération de quelques fibres du trapèze et de quel-ques-unes des fibres arquées internes et externes. BIEDL met toutes ces altérations sous la dépendance immédiate de la lésion du pédoncule inférieur, opinion qui ne me semble pas très bien concorder avec certaines observations faites par MARCHI. Ce dernier nota, en effet, consécutivement à des destructions du cervelet, une série de lésions secondaires à peu près semblables et affirma que c'était la dégénération du pédoncule moyen qui com-mandait celle des fibres du ruban et de la bandelette longitudinale postérieure. En bas, les faisceaux en question pouvaient être suivis jusque dans la moelle où ils se localisaient à la périphérie du cordon antéro-latéral, dans la région correspondant au f. marginal antérieur de Loewenthal. MARCHI considère aussi comme lésion secondaire constante la dégénération d'un certain nombre de fibres des racines antérieures de la moelle. Enfin, outre la dég. du c. restiforme et l'atrophie de l'olive bulbaire du côté opposé, il observa, consécutivement à la destruction du cervelet, la dég. descendante d'un faisceau passant par le pédoncule inférieur pour se rendre dans le Cérébelleux direct.

La section transversale de ce pédoncule, chez le chien (*fig. 101 et 102*, p. 153), est suivie, d'après les recherches faites dans mon laboratoire par BASILEWSKI (au Marchi), des lésions secondaires suivantes : dég. descendante de la bandelette longitudinale postérieure, jusque dans le cordon antérieur ; dég. du f. antéro-marginal le long du bord antéro-latéral du cordon latéral et du bord ventral du cordon antérieur, jusque dans la moelle lombaire ; dég.

moins prononcée du f. intermédiaire ; enfin dég. disséminée dans les deux fondamentaux, antérieur et latéral. Le Cérébelleux direct ne contient qu'un petit nombre de fibres dégénérées, très clairsemées ; dans le bulbe (*fig. 273*) la périphérie, le corps restiforme, la région des noyaux des cordons latéraux, les fibres arquées internes et externes, le trapèze du même côté sont

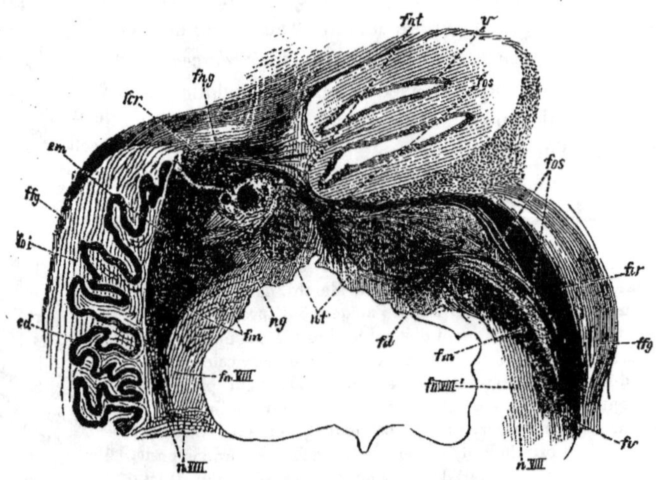

Fig. 274. — LES VOIES VESTIBULO-CÉRÉBELLEUSES.

(Coupe transversale du cervelet et du pont d'un fœtus de 44 centimètres. Méthode de Weigert.)

cd, Noyau denté.
cm, Noyau de l'embole.
fcr, Fibres du corps restiforme venues du f. cérébelleux direct de la moelle, du noyau de Burdach et du noyau du cordon latéral.
fd, Faisceau dorsal du pédoncule cérébelleux supérieur.
ffg, Fibres du corps restiforme venues du noyau de Goll (continuation des fibres arciformes externes antérieures du bulbe).
fm, Faisceau moyen du pédoncule cérébelleux supérieur.
fng, Fibres venues du noyau sphérique et de l'embole et allant à l'écorce du vermis.
fnt, Fibres allant du noyau du toit à l'écorce du vermis.
fn VIII, Fibres venues du noyau principal du nerf vestibulaire et allant aux noyaux centraux du cervelet, principalement au noyau sphérique et à l'embole.
foi, Fibres venues des olives inférieures, encore dépourvues de myéline.
fos, Fibres allant du noyau du toit à l'olive supérieure.
fv, Faisceau ventral du pédoncule cérébelleux supérieur.
ng, Noyau globuleux ou noyau sphérique.
nt, Noyau du toit.
n VIII, Noyau de Bechterew ou n. principal de la branche vestibulaire.
v, Écorce du vermis.

dégénérés. Les fibres arquées antérieures dégénérées peuvent être suivies au delà de la pyramide jusqu'aux noyaux latéraux et, le long du raphé, jusqu'aux noyaux des cordons antérieurs. Les fibres arquées internes dégénérées s'étendent jusqu'à l'olive inférieure du côté opposé, atteignent les deux rubans, celui surtout du côté opposé, la formation réticulée et la bandelette longitudinale postérieure. La lésion des fibres du trapèze s'arrête à l'olive supérieure du même côté ; dans le ruban, dég. ascendante disséminée ; de même dans la Réticulée, mais dans le sens descendant, comme dans le f. longitudinal postérieur ; la lésion de cette formation bulbaire atteint, avons-nous vu, les cordons antéro-latéraux (1).

Quant au système spinal du *f. marginal antérieur*, il passe vraisemblablement, à sa sortie du cervelet, dans la portion interne du pédoncule inférieur. TELJATNIK (de mon laboratoire) a montré qu'il dégénère après les lésions localisées au vermis supérieur : c'est donc de cette région qu'il doit tirer son origine. Cette opération entraîne en même temps la dég. descendante bilatérale et, du côté opposé, la dég. ascendante de la bandelette longitudinale postérieure. Le pédoncule inférieur contient donc, outre les fibres cérébello-olivaires, une série de voies cérébelleuses centrifuges, cérébro-spinales, en particulier le f. marginal antérieur, un certain nombre de fibres du f. longitudinal postérieur, lesquelles descendent dans le cordon antérieur, des fibres disséminées des deux Fondamentaux et enfin le f. intermédiaire du cordon latéral.

B. *Segment interne du pédoncule inférieur.*

La portion interne du pédoncule inférieur comprend, outre certaines fibres descendantes dont nous avons déjà parlé, un système important de fibres qui vont du cervelet aux nerfs craniens, en particulier à la VIIIe paire, et à l'olive supérieure. [Elle est, en outre, le lieu de passage des fibres qui forment le faisceau de RUSSEL et descendent dans la moelle.]

Système cérébello-vestibulaire. — Nous ne reviendrons pas sur la description de la branche vestibulaire du nerf auditif : rappelons seulement qu'à son arrivée dans le bulbe elle se divise en rameaux ascendants et descendants (racine « ascendante » de Roller) et se termine au niveau de l'angle latéral de la fosse rhomboïdale dans le noyau principal ou n. de Bechterew, dans le noyau de Deiters (*fig. 275* et *fig. 161*, p. 247) ainsi que dans le noyau interne ou noyau triangulaire de l'auditif. Ces trois noyaux envoient des fibres au raphé ; les deux premiers sont en outre unis au cervelet : le noyau principal

---

(1) Dans cette expérience, l'inflammation produite par l'opération portant sur les pédoncules inférieurs avait atteint la partie supérieure des noyaux de Goll et Burdach. Ainsi s'explique peut-être la lésion des fibres du ruban. La dégénération ascendante de certaines fibres du ruban, surtout de celui du côté opposé, a été souvent observée par d'autres auteurs après les destructions du cervelet et grâce à l'emploi de la méthode de Marchi (MARCHI, PELLIZZI). Jusqu'à quel point faut-il incriminer dans ces cas les lésions accidentelles des noyaux des cordons postérieurs? La question est encore en suspens.

ou *noyau vestibulaire* par des fibres qui s'élèvent dans la portion interne du pédoncule cérébelleux inférieur (*fig. 274, fn VIII* et *fig. 275*), en cheminant immédiatement en dehors du pédoncule supérieur ou en étant même, en partie, disséminées au milieu des fibres de ce dernier : elles gagnent enfin le noyau sphérique et le noyau du toit, et, très probablement aussi, l'écorce de la moitié correspondante du vermis supérieur.

Le *noyau de Deiters* envoie également dans la portion interne du pédoncule postérieur des fibres (*fig. 274, fn VIII*) dont quelques-unes se joignent à celles qui proviennent du noyau vestibulaire (c'est de cette jonction que résulte la formation du segment interne du pédoncule cérébelleux inférieur) et partagent leur répartition terminale : noyau sphérique, noyau du toit, et peut-être aussi l'écorce du vermis.

Enfin, la branche vestibulaire envoie au cervelet des *fibres directes* dont l'existence a été constatée chez les animaux par HELD et par CAJAL : il appartient à des recherches ultérieures de dire si cette connexion directe existe aussi chez l'homme.

D'après un grand nombre d'auteurs, la branche vestibulaire serait unie aux *flocculus* par l'intermédiaire du pédoncule de ce lobule cérébelleux.

Ses connexions générales avec le cervelet ont été à plusieurs reprises mises indirectement en évidence au moyen de la méthode des atrophies expérimentales. DEGANELLO (1) ayant détruit chez le pigeon les canaux semi-circulaires d'un côté, constata au Marchi une dégénération bilatérale de certaines fibres du bulbe et du cervelet. Les canaux semi-circulaires ont donc avec ce dernier des connexions physiologiques et anatomiques : bien plus, les symptômes essentiels qui suivaient leur destruction était directement en rapport avec l'intensité de la dégénération.

[Nous avons vu d'autre part que les noyaux de Deiters et de Bechterew sont l'aboutissant d'un assez grand nombre de *fibres cérébelleuses descendantes* : d'après THOMAS, l'hémiectomie du cervelet est suivie de la dégénérescence de fibres qui se rendent horizontalement à ces deux noyaux en longeant la paroi du IV° ventricule. Pendant une certaine partie de ce parcours ces fibres sont mélangées aux fibres cérébelleuses descendantes qui ne font que traverser ces deux noyaux, en particulier celui de Bechterew, et arrivent dans la Réticulée où elles se divisent en deux groupes : l'un, antérieur, situé en arrière de l'olive supérieure, l'autre, postérieur, en avant du genou du facial : ce sont ces fibres cérébelleuses descendantes qui se localisent dans la moelle contre la périphérie du cordon antérieur, suivant les descriptions qui en furent faites précédemment.]

(1) DEGANELLO : Asportazione dei canali semicircolari, etc., *Rivista sper. di fren. e med. leg.*, 1899, vol. XXV.

Cervelet et autres nerfs craniens. — D'autres nerfs craniens sont
encore en rapport avec le cervelet, tels sont ceux des Ve, IXe et X^e paires, mais
ces voies d'union sont moins larges que pour l'auditif : elles sont formées par
les rameaux ascendants des fibres
radiculaires de ces nerfs.

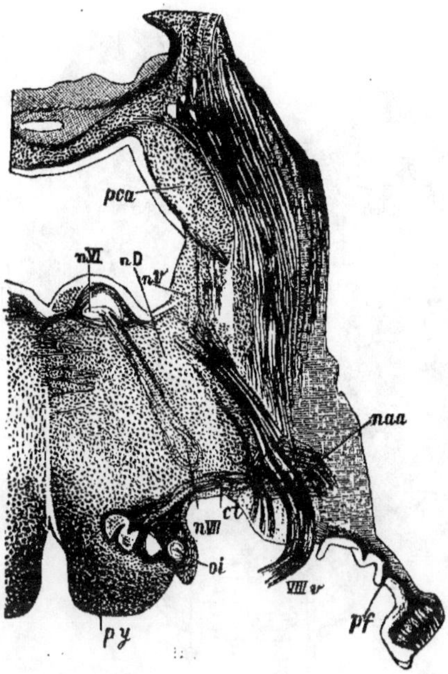

EDINGER (1) décrivit autrefois
un « faisceau sensoriel cérébelleux » représenté par la partie la
plus considérable de la portion
interne du pédoncule cérébelleux
inférieur, et formé de fibres ascendantes se dirigeant vers le noyau
du toit et le noyau sphérique et
issues, les unes, des VIIIe, V^e,
X^e et IXe paires, les autres, des
noyaux des cordons postérieurs ;
ces dernières correspondaient à la
racine descendante de l'acoustique ou racine de Roller : le
noyau de *Deiters* se trouverait
ainsi intercalé sur la voie cérébelleuse sensorielle.

Cette conception n'est guère
applicable qu'à l'encéphale de
certains animaux : elle ne peut
pas, sans restrictions, être trans-
portée à l'homme. Les faisceaux
qui unissent le cervelet aux nerfs
craniens paraissent constitués par
des collatérales, ainsi que cela
est déjà établi pour l'acoustique
(HELD). La voie cérébelleuse des
noyaux des cordons postérieurs
passe par la portion externe du
pédoncule inférieur ; elle n'est
pas représentée, ainsi que le pense

pca nVI nD nV naa nVII ct oi VIII v py pf

Fig. 275. — COUPE PASSANT PAR LA
RÉGION DE TRANSITION DU BULBE A
LA PROTUBÉRANCE.

(Encéphale d'un nouveau-né.)

ct, Noyau du trapèze.
naa, Noyau antérieur de l'acoustique.
nD, Noyau de Deiters.
nv, Noyau vestibulaire.
nVI, Noyau de l'abducens.
nVII, Noyau du facial.
oi, Olive inférieure.
pca, Pédoncule cérébelleux supérieur (immé-
        diatement en dehors est le péd. moyen).
pf, Pédoncule du flocculus.
py, Pyramide.
VIIIv, Racine vestibulaire de l'acoustique.

EDINGER, par la racine descendante de l'auditif, ce dont il est facile de
se convaincre en examinant des coupes sériées de bulbe de fœtus.

(1) *Bericht d. Vers. Sud-West deut. Neur. u. Irrenaerzte,* Bade, 1885, et *Neur. Central.*
1885, p. 73.

Cervelet et olive protubérantielle. — Les fibres qui vont du cervelet aux olives supérieures sont très faciles à voir chez le fœtus de 28 centimètres ; à cette époque elles sont déjà complètement myélinisées. Elles naissent dans le noyau du toit et cheminent d'abord en compagnie des faisceaux que nous avons décrits plus haut, s'entre-croisent au-dessus et dans l'intervalle des noyaux du toit, contournent, du côté externe, le pédoncule supérieur et aussitôt, formant un faisceau à contours nets, passent dans le champ interne du pédoncule inférieur pour descendre jusqu'au niveau de la Ve paire ; finalement elles atteignent, directement ou par l'intermédiaire des fibres du trapèze, l'olive supérieure du même côté. On peut considérer comme étant leur continuation ce faisceau dont j'ai pu suivre le trajet chez le fœtus et qui réunit l'olive supérieure à l'abducens du même côté et aux fibres de la bandelette longitudinale postérieure.

Les fibres qui vont du cervelet à l'olive supérieure sont surtout centrifuges ou descendantes.

Fibres descendantes de la portion interne du pédoncule. — Nous avons déjà parlé à propos des noyaux du nerf vestibulaire des fibres cérébelleuses descendantes qui viennent s'y terminer ; ces fibres l'emportent

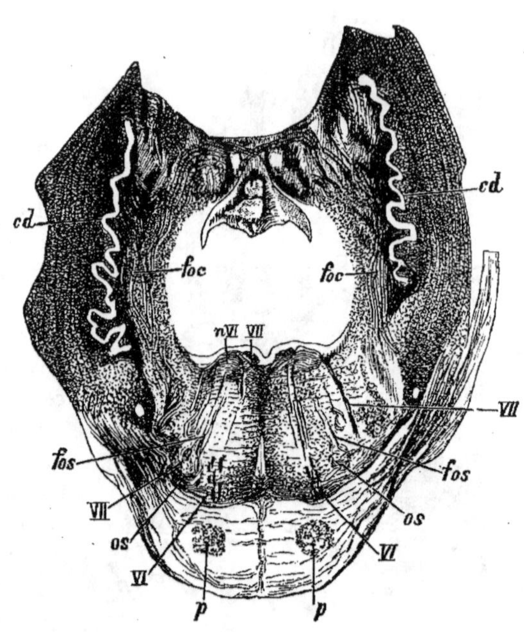

Fig. 276. — COUPE DE LA RÉGION MOYENNE
DE LA PROTUBÉRANCE.

(Enfant nouveau-né. Méthode de Pal.)
cd, Noyau denté du cervelet.
foc, Fibres allant de l'olive supérieure au noyau du toit
et se croisant au-dessous de celui-ci.
fos, Fibres allant de l'olive supérieure au noyau de
l'abducens.
os, Olive supérieure.
p, Pyramide.
VI, *nVI*, Noyau et racine de l'abducens.
VII, *nVII*, Noyau et racine du facial.

en nombre sur les fibres ascendantes pour le noyau de Deiters ; c'est le contraire pour le noyau principal : [nous avons en même temps mentionné les fibres qui *traversent* ces noyaux et descendent jusqu'à la moelle en se divisant en deux faisceaux ; il faut en rapprocher le *faisceau en crochet* de Russel dont on peut observer la dégénération bilatérale après l'hémiectomie du cervelet ; sa coupe transversale revêt alors la forme d'un crochet dont la concavité tournée en dedans embrasse le pédoncule cérébelleux supérieur et dont la convexité côtoie les fibres, à ce niveau horizontales, du corps restiforme dont il contribue à un niveau plus inférieur à former la portion interne. D'après Thomas, il émet quelques fibres qui traversent le noyau dorsal interne ou triangulaire de l'acoustique et d'autres fibres qui se rendent dans la substance réticulée, s'entre-croisent au raphé puis se placent un peu en avant de la bandelette longitudinale postérieure puis dans le fondamental antérieur de la moelle.

Les deux faisceaux en crochet s'entre-croisent dans le vermis antéro-supérieur au-dessus du noyau du toit ; ils naissent d'ailleurs de ce noyau ainsi que du noyau dentelé. C'est le faisceau en crochet qui seul commande la dégénération que l'on peut suivre dans la moelle jusqu'à la région dorsale, consécutivement à une lésion cérébelleuse localisée dans l'hémisphère du côté *opposé*. Ses fibres bulbaires (non croisées au raphé) font partie des fibres arciformes externes.]

ARTICLE II. — PÉDONCULE CÉRÉBELLEUX MOYEN.

Les fibres de ce pédoncule naissent dans l'écorce et dans le corps denté du cervelet, elles se terminent dans la substance grise des deux moitiés de la protubérance et dans la formation réticulée. Chez l'enfant âgé de quelques semaines on peut distinguer dans le pédoncule moyen au moins deux portions principales : l'une est complètement myélinisée et l'autre ne l'est pas encore, j'ai appelé la première, *faisceau spinal* et l'autre *faisceau cérébral* (*fig. 277,* *fm* et *fc*).

Faisceau spinal. — Ses fibres ont pour lieu d'origine un territoire très étendu de l'écorce cérébelleuse, régions antérieure et moyenne, et les noyaux gris centraux. Elles se rendent principalement à la *moitié inférieure de la protubérance.* Là elles prennent deux directions différentes : les unes se rendent aux régions ventrales du pont de Varole, en côtoyant sa surface et en se ramifiant pour la plupart autour des cellules du même côté ; les autres, aussitôt après leur pénétration dans la protubérance, se dirigent en dedans vers le *stratum complexum*, traversent le raphé et se terminent entre les cellules nerveuses du côté opposé (*fig. 144*, p. 220). Le f. spinal est donc en rapport avec la s. grise des deux moitiés de la protubérance. Comme, de son côté, la s. grise pontique inférieure est l'origine du *f. vertical* (*fig. 144, fv*),

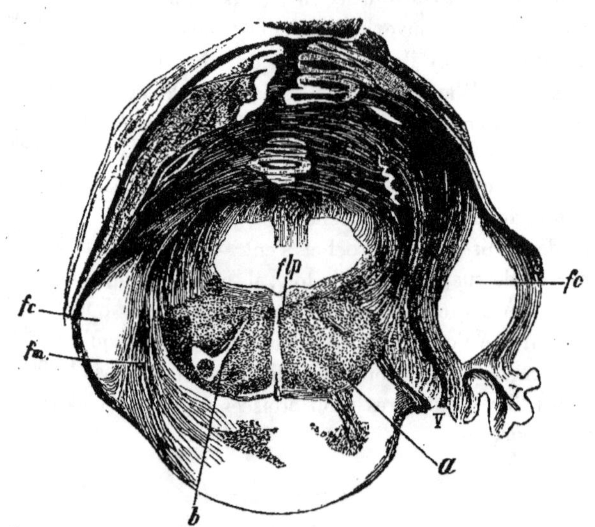

Fig. 277. — LES DEUX FAISCEAUX, CÉRÉBRAL ET SPINAL,
DU PÉDONCULE MOYEN.

(Coupe transversale de la protubérance et du cervelet d'un enfant de quelques semaines. Méthode de Weigert.)
a, Voie centrale de la calotte.
b, Fibres venant du noyau de Deiters.
fc, Faisceau cérébral du pédoncule cérébelleux moyen.
flp, Bandelette longitudinale postérieure.
fm, Faisceau spinal du pédoncule cérébelleux moyen.
V, Racines du trijumeau.

On voit facilement que la portion cérébrale du pédoncule moyen n'est pas encore myélinisée ; à droite, un faisceau de fibres parties de la région du pied pénètre dans la région de la calotte.

qui descend dans la région du n. réticulé et dans le champ réticulé externe, ces deux formations, pontique et bulbaire, et, par elles, les deux Fonda-mentaux de la moelle, sont mis en connexion avec le cervelet.

Aussitôt après leur pénétration dans la protubérance, quelques-unes des fibres du f. spinal se dirigent en dedans vers le stratum profondum ; sans se mettre en rapport avec aucun élément cellulaire, elles arrivent au raphé : de

là, le faisceau vertical les conduit directement à la calotte où on les voit se
perdre, les unes, dans la formation réticulée, les autres, dans le noyau réticulé.
Les rapports qui unissent ce dernier au cervelet ont été mis hors de doute,
grâce à la méthode des atrophies expérimentales ; consécutivement à une
lésion cérébelleuse unilatérale, KRAMER (1) observa la dégénérescence du
pédoncule moyen ainsi que l'atrophie du noyau réticulé et de la s. grise
protubérantielle du même côté.

Nous avons vu que des fibres appartenant aux quadrijumeaux montent
du pont à la calotte avec le faisceau vertical ; de là elles se dirigent en dehors,
se placent immédiatement en arrière de la couche du ruban et montent avec
elle jusqu'au quadrijumeau postérieur (*fig. 144, fv*, p. 220; *fig. 179,*
p. 279; *fig. 197*, p. 324).

Lors de l'atrophie du pédoncule moyen consécutive à la destruction
d'une moitié du cervelet, on observe et on peut suivre jusqu'aux quadrijumeaux l'atrophie partielle du ruban du même côté (MINGAZZINI). On ne
peut affirmer pour le moment qu'il s'agisse ici des fibres dont nous parlions
précédemment et qui se joignent au ruban de Reil.

Faisceau cérébral. — Le faisceau cérébral (*fig. 278, fcm*) du
pédoncule moyen naît, d'après mes recherches embryologiques, dans
l'écorce cérébelleuse, surtout dans la partie inférieure, en partie aussi dans
l'écorce des faces supérieure et latérale, ainsi que dans le vermis supérieur et
les noyaux centraux, en particulier dans la partie disto-interne du n. denté.
Dans le pédoncule moyen ce faisceau se dirige obliquement en avant et en
bas. Il se rend presque tout entier à la moitié supérieure de la protubérance.
Là ses fibres traversent le raphé (*fig. 145*, p. 220) et se rendent en majorité aux
cellules dans le voisinage desquelles (voir plus loin) s'interrompt d'autre
part une partie des fibres d'origine centrale qui occupent les portions
médiale et externe du pied du pédoncule cérébral (2). Nous voyons ainsi que
par ses connexions avec les cellules nerveuses de la moitié supérieure du pont,
et par le moyen de ces faisceaux du pédoncule cérébral, le faisceau cérébral
établit une communication croisée entre le cervelet et l'écorce cérébrale.

L'ancienne conception qui faisait du pédoncule moyen une commissure
réunissant les deux hémisphères cérébelleux doit être maintenant abandonnée
comme étant dénuée de fondement.

Consécutivement aux destructions du cervelet, le pédoncule moyen

---

(1) *Beitraege z. path. Anat.*, vol. XI.
(2) Les fibres protubérantielles du pédoncule moyen occupent surtout, d'après THOMAS,
le stratum intermedium et le stratum profondum. Elles proviennent principalement de la
moitié opposée et, en partie, aussi de la moitié correspondante de la protubérance. Les
autres éléments du pédoncule naissent dans la substance grise de la calotte du côté opposé.
Ils se dirigent vers le raphé, s'y entre-croisent et pénètrent ensuite dans les différentes
couches du pédoncule cérébelleux moyen.

dégénère en direction descendante ; on constate en même temps de l'atrophie de la s. grise pontique, surtout du côté opposé. Les dégénérations expérimentales démontrent du reste avec évidence que ce pédoncule est en relations aussi bien avec la moitié correspondante qu'avec la moitié opposée du pont. La moitié proximale (cérébrale) de la protubérance contient des éléments croisés ; la moitié distale, surtout des éléments directs. D'autres fibres montent avec le faisceau vertical jusqu'à la calotte et y subissent un entre-

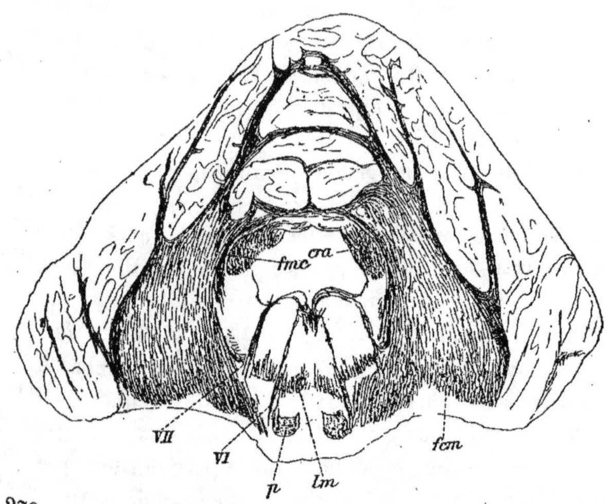

Fig. 278. — COUPE TRANSVERSALE DU CERVELET ET DE LA PROTUBÉRANCE D'UN ENFANT DE TROIS MOIS.

(Méthode de Pal.)
cra, Pédoncule cérébelleux supérieur.
fcm, Faisceau cérébral du pédoncule moyen.
fmc, Faisceau interne du pédoncule inférieur (f. vestibulo-cérébelleux).
lm, Couche du ruban.
p, Voie pyramidale.
VI, Abducens.
VII, Facial.

croisement. Il résulte des recherches de BASILEWSKI que la section du pédoncule moyen s'accompagne de la dégénération de certaines fibres situées dans la calotte protubérantielle, le long du raphé, et se continuant jusqu'au n. réticulé de l'autre côté. PELLIZZI (1) démontra récemment que la destruction du lobe cérébelleux moyen entraîne la dégénération de fibres situées dans la portion interne (médiale) du pédoncule moyen et dans les couches profondes de la protubérance. Il semble d'après tout cela que l'ablation partielle des hémisphères cérébelleux doive produire principalement la dégé-

(1) Rivista Sperim., vol. XXI, 1895.

nération de la portion latérale du pédoncule moyen et des fibres périphériques de la protubérance.

Nous avons déjà parlé d'un faisceau particulier dont j'ai pu étudier la dégénérescence consécutivement à une lésion portant sur le pédoncule moyen, peut-être aussi sur le pédoncule postérieur : il va du cervelet au trapèze, se croise au raphé et, parvenu dans le champ réticulé médial, se place au-dessus (en arrière) du ruban et prend une direction ascendante. Il se place ensuite en dedans et en avant du noyau rouge, puis disparaît dans la s. grise du IIIᵉ ventricule : on ne connaît pas d'une façon certaine son trajet ultérieur. D'après PROBST il s'élèverait jusqu'au noyau ventral du thalamus.

Quant à la direction des fibres qui forment le pédoncule moyen, la méthode des dégénérations n'a pu y déceler jusqu'à présent que des fibres descendantes. On peut constater avec la méthode de Golgi que ces fibres représentent les neurites des cellules de Purkinje. Les recherches faites dans mon laboratoire par GERWER ont montré que l'ablation de l'écorce des lobes temporal et occipital entraîne, outre la dégénération du pied du pédoncule cérébral (faisceau externe), celle d'une partie des fibres du pédoncule cérébelleux moyen. On peut constater, d'autre part, avec le procédé au chromate d'argent que les éléments de ce pédoncule sont aussi formés en partie par les neurites des cellules pontiques : ces derniers même d'après CAJAL seraient les plus nombreux, ce qui ne semble pourtant pas être le cas chez les animaux supérieurs (1). On peut remarquer enfin, au moyen de cette méthode, que les axônes des cellules de Purkinje s'entre-croisent après leur entrée dans la protubérance : quelques-uns d'entre eux s'élèvent verticalement vers la calotte où ils font partie des fibres longitudinales de la Réticulée.

Les fibres descendantes du pédoncule moyen correspondent vraisemblablement à son faisceau spinal, les fibres ascendantes à son faisceau cérébral. Il est ainsi le lieu de confluence de courants nerveux venus de l'hémisphère cérébral du côté opposé et allant au cervelet par le faisceau cérébral, et de courants cérébelleux, allant par le faisceau spinal à la s. grise du pont,

---

[(1) D'après THOMAS, la dégénération du pédoncule moyen, telle qu'on l'observe après destruction d'un hémisphère cérébelleux, ne porte que sur la minorité des fibres qui le composent : la majorité proviendrait donc, non pas des cellules de Purkinje, mais des cellules de la protubérance : d'après le même auteur, les fibres dégénérées du pédoncule moyen augmentent de nombre avec le temps : de sorte que l'on s'explique par la plus longue survie des animaux opérés l'opinion des auteurs qui considèrent que la majorité des fibres du pédoncule viennent du cervelet : si la lésion de celui-ci était la cause directe de la dégénération des fibres du pédoncule, celle-ci porterait d'emblée sur la majorité de ces éléments : mais nous venons de voir qu'il n'en est rien, qu'elle est, au contraire, progressive et s'explique d'ailleurs grâce à l'atrophie constatée par THOMAS au niveau des cellules d'origine de ces fibres, c'est-à-dire des *cellules pontiques*.]

c'est à dire aux noyaux de la Réticulée. Mingazzini observa en effet chez de jeunes sujets, après ablation d'un hémisphère cérébelleux, la dég. du pédoncule cérébral du même côté et l'atrophie du pédoncule cérébelleux et du cervelet du côté opposé. Langley et Gruenbaum publièrent des résultats semblables. Herwer observa également, et d'une façon constante, la dégénération du f. latéral du pied du pédoncule après lésion des lobes temporal et occipital ; en outre la dégénération s'étendait au pédoncule cérébelleux moyen du côté opposé. Il en est de même chez l'homme : consécutivement aux destructions anciennes d'un hémisphère cérébral, on a maintes fois observé l'atrophie du pédoncule cérébral, du pédoncule inférieur et de l'hémisphère cerébelleux du côté opposé. Cela permet de conclure à l'existence d'une voie de conduction qui a son origine dans l'écorce cérébrale, se continue dans le champ externe du pied du pédoncule cérébral, s'interrompt dans les ganglions de la protubérance et gagne l'écorce du cervelet par son pédoncule moyen.

Grâce à l'intermédiaire de ce dernier qui est en rapport avec les fibres des champs externe et interne du pied pédonculaire, il existerait d'après Mingazzini et d'autres auteurs une connexion croisée entre le cervelet et l'écorce cérébrale. Cette voie d'union serait composée d'éléments centripètes et centrifuges ; mais les premiers ne se trouveraient ni dans le champ latéral, ni dans le champ interne du pied du pédoncule, où l'on n'a décrit jusqu'à présent que des systèmes descendants. Aussi ne peut–on considérer comme fondée cette opinion émise par Mingazzini au sujet de l'union prétendue du cervelet avec l'écorce cérébrale par des fibres centripètes passant par le pédoncule cérébral.

Article III. — Pédoncule cérébelleux supérieur.

Les fibres de ce pédoncule (*fig.239, cca,* p. 398 ; *fig.279, pc* ; *fig.280, pa*) s'entre-croisent avec celles du côté opposé au–dessous de la lame quadrijumelle. L'accord n'est pas encore fait sur leur origine : tandis que les uns les font provenir de toute l'écorce cérébelleuse, d'autres restreignent leur origine à la s. blanche du *noyau denté*. Aucune de ces deux opinions n'est absolument exacte : car il est prouvé que ce pédoncule naît en partie dans l'écorce, surtout dans le vermis et dans le territoire avoisinant, en partie dans les noyaux centraux : noyau du toit, noyau sphérique et corps denté.

Division topographique. — D'après son développement le pédoncule cérébelleux supérieur peut être divisé en quatre faisceaux (*fig. 279, pc^I, pc^II, pc^III, pc^IV*).

1° *Faisceau ventral* (*fig. 279, pc^IV*), situé dans la région médiane de la protubérance, en avant de tous les autres : il se développe de très bonne

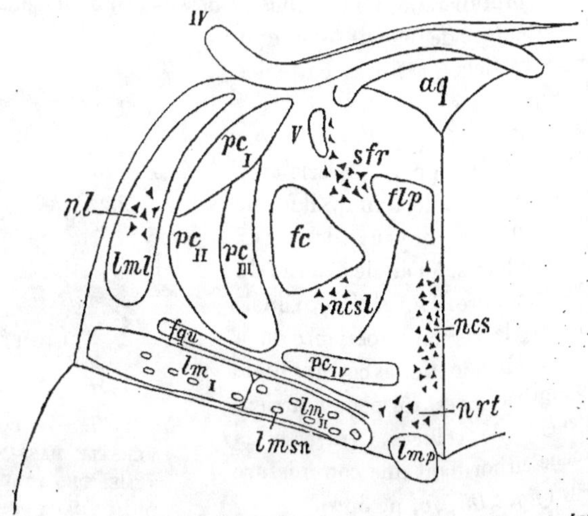

Fig. 279. — SCHÉMA DE LA DIVISION TOPOGRAPHIQUE DÚ PÉDONCULE CÉRÉBELLEUX SUPÉRIEUR.

aq, Aqueduc de Sylvius.
fc, Voie centrale de la calotte.
flp, Bandelette longitudinale postérieure.
fqu, Fibres allant de la région du quadrijumeau postérieur au noyau réticulé.
lm I, Fibres du ruban principal venant du noyau de Burdach.
lm II, Fibres venant du noyau de Goll.
lml, Ruban latéral ou acoustique.
lmp, Ruban interne ou médial accessoire pédonculaire.
lmsn, Faisceaux disséminés du ruban.
ncs, Noyau central supérieur.
ncsl, Noyau central supérieur latéral.
nl, Noyau du ruban latéral.
nrt, Partie antérieure du noyau réticulé de la calotte.
pc I, pc II, pc III, pc IV, Portions dorsale, moyenne, interne et ventrale du pédoncule cérébelleux supérieur.
sfr, Substantia ferruginea ou locus cœruleus.
IV, Racines du trochléaire.
V, Racine cérébrale du trijumeau.

heure : sa myélinisation est achevée chez le fœtus de 28 centimètres (*fig. 280, fv*).

2° *Faisceau dorsal* (*fig. 279, pc^I*), le plus postérieur, il ne se myélinise qu'à partir de 33 centimètres (*fig. 280, fd*).

3° *Faisceau moyen* ou *latéral* (*fig. 279, pc^II*), situé entre les deux précédents, se myélinise au stade de 35 à 38 centimètres (*fig. 281, fm*).

4° *Faisceau intermédiaire* ou *médial* (*fig. 279, pc^{III}*), formé de fibres situées soit entre les éléments des précédents, soit plus en dedans. Il ne se myélinise qu'après la naissance (*fig. 281, fi*) et se distingue du reste du pédoncule, du moins chez les jeunes sujets, par la finesse de ses éléments.

Cette division topographique n'est applicable qu'au niveau de la région moyenne de la protubérance ; elle subit au-dessus et au-dessous des modifications importantes : de plus, il se produit des échanges partiels de fibres entre les quatre faisceaux.

Le *f. ventral* (*fig. 280, fv*) ne semble pas avoir de rapports directs avec le cervelet. Nous avons déjà vu qu'il forme commissure entre les noyaux des deux branches vestibulaires, à l'angle externe du plancher ventriculaire. Du côté proximal, il se dirige vers la région supérieure de la protubérance, abandonne à ce niveau le pédoncule supérieur, et, un peu en arrière du croisement de celui-ci, traverse la ligne médiane en formant une commissure transversale (*fig. 205, fv*, p. 332).

Le *f. dorsal* (*fig. 279, pc'*) est principalement en rapport avec le n. du toit, et, par lui, avec la moitié correspondante du vermis supérieur (*fig. 274, fd, fnt*, p. 461). Ses éléments se croisent en même temps que le reste du pédoncule puis se dirigent vers le noyau rouge au niveau duquel il paraît s'interrompre, car chez des embryons de 35 à 38 centimètres de long où le faisceau dorsal est déjà myélinisé, on ne trouve plus de fibres myélinisées immédiatement en avant (au-dessus) du n. rouge.

Le *f. moyen* ou *latéral* (*fig. 279, pc''*) naît principalement du noyau sphérique et de l'embolus : cette origine est facile à constater chez le fœtus au moyen de coupes sériées. Ces deux noyaux, de leur côté, sont unis à l'écorce de la moitié correspondante du vermis supérieur et des territoires voisins (*fig. 274, fng*), écorce à laquelle le faisceau moyen se trouve ainsi relié indirectement : une partie de ses fibres y arrive même peut-être directement.

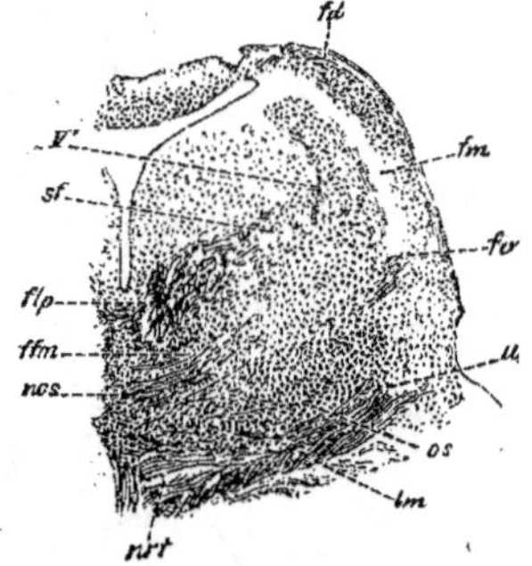

Fig. 280. — COUPE TRANS-
VERSALE PASSANT IMMÉDIA-
TEMENT EN ARRIÈRE DES QUA-
DRIJUMEAUX POSTÉRIEURS.

(Enfant nouveau-né.)

fd, Faisceau dorsal du pédoncule
    cérébelleux supérieur.
ffm, Fibres de la formation réti-
    culée allant au noyau central
    supérieur et au noyau réti-
    culé.
flp, Bandelette longitudinale posté-
    rieure.
fm, Faisceau interne et
fo, Faisceau ventral du pédoncule
    cérébelleux supérieur.
lm, Lemniscus.
ncs, Noyau central supérieur.
nrt, Noyau réticulé de la calotte.
os, Olive supérieure.
sf, S. ferrugineuse.
u, Ruban inférieur ou latéral.
V', Racine cérébrale du trijumeau.

Terminaison proximale, dégénération. — Après leur entre-croisement, les fibres du pédoncule supérieur se terminent pour la plupart dans le *noyau rouge* autour des cellules duquel elles épanouissent leurs ramifications terminales (*fig. 148*, p. 223); d'autres fibres, les plus externes, se rendent directement à la région ventro-distale de la couche optique (*fig. 224*, p. 371) où elles formeraient, d'après Brissaud, la lame médullaire externe. Enfin, la méthode de Marchi permet de mettre en évidence quelques fibres qui unissent le pédoncule supérieur au noyau de la IIIe paire du côté opposé. D'après Edinger et Klimow (1), le cervelet est vraisemblablement uni aux autres noyaux des nerfs moteurs oculaires; mais les voies qui assureraient cette connexion n'ont encore été qu'imparfaitement suivies.

Après ablation totale ou partielle d'un hémisphère cérébral, chez le chien ou chez le chat, ainsi que dans les cas de lésion du cerveau antérieur chez l'homme, on observa, à côté de la dég. de la capsule interne et de l'atrophie des ganglions basaux, une disparition complète des fibres de la partie latérale du n. rouge et l'atrophie secondaire du pédoncule cérébelleux supérieur du côté opposé. Ce dernier est donc en rapports croisés avec le cerveau antérieur, non pas directement, mais par l'intermédiaire du n. rouge et très probablement des autres ganglions de la

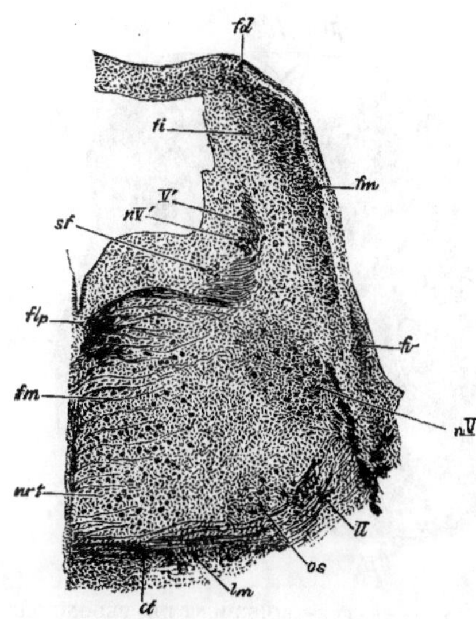

Fig. 281. — COUPE DE LA PROTUBÉRANCE ET DES PÉDONCULES CÉRÉBELLEUX SUPÉRIEURS.

(Enfant nouveau-né.)

ct, Corps trapézoïde.
fd, Faisceau dorsal et
fi, F. interne du pédoncule cérébelleux supérieur.
flp, Bandelette longitudinale postérieure.
fm (en haut et à droite), F. moyen du pédoncule cérébelleux supérieur.
fm (en bas, près de la ligne médiane), Fibres dorsales du champ interne de la formation réticulée.
fv, F. ventral du pédoncule cérébelleux supérieur.
ll, Ruban de Reil latéral.
lm, Ruban de Reil médian.
nrt, Noyau réticulé de la calotte.
nV, Noyau moteur du trijumeau.
nV', Noyau vésiculeux de la racine cérébrale du trijumeau.
os, Olive supérieure.
sf, Substantia ferruginea.
V' Racine cérébrale du trijumeau.

(1) *Wratsch*, 1896, no 37.

base du cerveau, le thalamus en particulier, et peut-être aussi le globus pallidus. La s. blanche dorsale et ventrale du n. rouge est unie aux portions ventrales et distales de la couche optique (v. MONAKOW). Les régions corticales auxquelles est uni le pédoncule cérébelleux supérieur seraient, d'après v. MONAKOW, les circonvolutions pariétales, l'insula et son opercule.

Quant à la question de savoir si tous les éléments du pédoncule supérieur sont croisés, elle est aujourd'hui résolue par la négative. Outre les fibres commissurales dont nous avons parlé plus haut et qui s'étendent entre les deux noyaux vestibulaires, il existe un petit faisceau qui échappe à l'entre-croisement et se rend directement au thalamus du même côté. Ce faisceau fut décrit par MARCHI ; il proviendrait, d'après MAHAIM, d'un noyau, le *nucleus minimus*, isolé par ce dernier auteur au sein du noyau rouge et formé d'une variété particulière de cellules, et recevrait peut-être un con-

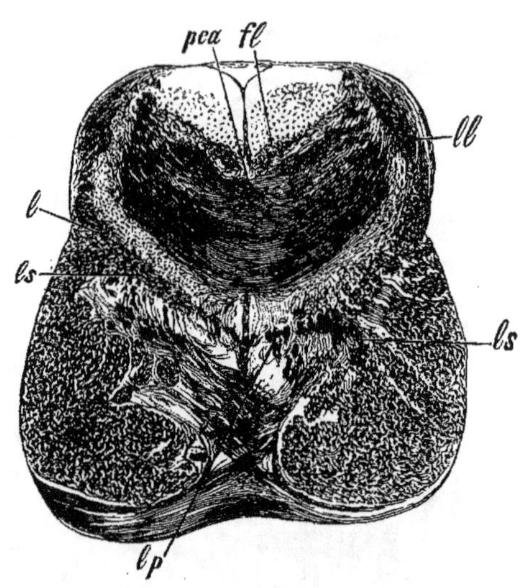

Fig. 282.— ENTRE-CROISEMENT DES PÉDONCULES CÉRÉBELLEUX SUPÉRIEURS.

(La pièce provient de l'encéphale d'un sujet adulte, porteur d'un ramollissement de la capsule interne droite.)

fl, Bandelette longitudinale postérieure.
l, Ruban de Reil.
ll, Ruban latéral avec son noyau.
lp, Ruban interne atrophié à gauche.
ls, Faisceaux accessoires disséminés du ruban : on les voit, à droite, pénétrer dans le pied du pédoncule cérébral.
pca, Entre-croisement des pédoncules cérébelleux supérieurs (noyaux blancs de la calotte).

(Méthode de Weigert.)

tingent de fibres des cellules disséminées du noyau rouge. La partie moyenne de celui-ci est l'origine de la majorité des fibres croisées ; un petit nombre naît des cellules particulièrement volumineuses de sa portion distale.

La section du pédoncule cérébelleux supérieur ne provoque pas uniquement l'atrophie du noyau denté, mais aussi une atrophie diffuse de tout l'hémisphère cérébelleux du côté opposé (FOREL). En outre, il ne contient pas uniquement des fibres centrifuges par rapport au cervelet : il est vrai que, consécutivement aux lésions en foyer de cet organe, il dégénère presque en entier(1); cette dégénération est ascendante par rapport au cervelet, mais on a également signalé la présence d'un faisceau descendant constaté par MENDEL (2), DÉJERINE (3), moi-même et quelques autres auteurs (4).

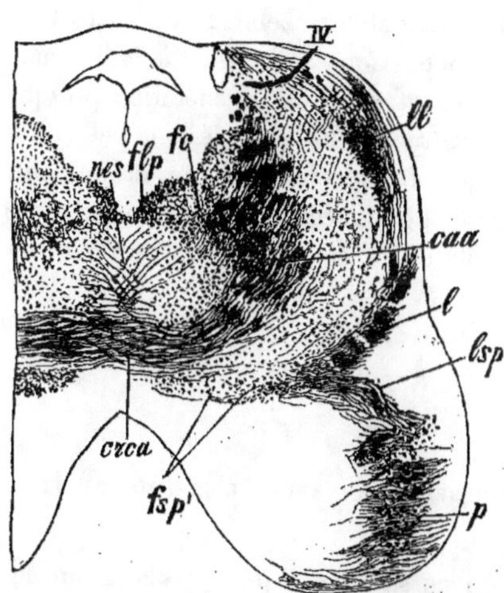

Fig. 283. — LES PÉDONCULES SUPÉRIEURS AU NIVEAU ET EN AVANT DE LEUR ENTRE-CROISEMENT.

(Coupe du tronc cérébral obliquement dirigée de haut en bas et d'arrière en avant. Enfant de quelques semaines. Méthode de Weigert.)

caa, *crca*, Entre-croisement des pédoncules cérébelleux supérieurs.
fc, Voie centrale de la calotte.
flp, Faisceau longitudinal postérieur.
fsp', Fibres fines disséminées de la couche du ruban.
l, Ruban principal.
ll, Ruban latéral.
lsp, Fibres du ruban allant dans le pied du pédoncule.
nes, Région du noyau central supérieur interne.
p, Voie pyramidale.
IV, Trochléaire, après son entre-croisement au-dessus de l'aqueduc.

D'après HELD le plus grand nombre des fibres du pédoncule naît dans le noyau denté, mais un petit nombre vient du noyau rouge et des quadrijumeaux et se termine dans le même noyau cérébelleux. CAJAL pratiqua chez des cobayes l'ablation de différents territoires corticaux du cervelet; il constata au Marchi dans le pédoncule supérieur du même côté, l'existence de fibres dégénérées qu'il put suivre à travers l'entre-croisement jusque dans le thalamus. Grâce à la méthode de Golgi, il put distinguer dans le pédoncule, conformément aux résultats de la méthode de Marchi, les neurites des cellules des noyaux centraux du cervelet, surtout du n. denté, et les fibres qui proviennent du noyau rouge et se terminent dans ce dernier.

Nous avons vu plus haut que d'après le même auteur, les fibres du pédoncule supérieur émettent, en atteignant la surface de la protubérance, des rameaux descendants qui constituent la *voie cérébelleuse latérale descendante;* celle-ci chemine dans la Réticulée,

<hr>

(1) Consécutivement aux atrophies ou aux lésions cérébelleuses anciennes, on observe habituellement l'atrophie du pédoncule supérieur et du n. rouge du côté opposé, quelquefois aussi celle du pulvinar (KRAMER, *loc. cit.*).
(2) *Neurol. Centralbl.*, 1885.
(3) *Soc. de Biologie*, 1895.
(4) *Arch. f. Psychiatric*, 1897.

immédiatement en dedans de la substance de Rolando, jusqu'à la région olivaire : on ne peut la suivre plus bas. Sur tout son trajet elle envoie des collatérales aux noyaux du tronc cérébral.

[Cette branche descendante du pédoncule cérébelleux supérieur a pu être mise en évidence par l'expérimentation. Consécutivement à la destruction unilatérale du cervelet, THOMAS décrivit, outre la dégénération presque totale du pédoncule cérébelleux supérieur du côté de la lésion, celle d'un petit nombre de fibres qui se localisaient, au-dessous de l'entre-croisement, dans la substance réticulée le long de la ligne médiane : la plupart d'entre elles s'épuisaient dans le noyau réticulé de la calotte protubérantielle ; les autres se terminaient bientôt après.]

ARTICLE IV. — LES PÉDONCULES CÉRÉBELLEUX D'APRÈS L'EXPÉRIMENTATION.

Jusqu'à ces dernières années on ne savait que peu de chose sur les dégénérations expérimentales des pédoncules cérébelleux. Après ablation d'un hémisphère du cervelet, MARCHI (1) observa les dégénérations suivantes :

1° Des pédoncules antérieur et moyen : quelques fibres de ce dernier se joignaient probablement au ruban et descendaient avec lui dans le cordon antéro-latéral de la moelle ;

2° Des racines du trijumeau ;

3° Du ruban ;

4° De la bandelette longitudinale postérieure de chaque côté ;

5° D'un faisceau situé en arrière et en dehors du pédoncule supérieur (f. antéro-latéral ?) ;

6° Du pédoncule postérieur et du corps restiforme ;

7° Des fibres arquées externes allant à l'olive du côté opposé.

Mêmes lésions secondaires, mais étendues aux deux côtés, après l'ablation totale du cervelet. Consécutivement à l'ablation du lobe moyen, cet auteur vit dégénérer :

1° Le pédoncule supérieur (en partie) ;

2° La plus grande partie du ruban ;

3° La bandelette longitudinale postérieure ;

4° Les racines du M. O. C., et des fibres de la bandelette optique ;

(1) *Rivista sper. di freniatria*, vol. XVII.

5° Des fibres du pédoncule moyen ;

6° La portion externe du pédoncule inférieur ;

7° Une partie des fibres du trapèze ;

8° Des fibres de certains nerfs craniens, en particulier le M. O. C., le trijumeau, l'acoustique et l'hypoglosse.

R. Russel (1) a décrit les dégénérations suivantes comme suites de l'ablation d'une moitié du cervelet :

Tous les pédoncules du côté de la lésion expérimentale ;

Pour le pédoncule supérieur du côté opposé, la lésion secondaire se continuait, du côté distal, par la partie moyenne du cervelet, jusqu'au territoire lésé ; celle du pédoncule supérieur du côté lésé s'étendait jusqu'au thalamus et au n. rouge du côté opposé. Dans le pédoncule moyen la dégénération allait aux noyaux pontiques du côté opposé ; cependant on ne pouvait constater la présence de fibres dégénérées allant du pont au ruban, à la bandelette longitudinale postérieure ni au corps strié, suivant la description faite par Marchi. Les fibres dégénérées du pédoncule inférieur atteignaient ordinairement la région latérale du bulbe et, au-dessous de l'entrecroisement sensitif, ne formaient plus de faisceau distinct : elles allaient aux deux olives supérieures. On pouvait suivre des éléments dégénérés isolés dans la portion antéro-latérale de la moelle cervicale au niveau de laquelle la dégénération s'arrêtait : de même, contrairement aux observations de Marchi, il n'y avait pas de lésion des fibres radiculaires des nerfs craniens : la dég. constatée par ce dernier auteur dans le f. antéro-latéral descendant ou antéro-marginal est explicable par la lésion du noyau de Deiters ou des noyaux des cordons postérieurs du même côté.

Ferrier et Turner (2) ont observé, consécutivement à des destructions totales ou partielles du cervelet, la dégénération du pédoncule supérieur du côté de la lésion, l'atrophie de quelques-uns de ses faisceaux, la disparition des fibres du noyau rouge du côté opposé et l'atrophie de celles qui vont de ce noyau au thalamus : ils ne purent préciser le trajet des voies de prolongement jusqu'à l'écorce. Dans le pédoncule moyen, après décérébellation totale, on trouvait une atrophie presque complète de toutes les fibres transversales de la protubérance. Après destruction unilatérale, il était facile de voir que ce pédoncule subit dans la protubérance un entre-croisement complet et pénètre dans la s. grise du côté opposé. Dans le pédoncule inférieur, la lésion secondaire variait selon le siège de la lésion cérébelleuse : elle occupait la portion externe, après destruction des hémisphères, et le champ interne, après destruction du lobe moyen : dans ce dernier cas le noyau de

(1) *Proceeding of the R. Soc.*, vol. LVI, 33.
(2) *Philosophic Transact.*, vol. CLXXXV.

Deiters subissait également l'atrophie : on pouvait ainsi, grâce à ces lésions, suivre dans toute son étenduc la voie cérébello-spinale sur le parcours de laquelle ce noyau se trouve intercalé ; inversement, la voie centrifuge cérébello-olivaire correspondrait au champ externe du pédoncule inférieur.

Dans la moelle, la destruction même complète du cervelet n'entraîna pas de lésions dégénératives: celles-ci se rencontraient, par contre, d'une manière constante, quand il y avait des cellules dégénérées dans le noyau de Deiters.

Après section du pédoncule supérieur on voyait dégénérer de bas en haut un faisceau qui passait par le voile médullaire et aboutissait au cervelet; c'est là la voie centrale du *faisceau antéro-latéral*. Enfin la destruction isolée des noyaux des cordons postérieurs entraînait une dégénération ascendante de fibres du ruban et du c. restiforme, ce qui démontre les connexions directes du noyau cunéiforme avec le cervelet.

PELLIZZI (1) résume ainsi les résultats de ses recherches sur le même sujet. Après lésion du lobe moyen, dégénération : 1° du pédoncule supérieur et du faisceau antéro-latéral; 2° du champ interne du pédoncule moyen avec les fibres des strata complexum et profondum de la protubérance ; 3° du f. pyramidal ; 4° du ruban ; 5° du trapèze ; 6° du c. restiforme avec les fibres cérébello-olivaires, les fibres arquées externes et le Cérébelleux direct. Les autres dégénérations qu'observa cet auteur étaient contingentes ou dues aux lésions des noyaux voisins. Le f. descendant antéro-marginal fut également trouvé dégénéré, de même qu'un certain nombre de fibres descendantes localisées le long du bord ventral du cordon antérieur.

Nous avons déjà parlé des recherches de BIEDL (2) et de celles qui furent poursuivies par BASILEWSKI (3) dans mon laboratoire : les résultats obtenus par ce dernier auteur furent plus tard pleinement confirmés par THOMAS (4).

Cet auteur a traité dans tous ses détails, et avec la méthode la plus rigoureuse, la question des connexions du cervelet. Nous ne rapporterons ici que les plus importantes des conclusions auxquelles il est arrivé, grâce à l'emploi de la méthode des dégénérations et du procédé de MARCHI.

Contrairement à FERRIER, TURNER, et à d'autres auteurs, THOMAS admet avec MARCHI la présence de voies cérébelleuses descendantes, ayant à peu près le trajet décrit par ce dernier; elles proviennent du c. denté : leur degré de dégénération dépend donc du degré de la lésion de ce noyau. Il admet aussi l'union des noyaux centraux du cervelet avec le n. de Deiters et le noyau vestibulaire principal : cette connexion est surtout directe. Il consi—dère le c. denté comme un noyau intercalé sur la voie des fibres qui émergent

(1) *Rivista sper. di freniatria.* vol. XXI, 1895.
(2) *Neurol. Centr.*, 1895, nᵒˢ 10 et 11.
(3) *Thèse de Pétersbourg*, 1896.
(4) *Société de Biologie*, 1896, n° 20, et thèse de Paris, 1897.

du cervelet (fibres efférentes). Les voies cérébelleuses allant à la moelle passent par le pédoncule inférieur; celles qui se dirigent du côté proximal, par le pédoncule supérieur. Une grande partie des éléments de celui-ci se termine dans le noyau rouge, mais la dégénération dépasse ce noyau pour se continuer, dans la capsule, jusqu'au niveau du thalamus : là ses fibres se terminent principalement dans le noyau central de Monakow, et aussi dans la partie postérieure du noyau médian du même auteur : le noyau antérieur ne reçoit aucun élément du pédoncule supérieur : le noyau médian de Luys en reçoit peut-être quelques-uns. Au delà de la couche optique, Thomas n'est jamais parvenu à suivre jusqu'au noyau lenticulaire ou jusqu'à l'écorce des fibres du péd. supérieur. Outre les fibres ascendantes, il admet la présence dans ce dernier d'un f. descendant se terminant dans le noyau réticulé du toit de la protubérance. Quant à l'origine de ce pédoncule, Thomas conclut de ses expériences qu'une lésion localisée à l'écorce du cervelet n'y produit pas une dégénération notable, contrairement à ce qui s'observe constamment après les lésions du noyau denté : le degré de la lésion secondaire étant alors toujours en rapport avec celui de la lésion causale ; une partie des fibres du pédoncule supérieur naît peut-être dans le noyau du toit.

Après ablation unilatérale du cervelet, Thomas nota la dég. bilatérale d'un faisceau qu'il décrit sous le nom de *f. rétropédonculaire*, et qui, situé dans une petite dépression du bord latéral de la portion supérieure du pédoncule supérieur, se termine dans la s. grise qui sépare ce dernier du *f. en crochet*; il ne se continue donc pas au-dessus de l'entre-croisement du péd. supérieur; il dégénère surtout du côté de la lésion expérimentale. Le *f. en crochet*, enfin, dégénère aussi des deux côtés après extirpation unilatérale du cervelet. Il est curviligne et passe, comme le faisceau de Gowers, sur la surface externe du pédoncule supérieur, pénètre ensuite entre le c. restiforme et la racine cérébrale du Vᵉ et se joint plus bas au cérébello-vestibulaire. Il dégénère des deux côtés après extirpation unilatérale du cervelet : la dég. unilatérale, observée par Russell et d'autres auteurs, tient d'après Thomas à ce que l'excision n'a pas été complète : si l'entre-croisement des deux faisceaux est conservé le f. en crochet dégénère du côté opéré. Comme ce croisement continue à s'effectuer au-dessous de la demi-hauteur au vermis, on observe régulièrement, dans les lésions de la moitié inférieure du cervelet, la dég. du faisceau du côté opposé. Celle-ci, par contre, manque toujours dans les lésions purement corticales : elle ne se produit que consécutivement aux lésions du c. denté. Ce faisceau paraît aussi recevoir une partie de ses fibres du noyau du toit ; par contre, il n'aurait aucun rapport avec le vermis car la destruction du lobe latéral, le vermis étant respecté, produit une dégénération aussi accusée qu'une extirpation complète de la moitié du cervelet.

Quant aux *rapports du cervelet avec la protubérance*, les lésions du premier déterminent, d'après Thomas, une dégénération peu accusée du péd. moyen. Même après extirpation unilatérale, la dég. ne porte que sur une petite partie de ses fibres : la majorité d'entre elles va donc de la protubérance au cervelet. Le pédoncule moyen ne dégénère que du même côté. Ses fibres descendantes viennent de l'écorce cérébelleuse.

Klimow (1) pratiqua un grand nombre de lésions expérimentales de différentes régions du cervelet et employa pour l'examen anatomique la méthode de Marchi. Il arriva aux conclusions suivantes :

1° Selon toute vraisemblance, le *c. restiforme* ne contient que des fibres centripètes. Sa portion dorsale est formée de fibres qui proviennent des noyaux de Goll et de Burdach (d'après l'opinion de cet auteur il n'existe pas d'éléments qui viennent directement des cordons postérieurs); le territoire du cervelet où s'épanouissent les fibres de la portion interne n'est pas le même que celui de la portion ventrale qui représente la continuation immédiate d'un certain nombre de fibres arciformes externes et antérieures. Dans la portion interne (médiale) du même pédoncule, il n'existe pas de fibres centripètes allant au cervelet.

2° Le *pédoncule moyen* est formé presque exclusivement de fibres centripètes ; elles naissent pour la plupart dans la s. grise protubérantielle, du côté opposé, et se terminent en majeure partie dans l'hémisphère et le flocculus.

3° Le *pédoncule supérieur* paraît ne contenir que des éléments centrifuges qui naissent tous dans le noyau denté et se rendent au cerveau. Des volutes latérales de ce noyau partent des fibres, lesquelles, ainsi que l'auteur le spécifie à plusieurs reprises, se rendraient à la partie moyenne du pédoncule ; la dégénération du tiers supérieur de ce dernier dépend de la lésion de la portion antéro-supérieure du noyau ; la dégénération du tiers inférieur, d'une lésion de la portion postéro-inférieure du même amas de substance grise. Les fibres de ce pédoncule subissent en dehors du cervelet un entre-croisement total ; leur terminaison principale se trouve dans le noyau rouge du côté opposé qu'elles ne dépassent pas dans la direction proximale ; cependant, dans trois expériences, l'auteur put suivre quelques fibres dégénérées au delà de ce noyau jusque dans la partie postérieure du noyau du M. O. C. du côté opposé, et, en plus petit nombre, du même côté. Il faut encore ajouter ici que d'après cet auteur le f. antéro-marginal de Loewenthal ne naît pas dans le cervelet, mais dans le noyau de Deiters, que, de plus, le f. intermédiaire de Loewenthal représente une voie descendante venant, non pas du cervelet, mais du quadrijumeau postérieur du même côté.

(1) *Les Voies de conduction du cervelet*, thèse de Kasan, 1897 (en russe).

Les fibres sagittales du vermis représentent d'après cet auteur un système cérébelleux centrifuge : elles proviennent de toutes les circonvolutions de chaque lobe, cheminent dans sa substance blanche, à peu près parallèlement les unes aux autres, et se terminent dans le noyau du toit. Elles ne paraissent pas s'entre-croiser sur la ligne médiane. Aux fibres sagittales venues de chacun des lobes cérébelleux, correspond dans le noyau du toit un territoire de terminaisons par arborisation péricellulaire, rigoureusement déterminé. Une partie des fibres sagittales du vermis ne se termine du reste pas dans le noyau du toit du même côté, mais se dirige en dehors, se condense en puissants faisceaux et se rend aux parties latérales de la s. blanche du noyau. Ces faisceaux que l'auteur désigne par le terme de *vermiformes*, cheminent au milieu des cellules de la portion interne du noyau denté, se joignent plus loin au côté interne du c. restiforme et se terminent entre les grandes cellules du noyau de Deiters. Ils proviennent également de la moitié correspondante du vermis et se terminent dans le Deiters sans se prolonger vers la moelle.

Si nous jetons un coup d'œil d'ensemble sur les résultats de ces recherches expérimentales, nous voyons qu'il existe entre les auteurs des discordances importantes et dont la critique demanderait la reprise en détail de chaque expérience. Il n'est pourtant pas sans intérêt d'avoir pris connaissance de ces différents travaux, car chacun contient des données de grande valeur pour l'explication de certaines particularités, données dont l'importance est d'ailleurs mise en lumière par les descriptions que nous avons faites antérieurement.

D'après l'opinion très répandue de STILLING, l'origine des trois pédoncules du cervelet serait également répartie dans toute la s. grise de cet organe. MARCHI a essayé de confirmer cette ancienne manière de voir, avec certaines restrictions toutefois : le c. denté enverrait plus de fibres au pédoncule moyen que tout le reste de la s. grise, et le vermis fournirait surtout le pédoncule inférieur. Mais l'étude du cervelet chez l'embryon — méthode qui donne, à ce point de vue, des résultats tout à fait décisifs — force à reconnaître que cette hypothèse repose sur une erreur évidente (1).

Les voies cérébro-cérébelleuses sont en majeure partie croisées ; dans les cas de lésions anciennes des hémisphères cérébraux on constate ordinairement l'atrophie croisée du cervelet ; d'après MINGAZZINI cette atrophie dépendrait uniquement de la lésion de la couche optique : celle-ci étant intacte,

---

(1) Le f. longitudinal dorsal et la couche interolivaire (ruban) sont unis, d'après MARCHI, au lobe moyen du cervelet par des fibres du pédoncule qui seraient en connexion avec certains nerfs craniens, la s. grise protubérantielle et les quadrijumeaux. En même temps, les deux faisceaux, après s'être réunis l'un à l'autre dans la région de l'olive, se continueraient dans les cordons antéro-latéraux de la moelle.

le cervelet demeurerait tel malgré la lésion concomitante de l'hémisphère cérébral du côté opposé ; contrairement à cette opinion, j'ai observé à plusieurs reprises l'atrophie croisée du cervelet, consécutivement à des lésions anciennes et étendues, mais limitées à l'hémisphère (écorce et centre ovale).

Article V. — Association et rapports réciproques des différents systèmes du cervelet.

Les systèmes d'association du cervelet sont d'une complexité comparable à celle des systèmes analogues du cerveau : ils établissent des connexions entre les groupes de cellules d'un même territoire, entre circonvolutions voisines (fibres arciformes), entre les lobules ou les autres portions du cervelet (fibres en guirlandes de Stilling). Ces voies d'union n'ont encore été que très imparfaitement étudiées par la méthode des dégénérations. D'après les derniers travaux de Klimow (méthode de Marchi), chaque lame du vermis émet des fibres pour les lames voisines du vermis même ou des hémisphères. De plus, chaque territoire de ces derniers est uni à une région voisine et aux différentes portions du vermis. Cet auteur considère comme douteuse l'existence de fibres commissurales interhémisphériques.

Flocculus. — Il nous faut décrire à part le *pédoncule du flocculus* (*fig.* 284, *pf*); ne serait-ce qu'en raison de la précocité relative de son développement. Chez le fœtus presque à terme, on le voit très facilement sous forme d'un tractus de fibres myéliniques entourées de substance grise : on constate qu'il tire sa principale origine de l'écorce de la partie ventrale du flocculus (*fig.* 275, p. 464 et *fig.* 277, p. 467). De là ses fibres se dirigent d'abord en arrière et s'élèvent le long du bord interne des hémisphères cérébelleux sur le toit du IVe ventricule en se dirigeant vers le vermis. On peut les suivre sans peine jusqu'au noyau denté. L'étude de leur trajet ultérieur sur des coupes frontales à travers le cervelet et le bulbe se heurte à certaines difficultés, car après s'être incurvé de dehors en dedans et d'en haut en bas autour du corps restiforme et s'être élevé sur le toit cérébelleux jusqu'au niveau du pédoncule supérieur, il semble s'arrêter à la portion ventrale de celui-ci. Quelques-unes de ses fibres se dirigent en dedans au moment où elles côtoient la portion disto-latérale du c. restiforme et sont ainsi bientôt perdues de vue. Sur des coupes obliques d'arrière en avant, de haut en bas et de dehors en dedans on peut se rendre compte que la tige du flocculus, après avoir croisé à angle aigu le pédoncule cérébelleux supérieur, se dirige en haut et en dedans vers la région des noyaux centraux du cervelet et vers l'écorce du vermis. Là elle prend part à la formation d'une commissure située au-dessus et dans l'intervalle des noyaux du toit et gagne ainsi l'autre côté. C'est dans le noyau vestibulaire que se terminent d'après Schstcher-back les fibres à trajet concave en dedans du pédoncule du flocculus (1).

Fig. 284. — LE FLOCCULUS ET SON PÉDONCULE.

(Enfant de quelques semaines. Méthode de Weigert.) *pf*, Pédoncule du flocculus.

Celui-ci, d'après Thomas, dégénère, ainsi que l'écorce du vermis, après destruction unilatérale du cervelet : les fibres dégénérées du vermis représenteraient les éléments du corps restiforme. Il en est autrement pour les fibres du flocculus ; elles dégénèrent toujours des deux côtés, après destruction d'une moitié, comme après destruction d'un seul lobe du cervelet : mais le nombre des fibres dégénérées est toujours inférieur à celui des fibres saines : celles-ci trouvent leur origine dans le flocculus lui-même. Les voies centrifuges de ce dernier doivent être cherchées, d'après Klimow, dans ces fibres qui passent par sa tige ou son pédoncule et se terminent dans la saillie latérale du corps denté du même côté : il faut probablement attribuer le même rôle de conduction à la partie des stries qui s'arrêtent dans le noyau de Deiters. Toutes les lames du flocculus sont unies entre elles par des fibres d'association.

D'autres fibres de même nature se rendent au vermis le long du côté dorsal du prolongement antérieur du corps denté et se perdent dans les lames d'un lobe latéral (lobe C. de l'auteur) de l'hémisphère correspondant. Il est peu probable qu'il existe des fibres commissurales dans le flocculus.

Rapports réciproques des différents éléments nerveux du cervelet. — Nous avons déjà exposé, d'après Cajal, les nombreuses particularités que nous offrent, à ce point de vue, les cellules de Purkinje, qui se distinguent d'ailleurs des autres éléments de l'écorce par leur taille et la richesse de leurs arborisations (*fig.* 285). Leurs neurites traversent la couche des grains et se rendent dans la s. blanche. Ils émettent des collatérales dont un grand nombre sont récurrentes et se ramifient dans le voisinage de la cellule d'origine. De là profondeur de l'écorce arrivent encore jusqu'aux cellules de Purkinje des fibres qui entourent de leurs fines ramifications le corps de ces éléments et leurs prolongements protoplasmiques (*fig. 251, a,* p. 436).

D'autre part, par l'intermédiaire de leurs dendrites de deuxième et de

(1) *Neurol. Centralbl.,* 1893, n° 7.

troisième ordre, les cellules de Purkinje sont en connexion avec les neurites de la couche des grains ; ces derniers, de leur côté, sont unis les uns aux autres ainsi que nous l'avons vu plus haut (*fig. 262, p. 445*). Enfin, des neurites horizontaux de la couche moléculaire partent des collatérales qui se rendent vers la couche profonde et envoient leurs terminaisons libres autour des cellules de Purkinje (*fig. 253, p. 437*). Chacune de celles-ci se trouve ainsi mise en communication avec un grand nombre de cellules proches ou éloignées, et comme il est très vraisemblable que les neurites et leurs ramifications possèdent la conduction cellulifuge, elle reçoit des fibres terminales qui l'entourent l'influx qui la met en charge. La cellule de Purkinje appartient donc au même titre aux voies cérébelleuses centripètes et centrifuges, tandis que, par les éléments de la couche des grains et de la couche moléculaire, elle est associée à ses congénères et aux autres cellules de l'écorce.

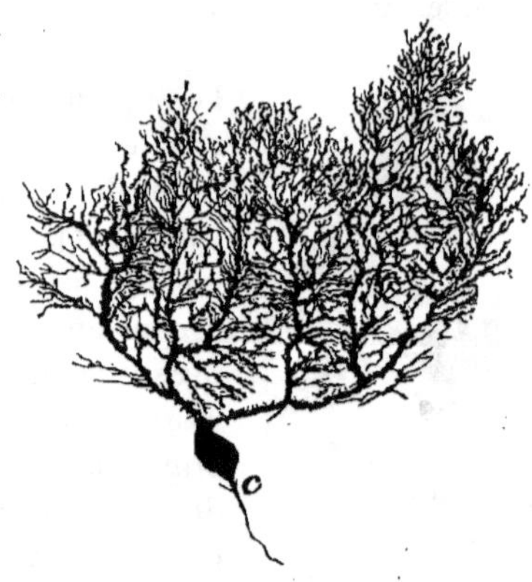

Fig. 285. — CELLULE DE PURKINJE VUE DE FACE.

(Coupe transversale d'une lamelle du cervelet. Méthode de Golgi.)
c, Axône.

Terminaison des fibres des pédoncules cérébelleux. — Les fibres du corps restiforme qui se rendent au vermis arrivent dans la couche des grains soit sous forme de fibres moussues, soit sous forme de fibres grimpantes et enlacent les ramifications dendritiques des cellules de Purkinje (CAJAL). Elles envoient en outre de puissantes collatérales aux territoires voisins du vermis et du corps denté (HELD) ; pendant leur trajet bulbaire elles en abandonnent également au noyau de l'acoustique, au noyau de Deiters et au noyau vestibulaire. Le corps restiforme contient encore des fibres qui naissent dans le cervelet et représentent les axônes des cellules de Purkinje ou des cellules du noyau denté ; elles se rendent aux olives inférieures et aux noyaux bulbaires des cordons latéraux.

Le *pédoncule supérieur* tire la majorité de ses éléments de la s. grise cérébelleuse particulièrement de celle des noyaux centraux ; un petit nombre seulement se termine dans le corps denté. Comme les cellules d'origine de ce noyau sont entourées par des collatérales venues du corps restiforme, les excitations de la moelle et du bulbe peuvent passer au pédoncule supérieur sans l'entremise de l'écorce cérébelleuse (HELD).

Les fibres du *pédoncule moyen* proviennent en partie des cellules de Purkinje. Elles se terminent dans la protubérance. Quelques-unes de leurs collatérales traversent la ligne médiane. D'après HELD, un certain nombre de fibres de ce pédoncule naissent dans la s. grise de la protubérance et se rendent au cervelet sous forme de fibres moussues, peut-être aussi sous un tout autre aspect. En outre, des neurites venus des deux moitiés de la protubérance arrivent en convergeant vers le raphé et y prennent une direction ascendante pour former le faisceau vertical ; enfin, une partie des fibres cylindraxiles venues de la substance grise protubérantielle se joint aux fibres longitudinales de la voie cérébro-pontique (HELD). Une autre partie, probablement considérable, des fibres pontiques longitudinales se termine dans la protubérance même ; cela est mis hors de doute par certaines observations de dégénération ascendante de cette région du névraxe. D'autre part, sur les préparations au Golgi, on peut distinguer les terminaisons pénicillées de ces fibres au milieu des fibres de petit diamètre et à myélinisation tardive, dont le feutrage particulièrement serré représente le plexus protubérantiel, à côté des collatérales des systèmes de fibres plus volumineuses qui traversent cette formation : faisceau pyramidal, ruban de Reil, fibres longitudinales du pont et du pédoncule moyen.

BIBLIOGRAPHIE. — Voies de conduction du cervelet. — BASILEWSKI : « Dég. descendante récente consécutive à la section du pédoncule cérébelleux inférieur, examinée par la méthode de Marchi », *Clin. neurol. de Pétersbourg*, 25 janvier 1896 et *Rev. Neurol.*, 1896. — BECHTEREW : « Sur la constitution du corps restiforme », *Neurol. Centrabl.*, 1885 et *Arch. f. Anat. u. Pysch., Anat. Abtheil.*, 1886 ; — « Sur la répartition en deux faisceaux des fibres du pédoncule cérébelleux moyen », *Wratsch*, 1885 (en russe) ; *Neurol.* « Sur l'anatomie des pédoncules cérébelleux, en particulier des pédoncules moyens », *Neurol. Central.*, 1885 ; — « Sur deux faisceaux situés dans la portion interne du pédoncule cérébelleux inférieur et sur le développement du nerf auditif », *Wratsch*, 1885 (en russe) ; — « Sur les fibres du pédoncule cérébelleux supérieur », *Verhandl. der psych. Gesell.* Petersburg, 1885 (en russe) ; — « Sur les connexions des olives supérieures et leur rôle physiologique probable », *Neurol. Centralbl.*, 1885 ; — « Sur une nouvelle connexion des olives bulbaires et du cerveau », *Neurol. Centralbl.*, 1885. BIDDL : « Voies descendantes du cervelet », *Neurol. Centralbl.*, 1895, nos 10 et 11, et *Arch. de Neurol.*, 1896, t. I, p. 476. — BRUCE : BROSSET : *Contr. à l'étude des connexions du cervelet*, thèse de Lyon, 1890. — « Note sur la terminaison des faisceaux cérébelleux direct et antéro-latéral », *Anal. in Rev. Neurol.*, 1898 ; — « Sur le flocculus », *Brain*, automne 1893, et *Arch. de Neurol.*, 1896, p. 401. — CENI (C.) : « Étude des voies cérébro-bulbaires et cérébro-cérébelleuses dans un cas de lésion de la calotte du pédoncule cérébral », *Riv. sperim. di fren.*, XXIV, 1898. — DARKSCHEWITCH et FREUD : « Sur les rapports du corps restiforme avec les noyaux des cordons postérieurs, etc. », *Neurol. Centralbl.*, 1886. — DAVIES : « Le cervelet », londres, 1898. — EDINGER : « Sur le trajet des fibres des cordons postérieurs dans le bulbe et le pédoncule cérébelleux inférieur », *Neurol. Centralbl.*, 1885. — FERRIER et TURNER : « Recherches expérimentales sur les faisceaux afférents et efférents du cervelet », *Proc. R. Soc.*, London, 1897, p. 379. — HELD : « Recherches sur la structure fine du cervelet et du tronc cérébral », *Arch. f. Anat. u. Physiol., Anat. Abt.*, 1892 et 1893. — HENRICK : « Sur l'architecture du cervelet », *Journ. of comp. Neurology*, 1891. — Klimoff : « Connexions du cervelet avec le noyau oculo-moteur commun », *Wratsch*, 1896. — Levaditi : Un cas de tubercule de la protubérance (radiations du noyau rouge), *Rev. Neurol.*, 1899. — Lœwenthal : « Sur les relations réciproques des éléments nerveux de l'écorce cérébelleuse », *Unters. zur naturl. des Menschen u. d. Tiere*, 1896, vol. XV. — Marchi : « Sur les dégénérations consécutives à l'extirpation totale et partielle du cervelet », *Riv. sper. di freniatria*, 1886, et *Arch. Ital. de Biol.*, 1886. — Martinotti et Mergandino : « Recherches sur les altérations de la moelle épinière qui accompagnent les lésions du cervelet », *Morgagni*, XXX, 1888. — Mendel : « Dég. secondaires dans le pédoncule cérébelleux supérieur », *Neurol. Centralbl.*, 1882. — Mingazzini : « Recherches complémentaires sur le trajet du pédoncule cérébelleux moyen », *Internat. Monat. f. Anat. u. Physiol.*, 1891, vol. VIII ; — « Sur la voie croisée cérébro-cérébelleuse », *Neurol. Centralbl.*, 1895, n° 15. — Mirto : Sulle degenerazioni secondarie cerebello-cerebrali negli peduncoli medii e superiori, *Arch. per le Sc. med.*, XX, p. 19, 1898. — Monakow : « Contr. expérimentale à l'étude du corps restiforme, du noyau externe de l'acoustique et de leurs rapports avec la moelle », *Arch. f. Psych.*, vol. XIV. — Mott : « Les voies afférentes de la moelle au cervelet chez le singe », *Monatsch. f. Psych. u. Neurol,*, 1897. — Pelizzi : Sur les dég. secondaires dans le système nerveux central à la suite de lésions de la moelle et de la section de racines spinales ; contr. à l'anatomie et à la physiologie des voies cérébelleuses, *Arch. Ital. de Biol.*, vol. XXIV, 1895 ; — « Dégénérations consécutives aux lésions du cervelet », *Rev. sper. di fren.*, 1895, vol. XXI ; — « *Sur le trajet dans le bulbe, le cerveau postérieur et le cervelet des fibres à dég. ascendante du cordon antéro-latéral et les rapports des cordons postérieurs avec le corps restiforme* », Torino, Spandre et Lazzari, 1895. — Perrier : « Cervelet et ses rapports », *Brain*, 1894. — Roller : « Connexions cérébrales et cérébelleuses des III° à XII° paires craniennes. Les racines spinales des nerfs craniens sensitifs ». *Allg. Zeitsch. f. Psych.*, 1882, vol. XXXVIII, p. 228. — Schtscherbach : « Sur le pédoncule du flocculus », *Neurol. Centralbl.*, 1893. — Slilling ; « *Recherches sur la structure du cervelet de l'homme* », Kassel, 1864, 1878. — Teljatnik : « Sur les connexions du cervelet avec le reste du système nerveux central », *Neurol. Bote*, vol. VI, (en russe). — Thomas : Sur un cas de titubation cérébelleuse déterminée chez le chat par une lésion expérimentale localisée au noyau du toit, *Soc. de Biol.*, 1896 ; — Fibres cérébelleuses descendantes, *Soc. de Biol.*, 1896 ; — Sur les fibres d'union de la moelle avec les autres centres nerveux et principalement sur les faisceaux cérébelleux ascendants, *Soc. de Biol.*, 1897 ; — *Le cervelet, étude anatomique, clinique et physiologique*, thèse de Paris, 1897, Steinheil ; — Atrophies cellulaires consécutives aux lésions du cervelet, *Soc. de Biol.*, 1899. — Véjas : « Contr. expérimentale à l'étude des voies d'union du cervelet et du trajet des faisceaux grêle et cunéiforme », *Arch. f. Psych.*, vol. XVI.

Voir la bibliographie du chapitre III de la deuxième partie, p. 174.

CHAPITRE III

DÉVELOPPEMENT. RÉSUMÉ PHYSIOLOGIQUE

Avant d'aborder l'importante question des rapports du cervelet avec la sphère motrice et de son rôle dans la conservation de l'équilibre, il est indispensable d'exposer brièvement les fonctions attribuées à ses voies de conduction ; cette étude se subordonne d'ailleurs naturellement à celle de leur myélinisation. Quant à la contribution apportée par le cervelet au psychisme général, nous ne pourrons ici en entreprendre l'analyse.

Développement des systèmes de conduction cérébelleux. — Les premiers systèmes qui arrivent à leur complet développement sont le cérébelleux direct et les fibres centrales du c. restiforme qui correspondent aux noyaux latéraux du bulbe. Leur myélinisation a lieu vers le sixième mois de la vie fœtale. C'est également de très bonne heure que se myélinisent les fibres cérébelleuses descendantes du faisceau antéro-marginal. Ces systèmes forment le c. restiforme primaire et représentent en même temps les voies primaires du cervelet. Un peu plus tard, c'est le tour des fibres internes du pédoncule inférieur qui mettent les noyaux du toit en relation avec les olives supérieures. Vers le huitième mois, les fibres qui naissent des noyaux des cordons postérieurs et vont au cervelet sont déjà myélinisées : celles du noyau de Goll se myélinisent un peu plus tard que celles du noyau de Burdach. C'est à peu près au même moment que se développent le f. dorsal du pédoncule supérieur, le reste des fibres internes du péd. inférieur, certaines voies intra-cérébelleuses allant des noyaux centraux à l'écorce et au pédoncule du flocculus. Le même processus s'étend enfin en même temps et d'une façon connexe au f. antéro-latéral de Gowers, au f. intermédiaire du cordon latéral et au f. moyen du pédoncule supérieur.

Les fibres cérébello-olivaires ne se myélinisent qu'au moment de la naissance. Il en est de même du faisceau spinal du pédoncule moyen et du faisceau interne du pédoncule supérieur. Le faisceau cérébral du pédoncule moyen, ainsi que quelques voies d'association intracérébelleuses, ne revêtent leurs gaines de myéline que pendant les premiers temps de la vie extra-utérine.

Les systèmes de fibres qui proviennent du vermis se développent en général avant les fibres des hémisphères. Il est facile, d'autre part, de constater que les fibres en guirlande des hémisphères se développent de meilleure heure que les fibres de projection qui forment la couronne rayonnante du cervelet.

Rôle des voies de conduction du cervelet. — A. *Pédoncule inférieur.* — D'après les fonctions connues des canaux semi-circulaires du labyrinthe on doit admettre que les fibres de la *voie centrale du nerf vestibulaire* conduisent au cervelet les impulsions centripètes venues de ces organes de l'équilibration. [Il est intéressant de rappeler à cette occasion que plusieurs auteurs ont rapproché de la disposition géométrique des canaux semi-circulaires, appareil périphérique de l'équilibration, la disposition également régulière et géométrique que présentent certains éléments histologiques de l'écorce cérébelleuse et, en particulier, la rigoureuse perpendicularité des arbo-risations des cellules de Purkinje, d'une part, et, d'autre part, des fibres paral-lèles formées par la division en T des axônes des grains : deux au moins des dimensions de l'espace se trouvent pour ainsi dire représentées dans l'appareil central de l'équilibration.] Le doute règne encore sur le trajet des voies qui unissent le cervelet à certaines formations de la région du IIIᵉ ventricule qui sont affectées à la même fonction : il n'est pas absolument invraisemblable qu'elles soient représentées par ces fibres venues du trapèze qui s'élèvent dans la calotte en passant par le champ interne de la formation réticulée.

Les fibres qui vont des *noyaux des cordons postérieurs* au cervelet sont très probablement centripètes par rapport à ce dernier : cette interprétation est confirmée, entre autres, par le fait de la terminaison de fibres médullaires centripètes dans les noyaux de Goll et de Burdach, lieu d'origine des voies médullo-cérébelleuses. Le Cérébelleux direct, qui naît de la colonne de Clarke où se terminent un grand nombre des fibres radiculaires postérieures, dégé-nère également dans le sens centripète consécutivement aux lésions de la moelle. Il en est de même de la majeure partie des fibres cérébello-olivaires, ainsi que du faisceau antéro-latéral ascendant. Toutes les autres fibres qui unissent le cervelet à la moelle doivent être considérées comme descendantes : leur rôle est d'assurer les connexions de cet organe avec la sphère motrice. Quelques-unes d'entre elles passent par le faisceau spinal du pédoncule moyen. Parmi celles qui passent par le pédoncule inférieur et se rendent à la moelle, nous trouvons les fibres du faisceau longitudinal dorsal, du f. antéro-marginal et du f. intermédiaire, ainsi qu'une partie des éléments cérébello-olivaires. La direction centrifuge d'une partie au moins des fibres de ces faisceaux est mise en évidence par leur dégénération et concorde aussi avec ce fait que les olives sont unies par les cordons olivaires aux cornes antérieures de la moelle cervicale.

B. *Pédoncule moyen*. — Le faisceau spinal de ce pédoncule est en rapport, directement ou par l'intermédiaire des fibres du raphé, avec le noyau réticulé du toit, et, par l'intermédiaire de la formation réticulée, avec les Fondamentaux des cordons antéro-latéraux : le rôle de ceux-ci est nettement établi. Le f. spinal nous apparaît ainsi comme destiné à transmettre par voie réflexe aux organes de la motilité les impulsions venues du cervelet.

La nature centrifuge de la voie qui unit le cervelet à l'*olive protubérantielle* me paraît découler de l'union immédiate de l'olive supérieure avec les noyaux de l'abducens et de leur participation à la production des mouvements réflexes de l'œil. Les fibres cérébelleuses qui passent par le pédoncule supérieur se comportent de la même façon par rapport au noyau du moteur oculaire commun du côté opposé.

C. *Pédoncule supérieur*. — Nous avons vu que la plus grande partie des fibres de ce pédoncule se rend au cerveau. Elles forment ainsi, selon toute apparence, la voie de communication qui permet l'idée représentative de la position de notre corps dans l'espace, idée qui est la base du sens de l'équilibre. D'après cette manière de voir, la deuxième voie cérébro-cérébelleuse qui passe par le pied du pédoncule cérébral, les ganglions de la protubérance et le faisceau cérébral du pédoncule moyen rendrait possible l'influence exercée par l'écorce sur les fonctions de l'équilibre. En tout cas, rien ne s'oppose à l'existence dans le pédoncule supérieur de voies de conduction dirigées en sens inverse des premières ; nous avons même vu précédemment qu'un de ses faisceaux dégénère toujours dans le sens descendant ; il ne manque plus que la preuve décisive de son origine cérébrale (thalamus ?).

D. Enfin les *voies d'association* assurent l'union fonctionnelle des différents systèmes de fibres qui entrent dans la constitution du cervelet. Cette association découle nécessairement du rôle de cet organe dans l'équilibration.

Le cervelet comme centre nerveux. — A. *Équilibration*. — Les célèbres travaux de FLOURENS ont démontré le rôle du cervelet dans la conservation de l'équilibre et dans les associations musculaires qui se rattachent à cette fonction. Les animaux privés de cet organe sont incapables de conserver leur station normale : ils tombent ou bien l'axe de leur corps s'incurve dans un sens déterminé : on observe presque toujours en même temps une déviation très nette (divergence) des axes oculaires, avec nystagmus.

Les résultats obtenus par FLOURENS furent confirmés par un grand nombre d'auteurs et en particulier par FERRIER. J'ai remarqué pour ma part, au cours d'expériences multiples et variées, que les phénomènes observés après les lésions partielles du cervelet ne sont pas dus uniquement à la simple abolition de la fonction, mais en grande partie à la dysharmonie apportée par l'intervention dans l'activité des portions restantes du cervelet. Cette discordance d'abord très marquée diminue ensuite et il ne reste plus, au bout d'un certain temps, que des symptômes de déficit ; pourtant elle apparaît pendant longtemps encore au cours des mouvements pour lesquels les fonctions de l'équilibration doivent plus spécialement intervenir : mouvements insolites, chocs, etc. A côté des phénomènes qui relèvent immédiatement de la destruction expérimentale, on observe, consécutivement à cette dissociation fonctionnelle des portions restantes du cervelet, des troubles du tonus et de l'énergie de contraction musculaire, troubles sur lesquels LUCIANI a récemment encore attiré l'attention. Cet auteur attribue au cervelet, par rapport au reste du système nerveux, le rôle d'un organe auxiliaire qui exercerait sur l'appareil neuro-musculaire une triple influence *sthénique, tonique et statique*. Je ne puis que confirmer cette opinion, du moins en ses propositions fondamentales, pour ce qui concerne le rôle du cervelet dans le tonus et l'énergie de la contraction musculaire : ce n'est du reste pas le moment d'en faire une critique détaillée.

Les particularités essentielles des résultats obtenus par l'expérimentation sur les animaux peuvent s'appliquer sans difficulté à la physiologie humaine car les mêmes troubles de la motilité peuvent s'observer chez l'homme dans les affections cérébelleuses.

Les différents troubles moteurs que l'on voit se produire après les décérébellations partielles peuvent être reproduits par la destruction ou la section des canaux semi-circulaires du labyrinthe membraneux. Ce fait a été découvert par FLOURENS, puis confirmé par un grand nombre d'expérimentateurs : je l'ai pour ma part également vérifié : il démontre que l'équilibration normale ne suppose pas seulement l'intégrité du cervelet mais celle aussi de certains organes qui ne font pas partie du système nerveux. Cette découverte fit en outre admettre l'existence de connexions anatomiques et fonctionnelles entre le cervelet et les canaux labyrinthiques, lesquels, sous le nom d'organe périphérique de l'équilibration, furent opposés au cervelet que l'on considéra comme en étant l'organe central. Tels furent les premiers termes de la physiologie de ces deux appareils. Mais il restait à savoir si d'autres organes ne jouent pas dans l'équilibration un rôle analogue à celui des canaux semi-circulaires.

J'ai pu démontrer que des lésions de la région du *IIIe ventricule* [1] et de l'*olive inférieure* entraînent le même trouble moteur que les lésions des semi-circulaires et du cervelet : perte de l'équilibre, mouvements forcés et nystagmus. Mes expériences démontrèrent en même temps que les lésions ou sections des voies d'union du cervelet et des deux territoires ci-dessus mentionnés (certaines parties de la calotte pédonculaire et du pédoncule inférieur), ainsi que la section du nerf auditif, peuvent produire le même syndrôme [2].

Enfin l'observation clinique apprend que certaines affections de la moelle provoquent des troubles particulièrement graves de l'équilibration ; troubles que j'ai observés chez les animaux après section des cordons postérieurs et même après lésion des nerfs sensitifs seuls ou des territoires cutanés qui en dépendent : on sait par exemple que les grenouilles ne peuvent plus conserver leur équilibre quand on a enlevé le tégument qui recouvre les régions de leurs extrémités en contact avec le sol. La section des racines postérieures produit également des troubles caractéristiques de l'équilibration. VIERORDT ayant produit chez l'homme une anesthésie artificielle de la plante des pieds vit le sujet chanceler pendant la marche. D'après tous ces faits on doit admettre que les troubles de l'équilibre d'origine médullaire relèvent également de l'interruption des voies de conduction qui amènent à l'organe central les impulsions venues de la surface du corps.

Il existe donc une union fonctionnelle intime entre tous les organes que nous venons de mentionner, les semi-circulaires du labyrinthe membraneux, la substance grise du IIIe ventricule, la surface du corps d'une part et le cervelet d'autre part ; de leur action commune résulte le maintien de l'équilibre. Le centre cérébelleux reçoit de tous ces organes des impulsions centripètes qui s'y réfléchissent par des voies centrifuges spéciales dont l'existence ne fait d'ailleurs aucun doute. En effet, l'ablation de toutes les portions du névraxe situées au-dessus du cervelet, sauf les masses grises avoisinant le IIIe ventricule et leurs connexions cérébelleuses, ne cause aucun trouble de l'équilibration, tandis que la moindre lésion du cervelet en produit aussitôt. Ce dernier doit donc, en tant qu'organe central de cette

____

[1] Il est impossible dans ce cas de déterminer exactement par l'expérimentation seule la topographie exacte de chacun des noyaux gris dont la lésion produit ces symptômes.

[2] Il faudrait mentionner aussi le pédoncule cérébelleux moyen qui contient probablement une partie des voies cérébelleuses centrifuges.

fonction, être immédiatement relié aux organes qui entrent en jeu dans la marche et jouer un rôle essentiel dans la station debout. Les données de l'expérimentation sont d'ailleurs à ce sujet confirmées par l'étude comparée des voies cérébelleuses chez les différents animaux : chez l'homme, la brebis, la poule, le pigeon, on observe un rapport direct entre le développement de l'écorce cérébelleuse et les facultés de la locomotion et de la station ; chez la brebis et le poulet, qui marchent dès la naissance, les fibres de l'écorce cérébelleuse sont à ce moment complètement myélinisées; chez les autres animaux, la myélinisation ne se fait que peu à peu après la naissance.

L'activité essentielle aux organes de l'équilibration n'est pas simplement réflexe ainsi qu'on pourrait le croire : les lésions du cervelet et du labyrinthe membraneux, chez l'homme, ne produisent pas uniquement des troubles de l'équilibration, mais en outre s'accompagnent toujours de troubles cœnesthésiques graves et de phénomènes de vertige, symptômes que l'on peut reproduire à volonté par l'application transversale d'un courant constant sur la région cérébelleuse. Comme ces symptômes ne trouvent aucune explication dans les troubles moteurs qui accompagnent ces lésions pathologiques, l'existence du vertige démontre que les organes de l'équilibre sont destinés, outre leur rôle réflexe, à jouer le rôle de conducteurs intermédiaires pour la perception des sensations qui nous renseignent à tout moment sur la situation et les mouvements de notre corps dans l'espace. Ces sensations qui, de concert avec le sens musculaire, forment le fond de notre représentation de l'espace doivent certainement être amenées à l'écorce cérébrale, siège de la conscience, par des voies cérébelleuses centripètes spéciales. Mais d'autre part, la sphère de la conscience dite volontaire n'est pas sans influence sur la conservation de l'équilibre. Bien plus, le fonctionnement de l'appareil réflexe de l'équilibration peut s'accompagner jusqu'à un certain point de sentiment de volonté, de même que les modifications imprimées consécutivement à l'activité consciente. Ce fait qui nous est enseigné par l'observation journalière démontre que les hémisphères cérébraux doivent être mis en relation avec le cervelet, organe central de l'équilibre, par des voies centrifuges.

Ce court aperçu suffit à montrer quel a été le rôle de la physiologie dans l'étude des voies de conduction du cervelet. On voit de quel secours ont été pour leur description anatomique les procédés de l'expérimentation ; nulle part l'importance de cette contribution ne paraît plus évidente que dans le chapitre des rapports du cervelet avec les organes périphériques de l'équilibration.

---

(1) Le rôle des organes de l'équilibration dans la formation de notre représentation de l'espace a été l'objet d'une étude plus détaillée que j'ai publiée dans l'*Arch. f. Anat. u. Phys. Phys. Abt.*, 1896.

[B. *Action tonique. Contractures*. — Sous l'influence des excitations qui lui arrivent continuellement de la périphérie de [l'organisme, le cervelet exerce sur les muscles volontaires une action tonique qui a été mise hors de doute par l'expérimentation : parmi les symptômes durables qui suivent la décérébellation, le défaut de tonicité des muscles et la faiblesse de leurs contractions sont en effet des mieux constatés, sinon des mieux expliqués.

Il est permis de rattacher à cette influence dynamogène le rôle du cervelet dans la coordination et, en particulier, dans l'équilibration : cette fonction relève aussi, nécessairement du reste, des images et excitations venues de la périphérie, de celles en particulier qui prennent naissance dans le vesti-bule de l'oreille interne suivant la position de la tête dans l'espace; elle a aussi pour substratum des images tactiles et des images visuelles, sans qu'il soit pour cela nécessaire d'admettre, avec BRISSAUD, l'existence d'un faisceau optico-cérébelleux direct. Quand le cerveau devient le point de réflexion d'une excitation qui aboutit à un mouvement conscient ou non, il se déve-loppe en même temps dans le névraxe, grâce aux associations que l'habitude a rendues fatales, des excitations restées le plus souvent inconscientes qui provoquent les contractions musculaires nécessaires au maintien de l'équilibre et à la parfaite adaptation du mouvement principal. Si le cervelet est sain et si rien n'interrompt ses communications avec les muscles mis en activité, ceux-ci se contractent avec la force nécessaire et l'équilibre est conservé. S'il est au contraire supprimé fonctionnellement, les contractions involontaires manqueront de la force nécessaire pour le maintien de l'équilibre et celui-ci ne pourra être maintenu que grâce à des excitations qui emprunteront leur énergie, et même le plus souvent un caractère conscient, aux processus cérébraux surajoutés auxquels elles devront leur origine.

Au repos, dans les positions d'équilibre, l'intervention du cervelet est la même que pendant les mouvements : tous les muscles profitent de son rôle tonique : seuls ceux qui sont contractés pour maintenir les conditions phy-siques nécessaires à la station, par exemple, en profitent d'une façon effective. Quant à préciser la part respective du cerveau et du cervelet dans les compo-sants centripètes de la fonction de coordination, quant à savoir si le tableau des degrés de contraction des différents groupes musculaires, des images d'espace (visuelles, tactiles, auditives), etc., est tenu plus particulièrement à jour par les voies médullaires centripètes du cerveau ou par celles du cer-velet, cette question ne paraît pas pouvoir être actuellement tranchée de façon définitive dans un sens ni dans l'autre : on peut supposer que les images musculaires arrivent plus particulièrement au cervelet, ainsi que les images d'origine vestibulaire et peut-être tactile, les images sensorielles proprement dites agissant surtout dans les processus d'association cérébraux.

On a depuis quelques années essayé de faire intervenir l'action tonique du cervelet dans la pathogénie des *contractures* d'origine nerveuse : différentes théories ont été proposées dans ce but ; aucune, malheureusement, ne résout toutes les objections que soulèvent les faits eux-mêmes qu'il s'agit d'expliquer :

1° L'interruption du segment encéphalique de la voie pyramidale produit l'abolition des mouvements volontaires dans le côté opposé du corps ; au bout d'un certain temps, qui varie suivant un grand nombre de conditions, la paralysie, qu'elle soit complète ou incomplète, se complique de contractures.

2° L'agénésie ou la sclérose de la portion spinale des fibres pyramidales produit d'emblée un état contractural qui apparaît petit à petit en restreignant progressivement les mouvements volontaires, sans être précédé d'une phase de paralysie.

3° L'irritation d'un centre nerveux (écorce, moelle, etc.), voire sa simple piqûre (Brown-Séquard), peut produire des contractures qui persistent plus ou moins longtemps (1).

4° Certaines lésions — du reste mal définies — du cervelet et de ses dépendances peuvent s'accompagner de contractures : cette classe de faits peut être pour le moment laissée hors de la discussion ; elle renferme en effet un trop grand nombre d'inconnues qui ne feraient qu'obscurcir la question : des lésions médullaires viennent d'ailleurs presque toujours en compliquer le tableau clinique et anatomique.

Tels sont les faits primitivement connus, les matériaux des premières discussions. Mais de nouveaux documents surgirent et exigèrent en quelques années de multiples remaniements.

5° Bastian, le premier, attira l'attention sur l'insuffisance des premières conclusions en publiant plusieurs observations de section de la moelle avec abolition des réflexes, abolition persistante et ne pouvant par conséquent relever du choc traumatique. De nombreux cas semblables furent publiés dans la suite ; dans quelques-uns, mais non dans tous, on trouva, au niveau des nerfs périphériques et des segments médullaires mis en cause, des lésions suffisantes pour expliquer l'abolition des réflexes.

Il serait téméraire d'essayer d'envisager la totalité des conditions anatomiques et physiologiques invoquées par les différents auteurs à l'appui de leur interprétation personnelle ; mais il est permis de mettre en relief les points encore obscurs de la question qu'il s'agit d'éclaircir.

a) Pour les contractures dépendant cliniquement d'une lésion de l'écorce ou du centre ovale de l'hémisphère, on ne saurait affirmer si l'extension en surface de cette lésion

(1) De nombreux faits cliniques appartenant à cette catégorie ont été publiées depuis déjà très longtemps : mais il n'en existe qu'un petit nombre qui présente la netteté et l'intérêt de ceux que Babinsky communiqua récemment à la *Société médicale des hôpitaux*, séance du 24 mars 1899 : Sur une forme de paralysie spasmodique, consécutive à une lésion organique et sans dégénérescence du système pyramidal.

n'a aucune influence sur la marche de ce symptôme : ce point a cependant son importance, car certains territoires corticaux, les lobes frontaux, par exemple, s'il faut en croire les expériences de Bianchi, auraient sur la motilité une action inverse de celle des autres.

b) On sait maintenant, d'autre part, que, contrairement à ce que l'on croyait autrefois, les radiations thalamo-corticales qui constituent les voies centrales de la sensibilité ne sont pas conglomérées sous forme d'un faisceau homogène, mais mêlées au contraire, de façon peut-être uniforme, aux fibres pyramidales : leur lésion est donc constante ; sa part pourtant, ainsi que celle des lésions de la couche optique, dans l'histoire des contractures secondaires, n'a pas été mieux déterminée que celle des troubles de la sensibilité qui en dépendent.

c) Plusieurs auteurs accordent une importance capitale, dans la production des contractures, à la localisation en hauteur de la lésion du Pyramidal : il existe pourtant plusieurs circonstances dans lesquelles cette localisation n'a pas été précisée. On ne connaît pas encore d'une façon suffisante, pour pouvoir scientifiquement l'invoquer, le degré de participation à la lésion pyramidale, des collatérales ou des faisceaux distincts qui unissent l'écorce (frontale, pariétale, etc.) à la substance grise protubérantielle et, par elle, au cervelet.

d) Il est une question qui, soulevée des premières, et tour à tour résolue par l'affirmative ou la négative, attend encore sa solution : c'est celle du rôle possible, excitateur par irritation ou simplement interrupteur, des différentes modalités histologiques de sclérose descendante : tandis que certains auteurs (Brissaud, etc.) accordent encore à la sclérose et à la névroglie proliférée le pouvoir d'exciter chroniquement les cellules motrices des cornes antérieures, d'autres, et avec plus raison, semble-t-il, lui dénient toute intervention active ; on ne pourrait, du reste, dans les cas où elle est élective, spécifier quels sont les éléments sur lesquels elle porte et l'on connaît pourtant la variété d'origine des fibres contenues dans le territoire de la voie pyramidale ; on n'oserait enfin affirmer que cette sclérose fût toujours contemporaine des contractures précoces.

e) L'état de la substance grise de la moelle, et, en particulier, des territoires d'origine dernière qui correspondent aux muscles contracturés ou flasques dans l'hémiplégie cérébrale, n'a que peu jusqu'ici attiré l'attention. Il est pourtant probable que les lésions de l'axe gris qui peuvent se développer consécutivement à la sclérose du faisceau pyramidal ne sont pas toujours uniformément réparties.

f) En supposant, comme on peut le faire pour le début de la majorité des cas, que l'axe gris ne présente aucune lésion, est-il permis d'affirmer qu'une lésion de l'écorce, du centre ovale et surtout de la capsule interne puisse être dissociante, respecter certains muscles, et toujours ceux des mêmes groupes ?

g) Quant à l'agénésie du faisceau pyramidal, agénésie que l'on considère généralement comme le substratum de la maladie de Little, on ne saurait spécifier quels sont les systèmes de fibres sur lesquels elle porte : les fibres cérébelleuses descendantes sont, d'une façon générale, plutôt disséminées que fasciculées : un certain nombre emprunte la voie des faisceaux pyramidaux, d'autres cheminent dans leur voisinage immédiat, d'autres enfin sont disséminées ; leur lésion n'a pas, jusqu'à présent, fait l'objet de recherches spéciales et cependant plusieurs théories des contractures sont basées uniquement sur une systématisation supposée de la sclérose ou de l'agénésie. On ne connaît pas non plus d'une façon précise l'étendue de ces dernières en hauteur (maladie de Little d'une part, sclérose latérale, tabes combinés, etc., d'autre part). Si maintenant l'on se demande si cette agénésie ou cette sclérose primordiale porte, au niveau de la protubérance, sur les fibres ponto-cérébelleuses, ou bien les respecte, au contraire, on chercherait en vain dans la littérature anatomique récente un travail qui eût abordé cette question avec une technique suffisante et des méthodes appropriées.

h) Considérons enfin en elle-même la lésion médullaire, primitive ou secondaire, dans ses rapports avec les contractures : les auteurs qui attribuent à la sclérose du pyramidal une action irritante ne sauraient affirmer que la marche de cette sclérose suivît toujours celle des contractures et atteignît le niveau d'un segment donné de la substance grise au moment où la contracture apparaît dans les muscles qui en dépendent : sclérose et dégénération ne sont en effet ni synonymes ni contemporaines. On a vu d'autre part qu'il n'est pas toujours licite d'attribuer à des altérations surajoutées des nerfs périphériques ou de la substance grise, à une interruption quelconque de l'arc diastaltique, l'absence de réflexes et de contractures notée dans certaines observations de lésions transverses de la moelle; on ignore d'ailleurs quelle est, au point de vue de la physiologie humaine, la part exacte de vérité contenue dans la théorie de MENDELSSOHN, laquelle considère les noyaux bulbaires des cordons postérieurs comme le centre des réflexes dits médullaires.

Cette énumération ne se flatte pas d'avoir épuisé la liste des inconnues, pas plus qu'elle ne cherchera à l'allonger en demandant à la physiologie les éclaircissements refusés par la méthode anatomo-clinique ; les contractures d'origine centrale n'offrent pas en effet la régularité des phénomènes consécutifs à la section d'un nerf périphérique; elles ne présentent même pas, étudiées chez plusieurs espèces, le caractère général des symptômes qui relèvent de lésions corticales : dépendant de facteurs multiples, elles varient parallèlement à la division du travail physiologique : chez le chien, par exemple, l'excision des zones corticales sensitivo-motrices ne produit pas de véritable paralysie des membres du côté opposé, mais abolit simplement les mouvements compliqués qui relèvent de souvenirs acquis ; la sclérose descendante accompagne d'ailleurs la dégénération du faisceau pyramidal mais sans provoquer de contractures ; chez le singe, celles-ci peuvent apparaître, mais seulement dans certaines conditions spécifiées par MUNK (maintien prolongé dans certaines positions) et qui semblent mettre en cause la lésion primitive plus que la lésion secondaire.

Les différences de répartition des centres physiologiques le long du névraxe contribue encore à diminuer l'intérêt pratique de l'étude comparée des contractures. A mesure que l'on remonte l'échelle des vertébrés, on voit les centres inférieurs, dont l'autonomie est au début presque absolue, la perdre progressivement, en même temps que les associations cérébrales surajoutées deviennent, grâce à l'hérédité, plus faciles, plus complexes, plus importantes et plus conscientes, ou, en d'autres termes, que le cortex gagne en étendue. VULPIAN a démontré expérimentalement que la protubérance peut être, chez le chien, le théâtre de l'élaboration d'actes moteurs déjà compliqués, tels que ceux de la marche et de la station, tandis que chez le singe elle est dépossédée de cette fonction. On ne saurait donc, avec certains auteurs, arguer du rôle coordinateur qui lui est dévolu chez le chien, pour lui attribuer, *chez l'homme*, un rôle tonique, différent du reste du premier. Le même principe a présidé à l'inégale répartition des fibres pyramidales dans la moelle et dans le bulbe chez les différentes espèces animales; la conduction motrice ne relève qu'en partie, chez le chien, des pyramides bulbaires (STARLINGER, WERTHEIMER) : elle est assurée pour une part plus importante par la Réticulée bulbaire et les systèmes homologues de la moelle; on ne saurait cependant, dans l'état actuel de la science, attribuer à cette multiplicité des voies de conduction l'absence de contractures que l'on observe, chez le chien, lors de la sclérose descendante de l'un de ces faisceaux. Quant au rôle du cervelet, s'il est des observations qui sont réellement en faveur de sa fonction tonique chez l'homme, les nombreuses données qui l'ont mise hors de doute, chez l'animal du moins, sont surtout dues à l'expérimentation : elles se trouvent résumées plus haut.

Ce n'est pas le lieu d'exposer ici les différentes théories des contractures qui n'ont pas cherché dans la physiologie du cervelet le facteur tonicité demandé tour à tour au cerveau et à la moelle.

On sait que, suivant l'exemple de CHARCOT, la majorité des cliniciens a longtemps attribué à l'excitation des cellules motrices produite par la lésion du faisceau pyramidal la contracture qui en accompagne la sclérose : cette opinion paraissait en effet s'appuyer sur les expériences des physiologistes (VULPIAN, FRANCK, BROWN-SÉQUARD), lesquels excitaient mécaniquement ou irritaient les cordons latéraux et voyaient les muscles dépendants entrer en contracture. Malgré les nombreuses objections que l'on éleva dès le début contre cette théorie, sa simplicité, les séduisantes monographies qui en firent l'apologie, la rendirent rapidement et pour longtemps populaire : les faits connus à cette époque étaient en assez petit nombre pour s'en accommoder facilement, comme ils le firent plus tard de l'interprétation qui fut proposée par MARIE : la destruction du faisceau pyramidal exagère la tonicité des muscles, ou, en d'autres termes, augmente l'activité des cellules nerveuses de la moelle dont ces muscles dépendent : ce faisceau est donc, à l'état normal, chargé de la diminuer, grâce à son influence modératrice que cet auteur assimila à celle d'un frein, mais que l'on pourrait avec autant d'à propos comparer à la vertu bien connue d'un certain médicament hypnagogue.

On rapproche ordinairement de l'hypothèse précédente une autre théorie qui attribue également à la voie pyramidale une action dominante sur les neurones médullaires : ceux-ci, disent MYA et LEVI, se trouvent dans un état d'asservissement tel que, comme les peuples longtemps esclaves, ils restent éblouis, sans savoir en tirer parti, devant la liberté subite que leur procure l'abolition du pouvoir. Ce n'est qu'au bout d'un certain temps qu'ils reprennent conscience de leur force ; mais, mal préparés, ils en abusent. A l'état de fonctionnement normal, la lésion cérébrale fait succéder une période d'inertie, de paralysie flasque ; celle-ci, par la faute d'un autocratisme inconsidéré, fait bientôt place aux contractures. Que, par contre, une lente évolution permette aux individus qui peuplent l'axe gris de connaître leurs propres ressources, ils sauront, sans passer par l'inertie, réduire à l'impuissance l'oppresseur héréditaire ; et voilà pourquoi la paralysie ne se produit pas dans la sclérose lente primitive des cordons latéraux, ni dans les compressions lentes de la moelle. Des vues si larges échapperaient aux limites d'une discussion scientifique pour aller demander à l'Histoire plus d'estime et sa protection.

C'est BASTIAN qui le premier, en attirant l'attention sur des cas de paralysie flasque par lésion de la moelle, proposa d'expliquer l'absence de contractures par la suppression fonctionnelle de l'influence tonique continue que le cervelet exerce sur les muscles : la même lésion soustrayant ceux-ci aux excitations volontaires venues du cerveau, la paralysie apparaît sans que les contractures viennent la compliquer. Cette explication a le mérite d'être simple et conforme à quelques données de la physiologie, mais elle ne tient pas compte de la période de paralysie flasque des hémiplégies par lésion cérébrale.

Les deux théories les dernières en date sont celles de v. GEHUCHTEN et de GRASSET : ces deux auteurs s'attachèrent principalement à expliquer la différence des symptômes qui trahissent la lésion du Pyramidal, suivant le niveau de celle-ci. V. GEHUCHTEN considéra la contracture d'origine primitivement spinale comme relevant seule de la sclérose du Pyramidal. Cette sclérose serait élective : il en serait de même de l'agénésie que l'on regarde comme le substratum de la maladie de Little : les fibres d'origine cérébelleuse seraient respectées par le processus initial et le cervelet pourrait tout à son aise transmettre aux muscles libérés, ou ignorants de l'influence du cerveau, l'ordre de se contracturer. Mais cette action tonique ne lui est pas personnelle : il l'emprunte au cerveau ; aussi quand ce dernier est le siège d'une lésion interrompant la voie qui passe par le pédoncule moyen pour aller de l'écorce au cervelet, celui-ci se trouve-t-il, de ce fait, frustré du pouvoir dont il ferait un si mauvais usage : les muscles paralysés restent flasques et si plus tard ils se contracturent, c'est à cause de l'inégalité de la paralysie qui fait à la longue prédominer l'action des moins atteints d'entre eux. Cette conception contient deux particularités nouvelles, il est vrai, mais inadmissibles ; elle ne fait, d'une part, de l'action tonique du cervelet qu'une simple dérivation de celle du cerveau et établit, d'autre part, entre les contractures de la maladie de Little et celle de l'hémiplégie cérébrale une opposition qui est repoussée par tous les cliniciens.

En même temps qu'il écartait cette théorie en en faisant remarquer les points faibles, GRASSET essaya, par un graphique nouveau, de concilier les données de la clinique et celles de la physiologie. Aux deux états du muscle, la flaccidité et la contracture, il faut deux systèmes de conduction différents ; depuis ANTON et MARIE le faisceau pyramidal a le plus souvent hérité des fonctions d'inhibition, il peut et doit les conserver ; la voie détournée ponto-cérébello-spinale s'est vu, plus récemment il est vrai, confier la charge d'exciter les multipolaires des cornes antérieures pour agir sur le tonus des muscles ; elle s'en acquitte et doit s'en arranger. Lorsque la lésion siège dans le cerveau, la paralysie entre seule en scène ; quand elle porte sur la moelle, la contracture survient aussi : c'est donc entre le cerveau et la moelle qu'il faut placer la cause de cette différence. C'est ainsi que la protubérance devient le centre du tonus, l'origine des deux systèmes, inhibiteur et excitateur, qui tiennent en équilibre la cellule motrice et son muscle. Si la lésion atteint la portion cérébrale du faisceau pyramidal, il y a simplement paralysie sans que le tonus soit altéré puisque son centre ne l'est pas ; quand elle siège sur la portion spinale du même faisceau, l'équilibre est rompu car cette portion diffère de la précédente par la présence des fibres surajoutées qui viennent de la protubérance et font partie du système inhibiteur, tandis que les fibres dites excitatrices échappent justement à la sclérose grâce au détour qu'elles font par le cervelet. Enfin, si la lésion sectionne la totalité de la moelle, l'équilibre est rompu sans que cette théorie explique d'ailleurs comment, en l'absence de toute intervention possible du centre supposé du tonus, la contracture peut quelquefois compliquer la paralysie. De plus, est-il permis d'assimiler la protubérance de l'homme à celle du chien et de lui attribuer chez le premier un rôle identique à celui que les expériences de VULPIAN ont mis en lumière chez cet animal ? Ce rôle n'est du reste pas celui d'un centre tonique comparable au cervelet, mais celui d'un simple centre d'accumulation d'images motrices acquises par l'habitude et présidant aux contractions musculaires de la marche, de la station et d'autres mouvements relativement simples. Il resterait enfin à déceler dans les faisceaux pyramidaux ces fibres issues des noyaux gris du pont et qui participeraient à la sclérose des voies pyramidales tandis que le processus laisserait intactes les fibres d'origine cérébelleuse.

En un mot, les solutions proposées par les premiers auteurs qui ont envisagé la question des contractures d'origine centrale cadraient d'une façon satisfaisante avec les faits connus à cette époque mais devinrent insuffisantes en face des faits nouveaux, lesquels restent encore inexpliqués ; les conceptions récentes de BASTIAN, GRASSET et v. GEHUCHTEN soulèvent en effet de graves objections et, d'autre part, les premières interprétations ne pourraient que difficilement être rajeunies et adaptées aux documents nouveaux, car on ne peut affirmer, avec BRISSAUD et MARINESCO, que des lésions de la moelle ou des nerfs rachidiens puissent toujours expliquer les particularités symptomatiques qui soustraient les faits apportés par BASTIAN aux explications proposées originellement. De tous les éléments intervenus dans le débat, l'action du cervelet est certainement un des plus féconds, mais on ne saurait malgré son concours considérer le procès comme terminé.]

BIBLIOGRAPHIE. — Physiologie du cervelet. — BECHTEREW : « Sur les fonctions des canaux semi-circulaires du labyrinthe membraneux », *Pflüger's Arch.,* vol. XXX ; — « Sur la physiologie de l'équilibration », *Pflüger's Arch.,* 1883 ; — « Sur les connexions des organes périphériques de l'équilibration avec le cervelet ; expériences de section des pédoncules cérébelleux », *Pflüger's Arch.,* vol. XXXIV. — « Sur la question des fonctions du cervelet », *Pflüger's Arch.,* vol. XXX. — BORGHERINI et GALLERANI : « Contr. à l'étude de l'activité fonctionnelle du cervelet », *Riv. sper. di fren.,* 1891, vol. XVII. — COURMONT : *Le Cervelet,* Paris 1891. — FERRIER et TURNER : « Expériences sur la symptomatologie et les dégénérations consécutives aux lésions du cervelet », *Philos. Transact.,* vol. CLXXXV. — FLOURENS : *Recherches expérimentales sur les propriétés et les fonctions du système nerveux,* Paris 1842. — LABORDE : *Les fonctions du cervelet, étude expérimentale et critique, Soc. de Biol.,* 1890. — LANGE : « Jusqu'à quel point les symptômes que l'on observe après la destruction du cervelet sont-ils attribuables à la lésion de l'acoustique ? », *Arch. f. d. ges. Phys.,* vol. L. — LUCIANI : « Le cervelet », Florence 1891, chez Le Monnier. Résumé in *Arch. Ital. Biol.,* 1891, vol. XVI, p. 289 et 331 ; — De l'influence qu'exercent les mutilations cérébelleuses sur l'excitabilité de l'écorce et sur les réflexes spinaux, *Arch. Ital. de Biol.* vol. XXI ; — Les récentes recherches sur la physiologie du cervelet, *Arch. Ital. de Biol.,* vol. XXIII, p. 217 à 242. — MARINESCO : Sur la physiologie du cervelet et ses applications à la neuro-pathologie, *Sem. méd.,* 1896, p. 214. — MENDELSSOHN : Article Cervelet du *Dictionnaire de physiologie* de Ch. Richet. — RISIEN RUSSEL : « Recherches expérimentales sur les fonctions du cervelet », *Brit. med. Journ.,* 1893, *Neurol. Centr.,* 1894 et *Philosophical Transact.,* 1894 ; — Phénomènes résultant de l'interruption des tractus afférents du cervelet, *Rev. Neurol.,* 1896. — RUMMO : Récents progrès de la physio-pathologie du cervelet, *Congrès italien de médecine, à Rome,* 1896 et *Rev. Neurol.,* 1896, p. 716. — THOMAS : Article Coordination, in *Dictionnaire de physiologie* de Richet. — VERZILOFF : « Les fonctions du cervelet », *Soc. des Neurol. et Psych. de Moscou,* 1898 et *Rev. Neurol.,* 1899. — WEILL : *Les Vertiges,* thèse d'agrégation, Paris 1886.

Atrophie et sclérose. — ARNDT : « Sur la pathologie du cervelet », *Arch. f. Psych.,* vol. XXVI. — ARNOLDI : « Deux cas d'atrophie partielle du cervelet » *Lab. dell' Inst. Psich. di Reggio,* 1895. — BECHTEREW : « Recherches sur un cas d'atrophie du cervelet », *Zeits. f. ration. Med.,* 3ᵉ série, vol. II. — BISCHOFF : « Sur l'atrophie et la sclérose cérébelleuse unilatérale avec légère atrophie de l'hémisphère cérébral du côté opposé », *Beitraege z. path. Anat. u. allg. Path.,* vol. XI, 1891. — FUSARI : « Un cas d'absence presque totale du cervelet », *Atti della R. Acad, di Bologna*, 1892. — HAMMARBERG : « Atrophie et sclérose du cervelet » *Nord med. Arch.*, 1880, vol. XXII. — HITZIG : « Sur un cas d'absence uniltatérale du cervelet », *Arch. f. Psych.*, vol. XV. — MEYER : « Sur la disparition des fibres de l'écorce cérébelleuse », *Arch. f. Psych.*, vol. XXI. — OBERSTEINER : « Atrophie partielle du cervelet », *Allg. Zeitsch. f. Psych.*, vol. XXVII. — PIERRET : Note sur un cas d'atrophie périphérique du cervelet avec lésions concomitantes des olives bulbaires, *Arch. de Phys.*, 1881. — WENZEL : « Contribution à l'étude de l'ataxie héréditaire et de l'atrophie du cervelet », *Arch. f. Psych.*, vol. XXI.

Contractures. — ADAMKIEWICZ : « Sur l'innervation normale des muscles ; son rôle dans l'équilibration des antagonistes », *Zeitsch. f. klin. Med.* 1881. — ANTON : « Sur une affection congénitale du système nerveux central », *Wien. klin. Woch.*, 1890, t. XV. — BABINSKI : Paraplégie flaccide par compression de la moelle, *Arch. de méd. expérim.*, 1891. — BASTIAN : « Sur la symptomatologie des lésions transverses de la moelle épinière avec remarques sur les conditions de production des réflexes », *Med. Chir. Trans.*, 1890, p. 151. — BECHTEREW : « Du phénomène rotulien comme signe d'affections nerveuses », *Neurol. Centralbl.*, vol. XV, 1896. — BISCHOFF : « L'état des réflexes tendineux dans la myélite transverse » *Wien. klin. Woch.*, 1896. — BLOCQ : Des contractures, thèse de Paris, 1888-1889. — BRISSAUD : *Recherches sur la contracture permanente des hémiplégiques*, thèse de Paris, 1880. — La paraplégie flaccide par compression, *Rev. Neurol.*, 1898, p. 350, et *Cliniques*, 2ᵉ série. — Myélite transverse et paraplégie flaccide, *Sem. Méd.* 1898, p. 338. — BRUNS : « Sur un cas de destruction traumatique totale de la moelle entre C^{VIII} et D^{I} », *Arch. f. Psych.*, 1893, vol. XXV, p. 759. — DÉJERINE et SOTTAS : Sur un cas de paraplégie spasmodique acquise par sclérose primitive des cordons latéraux, *Arch. de Phys.*, 1896, p. 630. — DÉJERINE et THÉOARI : Paraplégie absolue, abolition des réflexes patellaires et plantaires ; ramollissement total entre les IVᵉ et Vᵉ dorsales, *Journ. de phys. et path. gén.* 15 mars 1899. — V. GEHUCHTEN : Contr. à l'étude du faisceau pyramidal, *Journ. de neurol. et hypnol.*, 1896, p. 336. — L'exagération des réflexes et la contracture chez le spasmodique, *Journ. de neurol. et d'hypnol. de Bruxelles*, nᵒ 4, 5 et 6, 1897 ; *Rev. Neurol.*, 1897. — Pathogénie de la rigidité musculaire et de la contracture dans les affections organiques du système nerveux, *Congrès de Bruxelles*, 1897, et *Rev. Neurol.*, 15 oct. 1897. — Le mécanisme des mouvements réflexes ; un cas de compression de la moelle dorsale avec | abolition des réflexes. *Journ. de neur. et hypn.*, 1897, nᵒ 14. — État des réflexes et anatomie patholo-gique de la moelle lombo-sacrée dans le cas de paraplégie flasque due à une lésion de la moelle cervico-dorsale, *Journ. de neurol.*, 1898. — Les différentes formes de paraplégie dues à la compression de la moelle épinière, leur physiologie pathologique, *Presse Méd.*, 10 mai 1899. — GEREST : *Les affections nerveuses systématiques et la théorie des neurones*, thèse de Lyon, 1898. — GRASSET : Les contractures et la portion spinale du faisceau pyra-midal, *Nouveau Montpellier médical*, 1899, janvier à mars ; — Note sur le même sujet, *Revue Neurol.*, 1899, p. 122. — HABEL : « Sur l'état du réflexe patellaire dans les sections transverses de la moelle », *Arch. f. Psych*, 1896, vol. XXIX. — HITZIG : « Comment inter-préter certaines anomalies de la contraction musculaire », *Arch. f. Psych. u. Nervenkr.*, 1872, t. III, p. 312. — LUGARO : « Sur les rapports existant entre le tonus musculaire, la contracture et l'état des réflexes », *Rivista di. pat. nerv. e ment.*, vol. III, f. 11, 1898, résumé in *Rev. Neurol.*, 1899. — MANN : « Sur l'état des réflexes tendineux et des mouve-ments passifs dans l'hémiplégie », *Monatsch. f. Psych. u. Neurol.*, vol. I, p. 409. — « Sur l'origine et le développement de la contracture hémiplégique », Berlin, 1898. — MARIE : *Leçons sur les maladies de la moelle*, Paris, 1892. — MARINESCO : Physiologie du cervelet et ses applications à la neuropathologie, *Sem. Méd.*, 1896, p. 214. — Sur les paraplégies flasques par compression de la moelle, *Sem. Méd.*, 1898. — Recherches sur l'atrophie musculaire et la contracture dans l'hémiplégie organique, *Sem. Méd.* 1898, p. 465. — DE MASSARY : La théorie des réflexes, *Presse Méd.*, 1898. — MENDELSOHN : « Recherches sur les réflexes », *Sitz. b. d. K. pr. Akad. d. Wiss.*, 1882, 1883, 1885 ; — Valeur pathogénique et séméiologie des réflexes, *Congrès de Neurol. de Bruxelles*, septembre 1897 et *Presse méd.* 1897. — Munk : « *Sur les fonctions de l'écorce cérébrale* », Berlin, 1890. — Id., *Akad. d. Wiss. zu. Berlin*, 1892-1896. — Id., *Verh. d. phys. Gesells. zu Berlin*, 1894, 1896. — Mya et Levi : « Étude clinique et anatomique sur un cas de diplégie spastique congénitale », *Riv. di patol. nervosa e ment.*, 1896. — Nogues et Sirol : *Myélite transverse avec paraplégie flasque, Congrès des aliénistes*, 1899. — Raymond : *Clinique des maladies du système nerveux*, t. III, 1898. — Richet : Article Contracture in *Dict. de physiologie.* — Rosenthal et Mendelsohn : « Sur les voies de conduction médullaires et le lieu de réflexion des réflexes », *Neurol. Centralbl.*, 1897, p. 978. — Sano : Le mécanisme des réflexes ; abolition du réflexe rotulien malgré l'intégrité de la moelle lombo-sacrée, *Journ. de Neurol.*, 1898, p. 313. — Senator : Deux faits d'abolition complète de la conduction de la moelle avec exagé-ration du réflexe rotulien dans un cas et perte du réflexe dans l'autre, *Soc. de méd. interne de Berlin*, 21 mars 1898. et *Sem. Méd.* 1898. — Souay : Le faisceau pyramidal et la maladie de Little, *Ann. Méd. psych.*, 1897, t. V. p. 238. — Strauss : *Des contractures*, thèse d'agrégation, Paris, 1875. — Tacussel : *Essai sur le tabes moteur*, thèse de Lyon, 1887. — Tournier : Un cas de paraplégie flaccide avec exagération des réflexes rotuliens et clonus du pied et du genou, *Rev. Méd.* 1896. — Vulpian : *Leçons sur les maladies du système nerveux*, t. II, XVIIe leçon, 1886. — Westphal : « Un cas de myélite par compression de la moelle cervicale », *Arch. f. Psych*, vol. XXX, résumé in *Sem. Méd.*, 1898, n° 37.

CINQUIÈME PARTIE

VOIES DE CONDUCTION DU CERVEAU TERMINAL

[De même que pour la moelle, le tronc cérébral et le cervelet, nous faisons précéder l'étude des voies de conduction de l'hémisphère cérébral de celle de la *substance grise* qui est leur raison d'être et leur aboutissant. Le second chapitre sera consacré aux *voies de projection* qui relient l'écorce au tronc cérébral et aux ganglions centraux. Nous passerons ensuite aux *voies d'association* que nous envisagerons séparément dans les commissures inter-hémisphériques, dans le centre ovale et dans l'écorce même. Les *voies de conduction du rhinencéphale* feront l'objet d'un chapitre distinct. Après un court résumé du *développement* de ces différents faisceaux, nous nous efforcerons enfin de mettre en relief l'utilité des connaissances anatomiques acquises précédemment pour guider l'étude de la *physiologie* et tout spécialement de la psychologie. Sans outrepasser le seuil de cette science nous verrons quelle clarté nouvelle la systématique moderne a répandue dans son domaine.]

CHAPITRE PREMIER

SUBSTANCE GRISE DES HÉMISPHÈRES CÉRÉBRAUX

La substance grise du cerveau terminal est répartie en deux régions bien distinctes :

1° A la surface de l'hémisphère où elle forme une couche corticale dite *manteau* ou *pallium* ;

2° Dans l'intérieur de l'hémisphère, au voisinage de sa base où elle constitue un ganglion, le corps strié, que l'embryologie permet de rattacher à l'écorce (*fig. 286*).

[Nous retrouverons dans l'écorce la structure générale de la substance grise : tissu névroglique de soutien, fibres et cellules nerveuses ; *après en* avoir fait la description générale nous aurons à en exposer les *variations régionales*. Parmi celles-ci il en est quelques-unes qui s'écartent à peine du

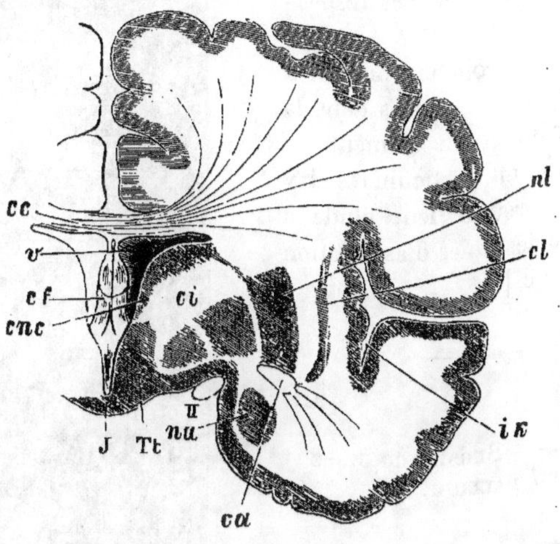

Fig. 286. — LES DEUX TERRITOIRES DE LA S. GRISE DE L'HÉMISPHÈRE : ÉCORCE ET GANGLIONS CENTRAUX.

(Coupe frontale demi-schématique passant par la partie antérieure du ventricule moyen.)

ca, Commissure antérieure.
cc, Corps calleux.
cf, Piliers antérieurs du fornix.
ci, Bras antérieur de la capsule interne ou segment lenticulo-caudé.
cl, Claustrum ou avant-mur.
cnc, Noyau caudé ou portion intra-ventriculaire du corps strié.
iĸ, Insula de Reil.

J, Infundibulum ou paroi inférieure du IIIe ventricule.
na, Noyau amygdalien.
nl, Noyau lenticulaire (segment externe ou putamen et segment interne ou globus pallidus).
tt, Thalamus et région sous-thalamique.
v, Ventricule moyen.
II, Bandelette optique.

type adopté comme moyenne ; d'autres au contraire s'en éloignent assez pour justifier une description séparée, d'autant plus qu'elles présentent, comme caractéristique commune, un état d'involution régressive analogue à celui que l'anatomie macroscopique comparée constate au niveau des régions de l'écorce dans lesquelles l'histologie les retrouve accumulées, c'est-à-dire dans le domaine du *rhinencéphale*.

Nous étudierons donc dans deux articles successifs :

1° L'*écorce du pallium*, puis ses variations régionales à l'exposé desquelles nous ajouterons quelques mots sur la structure des ganglions centraux qui appartiennent au cerveau terminal (noyau caudé, putamen, noyau amygdalien);

2° L'*écorce du rhinencéphale* (bulbe olfactif et corne d'Ammon, ainsi que leurs dépendances respectives).

Quant aux couches de *fibres myéliniques* qui sont situées dans la substance grise et en forment les voies d'association particulières il y a avantage à réunir leur étude à celle du reste des voies d'association de l'hémisphère.]

ARTICLE I. — SUBSTANCE GRISE DU PALLIUM.

L'écorce cérébrale renferme au milieu d'un tissu névroglique de soutien (cellules et fibres, substance intermédiaire) dont nous n'avons pas à donner ici la description (*fig.* 288), des cellules nerveuses très variables dans leur taille et leur volume (*fig.* 287 à 289 et suivantes).

Au point de vue histologique, l'élément caractéristique de l'écorce cérébrale est représenté par la *cellule pyramidale* (*fig.* 290). Ce nom lui vient de sa forme triangulaire jointe

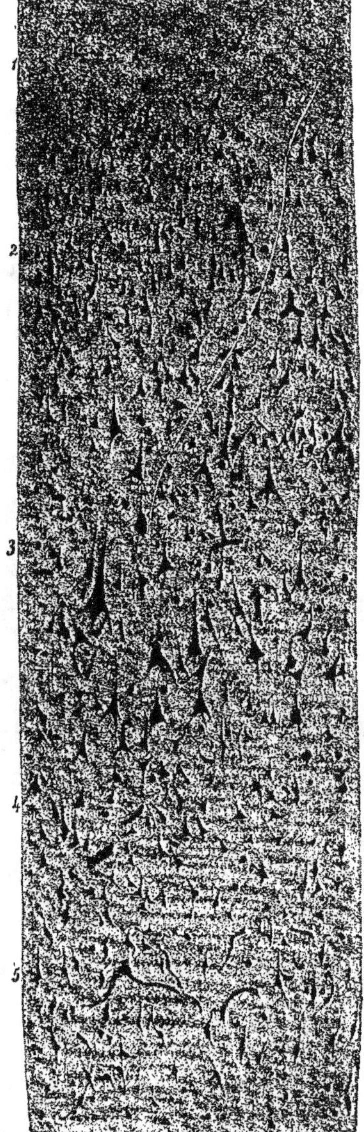

Fig. 287. — LES CINQ COUCHES DÉCRITES PAR MEYNERT DANS L'ÉCORCE CÉRÉBRALE.
(Homme. Coloration au carmin.)
1, Couche moléculaire ou névroglique (dite granuleuse par MEYNERT); 2, Couche des petites pyramidales; 3, Couche des grandes pyramidales; 4, Couche des petites cellules irrégulières; 5, Couche des cellules fusiformes.

à une orientation perpendiculaire à la surface de l'écorce et qui peut s'allier d'ailleurs à de grandes différences de taille; on décrit en effet des cellules pyramidales géantes (*fig. 289, 290, 292*), de petite taille (*fig. 299,* p. 516), ou de taille moyenne (*fig. 291*); elles sont réparties dans trois couches successives.

Ces cellules sont probablement l'origine de toutes les voies de conduction centrifuge et d'une grande partie des fibres d'association. Leur extrémité supérieure effilée se continue en une dendrite très allongée, munie de prolongements latéraux perpendiculaires à sa direction et qui va arboriser

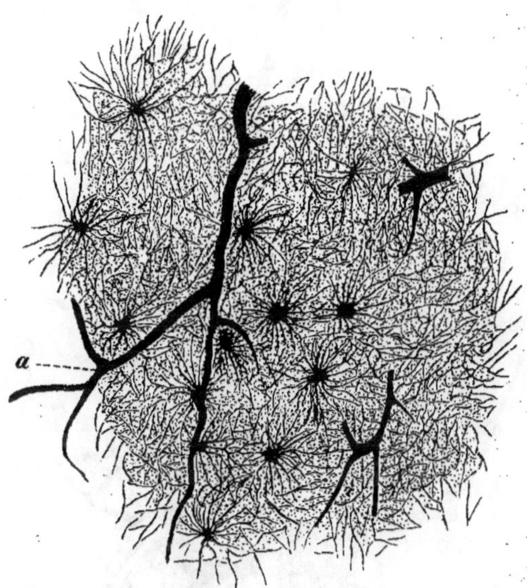

Fig. 288. — LA NÉVROGLIE DE L'ÉCORCE CÉRÉBRALE.

(Homme adulte. Méthode de Golgi.)

On voit, au milieu de la substance intermédiaire, des cellules pourvues de nombreux prolongements (cellules en araignée ou astrocytes) dont quelques-uns vont s'insérer sur la paroi du capillaire (*a*) que le chromate d'argent a également imprégné en noir.

ses rameaux terminaux jusque dans la couche la plus superficielle de l'écorce (*fig. 297,* p. 514); toutes ces ramifications sont pourvues de nombreux appendices en forme d'épine (*fig. 293 f*). Le corps de la cellule émet en outre, surtout par ses angles inférieurs, de nombreuses dendrites horizontales, plus courtes et plus ramifiées que la précédente (*fig. 299*). Quant au neurite, il émerge ordinairement du milieu de la base de la cellule (*fig. 290, a*); plus rarement on le voit naître de la base d'une dendrite de premier ordre (*fig. 289, a*). En cheminant vers la substance blanche, il abandonne toujours

de nombreuses collatérales dont la plupart gardent une direction perpendiculaire (*fig. 299, col*, p. 5ı6) et maintes fois aussi deviennent récurrentes
pour gagner la couche superficielle de l'écorce et constituer de longues
fibres myéliniques d'association, ou bien s'arrêter dans le voisinage
immédiat du neurite qui leur donne naissance. Dans tous ces cas les colla-

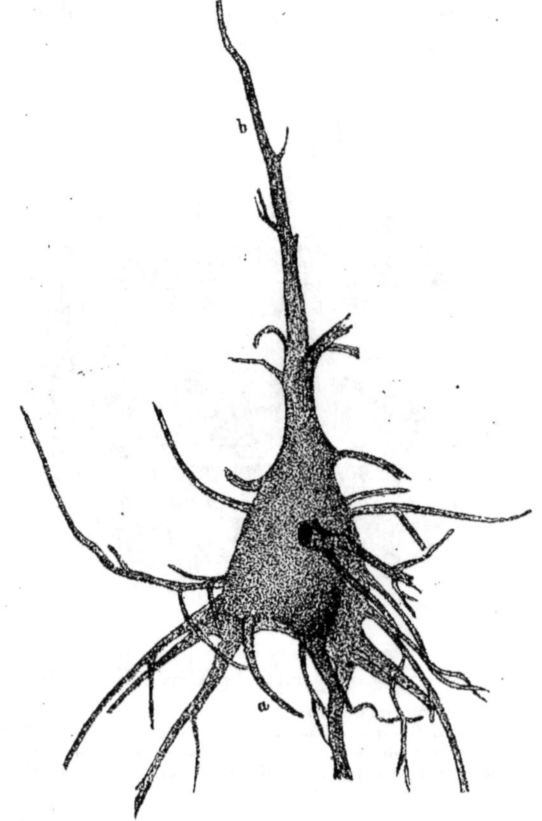

Fig. 289. — UNE CELLULE PYRAMIDALE GÉANTE DE LA ZONE CORTICALE MOTRICE.

Ses différents prolongements dont *a*, l'axone, et *b*, la dendrite verticale, ont été brisés
pendant la dissociation à une faible distance de leur origine.

térales se terminent librement et entourent de leurs très fines ramifications
terminales d'autres cellules de l'écorce ou les prolongements de ces dernières
(*fig. 293*). On peut voir le neurite de certaines pyramidales se bifurquer et
chaque branche de division donner ensuite deux rameaux qui peuvent entrer

dans des systèmes d'association différents après avoir gagné la substance blanche.

Quant aux autres cellules de l'écorce, elles sont toutes d'une taille inférieure à celle des cellules pyramidales et affectent les configurations les plus variées. Cependant on peut dire qu'en général les formes allongées

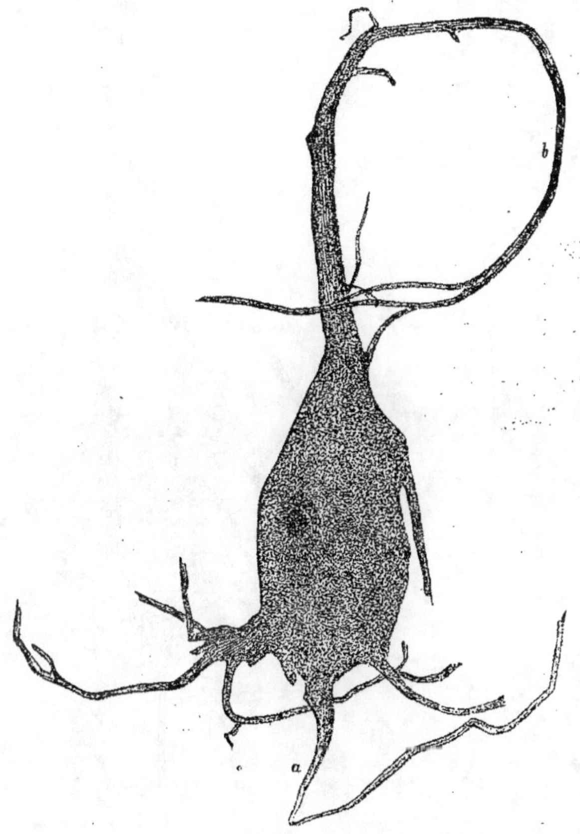

Fig. 290. — CELLULE PYRAMIDALE GÉANTE DE LA ZONE MOTRICE. (Homme.) On peut voir la fibrillation de l'axône, a; celui-ci et le prolongement protoplasmique vertical b se sont rompus et repliés sur eux-mêmes pendant la dissociation.

dans le sens horizontal prédominent dans les régions superficielles de l'écorce et les formes en fuseau, verticales, irrégulières, stellaires ou polyédriques dans les couches profondes (fig. 291 et 293).

On leur attribue généralement des fonctions d'association [quoique, en

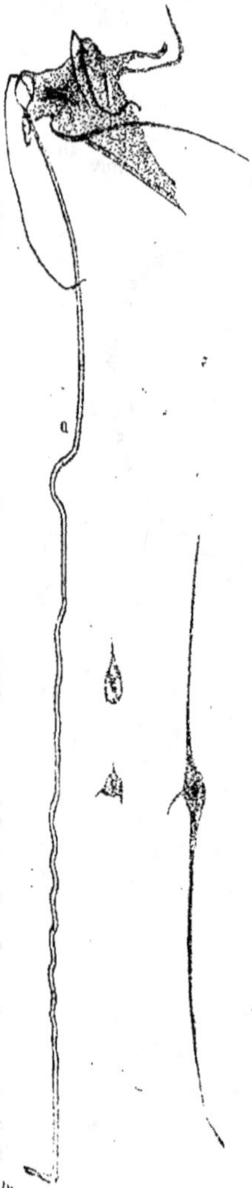

Fig. 294. — TROIS CELLULES DISSOCIÉES DE L'ÉCORCE CÉRÉBRALE DE L'HOMME. À gauche, une cellule pyramidale dont les prolongements ont été rompus par la dissociation. À droite, une cellule fusiforme à deux prolongements dendritiques partant de chacune des deux extrémités du corps de l'élément.

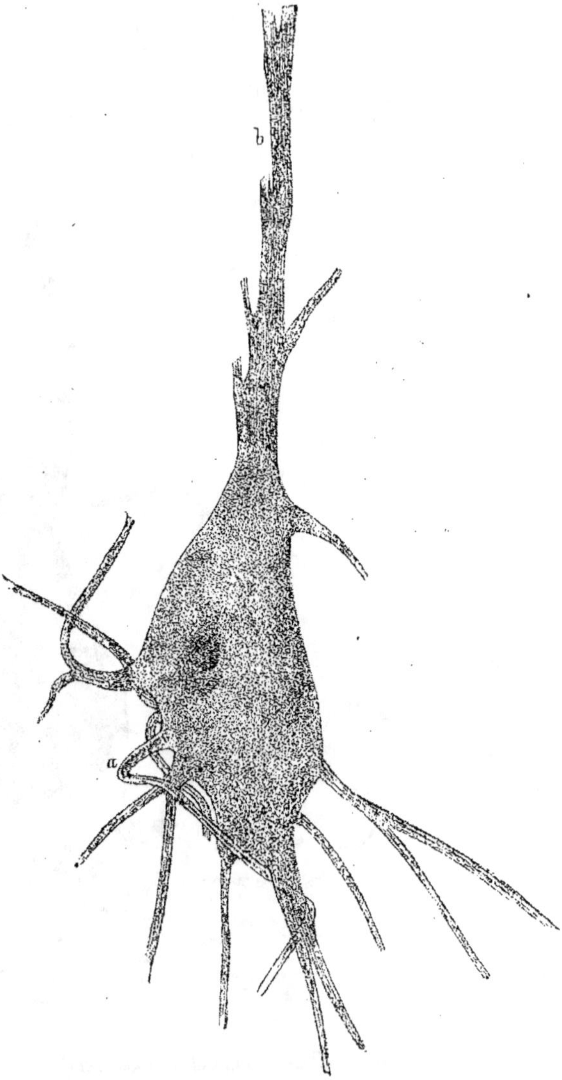

Fig. 292. — CELLULE PYRAMIDALE GÉANTE DE LA ZONE MOTRICE DE L'HOMME.

a, Neurite, replié pendant les manœuvres de dissociation.

b, Dendrite primordiale.

(Grossissement : 350/1).

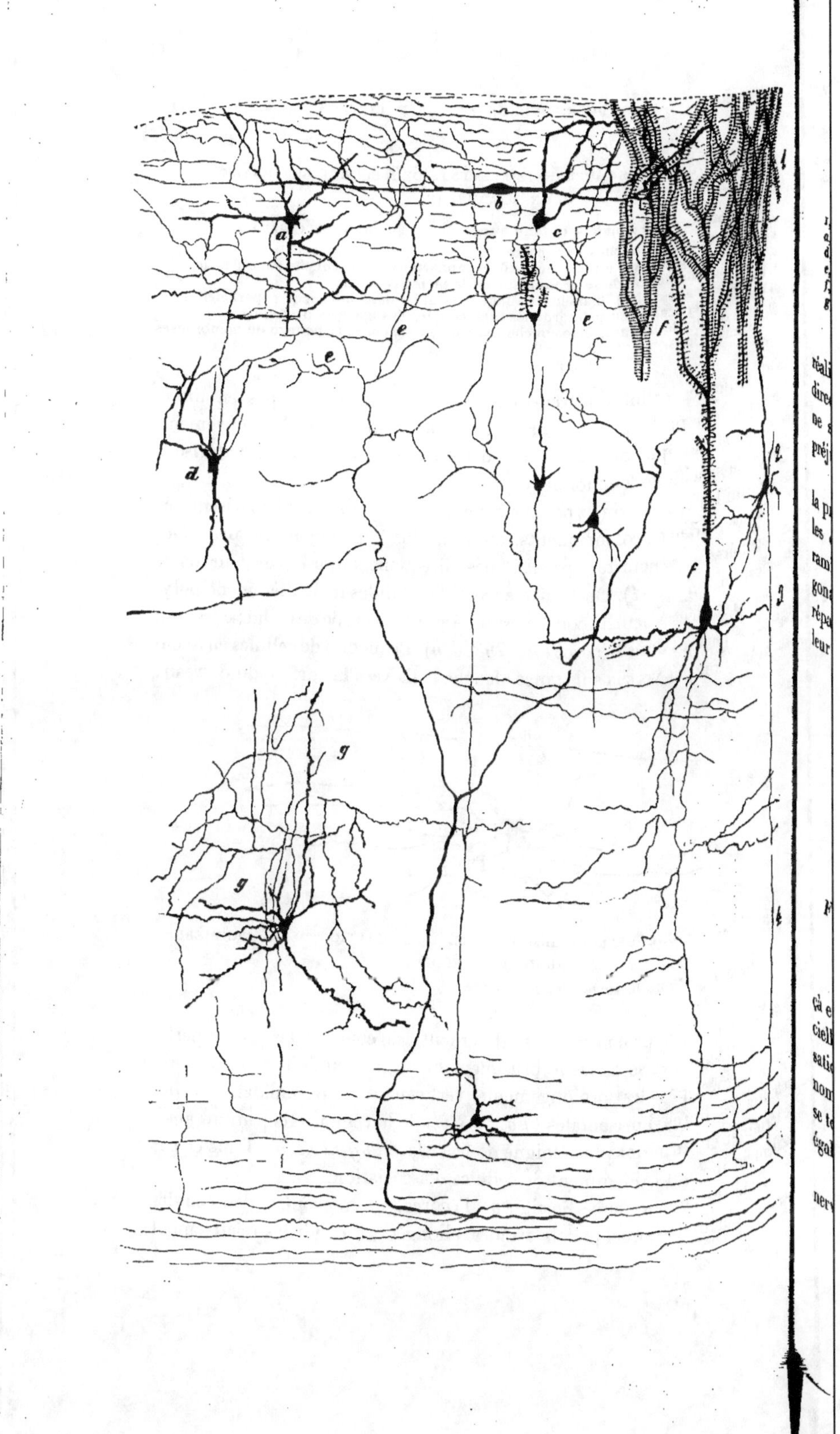

a
b
c
d
e
e
e
f
g
g

Fig. 293. — LES DIFFÉRENTS ÉLÉMENTS DE L'ÉCORCE CÉRÉBRALE
D'UN MAMMIFÈRE.

(Figure empruntée à EDINGER et faite d'après les préparations de CAJAL.)
1, 2, 3, 4, Les quatre couches de l'écorce.
a, b, c, Cellules nerveuses à plusieurs axônes, appartenant à la couche superficielle.
d, Une cellule fusiforme de la profondeur de la même couche.
e, Une fibre venue de la s. blanche et allant se ramifier dans la couche superficielle.
f, Dendrites verticales, ou primordiales, des cellules des couches profondes.
g, Petite cellule de la quatrième couche avec un axône court et pourvu de nombreuses
ramifications.

réalité, toutes les cellules nerveuses du névraxe qui ne sont pas en union directe par leur prolongement périphérique avec un organe du mouvement, ne soient autres que des éléments d'association dont rien n'autorise à préjuger la spécificité fonctionnelle.]

Parmi les cellules du type fusiforme il en est qui se particularisent par la présence de deux prolongements, ou d'un plus grand nombre, possédant les caractères des neurites, prenant des directions opposées et pourvus de ramifications (*fig. 291*). On trouve encore des cellules irrégulièrement polygonales ou étoilées à neurite court et ramifié suivant le type de Golgi ; elles sont répandues partout dans l'écorce (*fig. 293, d, g*). Beaucoup de cellules envoient leur axône non pas vers la substance blanche mais vers la surface du cerveau ;

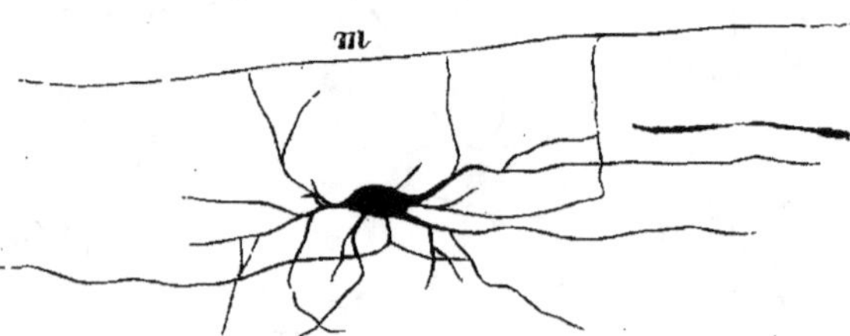

Fig. 294. — UNE CELLULE HORIZONTALE D'ASSOCIATION DE LA PREMIÈRE
COUCHE DE L'ÉCORCE.

La ligne *m* indique la surface de l'écorce.

çà et là même, ces prolongements atteignent les couches les plus superficielles de l'écorce et se divisent brusquement au milieu de la riche arborisation formée par les prolongements verticaux des pyramidales et des nombreuses fibres horizontales (*fig. 293, d*) de la région. Ils peuvent aussi se terminer en un point plus éloigné de la surface (*fig. 293, g*). Dans ce cas également il s'agit évidemment de cellules d'association.

Dans la couche superficielle de l'écorce, on rencontre des cellules nerveuses arrondies, quelquefois ovoïdes, allongées, à dendrites relativement fines qui naissent en rayonnant des côtés du corps cellulaire (*fig. 294 à 296*). On en trouve quelques-unes de munies d'un prolongement nerveux descendant qui naît le plus souvent de la face inférieure du corps cellulaire et pénètre obliquement dans la couche externe de l'écorce (*fig. 295 et 296*). Il se divise souvent, même après un très court trajet, en une série de rameaux terminaux horizontaux. Ces éléments correspondent sans aucun doute aux cellules fusiformes que CAJAL a rencontrées dans l'écorce cérébrale des mammifères inférieurs. D'après sa description, chaque pôle de la cellule émet une forte dendrite à bords lisses, dont les rameaux de division se dirigent vers la surface cérébrale en formant deux ou trois fibres moniliformes; ordinairement l'aspect de celles-ci est tout à fait celui des fibres nerveuses, et leurs ramifications se cantonnent dans la couche moléculaire.

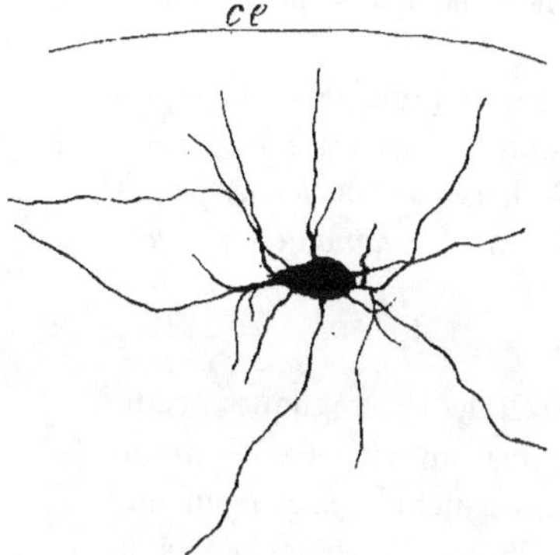

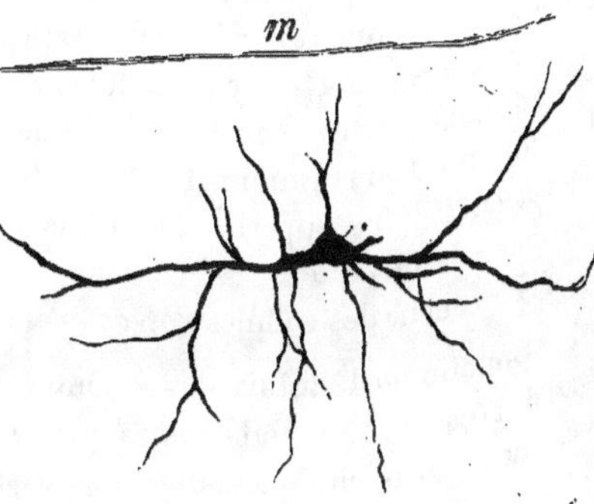

Fig. 295. — UNE CELLULE D'ASSOCIATION DE LA COUCHE SUPERFICIELLE.
(Méthode de Golgi.)
ce, Surface de l'écorce.

Fig. 296. — UNE CELLULE D'ASSOCIATION DE LA PREMIÈRE COUCHE.
m, Surface de l'écorce.

On trouve encore (CAJAL) d'autres cellules, triangulaires, et pourvues, non pas de deux, mais de trois prolongements, ou d'un plus grand nombre, qui sont primitivement horizontaux et deviennent plus tard des fibres nerveuses. Ils émettent de fines collatérales qui ont tous les caractères essentiels des fibres de la couche moléculaire. Ces éléments particuliers ont une certaine ressemblance avec les spongioblastes de la rétine. Découverts d'abord par CAJAL chez les batraciens et les reptiles, ils furent retrouvés ensuite chez les mammifères peu avancés en âge et chez le fœtus humain.

On rencontre enfin dans l'écorce cérébrale des *terminaisons nerveuses libres* qui viennent de la substance blanche. CAJAL a décrit des arborisations terminales richement ramifiées, surtout dans la couche externe de l'écorce;

je les ai moi-même souvent remarquées dans le voisinage des cellules pyramidales (*fig. 297* et *fig. 299*, p. 5i6). Elles représentent la terminaison
corticale des voies de conduction centripètes.

Nous avons vu que l'écorce cérébrale ne présente pas la même structure dans toute son étendue et qu'elle offre même des différences considérables
suivant le territoire considéré. On peut adopter cependant un type général
dont le plus compréhensif paraît être celui que décrivit MEYNERT. Cet auteur
distingua cinq couches successives (*fig. 287*, p. 5o5). Les deux couches
profondes peuvent avantageusement être confondues en une seule : on trouve
ainsi, de la surface à la profondeur :

1° La *couche moléculaire*, dite encore *névroglique* ou *des fibres tangentielles* à cause de la prédominance de ces derniers éléments, ainsi que de
celle du tissu de soutien, sur les cellules nerveuses.

2° et 3° Les couches des cellules nerveuses pyramidales : quelques
auteurs distinguent trois couches de cellules pyramidales, petites, moyennes
et géantes ; il est plus rationnel de les réduire à deux : la *couche des petites
pyramidales*, la plus superficielle, et la *couche des pyramidales géantes*,
sus-jacente à la suivante.

4° La couche des cellules *polygonales*.

1° **Couche moléculaire**. — Outre les cellules névrogliques, cette
région de l'écorce comprend dans sa portion la plus superficielle un grand
nombre de fibres myéliniques tangentielles qui représentent les prolongements
de ses propres cellules et forment le réseau d'EXNER (V. plus loin) à la
constitution duquel prennent aussi une part importante des fibres venues
des assises profondes de l'écorce (collatérales des pyramidales, neurites des
cellules de MARTINOTTI, fibres centripètes venues de la s. blanche). Du reste,
toute l'épaisseur de cette couche est parcourue par un grand nombre de fibres
nerveuses à trajet horizontal, oblique, ou même vertical, d'ailleurs beaucoup
plus rares dans la profondeur que près de la surface. A la limite supérieure de la
couche suivante il existe une assise de fibres myéliniques qui représentent apparemment les collatérales des neurites des pyramidales (strie de BECHTEREW,
v. plus loin) ; on ne peut pas la mettre en évidence dans tous les territoires
de l'écorce : elle n'en est que plus nette en certaines régions (*fig. 428, a*).

Les cellules nerveuses de la couche moléculaire sont rares et de taille
particulièrement réduite (*fig. 287, 1*). Leur forme est très variable : ovoïde,
(*fig.295*), fuselée (*fig. 294*), triangulaire (*fig.296*) ou pyramidale (*fig. 297*).
Nous avons déjà parlé des différentes particularités qu'offrent ces éléments.
Ils représentent indubitablement l'origine d'une partie des faisceaux de fibres
de la première couche, lesquels contiennent sûrement aussi des neurites

récurrents et des collatérales venues [des couches situées plus profondément ainsi que des fibres myéliniques qui, de la s. blanche, pénètrent souvent jusqu'à ce niveau. Nombreuses en ce point sont aussi les dendrites des

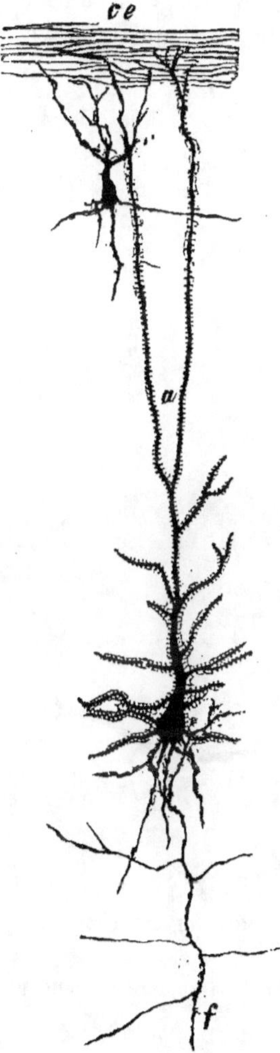

cellules indigènes et les dendrites primordiales munies d'épines, ou prolongements verticaux venus des couches plus profondes. Arrivés près de la surface ils prennent un trajet horizontal, avant de s'y terminer par arborisations; mais dès le commencement de leur parcours, dans la profondeur de l'écorce, on peut aussi les voir se bifurquer (*fig.* 297) et donner des ramifications verticales. Nous aurons à parler plus loin des connexions éloignées des cellules de cette première couche.

2° et 3° **Couches des cellules pyramidales** (*fig.* 287, 2 et 3, p. 505). — Ces cellules forment près de la couche précédente des rangées assez serrées. Plus profondément elles s'espacent, augmentent progressivement de taille et deviennent peu à peu les éléments caractéristiques de la 3e couche ou couche des grandes pyramidales. En même temps leur nombre diminue et elles sont beaucoup plus éloignées les unes des autres. Nous avons déjà parlé de leurs particularités histologiques. Elles remplissent non seulement un rôle d'association (v. MONAKOW), mais, de même que les grandes pyramidales, donnent naissance à des fibres de conduction descendantes qui, d'après CAJAL, contribueraient principalement à la constitution du corps calleux. Leur neurite varie d'épaisseur suivant les dimensions de la cellule. Dans son

Fig. 297. — UNE CELLULE PYRAMIDALE ET UNE CELLULE DE LA COUCHE SUPERFICIELLE.

a, Dendrite verticale de la pyramidale, allant se ramifier dans le réseau de fibres tangentielles qui est situé sous la surface sous-piémerienne *ce.* Près de la surface on voit une cellule triangulaire (polymorphe) de la couche moléculaire. *f,* Ramifications terminales péricellulaires d'une fibre qui arrive de la s. blanche.

trajet intracortical il émet ordinairement plusieurs rameaux collatéraux ramifiés qui se terminent librement dans le voisinage du corps ou des dendrites d'autres cellules de la région ; il pénètre finalement dans la s. blanche. La couche des petites pyramidales nous offre ainsi une conglomération de fibres très fines et de fibres plus volumineuses descendantes, qui se rassem-

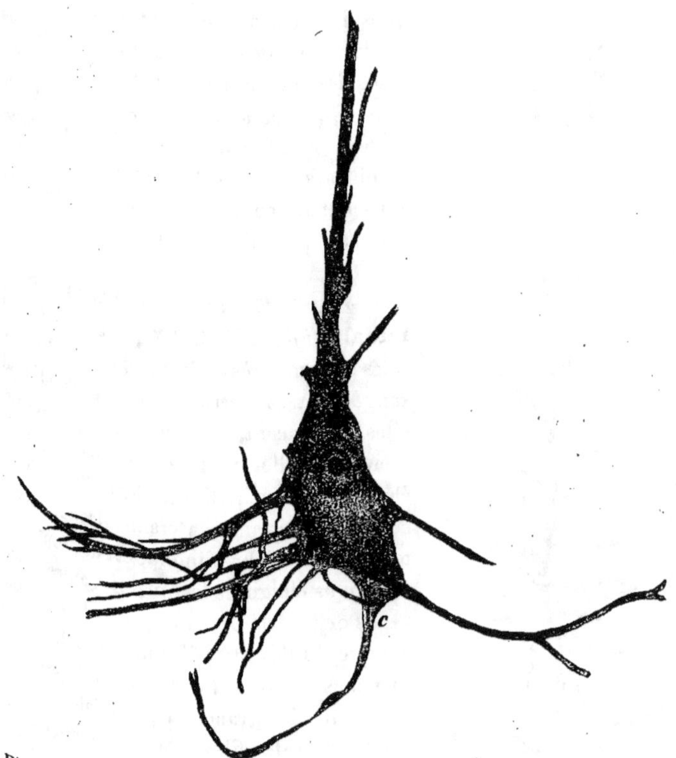

Fig. 298. — UNE CELLULE GÉANTE DE LA ZONE MOTRICE DE L'HOMME.
(Dissociation. Coloration au carmin.)
c, Neurite. Son trajet anguleux et récurrent est dû à la rupture produite par l'isolement de la cellule.

blent dans les régions plus profondes pour former des faisceaux verticaux faciles à distinguer des formations qu'ils traversent (Voir Chap. III, art. II, B).

Les grandes cellules pyramidales caractéristiques de la troisième couche peuvent atteindre, chez l'homme, de 30 à 40 micra de diamètre (*fig. 300*) :

la longueur remarquable de leur dendrite verticale [ou mieux *apicienne, de apicem,* sommet], la richesse de leurs ramifications protoplasmiques, l'épaisseur du neurite sont autant d'autres particularités. Avant de s'engager dans la s. blanche, ce dernier émet un certain nombre de collatérales (*fig. 293*).

Cette couche contient encore, ainsi que la précédente, de petites cellules dont nous parlerons plus loin et des fibres nerveuses disposées en un réseau dans lequel on peut distinguer des fibrilles très fines qui représentent principalement les collatérales des axônes des éléments de la région et se différencient très facilement des faisceaux myéliniques perpendiculaires à la surface et qui, venus de la première couche, descendent jusqu'à la s. blanche en augmentant de volume par l'adjonction continuelle de nouveaux éléments.

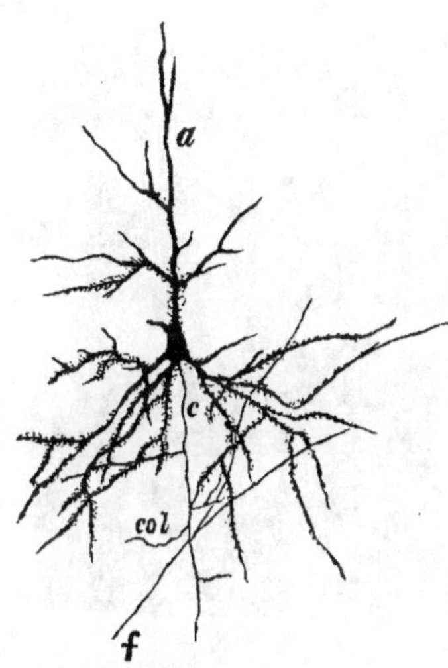

Fig. 299. — PETITE CELLULE PYRAMIDALE.

(Chat. Méthode de Golgi.)

a, Dendrite primordiale.
c, Neurite avec
col, Ses collatérales.
f, Une fibre nerveuse qui vient se ramifier dans le voisinage des dendrites de la cellule.

4° **Couche des cellules polymorphes** (*fig. 287,* p. 5o5, *4 et 5*). — Elle se distingue nettement des précédentes par l'absence presque complète de cellules pyramidales et la prédominance de petites cellules nerveuses, le plus souvent polygonales ou fusiformes; la caractéristique de ces éléments est l'absence de prolongement protoplasmique vertical; contrairement à celles des autres couches, les dendrites n'atteignent pas la couche moléculaire; les neurites, par contre, pénètrent dans la s. blanche. C'est ainsi que les faisceaux descendants qui viennent de la IIe et III° couches voient le nombre de leurs éléments s'augmenter pendant leur passage à travers l'assise profonde. Les cellules fusiformes se trouvent de préférence dans la profondeur, à la limite de la s. blanche (*fig. 287, 5*). Au niveau des parties convexes des circonvolutions elles deviennent ordinairement verticales; dans le voisinage des sillons elles sont horizontales; ces différentes positions sont commandées par la direction des fibres qui passent dans la région. De petites cellules polygonales se rencontrent aussi, mais en moins grand nombre, dans les autres régions de l'écorce.

Il existe en outre, en particulier dans les trois couches profondes, des cellules à neurite court qui appartiennent en partie au type II de Golgi ; elles sont arrondies ou polyédriques, assez volumineuses. Leurs dendrites rayonnent dans différentes directions. L'axône naît d'un des côtés latéraux ou de la face de la cellule qui est tournée vers la superficie de l'écorce et se divise en un grand nombre de ramifications, après un très court trajet. On sait que Golgi considérait ces cellules comme de nature sensitive. Cette opinion n'est plus soutenable, leur rôle consiste probablement à unir entre eux des neurones voisins.

Une autre espèce d'éléments d'association est représentée par les cellules de Martinotti : elles sont piriformes ou triangulaires et possèdent de nombreuses dendrites et un axône qui prend une direction ascendante et gagne la couche moléculaire dans laquelle il se divise en deux ou trois rameaux horizontaux qui fournissent de riches arborisations terminales.

L'écorce cérébrale contient enfin des fibres propres endogènes et les terminaisons libres de fibres provenant de la s. blanche. Celles-ci représentent évidemment des voies d'association ou des fibres centripètes ; elles traversent ordinairement l'écorce en direction oblique pour se terminer soit dans la couche moléculaire, soit dans le voisinage des pyramidales grandes et petites (*fig. 293, e, p. 510 et fig. 297*).

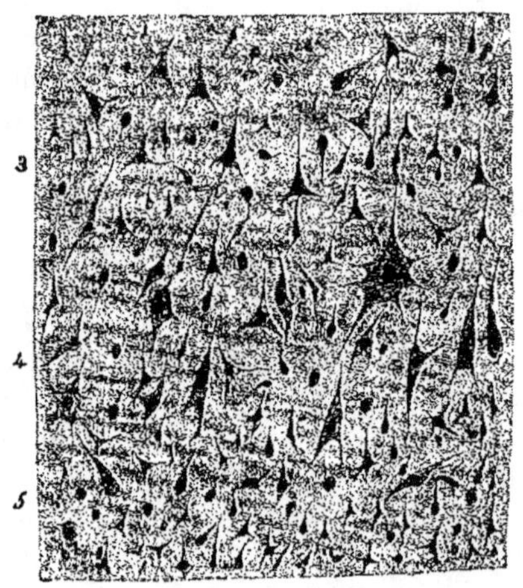

Fig. 300. — RÉGION DES PYRAMIDALES.

(Homme. Zone motrice.)

Les pyramidales géantes sont perdues au milieu d'éléments plus petits et des cellules polymorphes.

Variations régionales. — La disposition des éléments de l'écorce, telle que nous venons de la décrire, se retrouve en un grand nombre de régions de la face externe de l'hémisphère, lobes frontal, pariétal et temporal, ainsi qu'en plusieurs territoires des faces inférieure et interne, avec des modifications plus ou moins profondes. Vers l'extrémité frontale, le volume des cellules pyramidales diminue progressivement. Dans la région pariétale on voit s'intercaler, entre la deuxième et la troisième couches, une nouvelle assise de petites cellules pyramidales semblables à celles de la deuxième, (BEVAN LEWIS). Dans le domaine de la sphère auditive, on remarque, d'après FLECHSIG, outre une augmentation du nombre des couches, une grande quantité de cellules pyramidales volumineuses, de forme particulière, cylindrique. Si nous faisons abstraction du bulbe olfactif, de la corne d'Ammon et du fascia dentata qui seront décrits dans l'article suivant, nous voyons que les particularités de structure les plus importantes se rencontrent au niveau des régions suivantes : les circonvolutions centrales avec le lobule para-central (*fig. 300*), l'insula de Reil avec le claustrum et le noyau amygdalien, et avoi-les circonvolutions occipitales qui bordent et avoi-sinent la scissure calcarine (*fig. 301*) (1).

L'écorce des *circonvolutions centrales* se dis-tingue du type moyen de MEYNERT par le dévelop-pement remarquable de la couche moléculaire externe et la présence de très grandes pyramidales dites géantes (BETZ et MERSHEJEWSKI). Elles se présentent par groupes de deux à cinq ou bien à l'état isolé, de préférence dans la profondeur de la troisième couche; on en rencontre cependant quel-ques-unes dès la couche à petites cellules (*fig. 300*). C'est dans le lobule paracentral qu'elles sont le plus nombreuses et le plus volumineuses, ainsi que dans la portion supérieure des circonvolutions centrales ; elles se localisent donc de préférence au niveau des centres moteurs (BEVAN LEWIS), mais on en trouve aussi dans d'autres régions de l'écorce. Le corps cellulaire est ordinairement

Fig. 301.— LA STRIE DE VICQ D'AZYR OU DE GENNARI.

(Écorce occipitale de l'homme au voisinage de la scissure calcarine.)

très riche en pigment. Des deux angles basaux part un nombre considé-rable de rameaux dendritiques très richement arborisés (*fig. 289 à 292 et 298*).

Insula. — La portion de la couche profonde qui est formée de cellules polymorphes et fusiformes est nettement séparée du reste de l'écorce par une couche de fibres blanches (MEYNERT). Le cortex développe ainsi une formation aberrante constituée presque exclusivement de cellules fusiformes

<hr>

(1) J'omets volontairement l'écorce rudimentaire du *septum lucidum* qui, au point de vue physiologique, n'a aucune importance.

(*fig. 304, cl*) et qui se continue sans interruption avec le *noyau amygdalien*. Dans la profondeur du *claustrum* ce sont les cellules polymorphes qui prédominent : il est donc permis de considérer l'avant – mur comme une dépendance de l'écorce du lobe temporal noyée dans l'intérieur de la substance blanche (Mondino). Le noyau amygdalien est aussi sans aucun doute de provenance corticale. Il contient des cellules pyramidales et fusiformes irrégulièrement réparties.

Lobe occipital. — Son écorce est caractérisée, au voisinage de la scissure calcarine, dans la région où l'on peut distinguer à l'œil nu la strie de

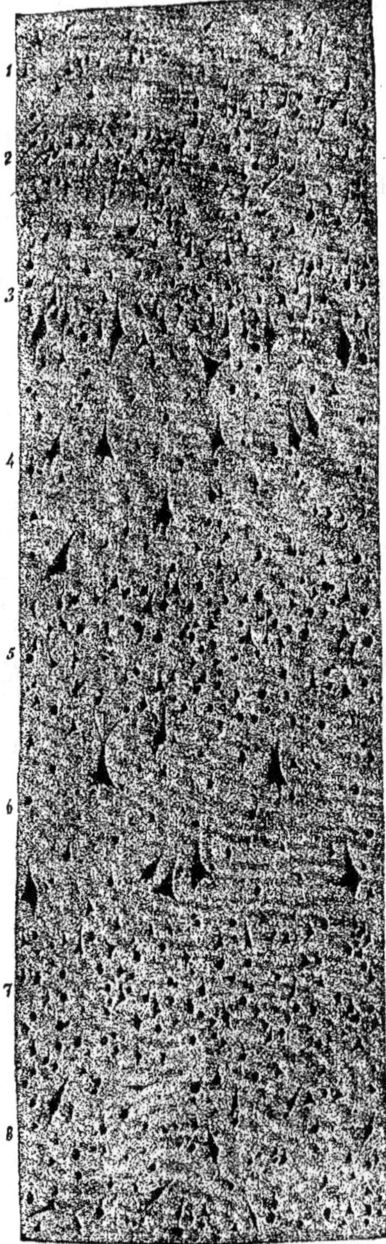

Fig. 302. — L'ÉCORCE OCCIPITALE AU NIVEAU DE LA SCISSURE CALCARINE.

(Homme. Préparation au carmin. Les huit couches de Meynert.)
1, Couche moléculaire.
2, Couche des petites cellules pyramidales.
3, Couche granuleuse externe.
4, Couche intermédiaire avec des pyramidales géantes solitaires.
5, Couche granuleuse moyenne.
6, Couche intermédiaire profonde contenant également quelques pyramidales géantes.
7, Couche des petites cellules ou granuleuse interne.
8, Couche des cellules fusiformes.

Les éléments les plus caractéristiques de cette région de l'écorce, la strie de Vicq d'Azyr et les *Fusiformes* ou mieux *piriformes* de Cajal, sont situés un peu au-dessous du niveau du chiffre 3.

Vicq d'Azyr ou de Gennari (*fig. 301*), par le riche développement de la couche des fibres tangentielles et la régression relative de la couche moléculaire, sa pauvreté en grandes cellules pyramidales ainsi qu'une forte augmentation de la proportion de petites cellules irrégulières ou polygonales. Tandis que celles-ci, dans d'autres régions de l'écorce, sont disséminées dans les différentes couches, et, pour le plus grand nombre, s'amassent avec les Fusiformes à la limite de la s. blanche, elles forment dans le lobe occipital une assise puissante immédiatement adjacente à celles des petites Pyrami-

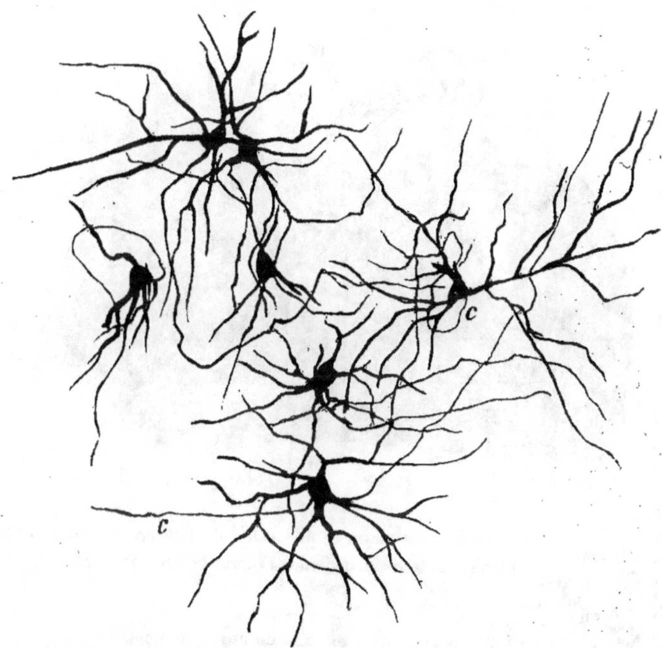

Fig. 303. — LES CELLULES NERVEUSES DU NOYAU CAUDÉ.
(Chat nouveau-né. Préparation de Teljatnik. Méthode de Golgi.)
c, Neurites de ces cellules.

dales et traversée par une ou deux stries de coloration plus pâle dans lesquelles on rencontre çà et là de grandes cellules pyramidales isolées ou groupées (*fig. 302*). La strie de Vicq d'Azyr est formée d'un épais réseau de fibres myéliniques tendu à la limite des deux couches des petites et des grandes cellules pyramidales. Pour le reste de sa structure, l'écorce occipitale ne présente pas d'autre modification notable du type moyen dit à quatre (cinq) couches (*fig. 287*, p. 5o5).

Ce serait s'abuser étrangement que de considérer les différentes variations régionales que nous venons de décrire comme étant le substratum des particularités physiologiques propres à chacun des territoires corticaux au niveau desquels on peut les constater : le rôle de ces derniers est fonction, non pas de leur structure propre, mais des connexions que les voies de conduction établissent entre eux et la périphérie.

Il est impossible, dans l'état actuel de la science, de rattacher une forme cellulaire donnée à une fonction donnée. car ce ne sont pas les caractères

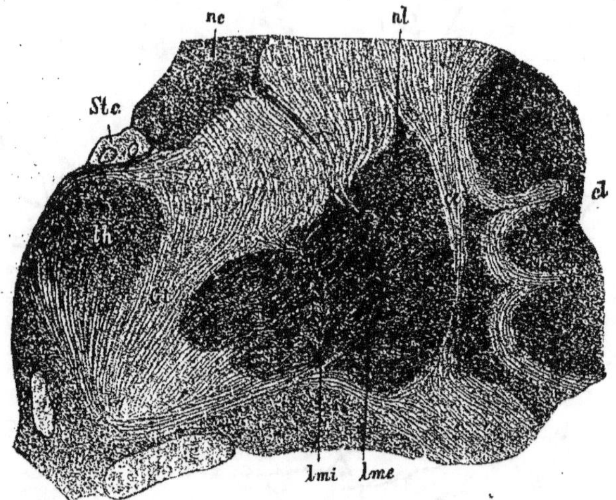

Fig. 304. — LES FIBRES MYÉLINIQUES DU CORPS STRIÉ ET LES LAMES MÉDULLAIRES.
(Coupe frontale de l'hémisphère droit. Homme. Coloration au carmin.)
ce, Capsule externe.
ci, Capsule interne (bras antérieur).
cl, Claustrum ou avant-mur.
lmi, lme, Lames médullaires interne et externe du noyau lenticulaire.
nc, Noyau caudé.
nl, ne, Noyau lenticulaire.
stc, Strie ou lame cornée de la couche optique.
th, Thalamus.
1, 2, 3, Les trois segments (globus pallidus et putamen) du noyau lenticulaire.

histologiques de la cellule qui déterminent la nature des modifications qu'elle imprime à l'influx nerveux qui lui arrive, ni leurs conséquences physiologiques : seule la disposition des voies de conduction centripètes ou centrifuges, au niveau de la périphérie, doit être, à cet égard, prise en considération.

Il en est de même pour ce qui concerne la structure des ganglions qui dépendent de l'écorce cérébrale.

Ganglions sous-corticaux. — Il existe *dans le putamen* différentes sortes de cellules qui ne ressemblent que de loin à celles de l'écorce et parmi lesquelles on peut distinguer les formes suivantes :

1° Des cellules triangulaires ou stellaires à longs prolongements protoplasmiques. L'axône émet un plus ou moins grand nombre de collatérales et se termine dans le ganglion lui-même, ou bien il prend une direction ascendante et pénètre dans la capsule interne.

2° Des cellules axiramifiées ou du type II de Golgi.

[3° KOELLIKER (1) considère comme absolument caractéristique de cette région de la substance grise certaines cellules de taille plutôt réduite, de forme et de disposition radiaires. Les dendrites, au nombre de trois à cinq, sont remarquables par leur longueur; elles sont lisses; chacune d'elles se bifurque une ou deux fois seulement, à angle aigu; elles peuvent naître toutes aux deux extrémités du grand axe de la cellule qui est alors placée perpendiculairement au trajet des fibres du putamen, ou bien émergent en rayonnant du corps de l'élément.

Dans le noyau caudé (*fig. 303*), les cellules diffèrent de celles du putamen en ce qu'elles sont en général plus rapprochées de la forme stellaire, pourvues d'un plus grand nombre de dendrites, non plus lisses, mais couvertes d'épines.

Nous avons déjà parlé du *globus pallidus* dans la IIIe partie; rappelons seulement que ses éléments sont tout autres que ceux des noyaux précédents et se rapprochent surtout des cellules à ramification buissonneuse que l'on trouve dans la couche optique : dendrites nombreuses, axône court et richement ramifié. Beaucoup d'entre elles appartiennent au type II de Golgi.]

Parmi les *fibres* (*fig. 303*) du corps strié, nous trouvons d'abord les ramifications terminales libres de celles qui lui sont apportées par les pédoncules cérébraux; en outre, un grand nombre de faisceaux plus ou moins importants venus de la capsule interne le traversent en abandonnant des collatérales à ses cellules.

ARTICLE II. — ÉCORCE DU RHINENCÉPHALE.

[Quoique le rôle physiologique des différents territoires corticaux du rhinencéphale ne soit pas encore, chez l'homme, rigoureusement défini, on étudie ordinairement sous ce titre, en se basant sur l'anatomie comparée;

---

(1) *Loc. cit.* 6e édit., vol. II, p. 616.

1° Le *bulbe olfactif* et ses dépendances directes (*bandelette* et ses quatre racines);

2° Les circonvolutions qui représentent l'arc limbique des mammifères osmatiques, c'est-à-dire la *circonvolution du corps calleux* qui forme sa partie supérieure et la *circonvolution de l'hippocampe* qui constitue son segment

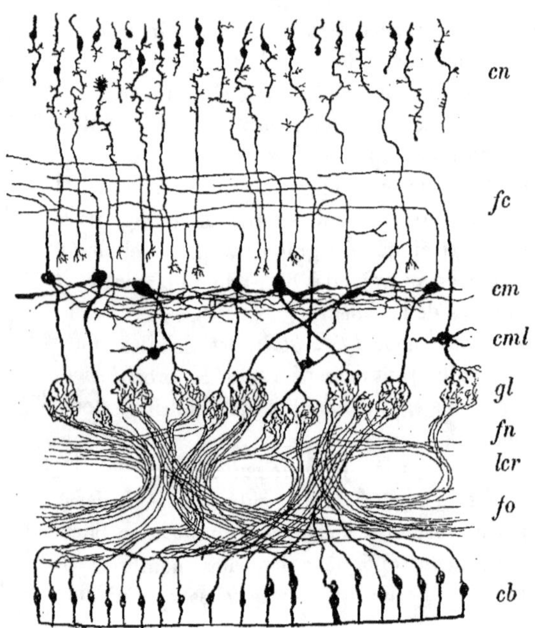

Fig. 305. — LES ÉLÉMENTS NERVEUX DU BULBE OLFACTIF
ET LEURS CONNEXIONS RÉCIPROQUES.

cb, Cellules bipolaires sensorielles de la pituitaire.
cm, Cellules mitrales situées dans le plexus formé par leurs dendrites propres.
cml, Cellules moléculaires.
cn, Couche des cellules névrogliques.
fc, Couche des grains avec les neurites des cellules mitrales et moléculaires.
fn, Fibres nerveuses formant la couche superficielle du bulbe.
fo, Filets olfactifs avant leur passage dans les orifices de la lame criblée.
gl, Glomérules formés par les ramifications des filets olfactifs et celles des neurites
des cellules mitrales ou des cellules moléculaires.
lcr, Lame criblée de l'ethmoïde.

inférieur, ainsi que leurs dépendances respectives : indusium griseum, corps godronné, etc.

Quant aux faisceaux à trajet compliqué qui cheminent dans la région de l'arc marginal et réunissent entre elles ces diverses formations, leur étude se placera naturellement avec celle des voies d'association des autres portions de l'écorce.]

De tous les nerfs craniens, celui de la Ire paire est seul relié directement à l'hémisphère. Sa portion périphérique est représentée par les ramuscules qui vont se perdre dans la muqueuse olfactive et naissent séparément de la face inférieure du bulbe *olfactif* lequel est situé, chez l'homme, à la base du lobe frontal et correspond au lobe olfactif de beaucoup d'animaux (*fig. 307*).

La *muqueuse olfactive* ou *membrane de Schneider* représente l'organe sensoriel périphérique proprement dit. Elle contient deux sortes de cellules :

1° *Cellules épithéliales* ou éléments de soutien, de forme prismatique, et dont les faces et les bords sont munis de facettes et de dépressions.

2° *Cellules nerveuses bipolaires* ou éléments olfactifs (*fig. 305 cb*) sur lesquelles s'ajustent les facettes des cellules précédentes. Le corps de la cellule est occupé presque en entier par le noyau. De sa mince enveloppe protoplasmique partent deux prolongements : l'un, central, se dirige vers la profondeur, l'autre, phérique, vers la surface. Celui-ci est court et épais. Son extrémité libre est mousse et affleure à la surface de la pituitaire. Le prolongement interne est beaucoup plus long. Il traverse toute l'épaisseur de la pituitaire et se réunit avec un certain nombre de prolongements similaires pour former un *filet olfactif*; celui-ci passe par un des orifices de la lame criblée (*fig. 305, lcr* et *fo*) et arrive dans la cavité cranienne; là il se rend dans un plexus situé sur le bord externe du bulbe olfactif et formé de fibres olfactives puis pénètre finalement, tout en émettant de nombreuses collatérales, dans un des *glomérules* du bulbe olfactif (*fig. 308* et *312, b*, p. 526 et 530).

Fig. 306. — LES ÉLÉMENTS HISTOLOGIQUES DU BULBE OLFACTIF VUS SUR UNE COUPE SAGITTALE.

(Chien. Coloration au carmin.)
1, Couche des filets olfactifs.
2, Stratum glomerosum.
3, Couche moléculaire ou gélatineuse.
4, Couche des grandes cellules mitrales.
5, Stratum granulosum formé surtout de fibres myéliniques qui passent dans la substance blanche du bulbe olfactif, et dans les intervalles desquelles sont situés des amas de petites cellules nerveuses.

Bulbe olfactif. — Cette portion du rhinencéphale, très atrophiée chez l'homme, est représentée chez beaucoup d'animaux par un lobe véritable qui dépasse de beaucoup l'extrémité antérieure du lobe frontal tandis que chez l'homme il est complètement caché par les circonvolutions orbitaires auxquelles il adhère par sa face supérieure ou basale. Sa portion centrale est formée de fibres blanches et creusée d'un canal oblitéré, mais qui, chez les mammifères, s'ouvre librement dans la cavité du ventricule latéral. En avant, en arrière et sur une partie de sa face supérieure, il est revêtu d'une couche de substance grise : sa partie la plus postérieure est seule privée de cette enveloppe et est accolée immédiatement à la face antérieure du lobe frontal. Chez les rongeurs, ce territoire encéphalique est aussi recouvert d'une couche de substance grise, mais celle-ci n'est pas en connexion directe avec le bulbe et représente en quelque sorte un lobe olfactif accessoire et indépendant.

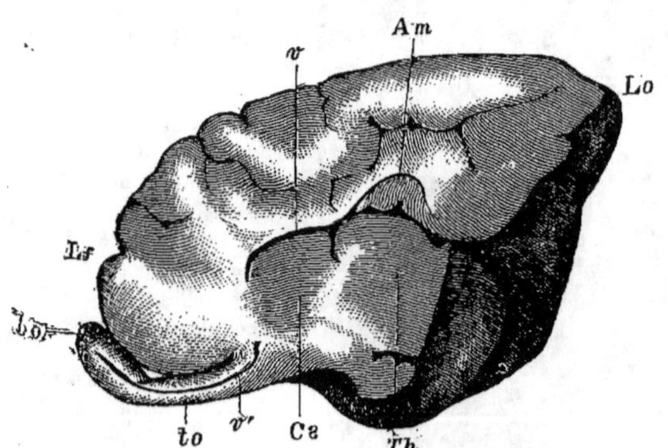

Fig. 307. — LE LOBE OLFACTIF DU CHIEN.

(Coupe sagittale de l'encéphale.)

Am, Corne d'Ammon.
bo, Bulbe olfactif.
cs, Corps strié.
bf, Lobe frontal.
lo, Lobe occipital.

th, Thalamus.
to, Bandelette olfactive.
v, Ventricule latéral.
v', Cavité du lobe olfactif.

On peut distinguer dans le bulbe olfactif les cinq couches suivantes :

1° La *couche des filets olfactifs* formés de fibres de Remak ;

2° Le *stratum glomerosum* qui contient un plus ou moins grand nombre de formations particulières appelées glomérules ;

3° Le *stratum moléculaire* ou *str. gelatinosum* ; il correspond à la première couche des autres régions de l'écorce cérébrale et contient des cellules nerveuses de petit volume, disséminées ;

4° La *couche des grandes cellules* dites *cellules mitrales* dont les dendrites principales [ou mieux apiciennes (de *apicem*, sommet)] se dirigent vers le stratum glomerosum ;

5° Le *stratum granulosum*, formé d'un réseau de fibres nerveuses myéliniques qui passent dans la s. blanche du bulbe ; entre ces fibres sont intercalés de petits amas de cellules nerveuses de faibles dimensions.

La plupart des particularités de structure du bulbe olfactif, les rapports des fibres avec les cellules, etc., peuvent être mises en évidence par la méthode de Golgi : des recherches furent faites à ce sujet par Golgi lui-même en premier lieu, puis par Cajal, Koelliker, v. Gehuchten, Martin, Ponjatowski, etc., Teljatnik enfin (de mon laboratoire) : les préparations de ce dernier auteur (bulbe olfactif du chat) et mes propres observations servent de base à la description qui va suivre.

1° La *couche fibrillaire* est exclusivement formée d'un épais réseau de fascicules de fibres de Remak qui affectent toutes les directions (*fig. 306, 1,* et *fig. 312 A*, p. 530), présentent un trajet onduleux, et passent souvent d'un faisceau à un autre; elles n'offrent ordinairement aucune division jusqu'au moment où elles se terminent en se ramifiant dans un glomérule olfactif.

2° Le *stratum glomerosum* est caractérisé par la présence des *glomérules olfactifs*, formations nerveuses ovoïdes ou sphériques, au niveau desquelles les fibres olfactives venues de la périphérie se rencontrent avec les dendrites des cellules nerveuses de la couche suivante (*fig. 308* et *312, a*). Les rapports topographiques des glomérules avec les fibres olfactives sont étroits et invariables : les glomérules n'existent qu'au-dessus de la couche formée par ces dernières et augmentent de volume et de taille dans les points où ces fibres sont plus nombreuses. Celles-ci se rendent toutes dans les glomérules où elles émettent un grand nombre de ramifications qui naissent à angle droit. Souvent l'arborisation outrepasse les limites du glomérule, mais elle reste toujours dans son voisinage immédiat ; quelquefois les ramules d'une seule fibre se rendent à deux glomérules différents (*fig. 312, b*). Il est à remarquer que ces rameaux ne changent pas, ou à peine, de volume en se divisant et conservent l'épaisseur de la fibre dont ils émanent : les dendrites qui pénètrent dans les glomérules diminuent, au contraire, notablement d'épaisseur à chaque nouvelle ramification.

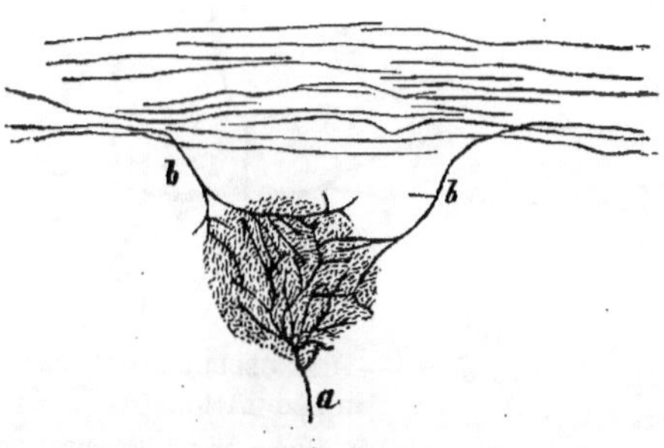

Fig. 308. — LES ARTICULATIONS INTRA-GLOMÉRULAIRES.

(Lobe olfactif de chat nouveau-né, traité au Golgi par Teljatnik.)

a, Prolongement d'une cellule mitrale allant se ramifier dans le glomérule.
b, Filets olfactifs dont les plus fins rameaux pénètrent dans le glomérule.

Ces dendrites proviennent de deux sources différentes : des cellules de la couche moléculaire et des cellules mitrales ; elles forment réseau avec les ramifications des fibres olfactives qui viennent à leur rencontre dans les glomérules et qui les unissent aux cellules périphériques dont elles proviennent elles-mêmes. Il n'existe pas, contrairement à ce qu'avait avancé Golgi, d'autres fibres qui, parties des glomérules, se dirigent vers les centres encéphaliques. On trouve quelquefois dans l'intérieur des glomérules de petites cellules nerveuses tout à fait analogues par leur forme et leur volume à celles de la couche moléculaire : elles sont pourvues d'un neurite qui s'engage dans le stratum moléculaire et même le dépasse, et d'une dendrite unique qui se ramifie dans le glomérule, suivant différents modes, pour former avec les fibres olfactives qui pénètrent dans la couche glomérulaire un plexus très dense, absolument comme les éléments du stratum granulosum et les cellules mitrales.

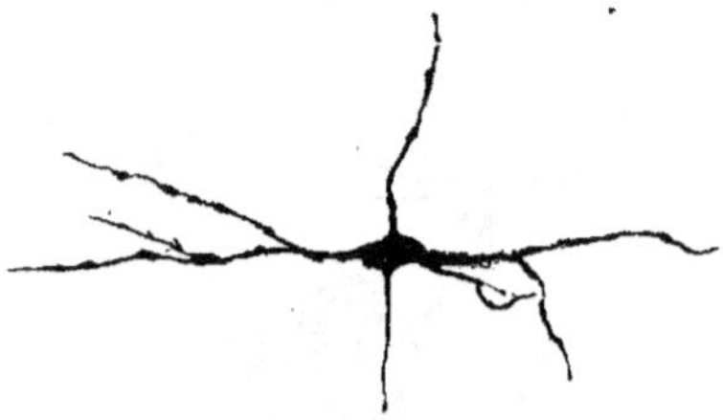

Outre ces plexus de fibres, les glomérules olfactifs contiennent de nombreux vaisseaux, faciles à voir sur les préparations au carmin, et une substance finement granuleuse qui se confond à tous les points de vue avec celle de la couche moléculaire sous-jacente.

Fig. 309. — UNE CELLULE DU STRATUM MOLÉCULAIRE.

(Normalement située immédiatement au-dessus des cellules mitrales. Chat nouveau-né.)

3° Le *stratum moléculaire* renferme un grand nombre de petites cellules nerveuses ainsi que des fibres et les prolongements de ses cellules, des vaisseaux et de la névroglie. Dans sa portion supérieure, ce sont les éléments cellulaires, dans sa portion inférieure, ce sont les fibres nerveuses qui l'emportent en nombre. Parmi les premiers il en est en particulier qui envoient une de leurs dendrites à un glomérule dans lequel elle s'arborise. Ces éléments, ovales, fusiformes ou triangulaires, à contours arrondis ou anguleux, se trouvent dans le voisinage des glomérules ou bien à une distance qui peut quelquefois être assez considérable ; la dendrite qui va se ramifier dans le glomérule est par conséquent plus ou moins longue ; elle abandonne souvent des collatérales. Rarement on la voit se diviser en deux rameaux qui pénètrent dans deux glomérules voisins. Il existe en outre quelquefois un deuxième prolongement protoplasmique qui se rend, non pas dans un glomérule, mais dans le stratum moléculaire. Le neurite de ces cellules est extraordinairement fin : ordinairement il traverse toute la couche moléculaire en abandonnant un petit nombre de collatérales. Il est ordinairement facile de distinguer dans les glomérules les fibres olfactives venues de la périphérie, des dendrites de la couche moléculaire. Les filets olfactifs forment un réseau très serré de fines fibrilles qui se cantonnent en général à la périphérie du glomérule; les dendrites, au contraire, apparaissent sous l'aspect d'un buisson ou d'une arborisation terminale dont les ramifications

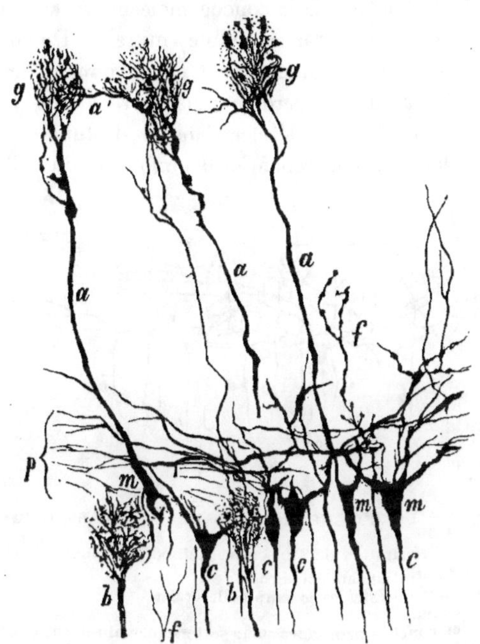

Fig. 340. — CELLULES MITRALES ET GLOMÉRULES.

(Chat nouveau-né. Méthode de Golgi.)
a, Dendrites primordiales des cellules mitrales se rendant aux glomérules.
a', Un de leurs rameaux latéraux se rendant à un glomérule voisin.
b, Buissons terminaux des cellules du stratum granulosum.
c, Neurites des cellules mitrales.
f, Terminaisons nerveuses libres dans les couches moléculaire et granuleuse.
g, Glomérules; on y voit surtout les ramifications des dendrites mitrales.
m, Cellules mitrales.
p, Plexus de fibres adjacent à la couche des cellules mitrales.

traversent le glomérule de part en part ou en parcourent au moins la plus grande partie.

Entre les glomérules, on trouve quelquefois dans la couche moléculaire des cellules ovales à grand axe horizontal. Elles envoient, de chaque côté, une dendrite à un glomérule voisin; le neurite naît du milieu du corps cellulaire et prend une direction descendante (TELJATNIK). Il existe encore dans cette couche d'autres cellules qui n'ont aucune connexion avec les glomérules ; elles sont fusiformes, ovales ou étoilées : les premières sont horizontales et émettent à chaque extrémité une dendrite ramifiée (*fig. 309*); l'axône émerge du milieu du corps de la cellule et se dirige ordinairement en dedans vers la couche des cellules mitrales. Les cellules étoilées se rencontrent quelquefois dans la profondeur de la couche moléculaire et le plus souvent à l'intérieur des plexus formés par les cellules mitrales. Du corps cellulaire arrondi ou ovale émergent ordinairement en rayonnant de nombreuses dendrites ; le neurite ramifié se perd le plus souvent dans la couche des cellules mitrales. Enfin, j'ai pu déceler dans le stratum moléculaire des ramifications nerveuses libres provenant de la profondeur du bulbe olfactif.

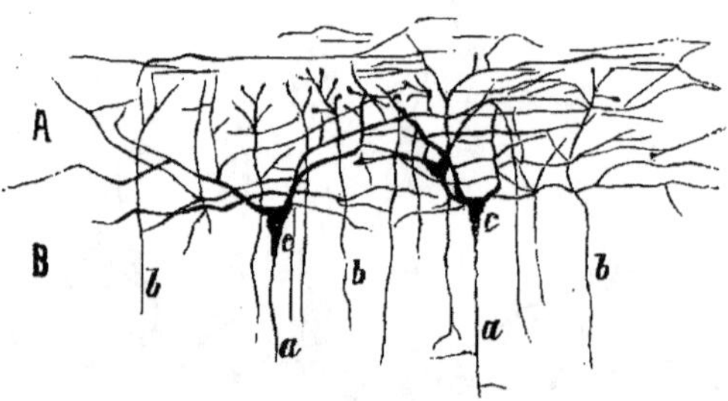

Fig. 311. — LA COUCHE MOLÉCULAIRE DU BULBE OLFACTIF.

(Chat nouveau-né. Préparation de TELJATNIK. Méthode de Golgi.)

A, Plexus ventral du stratum moléculaire.
a, Neurites des cellules mitrales avec leurs collatérales.
B, Stratum granulosum.
b, Fibres venues des couches profondes pour se terminer librement dans le plexus de la couche moléculaire.
c, Cellules mitrales.

4° *La couche des cellules mitrales* est caractérisée par la présence de grandes cellules à contour triangulaire (*fig. 310, m*), à sommet dirigé vers l'épendyme, à base tournée vers la périphérie. De chacun des angles de la base part une dendrite qui se dirige obliquement de bas en haut et présente des ramifications secondaires. Un autre prolongement analogue, de très fort diamètre, émerge de la base même de la cellule et se dirige vers la périphérie. En chemin, il abandonne une ou deux collatérales à la couche moléculaire ; puis il se termine par des ramifications en buisson dans un glomérule (*fig. 310, a'*). Son mode de terminaison est donc semblable à celui du prolongement glomérulaire des éléments du stratum moléculaire. Quelquefois le prolongement glomérulaire de la cellule mitrale ne provient pas de sa base même, mais d'un de ses angles et représente ainsi une ramification d'une des dendrites latérales. Souvent il pénètre dans un glomérule dans lequel se ramifie un prolongement homologue de la couche moléculaire. Rarement enfin, il se divise dès son passage dans la couche moléculaire en deux branches de gros diamètre dont les ramifications terminales se rendent à deux glomérules voisins (*fig. 310, a'*).

Le *neurite* de la cellule mitrale part le plus souvent du sommet, lequel, avons-nous vu, est dirigé en dedans (*fig. 311, a*) : traversant la couche des grains, il se rend à la s. blanche du bulbe olfactif. Quelques collatérales en partent à angle droit, deviennent récurrentes et se terminent librement dans la couche moléculaire. Quelquefois, mais rarement, le sommet de la cellule émet en même temps une dendrite qui se ramifie dans le stratum granulosum et dans la couche des cellules mitrales.

Celle-ci contient encore des cellules arrondies ou ovales à grand axe horizontal. D'autre part, on trouve souvent des cellules mitrales dans la profondeur du stratum moléculaire.

Grâce à leur très grande longueur, les dendrites angulaires des cellules mitrales forment au-dessus de celles-ci un véritable feutrage (*fig. 311, A*) à la formation duquel prennent également part les dendrites des cellules horizontales du stratum molécu-

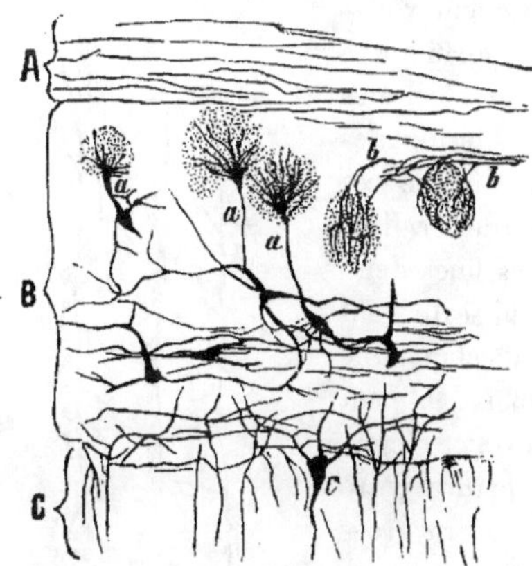

Fig. 312. — LES GLOMÉRULES MITRAUX ET LE STRATUM GRANULOSUM.

(Chat nouveau-né. Préparation de TRLJATNIK. Méthode de Golgi.)

A, Couche des filets olfactifs.
a, Glomérules avec les ramifications de cellules mitrales.
B, Stratum moléculaire ou gélatineux.
b, b, Deux filets olfactifs se terminant chacun dans deux glomérules.
C, Stratum granulosum.
c, Une cellule mitrale.

laire qu'on y rencontre aussi quelquefois, les cylindraxes à direction centripète des cellules de la couche moléculaire et les prolongements périphériques des grains de la couche suivante.

Ainsi, les cellules de la couche moléculaire et les cellules mitrales possèdent les mêmes relations avec les terminaisons glomérulaires des fibres olfactives : leurs neurites aussi suivent le même trajet pour se rendre au même point. On ne peut donc remarquer, entre ces deux espèces d'éléments, d'autres différences que celles qui portent sur leur volume, leur situation et leur configuration : du reste, toutes les formes de transition possibles peuvent s'observer entre ces cellules qui sont unies, d'ailleurs, par une même fonctionnalité.

5° Le *stratum granulosum* est formé d'une grande quantité de fibres nerveuses qui représentent surtout les neurites des cellules mitrales et des éléments de la couche moléculaire, et de quelques sortes de cellules de très petite taille. Les plus caractéristiques sont les *grains* (*fig. 313*), éléments triangulaires ou piriformes, disséminés ou par groupes, et dont l'extrémité effilée est tournée vers la périphérie : cette extrémité se transforme insensi-blement en un prolongement relativement volu-mineux, remarquablement long, qui abandonne de très fines collatérales à la couche des cellules mitrales et enfonce ses ramifications terminales dans le plexus formé par les rameaux de ces dernières (*fig. 305*, p. 523). Le corps de la cellule abandonne le plus souvent quelques fines den-drites ramifiées à trajet onduleux, qui se dirigent ordinairement vers le centre en affectant une disposition radiaire (*fig. 313*) ; mais on peut aussi quelquefois les voir décrire un trajet récur-rent pour aller vers la périphérie se perdre entre les cellules mitrales (*fig. 314, b*). A de forts gros-sissements, tous ces prolongements se font remar-quer par la présence de villosités très fines et très courtes (*fig. 314, ab*) qui caractérisent, comme on le sait, les prolongements protoplasmiques. D'autre part, les grains ne possèdent pas de neurites : ils tirent leur grande importance fonc-tionnelle de la présence de leur prolongement périphérique : le prolongement central est en

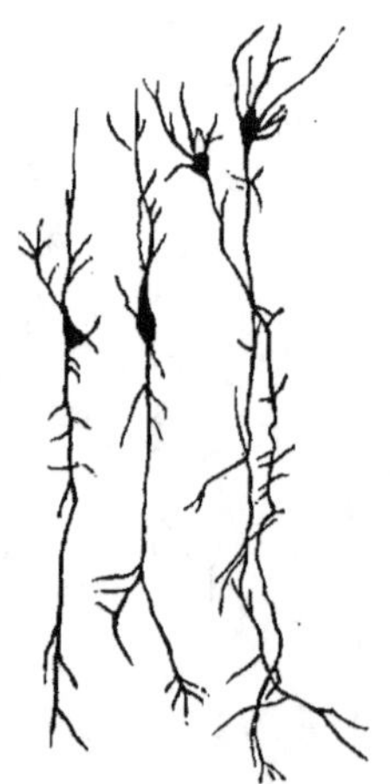

Fig. 313. — CELLULES DU STRATUM GRANU-LOSUM.

(Lobe olfactif du chat. Mé-thode de Golgi.)

effet inconstant et peut même disparaître complètement chez les vertébrés inférieurs : batraciens, poissons (CAJAL).

Les *cellules étoilées* de la même couche se comportent tout autrement (*fig. 315, M*). Elles sont en général peu nombreuses, de volume variable et de même forme que les éléments homonymes de la couche moléculaire : leur corps est ordinairement arrondi ou ovale et abandonne, dans différentes directions, de nombreux prolongements ramifiés, le plus souvent pourvus de villosités et dont le diamètre diminue peu à peu ; le neurite au contraire est extrêmement fin, glabre et de diamètre régulier ; on le voit souvent, très nettement, se diriger vers la périphérie pour aller se ramifier dans la couche des cellules mitrales (*fig. 315, M*). Mais, pour la majorité des cellules étoilées, le neurite se résout en ramifications avant de quitter la couche des grains ; ces cellules appartiennent donc au type II de Golgi (à neurite court et largement ramifié).

Les *fibres de la couche des grains* cheminent longitudinalement de dehors en dedans : ce n'est que dans les portions latérales du bulbe qu'elles prennent une direction horizontale ou oblique. Elles sont toutes myéliniques et représentent les neurites des cellules mitrales et des cellules de la couche moléculaire. Nous avons vu aussi qu'il pénètre dans le bulbe olfactif des fibres centrifuges dont les unes se terminent dans la couche moléculaire et les autres dans la couche granuleuse.

MANOUÉLIAN (1) étudia les centres olfactifs du rat et du chat, et put suivre quelques-unes des fibres centrifuges jusque dans le voisinage des glomérules olfactifs, c'est-à-dire jusqu'en un point où deux neurônes entremêlent leurs arborisations.

Les recherches que j'ai faites de mon côté sur le chat me permettent de confirmer cette description : parmi ces fibres, les unes sont longitudinales, les autres arquées; elles cheminent en général hori-

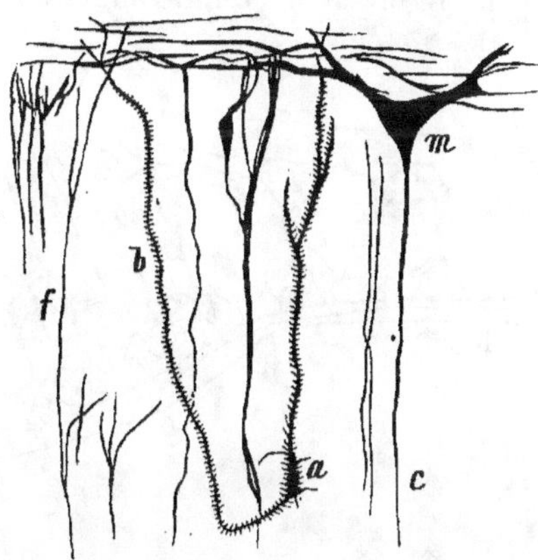

Fig. 314. — RÉGION DE LA COUCHE DES GRAINS AVEC UNE PORTION DU STRATUM MITRAL.

(Lobe olfactif du chat. Méthode de Golgi.)

a, Un grain avec
b, Une de ses dendrites qui devient récurrente pour aller se perdre dans le plexus formé au-dessus des cellules mitrales par les dendrites propres de ces dernières.
c, Neurite d'une cellule mitrale.
f, Une fibre dont on voit la terminaison libre dans le même plexus.
m, Cellule mitrale.

zontalement à travers la substance blanche, puis s'infléchissent à angle droit et traversent la substance grise en direction oblique ou verticale (dans la fig. 310, p. 528, on remarque une de ces fibres, à gauche de la dendrite mitrale du milieu) et pénètrent finalement dans un glomérule ; sur certaines préparations on peut voir les fibres centrifuges se résoudre en arborisations terminales dont les ramuscules longs et fins se terminent par des extrémités renflées.

D'autres fibres de la même espèce s'arborisent au niveau des grains.

(1) *Soc. de Biologie*, 19 février 1898.

D'après Manouélian, ces derniers abandonnent des prolongements qui se dirigent vers la périphérie et se terminent également dans un glomérule. Nous trouvons donc dans le bulbe olfactif une disposition semblable à celle de la rétine, aux spongioblastes de laquelle on peut comparer les grains de la couche granuleuse olfactive : grâce à l'intermédiaire des fibres centrifuges, ils font partie des éléments de la chaîne de conduction et apportent aux réseaux glomérulaires les excitations venues du cerveau, de même que les spongio-blastes transmettent l'excitation qu'ils reçoivent des centres au réseau que

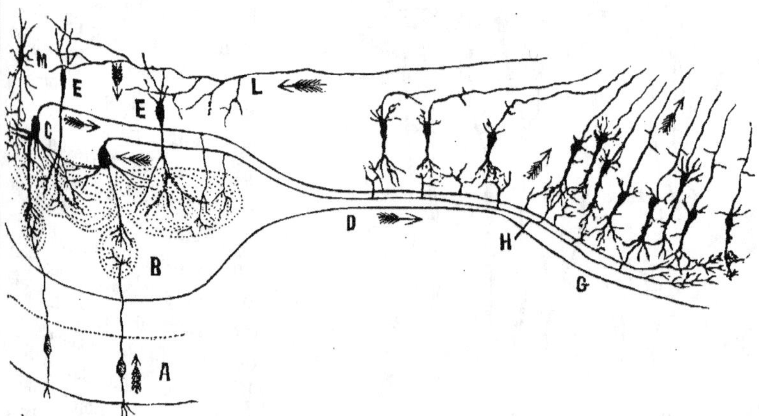

Fig. 315. — Schéma des voies de conduction de l'appareil olfactif chez les mammifères.

A, Muqueuse olfactive.
B, Glomérules.
C, Cellules mitrales.
D, Bandelette olfactive.
E, Cellule-grain.
F, Cellule pyramidale du tractus olfactif.
G, Région de la racine olfactive externe.

H, Neurites des cellules mitrales émettant des ramifications collatérales au niveau des panaches dendritiques des cellules pyramidales de la bandelette.
L, Fibre centrifuge.
M, Cellule étoilée du stratum granulosum dont le neurite va se ramifier entre les cellules mitrales.

forment les prolongements des cellules ganglionnaires avec les cellules bipolaires.

6° La *substance blanche* du bulbe olfactif est immédiatement adjacente au stratum granulosum : elle est presque uniquement composée de fibres. Elle comprend, comme la couche des grains, quelques fibres plus volumineuses, disséminées, assez régulières et pourvues de fines villosités (*fig.* 305, p. 523) : elles se bifurquent souvent à la périphérie, leurs branches se dichotomisent et se terminent en pénicille, quelquefois dès la couche moléculaire. Du côté des centres, on peut ordinairement suivre ces fibres, soit jusqu'à une cellule de l'épithélium du canal central du bulbe, soit jusqu'à une

cellule névroglique ovale ou allongée dont l'autre extrémité donne naissance
à un fin prolongement.

Ces fibres ne sont donc pas de nature nerveuse proprement dite, mais
de nature nerveuse-névroglique.

Les neurites des cellules mitrales et les cellules du stratum moléculaire
qui sont pourvues d'un prolongement glomérulaire abandonnent à la couche

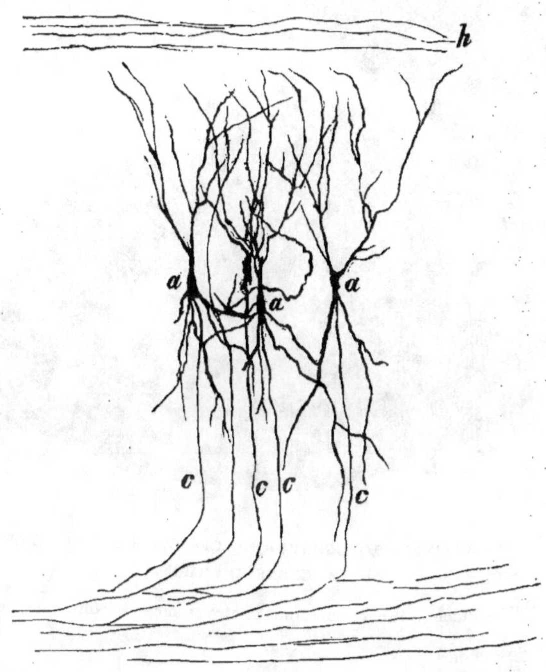

Fig. 316. — CELLULES PYRAMIDALES DU LOBE OLFACTIF.

(Chat nouveau-né. Préparation de TELJATNIK. Méthode de Golgi.)
aaa, Corps des cellules.
ccc, Leurs neurites qui se rendent dans la bandelette olfactive.
h, Région de la racine olfactive externe.

moléculaire pendant leur trajet vers le cerveau des collatérales qui s'y mettent
en connexion avec les terminaisons pénicillées des prolongements protoplasmiques qui partent du sommet des Pyramidales (*fig. 315, H et 316, h*).
Un certain nombre de ces neurites se résout dès ce niveau en terminaisons
libres, tandis que les autres continuent sans interruption leur trajet vers le
cerveau.

Région Ammonienne. — L'écorce de la portion supérieure de la cinquième circonvolution temporale qui forme le *subiculum* de la corne d'Ammon est remarquable au point de vue histologique par le puissant

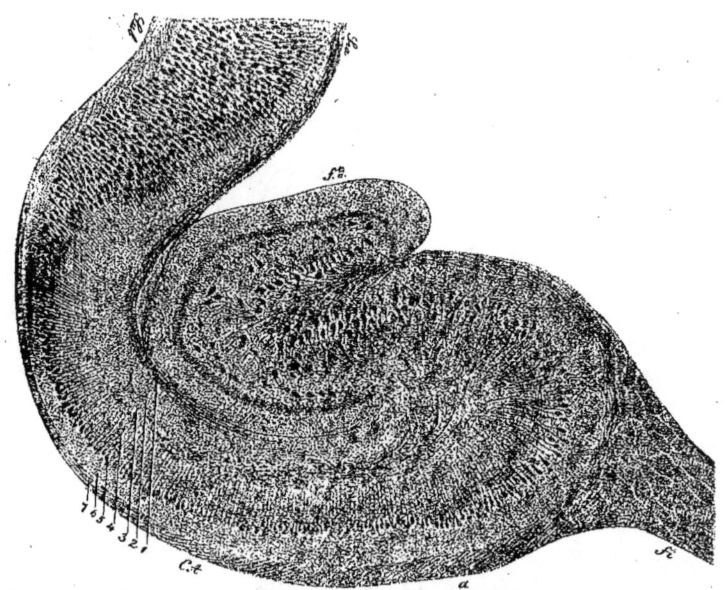

Fig. 317. — RÉPARTITION TOPOGRAPHIQUE DES CELLULES ET FIBRES NERVEUSES DE LA CORNE D'AMMON.

(Chien. Durcissement à l'acide osmique. Eclaircissement à l'ammoniaque liquide.)

a, Alveus.
ca, Corne d'Ammon.
fd, Fascia dentata.
fi, Fimbria.
sra, Substance réticulée blanche.
sub, Subiculum de la corne d'Ammon.
1, Lamina medullaris involuta.
2, 3 et 4, Stratum moléculaire formé de la couche moléculaire proprement dite (2) des strata lacunosum et granulosum (*3*) et du stratum radiatum (*4*), caractérisé par les dendrites primordiales des éléments de la couche suivante.
5, Couche des cellules pyramidales.
6, Stratum oriens.
7, Couche blanche de la corne d'Ammon, ou alveus, se continuant immédiatement avec la fimbria.
(D'après EXNER.)

développement de la couche des fibres myéliniques superficielles. lesquelles constituent la *substance blanche réticulée*, qui se continue sur la corne d'Ammon.

Cette formation nerveuse est remarquable par ce fait que deux circonvolutions y adossent leur couche moléculaire respective, de telle sorte que
le manteau blanc qui prend ici le nom de *lamina medullaris involuta seu
superficialis* est caché, par suite de la superposition du fascia dentata, dans la
profondeur de la substance cérébrale (*1, fig. 317* et *fig. 318*). Le subiculum
montre en outre un développement imparfait de la quatrième couche de
cellules. Les Pyramidales moyennes y sont par contre très abondantes, leurs
dendrites primordiales y constituent le *stratum radiatum*, formation plus ou
moins nettement limitée et qu'on retrouve aussi au-dessus de la couche des
grandes Pyramidales dans l'écorce de la circonvolution de l'ourlet, écorce qui
se continue insensiblement avec celle du subiculum au niveau de la région
postérieure de l'arc limbique. On sait
qu'en dedans du cingulum, l'écorce
de cette circonvolution se prolonge il
la surface du corps calleux qu'elle
revêt d'une couche grise très fine,
l'*indusium cinereum* dont les épaississements longitudinaux sont connus
sous les noms de *nerfs de Lancisi* ou
stries internes et *tænia tectæ* ou *stries
externes*.

La *corne d'Ammon* proprement
dite a pour principales caractéristiques histologiques, d'une part, le
riche développement de l'assise myélinique superficielle et l'importance
relative que prennent la première
couche (moléculaire ou névroglique)

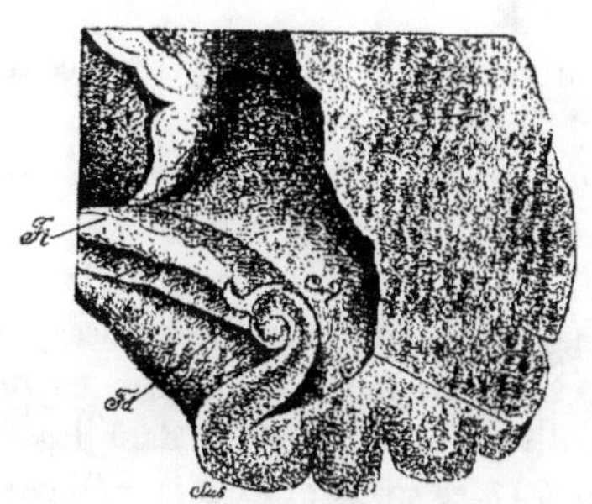

Fig. 318. — LA CIRCONVOLUTION DE
LA CORNE D'AMMON.

F, La corne d'Ammon.
fd, Fascia dentata.
fi, Fimbria.
sub, Subiculum de la corne d'Ammon.

et celle des grandes cellules pyramidales, d'autre part, l'aspect nettement
régressif qu'y revêtent les autres couches du type structural moyen. On décrit
ordinairement dans la corne d'Ammon les cinq couches suivantes (*fig. 317*) :

1° La *lamina medullaris involuta* ;

2° Le *stratum moléculaire* formé : *a*) de la *couche moléculaire* proprement
dite ; *b*) du *stratum lacunosum*, tissu fondamental lâche, à larges mailles,
contenant de nombreux vaisseaux et espaces lymphatiques et, près de la
couche suivante, de nombreuses fibres myéliniques longitudinales (*stratum
medullare medium*) ; *c*) du *stratum granulosum* qui n'est pas visible partout,
en majeure partie rudimentaire, avec de nombreuses cellules pyramidales
de petite taille ; *d*) du *stratum radiatum* formé par les prolongements
radiaires des Pyramidales de la couche suivante ;

3° La *couche des grandes Pyramidales* disposées en files serrées au milieu d'une substance intermédiaire finement granuleuse ;

4° Le *stratum oriens* ou *couche des cellules polymorphes*, peu visible chez l'homme, formé surtout de cellules polygonales et fusiformes :

5° La *substance blanche* de la corne d'Ammon dite encore l'*alveus* : elle se continue directement avec la *fimbria*. Elle est formée des axônes de la couche précédente.; la fimbria, par contre, tire certainement quelques-uns de ses éléments du gyrus dentatus ;

Plusieurs de ces couches disparaissent dans le *corps godronné* ou *fascia dentata* ; leur nombre se trouve ainsi réduit à trois (*fig. 317*) ;

1° Le *stratum moléculaire* situé à la surface, recouvert seulement d'une mince couche de fibres (*stratum marginal*) qui le sépare de la couche homonyme de la corne d'Ammon.

2° Le *stratum granulosum*, bien développé, formé de petites cellules pyramidales très serrées ;

3° Une *couche* profonde de *cellules pyramidales et polymorphes* dont l'ensemble forme le noyau du fascia dentata.

Les auteurs (Golgi, Cajal, Sala, Schaffer) ne sont pas complètement d'accord sur la stratification de la corne d'Ammon ; leurs divergences n'ont pas, il est vrai, grande importance mais suffisent pourtant à mettre en relief le caractère contingent de toutes les divisions introduites dans les faits biologiques. Les données positives acquises à ce sujet, grâce à la méthode de Golgi, n'en ont que plus d'intérêt.

1° *Alveus*. — Cette couche est formée des neurites des cellules pyramidales et des cellules polymorphes, ainsi que de fibres nerveuses exogènes (*fig. 321*, p. 541). Quelques collatérales ascendantes de ces neurites se ramifient entre les cellules pyramidales.

2° *Couche des cellules polymorphes* ou *stratum oriens*. — Cette région contient deux sortes d'éléments : dans sa moitié inférieure, voisine de l'alveus on ne trouve que des cellules fusiformes parallèles aux faisceaux de fibres de l'alveus, et dont les neurites se divisent rapidement en fines ramifications (Cajal). La portion supérieure de cette couche est d'une texture plus serrée : à ses cellules propres viennent s'ajouter les dendrites des Pyramidales des couches supérieures, leurs neurites et leurs collatérales. Elle comprend trois sortes de cellules nerveuses caractérisées par la direction descendante, ascendante ou horizontale de leur axône (Schaffer). Les premières sont représentées par les Pyramidales disséminées, qui, comme celles de la couche sus-jacente, envoient leur neurite à l'alveus. Les deuxièmes (*fig. 319, b*) possèdent un axône qui monte vers la couche radiée et y abandonne un certain nombre de collatérales, lesquelles, comme l'axône lui-même du reste, se dirigent en bas vers les Pyramidales, et forment en ce point, de concert avec les neurites horizontaux des autres cellules de la même couche, un plexus péricellulaire. Par suite de cette disposition des neurites, chaque élément est en rapport avec toute une série de cellules pyramidales et en même temps avec quelques cellules superficielles de la couche moléculaire (CAJAL). Les cellules de la troisième catégorie (à neurite horizontal) sont de forme étoilée (*fig. 319, a*) : l'axône, moniliforme, envoie des collatérales ramifiées

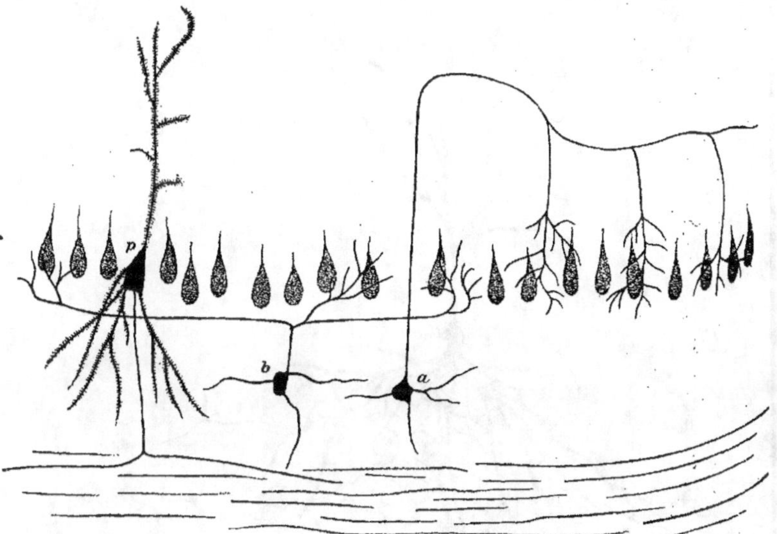

Fig. 319. — CELLULES PYRAMIDALES DE LA CORNE D'AMMON.

(Lapin.)

a, *b*, Cellules d'association; leurs neurites émettent des collatérales descendantes qui se ramifient autour des cellules pyramidales.
p, Une cellule pyramidale; ses dendrites sont recouvertes d'épines; son axône est descendant et se rend dans la substance blanche de l'hémisphère.

à la couche des grandes Pyramidales, c'est-à-dire au plexus péricellulaire qu'elle renferme.

Ces deux dernières sortes de cellules jouent donc le rôle d'éléments d'association par rapport aux Pyramidales de la couche sus-jacente.

3° *Couche des cellules pyramidales.* — Ces éléments sont plutôt fusiformes que triangulaires. Ils possèdent un prolongement protoplasmique primordial remarquablement long, pourvu de collatérales, et dont les arborisations terminales libres pénètrent dans la portion la plus externe de la couche moléculaire, la lamina involuta ; de la base de la cellule naît un buisson dendritique des plus fournis dans le voisinage duquel viennent se terminer les neurites horizontaux des cellules étoilées de la corne d'Ammon (*fig. 320*). En général, les pyramidales de cette circonvolution possèdent la plus grande analogie avec d'autres éléments de l'écorce olfactive, les cellules du lobe piriforme. A leur entrée dans l'alveus, leurs neurites présentent souvent une division en T ; leurs plus fins rameaux de division forment, au-dessous du corps calleux, le *psalterium du trigone*, commissure étendue

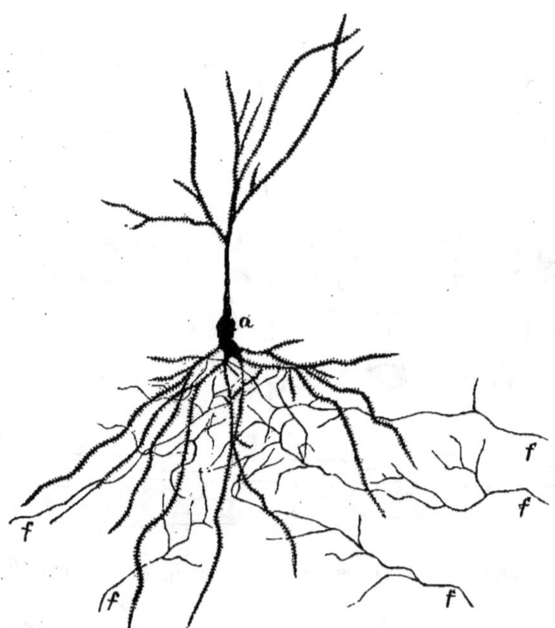

Fig. 320. — UNE CELLULE PYRAMIDALE DE LA CORNE D'AMMON.

De la dendrite basale *a* de la cellule on voit s'approcher des fibres *f* venues de différents côtés et qui s'arborisent dans son voisinage.

entre les extrémités supérieures des deux cornes d'Ammon (CAJAL). Quelques collatérales qui naissent de ces neurites pendant leur trajet ascen-dant se perdent dans la couche sous-jacente des cellules polymorphes.

Il existe certaines différences assez importantes entre les Pyramidales de la portion inférieure de la corne d'Ammon située vis-à-vis et au-dessous de la fimbria et celles de la portion supérieure (*fig. 321*). Les premières sont beaucoup plus volumineuses ; elles possèdent un prolongement dendritique primordial plus court et qui se ramifie bientôt suivant le mode penné. Elles

envoient leurs neurites dans la fimbria ; ceux des cellules de la seconde
catégorie se terminent en partie dans la s. grise du subiculum (*fig. 321*).
Les premières donneraient donc naissance à des fibres de projection, les
secondes à des fibres d'association. SCHAFFER décrit de plus aux grandes
Pyramidales de la région ammonienne inférieure un ou deux volumineux
rameaux ascendants qui, après avoir atteint le stratum lacunosum, prennent
un trajet horizontal et pénètrent dans la région ammonienne supérieure où
leurs ramifications terminales se mettent en rapport avec celles des prolongements primordiaux des petites Pyramidales. Une autre différence importante sépare les grandes Pyramidales des autres cellules : le corps et le
prolongement du sommet de l'élément sont, chez celles-ci, à contours
lisses, le plus souvent ; chez celles-là, au contraire, le prolongement qui part
du sommet du corps cellulaire et la portion supérieure de ce dernier montrent
une série de fortes excroissances ramifiées séparées les unes des autres par des
incisures (*fig. 321*) dans lesquelles se logent les fibres moussues et les ramifications neuritiques des grains du fascia dentata ; ainsi est assurée l'union
intime de ces derniers avec les grandes Pyramidales.

D) Stratum moléculaire. — Cette assise, avons-nous vu, est formée
de trois parties : *str. radiatum, str. lacunosum* et *couche moléculaire proprr-
ment dite* (*fig. 317, 2, 3, 4*, p. 535).

Dans le *str. radiatum* cheminent les dendrites rayonnées des Pyramidales sous-jacentes, à côté des dendrites des cellules d'association (*fig. 321*);
on y trouve en outre des cellules nerveuses de différentes formes : les unes,
isolées, dont le neurite se comporte comme celui des grandes Pyramidales
de la couche plus profonde, les autres, étoilées ou triangulaires, à axône
oblique ou parallèle se dirigeant vers la c. moléculaire et émettant ordinairement à angle droit des collatérales dans les différents étages de la couche
radiée. D'autres cellules triangulaires ou étoilées envoient l'extrémité de leur
neurite, en bas, vers les cellules pyramidales ou polymorphes de la couche
immédiatement sous-jacente. Le stratum radiatum contient aussi des cellules
à neurite ascendant qui va se perdre dans la couche moléculaire ou dans le
stratum lacunosum.

Le *stratum lacunosum* se compose de petites cellules nerveuses, la
plupart triangulaires, et de faisceaux de fibres horizontales. Les premiers
forment des séries irrégulières dans la partie profonde de cette couche ; leurs
neurites sont le plus souvent horizontaux et se terminent soit dans le stratum
lacunosum lui-même, soit dans le str. moléculaire sus-jacent. Il renferme
aussi un certain nombre de collatérales cylindraxiles des grandes Pyramidales.

J'ai décrit, le premier, à la base du *stratum moléculaire*, une couche de
fibres longitudinales ou obliques (*fig. 321*). Ainsi que SCHAFFER l'a montré

plus tard, ces fibres représentent les collatérales de gros diamètre, d'abord
ascendantes puis récurrentes, des Pyramidales sous-jacentes qui se mettent
ici en relation avec les ramifications pénicillées de leurs homonymes de
petite taille.

Quant à la couche superficielle du str. moléculaire, la *lamina medullaris involuta*, elle est, comme son nom l'indique, essentiellement formée de

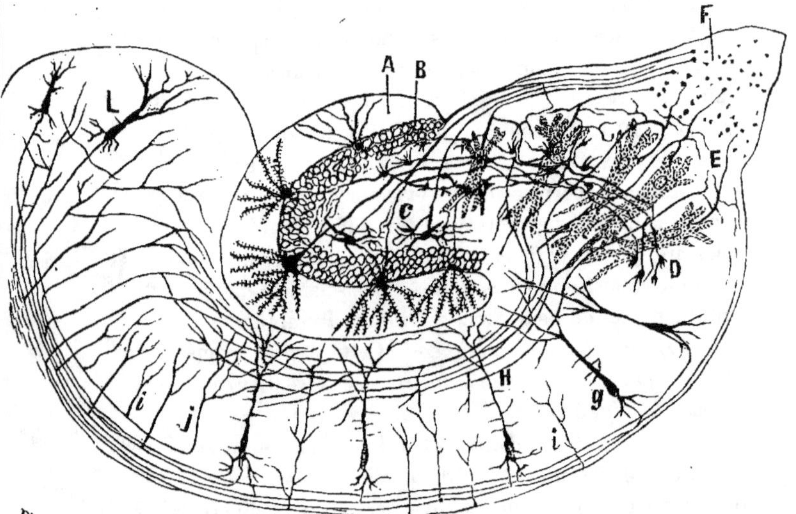

Fig. 324. — LES ÉLÉMENTS DE LA CORNE D'AMMON ET DU FASCIA DENTATA.

Cette figure schématique permet de voir quels sont les rapports des grandes Pyramidales de la région ammonienne inférieure avec les fibres qui viennent de la couche des
grains.

A, Stratum moléculaire et
B, Couche granuleuse du corps godronné ou fascia dentata.
C, Stratum moléculaire de la région terminale de la corne d'Ammon.
D, Faisceau longitudinal de fibres moussues (neurites de la couche des grains).
E, Un neurite d'une grande cellule pyramidale se rendant à la fimbria.
F, Fimbria.
g, Couche des petites Pyramidales ou Pyr. supérieures.
H, Faisceau ascendant formé de collatérales.
i, Collatérales des fibres de la substance blanche.
J, Terminaison des fibres qui viennent du subiculum.
L, Cellules Pyramidales du subiculum dont les neurites pénètrent dans la corne
d'Ammon.
(D'après CAJAL.)

fibres nerveuses : on y peut facilement distinguer, par la méthode de Golgi,
les dendrites pénicillées des pyramidales ainsi que de nombreuses fibres qui
représentent les ramifications cylindraxiles des cellules propres de la couche
lacunaire voisine, les neurites ascendants — ou leurs ramifications — des
Pyramidales, les terminaisons des fibres myéliniques qui y pénètrent. Grâce

au contact intime des fibres nerveuses avec les prolongements horizontaux, les cellules de cette couche sont facilement mises en relations les unes avec les autres.

Fascia dentata. — Cette circonvolution ne diffère pas des autres régions de l'écorce pour la structure de sa *couche moléculaire*. On y trouve deux

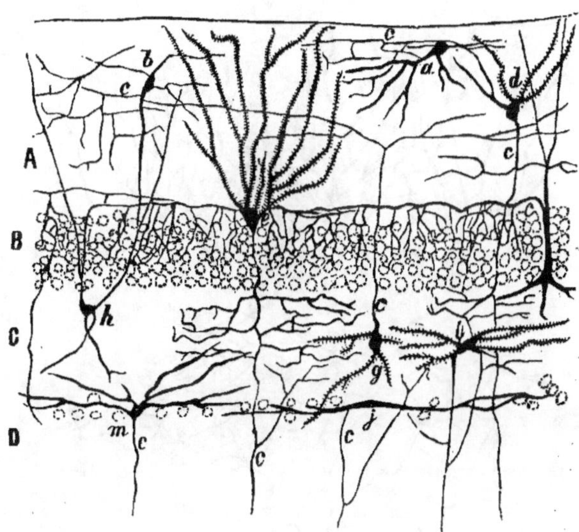

Fig. 322. — COUPE TRANSVERSALE DU FASCIA DENTATA.

(Lapin de trois jours. Méthode de Golgi. D'après CAJAL.)

A, Couche moléculaire.
B, Couche des grains.
C, Couche des cellules polymorphes.
D, Couche moléculaire de la corne d'Ammon.
a, b, Cellules de la couche moléculaire.
c, Neurites des cellules des différentes espèces.
d, Cellule de la couche moléculaire dont l'axône pénètre dans le stratum lucidum.
e, un peu au-dessus et à gauche du centre de la figure, Une cellule de la couche granuleuse.
f, Cellule pyramidale à neurite ascendant.
g, Cellule dont l'axône ascendant va se ramifier dans la zône moléculaire.
h, Cellule dont le prolongement ascendant pénètre dans les plexus supra- et intra-moléculaires.
i, j, m, Cellules dont les neurites descendent vers l'alveus.

sortes de fibres (*fig.* 322) : les dendrites des cellules nerveuses situées plus profondément et les ramifications terminales des axônes des cellules des couches sous-jacentes. Elle renferme aussi des cellules pyramidales disséminées, semblables aux cellules de la couche des grains, avec un long axône qui pénètre dans le *stratum lucidum* (*fig.* 322, *d*), ainsi que de petites cellules à neurite court et ramifié (*fig. 322, a*). Les premiers deviennent ascendants après une certaine distance et constituent des fibres du *stratum lucidum* (région supra-pyramidale); les seconds, plus fins que les précédents, se divisent brusquement, après un court trajet, en fines ramifications qui s'étendent dans la zone externe de la couche moléculaire.

Du reste, les cellules plus profondes du deuxième type (*fig. 322, b*)

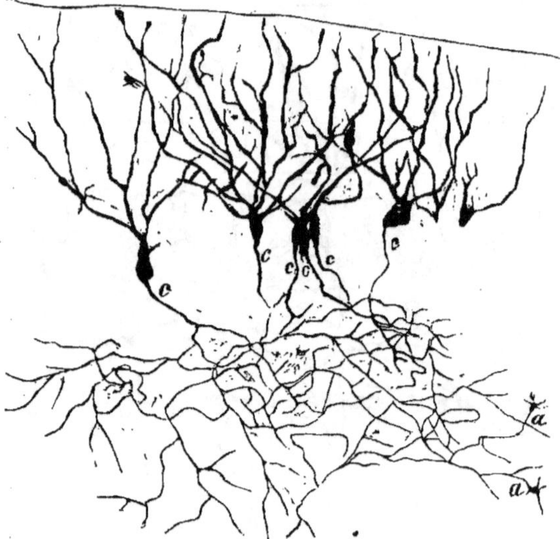

Fig. 323. — PETITES CELLULES PYRAMIDALES DU FASCIA DENTATA.
(Chat nouveau-né.)
a, a, Fibres moussues avec leur pinceau de ramifications terminales.
c, c, Neurites des cellules pyramidales.

paraissent plus volumineuses; elles sont triangulaires ou étoilées, à longues dendrites ramifiées, à neurites plus forts, prenant différentes directions et à ramifications inégales : ils se rassemblent finalement dans la portion externe de la couche moléculaire et y parcourent un certain trajet en direction horizontale (CAJAL, SALA).

Les cellules du *stratum granulosum* sont les homologues des Pyramidales des autres régions de l'écorce. Leur nature véritable a été démontrée par Golgi (*fig. 439 et 442*); elles sont ovoïdes ou triangulaires, envoient toutes leurs dendrites à la couche granuleuse ; leurs neurites sont descendants, émettent un certain nombre (quatre à huit) de collatérales flexueuses (*fig. 322, 323 et 324, c*) et cheminent vers le stratum lucidum. Ces collatérales forment au-dessous de la couche des grains un épais réseau qui enveloppe les cellules polymorphes qui se trouvent en cette région (*fig. 323*). Quelques-unes prennent un trajet ascendant et se ramifient, ainsi que j'ai pu le constater après SCHAFFER, entre les cellules du stratum granulosum. Quant aux neurites, ils sont pourvus de nodosités et émettent des collatérales fines et courtes (*fig. 321, D*), dont la longueur augmente avec la distance de la cellule et qui montrent beaucoup de similitude avec les fibres moussues du cervelet. Découvertes par SALA, elles furent retrouvées plus tard par SCHAFFER et CAJAL chez le lapin nouveau-né et le cobaye, et par moi-même chez le chat nouveau-né. Après avoir atteint le stratum lucidum, c'est-à-dire la région supra-pyramidale, elles prennent ordinairement une direction longitudinale et finissent par se terminer librement sans émettre de rameaux plus volumineux (*fig. 321, D*). Les ramifications terminales semblent se mettre en rapport avec le corps et les prolongements primordiaux des grandes Pyramidales de la corne d'Ammon (CAJAL).

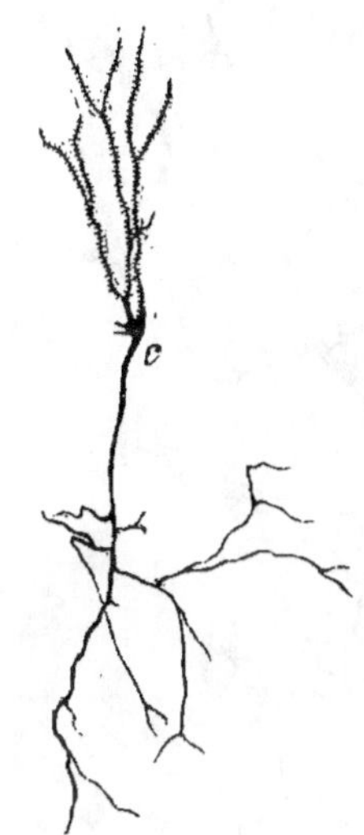

Fig. 324. — UNE CELLULE DE LA COUCHE DES PE-TITES PYRAMIDALES DU FASCIA DENTATA.

Après un court trajet, le neurite, *c*, émet des collatérales longues et ramifiées.

Dans les portions inférieures de la couche des grains, souvent même encore plus profondément on trouve, avec celles que nous avons décrites, des cellules pyramidales semblables à celles de l'écorce terminale; nées de leur base, quelques dendrites ramifiées pénètrent dans la couche sous-jacente, pendant que les axônes montent vers le stratum moléculaire où ils se divisent en plusieurs rameaux. Ils offrent, d'après CAJAL, la particularité suivante : ils naissent d'une des dendrites principales, à la limite supérieure de la couche des grains et, devenus aussitôt horizontaux, entourent de leurs arborisations terminales descendantes les cellules de la couche des grains (*fig. 322*). Deux réseaux se trouvent ainsi constitués : l'un par les neurites eux-mêmes, dans la partie inférieure du stratum moléculaire; un autre, dans la portion supérieure du stratum granulosum par les ramifications terminales de ces neurites. Chaque cellule de la couche des grains est donc entourée d'un plexus très fourni de fibrilles ondulées et moniliformes. Quoique j'aie eu fréquemment l'occasion de les étudier, je ne puis affirmer que leur axône naisse d'une dendrite primordiale, ni confirmer le trajet qu'on lui attribue; j'ai, par contre, pu constater, avec la netteté la plus parfaite, la présence d'un plexus, tant dans la portion supérieure que dans la portion inférieure de la couche des grains (*fig. 325, a*). A ce plexus prennent part les fibres ascendantes venues des cellules des couches situées plus profondément : après avoir atteint la limite supérieure de la couche granuleuse, ces fibres deviennent horizontales, aban-

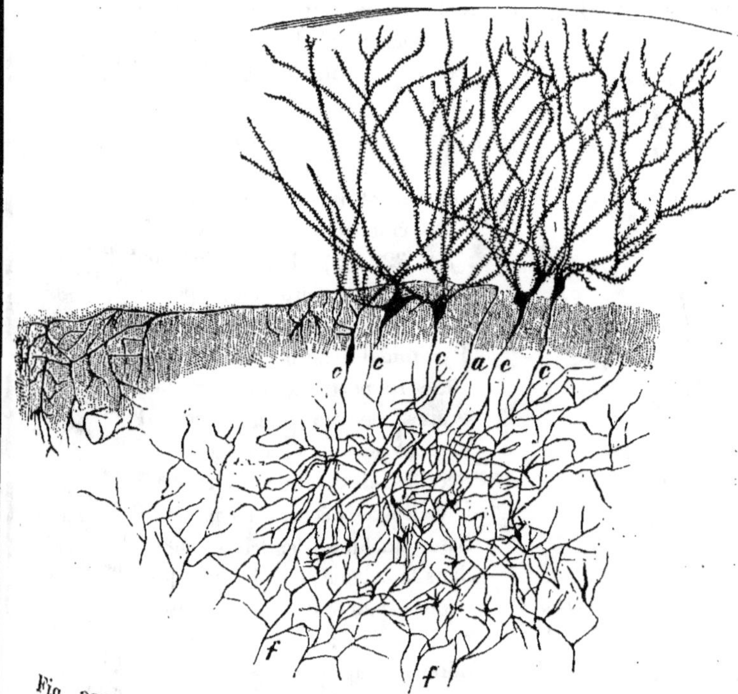

Fig. 325. — PETITES CELLULES PYRAMIDALES DU FASCIA DENTATA.

(Chat nouveau-né. Préparation de TELJATNIK.)

Plusieurs éléments de la couche des petites cellules pyramidales ont été imprégnés par le chromate d'argent; leurs axônes (*c*) pénètrent dans l'épais réseau de fibres de la couche suivante.

a, Une fibre provenant de ce réseau et parcourant longitudinalement la couche des petites pyramidales avant d'y arboriser ses ramifications terminales.

f, Fibres moussues de la couche sous-jacente.

donnent de très fines collatérales et vont faire partie, par leurs ramifications terminales, du réseau en question, quelquefois après s'être divisées en deux forts rameaux à l'intérieur du stratum granulosum.

3° Dans la *couche des cellules polymorphes*, CAJAL distingue une zone superficielle, *réticulée*, et une zone profonde, la *zone des cellules irrégulières*.

La première contient, outre le réseau que nous venons de décrire : 1° des *cellules ovoïdes*, triangulaires ou étoilées, dont le neurite monte vers la couche des grains pour s'y diviser en T (*fig. 322, g*, p. 542) ou participer à la formation du réseau supra- ou intra-granuleux (*fig. 322, h*); 2° des *cellules fusiformes* ou *étoilées* dont le neurite ascendant pénètre dans l'alveus (*fig. 322, i*), et émet ordinairement, en passant à travers la couche des cellules irrégulières, un certain nombre de fines collatérales dont quelques-unes arrivent dans la couche réticulée ; 3° des *éléments étoilés du 2° type de Golgi*; leurs dendrites rayonnent en différentes directions, quelques-unes même atteignent la couche moléculaire du fascia dentata ; leurs neurites vont d'un côté ou de l'autre et se terminent, tout en prenant part à la formation du réseau intercellulaire de la couche superficielle, par des ramifications moniliformes.

Dans la couche profonde des cellules irrégulières, au-dessus du stratum moléculaire du hile de la corne d'Ammon, on constate la réunion de plusieurs formes cellulaires caractéristiques : 1° cellules pyramidales, triangulaires ou étoilées, dont les neurites ascendants peuvent être suivis dans la région de l'alveus et dont les dendrites s'étendent souvent jusqu'au stratum moléculaire du fascia dentata ; 2° des cellules horizontales, allongées ou fusiformes, dont les neurites, également ascendants, émettent déjà des rameaux dans la couche sus-jacente et vont étendre leurs puissantes ramifications terminales dans le stratum moléculaire, après avoir fourni quelques collatérales. Il existe aussi dans cette couche, d'après CAJAL, des cellules avec neurite à ramifications courtes.

Les détails de structure de la corne d'Ammon, sont actuellement d'un intérêt majeur. En effet, d'après les travaux d'EDINGER, cette circonvolution se dessine la première dans la série animale et est en même temps en rapport intime avec la fonction de l'odorat. On pourrait en induire, étant donné que l'écorce cérébrale est le théâtre des processus psychiques les plus élevés, que la vie psychique à son début a eu pour substratum initial des notions olfactives et fit ainsi son apprentissage au service de la fonction qui lui fournit ses premières subsistances. L'écorce phylogénétiquement la plus ancienne, telle que nous la trouvons chez la tortue, par exemple, peut être directement comparée à l'écorce ammonienne ; bien plus, elle démontre, d'une façon immédiate, les rapports de l'appareil olfactif avec l'écorce primordiale.

Les belles recherches d'EDINGER et HERRIK ont appris que, des vertébrés inférieurs aux mammifères, l'écorce augmente progressivement d'épaisseur, au niveau des régions latérales et dorsales de l'encéphale. Les centres de l'odorat sont les premiers ébauchés. Le nerf olfactif s'irradie dans l'écorce avant tous les autres nerfs craniens. Chez les poissons, ses fibres se terminent encore dans le domaine du tronc cérébral ; chez les amphibiens, elles se poursuivent jusqu'à l'écorce primitive. Dans la classe des reptiles, l'écorce acquiert un degré de développement considérable, avec toutes les particularités de structure et de stratification de la corne d'Ammon des mammifères, chez lesquels l'appareil olfactif central présente une structure et un développement si remarquables.

Trajet de l'influx nerveux dans l'appareil olfactif. — L'excitation qui a frappé les cellules périphériques de la pituitaire est apportée aux glomérules

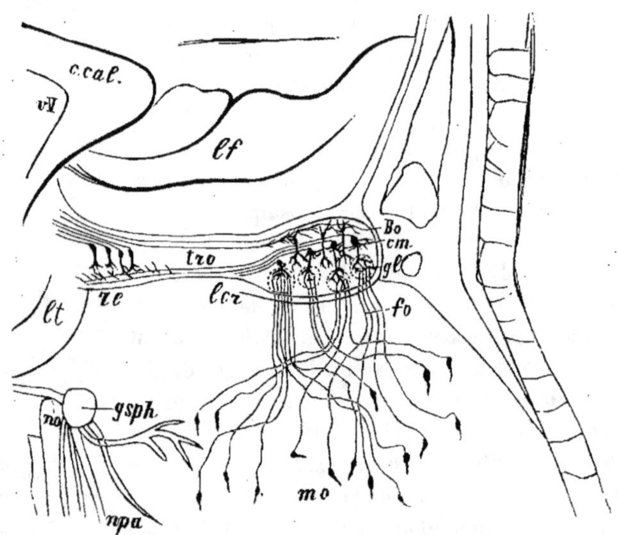

Fig. 326. — LES VOIES OLFACTIVES DEPUIS LA MUQUEUSE DE SCHNEIDER JUSQU'A L'ÉCORCE DU LOBE TEMPORAL.

Bo, Bulbe olfactif.
c.cal, Genou du corps calleux.
cm, Cellules mitrales.
fo, Filets olfactifs.
gl, Glomérules olfactifs.
gsph, Ganglion sphéno-palatin.
lcr, Lame criblée de l'ethmoïde.
lf, Lobe frontal.

lt, Lobe temporal.
mo, Muqueuse olfactive.
no, Nerf vidien.
npa, Nerf palatin antérieur.
re, Racine olfactive externe.
tro, Tractus olfactif.
vV, Ventricule du septum ou cinquième ventricule.

par les filaments olfactifs qui passent par la lame criblée; de là, elle est transmise par contact aux dendrites des cellules mitrales et des cellules du stratum moléculaire. Par le neurite de ces dernières elle passe ensuite aux prolongements pénicillés et, par là, au corps d'une cellule pyramidale du lobe olfactif (*fig. 326*). La voie olfactive est donc formée de deux segments : l'un *périphérique,* qui comprend la cellule réceptive de la membrane de Schneider et les glomérules, l'autre *central,* allant de ceux-ci aux Pyramidales du lobe olfactif. Un troisième anneau de la même chaîne continue la conduction jusqu'à l'écorce du cerveau terminal. Chaque glomérule est le lieu de terminaison de nombreuses fibres olfactives; cependant l'excitation qu'il transmet n'est recueillie que par une cellule, peut-être deux au maximum : cette particularité concorde avec le manque de netteté qui caractérise la localisation des sensations olfactives. D'un autre côté, une fibre venue de la pituitaire peut se mettre en rapport avec plusieurs glomérules. Par contre, chez l'homme du moins, chacun de ces derniers n'est en connexion qu'avec une seule cellule mitrale ou moléculaire.

Les fibres centrifuges du nerf olfactif jouent probablement un certain rôle dans les états psychiques qui caractérisent l'attention.

BIBLIOGRAPHIE. — Écorce cérébrale. — Voir, outre les publications indiquées ci-dessous, celles qui le sont dans la bibliographie du chapitre des voies d'association et dans celle du chapitre premier de la sixièm epartie. L'énumération suivante laisse de côté les mémoires qui n'exposent que des détails purement cytologiques. — ANTONINI : « L'écorce cérébrale des mammifères domestiques », *Monit. Zool. Ital.*, IIIᵉ année, p. 224 et 243. — BATTY TUKE : « Éléments constitutifs normaux d'une circonvolution, et sur les effets de la stimulation et de la fatigue sur la cellule nerveuse », *Journ. of ment. science*, oct. 1894 et *Arch. de Neurol.*, 1896, t. I. p. 205. — BELOW : « Sur les cellules nerveuses du cerveau des animaux nouveau-nés », *Arch. f. Anat. u. Phys.*, 1890. — BETZ : « Démonstration anatomique de l'existence de deux centres cérébraux » (au point de vue histologique), *Med. Centralbl.*, 1874. — CAJAL : « Structure des circonvolutions cérébrales des mammifères inférieurs », *Gaceta sanitaria*, Barcelone, 1890. — « Sur l'existence de cellules nerveuses particulières dans la première couche des circonvolutions cérébrales », *Ibid*, 1890. — « Sur l'existence de collatérales et bifurcations dans la s. blanche de l'écorce grise du cerveau », *Pequenas communicaciones anatomicas*, 1890. — Sur la structure de l'écorce cérébrale de quelques mammifères, *La Cellule.* t. VII, 1891. — « Contribution à la fine anatomie du cerveau », traduct. all. par KOELLIKER in *Zeitsch. f. Wissensch. Zool.*, vol. LVI, p. 615. — « Sur la structure de l'écorce du lobe occipital des petits mammifères », *Ibid.*, p. 664. — « Les épines collatérales des cellules du cerveau teintes par le bleu de méthylène », *Rev. trim. micr.*, t. I, 1896, p. 123. — « Les cellules à cylindraxe court de la couche moléculaire du cerveau », *Rev. trim. micr.*, 1897, sept. et déc., p. 105-127. — CENI : « Sur les fines altérations de l'écorce cérébrale consécutives aux lésions de la moelle épinière », *Riv. sper. di fren.*, vol. XXII, 1896, p. 112-130 (travail au Golgi) — DEMOOR : Neurones corticaux, IVᵉ Congrès de Physiologie, Cambridge, août 1898. — FOLLI : « Contr. à l'étude de la disposition des cellules nerveuses dans l'écorce cérébrale de l'homme », *Laborat. di anat. micr. de llUniv. di Bologna*, 1890. — KOWALESKAJA : « Recherches sur l'histologie comparée de l'écorce cérébrale », thèse de Berne, 1886. — LEWIS : « Structure de la première couche de l'écorce cérébrale », *Edinb. med. Journ.*, 1897, p. 573. — MARRACINO : « Contr. à l'histologie comparée de l'écorce cérébrale », *Journ. de l'Assoc. napol. des méd. et natural.* IVᵉ an., p. 1 à 30. — Recherches histologiques sur le manteau gris du cerveau des petits enfants, *Arch. Ital. de Biol.*, 1895, t. XXIV, p. 472 (travail sans grande valeur). — MARTINOTTI. « Contr. à l'étude de l'écorce cérébrale », *Intern. Monatsch. f. Anat. u. Phys.*, vol. VII, 1890. — « Sur la structure du ruban de Vicq d'Azyr », 1887. — MAYOR : « Histologie de l'insula de Reil », *Monthl. micr. Journal.*, 1877. — MEYNERT : « La structure de l'écorce cérébrale et ses variations locales », *Vierteljahresschr. f. Psych.*, 1867, vol. I. — MOELLER : « Sur une particularité des prolongements des cellules nerveuses de l'écorce », *Anat. Anz.* 1889. — MONAKOW : Rôle des diverses couches de cellules ganglionnaires dans le gyrus sigmoïde du chat. *Arch. des Sciences phys. et naturelles de Genève*, vol. XX, 1888. — MONTI : Anat. pathol. des éléments nerveux dans les processus provenant d'embolisme cérébral; considérations sur la signification physiologique des dendrites, *Arch. Ital. de Biol.*, 1895, p. 21-33. — Altération du syst. nerveux dans l'inanition (Rech. au Golgi), *Riforma med.*, août 1895, et *Arch. Ital. de Biol.* 1895. — NEUMAYER : « L'écorce cérébrale des vertébrés inférieurs », *Stzb. d. Ges. f. Morph. et Phys. zu München*, 1895. — OYARZUM : « Sur la structure fine du cerveau antérieur des amphibies », *Arch. f. mikr. Anat.*, vol. XXXIV, 1889. — RETZIUS : « Les cellules de Cajal dans l'écorce cérébrale », *Biol. Unters.* (nouv. série), vol. V. — RONCORONI : « Structure du cerveau des épileptiques et des délinquants », *Arch. di Psich.*, 1896, p. 92. — ROSSI : « Étude critique et expérimentale sur les cellules ganglionnaires du cerveau », *Ann. de freniatria*, 1893-1894, p. 345. — SALA Y PONS : « L'écorce cérébrale des oiseaux », Madrid, 1893. — SCHAFFER : « Sur la structure fine de l'écorce cérébrale et sur l'importance fonctionnelle des prolongements des cellules », *Arch. f. mikr. Anat.*, vol. XLVIII, p. 550. — SEPPILLI : « Sur la structure histologique de l'écorce cérébrale », *Rivista filosofica*, 1881. — SOUKHANOFF : Sur l'état moniliforme des dendrites des cellules de l'écorce cérébrale, *Rev. Neurol.*, 30 août 1899 et thèse de Moscou, 1899. — STEFANOWSKA : Évolution des cellules nerveuses corticales chez la souris après la naissance, *Annales de la Soc. roy. des Sc. méd. et natur. de Bruxelles*, VI, résumé in *Rev. Neurol.*, 1898. — Les appendices terminaux des dendrites cérébrales et leurs différents états physiologiques, *Annales de la Soc. Roy. des Sc. méd. et natur. de Bruxelles*, VI, résumé in *Rev. Neurol.*, 1898, p. 525. — STUDNICKA : « Sur l'histoire du cortex cerebri », *Soc. Anat.*, 8e congrès, Strasbourg, 1894. — THOMAS : Contr. à l'étude du développement des cellules de l'écorce cérébrale par la méthode de Golgi, *Soc. de Biol.*, 1894. — TURNER : « Remarques sur les cellules géantes des régions motrices de l'écorce cérébrale à l'état frais (sans durcissement) », *The Journ. of. ment. Sc.*, 1898, p. 507. — VERATTI : « Sur quelques particularités de structure de l'écorce cérébrale des mammifères », *Laborat. di Anat. micr. dell. Univ. di Bologna, Bull. d. Soc. med. chir. di Pavia*, 1896, et *Anat. Anz.*, XIII, p. 377. — VIGNAL : Sur le développement des éléments de la s. grise corticale, *C. R. Acad. Sc.*, 1886. — Sur le développement des couches corticales du cerveau et du cervelet chez l'homme et les mammifères, *Arch. de Phys.*, 1888.

Nerf et bulbe olfactifs. — CHIARUGI : Observations sur les premières phases du développement des nerfs chez les mammifères et particulièrement sur la formation du nerf olfactif, *Monitore Zool. Italiano*, anno II, et *Arch. Ital. de Biol.*, vol. XV, 1891. — V. GEHUCHTEN : *Le bulbe olfactif de l'homme*, Paris, Levrault, 1895. — GEHUCHTEN et MARTIN : Le bulbe olfactif chez quelques mammifères, *La Cellule*, 1891, vol. VII. — GOLGI : Origine du tractus olfactorius et structure des lobes olfactifs, *Arch. ital. de Biol.*, t. Ier, 1882 et *Rendic. del r. Inst. Lomb.*, vol. XV. — KOELLIKER : « Sur la structure fine du bulbe olfactif », *Sitzb. d. phys. med. Gesell.*, Wurzbourg, 1892. — MANOUÉLIAN : Sur un nouveau type de neurone olfactif central, *Sem. Méd.*, 1898, p. 269. — Cellules du bulbe olfactif, *Soc. de Biol.*, 4 juin 1898. — DE MOOR : Sur les neurones olfactifs, *Bull. de la Soc. roy. des Sc. méd. et nat. de Bruxelles*, 1898, résumé in *Rev. Neurol.*, 1898, p. 527. — RAMON : « Structure des bulbes olfactifs des oiseaux », *Gac. san. di Barcelona*, 1890. — RETZIUS : « Mode de terminaison des nerfs olfactifs », *Biologische Untersuch.*, 1892.

Région ammonienne. — AZOULAY : Anatomie de la corne d'Ammon, *Soc. Anat.* LXIXe année, p. 38. — Structure de la corne d'Ammon chez l'enfant, *Soc. de Biol.*, sér. X, t. Ier, p. 212. — CAJAL : « Structure de la corne d'Ammon et du fascia dentata. Structure de l'écorce occipitale inférieure des petits mammifères », *Ann. de la Soc. Esp. de Hist. Nat.*, vol. XXII, p. 1 et 125; — « Sur la structure fine de la corne d'Ammon », *Zeitsch f. wissensch zool.*, vol. LVI, cah. 4, 1893.— Duval : *La corne d'Ammon, Arch. de Neurol.*, 1881, 1882.— Golgi : « Sur la fine organisation du grand pied de l'hippocampe », *Soc. méd. chir. di Pavia*, 1895. — Hill : « Le fasciola cinerea, ses relations avec le fascia dentata et les nerfs de Lancisi », *Proc. of the R. Society*, 1895, vol. LVIII, p. 98. — Lugaro : « Contr. à la fine anat. du grand pied de l'hippocampe », *Arch. per le sc. med.*, vol. XVIII, p. 113. — Sala : L'anatomie fine du fascia dentata de Tarin, *Verhandl. d. X[e] intern. med. Congr.*, Berlin, 1890. — « Sur l'anatomie du pied du grand hippocampe », *Zeitsch. f. wiss. Zool.*, 1891, vol. LII. — Schaffer : « Contr. à l'histologie de la corne d'Ammon », *Arch. f. mikr. Anat.*, 1892. — Smith : « Le fascia dentata », *Anat. Anz.*, 1896.— « Connexions entre le bulbe olfactif et l'hippocampe », *Anat. Anz.*, 1894, p. 470. (Voir la bibliographie du chapitre IV : Voies de conduction du rhinencéphale.)

CHAPITRE II

VOIES DE PROJECTION DU CERVEAU

Sur des coupes de l'écorce colorées par les méthodes de Pal ou de Weigert, on distingue un grand nombre de fibres myéliniques qui la parcourent dans toutes les directions : ce sont, ou des cylindraxes nés dans l'écorce même, ou bien des fibres qui viennent se terminer par arborisations libres autour des cellules géantes. Une bonne partie des éléments transversaux ou obliques du réseau, souvent très élégant, dessiné par ces fibres, représente les collatérales des neurites (*fig. 293*, p. 510) ou des fibres nées dans d'autres territoires de l'écorce ; en certains points, on les voit se réunir entre elles et former des couches ou des faisceaux pour accomplir ensemble un trajet plus ou moins long. Ce sont les voies d'association que nous devrions, dès ce chapitre, distinguer de celles qui en font l'objet : les fibres de projection.

Dans l'épaisseur même de l'écorce, au niveau de la troisième couche, et souvent dès la deuxième, on voit des fibres myéliniques qui commencent à converger en *faisceaux verticaux* (V. chap. III) qui augmentent de volume en s'approchant de la substance blanche, grâce à l'apport constant de nouveaux éléments. Ils représentent l'origine ou la terminaison des voies de projection et des voies d'association à long trajet. Les premières dépendent surtout des Pyramidales grandes et petites ; les secondes, des cellules fusiformes et des autres éléments de la quatrième couche, ainsi que des Pyramidales (*fig. 293, p. 510*). Les fibres centrifuges qui représentent les neurites de ces dernières émettent, pendant leur trajet dans la substance grise, des collatérales plus ou moins nombreuses, qu'il est facile d'étudier avec la méthode de Golgi (*fig. 297, p. 514*) et qui rentrent dans la catégorie des fibres d'association, comme nous l'avons vu précédemment ; il en est de même des longues collatérales qu'elles émettent en traversant le centre ovale pour gagner la capsule interne ; Cajal a montré que ces dernières concourent à la formation du corps calleux (V. chap. III). Il existe enfin des neurites qui n'abandonnent pas de collatérales pendant leur trajet dans la substance blanche et conservent la même unité au cours de leur trajet ultérieur.

[Parmi ces fibres de projection, les unes s'engagent dans le *mésencéphale* d'autres se rendent aux *ganglions basaux* : nous aurons à mentionner à propos de celles-ci certains faisceaux qui relient ces derniers entre eux ou à différentes formations du tronc cérébral, et qui ne sont que la continuation indirecte des fibres cortico-ganglionnaires. Quant aux fibres qui unissent l'écorce au rhinencéphale, elles ne peuvent que difficilement être séparées des fibres d'association propres à ce dernier et sont du reste assez différentes par leur disposition générale des autres voies de conduction de l'hémisphère, pour justifier l'étude, en un chapitre séparé, de tous les faisceaux qui se rattachent directement ou indirectement au rhinencéphale : ce plan est d'ailleurs symétrique à celui qui présida à l'étude de la substance grise des mêmes formations.]

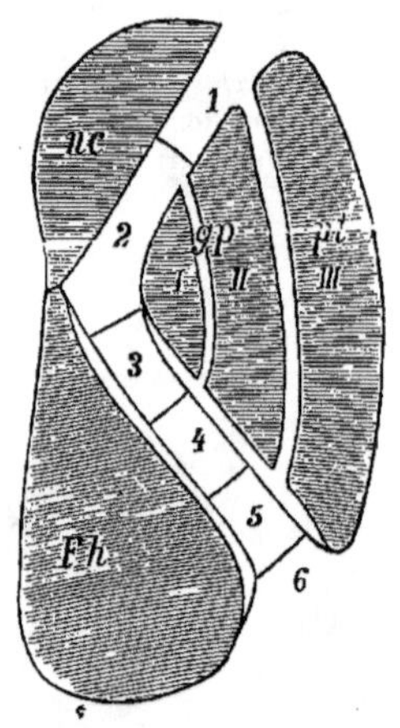

Fig. 327.— SYSTÉMATISATION DE LA CAPSULE INTERNE VUE SUR UNE COUPE HORIZONTALE.

Fh, Couche optique.
gp, Globus pallidus.
nc, Noyau caudé.
pt, Putamen.
1 Pédoncule antérieur du thalamus.
2, Voie fronto-protubérantielle. En réalité les fibres de ces deux systèmes suivent un trajet horizontal et ne peuvent pas être différenciées sur une coupe horizontale.
3, Voie centrale des nerfs craniens moteurs, formant plus bas le ruban médial accessoire.
4, Voie pyramidale.
5, Voie sensitive formant plus bas les faisceaux accessoires disséminés du ruban.
6, Voie temporo-occipito=protubérantielle.

ARTICLE I. — VOIES CORTICO-MÉSENCÉPHALIQUES.

Nous avons vu au chapitre IV de la troisième partie (p. 392) que le *pied du pédoncule cérébral* pénètre en entier dans l'hémisphère (*fig. 237.* p. 392) : faisceau pyramidal, système pontique latéral, ruban médial pédon-

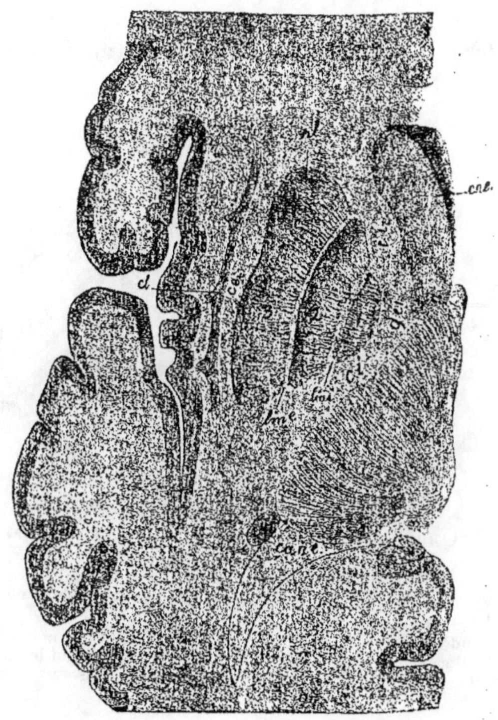

Fig. 328. — LA CAPSULE INTERNE VUE SUR UNE COUPE HORIZONTALE. (Homme. Méthode de Weigert.)

cane, Queue du noyau caudé.
ce, Capsule externe.
ci, Capsule interne.
cl, Claustrum ou avant-mur.
gci, Genou de la capsule interne.

lmi, Lames médullaires externe et interne.
nl, Noyau lenticulaire avec ses trois segments, le putamen en dehors et les deux portions du globus pallidus en dedans.

culaire ou accessoire, faisceaux disséminés du ruban, système protubérantiel interne, faisceaux du stratum intermedium ; toutes ces fibres traversent la capsule interne (*fig. 329 et 330, ci*), lieu de passage, d'une importance capitale, du tronc cérébral à l'écorce.

La *calotte du pédoncule* envoie aussi à l'hémisphère une série de faisceaux qui passent par la capsule interne et dont les principaux sont :

1° Les fibres qui viennent de la s. grise du quadrijumeau antérieur et continuent celles du nerf optique par l'intermédiaire du bras conjonctival antérieur ;

2° Les fibres dorsales de la commissure postérieure ;

3° Les radiations du noyau rouge ;

4° Les radiations du corps sous-thalamique. Nous réunirons l'étude de ces quatre systèmes dans un même paragraphe à la fin de cet article.

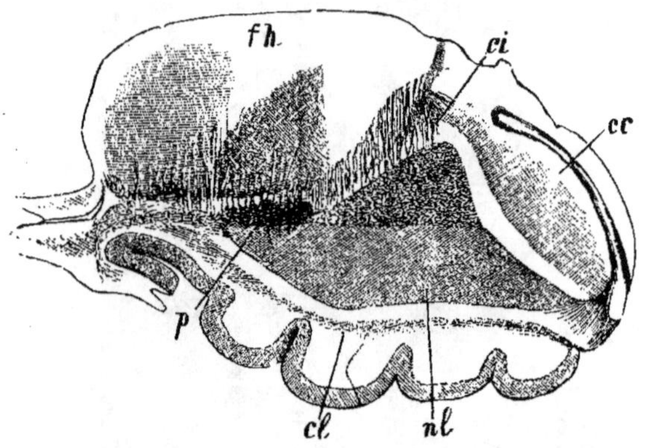

Fig. 329. — COUPE HORIZONTALE DE LA CAPSULE INTERNE D'UN ENFANT DE QUELQUES SEMAINES.

(Méthode de Weigert. Les territoires non myélinisés (avant-bras de la capsule, etc.), sont réservés en blanc.)

cc, Noyau caudé.
ci, Capsule interne.
cl, Claustrum.

fh, Couche optique.
nl, Noyau lenticulaire.
p, Faisceau pyramidal.

Capsule interne. — Sur une coupe horizontale passant par les ganglions de la base et la capsule interne, on voit que celle-ci est composée de deux segments qui se réunissent l'un à l'autre en formant un angle à sinus dirigé en dehors ; ces deux segments sont appelés respectivement le *bras antérieur* et le *bras postérieur* : la région du sommet de l'angle est appelé le *genou*. [Il serait plus naturel de se servir des termes de *bras* et *d'avant-bras* et de remplacer les expressions de genou et faisceau géniculé, qui prêtent d'ailleurs à des confusions, par celles de *coude* et faisceau *cubital*.] C'est dans le segment postérieur que CHARCOT et son école avaient, en se basant sur des examens anatomo-pathologiques, établi la topographie suivante :

1° Tout à fait en arrière, les *voies sensitives* venant de la moitié opposée du corps, et les voies sensorielles (*fig. 327, 5*, p. 551).

2° Au niveau du tiers moyen environ, ou bien, d'après une autre opinion, dans le voisinage du genou, le *faisceau pyramidal* (*fig. 327, 4*).

3° En avant, dans la région du genou, les voies centrales des nerfs craniens moteurs (facial, hypoglosse, etc. (*fig. 327, 3*).

L'étude du développement aboutit à des résultats un peu différents :
1° Il faut d'abord abandonner l'opinion d'après laquelle le f. pyramidal occuperait le tiers moyen du *bras postérieur* ou même le voisinage du genou : chez l'homme, l'extrémité postérieure du noyau lenticulaire correspond à peu

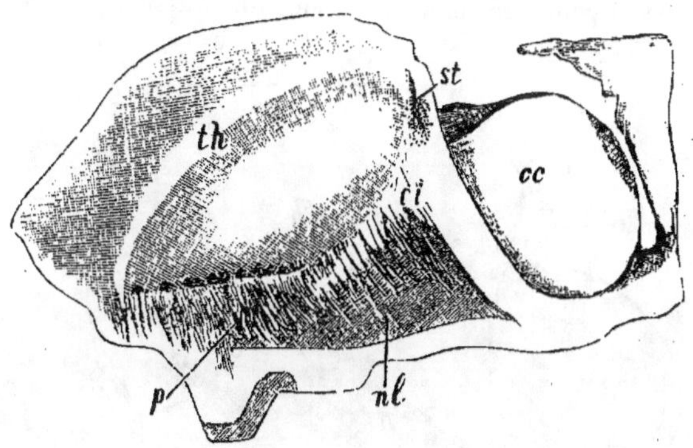

Fig. 330. — COUPE HORIZONTALE DE LA CAPSULE INTERNE.

(Même pièce que celle de la figure précédente, mais, ici, la coupe passe un peu plus haut.)

cc, Noyau caudé.
ci, Capsule interne.
nl, Noyau lenticulaire.

p, Voie pyramidale.
st, Stria thalami.
th, Thalamus.

près à une ligne passant entre le tiers antérieur et le tiers postérieur du thalamus. Sur des coupes horizontales on trouve le f. pyramidal à l'extrémité postérieure du noyau lenticulaire. Il répond donc au tiers moyen de la couche optique et se trouve situé entre celle-ci et la portion du putamen qui fait saillie au-dessus du deuxième segment du globus pallidus (*fig. 329, p*). Cette localisation persiste à peu près sans changement à un niveau plus élevé (*fig. 330, p*). Dès leur pénétration dans l'intérieur de l'hémisphère, les fibres du faisceau pyramidal commencent à rayonner en éventail vers les centres corticaux (*fig. 331, p*).

On sait maintenant, de façon certaine, que la portion antérieure du bras postérieur de la capsule contient le *ruban accessoire*, c'est-à-dire la voie centrale des nerfs craniens moteurs (*fig. 327, 3*, p. 551, et *fig. 330*, exactement en *ci*).

2° Quant au trajet des voies de la sensibilité de la moitié opposée du corps et des voies centrales des organes des sens, les premières sont réparties, dans le tronc cérébral, entre la couche du ruban et la substance réticulée. À leur passage dans les hémisphères, elles subissent une interruption partielle dans la portion distale du thalamus (*fig. 332, ltb*) ; d'autres pénètrent dans la s. blanche du corps sous-thalamique et arrivent ainsi au globus pallidus (*fig. 332, lnl*). Les voies sensorielles qui cheminent dans la substance réticulée montent également jusqu'au thalamus dans lequel elles subissent une interruption. Il en résulte que les voies sensitives de la capsule interne sont formées surtout des fibres qui vont de la couche optique à l'écorce et peut-être aussi, mais pour une fraction peu importante,

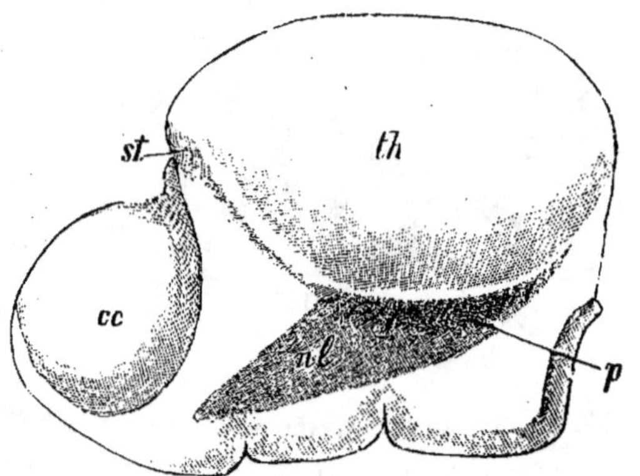

Fig. 331. — COUPE HORIZONTALE DE LA CAPSULE INTERNE.

(Même provenance que les préparations des deux figures précédentes, mais ici la coupe passe un peu plus haut, au niveau de la région de transition de la capsule interne au centre ovale.)

de celles qui proviennent du globus pallidus du noyau lenticulaire. Quant à leur disposition topographique, les voies sensitives sont localisées en arrière du faisceau pyramidal. Les fibres du ruban qui s'interrompent dans le thalamus traversent la capsule interne dans son voisinage ; celles qui pénètrent dans le corps sous-thalamique et dans le globus pallidus se placent, dans la capsule, près de l'extrémité postérieure du noyau lenticulaire (V. chap. III).

Il ne faudrait cependant pas supposer, ainsi que l'avaient fait CHARCOT et son école, que, dans la capsule, les voies sensitives formassent un faisceau compact : l'embryologie, les recherches expérimentales et anatomiques démontrent au contraire que ces voies ne sont représentées que par des fibres disséminées situées dans les régions postérieures de la capsule, en arrière de la voie pyramidale et non dans le voisinage du thalamus.

3° En arrière des voies sensitives se trouve la voie temporo-occi-pito=protubérantielle qui, dès avant d'aborder la capsule interne, se place à l'extrémité postérieure du noyau lenticulaire. Ce système n'est pas de nature sensitive, ainsi que l'admet-tait CHARCOT ; son dévelop-pement démontre qu'il doit servir à relier les régions postérieures de l'hémisphère [d'après certains auteurs, et pour d'autres (DÉJERINE) la première Temporale seule-ment] à la substance grise de la protubérance ; j'ai, en ou-tre, au moyen de la méthode des dégénérations, démon-tré que ses fibres ont une direction descendante et que, de plus, leur dégéné-ration s'arrête au niveau de la région dorso-latérale de la protubérance : on ne peut donc leur attribuer aucune participation à la conduc-tion de la sensibilité.

Je crois aussi que l'opi-nion des neuropathologistes d'après laquelle la portion externe du pied du pédon-cule serait occupée par des voies sensitives, ne repose sur aucun fondement ; il est impossible de mettre en

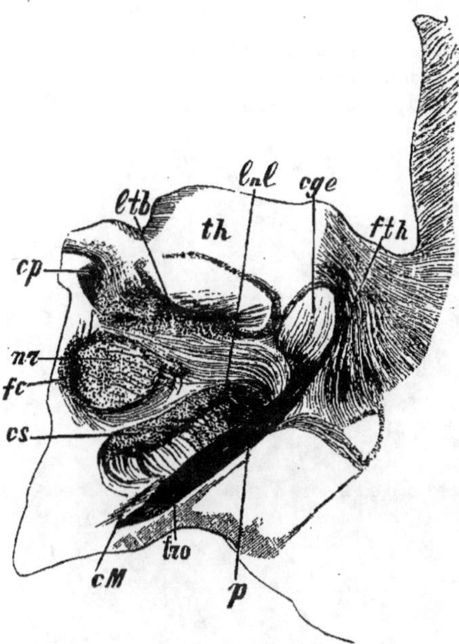

Fig. 332. — COUPE DE LA COUCHE OPTIQUE ET DE LA RÉGION SOUS-THALAMIQUE PASSANT PAR LA BANDELETTE OPTIQUE.

(Enfant de quelques semaines.)
cge, Corps genouillé externe.
cM, Commissure de Meynert.
cp, Commissure postérieure.
cs, Corps sous-thalamique.
fc, Voie centrale de la calotte.
fth, Fibres allant du thalamus à l'écorce cérébrale.
lnl, Fibres du ruban allant du corps sous-thalamique au globus pallidus.
ltb, Fibres du ruban allant au thalamus.
nr, Noyau rouge.
p, Faisceau pyramidal.
th, Thalamus.
tro, Tractus optique.

évidence une connexion quelconque de cette portion du pied avec les différentes formations du tronc cérébral qui jouent un rôle dans la sensibilité.

D'autres fibres de la calotte passent encore par le bras postérieur de la capsule :

4° C'est en premier lieu le volumineux faisceau qui provient du *noyau rouge* et qui continue au delà de ce dernier les fibres du pédoncule cérébelleux supérieur (*fig.* 224, *fnr*, p. 371). Il se place près de la ligne médiane, immédiatement en avant et en dehors de la couche optique.

Fig. 333, 334, 335. — COUPES FRONTALES DU CERVEAU D'UN ENFANT DE 4 MOIS 1/2.

(Préparation de REIMERS. Voir les autres coupes de la même série au chapitre III.)

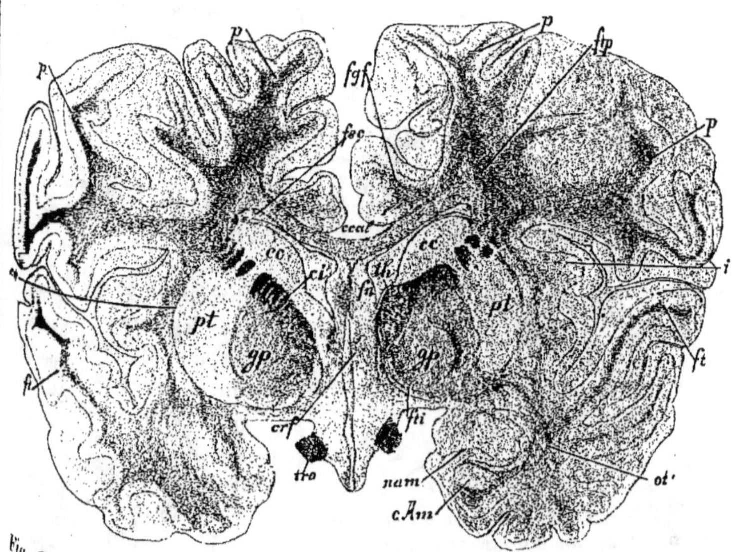

Fig. 333. — COUPE PASSANT PAR LA PARTIE ANTÉRIEURE DU III° VENTRICULE.

cAm, Corne d'Ammon.
cc, Noyau caudé.
cal, Corps calleux.
ce, Capsule externe
ci, Capsule interne.
crf, Piliers antérieurs du trigone.
fgp, Faisceau du gyrus fornicatus.
fn, Fornix ou trigone.
fsc, Faisceau sous-calleux.
ft, Faisceau acoustique se rendant à la première temporale.
fti, Pédoncule inférieur de la couche optique.

flp, Couronne rayonnante du thalamus allant à l'écorce pariétale.
gp, Globus pallidus.
i, Insula de Reil.
nam, Noyau amygdalien.
ot, Faisceau allant de la corne d'Ammon au thalamus.
p, Voie pyramidale.
pt, Putamen du noyau lenticulaire.
th, Thalamus.
tro, Tractus optique.

5° La *voie optique centrale*, qui s'amorce dans le quadrijumeau antérieur, la portion postérieure du thalamus et le c. genouillé externe, est située tout à fait dans le voisinage de ce dernier.

Par contre, la *voie acoustique*, laquelle est la continuation du bras conjonctival postérieur des quadrijumeaux, traverse le territoire du corps genouillé, et en aucun point de son parcours ne fait partie de la capsule interne.

Le *bras antérieur* de la capsule interne comprend quatre systèmes différents :

1° Le *pédoncule antérieur de la couche optique* ;

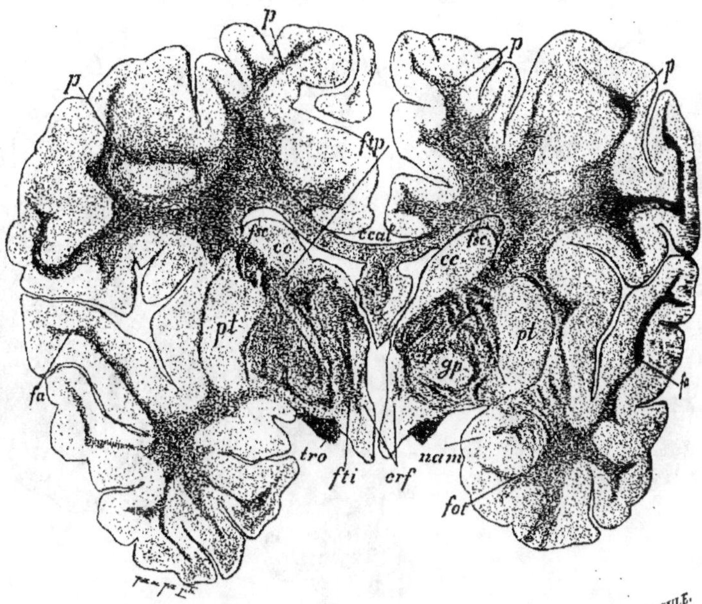

Fig. 334. — COUPE PASSANT PAR LA PARTIE MOYENNE DU IIIe VENTRICULE.

(Voir la légende de la figure précédente.)

fa, Fibres acoustiques gagnant la première Temporale.

fot, Faisceau allant de la corne d'Ammon et du noyau amygdalien au thalamus.

2° et 3° Les *systèmes fronto-pontiques* qui relient l'écorce du lobe frontal et le noyau caudé à la s. grise protubérantielle ;

4° Les fibres qui sont en connexion avec la substance noire de Soemmering.

Il reste maintenant à examiner comment ces différents faisceaux se répartissent dans la substance blanche de l'hémisphère.

Voie motrice. — Il est facile, chez le nouveau-né, de suivre le trajet du faisceau pyramidal : ce dernier, en effet, n'est pas encore myélinisé et tranche nettement sur toute la substance blanche de l'hémisphère. Sur des

coupes frontales et antéro-postérieures (*fig. 333* à *336*) on le voit s'irradier
dans le large territoire des circonvolutions centrales, du lobule paracentral, et
dans la portion distale des trois préfrontales (*fig. 336, ppp*). Ses fibres convergent en bas, traversent la s. blanche des hémisphères en croisant celles
du corps calleux et contournent le bord externe du ventricule latéral. Dès
leur entrée dans le bras postérieur de la capsule interne, elles forment un
faisceau plus ou moins nettement individualisé (*fig. 330*, p. 554 et *331, p*).

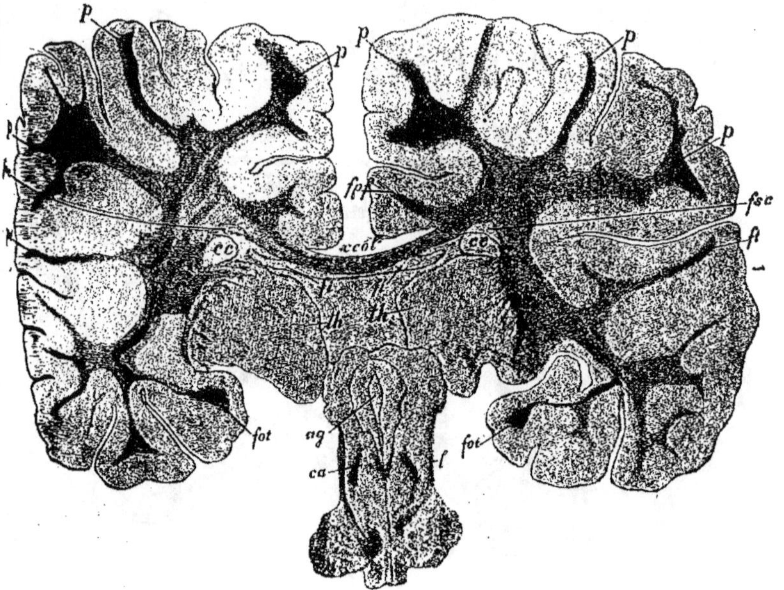

Fig. 335. — COUPE PASSANT PAR LA PARTIE POSTÉRIEURE
DU VENTRICULE MOYEN.

(Voir la légende des deux figures précédentes.)
aq, Aqueduc de Sylvius.
ca, Pédoncule cérébelleux supérieur.
fi, Fimbria (pilier postérieur du trigone).
l, Ruban latéral.

Grâce à cette large irradiation de la voie pyramidale (*fig. 337*, p. 562), les
lésions circonscrites de l'écorce motrice peuvent n'être suivies que de simples
monoplégies du côté opposé et non pas d'une hémiplégie totale, conséquence ordinaire des lésions qui portent sur une portion plus inférieure du
trajet des voies motrices.

Les courbes décrites par les fibres du centre ovale, avant d'aborder la
capsule interne, permettent, ainsi que leurs rapports de proximité avec des

circonvolutions éloignées de leur origine, d'expliquer certains phénomènes moteurs ou autres consécutifs à des lésions portant sur des territoires de l'écorce en réalité étrangers à la localisation des phénomènes observés : c'est ainsi que, d'après FLECHSIG, les fibres qui correspondent au pied de la première Frontale et à la partie moyenne de la circonvolution du corps calleux décrivent un trajet curviligne convexe en avant et s'approchent de la pointe du lobe frontal dont elles ne sont distantes que de deux ou trois centi-

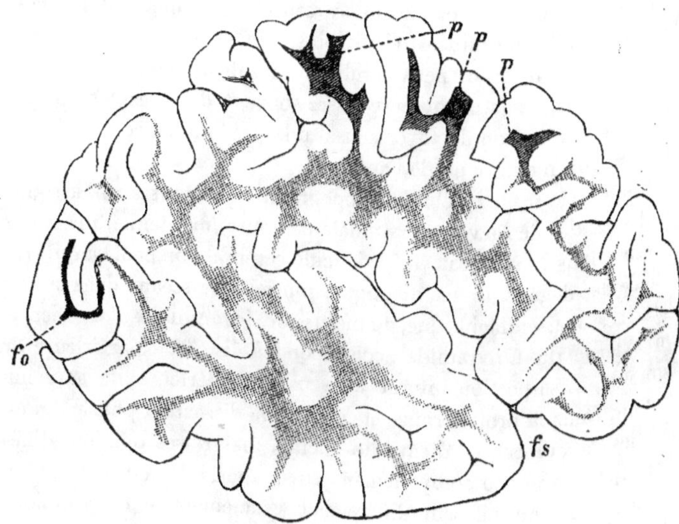

Fig. 336. — LES PREMIÈRES VOIES MYÉLINISÉES DE L'HÉMISPHÈRE.

(Coupe antéro-postérieure de l'hémisphère d'un enfant de quatre mois et demi.)
fs, Fosse de Sylvius.
fo, Radiations optiques.
p, Radiations pyramidales (Anse rolandique de Parrot).

mètres : grâce à cette disposition, des foyers de ramollissement de ce lobe peuvent entraîner des troubles d'innervation de la musculature du dos et de la nuque, quoique les muscles de ces régions n'aient aucun rapport avec la région préfrontale de l'hémisphère.

Systématisation des fibres pyramidales dans la capsule interne. — Les dégénérations expérimentales par lésion corticale limitée démontrent que les fibres provenant des différentes région de la zone motrice sont séparées les unes des autres dans les territoires sous-corticaux du centre ovale. Nous avons vu qu'en s'approchant de la capsule, les fibres pyramidales convergent en éventail: mais la même systématisation topographique peut être encore mise en évidence au niveau du point où ces fibres forment un faisceau compact, c'est-à-dire dans la capsule même : c'est ce qui ressort, d'autre part, des expériences (excitation électrique) faites par Franck et Pitres, Horlsey et Beevor : d'après ces auteurs, les différents centres corticaux moteurs qui, au niveau du lobe fronto-pariétal, se suivent de haut en bas et de dedans en dehors, orientent leur projection capsulaire en une série disposée d'arrière en avant sur coupe horizontale. D'autre part, les voies de conduction correspondant à chacun de ces centres sont unies à des régions de l'écorce tout à fait déterminées. Cette loi se vérifie aussi chez l'homme : on ne connaît, il est vrai, qu'un petit nombre de cas de monoplégie par lésion de la capsule interne, mais on observe assez souvent dans les hémiplégies qu'entraîne cette localisation du foyer causal une prédominance de la paralysie au niveau d'un membre ou de l'autre.

Plus bas, vers le tronc cérébral, la topographie que nous avons assignée à chacune des parties de la voie pyramidale peut être maintenue, mais avec quelques restrictions : au niveau du pédoncule cérébral, on peut, au moyen de la méthode des dégénérations, distinguer plusieurs faisceaux dans la voie pyramidale. Il est vraisemblable que, du moins chez les animaux d'expérience, la portion externe du f. pyramidal correspond à la partie postérieure du gyrus sigmoïde, et sa portion interne à la partie antérieure de la même circonvolution. Dans la protubérance et le bulbe la dissection physiologique se heurte à des difficultés que Ziehen lui-même, malgré ses opinions différentes à ce sujet, n'a pas su complètement surmonter. Il en est de même pour la moelle où l'on ne peut différencier exactement le f. pyramidal, quoiqu'il le soit nettement au point de vue physiologique.

Un grand nombre d'observations pathologiques viennent confirmer et permettre de généraliser cette description. Les affections des voies pyramidales dans le tronc cérébral ou dans la moelle, même les lésions en foyer circonscrit, ne donnent ordinairement pas de paralysies partielles, mais des hémiplégies, avec ou sans participation de la face suivant que le foyer siège au-dessus ou au-dessous du noyau du facial. Je rappelle à ce propos que le f. pyramidal ne se compose pas exclusivement de fibres destinées aux extrémités (V. plus haut) : l'embryologie, au contraire, permet d'affirmer l'existence d'un certain nombre de fibres pyramidales qui se placent dans la partie distale de la *calotte* protubérantielle et dont quelques-unes vont faire partie des voies centrales de la VIIe paire; elles dégénèrent en effet après lésion du centre cortical correspondant et restent intactes quand les centres moteurs des membres sont seuls intéressés; nous y reviendrons plus loin.

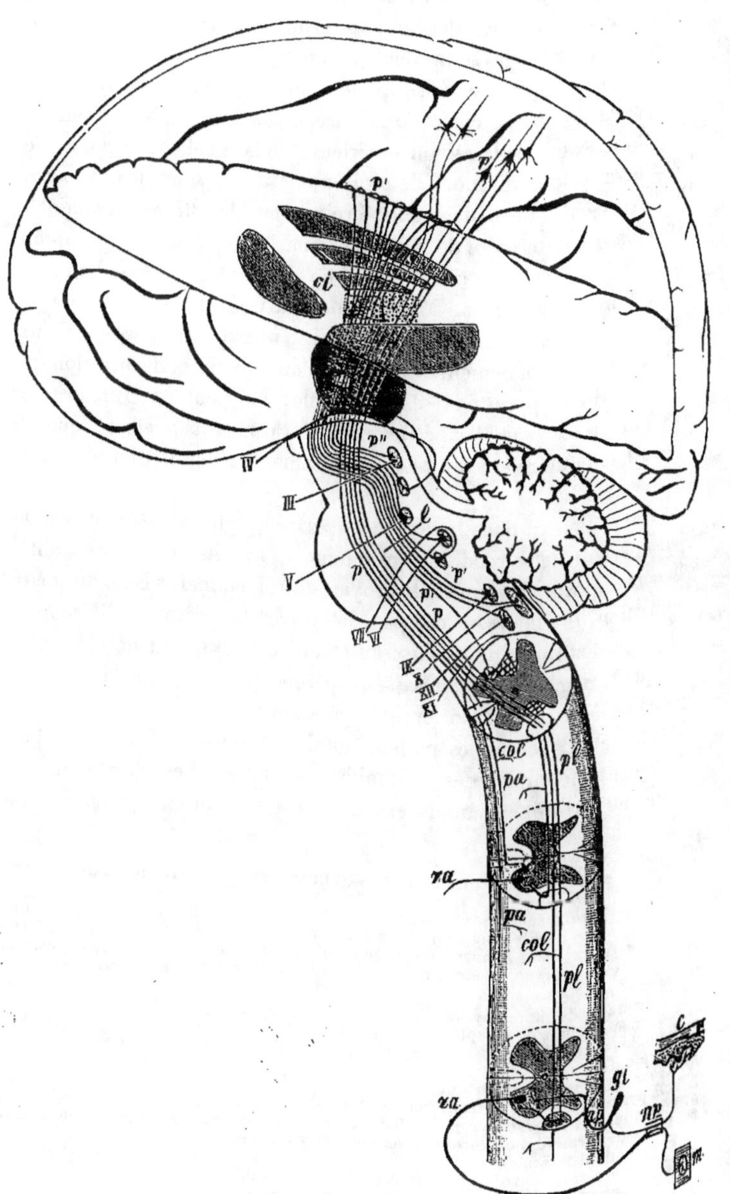

p'
p
ci
p''
IV
III
l
V
p
p'
p'''
VII VI
IX X XII XI
col
pa
pl
ra
pa
col
pl
ra
gi
np
m
c

Entre-croisement des deux faisceaux pyramidaux. — Nous avons déjà dit à plusieurs reprises que les dégénérations médullaires consécutives aux lésions de la zone motrice ne se limitent pas au F. Py. C. et au F. Py. D., chez l'homme, mais s'étendent aussi, quoique plus discrètement, au faisceau pyramidal latéral du même côté. Ce fait important est facile à constater sur des coupes passant par la région supérieure de la moelle. Il a donné lieu à différentes descriptions du mode de croisement des pyramides. CHARCOT admettait l'existence d'un nouvel entre-croisement des fibres pyramidales dans la commissure antérieure de la moelle, mais cette opinion est au moins ébranlée par le fait que cette commissure ne contient pas, dans les cas en question, de fibres dégénérées. MARCHI chercha une explication dans un croisement partiel des voies pyramidales au niveau du corps calleux, opinion du reste sans fondement. Ce n'est qu'au delà de sa décussation que la dégénération du f. pyramidal est bilatérale; on peut en conclure, en s'appuyant du reste sur l'expérimentation (MURATOFF, etc.), que la dégénération bilatérale relève d'un entre-croisement incomplet au niveau du bulbe.

Nous avons déjà vu dans la deuxième partie que le faisceau pyramidal du cordon antérieur ne se rend pas, au moins en totalité, à la corne antérieure du côté opposé, ainsi qu'on le croyait autrefois, mais à celle du même côté : la question, d'ailleurs, n'est pas définitivement résolue : il se peut que la majorité des fibres de ce faisceau soit directe et qu'un nombre assez petit pour que la dégénération en passe inaperçue se rende, par la commissure antérieure, à la corne antérieure du côté opposé.

Les observations cliniques parlent aussi en faveur de l'existence d'un entre-croisement incomplet des pyramides bulbaires. Les symptômes de l'hémiplégie ne se limitent jamais exactement à une moitié du corps : on

Fig. 337. — LES NERFS CRANIENS MOTEURS ET LA VOIE PYRAMIDALE.

L'hémisphère droit, seul représenté, a été sectionné suivant le plan à peu près horizontal de la coupe dite de Flechsig : on voit ainsi la surface de section de la capsule interne et des noyaux centraux; pour la portion de l'hémisphère située au-dessus du plan de section, l'écorce a seule été conservée, de sorte qu'on en voit la surface d'évidement, concave.
ci, Capsule interne.
col, Collatérales des fibres pyramidales.
c, Surface épithéliale de réception.
gi, Ganglion intervertébral.
m, Fibre musculaire.
np, Tronc d'un nerf périphérique.
p, Voie pyramidale dans le tronc cérébral et dans l'hémisphère.
p', Ruban médial accessoire représentant la voie centrale des nerfs craniens moteurs.
pa, Faisceau pyramidal du cordon antérieur de la moelle.
pl, F. pyramidal latéral.
ra,rp, Racines antérieures et postérieures des nerfs rachidiens.
III, IV, Noyaux des différents nerfs craniens moteurs.
(D'après FLATAU. Modifié.)

peut toujours mettre en relief la participation du côté opposé, laquelle se traduit surtout par l'exagération des réflexes. Dans un mémoire récemment consacré à cette question, Déjerine et Thomas (1) donnèrent les résultats de l'examen de sept cas d'hémiplégie cérébrale avec dégénération complète de la pyramide correspondante. Dans tous on trouva :

1° Dég. du F. Py. D. du côté de la lésion ;

2° Dég. du F. Py. C. du côté opposé ;

3° Dég. moins accusée du F. Py. latéral du même côté.

Dans quelques cas on pouvait suivre facilement l'entre-croisement et la pénétration des fibres dans le cordon pyramidal latéral du même côté ; on voyait le faisceau pyramidal, au niveau de la décussation bulbaire, abandonner un petit nombre de fibres au cordon latéral homomère ; ces fibres se plaçaient dans la région située immédiatement en avant du col de la corne postérieure (2).

Suivant que la lésion occupe les centres des membres thoraciques ou pelviens, la dégénération s'étend jusqu'à la moelle cervicale ou jusqu'à la moelle lombaire. On a ainsi la preuve que chacun des centres corticaux est relié par des voies qui lui sont propres aux régions inférieures du névraxe.

Dans les cas d'anencéphalie congénitale et de malformations qui entraînent une séparation effective de l'écorce et du tronc cérébral, les voies pyramidales sont absentes dans toute leur étendue (3).

(1) *Arch. de physiologie*, 1896, p. 277.

(2) Après ablation unilatérale du territoire moteur de l'écorce, chez le chien et le singe, Rothmann (*Neurol. Centralbl.*, 1896, n° 11 et 12), observa (au Weigert et au Marchi), la dégé- nération bilatérale des cordons pyramidaux latéraux ; mais la mise en évidence n'en était possible que consécutivement à des lésions de date récente. Dans le cours du deuxième mois après l'opération, de même que plus tard, les fibres dégénérées ne pouvaient plus être décelées du côté de la lésion ; souvent la dégénération homomère était moins nette dès le début. D'après cet auteur, les fibres de la pyramide du côté opposé à celui de la lésion corticale dégénèrent grâce à la pression qu'exercent sur elles, au cours de leur dégénéra- tion, les fibres qui font partie de la pyramide du même côté, fibres qu'elles rencontrent au niveau de leur décussation. La présence de fibres pyramidales dégénérées dans le cordon latéral du même côté, chez l'homme, dépendrait, dans les stades éloignées de la date de début, d'une nutrition insuffisante du tissu nerveux, laquelle serait due à l'artério-sclérose. Cette étiologie ne peut pas être invoquée sérieusement ; la précédente peut être également tenue pour douteuse.

(3) Voici les résulats auxquels arrivèrent Déjerine et Thomas par l'examen anato- mique d'un cas d'hémiplégie droite (méthode de Marchi).

1° Le F. Py. C. était décelable jusque dans la portion supérieure du filum terminal, mais, dès le niveau du IVe nerf sacré il perdait la netteté de ses contours et se portait vers le bord de la moelle.

2° Le F. Py. D. pouvait être suivi dans le cordon antérieur jusqu'au niveau du premier nerf coccygien. Dans le renflement lombaire il avait la forme d'une virgule à tête posté- rieure touchant la commissure ventrale, et dont la pointe tournée en avant s'amincissait progressivement en descendant. Au niveau du IVe n. sacré, le F. Py. D. n'était plus repré- senté que par quelques fibres dans la partie interne du cordon antérieur.

Les fibres de la voie pyramidale homomère descendaient jusqu'au IVe nerf sacré mais étaient déjà, à ce niveau, irrégulièrement disséminées.

Dans un autre cas (examiné au Marchi dans mon laboratoire) de destruction étendue de l'écorce motrice et de la s. blanche sous-jacente, on trouva les fibres du Pyramidal anté- rieur dégénérées jusqu'au niveau de la IVe racine sacrée : quelques fibres descendaient

Dans la dégénération de la voie pyramidale, Monakow constata l'atrophie concomitante du processus réticulé (tractus intermedio-lateralis) de la moelle cervicale; les cellules du tractus représenteraient, d'après cet auteur, des neurones intermédiaires intercalés entre les deux neurones terminaux de cette voie: cellules de l'écorce avec les fibres pyramidales, et cellules des cornes antérieures avec les fibres radiculaires antérieures.

L'existence de ce tiers neurone ne me paraît pas établie : je crois que l'atrophie du processus réticulé après lésions corticales ne prouve qu'une chose : c'est que les éléments en sont unis à ceux de la voie motrice centrale, peut-être par l'intermédiaire de collatérales.

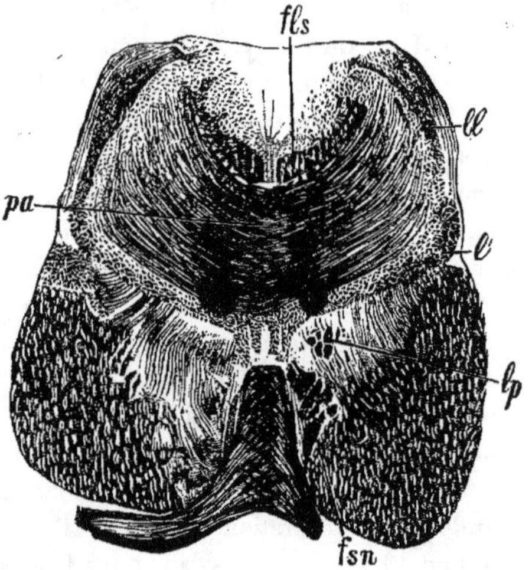

[Il semble, d'après les résultats de l'expérimentation, que, chez les animaux, des voies de conduction autres que les pyramides et les faisceaux qui en dépendent jouent un rôle relativement plus important que chez l'homme, dans la transmission des influx corticaux moteurs : Sherrington (1) pratiqua, chez le chien, la section des deux pyramides bulbaires et conserva les animaux longtemps après l'opération; l'examen histologique lui démontra plus tard que la section avait été complète; il ne put cependant constater aucun trouble de la motilité (2).

Quant au faisceau pyramidal homolatéral, Wertheimer et Lepage (3) ont démontré par sections combinées des pyramides bulbaires, chez le chien, que l'action du gyrus sigmoïde

Fig. 338. — LE RUBAN MÉDIAL ACCESSOIRE.

(Coupe passant par la région distale des pédoncules cérébraux.)

fls, Bandelette longitudinale postérieure.
fsn, Fibres du pied pédonculaire se rendant au ruban.
l, Couche du ruban.
ll, Ruban latéral ou acoustique.
lp, Ruban médial ou pédonculaire.
pa, Entre-croisement des pédoncules cérébelleux supérieurs.

même encore plus bas. La dégénération du F. Py. C. pouvait être suivie jusqu'à l'émergence des nerfs coccygiens : quelques-unes de ses fibres allaient même plus bas. De plus, sur les préparations au Marchi, j'ai toujours vu, en même temps que la dég. des pyramidales, celle de quelques fibres très fines comprises dans le réseau de la protubérance (collatérales des fibres pyramidales).

(1) « La section des deux pyramides chez le chien », *Iahrb. f. Psych. u. Neurol.*, 1896, et *Neur. Centralbl.*, 1896, p. 692.
(2) Voyez sur le même sujet : Prus et H.-E. Hering, *Wiener klin. Wochenschrift*, 1899.
(3) *Archives de Physiologie*, 1896 et *Soc. de Biologie*, 1896, n° 14.

sur les mouvements du même côté du corps s'exerce par des voies qui sont directes, mais dont les éléments constitutifs ne passent qu'en petit nombre par la pyramide. Les voies croisées et homomères sont mises d'ailleurs à contribution d'une façon semblable par les influx d'origine corticale primordiale (excitations artificielles) ou réflexe (volontaire). Enfin, les voies extra-pyramidales, directes ou croisées, ne dégénèrent pas après lésion du centre cortical : elles représentent donc probablement des étapes secondaires.]

Fig. 339, 340, 341. — DÉGÉNÉRATIONS DU TRONC CÉRÉBRAL CONSÉCUTIVES A L'ABLATION DU CENTRE CORTICAL GAUCHE DE LA DÉGLUTITION, CHEZ LE CHIEN.

(Préparations de TRAPEZNIKOFF. Méthode de Marchi.)

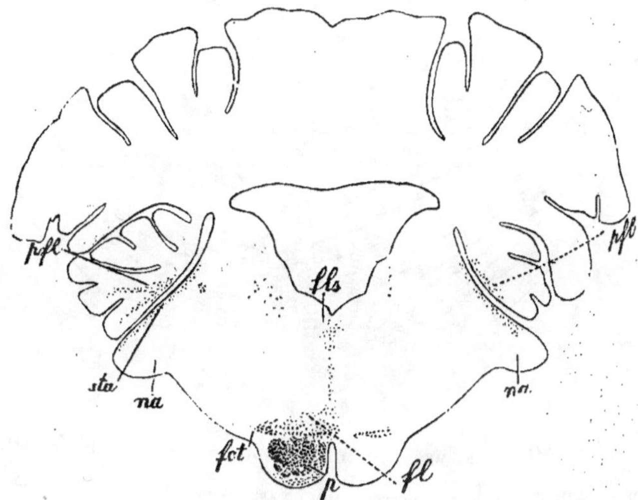

Fig. 339. — VOIES CENTRALES DES NERFS CRANIENS MOTEURS.

(La coupe passe par la partie antérieure de la protubérance.)
fct, Trapèze.
fl, Ruban principal.
fls, Bandelette longitudinale postérieure.
na, Territoire occupé par le noyau antérieur du nerf auditif.
p, Pyramide (dégénérée à gauche).
pfl, Pédoncule du flocculus.
sta, Stries acoustiques.

Voies centrales des nerfs craniens moteurs. — *Le ruban accessoire interne ou médial* et le *ruban pédonculaire disséminé* (*fig. 279, p. 473, lmp, lmsn* et *fig. 338, lp*) assurent la conduction centrale d'une partie des nerfs craniens moteurs. D'après de nombreuses recherches physiologiques et anatomo-cliniques, ces faisceaux proviennent en majeure partie de la base des circonvolutions centrales. Comme celles des pyramides, leurs fibres convergent vers la capsule interne dans le bras postérieur de laquelle elles forment un cordon compact (*fig. 337, p', p. 562*). Dans l'hémisphère, la méthode des atrophies expérimentales et les observations cliniques permettent de répartir topographiquement chacune des parties constitutives du ruban pédonculaire, c'est-à-dire les voies centrales de l'hypoglosse, du facial supérieur, etc. Il en est de même, mais à un moindre degré, pour le territoire

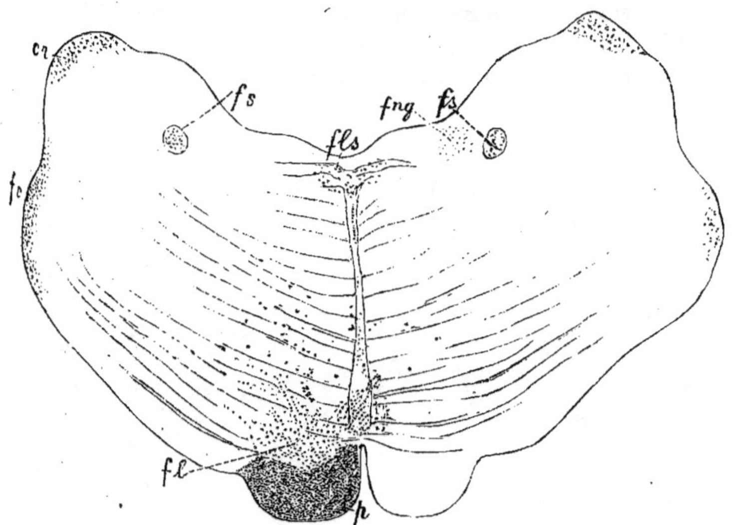

Fig. 340. — FIBRES PYRAMIDALES DU RUBAN DE REIL (*suite*).

(Voir la légende de la figure précédente. Le grossissement de cette dernière est moitié moindre. La coupe passe par la région moyenne du bulbe.)

cr, Corps restiforme.
fc, Faisceau cérébelleux direct.
fl, Fibres dégénérées allant de la pyramide au ruban.
fls, Bandelette longitudinale postérieure.
fng, Fibres dégénérées situées dans la région du noyau dorsal du vague et du glosso-pharyngien (du côté opposé à celui de la lésion corticale).
p, Pyramide gauche, dégénérée.

de la capsule interne : mais dans le tronc cérébral pareille systématisation n'est plus possible.

Dans les cas de destruction pathologique des centres corticaux des nerfs craniens, on observe ordinairement la lésion isolée de tel ou tel nerf et la dégénérescence de la voie qui unit ce centre au noyau et aux racines bulbaires (*fig. 338; fig. 139 et 141*, p. 215 et 217).

Une partie des voies des nerfs craniens moteurs se rend à leurs noyaux, dans la calotte, en cheminant à l'intérieur de la voie pyramidale. Hoche [1] examina récemment par la méthode de Marchi deux cerveaux atteints de foyers de ramollissement étendus de l'insula au thalamus sans participation de ce dernier. Les malades avaient présenté de l'hémiplégie avec aphasie. Le ruban accessoire médial et le f. pyramidal étaient dégénérés. Dans la

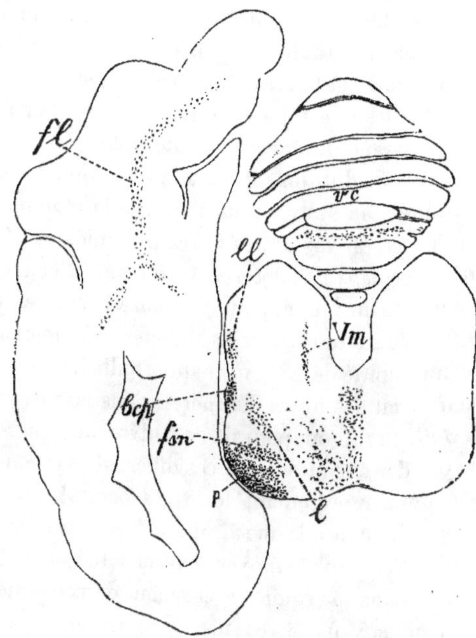

Fig. 341. — VOIES CENTRALES DES NERFS CRANIENS MOTEURS *(suite)*.

(Voir les deux figures précédentes. Coupe oblique à travers un hémisphère, le tronc cérébral et le cervelet.)

bcp, Bras conjonctival postérieur des quadrijumeaux.
fl, Faisceau longitudinal antéro-postérieur de l'hémisphère.
fsn, Fibres dégénérées dans la substance grise.
l, Ruban principal.
ll, Ruban latéral.
p, Voie pyramidale.
Vm, Trijumeau moteur. Le territoire de la racine cérébrale contient des fibres dégénérées.

protubérance, au niveau du noyau du facial, on voyait un assez grand nombre de fibres quitter le faisceau pyramidal, parcourir un certain trajet dans le raphé et se rendre finalement au noyau de l'hypoglosse. On pouvait suivre des fibres dégénérées allant des deux pyramides au noyau du facial

(1) *Neurol. Centr.* 1896, p. 607.

et à celui de l'hypoglosse; un petit nombre seulement se rendait au noyau moteur du trijumeau.

D'après le même auteur (1), des faisceaux de fibres venues de la partie moyenne des pyramides bifurquent pour se rendre à chaque noyau du facial : à celui du côté opposé après entre-croisement dans le raphé avec leurs similaires, à celui du même côté, soit en droite ligne, soit après avoir contourné l'olive. Les fibres pyramidales allant au noyau de l'hypoglosse cheminent, les unes dans le raphé, les autres le long de celui-ci et, dans les deux cas, traversent l'olive et la formation réticulée.

Les recherches faites à ce sujet dans mon laboratoire par TRAPEZNIKOFF, sont également d'un grand intérêt. Cet auteur détruisit, chez le chien, les centres corticaux de la déglutition et de la mastication : les lésions secondaires furent examinées au Marchi : au niveau de la région de transition du bulbe à la protubérance on voyait des fibres pyramidales dégénérées passer par le ruban, pénétrer dans la calotte en traversant la couche interolivaire, s'entre-croiser au niveau du raphé, pour aller faire partie des fibres arciformes de la Réticulée : quelques-unes, restées directes, s'adjoignaient aux fibres arquées de la même moitié de cette formation bulbaire (*fig. 339* et *340, fl*). D'autre part, on trouvait des fibres dégénérées dans les noyaux des XII⁽ᵉ⁾, IX⁽ᵉ⁾, X⁽ᵉ⁾ paires (*fig. 340, fng*) ; on pouvait en suivre quelques-unes jusqu'aux noyaux moteurs des deux trijumeaux : ces différents systèmes peuvent donc être considérés comme représentant les voies centrales des nerfs craniens présidant à la déglutition et à la mastication. En outre, on pouvait suivre la dégénération d'un faisceau de moyen volume situé en dehors de la substance grise centrale, dans la région de la racine descendante (cérébrale) du trijumeau, jusqu'au noyau de ce nerf ; ce faisceau se prolongeait en haut jusqu'à la région postérieure du III⁽ᵉ⁾ ventricule où il se dirigeait en dehors, vers les parties ventrales du thalamus : il s'agit peut-être ici de la voie centrale de la racine descendante du trijumeau, mais on ne peut encore l'affirmer.

Les récentes recherches de ROMANOW (2) sur les dégénérations secondaires aux lésions des centres du trijumeau, du facial et de l'hypoglosse confirment les grandes lignes des descriptions précédentes. Voici leurs résultats :

Après destruction du centre du facial : dégénération de la portion antéro-interne de la pyramide ;

Après lésion des centres du trijumeau et de l'hypoglosse : dégénération de toute la pyramide ;

Après destruction du centre de l'hypoglosse : fibres pyramidales dégénérées se croi-

____

(1) *Arch. f. mikr. Anat.*, vol. XXX, fasc. 1.

(2) « Sur la question des connexions centrales des nerfs craniens moteurs », *Neurol. Centralbl.* », 1898.

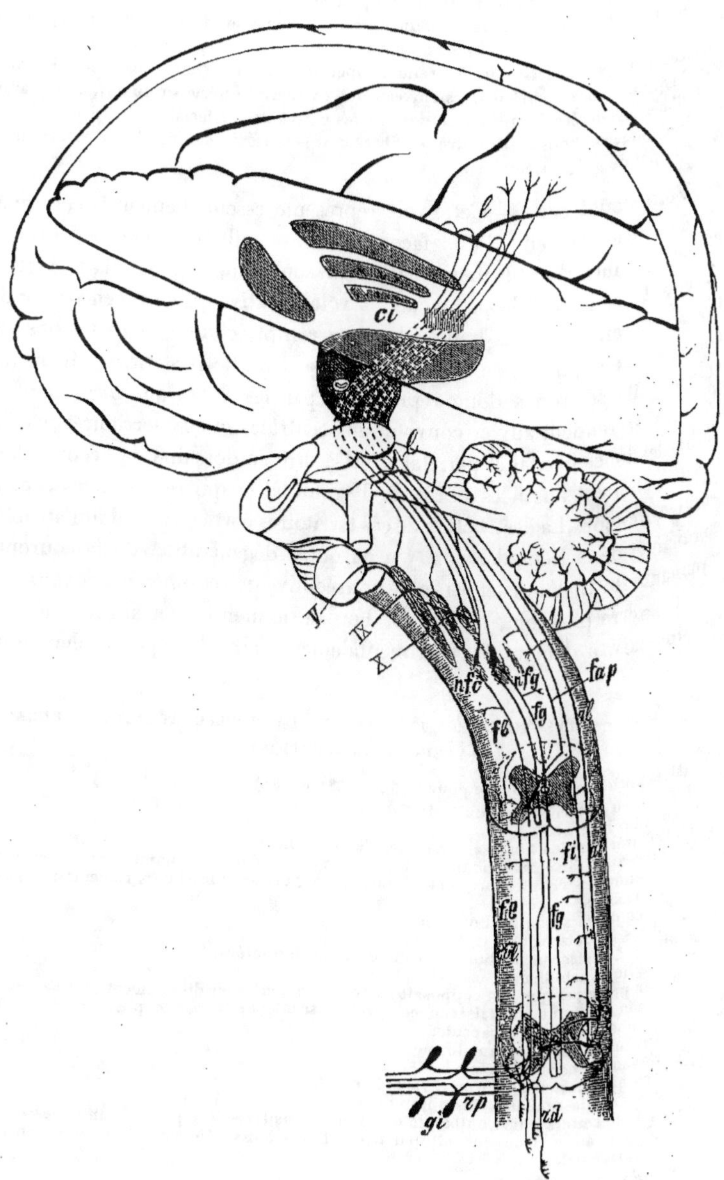

e
ci
nfc
nfg
fap
fb
fg
al
fi
at
fe
fg
rd
gi
rp
rd

sant au niveau du raphé et allant se répandre dans toute l'étendue du noyau bulbaire de ce nerf ; au-dessus, il n'y avait pas de fibres dégénérées ;

Après ablation du centre du facial, on pouvait voir les fibres dégénérées se croiser au raphé tout le long du bord interne du noyau, et même au-dessus, dans la région de l'olive supérieure. Les fibres destinées au noyau moteur de la V° paire se croisaient pour le plus grand nombre au-dessus de l'extrémité supérieure de ce noyau, dans la moitié inférieure du quadrijumeau postérieur : au niveau de l'extrémité inférieure du noyau il n'y avait pas de fibres dégénérées. Après lésion des centres corticaux du facial et du trijumeau, on trouvait d'une façon constante, outre les fibres entre-croisées, d'autres fibres se terminant dans le noyau du même côté.

Voie sensitive. — Cette voie représente essentiellement la continuation du ruban de Reil ; d'une façon accessoire, elle prolonge aussi jusqu'à l'écorce certaines voies de même nature qui sont comprises dans la formation réticulée. Dans le pied du pédoncule, la voie sensitive est située en arrière du faisceau Pyramidal ; plus haut, elle s'interrompt, comme nous l'avons vu, dans la couche optique, en particulier dans la partie postérieure du noyau externe : elle se trouve donc représentée par les fibres qui, nées dans le thalamus, se rendent aux circonvolutions centrales et aux territoires avoisinants des lobes frontal et pariétal, c'est-à-dire au domaine de l'écorce dans lequel rayonnent aussi les fibres du Pyramidal et qui renferme les centres sensitivo-moteurs. La destruction de ces territoires corticaux produit l'atrophie du ruban et de la Réticulée : il y a en outre dégénération de la couronne rayonnante du thalamus et atrophie consécutive de ses différents noyaux.

[On verra plus loin, mais il est bon de le mentionner dès maintenant, que Monakow a démontré expérimentalement, ainsi que par le dépouille-

Fig. 342. — LES VOIES SENSITIVES DANS LA MOELLE ET DANS LE RUBAN (ANCIENNE CONCEPTION).

(Même schématisation que pour la figure 337, p. 562.)
al, Faisceau antéro-latéral ou f. de Gowers.
ci, Capsule interne.
col, Collatérales des fibres ascendantes de la moelle.
fap, Fibres du faisceau fondamental qui se croisent dans la commissure antérieure et dont les cellules originelles sont en rapport avec les fibres radiculaires postérieures.
fb, Fibres du faisceau de Burdach.
fg, Fibres du faisceau de Goll.
fi, Fibres du faisceau médial ou profond du cordon latéral.
gi, Ganglion rachidien.
l, Ruban principal que l'on supposait autrefois se continuer directement jusqu'à l'écorce en formant un faisceau compact passant par la partie postérieure du bras postérieur de la capsule.
nfc, Noyau du faisceau cunéiforme.
nfg, Noyau du cordon grêle.
rp, Racine postérieure d'un nerf rachidien.
rd, Rameaux descendants des fibres radiculaires postérieures.
V, IX, X, Premiers relais bulbaires des fibres sensitives des paires craniennes correspondantes : on en voit partir des fibres qui se joignent à la voie sensitive principale.
(D'après Flatau. Modifié.)

ment d'un grand nombre d'observations, que chaque territoire de l'écorce est relié, dans la couche optique, à un territoire correspondant défini qui s'atrophie seul consécutivement à la lésion de l'écorce; cette systématisation peut même être poussée très loin chez certaines espèces animales (1).]

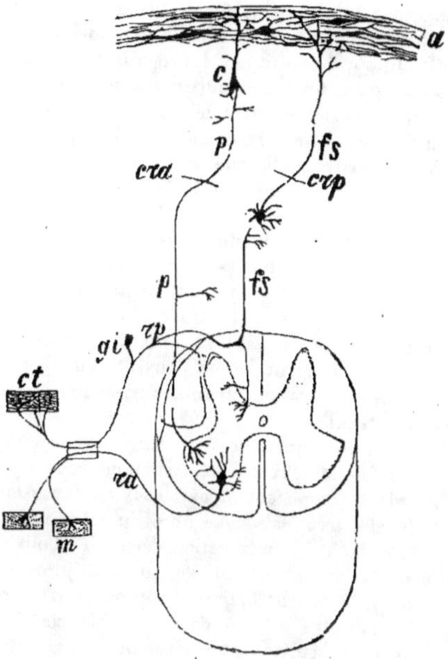

Fig. 343.— LES VOIES RÉFLEXES IMBRIQUÉES : ARC CÉRÉBRAL, ARC MÉDULLAIRE.

a, Ecorce cérébrale avec :
c, Une Pyramidale.
crp, Entre-croisement sensitif (entre-croisement postérieur et supérieur).
ct, Terminaison sensitive d'un nerf rachidien.
fs (en haut), Fibre des radiations thalamiques représentant un des éléments du dernier segment de la voie dite sensitive; (en bas), Fibre radicul. postérieure.
gi, Ganglion intervertébral.
m, Terminaison motrice d'un nerf périphérique.
p, Une fibre pyramidale.
ra, *rp*, Racines antérieure et postérieure d'un nerf rachidien.

FERRIER et TURNER observèrent consécutivement à une lésion de la voie sensitive, localisée dans le tronc cérébral, une dégénération ascendante de cette voie de conduction et purent la suivre jusqu'au thalamus et à l'écorce cérébrale ; en outre, on pouvait voir quelques-unes des fibres issues de la couche optique s'entre-croiser dans le corps calleux.

La physiologie a montré les rapports étroits qui unissent entre eux les centres sensitifs et moteurs. C'est donc au niveau de ces derniers que nous devrons chercher la terminaison des voies sensitives du tronc et des extrémités (*fig. 343*). D'autre part, la zone corticale sensitive s'étend sur un territoire plus large que la zone motrice : elle comprend notamment, en dehors des circonvolutions centrales, les circonvolutions pariétales, y compris le lobule quadrilatère ou præcuneus situé sur la face interne de l'hémisphère; les fibres sensitives qui, de la capsule ou du thalamus, arrivent en rayonnant vers l'écorce, n'aboutissent donc pas uniquement à la zone proprement motrice, mais s'étendent probablement à une partie beaucoup plus étendue de la surface corticale.

(1) *Arch. f. Psych.*, vol. XIV, XVI et XX et *Arch. de Neurol.*, 1897.

[Quoique la question de la délimitation exacte de la zone « sensitive » de l'écorce, zone que l'on considère actuellement comme sensitivo-motrice, ne soit pas complètement résolue, il est bon de spécifier ici que les anciennes conceptions de CHARCOT, de FERRIER, et d'un bon nombre d'autres cliniciens ou physiologistes qui localisèrent la « sensibilité » en des territoires distincts et réservés de l'écorce cérébrale, sont actuellement délaissées ; ni les régions postérieures de l'encéphale (CHARCOT), ni le gyrus fornicatus ou la corne d'Ammon (FERRIER), ne sont plus considérés par personne comme le lieu d'accumulation et de conservation des images cœnesthésiques et tactiles qui constituent les représentations de sensibilité générale. Ces opinions et les vues analogues, fondées d'ailleurs sur des examens cliniques et anatomiques incomplets ou sur des expériences dont le déterminisme a été insuffisamment précisé, portaient d'ailleurs en elles les causes de leur caducité : sous l'apparence scientifique que leur prêtent leurs efforts d'analyse, elles ne sont en effet qu'une simple application de la théorie des causes finales à la physiologie de l'encéphale. Cette manière, heureusement abandonnée, de concevoir les localisations corticales comme préformées et cadrant justement avec les divisions artificiellement établies dans les phénomènes psychologiques est du reste de la même espèce et de la même valeur que les anciennes doctrines des Pères de l'Église qui plaçaient « la mémoire » dans un ventricule, « la sensibilité » dans un autre et « la volonté » dans un troisième. On s'accorde de plus en plus à avouer l'imperfection de la conception actuelle de la sensibilité, à en faire un phénomène surajouté à certains processus d'association, contingent, et ne pouvant, au même degré que les réflexes, laisser mettre en évidence des substratums définis, c'est-à-dire fixes et par conséquent accessibles à l'analyse expérimentale.]

TSCHERMAK (1) publia récemment d'intéressantes expériences de lésion des noyaux des cordons postérieurs avec examen à la méthode de Marchi des dégénérations consécutives. Il arriva aux résultats suivants qui concordent complètement avec ceux de FLECHSIG et avec mes conclusions personnelles sur le trajet et la terminaison des fibres du ruban principal qui naissent dans ces noyaux (V. plus haut). Il vit la dégénération s'étendre à l'olive inférieure, à la formation réticulée, à la substance grise protubérantielle, au quadrijumeau postérieur et, de plus, à la partie ventro-latérale de la couche optique (noyau ventral du thalamus, couche grillagée et en partie aussi au centre médian de Luys). Un certain nombre de fibres dégénérées pouvaient en outre être suivies à travers le thalamus d'où elles sortaient de nouveau entre la couche zonale et la masse même du thalamus, mais en petit nombre et disséminées. Les fibres situées en avant suivaient un trajet arqué à travers le pédoncule cérébral et envoyaient des collatérales au noyau hypothalamique ou corps de Luys. Quelques fibres dégénérées se dirigeaient ensuite en dedans et cheminaient sur le bord antérieur du pied du pédoncule, en contact immédiat avec le tractus optique ; elles formaient la commissure de Meynert, traversaient la ligne médiane entre la bandelette optique et le pied du pédoncule et gagnaient le globus pallidus du côté opposé. On me permettra de rappeler que j'ai été le premier à décrire ce trajet d'après des expériences faites dans le laboratoire de FLECHSIG ; mais la majorité des fibres ventrales et ventro-latérales qui sortaient du thalamus se rendaient au globus pallidus du même côté. (Il y a déjà plusieurs années que j'ai montré cette connexion directe avec le globus pallidus des fibres du ruban venues des cordons postérieurs, sans passer par le thalamus). Pourtant, d'après TSCHERMAK, un petit nombre seulement de ces fibres se ramifiait dans le globus ; la majorité passait par les lames médullaires interne et externe et par la couche blanche comprise entre le putamen et le claustrum pour aller dans la couronne rayonnante. Une autre partie des fibres directes sortait de la couche optique par la couche grillagée, passait par la capsule interne, pour se rendre, le long de la face dorsale du noyau lenticulaire, à la couronne rayonnante.

La question de la présence dans l'hémisphère de fibres allant directement à l'écorce ne peut être derechef discutée ici : dans la manière de voir de TSCHERMAK, leur existence

<hr>

(1) *Neurol. Centralbl.*, 1898.

repose sur ce postulat que la dégénération de la myéline, dans un système qui est le siège d'une lésion, se cantonne exclusivement à l'un des segments de ce système sans se propager du domaine d'un neurone à celui du neurone suivant. D'après cet auteur, le territoire d'irradiation cérébrale des fibres des cordons postérieurs se limite au gyrus coronalis et à certains territoires voisins ; portion antérieure du gyrus ecto-sylvien et tiers antérieur du gyrus supra-splénial (circonvolution que forme la partie postérieure du bord supéro-interne de l'hémisphère). Ce territoire correspondrait à la Pariétale ascendante de l'homme.

Ces conclusions concordent parfaitement avec celles qui furent tirées du cas célèbre de Flechsig et Hoesel, de même qu'avec celles qui furent admises par Monakow au sujet de l'atrophie du noyau latéral du thalamus. Tschermak partage l'opininion de Meynert d'après laquelle le sillon coronal du chat — et non pas, ainsi que l'admettent la plupart des auteurs, le sillon crucial, — situé un peu en avant et en dedans, serait l'homologue de la scissure de Rolando des primates ; suivant cette conception, le champ de dégénération noté dans les expériences de Tschermak correspondrait aux circonvolutions pariétales qui, chez les mammifères supérieurs, sont limitées en avant par la Pariétale ascendante.

Voie temporo-occipito=protubérantielle. — Nous avons déjà parlé de cette voie de conduction à propos du tronc cérébral (V. IIIe partie, chap. IV, p. 392), puis en décrivant la disposition des fibres de la capsule interne. On la désigne encore sous les termes de *faisceau ovale* ou de *faisceau de Türck*. Elle occupe le cinquième externe du pied du pédoncule et tire son origine des régions postérieures de l'écorce et plus particulièrement du lobe temporal ; c'est surtout en effet consécutivement aux lésions de ce lobe que j'en observai la dégénération. Cette origine fut maintes fois confirmée dans la suite, et récemment encore par les observations de Kam. Ferrier et Turner, la virent aussi dégénérer consécutivement à des lésions expérimentales de la Ire Temporale. Je ne puis rappeler ici les nombreux cas confirmatifs publiés depuis mon premier mémoire sur ce sujet par Rossolymo, Winkler, Jelgersma, Sioli, Fryliusk, Timmer, Zacher, Déjerine, Monakow, Brero, Kreuser. Ce dernier, entre autres, s'est prononcé, après Flechsig et moi, pour l'*origine occipito-temporale* ; d'autres auteurs attribuent au faisceau de Türck une provenance exclusivement temporale : telle est l'opinion de Kam, Déjerine et Monakow ; d'autres encore, Winkler, Jelgersma, Brero, lui rattachent au lobe pariétal ; enfin, Sioli, Rossolymo et Fryliusk, lui attribuent une origine pariéto-temporale. Ces divergences appelaient un travail d'ensemble : sur mes conseils, le Dr Herwer reprit la question et examina au Marchi les dégénérations consécutives à de nombreuses lésions expérimentales créées, chez le chien, au niveau de l'écorce. La lésion des lobes frontal ou pariétal n'entraînait pas trace de dégénération dans le faisceau ovale ; les lésions du lobe occipital étaient accompagnées d'un très léger degré de dégénération ; celle-ci, par contre, était des plus nettes consécutivement aux lésions du lobe temporal ; c'est donc bien ce dernier qui est l'origine principale du faisceau en question, le lobe occipital ne jouant à cet égard qu'un rôle tout à fait accessoire.

Telle n'est pas cependant l'opinion de tous les auteurs : Déjerine (1), par exemple, attribue au faisceau de Türck une origine corticale beaucoup plus localisée et la restreint à la région moyenne du lobe temporal, en particulier à T^2 et T^3, circonvolutions qui appartiennent au centre d'association postérieur de Flechsig. Qu'il nous suffise de constater cette divergence au sujet de l'origine occipitale de quelques fibres de ce système, sans chercher à l'expliquer par la technique employée ou par l'espèce animale considérée.

Quant à la *terminaison protubérantielle* du faisceau de Türck, tous les travaux qui viennent d'être cités ne firent que confirmer ma première opinion sur les rapports qu'il contracte avec les cellules de la portion dorsale de la base de la protubérance ; les recherches du Dr Herwer, dont nous avons déjà parlé, démontrèrent que les fibres dégénérées peuvent être décelées, au Marchi, jusque dans la région pontique supérieure ; la dégénérescence atteignait en outre une partie des fibres transversales de la protubérance. On peut en conclure que le faisceau de Türck est destiné, de même que le faisceau qui occupe la portion interne du pied du pédoncule, à unir au cervelet l'écorce cérébrale, par l'intermédiaire des ganglions du pont.

Voies cortico-tegmentaires. — Les fibres de la calotte se placent dans la portion la plus reculée du bras postérieur de la capsule interne ; elles y continuent au delà du noyau rouge la voie représentée par le pédoncule cérébelleux supérieur (*fig. 224, h*, p. 371). Il est probable qu'elles s'élèvent jusqu'aux circonvolutions pariétales et peut-être aussi aux régions motrices de l'écorce ; les anciens foyers localisés à ces territoires sont en effet toujours accompagnés d'atrophie du noyau rouge et, souvent aussi, du pédoncule cérébelleux supérieur du côté opposé (2). D'autre part, les lésions pathologiques ou expérimentales de l'écorce cérébrale produisent souvent, chez l'homme comme chez les animaux, des mouvements forcés de manège, analogues à ceux qu'on observe dans les cas de lésion du pédoncule cérébelleux supérieur (Bechterew).

Commissure postérieure. — L'origine des fibres dorsales de la commissure cérébrale postérieure est encore loin d'être connue : un grand nombre de faits tendent à la placer dans les régions disto-latérales de l'hémisphère ; cette commissure ne dégénère jamais, en effet, consécutivement aux lésions des territoires corticaux antérieurs et moyens ; je l'ai par contre, à plusieurs reprises, vue dégénérer, chez le chien, après lésion des régions situées au-dessous de la fosse de Sylvius (lobe temporal, au niveau du centre auditif)

(1) *Presse Médicale*, 1897.
(2) Telles furent ainsi les lésions observées dans un cas publié par Flechsig et Hœsel (*Neurol. Centralbl.*, 1890).

ou au-dessus, particulièrement dans les cas de lésion de la région frontale postérieure : les fibres dégénérées traversent le territoire du corps genouillé externe en compagnie des voies optiques, puis se dirigent en dedans à travers la partie postérieure du thalamus : elles pénètrent dans les quadrijumeaux anté-

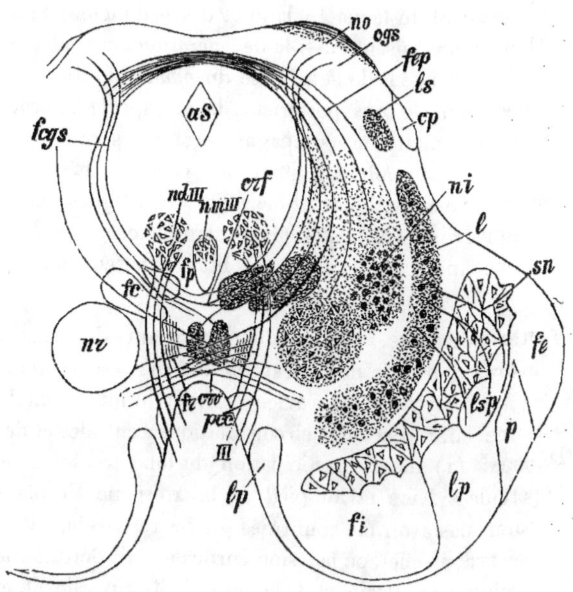

Fig. 344. — LA COMMISSURE POSTÉRIEURE ET LA VOIE FRONTO-PONTIQUE AU NIVEAU DES QUADRIJUMEAUX ANTÉRIEURS.

as, Aqueduc de Sylvius.
cgs, Quadrijumeau antérieur.
cp, Corps parabigéminé.
crf, Entre-croisement « en forme de fontaine ».
cro, Entre-croisement ventral de la calotte.
fc, Voie centrale de la calotte.
fcgs, Fibres de la substance blanche profonde du quadrijumeau antérieur, passant par l'entrecroisement en fontaine.
fe, Faisceau externe du pied du pédoncule.
fep, Fibres de la commissure postérieure.
fi, Faisceau interne du pied du pédoncule ou voie fronto-pontique.
fp, Bandelette longitudinale postérieure.

fr, Faisceau rétroflexe de Meynert.
l, Couche du ruban.
lp, Voie accessoire du ruban.
ls, Fibres allant du quadrijumeau postérieur à la couche optique.
lsp, Faisceaux disséminés du ruban pénétrant dans le pédoncule.
ni, Noyau innominé.
no, Bandelette optique.
nr, Noyau rouge.
p, Voie pyramidale.
pcc, Pédoncule du corps mamillaire.
sn, Substance noire.
III, ndIII, nmIII, Racines, noyau dorsal ou principal et noyau médian du moteur oculaire commun.

rieurs dont elles forment la substance blanche moyenne, se croisent au-dessus de l'aqueduc de Sylvius (*fig. 344*) ; finalement elles font partie de la substance blanche quadrijumelle moyenne et profonde et passent dans la bandelette longitudinale postérieure et dans la formation réticulée (V. plus haut).

On ne peut pas affirmer actuellement que les lésions du lobe occipital entraînent la dégénération de la commissure postérieure. On peut admettre que la portion dorsale de cette dernière contient les voies centrales des nerfs moteurs oculaires. Quant aux fibres de sa portion ventrale, elles dégénèrent consécutivement aux lésions de la circonvolution du corps calleux : elles sont d'ailleurs le prolongement du tænia thalami et des pédoncules de la pinéale dont les mêmes lésions produisent aussi la dégénération descendante.

Les fibres qui proviennent de lá s. grise du *quadrijumeau antérieur* se placent tout d'abord dans le bras postérieur de la capsule interne puis se rendent à l'écorce occipitale en compagnie des fibres qui viennent du corps genouillé externe et du pulvinar. Quant aux particularités que présente le trajet ultérieur des voies optiques et des voies acoustiques centrales qui naissent dans le quadrijumeau postérieur et dans le c. genouillé interne, nous les étudierons après avoir décrit le bras antérieur de la capsule interne.

Voie fronto-pontique. — Le plus important des faisceaux qui passent dans le *bras antérieur* de la capsule interne est la voie *fronto-protubérantielle* (*fig. 344, fi*). Elle provient surtout du lobe frontal et peut-être aussi, pour une faible part, des circonvolutions centrales et de l'insula (Zacher) ; Déjerine (1) nie la participation du lobe frontal et en limite l'origine à l'operculé sylvien et au pied de la troisième Frontale : cette opinion ne me paraît pas avoir été confirmée par les recherches ultérieures : dans un cas de Spiller, en effet, où la lésion corticale avait détruit une grande partie des circonvolutions centrales et de la première Temporale, et, en outre, tout l'opercule, le segment interne du pied pédonculaire était demeuré complètement intact : il est donc évident que l'origine corticale du faisceau en question doit être localisée dans un territoire plus antérieur.

En descendant, ce faisceau s'augmente des fibres de projection descendantes du noyau caudé : on l'a souvent vu dégénérer chez l'homme, non seulement après les lésions de l'écorce, mais encore après celles des ganglions de la base ou de la capsule interne. Chez les animaux (lapin, chien) Saukowski (de mon laboratoire) en produisit la dégénération par la destruction du lobe frontal (*fig. 345, ci ; fig. 346, fp*). Ferrier et Turner le virent dégénérer, chez le singe, après lésion des portions antérieures et postérieures du même lobe.

Les fibres qui occupent le segment interne du pied pédonculaire ne dépassent jamais, du côté distal, le niveau des ganglions du pont. D'après les expériences faites par Trapeznikoff sous ma direction, elles restent

(1) *Presse Médicale*, 1897, n° 16.

localisées en majeure partie dans la moitié correspondante de la protubérance; un petit nombre seulement s'entre-croise pour se rendre dans la
région ventrale de l'autre moitié du pont (*fig. 347, fpo*).

Le lieu d'origine des fibres qui se rendent à la *substance noire*
(*fig. 344, sn*) est encore en général mal connu, mais on peut le situer,
suivant toute vraisemblance, dans les régions antérieures de l'hémisphère.
J'en ai observé la dégénération dans les cas de destruction pathologique
étendue du lobe frontal et fréquemment aussi après les lésions en foyer du

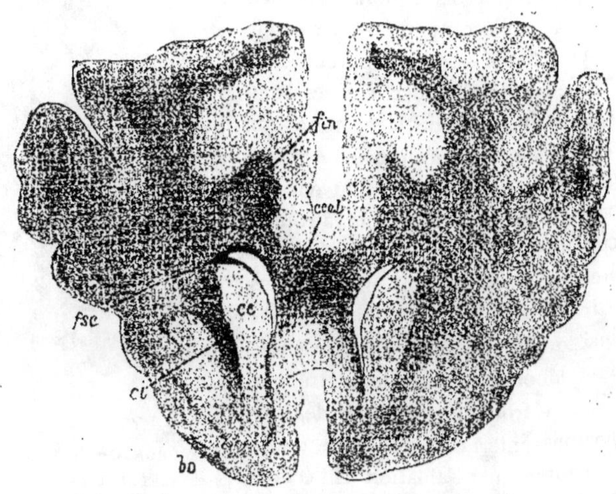

Fig. 345. — LA VOIE FRONTO-PROTUBÉRANTIELLE.

(Coupe frontale du cerveau d'un chien chez qui le lobe frontal avait été détruit.)
(Préparation de SHUKOWSKI. Méthode de Marchi.)
bo, Bulbe olfactif.
cc, Noyau caudé.
ccal, Corps calleux contenant quelques fibres dégénérées.
ci, Capsule interne, complètement dégénérée.
fsc, Faisceau sous-calleux.

bras antérieur de la capsule interne et des ganglions de la base; consécutivement à d'anciens foyers du bras antérieur, on a même noté quelquefois,
outre cette dégénération, l'atrophie des cellules de la substance noire.
L'atrophie unilatérale du cerveau entraîne également celle de la substance
noire et du c. de Luys (JELGERSMA); ces deux lésions secondaires peuvent
encore être produites expérimentalement par l'ablation de l'écorce (MONAKOW
et autres). Chez le lapin, la destruction du lobe frontal produit, entre
autres, la dégénération (méthode de Marchi) des fibres du stratum inter-

medium et de la s. noire (SHUKOWSKI) : celle-ci serait donc unie, par des fibres qui lui arrivent en passant par le bras antérieur de la capsule, aux régions antérieures du cerveau, et en particulier, d'après MONAKOW, à la troisième Frontale, aux circonvolutions antérieures de l'insula et à la partie antérieure de l'opercule. La dégénération et l'atrophie de la s. noire ont été décrites jusqu'à présent par WITKOWSKI, ROSSOLYMO, DÉJERINE, MONAKOW, MINGAZZINI, et moi-même. D'après JUERMANN (de mon laboratoire), on observe chez le chien la dégénération des fibres de la s. noire, après lésion des régions frontales postéro-latérales et de l'écorce supra-sylvienne. Quand la lésion corticale est plus rapprochée de l'extrémité antérieure de l'hémisphère, ce sont les fibres les plus internes de la s. noire qui dégénèrent ; quand elle est située plus en arrière, ce sont les fibres les plus externes. Souvent les lésions corticales n'entraînent qu'une atrophie limitée du locus niger, ce qui conduit à admettre que ses différentes portions sont unies à des territoires corticaux définis.

C'est ainsi que de nouvelles expériences faites dans mon laboratoire ont démontré que l'excision de l'écorce frontale entraîne la dégénération des portions interne et moyenne de la substance de Soemmering ; l'ablation de l'écorce frontale et de la partie antérieure du gyrus sigmoïde fait dégénérer sa moitié interne ; celle de l'écorce temporale et du territoire des centres de la déglutition, fait dégénérer sa moitié externe. L'ablation du lobe occipital n'est suivie d'aucune lésion secondaire dans le territoire de la substance noire.

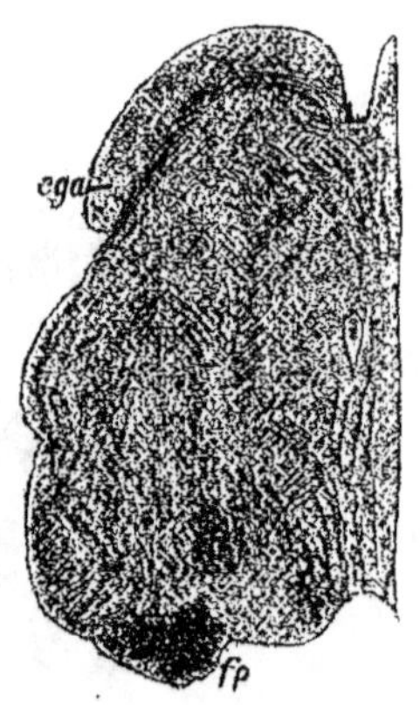

Fig. 346. — LA VOIE FRONTO-PROTUBÉRANTIELLE DANS SA PORTION DISTALE.

(Coupe du tronc cérébral d'un lapin chez qui le lobe frontal avait été enlevé. La coupe passe par le quadrijumeau antérieur, cga.)

fp, Voie fronto-pontique, dégénérée.

(Préparation de SHUKOWSKI. Méthode de Marchi.)

J'ai enfin appelé l'attention sur certaines connexions qui unissent cette dernière au noyau caudé, et KAM a, plus récemment, repris cette observation. D'après MINGAZZINI il n'y a souvent aucune concordance topographique entre le territoire atrophié de la s. noire et le champ dégénéré du pied pédonculaire.

Écorce et Réticulée. — Suivant toute apparence, il existe des voies d'union directe étendues de l'écorce aux noyaux de la formation réticulée, mais leur

(1) *Arch. f. Psych.*, 1885.

existence n'a pas encore été l'objet d'une démonstration suffisante, quoique
nombre de faits parlent en sa faveur ; c'est ainsi que les lésions corticales
s'accompagnent régulièrement d'atrophie de la Réticulée. Les recherches
faites dans mon laboratoire au moyen de la méthode de Marchi ne laissent
absolument aucun doute à cet égard : consécutivement à une lésion des

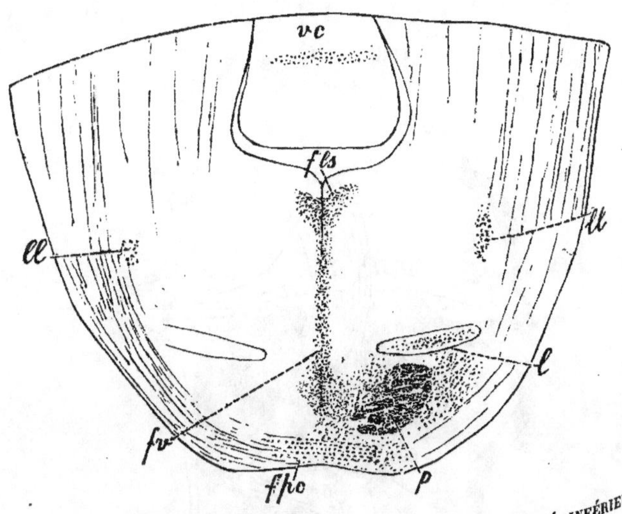

Fig. 347. — LA VOIE FRONTO-PROTUBÉRANTIELLE : EXTRÉMITÉ INFÉRIEURE.

(Dégénérations consécutives à la destruction du centre cortical de la déglutition chez
le chien. Cette coupe passe par la partie moyenne de la protubérance. Voir les figures 339
à 341, p. 566-568.)

fls, Bandelettes longitudinales postérieures, en partie dégénérées.
fpo, Entre-croisement des fibres longitudinales de la protubérance.
fo, Fibres dégénérées du raphé.
l, Ruban principal, dégénéré à droite.
ll, Ruban latéral, dégénéré surtout à droite.
p, Voie pyramidale droite dégénérée.
vc, Vermis inférieur du cervelet.

centres moteurs, SHUKOWSKI put déceler la dégénération d'un faisceau qui
passait en dedans du corps genouillé externe et pénétrait dans la formation
réticulée ; là une partie de ses fibres se rendait au noyau médian (au-dessous du quadrijumeau postérieur), après avoir traversé le raphé ; les autres
continuaient leur trajet descendant et gagnaient la région du noyau respiratoire.

ARTICLE II. — VOIES CORTICO-GANGLIONNAIRES.

GUDDEN, le premier, puis MONAKOW (1), d'autres auteurs, moi-même enfin, avons démontré que la lésion de territoires déterminés de l'écorce produit la dégénération secondaire de certains ganglions sous-corticaux et

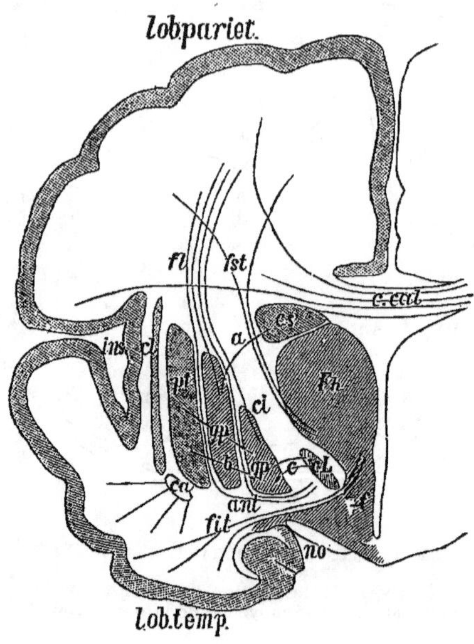

Fig. 348. — LES VOIES CORTICO-GANGLIONNAIRES.

(Vues sur une coupe frontale de l'hémisphère, passant par le tiers antérieur du ventricule moyen.)

a, Fibres allant du noyau caudé au globus pallidus.
ant, Anse du noyau lenticulaire.
b, Fibres allant du putamen au globus pallidus.
c, Fibres allant du corps de Luys au globus pallidus.
ca, Coupe de la commissure antérieure et de ses radiations temporales.
c.cal, Corps calleux.
ci, Capsule interne.
a, Corps strié (noyau caudé).

cl, Claustrum.
cL, Corps de Luys.
f, Fornix.
Fh, Couche optique.
fit, Pédoncule inférieur de la couche optique.
fl, Fibres allant du globus pallidus et des lames médullaires à l'écorce.
fst, Pédoncule moyen de la couche optique.
gp, Les deux segments du globus pallidus.
ins, Insula de Reil.
no, Nerf optique.
pt, Putamen.

des faisceaux de fibres qui leur appartiennent. Ces masses grises de la base nous représentent ainsi un ensemble de neurones dont l'activité, le déve-

(1) *Arch. f. Psych.*, vol. XXVII, fas. 1 et 2.

loppement et même l'existence dépendent de l'intégrité de certaines régions corticales. On sait, depuis MONAKOW, que quelques-uns de ces noyaux de la base, tels ceux du thalamus (sauf le noyau ventral, le pulvinar, le corps de Luys), sont en connexion directe avec l'écorce ; que d'autres, au contraire, noyau ventral du thalamus, noyau rouge de la calotte, sont sous sa dépendance indirecte ; qu'il en est enfin qui représentent à cet égard une classe intermédiaire.

Par contre, certains noyaux du tronc cérébral ne subissent aucun contre-coup des lésions de l'écorce, ce sont le noyau de l'habénula et les fibres qui en dépendent, la s. grise centrale, la formation réticulée, certains noyaux des nerfs craniens : ces masses grises ne possèdent que des relations éloignées avec l'écorce.

La description faite par MONAKOW est vraie d'une façon générale, mais elle comporte certaines restrictions en ce qui concerne les noyaux des nerfs craniens dont nous avons vu que quelques-uns sont reliés directement à l'écorce, car la méthode de Marchi peut déceler des fibres dégénérées à leur intérieur, consécutivement aux lésions corticales.

[Ces généralités étaient nécessaires pour préparer l'étude des voies de conduction qui relient respectivement l'écorce :

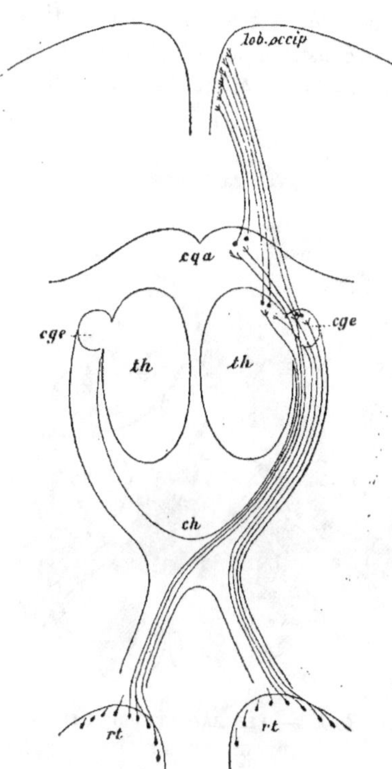

Fig. 349. — SCHÉMA DES VOIES OPTIQUES INTRA-CÉRÉBRALES.

cge, C. genouillé externe.
ch, Chiasma.
cqa, Quadrijumeaux antérieurs.
rt, Rétine.
th, Thalamus.

On distingue les radiations qui, du corps genouillé, du thalamus et du quadrijumeau, se rendent à l'écorce occipitale, mais les fibres centrifuges issues de cette dernière, ainsi que l'importance relative de ces différents faisceaux n'ont pas été figurés.

Au corps genouillé externe et au thalamus (voie optique centrale);

Au corps genouillé interne (voie acoustique centrale);

Au thalamus ;

Au noyau lenticulaire (putamen et globus pallidus).]

Radiations conjointes du c. genouillé externe et du thalamus. Voie optique centrale (*fig. 349*). — Nous avons déjà vu que les fibres qui vont du quadrijumeau antérieur au lobe occipital cheminent en compagnie de celles qui proviennent du c. genouillé externe et de la portion postérieure du thalamus. Le faisceau ainsi constitué porte la dénomination d'ensemble de *radiations optiques de Gratiolet* (*fig. 349*); il est très volumineux et facile à mettre en évidence par la méthode de Weigert-Pal (*fig. 350 à 353*); à sa sortie des centres optiques primaires, en dehors de la corne postérieure du ventricule latéral dont il est séparé par le tapetum, il se dirige vers le lobe occipital et rayonne vers l'écorce de la scissure calcarine et dans le gyrus lingual dont celle-ci forme la limite supérieure: la lésion de cette région de l'écorce produit l'atrophie des radiations optiques et souvent aussi celle de leurs noyaux d'origine; Monakow (1) et Kreuser (2) ont publié à ce sujet plusieurs cas des plus instructifs. Chez l'enfant on peut voir la terminaison de la voie optique dans le voisinage de la scissure calcarine, en particulier dans le cuneus et dans la partie postérieure du lobule lingual. Il faut remarquer cependant que le faisceau que l'on désigne ordinairement sous le terme de *radiations optiques de Gratiolet* contient aussi des fibres qui appartiennent au gyrus angulaire ou pli courbe. Chez les animaux, les trois cinquièmes de la première et de la deuxième circonvolutions occipitales sont en rapport avec le c. genouillé externe et le pulvinar (Monakow).

Dans le bras postérieur de la capsule interne, au voisinage de leurs centres primaires, les radiations paraissent nettement formées de deux

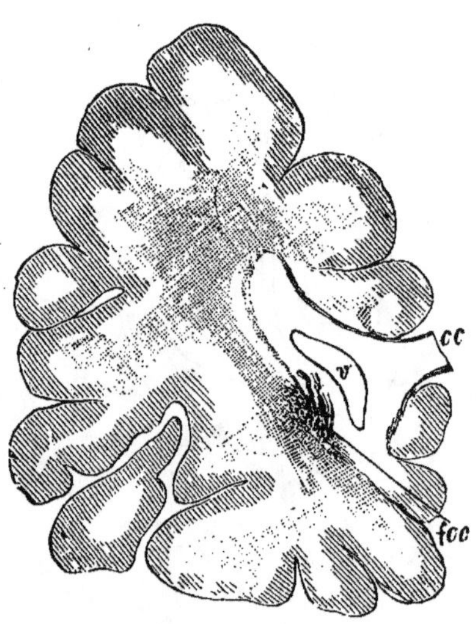

Fig. 350. — LES RADIATIONS OPTIQUES
DE GRATIOLET.

(Cette coupe, ainsi que celles des figures 351 et 352, a été pratiquée dans le lobe occipital d'un enfant âgé d'un mois.)
cc, Corps calleux.
foc, Radiations optiques.
v, Corne occipitale du ventricule latéral.

(1) *Arch. f. Psych.*, 1889, vol. XXI.
(2) *Allgemeine Zeitsch. f. Psych.*, vol. XLVIII.

parties : l'une, qui correspond au *corps genouillé externe* et au champ de substance blanche qui lui est adjacent en dehors, va au cuneus et peut-être aussi au lobule lingual (EDINGER) ; à côté de celle-ci chemine, sous forme d'un faisceau bien différencié, la voie qui va du *pulvinar* à ces deux circonvolutions occipitales.

Après énucléation d'un œil, ainsi qu'après ablation de ses centres optiques primaires, chez l'homme du moins, on ne trouve d'atrophie de l'écorce que dans le territoire de la scissure calcarine de chaque hémisphère. LEONOWA (1) constata, il y a quelque temps, dans les cas d'absence congénitale ou d'atrophie du bulbe oculaire, une atrophie très nette des cellules corticales : la quatrième couche, avec ses éléments disséminés tranchant sur fond clair, avait disparu sans laisser aucune trace : l'auteur en conclut — avec beaucoup d'autres — que l'écorce occipitale, en particulier celle de la scissure calcarine, et surtout la quatrième couche, représente le centre véritable de la vision.

On distingue actuellement deux voies différentes dans les radiations optiques :

1° Celles qui ont leur origine dans les centres optiques primaires et de là se dirigent vers l'écorce ;

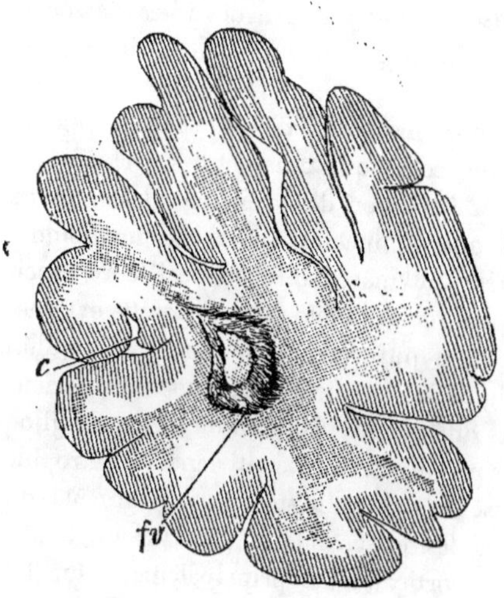

Fig. 351. — LES RADIATIONS OPTIQUES.

(Voir la légende de la figure précédente. La coupe ici représentée est plus voisine de l'extrémité postérieure de l'hémisphère.)

c, Scissure calcarine.
fu, Radiations optiques.

2° Celles qui, nées dans l'écorce, aboutissent aux centres primaires.

Cette manière de voir est principalement basée sur l'expérimentation. EDINGER (2), FERRIER et TURNER (3) ont étudié, chez le singe, les dégénérations consécutives à l'ablation de différents territoires corticaux : la

(1) O.-V. LEONOWA : « Contrib. à l'étude des dég. secondaires des centres et voies optiques dans les cas d'anophtalmie congénitale et d'atrophie du globe chez les enfants nouveau-nés », *Arch. f. Psych.*, vol. XXVIII, 1896 ; *Neurol. Centralbl.*, vol. XV, 1896 et *Revue neurologique*, 1897, p. 356.

(2) « *Leçons sur la structure du système nerveux central* », Leipzig, 1896.

(3) *Philosophic. Transac.*, 1898, vol. CXC.

destruction des centres optiques avait naturellement sa répercussion au niveau des radiations de Gratiolet, lesquelles se composent en effet, d'après les résultats ainsi obtenus :

1° De fibres centrifuges allant au thalamus du même côté et au quadrijumeau antérieur de chaque côté (MONAKOW) ;

2° De fibres centripètes allant du thalamus au gyrus angulaire et au lobe occipital : circonvolutions de sa face externe, cuneus et lèvres de la Calcarine. D'après FERRIER et TURNER, le gyrus angulaire enverrait des fibres descendantes aux ganglions de la base et serait relié par des voies d'association aux circonvolutions pariétales inférieure et supérieure, ainsi qu'au lobe occipital.

Les connexions qui existent entre le lobe occipital et les centres optiques primaires ne sont pas les mêmes que celles qui unissent ces derniers aux nerfs optiques. Ainsi, tandis qu'après l'ablation d'un œil, chez les animaux jeunes, l'atrophie porte surtout sur le quadrijumeau antérieur et, à un moindre degré, sur le c. genouillé latéral et le pulvinar, l'ablation de l'écorce occipitale produit, par contre, une atrophie remarquable du c. genouillé externe, surtout de son segment antérieur et du pulvinar, tandis qu'elle n'a qu'un retentissement pour ainsi dire insignifiant sur le quadrijumeau antérieur (MONAKOW). Bien plus, l'atrophie des différentes portions d'un même ganglion n'est pas régie par les mêmes lésions primitives : consécutivement à l'atrophie du globe de l'œil, chez le lapin, c'est surtout sur la substance gélatineuse du corps genouillé interne que porte la lésion secondaire (MONAKOW), tandis qu'après ablation du centre optique cortical, c'est principalement sur les cellules nerveuses ; en même temps, la capsule blanche du même ganglion est remarquablement amincie : ses éléments restés intacts correspondent apparemment aux fibres du nerf optique. Le pulvinar se comporte d'une façon tout à fait analogue. Quant au quadrijumeau antérieur, les lésions les plus importantes sont celles de sa couche blanche moyenne : celle-ci, de même que le bras conjonctif antérieur des quadrijumeaux (faisceau hémisphérique du tractus optique), présente un degré remarquable d'atrophie. S'appuyant sur les résultats qu'il a ainsi obtenus, MONAKOW conclut que, chez le lapin, parmi les centres optiques primaires, le quadrijumeau antérieur est en rapport avec le nerf optique ; le pulvinar et le c. genouillé externe, avec l'écorce occipitale.

Ces deux systèmes de conduction seraient en outre unis directement l'un à l'autre ; la sphère visuelle ne serait, par contre, en connexion avec la rétine que d'une façon médiate.

Chez le chat et le chien, MONAKOW obtint des résultats qui concordent en général avec les précédents ; cependant, il existe chez ces animaux, entre le nerf et les centres primaires, des rapports un peu différents; le premier est en effet uni au c. genouillé externe et au pulvinar par des connexions plus étendues, tandis que le quadrijumeau, qui chez le lapin est d'une si grande importance fonctionnelle, nous offre ici, en tant que centre optique, un état avancé de régression.

Chez l'homme, les fibres venues des éléments du c. genouillé externe se dirigent en arrière et forment la *voie optique occipitale* (HENSCHEN), cordon épais de 5 millimètres environ qui se dirige vers la scissure calcarine au niveau de la première et de la deuxième Occipitales, et dans lequel il est probable que les éléments du faisceau direct et du faisceau croisé du nerf optique sont mêlés entre eux ; pourtant, les fibres qui correspondent à la moitié supérieure de la rétine se placent au-dessus des autres, comme elles le font dans le segment antérieur du nerf optique. Dans le territoire du lobe occipital, toutes les fibres rayonnent en décrivant un trajet curviligne vers le fond de la Calcarine, centre optique par excellence ; la lèvre supérieure de la scissure correspond à la moitié supérieure, la lèvre inférieure à la moitié inférieure de la rétine. En outre, à la tache jaune correspond la portion antérieure, au territoire périphé-

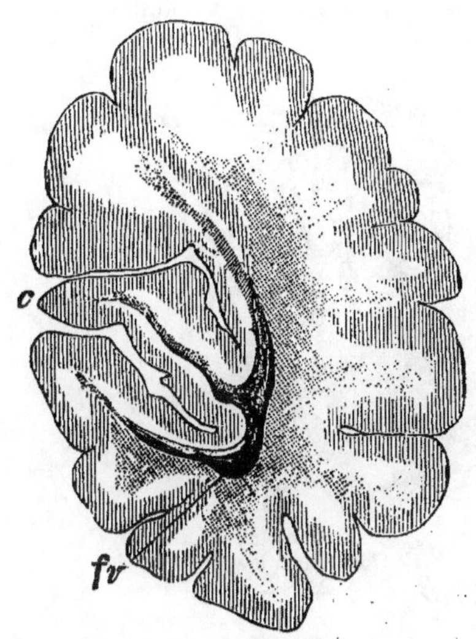

Fig. 352. — LES RADIATIONS OPTIQUES.

(Voir les deux figures précédentes.)
c, Scissure calcarine.
fv, Radiations optiques (faisceau visuel) tranchant nettement par leur myélinisation avancée sur le territoire avoisinant.

rique de la rétine, la portion occipitale de la même scissure. La région de la macula est du reste souvent innervée par les deux hémisphères. Il n'existe pas dans l'écorce de territoire distinct correspondant spécialement à la portion croisée ou directe du faisceau optique ; ces deux portions sont placées à proximité l'une de l'autre, tandis que dans le tractus elles sont séparées. Une observation clinique très intéressante, que l'on doit à HENSCHEN (1), montre que dans le corps genouillé externe les fibres optiques affectent une disposition absolument semblable à celle que l'on peut

(1) *Neurol. Centrabl.*, 1898, n° 5.

observer dans les portions antérieure et postérieure de la voie optique; la destruction de ce ganglion avait en effet obscurci la portion inférieure du champ visuel, c'est-à-dire qu'il y avait abolition de la fonction des portions supérieures de chaque rétine.

Unis d'une part à la rétine, le pulvinar et le quadrijumeau le sont, d'autre part, au centre cortical de la vision (1). Le faisceau qui va du thalamus à l'écorce occipitale, quoique voisin de celui du c. genouillé externe, en est complètement distinct. Les fibres qui passent à travers le c. genouillé externe servent seules directement à la vision (HENSCHEN); les autres voies

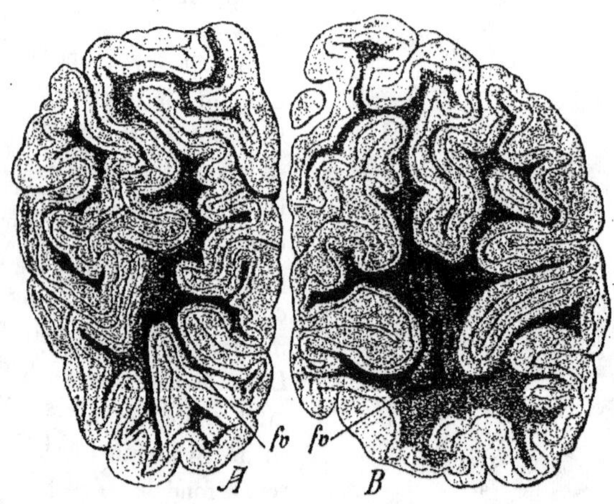

Fig. 353. — COUPE FRONTALE DU LOBE OCCIPITAL D'UN ENFANT
DE 4 MOIS 1/2.

(Voir les figures 333 à 335, p. 557.)
fo, Radiations optiques.

de conduction servent très vraisemblablement, chez l'homme, à la transmission des réflexes optiques; cela n'est pourtant pas absolument démontré, du moins au sujet du quadrijumeau des animaux inférieurs. Mais, chez le chien, du moins, mes expériences ne permettent aucun doute à cet égard et ont démontré que le quadrijumeau antérieur doit être considéré comme un centre optique, au même titre que le corps bigéminé des oiseaux. Sa destruction produit en effet des troubles de la vision tout à fait analogues à ceux qu'entraînent les lésions du c. genouillé externe.

D'après les recherches poursuivies par VIALET (2) sur cinq cas d'hémia-

(1) E. HENSCHEN, *Neurol. Centralbl.*, 1893, p. 818.
(2) Thèse de Paris, 1893.

nopsie, l'origine de la voie optique occipitale se trouve dans le cuneus et le gyrus fusiforme. Les fibres qui naissent dans la portion supérieure du cuneus cheminent sur la paroi supérieure de la corne postérieure du ventri-

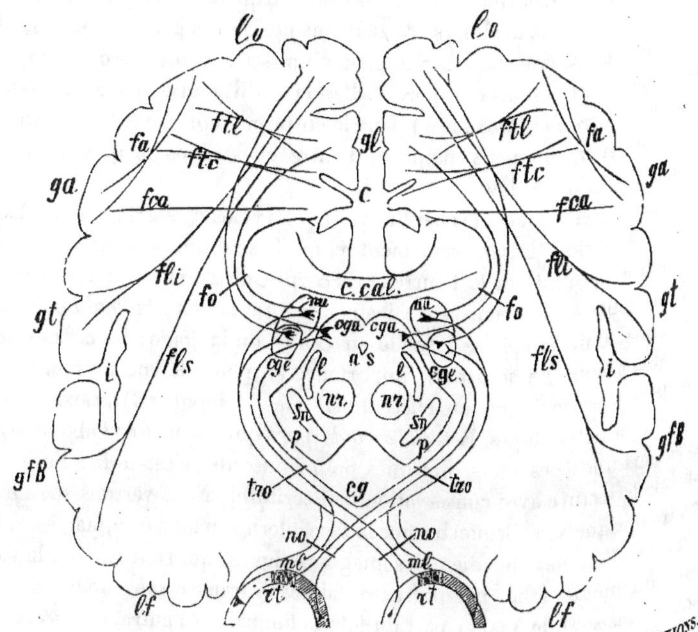

Fig. 354. — SCHÉMA GÉNÉRAL DES VOIES OPTIQUES ET DE LEURS CONNEXIONS.

as, Aqueduc de Sylvius.
c.cal, Corps calleux.
cg, Commissure de Gudden.
cga, Quadrijumeau antérieur.
cge, Corps genouillé externe.
fa, Faisceau reliant le centre visuel au centre des images visuelles verbales.
fca, Faisceau reliant le centre des sensations optiques au centre des images visuelles verbales.
fli, Faisceau longitudinal inférieur reliant le centre visuel à la sphère auditive et en particulier au centre des images auditives des mots.
fls, Faisceau longitudinal supérieur reliant les centres de la vision et de la parole.
fo, Radiations optiques de Gratiolet.

ftc, ftl, Faisceaux de Sachs et de Vialet allant des centres de perception de la lumière (gyrus lingual et cuneus) aux centres des souvenirs optiques situés sur la face externe du lobe occipital.
ga, Gyrus anguiaire.
gfB (3e Frontale), centre de Broca.
gl, Gyrus lingual.
gt (1re Temporale), centre de l'audition.
i, Insula de Reil.
l, Ruban de Reil.
lf, Lobe frontal.
lo, Lobe occipital.
ml, Tache jaune.
no, Nerf optique.
nr, Noyau rouge.
p, Pédoncule cérébral.
pu, Pulvinar.
rt, Rétine,
tro, Tractus optique.

cule latéral, au côté dorsal du forceps major ; celles qui naissent de la portion inférieure se joignent à celles qui viennent de la région calcarinienne du lobule lingual, puis, en décrivant un trajet en spirale le long de la paroi inférieure de la corne du ventricule, gagnent sa paroi externe (*fig. 351, fv,* p. 584); en ce point arrivent aussi des fibres venant de la portion médiale du lobule fusiforme. Toutes ces voies auxquelles se joignent des fibres d'association sous-corticales, s'écartent ensuite de ces dernières et, sous le tapetum qui les sépare du ventricule, se réunissent en un faisceau compact pour former les radiations optiques. Celles-ci se dirigent d'arrière en avant; leur origine se trouve (MONAKOW) dans le corps genouillé externe et dans le pulvinar et, pour un petit nombre d'entre elles, dans le quadrijumeau antérieur (*fig. 352,* p. 586).

Nous étudierons dans le chapitre suivant les voies d'association des deux centres de la vision. Disons seulement ici qu'ils sont unis l'un à l'autre par des fibres qui passent par le bourrelet du corps calleux, et sont reliés d'autre part à différents autres centres corticaux ; le *faisceau longitudinal inférieur,* par exemple, unit la sphère visuelle au centre du langage ; les connexions ainsi établies sont d'une grande importance au point de vue clinique ; leur destruction s'accompagne en effet, ainsi que l'a montré DÉJERINE, d'un symptôme caractéristique, la *cécité verbale [pure* qui consiste en l'abolition de la reconnaissance des mots imprimés ou manuscrits, c'est-à-dire l'impos-sibilité de la lecture avec conservation de l'écriture]. Nous verrons aussi que le centre optique vrai, lequel occupe la face interne du lobe occipital, est relié aux centres d'emmagasinement des images optiques, qui sont situés à la face externe du même lobe, par plusieurs faisceaux transversaux dont l'un, le *faisceau transverse* de VIALET part du lobule lingual, et l'autre, le faisceau de SACHS, part du cuneus, pour aller au centre des souvenirs optiques (*fig. 354, ftc, ftl*).

Les recherches que j'ai faites sur des cerveaux de nouveau-nés ou d'enfants du premier âge m'ont amené à des résultats voisins, mais un peu différents, de ceux d'HENSCHEN et de VIALET. D'après mes propres obser-vations, les radiations optiques cheminent d'abord en dehors de la corne occipitale du ventricule (*fig. 350,* p. 583) vers l'écorce cérébrale, puis passent sur les parois dorsale et ventrale de la même corne (*fig. 351*) et se dispersent au niveau de la scissure calcarine, aussi bien dans la lèvre supérieure que dans la lèvre inférieure, et dans la portion postérieure adjacente du lobule lingual (*fig. 352,* p. 586). La concordance des résultats ainsi obtenus par des méthodes différentes au sujet de la voie optique centrale est la meilleure preuve que l'on puisse offrir de leur valeur.

Nous ne pouvons ici passer sous silence une *voie optique réflexe* qui a été dernièrement décrite, quoique jusqu'à présent elle ne l'ait été que chez les oiseaux. Nous avons vu que PERLIA put mettre en évidence chez ces animaux, par l'énucléation du globe de l'œil, un faisceau particulier qui allait de la bandelette au bulbe dans lequel il se mettait en relations avec les cellules du *ganglion de l'isthme* d'EDINGER, en dedans du trochléaire. Ce faisceau fut aussi décrit par BELLONCI (1), par SINGER et MUENZER et, plus récemment, par A. WOLLENBERG (2).

Selon les résultats obtenus par cet auteur, ce faisceau « médial » paraît, d'après sa dégénération consécutive aux lésions du ganglion de l'isthme, suivre un trajet descendant. Il traverse le chiasma, pénètre avec les autres fibres optiques dans la rétine, au niveau de la couche ganglionnaire de laquelle il se termine. Quelques-unes de ses fibres traversent la couche moléculaire interne et vont jusqu'à la couche des grains; WOLLENBERG aurait vu certaines cellules de la rétine entourées par les terminaisons de ces fibres et prendre ainsi l'aspect d'une roue dentée.

Le territoire rétinien dépendant de ce faisceau « médial » est situé, chez les oiseaux, en dehors de la papille et s'étend jusqu'au voisinage immédiat de la *fovea lateralis*. Ce faisceau n'a pas été décrit chez l'homme ni chez d'autres mammifères. Chez les oiseaux, il abandonne des rameaux aux centres optiques (lobe optique, corps genouillé thalamique, noyau à grandes cellules situé entre le *nucleus rotondus thalami* et le pôle ventral du corps genouillé dorsal). WOLLENBERG en constata encore la dégénérescence après lésion de l'écorce du lobe optique.

C'est ainsi qu'est constitué le *tractus isthmo-tectal* dont CAJAL puis GAUPP (3) avaient déjà démontré l'existence chez d'autres animaux. [Ce système est probablement assimilable à celui que décrit VAN GEHUCHTEN (4) sous le nom de faisceau optique descendant et qui va du lobe optique à la calotte en suivant la bandelette longitudinale postérieure.]

Le ganglion de l'isthme nous apparaît ainsi comme un centre réflexe qui reçoit les impressions optiques et peut-être d'autres impressions sensorielles pour les réfléchir sur la rétine. Il présiderait, suivant WOLLENBERG, à une sorte d'accommodation des éléments histologiques de cette membrane sensorielle.

Radiations du c. genouillé interne : voie acoustique centrale.

— Le corps genouillé interne reçoit des fibres qui viennent du quadrijumeau postérieur et envoie d'autre part un faisceau à l'écorce. Ce dernier semble cheminer avec les fibres qui viennent du quadrijumeau distal et peut-être directement du ruban latéral. Il se rend ainsi au lobe temporal, en particulier à la première circonvolution, territoire de l'écorce où les observations cliniques permettent de localiser chez l'homme le centre auditif. Tel est aussi, du reste, le résultat des recherches expérimentales (atrophie et dégénérations) de MONAKOW, MAYSER, ZACHER, MAHAIM. Au moyen de la méthode des dégénérations, FERRIER et TURNER ont pu suivre la branche cochléaire de l'auditif à travers le corps trapézoïde, les olives supérieures, le quadrijumeau postérieur du côté opposé et le c. genouillé interne, jusqu'à la première circonvolution temporale (*fig.* 245, *fa*, p. 410).

MONAKOW (5) pratiqua chez des lapins nouveau-nés l'ablation de la sphère auditive de MUNK ; cette opération entraîne, à la longue, l'atrophie d'un faisceau qui se rend, en décrivant un arc de cercle, de la partie postéro-inférieure de la capsule interne à l'écorce temporale, ainsi que l'atrophie très

(1) *Zeitsch. f. wiss. Zool.*, 1887, vol. XLVII.
(2) *Neurol. Centralbl.*, 1898, n° 12.
(3) « *Anatomie de la grenouille* », 2ᵉ partie : « *Système nerveux* », 2ᵉ édit., p. 47 et 50.
(4) *Système nerveux de l'homme*, 2ᵉ édit., p. 604.
(5) *Arch. f. Psych.*, 1882, vol. XII et 1891, vol. XXII.

nette, avec disparition presque complète des cellules nerveuses, du corps genouillé interne du même côté, et celle enfin de la partie postérieure de la couche grillagée et des fibres qui la continuent dans la calotte pédonculaire. Si l'on a eu soin de ne pas léser la région optique de l'écorce, le corps genouillé externe reste intact, de même, du reste, que tous les autres territoires du cerveau. La section unilatérale, pratiquée chez le lapin, du bras posté-rieur de la capsule interne produit dans le c. genouillé interne, ainsi que dans le bras conjonctival du quadrijumeau postérieur, une atrophie encore plus considérable que celle qu'entraîne l'ablation du lobe temporal : on trouve alors le quadrijumeau postérieur dans un état d'atrophie avancé.

OSERETKOWSKY observa, il y a quelque temps, après destruction du lobe temporal, une atrophie très prononcée du c. genouillé interne et du bras postérieur.

LARIONOFF a récemment pratiqué dans mon laboratoire des recherches systématiques pour éclairer la question des relations de la sphère auditive temporale avec les parties profondes ; il expérimenta sur des chiens et employa la méthode de Marchi. Ces travaux ont confirmé d'une façon générale le trajet ordinairement attribué aux voies auditives, du quadrijumeau posté-rieur et du c. genouillé interne à l'écorce temporale. Mais ils démontrèrent, en outre, que les voies auditives ne sont pas seulement en rapport avec la troisième circonvolution temporale qui, chez l'animal en expérience, correspond à la première Temporale de l'homme, mais aussi avec la quatrième et la partie postéro-inférieure de la deuxième Temporale : ces résultats correspondent à la localisation représentative que l'expérimentation a assignée chez le chien, à l'échelle des tons, au niveau de l'écorce temporale. D'après les mêmes recherches, la voie auditive suit, dans l'intérieur de l'hémisphère, le trajet que voici : à partir des circonvolutions temporales, elle se dirige, en haut, en dedans et un peu en avant, sur la paroi latérale ainsi que sur la paroi interne de la corne postérieure, vers l'extrémité postérieure du putamen du noyau lenticulaire, puis gagne aussitôt la partie postérieure de la région hypotha-lamique, d'où elle pénètre, en passant entre le tractus optique et le thalamus, dans le corps genouillé interne, dans le quadrijumeau postérieur et dans le ruban latéral. Dans quelques cas, même, l'auteur a été assez heureux pour sui-vre la dégénération le long des éléments du trapèze, jusqu'aux racines du nerf cochléaire : mais à ce niveau la lésion était beaucoup plus discrète qu'ailleurs.

Ces expériences permirent en outre la mise en évidence de faisceaux volu-mineux qui, partis des circonvolutions lésées, se dirigeaient en haut, en dedans et un peu en avant, le long du bord supérieur du putamen et à travers la capsule interne, jusqu'à la partie postérieure de la couche optique ; ils péné-traient également dans le territoire de la commissure postérieure, dans la bandelette longitudinale postérieure, jusqu'au voisinage des noyaux de Deiters et de Bechterew, et dans le pédoncule cérébelleux supérieur.

D'après les recherches embryologiques faites par FLECHSIG (1) sur le cerveau du fœtus et de l'enfant, les fibres du bras postérieur qui sont dans la continuation de la branche cochléaire se perdent en partie dans le corps genouillé interne, les autres passent au-devant de lui et se joignent dans leur trajet ultérieur aux fibres qui en proviennent ; puis elles montent ensemble, derrière la couche optique, à la capsule interne qu'elles traversent en se divisant en deux faisceaux : l'un chemine dans le voisinage de la capsule externe et s'appproche de l'écorce auditive, en allant d'arrière en avant et de haut en bas ; l'autre accomplit un certain trajet en compagnie des voies optiques, le long de la paroi externe de la corne ventriculaire postérieure, s'incurve de bas en haut et d'arrière en avant autour de la scissure de Sylvius et s'élève dans le lobe temporal, le long des deuxième et troisième circonvolutions, jusqu'à la circonvolution transverse de HESCHL. FLECHSIG considère comme étant le principal lieu de terminaison de la branche cochléaire, les portions de la première Temporale qui sont cachées dans la fosse de Sylvius et qui, sous le nom de circonvolutions temporales transverses antérieure et postérieure, forment la partie postérieure de l'Insula de Reil (2).

Outre la dégénération de la voie protubérantielle temporo-occipitale, les lésions du lobe temporal produisent régulièrement l'atrophie secondaire du c. genouillé interne. Dans certains cas on peut suivre dans toute son étendue un faisceau dégénéré allant de la Temporale supérieure jusqu'au c. genouillé, lequel se montre atrophié. Quelquefois la dégénération et l'atrophie s'étendent au quadrijumeau et au bras postérieurs (3). MŒLI publia récemment un cas de récente lésion en foyer du lobe temporal : outre les modifications produites secondairement dans le thalamus et la couche grillagée et outre une légère diminution du nombre des fibres dans le noyau rouge de la calotte, il observa l'atrophie du c. genouillé interne et des fibres qui proviennent du quadrijumeau postérieur. Le trapèze parut également être atrophié. Par contre, on ne pouvait saisir aucune différence entre les deux noyaux de la VIIIᵉ paire. D'après cela, le quadrijumeau postérieur serait uni au lobe temporal non seulement par l'intermédiaire du bras conjonctif postérieur, mais encore par des fibres directes (*fig. 245, fa*, p. 410).

Chez le chien, l'ablation du centre auditif de l'écorce temporale

(1) *Gehirn und Seele* (*Cerveau et activité psychique*), Leipzig, 1896.

(2) Au cours de recherches plus récentes, FLECHSIG put suivre sur tout son trajet la voie auditive corticale : ses fibres proviennent de la portion postérieure du corps genouillé interne, traversent la partie postérieure de la capsule, puis passent à travers le putamen et atteignent enfin la circonvolution transverse antérieure.

(3) Voyez surtout les observations de MONAKOW (*Corresp. Bl. f. schweiz. Aerzte*, XX, 1890 et *Arch. f. Psych.*, XXI, 1889), de MAHAIM et de ZACHER (*Arch. f. Psych.*, XXII, 1891).

produit également, ainsi que l'ont montré des recherches faites au Marchi dans mon laboratoire, la dégénération de quelques fibres dans le corps genouillé interne, dans le bras postérieur, le quadrijumeau postérieur, le ruban latéral et les noyaux acoustiques des deux côtés ; la dégénération paraît s'étendre également à chacun de ces derniers : on peut conclure que le nombre des fibres non croisées de la voie auditive centrale est assez considérable.

Les rapports du *nerf vestibulaire* et de la sphère auditive sont actuellement mal connus. Il faut chercher la continuation de cette branche de la VIII° paire dans le pédoncule cérébelleux supérieur, le ruban et la bandelette longitudinale postérieure qui sont en rapport avec le thalamus ; peut-être ainsi un petit nombre des fibres qui unissent le thalamus au lobe temporal met-il en rapport la branche vestibulaire avec la sphère auditive ; en tout cas on ne peut ici mettre en évidence des connexions directes.

Radiations de la couche optique.

— Parmi tous les ganglions de la base, le thalamus se distingue par le puissant développement des voies de conduction qui le relient à l'écorce : sa couronne rayonnante est en effet représentée par une masse énorme de fibres qui vont du ganglion à la face externe de l'hémisphère (*fig. 348*, p. 581, et *356*). La face du thalamus qui correspond à la capsule interne prend, de ce fait, un aspect grillagé (*stratum reticulatum*). Les puissants faisceaux de sa couronne rayonnante sont aussi décrits sous le nom de *pédoncules de la couche optique* : on en décrit quatre : un antérieur, un moyen, un postérieur et un inférieur ou interne.

Les *fibres du pédoncule antérieur* sont en rapport avec le noyau antérieur du thalamus ; elles vont au lobe frontal en passant par l'avant-bras de la capsule interne (*fig. 333, ftp,* p. 557). Le thalamus reçoit du bulbe olfactif

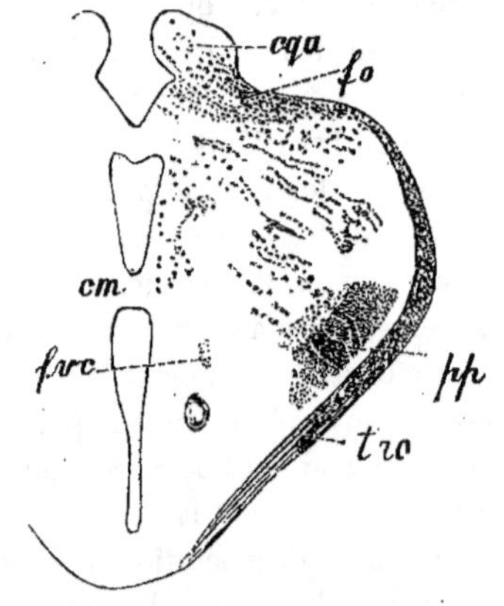

Fig. 355. — FIBRES QUADRIGÉMINO-THALAMIQUES.

(Voir les figures 339 à 341, p. 566). Coupe à peu près horizontale du cerveau intermédiaire (légèrement oblique de haut en bas et d'arrière en avant), passant par le troisième ventricule, les bandelettes optiques et la partie antérieure des quadrijumeaux antérieurs.

cm, Commissure grise.
cqa, Quadrijumeau antérieur.
fo, Fibres optiques.
fvc, Faisceau dégénéré qui, plus bas, s'engage dans le territoire de la racine motrice du trijumeau.
pp, Fibres du pied du pédoncule.
tro, Bandelette optique.

(OBERSTEINER) un petit faisceau qui se rend probablement en direction sagittale vers la base du ganglion et doit provenir de cette partie de la voie olfactive qui pénètre dans la commissure antérieure.

Le *pédoncule moyen* est en rapport avec l'écorce pariétale (*fig. 367, ftp,* p. 623). Ses fibres arrivent au thalamus de dehors en dedans, par la capsule interne. La même région de la couche optique reçoit encore un faisceau venu du subiculum de la corne d'Ammon (*fig. 334 et 335, fot,* p. 558; *fig. 359, fot,* p. 600).

Les fibres du *pédoncule postérieur* cheminent en compagnie de celles du c. genouillé interne et du quadrijumeau antérieur vers l'écorce occipitale (*fig. 350 à 353,* p. 583). Une partie d'entre elles concourt à la formation du *stratum zonal* du thalamus que nous décrirons plus loin. Les fibres de ce pédoncule font partie des radiations optiques de Gratiolet dont nous avons déjà parlé dans un des paragraphes précédents; on sait maintenant qu'elles ne sont pas formées seulement de fibres centripètes allant à l'écorce du lobe occipital, mais aussi de fibres descendantes qui, nées de cette dernière, gagnent les territoires

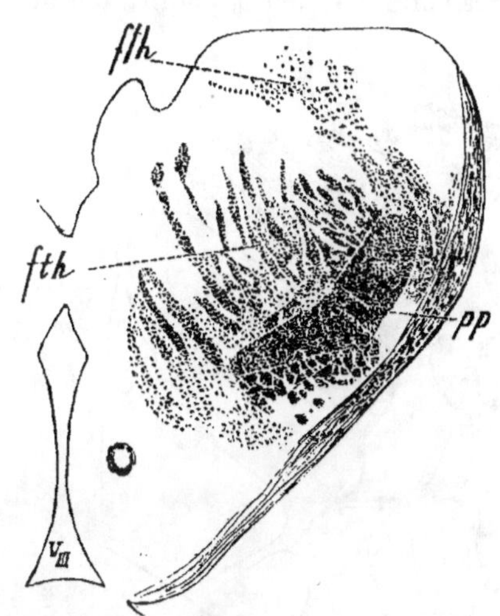

Fig. 356. — LES FIBRES DE PROJECTION DU THALAMUS.

(Voir la figure précédente. Coupe passant par la partie moyenne de la couche optique.)
fth, Fibres du thalamus, en haut, pédoncule postérieur, en bas pédoncule ventral.
pp, Pied du pédoncule cérébral dégénéré consécutivement à une lésion corticale.
V III, Extrémité antérieure du troisième ventricule.

ganglionnaires sous-corticaux affectés à la vision; cette seconde catégorie comprend, entre autres, des fibres qui appartiennent au gyrus angulaire.

Le *pédoncule inférieur* (*fig. 333* et *334, fli,* p. 557; *fig. 348, fit,* p. 581) suit une direction sagittale dans la portion basale du thalamus, sur le côté externe des pédoncules du fornix. Ses fibres contournent ensuite le pied du pédoncule, au niveau du point où il pénètre dans l'hémisphère et forment ainsi l'*anse pédonculaire,* qui les conduit, en passant sous le noyau lenticulaire, vers le lobe temporal; puis, en formant des faisceaux arqués le long de la paroi de la corne ventriculaire postérieure, elles gagnent la portion antérieure de la corne d'Ammon. Nous avons vu qu'une partie des fibres thalamo-temporales chemine au-dessus du noyau lenticulaire à travers la capsule interne (LARIONOFF). Quelques-unes d'entre elles vont sans doute dans le stratum zonal.

Le *stratum zonal* de la couche optique (*couche engainante* des auteurs allemands) forme à la face supérieure de ce ganglion une couche blanche épaisse de 1 millimètre à peine. Ses fibres ont, pour la plupart, une direc-

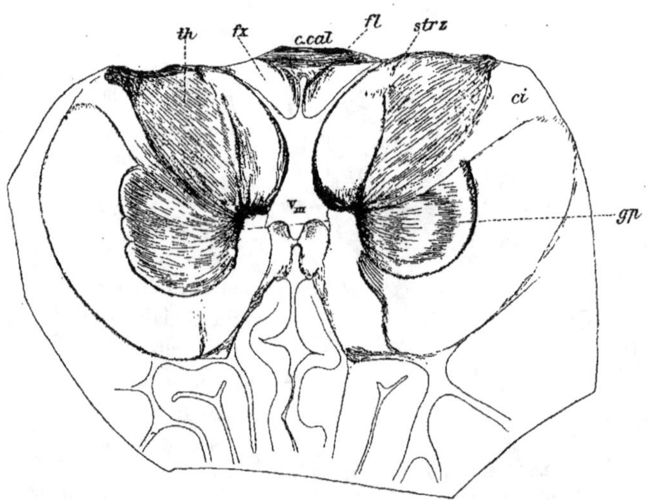

Fig. 357. — COUPE DU CERVEAU INTERMÉDIAIRE D'UN ENFANT DE 3 MOIS.

(Comme celle de la figure 371, p. 637, la coupe ici représentée est orientée d'avant en arrière et de bas en haut. Méthode de Pal.)

c.cal, Corps calleux; sa myélinisation est déjà très avancée.
ci, Capsule interne.
fl, Fornix longus d'Edinger.
fx, Trigone.

gp, Globus pallidus.
str, Stratum zonal de la couche optique.
th, Thalamus.
VIII, Troisième ventricule.

tion antéro-postérieure (*fig. 357, strz*) : elles proviennent des pédoncules postérieur et inférieur de la couche optique, du faisceau latéral de la ban-delette optique dont les éléments arrivent au stratum zonal à travers le c. genouillé externe, enfin des fibres du tænia et des pédoncules du thalamus.

Nous verrons dans le dernier chapitre quelle est l'importance de la couche optique considérée comme centre réflexe et le rôle qu'elle joue dans la mise au point des mouvements affectifs ou psycho-réflexes et dans l'inner-

vation des viscères ; nous avons vu, d'autre part, quel est le substratum anatomique de cette fonction : on a suivi quelques fibres thalamiques jusque dans
les cordons latéraux de la moelle, et d'autres jusqu'à la formation réticulée. Il
semble même que la majorité des fibres de la voie thalamo-corticale soit au
service de ces phénomènes moteurs involontaires. L'ablation de différents
territoires corticaux entraîne la dégénération descendante de cette voie, en
même temps que l'atrophie des noyaux du thalamus.

Noyaux de la couche optique ; leurs connexions respectives avec l'écorce. —
D'après les importantes recherches de Monakow, le nombre des noyaux
du thalamus serait plus considérable qu'on ne le croyait généralement.
Cet auteur arriva à distinguer dans la couche optique un *tubercule antérieur*,
un *noyau latéral*, un *noyau médian* et un *noyau interne* ou *médial*, qui se
divisent en noyaux secondaires ; il décrivit encore une *substance grise
ventrale* avec un *noyau disto-latéral*, un *n. central*, un *n. médial*, le *noyau
lenticulaire* (corps cupuliforme des auteurs allemands) et un *n. antérieur*.
Entre les deux corps genouillés, au-dessous du pulvinar, il existe enfin un
noyau postérieur particulièrement bien développé chez les animaux.

La dégénération de ces différents noyaux, consécutive à la destruction
expérimentale de territoires corticaux déterminés, permit à Monakow de
décrire les connexions suivantes :

1° Le groupe des *noyaux antérieurs du thalamus* (tubercule antérieur)
est en rapports, chez les animaux, avec le cinquième antérieur du gyrus
supra-sylvien et le territoire immédiatement voisin, et, chez l'homme, avec la
portion interne de la première Frontale et le lobule paracentral.

2° Le groupe des *noyaux internes ou médiaux*, avec l'écorce du gyrus
sigmoïde chez les animaux, et, chez l'homme, avec les deuxième et troisième
Frontales et les circonvolutions de l'insula.

3° Les *noyaux externes ou latéraux*, avec l'écorce pariétale chez les
animaux, et, chez l'homme, avec les circonvolutions centrales, principalement.

4° Les *noyaux ventraux ou inférieurs*, qui reçoivent les fibres des
cordons postérieurs et de la substance gélatineuse, seraient en rapport avec
la portion postérieure du gyrus sigmoïde, le tiers antérieur du gyrus coronal
et le gyrus ecto-sylvien chez les animaux ; chez l'homme, avec la portion
de l'opercule qui correspond aux circonvolutions centrales et avec le gyrus
supramarginal (deuxième Pariétale).

5° Les *noyaux postérieurs*, chez l'homme, avec l'écorce de la deuxième
Temporale et les circonvolutions temporo-occipitales. Nous avons déjà parlé
des connexions qui unissent le *pulvinar* à la sphère visuelle.

La description basée sur les importantes recherches de MONAKOW a été confirmée, d'une façon générale, par les résultats des expériences de PROBST (1) (méthode des dégénérations ; examen au Marchi). Cet auteur conclut de ses recherches personnelles que, chez le chien et le chat, les territoires corticaux qui ont leur représentation dans le groupe des noyaux ventraux du thalamus sont situés dans les portions caudales du gyrus sigmoïde et dans le tiers antérieur des deuxième et troisième circonvolutions externes (gyrus coronaire et portion antérieure du gyrus ecto-sylvien). Les fibres qui en proviennent se placent dans la partie externe de la capsule interne, au voisinage immédiat du noyau lenticulaire, sans contracter toutefois avec lui des rapports d'aucune autre sorte. Plus bas, elles deviennent de plus en plus transversales en occupant la partie la plus inférieure (ventrale) de la capsule interne et pénètrent dans le noyau médio-ventral du thalamus, en prenant la part la plus considérable à la formation de la lame médullaire externe.

PROBST conclut encore de ses expériences que les neurones qui relient à la portion latéro-externe du gyrus sigmoïde les noyaux inféro-internes (médio-ventraux) du thalamus dégénèrent en sens ascendant, consécutivement aux lésions de ces derniers.

Ces différentes données expérimentales purent être contrôlées par MONAKOW lui-même dans trois intéressantes observations de pathologie humaine : la lésion primitive qu'il releva dans ces trois cas consistait en d'anciens foyers corticaux ; ceux-ci avaient entraîné la dégénération de certains faisceaux de la couronne rayonnante, du pédoncule, et de l'atrophie des cellules nerveuses formant les ganglions basaux : les résultats auxquels aboutit l'examen de ces différentes lésions confirmèrent les vues nouvelles exprimées par cet auteur sur les rapports de la couche optique avec l'écorce cérébrale. L'analyse de ses conclusions met en évidence le principe général, vérifié également chez l'homme, de la corrélation qui existe entre l'écorce, d'une part, les noyaux du thalamus et les ganglions du cerveau moyen, d'autre part. MONAKOW découvrit ainsi la localisation (projection) sur l'écorce des différents centres sous-corticaux ; il établit, pour les couches optiques, le schéma suivant :

Les portions antérieures et internes du thalamus sont en rapport avec le lobe frontal ; les groupes cellulaires latéraux avec les circonvolutions pariétales ; les noyaux ventraux, avec l'opercule ; les noyaux postérieurs (c. genouillé externe et pulvinar), avec le lobe occipital ; le c. genouillé interne et le noyau postérieur, avec les circonvolutions temporales.

La corrélation qui existe entre les différentes régions de l'écorce et chacun des noyaux du thalamus a été confirmée une fois de plus, dans mon laboratoire, par des expériences d'excision de l'écorce avec emploi de la méthode de Marchi. Ces recherches furent faites par SHUKOWSKY, TELJATNIK, TRAPEZNIKOFF, LAZURSKY et d'autres. Elles permettent de considérer les noyaux de la couche optique comme un ensemble de masses grises associées dans un

---

(1) « Recherches expérimentales sur le cerveau intermédiaire, etc. », *Deutsch. Zeitsch. f. Nervenheilk.*, vol. XIII, fasc. 5 et 6, p. 385 et suivantes.

même but. D'après les expériences faites par LARIONOFF sous ma direction, la destruction des régions temporales ou temporo-occipitales de l'écorce produit constamment la dégénération des fibres zonales du thalamus, des pédoncules de la glande pinéale et de la commissure postérieure. De même, les lésions des parties postérieures de la face externe du lobe frontal produisent, d'après les expériences de JUERMANN (de mon laboratoire), la dégénération des pédoncules de la glande pinéale et de la commissure postérieure.

On peut souvent, au moyen de la méthode de Marchi, suivre à travers le thalamus, jusqu'aux parties les plus profondes de la formation réticulée, les dégénérations consécutives aux lésions de l'écorce : après l'ablation du centre cortical de la respiration (partie postérieure du lobe frontal), la dégénération s'étend non seulement à la couche optique, à la substance noire,

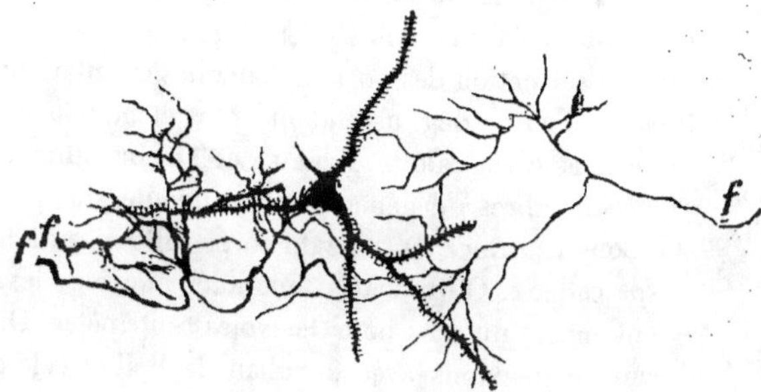

Fig. 358. — UNE CELLULE DE LA PORTION POSTÉRIEURE DU THALAMUS.

f,f,f, Fibres qui viennent se ramifier autour de la cellule.

au corps sous-thalamique, et au faisceau pyramidal, mais encore, ainsi que j'ai pu le constater, sur des préparations de SHUKOWSKI, à travers la portion médio-distale du thalamus jusqu'à la commissure de Meynert-Forel (croisement en fontaine) : la lésion secondaire descend le long des régions dorso-médiales de la formation réticulée et de la bandelette longitudinale postérieure jusqu'aux grands noyaux de la Réticulée, et atteint finalement le noyau respiratoire ; en même temps la dégénération descend, d'autre part, près du c. genouillé interne, à travers la partie postérieure de la couche optique, gagne ensuite le ruban latéral en passant par le quadrijumeau postérieur et, à partir du noyau du ruban latéral, se dirige vers la région du ruban médian de Bechterew. On trouve aussi dans ces cas des fibres dégénérées dans le domaine de la racine descendante du trijumeau de chaque côté.

Sens de conduction des voies thalamo-corticales. — Les recherches qui furent faites au moyen de la méthode de Golgi ont permis de constater que certaines fibres de la couronne rayonnante des hémisphères se terminent par des ramifications libres pénicillées autour des cellules du thalamus (*fig.* 358); il s'agit donc surtout d'un *système descendant*, ce que démontrent aussi du reste les dégénérations expérimentales (*fig. 355* et *356*). Pourtant, il existe aussi des voies ascendantes allant de la couche optique à l'écorce (1). Telles sont par exemple les fibres qui continuent celles du ruban qui se terminent dans le thalamus. D'autres voies de conduction ascendante semblent encore passer par ce dernier : après lésion de la formation réticulée dans la région de la protubérance et du pédoncule, FERRIER et TURNER ont pu suivre une dég. ascendante, à travers la capsule interne, la capsule externe et le centre ovale, jusqu'à l'écorce des circonvolutions de la face externe et du gyrus fornicatus ; ces systèmes ascendants s'épanouissaient dans le lobe frontal et dans d'autres régions de l'hémisphère. Quelques-unes des fibres de la calotte traversent le thalamus sans s'y terminer ; d'autres s'y arrêtent au contraire, aussi la destruction des portions latérales et antérieures de la couche optique produit-elle une dég. ascendante plus étendue que celle qui est consécutive aux lésions de la calotte. FERRIER et TURNER admettent aussi l'existence de systèmes de fibres à dégénération ascendante allant du thalamus aux circonvolutions centrales, au lobe du corps calleux, au lobe frontal et au gyrus du corps calleux. Outre leurs fonctions motrices les couches optiques représentent encore un relai pour les voies centripètes. On sait en effet quelles sont leurs connexions avec le ruban de Reil et cela concorde en outre avec tout ce que l'on sait de leur physiologie (2).

Radiations du noyau lenticulaire. — Le noyau lenticulaire est, après la couche optique, le plus volumineux ganglion de la base ; il est aussi en rapport immédiat avec l'écorce de l'hémisphère. On peut voir sur la figure 348 (p. 581), un faisceau *fl* qui, issu des deux segments internes de ce noyau ou, autrement dit, du *globus pallidus*, monte vers l'écorce ; comme il se myélinise peu de temps avant la naissance, il est facile à mettre en évidence chez l'enfant né avant terme dans le cerveau duquel le reste de la substance blanche des hémisphères se montre encore dépourvu de myéline. D'après EDINGER, ce faisceau prendrait part à la formation des lames médullaires et, après les avoir traversées, se rendrait immédiatement dans le ruban

(1) MONAKOW pense que la plus grande partie des noyaux du thalamus est le lieu d'origine de voies corticales et en même temps le lieu de terminaison des fibres provenant des noyaux de substance grise situés au-dessous. Cette opinion a encore besoin d'être confirmée.

(2) D'après FERRIER et TURNER, quelques fibres du thalamus s'entre-croisent dans le corps calleux. Cette opinion s'accorde avec celle d'HAMILTON d'après laquelle le corps calleux contient non seulement des fibres commissurales, mais encore des fibres croisées (voir plus loin).

de la calotte pédonculaire; maintenant il se peut bien aussi qu'une partie du ruban monte directement des noyaux des cordons postérieurs à l'écorce; cependant les recherches faites dans mon laboratoire, et qui consistèrent dans la destruction de ces noyaux avec examen au Marchi de la dégénération consécutive du ruban, ne m'ont fourni à ce sujet aucune donnée positive. D'un autre côté rien ne s'oppose à ce que cette voie corticale du noyau lenticulaire ne naisse dans le globus pallidus lui-même; du moins c'est en ce sens que l'on peut interpréter les résultats de l'étude du cerveau d'enfants

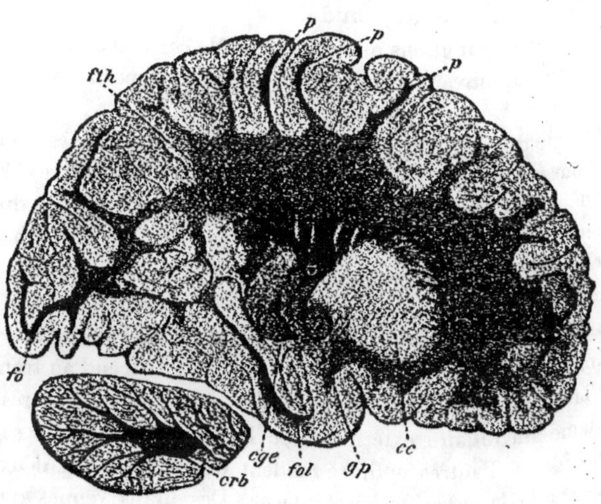

Fig. 359. — LES RADIATIONS DES GANGLIONS DE LA BASE.

(Coupe sagittale de l'hémisphère d'un enfant de 7 mois.)

cc, Noyau caudé.
cge, Corps genouillé externe.
crb, Substance blanche du cervelet.
fo, Radiations optiques.

fol, Faisceau de la corne d'Ammon.
fth, Couronne rayonnante du thalamus.
gp, Coupe du globus pallidus.
p, Voies pyramidales.

nés avant terme. Pour ce qui concerne le trajet de cette voie de conduction, elle forme de bonne heure un faisceau compact qui se dirige un peu en dehors, le long du bord interne du noyau lenticulaire, puis vers l'écorce des circonvolutions centrales et pariétales, en décrivant un arc légèrement concave en dedans.

Quant à ses rapports avec le reste du corps strié, le putamen et le noyau caudé, le *globus pallidus* peut être considéré comme une station intermédiaire : c'est grâce à lui en effet que ces ganglions sont unis aux portions distales de l'encéphale dont ils sont relativement très éloignés. C'est ainsi que de nombreuses fibres vont du putamen au premier et au deuxième segments internes du noyau lenticulaire (*fig. 348*, p. 581); d'un autre côté, le noyau caudé, qui est la continuation directe du putamen, envoie au globus pallidus un grand nombre de fibres qui passent par le bras antérieur de la capsule interne (V. plus bas). Nous avons déjà parlé des voies de conduction qui vont du corps sous-thalamique au globus pallidus, et avons enfin rappelé les puissants faisceaux qui traversent la capsule interne, particulièrement au niveau de sa base, pour unir le thalamus au globus pallidus.

Radiations du noyau caudé. — Nous avons vu que l'on peut considérer les deux ganglions qui constituent le corps strié : le noyau caudé et le putamen du noyau lenticulaire, comme des portions modifiées de l'écorce.

L'analogie de ces deux formations avec cette dernière est indiquée par leurs relations communes avec les régions inférieures du névraxe (Wernicke). Une grande partie des fibres qui viennent du noyau caudé et du putamen pour aller au tronc cérébral doit converger en formant une véritable couronne rayonnante dans la direction du globus pallidus qu'elles traversent simplement ou bien dans lequel elles s'interrompent.

Les fibres issues du noyau caudé passent par le bras antérieur de la capsule interne. Un certain nombre d'entre elles descend au tronc cérébral et gagne la couche optique et le corps sous-thalamique. D'autres pénètrent dans la lame médullaire externe et de là dans le deuxième segment du globus pallidus; d'autres enfin se rendent directement aux deux segments du globus et à la lame médullaire interne. Des fibres venues du putamen passent également à travers la lame médullaire externe pour aller au globus pallidus et s'y rencontrer avec celles qui viennent du noyau caudé.

Ces masses blanches prennent une part considérable à la constitution des deux lames médullaires, mais il est probable que celles-ci contiennent encore d'autres éléments qui vont du noyau caudé à la calotte. Cela n'est pas douteux pour les fibres corticales du globus pallidus ainsi que pour celles qui lui arrivent du tronc cérébral.

Les lames médullaires sont donc formées :

De fibres du noyau caudé et du putamen ;

De fibres qui réunissent le globus pallidus à l'écorce cérébrale ;

De fibres qui l'unissent aux noyaux du tronc cérébral.

D'autres fibres relient le noyau caudé et le putamen au cerveau inter-médiaire (thalamus) et au corps sous-thalamique (*fig. 360*). Celles qui proviennent du noyau caudé passent principalement par le bras antérieur de la capsule interne; celles qui viennent du putamen passent sous la face inférieure du noyau lenticulaire et, sous le nom d'*anse du noyau lenticulaire*, se dirigent vers la ligne médiane. C'est le *faisceau basal du cerveau terminal* (EDINGER) (Région strio-thalamique) (*fig. 360*).

MONAKOW décrit sous le nom d'*anse du noyau lenticulaire* toutes les fibres de la région thalamique qui traversent le pédoncule et se mettent en relation avec le noyau lenticulaire. Il distingue dans cette formation :

1° Un faisceau puissant qui est en rapport avec le putamen, passe

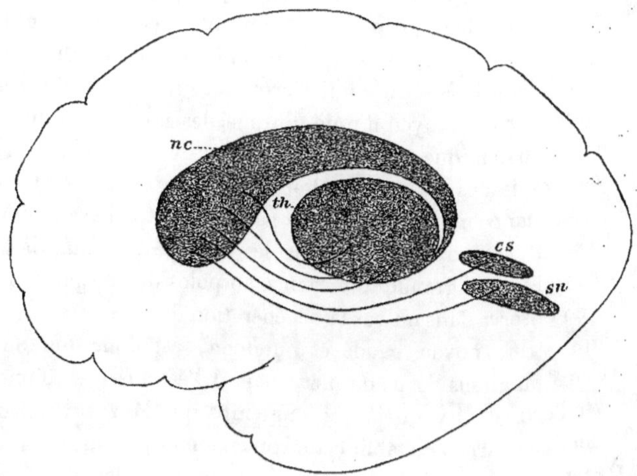

Fig. 360. — LE SYSTÈME STRIO-THALAMIQUE ET LE FAISCEAU BASAL
DU CERVEAU ANTÉRIEUR DÉCRIT PAR EDINGER.

cs, Corps sous-thalamique.
nc, Noyau caudé.
sn, Substance noire.
th, Thalamus.
Le faisceau basal du cerveau antérieur va du noyau caudé au corps sous-thalamique et à la substance noire.

dans la capsule du corps sous-thalamique et ensuite dans la portion interne de la couche optique : *faisceau dorsal de l'anse ;*

2° Un faisceau également relié au putamen et qui se rend à la portion ventrale du corps de Luys (ou c. sous-thalamique) ;

3° Un faisceau semblable placé tout d'abord entre le noyau lenticulaire et la coupe transversale de la commissure antérieure et que l'on voit ensuite, sur des coupes transversales, cheminer avec la bandelette optique. C'est le *faisceau ventral de l'anse.* Il contient, entre autres, les fibres qui, du noyau rouge de la calotte et du ruban, montent au noyau lenticulaire. Ce faisceau provient, d'après Monakow, de toutes les régions du noyau lenticulaire. Je crois au contraire qu'il ne fait pas partie des voies de conduction du putamen et qu'il ne doit être rattaché qu'au globus pallidus.

Le système du corps strié et du putamen comprend, d'après cela, une partie des fibres du bras antérieur de la capsule interne ainsi que les deux faisceaux de l'anse que nous venons de décrire.

Parmi les principaux territoires de terminaison des fibres du *faisceau fondamental du corps strié*, nous trouvons tout d'abord les noyaux de la couche optique et le corps sous-thalamique. Quelques-unes de ces fibres s'étendent encore plus bas, jusqu'au stratum intermedium du pédoncule cérébral. La substance noire représente leur limite distale extrême.

Edinger voit dans le faisceau qu'il décrivit sous le nom de *faisceau basal du cerveau antérieur* un moyen d'union intime des noyaux du thalamus et de la région sous-thalamique avec les hémisphères: il n'a, par contre, jamais rencontré de fibres issues de ces ganglions qui se prolongeassent jusqu'au-dessous de la substance noire. Ce faisceau passe à travers l'avant-bras de la capsule interne. Il se retrouve chez tous les vertébrés, y compris les plus inférieurs, ce qui a une grande importance au point de vue physiologique. Mahaim (1) en observa dans un cas la dégénération descendante.

Le corps strié, noyau caudé et putamen, est donc uni au tronc cérébral et aux ganglions de ce dernier, mais il l'est aussi, et d'une façon certaine, avec l'écorce. Il y a déjà très longtemps que Meynert a décrit une voie de conduction chargée d'établir cette connexion et passant par la capsule interne. Wernicke essaya, mais plus tard, de prouver que les fibres corticales qui arrivent à la capsule interne ne se mettent en rapport ni avec le noyau caudé ni avec le putamen qu'elles traverseraient simplement sans s'y interrompre, quoiqu'il y ait des fibres de la capsule interne qui se rendent dans ces ganglions. L'existence des fibres cortico-striées fut donc remise en question, mais elle fut confirmée par des recherches ultérieures qui démontrèrent que ces fibres passent principalement par la capsule interne. Une partie de celles qui vont de l'écorce au putamen chemine probablement dans la capsule externe. Sur de bonnes préparations, on les voit passer de celle-ci au putamen, et souvent le traverser pour pénétrer dans la lame médullaire externe. Quant au noyau caudé, Bianchi et d'Abundo (2) le virent s'atrophier chez le chien, consécutivement à une lésion étendue du champ cortical moteur. Chez le singe, consécutivement à la destruction du lobe frontal, Marinesco trouva, entre autres lésions secondaires, des fibres dégénérées dans le corps strié; Cajal enfin décrit des fibres qui, issues des Pyrami-

(1) *Arch. f. Psych.*, vol. XXV.
(2) *Neurol. Centralbl.*, 1886, n° 17.

dales du lobe frontal, passent à travers le corps strié et lui abandonnent de nombreuses collatérales.

Les connexions du c. strié avec l'écorce sont encore assurées, d'après SACHS à l'opinion duquel je me range sans restriction, par un autre faisceau qui se prolonge sur toute la longueur du noyau caudé; on le décrit sous le nom de *faisceau du n. caudé* ou *f. sous-calleux* ; il répond encore au nom de

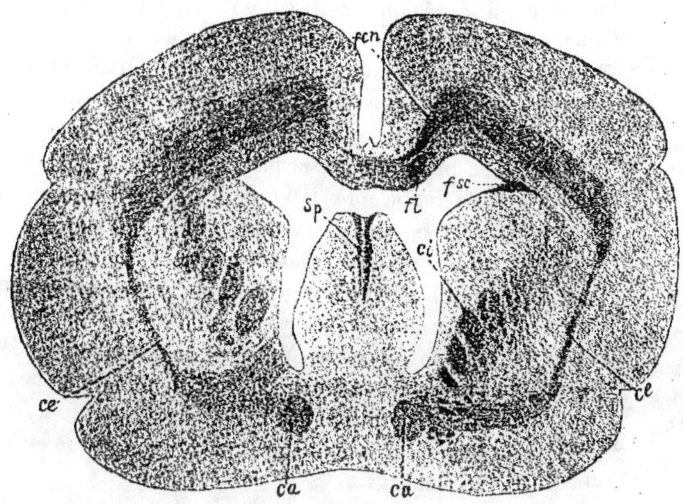

Fig. 361. — LE FAISCEAU SOUS-CALLEUX OU FRONTO-OCCIPITAL.

(Voir la figure 345, p. 578. Voir aussi la figure 365, p. 619).

ca, Commissure cérébrale antérieure.
ce, Capsule externe.
ci, Capsule interne : celle du côté droit contient des fibres dégénérées.
fcn, Fibres dégénérées dans le cingulum.
fl, Fibres dégénérées du fornix longus sectionnées dans leur trajet à travers le corps calleux.
fsc, Faisceau sous-calleux, dégénéré.
sp, Fibres dégénérées du fornix situées dans le septum lucidum.

A gauche, les fibres de la commissure antérieure qui pénètrent dans la capsule externe sont dégénérées en masse; quelques-unes aussi sont dégénérées du côté droit.

f. d'association fronto-occipital, que lui donna ONUFROWITSCH. Il envoie des ramifications dans la substance du noyau caudé et diminue donc de volume en allant d'avant en arrière (*fig. 345*, p. 578; *fig. 361, fsc*); il accompagne l'extrémité caudale du noyau (ainsi que je l'ai moi-même constaté) dans toute son étendue, s'incurve avec elle dans la paroi de la corne ventriculaire postérieure (*fig. 333 à 335, fsc*, p. 357) et forme une partie du tapetum (*fig. 363, tap*, p. 612), comme il est facile de s'en assurer dans les cas d'absence du corps calleux. Pendant la plus grande partie de son trajet il est placé immédiatement sous le corps calleux, à l'angle externe du ventricule latéral, et est limité en dehors, en partie par les fibres calleuses, en partie par celles de la couronne rayonnante, en bas par l'épendyme ventriculaire. Il décrit ainsi deux coudes, l'un, antérieur, est situé dans la région du genou du corps calleux; l'autre, postérieur, est situé sous le splenium. Il relie au noyau caudé (tête et queue) les lobes frontal et pariétal, principalement, et vraisemblablement aussi les régions postérieures de l'hémisphère (1); il ne contient certainement pas de fibres commissurales ni de fibres croisées. Sur les coupes transversales il est facile à reconnaître, surtout chez le fœtus, car il se myélinise plus tard que les parties adjacentes du centre ovale et du c. calleux; grâce à cette particularité, j'ai pu, indépendamment de l'auteur qui lui donna son nom, en fournir une description qui date déjà de plusieurs années. On observe sa dégénération après lésion des circonvolutions frontales, pariétales et occipitales (MURATOFF); sur des préparations faites par SHUKOWSKI, après destruction du lobe frontal (*fig. 345*, p. 578; *fig. 365*, *sec*, p. 619), on pouvait voir le territoire dégénéré diminuer progressivement d'étendue en s'éloignant du lobe frontal, ce qui semble indiquer que les fibres nées dans ce dernier s'engagent peu à peu dans le noyau caudé. Mais c'est consécutivement aux lésions de la circonvolution du corps calleux que la dégénération de ce faisceau est le plus accusée : SCHTPOFF put en suivre les fibres dégénérées jusqu'à la base du noyau caudé; ce ganglion est donc étroitement uni au gyrus fornicatus.

Si maintenant nous jetons un coup d'œil d'ensemble sur les voies de conduction que nous avons suivies dans l'intérieur de l'hémisphère cérébral, nous les voyons se partager de façon très inégale l'écorce de ce dernier. La majorité aboutit aux circonvolutions centrales et aux régions avoisinantes des lobes frontal et pariétal. Beaucoup moins important est le nombre des fibres qui proviennent des cinq Occipitales et des cinq Temporales. Quant aux régions qui occupent chaque extrémité de l'hémisphère, quant à la portion postérieure du lobe pariétal, aux portions antérieure et externe du lobe occipital, à la région inféro-externe du lobe temporal et quant à l'insula, ces différents territoires corticaux ne possèdent qu'un petit nombre de fibres de

---

(1) FLECHSIG fut conduit par ses propres observations à adopter une opinion semblable; pour cet auteur, le f. sous-calleux serait formé principalement de fibres de la couronne rayonnante qui proviennent de la capsule interne, se dirigent en avant, cheminent le long du noyau caudé et, après avoir atteint le corps calleux, se mêlent aux fibres de la couronne rayonnante qui viennent du gyrus fornicatus et de la partie antérieure de la zone sensitivo-motrice. Les fibres calleuses qui se dirigent respectivement en avant et en arrière se joignent à lui à ce niveau. Par contre, les longues fibres d'association des circonvolutions temporo-occipitales et frontales n'existent qu'en nombre excessivement restreint dans le faisceau sous-calleux.

projection : ce sont les *centres d'association* de FLECHSIG. Ils occupent environ, chez l'homme, les deux tiers de la surface de l'écorce et sont reliés entre eux d'une part par des voies longues, d'autre part par des systèmes à plus court trajet, grâce à l'intermédiaire des territoires occupés par les fibres de projection ; ils sont du reste étroitement unis à ces derniers et sont reliés enfin aux territoires symétriques du côté opposé par des fibres commissurales. L'ensemble de ces *voies d'association* formera l'objet du chapitre suivant.

BIBLIOGRAPHIE. — Capsule interne. — ABADIE : Un cas d'anarthrie capsulaire avec autopsie, *Rev. Neurol.*, 1898, p. 471. — FERRIER : Localisations motrices dans la capsule interne, *Arch. de Neurol.*, 1892, p. 423. — BEEVOR et HORSLEY : « Dispositions des fibres excitables dans la capsule interne chez le singe Bonnet », *Philos. Transact.*, 1890, vol. CLXXXI. — CHARCOT : *Leçons sur les localisations dans les maladies du cerveau*, recueillies par Bourneville, Paris 1876. — COLLET : Troubles de l'ouïe et de l'odorat d'origine capsulaire, *Soc. franç. de laryngologie et d'otologie*, mai 1898. — DALAND : « Dysphagie et dysarthrie par lésion du genou de la capsule interne », *Journ. of nervous and ment. diseases*, oct. 1897, vol. XXIV. — DÉJERINE et LONG : Localisation du centre de l'hémianesthésie par lésion centrale hémisphérique (lésion capsulaire), *Soc. de Biol.*, 24 déc. 1898. — DIDE et WEIL : Lésion en foyer de la capsule interne, syndrome de Weber, *Rev. Neurol.*, 15 oct. 1899 et *Presse Méd.*, 1899, n° 55. — FRANCK et PITRES : Des dégénérations secondaires de la moelle épinière, *Progrès Médical*, 1880, p. 155 et *Gaz. Méd. de Paris*, 1880, p. 152. — GAREL et DOR : Du centre cortical moteur laryngé et du trajet intracérébral des fibres qui en émanent (par le genou de la capsule interne), *Ann. des maladies de l'oreille et du larynx*, vol. XVI, 1890, p. 290. — LÉPINE : *De la localisation dans les maladies cérébrales*, thèse d'agrégation, 1871. — LONG : *Les voies centrales de la sensibilité, étude anatomique et clinique*, thèse de Paris, 1899. — LOEWENTHAL : « La région pyramidale de la capsule interne chez le chien et la constitution du cordon antéro-latéral de la moelle », *Rev. Méd. de la Suisse romande*, 1886. — SELLIER et VERGER : Les hémianesthésies capsulaires expérimentales, *Journ. de physiol. et de path. génér.*, 15 juillet 1899, p. 757. — VEYSSIÈRE : *Recherches cliniques et expérimentales sur l'hémianesthésie de cause cérébrale*, thèse de Paris, 1874. — VIRENQUE : *De l'hémianesthésie*, thèse de Paris, 1874.

Voie sensitivo-motrice. — (Voir la bibliographie des chapitres Ier et III de la IIIe partie (p. 232 et 366), du chapitre suivant, et du chapitre V de cette même partie). — BALLET : *Recherches anatomiques et cliniques sur le faisceau sensitif et les troubles de la sensibilité dans les lésions du cerveau*, thèse de Paris 1881. — DÉJERINE : De l'hémianesthésie d'origine cérébrale, *Sem. Méd.*, 26 juillet 1899. — FERRIER et TURNER : « Recherches expérimentales sur les tractus afférents et efférents de l'écorce cérébrale », *Proc. of the r. Society*, vol. LXII. — FLECHSIG : « Sur les rapports des cordons postérieurs avec l'encéphale », *Neurol. Centralbl.*, 1885 ; — « Nouvelles recherches sur la couronne rayonnante du cerveau », *Neurol. Centralbl.*, 1896. — FLECHSIG et HOESEL : « Les circonvolutions centrales, comme organe central des cordons postérieurs », *Neurol. Centralbl.*, 1890. — DE GRAZIA : « Dernières recherches sur la fine anatomie de la voie motrice et sensitive », *Riforma medica*, 1895. — LANDMEYER : « Dégénérations secondaires après extirpation des centres moteurs », *Zeitsch. f. Biol.*, 1893, vol. XXVIII. — MONAKOW : « Contr. expérimentale à l'étude des pyramides et de la couche du ruban », *Corresp. Bl. f. schweizer Aerzte*, 1884 ; — « Nouvelle contribution expérimentale à l'anatomie du ruban de Reil », *Neurol. Centralbl.*, 1885. — MURATOFF : « *Dég. secondaires aux lésions de la zone corticale motrice. Recherches pathologico-anatomiques et expérimentales* », Moscou, 1893, en russe ; — « Dég. secondaires à la destruction de la zone motrice du cerveau, dans leur rapport avec la question des localisations des fonctions cérébrales », *Arch. f. anat. u. Physiol.*, 1893 ; — « Sur la pathologie des dégénérations cérébrales dans les affections de la zone motrice de l'écorce », *Neurol. Centralbl.*, 1895, vol. XIV, p. 482, et 1898. — Rothmann: « Sur la dégénération des voies pyramidales après extirpation unilatérale des centres des extrémités », *Neurol. Centralbl.*, 1896, vol. XV, p. 494 et 530. — Sherrington: « Tractus nerveux dégénérés secondairement aux lésions du cortex cérébral », *Journ. of Phys.*, 1890 ; — « Nouvelle note sur les dégénérations consécutives aux lésions du cortex », *Journ. of Phys.*, 1890. — Tschermak : « Notice sur le champ cortical des cordons postérieurs », *Neurol. Centralbl.*, 1898, 15 février. — Ziehen : *Arch. f. Psych.*, vol. XVIII.

Voie et centre optiques (Voir III⁰ partie, chap. II, p. 327).— Bellonci : « Sur la terminaison centrale du nerf optique chez les mammifères », *Mem. della R. Acc. d. Sc. di Bologna*, 1885. — Boffard : *Essai sur le diagnostic des lésions des lobes occipitaux*, thèse de Lyon, 1889. — Bouveret : Observation de cécité totale par lésion corticale. Ramollissement de la face interne des deux lobes occipitaux, *Rev. gén. d'Opthal.*, 30 nov. 1887 et *Lyon Médical*, 1887. — Brissaud : Fonction visuelle et cuneus ; étude anatomique sur la terminaison corticale des radiations optiques, *Annales d'Oculistique*, novembre 1893. — Cajal : « Sur la structure de l'écorce du lobe occipital inférieur des petits mammifères », *Zeitsch. f. wissensch. Zoologie*, vol. LVI, fas. 4, 1893. — Collucci : « Recherches sur la physiologie et l'anatomie des centres visuels cérébraux », *Atti. della r. Accad. med. chir. di Napoli*, LII. — Déjerine : Différentes variétés de cécité verbale, *Soc. de Biol.*, 1892, p. 61 des Mémoires. — Forster : « Sur la cécité corticale », *Arch. f. Ophthalm.*, 1890. — Henschen : « Sur les centres optiques cérébraux », *Rev. gén. d'Ophthalmologie*, 1894. — Kreuser : *Allgem. Zeitsch. f. Psych.*, vol. XLVIII et LI. — Lannois et Jaboulay : L'hémianopsie dans les abcès cérébraux d'origine otique, *Rev. de Médecine*, 1896, p. 659. — Leonowa : « Sur le sort des neuroblastes du lobe occipital dans l'anophthalmie et l'atrophie du bulbe de l'œil et ses rapports avec la vision », *Arch. f. Anat. u. Phys., Anat. Abt.*, 1893, p. 308-319. — Mœli : « Altérations du tractus et du nerf optiques dans les lésions du lobe occipital », *Arch. f. Psych. u. Nervenkr.* vol. XXII, 1891. — Monakow: « Recherches expérimentales et pathologico-anatomiques sur les rapports de la sphère visuelle avec les centres optiques infra-corticaux et le nerf optique », *Arch. f. Psych.*, vol. XIV, XVI ; — « Recherches expérimentales et pathologico-anatomiques sur les centres et les voies optiques avec remarques cliniques sur l'hémianopsie corticale et l'alexie », *Ibid*, vol. XX, XXIII, XIV, 1889, 1892. — Oulmont : Cécité subite par ramollissement des deux lobes occipitaux, *Gaz. Hebdom.*, 1889. — Personali : « Contr. aux localisations cérébrales, pli courbe et zone visuelle », *Riforma med.*, 1899 et *Rev. Neurol.*, 15 oct. 1899. — Richter : « Sur la question des voies optiques du cerveau de l'homme », *Arch. f. Psych.*, vol. XVI, 1885. — Roux : *Des rapports de l'hémianopsie latérale droite et de la cécité verbale*, thèse de Lyon, 1895. — Sachs : « *La substance blanche des hémisphères chez l'homme ; I, Le lobe occipital* », Leipzig, 1892. — Shaw et Thompson : « Dég. descendantes par lésion de l'écorce occipitale chez le singe », *Brit. med. Journ.*, 12 septembre 1896. — Sioli : *Centralbl. f. Nervenheilkunde*, 1888, vol. XI. — Soury : Le lobe occipital et la vision mentale ; hémianopsie, *Rev. Philos.*, 1895. — Steiner : « Sur le développement des sphères sensorielles et en particulier de la sphère visuelle au niveau de l'écorce cérébrale des nouveau-nés », *Neurol. Centralbl.*, 1896, vol. XV. — Touche : Deux cas de ramollissement des centres corticaux de la vision avec autopsie, *Arch. gén. de Méd.*, juin 1899. — Vialet : *Les centres cérébraux de la vision et l'appareil nerveux visuel intra-cérébral*, thèse de Paris 1893. — Note sur l'existence à la partie inférieure du lobe occipital d'un faisceau d'association distinct, le faisceau transverse du lobule lingual, *Soc. de Biol.*, 1893. — Wollenberg : *Arch. f. Psych.*, 1888, vol. XXI et *Neurol. Centralbl.*, 1898, n° 12. — Zinn : « Le champ cortical de l'œil dans ses rapports avec les centres optiques primaires », *Münch. med. Wochenschs.*, 1892.

Voies cérébro-pontiques (Voir III⁰ partie, chap. IV, p. 393). — Bianchi : « Sur les dégénérations descendantes endo-hémisphériques consécutives à l'extirpation des lobes frontaux », *Annali di Neurol.*, 1895, vol. XIII. — Bianchi et d'Abundo : « Les dég. descendantes expérimentales dans le cerveau et dans la moelle », *Neur. Centralbl.*, 1886, n° 17. — Déjerine : Sur l'origine et le trajet central des fibres de l'étage inférieur du pédoncule, *Mémoires de la Soc. de Biologie*, 30 déc. 1893. — Fryliusk : *Nederl. Tijdschr. vor Geneesk*, 1889, II, n° 45. — Jelgersma : *Nederl. Tijdschr. vor Geneesk*, 1887, résumé in *Schmidt's Iahrb.*, vol. XV. — Joukowski : « Les connexions anatomiques des lobes frontaux », *Rev. russe de Psych.*, 1897, et *Rev. Neurol.*, 1897, p. 33. — Kam : « Sur les dégénérations secondaires du tronc cérébral », *Arch. f. Psych.*, vol. XXVII. — Kreuser : « Un cas de porencéphalie acquise avec dég. secondaire des fibres optiques et du faisceau latéral du pédoncule cérébral », *Allgem. Zeitsch. f. Psych.*, vol. XLVIII et *Arch. de Neurol.*, 1892, p. 110. — Mingazzini : « Sur la voie croisée cérébro-cérébelleuse », *Neurol. Centralbl.*, 1895, n° 15. — Sioli : « Sur les systèmes de fibres du pied du pédoncule et leur dégénération », *Allg. Zeitsch. f. Psych.*, 1889, vol. XLIV. — Timmer, *Proefschrift*, Utrecht, 1889. — Winkler : « Dégénération secondaire descendante du faisceau latéral du pied du pédoncule », *Weekbl. von het Nederl. Tijdschr. vor Geneesk*, 1886, XXIII. — Zacher : « Contr. à l'étude du trajet des fibres dans le pied du pédoncule et sur les connexions corticales du corps genouillé interne », *Arch. f. Psych.*, 1891, vol. XXII.

Radiations de la couche optique. — Bischoff : « Paralysie cérébrale infantile après hémorragie du thalamus », *Jahrb. f. Psych.* vol. XV, 1897, p. 221 et *Rev. Neurol.*, 30 sept. 1898, p. 98. — Déjerine et Long : Sur les connexions de la couche optique avec la corticalité cérébrale, *Soc. de Biologie*, 1898. — Demange et Spillmann : Tubercule de la couche optique, *Presse Méd.*, 8 février 1899. — Flechsig : « Sur l'anatomie du pédoncule antérieur de la couche optique, du cingulum et de la voie acoustique », *Neurol. Centralbl.*, vol. XVI, 1897, p. 290. — V. Gehuchten : Contr. à l'étude du faisceau de Meynert ou faisceau rétroflexe, *Bull. de l'Acad. de méd. de Belgique*, 1894. — Hoesel : « Sur quelques dégénérations secondaires rares consécutives à des foyers de l'insula et de la couche optique », *Neurol. Centralbl.*, 1898, p. 570. — Lafforgue : *Étude sur les rapports de la lésion de la couche optique avec l'hémianesthésie de cause cérébrale*, thèse de Paris, 1877. — Mahaim : « Un cas d'affection secondaire du thalamus », *Arch. f. Psych.*, vol. XXV, fas. II. — Mollard : Sur un cas d'hémianesthésie organique par lésion localisée à la couche optique, *Lyon Médical*, 27 mai 1900. — Lo Monaco : Sur la physiologie des couches optiques, *Arch. Ital. de Biol.*, 1898, t. XXX. — Monakow : « Recherches expérimentales et pathologico-anatomiques sur la région de la calotte, la couche optique et la région sous-thalamique », *Arch. f. Psych.*, 1895. — « Sur les fibres des radiations thalamiques et du segment rétrolenticulaire de la capsule interne », *Neurol. Centralbl.*, XVII, 1898. — Pemberton : « Dernières recherches sur la structure et les relations des couches optiques », *Journ. of comp. Neurology*, 1891. — Rigollet : *Contribution à l'étude de l'hémianesthésie organique*, thèse de Lyon, 1900. — Sellier et Verger : Physiologie de la couche optique et du noyau caudé, *Soc. de Biol.*, 14 mai 1898; — Recherches expérimentales sur la physiologie de la couche optique, *Arch. de Phys.*, oct. 1898, p. 706.

Radiations du corps strié. — Cajal : Le corps strié, *Bibliographie anat.* vol. III, p. 58, 1895. — Edinger : « Signification et rôle du corps strié », *Versam. südwestdent. Neurologen u. Irrenaerzte zu Strassburg*, 1887, et *Arch. f. Psych.*, 1887, vol. XIX. — Id. *Journ. of nerv. and ment. diseases*, 1887, vol. XIV. — « Les radiations du corps strié », *Verh. d. anat. Gesells. in Strassburg*, 1894 ; *Anat. Anzeiger*, 1894. — Kowalewski : « Rapports du noyau lenticulaire avec l'écorce cérébrale chez l'homme et les animaux », *Sitzb. d. Akad. d. Wissensch.*, III, Abt., vol. LXXXVI, année 1882. — Langley et Gruevbaum : « Sur les dégénérations résultant de l'excision de l'écorce et des corps striés chez le chien », *Journ. of physiology*, 1891. — Marchi : « Sur la fine organisation des corps striés et des couches optiques », *Riv. sper. di fren.*, 1886. — Marinesco : « Des connexions du corps strié avec le lobe frontal », *Soc. de Biol.*, 1895. — Meynert : « Nouvelles recherches sur les ganglions cérébraux et le tronc cérébral », *Wiener Akad. Anz.*, 1879,

N° 18. — MINOR : « *Signification et rôle du corps strié* », thèse de Moscou, 1882. — KAICHER : « Pathologie des lésions du corps strié et du noyau lenticulaire », *Wien. med. Presse*, 8 mai 1898. — SCHLAAGENHAUFER : « Contribution anatomique au trajet des fibres de la voie optique » (Commissure de Gudden et noyau lenticulaire), *Jahrbuch für Psychiatrie*, vol. XVI, 1897. Résumé in *Rev. Neurol.*, 28 février 1899, p. 132. — WALLENBERG : « Une connexion des régions distales (caudales) du cerveau avec le corps strié, chez le pigeon (tractus isthmo-striatus ou bulbo-striatus) », *Neurol. Centralbl.*, vol. XVII, 1898.

CHAPITRE III

VOIES D'ASSOCIATION DE L'ÉCORCE CÉRÉBRALE

Les fibres qui unissent entre eux les différents territoires de l'écorce peuvent être réparties en :

1° Voies d'association inter-hémisphériques : ce sont celles qui vont d'un hémisphère à l'autre ;

2° Voies d'association intra-hémisphériques : celles-ci effectuent tout leur parcours dans le même hémisphère.

La première catégorie est représentée par les *commissures*, systèmes destinés surtout à unir des points symétriques des deux hémisphères ; elle comprend le corps calleux, la commissure cérébrale antérieure et le psalterium.

La deuxième classe renferme des *fibres longues* qui cheminent dans le centre ovale et des *fibres courtes* placées dans l'écorce ou à son contact immédiat.

Nous avons ainsi à passer successivement en revue :

1° Les commissures — *a*. le corps calleux ; *b*, la commissure cérébrale antérieure.

2° Les voies courtes d'association ou voies d'association corticales.

3° Les voies longues d'association intra-hémisphériques.

Quant au *psalterium*, son étude sera mieux placée avec celle des voies de conduction du rhinencéphale qui constituera le chapitre suivant ; il est formé en effet par les fibres qui réunissent entre elles les deux cornes d'Ammon en passant par le trigone.

ARTICLE 1. — LES COMMISSURES : *A*, CORPS CALLEUX.

Le corps calleux (*fig. 348, c.cal*, p.581) (la *poutre* des auteurs allemands)
est la puissante commissure inter-hémisphérique qui est tendue au-dessus de
la cavité des ventricules latéraux dont elle forme la voûte (*fig. 333 à 335*,
p. 557). Il est constitué, au point de vue systématique, par les neurites des
Pyramidales de l'écorce et les collatérales de ces neurites (*fig. 362*). Ces

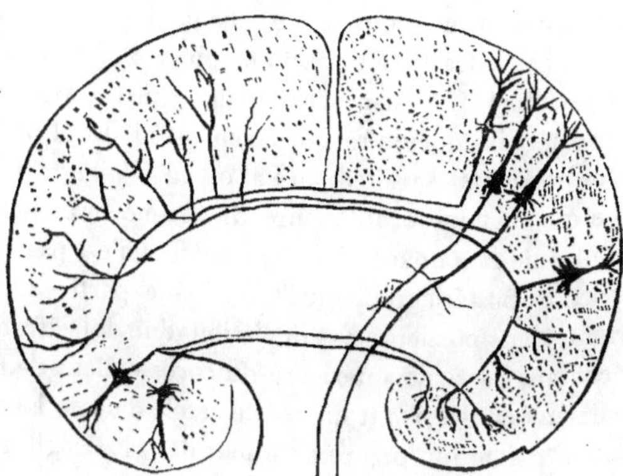

Fig. 362. — SCHÉMA DE LA CONSTITUTION HISTOLOGIQUE DU CORPS CALLEUX.

On voit à droite et en haut trois cellules pyramidales; le neurite de la première à
gauche appartient aux voies commissurales et passe tout entier dans le corps calleux; le
neurite de la seconde se dirige, sans émettre de collatérales, vers la région du pédoncule;
enfin celui de la troisième suit la même direction mais émet une collatérale qui passe par
le corps calleux. Plus bas, à droite, on voit une cellule dont l'axône bifurqué envoie une
branche dans le corps calleux tandis que l'autre se rend en un point voisin de l'écorce du
même côté.

La commissure cérébrale antérieure est figurée au bas de la figure par deux fibres
transversales.

Le territoire occupé par les arborisations terminales des fibres calleuses est plus
étendu que celui qui est occupé par les ramifications dendritiques de leurs cellules d'origine.

(D'après CAJAL.)

différentes fibres vont se terminer par arborisations libres autour des cellules
de l'hémisphère du côté opposé : son origine doit donc être cherchée dans
les deux hémisphères, ainsi que l'indiquent du reste les dégénérations secondaires observées chez l'homme et un grand nombre de recherches expérimentales, celles de MURATOFF par exemple (1). Chez le fœtus, en outre, on

(1) « Sur les dégénérations secondaires aux lésions en foyer de la zone motrice »,
Soc. des Neuropathologistes de Moscou, 1892, et Moscou, 1893.

peut voir les fibres qui forment le corps calleux et probablement aussi celles de la commissure antérieure naître dans chaque hémisphère et converger vers la ligne médiane. La substance grise pariétale qu'elles rencontrent sur leur chemin s'atrophie pour ne persister, sous forme d'un mince revêtement, qu'aux deux faces, dorsale et ventrale, du c. calleux (BLUMENAU).

Les fibres calleuses rayonnent en éventail, à partir du milieu du toit ventriculaire, dans chaque hémisphère dont elles réunissent les différents territoires aux régions symétriques du côté opposé. Leur trajet est curviligne et croise celui des fibres qui viennent du tronc cérébral.

L'ensemble des fibres qui proviennent de l'extrémité antérieure du corps calleux se dirige en avant pour gagner chaque lobe frontal en prenant un aspect analogue à celui des deux mors d'une pince d'où le nom de *forceps antérieur*. Pour DÉJERINE (1), cet aspect en forceps [que l'on peut constater, il est vrai, sur les cerveaux disséqués après durcissement à l'alcool], ne se retrouve plus sur les coupes horizontales traitées au Pal ou au Weigert; [on peut alors se rendre compte que la moitié antérieure de chaque branche de la pince appartient à la couronne rayonnante du lobe frontal et n'est pas continue, en réalité, avec la portion postérieure, laquelle fait seule partie des radiations calleuses]. Pourtant, dans plusieurs cas de lésion d'un lobe frontal, j'ai pu vérifier la présence dans la partie antérieure du corps calleux de fibres dégé-nérées qui se rendaient en décrivant un arc de cercle dans le lobe frontal du côté opposé et constituaient un forceps antérieur des plus légitimes.

Une disposition semblable se retrouve au niveau de l'extrémité distale du corps calleux (*fig. 363, for*). Vers la portion postérieure du thalamus on voit un grand nombre des fibres du bourrelet descendre le long de la paroi externe du ventricule latéral, vers les circonvolutions de la face interne du lobe temporal (*fig. 364, p. 614*) dans lequel elles pénètrent par la région de l'alveus de la corne d'Ammon ; cela est facile à constater par la méthode embryologique chez l'enfant âgé de quelques mois (*fig. 364*), de même du reste que par la section ou une lésion artificielle du corps calleux qui produi-sent une dégénération secondaire. Il est ainsi certain que le corps calleux prend part à la formation de la capsule interne. Enfin, des fibres parties de son extrémité antérieure ou bec, se rendent aux circonvolutions de la face basale du lobe frontal. [Sur certaines coupes frontales, ces fibres qui passent au-dessous de la tête du noyau caudé paraissent complètement distinctes des radiations du genou et du corps calleux, lesquelles passent au-dessus. Elles sont séparées, d'autre part, de la capsule interne par le pont de substance grise qui relie l'un à l'autre le noyau caudé et le noyau lenticulaire.] Elles

(1) *Anatomie des centres nerveux*, 1895, p. 789.

forment ainsi une commissure en apparence distincte que Henle a désignée sous le nom de *commissura baseos alba*.

Les fibres calleuses relient donc d'un côté à l'autre l'écorce de chaque

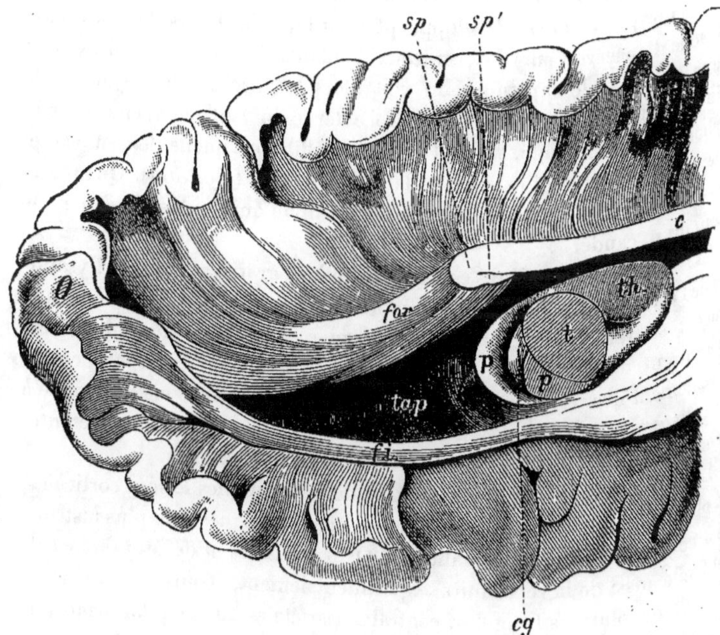

Fig. 363. — LE TAPETUM.

(Dissociation, après durcissement à l'alcool, des radiations de l'extrémité postérieure du corps calleux. Hémisphère gauche. Vue de la face interne de la préparation.)
c, Surface de section longitudinale du c. calleux.
cg, Corps genouillé interne.
fi, Faisceau longitudinal inférieur.
for, Forceps postérieur.
o, Écorce occipitale.
p (en avant), Pied du pédoncule cérébral.
p (en arrière), Pulvinar thalami.
sp, Portion supérieure et
sp', Portion réfléchie du bourrelet ou splenium du corps calleux.
t, Calotte du pédoncule.
tap, Radiations calleuses formant le tapetum ou tapis tendu sur la paroi externe du ventricule latéral.
th, Face interne du thalamus.
(D'après Schwalbe.)

hémisphère, à l'exception d'une partie du lobe temporal, des circonvolutions basales du lobe occipital et de la substance grise des bulbes olfactifs.

Le *tapetum (fig. 363, tap)* n'appartient qu'en partie, et non exclusivement ainsi qu'on le croyait autrefois, au système du c. calleux, car il contient aussi des fibres du faisceau du noyau caudé (1). Dans les cas d'absence congénitale du c. calleux, le tapetum reste ordinairement intact : on en a cependant quelquefois constaté l'absence. Consécutivement à la destruction du corps calleux, Muratoff n'y trouva pas de fibres dégénérées. Comme le faisceau du noyau caudé se développe plus tard que les fibres du c. calleux, il est facile d'observer sur des cerveaux d'enfants les rapports qui existent entre ce dernier et le tapetum : on voit alors le faisceau du noyau caudé revêtir d'une fine couche blanche la paroi externe du ventricule, en arrière et en dehors du noyau caudé, suivre l'extrémité effilée ou queue de ce noyau et former en partie la paroi externe de la cavité digitale (*fig. 364*). Quant aux fibres calleuses, elles forment une couche continue qui double en dehors le faisceau du n. caudé.

Cajal put suivre les fibres calleuses jusqu'aux grandes et petites Pyramidales de l'écorce dont elles représentent les neurites, ou les collatérales de ces derniers ; souvent aussi il les vit se bifurquer. Des recherches ultérieures lui permirent d'affirmer que les fibres calleuses unissent réciproquement non seulement des territoires symétriques de l'écorce, mais encore, grâce à leurs collatérales, un grand nombre de cellules appartenant à différentes couches des régions de l'écorce les plus éloignées entre elles.

La dégénération du corps calleux, suite ordinaire des lésions corticales, a été observée dans un grand nombre de cas pathologiques. Les plus instructives à ce sujet sont les observations d'Onufrowitsch et de Muratoff (2). Il est facile aussi de la reproduire expérimentalement. Toute lésion portant sur les circonvolutions frontales, centrales, pariétales ou occipitales entraîne la dégénération du corps calleux, laquelle peut être suivie, sur des coupes sagittales, d'un hémisphère à l'autre (expériences de Gudden, Monakow, Langley et Gruenbaum, Sherrington, Muratoff, Shukowski et Schipoff (de mon laboratoire). De même, des lésions du centre auditif temporal ou de la circonvolution du c. calleux et du subiculum de la corne d'Ammon produisent, d'après mes observations, la dégénération d'une partie des fibres calleuses. Dans tous ces cas on voit des fibres dégénérées converger à l'intérieur de l'hémisphère en croisant les fibres de la couronne rayonnante, puis gagner l'écorce du côté opposé, en se plaçant ordinairement au centre de chaque circonvolution. L'intensité de la dégénération dépend ainsi de l'extension du foyer cortical : elle paraît toujours plus considérable après de

[(1) On sait que le terme de *faisceau du noyau caudé* ou faisceau sous-calleux est synonyme également de celui de *faisceau occipito-frontal* de Forel et Onufrowitsch employé plus couramment en France. D'après Déjerine, Wernicke le décrivit encore sous le nom de *f. du corps calleux se rendant à la capsule interne*, et Meynert sous celui de *couronne rayonnante du noyau caudé*.]

(2) *Arch. f. Anat. u. Physiol., Anat. Abtheil.*, 1893.

vastes lésions qu'après des lésions limitées : cependant des foyers très circonscrits provoquent aussi de la dégénération, non seulement au point correspondant de l'autre hémisphère, mais aussi dans les territoires corticaux adjacents. On peut constater en effet que les fibres dégénérées se rendent aux régions symétriques de l'autre hémisphère et, de plus, aux circonvolutions immédiatement voisines : ce qui prouve que les fibres calleuses ne réunissent pas seulement les circonvolutions homonymes des

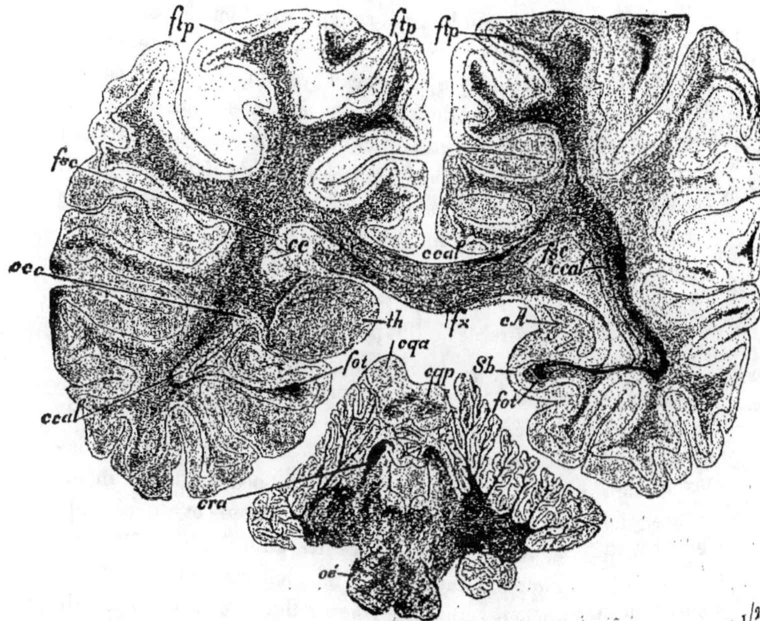

Fig. 364. — COUPE FRONTALE DE L'ENCÉPHALE D'UN ENFANT DE 4 MOIS 1/2.

(A droite la coupe passe immédiatement en arrière du thalamus ; à gauche elle en sectionne la partie postérieure. Voir la légende des figures 333 à 335, p. 557.)

cqp, Quadrijumeau postérieur.
sb, Subiculum de la corne d'Ammon.

deux hémisphères, mais aussi les territoires voisins de chaque circonvolution symétrique : les résultats de la méthode des dégénérations concordent donc avec ceux qu'obtint CAJAL avec la méthode de Golgi.

La portion postérieure du c. calleux contient encore, d'après de récentes recherches, des fibres allant de la scissure calcarine, c'est-à-dire du centre visuel, aux centres auditifs du lobe temporal du côté opposé. La méthode des dégénérations a en outre démontré que cette même portion contient encore, ainsi que le forceps postérieur, des fibres commissurales qui réunissent respectivement d'un côté à l'autre les circonvolutions temporales, c'est-à-dire les centres auditifs, les lobes occipitaux et les gyrus angulaires ou lobules du pli courbe : tel est le résultat obtenu par plusieurs auteurs, entre autres FERRIER et TURNER, chez le singe, et LARIONOFF; ce dernier pratiqua des recherches dans mon laboratoire au cours desquelles on put, consécutivement à une lésion du centre temporal de l'audition, suivre les fibres dégénérées à travers le corps calleux jusqu'à la sphère auditive de l'autre hémisphère. Il est donc évident que le corps calleux est le lieu de passage des fibres qui unissent entre eux les centres auditifs des deux lobes temporaux.

Quelques auteurs ont affirmé que certaines fibres allant de l'écorce à la capsule interne et aux ganglions de la base se croisaient dans le corps calleux (HAMILTON, MARCHI), mais cette opinion n'a pas été jusqu'à présent confirmée par de nouvelles observations. Dans les cas de dégénération du c. calleux par lésion corticale unilatérale, on ne trouve ordinairement pas de fibres dégénérées dans la capsule interne du côté opposé; on n'en a pas trouvé non plus, naturellement, après section du corps calleux; en aucun cas, l'absence de celui-ci ne s'est accompagnée d'atrophie de la capsule interne, ce qui n'est pas favorable à l'hypothèse de l'existence de fibres croisées dans le corps calleux (1). Les recherches faites récemment par JUERMANN dans mon laboratoire ont montré pourtant que lors de lésions de l'écorce, en particulier de lésions localisées au-dessus de la scissure de Sylvius, on trouve des fibres dégénérées dans l'écorce des deux hémisphères, dans la capsule interne et dans le pied du pédoncule du même côté et, en outre, dans des points homologues de la capsule et du pied du pédoncule du côté opposé. Après lésion du centre auditif d'un côté, avec participation des voies optiques, LARIONOFF (de mon laboratoire) a pu suivre, dans le tronc cérébral, la dégénération des voies optiques et acoustiques du même côté, et de celles aussi du côté opposé; dans les deux cas on pouvait voir des fibres dégénérées passer à travers le corps calleux pour se rendre à la capsule interne du côté opposé.

Nous avons vu plus haut que, consécutivement à une lésion expérimentale du tronc cérébral, FERRIER et TURNER ont observé la dégénération ascendante de fibres venues de la couche optique et se dirigeant vers l'écorce. Pendant ce trajet, une partie d'entre elles pénétrait dans le corps calleux pour s'y entre-croiser : cette constatation paraît confirmer les idées qui ont été exposées plus haut au sujet de l'existence d'éléments entre-croisés dans le corps calleux,

Il en est de même des expériences plus récentes de DOTTO et PUSATERI. Après section transversale du corps calleux, ces deux auteurs purent suivre des fibres dégénérées à travers

(1) ONUFROWITSCH : *Arch. f. Psych*, vol. XVIII, fasc. 2. — KAUFMANN, *Ibidem*, XVIII et XIX.

le centre ovale jusqu'à la troisième et même jusqu'à la deuxième couche de l'écorce, mais aucune trace de dégénération ne put être décelée au niveau des fibres tangentielles; par contre, la capsule externe contenait un petit nombre de fibres dégénérées. Quant à la capsule interne et au pied du pédoncule cérébral, ils présentaient une dégénération diffuse, semblable à celle qu'avaient mentionnée les deux auteurs précédents et, antérieurement, Bianchi et d'Abundo.

Dans toute la série des mammifères, le développement du corps calleux est parallèle à celui des hémisphères: telle est la raison de l'importance qu'il présente chez l'homme. Les vertébrés inférieurs ne possèdent pas de corps calleux proprement dit et doivent se contenter de leur commissure des hippocampes.

B. COMMISSURE CÉRÉBRALE ANTÉRIEURE.

[La commissure cérébrale antérieure se présente, au point de vue macroscopique, sous forme d'un faisceau arqué concave en arrière, dont la partie moyenne est placée transversalement au-devant des piliers antérieurs du fornix et qui, décrivant une courbe à grand rayon concave en arrière et en dedans, se dirige de chaque côté vers la région temporale de l'hémisphère en passant au-dessous du noyau lenticulaire. Au point de vue systématique on la divise en une portion olfactive et une portion non olfactive : celle-ci sera décrite en détail dans le chapitre suivant.]

On n'est pas encore d'accord sur l'origine des fibres dont est constituée la commissure antérieure. D'après Edinger celle-ci ne réunirait entre elles que les portions de l'écorce qui appartiennent à l'appareil olfactif: le faisceau qui est connu sous le nom de *portion olfactive* unit l'un à l'autre les deux lobes olfactifs (voir plus loin) ; un autre faisceau (f. postérieur) s'étend entre les extrémités caudales des deux cornes d'Ammon ; un troisième (Rabl-Ruckhardt) relie les deux circonvolutions du corps calleux ; un autre, enfin, monte jusqu'à la lame cornée qui est placée à la limite du thalamus et du noyau caudé (partie commissurale de la lame cornée). Koelliker distingue dans la commissure antérieure :

1° Une *portion olfactive* ;

2° Une *portion postérieure* qui va, en passant par la capsule externe au lobe piriforme ;

3° Une *petite portion* qui appartient au corps strié.

Jusqu'à ces derniers temps encore, on pensait, avec Ganser, que la commissure antérieure servait à unir l'un à l'autre les deux lobes temporaux. Cette opinion ne peut plus s'accorder avec ce qu'on sait actuellement. Outre

les fibres qui unissent les lobes olfactifs, c'est-à-dire la s. grise des pédoncules olfactifs, la commissure antérieure contient notamment, du moins cela
est très probable, des fibres qui réunissent les territoires postérieurs et en
particulier les régions disto-basales des hémisphères, les lobes temporaux,
en particulier les cornes d'Ammon, avec l'uncus, et des fibres qui réunissent
entre eux les lobes frontaux. La portion olfactive ou antérieure et la partie
postérieure ou hémisphérique (V. chap. IV) semblent former deux systèmes
complètement indépendants l'un de l'autre. Plusieurs faits tendent à prouver
que les fibres de cette deuxième portion servent à réunir des territoires non
symétriques des hémisphères.

Les données les plus précises obtenues à ce sujet l'ont été à l'aide des deux
méthodes des dégénérations et des atrophies. Il faut mentionner avant tout
les recherches de GUDDEN. Chez un lapin nouveau-né, consécutivement à
l'ablation d'une portion de l'hémisphère située au-dessus du thalamus et
du corps strié, cet auteur ne put constater au bout de sept semaines aucune
modification de la commissure antérieure ; celle-ci ne paraît donc avoir aucun
rapport, du moins chez cet animal, avec l'écorce de la convexité des hémisphères, territoire d'irradiation des fibres calleuses. Dans une autre expérience, l'ablation presque totale d'un hémisphère entraîna l'atrophie
complète du corps calleux et de la commissure antérieure : la plupart des
fibres de la capsule externe étaient intactes ; celles-ci, au moins, ne peuvent
donc, comme le remarque GUDDEN, appartenir à la commissure antérieure
qui n'enverrait en tout cas qu'un très petit nombre de fibres à la capsule
externe : les autres fibres de cette dernière viendraient du lobe piriforme et
des régions postérieures de l'écorce où elles prennent leur origine.

L'opinion émise par GANSER, et acceptée par beaucoup d'auteurs, que les
fibres de la commissure antérieure iraient s'épanouir dans l'écorce des lobes
temporaux a été infirmée par les recherches anatomo-pathologiques de
FLECHSIG et de POPOFF. Dans un des derniers cas observés dans la clinique
de FLECHSIG, on trouva au niveau du gyrus occipito-temporal interne, ou
lobule fusiforme, un ramollissement qui s'étendait en avant jusqu'à l'hippocampe, et, en dedans, presque jusqu'à la scissure calcarine ; à droite,
le foyer de ramollissement était moins étendu, mais occupait une situation
à peu près analogue (gyrus lingual), et était limité en dedans par la
scissure calcarine, en dehors par le sillon collatéral, en avant par l'hippocampe. En profondeur, les lésions s'étendaient des deux côtés jusqu'à la
paroi du ventricule latéral. Les lobes temporaux, les insulæ et la commissure antérieure paraissaient intacts. A un examen approfondi, celle-ci
tout entière, sauf sa partie olfactive, présenta un degré avancé de dégénération. Ce cas est en désaccord avec la description de GANSER et prouve que

la commissure antérieure sert surtout à réunir l'un à l'autre les deux gyrus linguaux. Dans un autre cas de FLECHSIG, on trouva un foyer unilatéral un peu plus étendu mais ayant la même localisation, et l'on nota aussi la dégénération de la plus grande partie de la commissure : cette dégénération était moins intense que dans le cas précédent parce que la lésion primitive n'intéressait qu'un seul des deux points d'origine des fibres de la commissure blanche (FLECHSIG).

Les résultats obtenus par HENSCHEN et DÉJERINE contredirent jusqu'à un certain point ceux auxquels étaient arrivés FLECHSIG et POPOFF. D'un autre côté, PONJATOWSKI put démontrer expérimentalement qu'après la section transversale de la commissure antérieure, sa portion postérieure dégénère également des deux côtés, mais d'une façon incomplète, ce qui prouve que ses fibres proviennent des deux hémisphères. Dans une autre expérience, consécutivement à la section de la partie postérieure de la commissure antérieure au sein de l'un des hémisphères, on put voir les fibres dégénérées cheminer de dedans en dehors à partir du niveau de la section : les unes pénétraient dans la capsule externe ; les autres se dirigeaient en arrière en suivant le bord inférieur de celle-ci et en lui abandonnant des ramifications ; quelques fascicules enfin se dirigeaient d'arrière en avant vers la partie antérieure de la capsule externe et, de là, vers le lobe frontal.

Après destruction de la face convexe de ce dernier, PONJATOWSKI observa, outre la dég. des fibres calleuses, celle des faisceaux frontaux de la commissure. Il conclut que les fibres calleuses et les fibres commissurales destinées au lobe frontal ont la même origine dans l'écorce de ce lobe et que la commissure antérieure ne doit être considérée que comme un simple complément du corps calleux ; il put constater que les fibres dégénérées suivaient pour la plupart un chemin différent dans le côté sain et dans celui de la lésion primitive ; là, les fibres frontales de la commissure ne montraient que quelques boules de myéline ; bien plus, la dégénération occupait surtout la portion postérieure de la commissure, complètement normale du côté de l'opération ; les fibres commissurales dorso-internes, dans leur trajet distal au bord inférieur de la capsule externe et dans l'intérieur même de celle-ci, furent trouvées dégénérées. Inversement, quand la lésion portait sur les faisceaux postérieurs de la commissure, au niveau du bord inférieur du bras postérieur de la capsule interne, on voyait dégénérer les faisceaux frontaux de la partie antérieure de la commissure, dans le côté opposé, tandis que les faisceaux postérieurs présentaient des modifications beaucoup moindres du côté opposé et restaient enfin complètement intacts du côté de l'opération. L'auteur conclut de tout cela que la partie postérieure de la commissure antérieure contient, outre les fibres qui unissent les régions homonymes des hémisphères, des fibres qui vont du lobe frontal d'un hémisphère aux parties postérieures de l'autre et que ces dernières, même, l'emportent en nombre sur les premières ; l'opinion de MARCHI, d'après laquelle la commissure contiendrait des fibres allant du lobe olfactif aux circonvolutions distales (lobule lingual) de l'hémisphère opposé, se voit opposer par ces mêmes expériences une fin de non-recevoir.

La destruction du lobe frontal a produit, au cours des recherches de SMIKOWSKI, faites dans mon laboratoire, la dégénération d'un faisceau

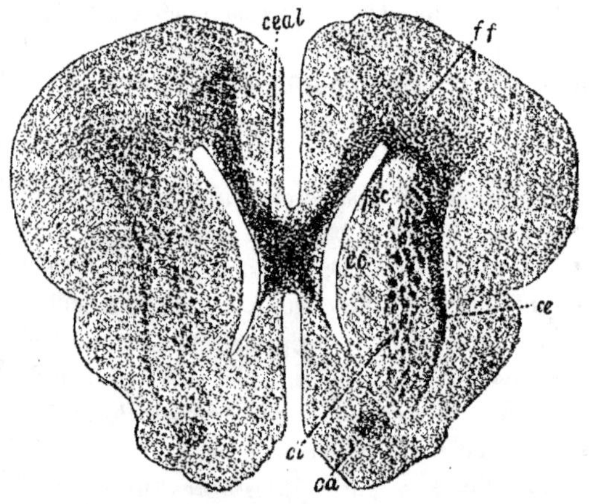

Fig. 365. — COMMISSURE ANTÉRIEURE ET CAPSULE EXTERNE.

(Dégénérations consécutives à l'ablation du lobe frontal. Voir la légende des figures 345, p. 578, et 361, p. 604.)

ca, Commissure antérieure coupée près de son extrémité distale.
cc, Noyau caudé.
ce, Capsule externe.
cçal, Corps calleux.
ci, Capsule interne totalement dégénérée.
ff, Fibres dégénérées venant du lobe frontal.
fsc, Faisceau sous-calleux.

spécial allant par la portion antérieure de la capsule externe à la commissure antérieure et, de là, à l'écorce du lobe frontal opposé (fig. 361, p. 604 et 365, cc). Mais, à cause peut-être de la moindre extension de la lésion, on ne pouvait trouver de fibres commissurales venues du lobe frontal qui pénétrassent dans les régions postérieures de l'hémisphère opposé. La lésion expérimentale (LARIONOFF) du centre auditif temporal ne produisit pas de dégénération dans la commissure antérieure.

Enfin, les recherches anatomo-pathologiques de Mme et M. DÉJERINE, les recherches d'anatomie comparée d'EDINGER ont prouvé de façon absolue que les cornes d'Ammon, les circonvolutions de l'uncus et l'isthme du lobe limbique sont unis entre eux par l'intermédiaire des fibres de la commissure antérieure.

Celle-ci nous apparaît donc jusqu'à un certain point comme un complément du corps calleux. Quand ce dernier manque, elle manque aussi assez souvent ou bien ne présente qu'un développement réduit.

ARTICLE II. — VOIES D'ASSOCIATION INTRAHÉMISPHÉRIQUES.

On divise habituellement les fibres qui unissent entre elles différentes parties de l'écorce d'un même hémisphère en *fibres longues* et *fibres courtes* suivant qu'elles relient des territoires corticaux éloignés, ou bien des circonvolutions voisines ou deux points d'une même circonvolution.

Quant à leur origine ces fibres représentent, comme celles du c. calleux et de la commissure antérieure, les neurites — ou leurs collatérales — des petites et des grandes Pyramidales de l'écorce. Pendant leur trajet elles abandonnent ordinairement quelques rameaux à l'écorce cérébrale, puis arborisent leurs propres ramifications terminales dans la couche externe ou moléculaire, ou dès l'intérieur de la s. blanche ou à la limite superficielle de cette dernière. Dans la substance blanche, les plus fines arborisations se mettent en rapport avec les dendrites descendantes des cellules de l'écorce (CAJAL).

A. SYSTÈMES DE GRANDE LONGUEUR.

Les faisceaux compris sous cette dénomination réunissent entre eux des territoires corticaux éloignés. [Ils affectent en général une disposition longitudinale. Ce n'est qu'aux deux extrémités de l'hémisphère que l'on rencontre des systèmes d'association transversaux.]

1° Faisceau longitudinal supérieur ou f. arqué de Burdach. — Ce faisceau déjà connu de BURDACH s'étend sur toute la longueur de l'hémisphère depuis le lobe frontal jusqu'au lobe occipital, et, pour une partie de ses fibres, jusqu'au lobe temporal (*fig. 366*). Il suit la direction de la deuxième Frontale. J'ai pu en suivre la dégénération dans un cas de destruction étendue du lobe frontal et préciser sa topographie : il est profondément situé dans la substance blanche, à peu près au milieu de l'espace compris entre la voûte du ventricule latéral et la surface de l'hémisphère. Il est assez difficile de mettre ses fibres en évidence par la simple dissection. Il relie les lobes occipital et temporal au lobe frontal et au champ cortical moteur : on peut très facilement en provoquer la dégénération expérimentale par lésion de l'écorce frontale.

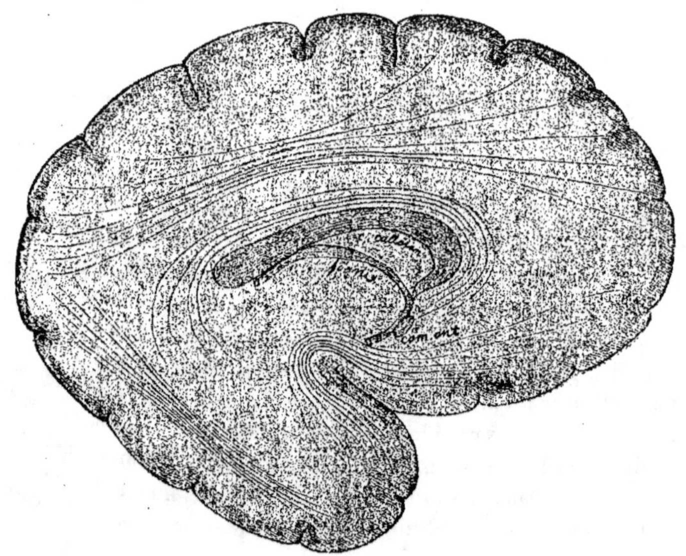

Fig. 366. — LES FAISCEAUX D'ASSOCIATION LONGITUDINAUX
DE L'HÉMISPHÈRE CÉRÉBRAL.

Les faisceaux sont supposés vus par transparence.
En haut, le *faisceau longitudinal supérieur* ou *f. arqué de Burdach.*
Au-dessous, suivant la courbe de la limite supérieure du corps calleux, le *cingulum* ou *faisceau de l'ourlet*, formé en réalité de fibres courtes et dont ce schéma ne cherche à indiquer que la direction générale.
En bas, le long de la face basale du lobe temporal, le *faisceau longitudinal inférieur.*
En bas et à droite, à cheval sur la scissure de Sylvius, le *faisceau de l'uncus* ou mieux *f. uncinatus*, qui va de la pointe du lobe temporal au lobe frontal.

D'après Déjerine, il ne serait formé que de fibres courtes reliant deux circonvolutions voisines et ne contiendrait de fibres plus longues, reliant deux circonvolutions séparées par une troisième, qu'au niveau de ses couches profondes.

On connaît l'opinion de Schnopfhagen d'après laquelle il réunirait le lobe temporal d'un côté au lobe frontal du côté opposé.

2° **Faisceau longitudinal inférieur.** — Ce faisceau peut être considéré comme représentant l'ancien *faisceau sensitif* de Charcot et Ballet. Il suit la paroi externe de la corne occipitale et du prolongement temporo-sphénoïdal du ventricule latéral (*fig. 363 fi*, p. 612) et est facile à voir sur des coupes de l'hémisphère parallèles à sa direction.

Pour Flechsig il ne constitue pas une voie d'association temporo-occipitale, comme on le croit ordinairement, mais est, au contraire, en relations par son extrémité distale avec la sphère visuelle, et, en avant, avec le thalamus. Suivant un trajet arqué, il borde la corne postérieure de dehors en dedans et d'arrière en avant et va de là au noyau amygdalien. Dans le thalamus il pénètre jusqu'au corps lenticulaire et au noyau principal (Flechsig). D'après la description du même auteur ce faisceau doit être considéré comme une ramification des radiations optiques de Gratiolet, tandis que d'autres voies de conduction iraient de la sphère optique aux centres acoustiques. Sur des préparations de cerveau d'enfant faites par Reimers dans mon laboratoire, j'ai pu suivre un faisceau qui contournait la corne inférieure du ventricule en arrière et en dehors pour aller du subiculum de la corne d'Ammon à la couche optique, mais je n'ai pu pourtant constater l'existence d'une connexion quelconque du centre optique avec le thalamus, à travers les lobes temporaux.

En réalité, le f. longitudinal inférieur unit le lobe temporal et en particulier la circonvolution sous-sylvienne au lobe occipital, c'est-à-dire le centre de la vue au centre de la mémoire acoustique des mots : une solution de continuité de la totalité de ses fibres, produite par un foyer pathologique, se traduit cliniquement par de la cécité verbale (Déjerine et Vialet). D'après quelques auteurs il enverrait une partie de ses fibres dans la capsule externe (pour le centre du langage?).

Si la clinique n'y suffisait pas, la méthode des dégénérations permettrait à elle seule de mettre hors de doute les relations qui existent entre la première Frontale et les régions postérieures de l'hémisphère. En effet, consécutivement à la destruction de cette circonvolution et des deux Temporales supérieures, Ferrier et Turner observent la dégénération de fibres d'association dans le gyrus angulaire et dans le lobe occipital.

3° **Faisceau unciné ou f. en crochet** (*fig. 366*). — Ce faisceau part du lobe temporal, contourne circulairement l'insula en passant par la capsule externe et en englobant l'avant-mur au milieu de ses fibres et se rend aux régions latérales du lobe frontal, en particulier à la troisième Frontale. Son rôle est évidemment de réunir entre elles les circonvolutions qui sont situées autour de l'insula, en particulier le centre auditif au centre du langage, et très vraisemblablement aussi au centre des mouvements de la main adaptés à l'écriture. On ne peut, d'après des recherches faites dans mon laboratoire, en provoquer la dégénération par lésion du centre auditif.

4° **Cingulum**. — Le cingulum ou *faisceau de l'ourlet* (*fig. 366*) était déjà connu de Burdach. Il commence dans le voisinage de la substance

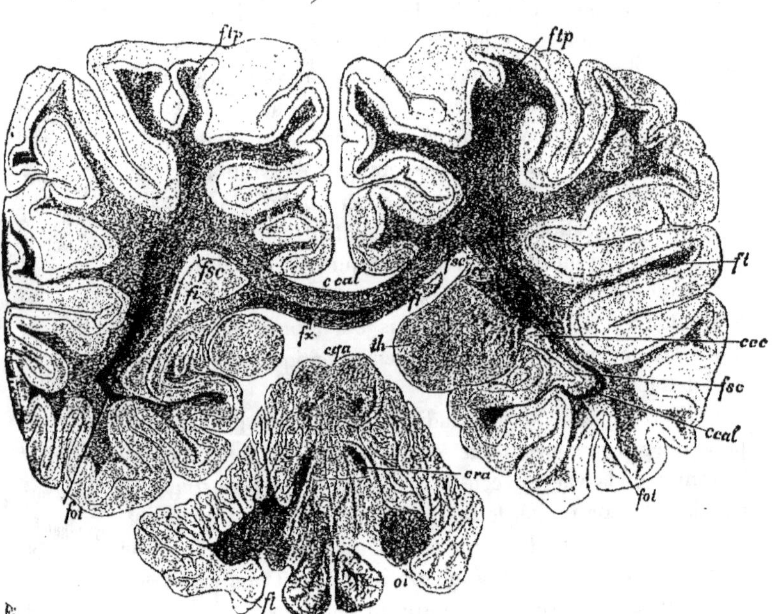

Fig. 367. — COUPE FRONTALE DE L'ENCÉPHALE D'UN ENFANT DE 4 MOIS

(Voir la légende des figures 333 à 335, p. 557 et celle de la figure 364, p. 614.)

c.cal, Corps calleux dont les radiations forment, de chaque côté, le tapetum (c.cal, à droite).
cco, Queue du noyau caudé.
cqa, Quadrijumeau antérieur.
cra, Pédoncule cérébelleux supérieur.
fi, Fimbria.
fl, Flocculus et son pédoncule.

fol, Faisceau thalamique allant à la corne d'Ammon.
fsc, Faisceau sous-calleux.
ftp, Portion pariétale de la couronne rayonnante du thalamus.
fx, Trigone ou fornix.
oi, Olive bulbaire.
th, Thalamus.

perforée antérieure, chemine au-dessous de la circonvolution sus-calleuse qu'il suit dans toute son étendue et se dirige ensuite le long du subiculum vers la pointe de la corne d'Ammon. D'après Beevor il se divise en trois parties :

1° Une portion horizontale, au-dessus du corps calleux ;

2° Une portion antérieure, en avant du genou;

3° Une portion postérieure, en arrière du splenium.

Son segment horizontal est formé, suivant le même auteur, de fibres courtes allant du gyrus fornicatus au centre ovale, donc situées à la face convexe de l'hémisphère; la partie antérieure réunit les premières portions des bulbes olfactifs aux lobes frontaux; la partie distale réunit le gyrus de l'hippocampe à la face inférieure du lobe temporal. D'après d'autres recherches, la portion horizontale relierait la zone motrice à certaines circonvolutions de la surface convexe.

La dégénération du cingulum a été étudiée par BEEVOR, MURATOFF, et, dans mon laboratoire, par SHUKOWSKI et SCHIPOFF. D'après les expériences de BEEVOR, la section transversale ne fait pas dégénérer toute la masse du faisceau. Il en est de même, d'après SCHIPOFF, pour la destruction du gyrus fornicatus. MURATOFF trouva des fibres dégénérées dans le cingulum après lésion du champ cortical moteur; SHUKOWSKI, après lésions du lobe temporal (*fig. 345, fin,* p. 578; *fig. 361, fcn,* p. 604). Les préparations faites par ce dernier auteur me permirent de constater que la dégénération diminuait graduellement d'avant en arrière, ce qui démontre que les fibres de l'ourlet ne possèdent pas partout la même longueur.

5° Faisceau longitudinal sous-calleux. — Nous avons déjà à plusieurs reprises parlé de ce faisceau, en particulier à propos de la part que prennent ses fibres à la composition du tapetum. FOREL et ONUFROWITSCH-KAUFMANN le décrivirent sous le nom de *faisceau d'association occipito-frontal;* MURATOFF, sous celui de *faisceau sous-calleux (fig. 364,* p. 614 et *367,* p. 623, *fsc*). Il doit réellement représenter, ainsi que le pensent quelques auteurs, un système d'association occipito-frontale, mais son rôle me paraît être surtout de réunir l'écorce au noyau caudé; il ne contient qu'un très petit nombre de fibres allant du lobe frontal au lobe occipital et même leur présence n'a pas été définitivement prouvée.

Faisceaux propres au lobe occipital. — 6° Le *faisceau occipital vertical* de WERNICKE est tendu verticalement des portions supérieures du lobe occipital et du lobule pariétal inférieur au gyrus fusiforme. On ne possède que peu de documents à son sujet.

Après lésions du centre auditif cortical, LARIONOFF (de mon laboratoire) nota, chez le chien, la dégénération d'un long faisceau qui, à partir de la face ventrale de la corne postérieure, s'incurvait autour de celle-ci et allait de la région du centre auditif au subiculum de la corne d'Ammon. On trouva dans la même région d'autres fibres dégénérées au-dessous de la corne postérieure du ventricule latéral : elles purent être suivies jusqu'à la portion postérieure du gyrus fornicatus. D'après ces recherches, les lésions du centre auditif produisent la dégénération des fibres qui se rendent au lobe occipital et aussi, selon toute apparence, au centre visuel, ainsi qu'aux circonvolutions de la face externe du lobe frontal (V. plus haut).

7° et 8° Deux autres faisceaux d'association à direction transversale ont été décrits récemment dans le lobe occipital : l'un le fut par Sachs, sous le nom de *faisceau transverse du cuneus*. Il représente un moyen d'union réciproque pour les différentes parties du lobe occipital (*fig. 354, ftc*, p. 588). L'autre fut étudié par Vialet (1) qui le dénomma le *faisceau transverse du lobule lingual* (*fig. 354, ftl*).

D'après cet auteur, il relie le centre de la sensibilité à la lumière, situé dans le voisinage de la scissure calcarine, au centre d'emmagasinement des images optiques qui se trouve à la face externe du lobe occipital; il contourne transversalement l'extrémité de la corne ventriculaire postérieure et peut être mis en évidence dans toute l'étendue du lobule lingual jusqu'à son passage dans le gyrus de l'hippocampe. Ses fibres naissent dans la lèvre inférieure de la scissure calcarine et dans la substance blanche du lobule lingual; au niveau du bord interne du ventricule elles se réunissent en faisceau, contournent la partie inféro-interne du faisceau longitudinal infé-rieur, pénètrent, en passant devant la paroi inférieure du ventricule, dans l'espace compris entre cette paroi et la substance blanche du gyrus fusi-forme, contournent une seconde fois la portion inféro-externe du faisceau longitudinal de Burdach et se perdent dans les deuxième et troisième Occipitales. Les deux faisceaux en question représentent donc des voies d'associations intra-cérébrales.

Le gyrus angulaire est relié par des voies d'association semblables à la première Temporale (centre auditif), fait confirmé récemment par Ferrier et Turner au moyen de la méthode des dégénérations expérimentales. La destruction du pli courbe produit la dégénération des voies qui le relient aux circonvolutions pariétales et à l'écorce occipitale.

On peut encore ranger parmi les voies d'association à long parcours le *fornix longus* d'Edinger, les *nerfs de Lancisi* (*fig. 227, strl*, p. 377) ainsi que la *bandelette diagonale* de Broca : mais leur étude sera mieux placée au chapitre des voies de conduction du rhinencéphale (voies d'association).

B. Systèmes d'association intra- et sous-corticaux.

Fibres en U de Meynert. — On désigne ordinairement sous le nom de *voies d'association courtes* les fibres à trajet circulaire qui vont d'une

(1) *Bulletin Méd.*, août 1893.

circonvolution à la circonvolution voisine : ce sont les *fibræ arcuatæ propriæ*
de MEYNERT (*fig. 368*). Elles cheminent immédiatement sous l'écorce
cérébrale et sont même comprises en partie dans les couches profondes de
celle-ci. Elles sont en général perpendiculaires à l'axe longitudinal des
circonvolutions qu'elles relient entre elles en décrivant un trajet arqué
au-dessous du sillon de séparation. Sur le trajet des faisceaux ainsi constitués on rencontre ordinairement les cellules fusiformes de la couche
profonde dont nous avons déjà parlé.

La dégénération de ces fibres est le résultat presque constant des différentes affections corticales ; elle n'a cependant que peu attiré l'attention des
auteurs ; FRIEDMANN la décrivit le premier dans un cas de paralysie générale.

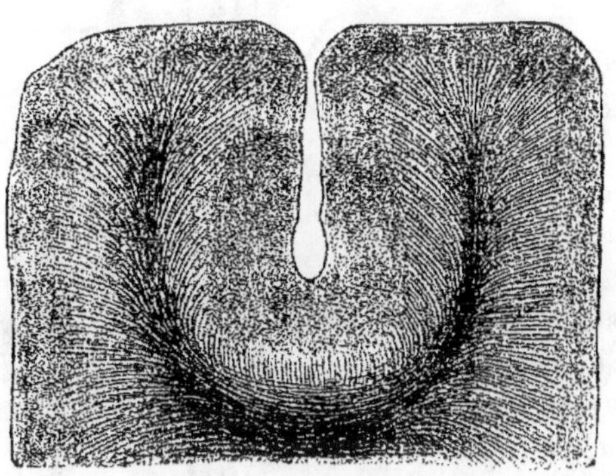

Fig. 368. — FIBRES EN U RÉUNISSANT DEUX CIRCONVOLUTIONS VOISINES.
(Méthode de Weigert.)

Je l'ai moi-même souvent observée dans les lésions de l'écorce ; enfin elle
a été étudiée au point de vue expérimental par v. MONAKOW, MURATOFF,
SHUKOWSKI et LARIONOFF. Chacune de ces fibres d'association a pour centre
trophique une cellule de l'écorce : aussi toute lésion de celle-ci causera-t-elle
la dégénération de ses voies d'association : cette lésion secondaire s'étend,
dans la règle, suivant deux directions et est particulièrement nette quand
deux circonvolutions voisines sont intéressées et non pas une seule.

Systèmes tangentiels. — Un grand nombre d'autres fibres traversent
l'écorce grise en direction transversale ou oblique. Dans la couche superficielle
où elles sont le plus développées, elles s'amassent à sa surface et forment
une mince couche d'éléments à peu près parallèles, la *couche des fibres
tangentielles* ou *réseau d'Exner* (*fig. 369 ce*) dont les origines trophiques se

trouvent surtout dans cette région de l'écorce mais aussi dans les couches plus profondes.

Les fibres tangentielles représentent évidemment, comme les fibres arquées ou fibres de MEYNERT, des éléments d'association.

J'ai décrit sous le nom de *système externe d'association* une assise bien distincte de fibres myéliniques qui est située dans la profondeur de la première couche ou même à la limite de la deuxième (*fig. 370*). Elle est formée des collatérales neuritiques des cellules situées plus profondément et est particulièrement nette dans l'écorce de la face interne du lobe occipital, mais on peut encore la mettre en évidence en certains points dans d'autres régions (*fig. 370*) [mais non, d'après DÉJERINE, dans le lobe frontal et au niveau de la face inféro-interne du lobe temporal]. C'est au niveau du subiculum de la corne d'Ammon et de la corne d'Ammon elle-même qu'elle atteint son maximum de développement : elle forme en ce point la *couche médullaire moyenne*, ou *stratum lacunosum*, située dans la profondeur de la couche moléculaire (*fig. 317 et 321*, p. 535 et 541). [Dans les autres régions de l'écorce elle est ordinairement désignée sous le nom de *strie de Bechterew*.]

Tandis que les fibres les plus superficielles de la première couche sont

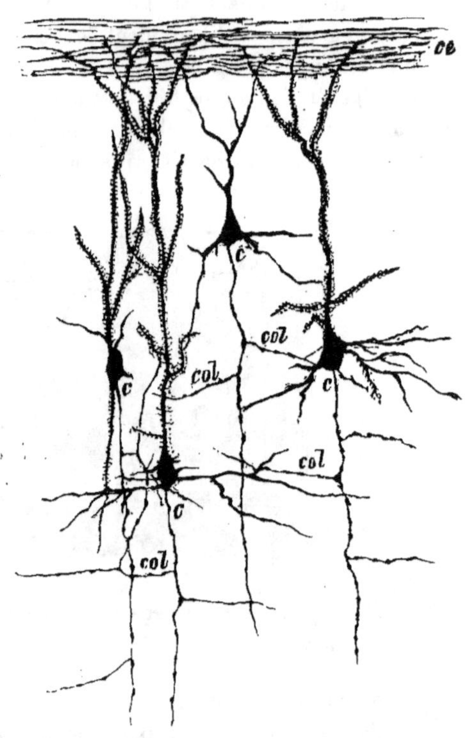

Fig. 369. — LES FIBRES TANGENTIELLES ET LEURS RAPPORTS AVEC LES CELLULES DE L'ÉCORCE.

(Chat nouveau-né.)

cc, Neurites se rendant dans la substance blanche.
ce, Couche superficielle de fibres tangentielles.
col, Collatérales des neurites dont quelques-unes sont récurrentes et qui vont se terminer dans le voisinage du corps des cellules voisines.

le plus souvent obliques ou transversales par rapport à l'axe longitudinal de la circonvolution, les systèmes d'association qui sont situés à la limite des deux premières couches externes lui sont le plus souvent parallèles. Les premières servent en quelque sorte de complément aux fibres arquées unissant des circonvolutions voisines; les seconds semblent destinés à réunir réciproquement des portions plus ou moins éloignées d'une même circonvolution.

Des conditions particulièrement favorables à l'association des activités cellulaires se trouvent ainsi réunies dans la première couche de l'écorce. Les fibres de cette couche naissent, avons-nous vu, de ses cellules mêmes (*fig. 293, abc,* p. 511), qui émettent plusieurs neurites et des petites Fusiformes situées plus profondément (*fig. 293, d*); on trouve, à côté, les ramifications terminales de fibres myéliniques venues de régions éloignées de l'écorce. De plus, les fibres centrifuges lui envoient une partie au moins de leurs ramifications. Enfin, les cellules des couches sous-jacentes y envoient les riches arborisations de leur dendrite primordiale. Ces panaches protoplasmiques pourvus de nombreux appendices en forme de massue semblent être nettement différenciés pour entrer en relations par

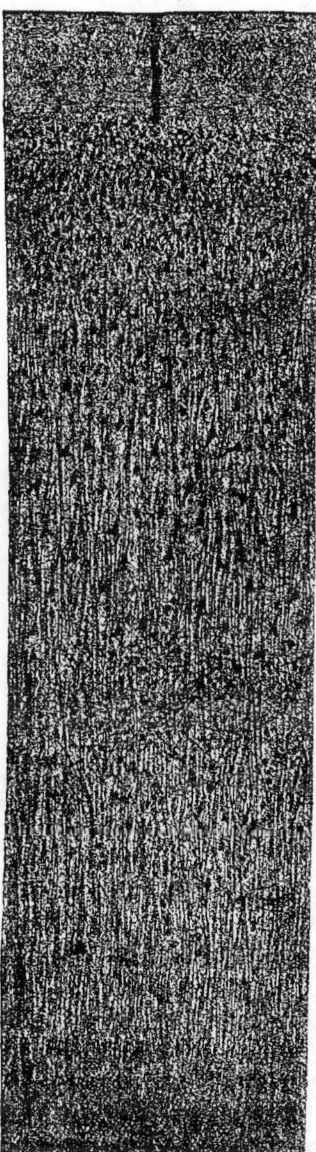

Fig. 370. — RÉPARTITION DES FIBRES ET CELLULES NERVEUSES DANS L'ÉCORCE CÉRÉBRALE DE L'HOMME.

Fixation à l'acide osmique.

On voit les faisceaux verticaux qui augmentent de volume en s'enfonçant dans la profondeur.

La strie de Bechterew correspond à peu près à l'extrémité inférieure du vaisseau que l'on voit partir de la surface pour pénétrer dans la s. grise.

voie de contact immédiat ou de proximité avec les neurites que les cellules corticales envoient s'arboriser dans cette couche (*fig. 293*) : on rencontre parmi ces éléments :

1° Les cellules d'association de la première couche ;

2° Les cellules qui lui envoient leur neurite ascendant ;

3° Les Pyramidales et les fibres d'association qui en proviennent, fibres dont les collatérales et les ramifications terminales se rendent dans cette couche ;

4° Les ramifications terminales de fibres centripètes exogènes ;

5° Des neurites venus des cellules de l'hémisphère opposé par la voie du c. calleux et de la commissure antérieure.

Au point de vue physiologique, l'épais réseau des dendrites primordiales qui pénètrent dans la première couche sert très probablement à associer pour une action commune des groupes importants de cellules de l'écorce. Mais la couche superficielle de l'écorce n'est pas seule à contenir des fibres d'association. La *strie* de BAILLARGER et de GENNARI, qui particulièrement développée dans le lobe occipital y est désignée sous le nom de *strie* ou *ruban de Vicq d'Azyr* (*fig. 301*, p. 518), et qui siège dans la profondeur de la substance grise, est constituée par une conglomération de fibres myéliniques (*fig. 302*). Elle est formée en réalité des collatérales des neurites des cellules pyramidales. De plus, en faisant abstraction des fibres propres de Meynert et des fibres d'association de la couche superficielle, il existe encore d'autres assises de fibres myéliniques, d'après mes recherches personnelles et celles de KAES, dans d'autres portions de l'écorce grise, par exemple au niveau des petites et grandes Pyramidales ainsi qu'à la limite de la substance blanche (*fig. 370*). On peut ainsi distinguer dans l'écorce des fibres arquées externes et moyennes, c'est-à-dire intermédiaires, et les désigner sous le nom de fibres propres externes et moyennes par opposition aux fibres arciformes profondes ou internes, ou fibres de Meynert (*fig. 368*, p. 626) (1).

Dans l'écorce les fibres myéliniques montrent un développement très inégal et qui varie d'une façon déterminée suivant les territoires considérés. Il n'a pas encore été fait à ce sujet de recherches que l'on puisse regarder comme définitives. A. PASSOW (2) examina dans cette intention au moyen de la méthode de WOLTERS le cerveau d'un homme de trente-trois ans mort

(1) Le principe que MONAKOW a voulu établir (*Arch. des Sciences physiques et naturelles*, 1888) et d'après lequel les petites cellules de l'écorce seraient le centre trophique des fibres d'association tandis que les grandes seraient le lieu d'origine des systèmes de conduction est en soi peu vraisemblable et ne concorde aucunement avec ce que l'on peut constater au moyen de la méthode de Golgi.

(2) « Sur la teneur en fibres myéliniques des circonvolutions centrales d'un individu normal du sexe masculin », *Neurol. Centralbl.*, 1898, n° 6.

de tuberculose ; il fit des coupes des circonvolutions centrales après avoir divisé leur surface de haut en bas en six territoires dont le dernier correspondait à l'opercule. Le plus riche en fibres tangentielles était le quatrième au niveau de la frontale ascendante (centre de la main et des doigts); le cinquième et le sixième étaient plus pauvres (centre de la face), mais les segments supérieurs (centres du pied et du tronc) étaient de tous les moins abondamment pourvus. Au-dessus des faisceaux de fibres radiaires était situé un réseau de fibres peu développé dans le premier et le dernier territoire, très net dans les segments moyens au niveau desquels il atteignait la couche des fibres tangentielles. Le réseau de fibres de la strie de Baillarger présentait un degré de développement semblable. La Pariétale ascendante était en général plus pauvre en fibres myéliniques que la circonvolution prérolandique : ces éléments s'y montraient beaucoup plus clairsemés, surtout les fibres de gros diamètre.

Les *connexions intra-corticales des cellules pyramidales* sont multiples. Grâce à leurs relations étendues locales et lointaines avec les collatérales des fibres myéliniques de l'écorce (*fig. 369*, p. 627) et de la substance blanche, avec les terminaisons arborisées des fibres d'association et des fibres centripètes, elles se trouvent sur le chemin d'excitations provenant des sources les plus différentes :

1° Des cellules de Golgi à neurite court ;

2° Des cellules d'association de différents territoires corticaux du même hémisphère ;

3° De cellules de l'hémisphère opposé, par le corps calleux et la commissure antérieure ;

4° Des cellules des noyaux sensitifs de la région du tronc cérébral ;

5° Des éléments (cellules pyramidales) des couches sus-jacentes, dont les collatérales de neurite se mettent en contact avec les dendrites et le corps des cellules plus profondes (*fig. 293*, p. 510 et *fig. 369*).

Il n'est pas besoin, après les considérations que nous avons exposées, de rappeler que les cellules de l'écorce conservent leur autonomie et leur indépendance malgré leurs multiples connexions et ne sont jamais unies entre elles par des rapports de continuité ; malgré cela, leur commerce d'actions nerveuses se trouve être très étendu, grâce à l'intermédiaire des neurites eux-mêmes, de leurs collatérales, des fibres qui viennent se terminer dans l'écorce d'une part, et, d'autre part, du corps et des dendrites de chaque cellule. Celle-ci s'assure aussi des relations par contact ou proximité avec les cellules pyramidales voisines, comme le font entre elles, dans la moelle, les Multipolaires des cornes antérieures.

Rapports généraux de l'écorce et des voies d'association. — On sait en quoi consiste la théorie des centres d'association telle qu'elle fut exposée par FLECHSIG, il y a quelques années : d'après cet auteur certains territoires de l'écorce ne contiendraient pas de fibres de projection et seraient uniquement pourvus des fibres d'association qui les relient à d'autres régions de l'écorce : une très petite portion seulement de cette dernière serait occupée par les centres sensitivo-moteurs ou centres de projection. Quant aux centres d'association, FLECHSIG en reconnut d'abord trois : les centres frontal, occipito-temporal et insulaire. Malgré les nombreuses objections qui furent faites à cette conception, il conserva sa première manière de voir et crut la justifier par de nouvelles recherches. Celles-ci portèrent sur quarante-huit hémi-sphères représentant vingt-huit cerveaux provenant de sujets dont l'âge variait depuis le septième mois de la vie intra-utérine jusqu'au quinzième mois après la naissance. Dans la majorité des cas, le cerveau fut débité en série complète. Les résultats de ces recherches furent les suivants :

1° Dans l'hémisphère cérébral la myélinisation suit le même ordre que dans la moelle, le tronc cérébral et le cervelet ;

2° La loi fondamentale qui préside à ce processus est celle-ci : les fibres de même valeur physiologique se myélinisent à peu près partout à la même époque ; il faut remarquer cependant que les collatérales se myélinisent toujours plus tard que les fibres mères ; des systèmes de signification diffé-rente se myélinisent suivant un ordre déterminé.

3° Il en résulte que des faisceaux dont la myélinisation a lieu à des époques très différentes ne peuvent pas être considérés comme ayant la même signification ;

4° C'est chez le fœtus né avant terme et survivant quelque temps que cette loi paraît le plus évidente : elle se vérifie ainsi avec plus de [netteté chez les sujets nés au septième mois de la vie intra-utérine et qui ont survécu un à deux mois, que chez les enfants nés à terme ;

5° C'est vers la fin du septième mois de la vie intra-utérine que la myé-linisation commence dans les hémisphères, par des voies de nature sensitive : les radiations du ruban de Reil et le tractus olfactif ;

6° La myélinisation des fibres de l'écorce se fait dès l'abord par terri-toires absolument distincts dans lesquels les fibres myélinisées cheminent en masses compactes tandis que les territoires voisins sont encore complètement privés de ces éléments. La myélinisation des fibres de l'écorce progresse par faisceaux ; le cortex se trouve ainsi divisé en un grand nombre de zones que FLECHSIG désigne sous le terme de *champs corticaux embryologiques* (*entwicke-lungsgeschichtliche Rindenfelder*) ; chacun de ces territoires se différencie par l'époque de son développement et, en outre, par ses connexions propres.

Le nombre de ces champs corticaux paraît beaucoup plus grand maintenant que lors des premières recherches de FLECHSIG ; les centres sensoriels comme les centres d'association se subdivisent en un grand nombre de champs secondaires ; la sphère sensitive du corps en fournit dix à elle seule ; et quinze résultent du démembrement du grand centre d'association postérieur. Le total actuel atteint la quarantaine et rien n'empêche d'espérer que l'étude de phases embryologiques ultérieures n'accroisse encore ce nombre. Ces quarante territoires forment une série ininterrompue que l'on peut du reste répartir en plusieurs groupements :

Sous le terme de *territoires primordiaux*, l'auteur désigne ceux qui se développent avant le moment de la naissance à terme ; il nomme *territoires intermédiaires* ceux qui se myélinisent immédiatement avant la naissance ou peu de temps après, par exemple dans le cours du premier mois : les *territoires terminaux*, enfin, effectuent leur myélinisation à partir de cette époque jusqu'au dix-huitième mois environ.

Les territoires primordiaux comprennent tous les centres sensoriels ; les derniers comprennent les parties centrales des centres d'association et sont les caractéristiques du cerveau humain ; ils correspondent aux bosses pariétales et frontales de la boîte cranienne et déterminent ainsi la forme particulière au crâne de l'homme. Chez les anthropoïdes, il est impossible de démontrer leur existence d'une façon certaine, tandis que les territoires primordiaux existent dès les premiers degrés de l'échelle des vertébrés.

La topographie de chaque champ myélinique souffre des différences individuelles ; cependant FLECHSIG conserve encore actuellement la division qu'il établit primitivement entre les champs sensoriels et les centres d'association ; ce n'est que dans quelques portions de ces derniers qu'il put déceler l'existence de faisceaux de projection, de très peu d'importance, du reste. Il ne faudrait pourtant pas s'attendre à trouver des contrastes tranchés entre les différents centres ; les transitions sont graduelles, les faisceaux de projection l'emportent en importance au niveau des champs sensoriels et les fibres d'association sont l'élément prédominant des centres auxquels elles prêtent leur nom.

On sait que la doctrine des centres d'association soutenue par FLECHSIG a soulevé les objections de différents auteurs : VOGT, MAHAIM, SACHS, DÉJERINE, MONAKOW. Ce n'est pas le lieu de retracer ici toute l'histoire de cette polémique ; sachons seulement que les bases de l'édifice élevé par FLECHSIG ont été ébranlées : on a surtout fait remarquer qu'il n'est pas prouvé que certaines régions de l'écorce soient totalement privées de fibres de projection ; on a aussi objecté que, dans le cours de ces investigations, les radiations de la couche optique qui se rendent à toute l'étendue de l'écorce ont été complètement laissées de côté.

MONAKOW a consacré à cette question des recherches spéciales (1) et se prononça catégoriquement contre la conception de FLECHSIG d'après laquelle les lobules pariétaux supérieur et inférieur, de même que les lobes temporo-occipitaux, ne prendraient aucune part à la formation du faisceau sagittal du lobe occipital et n'enverraient non plus aucune fibre dans le segment rétro-lenticulaire de la capsule interne. D'après ses propres recherches embryologique, MONAKOW prit le contre-pied de cette proposition et affirma que les lobes pariétaux et occipitaux possèdent des fibres de projection ; sur des coupes frontales du cerveau d'un enfant de quatre mois, il put suivre des fibres qui, nées du gyrus angulaire, se rendaient directement dans les radiations optiques de Gratiolet ; celles-ci recevaient aussi des fibres du gyrus occipito-temporal. L'examen anatomique d'un cerveau de microcéphale lui permit encore de mettre en évidence des fibres allant du pli courbe aux radiations optiques. Dans un cas enfin, des foyers hémorragiques du pulvinar et du noyau ventral du thalamus avaient entraîné la présence de fibres dégénérées dans le gyrus angulaire et les radiations de Gratiolet.

FLECHSIG admet aussi l'existence de fibres d'union allant des centres d'association au thalamus, mais ces fibres seraient identiquement fonction-nelles aux voies d'association et serviraient à réunir entre eux les différents centres corticaux. Il me semble que cette opinion se heurte à de graves difficultés car le thalamus appartient au tronc cérébral et non pas, ainsi que le noyau caudé, aux formations corticales. Le lobe frontal et même le lobe de l'insula sont aussi le lieu d'origine de fibres de projection, ainsi qu'il résulte des recherches de SIEMERLING, SACHS et autres. Le premier de ces auteurs considère comme dénuée de fondement l'opinion qui attribue aux centres d'association une structure histologique différente de celle des champs sensoriels ; on n'a d'autre part jamais pu confirmer la description de FLECHSIG d'après laquelle les fibres allant du thalamus au lobe frontal décriraient un angle aigu et se rendraient, les unes à la première Frontale, les autres au cingulum.

D'après mes recherches personnelles et celles qui furent faites dans mon laboratoire, sur des cerveaux de fœtus et d'enfants d'âges différents, d'après aussi des expériences qui consistèrent dans des destructions étendues

(1) *Congrès des neurologistes et aliénistes de l'Allemagne du sud-est* à Baden-Baden 21 et 22 mai 1898.

de l'écorce avec examen au Marchi des dégénérations secondaires, j'admets avec FLECHSIG que les centres d'association sont les derniers territoires de l'écorce qui se myélinisent, mais je puis d'autre part affirmer que toute l'étendue de l'écorce, et en particulier les centres d'association, possèdent des fibres de projection. Je rappelle à ce propos que des lésions circonscrites créées expérimentalement par SHUKOWSKI au niveau du lobe temporal entraînèrent la dégénération de la voie fronto-protubérantielle, du pédoncule antérieur du thalamus et des faisceaux qui descendent à la substance noire; je rappelle encore que les lésions de l'écorce pariéto-temporale font aussi dégénérer des fibres de projection. Il est incontestable pourtant que, chez l'homme, les champs sensoriels occupent un espace beaucoup plus restreint que les autres territoires de l'écorce qui sont évidemment le théâtre des processus psychiques supérieurs; l'extension relative des domaines de l'écorce affectés respectivement aux phénomènes sensoriels bruts ou à leur élaboration présente d'ailleurs, dans toute l'échelle des vertébrés, une série régulière de modifications en sens inverse; les territoires corticaux sensoriels augmentent progressivement d'étendue et finissent, chez les espèces les plus inférieures, par l'emporter sur les centres dits psychiques.

Il est certain aussi que chez l'homme les lobes frontaux contiennent beaucoup plus de fibres de projection que de fibres d'association. Quant aux circonvolutions pariétales et à celles qui occupent la base du lobe temporal, il est beaucoup plus difficile d'y mettre en évidence la prédominance des voies d'association sur les voies de projection.

Concluons que les dénominations adoptées par FLECHSIG ne traduisent pas la réalité des faits : il n'existe aucune différence anatomique essentielle entre les centres d'association et les champs sensoriels : c'est donc à la physiologie qu'il faut demander le principe d'une division : l'écorce se répartit alors tout naturellement en *territoires sensoriels* et *territoires psychiques*.

BIBLIOGRAPHIE. — Corps calleux. — ANTON : « L'absence du corps calleux; son importance et sa signification pour le cerveau », *Wien. klin. Woch.*, 1896, p. 1031. — BEEVOR : « Sur la théorie du professeur Hamilton au sujet du corps calleux », *Brain*, 1885 et 1886. — « Sur le trajet des fibres du cingulum, la partie postérieure du corps calleux et le fornix du singe marmouset », *Phil. Trans.*, 1891. — BLUMENAU : « Sur le développement et la fine anatomie du corps calleux », *Arch. f. mikr. Anat.*, vol. XXXVII, 1891. — DÉJERINE : Contribution à l'étude de la dégénérescence des fibres du corps calleux, *Soc. de Biologie*, 1892. — DOTTO et PUSATERI : « Sur le trajet des fibres du corps calleux et du psalterium », *Riv. di patol. nerv. e ment.*, II, 2 février 1897. — FISH : « L'induseum du corps calleux », *Journ. of Comparat. Neurol.*, vol. V, p. 61. — FOREL : « Un cas d'absence du corps calleux dans le cerveau d'un idiot », *Tageblatt der 54e Versam. deutscher Naturf. u. Aerzte in. Salzburg*, septembre 1881. — HAMILTON : « Sur le corps calleux dans le cerveau de l'adulte », *Journ. of Anat. and Phys.*, vol. XIX, 1885 ; — « Sur le corps calleux chez l'embryon », *Journ. of Anat.*, vol. XIX, 1885 et *Brain*, vol. VIII. — HOCHHAUS : « Sur l'absence de corps calleux chez l'homme », *Deut. Zeitsch. f. Nervenk.*, vol. IV, p. 78.

Kaufmann : « Sur l'absence de corps calleux dans le cerveau de l'homme », *Arch. f. Psych. v. Nervenkr.*, 1887 et 1888. — Macedo : « Le cerveau sans corps calleux ; contr. à la théorie des circonvolutions », *Neurol. Centralbl.*, IX, 1890. — Martin : « Sur le développement du corps calleux chez le chat », *Anat. Anz.*, vol. IX, p. 156, 1893. — Mingazzini : « Observations anatomiques sur le corps calleux et certaines formations qui ont rapport avec lui », *Laborat. di Anat. norm. della r. Univ. di Roma*, 1897. — Muratoff : « Dégénérations secondaires à la section du corps calleux », *Neur. Centralbl.*, 1894. — Ostrowitsch : « Le cerveau sans corps calleux des microcéphales », *Arch. f. Psych.*, 1887. — Osborn : « L'origine du corps calleux », *Morph. Iarhb.*, 1887. — Vogt : « Sur les fibres les portions moyennes et postérieures du corps calleux », *Neurol. Centr.*, année XIV, 1893, p. 208. — Zingerle : « Sur la signification et les conséquences de l'absence du corps calleux chez l'homme », *Arch. f. Psych.*, vol. XXX, p. 400.

Commissures cérébrales (V. pour la commissure postérieure, IIIe partie, chap. I, p. 231 ; chap. II, p. 319, 320, et V[e] partie, chap. IV). — Elliot : « Note sur la morphologie du cerveau et de ses commissures dans la série des vertébrés », *Anat. Anz.*, 1895. — Ganser : « Sur la commissure antérieure des mammifères », *Arch. f. Psychiatrie v. Nervenkr.*, 1879. — Macedo : De l'encéphale humain avec et sans commissure grise, *Bull. Soc. Anthrop. de Paris*, 1889. — Pawlowski : « Sur le trajet des fibres dans la commissure postérieure du cerveau », *Zeitsch. f. Wiss. Zoologie*, 1874, vol. XXIV. — Popoff : « Sur la question du territoire d'origine des fibres de la commissure antérieure », *Neurol. Centralbl.*, 1886. — Spitzka : « Sur quelques faits obtenus par la méthode des atrophies au sujet de la commissure postérieure », *Neurol. Centralbl.*, 1885. — Symington : « Les commissures cérébrales chez les marsupiaux », *Journ. of Anatomy*, 1892. — Viller : Recherches anatomiques sur la commissure grise, thèse de Nancy, 1887.

Fibres nerveuses de l'écorce cérébrale. — Baillarger : *Recherches sur la structure de la couche corticale des circonvolutions du cerveau*, Paris, 1840. — Bechterew : « Sur les fibres d'association externes de l'écorce », *Neur. Centralbl.*, 1891. — Berkley : « Les fibres myéliniques de l'écorce ; leur coloration par l'osmium et l'hématoxyline cuprique », *Medical Record*, New-Nork, 1892, p. 288 ; — « Les terminaisons de fibres nerveuses dans l'écorce cérébrale », *Johns Hopkins hosp. Reports*, 1896, vol. VI et *Anat. Anz.*, vol. XII, p. 258. — Cajal : « Sur l'existence de collatérales et de bifurcations dans la substance blanche de l'écorce grise du cerveau », *Pequenas communicaciones anatomicas*, déc. 1890 ; — « Sur l'existence de bifurcations et collatérales dans la première couche de l'écorce cérébrale », *Gaceta medica catalana*, nov. 1891. — Exner : « Sur la structure fine de l'écorce cérébrale », *Wiener Sitzb.*, vol. LXXXIII, 1881. — Hammarberg : « *Études cliniques et pathologiques sur l'idiotie avec recherches sur l'anat. normale de l'écorce cérébrale* », trad. du suédois en allemand par Henschen, Leipzig, 1894, Koehler. — Held. Hans : « Mode de terminaison des nerfs sensitifs dans le cerveau », *Arch. f. Anat. u. Phys.*, Anat. Abth., 1892. — Hess : « Sur la dégénération de l'écorce cérébrale », *Wien. med. Iahrb.*, 1886. — Kaes : « L'emploi de la méthode de Wolters pour les fibres fines de l'écorce cérébrale », *Neurol. Centralbl.*, 1891, p. 456 ; — « Contr. à l'étude de la teneur en fibres myéliniques de l'écorce cérébrale, chez les idiots, avec mensurations comparées de l'écorce », *Monatschrift f. Psych. u. Neurol.*, 1897 ; — Thèse de Munich, 1894 ; — *Neur. Centralbl.*, 1894. — « Sur la masse de l'écorce cérébrale et sur la disposition des systèmes de fibres myéliniques dans l'écorce de l'homme, avec contr. à cette question : l'homme cultivé se distingue-t-il de celui des races inférieures au sujet du calibre et de la richesse des fibres myéliniques ? », *Wiener med. Woch.*, année XLV, 1895, n° 41 et 42 ; — « Sur la teneur de l'écorce en fibres myéliniques », *Münch. med. Woch.*, 1895, n° 5. — Kéraval et Targoula : Fibres nerveuses intra-corticales du cerveau, *Ann. Medico-Psychol.*, 1890. — Mershejewski : « Sur quelques particularités du cerveau dans l'idiotie », *Arch. scud. Med.*, 1875 (en russe) et *Arch. de phys. norm. et pathol.*, 1875. — Passow : « Sur la teneur en fibres myéliniques des circonvolutions centrales d'un homme normal », *Neurol. Centralbl.*, n° 6, 1898. — « La teneur en fibres myéliniques des circonvolutions centrales à l'état normal chez l'enfant d'un an et chez un homme de quarante-trois ans », résumé in *Neurol. Centralbl.*, 1898, p. 616. — SANO ; Sur les fibres d'association dans le cerveau humain, *Journ. de Neurol. et Hypnol.*, n° 1, 1887. — STRICKER et UNGER : « Recherches sur la structure de l'écorce cérébrale », *Wien. Sitzungsber.*, 1875. — TARGOULA : *Les fibres nerveuses intra-corticales*, thèse de Paris, 1890. — TUCZEK : « Sur la disposition des fibres myéliniques dans l'écorce cérébrale », *Neur. Centralbl.*, 1882. — VULPIUS : « Sur le développement et l'extension des fibres tangentielles dans l'écorce du cerveau de l'homme », *Arch. f. Psych. u. Nervenkr.*, 1892. — ZACHER : « Comment se comportent les fibres myéliniques de l'écorce cérébrale dans la paralysie générale et dans d'autres maladies mentales ? », *Arch. f. Psych.*, vol. XVIII, 1887.

Voir au chapitre V la bibliographie concernant les centres d'association.

.CHAPITRE IV

VOIES DE CONDUCTION DU RHINENCÉPHALE

[Suivant la remarque faite au début de cette cinquième partie, on peut, à l'exemple d'un grand nombre d'auteurs, étudier sous ce titre plusieurs formations cérébrales qui appartiennent en propre ou bien sont simplement reliées au rhinencéphale. La plupart d'entre elles sont groupées dans la région du hile de l'hémisphère : tels sont le fornix ou trigone, le fornix longus, le faisceau de Zuckerkandl, les nerfs de Lancisi et d'autres voies de conduction nées dans la substance grise du bulbe et du tractus olfactifs. Étant données la complexité des centres corticaux de l'olfaction et l'incertitude des connaissances acquises au sujet de leurs fonctions, on comprend qu'il soit difficile d'établir une division tranchée entre les voies de projection et les voies d'association du rhinencéphale ; on peut cependant étudier séparément :

Les racines de la bandelette olfactive ;

Les voies d'association rhinencéphaliques.]

ARTICLE I. — VOIES UNISSANT LA SUBSTANCE GRISE DU BULBE A L'ÉCORCE ET A D'AUTRES RÉGIONS DU CERVEAU.

La face inférieure du tractus ou pédoncule olfactif par lequel le bulbe est uni à la face basale de l'hémisphère est recouverte d'une couche de fibres blanches. A son extrémité postérieure elle forme deux racines principales : l'une se dirige en dehors et en arrière vers la pointe du lobe temporal : c'est la *strie* ou *racine olfactive externe*; l'autre, moins développée, se rend vers la commissure antérieure, c'est la *racine interne*, à peine visible chez l'homme à la surface de l'hémisphère, mais plus développée chez les animaux macrosmatiques. Ces deux systèmes représentent la majorité des fibres du bulbe olfactif.

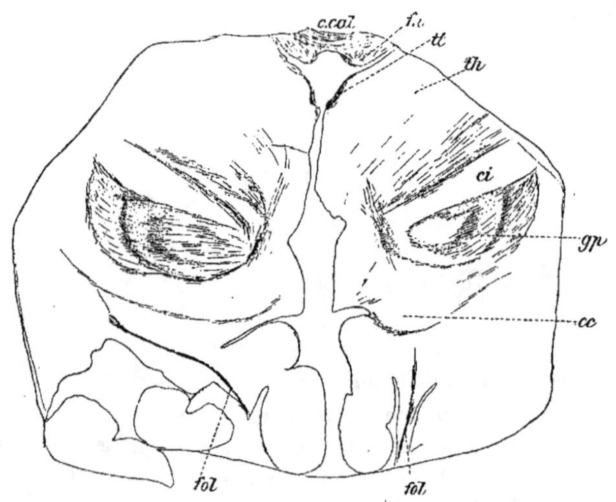

Fig. 371. — TRAJET CENTRAL DE LA RACINE OLFACTIVE EXTERNE.

(Coupe du cerveau d'un enfant de 3 mois. Voir la légende des figures 357, p. 595 et 376, p. 645.)

cc, Noyau coudé.
c.cal, Corps calleux.
ci, Capsule interne.
fol, Racine olfactive externe.

fn, Fornix ou trigone.
gp, Globus pallidus.
tt, Tænia thalami.

Racine externe. — Le bulbe olfactif contient un grand nombre de fibres disséminées à disposition générale radiaire, et qui se rendent dans la racine externe laquelle reçoit ainsi la majorité des fibres du lobe olfactif. Comme ces fibres, ainsi qu'on peut s'en convaincre par l'examen histologique, ont leur origine dans le bulbe lui-même, la racine externe peut être considérée avec raison comme le tractus olfactorius véritable. Au contraire, les fibres de la racine interne, laquelle se rend dans la commissure antérieure, ne prennent pas naissance dans l'écorce du bulbe olfactif mais dans la substance grise du pédoncule.

On peut distinguer dans l'ensemble des fibres de ce dernier :

1° Celles qui vont de l'écorce du bulbe à l'écorce du tractus (V. plus haut) ;

2° Les fibres des cellules mitrales et des grains : elles montent directement à l'hémisphère ;

3° Celles qui naissent ou se terminent dans l'écorce du tractus et passent dans la commissure antérieure ;

4° Les fibres qui vont du tractus à d'autres régions du cerveau. Elles comprennent entre autres les fibres centrifuges qui se terminent dans l'écorce du tractus (*fig. 372, L*). Nous avons vu qu'une partie des fibres olfactives centrifuges se rend aux glomérules et s'y termine dans le plexus formé par les dendrites des cellules mitrales de concert avec les terminaisons des filets olfactifs.

Quant aux éléments centripètes du tractus l'étude de leur développement permet d'affirmer qu'ils se terminent dans la partie la plus antérieure de la corne d'Ammon dont l'anatomie comparée, du reste, montre également les relations avec l'appareil olfactif. Chez le dauphin, par exemple, animal anosmatique, elle est rudimentaire ; chez l'homme elle est d'un développement moyen ; chez les animaux macrosmatiques, à lobe olfactif volumineux, elle acquiert un développement remarquable et s'étend avec le fornix, sous le corps calleux, jusqu'à un niveau très rapproché de l'extrémité antérieure de l'encéphale. Le volume de l'extrémité antérieure du gyrus de l'hippocampe est en rapport direct dans la série animale avec le développement du lobe olfactif. L'*uncus*, chez l'homme et surtout chez les animaux à sens olfactif relativement peu développé, est nettement dessiné, il s'efface complétement chez les animaux macrosmatiques. Avec l'apparition de l'uncus coïncide la disparition de l'extrémité antérieure de la corne d'Ammon (ZUCKERKANDL), ce qui concorde, d'ailleurs, avec le fait découvert par WEBER que, chez les cétacés, le développement du gyrus de l'hippocampe dépend uniquement de la présence ou de l'absence du lobe olfactif, tandis que le gyrus fornicatus, que quelques auteurs rangent dans le rhinencéphale, présente dans cette classe de mammifères un développement toujours égal.

Le tractus olfactif proprement dit s'épanouit dans le territoire des digitations de la corne d'Ammon, c'est-à-dire tout à fait à la partie antérieure de celle-ci, au point où commence à se dessiner le *fascia dentata,* de TARIN ou *corps godronné,* lequel est ainsi étroitement uni à l'appareil olfactif. On sait que chez les espèces où celui-ci n'existe pas, le fascia disparaît également. Quelques-unes des fibres du tractus se terminent cependant, avant d'avoir atteint le lobe piriforme, dans l'écorce du pédoncule olfactif et dans le champ olfactif de la substance perforée antérieure (*espace quadrilatère* de BROCA).

L'écorce du champ olfactif a été récemment étudiée par COLLEJA au moyen de la méthode de Golgi : les faisceaux olfactifs se dirigent vers le tubercule olfactif, pénètrent dans l'écorce dont il est revêtu, puis forment un réseau remarquablement fin, disposé en îlots, ainsi que j'ai pu le constater aussi de mon côté. Dans ce réseau se rendent les prolongements des cellules mitrales, non seulement en suivant la racine olfactive externe, mais en passant au-dessus de celle-ci. L'écorce de ces différentes formations renferme des cellules pyramidales très altérées dans leur forme et pourvues d'un riche appareil dendritique.

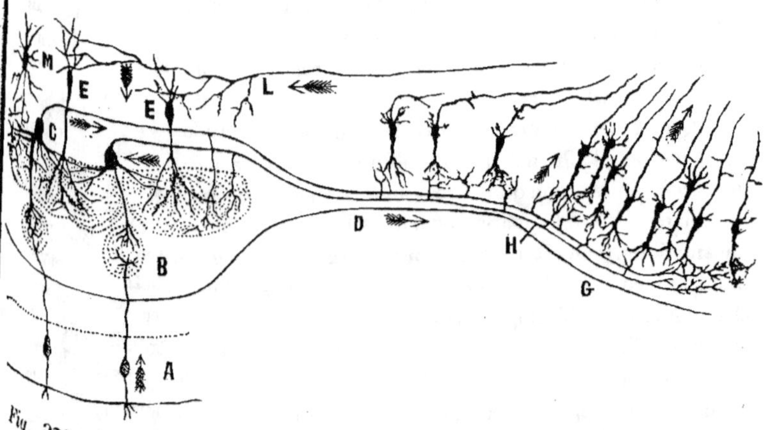

Fig. 372. — SCHÉMA DES VOIES DE CONDUCTION DE L'APPAREIL OLFACTIF CHEZ LES MAMMIFÈRES.

A, Muqueuse olfactive.
B, Glomérules.
C, Cellules mitrales.
D, Bandelette olfactive.
E, Cellule-grain.
F, Cellule pyramidale du tractus olfactif.
G, Région de la racine olfactive externe.

H, Neurites des cellules mitrales émettant des ramifications collatérales au niveau des panaches dendritiques des cellules pyramidales de la bandelette.
L, Fibre centrifuge.
M, Cellule étoilée du stratum granulosum dont le neurite va se ramifier entre les cellules mitrales.

Une autre portion de la racine externe se termine dans la partie antérieure de la corne d'Ammon, c'est-à-dire dans le lobe piriforme. Là les fibres olfactives se ramifient exclusivement dans le stratum moléculaire et atteignent, par leurs ramifications, les dendrites des Pyramidales situées plus profondément : chaque fibre olfactive s'adjuge un territoire cortical très étendu par les fortes collatérales qu'elle abandonne pendant son trajet ; au milieu de leur branchage s'enfoncent encore les dendrites des Pyramidales qui forment dans le lobe piriforme une couche de cellules triangulaires et une

couche de cellules fusiformes (1). Nous avons vu que le tractus olfactif contient,
avec les fibres centripètes, des fibres centrifuges dont l'origine cérébrale est
mal connue.

**Racine interne et portion olfactive de la commissure anté-
rieure.** — Nous avons déjà vu que les fibres olfactives de la commissure
antérieure ne sont en rapport qu'avec l'écorce du pédoncule olfactif. Dans
l'intérieur du bulbe, ces fibres se placent dans le voisinage du canal central,
au-dessus des éléments du tractus : du côté distal, de nouvelles fibres
se joignent constamment à celles qui viennent de l'écorce du pédoncule
olfactif (*fig. 372*). Puis elles se dirigent en dedans vers la commissure
antérieure dont elles forment un faisceau distinct situé en avant et en bas
(*fig. 374*, p. 642). Grâce à leur grand diamètre, elles se distinguent facilement, au Weigert, de toutes les fibres transversales de la commissure, sur
les coupes sagittales de l'hémisphère qui coupent cette dernière perpendiculairement à sa direction. Avec la méthode de Golgi on peut mettre en
évidence dans l'écorce du pédoncule olfactif non seulement des cellules
pyramidales et leurs axônes, mais aussi des ramifications terminales libres ;
on peut considérer quelques-unes de ces fibres centrifuges comme provenant
de la commissure antérieure. En tout cas le faisceau olfactif de cette commissure est destiné à réunir la substance grise de chaque bandelette à celle
de sa congénère et ne représente pas, comme le voulait MEYNERT, une voie
croisée de conduction centrale.

OBERSTEINER a décrit un faisceau qui se sépare de la racine olfactive de
la commissure antérieure et chemine le long du bord interne de la partie
inférieure ou base de la capsule interne (*fig. 372*) pour aller à la partie
antérieure de la couche optique. Cette description concorde avec une
observation faite par GUDDEN : d'après ce dernier auteur, au niveau du point
où elles s'incurvent en dedans pour gagner la commissure antérieure, les
fibres olfactives abandonnent quelques-unes d'entre elles qui, conservant
leur direction primitive, vont directement en arrière, vers le corps strié, ou
au-dessus de ce ganglion. EDINGER et FLATAU émettent une opinion semblable et admettent que les faisceaux du tractus olfactif, formés des neurites
des cellules mitrales, se rendent en partie dans l'écorce du lobe olfactif, en
partie dans la pointe de la corne d'Ammon. Pendant leur passage à travers
le champ olfactif (espace quadrilatère de Broca), correspondant à la substance
perforée antérieure de l'homme), ils lui abandonnent un grand nombre de
fibres ; le reste, se mélangeant avec les fibres fines du lobe olfactif, continue

---

(1) D'après KOELLIKER les fibres olfactives se terminent au voisinage de cellules spéciales qu'il décrivit dans le lobe piriforme, dans le noyau amygdalien et le corps strié.

son trajet d'avant en arrière vers le cerveau moyen et le cerveau intermé-diaire.

D'autres fibres enfin, venues des régions postérieures de l'écorce du tractus, se rendent aux régions voisines du lobe frontal. On les décrit ordinairement sous le nom de *racine olfactive supérieure*, elles correspondent aux fibres d'association proprement dites étendues entre les autres circonvolutions cérébrales.

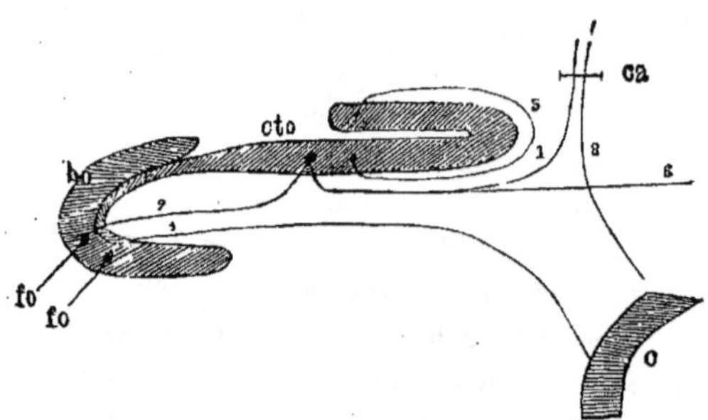

Fig. 373. — SCHÉMA DES VOIES D'UNION DU BULBE ET DU TRACTUS OLFACTIFS.

bo, Bulbe olfactif.
c, Écorce temporale.
ca, Commissure antérieure.
cto, Substance grise de la bandelette olfactive.
fo, Filets olfactifs.
1, Fibre allant du bulbe olfactif à la commissure.
2, Fibre naissant dans le bulbe et se terminant dans l'écorce du tractus.
3, Fibre de la racine olfactive externe allant du tractus à l'écorce.
5, Fibre allant de l'écorce du bulbe olfactif à l'écorce temporale (racine dite supérieure).
6, Fibre allant directement du bulbe olfactif au thalamus.
8, Fibre de la commissure antérieure passant par le lobe temporal.

ARTICLE II. — VOIES D'ASSOCIATION DU RHINENCÉPHALE.

[On peut ranger sous ce titre :
Le fornix ou trigone ;
Le fornix longus ;
Les nerfs de Lancisi ;
Le faisceau olfactif de ZUCKERKANDL, et enfin une commissure inter-hémisphérique : le psaltérium].

Fornix ou trigone. — Chaque *pilier antérieur* du trigone provient principalement du noyau latéral du corps mamillaire correspondant (*fig.* 374) puis se dirige en avant et en haut, passe au-devant de l'extrémité antérieure de la couche optique, à la limite des ventricules moyen et latéral, puis se dirige un peu en dehors et en arrière pour constituer, de concert avec celui du côté opposé, le trigone proprement dit (*fig. 367, fx*, p. 623) (1). Puis, chaque pilier s'écarte de nouveau de son congénère, se dirige en bas, entoure la portion postéro-externe de la couche optique et, de chaque côté, devient le *pilier postérieur* du trigone qui se continue par la *fimbria*, laquelle pénètre dans la corne postérieure du ventricule latéral et se termine à la

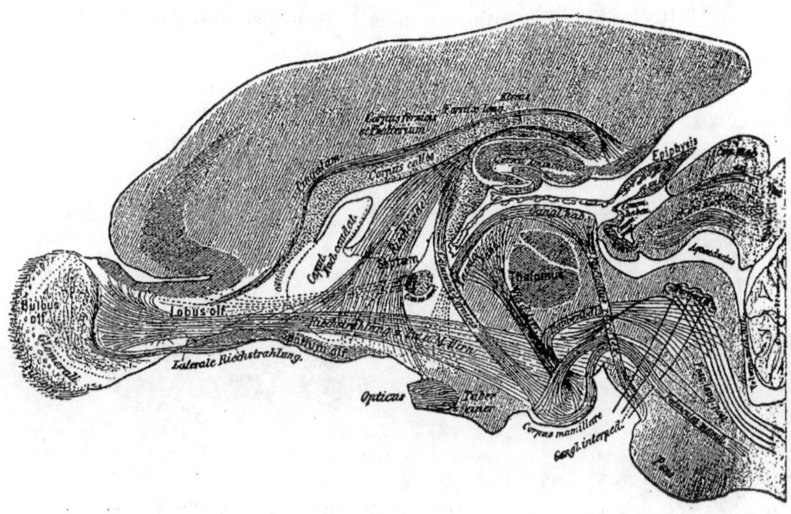

Fig. 374. — LES VOIES DE CONDUCTION DE L'APPAREIL OLFACTIF CHEZ LE LAPIN.

(Coupe sagittale passant un peu en dehors de la ligne médiane. Le plus grand nombre des fibres représentées appartient réellement au plan de la coupe ici figurée. Un petit nombre a été dessiné d'après des coupes passant plus en dehors : piliers du fornix, etc.)

Riechbundel, Faisceau olfactif.
Riechstrahlung z. Zw. u. M. Hirn, Radiations olfactives allant au cerveau intermédiaire et au cerveau moyen.
Tiefes Mark, Substance blanche profonde du quadrijumeau antérieur.

(D'après KOELLIKER et ÉDINGER.)

pointe de la corne d'Ammon ; la fimbria reçoit des fibres de l'alvéus et du fascia dentata. En cheminant vers la corne d'Ammon, les faisceaux internes de chaque fimbria échangent des fibres avec ceux du côté opposé : les fascicules transversaux qui passent ainsi d'un côté à l'autre constituent le *psaltérium* (V. plus loin).

(1) GUDDEN et MONAKOW décrivent au fornix une petite racine postérieure croisée et qui, d'après ce dernier auteur, naîtrait dans la substance grise centrale.

Il est donc évident qu'il faut considérer les fibres du fornix comme formant un intermédiaire entre l'écorce ammonienne et les corps mamillaires et en particulier leurs noyaux externes. J'en ai fréquemment observé la dégénération après les lésions de l'écorce : elles représentent donc une voie descendante.

D'après les recherches de v. MONAKOW, les corps mamillaires sont sous la dépendance trophique de l'uncus et de l'écorce ammonienne. Les faisceaux de la voûte à trois piliers se continuent dans le tronc cérébral (GUDDEN) par

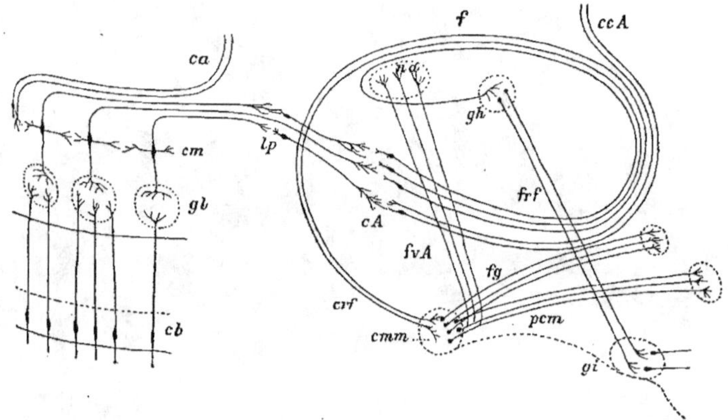

Fig. 375. — LES VOIES OLFACTIVES CENTRALE ET PÉRIPHÉRIQUE.

cA, Corne d'Ammon.
ca, Fibres allant à la commissure antérieure.
cb, Cellules bipolaires de la muqueuse olfactive.
ccA, Commissure de la corne d'Ammon ou psalterium.
cm, Cellules mitrales.
cmm, Corps mamillaire.
crf, Pilier antérieur du trigone.

f, Fornix ou trigone.
fg, Faisceau de Gudden.
frf, Faisceau rétroflexe de Meynert.
fvA, Faisceau de Vicq d'Azyr.
gh, Ganglion de l'habénula.
gi, Ganglion interpédonculaire de Gudden.
gl, Glomérules olfactifs.
lp, Lobe piriforme.
na, Noyau antérieur du thalamus.
pcm, Pédoncule du corps mamillaire.

plusieurs formations et surtout par le pédoncule du corps mamillaire que l'on peut suivre en bas jusqu'à un petit noyau de la s. grise centrale, situé derrière le n. d'origine du trochléaire (*Ganglion dorsale tegmenti* de GUDDEN) (*fig.* 227, *gd*, p. 377 ; cf. *fig.* 374 et 375 : telle est du moins l'opinion courante, mais mes propres recherches me permettent de lui assigner comme lieu de terminaison le noyau que j'ai décrit au niveau du quadrijumeau postérieur sous le nom de noyau médian. Récemment, à propos d'un cas de microphtalmie avec atrophie des corps mamillaires et du fornix, S. DE SANTIS fit remarquer que la grande majorité des fibres de ce dernier rayonne en formant de fins réseaux dans le ganglion externe du c. mamillaire, et que quelques fibres seulement se rendent dans le ganglion interne. Les fibres du fornix ne seraient donc en rapport qu'avec les portions frontales du corps mamillaire; elles en formeraient en outre la substance blanche ventrale, particulièrement la s. blanche superficielle, tandis que le faisceau de Vicq d'Azyr serait en rapport (de provenance ou de terminaison) avec les portions internes du même ganglion. Fibres du fornix et faisceau de Vicq d'Azyr concourent à la formation de la cloison qui sépare les deux corps mamillaires.

Il existe dans le trigone au moins deux sortes de fibres : quelques-unes de celles de la fimbria ne se développent pas en même temps que les fibres du pilier du fornix qui descendent au corps mamillaire. Il est certain que les fibres du fornix qui montent dans la fimbria ne cheminent pas en compagnie de celles qui vont au corps mamillaire, mais s'en séparent au niveau du V° ventricule pour se rendre suivant toute vraisemblance dans les tæniæ thalami (*fig. 375*).

Fornix longus. — Il existe chez les animaux un faisceau qui arrive chez certaines espèces à un développement considérable et que l'on connaît sous le nom de *fornix longus* (FOREL). Sa présence a été démontrée chez l'homme par KOELLIKER et G. ELLIOT SMITH (*fig. 357, fl*, p. 595) : je puis la confirmer, d'après mes propres préparations, pour le cerveau de l'enfant chez qui le fornix longus est facile à mettre en évidence (*fig. 376, fl*). Son origine ne se trouve pas dans la corne d'Ammon elle-même, mais dans les portions voisines de la corne ventriculaire postérieure, surtout dans le subiculum de la corne et dans le gyrus fornicatus de chaque côté, avec croisement dans le psalterium. Situé immédiatement au-dessous du corps calleux, il descend vers le cerveau intermédiaire et forme le faisceau interne des piliers du trigone.

Si l'on suit de bas en haut les fibres du fornix à partir du corps mamillaire, on les voit d'abord, au dessus de la commissure antérieure, recevoir un contingent de fibres apportées par la strie médullaire du thalamus, puis se diviser en deux parties ; l'une, la plus distale, va à la fimbria ; les autres fibres pénètrent dans le fornix longus, cheminent sous les cornes d'Ammon, le long de la face ventrale du corps calleux (*fig. 227, fl*, p. 377 et *374*) : du côté distal, ces dernières passent dans le splenium du corps calleux et le psalterium dorsal, traversent ces deux formations sous le nom de *fibres perforantes postérieures*, et se rendent dans le subiculum de la corne d'Ammon et le gyrus fornicatus. D'autres, nées dans cette dernière circonvolution, se joignent également au fornix longus ; elles traversent les parties antérieures du corps calleux ou en contournent, en plus petit nombre, l'extrémité antérieure ; les fibres perforantes antérieures suivent un trajet d'autant plus oblique à travers le corps calleux qu'elles sont plus antérieures : les plus proximales, en effet, celles qui occupent l'extrémité frontale du c. calleux, offrent déjà une direction sensiblement horizontale.

Toutes les fibres perforantes antérieures, et une partie des fibres perforantes postérieures, se rendent non pas aux colonnes du fornix mais au septum lucidum (*fig. 361, sp*, p. 604) (KOELLIKER) dont elles forment les lamelles de fibres internes (*Radiations olfactives du septum lucidum* de ZUCKERKANDL) (*fig. 374*). Du côté de la base elles vont au ganglion nommé par KOELLIKER *ganglion basal de Ganser*, amas de s. grise facile à voir entre

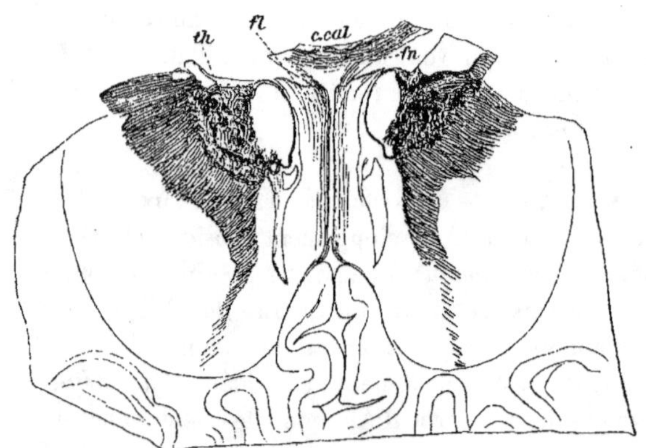

Fig. 376. — FORNIX LONGUS OU FORNIX SUPÉRIEUR.

(Coupe oblique d'avant en arrière et de bas en haut du cerveau intermédiaire d'un enfant de 3 mois. Méthode de Pal. Voir les figures 357, p. 595 et 371, p. 637.)

c.cal, Corps calleux.   fn, Fornix ou trigone.
fl, Fornix longus.   th, Thalamus.

le chiasma et la tête du corps strié. C'est dans ce dernier et dans le ganglion que se terminent les fibres du fornix longus (*fig. 227*, p. 377).

Mes recherches personnelles sur le fornix longus du lapin et du chat confirment les points essentiels de cette description. Après destruction unilatérale du lobe frontal, SHUKOWSKI (de mon laboratoire) constata au Marchi la dégénération des fibres perforantes antérieures et de certaines fibres du septum lucidum, des deux côtés, mais surtout du côté correspondant (*fig. 361*, p. 604, *fl* et *sp*) ; on pouvait aussi trouver quelques fibres dégénérées dans la colonne du fornix du même côté (*fig. 377, crf*). D'après ces résultats, les fibres perforantes antérieures seraient soumises à un croisement partiel à leur passage dans le septum lucidum. De plus, elles ne se rendent pas toutes à celui-ci : quelques-unes vont aussi au pilier du fornix. Sur des préparations faites par Schipoff (de mon laboratoire) on put constater la dégénération du fornix longus et du septum lucidum, consécutivement à une lésion partielle du gyrus fornicatus.

Dans d'autres séries d'expériences, la destruction du subiculum de la corne d'Ammon et de cette dernière elle-même fut suivie de dégénération du trigone et du fornix longus : la lésion secondaire s'étendait, par le psalterium, à la corne d'Ammon du côté opposé.

Je ne saurais non plus passer sous silence un cas intéressant de ramollissement circonscrit du gyrus rétro-limbique (pli de passage de Broca?) de la corne d'Ammon, cas dans lequel la dégénération des fibres comprises dans le trigone put être suivie jusqu'au ganglion externe du corps mamillaire du même côté; au contraire, les fibres dorsales de la voûte ainsi que le petit faisceau décrit par Vogt et qui naît des portions extra-ventriculaires de l'alvéus, ne présentèrent aucune modification. On put constater dans le même cas la dégénération d'une partie du psaltérium, du faisceau olfactif de Zuckerkandl, ainsi que de la partie antérieure du tænia correspondant, l'autre partie étant resté saine, de la portion postérieure du corps calleux, d'une partie du tapetum, des couches sagittales interne et externe du lobe temporal, et de la portion temporale de la commissure antérieure.

Koelliker a constaté dans le fornix longus du chat une disposition tout à fait semblable à celle qu'il a observée chez le lapin; il n'y a également qu'une partie du

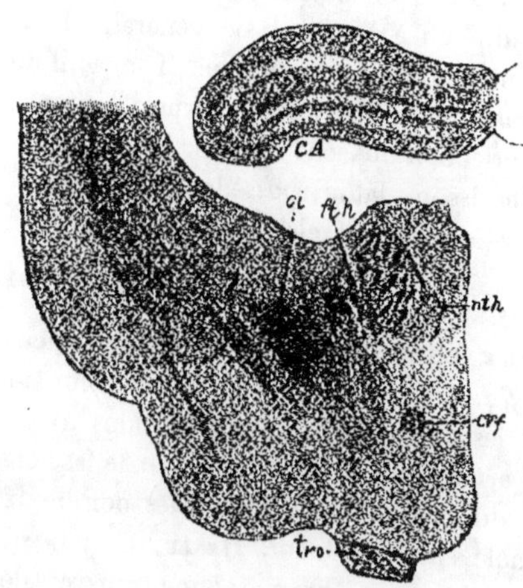

Fig. 377. — DÉGÉNÉRATION DU TRIGONE PAR LÉSION DU LOBE FRONTAL.

(Chien. Voir la légende des figures 345, p. 578 ; 361, p. 604 ; 365, p. 619.)
cA, Corne d'Ammon.
ci, Capsule interne.
crf, Colonne du fornix avec fibres dégénérées disséminées.
fth, Fibres dégénérées de la couronne rayonnante dans la capsule interne.
nth, Noyau du thalamus.
tro, Tractus optique.

f. longus, les fibres internes, qui passe dans les piliers du trigone; les fibres latérales, ainsi que celles qui contournent l'anneau du corps calleux vont au septum lucidum et en forment la lamelle de fibres que nous avons déjà mentionnée. Ces fibres du septum se divisent, chez le chat, en antérieures et postérieures. Celles-ci forment le *faisceau olfactif de Zuckerkandl et* comprennent toutes les fibres perforantes latérales, ainsi qu'une partie de celles qui contournent le c. calleux ; les premières se composent des fibres perforantes les plus antérieures et de la masse principale des fibres arquées qui continuent les stries de Lancisi. Elles reçoivent aussi la dénomination de *pédoncule du septum lucidum* et se terminent dans la portion ventrale du gyrus fornicatus, au-devant de la tête du corps strié : les fibres postérieures ou faisceau olfactif de Zukerkandl se perdent dans le ganglion basal entre le chiasma et la tête du corps strié, peut-être même, en partie, dans celui-ci.

Aux voies d'association à long trajet représentées par le fornix longus il faut encore rattacher chez l'homme le faisceau que BROCA décrivit sous le nom de *bandelette diagonale*. Issu de la pointe de la corne d'Ammon il passe par la substance perforée antérieure et se dirige en avant et en dedans vers l'extrémité interne du gyrus fornicatus. Il passe ensuite dans le système du fornix longus (*fig. 376, fl*), et se fait remarquer chez quelques animaux par un développement considérable (*fig. 379, fo*); souvent aussi chez l'homme on peut le distinguer à la surface inférieure de l'hémisphère, surtout dans les cas d'atrophie cérébrale due à la sénilité ou à la paralysie générale. Pour compléter ce que nous avons dit plus haut du fornix longus (f. olfactif du fornix de ZUCKERKANDL) il faut ajouter ici que, comme pour la corne d'Ammon, son développement dépend de la perfection du sens olfactif. Des animaux pourvus d'un odorat très délicat (hérisson, tatou) possèdent un puissant fornix longus ; celui-ci par contre n'est que peu développé chez les animaux microsmatiques (ZUCKERKANDL).

Nerfs de Lancisi et faisceaux connexes. — Les nerfs de Lancisi (ou stries longitudinales internes) (*fig. 378, sl*) continuent directement sur la face supérieure du corps calleux les fibres perforantes dont nous avons parlé plus haut. Ils proviennent, en arrière, du fascia dentata par le fasciola cinerea et l'unissent ainsi aux fibres du fornix longus. Parmi les nombreux auteurs qui les ont étudiés, on signale surtout GOLGI, HENLE, GIACOMINI, ZUCKERKANDL, BLUMENAU, S. RAMON et KOELLIKER. Sur une coupe transversale ils offrent une forme triangulaire nettement accusée chez certains animaux. RAMON les étudia au moyen de la méthode de Golgi chez la souris, le rat, le lapin et y distingua trois couches successives, rappelant, mais à un degré très accusé de régression, différentes couches de l'écorce : une *couche moléculaire* superficielle, une couche moyenne ou *cellulaire* et une *couche blanche* profonde. Les cellules, disposées en séries verticales de trois ou quatre éléments, sont ovales ou fusiformes : comme dans l'écorce, les plus petites sont les plus rapprochées de la périphérie. Leurs neurites passent dans la couche blanche profonde, y deviennent longitudinaux et émettent des collatérales onduleuses qui se rendent dans les couches moyennes et superficielles pour s'y ramifier. D'autres fibres longitudinales, que KOELLIKER considère comme centripètes (exogènes) s'y terminent également après avoir développé de nombreuses collatérales.

Chez l'homme, les nerfs de Lancisi se composent, quand ils sont bien développés, de deux couches blanches séparées par une couche moyenne de substance grise à nombreuses cellules nerveuses disposées verticalement ; les stries externes sont moins bien développées et le plus souvent peu distinctes des fibres longitudinales du gyrus fornicatus enfouies dans le sinus du corps calleux. Il est facile de constater sur des coupes sériées la continuité des fibres perforantes avec les stries de Lancisi ; elles représentent les neurites des cellules de ces dernières (KOELLIKER).

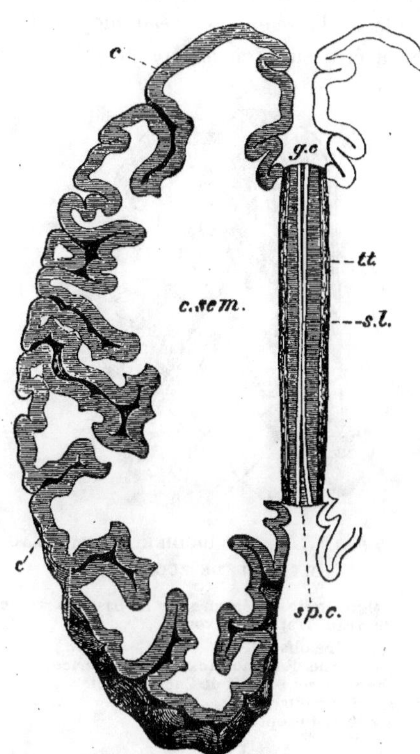

Fig. 378. — LES NERFS DE LANCISI.

(Coupe horizontale de l'hémisphère gauche passant immédiatement au-dessus du corps calleux. La face supérieure de ce dernier est légèrement schématisée.)

(D'après SCHWALBE.)

gc, Genou du c. calleux.
sl, Stries longitudinales ou nerfs de Lancisi.
spc, Splenium ou bourrelet (extrémité postérieure du c. calleux).
tt, Tæniæ tectæ.

La substance blanche qui sépare les deux stries est formée de fibres longitudinales et verticales qui deviennent les unes et les autres des fibres perforantes. Comme ces fibres se continuent en arrière avec celles du fascia dentata, le fornix longus, c'est-à-dire les fibres perforantes, ainsi que les stries de Lancisi, font partie, chez l'homme aussi, de la voie olfactive ; mais, étant donnée la moindre importance que présentent dans cette espèce les organes de l'olfaction, le fornix n'atteint pas le même degré de développement que chez les animaux macrosmatiques.

Les stries de Lancisi peuvent être rangées parmi les voies d'association de grande longueur ; elles ne présentent ordinairement aucune altération secondaire dans le cas de lésion des circonvolutions centrales et pariétales. Pourtant MURATOFF les vit dégénérer consécutivement à une des-

truction néoplasique du lobe olfactif : cette observation est incontestablement en faveur de l'opinion émise par ZUCKERKANDL et d'après laquelle les stries feraient partie d'une voie d'union allant du champ olfactif aux centres olfactifs corticaux (gyrus fornicatus et subiculum de la corne d'Ammon).

Deux autres faisceaux qui prennent vraisemblablement naissance dans le territoire des champs olfactifs vont de la substance blanche profonde de la bandelette olfactive au cerveau intermédiaire et au cerveau moyen. L'un d'eux est formé de fibres fines et peut être suivi en arrière jusqu'au corps mamillaire; il traverse la partie ventrale du noyau caudé, sans du reste que le nombre de ses fibres en soit augmenté. Il paraît douteux qu'une partie de ses éléments constitutifs puisse être suivie plus bas encore jusqu'au ganglion pédonculaire et jusqu'au ruban (EDINGER); l'autre a son origine principale dans la portion externe de la substance blanche profonde de la bandelette olfactive, passe à travers la partie antérieure de la couche optique, s'élève contre la surface du ventricule en formant le « tænia thalami » et atteint finalement le ganglion de l'habénula qui est uni à la glande pinéale par l'intermédiaire des pédoncules de cette dernière. Du ganglion de l'habénula, l'appareil olfactif est uni par différents faisceaux au corps mamillaire et au ganglion interpédonculaire (f. de Meynert, etc.) (EDINGER).

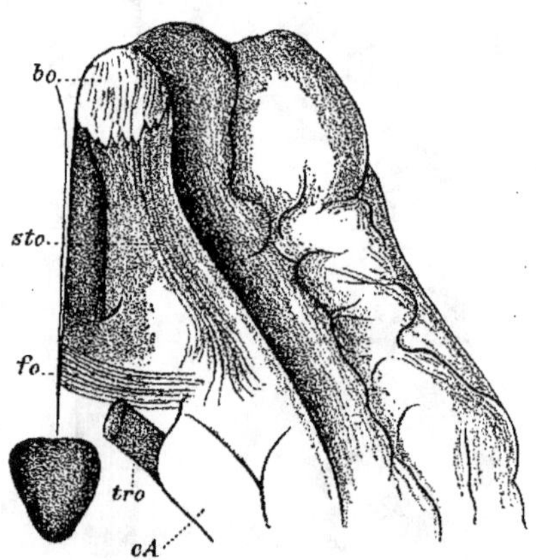

Fig. 379. — ORIGINE DU FAISCEAU OLFACTIF DE ZUCKERKANDL.

(Extrémité antérieure de la base du cerveau du veau. D'après EDINGER.)
bo, Bulbe olfactif.
cA, Corne d'Ammon (extrémité antérieure).
fo, Faisceau olfactif de Zuckerkandl.
sto, Strie olfactive.
tro, Tractus optique.

D'après LOTHEISEN, la *strie médullaire* qui correspond au tænia thalami naît dans la substance grise du rhinencéphale, dans les noyaux de la paroi antérieure de l'infundibulum du IIIe ventricule et dans le fornix; elle se termine en s'entre-croisant partiellement dans le ganglion de l'habénula : c'est cet entre-croisement qui forme (LOTHEISEN) la *commissure pos-habénulaire de l'épiphyse.*

Faisceau olfactif de Zuckerkandl. — ZUCKERKANDL a décrit chez certains animaux un faisceau particulier allant de la corne d'Ammon à la base du cerveau. Il naît, dans le voisinage de la base du lobe olfactif, dans l'écorce du champ olfactif (*fig. 379, fo*) qu'il traverse pour se diriger en dedans vers la ligne médiane, en arrière de la racine olfactive interne. En parcourant de bas en haut le septum lucidum ses fibres se croisent en partie ; d'autres se dirigent directement en arrière, se réunissent à leurs congénères du côté opposé au niveau du bord postérieur du septum et pénètrent dans le fornix longus. Chez l'homme ce faisceau ne peut ordinairement pas se voir à la base du cerveau : son extrémité proximale se cache en effet presque en entier dans la substance perforée antérieure : on en voit souvent quelques fibres cheminer le long de la partie postérieure de la substance perforée antérieure, presque jusqu'à la pointe de la circonvolution de l'hippocampe. Nous parlerons dans les pages suivantes de ce faisceau que Broca a suivi, depuis la pointe de la corne d'Ammon jusqu'à la région inférieure du gyrus du corps calleux et qu'il a appelé la bandelette diagonale : il dégénère ordinairement consécutivement à la dég. du fornix longus, ainsi que l'on peut le constater chez le chien porteur d'une lésion de la circonvolution du c. calleux.

Psaltérium. — Le système commissural connu sous le nom de psaltérium est formé de fibres croisées appartenant au fornix et qui proviennent de la corne d'Ammon en constituant d'abord la fimbria. Il comprend encore, et cela est facile à constater, des fibres commissurales qui affectent une direction transversale et relient entre elles les deux cornes d'Ammon, droite et gauche. Chez les animaux osmatiques ces fibres sont beaucoup plus développées que chez l'homme.

L'existence de ces fibres commissurales, interammoniennes, dans le psaltérium, peut être mise en évidence par la méthode des dégénérations : consécutivement à la lésion d'une corne d'Ammon, Schipoff (de mon laboratoire) put suivre, jusqu'à la corne du côté opposé, la dégénération d'une partie des fibres du psaltérium.

Cette dégénération faisait également partie des lésions secondaires observées par Déjerine consécutivement à un foyer primitif siégeant au niveau du gyrus rétrolimbique de la corne d'Ammon. Dans les expériences de Dotto et Pusateri, la section du psaltérinm, faite conjointement à celle du corps calleux, s'accompagna de la dégénération de la fimbria et de l'alveus.

Les voies olfactives d'après leurs dégénérations pathologique et expérimentale. — La pathologie humaine n'a fourni qu'une contribution peu importante à l'étude du bulbe olfactif. On connaît les observations de Tiedemann qui publia trois cas dans lesquels, conjointement à d'autres anomalies cérébrales, on pouvait noter l'absence complète du bulbe avec état régressif de la corne d'Ammon et des deux moitiés du trigone. Dans un cas semblable dû à RUDOLPHI, l'absence du lobe olfactif était jointe à un développement très imparfait de la corne d'Ammon : le trigone du même côté manquait presque totalement, sauf peut-être le fornix longus correspondant. Plusieurs cas semblables furent observés il y a déjà longtemps : ils permirent à TREVIRANUS d'émettre l'idée qu'une bonne partie des fibres du tractus était en relation avec la corne d'Ammon. Cette opinion fut dans la suite confirmée de tous côtés, quoique attaquée par plusieurs auteurs.

Les premières recherches expérimentales avec examen anatomique qui aient été faites sur l'appareil olfactif sont dues à GUDDEN. Dans une de ses expériences, cet auteur pratiqua, au moyen de quelques points de suture, l'occlusion d'une narine chez un lapin nouveau-né qu'il sacrifia au bout de quelques semaines. Il put alors constater du côté opéré un arrêt de développement du nerf olfactif, du bulbe et de la bandelette. Dans une autre expérience, il mit à jour la partie postérieure de la cavité nasale et détruisit, au moins en partie, les ramifications terminales de l'olfactif : il enleva la lame criblée de l'ethmoïde et le cornet supérieur, et racla à la curette le reste de la muqueuse nasale : les mêmes lésions secondaires se développèrent, mais à un moindre degré que précédemment. Dans une troisième expérience l'ablation unilatérale du bulbe olfactif entraîna la disparition complète du tractus correspondant et une atrophie très nette de la partie antérieure de la cinquième Temporale (lobe piriforme), avec intégrité de sa partie postérieure. D'après ces recherches, GUDDEN conclut que le tractus olfactif qui est uni au lobe piriforme représente seul, chez le lapin, la voie olfactive. GANSER admet en général l'opinion de GUDDEN quoiqu'il n'ait pu produire l'atrophie des cellules du lobe piriforme par section de la bandelette olfactive.

Plus récemment, A. PONJATOWSKI a fait, avec la méthode de Marchi, des recherches multiples sur les lobes et les faisceaux olfactifs. Il confirma d'abord les résultats obtenus par GUDDEN : en effet, ayant séparé le bulbe olfactif de la masse de l'hémisphère, il observa toujours une dégénération très avancée des fibres de la bandelette. L'écorce du bulbe forme le centre trophique et représente en même temps la seule origine des fibres du tractus: ni dans l'écorce de ce dernier, ni dans les radiations olfactives allant aux ganglions, cet auteur ne put déceler de fibres dégénérées. Il nia donc, d'une façon formelle, toute connexion de cette dernière catégorie. La voie réflexe olfactive ne pourrait pas être directe : il est vraisemblable au contraire que les fibres du tractus qui, avant d'atteindre le lobe piriforme, se terminent dans l'écorce du tractus même, sont chargées avant tout de conduire les impressions olfactives périphériques à cette écorce, et peut-être plus loin, aux ganglions de la base. Une autre expérience de ce même auteur démontrerait que les fibres olfactives de la commissure antérieure ne naissent pas dans le bulbe, mais dans la bandelette ; après section de celle-ci, les fibres dégénérées de la commissure se montrèrent aussi nombreuses qu'après section transversale portant sur la partie médiane de la commissure elle-même. D'un autre côté, l'ablation du tiers antérieur ou de la moitié du bulbe n'avait aucune répercussion sur la commissure antérieure ; de plus, la section transversale du bulbe n'amena pas de lésion secondaire dans le centre frontal olfactif : on ne peut donc admettre, avec Broca, aucune connexion entre ces deux parties, mais on ne peut nier, d'autre part, que l'écorce du bulbe ne soit unie à celle du tractus, car un système particulier de fibres fines va, en suivant un trajet arqué, comme de véritables fibres d'association, du bord postéro-supérieur du pédoncule aux parties voisines de l'écorce de la base du lobe frontal. Quant à l'entre-croisement des fibres olfactives dans la commissure antérieure, et à l'union du lobe olfactif avec la corne d'Ammon par l'intermédiaire du faisceau décrit par Zuckerkandl dans le fornix, il ne semble pas, d'après ces expériences, qu'on puisse les admettre : le fornix restait toujours intact après la section du bulbe comme après celle du pédoncule ; après section du fornix, il est impossible de constater une modification quelconque de la commissure antérieure ou du lobe olfactif. On ne peut cependant s'empêcher de remarquer que, dans son mémoire, Ponjatowski passe sous silence les parties basales du bulbe olfactif, le « champ olfactif » où prend naissance le faisceau du fornix de Zuckerkandl.

Les expériences pratiquées par Lœwenthal sur le lapin et le cobaye, et qui consistèrent dans la section du bulbe et du lobe olfactifs, sont à ce sujet du plus haut intérêt. La dégénération consécutive à la section transversale du bulbe ne portait (méthode de Marchi) que sur les grosses fibres de la racine externe : la racine interne ne dégénérait que lorsque la pointe du lobe olfactif avait été lésée : dans ce cas le tractus olfactif qui va à l'écorce pouvait être suivi dans la substance blanche de la corne d'Ammon ; on pouvait suivre aussi d'avant en arrière, une partie du lobe olfactif jusqu'à l'écorce du lobe piriforme.

La section du lobe olfactif n'entraînait la dégénérescence d'aucun faisceau qui pût être suivi jusqu'au gyrus fornicatus, mais on pouvait déceler des fibres dégénérées dans la commissure antérieure et même les suivre jusqu'au bulbe olfactif du côté opposé, où une partie d'entre elles trouvait presque aussitôt sa terminaison, tandis que l'autre atteignait la couche des cellules mitrales. D'après Lœwenthal, les fibres nées dans le lobe olfactif d'un côté se termineraient autour des cellules de celui du côté opposé. On pouvait enfin constater dans la corne d'Ammon du côté opposé une dégénération peu étendue mais très nette ; le lieu de croisement des fibres atteintes ne put cependant être décelé.

BIBLIOGRAPHIE.— **Voies et centres olfactifs** (Voir V⁰ partie, chap. I, p. 549). — Colleja : « *La région olfactive du cerveau* », Madrid, 1893. — Collet : Troubles de l'ouïe et de l'odorat, d'origine capsulaire, *Soc. franç. de Laryngologie et d'Otologie*, mai 1898. — Déjerine (Mᵐᵉ et M.) : Sur les dégénérescences secondaires aux lésions de la circonvolution de l'hippocampe, de la corne d'Ammon, de la circonvolution godronnée et du pli rétro-limbique, *Soc. de Biol.*, 1897. — France : « Dégénérations descendantes consécutives aux lésions des gyrus fornicatus et marginal chez le singe », *Philos. Transact.*, 1899. — Honegger : Recherches d'anatomie comparée sur le fornix, *Recueil zoologique suisse*, t. V, 1890, p. 281. — Jung : « *Sur le trigone du cerveau de l'homme*, Bâle, 1845. — Kœlliker : « Sur le fornix longus de Forel et les radiations olfactives dans l'encéphale du lapin », *Anat. Anz.*, vol. IX, 1894 ; — « Sur le fornix longus ou fornix supérieur de l'homme », *Vierteljahresbericht der Naturf. Gesell. Zurich*, 1896. — Kundrat : « *L'arhinencéphalie* », Graz, 1882. — Meyer : « Sur l'homologie de la commissure du fornix et du septum lucidum chez les reptiles et les mammifères », *Anat. Anz.*, vol. X, 1895, p. 474. — Smith, Elliot : « Relations du fornix avec les parties marginales de l'écorce cérébrale », *Journ. of Anat. and Phys.*, vol. XXXII. — « Nouvelles observations sur le fornix, etc. », *Ibid.*, p. 231. — « Morphologie du lobe limbique proprement dit, du corps calleux, du septum lucidum et du fornix », *Journ. of Anat. and Phys.*, 1895. — Trolard : Appareil nerveux de l'olfaction, *Arch. de Neurol.*, vol. XXI et XXII. — Zuckerkandl : « Sur le fornix des marsupiaux », résumé in *Centralbl. f. Phys.*, vol. XII ; — « *Sur le centre olfactif* », Stuttgart, 1887 ; — « Sur le faisceau olfactif de la corne d'Ammon », *Anat. Anz.*, vol. III, 1888.

CHAPITRE V

GÉNÉRALITÉS EMBRYOLOGIQUES ET PHYSIOLOGIQUES

[S'il est une portion du névraxe pour laquelle il soit permis de réunir en un même chapitre l'étude du développement et celle de la fonction, c'est bien certes l'hémisphère cérébral dont l'histoire nous offre un exemple topique de l'aide réciproque que peuvent se fournir ces deux ordres de recherches et de la stérilité à laquelle les condamnerait leur isolement réciproque : à la notion primitive des zones excitables et inexcitables, à laquelle la physiologie s'était quelque temps arrêtée, a succédé la féconde conception des centres sensoriels et des centres d'association ; à la simple opposition des zones motrices aux zones sensitives a succédé la fusion en un seul centre aveugle et homogène de tous les courants nerveux centripètes ou centrifuges qui dépendent d'un même territoire périphérique. L'embryologie ne saurait réclamer pour elle seule cette heureuse évolution qui a abouti à la conception moderne de centres corticaux différenciés par la périphérie et non pas créés pour elle, mais on ne saurait lui refuser d'avoir attiré l'attention vers la nécessité de ne pas séparer, au point de vue physiologique, ni les voies de conduction qui se trouvent confondues dans le névraxe, ni d'avoir précédé l'expérimentation dans l'exploration des territoires corticaux les derniers restés dans l'ombre.

Le premier article de ce chapitre sera donc consacré à l'étude du *développement des faisceaux blancs* de l'hémisphère, et laissera naturellement la côté tous les détails histologiques qui n'intéressent pas directement la question des voies de conduction.

Procédant du connu à l'inconnu, les articles suivants aborderont la physiologie de l'écorce et seront successivement consacrés aux *centres sensitivo-moteurs*, aux *centres sensoriels* et aux *centres dits d'association* avec le *corps strié*. Comme c'est en grande partie d'après les fonctions des noyaux gris que l'on connaît celles des *voies de conduction* du cerveau, il ne restera ensuite que peu de choses à exposer sur ce sujet dont les quelques pages du dernier article de ce chapitre pourront offrir un résumé suffisamment détaillé.]

Article 1. — Développement des faisceaux de l'hémisphère cérébral.

Les recherches qui ont eu pour objet de déterminer l'époque de myélinisation de chacun des faisceaux de l'hémisphère n'ont pas abouti jusqu'ici à des résultats définitifs : mais ceux qui furent obtenus sont déjà assez importants pour qu'on ne puisse se dispenser d'en faire un court exposé.

Fibres de projection. — De toutes les fibres de l'hémisphère, les premières développées sont celles qui vont du noyau lenticulaire aux circonvolutions pariétales et centrales (*fig. 380, fgp*) et représentent la continuation de la portion externe du ruban principal déjà très avancée à ce stade : leur myélinisation a lieu du huitième au neuvième mois de la vie fœtale. [Elles constituent l'*anse rolandique* dont Parrot étudia la topographie dans le cerveau du nouveau-né.] D'après la description de Flechsig qui se trouve ici en contradiction avec les descriptions plus anciennes de Vulpius, de Kœlliker et d'autres auteurs, la circonvolution centrale postérieure contiendrait des fibres myélinisées avant la circonvolution centrale antérieure.

A la même époque, peut-être même un peu plus tôt, on trouve déjà une grande quantité de fibres myélinisées dans le voisinage du corps sous-thalamique (*fig. 207, lfc,* p. 336); de ce dernier part un faisceau volumineux qui va au noyau rouge et dans la commissure de Meynert (*fig. 208, cM,* p. 337) ; les fibres myélinisées se rencontrent aussi en abondance dans le thalamus. A peu près au même moment, on voit se myéliniser une grande partie des voies centrales du pédoncule cérébelleux supérieur (*fig. 380, fnr*). Vers le neuvième mois environ, la myéline apparaît encore dans le lobule pariétal supérieur et les circonvolutions centrales. Au moment de la naissance, le faisceau pyramidal est myélinisé sur une partie au moins de son trajet.

Quelque temps après les radiations optiques allant à la scissure calcarine (*fig. 350* à *353*, p. 583), se myélinisent les fibres de la première Temporale (*fig. 334, fa,* p. 558; *fig. 367, ft,* p. 623) et celles du nerf olfactif ; à la même époque on peut déceler de nombreuses fibres myélinisées dans le gyrus uncinatus (*fig. 333,* p. 557).

Le cerveau d'un enfant d'un à deux mois laisse voir en outre de grandes quantités de fibres complètement développées dans la première Temporale et dans les centres optiques du lobe occipital (*fig. 352,* p. 586); les deuxième et troisième Temporales, la capsule externe et la commissure antérieure, ainsi que toutes les autres circonvolutions occipitales, sont par contre encore privées de myéline. Les fibres qui partent du c. genouillé externe, du thalamus et du quadrijumeau antérieur pour se rendre au lobe occipital sont bien développées, ainsi que la racine externe du tractus olfactif. Dans le corps calleux, il n'y a de myélinisées que les fibres qui correspondent aux circonvolutions centrales.

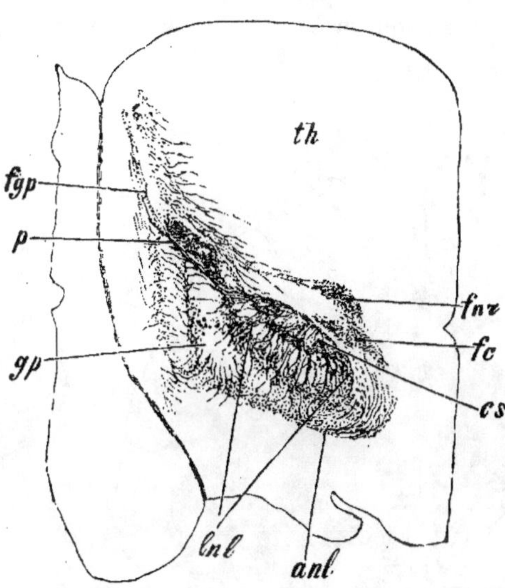

Fig. 380. — COUPE DES NOYAUX GRIS CENTRAUX PASSANT PAR L'ANSE DU NOYAU LENTICULAIRE.

(Cerveau d'enfant nouveau-né.)

anl, Anse du noyau lenticulaire.
cs, Corps sous-thalamique.
fc, Fibres allant du n. rouge à la capsule interne et au n. lenticulaire.
fgp, Fibres allant du globus pallidus à l'écorce cérébrale.
fnr, Fibres venues du n. rouge et pénétrant peu à peu dans la partie basale du thalamus.
gp, Globus pallidus.
lnl, Fibres du ruban allant du c. sous-thalamique au globus pallidus.
p, Voie pyramidale.
th, Thalamus.

Au troisième mois la myélinisation gagne les fibres qui vont des circonvolutions de l'hippocampe au cingulum (*fig. 333* à *335,* p. 557) ; l'avant-coin n'est pas encore complètement myélinisé. Quelque temps après, se développent les voies corticales du thalamus (*fig. 333* à *335, fot* et *ftp; fig. 381* et *382*) puis la voûte à trois piliers et la grande masse des fibres calleuses. Les faisceaux les plus tardifs sont, semble-t-il, le faisceau du noyau caudé ou f. sous-calleux (*fig. 334, fsc*), les fibres du lobe frontal, du præcuneus et d'une partie du lobe pariétal. En général, les systèmes de projection sont myélinisés, pour la plus grande partie, au neuvième mois après la naissance; au commencement de la troisième année l'écorce présente dans toute son étendue de grandes quantités de fibres revêtues de leur manchon protecteur, auxquelles s'en adjoignent de nouvelles pendant une longue période du développement ultérieur.

D'après les récentes recherches de MINGAZZINI (1), la myélinisation des voies optiques et du faisceau longitudinal inférieur commence après la naissance et n'est jamais terminée avant le cinquième ou sixième mois, tandis

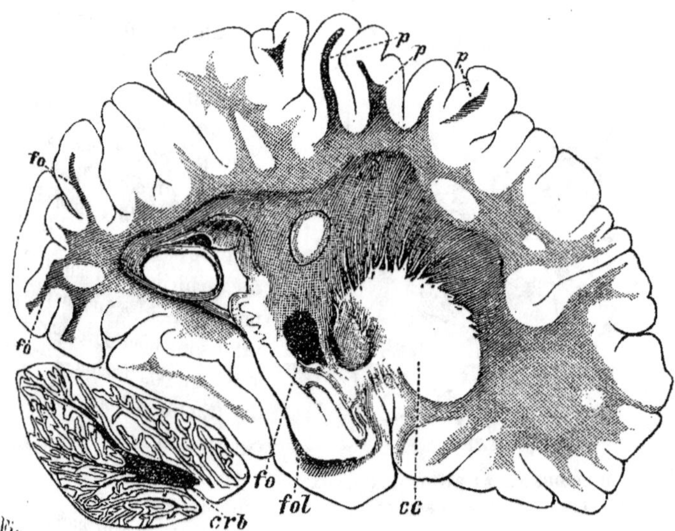

Fig. 384. — COUPE SAGITTALE DU CERVEAU D'UN ENFANT DE 7 MOIS.

(La coupe est voisine de la face interne de l'hémisphère.)
(Méthode de Pal. Préparation de REIMERS.)

cc, Noyau caudé.
crb, Cervelet.
fo, Voie optique.

fol, Faisceau de la corne d'Ammon.
ppp, Voie pyramidale.

que les fibres du tapetum, que cet auteur distingue en externes et internes, commencent leur myélinisation vers le quatrième mois et ne l'ont terminée que longtemps après les deux systèmes précédents. La myélinisation du fornix se fait en troisième lieu dans l'intervalle compris entre le premier et le dix-huitième mois. Les fibres qui vont des stries de Lancisi à la voûte (*fibres perforantes* de KOELLIKER) revêtent leur gaîne vers le cinquième mois de la

(1) « Recherches anatomiques sur le corps calleux, etc. » — *Ricerche fatte nel laboratorio d'anatomia normale della r. università di Roma ed in altri laboratori biologici*, vol. VI, 1897.

vie extra-utérine. Enfin, d'après le même auteur, les couches interne et externe du septum lucidum se myélinisent à des époques très différentes, celle-ci après celle-là, et quant au fornix, il n'arrive à son complet développement que vers le dix-septième mois.

Fibres d'association. — D'une façon générale, le développement des systèmes d'association est plus tardif que celui des voies de projection, et, comme pour ces dernières, il se fait, pour les différentes régions de l'écorce, à des époques très espacées. Les premiers éléments myélinisés semblent être les fibres d'association des sphères auditives et visuelles, première Temporale et deuxième Occipitale, ainsi que celles des zones motrices. Dès le second mois de la vie extra-utérine, FLECHSIG vit des fibres myéliniques issues de la Pariétale ascendante se rendre aux autres circonvolutions pariétales et put constater la présence des gaines péri-axiles au niveau des faisceaux qui s'étendent du lobe occipital au lobe pariétal et comprennent les fibres d'association des sphères visuelle et tactile ; à cette époque, d'après le même auteur, les éléments qui associent la première Temporale (centre auditif) à la troisième Frontale sont également déjà très nombreux. Les fibres enfin qui unissent la première Temporale au centre visuel, et celles qui relient les lobes pariétal et occipital, se développent à une époque relativement tardive.

D'après RIGHETTI les fibres d'association des parties profondes de la portion supérieure des circonvolutions centrales sont déjà myélinisées au moment de la naissance ; celles de l'insula et de la corne d'Ammon le sont au deuxième mois, et ce n'est qu'au troisième que la myéline revêt les fibres d'association du lobe occipital, dans le voisinage de la Calcarine. La couche *tangentielle* se développe en premier lieu au niveau de la corne d'Ammon, et cela, dès le commencement du deuxième mois, puis dans l'insula (troisième mois), plus tard enfin dans la région des circonvolutions centrales. Les fibres du *stratum superradiatum* se myélinisent à des époques très distantes pour les différentes circonvolutions.

Le développement des centres corticaux est parallèle à celui de chacun de ces systèmes de fibres : comme celui des faisceaux d'association a lieu à une époque relativement tardive, alors que les fibres de projection qui dépendent des zones sensitivo-motrices (champ sensitif) sont déjà myélinisées, les conditions nécessaires à l'association des mouvements et des sensations n'existent pas chez le nouveau-né.

C'est en tout dernier lieu que se myélinisent les *fibres courtes d'asso-ciation* sous-corticales et intra-corticales. Quelques-unes d'entre elles n'atteignent leur entier développement qu'à la fin de la période de croissance. Les intéressants travaux de KAES ont appris que les fibres d'association qui constituent la strie de Baillarger et celle dont j'ai l'honneur de porter le nom, ainsi que plusieurs autres systèmes de la même catégorie, sont des formations propres à l'âge mûr. L'examen comparatif, au point de vue du nombre et du diamètre des fibres tangentielles, d'un cerveau de dix-huit ans et d'un encéphale de trente ans, permet de constater dans l'écorce de celui-ci, une proportion de fibres myéliniques de beaucoup plus élevée, surtout au niveau des deuxième et troisième couches de l'écorce. Plus tard, aux fibres fines de ces deux strates, aux fibres plus volumineuses de la strie de Baillarger et à

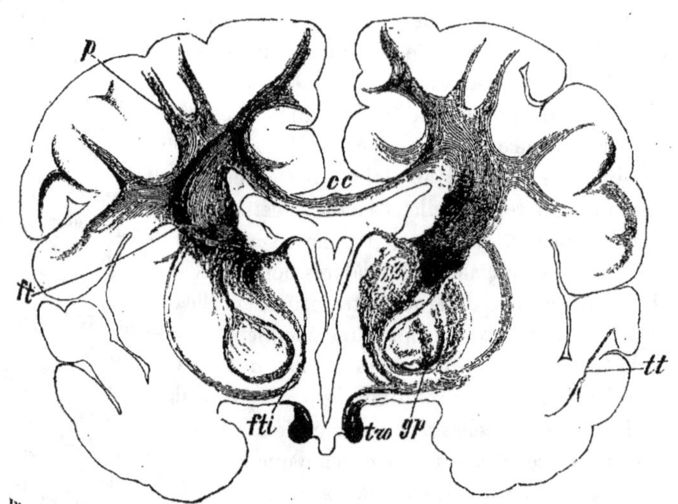

Fig. 382. — COUPE FRONTALE DU CERVEAU D'UN ENFANT DE 3 MOIS.
(Méthode de Weigert.)
cc, Corps calleux.
ft, Pédoncule pariétal et
fti, Pédoncule inférieur de la couche optique.
gp, Globus pallidus.
p, Voie pyramidale.
tt, Fibres myélinisées de la circonvolution temporale supérieure.

celles de la couche tangentielle, s'adjoignent de nouveaux éléments. Ceux-ci proviennent de la strie à laquelle KAES crut pouvoir donner mon nom et qui augmente progressivement d'importance à la base de la première couche ; il faut encore chercher leur origine dans les fibres d'assez gros diamètre de la couche tangentielle. Ces deux stries représentent donc des systèmes à myélinisation tardive.

D'après les recherches de BOTTAZZI, les fibres arquées de Meynert se myélinisent les premières entre toutes les fibres d'association ; viennent ensuite les fibres tangentielles. La strate superradiaire d'Édinger qui correspond à la couche des petites Pyramidales et les stries horizontales de l'écorce se myélinisent les dernières et augmentent encore d'épaisseur au cours du développement; aussi cet auteur les considère-t-il comme le substratum des processus d'association les plus élevés dans l'ordre psychique.

Chez les animaux, comme chez l'homme, le développement de chacun des faisceaux de l'hémisphère et des autres régions du névraxe se fait à différentes périodes de l'évolution; chez eux aussi, les systèmes de projection se développent en général avant les voies d'association. L'époque de myélinisation des premiers est, chez tous les animaux et abstraction faite des différences individuelles, en corrélation évidente avec le degré occupé par l'espèce considérée dans l'échelle phylogénétique. On peut admettre que les systèmes les plus anciens au point de vue de l'évolution se développent avant ceux qui sont de formation plus récente.

ARTICLE II. — LES CENTRES SENSITIVO-MOTEURS DE L'ÉCORCE CÉRÉBRALE.

L'écorce cérébrale doit être considérée au point de vue physiologique comme le lieu de transformation en sentiments, sensations et représentations, des excitations que la périphérie de l'organisme, envoie à l'organe central. C'est encore dans son domaine que les idées ou concepts s'édifient sur des séries compliquées de souvenirs, et que les sensations enfin, unies à ces derniers, se transforment en impulsions motrices pour devenir une source d'activité musculaire. L'anatomie comparée, la physiologie et la pathologie s'accordent pour voir dans l'écorce le théâtre de la vie psychique.

Les recherches cliniques de Broca et de Jackson, les célèbres expériences de Fritsch et Hitzig, ont posé les fondements de la doctrine actuelle des localisations cérébrales. Les travaux ultérieurs des physiologistes et des cliniciens, de Charcot et son école en particulier, élevèrent sur cette base un édifice inébranlable dans lequel, il est vrai, maint vide reste encore à combler, mais dont les piliers sont toujours debout. L'exposé qui va suivre laissera de côté les particularités superflues pour ne s'attacher qu'aux résultats essentiels les plus solidement acquis.

On s'accorde actuellement à distinguer dans l'écorce deux zones distinctes auxquelles on attribue des fonctions différentes : l'une est surtout *motrice*, l'autre surtout *sensitive*. [Cette division a l'avantage de faciliter un exposé didactique élémentaire, sans prétendre correspondre à l'idée que l'on peut se faire, à un point de vue plus analytique, des rapports réciproques de ces deux fonctions et des territoires qui leur sont assignés : cette question sera, plus loin, l'objet d'un court résumé.]

Zone motrice. — La zone motrice ou mieux *sensitivo-motrice* est située, chez la plupart des mammifères, dans la portion antérieure de l'écorce ; elle comprend les circonvolutions qui avoisinent la grande scissure transversale (sillon crucial) ; chez les primates elles comprend les deux circonvolutions qui bordent la scissure de Rolando, la base des trois frontales horizontales et les régions avoisinantes de la face interne de l'hémisphère. Ses différents territoires peuvent être considérés comme autant de centres affectés à des groupes musculaires déterminés ; l'excitation de l'un deux par l'électricité ou un processus pathologique quelconque met en mouvement certains appareils moteurs du côté opposé du corps, et aussi du même côté, mais d'une façon secondaire. L'excision ou la destruction des territoires corticaux moteurs entraîne une paralysie motrice qui, dans la règle, se can—tonne au côté opposé à celui de la lésion.

Contrairement à ce que l'on était porté à penser sous l'impression des premières recherches faites au moyen de l'excitation électrique, les centres corticaux moteurs ne sont pas punctiformes ni même nettement délimités ; ils occupent de petites surfaces bordées par des zones dont l'excitabilité est moindre ; tel est du moins le résultat de mes expériences personnelles (1) et de celles qui furent faites par Shukoff (2) dans mon laboratoire ; quelque temps après l'ablation totale de chaque zone motrice, on excitait électrique—ment les parties primitivement voisines de la portion extirpée : on voyait alors des mouvements se produire dans des masses musculaires dont le centre avait été complètement enlevé (3).

(1) *Neurol. Centralbl.*, 1895.

(2) Thèse de Pétersbourg, 1895.

[(3) Ces résultats intéressants au point de vue des substitutions fonctionnelles et même de la bilatéralité de certains centres, questions qui se trouvent exposées plus loin, peuvent être rapprochés des phénomènes analogues que Bochefontaine fit autrefois connaître sous le titre de : Déplacement des points excitables du cerveau (*Arch. de Phys.*, 1883, t. 1, p. 44). Des territoires de l'écorce dont la faradisation détermine primitivement une réaction motrice quelconque peuvent perdre leur excitabilité, tandis que des points voisins, primitive-ment inertes, deviennent excitables par les mêmes courants. Quant à l'interprétation que l'auteur proposa pour ce phénomène, elle se ressent malheureusement des conceptions de son époque sur les rapports réciproques des éléments nerveux : Bochefontaine émit l'hypothèse que les faisceaux blancs, allant par exemple du centre médullaire des membres inférieurs au cerveau, se subdivisaient à une certaine distance de l'écorce pour atteindre séparément deux ou trois territoires corticaux distincts : un de ceux-ci peut donc perdre son excitabilité tandis que les autres la récupèrent au même moment. Cette question a été reprise plus récemment à des points de vue un peu différents par un grand nombre d'auteurs et, entre autres, par Gallerani : Les substitutions fonctionnelles dans le cerveau ; physiologie des commissures, *Arch. Ital. de Biologie*, 1889, t. XXXV (les expériences de cet auteur furent faites sur le pigeon).]

Bilatéralité des centres moteurs. — Ces expériences nous permettent en même temps de nous expliquer la réapparition de la motilité après lésions destructives ou en cas d'absence d'une partie de l'écorce. Il est important de rappeler à ce propos que les centres moteurs ne sont pas unis exclusivement au côté opposé du corps, et qu'ils le sont aussi, mais par des liens moins nombreux, à la moitié homomère ; on ne peut même, dans toute l'étendue de la zone motrice, mettre en évidence un seul territoire à l'excitation duquel répondent exclusivement des groupements musculaires des membres du côté opposé. Les zones motrices possèdent pour la plupart une action primordiale croisée : pour un certain nombre, leur influence paraît, d'une façon plus ou moins égale, s'exercer sur les deux côtés du corps ; d'autres enfin actionnent surtout les muscles du même côté. Tel est, par exemple, le centre cortical du peaussier du cou (1). C'est ainsi que dans les lésions corticales unilatérales l'intensité et la durée des symptômes dus à la destruction des centres moteurs dépendent de la part que les centres de l'autre hémisphère prennent à l'innervation des muscles paralysés (2).

Avec tous les expérimentateurs, j'ai pu remarquer que l'indice d'innervation bilatérale varie beaucoup d'une espèce à l'autre : le résultat de l'extirpation d'un centre moteur ne saurait donc être constant. Chez le lapin, par exemple, l'excitation du centre des extrémités postérieures produit dans chacune d'elles des mouvements d'intensité à peu près pareille : la destruction de ce centre ne produit pas de trouble appréciable de leur motilité. Chez le chien, au contraire, chaque hémisphère ne prend qu'une part plus restreinte à l'innervation du même côté du corps : la motilité d'un membre est toujours plus ou moins affaiblie par l'ablation du centre cortical correspondant, au niveau de l'hémisphère opposé. Chez le singe, enfin, la destruction de ce centre produit une paralysie durable du membre inférieur du côté opposé (3).

La disposition topographique des centres moteurs suit, dans toute la série animale, un ordre général déterminé : on ne peut cependant méconnaître

(1) Bechterew : *Arch. Slaves de Biologie*, 1887 et *Archiv f. Psychiatrie*, 1886 et 1887.

(2) D'autres facteurs interviennent encore lors du rétablissement de la motilité après lésions destructives de l'écorce. Ainsi, j'ai constaté qu'après extirpation bilatérale d'une même zone motrice, on peut, avec le temps, observer un rétablissement partiel de la motilité grâce à l'entrée en activité des centres réflexes inférieurs et à leur adaptation progressive aux nouvelles conditions créées dans la sphère motrice.

[(3) La question de la bilatéralité de certains centres a été quelquefois l'objet de solutions contraires proposées par la physiologie et par l'observation clinique jointe aux vérifications anatomiques. Tel est le cas de l'innervation des cordes vocales : tandis que plusieurs expérimentateurs, et entre autres Semon et Horsley, affirment que le centre laryngé est double et que l'action de chaque centre s'exerce également sur les deux cordes, les laryngologistes admettent, en général, que le centre cortical possède une action surtout croisée et que sa destruction peut, au même titre que celle de tout autre centre moteur, causer une hémiplégie, c'est-à-dire la paralysie de la corde vocale du côté opposé. On sait que, d'après Krause, Déjerine, Garel, Seguin, Onodi et beaucoup d'autres, ce centre est les écarts considérables qui existent dans leur degré de différenciation. Les mammifères inférieurs ne possèdent qu'un nombre limité de centres corticaux moteurs : ceux-ci sont en beaucoup plus grand nombre chez les mammifères plus élevés, le singe, le chien ; mais c'est chez les primates que leur différenciation est poussée le plus loin : elle arrive, en effet, chez le singe, et probablement aussi chez l'homme, à un degré de délicatesse qui est vraiment étonnant : témoin la distinction possible des centres moteurs de chacun des doigts (BEEVOR, HORSLEY).

Conjointement au développement des centres corticaux on observe, en remontant la série animale, une adaptation, en général parallèle, à des mouvements déterminés : cette adaptation est le plus remarquable pour les muscles des membres thoraciques ; leur centre cortical est en effet plus important que celui des membres pelviens.

On a pu, chez l'homme, par excitation électrique de l'écorce au cours d'opérations chirurgicales, ainsi que j'en ai eu plusieurs fois l'occasion, constater que la topographie des centres moteurs est, en général, la même que chez le singe, lequel s'en fait un titre de recommandation pour le choix des expérimentateurs. Je renvoie à ce sujet aux descriptions très exactes de FERRIER, BEEVOR, HORSLEY, SCHAEFER et autres (1), ainsi qu'à celles que j'ai moi-même publiées (2). Si nous considérons la topographie générale des différents centres moteurs, nous voyons que chez l'homme les lésions de la portion supérieure des circonvolutions centrales et du lobule paracentral qui y est adjacent entraînent des troubles moteurs du membre supérieur ; celles de la partie moyenne des mêmes circonvolutions retentissent sur la motilité du membre pelvien ; la lésion de leur extrémité inférieure, sur le fonctionnement du facial et de l'hypoglosse (3). Dans cette dernière région

situé dans le voisinage de l'extrémité inférieure de la scissure de Rolando (voyez à ce sujet : ONODI : Pathologie des centres de la phonation, *Revue hebd. de Laryngologie, Otologie et Rhinologie,* 1898).

Ces discordances et d'autres semblables s'expliquent par la différenciation progressive de tout travail physiologique et des territoires corticaux qui le régissent, à mesure que l'on considère des termes plus élevés de la série animale : on voit alors le département périphérique de chaque hémisphère préciser ses limites, en même temps que des fonctions ou des habitudes confondues chez l'animal acquièrent chez l'homme une individualisation assez parfaite pour mériter une représentation corticale particulière, ou tout au moins former, de concert avec d'autres fonctions dont l'appareil périphérique est plus ou moins éloigné, des unités rolandiques qu'on chercherait en vain chez les espèces moins élevées.]

(1) Pour être complet il faut remarquer ici que chez le singe le centre des muscles du tronc ne se trouverait pas sur la face externe mais sur la face interne de l'hémisphère, près de l'extrémité supérieure de la Frontale ascendante. Par contre, j'ai toujours pu, chez le macaque, déceler la présence de ce centre à la surface externe de l'hémisphère, dans le voisinage de l'extrémité supérieure de la même circonvolution.

(2) Voir différentes communications aux Sociétés savantes des Neurologistes et Psychiatres de Pétersbourg.

(3) La localisation du centre cortical du facial supérieur, chez l'homme, n'est pas encore définitivement fixée. On sait qu'en général les centres de la face sont situés dans la portion inférieure des deux circonvolutions centrales, mais on ne sait pas si la *moindre* partici-

se trouve aussi le centre des mouvements du maxillaire ; ses lésions sont suivies de troubles de la mastication : un foyer situé dans l'hémisphère gauche entraîne la paralysie bilatérale des muscles au service de cette fonction (HIRT). Une lésion du pied de la troisième Frontale et de l'insula détermine des altérations du langage parlé. D'après quelques observations, le centre des muscles du larynx se trouve près de l'extrémité inférieure de la scissure de Rolando, et celui de la déviation conjuguée de la tête et des yeux, au niveau de la portion supérieure des deux circonvolutions frontales supérieures ; le centre de l'élévateur de la paupière supérieure serait situé dans le gyrus angulaire (pli courbe), mais cette dernière localisation doit être tenue pour très douteuse.

La carte détaillée des territoires corticaux moteurs du cerveau de l'homme ne peut être dressée qu'au moyen de l'excitation électrique de la surface des hémisphères, pratiquée lors des occasions fournies par les opérations chirurgicales. Des observations de ce genre sont encore très peu nombreuses et tout à fait clairsemées dans la littérature : aussi, étant donnée l'importance de cette question, je crois utile de mentionner les résultats de trois expériences semblables que j'ai faites sur des sujets trépanés dans ma clinique :
Voici les conclusions auxquelles je fus conduit :
1° La disposition générale des centres moteurs dans les deux circonvolutions centrales et les régions voisines du lobe frontal est absolument la même chez l'homme et chez le singe.
2° Les centres des membres inférieurs (1) se trouvent dans le segment le plus élevé de la circonvolution centrale postérieure. Au-dessous sont les centres du pouce et des autres doigts ; les centres du facial occupent la portion inférieure des circonvolutions centrales.
3° Le centre de la déviation latérale de la tête et des yeux correspond, comme chez le singe, à la partie postérieure de la deuxième Frontale.

pation du facial supérieur à l'hémiplégie cérébrale doit être attribuée à l'existence d'un double centre cortical ou à toute autre cause. Dans un travail sur l'état du facial supérieur et du M. O. C. dans l'hémiplégie organique (*Arch. de Neurologie*, janvier 1899), MIRAILLÉ attribua cette intégrité relative du facial supérieur à la bilatéralité d'action et à la synergie habituelle des muscles innervés par les deux faciaux supérieurs. La même idée fut reprise récemment par DELIGNÉ (thèse de Paris, 1899-1900). Il est probable que la participation du facial supérieur doit paraître plus accusée chez les sujets dont les deux muscles faciaux sont plus indépendants l'un de l'autre qu'ils ne le sont ordinairement.
Après un historique très complet de la question et le résumé d'un grand nombre d'observations personnelles, PUGLIESE et MILLA, dans un mémoire « Sur la participation du nerf facial supérieur dans l'hémiplégie » (*Ric. sperim. di fren. e med. leg.*, 1896, p. 805 à 850), désignent pour centre cortical du facial supérieur le tiers inférieur de la circonvolution centrale antérieure, au-dessus du centre de la langue et de la bouche, dans le voisinage du pied de la deuxième Frontale. Les fibres nées de ce centre se décussent en partie, du moins le plus souvent ; elles passeraient dans la partie antérieure du genou de la capsule interne entre les fibres du facial inférieur et celles de l'hypoglosse.
La synergie des muscles de la portion supérieure de la face paraît être assurée par un dispositif anatomique dont la connaissance est due à HOCHE et à ROMANOW. Consécutivement à des lésions des centres corticaux du facial, ces auteurs purent suivre, à travers le pied du pédoncule et le ruban, des fibres dégénérées qui, arrivées un peu au-dessus du niveau de la VIIe paire, pénétraient dans la calotte et se rendaient, les unes, au noyau du facial homonyme, les autres, en traversant le raphé, à celui du côté opposé.]

[(1) ACQUISTO et PUSATERI : « Le centre moteur cortical du membre inférieur chez l'homme », *Giornale di patologia nervosa e mentale*, 1897.
Après amputation du membre inférieur, ces deux auteurs constatèrent l'atrophie du tiers supérieur des deux circonvolutions centrales et du lobule paracentral.]

4° Le centre des muscles du tronc se trouve dans la Frontale ascendante, au-dessus de celui du membre supérieur, au voisinage du bord supéro-interne de l'hémisphère : c'est d'ailleurs sur ce bord même que les auteurs le localisent chez le singe.

5° Chez l'homme, comme chez ce dernier, il existe des centres différenciés pour les mouvements du pouce et des autres doigts. Ils sont situés dans la Pariétale ascendante au-dessous du centre moteur de l'extrémité supérieure.

Chez ces deux espèces, les centres corticaux sont séparés les uns des autres par des zones de substance grise inexcitables aux courants faibles (1).

Quant aux relations du champ cortical moteur avec la sphère psychique, on peut attribuer au premier le rôle de transmettre aux organes du mouvement les impulsions de la volonté : c'est en effet grâce à son intermédiaire que la volonté fait agir son influence sur les muscles de la vie animale.

Mouvements affectifs et viscéraux. — La sphère psychique n'est pas seulement la source des mouvements volontaires : de nombreux phénomènes moteurs, de nature sûrement psychique, se soustraient à la force de la volonté ; ce qui revient à dire que, non seulement ils peuvent s'accomplir sans réveiller les multiples associations d'idées qui constituent l'illusion de l'acte volontaire, mais encore que, parmi les associations mises en jeu par l'accomplissement de l'acte moteur affectif, il peut s'en trouver quelques-unes dont le ton affectif soit contraire à celui qui caractérise en général l'accomplissement de l'acte]. Ces phénomènes se poursuivent en s'accompagnant de modifications des fonctions organiques qui, telles que la circulation et les sécrétions glandulaires, sont entièrement en dehors de la sphère volontaire, ou qui, telles que la respiration, ne laissent à la volonté qu'un rôle de second ordre. C'est à la même catégorie qu'appartiennent les phénomènes moteurs qui servent à exprimer les émotions et les sensations : le rire, les larmes. Mes expériences personnelles (2) ont démontré que ces mouvements dits affectifs ne sont pas modifiés par une ablation bilatérale même complète des centres moteurs : ils doivent donc posséder des centres encéphaliques spéciaux. D'autre part, on observe assez souvent en clinique des cas de lésion de la zone corticale motrice avec paralysie des mouvements volontaires de la face et intégrité des mouvements mimiques.

L'excitation expérimentale de différents territoires corticaux situés très loin en arrière de la zone motrice produit toute une série de mouvements compliqués voisins des véritables mouvements psycho-réflexes et qui rappellent en particulier les contractions faciales de la mimique, ainsi que

---

(1) Voyez, au sujet des recherches expérimentales faites au cours de trépanations, chez l'homme, LAMACQ : Les centres moteurs corticaux du cerveau humain déterminés d'après les effets de l'excitation faradique des hémisphères cérébraux de l'homme, *Arch. Clin. de Bordeaux*, novembre 1897.

(2) « Physiologie de la zone motrice de l'écorce cérébrale », *Arch. f. Psych.*, 1886 et 1887, et « Sur les mouvements d'expression », *Wratsch*, 1883.

certains mouvements des muscles moteurs de l'œil et du pavillon de l'oreille. Ces différents phénomènes peuvent encore être reproduits après ablation complète de la zone motrice proprement dite. On peut de plus, par excitation de certains territoires corticaux, arriver à modifier le rythme de la respiration, l'état de réplétion des petits vaisseaux et la pression sanguine (Bochefontaine, Landois et Eulenburg, Bechterew, Misslawski et autres). En expérimentant sur des trépanés, j'ai pu me convaincre que, chez l'homme aussi, l'écorce peut exercer une action des plus nettes sur la respiration, l'activité du cœur et la pression sanguine. Chez différents animaux, chez le chien par exemple, l'excitation de l'écorce, principalement dans le voisinage du sillon crucial, peut produire, d'après les expériences faites dans mon laboratoire, des mouvements du canal intestinal, des contractions du vagin, des mouvements de déglutition, la sécrétion des larmes, de la bile, du suc gastrique (1).

Zone corticale sensitive. — Cette zone comprend principalement la région située en arrière et au-dessous de la zone motrice. Elle embrasse certaines portions des circonvolutions centrales, des lobes pariétal, occipital et temporal. Elle renferme les centres des différents modes de sensibilité générale ou sensorielle, mais la plupart de ces derniers ne sont pas encore bien localisés; les opinions divergent, en particulier, au sujet de la localisation des centres de la sensibilité musculaire et cutanée. D'après certains auteurs, la zone dite motrice est en réalité sensitive et les troubles moteurs qu'entraînent ses lésions sont dus à l'altération de certains modes de sensibilité, cutanée ou musculaire; Schiff, entre autres, invoqua une abolition de la sensibilité tactile; Nothnagel incrimina une abolition du sens musculaire; Munk, par contre, essaya d'expliquer ces troubles moteurs par la perte des représentations de l'espace ou celle des images motrices et du sens tactile.

Après destruction des territoires situés en arrière ou immédiatement en dehors de la zone motrice, et qui correspondent en général aux circonvolutions pariétales de l'homme, j'ai pu observer chez les animaux des altérations de la sensibilité cutanée et musculaire dans les membres du côté opposé; pourtant on ne pouvait déceler de phénomènes de parésie comme après les lésions de la zone motrice. La destruction du gyrus sigmoïde chez le chien et le chat, celle des circonvolutions centrales, surtout de la Pariétale ascendante, chez le singe s'accompagnent également de troubles de la sensibilité (V. plus loin) (1). D'autres auteurs (Luciani) ont admis la nature

---

(1) Voir à ce sujet mon mémoire du *Neurol. Centr.*, 1889-1891; *Arch. f. Psych.*, 1888; *Arch. f. Anat. u. Physiol.*, *Anat. Abth.*, 1889 et *Mémoires de la Société des naturalistes de Kasan*, vol. XX.

(2) Bechterew : *Vratsch*, 1883; *Neurol. Central.*, 1883, n° 18, et « Physiologie de la zone motrice de l'écorce cérébrale », *Arch. f. Psych.*, 1887.

sensitive des circonvolutions pariétales. FERRIER observa chez le singe des troubles sensitifs sans phénomènes de parésie après ablation de la circonvolution de l'hippocampe, y compris la corne d'Ammon. SCHAEFER et HORSLEY qui répétèrent cette expérience de FERRIER confirmèrent le fait de la production de l'anesthésie par destruction de la circonvolution de l'hippocampe; mais cette anesthésie ne se montra ni complète, ni de longue durée. Si par contre, chez le même animal, on enlève partiellement la circonvolution du corps calleux ou gyrus fornicatus (qui continue immédiatement le gyrus de l'hippocampe et fait partie, comme lui, du lobe limbique), l'anesthésie se produit très nettement, persiste pendant longtemps et s'accompagne d'analgésie; le gyrus fornicatus joue donc un rôle plus impor-tant pour la sensibilité que la circonvolution de l'hippocampe. D'après ces expériences, SCHAEFER et HORSLEY placèrent les sensations tactiles et doulou-reuses dans tout le lobe limbique; FERRIER, plus tard, se rangea à cette opinion en faisant toutefois remarquer que les voies d'association de la zone sensitive avec la zone motrice passent sous le gyrus fornicatus et que l'on pourrait ainsi s'expliquer la part importante que prend cette circonvo-lution à la production des troubles sensitifs.

Chez l'homme également, des altérations de la sensibilité peuvent s'observer consécutivement aux lésions du gyrus fornicatus (SALILE, MURATOFF); elles peuvent aussi dépendre de lésions des circonvolutions pariétales.

Des lésions de la zone corticale motrice peuvent enfin altérer conjoin-tement le mouvement et la sensibilité, fait qui fut mis en évidence, une fois de plus, par les expériences que je pratiquai récemment sur le singe : consécutivement à une lésion de la zone motrice, les troubles de la sensi-bilité cutanée furent des plus évidents. De nombreuses observations des symptômes consécutifs, chez l'homme, à des foyers siégeant dans la sphère corticale motrice en sont une autre confirmation : il est vrai que dans ces cas on peut souvent constater que d'autres territoires corticaux sont inté-ressés, mais on connaît nombre d'observations où des foyers localisés aux circonvolutions centrales ont produit des paralysies musculaires avec troubles par défaut de la sensibilité. L'excitation des zones motrices produit alors en outre, dans les membres du côté opposé, certains phénomènes subjectifs, sensations d'engourdissement, de fourmillement, plus rarement d'endolorissement et de raideur. Les processus destructifs de la même région produisent des symptômes par défaut : paralysie musculaire, affaiblissement de la sensibilité tactile et douloureuse, abolition du sens musculaire, ainsi que le démontrent les observations publiées par HORSLEY et celles que j'ai faites moi-même au cours d'opérations portant sur les centres nerveux, chez l'homme.

Mais il faut remarquer que les centres des mémoires tactile, douloureuse et musculaire occupent des territoires corticaux beaucoup plus étendus que les centres moteurs : leur identification n'est donc pas permise. On ne peut douter, d'autre part, après le précédent exposé, qu'il ne se produise dans ces centres dits moteurs une association intime des impulsions motrices avec les modes correspondants de la sensibilité cutanée et musculaire. Cette association découle de ce fait que tous les mouvements régis par l'écorce doivent se produire sous une certaine influence régulatrice qui est justement le contrôle exercé par les modes énumérés plus haut de la sensibilité. Les observations faites par HORSLEY et moi-même dans des cas de foyers circonscrits des centres moteurs permettent de se représenter clairement l'intimité de cette association fonctionnelle : si par exemple le centre moteur du pouce est seul atteint, on observe, à côté de la paralysie musculaire, l'anesthésie tactile, des sensations prolongées d'engourdissement et le refroidissement du doigt paralysé ; des excitations cutanées de moyenne intensité sont mal localisées et la position du pouce ne peut plus être indiquée par le malade ayant les yeux fermés : que ces troubles de la sensibilité proviennent de la zone motrice et ne soient pas perçus dans d'autres territoires, tels que le lobe limbique, cela ressort clairement de ce fait que l'excitation du centre en question, par exemple par une tumeur, est accompagnée de sensations anormales localisées dans la peau du pouce et dans des portions plus élevées du membre supérieur : c'est ainsi que souvent le sentiment de la motilité est réveillé dans un pouce complètement paralysé. Si la source d'excitation est supprimée, ces différents symptômes font place à de l'anesthésie. Le centre cortical moteur est donc au fond constitué par un ensemble de centres sensitivo-moteurs où, sous le contrôle de la sensibilité cutanée et musculaire, certains segments des extrémités sont mis en mouvement. L'excitation de ces centres produit des contractions musculaires et des sensations subjectives anormales dans les territoires périphériques correspondants ; leur ablation produit du même coup la paralysie motrice et sensitive.

Rien n'empêche d'admettre que les centres corticaux sensitivo-moteurs ne soient le siège d'une première perception des excitations venues de la peau et des muscles et de leur transfert aux conducteurs moteurs des mêmes régions de l'écorce.

Par contre, les régions sensitives situées plus en arrière (circonvolutions pariétales) servent à l'élaboration des représentations tactiles douloureuses et musculaires. Mais ce n'est pas ici le lieu de traiter cette question ni celles qui s'y rapportent.

Les mouvements d'expression dont il fut déjà parlé et qui sont commandés par différentes régions de l'écorce (mouvements psycho-réflexes) sont probablement en rapport d'association avec les sensibilités cutanée et musculaire, ainsi qu'avec les données spécifiques des sens de la vue, de l'audition, de l'odorat et du goût (V. plus loin).

L'écorce est encore évidemment le théâtre d'un conventus analogue d'influx moteurs et sensitifs, comme il s'en produit dans les régions profondes

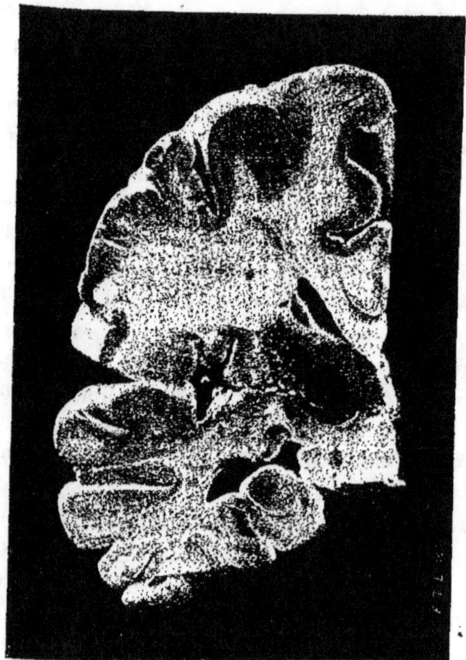

Fig. 383. — LÉSION DE L'HÉMIANESTHÉSIE D'ORIGINE CENTRALE : FOYER SITUÉ DANS LA PARTIE POSTÉRIEURE DE LA COUCHE OPTIQUE.

Coupe frontale de l'hémisphère : le morcellement linéaire de la capsule interne a été produit par la section horizontale que représente la figure suivante (1).
Ces deux clichés sont dus à l'obligeance du D' RIGOLLET.

de l'encéphale ; on connaît le rôle des excitations sensitives dans la vie réflexe. Comme celle-ci, la motilité se ressent des altérations de la sphère sensitive. La preuve en est fournie par de nombreuses observations cliniques

(1) L'histoire clinique et anatomique de ce cas a été publiée par MOLLARD : Sur un cas d'hémianesthésie organique par lésion localisée à la couche optique, *Lyon Médical*, 27 mai 1900. Voir sur le même sujet : RIGOLLET : *Contribution à l'étude de l'hémianesthésie organique*, thèse de Lyon, 1900.

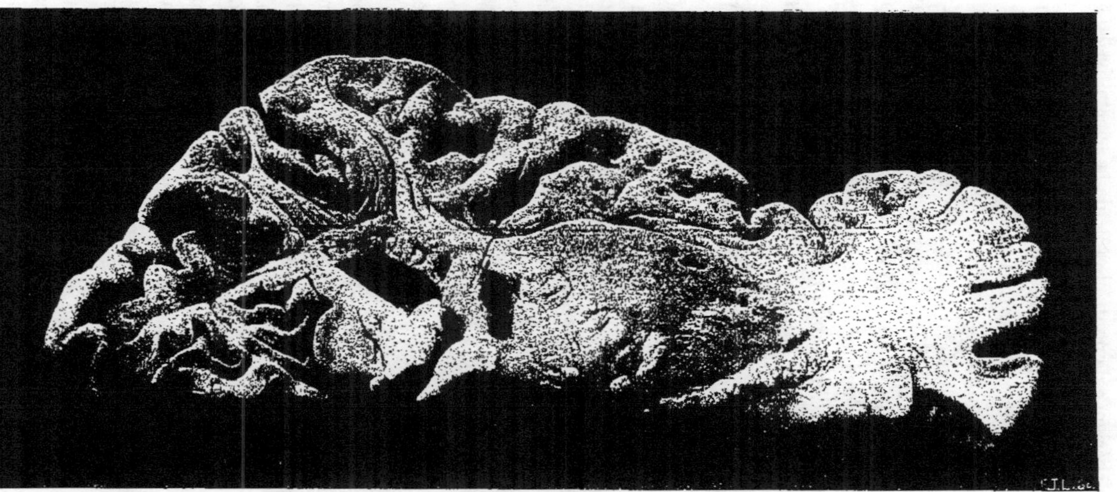

Fig. 384. — LÉSION DE L'HÉMIANESTHÉSIE D'ORIGINE CENTRALE : FOYER SITUÉ DANS LA PARTIE POSTÉRIEURE
DE LA COUCHE OPTIQUE.

(Coupe de Flechsig. Segment inférieur de la coupe.)
Le petit trait qui traverse la capsule interne a été produit par une section artificielle.

et par les expériences bien connues de Ch. Bell : là section du nerf infra-
orbitaire, lequel est purement sensitif, produit chez l'âne la paralysie de la
lèvre supérieure. Cette expérience démontre le rôle de la sensibilité dans les
processus moteurs ; elle a été récemment répétée par Exner et Pineles, chez
le cheval, avec les mêmes résultats ; par suite de la paralysie de la lèvre, la
préhension des aliments se trouve, en outre, fortement compromise.

[Il serait au moins prématuré de confondre les troubles sensitifs qui
suivent la section d'un nerf périphérique avec ceux qu'entraîne une lésion
corticale : celle-ci est forcément plus élective et ne détruit le plus souvent
que quelques-uns des composants d'association corticale ou d'origine périphérique dont se compose le phénomène sensitif. La section d'une racine
postérieure retentit jusque sur l'excitabilité de la zone corticale, ainsi que
l'ont démontré Tomasini et d'autres auteurs ; ce point sera repris incidemment plus loin.]

Les détails qui furent nécessités par ces différentes questions de physiologie sont certainement justifiés par les nombreuses discussions qui sont
actuellement soulevées à ce propos et les recherches qu'elles provoquent
et provoqueront encore pendant longtemps. [Mais si les travaux de ces
dernières années ne permettent encore que des conclusions provisoires
touchant les rapports qui existent entre la sensibilité, d'une part, la structure
et les lésions des centres nerveux d'autre part ; il est un point qui paraît définitivement acquis au sujet de la pathogénie des troubles sensitifs et en particulier de la localisation de ces troubles à une moitié du corps ; c'est en premier
lieu, ainsi que Déjerine l'a mis hors de doute, qu'une lésion de la capsule
interne seule ne suffit jamais à produire une hémianesthésie ni une hémi-
hypoesthésie ; en second lieu, que la lésion causale est nécessairement localisée
dans la partie postéro-inférieure de la couche optique, ainsi qu'en témoigne
la pièce figurée sous les numéros 383 et 384 : on voit facilement que dans ce
cas la lésion ne dépassait nulle part les limites de la couche optique. Il est
utile de rappeler cela à propos de la physiologie des centres sensitivo-
moteurs, pour rappeler, en même temps, que leur rôle dans la sensibilité est
indissolublement lié à la participation de la couche optique et, par conséquent, que les lésions de l'écorce ne peuvent agir que par interruption des
radiations thalamo-corticales et des systèmes ou éléments qui en dépendent.]

[**Nature des relations corticales de la motricité et de la sensibilité.** — La manière de voir qui est partagée actuellement par presque
tous les auteurs au sujet de la représentation corticale des phénomènes sensitifs n'est parvenue que lentement à sa formule dernière. Longtemps encore
après les découvertes primordiales de Fritsch et de Hitzig, après l'accumu-

lation d'un grand nombre de documents cliniques, les centres corticaux étaient considérés comme des unités préformées et intangibles, et les deux classes de faits physiologiques qui constituent la motricité et la sensibilité étaient tenues pour irréductibles. Maintenant encore, plusieurs auteurs pensent que la division établie entre les excitations centrifuges et les influx centripètes est justifiée par la présence d'un fait surajouté, le phénomène subjectif, et considèrent cette conception comme réfractaire à une analyse plus approfondie. Ce schéma, le seul possible en clinique, devient absolument aveugle et stérile si on le transporte sans éclaircissement dans le domaine de la physiologie ; appliqué sur la surface du cerveau, il ne permet que des répartitions topographiques dont quelques lignes d'historique peuvent montrer l'insuffisance.

Les premiers expérimentateurs (Hitzig, Ferrier) considérèrent la paralysie motrice comme indépendante des troubles de la sensibilité cutanée, troubles dont ils constatèrent le plus souvent l'absence, car ils ne dirigeaient leur attention que vers quelques formes seulement de la sensibilité. Ferrier admettait l'intégrité absolue du sens musculaire. Schiff, au contraire, à peu près à la même époque, attribua les troubles moteurs à la perte du sens tactile, et les compara, puis les assimila à l'ataxie. Goltz s'arrêta à une interprétation voisine de celle de Schiff et eut d'ailleurs le mérite d'être le premier à attirer l'attention sur l'importance des processus d'association dans chacun des phénomènes psychiques en apparence élémentaires du mouvement et de la sensation.

Pour l'homme, comme pour les animaux, l'anesthésie et les autres troubles de la sensibilité avaient été le plus souvent relégués au second plan avant la publication du mémoire de Tripier, dans lequel se trouve exprimé en termes catégoriques, le fait de la simple coexistence des deux ordres de symptômes moteurs et sensitifs, et la doctrine de la conglomération, au niveau du gyrus sigmoïde, des éléments qui président à chacun d'eux. Assimilant les troubles qui résultent de la section d'un nerf périphérique sensitif à ceux qui sont consécutifs à l'ablation d'une région de l'écorce, cet auteur réfuta la théorie de Schiff et résuma dans l'expression de *zone sensitivo-motrice*, adoptée depuis généralement, le double concept d'indépendance et de coexistence. Cette notion a survécu sauf quelques modifications de détail apportées dans la suite, et qui se basaient surtout sur certaines variations spécifiques des phénomènes expérimentaux (durée de l'anesthésie, degré de la paralysie, etc.); elle a le mérite de résumer en une seule formule la grande majorité des faits et d'être assez souple, puisqu'elle ne les relie pas les uns aux autres par des rapports étroits de dépendance, pour offrir l'extension d'une loi générale. Ces avantages la firent adopter par la plupart des physiologistes et un grand nombre de cliniciens : opposée à de malheureuses tentatives d'explication, elle devint la doctrine régnante et le point de départ de nombreux travaux qui visèrent la localisation corticale respective des phénomènes moteurs et sensitifs; ces recherches s'appuyaient le plus souvent sur le principe de la préformation physiologique des centres corticaux et n'étaient dirigées que vers une dissection plus ou moins fine des territoires du cortex.

Les travaux de l'école italienne apportèrent aux recherches et aux découvertes du professeur lyonnais un appoint des plus importants. La notion de la superposition ou de la compénétration des centres, de la simultanéité de leur fonctionnement, fut admise généralement, sauf modifications de détail par Luciani, Seppilli et d'autres auteurs; elle prédomina sur la tentative d'explication, d'ailleurs fautive, que fit Tamburini en considérant « la cellule » comme le lieu de transformation des sensations en phénomènes moteurs, remarquer que la sensation, et a fortiori sa transformation en un phénomène moteur, repose essentiellement sur la mise en jeu simultanée de plusieurs *groupes* d'éléments.

Les physiologistes anglais, FERRIER, HORSLEY et SCHÆFER considéraient au contraire les centres rolandiques comme étant purement moteurs et localisaient la sensibilité en d'autres points de l'écorce (gyrus fornicatus, région ammonnienne, etc.); il est inutile d'insister sur ces localisations qui ont été ruinées par les expériences de MUNK et d'autres physiologistes, mais il est bon de remarquer que cette interprétation avait l'avantage de mettre en relief le rôle nécessaire des processus d'association dans la genèse des phénomènes de motricité et de sensibilité.

Dès l'année 1881, MUNK, en se basant sur un nombre déjà considérable de recherches expérimentales, émit sa célèbre hypothèse de la sphère de la sensibilité *(Fühlsphære)* : celle-ci correspond à peu près, au point de vue topographique, à la zone motrice; il ne s'agit donc ici que d'une interprétation nouvelle dans laquelle ce territoire de l'écorce est considéré comme le lieu de perception des diverses sensations tactiles, musculaires ou autres, nécessaires à la motricité; en même temps cette perception est confondue, du moins en partie, avec les processus centripètes eux-mêmes et considérée comme un intermédiaire nécessaire entre eux et les phénomènes moteurs.

Malgré le progrès qu'elle représente sur plusieurs de celles qui l'avaient précédée, cette théorie était encore en dehors de la voie plus féconde dans laquelle MOTT s'engagea définitivement en faisant remarquer que, consécutivement aux lésions de la zone sensitivo-motrice, les troubles expérimentaux de la sensibilité prédominent à la main et au pied, et se montrent d'autant plus durables qu'on les considère chez des espèces plus élevées dans la série; tel fut un des premiers pas vers une conception nouvelle de la différenciation des centres par la fonction de l'organe périphérique et de leur importance d'autant plus grande que cette fonction est plus complexe, plus fréquemment exercée, et d'autant plus que la division du travail est poussée plus loin. MOTT essaya une explication ingénieuse du caractère transitoire des troubles de la sensibilité comparés à ceux de la motilité en faisant remarquer que chaque fibre afférente de l'écorce cérébrale embrasse une grande surface grâce aux ramifications de ses collatérales : l'ablation d'une partie de ce territoire permet en conséquence de rapides suppléances, tandis que, au contraire, la section des cylindraxes qui représentent les voies de la motricité abolit les mouvements qui dépendent du centre en question. En réalité cette abolition peut n'être que temporaire et la fonction peut être récupérée, comme pour la sensibilité, par une voie détournée, c'est-à-dire lorsque les arborisations respectées des voies afférentes auront eu le temps de différencier au profit de leur domaine périphérique des territoires voisins de celui qui a été extirpé.

La célèbre doctrine développée par BASTIAN sur les *sensations kinesthésiques* se confond sous bien des rapports avec celle à laquelle l'auteur précédent a attaché son nom : comme celle-ci, elle opère la synthèse topographique et pathogénique des deux classes de processus et de leur représentation corticale respective; comme celle-ci encore, elle tend surtout à mettre en relief la nécessité des courants afférents et de leurs multiples modalités dans la genèse des phénomènes moteurs.

Nous avons vu quel rôle SCHIFF faisait jouer aux altérations du sens musculaire dans la genèse des troubles moteurs consécutifs à la lésion du gyrus sigmoïde : l'idée principale de sa théorie fut reprise plus récemment par TONNINI. Cet expérimentateur eut le mérite de faire une étude comparative minutieuse des troubles du sens musculaire et de ceux de la sensibilité au point de vue de leur localisation et de leur durée. Il attribua à une hyperpragie corticale l'hyperesthésie que l'on peut observer sur le côté de la lésion et dont l'apparition concorde avec la disparition de l'hémianesthésie.

Dans un important travail expérimental, mis d'ailleurs à contribution pour cet historique, sur les anesthésies consécutives aux lésions de la zone motrice (1) VERGER poussa plus loin qu'aucun expérimentateur ne l'avait fait avant lui l'examen méthodique

____

(1) Thèse de Bordeaux, 1896-1897, n° 89.

des troubles de la sensibilité, en étudiant séparément les sensibilités tactile, douloureuse, thermique, musculaire, ainsi que les notions complexes qui dérivent de la mise en jeu de ces modes élémentaires et qui constituent la faculté de localiser les objets au contact de la peau, la faculté de les reconnaître ou toucher actif de DANA, les sensations que BASTIAN a appelées kinesthésiques et d'où découlent la notion des mouvements actifs et passifs, de la position des membres, du poids des objets, enfin la sensation qui résume toutes les autres : celle de l'existence du membre.

Le résultat de cette analyse minutieuse fut des plus intéressants et ne saurait être passé sous silence.

L'excision de l'écorce pariétale (qui avait été considérée par NOTHNAGEL et d'autres auteurs comme le siège de la sensibilité) ne s'accompagna d'aucun trouble de la sensibilité, tandis que l'ablation de la région motrice, pratiquée chez le même animal, le chien, produisit toujours, outre les symptômes par défaut d'incitation motrice volontaire, des troubles de la sensibilité.

La *sensibilité à la douleur* était le plus souvent diminuée sur tout le côté parésié, quelquefois sur tout le corps, d'une façon diffuse.

La *sensibilité thermique*, d'un examen d'ailleurs presque impossible chez l'animal, ne put être l'objet d'aucune donnée précise.

La *sensibilité tactile*, au contraire, présenta de constantes altérations : lorsque la lésion n'intéressait que le centre cortical d'un membre, les troubles sensitifs montraient une tendance manifeste à diffuser à tout le côté, ainsi que plusieurs expérimentateurs l'avaient déjà remarqué. Leur durée moyenne fut d'une vingtaine de jours (les indications des auteurs varient de dix jours à dix semaines) ; leur marche fut toujours régulière : l'hypoesthésie atteignait son maximum au troisième jour, restait au même degré jusqu'au quinzième environ, puis décroissait avec rapidité jusqu'à complète disparition.

Les *troubles kinesthésiques* furent toujours très accusés : l'animal avait une démarche mal assurée qui dénotait plutôt l'oubli des mouvements appris qu'une simple ataxie : souvent on voyait les sujets en expérience marcher sur la face dorsale des orteils. Comme ceux du sens tactile, ces troubles prédominaient au niveau des membres antérieurs. Les troubles des mouvements purement volontaires persistèrent plus longtemps que les troubles kinesthésiques. Un plus long exposé des résultats obtenus par cet auteur serait ici déplacé : l'interprétation dont ils sont la base sera du reste exposée à propos des théories dont on peut la rapprocher et que CHARCOT et PITRES étayèrent sur les symptômes des lésions corticales étudiés chez l'homme.

D'après les résultats de recherches d'un tout autre ordre que les précédentes, CONTEJEAN (1) conclut que les centres cérébraux dits moteurs sont simplement des centres sensitifs et que les excitations appliquées à leur niveau n'agissent que par mécanisme réflexe.

Tout récemment encore SCHÆFER (de Londres) (2) reprit encore la question au point de vue expérimental et conclut que des paralysies peuvent être produites par l'ablation des centres corticaux, sans qu'il y ait aucune perte bien nette de la sensibilité : celle-ci ne serait donc pas localisée dans la région corticale d'où émane l'influx moteur et l'on n'aurait pas le droit de dire que la paralysie motrice corticale pût être produite par un trouble de la sensibilité : cette opinion si contraire à toutes celles que nous avons énumérées ne paraît pas avoir été basée sur un examen symptomatique suffisamment approfondi.

En même temps que l'expérimentation opérait progressivement la synthèse des deux processus, moteur et sensitif, et de leur représentation corticale, on voyait la même conclusion se dégager d'un certain nombre de travaux histologiques ou de recherches expérimentales qui touchaient accessoirement à cette question. La conception du faisceau sensitif de CHARCOT et BALLET était depuis longtemps oubliée, ainsi que les anciennes opinions de FERRIER,

(1) *Soc. de Biol.*, 30 janvier, 1897.
(2) *Quatrième Congrès de Physiologie*, Cambridge, août 1898.

Nothnagel, Charcot, sur la localisation de la sensibilité dans la région postérieure de l'écorce ; on circonscrivit à la zone rolandique la terminaison des radiations thalamo-corticales qui représentent la continuation du ruban de Reil, et, en se basant sur des dégénérations expérimentales, presque tous les anatomistes, Tschermack (1) entre autres, considérèrent la région rolandique comme le point de convergence des voies motrices et sensitives ; telle fut aussi la conclusion à laquelle arrivèrent par une voie toute différente des recherches qui eurent pour point de mire l'excitabilité de la zone motrice après section des racines postérieures : Tomasini (2) vit, dans ces conditions, l'excitabilité de l'écorce diminuer et la sphère excitable se restreindre ; les mouvements de l'animal devenaient en outre ataxiques : il admet en conséquence la nature sensitivo-motrice de la zone rolandique.

En résumé, on peut, avec Verger, ranger en trois classes les opinions exprimées par les divers expérimentateurs au sujet des relations corticales de la motricité et de la sensibilité :

1° Pour le plus grand nombre des physiologistes, Schiff, Munk, Bastian la zone rolandique du singe et de l'homme, le gyrus sigmoïde du chien sont exclusivement sensitifs et représentent le lieu de perception et d'enregistrement des sensations musculaires, tactiles, douloureuses et thermiques dont la perception est nécessaire à la bonne exécution des mouvements : la destruction de cette zone détermine des troubles sensitifs seulement, et, consécutivement, des troubles moteurs.

2° Pour d'autres, Ferrier, Horsley, Schæfer, dans aucun cas la destruction de la zone motrice n'entraîne de troubles sensitifs, pas même de troubles du sens musculaire. La localisation du sens tactile varie avec les auteurs : les uns concluent pour la circonvolution de l'hippocampe ou le gyrus du corps calleux, d'autres, pour le lobe pariétal.

3° Entre ces deux conceptions en apparence opposées on peut placer une théorie mixte qui remonte à Hitzig et qui considère les centres corticaux comme sensitivo-moteurs et formés soit par la réunion des centres moteurs et des centres sensitifs superposés mais indépendants dans une certaine mesure (Luciani, Seppilli, Tripier, Tonnini, Mott et Goltz), soit par des éléments de même nature transformant en mouvements les sensations extérieures : ils représenteraient ainsi des centres réflexes supérieurs et conscients (Tamburini).

Ces différentes opinions ont au moins un point de commun : c'est l'importance qu'elles accordent au phénomène conscient dans les associations qui ont pour résultat la transformation des influx centripètes en ordres moteurs. Sauf Ferrier, Schæfer et Horsley, tous les auteurs s'accordent à reconnaître l'importance des troubles sensitifs consécutifs à l'ablation de la zone sensitivo-motrice : les avis ne diffèrent guère que sur la localisation corticale des processus d'association centripètes que quelques-uns confondent

(1) *Neur. Centralbl.*, 1898.
(2) *Lo Sperimentale*, XLVIIIe année, et *Arch. Ital. de Biol.*, vol. XXIII.

complètement avec celle des images motrices, tandis que d'autres admettent une compénétration réciproque, d'autres, enfin, une localisation complètement indépendante, pour chaque catégorie de processus.

Si du terrain de l'expérimentation, nous passons à celui de la pathologie humaine, nous rencontrerons des interprétations comparables en général à celles que nous venons d'exposer ; mais ici, les doctrines de l'indépendance corticale des deux localisations tiennent une place plus importante et, corrélativement, les troubles de la sensibilité que beaucoup d'auteurs considéraient comme devant avoir la généralisation et la fixité des troubles de la motricité furent pendant une assez longue période laissés au second rang dans les examens cliniques qui ne visaient d'ailleurs que les altérations les plus manifestes.

De l'étude d'un grand nombre de cas de lésions centrales, chez l'homme, Tripier conclut à la constance des troubles de la sensibilité conjoints aux troubles moteurs, du moins dans la période de début. D'importantes statistiques confirmatives de cette première donnée furent ensuite apportées par Petrina (1881) et par Lisso en 1882. Mais à Dana, de New-York, revient l'honneur de recherches cliniques plus analytiques sur lesquelles furent basées les conclusions suivantes (traduction Verger) :

Les centres moteurs et sensitifs sont identiques chez l'homme ;

Les centres sensitifs sont plus diffus.

Il faut une lésion plus étendue et plus profonde pour détruire un centre sensitif que pour détruire un centre moteur ; une anesthésie étendue, mais transitoire, peut cependant être causée par une petite lésion corticale.

La compensation est plus facile pour les lésions qui déterminent des troubles de la sensibilité que pour celles qui entraînent des troubles de la motricité.

Les lésions corticales entraînent la perte du *toucher actif*, c'est-à-dire de la faculté de localiser les objets et d'associer en une même représentation les sensations musculaires et tactiles ; l'analgésie et la perte du sens thermique sont rares. Dana englobe ces différents troubles sous le nom d'*amnésie musculo-tactile*. Pour lui la zone motrice contient à la fois les centres de mémoire et d'association des sensations musculaires et tactiles, en même temps que des sensations thermiques et douloureuses, celles-ci étant moins spécialisées et moins importantes.

Charcot et Ballet s'efforcèrent vainement d'expliquer la rareté de l'hémianesthésie d'origine corticale en attribuant à la zone sensitive une étendue considérable : toute la portion de l'écorce qui est située en arrière du lobe frontal. Il devenait ainsi naturel que des lésions assez diffuses pour créer l'hémianesthésie, c'est-à-dire pour détruire la totalité de ce territoire, ne pussent pas être compatibles avec la vie ; l'hémianesthésie ne devait donc relever que d'une lésion de la capsule interne. Cette manière de voir, longtemps admise, ne pouvait être partagée que grâce à des examens cliniques incomplets. On sait d'autre part avec quels autres postulats anatomiques elle fut combinée pour édifier la théorie aujourd'hui universellement abandonnée du carrefour sensitif.

Les dissociations symptomatologiques dont une répartition en surface ne pouvait donner la clef, Brissaud proposa de les expliquer par une répartition en profondeur, c'est-à-dire par la superposition des centres de la motricité et de la sensibilité, et non plus par leur juxtaposition : c'est surtout, fit-il remarquer, dans les cas de lésions superficielles n'intéressant que les premières couches de l'écorce que l'on peut observer des troubles de la sensibilité conjointement aux troubles moteurs.

On peut rapprocher de cette interprétation celle que Pitres avait antérieurement appliquée à l'anesthésie hystérique puis à l'anesthésie d'origine corticale en faisant de cette dernière un phénomène bulbo-protubérantiel. Legroux et Brun attribuèrent les anesthésies d'origine corticale à des troubles de la circulation encéphalique, troubles inconstants et variables comme le symptôme. L'hypothèse proposée par Verger mérite de nous arrêter plus longuement. Cet auteur fait observer que le caractère particulier des troubles sensitifs consécutifs, chez l'homme comme chez les animaux, aux lésions corticales, est de porter surtout sur les sensations qui sont en rapport avec l'exécution des mouvements volontaires : sensations tactiles, musculaires, isolées ou combinées pour former les sensations kinesthésiques, et sur celles qui concourent à l'exercice du toucher actif. En même temps qu'il perd la perception des variations qualitatives de différentes sensations, le sujet conserve « la perception de la sensibilité brute ». Partant de ce fait, cet auteur considère comme inadmissible la théorie des centres sensitivo-moteurs mixtes : « Cette théorie, en effet, place dans la zone rolandique les centres de perception des sensations cutanéo-musculaires, et nous voyons que cette perception, loin d'être une, se fait en plusieurs temps, puisque certains éléments de la sensation peuvent être abolis, les autres restant intacts. Non seulement la perception de la sensation brute et celle des variations quantitatives et qualitatives de cette sensation ne paraît pas se faire dans un seul centre, mais entre les centres multiples de perception de chaque sensation élémentaire et les centres moteurs volontaires il y a une série d'autres étapes... C'est par ces étapes que passent les diverses impressions de sensibilité générale, déjà isolément perçues, pour s'associer entre elles, de manière à former une représentation mentale consciente qui réglera l'impulsion motrice volontaire et ultérieurement restera dans la mémoire. Jusqu'à nouvel ordre, et sauf vérification plus complète en ce qui regarde le cerveau de l'homme, ce sont les seuls centres d'association et peut-être de mémoire musculo-tactile qu'on peut placer dans la zone rolandique conjointement avec les centres psycho-moteurs. »

On peut donc dire que les troubles de la sensibilité sont actuellement considérés comme constants dans le cas de lésion corticale suffisamment profonde et étendue, s'accompagnant de troubles moteurs. L'anesthésie absolue n'existe presque jamais, de même que l'analgésie, du moins d'une façon durable, mais si on pratique un examen soigneux des modes élémentaires de la sensibilité et de leurs résultantes complexes, on peut toujours en déceler quelques altérations, surtout dans la première période.

Quant aux théories qui furent basées sur les recherches cliniques et eurent pour objectif la nature véritable de la zone sensitivo-motrice, on les range généralement en deux catégories principales.

Pour certains auteurs, TRIPIER, l'école italienne, LUCIANI, TONNINI, LISSO et DANA, etc., la zone dite motrice est en réalité de nature mixte, c'est-à-dire sensitivo-motrice, ou, en d'autres termes, le lieu de réception des excitations venues de la périphérie et d'élaboration des images motrices.

Pour les autres, CHARCOT et PITRES, BALLET, les centres rolandiques sont psycho-moteurs et les seuls troubles durables de leur destruction sont les paralysies motrices. Les troubles sensitifs sont accessoires, inconstants, et dus à une lointaine et passagère répercussion de la lésion sur les centres inférieurs.

On sait que cette théorie a été à peu près universellement abandonnée, du moins telle qu'elle avait été proposée au début; mais s'il est définitivement acquis que ni le lobe occipital, ni le faisceau de Türck ne jouent dans la sensibilité générale le rôle que leur attribuait CHARCOT, si l'on n'ose plus invoquer l'hystérie pour expliquer la pathogénie des troubles d'origine corticale, on ne saurait passer sous silence l'intéressant essai d'adaptation aux acquisitions nouvelles dont cette doctrine fut l'objet de la part de VERGER. La conception de cet auteur a été exposée plus haut dans ses termes propres. Il est facile de voir qu'elle accorde plus d'importance que celles qui l'avaient précédée aux phénomènes d'association non pas « histologiques », c'est-à-dire inaccessibles à l'analyse physiologique, mais de zone à zone, « fasciculaires », au sens de FLECHSIG; il est même intéressant de constater la similitude des conclusions obtenues par des voies différentes et d'une façon tout indépendante par ces deux auteurs. Mais VERGER remarquant, avec raison du reste, que les troubles de la sensibilité sont électifs, restreignit le rôle des processus d'association aux sensations complexes au lieu de l'étendre à tous les modes de sensibilité; il semble cependant qu'une sensation quelconque ne peut exister qu'autant qu'elle rencontre dans les centres des résidus ou souvenirs ayant quelques rapports avec elle : les sensations complexes mettent évidemment en jeu un plus grand nombre d'associations et des résidus plus variés, mais rien ne permet de les distinguer radicalement des sensations simples.

D'un autre côté, cette interprétation des relations corticales de la sensibilité et de la motricité considère le fait de conscience comme une limite nécessaire établie entre les excitations centripètes et les excitations centrifuges. Or, si le phénomène subjectif existe nécessairement dans certains processus d'association, en particulier dans ceux qui sont nouveaux et complexes, il peut et doit être considéré comme un fait surajouté, contingent, incapable de représenter une barrière immobile entre les processus qui appartiennent encore à la catégorie des excitations centripètes et ceux qui font déjà partie des excitations centrifuges. Il est impossible d'affirmer, devant les preuves que l'on réunit de toutes parts, que tous les processus corticaux soient forcément conscients.

En outre, d'après la même manière de voir, le phénomène sensitif exigerait pour se produire la mise en jeu de territoires très étendus de l'écorce et autres que la zone rolandique qu'ils recouvrent du reste mais en la dépassant largement. Quel que soit le titre auquel ces régions de l'écorce interviennent dans la sensibilité, que ce soit comme zones « sensitives » ou comme lieu d'association, si leur intervention est nécessaire et si la zone rolandique ou son voisinage immédiat ne suffit pas aux représentations sensitives, cette théorie est passible des nombreuses objections anatomo-cliniques et expérimentales qui furent élevées depuis longtemps contre l'ancienne conception de CHARCOT.

Quant à la corrélation relevée par VERGER entre les troubles moteurs et sensitifs et quant à l'intervention demandée à ceux-là dans la pathogénie de ceux-ci, on ne peut la considérer comme nécessaire, pas plus que des associations conscientes ne sont nécessairement comprises dans le cycle qui réunit les excitations centripètes aux influx centrifuges.

On peut laisser provisoirement de côté la question de la localisation corticale des processus de motricité et de sensibilité : l'histoire des doctrines de FERRIER, HORSLEY, SCHÆFER, CHARCOT, démontre que la séparation des centres corticaux est incapable d'expliquer la dissociation clinique des troubles moteurs et sensitifs; d'autre part, la conception de la zone sensitivo-motrice de MUNK, BASTIAN et de la généralité des auteurs modernes laisse dans l'ombre certaines particularités cliniques dont ni la stratification des centres, ni l'intervention, d'ailleurs gratuite, de l'hystérie, ne parviennent à donner la clef. Il est donc permis de chercher une explication ailleurs que dans la répartition topographique.

Si l'on compare le trajet des voies centrifuges, de l'écorce à la moelle, à celui des voies centripètes, on peut remarquer que ces dernières sont disposées de telle sorte que les excitations qu'elles apportent tendent de plus en plus à diffuser à mesure qu'elles parviennent à des étages plus élevés : déjà moins dense au niveau des noyaux de Goll et de Burdach, car elle a auparavant diffusé dans les cordons latéraux et dans la substance grise, l'excitation conduite par une fibre radiculaire postérieure a perdu d'autre part une partie de sa spécificité primitive car elle se charge de tous les influx qu'elle réveille en passant dans les centres gris qui se trouvent sur le passage des excitations venues d'autres territoires de la périphérie : mêmes modifications au niveau de chacun des relais ultérieurs, placés sur la voie directe ou sur les embranchements. Mais c'est dans l'intérieur de l'écorce même que les dispositifs de diffusion se présentent à l'état le plus parfait, car ils sont constitués, non seulement pas les collatérales des fibres centripètes, mais par toutes les cellules avec lesquelles ces dernières se mettent en contact et les ramifications de ces dernières; quoique le domaine qu'une fibre centripète s'adjuge par ce moyen ne puisse pas avoir de limites nettes et ne corresponde qu'à une diffusion plus dense, on s'explique ainsi qu'une lésion corticale, même assez étendue, puisse ne pas intéresser tout le territoire cortical d'un système de fibres centripètes. Il est à peine besoin de faire remarquer, avec MOTT, qu'il n'en est pas de même pour les fibres centrifuges, et que la section du neurite d'une cellule pyramidale abolit d'une façon définitive l'union qu'il établissait entre la cellule multipolaire de la corne antérieure et la Pyramidale de l'écorce. Cette disposition inverse a été depuis longtemps et à juste titre invoquée pour expliquer l'opposition qui existe entre le caractère irrémédiable des troubles moteurs par déficit cortical et la rapide disparition des troubles sensitifs relevant de la même lésion, mais il semble qu'elle n'est pas suffisante pour comprendre l'indépendance clinique des deux ordres de symptômes relevant d'une même lésion rolandique et qu'il faut en outre tenir compte du caractère contingent et surajouté du fait de conscience qui survient à propos des phénomènes centripètes et centrifuges. Ce caractère surajouté découle en partie de ce fait que toute sensation, même la plus simple, repose sur un nombre indéterminé d'associations non seulement bulbo-médullaires mais corticales. Il est évident qu'une excitation arrivant dans un cortex vierge ne pourrait être reconnue et que la sensation qu'elle provoque dans un cortex chargé de résidus sera d'autant plus voisine de la perception que le nombre des associations mises en jeu sera plus considérable ; la nature des résidus mis en usage varie naturellement pour chaque mode de sensibilité, mais le mécanisme ne peut pas différer pour les modes complexes et ceux qui paraissent les plus simples. Parmi ces associations, il en est qui demeurent insconscientes : ce sont probablement celles qui ne portent que sur un petit nombre de résidus identiques ; il en est qui sont conscientes ; les unes et les autres peuvent englober des éléments moteurs (cellules pyramidales ou autres) ou bien ne pas en contenir. C'est ainsi que la destruction d'un territoire de la zone rolandique peut abolir la motricité sans avoir sur les associations conscientes une répercussion durable, si celles-ci atteignent un certain nombre ; il y a d'ailleurs ici de grandes variations individuelles. Les associations motrices peuvent inversement être respectées, les processus conscients étant abolis ; mais il ne s'agit alors le plus souvent que de processus très complexes qui ont besoin d'un grand nombre d'éléments, tels ceux du toucher actif. En refusant le caractère de phénomène d'association aux sensations dites élémentaires, on se prive des interprétations qui se sont montrées le plus fécondes pour les formes complexes de sensibilité, de même qu'en faisant du phénomène subjectif un intermédiaire nécessaire, ou rend moins claire l'action dissociante des lésions corticales.

La sensation de douleur est produite, par définition, par une excitation trop forte, c'est, de plus, une sensation primordiale au point de vue phylogénétique, nécessaire à la lutte pour l'existence, et non de perfectionnement : toutes choses égales d'ailleurs, les associations se réveillent naturellement en plus grand nombre à l'appel d'une voix plus puissante, aussi le caractère conscient est-il, non seulement constant dans ces cas, mais doué d'une tendance à effacer rapidement les autres phénomènes conscients grâce à la dissolution et à une nouvelle répartition des associations préexistantes. On peut remarquer à ce propos que les douleurs d'une certaine durée tendent au début à éveiller dans l'esprit du patient de vagues comparaisons, et que cette tendance disparaît à mesure que l'excitation devient plus forte et que l'ordre des premières associations fait place au chaos de l'émeute générale. Cette facile diffusion met la douleur à l'abri des lésions corticales qui ne dépassent pas une certaine étendue : aussi n'observe-t-on que rarement l'analgésie consécutivement aux lésions rolandiques.

L'*hypoesthésie* est au contraire très fréquente : c'est que les sensations tactiles ne sauraient être le résultat des associations hasardeuses qui se produisent dans la douleur ; elles dérivent d'associations déterminées, sans lesquelles l'excitation arrivée de la périphérie ne saurait être l'objet d'une comparaison ni d'une reconnaissance : aussi les sensations tactiles sont-elles beaucoup plus souvent affaiblies par les lésions corticales que les sensations douloureuses. C'est pour les mêmes raisons que les formes complexes du toucher sont plus atteintes que les formes les plus simples, car le toucher actif, les formes cultivées du sens tactile, ont besoin d'une quantité plus considérable de souvenirs déterminés dont un certain nombre se trouve toujours entravé par la lésion corticale. De même que celle-ci a souvent une répercussion plus profonde sur la motilité du pouce que sur celle des autres doigts, de même, la sensibilité de la main, sensibilité qui est faite de souvenirs plus complexes, est-elle plus souvent et plus profondément atteinte que celle du bras ou du dos qui n'a pour substratum que des résidus simples et uniformes dont un nombre suffisant peut toujours subsister. Entre la faible différenciation de la zone du tronc et la différenciation extrême de la zone « oculaire » ou de la zone « auriculaire », les zones « acrokinesthésiques » occupent une portion intermédiaire, ainsi que l'indique la symptomatologie toujours bien dessinée de leurs lésions respectives. Si les mouvements de la main n'étaient pas indépendants de ceux du bras, la sensibilité de la première ne serait pas plus atteinte que celle du second, par des lésions d'étendue égale. Mais ce n'est pas un motif suffisant pour dire, avec VERGER, que « ce sont surtout les sensations qui présentent avec l'exécution des mouvements volontaires une relation étroite que les lésions corticales altèrent le plus profondément » : s'il en était ainsi, si l'intervention des Pyramidales était inévitable dans toutes les associations nécessitées par les excitations venues de la main pour devenir conscientes, on ne comprendrait pas que la motilité et la sensibilité pussent être dissociées par une même lésion et que la main pût être paralysée sans perdre sa sensibilité. « Les sensations douloureuses (moyens de défense dont l'absence ne peut porter aucune entrave à la locomotion volontaire) sont rarement atteintes. » Il n'est pas juste d'expliquer par l'absence, à l'état normal, des processus moteurs entravés par la lésion, la persistance des sensations douloureuses : les résidus moteurs peuvent ne pas être détruits par la lésion et cependant leur mise en jeu peut être rendue impossible. Quant à la nécessité de leur intervention, elle n'est pas absolue, car ils ne sont pas indissolublement liés aux représentations tactiles comme ils le sont avec certaines représentations du langage : contingents comme les associations qui deviennent conscientes, ils peuvent être séparément pris à partie par la lésion corticale.

Le caractère transitoire des troubles de la sensibilité, opposé à la permanence des altérations de la motricité, cadre mieux avec la doctrine de l'indépendance respective des processus centripètes, centrifuges et conscients, et avec la contingence de leurs relations, qu'avec la manière de voir qui considère les deux premiers comme indissolublement unis au dernier, et ne pouvant se relier l'un à l'autre que par son intermédiaire. De plus, en faisant de chaque sensation un processus essentiellement complexe on comprend, plus facilement qu'on ne le pourrait pour un phénomène simple ou au moins homogène, l'entrée en jeu de nouveaux résidus, consécutivement à la perte ou au fractionnement des résidus anciens : le sens tactile est récupéré avant le toucher actif, plus endommagé nécessairement, d'autant plus que les sensations simples peuvent, sans que la substitution soit décelable, se contenter de résidus à peu près équivalents, ce qui ne saurait être le cas pour les sensations plus complexes. Enfin, les sensations viscérales qui, à l'état normal, représentent le degré extrême de la diffusion, sont complètement à l'abri des lésions corticales, pour les mêmes raisons que les sensations douloureuses.

Il semble, en résumé, que le phénomène subjectif ne doive pas être considéré comme le principal criterium, dans l'interprétation des symptômes consécutifs aux lésions corticales: il ne faut pas s'attendre à le rencontrer nécessairement sur la cime dont les excitations centripètes ont à gravir un versant pour passer dans le domaine des processus centrifuges ; cette cime n'est pas continue : des cols ou des éboulements peuvent permettre à l'armée d'invasion de gagner le versant opposé sans s'exposer au soleil qui n'éclaire que les sommets, la lumière de la conscience. Les engagements ne sont jamais tentés que par des individus groupés dont quelques-uns peuvent aller en éclaireurs jusque sur un des points culminants, mais sans que cela soit nécessaire à la progression de la masse des influx centripètes. Une lésion limitée peut barrer l'un des chemins et détruire électivement ceux qui conduisent les excitations centripètes aux associations conscientes ou aux associations motrices].

ARTICLE III. — CENTRES SENSORIELS.

La physiologie des centres sensoriels est à certains points de vue mieux connue que celle de la zone sensitivo-motrice générale: quelques mots suffiront à exposer ce qu'il y a de plus important à connaître dans leur fonctionnement.

Centre visuel. — Chez l'homme et les animaux supérieurs, ce centre est en relations avec la moitié correspondante de chaque rétine. La destruction de l'un des deux centres produit, chez l'homme, comme chez le singe, une hémianopsie bilatérale, et non pas la perte totale de la vision de l'œil du côté opposé. Chez le chien ce centre comprend la partie postérieure de l'écorce des hémisphères ; chez le singe il occupe tout le lobe occipital (Munk) avec le gyrus angulaire (Ferrier). On sait enfin, grâce à de nombreuses observations cliniques, qu'il est situé, chez l'homme, à la face interne, ou cuneus, de la première circonvolution occipitale.

Il est probable que, chez les animaux comme chez l'homme, les centres de la perception visuelle sont situés à la face interne du lobe occipital tandis que la face externe du même lobe sert à l'élaboration des représentations optiques définies.

Quant aux connexions corticales de chacun des territoires de la rétine, les travaux les plus récents semblent avoir démontré que la portion antérieure du centre visuel est en rapport avec la portion supérieure de la surface rétinienne, la portion postérieure du même centre avec le territoire inférieur, la partie externe avec la région homonyme des surfaces de réception, etc. D'après mes expériences personnelles, la région de la macula lutea correspond, du moins chez quelques animaux (lapin, chat, chien), à un champ cortical déterminé du lobe occipital du côté opposé ; chez l'homme, au contraire, les fibres maculaires s'entre-croisent au chiasma et se répartissent presque également entre les deux hémisphères.

Centre occipital des mouvements des yeux. — L'excitation du centre visuel produit des mouvements étendus des globes oculaires ; celle du gyrus angulaire les fait se diriger de dedans en dehors (Ferrier). La déviation peut être provoquée par l'excitation de toute l'écorce occipitale ; elle change suivant le point excité. Les mouvements des yeux et la topographie de la projection corticale de la rétine sont dans une étroite corrélation (Schaefer, Munk et Obregia). D'après ce dernier auteur, l'excitation de la portion antérieure du centre visuel produit chez le chien des mouvements d'élévation, celle de la portion postérieure des mouvements d'abaissement du globe oculaire, mouvements qui seraient dus aux sensations optiques produites simultanément. Herwer a fait récemment, dans mon laboratoire, des expériences semblables mais qui n'aboutirent qu'à des conclusions moins précises. Mes propres recherches, faites sur le singe, m'ont permis de constater que l'excitation de la partie antérieure du lobe occipital dirige les globes oculaires en haut et du côté opposé ; celle de la portion la plus reculée du même lobe, en bas et du côté opposé ; que l'excitation enfin du reste du lobe occipital produit toujours et seulement des mouvements des globules oculaires qui les dirigent du côté opposé (à gauche, par exemple, si l'excitation a porté sur le lobe droit). Par l'excitation d'un point déterminé de la surface externe des régions postérieures du cortex, je vis se produire un rétrécissement notable des pupilles avec élévation des deux globes ; l'excitation d'un autre point situé dans le voisinage du précédent fut au contraire suivie de mydriase. Celle des lobes occipitaux, pratiquée avec des courants plus forts mais ne dépassant pas un certain degré, peut produire des convulsions généralisées même après ablation préalable de la zone corticale motrice et dégénération secondaire des faisceaux pyramidaux. Le centre visuel n'est donc pas seulement l'aboutissant des voies optiques mais encore l'origine d'une *voie centrifuge* qui va aux *centres souscorticaux*. [On peut toutefois remarquer à ce propos que des courants *plus forts* diffusent plus facilement que des courants plus faibles et qu'en outre, chez les animaux surtout, le système pyramidal n'est par le seul intermédiaire qui réunisse aux centres encéphaliques les Multipolaires des cornes antérieures.]

L'excitation de l'*écorce pariétale* produit aussi, d'après les résultats de mes propres expériences, des mouvements multiples du globe de l'œil. J'ai pu en outre démontrer l'existence, dans la région pariétale de l'écorce, d'un centre dilatateur et d'un centre constricteur de la pupille.

Centre auditif. — Ce centre est situé dans la portion distale du lobe temporal (MUNK) ; chez le singe, dans la première Temporale (FERRIER) ; chez l'homme il comprend, d'après plusieurs observations cliniques, la première Temporale et une partie de la deuxième. Les recherches poursuivies récemment dans mon laboratoire par LARIONOFF ont décelé l'existence, au niveau de ce territoire cortical, d'une échelle de tons superposable à celle du limaçon de l'oreille interne. La portion temporale de la deuxième circonvolution externe du chien renferme les centres adaptés aux octaves inférieures de e à A et au-dessous [c'est-à-dire depuis les sons les plus graves jusqu'au mi de la troisième octave du clavier du piano, en allant de gauche à droite]. La même portion de la troisième circonvolution est désignée pour les degrés de l'échelle diatonique qui se succèdent de e à c^2 [c'est-à-dire depuis mi^2 jusqu'à ut^4, car il ne faut pas oublier que le a^2 des auteurs allemands correspond au la^4 des auteurs français]. Enfin la moitié postérieure de la quatrième circonvolution est accordée pour les sons supérieurs à c^2 (do^4). Des lésions partielles du lobe temporal ne produisent donc de surdité que pour certains sons seulement. La surdité complète ne paraît être causée chez l'homme que par la destruction totale de chacun des deux centres, ce qui tend à prouver l'existence d'un entre-croisement partiel des voies auditives ; je puis d'ailleurs confirmer ce fait d'après un grand nombre d'observations cliniques. Dans quelques cas de surdi-mutité, j'ai constaté l'atrophie bilatérale de la première Temporale. L'excitation des centres auditifs et des territoires voisins de l'écorce produit, d'après mes expériences, différents mouvements du pavillon de l'oreille, mouvements associés, semble-t-il, à la perception auditive (redressement, inclinaison ou rotation latérale, etc.).

Centre olfactif. — Ce centre est localisé par Ferrier dans le gyrus uncinatus du lobe temporal, par Munk dans la corne d'Ammon : malgré leur divergence apparente, il est facile de reconnaître que ces deux opinions sont en somme concordantes, car une des racines de la bandelette olfactive pénètre par l'extrémité de la corne d'Ammon dans la pointe du lobe temporal ; de plus, on peut considérer le gyrus uncinatus comme étant la continuation immédiate de la corne d'Ammon. [On ne sait si ces centres ont une action surtout directe ou surtout croisée : cette dernière semblerait résulter des quelques observations connues jusqu'à présent. Le cas publié par Collet (1), dans lequel une lésion capsulaire, constatée à l'autopsie, s'accompagna d'anosmie de la narine du même côté, pourrait être interprété, d'après l'auteur de cet ouvrage, par la compression de la corne d'Ammon.]

Centre de la gustation. — D'après certains auteurs, ce centre serait voisin du précédent et se trouverait situé dans la corne d'Ammon. Schtscherback le localisa, chez le lapin, dans un territoire correspondant au lobe pariétal de l'homme. Mais l'expérimentation sur des espèces plus élevées dans la série animale étant seule, à ce sujet, de quelque intérêt, de nouvelles recherches furent faites dans mon laboratoire par Trapeznikoff et Gorschkow. Elles démontrèrent que, chez le chien, le centre du goût occupe un territoire situé en dehors du gyrus sigmoïde, au-dessus de la fosse de Sylvius, et correspondant à l'opercule du cerveau humain. Ce résultat est d'autant plus important que chez un malade à l'autopsie duquel on trouva une destruction complète des deux cornes d'Ammon et des portions avoisinantes du lobe temporal, je n'avais pu noter aucune altération du sens de la gustation : c'est donc dans l'*opercule*, suivant toute vraisemblance, qu'il faut, chez l'homme aussi, chercher la localisation du goût.

Les travaux de Gorschkow aboutirent encore à une localisation plus délicate et permirent de distinguer dans le centre qui est situé chez le chien au niveau de la quatrième circonvolution primaire, au-dessus de la scissure de Sylvius, différents territoires correspondant chacun à une catégorie spéciale de saveurs : sa portion la plus inférieure sert à la perception des

<hr>

(1) *Société française de Laryngologie, Otologie et Rhinologie*, mai 1898.

saveurs amères ; un peu plus haut est le centre qui répond aux excitations produites par les aliments salés. Quant aux sensations douces et acides, leur lieu de perception corticale n'a pas encore pu être décelé avec exactitude.

À défaut d'autre utilité, le court exposé qui fut le sujet de ces deux derniers articles suffirait à montrer que la doctrine des localisations cérébrales en est encore à son début. En face des résultats obtenus jusqu'à maintenant, on est porté à penser que la découverte de certains centres cérébraux doit épuiser la question de la physiologie des territoires correspondants : il est possible au contraire que l'expérimentation mette plus tard en évidence des centres actuellement inconnus et siégeant exactement au même point que les centres aujourd'hui connus, ou dans leur voisinage immédiat. On se tromperait également en se représentant chaque centre comme topographiquement bien déterminé : il est en effet très probable qu'un même territoire cortical peut simultanément remplir plusieurs fonctions grâce aux diverses relations qui le relient à la périphérie. S'il en était autrement, pourrait-on comprendre que la région si restreinte qui correspond au gyrus sigmoïde, ou aux circonvolutions centrales et à leur voisinage immédiat, pût contenir tous les centres de la motilité et de la sensibilité des membres, ceux des différents viscères (cœur et vaisseaux, canal digestif, vagin, vessie), ceux de la respiration et de la vasomotricité, ainsi que beaucoup d'autres encore ?

Remarquons enfin que l'écorce cérébrale ne constitue pas un organe homogène, univoque et servant à la fois de lieu d'origine aux voies centrifuges et d'aboutissant aux voies centripètes ; elle représente bien plus exactement un complexus d'organes à chacun desquels correspondent des centres sensitifs et des centres moteurs siégeant dans des territoires limitrophes ou dans des régions éloignées mais reliées entre elles. Si l'on accepte cette manière de voir, la structure du cerveau apparaît sous un jour tout nouveau, bien différent des anciennes conceptions et apte à éclaircir à son tour l'étude anatomique et physiologique des voies de conduction du cerveau et de ses dépendances.

ARTICLE IV. — CENTRES D'ASSOCIATION. CORPS STRIÉ.

[On a vu plus haut à quelles limites les plus récentes recherches embryologiques et anatomo-pathologiques ont restreint la conception des centres de projection et d'association telle qu'elle avait été émise par

FLECHSIG. Il n'est pas inutile de la prendre à nouveau en considération au point de vue de la physiologie générale des processus et des centres cérébraux d'association ; on peut rattacher à cette étude celle des fonctions du lobe frontal.]

Les centres d'association en général. — On sait que d'après FLECHSIG, les territoires corticaux intercalés aux zones sensitivo-sensorielles sont occupés par des fibres unissant les différentes régions de l'écorce d'un hémisphère et qu'ils doivent être considérés comme des centres d'association. L'embryologie, l'anatomie comparée et la pathologie leur reconnaîtraient une importance supérieure à celle des centres sensitivomoteurs. La doctrine en question distinguait primitivement trois centres d'association, mais l'individualisation de l'un d'eux (le centre de l'insula) ne parut pas justifiée, et leur nombre se trouva réduit à deux :

1° Le *centre postérieur*, ou pariéto-occipito-temporal, le plus étendu, intermédiaire aux territoires affectés aux sensibilités tactile, auditive et visuelle et s'étendant aussi entre les sphères visuelles et auditives et le lobe de l'hippocampe.

2° Le *centre antérieur*, plus restreint, occupant le lobe préfrontal.

On a vu que cette légère diminution du nombre des centres d'association a été rapidement et largement compensée par les travaux du même auteur qui portèrent à quarante le chiffre primitif, grâce au fractionnement des centres décrits tout d'abord.

C'est dans le centre postérieur que les sensations visuelles et auditives s'associeraient respectivement avec les représentations constituées par les images graphiques et verbales des mots ; des sujets porteurs d'une lésion de ce territoire cortical seront donc capables d'avoir des sensations, mais incapables de leur adjoindre les images correspondantes antérieurement acquises.

Le centre frontal ou antérieur a des rapports étroits avec la sphère de sensibilité générale ; ses lésions sont surtout caractérisées cliniquement par l'abolition des concepts généraux avec conservation de la faculté représentative ; les malades présentent une modification plus ou moins profonde de la personnalité ou conscience du moi ; ils s'oublient en quelque sorte et perdent la notion de leur propre personne.

FLECHSIG tend à admettre que les cellules de la sphère d'association sont chargées de la conservation des images de mémoire, les autres cellules de l'écorce étant affectées aux sensations et représentant les organes d'élaboration des sentiments, tandis que les premières seraient les instruments de l'entendement proprement dit (1). Quelque curieuse et féconde que puisse

(1) FLECHSIG, *Troisième Congrès de Psychologie*, Munich, 1896.

paraître cette hypothèse, on sait que de nombreux auteurs se sont élevés contre elle et se sont refusés à accepter le rôle de centres d'association ou centres du psychisme attribué par FLECHSIG aux territoires corticaux inter-- calés aux zones de la sensibilité : ceux-ci, d'après quelques auteurs (OBERSTEINER), ne serviraient qu'à l'union réciproque des autres centres, en même temps qu'ils donneraient naissance à des voies de projection.

D'après DÉJERINE, la partie antérieure du lobe frontal contient des fibres de projection qui se rendent à la couche optique et en particulier à son noyau interne. Des fibres de même nature existent encore, d'après cet auteur, dans le lobe pariétal et, en particulier, dans le pli courbe. On observe habituellement, consécutivement aux lésions de ces régions, la dégénération des fibres qui vont au pulvinar et à la partie postérieure du noyau externe de la couche optique; ces deux masses grises s'atrophient d'ailleurs en pareil cas. Il ne faut pas confondre ces faisceaux avec les fibres sagittales, du lobe occipital; celles-ci sont épargnées par la dégéné- ration dans les cas en question.

Les observations que j'ai rapportées plus haut, ainsi qu'une série d'autres faits cliniques d'aphasie sensorielle, de cécité verbale, d'agnosie ou d'apraxie, me permettent de considérer, avec FLECHSIG, les centres d'asso- ciation antérieur et postérieur comme le théâtre des processus purement psychiques ; d'une façon générale, et en passant sur les détails, on peut voir en eux les centres propres de la vie psychique, le lieu d'origine des idées représentatives et des concepts.

Grâce à l'action d'arrêt qu'il exerce sur l'activité du reste de l'écorce, le centre frontal semble avoir usurpé le rôle principal dans tous les pro- cessus psychiques. Nous reviendrons plus loin sur sa physiologie mais on peut faire remarquer dès maintenant que la preuve apportée [par quelques auteurs (DÉJERINE, MONAKOW), de l'union des centres d'association avec certains territoires sous-corticaux, ne diminue en rien leur importance pour la vie psychique proprement dite.

Les expériences que j'ai faites sur le chien au cours de ces vingt dernières années me permirent, de mon côté, de démontrer que la destruction des deux lobes pariétaux produit d'une façon constante des troubles remar- quables, troubles que l'on n'observe pas après lésion expérimentale d'autres territoires, du gyrus sigmoïde par exemple. D'après les recherches faites par SHUKOWSKI dans mon laboratoire, les lésions du lobe frontal s'accompa- gnent toujours d'une diminution évidente des capacités psychiques de l'animal en expérience.

Fonctions du lobe pré-frontal. — [On désigne sous ce terme la portion la plus antérieure du lobe frontal, celle qui est située en avant du sillon prérolandique.] MUNK y plaça les centres de la musculature du tronc; mais ni l'excitation expérimentale, ni la destruction de l'écorce frontale ne justifient cette opinion, car, ainsi que nous l'avons montré plus haut, le centre en question se place dans la partie supérieure de la Frontale ascendante, et non dans la portion antérieure du lobe frontal. FERRIER localisa l'*attention* dans le lobe frontal, opinion repoussée par plusieurs auteurs et par BIANCHI en particulier : mais les expériences de ce dernier parlent cependant en faveur du rôle spécial que joue le lobe frontal dans l'activité psychique. Il en est de même des recherches faites par JASSUKOWSKI dans mon laboratoire (sur le chien). Le rôle de ce lobe dans les processus mentaux les plus compliqués et les plus généraux est déjà du reste indiqué par le haut développement auquel il parvient chez l'homme.

Il est un autre fait qui appelle l'attention : c'est que, suivant la localisation d'une lésion corticale, le tempérament de l'animal peut être influencé de différentes façons : on peut voir un chien de caractère hargneux devenir doux et caressant consécutivement à l'extirpation de certains territoires situés en arrière des lobes frontaux ; la destruction bilatérale de ceux-ci crée au contraire un haut degré d'excitabilité. J'ai démontré expérimentalement que, de même que le lobe frontal, le lobe pariétal et une certaine partie des lobes temporaux peuvent influer sur le caractère et le psychisme. La destruction de ces derniers crée un état de démence apathique, rend l'animal faible et sans résistance, tandis que l'ablation des lobes frontaux rend le sujet non seulement dément, mais encore particulièrement excitable et hargneux. Des observations comparables ont été faites en pathologie humaine.

Dans un cas d'idiotie, la seule lésion constatable à l'autopsie était une atrophie très avancée des deux lobes frontaux, particulièrement de celui du côté gauche; dans un autre cas semblable, une cavité porencéphalique occupait toute la face externe du lobe frontal ; dans un troisième, un ramollissement étendu des deux lobes frontaux s'était traduit pendant la vie par un état de complète imbécillité. On trouve dans la littérature un grand nombre de cas analogues, ainsi que des observations de modification du caractère consécutivement aux lésions du lobe frontal : telle est l'histoire bien connue de ce mineur américain qui, pendant une explosion de poudre, eut le crâne traversé de part en part par une barre de fer qui creusa son trajet dans l'épaisseur du lobe frontal. Je pourrais citer, d'autre part, des cas d'idiotie complète due à des lésions scléreuses étendues des deux lobes pariétaux et d'une partie des lobes temporaux, avec intégrité de tout le reste de l'écorce.

[La prépondérance que le lobe frontal possède chez l'homme dans les processus d'idéation compliquée ne saurait naturellement se retrouver chez les animaux : mais Bianchi a pu mettre expérimentalement en évidence l'action inhibitrice que son excitation exerce sur les phénomènes moteurs dus à l'excitation d'autres régions du névraxe. Cette action se traduit dans le domaine psychique par l'irascibilité que l'on observe après l'ablation du lobe, mais elle ne saurait être comparée, au point de vue de son importance dans les processus mentaux, au rôle joué, chez l'animal, par les centres d'association postérieurs. Demoor (1) pratiqua sur le chien l'ablation de l'écorce pariéto-temporale : sans qu'aucun trouble de la sensibilité et de la motilité se produisît consécutivement, l'animal était mis par là dans une impossibilité presque absolue d'associer des sensations simples et d'acquérir, par conséquent, des notions nouvelles : placé devant une barrière haute de 20 à 30 centimètres, il ne parvenait pas à la franchir pour répondre à une incitation d'ailleurs connue de lui : les actes moteurs un peu compliqués, tels que la descente d'un escalier, durent être longuement réappris et ne purent jamais récupérer leur perfection primitive. L'ablation du lobe frontal ne détermina aucun trouble semblable.

En faisant le relevé d'une statistique de cinquante cas de lésion du lobe frontal, Williamson arriva à des conclusions qui corroborent les résultats obtenus par d'autres voies sur la physiologie du lobe pré-frontal (2). Si nous laissons de côté les symptômes surajoutés tels que la névrite optique, l'anosmie, les parésies ou paralysies, les symptômes d'importance physiologique secondaire tels que l'exophtalmie, la céphalalgie et les convulsions, nous avons à noter surtout de l'incoordination et de la torpeur intellectuelle qui passe successivement par l'indifférence ou perte d'initiative, la perte de la mémoire, la torpeur intellectuelle, la somnolence, le coma enfin qui est le terme ordinaire de cette évolution. On voit quelles analogies rapprochent ces symptômes de ceux que l'on considère généralement comme pouvant être l'expression d'une lésion cérébelleuse : la raison anatomique en est facile à trouver dans les connexions anatomiques des lobes frontaux : d'après Joukowski (3), ceux-ci sont en effet en relation immédiate avec le cingulum (et, par son intermédiaire, avec le trigone, grâce aux fibres qui perforent le corps calleux) et le faisceau sous-calleux, — la couche optique par le pédoncule antérieur de cette dernière, — la portion médiale du locus niger (voir IIIᵉ partie, chap. IV, p. 393), — la partie proximale de la protubérance, par les fibres qui occupent le cinquième interne du pied du pédoncule cérébral. C'est par ce dernier système que le lobe frontal peut être considéré comme étant en connexion avec le cervelet, organe incontesté de l'équilibration et dont la séméiologie offre plusieurs points communs avec la sienne.]

[On doit rattacher à l'étude des centres d'association celle des *mouvements de manège* qui peuvent s'observer consécutivement à certaines lésions de l'écorce ; ces mouvements ne dépendent pas en effet de l'intervention directe de la zone sensitivo-motrice ; on tend actuellement à les interpréter comme le résultat d'une association vicieuse de représentations corticales. Ils sont comparables à ceux que produisent les lésions du cervelet, mouvements que l'on peut rattacher à des troubles de l'innervation oculaire et que l'on a rapprochés à juste titre de la déviation conjuguée de la tête et des yeux qui en représenterait comme une sorte d'ébauche. Dans tous ces cas ce n'est

(1) *Congrès de Physiologie*, Cambridge, août 1898 et *Travaux du laboratoire de l'Institut Solvay*, 1899.

(2) *Brain*, 1896 et *Arch. de Neurol.* août 1897, p. 146 à 148.

(3) *Revue russe de psychiatrie*, 1897 et *Rev. Neurol.*, 1898.

pas l'excitation causée par la lésion initiale qu'il faut incriminer, mais un usage fautif de processus moteurs qui ne sont plus guidés par les associations directrices dont la lésion les a frustrés.]

Consécutivement à une lésion corticale siégeant en arrière des circonvolutions centrales, dans le domaine du lobe pariétal et intéressant les circonvolutions centrales elles-mêmes, on voit l'animal en expérience animé de mouvements de manège tout à fait analogues à ceux que produit la section du pédoncule cérébelleux supérieur (BECHTEREW) (1). Ces mouvements se produisent sous forme de paroxysmes. Il ne faut pas les confondre, ainsi que le font certains auteurs, avec les mouvements circulaires que l'on peut observer consécutivement à la destruction unilatérale de la zone motrice et qui doivent être attribués à une paralysie incomplète des extrémités. Cette zone corticale représenterait donc le lieu de terminaison du pédoncule cérébelleux supérieur : ce serait dans son étendue que les excitations qui lui arrivent des organes de l'équilibre s'élèveraient jusqu'à la perception sous forme de représentations de l'espace et offriraient à la conscience le tableau des rapports topographiques du corps avec le monde extérieur.

Fonctions du corps strié. — Nous avons vu que le corps strié ne fait pas tout entier partie du cerveau terminal (*fig. 304, nc*, p. 521 ; *fig. 328, cne, cane*, p. 552), et que l'embryologie ne permet de rattacher à l'hémisphère cérébral que le noyau caudé et le troisième segment, segment externe ou postérieur du noyau lenticulaire (*fig. 304* et *fig. 328, nl*). Ces deux noyaux sont continus l'un avec l'autre : leur ensemble peut être considéré comme une sorte de circonvolution enfouie dans la substance blanche ; elle confine par sa partie antérieure à la substance perforée antérieure ; sa partie postérieure ou queue suit la courbure de la corne inférieure du ventricule latéral.

Quoique le rôle de cette volumineuse masse grise soit certainement de première importance, sa physiologie n'est qu'à peine éclaircie. Plusieurs auteurs, FERRIER, CARVILLE et DURET, SANDERSON, ont produit par l'excitation du noyau caudé des mouvements complexes des membres du côté opposé et furent ainsi conduits à considérer ce ganglion comme surtout moteur. D'autres physiologistes, par contre, comme GLICKI et MINOR, trouvèrent le corps strié totalement inexcitable par l'électricité. Les expériences de ces derniers auteurs me paraissent particulièrement dignes d'attention : l'irritation était en effet limitée au n. caudé grâce à l'ablation

---

(1) « Sur les mouvements forcés (Zwangsbewegungen) consécutifs aux lésions destructives de l'écorce », *Virchow's Arch.*, 1885, vol. CI.

préalable de la zone corticale motrice et à la dégénération consécutive des pyramides ; toute excitation par diffusion du courant était ainsi forcément mise hors de cause. J'ai pu de mon côté, en répétant souvent ces mêmes expériences, me convaincre de l'inexcitabilité du noyau caudé, du moins par l'application de courants de moyenne intensité.

D'après Magendie, Schiff et Nothnagel, on observe après la destruction du corps strié, et, plus particulièrement, du noyau caudé, des mouvements forcés particuliers : l'animal se met à courir en ligne droite (1). Consécutivement à des lésions expérimentales portant sur la région du IIIe ventricule, j'ai observé des mouvements de progression semblables. Il se peut très bien que, dans les deux cas, il y ait eu irritation des parties avoisinantes de l'écorce du cerveau.

On peut, en tout cas, conclure de ces observations à l'importance du rôle joué par le corps strié dans la coordination des mouvements de la marche et de la course, opinion qui gagne en vraisemblance quand on considère les rapports anatomiques de ce ganglion avec les noyaux de la protubérance et du cervelet (V. plus bas). Les données de la pathologie semblent aussi la confirmer : dans les affections du corps strié il y a en général paralysie de la moitié opposée du corps, mais cette paralysie est le plus souvent passagère, grâce à la suppléance exercée par d'autres voies de conduction qui jouent un rôle essentiel dans la motilité.

On a insisté ces derniers temps sur le rôle du corps strié dans l'innervation des vaisseaux. De fait, son excitation électrique produit de la vasoconstriction dans le côté opposé du corps ; on a souvent observé aussi, lors des destructions pathologiques de ce ganglion, des paralysies vaso-motrices des membres du côté opposé. Cependant le noyau caudé n'est pas le seul centre vaso-moteur qui existe à la base du cerveau : j'ai démontré expérimentalement que de pareils centres siègent principalement dans les couches optiques.

Quant à la parenté embryologique qui relie l'écorce et le corps strié et que plusieurs auteurs font intervenir pour expliquer la physiologie de ce dernier, on ne peut évidemment méconnaître les liens qui unissent au cortex le noyau caudé et le putamen ; mais cette manière de voir paraît peu propre à résoudre la question : des connexions anatomiques des mieux établies peuvent s'allier à des fonctions absolument différentes.

[(1) Le dernier de ces auteurs a pu déceler, au niveau de la face interne de la tête du noyau caudé, un point précis dont la piqûre est suivie de mouvements rapides de locomotion en avant, mouvements qui ne cessent que lorsqu'un obstacle s'oppose à la progression de l'animal. Nothnagel désigna le point dont la lésion produit ces mouvements forcés caractéristiques sous le nom de *nodus cursorius*.]

Article V. — Fonctions des voies de conduction du cerveau.

Les grandes lignes de la physiologie des voies de conduction du cerveau ont déjà été esquissées à plusieurs reprises à propos des fonctions de différents faisceaux du tronc cérébral dont ces systèmes conducteurs ne sont que la continuation (voies pyramidales, ruban principal et rubans accessoires, etc.). Il reste maintenant à dire quelques mots des faisceaux qui sont la propriété de l'écorce cérébrale, sinon exclusivement du moins d'une façon prépondérante; pour quelques-uns, tels que ceux qui vont des noyaux optiques primaires au centre optique (scissure calcarine), ou bien pour ceux qui relient les deux premières Temporales au corps genouillé externe et au quadrijumeau postérieur et constituent la voie auditive centrale, on peut déduire le rôle physiologique de leurs connexions avec les centres ganglionnaires. D'autres, au contraire, demandent un examen plus détaillé : telles sont les deux voies fronto-pontique et temporo-occipito = protubérantielle.

Ces deux systèmes sont certainement moteurs : leur participation aux fonctions de locomotion est évidente. C'est ainsi qu'ils dégénèrent, et tel est le premier point à spécifier, en direction descendante. Dans la protubérance, ils se mettent en rapport avec les ganglions qui de leur côté envoient au cervelet les fibres qui passent par le pédoncule cérébelleux moyen. D'autre part, on connaît actuellement nombre d'examens anatomo-pathologiques d'où il résulte que les lésions du lobe frontal peuvent amener des troubles de l'équilibre : nous avons vu que les animaux chez qui ce lobe avait été détruit présentent souvent des mouvements forcés de manège.

Charcot plaçait dans la portion externe du pied pédonculaire les voies de conduction de la sensibilité du côté opposé du corps. Il est établi actuellement que cette région est le point de passage de la voie cortico-protubérantielle. L'opinion de Charcot, maintenant abandonnée, était basée sur ce que, dans les affections de la capsule interne, cette région n'est pas atteinte par la dégénération descendante ; l'explication de ce fait est maintenant des plus simples, puisque la voie occipito-protubérantielle suit un trajet séparé et passe en arrière de tous les autres faisceaux de la capsule interne. Lorsqu'une lésion siège sur les ganglions de la base et sur la portion la plus postérieure de la capsule interne, ou sur l'écorce des portions postérieures de l'hémisphère, la voie cortico-protubérantielle dégénère, ainsi que je l'ai montré le premier, dans le sens descendant, jusqu'aux noyaux du pont avec lesquels elle a absolument les mêmes relations que la voie fronto-protubérantielle.

Comme autres preuves de la nature motrice et non sensitive de ces deux systèmes, on peut encore citer les résultats de l'excitation expérimentale des régions postérieures de l'écorce, pratiquée sur des animaux non narcotisés, après ablation préalable de la zone motrice.

Cette expérience produit la divergence des axes oculaires et divers mouvements des membres. D'après cela, les voies protubérantielles peuvent être considérées comme chargées de la conduction des excitations centrifuges qui sont immédiatement au service des actes sensoriels, de l'acte visuel, par exemple ; ces impulsions descendantes servent dans ce cas à maintenir les axes visuels, la tête et le tronc dans différentes directions appropriées à l'acte.

Les *fibres qui proviennent du noyau rouge* sont aussi, sans aucun doute, en rapport très étroit avec les fonctions locomotrices ; elles se rendent à l'écorce pariétale et doivent être considérées comme la continuation centrale du pédoncule cérébelleux supérieur. Il ne paraît pas impossible que les excitations centripètes qui sont en rapport avec la conservation de l'équilibre suivent la voie qu'elles constituent.

Le *faisceau cortical du globus pallidus* représente la voie centrale des fibres du ruban principal qui proviennent des noyaux de Burdach. On peut donc, semble-t-il, en faire la voie de conduction centrale du sens musculaire.

Parmi les *voies thalamo-corticales*, il faut citer en premier lieu un faisceau que beaucoup d'auteurs appellent *ruban cortical*. Il continue la portion du ruban principal qui s'interrompt, au moins en grande partie, dans la portion postéro-externe de la couche optique ; il conduit très vraisemblablement à l'écorce les excitations venues de la surface du corps. Au contraire, les faisceaux qui constituent les *pédoncules* de la couche optique forment des voies surtout centrifuges ou motrices, car, après lésion de l'écorce, ils dégénèrent ordinairement en direction descendante, en même temps qu'il y a atrophie des noyaux gris du thalamus. D'autre part, j'ai constaté chez les animaux qui avaient subi une ablation complète et bilatérale de la zone motrice, toute une catégorie de mouvements qui sont sûrement d'origine psychique et que l'on connaît sous le nom de *mouvements d'expression*. J'ai démontré expérimentalement qu'ils ne peuvent se produire que grâce à l'intermédiaire de la couche optique.

Il est inutile de dire que les *fibres du bulbe olfactif* servent à la conduction de l'olfaction : on ne saurait cependant préciser le rôle de chacun des systèmes contenus dans le bulbe et son pédoncule. Quant aux fibres du trigone, on sait d'après plusieurs cas où leur dégénération fut étudiée chez l'homme, qu'elles sont en grande majorité descendantes. On ne connaît pas d'une façon certaine leur rôle physiologique, pourtant leur origine dans la corne d'Ammon, c'est-à-dire dans un centre olfactif, permet de supposer qu'elles conduisent à des territoires encéphaliques plus profondément situés les excitations motrices qui naissent sous l'influence des sensations olfactives.

Les fibres qui sont en rapport avec le *noyau caudé* et le *noyau lenticulaire* sont encore très mal connues au point de vue de leurs fonctions ; on sait seulement qu'elles sont au moins en partie descendantes ; on présume qu'elles servent à assurer la motilité de certains organes tels que les vaisseaux, mais une obscurité profonde règne encore sur toutes ces questions.

Le puissant système des *commissures* (*fig. 382, cc*, p. 659) et des *voies d'association* (*fig. 354*, p. 588) sert à assurer entre les deux hémisphères un commerce d'impulsions d'origine corticale, à mettre en activité des territoires corticaux plus ou moins éloignés et à rendre possible un fécond synchronisme des différents centres de l'écorce.

BIBLIOGRAPHIE.— Centres sensitivo-moteurs.— Cette brève énumération ne vise que le principe général des localisations sensitivo-motrices et ne s'adresse que d'une façon occasionnelle à certaines localisations en particulier (facial, etc.). Voir à ce sujet la bibliographie du chapitre III de la troisième partie, p. 366, et celle du chapitre II de la cinquième partie, p. 606.

Acquisto et Pusateri : « Le centre cortical moteur du membre inférieur chez l'homme », *Giornale di Patologia nervosa e mentale*, 1897. — Bechterew : « Physiologie de la zone motrice de l'écorce cérébrale », *Arch. f. Psych.*, 1886 et 1887 ; — « Sur les mouvements d'expression », *Vratsch*, 1883. — Beevor et Horsley : « Recherches expérimentales sur le pédoncule cérébral », *4e Congrès de Physiol.*, Cambridge, 1898. — Bochefontaine : Déplacement des points excitables du cerveau, *Arch. de Physiol.*, 1883, t. I, p. 44. — Cantu : Paralysie faciale totale d'origine centrale, *Rev. Neurol.*, 15 octobre 1899, p. 696. Déligné : *Contribution à l'étude de l'état du facial supérieur dans l'hémiplégie cérébrale*, thèse de Paris, 1899-1900. — Ferrier : « *Les fonctions du cerveau* », Londres, 1876. Gallerani : Les substitutions fonctionnelles dans le cerveau, physiologie des commissures, *Arch. Ital. de Biol.*, 1899, vol. XXXV. — Klemperer : « Recherches expérimentales sur le centre cérébral de la phonation », *Arch. f. Laryngol. u. Rhinol.*, vol II. — Lamacq : Les centres moteurs corticaux du cerveau humain déterminés d'après les effets de l'excitation faradique des hémisphères cérébraux de l'homme, *Arch. Cliniq. de Bordeaux*, novembre 1897. — Lussana et Lemoigne : Des centres moteurs encéphaliques, *Arch. de Phys.*, 1877. — Luys : Du développement compensateur de certaines régions encéphaliques en rapport avec l'arrêt de développement de certaines autres, *Ann. de Psych. et d'Hypnol.*, vol. IV, p. 193. — Mann : (Existence de centres « supérieurs » et de centres « inférieurs » dans le territoire cérébral moteur), *4e Congrès de Physiologie*, Cambridge, 1898. — Marinesco : La théorie des localisations en Angleterre, *Sem. Méd.*, 13 mai 1896, p. 197. — Miraillé : Sur l'état du facial supérieur et du M. O. C. dans l'hémiplégie organique, *Arch. de Neurol.*, janvier 1899. — Monakow : « Sur certains arrêts de développement provoqués, chez le lapin, par l'ablation de territoires circonscrits de l'écorce », *Arch. f. Psych.*, vol. XII ; — « Recherches sur l'atrophie corticale expérimentale », *Neurol. Centralbl.*, 1883, n° 22. — Moncorgé : « Dégénérations secondaires à la destruction de la zone motrice du cerveau, dans leurs rapports avec la question de la localisation des fonctions cérébrales », *Arch. f. Anat. u. Entwick.* 1893, p. 97 et 116, et *Zeits. f. wiss. Mikr.*, vol. X, 1893, p. 505. — Muratoff : *Études sur les laryngoplégies unilatérales*, thèse de Lyon, 1890. — Onody : « Le centre de la phonation dans le cerveau », *65ᵉ Réunion des natur. et méd.*, à Vienne, 1894, et *Neurol. Centralbl.*, 1894, p. 752. — Pathologie des centres de la phonation, *Rev. Hebd. de Laryng.*, janvier 1898. — PERSONALI : « Contribution aux localisations cérébrales », *Rif. med.* 1899 et *Rev. Neurol.*, 15 octobre 1899. — PUGLIESE et MILLA : « Sur la participation du nerf facial supérieur dans l'hémiplégie », *Riv. sper. di fren. e med. leg.*, 1896. — ROTHMANN : « Sur le centre des muscles du tronc dans la sphère sensitive de l'écorce cérébrale », *Neurol. Centralbl.*, 1896, vol. XV, p. 1105 à 1116. — SEMON et HORSLEY : « Sur l'innervation centrale des muscles du larynx », *Brit. med. Journ.*, 1889 ; — « Sur les relations du larynx avec le système nerveux moteur », *Deut. med. Wôch.*, 1890, n° 31 ; — « Recherches expérimentales sur l'innervation centrale des muscles du larynx », *Philos. Transact.*, vol. CLXXXI, 1890, p. 187-211. — SILVA : « La localisation corticale du facial supérieur », *Soc. méd.-chirurg. de Pavie*, juin 1898 et *Presse Méd.*, n° 68, 1898. — WESLEY MILLS : « Sur la valeur fonctionnelle des centres moteurs corticaux du cerveau chez différents animaux », *New-York med. Journ.*, 17 octobre 1896 et *Arch. de Neurol.*, mai 1897, p. 363.

Localisation corticale de la sensibilité. — BALLET : *Recherches anatomiques et cliniques sur le faisceau sensitif*, thèse de Paris, 1881. — BASTIAN : « Sur le sens musculaire », *Brain*, 1887. — BECHTEREW : « Localisation de la sensibilité cutanée et du sens musculaire dans l'écorce des hémisphères cérébraux », *Neurol. Centralbl.*, 1883. — BONNIER : La pariétale ascendante, *Soc. de Biol.*, 1894, p. 533. — BRISSAUD : *Leçons cliniques de la Salpêtrière*, 1895. — CARVILLE et DURET : Sur les fonctions des hémisphères cérébraux, *Arch. de Phys.*, 1875. — CHARCOT : *Leçons sur les localisations dans les maladies du cerveau*, Paris, 1876 et *Progrès Médical*, août 1875. — CLAPARÈDE : *Le Sens musculaire*, thèse de Genève, 1897 et *Année psychologique*, 1898. — CONTEJEAN : Sur l'excitation des centres cérébraux, *Soc. de Biol.*, 30 janv. 1897. — DANA : « Localisation des sensibilités et des mémoires cutanées et musculaires », *Journ. of nerv. and ment. dis.*, déc. 1894 et *American Journ. of nervous diseases*, 1895. — « Étude expérimentale sur le siège des sensations cutanées », *Medical Record*, New-York, 13 mai 1893. — DARKSCHEWITSCH : « Sur les troubles de la sensibilité dans les lésions en foyer du cerveau », *Neurol. Centralbl.*, 1890. — DEBOVE : Recherches sur les hémianesthésies et leur curabilité par les agents esthésiogènes, *Union Médicale*, 1879. — DÉJERINE : Contribution à l'étude des localisations sensitives de l'écorce, *Rev. Neurol.*, 1893. — Sur l'hémianesthésie d'origine cérébrale, *Sem. Médicale*, 26 juillet 1899. — EXNER : « Recherches sur la localisation des fonctions de l'écorce cérébrale de l'homme », Vienne, 1881. — FERRIER : « Localisation des maladies cérébrales », trad. française, 1891. — GALEAZZI et PERRERO : « Un cas d'hémianesthésie d'origine corticale », *Riforma med.*, janv. 1899, résumé in *Rev. Neurol.*, 1899, 30 juin, p. 458. — GOLTZ : « Sur les fonctions des hémisphères cérébraux », *Arch. de Pflüger*, XXVI, 1881, XXVIII, 1882 et XLII, 1888. — « Sur la physiologie de l'écorce cérébrale », *Arch. f. Psych.*, vol. XVIII, 1887. — GRASSET : Des localisations dans les maladies cérébrales, Paris, 1880. — HAMAÏDE : *Contribution à l'étude clinique des anesthésies résultant de lésions en foyer de l'écorce cérébrale*, thèse de Paris 1888. — HITZIG : « Recherches sur la physiologie du cerveau », *Berlin. kl. Woch.*, 1873 et *Arch. de Du Bois Reymond*, 1873. — HORSLEY et SCHAEFER : « Recherches expérimentales sur la physiologie du cerveau », *Proc. of Roy. Soc.*, XXXVI, 1884 et XXXIX, 1885. — LAMACQ : Le Sens musculaire, thèse de Bordeaux, 1891. — LÉPINE : *De la localisation dans les maladies cérébrales*, thèse d'agrégation, Paris, 1875. — Sur un cas de paralysie du mouvement et de la sensibilité des quatre doigts, *Rev. de Méd.*, t. IV, p. 765. — LEGROUX et DE BRUN : Troubles de la sensibilité dans l'hémiplégie de cause cérébrale, *Encéphale*, 1884. — LUCIANI : « Sur les localisations sensorielles dans l'écorce cérébrale », *Brain*, VII, 1884. — LUCIANI et SEPPILLI : « *Localisations fonctionnelles du cerveau* », Naples, 1885. — LUCIANI et TAMBURINI : « Sur les centres psycho-corticaux », *Riv. sper. di fisiologia*, 1879. — « Sur les fonctions du cerveau », 1878. — LISSO : « *Sur la localisation de la sensibilité dans l'écorce* cérébrale », Berlin, 1892. — MUNK : « Sur les fonctions de l'écorce cérébrale », Berlin, 1890. — « Sur les sphères sensitives de l'écorce cérébrale », Neurol. Centralbl., 1896, vol. XV. — NEGRO et OLIVA : « Coexistence des centres moteurs et sensitifs dans la zone rolandique », Gazz. degli Ospedali e delle Cliniche, 30 avril 1899, résumé in Rev. Neurol,, 30 juin 1899, p. 449. — NOTHNAGEL : « Recherches expérimentales sur les fonctions du cerveau », 1876, analysé par RENDU et GOMBAULT, in Rev. des Sc. méd., 1876. — PETRINA : « Troubles de la sensibilité dans les lésions corticales », Zeitsch. f. Heilk., 1881. — RENDU : Des anesthésies spontanées, thèse d'agrégation, 1875. — RIGOLLET : Contr. à l'étude de l'hémianesthésie organique, thèse de Lyon, 1900. — SCHAEFER : (Nature des centres moteurs corticaux), IVᵉ Congrès de Physiologie, Cambridge, août 1898. — SCHIFF : « Leçons de physiologie expérimentale », Florence, 1873. Anal. par CARVILLE et DURET, in Arch. de Phys., 1875. SHUKOFF : (Excitation de la zone motrice après excision de certains centres), thèse de Pétersbourg, 1895. — SOURY : Les fonctions du cerveau ; doctrines de l'école Italienne, doctrines de l'école de Strasbourg, Paris, 1888. — Le faisceau sensitif, Rev. Gén. des Sciences, 1894, p. 190. — La localisation cérébrale de la sensibilité générale, Ibid., p. 194. — Le Système nerveux central, 1 vol. Paris 1899. — STACEY WILSON : « Anesthésie dans les lésions corticales », British med. Journ., 1893, III, p. 687. — TOMASINI : « L'excitabilité de la zone motrice après section des racines postérieures », Lo Sperimentale, XLVIIIᵉ année, et Arch. Ital. de Biol., vol. XXIII. — « Séméiotique des lésions corticales chez le chien dans ses rapports avec quelques questions de physio-pathologie humaine », Riv. sper. di fren., XXII, 1896, p. 488. — TRIPIER : De l'anesthésie produite par les lésions des circonvolutions cérébrales. Recherches expérimentales et cliniques, Rev. de Médecine, 1880, p. 18 et 131. — VERGER : Des anesthésies consécutives aux lésions de la zone motrice, thèse de Bordeaux, 1896-1897, nᵒ 89. — VEYSSIÈRE : Sur l'hémianesthésie de cause cérébrale, thèse de Paris, 1875. — VIRENQUE : L'Hémianesthésie, thèse de Paris 1874.

Centres d'association. Développement et fonctions.

BECHTEREW : « Sur les mouvements forcés consécutifs aux lésions destructives de l'écorce », Virchow's Arch., 1885, vol. CI. — BIANCHI : Sur les fonctions des lobes frontaux, Arch. Ital. de Biol., vol. XXII, p. 102. — DÉJERINE : Sur les fibres de projection et d'association des hémisphères cérébraux, Soc. de Biol., 1897. — DEMOOR : Les centres sensitivo-moteurs et les centres d'association chez le chien, IVᵉ Congrès de Physiologie, Cambridge, août 1898, et Trav. du Laborat. de l'Institut Solvay, Bruxelles, 1899, t. II, fasc. 3. — DOELLKEN : « Les derniers stades du développement des voies de conduction de l'encéphale des animaux », Neurol. Centralbl., vol. XVII, 1898. — FLECHSIG : « Sur l'anatomie et le développement des voies de conduction dans l'encéphale de l'homme », Arch. f. Anat. u. Phys., 1881 ; — « La localisation des processus mentaux, en particulier des sensations sensorielles chez l'homme », Leipzig, 1896, Veit et Cⁱᵉ, analysé in Rev. Neurol., 1897, nᵒ 11, p. 302 ; — « Nouvelles recherches sur la formation de la myéline dans les lobes cérébraux de l'homme », Neurol. Centr., XVII, 1898. — v. GEHUCHTEN : Les centres de projection et les centres d'association de Flechsig, Presse Méd. belge, 1897. — GROSSGLIK : « Sur la physiologie des lobes frontaux », Arch. f. Anat. u. Phys., Phys. Abth., 1895. — JOUKOWSKI : « Les connexions anatomiques des lobes frontaux », Rev. (russe) de Psych., 1897, résumé in Rev. Neurol., 1897. — MAHAIM : Centres de projection et d'association du cerveau, Annales de la Soc. méd.-chir. de Liège, 1897. — MINGAZZINI : « Recherches anatomiques sur le corps calleux, etc. », Lab. di anat. norm. della r. Univ. di Roma, vol. VI, 1897. — MIRAILLÉ : De l'aphasie sensorielle, thèse de Paris, 1896. — v. MONAKOW : « Anatomie et pathologie du lobule pariétal inférieur », Arch. f. Psychiatrie, XXXI, 1898. — PARROT : Sur le développement du cerveau chez les enfants, Arch. de Physiol., 1879, t. VI. — J. ROUX : Double centre d'innervation corticale oculo-motrice, Arch. de Neurol., sept. 1899, p. 177. — SACHS : « Sur les centres de l'entendement de Flechsig », Monatschrift f. Psych. u. Neurol., 1897. — SANO : Sur les fibres d'association dans le cerveau humain, *Journ. de Neurol. et d'Hypnol.*, 1897. — Schukowski : « Sur les connexions anatomiques des lobes frontaux », *Neurol. Centr.*, vol. XVI, 1897, p. 524. — Siemerling : « Sur le développement des gaines myéliniques dans le cerveau et son importance pour la localisation », résumé in *Berlin. klin. Wochenschr.*, XXXV, 1898. — Steiner : « Sur le développement des sphères sensorielles et en particulier de la sphère visuelle au niveau de l'écorce chez le nouveau-né », *Neurol. Centralbl.*, 1896, vol. XV, p. 741. — Vogt : « Doctrine de Flechsig sur les centres d'association, ses adversaires et partisans », *Zeitsch. f. Hypnot.*, 1897 ; — « Sur la myélinisation de l'hémisphère cérébral du chat », *Soc. de Biologie*, 1898. — Williamson : « Symptomatologie des lésions, tumeurs et abcès de la région préfontale du cerveau », *Brain*, 1896 ; résumé in *Arch. de Neurolog.*, août 1897, p. 146.

Pour les centres sensoriels et le corps strié, voir la bibliographie du chapitre II de la IIIᵉ partie, p. 321 et du chapitre II de la Vᵉ partie, p. 607 et 608.

in
co
pr
ad
l'a
co
ph
de
th
sa
pr
se
qu
le
la
ou

SIXIÈME PARTIE

LES VOIES DE CONDUCTION EN GÉNÉRAL

[Une étude de la systématisation du névraxe pourrait être tenue pour incomplète et risquerait d'être inutile sans un coup d'œil d'ensemble et des considérations de doctrine qui en permissent une application à la fois plus pratique et mieux raisonnée.

Il est impossible, dans l'état actuel de la science, de se faire une idée adéquate de la conduction nerveuse : quelques pages suffiront à exposer l'agencement général des réseaux qui en représentent le substratum macroscopique, mais si l'on veut pénétrer plus avant dans la connaissance du phénomène, connaître le pourquoi de son intermittence, de ses variations, de sa diffusion, découvrir, en un mot, sa nature, on se heurte à des hypothèses dont la somme dépasse de beaucoup celle des faits acquis.

Les quelques réponses positives que l'on peut faire à cette question ne sauraient cependant être passées sous silence : elles vont être l'objet d'un premier chapitre, introduction naturelle au tableau sommaire qui condensera les détails de systématique étudiés jusqu'ici. La complexité des voies qui sillonnent le système nerveux central, la multiplicité des obstacles qui les interrompent, rendent leur exploration trop ardue pour la physiologie et la clinique ; celles-ci préfèrent une vue perspective aux scrupuleux détours où s'attarde l'anatomie.]

CHAPITRE PREMIER

LA CONDUCTION NERVEUSE AU POINT DE VUE HISTOLOGIQUE

Les idées qui avaient cours autrefois sur la conduction de l'onde nerveuse et les rapports réciproques des éléments histologiques du système nerveux ont été profondément modifiées, grâce à l'application de nouveaux procédés d'investigation dont l'un, en particulier, la méthode de Golgi, possède à ce point de vue une valeur inappréciable.

[Le bouleversement ainsi opéré fut tel qu'il ne reste actuellement presque plus aucune trace des fondements des anciennes doctrines. Il faut convenir toutefois que les résultats obtenus par la méthode de Golgi, quoique doués d'une portée générale absolument indéniable, ont été à plusieurs reprises modifiés et expliqués, et seront peut-être définitivement contredits sur certains points, grâce à la récente introduction de méthodes plus analytiques et plus cytologiques ; les conceptions dont on est redevable à ces dernières ne peuvent être passées sous silence, d'autant plus qu'elles remettent en question plusieurs des faits que nous aurons à rappeler dans les deux articles suivants en étudiant les *conditions statiques* et les *conditions dynamiques* de la conduction nerveuse.]

ARTICLE I. — CONDITIONS STATIQUES DE LA CONDUCTION NERVEUSE.

Étudiées au moyen du chromate d'argent, les cellules nerveuses provenant des régions les plus différentes du système nerveux central présentent des caractères communs qui facilitent beaucoup la description de leurs éléments essentiels [mais avant d'envisager ces derniers au point de vue de leur rôle dans la conduction nerveuse, il est bon de rappeler en quelques mots les idées qui ont actuellement cours sur les rapports réci-proques des cellules, quoique cette question ait déjà été soulevée accessoi-rement dans les prolégomènes de cet ouvrage.

Relations réciproques des cellules nerveuses. — Malgré sa grande portée et sa haute actualité, ce sujet ne saurait être traité complète-ment ici ; un aperçu de quelques lignes est un préambule suffisant à l'étude plus détaillée du rôle attribué à chacun des éléments conducteurs de la cellule : l'axône et les dendrites.

Il est inutile d'insister ici sur la théorie aujourd'hui démontrée fausse par laquelle GERLACH et ses contemporains interprétaient les grossières images que leur fournissaient leurs techniques primitives, car s'il était un jour prouvé que les dendrites appartenant à différents éléments pussent s'unir entre elles pour constituer des réseaux, les connexions ainsi démontrées n'auraient certainement aucun rapport avec celles que crut voir GERLACH.

Dans la théorie plus récente de GOLGI, les relations de continuité réciproque des cellules nerveuses sont assurées grâce au réseau formé par les collatérales des neurites, tandis que les prolongements protoplasmiques sont uniquement chargés du soin de pourvoir à la nutrition de la cellule. On verra plus loin ce qu'il faut penser de ces attributions. Il est inutile également d'exposer ici la doctrine à laquelle de si fréquentes allusions furent faites dans le cours de cet ouvrage et que l'on admet généralement aujourd'hui, malgré l'impossibilité où l'on se trouve d'en donner une démonstration anatomique et malgré les nombreux faits que l'on peut opposer à la notion de l'indépendance essentielle des neurones. La difficulté même d'une démonstration anatomique a mis pendant longtemps cette théorie à l'abri des objections tirées de la morphologie, de même que la physiologie a diffi-cilement prise sur les hypothèses par lesquelles elle s'efforce d'envahir le domaine de la psychologie. Un autre désavantage tourna encore à son profit : les inévitables inégalités des méthodes histologiques auxquelles elle doit le jour furent l'origine d'un grand nombre de conclusions des plus injustifiées sur les modifications soi-disant fonctionnelles des cellules nerveuses, et for-mèrent une des bases de la théorie de l'amiboïsme. Avant la moindre apparence de démonstration anatomique, la contractilité du neurone chez les mammi-fères avait arraché les voiles dont Psyché s'était jusqu'alors entourée : c'était le dieu bienveillant qui insinue la douceur du repos dans le corps des mortels abattus, le démon qui paralyse les possédées, le gardien des portes de corne et d'ivoire, le subtil conducteur des filles de Mnémosyne, en un mot le deus ex machina que, depuis Leibniz, la monade suppliait en vain de l'ouvrir et de la fermer tour à tour au monde extérieur.

La grande portée de la théorie du neurone ne saurait faire oublier des conceptions moins générales mais qui se présentent avec une phalange serrée d'arguments anatomiques des plus intéressants qui ne peuvent cependant être exposés ici (1).

Quoique la théorie développée par Apathy repose uniquement sur des faits observés chez les animaux inférieurs, on ne saurait la passer sous silence, étant données la rigueur de la technique employée par cet auteur et la netteté des préparations qu'il offrit à l'admiration du récent Congrès de Pavie.

Pour Apathy la conduction de l'influx nerveux ou neurocyme est assurée dans toute l'étendue du système nerveux central et périphérique par un système de fibrilles partout continues, traversant sans s'interrompre les organes moteurs ou sensitifs de la périphérie, comme le corps lui-même de la cellule des centres : ces fibrilles s'anastomosent entre elles dans les cylindraxes qui forment les nerfs périphériques, tout comme dans l'intérieur de la substance grise ; là elles forment des réseaux qui enveloppent les cellules et ne pénètrent qu'exceptionnellement dans le corps de chaque élément, sans même se mettre en contact avec son protoplasma.

La cellule ne jouerait donc plus aucun rôle direct dans la conduction nerveuse : elle ne représenterait qu'un réservoir de force que l'on a comparé à une batterie électrique placée sur le trajet d'un fil télégraphique.

Au point de vue embryologique, les fibrilles des neurites dérivent, non pas des cellules nerveuses, comme l'admet la conception moderne du neurone, mais de cellules qui ne vivent que très peu de temps et s'atrophient jusqu'à disparition complète aussitôt après leur avoir donné naissance.

De même qu'Apathy, Bethe, dont la doctrine se base également sur l'étude des animaux inférieurs (crustacés), admet l'indépendance presque absolue de l'élément conducteur et de l'élément trophique, c'est-à-dire des fibrilles et des cellules nerveuses : mais les premières ne sont probablement pas continues entre elles, en particulier au niveau des organes périphériques, et ainsi que l'admet Apathy. Le réseau qu'elles forment dans les centres et auquel Bethe adapte l'ancien terme de *neuropile* est absolument indépendant, fonctionnellement et anatomiquement, des cellules nerveuses.

Nous avons parlé plus haut des figurations que Veratti, élève de Golgi,

(1) Voir à ce sujet, outre les ouvrages cités dans la première partie (p. 15 et 25), les revues publiées par Prénant dans la *Revue Générale des Sciences*, 15 et 30 janvier 1900 : Les théories du système nerveux, et par Sicard, dans la *Presse Médicale*, 7 avril 1900 : Neurones et Réseaux nerveux.

avait obtenues, par la chromargentation lente précédée d'un traitement par les sels de cuivre, dans le corps des cellules des ganglions spinaux. GOLGI (1) revint plus récemment sur cette question, après HOLMGREN et MARTINOTTI, pour faire ses réserves sur la signification de ces détails de structure que l'on ne saurait, d'après cet auteur, classer dès maintenant parmi les appareils servant à la nutrition ou parmi les organes de la conduction nerveuse.]

Ces différentes manières de voir qui tendent à modifier considérablement l'idée que l'on se fait généralement des rapports réciproques des éléments nerveux ne peuvent empêcher cependant de considérer l'ensemble de la cellule et de ses prolongements comme un individu qui, à une certaine période de son développement, est complètement isolé, et, plus tard seulement, peut entrer en relation intime avec d'autres cellules semblables, grâce au passage de ses propres fibrilles terminales dans le corps de ces dernières.

Rôle du neurite. — Dans l'immense majorité des cas la cellule nerveuse est unipolaire, c'est-à-dire qu'elle ne possède qu'un seul prolongement nerveux ou axône qui, le plus souvent, abandonne un nombre plus ou moins considérable de collatérales, puis devient une fibre nerveuse à ramifications libres ; plus rarement on le voit se résoudre brusquement en un grand nombre de très fines fibrilles qui, d'après CAJAL, se terminent librement (*fig. 293, d,g*, p. 510).

Les formes de transition entre ces deux types sont assez rares ; tel est par exemple le cas des neurites qui se ramifient à une courte distance de leur origine et vont plus loin former une fibre nerveuse : on rencontre cette disposition parmi les cellules étoilées du cervelet (*fig. 568*) ; on la retrouve aussi dans la substance grise de la moelle.

Dans l'écorce des animaux inférieurs, CAJAL a découvert des cellules pourvues de deux, ou d'un plus grand nombre de prolongements possédant les caractères des neurites, et représentant ainsi des cellules bi- ou multipolaires (*fig. 293, abc*). Ces formes sont des raretés dans l'écorce cérébrale de l'homme et des mammifères supérieurs. Il en est de même des cellules apolaires, c'est-à-dire sans axône, parmi lesquelles on peut citer les grains du bulbe olfactif (*fig. 313*, p. 531) [que quelques auteurs considèrent comme névrogliques, mais que la majorité regarde comme étant des cellules nerveuses].

Dans le système nerveux périphérique, ce sont, au point de vue des prolongements nerveux, les types cellulaires suivants qui prédominent : 1° les *cellules bipolaires*, dans les ganglions intercalés sur le trajet des nerfs

---

(1) *Cinquantenaire de la Société de Biologie, 1900.*

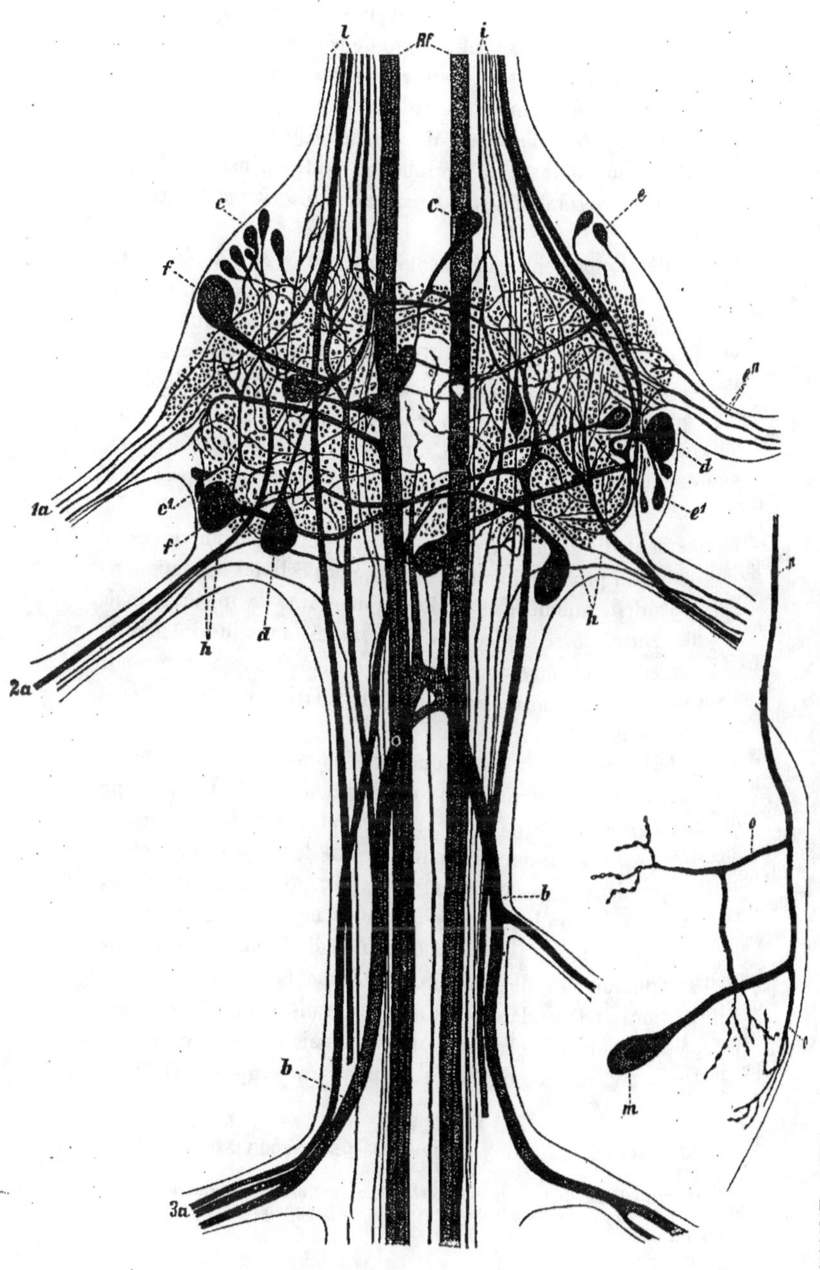

périphériques ; 2° les *cellules unipolaires*, dans le système sympathique, les ganglions intervertébraux et les petits ganglions nerveux des organes internes (*fig.* 385). Du reste on sait maintenant que les ganglions spinaux et le ganglion de Gasser contiennent aussi des cellules piriformes munies d'un neurite dont les deux branches de division divergent comme les branches d'un T, l'une allant à la périphérie, l'autre pénétrant dans la moelle. Un type cellulaire semblable a été récemment décrit par CAJAL dans le corps mamillaire.

D'après leur développement ces éléments doivent être considérés comme des cellules bipolaires modifiées : à une certaine période de leur formation, chez l'homme comme chez les animaux inférieurs, ils ont un aspect nettement bipolaire, forme du reste définitive dans les ganglions spinaux de certains poissons. Dans le cours de l'évolution le corps des cellules bipolaires des ganglions spinaux s'incurve petit à petit, de telle sorte que les deux prolongements se rapprochent l'un de l'autre et confondent leurs origines, puis la première portion de leur trajet, de manière à acquérir l'aspect en T bien connu.

Le prolongement distal des Bipolaires des ganglions périphériques ne représente, à l'instar du prolongement homologue des cellules des ganglions spinaux, qu'une dendrite modifiée et revêtue d'une gaine de myéline, mais le prolongement central possède dans les deux types la qualité de neurite véritable. Le premier semble être d'un plus grand diamètre que le second. Au point de vue de la conduction nerveuse, ces particularités ne sont pas sans importance, ainsi que nous le verrons plus tard.

Nous avons déjà maintes fois répété que, pour la majorité des auteurs, les neurites des cellules du système nerveux central et leurs collatérales ne se réunissent jamais ensemble et ne forment jamais plexus (GOLGI) : partout où on les rencontre on peut toujours s'assurer que ces deux sortes de prolongements nerveux possèdent des terminaisons libres (*fig.* 388, *f*). Les dendrites également conservent toujours leur indépendance et ne s'abouchent pas les unes aux autres, contrairement à l'ancienne opinion de GERLACH. Ainsi les cellules nerveuses apparaissent, de même que les éléments des autres tissus, comme des formations indépendantes, autonomes, sans connexions organiques réciproques. Comme, d'autre part, on n'a jamais pu démontrer dans le système nerveux la présence de fibres libres, et que toutes les fibres

Fig. 385. — LE PREMIER GANGLION ABDOMINAL DE L'ÉCREVISSE COMMUNE.

(Coloration par la méthode vitale au bleu de méthylène ; les fibres et cellules nerveuses sont seules colorées. A droite, une cellule isolée provenant du ganglion.)
(D'après RETZIUS.)

représentent en conséquence les axônes des cellules, celles-ci constituent, avec leurs prolongements, les seuls éléments histologiques de tout le système nerveux, si on ne tient pas compte de la névroglie et des vaisseaux.

La division établie par GOLGI entre les cellules « motrices » à neurite long et les cellules « sensitives » à neurite court et ramifié, division contre laquelle je m'étais élevé (1), dès avant les recherches bien connues de CAJAL, est absolument dénuée de tout fondement. En effet plusieurs territoires du système nerveux qui ressortissent indubitablement à la sensibilité,

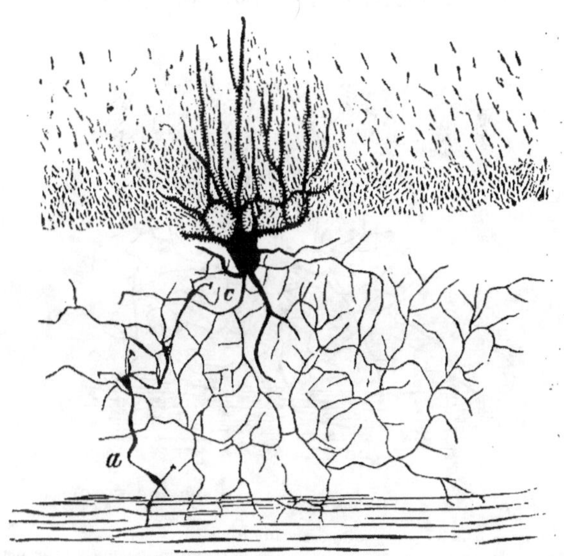

Fig. 386. — CELLULE A NEURITE COURT ET LARGEMENT RAMIFIÉ.

(Cellule étoilée de la couche des grains du cervelet.)

a, Une fibre moussue venue de la substance blanche.
c, Le neurite.

tels que les noyaux de certains nerfs craniens, contiennent presque exclusivement des cellules à prolongement long, tandis que, d'autre part, les régions motrices renferment des cellules à neurite ramifié. Ce n'est pas la nature des excitations qui lui arrivent, mais uniquement le mode de connexion avec d'autres cellules qui attribue à une forme cellulaire donnée son individualité. Des cellules à long axône devenant le cylindraxe d'une

(1) BECHTEREW : « Structure des hémisphères cérébraux » dans les « *Éléments d'anatomie microscopique de l'homme et des animaux* », publiés (en russe) par LAWDOWSKI et OUSJANNIKOW, à Pétersbourg, 1887-1888.

fibre nerveuse peuvent transmettre l'excitation à des éléments éloignés ; celles au contraire dont le neurite se résout en ramifications au bout d'un très court trajet n'agissent qu'à petite distance, mais agissent simultanément sur un grand nombre d'éléments nerveux, assurent des associations fonctionnelles et justifient la dénomination de *cellules intercalaires* ou *éléments de conjonction*. Cette signification des cellules de Golgi est des plus évidentes pour les cellules étoilées de la couche des grains du cervelet, éléments dont l'axône envoie le nombre infini de ses ramifications entre les amas de cellules qui se trouvent dans le voisinage (*fig. 386 et 387*). Les Apolaires jouent

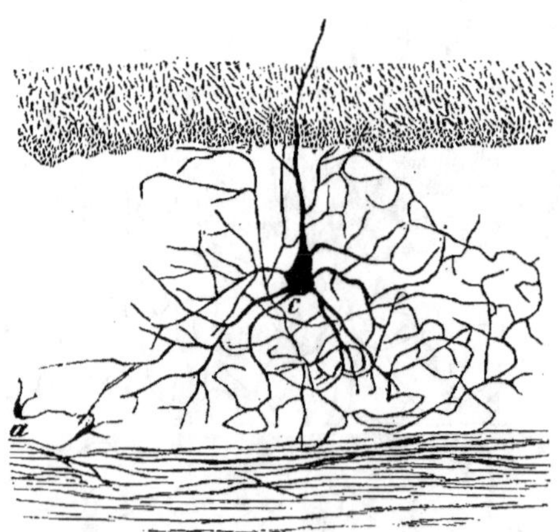

Fig. 387. — CELLULE AXI-RAMIFIÉE DE GOLGI.

(Élément de la couche des grains du cerveau du chat.)
a, Une fibre moussue venant se ramifier dans le territoire occupé par le neurite *c*.

très vraisemblablement le rôle d'éléments intermédiaires intercalés entre les prolongements des différentes sortes de cellules et servant à faciliter d'un groupe à l'autre le passage de l'excitation.

Dégénérescence wallérienne et rétrograde. — Chaque voie nerveuse représente une chaîne de deux ou trois unités nerveuses de types différents (*fig. 343*, p. 572), ou bien d'un plus grand nombre. Il n'existe pas d'opposition essentielle entre les conductions centrifuge et centripète. Les différences sont uniquement constituées par la direction des prolongements nerveux, qui, dans les premières, sont toujours descendants, dans les secondes, toujours ascendants. Ce fait explique, pour la dégénération des fibres, certaines particularités sur lesquelles la nature de l'onde d'excitation exerce une influence essentielle. Comme je l'ai déjà dit, la loi découverte par WALLER souffre aujourd'hui des restrictions, depuis que l'on sait que les neurones et systèmes moteurs peuvent dégénérer, non seulement dans le sens descendant, mais encore en sens inverse du courant qu'ils conduisent et doivent à ce point de vue être rapprochés des voies de la sensibilité. Seulement, les caractères de la dégénération sont différents dans les deux cas : en effet, à l'extrémité périphérique du neurone, la dégénérescence wallérienne a un début précoce et une évolution rapide : les noyaux se multiplient, le

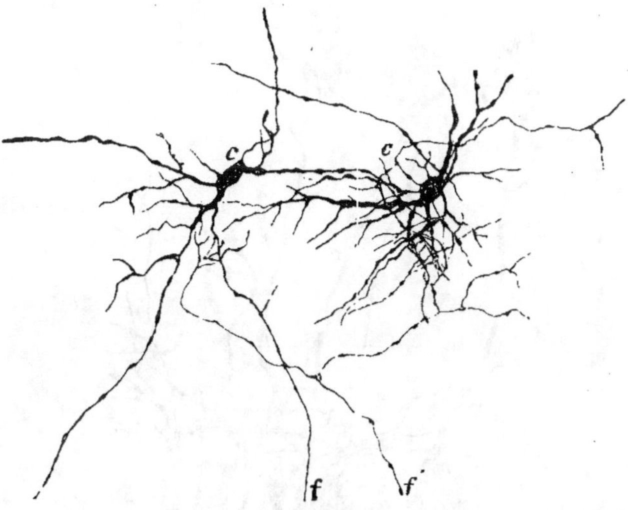

Fig. 388. — CONNEXIONS CELLULAIRES ASSURÉES PAR L'ENTREMÊLEMENT DES RAMIFICATIONS NEURITIQUES ET DENDRITIQUES.

(Fœtus humain de 4 mois. Méthode de Golgi.)
Arborisation terminale des collatérales des fibres radiculaires postérieures autour des cellules du groupe central de la substance grise.
f, Collatérales radiculaires.
c, Axônes.

cylindraxe disparaît, conjointement à la fragmentation de la myéline, tandis qu'au niveau de l'extrémité proximale du prolongement sectionné on note surtout la destruction de la myéline, le cylindraxe restant longtemps intact. Ces différences sont importantes : elles permettent de conclure du mode de dégénération des fibres au sens de leur conduction (1). La

(1) Lorsque, après section d'un faisceau nerveux, des cellules nerveuses dégénèrent, c'est en elles qu'il faut chercher l'origine du faisceau dont la continuité a été interrompue ; mais si la dégénération va jusqu'à la disparition complète et porte, en particulier, sur les fibres et la névroglie, le territoire ainsi désigné doit être considéré comme un lieu de terminaison (v. MONAKOW).

dégénération de l'extrémité centrale d'un nerf moteur semble être due, en réalité, à ce que les cellules d'origine de ce nerf s'atrophient à la longue par manque d'excitation, d'où il résulte que les fibres qui en émanent, et les cellules elles-mêmes, finissent par subir la dégénération. Par un mécanisme exactement semblable, la dégénération d'un neurone entraîne celle de l'élément suivant: ce dernier cependant peut échapper à la lésion « tertiaire » si son extrémité principale est en rapport avec les collatérales d'autres

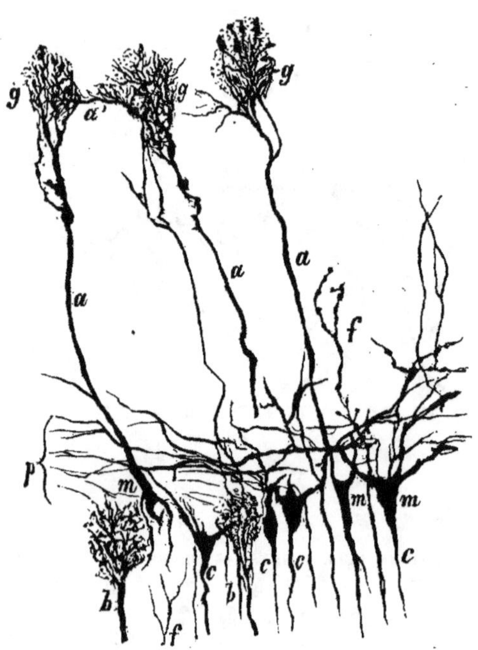

Fig. 389. — LES DENDRITES, AGENTS DE CONDUCTION.

(Cellules mitrales et glomérules du lobe olfactif du chat. Voir l'explication de la légende à la page 528.)

neurones et demeure ainsi dans des conditions d'activité suffisantes. On sait de plus qu'un neurone uni fonctionnellement à un autre neurone détruit ou sectionné s'atrophie beaucoup plus tardivement chez l'animal adulte que chez le nouveau-né, ce qui tient surtout à ce que les collatérales sont encore peu développées dans les premiers temps de la vie, créant ainsi des conditions défavorables, lors de la destruction d'un neurone, à l'entrée en scène des cellules voisines.

Dendrites. Leurs attributions. — Il est aujourd'hui permis d'affirmer avec Cajal que les dendrites ou prolongements protoplasmiques ne sont pas affectées seulement à la nutrition de la cellule, contrairement à ce que pensait Golgi. Il est acquis que leurs connexions avec les vaisseaux, connexions sur lesquelles ont tant insisté Golgi et ses élèves, ne se présentent que rarement à l'observation. Il est certain que, au point de vue de la trophicité, elles doivent être identifiées au corps même de l'élément, mais elles n'en paraissent pas être moins aptes que l'axône à la conduction nerveuse. Cajal en a offert un exemple des plus démonstratifs par l'étude du lobe olfactif dans lequel les extrémités arborisées des dendrites des grains et des cellules mitrales représentent, au niveau des glomérules, les seules voies de conduction aptes à transmettre aux centres l'influx apporté à ce niveau par les fibres olfactives (*fig. 389*). On connaît un grand nombre d'autres exemples qui ne sont passibles d'aucune objection : on ne pourrait d'ailleurs comprendre pourquoi les dendrites qui continuent le corps cellulaire ne participeraient pas à son rôle de conduction. Golgi supposa que la conduction était assurée par un réseau formé des collatérales des cylindraxes : le corps de la cellule restait ainsi en dehors des voies de conduction. Si celui-ci a surtout le rôle d'un centre, et même, seulement, d'un centre trophique, d'après une manière de voir manifestement erronée (Nansen) (1), l'excitation qui arrive au cylindraxe doit pourtant traverser le corps cellulaire qui fait ainsi forcément partie de l'appareil de conduction.

La voie d'union intercellulaire de beaucoup la plus usuelle, on pourrait presque dire la seule fréquentée, est formée par le contact des arborisations

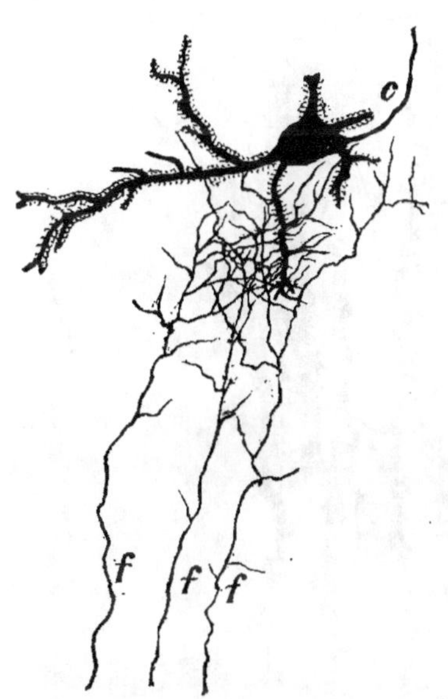

Fig. 390. — Entremêlement axodendritique [connexions dendroneurhaphiques.]

Ramifications terminales des fibres descendantes de la voie acoustique au voisinage d'une cellule nerveuse du tubercule acoustique.

(1) *Anatom. Anz.*, 1888.

cylindraxiles les plus fines venues d'une cellule avec le corps d'un autre élément, ou encore par l'entremêlement de ces arborisations avec celles des dendrites d'une autre cellule. Tel est par exemple le mode de connexion des fibres radiculaires postérieures avec les cellules de la s. grise de la moelle (*fig. 388*, p. 708), ou des nerfs craniens sensitifs avec les cellules de leurs

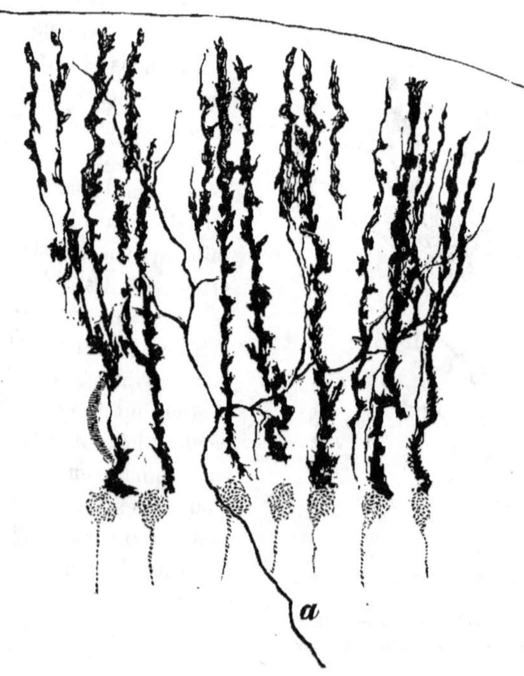

Fig. 391. — CONNEXIONS INTERCELLULAIRES PAR CONTACT DES RAMIFICATIONS DU NEURITE ET DES DENDRITES.

a, Une fibre nerveuse d'origine cylindraxile qui vient de la substance blanche du cervelet pour se ramifier dans le territoire occupé par les dendrites des cellules de Purkinje.

noyaux. Il en est encore de même pour les noyaux gris du tronc cérébral (*fig. 390*), du cervelet (*fig. 391*), de l'écorce cérébrale. Il est évident que l'on ne peut pas, dans toutes les régions du névraxe, déceler l'existence d'un contact véritable : plus souvent encore on ne rencontre que de simples mais intimes rapports de voisinage, répétés sur une grande étendue, entre les ramifications neuritiques d'une part, et les dendrites et le corps de la cellule d'autre part. [On pourrait employer pour ce cas le terme abréviatif de *dendroneurhaphie* (1).]

Mais ce mode d'union n'est pas le seul : il en existe un autre qui est assez répandu et n'a pourtant qu'à peine attiré l'attention des auteurs qui mettent en usage la méthode de Golgi. Il consiste dans l'entremêlement des dendrites de deux cellules [et peut être désigné par le terme de *dendroden-drhaphie*]. Les exemples en sont faciles à citer : on le retrouve dans la moelle des vertébrés inférieurs, au niveau des cellules de la corne anté-

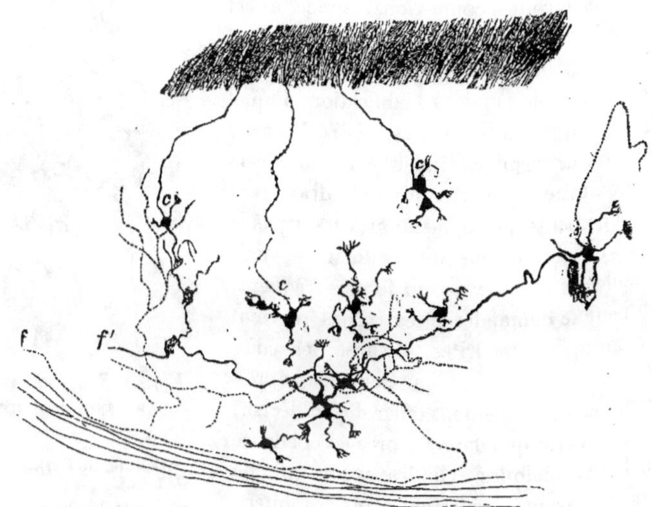

Fig. 392. — CONNEXIONS DENDRO-DENDRITIQUES.

(Engrenure des dendrites des grains de la couche profonde du cervelet.)
cc, Axônes des grains allant former les fibres parallèles de la couche moléculaire.
ff', Fibres venues de la substance blanche et se terminant au contact des engrenures.

rieure qui s'unissent par ce moyen à celles de la corne opposée, en envoyant leurs ramifications à la rencontre les unes des autres, dans la commissure antérieure. Des relations identiques peuvent être mises en évidence entre certains éléments de la formation réticulée, entre les prolongements des Apolaires du lobe olfactif et les dendrites des cellules mitrales, entre un grand nombre de Pyramidales de l'écorce qui s'unissent l'une à l'autre près de la surface du cortex par les ramifications de leur dendrite apicale (*fig.* 293, p. 510) ; de même, entre les grains du cervelet (*fig.* 392), entre les cellules de Purkinje, grâce à leurs nombreuses ramifications peuplant un

[(1) de δένδρον, νεῦρον et ἀφή, contact.]

même territoire (*fig. 393*), etc. Les appareils ainsi constitués ont peut-être pour but l'association fonctionnelle de cellules voisines. D'après Dogiel, les cellules polygonales de la rétine forment par leurs dendrites, non seulement des réseaux, mais de véritables plexus anastomotiques dans lesquels les filets terminaux de toutes les cellules se continuent les uns avec les autres et représentent, grâce à la conglomération de plusieurs d'entre eux, des anastomoses plus intimement établies. C'est ainsi que se constituent, d'après les descriptions de cet auteur, de véritables colonies cellulaires dont les éléments sont unis entre eux par les plus étroites connexions, grâce à cet échange réciproque de fibres.

Ballowitz constata la présence d'un réseau terminal semblable, mais à l'édification duquel participaient quelques neurites, dans l'organe électrique de la torpille. Il résulte de tout cela que la proximité des extrémités cylindraxiles et des prolongements protoplasmiques n'est pas le seul mode de connexions intercellulaires, mais en est seulement de beaucoup le plus fréquent.

Fig. 393. — RELATIONS PAR DENDRO-DENDRHAPHIE.

(Cellules de Purkinje vues de face.)
cc, Leurs axônes.

On peut se demander si les axônes peuvent aussi, comme les dendrites, assurer des connexions intercellulaires par leur contact réciproque? Je ne puis actuellement offrir de fait décisif, mais je rappellerai que dans l'écorce cérébelleuse (V. plus haut) quelques cylindraxes nus qui, de la couche des grains, pénètrent dans les intervalles des cellules de Purkinje et montent dans la couche moléculaire, y sont enlacés par les très fines ramifications des axônes des cellules étoilées (*fig. 394* et *395*).

[Telles sont les quelques données bien assises sur lesquelles se base la conception actuelle de la conduction nerveuse, processus encore profondément mystérieux à propos duquel il faut cependant, vu l'importance du rôle qu'on lui attribue dans un grand nombre de phénomènes biologiques, examiner un certain nombre de questions : celles-ci sont pourtant si loin d'être résolues que l'on ne saurait même affirmer qu'elles fussent bien posées. Elles concernent, entre autres, la *direction* du courant nerveux, sa *progression*, sa *nature*, trois points qui vont être abordés dans l'article suivant avant l'exposé des phénomènes mécaniques connus ou soi-disant tels qu'ils servent à interpréter (*amiboïsme* et questions connexes : rôle des fibres sensorielles centrifuges, etc.).]

ARTICLE II. — CONDITIONS DYNAMIQUES DE LA CONDUCTION NERVEUSE.

[Les considérations qui vont suivre ne tiendront pas compte des faits nouveaux apportés par BETHE, APATHY, AUERBACH, etc., et n'envisageront que les résultats les plus certains au point de vue de la structure et des rapports des éléments qui servent à la conduction nerveuse, c'est-à-dire les données dues aux méthodes anciennes et à celles de GOLGI et d'EHRLICH.]

Direction du courant nerveux. — La question de la direction de l'influx qui parcourt les prolongements des cellules nerveuses est à plusieurs points de vue du plus haut intérêt. D'après la simple inspection analytique des rapports réciproques des éléments nerveux tels qu'on peut les voir sur les préparations au Golgi, un grand nombre d'auteurs admettent avec CAJAL que le *neurite* est chargé de la conduction centrifuge ou cellulifuge, et les dendrites de la conduction centripète. Les exceptions apparentes à cette règle, par exemple celle des nerfs sensitifs, peuvent s'expliquer ainsi : le segment de la fibre nerveuse qui est situé au delà du ganglion ne représente en réalité pas autre chose que la dendrite, modifiée et entourée

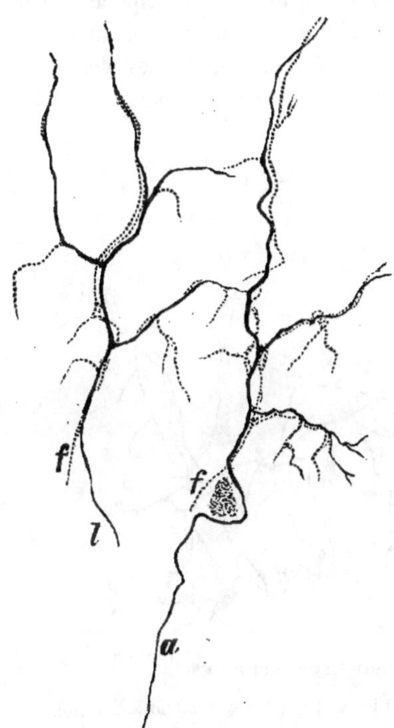

Fig. 394. — UNION DE DEUX AXONES.

a, l, Deux fibres, de nature neuritique, qui viennent de la couche des grains et s'élèvent dans les intervalles des cellules de Purkinje.
f, f, Fibres grimpantes également de nature neuritique.

d'une gaine de myéline, d'une Bipolaire : le prolongement central correspondant est considéré comme le véritable axône de la cellule. Cette manière de voir est conforme, non seulement avec ce fait que le prolongement périphérique est plus volumineux, mais avec tout ce que l'on sait du développement des nerfs périphériques. Il en est de même pour les deux branches de division du prolongement unique des Unipolaires des ganglions spinaux : ici encore il faut, en tenant compte des particularités de développement que nous avons mentionnées plus haut, considérer comme prolongement neuritique celui qui va aux centres, et comme dendritique, celui qui, plus volumineux, se rend à la périphérie. Le processus que j'ai décrit plus haut et qui consiste dans le rapprochement progressif, jusqu'à fusion, des deux prolongements de la cellule primitivement bipolaire peut être considéré comme corroborant l'opinion la plus répandue qui admet le rôle centrifuge des neurites et le rôle centripète des dendrites. Mais si l'on prend en considération d'autres faits également mis en évi-

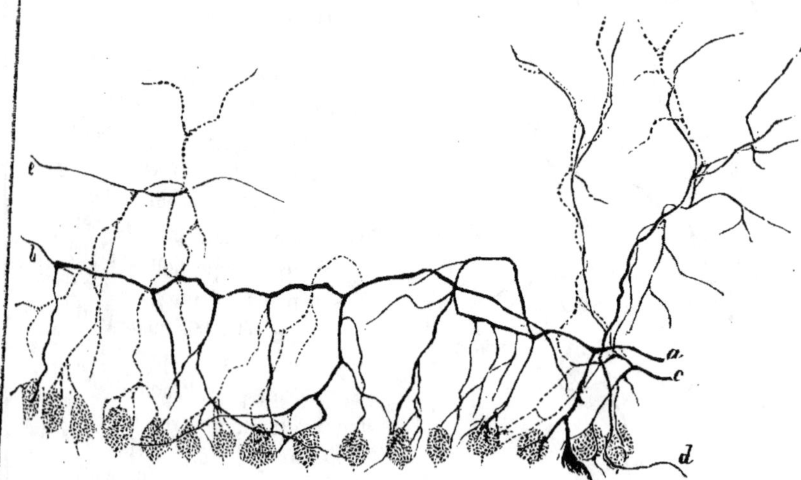

Fig. 395. — RELATIONS NEURO–NEURHAPHIQUES.

a, b, c, d, e, Neurites des cellules étoilées dont les collatérales se rendent aux cellules de Purkinje.
d, Neurite de même provenance qui envoie également des ramifications aux cellules de Purkinje et se met d'autre part en rapport, par le moyen d'autres branches de division, avec des fibres venues de la profondeur et qui sont également de nature neuritique.

dence par la méthode de Golgi, on en peut citer un certain nombre qui s'opposent à la généralisation de cette manière de voir, du moins en ce qui concerne les axônes : c'est d'abord le fait, que j'ai pu observer dans l'écorce cérébelleuse, de la compénétration des arborisations de deux neurites appartenant à des cellules différentes (V. plus haut). Lors même qu'il n'existerait pas d'autre argument semblable, il faut dès maintenant restreindre le principe de la conduction centrifuge du neurite aux seuls cas où ce prolongement est en rapport avec des cellules nerveuses ou des dendrites.

Ainsi formulée, cette loi, qui s'appuie directement sur les résultats de la méthode de Golgi, possède une portée considérable et permet de suivre le trajet de l'influx nerveux dans les territoires du névraxe les plus compliqués au point de vue histologique, avec une précision jusqu'alors inespérable.

Quant à la conduction dont seraient chargées les *dendrites*, je crois que l'opinion qui la considère comme toujours et partout cellulipète manque de preuves suffisantes : elle n'est vraie que pour la majorité des cas et non pour tous. Si cette règle ne comportait aucune exception, on ne saurait s'expliquer le rôle de ces chaînes de deux dendrites que l'on rencontre dans la commissure antérieure de la moelle, en particulier chez les animaux inférieurs, dans la couche moléculaire de l'écorce cérébrale, dans le cervelet, etc.; on ne pourrait pas comprendre que des cellules apolaires, munies seulement de dendrites, pussent conduire l'excitation. Il me semble en outre que les dendrites, tout comme le corps cellulaire dont elles sont la continuation immédiate et dont elles ne diffèrent ni par leur structure, ni par aucune autre particularité essentielle, doivent être capables de conduire l'onde nerveuse dans les deux sens. Que le corps de la cellule puisse conduire dans différentes directions, on ne peut le mettre en doute car il est facile de constater que les dendrites ne naissent pas d'un seul de ses côtés, mais de tous les points de sa surface. Toutes les difficultés que nous avons vues se soulever s'aplanissent quand on considère les dendrites comme étant capables de conduire dans les deux sens. Lorsque deux dendrites provenant de cellules différentes entremêlent leurs ramifications, elles assurent un passage de courant qui est, ou toujours dirigé dans le même sens, ou bien alternatif, et qui a pour effet l'union fonctionnelle de ces deux cellules.

Le rôle des cellules apolaires, ou privées de neurite, est absolument impossible à concevoir si l'on n'attribue aux dendrites que la conduction centripète, mais il devient facile à interpréter si on leur prête la double conduction. Dans les régions où ces cellules se présentent à l'état d'élément isolé, de formation indépendante, elles ont la signification d'un appareil réflexe, réduit à sa plus simple expression, mais dans l'appareil olfactif, de même que dans la rétine, on peut les voir remplir les fonctions de simples organes de transmission.

[On peut rapprocher de ces différents éléments les cellules qui ont été décrites dans la première partie à propos des ganglions du sympathique et qui se mettent en rapport par leurs dendrites, comme par leur axône, avec la surface d'autres éléments. On a vu que, contrairement aux relations ordinaires, les connexions ainsi établies ne peuvent pas être considérées comme chargées de transmettre des états de déséquilibration, mais comme servant à unifier le plus possible les conditions dynamiques de chacun des éléments appelés à concourir à une action d'ensemble : les termes de *connexions d'harmonisation* paraissent aptes à les grouper et à les opposer aux connexions de conduction qui représentent le mode d'union des neurones le plus répandu.]

Mode de transmission de l'influx nerveux. — D'après la doctrine qui maintenant est presque universellement admise, la progression de l'excitation nerveuse se fait grâce au contact des ramifications neuritiques d'une cellule avec le corps ou les dendrites d'une autre ; il y a contact et non continuité organique, contrairement à ce que l'on a cru pendant longtemps. Nous avons vu que pour Bethe et d'autres auteurs les connexions inter-cellulaires sont établies, non par simple contiguité, mais par passage des fibrilles nerveuses d'un élément à un autre.

Malgré ces vues particulières divergentes, on peut dire que la théorie du contact persiste dans son intégrité ; elle explique d'ailleurs bien plus facilement que l'ancienne théorie des réseaux plusieurs phénomènes physiologiques, et, entre autres, le fait de l'extension des réflexes : en effet, d'après le nombre des prolongements cellulaires qui arrivent en contact, les résistances rencontrées par la conduction peuvent varier en plus ou en moins, ce qu'il n'était pas permis de supposer dans l'ancienne conception qui était basée sur le principe de l'union indissoluble des éléments nerveux. Il persiste pourtant certaines difficultés : si les obstacles à la conduction ne dépendent que du développement et du nombre des prolongements en contact, il reste encore à se demander pourquoi les réflexes se propagent plus facilement du même côté que du côté opposé, dans un même plan qu'à des régions plus ou moins éloignées en hauteur. De plus, il ne s'agit pas toujours d'un contact véritable entre les prolongements, ou entre eux et le corps d'une cellule : dans beaucoup de cas il n'y a seulement que voisinage, proximité, adjacence des éléments.

Il faut donc se garder d'une application trop absolue de la doctrine du contact. Il est difficile, d'autre part, de souscrire à l'opinion d'après laquelle l'onde nerveuse suivrait une voie de conduction donnée, sous forme d'une excitation continue, comme si cette voie n'était pas formée de segments contigus les uns avec les autres : dans la conception actuelle, les cellules du système nerveux central représentent des organismes séparés les uns des autres et qui, ni par les ramifications de leur neurite ou de leurs dendrites, ni par des collatérales ou rameaux terminaux d'aucune sorte, n'affectent de rapports de continuité. Dans ces conditions, on est forcé d'admettre que l'influx nerveux subit des modifications lors de son passage dans chaque neurone : il est impossible d'affirmer qu'il garde les mêmes caractères, d'une extrémité à l'autre de la chaîne dont il parcourt tous les anneaux. Il est plus rationnel à mon avis de se représenter le courant nerveux comme le résultat d'un certain nombre d'excitations qui se développent successivement dans chacun des individus qui forment la voie de conduction. L'indépendance réciproque de ceux-ci ne peut en aucune façon s'opposer à ce que la modification qui se produit dans un neurone ne dépende immédiatement de celle qui a été créée dans le précédent.

Quant à la *nature* intime du processus que l'on désigne sous le terme d'excitation nerveuse, il me semble qu'il est inutile d'exposer ici les conceptions modernes de la physiologie et qu'il est préférable de s'en tenir à quelques faits élémentaires. Il va de soi que pendant la conduction du neurocyme à travers le tissu nerveux, il y a décharge d'énergie dans chaque neurone faisant partie de la chaîne, au moment du passage du courant : au point de vue dynamique, celui-ci peut donc être considéré comme une modification d'ordre moléculaire se poursuivant sans interruption dans une série d'éléments et pendant laquelle une décharge d'énergie se produit dans chacun de ces derniers.

Une différence de tension se produit donc dans deux neurones successifs : cette différence entraîne une décharge d'énergie, laquelle, de son côté, cause dans chacun des éléments suivants l'état de déséquilibre qui caractérise l'excitation. En résumé, le courant est une suite de changements moléculaires imprimés successivement à des neurones placés en série et qui consistent dans la décharge de l'énergie emmagasinée dans chacun d'eux : c'est l'égalisation des différences de tension de deux neurones successifs, qui, à chaque segment, produit l'excitation.

On a souvent comparé à une batterie de bouteilles de Leyde se déchargeant successivement l'une dans l'autre, la chaîne d'éléments que parcourt un influx nerveux. Dans les deux cas en effet, l'élément qui est à l'extrémité de la série doit être chargé pour que la série entière puisse se décharger : la source de tout courant, dans le tissu nerveux, consiste dans l'excitation de l'appareil terminal périphérique ou central qui donne l'impulsion aux détentes successives : la cause du courant nerveux est une sorte de déséquilibration de la tension des segments contigus d'une même chaîne.

La *résistance* que le neurocyme doit surmonter pour passer d'un neurone à un autre dépend de la distance qui sépare les terminaisons du premier des prolongements ou du corps même du second, ainsi que du nombre des prolongements mis en contact. [Il faut aussi faire entrer en ligne de compte le tonus préalable de l'élément que le courant va aborder.]

Les obstacles à la conduction croissent en raison directe du nombre des unités qui composent une voie. Par là s'expliquent facilement les phénomènes bien connus de la conduction réflexe. L'excitation sensible se transmettra évidemment avec plus de facilité aux muscles du même côté qu'à ceux du côté opposé, car dans le premier cas l'arc réflexe se compose de deux neurones seulement, et dans l'autre de trois au moins. De même, le réflexe a de plus grands obstacles à surmonter quand il doit s'étendre à des régions éloignées du névraxe, car il doit alors parcourir un grand nombre de neurones. D'après tout cela on voit que la théorie de la décharge nerveuse, telle qu'elle vient d'être exposée, tient plus compte des faits physiologiques que la doctrine qui suppose que l'excitation nerveuse progresse sans interruption, grâce au contact des neurones entre eux.

Amiboïsme des éléments nerveux. — Duval attribua aux ramifications des dendrites la possibilité de présenter des mouvements amiboïdes qui entraîneraient tour à tour leur allongement ou leur raccourcissement. Quelque temps auparavant Rabl-Ruckard avait émis une hypothèse semblable. Du moment que de nombreuses recherches ont montré qu'il n'y a pas connexion de continuité entre les éléments nerveux, mais qu'il n'y a que contact ou proximité des ramifications neuritiques d'une cellule avec les dendrites de l'autre, l'idée vient naturellement à l'esprit que ces dernières peuvent s'allonger ou se raccourcir grâce à la contractilité de leur protoplasma. C'est dans cette motilité amiboïde des dendrites que Duval a cru trouver la clef de certains phénomènes du sommeil et de l'anesthésie. De fait, rien n'oblige à se représenter les prolongements cellulaires comme absolument rigides et immobiles ; quelques faits positifs parlent même en faveur d'une certaine contractilité vitale. Si maintenant cette opinion très vraisemblable de l'amiboïsme des prolongements cellulaires devait se confirmer, elle nous fournirait une explication simple de l'influence de l'habitude et de l'exercice, de celle des substances excitantes ou calmantes, sur le système nerveux, ainsi que de beaucoup d'autres faits tirés de la physiologie ou de la pathologie. Cette hypothèse cadre parfaitement du reste avec les idées que j'ai exposées sur la décharge des neurones : c'est un heureux essai d'interprétation des processus nerveux compliqués. L'influence de l'habitude peut s'expliquer, d'après Cajal, par ce fait que dans le cerveau de l'adulte de nouvelles connexions s'établissent à la longue entre les neurones, grâce à l'allongement durable de leurs prolongements. Les connexions, non plus transitoires, mais permanentes, qui seraient ainsi constituées favoriseraient la transmission de l'influx nerveux suivant une direction déterminée. Outre cet état continu d'allongement, lequel est particulièrement lent à se produire, parallèlement à la croissance de la totalité du neurone, le passage fréquent des mêmes excitations fait naître dans les prolongements en contact une force d'attraction qui agit dans les deux sens et rend plus intime la compénétration des ramifications : ainsi est établi un échange durable d'influences mutuelles entre les cellules unies fonctionnellement.

L'hypothèse des mouvements amiboïdes des prolongements cellulaires a été confirmée ces derniers temps par plusieurs faits d'observation. DEMOOR entreprit une série de recherches sur la plasticité morphologique des neurones : empoisonnements expérimentaux par l'éther ou la morphine et création d'état d'excitation dans le domaine du système nerveux. L'examen du cerveau, fait en comparaison avec celui d'animaux témoins, permit de constater qu'une excitation durable ou un empoisonnement produisent des modifications tout à fait caractéristiques des dendrites, lesquelles deviennent variqueuses et perlées. Cet état serait caractéristique de leur mort par empoisonnement ou de leur fatigue. Quelques auteurs ont objecté que ces différences étaient dues à des défauts de technique. Sur les conseils de DEMOOR, Mlle STÉFANOWSKA a repris la question, et, laissant de côté l'état perlé, étudia spécialement les épines ou appendices latéraux. Ces appendices bien connus ont été décrits pour la première fois par CAJAL. Certains auteurs ont remis leur existence en question et SEMI-MEYER, par exemple, ne put pas les mettre en évidence par le bleu de méthylène. KŒLLIKER s'éleva aussi contre leur présence au niveau des dendrites. Mais CAJAL démontra que la méthode de SEMI-MEYER était impropre à démontrer l'existence des prolongements piriformes ; il indiqua par contre une modification de la méthode d'Ehrlich qui permet de les voir avec une netteté absolue. Ces prolongements, plus ou moins volumineux, souvent très longs, revêtent la surface des dendrites et ne manquent d'une façon constante qu'au niveau du corps de la cellule et du neurite. Leur degré de développement est en rapport avec l'âge de l'animal : chez le rat d'un jour, ils sont complètement absents ; au cinquième jour, ils sont encore très rares ; au dixième, quoique plus nombreux, ils ne le sont pas encore autant qu'à l'état adulte. La lenteur de leur évolution semble prouver qu'ils ont quelques rapports avec l'activité psychique. D'après Mlle STÉFANOWSKA, les grandes variétés de nombre et de volume que l'on peut observer au niveau des prolongements piriformes démontreraient qu'ils peuvent se résorber et disparaître dans l'épaisseur des dendrites sans y amener de modification sensible. Leur disparition subite peut supprimer tout rapport fonctionnel entre les dendrites d'un neurone et les ramifications cylindraxiles d'un autre. J'ai pu également constater que les appendices piriformes représentent, parmi les différentes formations de la cellule nerveuse, les plus tardivement développées, qu'ils peuvent disparaître dans certaines conditions, par exemple dans les empoisonnements par les narcotiques, et que les dendrites acquièrent de ce fait une configuration noueuse ou moniliforme.

L'excitation électrique de l'écorce cérébrale, chez le rat et le cobaye, confirma les résultats obtenus de par ailleurs au point de vue des appendices piriformes ; ceux-ci peuvent disparaître complètement lorsqu'on emploie une excitation très forte. Ils possèdent donc la motilité et la contractilité.

Par une voie différente, Manouélian arriva à des résultats comparables aux précédents. On n'avait jusqu'alors examiné que les modifications consécutives aux excitations expérimentales ou aux empoisonnements ; cet auteur, dans le but de se rapprocher le plus possible des conditions normales, dirigea son attention vers les changements histologiques qui surviennent pendant le sommeil. Des rats soumis pendant une heure à des excitations diverses tombèrent dans un état de prostration qui fut bientôt suivi de sommeil ; leurs centres nerveux furent examinés au Golgi, comparativement avec ceux d'animaux témoins.

Pendant l'état de fatigue les prolongements piriformes disparaissent complètement ; en même temps les ramifications des dendrites montrent des épaississements variqueux, surtout au voisinage de leur extrémité, mais souvent aussi au niveau du tronc d'origine : elles donnent alors l'impression d'avoir subi une forte rétraction en direction longitudinale, rétraction qui aurait produit ces épaississements. Les renflements s'observent sur la dendrite apicale comme sur celles qui partent de la base. Le corps cellulaire présente assez souvent aussi des modifications de forme : il devient ovoïde ou sphérique, de telle sorte que la forme pyramidale primitive est difficile à reconnaître. Les cellules de Martinotti présentent des altérations semblables.

Chez les mêmes sujets d'expérience, les cellules mitrales du bulbe olfactif sont munies, d'après Manouélian, au niveau de tous leurs prolongements, d'épaississements variqueux grâce auxquels les dendrites qui se rendent dans les glomérules sont raccourcies, de telle sorte qu'elles se séparent des ramifications des fibres olfactives.

Les recherches récemment faites dans mon laboratoire par Narbut aboutirent au même résultat. Cet auteur examina comparativement l'état des dendrites du cerveau du chien, consécutivement à la narcose ou après le sommeil naturel : dans les deux cas il put observer une disparition plus ou moins complète des appendices piriformes des cellules géantes et l'état moniliforme de leurs prolongements protoplasmiques.

Cajal admet également que l'on peut observer au niveau des cellules du système nerveux central des mouvements amiboïdes, mais il en fait une propriété des cellules névrogliques ; cette opinion n'a pas encore été appuyée sur des preuves définitives.

En un mot, l'amiboïsme des prolongements protoplasmiques ne peut être mis en doute, et l'on peut lui attribuer un certain rôle dans différents états d'activité nerveuse. Il est facile, avec cette donnée nouvelle, de se représenter la marche de l'influx nerveux (1) :

L'état de déséquilibration produit dans une cellule s'étend jusqu'aux dernières ramifications des neurites; celles-ci arrivant au voisinage ou au contact du corps ou des prolongements d'une autre cellule, il se développe dans cette dernière une nouvelle impulsion qui, de même que dans l'élément précédent, suit la voie de l'axône. Comme toute voie centripète ou centrifuge est formée de deux neurones, *au moins*, la conduction de la périphérie au centre, ou inversement, doit être considérée comme une série d'excitations successives se développant dans chacun des neurones qui constituent la voie de conduction. Par les collatérales le neurocyme peut s'engager dans des voies aberrantes et aller créer un nouvel état d'excitation dans d'autres territoires du système nerveux. Mais si les dendrites d'un neurone s'écartent des ramifications du suivant, la conduction se trouve complètement interrompue pour un certain temps.

Si maintenant nous considérons les réflexes médullaires, nous voyons qu'ils peuvent s'engager dans deux voies différentes. L'excitation venant de la surface du corps est recueillie par une cellule d'un ganglion spinal, puis conduite de là par le prolongement central ou ses collatérales, soit directement à une cellule radiculaire de la corne antérieure qui la retourne à la périphérie, c'est-à-dire à un muscle, soit à une cellule des cordons qui de son côté, directement ou par l'intermédiaire d'une autre cellule de la même catégorie, actionne une cellule radiculaire de la corne antérieure et finalement un muscle. On peut aussi se représenter sans difficulté la propagation de l'excitation apportée par un nerf rachidien ou cranien à des cellules de cordons ou à celles des noyaux sensoriels primaires correspondants, et conduite de là, directement ou par d'autres éléments intercalés, jusqu'à l'écorce cérébrale. De même enfin, l'excitation motrice qui est mise en jeu dans une cellule de l'écorce gagne par les voies centrifuges certains noyaux gris et provoque de nouvelles impulsions qui se rendent derechef à la périphérie, directement ou indirectement. Il en est de même dans le domaine des activités psychiques où les voies d'association de l'écorce représentent les intermédiaires nécessaires à la propagation de l'influx nerveux.

Dans le système nerveux périphérique, nous retrouvons les mêmes conditions générales : des excitations venant des centres arrivent au sympathique par les voies centrifuges qui abandonnent la moelle par les racines antérieures et se résolvent en réseau autour des cellules ganglionnaires

---

(1) Voyez à ce sujet la thèse de SOUKHANOFF, Moscou 1899.

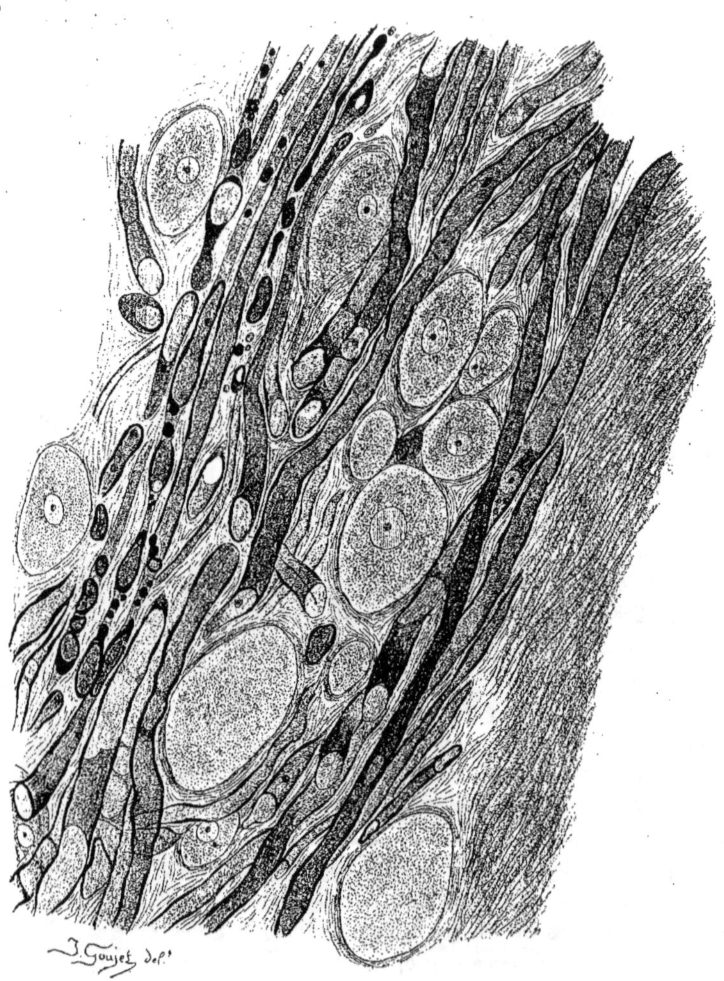

Fig. 396. — LES FIBRES CENTRIFUGES D'UNE RACINE POSTÉRIEURE
DANS LEUR PASSAGE A TRAVERS LE GANGLION SPINAL.

La racine a été sectionnée entre le ganglion et la moelle : les fibres centrifuges, qui ont
leur centre trophique, dans la moelle ont dégénéré ; on peut les voir cheminer entre les
cellules du ganglion, dans la partie gauche de la figure.

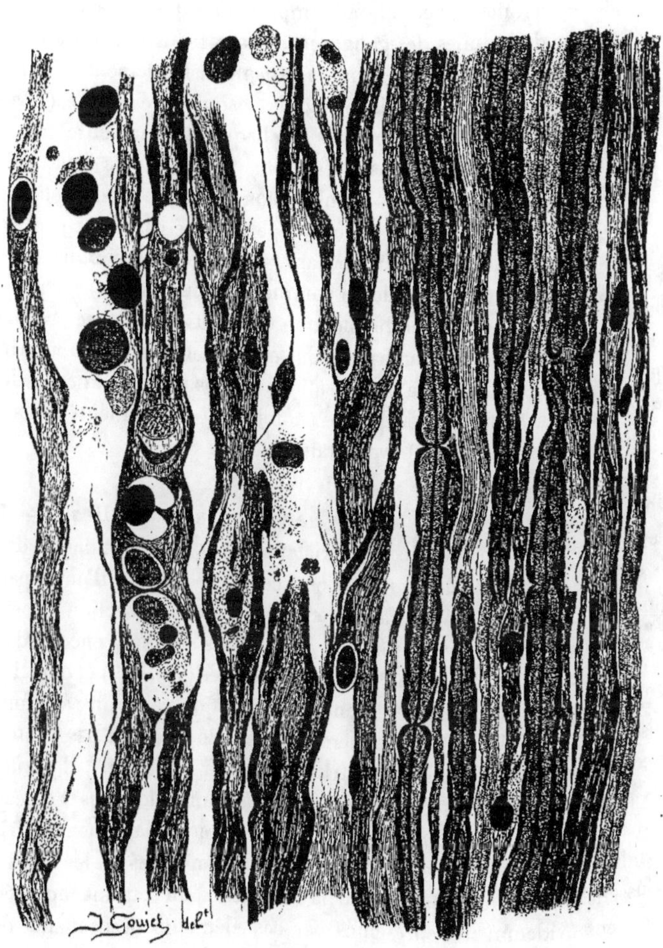

Fig. 397. — LES FIBRES CENTRIFUGES D'UNE RACINE POSTÉRIEURE
A LEUR SORTIE DE LA MOELLE.

La racine a été sectionnée : tout le segment compris entre la section et la moelle a dégénéré, sauf les fibres centrifuges, lesquelles ont leur centre trophique dans l'axe gris : on les reconnaît facilement dans la partie droite de la figure. Les autres fibres sont réduites à leur gaine conjonctive et à quelques boules ou fragments de myéline.

sympathiques ; ces dernières dirigent le courant vers la périphérie. D'un autre côté, les impulsions périphériques qui proviennent des organes internes sont reçues par les cellules des ganglions sympathiques dont les arborisations se ramifient autour des cellules des ganglions spinaux (sous la capsule), puis, par le prolongement central de ces dernières, gagnent finalement la moelle.

Dans l'interprétation des résultats acquis jusqu'à présent il est nécessaire de remarquer que, seules, les portions de chaque fibre nerveuse qui sont revêtues d'une gaine de myéline représentent une voie de conduction complètement isolée : au niveau des ramifications terminales du neurite et du corps même de la cellule, où cette enveloppe n'existe pas, il ne peut être question d'un isolement absolu du courant, quoique la névroglie puisse jusqu'à un certain point être considérée comme isolateur (CAJAL) ; arrivée à une cellule, il est plus que vraisemblable que l'excitation peut se propager aux éléments voisins dont les dendrites sont en rapport avec celle-ci. Ainsi s'explique l'apparition simultanée de sensations en des régions du corps très distantes les unes des autres, ainsi que les nombreux mouvements associés qui accompagnent les mouvements volontaires.

Fibres centrifuges des voies sensitivo-sensorielles. — La méthode de Golgi a permis de déceler l'existence de voies descendantes dans les nerfs sensitifs : pour les nerfs rachidiens celles-ci furent, d'autre part, mises en évidence par les dégénérations consécutives à la section expérimentale (Voir à ce sujet les figures 396 et 397). Elles existent encore dans les voies acoustiques (*fig. 398*), dans les voies optiques (*fig. 399*) et olfactives (*fig. 372*, p. 639). Elles représentent donc une formation nécessaire aux fonctions de sensibilité ; mais quel est exactement leur rôle ? Il n'est pas douteux qu'elles conduisent des excitations centrifuges : aussi ai-je émis, il y a déjà plusieurs années, l'opinion qu'elles devaient jouer un rôle dans l'objectivation des impressions reçues, processus qui serait extraordinairement difficile à comprendre, si l'on n'admettait pas que les voies sensitives et les organes des sens fussent pourvus d'appareils pour la récurrence du courant, appareils qui se trouvent évidemment représentés par ces éléments descendants des organes sensitifs (*fig. 396 à 399*) : ainsi serait assuré le processus de l'objectivation pour lequel on avait en vain jusqu'à présent cherché un substratum anatomique suffisant.

SOUKHANOFF, qui a traité cette question après moi (1), la résout dans le même sens. Pourtant, comme le rôle de ces fibres centrifuges des organes sensoriels appartient encore aux hypothèses, je n'attache pas grande importance

____

(1) *Arch. de Neurol.*, 1897.

aux idées que je viens d'exposer et j'accepterais volontiers toute autre hypothèse sur l'influence inhibitrice exercée par les fibres centrifuges sur les
perceptions sensorielles périphériques.

Cajal décrivit des ramifications (1) de fibres centrifuges entre les
spongioblastes de la rétine, chez différents animaux, et supposa que ces fibres

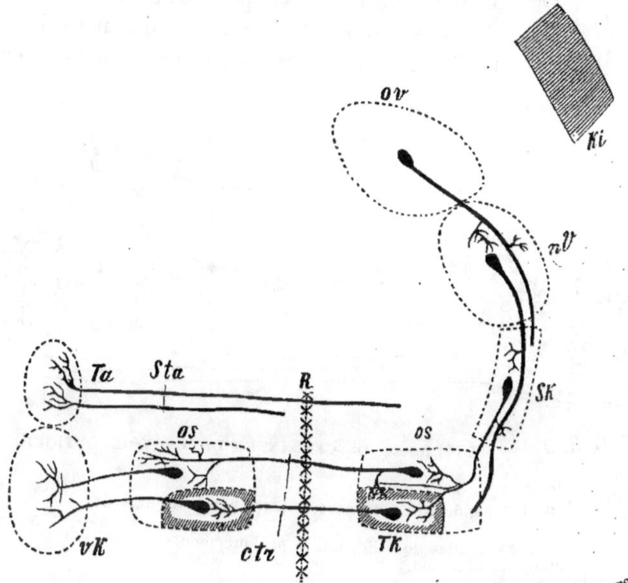

Fig. 398. — LES FIBRES CENTRIFUGES OU SYSTÈMES RÉCURRENTS
DE LA VOIE AUDITIVE.

On voit ces fibres, nées des quadrijumeaux supérieurs (*ov*) et inférieurs (*nc*), et du
noyau du ruban latéral (*sk*), se rendre aux noyaux bulbaires du nerf auditif (*ta, ck, os*) où
elles sont continuées par d'autres fibres qui traversent le raphé dans le corps trapézoïde (*ctr*).

pouvaient agir sur les prolongements des spongioblastes ou cellules
amacrines. Dans un travail ultérieur (2) il confirma sa première opinion,
malgré les objections qui lui avaient été faites. D'après ces recherches, les

[(1) Il n'est pas inutile de faire remarquer que cette théorie ne tend nullement, ainsi
qu'on pourrait le croire au premier abord d'après le rôle prêté aux fibres centrifuges, à faire de
l'attention un phénomène psychique différent des autres, c'est-à-dire libre et volontaire. Les
associations corticales qui s'étendent aux cellules dont proviennent les fibres centrifuges
ne sont en effet pas moins déterminées par les conditions antérieures et actuelles que les
autres associations conscientes ; l'état de l'appareil de réception est modifié, il est vrai,
par des ordres venus du cortex, mais ceux-ci, qu'ils s'accompagnent ou non d'attention,
ne sont naturellement dans tous les cas qu'une résultante nécessaire. Il importe peu que les
éléments de celle-ci puissent être plus ou moins modifiés par les conditions d'attention créées
dans les centres inférieurs.]

(2) *Journal de l'Anatomie*, 1896.

spongioblastes sont intercalés, grâce aux fibres centrifuges, dans la chaîne
de conduction et transmettent les influx qui arrivent des centres aux réseaux
compris entre les dendrites des cellules ganglionnaires et les ramifications
axiles des Bipolaires. D'après DUVAL cette conduction peut influencer l'état
des dendrites, mettre en jeu leur amiboïsme, et agir ainsi sur l'articulation
des deux neurones en produisant un contact plus ou moins étendu suivant le
degré de l'attention. Des observations de MANOUÉLIAN que nous avons déjà
citées, il résulte que les fibres centrifuges du bulbe olfactif, ou bien pénètrent

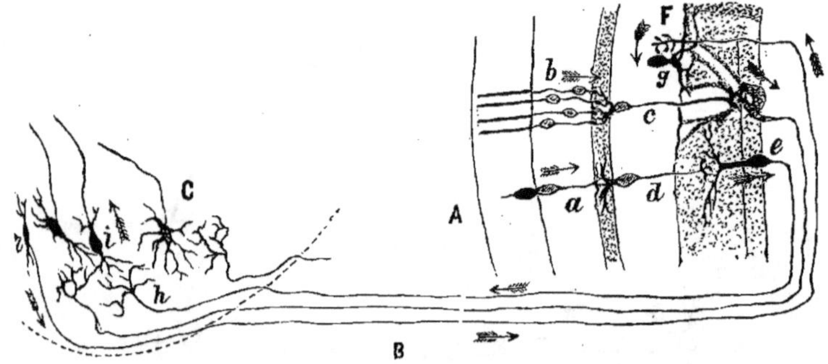

Fig. 399. — LES FIBRES DESCENDANTES DE LA VOIE OPTIQUE.

(D'après CAJAL.)

A, Rétine; B, nerf et bandelette optiques; C, corps genouillé externe.
a, Cône et
b, Bâtonnets avec les cellules dont ils sont le prolongement.
c, Cellule bipolaire de bâtonnet.
d, Cellule bipolaire de cône.
e, Cellule ganglionnaire.
F, Fibre centrifuge du n. optique.
g, Spongioblastes.
h, Terminaison libre d'une fibre venue d'une cellule ganglionnaire.
i, Cellule nerveuse recevant par ses dendrites les influx apportés par les fibres optiques.
r, Cellule nerveuse donnant naissance à une fibre centrifuge du n. optique.

dans les glomérules pour s'y ramifier, ou bien se terminent au niveau des
grains lesquels envoient aux glomérules leur prolongement descendant.

Les fibres centrifuges se comportent donc ici absolument comme dans
la rétine; ici encore elles peuvent agir, directement ou indirectement (par
les grains), grâce aux propriétés amiboïdes des dendrites, sur l'intimité du
contact de deux neurones: MANOUÉLIAN leur donna le nom de *nervi nervorum*,
en considération de l'action qu'elles exercent sur les éléments nerveux en
facilitant ou en entravant le passage de l'excitation périphérique par l'allongement ou le raccourcissement des dendrites.

Il me semble que les fibres centrifuges peuvent encore avoir une autre
influence sur la conduction centripète dans les appareils sensoriels. Grâce

aux excitations centrifuges qu'elles apportent des centres nerveux, elles peuvent, par une décharge d'énergie sur les neurones de deuxième ordre, annuler la différence de tension qui existe entre ceux-ci et les premiers au moment du passage de l'excitation et ainsi l'enrayer ou l'affaiblir : tout état d'excitation des centres due à une action périphérique peut, après avoir atteint un certain degré de tension, devenir l'origine d'un courant centrifuge récurrent qui est conduit par les nervi nervorum ; ce courant, avons-nous vu, est capable, grâce à un certain mécanisme, d'entraver ou d'enrayer l'impulsion périphérique. D'après ce double point de vue, on peut considérer les fibres centrifuges comme une sorte de régulateur de l'excitation nerveuse, d'appareil protecteur destiné à sauvegarder les centres de toute impression dont l'acuité dépasse certaines limites. On s'explique ainsi les suspensions d'excitation que l'on observe si fréquemment dans la conduction sensitive ou sensorielle. Comme il n'est pas douteux que les nervi nervorum existent aussi dans les centres, la même interprétation peut être étendue aux processus psychiques d'inhibition liés à l'attention, aux phénomènes que l'on qualifie de volontaires, etc.

Je crois avoir effleuré les points les plus importants de ce sujet : malgré l'intérêt qu'il présente, le cadre de ce chapitre ne me permet pas de m'y étendre davantage.

Spécificité fonctionnelle des éléments nerveux. — Tous les éléments du système nerveux doivent être considérés comme possédant les mêmes propriétés essentielles. Dans l'écorce cérébrale elle-même, théâtre d'activités si différentes, on ne peut, malgré l'examen le plus attentif, déceler aucune différence de structure qui explique suffisamment les différences de fonction : seule, l'orientation des neurites des voies de conduction par rapport à l'écorce cérébrale, par le fait qu'elle indique la direction du courant, constitue un élément de distinction.

Aucune autre différence ne peut être constatée, aucune en particulier que l'on puisse superposer aux différences qualitatives des phénomènes psychiques. Partout, dans la moelle comme dans les ganglions de la base, dans le cervelet comme dans l'écorce cérébrale, les neurites montrent les mêmes propriétés caractéristiques, les dendrites ont un développement plus ou moins riche ; partout, en un mot, les éléments nerveux, quoique revêtus d'uniformes différents, sont semblablement armés pour la réception et la conduction de l'influx nerveux.

Mais si, en dépit de cela, les impressions reçues diffèrent qualitativement les unes des autres, c'est donc que les appareils périphériques destinés à recevoir ces impressions doivent en être rendus responsables. Les nerfs sensoriels sont soumis, on le sait, non pas directement, mais par l'intermédiaire de surfaces épithéliales d'une configuration spéciale, aux influences des excitations extérieures.

Ces appareils constituent d'abord des organes de protection des extrémités nerveuses auxquelles ils transmettent l'excitation venue du dehors. Il est probable qu'ils possèdent encore d'autres rôles, étant données surtout la complexité et les différences de leur structure, ainsi qu'en vue des obligations qui leur sont créées, de par la multiplicité et les variétés qualitatives des impressions extérieures. Pour qu'une excitation extérieure soit reçue par des terminaisons nerveuses périphériques, c'est-à-dire pour qu'un processus extérieur purement physique puisse donner lieu au développement d'un processus physiologique, l'excitation nerveuse, il est nécessaire que le premier revête une forme propre à mettre une fibre nerveuse en état d'excitation. Des terminaisons nerveuses nues ne peuvent pas être excitées par des ondes sonores d'une façon spécifique. Mais dès qu'une de celles-ci, grâce à l'intermédiaire de l'endolymphe, met en vibration les cils des cellules ciliées, le mouvement oscillatoire de ces derniers suffit pour exciter la terminaison de la fibre du nerf auditif. Les vibrations de l'éther lumineux ne sont pas en elles-mêmes un excitant pour les terminaisons nerveuses de la rétine et n'acquièrent cette propriété que par leur action sur les cônes et les bâtonnets et les modifications qu'elles font subir au pourpre rétinien. Les appareils épithéliaux périphériques produisent donc dans l'excitation extérieure les modifications qui la rendent capable d'exciter une fibre nerveuse.

L'onde nerveuse elle-même offre, dans chacun des organes des sens, des caractères spécifiques en rapport avec la structure de l'appareil épithélial et la disposition des extrémités nerveuses. Si nous nous la représentons comme d'origine mécanique dans les appareils auditif et tactile, il faut bien admettre que pour les organes du goût et de l'odorat elle est de nature chimique, peut être à la fois mécanique et chimique par suite du ratatinement ou du gonflement des extrémités des cellules que produit le corps en solution, mais elle n'est sûrement pas uniquement mécanique. L'excitation adéquate aux différents organes des sens est ainsi ou mécanique, ou surtout chimique, ou les deux à la fois ; d'ailleurs, mécanique ou chimique, elle revêt différentes formes, suivant les particularités de l'appareil sensoriel. Si dans l'organe auditif elle consiste en une vibration des cils des cellules, pour le tact elle consiste en une pression sur la surface de la peau se transmettant aux corpuscules du tact, en tractions sur un bulbe pileux avec irritation consécutive des terminaisons nerveuses qui l'entourent, leur compression uniforme et leur gonflement sous l'influence de la chaleur, etc. L'excitation chimique montre des différences semblables ; l'action d'un acide sur les bourgeons du goût sera naturellement différente de celle d'un sel ; l'excitation qui en résulte pour les terminaisons nerveuses ne pourra être la même.

Si donc il existe dans les organes des sens, de par leurs appareils épithéliaux spéciaux et la disposition de leurs éléments nerveux, certaines particularités anatomiques déterminantes, et conformément auxquelles les diverses influences extérieures produisent des réactions nerveuses différentes, il reste encore à se demander si le mode de réaction peut présenter des caractères dépendant de ceux de l'excitation. On peut répondre affirmativement, car autrement la multiplicité des qualités de nos sensations demeurerait inexplicable ; mais, comment un phénomène physiologique se développant à la périphérie sous l'influence d'excitations extérieures peut, dans l'organe central, donner naissance à un noumène, cela est au delà des limites de notre entendement. Nous avons vu que la source des processus psychiques, le primum movens de leur développement, consiste en la réception de l'excitation extérieure par un des organes des sens et en l'apparition dans ce dernier d'une excitation qui se transmet sous forme de courant nerveux à l'appareil central. Ainsi les différences qualitatives des impressions sensorielles se trouvent sous la dépendance directe des particularités offertes par les excitations périphériques qui arrivent aux terminaisons centrales.

C'est ici le lieu de rappeler plusieurs faits qui portent à attribuer une origine centrale aux différences des impressions sensorielles. Quelle que soit l'excitation qui agisse sur eux, les nerfs des organes des sens réagissent toujours en transmettant au centre cortical correspondant l'impression spécifique qui leur est habituelle : une irritation électrique ou mécanique du nerf optique produira toujours une sensation lumineuse ; une excitation du nerf auditif, une sensation acoustique. Il semble plus simple, d'après cela, d'admettre qu'il existe pour chaque nerf sensoriel des modifications moléculaires qui lui sont propres. Ces changements sont le résultat de l'intervention continuelle d'excitations tout à fait déterminées ; ils sont dus également à la faculté qui en résulte pour le nerf, et pour les cellules de l'organe central qui sont en rapport avec lui, de ne répondre aux excitations extérieures que d'une manière déterminée, ou, en d'autres termes, de ne laisser passer que les courants qui lui arrivent dans les conditions habituelles à l'organe sensoriel périphérique.

S'il m'est maintenant permis d'exprimer mon opinion personnelle, je dirai que les différences qualitatives des impressions sensorielles ne reposent pas sur les différences, d'ailleurs peu importantes, que l'on peut relever dans la structure des centres corticaux, mais dépendent uniquement des différences des dispositifs périphériques et du caractère des excitations qui y naissent ou, autrement dit, du courant nerveux qui en résulte.

Quant à la *conduction centrifuge*, on ne pourrait peut-être pas y retrouver les caractères essentiels des excitations qu'elle transmet, puisque celles-ci proviennent toujours de la même source, c'est-à-dire du névraxe. On ne peut douter, par contre, que, une fois arrivées à la périphérie, ces excitations n'agissent toujours et partout suivant les relations réciproques qui unissent l'extrémité des fibres centrifuges aux éléments des tissus (muscles, glandes, etc.), c'est-à-dire que leur action ne soit dirigée dans le sens indiqué par la structure de ces derniers : ici encore l'effet extérieur de l'activité centrale est en rapport avec les connexions périphériques de la fibre nerveuse.

[L'obscurité qui enveloppe encore la question de la cause de la spécificité des sensations paraît pouvoir être attribuée en général à la difficulté que l'on éprouve à faire le départ de ce qui est dû à l'excitation actuelle et de ce qu'il faut attribuer aux excitations antérieures : le rôle de celles-ci est probablement le principal déterminant. Il est un principe maintenant devenu familier, c'est que tout fait de connaissance repose sur des processus d'association, et que plus ceux-ci sont nombreux, plus la connaissance est adéquate à la réalité : rien n'empêche de supposer qu'une excitation lumineuse ou acoustique tombant sur une terminaison nerveuse cutanée, par exemple, n'excite pas cette terminaison et ne soit, par elle, conduite aux centres : mais là, elle s'épuise avant de rencontrer des résidus de même nature auxquels elle puisse s'associer avec fruit au point de vue de sa perception.

La section du nerf optique provoque un phosphène : cela prouve d'une façon évidente que les modifications imprimées par l'organe sensoriel à l'impression périphérique ne sont pas nécessaires à la transmission par le nerf sensoriel. Le nerf acoustique, sectionné, peut, d'après EWALD, être excité par des ondes sonores : les centres sensoriels corticaux répondent donc par la sensation qui leur est propre à toute excitation, et les organes périphériques paraissent n'avoir d'autre fonction que celle de trier les excitations extérieures pour les envoyer directement au centre correspondant.

Là se trouvent les résidus laissés par les excitations antérieures, résidus qui sont mis en branle par tout nouvel arrivant, et dont le réveil simultané provoque une simple sensation, ou une véritable perception, suivant le nombre et la variété des associations produites. Admettre la spécificité d'une fibre ou de sa terminaison, c'est admettre une fonction préformée : en dehors de la structure anatomique il n'y a qu'une chose de préformée, de préexistant à chaque excitation venue de la périphérie : c'est le souvenir laissé par les excitations antérieures. Ces traces existent naturellement dans les fibres nerveuses comme dans les centres, mais c'est dans ces derniers seuls qu'elles acquièrent une importance fonctionnelle, car c'est là seulement qu'elles peuvent s'additionner et s'intégrer, et rien ne permet d'avancer que, dans l'épaisseur de la fibre nerveuse, leur action puisse aller jusqu'à une différenciation définitive.]

BIBLIOGRAPHIE. — **Conditions statiques de la conduction nerveuse.** — La plupart des mémoires se rapportant à cette question ont été déjà cités dans la première partie, à l'occasion des relations des cellules nerveuses entre elles et avec les fibres, p. 15. Voici quelques indications complémentaires touchant la structure et les connexions des cellules et de leurs prolongements.

APATHY : « Remarques sur l'exposé fait par Garbowsky de ma doctrine des éléments nerveux conducteurs », *Biol. Centralbl.*, 1898, vol. XVIII. — BARBACCI : « La cellule nerveuse au point de vue anatomique, physiologique et pathologique, d'après les derniers travaux », *Centralbl. f. allgemeine Pathologie u. pathol. Anat.* (Ziegler-Kahlden, Iéna), 15 octobre 1899, p. 757 à 823 et sq. (Ce travail contient une bibliographie de 418 numéros de mémoires). — BETHE : « Les éléments anatomiques du système nerveux et leur rôle physiologique », *Biol. Centralbl.*, vol. XVIII, p. 843 ; — « Le système nerveux central du carcinus maenas ; recherches anatomo-physiologiques », *Arch. f. mikr. Anat. u. Ent.*, vol. L, 1897, p. 446 à 547 ; vol. LI, 1898, p. 382 à 452 ; — GOLGI : Le réseau nerveux diffus des organes centraux du système nerveux, *Arch. Ital. de Biol.*, 1891 ; — Sur la structure des cellules nerveuses de la moelle épinière, *Vol. jubilaire du Cinquantenaire de la Soc. de Biologie*, 1899, p. 507. — HOLMGREN : « Sur les ganglions spinaux du Lophius piscatorius », *Anat. Hefte*, 1899, n° 38. — HUGUENIN : « Sur la théorie des neurones », *Correspondenzbl. f. schw. Aerzte*, 1892. — JENSEN : « Sur les différences physiologiques individuelles entre cellules de même espèce », *Pfluger's Arch.*, vol. LXII, 1895, p. 172. — LUGARO : « Sur les modifications morphologiques et fonctionnelles des dendrites des cellules nerveuses », *Riv. di patol. nerv. et ment.*, vol. III, fasc. 8, p. 337, 359, 1898, et *Rev. Neurol.* 1898, p. 884 ; — Connexions entre les éléments nerveux de l'écorce cérébelleuse et considérations sur la signification physiologique des rapports entre les éléments nerveux, *Arch. Ital. de Biol.*, vol. XXIII, p. 86. — MARTINOTTI : « Sur quelques particularités de structure des cellules nerveuses », *Ann. di freniatria e sc. affini*, 1899. — MORAT : Ganglions et centres nerveux, *Arch. de Physiol.*, 1895, p. 200. — NANSEN : « Structure et combinaison des éléments histologiques du système nerveux central », Bergen, 1897. — PRENANT : Les théories du système nerveux, *Rev. gén. des Sciences*, 15 et 30 janvier 1900. — RENAUT : Sur les cellules nerveuses multipolaires et la théorie du neurone de Waldeyer, *Acad. de méd.*, XXXIII, p. 207, et *Bulletin Médical*, IX, p. 193, 1895. — SEMI-MEYER : « Sur un mode d'union spécial des neurones », *Arch. f. mikr. Anat.*, 1896. — SICARD : Neurone et réseaux nerveux ; conceptions actuelles, *Presse Médicale*, 1900, n° 28. — SOURY : Histoire des doctrines contemporaines de l'histologie du système nerveux central ; théorie des neurones, *Arch. de Neurol.*, février 1897. — STEFANOWSKA : *Les appareils terminaux des dendrites cérébraux*, Bruxelles, 1897. — Sur le mode d'articulation entre les neurones cérébraux, *Soc. de Biol.*, 1897. — WALDEYER : « Les nouvelles idées sur la structure et la nature de la cellule (nerveuse) », *Deut. med. Woch.*, vol. XXI, 1895.

Conditions dynamiques de la conduction nerveuse. — Voir la bibliographie de la Ire partie, p. 15 et 26. — L'énumération ci-dessous vise principalement les modifications des cellules et des fibres nerveuses ou les chapitres de leur physiologie qui ont rapport à leur rôle de conduction ; elle laisse de côté les détails de cytologie pure ou les modification sans rapport connu avec le rôle de conduction : changements dus à la fatigue, etc. étudiés par MANN, LUGARO etc., action des réactifs, etc.). — AZOULAY, Psychologie et texture du système nerveux, *Année Pyschologique*, IIe année, 1895, Paris, 1896, p. 255. — BECHTEREW : « La doctrine des neurones et la théorie de la décharge », *Rev. Neurol. Centralbl.*, 1894. — BOMBARDA : Les neurones, l'hypnose et l'inhibition, *Rev. Neurol.*, 1897. — BOWDITCH : « Note sur la nature de la force nerveuse », *Journ. of* *physiol.*, vol. VI, 1885. — Broadbent : « Essai théorique sur la nature et le mode d'action de la force nerveuse », *Brain*, 1895, et *Arch. de Neurol.*, 1896, t. I, p. 399. — Cajal : « Quelques hypothèses sur le mécanisme anatomique des associations d'idées et de l'attention », *Revist. de med. y cir. pract.* Madrid, 1895 et *Arch. f. Anat. u. Entw.* 1895, p. 367. — Charpentier : La longueur de nerf parcourue par un courant influe-t-elle sur le degré de l'excitation ? *Soc. de Biol.*, 1895, p. 329. — Dallemagne : De l'intervention des cellules névrogliques dans les phénomènes psychologiques, *Journ. de Méd. de Bruxelles*, 23 juillet 1896. — Demoor : La plasticité des neurones et le mécanisme du sommeil, *Soc. d'Anthrop. de Bruxelles*, 27 avril 1896. — Plasticité morphologique des neurones cérébraux, *Arch. de Biol.*, t. XIV, 1896. — Deyber : *État actuel de la question de l'amiboïsme*, thèse de Paris 1898, résum. in *Rev. Neurol.*, 30 juin 1898. — Duval : Hypothèses sur la physiologie des centres nerveux ; théorie histologique du sommeil, *Soc. de Biologie*, 1895, p. 74. — L'amiboïsme des cellules nerveuses, *Rev. Scientif.*, 1898. — Edes : « Sur le mode de progression de l'influx nerveux dans les fibres myéliniques », *Journ. of Phys.*, vol. XIII, 1892. — Errera : *Sur le mécanisme du sommeil*, Bruxelles, 1895, Hayez. — v. Gehuchten : Conduction cellulipète ou axipète, *Bibl. Anat.*, 1899. — Havet : L'état moniliforme des neurones chez les invertébrés avec quelques remarques sur les vertébrés, *La Cellule*, 1899, t. XVI, p. 37 à 46. — Koelliker : « Critique des hypothèses de Rabl Ruckardt et Lépine sur les mouvements amiboïdes des prolongements des cellules nerveuses », *Sitzb. der Würzburger phys. med. Gesells.*, mars 1895. — Lambert : *Résistance des nerfs à la fatigue*, thèse de Nancy, 1894. — Lépine : Un cas d'hystérie à forme particulière, *Rev. de Méd.*, août 1894 et *Soc. de Biol.*, 15 février 1895. — Levy Dorn : « Contr. au polymorphisme des réactions de divers nerfs ou de leurs terminaisons à l'égard d'une même excitation », *Centralbl. f. Nervenh.*, vol. XVII, 1894. — Manouélian : Contr. à l'étude du bulbe olfactif ; hypothèse des nervi nervorum, *Soc. de Biologie*, 1898. — Mislawsky : Sur le rôle physiologique des dendrites (rech. galvanométriques), *Soc. de Biologie*, 29 juin 1895, p. 488. — Morat : Sur le pouvoir transformateur des cellules nerveuses à l'égard des excitations, *Arch. de Phys.*, 1898, p. 778 à 788. — Odier : Recherche expérimentale sur les mouvements de la cellule nerveuse de la moelle épinière, *Rev. Méd. de la Suisse romande*, février et mars 1898. — Pugnat : Des modifications histologiques de la cellule nerveuse dans les divers états fonctionnels, *Bibliographie Anat.*, 1898. — De l'importance fonctionnelle du corps cellulaire du neurone, *Rev. Neurol.*, 1898. — Pupin : *Le neurone et les hypothèses histologiques sur son mode de fonctionnement*. Théorie histologique du sommeil, thèse de Paris 1896. — La théorie histologique du sommeil, *Rev. de l'Hypnot. et de Psych. phys.*, 1896. — Rabl-Ruckardt : « Les cellules ganglionnaires sont-elles amiboïdes ? Hypothèse sur le mécanisme des processus psychiques », *Neurol. Centralbl.*, 1890. — Regnault : « Les récentes découvertes sur les cellules psychiques », *Rev. Encycloped.*, vol. V. — Renaut : Contribution à l'étude de la constitution, de l'articulation et de la conjugaison des neurones, *Presse Méd.*, 1895, p. 297. — Richet : La vibration nerveuse, *Rev. Scientif.*, 23 déc. 1899. — H. Schwarz : « *Le bouleversement des hypothèses de la perception par la théorie mécanique, avec considérations sur les limites de la psychologie physiologique* », Leipzig, Duncker et Humblot, 1895. — Soukhanoff : La théorie des neurones en rapport avec l'explication de quelques états psychiques normaux et pathologiques, *Arch. de Neurol.*, mai 1897, p. 337. — Contr. à l'étude des modifications que subissent les prolongements dendritiques des cellules nerveuses sous l'influence des narcotiques, *La Cellule*, 1898. — *Sur l'état moniliforme des dendrites des cellules de l'écorce cérébrale*, thèse de. Moscou, 1899, résumé in *Rev. Neurol.*, 30 août 1899, p. 731. — Soury : L'amiboïsme des cellules nerveuses, théories de Cajal, Rabl-Ruckardt, etc., *Rev. Gén. des Sciences*, 15 mai 1898 et *Le système nerveux central*, Paris 1899 (Carré et Naud). — Westphal : « Conditions de l'excitabilité électrique du système nerveux périphérique de l'homme dans le jeune âge, et ses rapports avec la structure anatomique », *Arch. f. Psych.*, vol. XXVI, résumé in *Arch. de Neurol.*, 1895, p. 135, t. II.

CHAPITRE II

TRAJET RÉSUMÉ DES PRINCIPALES VOIES DU SYSTÈME NERVEUX CENTRAL

Ce sont les cellules nerveuses et leurs prolongements qui constituent les voies de conduction de toute l'étendue du système nerveux central. D'après leur direction, ces voies se répartissent, pour la plupart, en *ascendantes* et *descendantes*. Cette division correspond tout d'abord à leur structure anatomique ; elle a en outre l'avantage de tenir compte du principe physiologique de la conduction *centripète* ou *centrifuge*. Dans plusieurs cas le terme de voie ascendante ne doit être compris qu'avec certaines restrictions, car les voies sensorielles contiennent un certain nombre de fibres descendantes et ne sont ainsi ascendantes que prises dans leur ensemble.

Il existe un grand nombre de faisceaux dont la fonction n'est pas de réunir la périphérie aux centres nerveux, mais plutôt de réunir entre elles différentes voies de conduction ; celles-ci du reste ne sont pas ininterrompues de la périphérie aux centres ou inversement ; au contraire, à certaines distances, elles abandonnent des collatérales aux noyaux gris, ou bien s'interrompent directement par l'interposition de nouveaux noyaux, lesquels, de leur côté, sont unis à des masses grises éloignées par des voies aberrantes : ce sont les systèmes de *conduction collatérale*, les embranchements, en quelque sorte, des lignes principales.

Un certain nombre de systèmes, enfin, ne peuvent être comptés ni dans les voies ascendantes, ni dans les voies descendantes, car ils sont formés de fibres qui ont les deux directions. Ils servent à relier les centres affectés à une même fonction et méritent la dénomination de *voies d'association*.

ARTICLE I. — VOIES ASCENDANTES.

Parmi les voies ascendantes qui vont de la périphérie à l'écorce, les plus importantes sont les suivantes, en ne tenant pas compte des embranchements formés par les collatérales nées des voies principales.

Racines postérieures. — *A.* Cordons de Burdach et de Goll, noyaux de ces cordons, entre-croisement bulbaire supérieur ou sensitif, ruban principal, thalamus, radiations thalamiques allant aux circonvolutions centrales et aux circonvolutions voisines; peut-être quelques fibres du ruban vont-elles directement des noyaux des cordons postérieurs à l'écorce cérébrale (*fig. 400*).

Cette voie émet des embranchements pour la s. grise de la moelle, le cervelet (fibres provenant du cordon et du noyau de Goll), pour quelques noyaux de la formation réticulée et pour les tubercules quadrijumeaux, le corps parabigéminé et la substance noire.

B. Cordon de Burdach, s. grise des cornes postérieures de la moelle et les fibres qui en partent pour aller dans le cordon de Burdach, noyau bulbaire de ce cordon, décussation sensitive, portion latérale du ruban principal, globus pallidus, voie allant de ce noyau à l'écorce des circonvolutions centrales et de certains territoires du lobe pariétal ; embranchements pour la s. grise de la moelle, le cervelet (partant du noyau de Burdach), les noyaux de la Réticulée, la substance noire, le quadrijumeau antérieur, le corps parabigéminé.

C. S. grise de la moelle, fibres ascendantes des deux Fondamentaux antéro-latéraux mais de celui surtout du côté opposé, continuation dans la Réticulée et en partie dans le ruban, interruption dans les ganglions de la base (thalamus); circonvolutions centrales et territoires limitrophes situées en avant et en arrière.

D. S. grise de la moelle (colonne de Clarke), faisceau cérébelleux direct, écorce du vermis supérieur du cervelet.

E. S. grise de la moelle, f. antéro-latéral; écorce de la partie antérieure du vermis inférieur et des hémisphères cérébelleux.

F. Voies passant par les olives inférieures et les pédoncules cérébelleux inférieurs pour se rendre au cervelet (1).

(1) Une partie de la voie cérébello-olivaire paraît être, non pas ascendante, mais descendante.

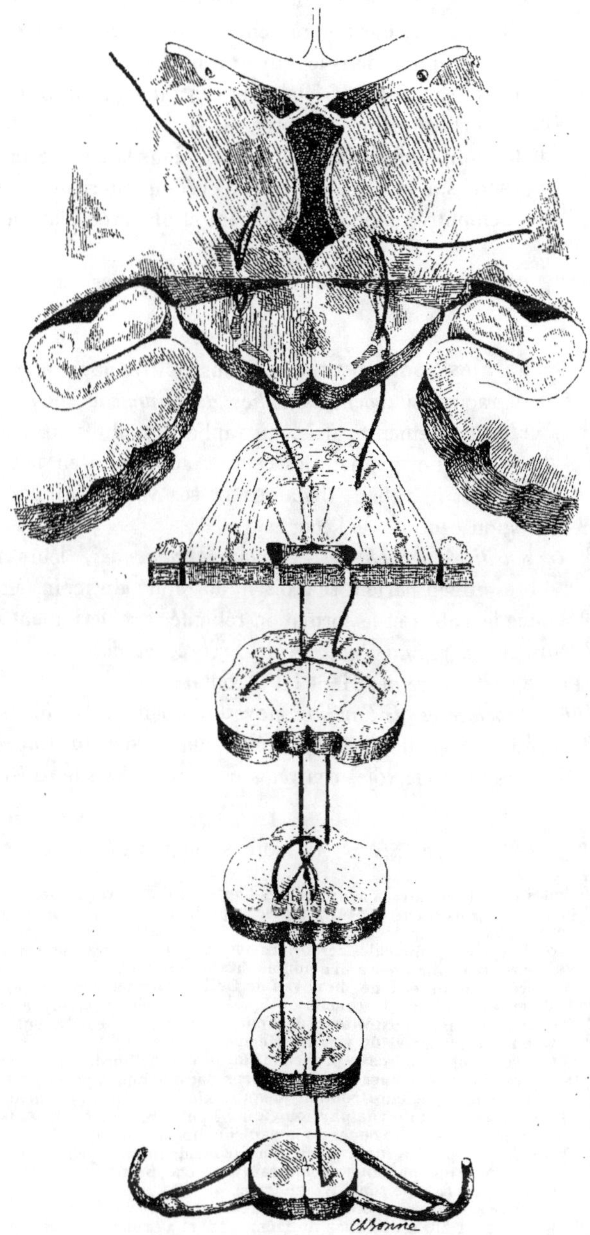

Les voies centrales (ultérieures) des systèmes D, E, F passent par le pédoncule cérébelleux supérieur ; après entre-croisement au-dessous des quadrijumeaux et interruption dans le noyau rouge et la couche optique, elles gagnent les circonvolutions pariétales et centrales. Leur origine doit aussi être cherchée dans les racines postérieures.

G. F. médial ou profond du cordon latéral, dans la couche limitante.

H. Faisceau situé sur le bord interne du cordon antérieur, à dégéné-ration ascendante démontrée expérimentalement et observée également chez l'homme.

Les voies centrales de ces deux derniers systèmes passent par la formation réticulée.

Voies cérébrales ascendantes. — Sous ce titre nous rangeons :

1° La grosse racine ou *racine sensitive du trijumeau;* noyaux situés dans le bulbe, entre-croisement partiel au raphé des fibres de conduction centrale nées de ce noyau et gagnant les centres supérieurs en passant par la formation réticulée et le ruban, thalamus et ses voies centrales; partie inférieure de la région centrale de l'écorce.

2° *Fibres sensitives des IXe et X^e paires craniennes,* leurs noyaux bulbaires : les fibres qui en partent se croisent au raphé, du moins en partie, se continuent dans le ruban et la formation réticulée, se terminent dans la partie inférieure de la région centrale de l'écorce et dans son voisinage immédiat (partie postérieure des IIe et IIIe Frontales).

3° *Branche cochléaire de l'auditif,* noyau bulbaire : les fibres qui y naissent se croisent partiellement au raphé, au-dessus du trapèze et à l'intérieur même de celui-ci; voies centrales comprises dans le ruban latéral

Fig. 400. — SCHÉMA DE LA VOIE SENSITIVE GÉNÉRALE.

[Des rondelles ont été prélevées à différentes hauteurs du névraxe (moelle lombaire, moelle cervicale, entre-croisement sensitif, partie supérieure de l'olive bulbaire, partie moyenne de la protubérance et du pédoncule cérébelleux moyen); le cerveau a été sectionné par une coupe frontale et les pédoncules cérébraux ont été détachés presque complètement par une section horizontale combinée à une double section oblique.

On voit d'un côté un faisceau né du noyau de Goll et l'on peut le suivre, à travers l'entre-croisement sensitif, jusqu'à la couche optique (noyau médian et noyau ventral); il occupe successivement la partie postérieure de l'entre-croisement sensitif puis la partie interne de la couche interolivaire et du ruban principal.

De l'autre côté, on voit un faisceau provenant du noyau de Burdach. Arrivé vers les quadrijumeaux, il abandonne quelques fibres au corps parabigéminé, puis se rend dans le corps de Luys, d'où l'anse lenticulaire conduit jusqu'au globus pallidus du même côté les fibres qui le continuent au point de vue physiologique. Pour plus de simplicité, la commissure de Meynert, qui met les fibres venues du noyau cunéiforme en rapport avec le globus pallidus du côté opposé, n'a pas été représentée. Pour le même motif, la conduction sensitive centrovalaire n'a été figurée que par un seul faisceau, à gauche, partant de la couche optique (pour se rendre à l'écorce de la zone sensitivo-motrice).

Au niveau de la région olivaire, on voit le système de la racine spinale du trijumeau abandonner un fascicule de fibres au ruban du même côté et au ruban du côté opposé.]

et dans le bras conjonctif postérieur, noyaux du corps genouillé interne, voies allant du quadrijumeau postérieur et du c. genouillé interne, à l'écorce de la première et d'une partie de la deuxième Temporales. Les embranchements collatéraux de cette voie vont au noyau de l'abducens (partent de l'olive supérieure), au quadrijumeau antérieur et au thalamus.

4° *Branche vestibulaire de l'auditif*, noyau vestibulaire de Bechterew et noyau de Deiters, fibres de la portion interne du pédoncule cérébelleux inférieur, noyaux centraux du cervelet et écorce du vermis. Voie centrale : pédoncule cérébelleux supérieur qui s'entre-croise au-dessous de la lame quadrijumelle et par le noyau rouge et le thalamus gagne l'écorce des circonvolutions pariétales et centrales. Les embranchements de cette voie partent des noyaux de Deiters et de Bechterew, se dirigent en dedans pour aller, par la bandelette longitudinale postérieure, aux noyaux des nerfs moteurs de l'œil.

5° *Nerf optique*, entre-croisement partiel au chiasma, bandelette optique, interruption dans le c. genouillé latéral et le quadrijumeau antérieur ; de ces ganglions naissent des fibres qui se rendent à l'écorce du lobe occipital, surtout dans la région de la scissure calcarine et des parties voisines de la cinquième Temporale (gyrus lingual). En chemin, cette voie principale abandonne deux embranchements : l'un à la couche optique, l'autre aux noyaux du nerf moteur oculaire commun.

6° *Cellules olfactives*, filets olfactifs ; écorce grise du bulbe olfactif, racine externe du pédoncule olfactif ; écorce de l'uncus du lobe temporal et corne d'Ammon. Un embranchement va à la substance grise du tractus olfactif et de là à la commissure antérieure et aux ganglions de la base (thalamus).

ARTICLE II. — VOIES DESCENDANTES.

1° La *voie pyramidale* naît dans les circonvolutions centrales et les parties postérieures des circonvolutions frontales, s'engage dans le bras postérieur de la capsule interne, subit un croisement partiel dans le bulbe ; F. Py. C. et F. Py. D. dans la moelle, cellules radiculaires des cornes antérieures, racines antérieures (*fig. 401*).

Parmi les faisceaux de cette voie, plusieurs vont au noyau du nerf accessoire et gagnent la périphérie par les racines de ce dernier ; une autre

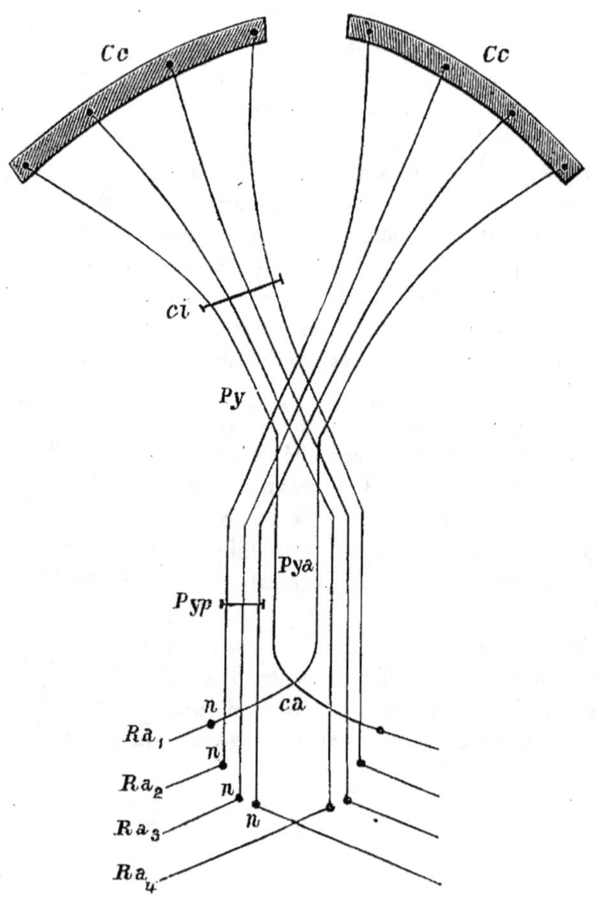

Fig. 401. — DISPOSITION GÉNÉRALE DES VOIES PYRAMIDALES CROISÉES.

(La voie pyramidale en relations avec les nerfs craniens n'est pas représentée dans ce schéma.)

ca, Commissure antérieure de la moelle.
cc, Écorce.
ci, Capsule interne.
n, Cellules motrices de la corne antérieure.
py, Décussation des pyramides bulbaires.
pya, Faisceau pyramidal du cordon antérieur.
pyp, F. pyramidal du cordon latéral.
Ra, Racines antérieures des nerfs rachidiens.

[Une des cellules radiculaires antérieures envoie son axône dans la moitié opposée de l'axe gris, à travers la commissure antérieure : contrairement à l'opinion de LENHOSSEK, et ainsi que nous l'avons vu page 170, quelques cylindraxes des racines antérieures proviennent en effet des cellules multipolaires du côté opposé.]

portion, moins importante, va, dans la calotte protubérantielle, aux noyaux des nerfs craniens moteurs. Enfin, des collatérales des fibres pyramidales vont à la substance noire, aux ganglions du pont et à la substance grise des cornes antérieures de la moelle.

2° Le *ruban accessoire* provient de l'écorce de la partie inférieure des circonvolutions centrales, et, en partie, de la région postérieure des circonvolutions frontales, centre des nerfs craniens moteurs; partie postérieure de la capsule interne, entre-croisement au raphé, noyaux et nerfs moteurs du tronc cérébral (hypoglosse, vague, branche supérieure du facial, etc.).

Cette voie comprend plusieurs systèmes correspondant chacun à une paire cranienne.

3° *Voie fronto-protubérantielle*, née dans l'écorce du lobe frontal, avant-bras de la capsule interne, s. grise pontique, fibres que celle-ci envoie au cervelet par le pédoncule cérébelleux moyen;

4° *Voie temporo-occipito=protubérantielle*; écorce de ces deux lobes, partie la plus postérieure de la capsule interne, noyaux du pont dont les fibres ascendantes s'engagent ensuite dans le pédoncule cérébelleux moyen.

Ces deux derniers systèmes (3 et 4) trouvent leur continuation dans les fibres descendantes des pédoncules cérébelleux inférieur et moyen.

5° *Portion dorsale de la commissure cérébrale postérieure*, naît dans les circonvolutions du lobe temporal et dans les régions distales du cortex; entre-croisement au-devant et dans l'intervalle des quadrijumeaux antérieurs, fibres de la formation réticulée, cordons antéro-latéraux de la moelle.

6° *Fibres provenant de l'écorce de la corne d'Ammon*, du *subiculum* et du *gyrus du corps calleux*, se continuent dans le fornix et ses voies descendantes ultérieures.

7° *Voies corticales* allant au *faisceau sous-calleux*; noyau caudé et ses connexions avec le globus pallidus et d'autres formations plus profondes.

8° *Fibres cortico-ganglionnaires* (putamen du noyau lenticulaire); voies allant de ces ganglions au globus pallidus et au corps sous-thalamique, continuation ultérieure en direction descendante.

9° *Fibres* partant de l'écorce des parties postérieures du *lobe frontal* et de l'*opercule sylvien*, cheminent dans la portion interne du pied du pédoncule et se rendent à la *substance noire*, d'où elles se continuent en direction descendante.

10° *Champ olfactif* : A. Tænia et stratum zonale thalami; faisceau rétroflexe, continuation à travers le ganglion interpédonculaire jusqu'au ganglion dorsal de la calotte qui, par le faisceau dorsal longitudinal de Schütz, est en rapport avec les nerfs craniens moteurs.

B. Tænia thalami, continuation au delà du ganglion de l'habénula par le pédoncule de la glande pinéale, fibres ventrales de la commissure posté-rieure, noyau de cette commissure, voies descendantes du faisceau longitu-dinal dorsal.

Voies infra-corticales. — 1° *Fibres descendantes de la couronne rayonnante du thalamus;* après leur sortie de la couche optique ces fibres forment l'entre-croisement de Forel et descendent, en formant le faisceau aberrant, dans les cordons latéraux de la moelle; cellules des cornes anté-rieures, racines antérieures.

2° *Voie centrale de la calotte,* sort de l'hémisphère au niveau de la couche optique, gagne le bulbe, les olives inférieures, se continue par les faisceaux qui naissent des cellules de ces dernières.

3° *Fibres venant de la s. grise du quadrijumeau antérieur* et ses connexions cérébrales descendantes; entre-croisement en fontaine de Meynert, faisceau longitudinal postérieur et certaines fibres du champ interne de la formation réticulée; continuation dans les cordons antérieurs de la moelle, s. grise des cornes antérieures, racines rachidiennes antérieures.

ARTICLE III. — VOIES D'INTÉRÊT LOCAL.

Les fibres myéliniques qui parcourent toute l'étendue du névraxe ne représentent pas seulement des voies de grande communication mettant en rapport direct ou indirect l'écorce et la périphérie. Elles forment aussi des voies de moins grande longueur qui unissent cette dernière à certains centres réflexes dont les principaux sont la s. grise de la moelle, les noyaux de la Réticulée, les noyaux du pont, le cervelet, les quadrijumeaux, la s. noire et les couches optiques. Ces centres sont unis par des chemins réservés à l'écorce cérébrale : chacun d'eux possède donc des connexions centrifuges et centripètes dont nous allons passer en revue les plus importantes [en laissant de côté la s. grise de la moelle dont les systèmes réflexes (collatérales sensi-tivo-motrices des racines postérieures) ne méritent ici qu'une simple mention.]

Réticulée et noyaux du pont. — *Voies centripètes :* surtout les systèmes venus des noyaux des cordons postérieurs et les fibres ascendantes des cordons antéro-latéraux.

Voies centrifuges : fibres descendantes des cordons antéro-latéraux, à l'exclusion du faisceau aberrant et du faisceau antéro-marginal descendant.

Les voies centripètes et centrifuges des noyaux du pont sont représentées par les fibres du faisceau vertical, lequel chemine le long du raphé et se continue dans les voies longitudinales de la formation réticulée.

Cervelet. — *Voies centripètes* : faisceau cérébelleux latéral, faisceau antéro-latéral, fibres des cordons postérieurs et leur continuation bulbaire jusqu'au cervelet, une partie des fibres cérébello-olivaires, enfin les fibres vestibulo-cérébelleuses ascendantes qui sont situées dans le segment interne du pédoncule cérébelleux inférieur (1).

Voies centrifuges : faisceau antéro-marginal descendant, fibres du faisceau longitudinal postérieur (elles passent dans le cordon antérieur et quittent le cervelet par la portion interne du pédoncule inférieur, puis s'interrompent dans le noyau de Deiters), faisceau intermédiaire des cordons latéraux, une partie des fibres cérébello-olivaires, faisceau spinal du pédoncule cérébelleux moyen ainsi que les fibres de ce dernier qui passent dans la profondeur de la protubérance et pénètrent immédiatement dans la région de la calotte, enfin les fibres descendantes qui vont aux olives supérieures et probablement une partie des fibres du pédoncule cérébelleux inférieur qui vont aux noyaux du cordon latéral.

Quadrijumeaux et s. noire. — *Voies centripètes des quad. postérieurs* : ruban latéral, y compris les voies centrales de l'auditif.

Voies centrifuges : fibres qui descendent le long de la face externe de la calotte, en arrière de la couche du ruban, puis vont jusqu'au noyau réticulé de la calotte et, de là, aux noyaux de la protubérance.

Voies centripètes des quad. antérieurs : d'une part, le ruban latéral, d'autre part les systèmes du ruban principal qui sont constitués par les fibres ascendantes venues directement ou indirectement de la moelle.

Voies centrifuges : fibres qui forment l'entre-croisement en fontaine et descendent ensuite dans le cordon antérieur de la moelle.

Voies centripètes de la s. noire : collatérales des fibres du ruban et peut-être aussi d'autres fibres de la calotte.

Voies centrifuges, très mal connues ; ce sont probablement celles qui se rendent au pédoncule cérébral.

Couche optique. — *Voies centripètes* : 1° portion du ruban principal qui continue les systèmes ascendants de la moelle ; 2° quelques fibres

(1) Les fibres ascendantes qui vont au cervelet par son pédoncule moyen ne peuvent pas entrer en ligne de compte, car elles sont comprises dans les voies fronto- et occipito-protubérantielles.

ascendantes de la Réticulée ; 3° fibres de la bandelette optique qui passent dans le stratum zonal du thalamus ; 4° fibres ultranucléaires de la voie acoustique, apportées par le bras conjonctival postérieur ; 5° fibres venues du bulbe olfactif ; 6° fibres apportées directement ou indirectement par le pédoncule cérébelleux supérieur.

Voies centrifuges : la mieux connue est représentée par le faisceau aberrant qui, sous le quadrijumeau antérieur, forme l'entre-croisement ventral de Forel, puis s'engage dans le cordon latéral de la moelle.

Un grand nombre de fibres qui réunissent la Réticulée au thalamus sont aussi centrifuges par rapport à celui-ci ; il en serait de même du faisceau que j'ai décrit sous le nom de voie centrale de la calotte si ses relations avec la couche optique étaient démontrées.

Systèmes d'association. — On doit encore comprendre parmi les voies d'intérêt local les systèmes d'association et, sous ce dernier terme pris dans son sens le plus large, réunir les faisceaux suivants :

Dans la moelle : les fibres de la commissure postérieure. La commissure antérieure est au contraire occupée par des fibres croisées, tels les prolongements centraux (collatérales) des racines postérieures.

Dans le tronc cérébral : fibres réunissant d'un côté à l'autre les noyaux homonymes des nerfs craniens moteurs et sensitifs (fibres commissurales étendues entre les deux faisceaux solitaires, entre les deux noyaux antérieurs de la VIII° paire, celles-ci faisant partie du trapèze, etc.) ; fibres reliant les noyaux de nerfs craniens hétéronymes : bandelette longitudinale postérieure et faisceau dorsal de la s. grise de Schütz.

Dans le cervelet : fibres unissant les différents territoires de son écorce, grand entre-croisement antérieur du vermis, fibres en guirlande, pédoncule du flocculus, fibres unissant l'écorce à ses noyaux gris, etc.

Dans le cerveau : la commissure antérieure, y compris les fibres qui réunissent les deux nerfs olfactifs, le corps calleux, une partie du psaltérium, enfin, d'autre part, les faisceaux d'association qui sont situés dans le centre ovale ou dans l'écorce même.

ARTICLE IV. — RÉPARTITION DU CORTEX ENTRE SES VOIES DE CONDUCTION.

Nous avons vu que l'écorce cérébrale ne peut plus être considérée comme un organe homogène que les différentes voies centripètes et centrifuges se partageraient au hasard. On sait maintenant qu'elle représente un ensemble d'organes disposés en surface, les uns à côté des autres, et dont chacun possède une conduction dans les deux sens rigoureusement déterminée. Ces appareils différenciés sont désignés sous le nom de *zones sensitivo-motrices*.

Zone sensitivo-motrice tactile. — Cette zone est la plus importante comme étendue et comme attributions ; elle est en effet en rapport avec la peau, les muscles et les viscères : elle reçoit des députations de la face et de la cavité buccale, du tronc, des membres, des organes internes. Elle comprend les deux circonvolutions centrales, la partie postérieure des circonvolutions frontales et les territoires avoisinants de la face interne de l'hémisphère. Elle représente également la zone sensitivo-motrice des parties des organes sensoriels qui jouissent de la sensibilité musculaire et tactile : oreilles, face, langue, etc.

Voies centripètes : racines postérieures, nerf trijumeau et fibres sensitives de quelques autres nerfs craniens (vestibulaire, vague), pédoncule cérébelleux inférieur ; voies centrales de ces différents systèmes représentées par la portion centrale et postéro-latérale du thalamus et la couronne rayonnante de ce dernier, le corps sous-thalamique, le globus pallidus et ses fibres corticales, enfin par le pédoncule cérébelleux supérieur, le noyau rouge de la calotte et ses connexions corticales.

Voies centrifuges : 1° faisceau pyramidal dont les irradiations spinales vont aux cellules radiculaires des cornes antérieures ;

2° Voies centrales des nerfs craniens moteurs, contenues dans le faisceau pyramidal et dans les rubans accessoires ; système fronto-protubérantiel, couronne rayonnante du noyau caudé et du putamen, fibres qui vont de l'écorce à la substance noire, enfin une partie de la couronne rayonnante (pédoncules descendants) de la couche optique ; les nerfs craniens moteurs et certaines fibres des racines dorsales.

Au point de vue topographique cette zone est en rapport immédiat avec la zone gustative.

Zones sensori-motrices. — Ces zones sont le lieu de conservation des sensations envoyées par les organes du goût et de l'odorat, de l'ouïe et de la vue, et en même temps leur lieu de transformation en impulsions centrifuges :

Zone sensori-motrice de la gustation. — Elle semble correspondre, chez l'homme, à la région de l'opercule. Les *voies centripètes* ne sont autres que les fibres gustatives des Vᵉ et IXᵉ paires et leurs voies centrales comprises dans le ruban et la formation réticulée. Les *voies centrifuges* passent par le faisceau pyramidal et le ruban accessoire qui contient les fibres centrifuges des nerfs craniens, enfin les fibres motrices des nerfs facial, trijumeau, glosso-pharyngien, vague et hypoglosse.

Zone sensori-motrice de la vision. — Elle comprend, chez l'homme, l'écorce occipitale qui est située au-dessus et au-dessous de la scissure calcarine. Les *voies centripètes* sont le nerf et la bandelette optiques, les radiations optiques de Gratiolet qui relient à l'écorce les centres optiques primaires. Les *voies centrifuges* sont représentées par la portion occipitale du système temporo-occipito=protubérantiel, les fibres centrifuges de la voie optique, le pédoncule postérieur du thalamus et une partie des fibres de la commissure postérieure, puis la continuation de ces différents systèmes dans le tronc central et les nerfs qui en dépendent.

Zone sensori-motrice de l'audition. — Elle comprend surtout la première Temporale. Les *fibres centripètes* lui sont apportées par le nerf acoustique et sa voie centrale (stries acoustiques de Monakow) : corps trapézoïde, ruban latéral, bras conjonctival postérieur des quadrijumeaux et fibres allant du quadrijumeau postérieur et du corps genouillé interne à la première Temporale. Les *voies centrifuges* sont représentées par la portion temporale du système temporo-occipito=protubérantiel, une partie du pédoncule inferieur de la couche optique et des fibres de la portion dorsale de la commissure postérieure, puis les voies bulbaires et pontiques corres-pondantes.

Zone sensori-motrice de l'olfaction. — Gyrus piriforme et région ammonienne. Les *voies centripètes* sont constituées par les filets olfactifs, le bulbe, et le tractus olfactifs, la racine externe et les formations qui la continuent. Les *voies centrifuges* sont essentiellement formées des fibres du fornix et d'une partie de la couronne rayonnante du thalamus (faisceau allant de la corne d'Ammon au thalamus).

Zones d'association. — On sait que FLECHSIG a décrit dans l'écorce cérébrale des centres qui diffèrent de ceux que nous venons de passer en revue par ce fait qu'ils ne recevraient pas de fibres de la couronne rayonnante et par conséquent ne seraient pas reliés directement aux organes périphériques et, par eux, au monde extérieur, tandis qu'ils sont unis par des fibres d'association aux champs sensitivo- et sensori-moteurs. On a vu aussi que, contrairement à ce que cette description a de trop absolu, ces centres ne sont pas complètement isolés des formations sous-corticales, car, pour plusieurs des territoires qu'ils comprennent, l'existence de connexions sous-corticales a été rigoureusement démontrée : tel est le cas du gyrus angulaire. Cependant, les centres individualisés par FLECHSIG méritent d'être décrits séparément, car ils sont les témoins d'un développement phylogénétique tardif : on peut, d'autre part, d'après leurs fonctions, les considérer comme des territoires spécialement réservés aux processus psychiques proprement dits. FLECHSIG en distingua primitivement deux principaux :

1° *La zone postérieure :* elle comprend les circonvolutions pariétales, le précunéus, une partie des circonvolutions linguale et fusiforme, les portions antérieures ou externes des circonvolutions occipitales, les II° et III° Temporales et l'insula. Elle est surtout sous la dépendance des sphères voisines, visuelle, auditive et olfactive, et, accessoirement, de la sphère tactile sensitivo-motrice.

2° *La zone antérieure*, située dans la portion antérieure du lobe frontal : son développement est parallèle à celui de la sphère sensitivo-motrice.

Chez l'homme, d'après le même auteur, les centres d'association l'emportent en étendue sur les centres sensoriels : ils comprennent les deux tiers de la surface cérébrale, ceux-ci un tiers seulement.

Leur rôle consiste dans l'association fonctionnelle des champs corticaux sensitivo-moteurs et en certaines modifications imprimées aux excitations qui arrivent à ces derniers ; ainsi se comportent, d'une part, la zone d'association postérieure par rapport aux sphères visuelle, auditive et olfactive, et, d'autre part, la zone antérieure par rapport aux centres sensitivo-moteurs du corps.

La première travaille sur les excitations qui ont leur source dans le monde extérieur ; la seconde remanie les impressions qui forment la base de la conscience de notre propre corps et qui viennent de la peau, des muscles, des muqueuses et des organes internes. La représentation du moi et le sentiment de la personnalité dépendent donc de l'activité de la zone antérieure (FLECHSIG). C'est ainsi que chez l'homme les processus pathologiques agissant sur la zone antérieure ébranlent les fondements de la personnalité, tandis que les affections de la zone postérieure amènent des troubles de l'idéation, de l'orientation, des confusions de personnes et d'objets, ainsi que certains troubles du langage pathognomoniques de ces sortes d'affections (cécité et surdité verbales). Les deux zones, d'après les vues de FLECHSIG, sont donc en commerce immédiat l'une avec l'autre, soit par l'intermédiaire de la sphère tactile intercalée entre elles deux, soit par des voies directes d'association (faisceaux contenus dans le centre ovale). Ces derniers jouent vraisemblablement un rôle capital dans le dégagement des représentations qui s'accompagnent de l'illusion de volonté.

C'est sur de telles considérations que je veux terminer cette longue description basée sur les résultats des procédés d'investigation les plus différents, mais surtout sur la méthode embryologique imaginée par FLECHSIG. Parmi toutes les questions qui furent soulevées dans ces pages, un grand nombre ne purent pas être abordées par toutes leurs faces et méritent certainement les solutions plus compréhensives que leur apporteront les recherches futures.

Quant à la doctrine dont l'exposé termine cet ouvrage, on ne peut lui contester la valeur des brillantes hypothèses qui ont tracé les nouvelles voies du domaine si étendu de la psycho-physiologie moderne et fait germer sur ce terrain des fruits déjà si abondants.

FIN

INDEX BIBLIOGRAPHIQUE

Abadie : Un cas d'anarthrie capsulaire avec autopsie, *Rev. Neur.*, 1898, p. 471.

Achalme et Théoari : Contr. à l'étude de la dégénération descendante des cordons postérieurs dans un cas de myélite transverse, *Soc. de Biologie*, déc. 1898.

Acquisto : « Sur le trajet spinal des fibres radiculaires postérieures », *Monit. zool. Ital.*, 1899.

Acquisto et Pusateri : « Le centre cortical moteur du membre inférieur chez l'homme », *Giornale di patologia nervosa e mentale*, 1897.

Adamkiewicz : « Sur l'innervation normale des muscles ; son rôle dans l'équilibration des antagonistes », *Zeitsch. f. klin. Med.*, 1881.

— « Remarque sur la mémoire de Flechsig : Sur un nouveau principe de répartition de la surface du cerveau », *Neur. Centr.*, 1895, vol. XIV. (Le mémoire en question se trouve dans le même volume, p. 77.)

Afanassiew : « Sur la physiologie des pédoncules cérébraux », *Wien. med. Woch.*, 1870.

Ahlborn : « Sur le rôle et la signification de la glande pinéale », *Zeitsch. f. viss. Zool.*, vol. XL, 1884.

Alarina : Il neurone del ganglio ciliare e i centri dei movimenti pupillari, *Rivista di patol. nerv. e ment.*, III, 1898, p. 529.

Amabilino : « Sur les rapports du ganglion géniculé avec la corde du tympan et le facial », *Il Pisani*, résumé in *Riv. di patol. nerv. e ment.*, septembre 1898.

Amaldi : « Recherches sur la structure de la région pédonculaire », *Riv. sper. di fren.*, vol. XVIII, 1892.

Ambronn et Held : « Sur le développement et le rôle de la myéline », *Ber. d. math. phys. Kl. d. K. sæchs. Ges. d. Wiss.*, Leipzig, 4 février 1895.

— « Contributions à l'étude de la myéline. I. Sur le développement et le rôle de la myéline. II. Observations sur les fibres nerveuses fraîches et vivantes et la visibilité de leur double contour », *Arch. f. Anat. u. Phys., anat. Abth.*, 1896, p. 202 et 214.

ANTON : « Sur une affection congénitale du système nerveux central », *Wien. klin. Woch.*, 1890, t. XV.

— « Sur la dégénération du corps calleux dans le cerveau humain ». *Jahrb. f. Psych.*, 1895, vol. XIV.

— « L'absence de corps calleux ; son importance et sa signification pour le cerveau », *Wien. klin. Woch.*, 1896, p. 1031.

ANTONINI : « L'écorce cérébrale des mammifères domestiques », *Monit. zool. Ital.*, IIIe année, p. 224 et 243.

APATHY : « L'élément conducteur du système nerveux et ses rapports topographiques avec les cellules », *Mittheil. aus d. zool. Stat. zu Neapel*, vol. XII, p. 485, 1897.

— « Remarques sur l'exposé fait par Garbowsky de ma doctrine des éléments nerveux conducteurs », *Biol. Centralbl.*, 1898, vol. XVIII.

ARNDT : « Sur la pathologie du cervelet », *Arch. f. Psych.*, vol. XXVI.

ARNOLD : « Sur la structure et l'architecture des cellules », *Arch. f. mikr. Anat.*, vol. LII, p. 535, 1898.

ARNOLDI : « Deux cas d'atrophie partielle du cervelet », *Lab. dell' Inst. Psich. di Reggio*, 1895.

ATHIAS : *Recherches sur l'histogénèse du cervelet*, thèse de Paris 1897.

AUERBACH : « Sur l'anatomie des systèmes descendants de la moelle », *Anat. Anz.*, 1890, vol. VI.

— « Contr. à l'étude de la dég. ascendante de la moelle et sur l'anatomie du f. cérébelleux direct », *Virchow's Arch.*, vol. CXXIV, 1891.

— « Terminaisons nerveuses dans les organes centraux », *Neur. Central.*, vol. XVII, 1898, p. 445 et 734.

— « Sur la substance protoplasmique des cellules nerveuses et en particulier de celles des ganglions spinaux », *Monatsch. f. Psych. u Neur.*, vol. IV, p. 91, 1898.

AZOULAY : Anatomie de la corne d'Ammon, *Soc. Anat.*. 1894, LXIXe année, p. 38.

— Structure de la corne d'Ammon de l'enfant, *Soc. de Biol.*, série X. t. I, p. 212.

— Méthode de coloration de la myéline et de la graisse par l'acide osmique et le tannin, *Soc. de Biol.*, 1894, p. 630.

— Quelques particularités de la structure du cervelet chez l'enfant, *Soc. Anat.*, février et mars 1894.

— Psychologie histologique et texture du système nerveux, *Année Psychologique*, IIe année, 1895, p. 255 ; Paris, 1896.

BABES : Sur une nouvelle forme de terminaison nerveuse, les anses terminales, *Ann. de l'Inst. de path. et de bact.*, de Bucharest, 1898.

BABINSKI : Paraplégie flaccide par compression de la moelle, *Arch. de Méd. expérim.*, 1891.

Babinski : Sur une forme de paralysie spasmodique consécutive à une lésion organique et sans dégénérescence du système pyramidal, *Soc. Méd. des hôp.*, 24 mars 1899.

Bach : « Sur les paralysies des muscles de l'œil et les troubles des mouvements de la pupille », *Arch. f. Ophthalmologie*, 1898, p. 339.

— « Nouvelles recherches sur les noyaux des nerfs oculo-moteurs », *Von Graefe's Arch. f. Ophth.*, 1900, vol. XLIX, n° 2, p. 266 ; résumé in *Presse Médic.*, 7 juil. 1900.

Baginski : « Sur l'origine et le trajet central du nerf auditif du lapin », *Sitz. des K. Preuss. Akad. des Wiss.*, 25 février 1886.

— « Sphère auditive et mouvements de l'oreille », *Centralbl. f. Neurol.*, 1890, p. 458.

— « Sur le trajet de la racine postérieure de l'acoustique et sur les stries médullaires », *Arch. f. Psych. u. Nervenkr.*, 1891.

Ballet : *Recherches anatomiques et cliniques sur le faisceau sensitif et les troubles de la sensibilité dans les lésions du cerveau*, thèse de Paris, 1881.

Barbacci : « Contr. anatomique et expérimentale à l'étude des dég. secondaires de la moelle épinière, avec la méthode de Marchi et Algeri », *Lo Sperimentale*, 1891.

— « Sur les dég. secondaires consécutives à la section longitudinale de la moelle », *Beitr. z. path. Anat. (Ziegler)*, vol. XXIII.

— « Les systèmes secondaires à dég. descendante dans la moelle », *Centralbl. f. allg. Pathol. u. pathol. Anat.*, mai 1891.

— *Le deg. sistematiche secondarie ascendenti del midollo spinale*, *Riv. sperim. di fren. e med. leg.*, 1891.

— « La cellule nerveuse au point de vue anatomique, physiologique et pathologique, d'après les derniers travaux », *Centralbl. f. Allgemeine Pathologie et pathol. Anat.* (Ziegler-Kahlden, Iéna), 15 octobre 1899, p. 757 à 823 et sq. (Ce travail contient une bibliographie de 418 numéros de mémoires.)

Basilewski : « Dég. descendante récente consécutive à la section du pédoncule cérébelleux inférieur, examinée par la méthode de Marchi », *Clin. Neurol. de Pétersbourg*, 25 janvier 1896, et *Rev. Neurol.*, 1896.

Bastian : « Sur le sens musculaire », *Brain*, 1887.

— « Sur la symptomatologie des lésions transverses de la moelle épinière, avec remarques sur les conditions de production des réflexes », *Med. Chir. Trans.*, 1890, p. 151.

Batty-Tuke : « Éléments constitutifs normaux d'une circonvolution et sur les effets de la stimulation et de la fatigue sur la cellule nerveuse », *Journ. of ment. science*, oct. 1894, et *Arch. de Neurol*, 1896, t. I, p. 205.

Barth : « Sur la dégénération secondaire de la moelle », *Arch. d. Heilk.*, 1869, vol. X.

BECHTEREW : « L'influence de l'écorce cérébrale sur la température du corps », *Petersb. med. Woch.*, 1881.

— « Sur les fonctions des canaux semi-circulaires du labyrinthe membraneux », *Med. Bibl.*, déc. 1882 (en russe) et *Pflüger's Arch. f. d. gesammte Physiol.*, vol. XXX, 1882.

— « Sur la question des fonctions du cervelet », *Pflüger's Arch.* vol. XXX.

— « Sur la physiologie de l'équilibration ; sur les fonctions de la substance grise du troisième ventricule ». *Pflüger's Arch.*, vol. XXXI, 1883.

— Sur la localisation des sensibilités musculaire et cutanée à la surface du cerveau », *Wratsch*, 1883 et *Neurol. Centralb.*, 1883, nº 18.

— « Études expérimentales sur l'entre-croisement des fibres du nerf optique au chiasma », *Neurol. Centralbl.*, 1883.

— « Données expérimentales sur le trajet des fibres du nerf optique », *Neurol. Centralb.*, 1883.

— « Sur les mouvements d'expression », *Wratsch*, 1883.

— « Sur les connexions des organes périphériques de l'équilibration avec le cervelet ; expériences de section des pédoncules cérébelleux », *Rusk med.*, 1884 (en russe) et *Pflüger's Arch.*, vol. XXXIV.

— « Sur les éléments constitutifs des cordons postérieurs de la moelle, d'après l'examen de leur développement », *Neurol. Centralb.*, 1885, nº 2 et *Wratsch*, 1884, nº 51.

— « Sur les deux sortes de fibres qui composent le pédoncule cérébelleux moyen », *Wratsch*, 1895, nº 9 (en russe).

— « Sur l'anatomie des pédoncules du cervelet et particulièrement du pédoncule moyen », *Neurol. Centralb.*, 1885, nº 6.

— « Sur deux faisceaux situés dans la portion interne du pédoncule cérébelleux inférieur et sur le développement des fibres du nerf auditif », *Wratsch.*, 1885 (en russe).

— « Sur la division intérieure du corps restiforme et sur le nerf auditif », *Neur. Centr.*, 1885.

— « Sur une nouvelle connexion des olives bulbaires et du cerveau », *Neur. Centr.*, 1885.

— « Sur la couche du ruban dans l'encéphale du fœtus humain », *Berichte des math. phys. Klasse der Kœnig. Saechsichen Gesells. der Wiss.*, 1885.

— « Sur les fibres de la s. grise de la moelle », *Soc. de Psych. de Pétersbourg*, 1885 (en russe).

— « Sur les fibres du pédoncule cérébelleux supérieur », *Soc. de Psych. de Pétersbourg*, 1885 (en russe).

— « Sur la constitution du faisceau médullaire appelé Reste des cordons latéraux », *Wratsch*, 1885, nº 29.

Bechterew : « Sur les fibres longues de la formation réticulée du bulbe et du pont, d'après leur embryologie, et sur leurs connexions avec le noyau réticulé de la calotte », *Wratsch*, 1886 (en russe) et *Neurol. Centralbl.*, 1885.

— « Sur les connexions des olives supérieures et leur rôle physiologique probable », *Neurol. Centralbl.*, 1885.

— « Sur la question des dégénérations secondaires du pied du pédoncule », *Wjestnik. klin. i. szudebnoi psich.*, 1885 (en russe).

— « Un nouveau cas de dégénération de la portion externe du pied du pédoncule ou faisceau de Türck, *Russkaja Medizina*, 1885, n° 33.

— « Les fonctions des couches optiques », *Wjestnik klin. i. szud. psich.*, 1885 (en russe).

— « Sur les mouvements forcés produits par lésion de l'écorce cérébrale », *Russk. Med.*, 1885 (en russe), n° 1 et 3, et *Virchow's Arch.*, septembre 1885, vol. CI.

— « Sur un faisceau spécial des cordons latéraux de la moelle et sur l'origine de la racine spinale du trijumeau », *Wratsch.*, 1885, n° 26, *Neur. Centr.*, 1895, et *Arch. f. Anat. u. Physiol.*, anat. Abth., 1886.

— « Sur la constitution du corps restiforme », *Wjestn. klin. i. szud. psich.*, 1886, et *Arch. f. Anat. u. Physiol.*, anat. Abt., 1886.

— « Sur l'excitabilité des centres moteurs corticaux chez les chiens nouveau-nés », *Wratsch*, 1886, *Arch. slaves de Biologie*, 1886 et *Neurol. Central.*, 1887.

— « Rétrécissement réflexe de la pupille par la lumière », *Arch. Slaves de Biol.*, 15 mars 1886.

— « Sur la dégénération du pédoncule cérébral, etc. », *Arch. f. Psych.*, 1887.

— « Sur l'examen de l'excitabilité des cordons de la moelle des animaux nouveau-nés », *Wratsch*, 1887, n° 22, et *Neur. Centr.*, 1888, n° 6.

— « *Physiologie de la zone motrice de l'écorce cérébrale* », Charkow, 1887, et *Arch. f. Psych..* 1886 et 1887.

— « Sur l'origine de l'auditif et l'importance physiologique du nerf vestibulaire », *Neur. Centr.*, 1887.

— « Sur la terminaison centrale du nerf vague et la terminaison du faisceau solitaire du bulbe », *Wjestnik klin. i szud. Psich.*, 1887, vol. I, et 1888, vol. V.

— « Sur la terminaison centrale du nerf trijumeau », *Wejstnik klin. i szudebnoi Psich.*, 1887.

— « Sur les racines du trijumeau », *Neur. Centr.*, 1887.

— « Sur la constitution des cordons postérieurs de la moelle », *Medic. Obosr.*, 1887, n° 17.

— « Sur les R. P., leur lieu de terminaison dans la s. grise et leur continuation du côté des centres supérieurs », *Arch. f. Anat. u. Physiol.*, anat. Abt., 1887, et *Wjestn. klin. i szud. psich.*, 1887.

Bechterew : Le cerveau de l'homme dans ses rapports et ses connexions intimes, *Arch. Slaves de Biologie*, Paris, 1887.

— « Les hémisphères cérébraux », *Éléments d'anatomie microscopique de l'homme et des animaux*, publiés en russe par Lawdowski et Owsjannikoff, Pétersbourg, 1888, vol. II.

— « Le rôle de la couche optique d'après des faits expérimentaux et pathologiques », *Virchow's Archiv*, vol. CX, 1887.

— « Sur les racines postérieures et leur lieu de terminaison dans la s. grise de la moelle », *Zeitsch. f. klin. u. forensische Psychiatrie u. Neuropath.*, 1887, et *Arch. f. Anat. u. Phys., anat. Abth.*, 1887, p. 126.

— « La transmission de l'excitation lumineuse de la rétine à l'oculo-moteur », *Arch. psychiatrii Neurol. i szud. psicho patol.*, 1889 (en russe).

— « Sur l'excitabilité des différentes parties de l'encéphale des animaux nouveau-nés », *Wratsch*, 1889, n° 15, et *Neurol. Centr.*, 1889, n° 18.

— « Sur les symptômes consécutifs à la destruction de différentes portions du système nerveux des animaux nouveau-nés, et sur le développement des fonctions cérébrales peu de temps après la naissance », *Medic. Obosr.* 1890, n° 4, et *Neur. Centr.*, 1890, n° 21.

— « Sur la question des fonctions du cervelet », *Neur. Centr.*, 1890.

— « Sur le développement relatif et les variations topographiques des voies pyramidales chez l'homme et les animaux, et sur leurs fibres à myélinisation précoce », *Medic. Obosr.*, 1890, et *Neur. Centr.*, 1890, n° 24, et 1891, p. 107.

— « Sur la question des voies d'association externes de l'écorce cérébrale ». *Medic. Obosr.*, 1891, n° 12, et *Neur. Centr.*, 1891, n° 22.

— « Sur les stries médullaires ou acoustiques du bulbe », *Medic. Obsr.* 1892, et *Neur. Centr.*, 1892.

— « Sur les centres corticaux du sphincter de l'anus et de la vessie, d'après les expériences de Meyer », *Neur. Centr.*, 1893.

— « Sur le cordon olivaire de la moelle cervicale », *Newr. Wjestn.*, 1894, et *Neur. Centr.*, 1894, n° 12.

— « Sur les fibres qui rétrécissent la pupille », *Neur. Centr.*, 1894.

— « Sur le rire et le pleurer involontaires dans les affections cérébrales », *Arch. f. Psych.*, 1894, p. 791.

— « Sur la question de l'influence de l'écorce cérébrale et du thalamus sur les mouvements de déglutition », *Neurol. Centr.*, 1894.

— « Le rire et le pleurer inextinguibles (impossibles à retenir) dans les affections cérébrales », *Arch. f. Psych.*, vol. XXVI, 1894, p. 791.

— « Sur la question de l'influence de l'écorce cérébrale et de la couche optique sur les mouvements de déglutition », *Neurol. Centr.*, 1894, p. 584.

— « Sur les rapports réciproques de l'anesthésie tactile (ordinaire) et sensorielle, d'après des faits cliniques et expérimentaux », *Neurol. Centr.*, 1894.

Bechterew : « La doctrine des neurones et la théorie de la décharge », *Neurol. Centralbl.*, 1894.

— « De la combinaison des méthodes embryologique et physiologique avec la méthode des dégénérations. Son importance dans la physiologie expérimentale du système nerveux », *Newrol. Wjestn.*, 1895, fas. 1, et *Neurol. Centr.*, 1895.

— « Sur un faisceau spécial, le faisceau intermédiaire, contenu dans le faisceau pyramidal du cordon latéral », *Neurol. Centr.*, 1895, vol. XIV, n° 21, p. 929.

— « Sur la couche du ruban, etc. », *Arch. f. Anat. u. Physiol.*, anat. *Abth.*, 1895, p. 379 et *Neur. Centr.*, 1896.

— « Le tubercule quadrijumeau postérieur comme centre de l'ouïe, de la voix et des réflexes », *Neur. Centr.*, XIV, 1895 et *Arch. de Neur.*, 1896.

— « Du phénomène rotulien considéré comme symptôme d'affections nerveuses », *Neur. Centr.*, vol. XV, 1896.

— « *L'importance des organes de l'équilibre dans le développement des représentations de l'espace* », in-8°, 52 pp., Pétersbourg, Ricker, 1896.

— « Sur un faisceau particulier, faisceau médial (ou profond) situé dans le cordon latéral de la moelle », *Obos. psich.*, 1897, et *Neur. Centr.*, 1897, n° 15.

— « Sur les noyaux des nerfs qui sont en rapport avec les mouvements de l'œil », *Obos. psich.*, 1896, et *Arch. f. Anat. u. Phys.*, 1897.

— « Sur l'entre-croisement des fibres du nerf optique », *Obos. psich.*, 1897.

— « Sur les voies médullaires descendantes provenant des régions de la couche optique et des quadrijumeaux », *Obos. psich.*, 1897, et *Neur. Centr.*, 1897, vol. XVI, n° 23.

— « Le centre convulsif et le centre de la locomotion au niveau de la protubérance », *Neur. Centr.*, vol. XVI, 1897 ; résumé in *Arch. de Neurol.*, juin 1898, p. 489.

— « Résultats des recherches d'excitation des parties postérieures des hémisphères cérébraux et du lobe frontal chez le singe », *Neur. Centr.*, 1897, p. 720.

— « Sur les centres corticaux du singe », *Neur. Centr.*, 1898, p. 139.

— « Sur un noyau particulier de la formation réticulée dans la portion supérieure de la protubérance », *Newr. Wjestn.*, 1898, *Neur. Bote*, vol. VI, 1898.

— « Le croisement partiel des nerfs optiques dans le chiasma des mammifères supérieurs », *Neur. Centr.*, vol. XVII, 1898.

Bechterew et Holzinger : « Les voies sensitives dans la moelle », *Neur. Centr.*, septembre 1894.

Bechterew et Mislawski : « Sur l'influence de l'écorce cérébrale sur la pression sanguine et l'activité du cœur », *Neur. Centr.*, 1886, p. 193.

Bechterew et Mislawski : « Les centres cérébraux de la motilité de la vessie », *Neur. Centr.*, 1888, p. 505.

— « Sur l'innervation centrale et périphérique de l'intestin », *Arch. f. Anat. u. Phys., phys. Abth.*, suppl. 1889, p. 242.

— « Sur la question de l'innervation de l'estomac », *Neur. Centr.*, 1890, p. 195.

— « Sur les centres cérébraux des mouvements du vagin chez les animaux », *Arch. f. Anat. u. Phys., phys. Abth.*, 1891, p. 380.

Bechterew et Ostankow : « Sur l'influence de l'écorce cérébrale sur la déglutition et la respiration », *Neur. Centr.*, vol XIII, 1894, p. 580.

Bechterew et Rosenbach : « Physiologie des ganglions intervertébraux. Sur les modifications de la moelle après section des racines nerveuses ». *Wjestn. Klin. i szud. psich. i newropath.*, 1884, fasc. 1, et *Neur. Centr.*, 1884.

Beck : « Sur l'émergence de l'hypoglosse et du premier nerf cervical, etc. », *Anat. Hefte*, 1895, vol. VI.

Beevor : « L'écorce cérébelleuse », *Arch. f. Anat. u. Phys.*, 1883.

— « Sur la théorie du professeur Hamilton au sujet du corps calleux », *Brain*, 1885 et 1886.

— « Sur le trajet des fibres du cingulum, la partie postérieure du corps calleux et le fornix du singe Marmouset », *Philos. Transac.*, 1891.

Beevor et Horsley : « Disposition des fibres excitables dans la capsule interne chez le singe Bonnet », *Philos. Transact.*, 1890, vol. CLXXXI.

— Recherches expérimentales sur le pédoncule cérébral », *IV° Congrès de physiol.*, Cambridge, 1898.

Bellonci : « Sur la terminaison centrale du nerf optique chez les mammifères », *Mem. della R. Acc. d. sc. di Bologna*, 1885, et *Arch. Ital. de Biol.*, 1885.

Bellonci et Stefani : Contr. à l'histogénèse de l'écorce cérébelleuse, *Arch. Ital. Biol.* 1889.

Belmondo et Oddi : « Sur l'influence des racines spinales postérieures sur l'excitabilité des racines antérieures », *Rivista sperim. di freniatria c med. leg.*, 1890, p. 265, et *Arch. Ital. de Biol.*, 1891.

Below : « Sur les cellules nerveuses du cerveau des animaux nouveaunés », *Arch. f. Anat. u. Phys.*, 1890.

Bennet et Saville : « Un cas de déviation permanente des yeux et de la tête résultant d'une lésion limitée au noyau de la VI° paire, avec remarque sur les mouvements latéraux associés des globes oculaires et la rotation de la tête », *Brain*, juillet 1889.

Beraneck : « Sur le nerf pariétal et la morphologie du troisième œil des vertébrés », *Anat. Anz.*, 1892.

Berdez : Recherches expérimentales sur le trajet des fibres centripètes de la moelle épinière. *Rev. Méd. de la Suisse romande*, 1892, p. 300.

BERGMANN : « Recherches sur un cas d'atrophie du cervelet », *Zeitsch. f. ration. Med.*, 3ᵉ série, vol. II.

BERKELEY : « Des fibres myéliniques de l'écorce ; leur coloration par l'osmium et l'hématoxyline cuprique », *Medical Record*, New-York, 1892, p. 288.

— Une méthode de Weigert rapide ; coloration à l'osmium et à l'hématoxyline cuprique », *Zeitsch. f. wiss. Mikr.*, vol. X, 1892, p. 370, et *Neurol. Centr.*, vol. XI, p. 270.

— « Anatomie fine de la région infundibulaire du cerveau et de la glande pituitaire », *Brain*, IVᵉ série, vol. XVII, 1894.

— Éléments nerveux de la glande pituitaire », *J. Hopkin's Hosp. Reports*, 1895.

— « Les terminaisons de fibres nerveuses dans l'écorce cérébrale », *John Hopkin's Hosp. Reports*, 1896, vol. VI et *Anat. Anz.*, vol. XII, p. 258.

BERNHEIMER : « *Sur les racines du nerf optique de l'homme ; origine, développement et trajet de leurs fibres myéliniques* », Wiesbaden, 1892.

— « Sur l'anatomie de l'oculo-moteur », *Verh. d. Ges. d. Naturf.*, 1894.

— « Étude expérimentale sur l'innervation par l'oculomoteur des muscles intérieurs et extérieurs de l'œil », *Arch. f. Ophthalmologie*, 1897.

— « Contr. à l'étude des rapports entre le ganglion ciliaire et la réaction pupillaire », *Arch. f. Ophthalmologie*, vol. XLIV, 1897.

— « La voie réflexe des réactions pupillaires, d'après des recherches anatomiques et embryologiques sur le cerveau de l'homme et des recherches expérimentales sur le singe », *Arch. f. Ophthalm.*, 1898,

— « Recherches expérimentales sur les muscles intérieurs et extérieurs de l'œil, innervés par le moteur oculaire commun », *Neurol. Central.*, 15 février 1899.

BETHE : « Étude sur le système nerveux du Carcinus Maenas avec indications sur une nouvelle méthode de la fixation du bleu de méthylène », *Arch. f. mikr. Anat. u. Ent.*, vol. XLIV, 1895, p. 579 à 622.

— « Le système nerveux central de Carcinus Maenas ; recherches anatomo-physiologiques », *Arch. f. mikr. Anat. u. Ent.*, vol. L, 1897, p. 446 à 547 ; vol. LI, 1898, p. 382 à 452.

— « Nouveaux faits concernant la structure et les fonctions du neurone », 99ᵉ *Wanderversaml d. Süd-West deut. Neurol. u. Irrenaerzte zu Baden-Baden*, 1897.

— « Sur les fibrilles primitives des cellules et des fibres nerveuses des vertébrés et invertébrés », *Verh. d. anat. Gesells. aus d. XIIᵉ Vers. in Biel*, avril 1898 et *Anat. Anz,*, XIV, suppl. p. 37, 1898.

— « Sur les fibrilles primitives des cellules ganglionnaires de l'homme et d'autres vertébrés », *Morphol. Arbeiten v. Schwalbe*, VIII, 1898.

Bethe : « Les fibrilles primitives dans les cellules ganglionnaires de l'homme; ce qu'elles deviennent en cas de dégénérescence des nerfs périphériques », *Neur. Centralbl.*, vol. XVII, 1898, p. 614.

— « Les éléments anatomiques du système nerveux et leur rôle physiologique ». *Biol. Centralbl.*, vol. XVIII, p. 843.

Bettoni : Quelques observations sur l'anatomie de la moelle allongée, de la protubérance et des pédoncules cérébraux, *Arch. Ital. de Biol.*, 1895, vol. XXIII.

Betz : « Démonstration anatomique de l'existence de deux centres cérébraux » (au point de vue histologique), *Med. Centralbl.*, 1874.

Bianchi : « Sur les dégénérations descendantes endo-hémisphériques consécutives à l'extirpation des lobes frontaux », *Annali di Neurol.*, 1895, vol. XIII.

— Sur les fonctions des lobes frontaux, *Arch. Ital. de Biol.*, vol. XXII, p. 102.

Bianchi et d'Abundo : « Les dég. descendantes expérimentales dans le cerveau et dans la moelle », *Neur. Centralbl.*, 1886, n° 17.

Biedl : « Sur la racine spinale, dite ascendante, du trijumeau », *Wien. klin. Wochenschr.*, VIIIe année, 1895, p. 585 et *Neurol. Centralbl.* 1895.

— « Voies cérébelleuses descendantes », *Neurol. Centralbl.*, 1895, nos 10 et 11, et *Arch. de Neur.*, 1896, t. I, p. 476.

Bielschowsky : « Ruban supérieur et écorce cérébrale », *Neur. Centr.*, 1895, vol. XIV. p. 205.

Biervliet : Noyau d'origine du nerf moteur oculaire commun du lapin. *La Cellule*, vol. XVI, 1898.

Bikeles : « La phylogénèse du faisceau pyramidal direct », *Neur. Centr.*, 1898.

— « Sur la localisation des voies sensitives (centripètes) dans la moelle du chien et du lapin, au niveau des régions lombaire supérieure et thoracique inférieure avec recherches sur l'anatomie et les fonctions de la substance grise », *Anzeiger d. Wissensch. in Krakau*, avril 1898, p. 192; *Central. f. Physiol.*, XII, p. 346 et *Neur. Centralbl.*, 1er févr. 1899.

Bischoff : « L'état des réflexes tendineux dans la myélite transverse », *Wien. kl. Woch.*, 1896.

— « Paralysie cérébrale infantile après hémorragie du thalamus », *Iarhb. f. Psych.*, vol. XV, 1897, p. 221 et *Rev. Neurol.*, 30 sept. 1898, p. 98.

— « Sur l'atrophie et la sclérose du cervelet », *Allg. Zeitsch. f. Psych.*, vol. XII.

Biswanger et Moeli : « Sur la question des dégénérations secondaires », *Neur. Centr.*, 1883, n° 1.

Bizzozero : « Contr. à l'étude de la structure de la glande pinéale », *Medic. Centr.*, 1871.

BLOCQ : *Des contractures*, thèse de Paris, 1888-1889.

BLUM ; « *Sur la dég. second. descendante dans les cordons postérieurs de la moelle* », thèse de Strasbourg, 1895.

BLUMENAU ; « Sur le noyau externe du cordon cunéiforme », *Neur. Centr.*, 1890.

— « Sur le développement et la fine anatomie du corps calleux », *Arch. f. mikr. Anat.*, vol. XXXVII, 1891.

— « Quelques remarques sur le noyau externe du cordon cunéiforme », *Neur. Nentr.*, 1891 et *Arch. de Neur.*, 1892.

— « Sur l'anatomie microscopique du bulbe », *Neurol. Bote*, vol. VI, 1898 (en russe).

BOCHEFONTAINE : Étude expérimentale de l'influence exercée par la faradisation de l'écorce grise du cerveau sur quelques fonctions de la vie organique, *Arch. de phys. normale et path.*, 1876, vol. III, p. 140.

— Du déplacement des points excitables du cerveau, *Arch. de Physiol.* 1883, t. I, p. 44.

BŒDECKER : « Examen anatomique d'un cas de paralysie chronique nucléaire des muscles de l'œil ; contribution à l'étude de la situation du noyau du trochléaire », *Arch. f. Psych. u. Nervenkr.*, 1896, vol. XXVIII.

BOFFARD : *Essai sur le diagnostic des lésions des lobes occipitaux*, thèse de Lyon, 1889.

BOGATSCHOFF (Recherches expérimentales sur le rôle du ruban de Reil dans la conduction de la sensibilité), thèse de Pétersbourg, 1894 (en russe).

BOLE : *Le lobe limbique dans la série des mammifères*, Lille, 1893.

BOLTON : « Note sur l'imprégnation au Golgi des cerveaux durcis dans la formaline », *Brit. med. Journ.*, février 1898.

— « Sur la nature de la méthode de Weigert-Pal », *Journ. of Anat. and Phys.*, vol. XXXII.

BONBARDA : Les neurones, l'hypnose et l'inhibition, *Rev. Neurol.*, 1897.

BONNE : *Les éléments centrifuges des racines postérieures*, thèse de Lyon, 1897.

— Note sur le développement des cellules épendymaires, *Bibliographie Anatom.*, 1899.

— Note sur le mode d'oblitération partielle du canal épendymaire chez les mammifères, *Rev. Neur.*, 1899.

BONNE et BRIAU : Recherches sur le trajet intra-médullaire des racines postérieures, *Rev. Neur.*, 1898.

BONNIER : Le nerf labyrinthique, *Nouv. Iconogr. de la Salpêtrière*, 1894, t. VII, p. 336.

— La Pariétale ascendante, *Soc. de Biol.*, 1894, p. 533.

— Rapports entre l'appareil ampullaire de l'oreille interne et les centres oculo-moteurs, *Soc. de Biol.*, 1895, p. 368.

BORGHERINI : « Dégénération fasciculée descendante », *Riv. sper. di fren.*, 1886.

BORGHERINI et GALLERANI : « Contribution à l'étude de l'activité fonctionnelle du cervelet », *Riv. sper. di fren.*, 1891, vol. XVII.

BOTTAZZI : « Sur l'hémisection de la moelle épinière », *Centr. f. Phys.*, 1894, *Arch. Ital. de Biol.*, t. XXIV, p. 466, 1895, et *Riv. sper. di fren.*, 1896, vol. XXI.

— « La physiologie du sympathique d'après les recherches de LANGLEY et de ses collaborateurs », *Riv. di patol. nervosa e ment.*, 1898.

BOUCHARD : Étude histologique des dégénérations secondaires de la moelle épinière, *Arch. Gén. de méd.*, 1866.

BOUILLAUD : Recherches expérimentales sur les fonctions du cerveau en général et sur celles de sa portion antérieure en particulier, *Journ. de Physiol.*, 1830.

BOUVERET : Observation de cécité totale par lésion corticale. Ramollissement de la face interne des deux lobes occipitaux, *Rev. Génér. d'Ophtal.*, 30 novembre 1887, et *Lyon Médical*, 1887.

BOWDITCH : « Note sur la nature de la force nerveuse », *Journ. of Physiol.*, vol. VI, 1885.

BOYCE : « *Sur le système pyramidal dans le mésencéphale et le bulbe* », Londres, 1898, 432 p.

BRANDIS : « Recherches sur le cerveau des oiseaux », *Arch. f. mikr. Anat.*, vol. XLI, 1893, p. 168.

— « Le cervelet des oiseaux dans ses rapports avec la systématique », *Journ. f. Ornithology*, XLIV, 1896.

BRAUTIGAM : « Recherches comparatives sur le cône médullaire », *Arb. aus d. Inst. f. Anat. u. Phys. des Centralnerv.*, vol. I, Vienne, 1892.

BREGMANN : « Sur la dégénération ascendante expérimentale des nerfs craniens sensibles et moteurs », *Trav. de l'Inst. d'Anat. et Phys. du Système nerveux à Vienne*, 1892, et *Iarhbuch. f. Psych.*, 1892, vol. XI, p. 73.

VAN BRERO : La terminaison corticale du faisceau latéral pédonculaire (f. de Türck), *Nouv. Iconogr. de la Salpêtrière*, 1897.

BRISSAUD : *Recherches sur la contracture permanente des hémiplégiques*, thèse de Paris, 1880.

— Fonction visuelle et cunéus ; étude anatomique sur la terminaison corticale des radiations optiques, *Annales d'Oculistique*, nov. 1893.

— Le syndrome de Brown-Séquard, *Leçons Cliniques sur les maladies nerveuses*, 1893, p. 247.

— Sur le rire et le pleurer spasmodiques, *Leçons Cliniques*, 1894, XXIe leçon.

— Des troubles de la sensibilité dans les hémiplégies d'origine corticale. *Leç. sur les maladies nerveuses*, t. I, 1895, p. 539.

— Double syndrome de Brown-Séquard dans la syphilis spinale, *Progrès Médical*, 1897, et *Leçons Cliniques*, 1899.

— La paralysie faciale par compression. *Rev. Neurol.*, 1898, p. 350

Brissaud : Myélite transverse et paralysie flaccide, *Sem. Méd.*, 1898, p. 338.
— Les symptômes de topographie métamérique aux membres, *Sem. Méd.*, 1898, et *Leçons Cliniq.*, 1899, 7ᵉ leçon, p. 120 à 128.
Broadbent : « Essai théorique sur la nature et le mode d'action de la force nerveuse », *Brain*, 1895, et *Arch. de Neurol.*, 1896, t. I, p. 399.
Broca : Anatomie comparée des circonvolutions cérébrales, *Rev. d'Anthropologie*, 1878 et 1879.
Brosset : *Contr. à l'étude des connexions du cervelet*, thèse de Lyon, 1890.
Brown-Séquard : Recherches sur la physiologie et la pathologie de la protubérance annulaire, *Journ. de Physiologie*, t. I, 1858, et t. II, 1859.
— Nouvelles recherches sur le trajet des diverses espèces de conduction sensitive dans la moelle épinière, *Arch. de Phys.*, 1868.
— Faits montrant que c'est parce que le bulbe est le principal foyer d'inhibition de la respiration qu'il semble être le principal centre des mouvements respiratoires, *Soc. de Biol.*, 1887, p. 293.
— Recherches cliniques et expérimentales sur les entre-croisements des conducteurs servant aux mouvements volontaires, *Arch. de Physiologie*, 1889, p. 219.
— Remarques à propos des recherches du Dʳ Mott sur les effets de la section d'une moitié latérale de la moelle épinière, *Arch. de Physiologie*, 1894, p. 195.
Bruce : « Dégénération descendante de la commissure », *Brain*, 1891.
— « Sur la segmentation du noyau de la IIIᵉ paire cranienne », *Proc. of the roy. Soc. of Edinburgh*, 1891.
— « Sur un cas de dégénération descendante du ruban », *Brain*, 1893.
— « Sur le flocculus », *Brain*, automne 1895, et *Arch. de Neurologie*, 1896, p. 401.
— « Sur un faisceau spécial situé dans la couche latérale de la moelle », *The Scottish med. and surg. Journ.*, 1897, p. 40, et *Rev. Neurol.*, 1896, vol. IV, nᵒ 23, p. 698.
— « Sur les fibres endogènes ou intrinsèques de la région lombo-sacrée », *Brain*, 1897.
— « Contr. à la question de l'origine du nerf facial », *The Scottish Med. and Surg. Journ.*, vol. III, 1898 ; résumé in *New-York Med. Journ.*, décembre 1898.
— « Sur le noyau dorsal soi-disant sensitif du glosso-pharyngien et sur le noyau d'origine du trijumeau », *Brain*, 1898, p. 383.
— « Note sur la terminaison des faisceaux cérébelleux direct et antéro-latéral », anal. in *Rev. Neur.*, 1898.
Bruce et Muir : « Sur une dégénération descendante dans les cordons postérieurs de la moelle au niveau de la région sacrée », *Brain*, 1896, vol. XIX, p. 333.
Bruns : « Sur un cas de destruction traumatique totale de la moelle entre Cᵛᴵᴵᴵ et Dᴵ », *Arch. f. Psych.*, 1893, vol. XXV, p. 759.

Bumm : « Recherches expérimentales sur le corps trapézoïde », *Festsch. zur 150 jahr. Stiftungsfeier der Un. Erlangen*, Wiesbaden, 1893.

Bunge : « *Sur le champ visuel et le trajet des fibres de l'appareil de conduction optique* », Halle, 1884.

Bunzl Federn : « Sur le noyau du nerf accessoire », *Monat. f. Psych. u. Neurol.*, vol. II, p. 427, déc. 1897, résumé in *Rev. Neurol.*, 1898, p. 611.

Burdach : « *Sur la structure et la vie du cervean* », Leipzig, 1822.

Busch : « Sur une méthode de coloration des dég. secondaires du système nerveux central, à l'acide osmique », *Neurol. Centr.*, 1898, p. 476 (résumé).

Cajal : « Sur les fibres nerveuses de la couche granuleuse du cervelet », *Rev. trim. de Histol.*, 1889, et *Intern. Monatsch. f. Anat. u. Physiologie*, 1890.

— Sur l'origine et la direction des prolongements nerveux de la couche moléculaire du cervelet, *Intern. Monatsch. f. Anat. u. Phys.*, vol. VI, 1889.

— « Sur certains éléments bipolaires du cervelet en voie de développement », *Gaceta sanitaria Barcelona*, 1890.

— « Structure des circonvolutions cérébrales des mammifères inférieurs », *Gaceta sanitaria Barcelona*, 1890.

— « Sur l'existence de cellules nerveuses particulières dans la première couche des circonvolutions cérébrales », *Ibid.*, 1890.

— « Sur l'existence de collatérales et bifurcations dans la s. blanche de l'écorce grise du cerveau », *Pequeñas communicaciones Anatomicas*, 1890.

— « La substance gélatineuse de Rolando », *Ibid.*, p. 52.

— « La moelle épinière des reptiles », *Ibid.*

— « Sur l'existence de terminaisons nerveuses péri-cellulaires dans les ganglions nerveux rachidiens », *Ibid.*

— « *Nouvelles observations sur la structure de la moelle épinière des mammifères* », Barcelone, 1890.

— Sur l'origine et les ramifications des fibres nerveuses de la moelle embryonnaire, *Anat. Anz.*, 1890.

— Sur la structure fine du lobe optique des oiseaux et sur l'origine réelle des nerfs optiques, *Intern. Monatsch. f. Anat. u. Phys.*, 1891, vol. VIII.

— A quelle époque apparaissent les expanions des cellules nerveuses de la moelle épinière du poulet ? *Anat. Anz.*, 1891.

— « Sur l'existence de bifurcations et collatérales dans la première couche de l'écorce cérébrale », *Gaceta medica catalana*, nov. 1891.

— « Sur la structure de l'écorce cérébrale de quelques mammifères », *La Cellule*, t. VII, 1891.

— « Sur la structure de l'écorce du lobe occipital inférieur des petits mammifères », *Zeitsch f. wissensch. Zoologie*, vol. LVI, cah. 4, 1893.

Cajal : « Sur la structure fine de la corne d'Ammon », *Zeitsch. f. wissensch. Zool.*, vol. LVI, cah. 4, 1893.

— *Les nouvelles idées sur la structure du système nerveux*, traduction française par Azoulay, Paris, 1894.

— Le pont de Varole, *Bibliographie anatomique*, 1894.

— « Pont de Varole et ganglions cérébelleux », *Annales de la Sociedad de Hist. natural*, 1894.

— « Structure du ganglion de l'habenula chez les mammifères », *Annales de la Soc. Espagnole d'Histoire naturelle*, 1894, vol. XXIII.

— « *Terminaison centrale des fibres rétiniennes* », Madrid, 1894.

— « *Recherches microscopiques sur l'encéphale des batraciens* », Saragosse 1894.

— « *Contr. à l'étude du bulbe rachidien et du cervelet, et origines des nerfs craniens* », Madrid, 1895.

— « *Origines du trijumeau* », Madrid, 1895.

— Anatomie fine de la moelle épinière, *Atlas der path. Hist. der Nervensystems*, publié par Babes, 4e livr., Berlin, 1895.

— Le corps strié, *Bibliographie anatomique*, vol. III, p. 58, 1895.

— « Quelques hypothèses sur le mécanisme anatomique des associations d'idées et de l'attention », *Revist. de med. y cir. pract.*, Madrid, 1895, et *Arch. f. Anat. u. Entw.*, 1895, p. 367.

— « *Contribution à l'étude du bulbe* », Leipzig, 1896.

— Nouvelle contribution à l'étude histologique de la rétine et à la question des anastomoses des prolongements protoplasmiques, *Journ. de l'Anat. et de la Phys.*, 1896.

— « Les épines collatérales des cellules du cerveau teintes par le bleu de méthylène », *Rev. trim. micr.*, t. I, 1896, p. 123.

— « Nouvelle contribution à l'étude du bulbe rachidien », *Rev. trim. microgr.*, 1897.

— « Sur les épines collatérales des cellules du cerveau » (coloration au bleu vital par badigeonnage), *Rev. trimestral micrografica*, 1897, p. 126.

— « Lois de la morphologie et dynamisme des cellules nerveuses », *Rev. trim. micrografica*, 1897.

— « Les cellules à cylindraxe court de la couche moléculaire du cerveau », *Rev. trim. micr.*, sept. et déc. 1897, p. 105-127.

— « Les bifurcations des racines postérieures et les collatérales de la substance blanche de la moelle épinière », *Rev. trim. micr.*, 1897.

— « Quelques nouveaux détails sur l'anatomie de la protubérance et considérations sur les fonctions de la double voie motrice », *Revista trim. microgr.*, vol. III, 1898.

— « Structure du chiasma optique et théorie générale des entre-croisements des voies nerveuses », *Rev. trim. micrografica*, 1898, vol. III.

Cajal : « Structure de la corne d'Ammon et du fascia dentata. Structure de l'écorce occipitale inférieure des petits mammifères », *Ann. de la Soc. Esp. de Hist. Nat.*, vol. XXII, p. 1-125.

— « Contribution à la fine anatomie du cerveau », traduct. all. par Koelliker in *Zeitsch. f. wissensch. Zool.*, vol. LVI, p. 615.

— « Sur la structure de l'écorce du lobe occipital des petits mammifères », *Ibid.*, p. 664.

Cajal et Oloriz : « Les ganglions sensitifs craniens des mammifères », *Rev. trim. microgr.*, 1897.

Campbell : « Modifications de la moelle épinière consécutives aux amputations », *Brit. med. Journ.*, 1896, vol. XIV, p. 643.

— « Sur les faisceaux de la moelle épinière et leur dégénération ; étude critique », *Brain*, hiver 1897.

Cannieu : Remarques sur le nerf intermédiaire de Wrisberg, *C. R. Acad. Sciences*, 22 avril 1895.

Cantu : Paralysie faciale totale d'origine centrale, *Rev. Neur.*, 15 oct. 1899, p. 696.

Capobianco : « Sur une particularité de structure de l'écorce du cervelet », *Rif. med.*, 1893 et *Arch. Ital. de Biol.*, t. XXI.

Carbonieri : « Contr. clinique à l'étude du centre olfactif », *Riv. Clin. di Bologna*, 1885.

Carrière : Structure et fonctions du corps pituitaire, *Arch. clin. de Bordeaux*, 1893.

Carville et Duret : Sur les fonctions des hémisphères cérébraux, *Arch. de Phys.*, 1875.

Ceni : « Contr. à l'étude de la dégénération descendante des cordons postérieurs et des fibres arciformes du bulbe de l'homme », *Rif. med.*, XI, 1895.

— « Sur les fines altérations du cervelet, etc. » *Soc. med.-chir. di Pavia*, 1895.

— « Sur les fines altérations de l'écorce cérébrale consécutives aux lésions de la moelle épinière », *Riv. sper. di fren.*, vol. XXII, 1896, p. 112-139.

— « Étude des voies cérébro-bulbaires et cérébro-cérébelleuses dans un cas de lésion de la calotte du pédoncule cérébral », *Riv. sperim. di fren.*, XXIV, 1898.

Charcot : *Leçons sur les localisations dans les maladies du cerveau*, recueillies par Bourneville, Paris, 1876, et *Progrès Médical*, août 1875.

Charcot et Turner : Atrophie cérébrale avec atrophie et dégénération consécutives, etc., *Soc. de Biol.*, 1852.

Charcot (J.-B.) : Sur un cas de dissociation de la sensibilité à type syringomyélique, consécutive à une compression (d'un nerf périphérique), *Soc. de Biol.*, 10 déc. 1892 et *Sem. Méd.*, 1892, p. 504.

Charpentier : La longueur de nerf parcourue par un courant influe-t-elle sur le degré de l'excitation ? *Soc. de Biol.*, 1895, p. 329.

Charpy : Anatomie des centres nerveux, in *Traité d'Anatomie Humaine* de Poirier et de Charpy. — Paris, Bataille et Masson.

Chiarugi : « Observations sur les premières phases du développement des nerfs chez les mammifères et particulièrement sur la formation du nerf olfactif », *Monitore zool. Italiano*, anno II et *Arch. Ital. Biol.* vol. XV, 1891.

— « Nerf rudimentaire intercalé entre l'acoustico-facial et le glosso-pharyngien chez les embryons de mammifères », *Monit. zool. Ital.*, vol. VII, 1896, p. 52.

— Développement des nerfs oculo-moteurs et trijumeau, *Arch. Ital. de Biol.*, 1898, t. XXX, p. 257, et *Boll. del r. Instituto di studi superiori pratic. in Firenze*, 1897, 100 p.

Chipault : *Travaux de neurologie chirurgicale*, 1re année. Troubles trophiques chez l'homme par lésion des R. P., p. 240 à 242.

Ciaglinski : « Les longs tractus sensitifs de la s. grise de la moelle et leur dégénération expérimentale », *Neur. Centr.*, 1896.

Cionini : Sulla struttura della glandula pineale, *Riv. sper. di freniatria*. 1887.

Claparède : *Le sens musculaire*, thèse de Genève, 1897 et *Année Psychologique*, 1898.

Codeluppi : « Sur les dég. ascendantes et descendantes consécutives aux compressions de la moelle cervicale », *Riv. sperim. di freniatria*. 1887.

Cole, Franck : « Sur les nerfs craniens de Chimæra monstrosa, avec discussion sur le système de la ligne latérale et la morphologie de la corde du tympan », *Trans. of the Royal Soc. of Edinb.*, vol. XXXVIII, 1898.

Colleja : « *La région olfactive du cerveau* », Madrid, 1893.

Collet : Troubles de l'ouïe et de l'odorat d'origine capsulaire, *Soc. franç. de laryngologie et otologie*, mai 1898.

Collins : « Sur la disposition et les fonctions des cellules de la moelle cervicale, etc. », *New-York med. Journ.*, 1894, résumé in *Arch. de Neurol.*, 1895.

Colucci : « Recherches sur la physiologie et l'anatomie des centres visuels cérébraux », *Atti della r. Accad. med. chir. di Napoli*, LII.

— « Conséquences de l'excision du nerf optique sur la rétine de quelques vertébrés », *Annali di Neurol.*, vol. XI.

Contejean : Sur l'excitation des centres cérébraux, *Soc. de Biol.*, 30 janvier 1897.

Corning : « Sur le développement de la substance gélatineuse de Rolando chez le lapin », *Arch. f. mihr. Anat.*, vol. XXXI, 1888.

Cox : « L'individualité des fibrilles dans le neurone », *Internat. Monatschrift f. Anat. u. Phys.* XV, 1898.

Courmont : *Le Cervelet*, Paris, 1892.

CRAMER : « Atrophie cérébelleuse unilatérale avec légère atrophie de l'hémi-sphère cérébral du côté opposé », *Beitraege z. path. Anat. u. allg. Path.*, vol. XI, 1891.

— « Contr. à l'étude de l'entre-croisement des nerfs optiques au chiasma et de l'influence sur les centres de l'atrophie d'un des globes oculaires», *Anat. Hefte, Abtheil.*, I, 1898.

CREVATIN : « Sur les cellules de Fusari et Ponti dans l'écorce cérébelleuse des mammifères », *Anat. Anz.* vol. XIV, 1898.

CROCQ : Un cas de syndrome de Brown-Séquard avec dissociation syringo-myélique de la sensibilité, *Journ. de Neurol. et hypnol. de Bruxelles*, février 1899.

CUNALDI : « Contr. à l'anatomie fine de la région pédonculaire », *Riv. sper. di fren.*, vol. XVIII.

DAAE : « Sur les cellules des ganglions spinaux chez les mammifères », *Arch. f. mikr. Anat.*, vol. XXXI.

DALAND : « Disphagie et disarthrie par lésion du genou de la capsule interne », *Journ. of nervous and ment. diseases*, oct. 1897, vol. XXIV.

DALLEMAGNE : De l'intervention des cellules névrogliques dans les phéno-mènes psychologiques, *Journ. de Méd. de Bruxelles*, 23 juillet 1896.

DANA : « Les faisceaux centraux du nerf olfactif et leurs altérations patho-logiques », *New-York med. Journ.*, 1889.

— « Étude expérimentale sur le siège des sensations cutanées », *Med. Rec.*, 13 mai 1893.

— « Localisation des sensibilités et des mémoires cutanées et muscu-laires », *Journ. of nerv. and ment. dis.*, décembre 1894 et *American Journ. of nervous diseases*, 1895.

DARKSCHEWITSCH : « Sur l'origine et le trajet central du nerf accessoire », *Arch. f. Anat. u. Phys.*, 1884.

— « Sur l'entre-croisement du nerf optique», *Graefe's Arch.*, vol. XXXVII.

— « Sur l'anatomie des quadrijumeanx », *Neur. Centr.*, 1885.

— « Sur la commissure postérieure du cerveau », *Ibid*, 1885.

— « Quelques remarques sur le trajet des fibres dans la commissure postérieure du cerveau », *Ibid.*, 1886, n° 5.

— « Sur l'anatomie de la glande pinéale », *Ibid.*, 1886, n° 3.

— « Sur les centres optiques dits primaires et leurs rapports avec l'écorce cérébrale », *Arch. f. Anat. u. Phys.*, 1886.

— « Sur les fibres pupillaires de la bandelette optique », *Neur. Centr.*, 1887.

— « Sur le noyau supérieur de l'oculo-moteur », *Arch. f. Anat. u. Phys.*, 1889.

— « Sur les troubles de la sensibilité dans les lésions en foyer du cerveau », *Neur. Centr.*, 1890, p. 714.

— « Sur l'entre-croisement des fibres du nerf optique », *Arch. f. Oph-thalm.*, 1891, vol. XXXVII.

Darkschewitsch : « Sur les modifications qui se produisent dans la portion centrale d'un nerf moteur, lors d'une lésion de sa portion périphérique », *Neur. Centr.*, 1892, p. 658.

— « Dégénération de la s. blanche de la moelle dans les lésions de la queue-de-cheval », *Neur. Centr.*, 1896.

Darkschewitsch et Freud : « Sur les rapports des corps restiformes avec les noyaux des cordons postérieurs avec remarque sur les deux champs de la moelle allongée », *Neur. Centr.*, 1886, n° 6.

Daxenberger : « Sur un cas de compression chronique de la moelle cervicale ; considérations sur la dég. descendante », *Deut. Zeit. f. Nervenh.*, 1893.

Davies : « *Le Cervelet* », Londres, 1898.

Debove : Recherches sur les hémianesthésies et leurs curabilité par les agents esthésiogènes, *Union Médicale*, 1879.

Dees : « Sur l'origine et le trajet central du nerf accessoire », *Allg. Zeitsch. f. Psych.*, 1887, vol. XLIII.

— « Sur l'anatomie et la physiologie du vague », *Arch. f. Psych. u. Nervenkr.*, vol XX, 1889, p. 89.

Deganello : « Ablation des canaux semi-circulaires », *Riv. sper. di fren. e med. leg.*, 1899, vol. XXV.

Deiters : « *Recherches sur le cerveau et la moelle* », Brunswik, 1865.

Déjerine : Sur un cas d'hémianesthésie de la sensibilité générale, *Arch. de Phys.*, 1890.

— Différentes variétés de cécité verbale, *Soc. de Biol.*, 1892, p. 61 des mémoires.

— Contribution à l'étude de la dégénérescence des fibres du corps calleux, *Soc. de Biol.*, 1892.

— Sur l'origine corticale et le trajet intracérébral des fibres de l'étage inférieur du pédoncule cérébral, *Mémoires de la Société de Biologie*, 30 décembre 1893.

— Contribution à l'étude des localisations sensitives de l'écorce, *Rev. Neurol.*, 1893, p. 50.

— Sur les connexions du ruban de Reil avec la corticalité cérébrale, *Soc. de Biol.*, 6 avril 1895.

— Sur les connexions du noyau rouge avec la corticalité cérébrale, *Soc. de Biol.*, 1895, p. 226.

— Sur les fibres de projection et d'association des hémisphères cérébraux, *Soc. de Biol.*, 1897.

— Sur l'existence de troubles de la sensibilité à topographie radiculaire dans un cas de lésion circonscrite de la corne postérieure, *Rev. Neurol.*, 1899.

— Sur l'hémianesthésie d'origine cérébrale, *Sem. Méd.*, 26 juillet 1899.

Déjerine (Mᵐᵉ et M.) : *Anatomie des Centres Nerveux*, t. I, 1895, Paris, Rueff.

Déjerine et Long : Sur les connexions de la couche optique avec la corticalité cérébrale, *Soc. de Biol.*, 1898.

— Sur quelques dégénérations secondaires du tronc encéphalique de l'homme : ruban de Reil, pes lemniscus, locus niger, f. lenticulaire de Forel, corps de Luys, commissure de Meynert, *Soc. de Biol.*, 30 juillet 1898.

— Localisation du centre de l'hémianesthésie par lésion centrale hémisphérique (lésion capsulaire). *Soc. de Biol.*, 24 déc. 1898.

Déjerine et Sottas : Sur un cas de syringomyélie unilatérale à début tardif, suivi d'autopsie, *Soc. de Biol.*, juillet 1892.

— Sur la distribution des fibres endogènes dans le cordon postérieur de la moelle et sur la constitution du cordon de Goll, *Soc. de Biol.*, juin 1895.

— Sur un cas de paraplégie spasmodique acquise par sclérose primitive des cordons latéraux, *Arch. de Phys.*, 1896, p. 630.

Déjerine et Spiller : Contr. à la texture des cordons postérieurs ; trajet intra-médullaire des racines postérieures sacrées et lombaires inférieures, *Soc. de Biol.*, 1895.

Déjerine et Théoari : Contr. à l'étude des fibres à trajet descendant dans les cordons de la moelle épinière, *Journ. de Phys. et de Path. génér.*, vol. I, 1899.

— Paraplégie absolue, abolition des réflexes patellaires et plantaires, ramollissement total entre les IVe et V^e dorsales, *Journ. de Phys. et Path. génér.*, 15 mars 1899.

Déjerine et Thomas : Trajet intra-médullaire des R. P. dans la moelle cervicale et dorsale supérieure, *Soc. Biol.*, 1896.

— Fibres pyramidales homolatérales ; terminaison inférieure du f. pyramidal, *Arch. Phys.*, 1896.

— Un cas de syringomyélie, type scapulo-huméral, avec intégrité de la sensibilité, *Soc. de Biol.*, 10 juillet 1897.

— Un cas d'hémiparaplégie avec anesthésie croisée, *Arch. de Phys.*, 1898.

— Syndrôme de Brown-Séquard avec autopsie, *Arch. de Phys.*, 1898.

Deligné : *Contr. à l'étude de l'état du facial supérieur dans l'hémiplégie cérébrale*, thèse de Paris, 1899-1900.

Demange et Spillmann : Tubercule de la couche optique, *Presse Méd.*, 8 février 1899.

Demoor : La plasticité des neurones et le mécanisme du sommeil, *Soc. d'Anthrop. de Bruxelles*, 27 avril 1896.

— Plasticité morphologique des neurones cérébraux, *Arch. de Biol.*, t. XIV, 1896.

— Neurones corticaux, *IVe Congrès de Physiologie*, Cambridge, août 1898.

— Sur les neurones olfactifs, *Bull. de la Soc. roy. des sc. méd. et nat. de Bruxelles*, 1898, résumé in *Rev. Neurol.*, 1898, p. 527.

Dᴇᴍᴏᴏʀ : Les centres sensitivo-moteurs et les centres d'association chez le chien, *IV° Congrès de Physiologie*, Cambridge, août 1898, et *Trav. du Laborat. de l'Institut Solvay*, Bruxelles, 1899, t. II, fas. 3.

Dᴇxʟᴇʀ : « Recherches sur le trajet des fibres dans le chiasma du cheval et la vision binoculaire chez cet animal », *Trav. de l'Inst. d'Anat. et Phys. du système nerv. central à Vienne*, 1897, et *Iahrb. f. Psych. u. Neurol.*, XVI, 1897.

Dᴇʏʙᴇʀ : *État actuel de la question de l'amiboïsme*, thèse de Paris, 1898, résumé in *Rev. Neur.*, 30 juin 1898.

Dɪᴅᴇ et Wᴇɪʟ : Lésion en foyer de la capsule interne, syndrôme de Weber, *Rev. Neurol.*, 15 octobre 1899, et *Presse Méd.*, 1899, nᵒ 55.

Dɪᴍᴍᴇʀ : « Les voies optiques », *Arch. f. Augenheilk.*, XXXVIII, 1898.

Dɪssᴇ : « Sur les ganglions spinaux des amphibiens », *Anat. Anz.*, suppl. 1893.

Dɪxᴏɴ : « Trajet suivi par les fibres du goût », *Edinburgh med. Journ.*, avril 1897, et *Arch. de Neurol.*, 1898, t. I, p. 62.

Dᴊᴇʟᴏꜰꜰ : « *Sur les noyaux et les racines de l'hypoglosse* », thèse de Pétersbourg, 1896.

Dᴏɢɪᴇʟ : « Un type spécial de cellules nerveuses dans la couche ganglionnaire moyenne de la rétine des oiseaux », *Anat. Anz.*, 1895, vol. X, p. 750.

— « Les éléments nerveux du cervelet des oiseaux et des mammifères », *Arch. f. mikr. Anat.*, t. XLVII, p. 707, 1896.

— « Deux sortes de cellules nerveuses sympathiques », *Anat. Anz.*, vol. XI, 1896.

— « Structure de la cellule des ganglions spinaux chez les mammifères », *Anat. Anz.*, vol. XIII, p. 140.

— « Sur la structure des ganglions du cœur chez l'homme et les mammifères », *Arch. f. mikr. Anat.*, vol. LIII, 1898.

— « Les terminaisons nerveuses sensibles dans le cœur et dans les vaisseaux sanguins chez les mammifères », *Arch. f. mikr. Anat.*, vol. LII.

Dᴏᴇʟʟᴋᴇɴ : « Coloration au Weigert-Pal des encéphales de très jeunes sujets », *Zeitsch. f. wiss. Mikros. u. f. mikr. Technik.*, t. XV, p. 443, 1898.

— « Les derniers stades du développement des voies de conduction de l'encéphale des animaux », *Neurol. Centr.*, vol. XVII, 1898.

— « Sur le développement du ruban de Reil et de ses connexions centrales », *Neurol. Centr.*, 15 janvier 1899.

Dᴏɴᴇᴛᴛɪ : Sur le trajet des fibres exogènes de la moelle épinière, *Rev. Neurol.*, 1897.

Dᴏɴᴀɢɪᴏ : « Sur une modification de la méthode de coloration au sublimé des centres nerveux », *Riforma medica*, anno IV, février.

— « Sur le noircissement des éléments nerveux traités par la méthode de Golgi au sublimé », *Riv. sper. di fren. e di med. leg.*, vol. II, 1896, p. 140.

Donnaggio : « Sur la présence d'un réticulum dans le protoplasma de la cellule nerveuse », *Riv. sper. di fren.*, vol. XXII, 1896.

— « Contr. à l'étude de la structure interne de la cellule nerveuse chez les vertébrés », *Riv. sperim. di fren.*, XXIV, 2, 1898.

— « Nouvelles observations sur la structure de la cellule nerveuse », *Ibid.*, 1898, 3 et 4.

Dor : Sur les nervi nervorum des nerfs optiques, *La Clinique Ophtalmologique*, 1899.

Dotto et Pusateri : « Sur le trajet des fibres du corps calleux et du psaltérium », *Riv. di patol. nerv. e ment.*, II, 2 février 1897.

Dufour : Sur le groupement des fibres endogènes de la moelle dans les cordons postérieurs, *Arch. de Neurol.*, 1896.

— Quelques considérations sur le groupement des fibres endogènes dans les cordons postérieurs de la moelle, à propos d'un cas de compression des nerfs de la queue-de-cheval, *Soc. de Biologie*, 10° s. III, 15, p. 449.

Durante : *Des dégénérescences secondaires du système nerveux. Dég. wallérienne et dég. rétrograde*, thèse de Paris, 1895.

— De la dégénération rétrograde dans les nerfs périphériques et les centres cérébro-spinaux, *Bull. Méd.*, 1895, p. 443.

— Un cas de lésion congénitale systématisée des faisceaux de Goll, *Soc. de Biol.*, 1898, p. 545.

Duerig : « La formaline comme moyen de fixation à la place de l'acide osmique dans la méthode de Cajal », *Anat. Anz.*, vol. X, p. 659.

Duval : Rech. sur l'origine réelle des nerf craniens, *Journ. de l'Anatomie*, 1877-1880.

— La corne d'Ammon, *Arch. de Neurol.*, 1881, 1882.

— Hypothèses sur la physiologie des centres nerveux ; théorie histologique du sommeil, *Soc. de Biol.*, 1895, p. 74.

— L'amiboïsme des cellules nerveuses, *Revue Scientif.*, 1898.

Duval et Laborde : De l'innervation des mouvements associés des globes oculaires, *Journ. de l'Anat.*, 1880.

Ebstein : « Volumineux ostéome de l'hémisphère gauche du cervelet », *Virchow's Arch.*, 1849.

Edes : « Sur le mode de progression de l'influx nerveux dans les fibres myéliniques », *Journ. of Phys.*, vol. XIII, 1892.

Edinger : « Sur le trajet des fibres des cordons postérieurs dans le bulbe et le pédoncule cérébelleux inférieur », *Neur. Centr.*, 1885, n° 4.

— « Trajet des voies centrales des nerfs craniens », *Arch. f. Psych.*, 1885, vol. XVI.

— « Sur le rôle et la signification du corps strié », *Arch. f. Psych.*, 1887, vol. XIX, et *Journ. of nervous and ment. dis.*, 1887, vol. XIV.

— « Sur les connexions des nerfs sensitifs avec le cerveau intermédiaire », *Anat. Anz.*, 1887.

EDINGER : « *Recherches sur l'anatomie comparée du cerveau* », Francfort, 1888.

— « Sur les voies qui continuent dans l'encéphale les racines postérieures de la moelle », *Anat. Anz.*, 1889.

— « Note sur le trajet des voies de la sensibilité dans le système nerveux central », *Deutsche med. Woch.*, 1890, n° 20.

— « Sur le rôle du cervelet dans la série animale », *Berichte der Senkenbergschen Gesells.*, 1889.

— « Études d'anatomie et d'embryologie comparées sur le cerveau. Appareil olfactif et corne d'Ammon », *Anat. Anz.*, 1893.

— « Sur l'origine phylogénétique des centres corticaux et sur l'appareil olfactif », *Wanderversamml. der Neur. u. Irrenaerzte zu Baden-Baden*, 1893.

— « Sur le développement des degrés supérieurs de la vie psychique chez les animaux », *Jahresb. di Senkenbergschen Naturf. Gesel.*, 1894.

— « Les fibres issues du corps strié », *Verh. di Anat. Gesells. in Strassburg*, 1894, et *Anat. Anz.*, 1894.

— « Sur le développement du centre visuel cortical », *Neur. Centr.*, 1895, p. 117, et *Arch. f. Psych. u. Nervenkr.*, 1895.

— « Le développement des voies cérébrales dans la série animale », 68e *Versam. Deuts. Naturf. u. Aerzte, Allg. Aertz. Centr. Zeit.*, 1896, vol. LXV, p. 79.

— « *Leçons sur la structure des organes nerveux centraux de l'homme et des animaux* », 5e édit. Leipzig, 1896.

EDINGER et WALLENBERG : « Recherches sur le cerveau du pigeon », *Anat. Anz.*, 1899, vol. XV, p. 245.

EDSALL : « Dissociation syringomyélique au cours d'un mal de Pott », *Journ. of nervous and ment. diseases*, 1898.

EGGER : « Sur la compression totale de la moelle dorsale supérieure », *Arch. f. Psych. u. Nervenkr.*, 1895, vol. XXVII, p. 129.

EHRLICH : « Sur la réaction du bleu de méthylène », *Deutsche med. Wochenschr.*, 1886.

EHRLICH et BRIEGER : « Sur l'exclusion de la moelle lombaire » (nécrose expérimentale de la s. grise), *Zeitsch. f. klin. Med.*, 1884.

ELINSON : Les fibres centrifuges du nerf optique, *Soc. de Biol.*, 1896, n° 26, p. 792.

ELLIOT : « Note sur la morphologie du cerveau et de ses commissures dans la série des vertébrés », *Anat. Anz.*, 1895.

ERLITZKI : « *Sur les lésions de la moelle chez les chiens amputés* », thèse de Pétersbourg, 1879.

ERNST : « Sur l'origine de quelques nerfs craniens », *Arch. Ottalm.*, 1895.

ERRERA : *Sur le mécanisme du sommeil*, » Bruxelles, 1895, Hayez.

EXNER : « Sur la structure fine de l'écorce cérébrale », *Wiener Sitzb.*, vol. LXXXIII, 1881.

Exner : « *Recherches sur la localisation des fonctions de l'écorce cérébrale de l'homme* », Vienne 1881.

— « Sur les champs moteurs corticaux », *Sitzb. d. k. Akad. d. Wiss. Wien.*, 1881, vol. LXXXIV.

— « Sur la senso-motilité » *Pflüger's Arch.*, 1891.

Exner (S.) : « *Projet d'une explication physiologique des phénomènes psychiques* », thèse de Leipzig et Vienne, 1894.

Faivre : Étude sur le conarium, *Annal. des Sc. natur.*, 1852.

Fajersztajn : « Recherches sur les dég. consécutives aux sections doubles de la moelle », *Neur. Centr.*, 1895, vol. XIV, p. 339.

Falcone : « *L'écorce du cervelet* », Naples, 1893 et *Arch. Ital. de Biol.*, 1894, vol. XX, p. 275, Résumé in *Neur. Centr.*, 1894, p. 530.

Fano : « Contr. à la localisation corticale des influences inhibitrices », *Atti della r. Accad. dei Lincei*, 1895.

Faravelli et **Fasola** : La force électromotrice nerveuse appliquée à l'étude du chiasma des nerfs optiques, *Arch. Ital. de Biol.*, 1889, t. XII, p. 224.

Ferrier : « *Les fonctions du cerveau* », Londres, 1876 ; 2ᵉ édit., 1886.

— Localis. motrices dans la capsule interne, *Arch. de Neur.*, 1892, p. 423.

— *Localisation des maladies cérébrales*, traduction française, 1891.

Ferrier et **Turner** : « Sur la symptomatologie et les dégénérations consécutives aux lésions du cervelet », *Phil. Trans.*, vol. CLXXXV et *Proc. of the R. Soc.*, 1894, vol. XIV.

— « Recherches expérimentales sur les faisceaux afférents et efférents du cervelet », *Proc. R. Soc.*, London, 1897, p. 379.

— « Recherches expérimentales sur les tractus afférents et efférents de l'écorce cérébrale », *Phil. Trans.*, 1898, vol. CXC et *Proc. of the R. Society.*, vol. LXII.

Fish : « L'induseum du corps calleux », *Journ. of comparat. Neurol.*, vol. V, p. 61.

Flatau : *Atlas du cerveau humain et du trajet des fibres nerveuses*, 1894, Berlin.

— « Sur l'emploi de la méthode de Golgi au sublimé pour l'examen des cerveaux humains adultes », *Arch. f. mikr. Anat.*, 1895, vol. XLV, p. 158.

— « Sur la section portant sur une région élevée de la moelle, chez le chien », *Neur. Centr.*, 1896.

— « Paralysie faciale périphérique avec dég. rétrograde des neurones : contr. à l'anatomie normale et pathologique des nerfs facial, cochléaire et trijumeau », *Zeitsch. f. klin. Med..* XXXII, 3 et 4, p. 280, 1897 et *Neur. Centr.*, vol. XV, p. 718, 1896.

— « La loi de la situation excentrique des voies longues de la moelle », *Acad. des Sc. de Berlin*, mars 1897.

— « Sur les lésions médullaires consécutives aux grandes amputations des membres (chromatolyse des cellules des cornes antérieures après amputation de la jambe) », *Deutsche med. Woch.*, vol. XXIII, 1897.

Flatau : « Sur la localisation du centre médullaire des muscles de l'avant-bras et de la main chez l'homme », *Arch. f. Phys.*, 19 février 1899.

Flechsig : *Les voies de conduction du cerveau et de la moelle d'après les recherches embryologiques* », Leipzig, 1876.

— « Sur les maladies systématiques de la moelle », *Arch. f. Heilkunde*, 1877 et 1878, vol. XVIII et XIX.

— « Sur l'anatomie et le développement des voies de conduction dans l'encéphale de l'homme », *Arch. f. Anat. u. Phys.*, 1881.

— « *Plan du cerveau humain* », Leipzig, 1883.

— « Sur l'embryologie des systèmes d'association », *Neur. Centr.*, 1884.

— « Sur les rapports des cordons postérieurs avec l'encéphale » *Neur. Centr.*, 1885.

— « Cerveau et psychisme », Leipzig, 1896.

— « Sur le trajet central des nerfs sensitifs », *Neur. Centr.*, 1885, n° 23.

— « Sur une nouvelle méthode de coloration », *Arch. f. Anat. u. Phys., Anat. Abth.*, 1889.

— « Nouvelle communication sur les rapports du quadrijumeau postérieur avec le nerf auditif », *Neur. Centr.*, 1890.

— « Le tabes est-il une maladie systématique », *Ibid.*, ibid.

— « Sur une nouvelle base pour la division topographique de la surface du cerveau », *Ibid.*, 1894.

— « Sur l'embryologie des systèmes d'association dans le cerveau de l'homme », *Kœnigl. Sachs. Ges. d. Wiss. zu Leipzig*, 1894.

— « Nouvelle communication sur les centres sensoriels et d'association dans le cerveau de l'homme », *Neur. Centr.*, 1895, vol. XIV.

— « *La localisation des processus mentaux, en particulier des sensations sensorielles chez l'homme* », Leipzig, 1896, Veit et Cie, analysé in *Rev. Neurol.*, 1897, n° 11, p. 302.

— « Notice sur le ruban », *Neur. Centr.*, 1896.

— « Nouvelles recherches sur la couronne rayonnante du cerveau de l'homme », *Ibid.*, 1896, vol. XV.

— « Sur l'anatomie du pédoncule antérieur de la couche optique, du cingulum et de la voie de l'acoustique », *Ibid.*, vol. XVI, p. 290, 1897.

— « Nouvelles recherches sur la formation de la myéline dans les lobes cérébraux de l'homme », *Ibid.*, XVII, 1898.

Flechsig et Hoesel : « Les circonvolutions centrales, comme organe central des cordons postérieurs », *Neurol. Centr.*, 1890.

Flourens : *Recherches expérimentales sur les propriétés et les fonctions du système nerveux*, Paris, 1842.

Foll : « *Contr. à l'anatomie fine de la moelle* », Zurich, 1860.

Folli : « Contr. à l'étude de la disposition des cellules nerveuses dans l'écorce cérébrale de l'homme », *Laborat. di anat. micr. dell. Univ. di Bologna*, 1896.

FOREL : « Recherches sur la région de la calotte », *Arch. f. Psych.*, 1877, vol. VII.

— « Quelques considérations et quelques données concernant l'anatomie du cerveau », *Arch. f. Psych.*, vol. XVIII, p. 162.

— « Un cas d'absence du corps calleux dans le cerveau d'un idiot », *Tageblatt der 54e Versam. deutscher Naturf. u. Aerzte in Salzburg*, septembre 1887.

— « Communication préliminaire sur l'origine de l'acoustique », *Neurol. Centr.*, 1885.

— « Sur la question de l'acoustique », *Ibid.*, 1887.

— « Sur la méthode des atrophies et dégénérations expérimentales et ses résultats dans l'anatomie du système nerveux central », *Festschrift für v. Koelliker*, 1892 (en collaboration avec MAYSER et GANSER).

FOERSTER : « Sur la cécité corticale », *Arch. f.Ophthalm.*, 1890.

FOVILLE : *Traité d'anatomie et de physiologie du système nerveux cérébro-spinal*, Paris, 1844.

FRANCE : « Sur les dégénérations descendantes consécutives aux lésions des gyrus marginal et fornicatus chez le singe », *Phil. Transactions*, vol. CLXXX, 1889.

FRANCK et PITRES : Des dégénérations secondaires de la moelle épinière consécutives à l'ablation du gyrus sigmoïde chez le chien, *Gaz. Méd. de Paris*, 1880, p. 152 et *Progrès Médical*, 1880, p. 155.

FRANCOTTE : De la dég. ascendante secondaire du f. de Gowers, *Acad. Roy. de Belgique*, 1889.

— Études sur l'anat. pathol. de la moelle épinière, *Arch. de Neurologie*, 1890.

FRASER : « Sur le f. pyramidal de certains rongeurs », *Dublin Journ.*, 1889.

FRENKEL : Étude sur l'inégalité pupillaire dans les maladies et chez les personnes saines, *Revue de Médecine*, 1897.

FREUD : « Nouvelle méthode pour l'étude du trajet des fibres nerveuses, etc. », *Centralbl. f. die med. Wiss.*, 1884.

— « Sur la couche interolivaire », *Neur. Centr.*, 1885.

— « Sur l'origine de l'acoustique », *Monatsch. f. Ohrenheilk.*, 1886.

— « Sur l'origine des racines postérieures dans la moelle de l'ammocète », *Wiener Sitzungsber*, 1887.

— « Colorations électives de la myéline », *Neurol. Centr.*, 1899, p. 196.

FRIEDLANDER et KRAUSE : « Sur les lésions des nerfs et de la moelle consécutives aux amputations », *Fortschritte d. Med.*, décembre 1886.

FRIEDMANN : « Quelques mots sur le processus de dég. dans la substance blanche des hémisphères », *Neurol. Centr.*, 1887.

FRITSCH et HITZIG : « Sur l'excitabilité électrique du cerveau », *Arch. de Du Bois-Reymond*, 1870, p. 300 à 332.

FROMANN : « *Recherches sur l'anatomie normale et pathol. de la moelle* », Iéna, 1864-1867.

Froriep : « Sur le développement des nerfs craniens », *Anat. Anz.*, supplément au vol. VI, 1891.

— « Sur la question de la neuromérie », *Ibid.*, supplément au vol. VII, 1892.

Fuchs : « L'atrophie périphérique des nerfs optiques », *Graefe's Archiv*, vol. XXXI.

Fusari : « Sur l'origine des fibres nerveuses de la couche moléculaire du cervelet chez l'homme », *Atti della R. Accad. delle Sc. di Torino*, 1883.

— « Un cas d'absence presque totale du cervelet », *Atti della R. Accad. di Bologna*, 1892.

— « Sur les fibres nerveuses à trajet descendant situées dans la substance réticulée blanche du rhombencéphale de l'homme », *Riv. sper. di fren.*, vol. XXII, 1896.

— « Sur le tractus spinalis du trijumeau et sur quelques faisceaux de fibres descendantes dans le faisceau antéro-latéral de la moelle, » *Arch. Ital. de Biol.*, vol. XXVI, 1896, p. 387, et *Boll. d. sc. med. di Bologna*, 1896, vol. VII, p. 149.

— « La terminaison centrale du nerf optique chez les Téléostéens », *Riv. di patol. nerv. e ment.*, 1896.

Gabbi : Sur les cellules radiculaires postérieures de v. Lenhossek et Cajal, *Arch. Ital. de Biol.*, t. XXVI, 1897.

Gad : « *Quelques mots sur les centres et les voies de conduction dans la moelle de la grenouille* », Wurzbourg, 1884.

— « Recherches sur l'anatomie et la physiologie des ganglions spinaux », *Soc. de Phys. de Berlin*, 7 oct. 1887.

Gad et Flatau : « Sur la localisation médullaire approximative des voies motrices destinées aux différentes parties du corps », *Neurol. Centr.*, 1897, vol. XVI, p. 481.

Gad et Joseph : « Rapports des fibres aux cellules nerveuses dans les ganglions spinaux » (ganglion jugulaire du vague), *Arch. de Du Bois-Reymond*, 1889.

Galeazzi et Perrero : « Un cas d'hémianesthésie d'origine corticale », *Riforma Med.*, janvier 1899 ; résumé in *Rev. Neurol.*, 30 juin 1899, p. 458.

Gallerani : Les substitutions fonctionnelles dans le cerveau, physiologie des commissures, *Arch. Ital. de Biologie*, 1889, vol. XXXV.

Ganser : « Sur la commissure antérieure des mammifères », *Arch. f. Psychiatrie u. Nervenkr.*, vol. IX, 1879.

— « Sur la disposition des fibres du nerf optique », *Ibid.* vol. XIII.

— « Sur la disposition centrale et périphérique des fibres du nerf optique et sur les quadrijumeaux antérieurs », *Arch. f. Psych.*, vol. XVI.

— « Recherches sur l'encéphale de la taupe », *Morphol. Jahrb.*, vol. VII,

Garbowski : « Doctrine d'Apathy sur les éléments nerveux conducteurs », *Biol. Centralbl.*, n° 13 et 14, 1898.

Garel : Nouveau fait de paralysie de la VIe paire avec déviation conjuguée dans un cas d'hémiplégie alterne, *Rev. de Méd.*, 7 juillet 1882.

— Centre cortical laryngé ; paralysies vocales d'origine cérébrale, *Ann. des maladies de l'oreille et du larynx*, vol. XII, 1886, p. 218.

Garel et Dor : Du centre cortical moteur laryngé et du trajet intra-cérébral des fibres qui en émanent, *Ibid*, vol. XVI, 1890, p. 290.

— A propos du centre cortical moteur du larynx, *Ibid.*, *ibid.*, p. 310.

Gaskell : « Sur les relations existant entre la structure, les fonctions et l'origine des nerfs craniens, avec une théorie du système nerveux des vertébrés », *Journ. of Physiology*, 1889.

Gattel : « Contr. à l'étude des voies motrices de la protubérance », *Verh. d. phys. med. Ges. in Würzburg*, 1895, vol. XXIX.

Gaule et Lewin : « Sur le nombre respectif des fibres et des cellules dans les ganglions spinaux du lapin », *Centralbl. f. Physiologie*, 1896, vol. X.

Gaupp : « *Anatomie de la grenouille* ; 2° partie, *Le système nerveux* », 2° édition, p. 47.

Gauthier : *Les mouvements automatiques rythmiques* (rôle de la couche optique), thèse de Paris, 1897-1898, n° 359.

Gebhard : « *Dégénérations secondaires après destruction de la protubérance par lésions tuberculeuses* », thèse de Halle, 1877.

Gee et Tooth : « Hémorragie protubérantielle ; lésions secondaires du lemnisque, du faisceau longitudinal postérieur et du flocculus cérébelleux », *Brain*, vol. XXXII, 1898.

Gehuchten (v.) : La structure des centres nerveux : la moelle épinière et le cervelet, *La Cellule*, 1890, vol. VI.

— De l'origine du nerf moteur oculaire commun, *Bull. de l'Acad. roy. de Belgique*, 1892 et *La Cellule*, 1892.

— Structure des lobes optiques chez l'embryon de poulet, *La Cellule*, 1892, vol. VIII.

— Ganglions cérébro-spinaux, *Ibid.*, p. 211.

— Les éléments moteurs des racines postérieures, *Anat. Anz.*, 1893.

— Contr. à l'étude du faisceau de Meynert ou faisceau rétroflexe, *Bull. de l'Acad. de Méd. de Belgique*, 1894.

— *Le bulbe olfactif de l'homme*, Paris, Levrault, 1895.

— La moelle épinière de la truite, *La Cellule*, 1895.

— Le faisceau longitudinal postérieur, *Acad. roy. de Méd. de Belgique*, 1895, et *La Cellule*, 1895.

— De l'origine du pathétique et de la racine supérieure du trijumeau, *Bull. Acad. roy. des Sc. de Belgique*, 1895.

— Contr. à l'étude du faisceau pyramidal, *Journ. de Neurol. et Hypnol.*, 1896, p. 336.

GEHUCHTEN (v.) : L'exagération des réflexes et la contracture chez le spasmodique et l'hémiplégique, *Journ. de Neurol. et d'Hypnol. de Bruxelles*, n°s 4, 5 et 6.

— Pathogénie de la rigidité musculaire et de la contracture dans les affections organiques du système nerveux, *Congrès de Bruxelles*, 1897, et *Rev. Neurol.*, 15 oct. 1897.

— Le mécanisme-des mouvements réflexes ; un cas de compression de la moelle dorsale avec abolition des réflexes, *Journ. Neurol. et Hypn.*, 1897, n° 14.

— Les centres de projection et les centres d'association de Flechsig, *Presse Méd. Belge*, 1897.

— Le ganglion basal et la commissure habénulaire dans l'encéphale de la salamandre, *Bull. de l'Acad. roy. de Belgique*, t. XXXIV, 1897.

— Contribution à l'étude des cellules dorsales (*Hinterzellen*) de la moelle épinière des vertébrés inférieurs, *Bull. de l'Acad. roy. de Belgique*, vol. XXXIV, p. 24, 1897.

— La chromatolyse dans les cornes antérieures de la moelle après désarticulation de la jambe et ses rapports avec les localisations motrices, *Journ. de Neurol.*, 1898.

— Recherches sur l'origine réelle des nerfs craniens. Les nerfs moteurs oculaires ; *Journ. de Neurol. et d'Hypnol.*, n° 6, 1898. *Trav. du lab. de Neurologie de Louvain*, 1898.

— État des réflexes et anatomie pathologique de la moelle lombo-sacrée dans les cas de paraplégie flasque due à une lésion de la moelle cervico-dorsale, *Journ. de Neurol.*, 1898.

— Les différentes formes de paraplégie dues à la compression de la moelle épinière, leur physiologie pathologique, *Presse Médicale*, 10 mai 1899.

— Sur l'existence ou la non-existence de fibres croisées dans le tronc des nerfs moteurs craniens, *Soc. belge de Neurologie*, 29 oct. 1898, vol. III, *Journ. de Neurol.*, 1899, n° 1, et *Rev. Neurol.*, 1899, p. 345.

— La dissociation syringomyélique de la sensibilité dans les compressions et les traumatismes de la moelle épinière et son explication physiologique, *Sem. Méd.*, 1899, p. 113.

— Connexions bulbaires du pneumogastrique, *Associat. des Anatomistes*, Paris. 1899.

— Conduction cellulipète ou axipète, *Bibl. Anatom.*, 1899.

— *Lésions sur l'anatomie du système nerveux de l'homme*, Louvain, 1900, 3e édition.

GEHUCHTEN (v.) et DE BUCK : La chromatolyse dans les cornes antérieures de la moelle après désarticulation de la jambe et ses rapports avec les localisations motrices, *Journ. de Neurol.*, 1898, p. 14.

— Contribution à l'étude des noyaux moteurs dans la moelle lombo-sacrée et sur la vacuolisation des cellules nerveuses, *Belgique Médicale*, VI, 15, p. 510, 1898, et *Rev. Neurol.*, 1898.

Gehuchten (v.) et Martin : Le bulbe olfactif chez quelques mammifères, *La Cellule*, 1891, vol. VII.

Gehuchten (v.) et Nelis : Quelques points concernant la structure des cellules des ganglions spinaux, *Bulletin de l'Acad. roy. de méd. de Belgique*, 1898.

— La localisation motrice médullaire est une localisation segmentaire, *Journ. de Neurol.*, 1899, n° 16, p. 301.

Gerest : *Les affections nerveuses systématiques et la théorie des neurones.* thèse de Lyon, 1898.

Gerlach : « Sur la question de l'entre-croisement du nerf hypoglosse pendant son trajet central », *Zeits. f. ration. Med.*, 1869, vol. XXXIV.

Gerwer : Sur les centres cérébraux des mouvements associés des yeux », *Neur. Centr.*, 1897.

— « Terminaison corticale du faisceau latéral du pied du pédoncule (f. de Türck) », *Associat. des médecins de la clinique psychiatrique et neurologique de Pétersbourg*, 1897 et *Neurol. Centralbl.*, vol. XVIII, 1899.

— « Recherches sur le faisceau externe du pied du pédoncule cérébral ou faisceau de Türck », *Neurol. Bote*, vol. VI (en russe).

Gierke : « Les territoires bulbaires dont la lésion arrête les mouvements respiratoires et le centre respiratoire », *Pflüger's Arch.*, 1873, vol. VII, p. 585.

— « La substance de soutien du système nerveux central », *Arch. f. mikr. Anat.*, vol. XXVI, 1886.

Giese : « *Topographie de la substance blanche de la moelle de l'homme, d'après des recherches embryologiques* », thèse de Pétersbourg, 1898, 257 pages et 131 figures.

Girard : Recherches sur l'appareil respiratoire central, *Mémoires de la Soc. de physique et d'hist. nat. de Genève*, 1891.

Goldscheider : « Sur la dualité du sens de la température », *Arch. f. die ges. Phys.*, 1886.

Golgi : Sulla fina anatomia degli organi centrali del sistema nervoso, *Rivista sper. di freniatria e di med. leg.*, vol. VIII, 1882, et Milan, 1886.

— Origine du tractus olfactorius et structure des lobes olfactifs, *Arch. Ital. de Biol.*, t. Iᵉʳ, 1882.

— « Sur la structure fine de la moelle », *Anat. Anz.*, 1890.

— « Le réseau nerveux diffus des organes centraux du système nerveux », *Rendic. del' Ist. Lombardo*, série 2, vol. XXIV, Œuvres complètes, p. 251, et *Arch. Ital. de Biol.*, 1891.

— « Recherches sur l'histologie des centres nerveux », *Arch. Ital. de Biol.*, t. III et IV, 1893.

— « Sur l'origine du quatrième nerf cérébral », *Ibid.*, 1893.

Golgi : « Sur la fine organisation du grand pied de l'hippocampe », *Soc. med. chir. di Pavia*, 1895.

— « Sur la structure de la cellule nerveuse des ganglions spinaux », *Bulletin de la Soc. méd.-chir. de Pavie*, 1898.

— Sur la structure des cellules nerveuses, *Arch. Ital. de Biol.*, vol. XXX, p. 60, et *Soc. méd.-chir. de Pavie*, 1898.

— « Contr. à la structure des cellules nerveuses », *Rend. R. Ist. Lomb. di Sc. e Lett.*, vol. XXXI, p. 930, et *Gaz. med. Lomb.*, LVII, p. 269 et 279.

— Terminaisons nerveuses intracellulaires, *Arch. Ital. de Biol.*, vol. XXX, p. 70, 1898.

— Sur la structure des cellules nerveuses de la moelle épinière, *Vol. jubil. du cinquantenaire de la Soc. de Biol.*, 1899, p. 507.

Goltz : « Sur les fonctions des hémisphères cérébraux », *Arch. de Pflüger*, XXVI, 1881, XXVIII, 1882, et XXXIII, 1888.

— « Sur la physiologie de l'écorce cérébrale », *Arch. f. Psych.*, vol. XVIII, 1887.

— « Le chien décérébré », *Pflüger's Arch.*, vol. XLI.

Gombault et Philippe : Contr. à l'étude des lésions systématiques des cordons blancs dans la moelle épinière, *Arch. de Méd. expérim.*, mai et juillet 1894.

— État actuel de nos connaissances sur la systématisation des cordons postérieurs de la moelle épinière, *Sem. Méd.*, 1895.

— Un cas de myélite transverse d'origine traumatique, *Bull. de la Soc. Anat.*, 1894, n° 1 et 2.

Gotsch et Horsley : « Sur l'emploi de l'électricité pour la localisation des phénomènes d'excitation dans le système nerveux central », *Centralbl. f. Physiol.*, 1891, IV, p. 649.

Gottfried : « Contr. à l'étude de la topographie du centre vaso-moteur dans le bulbe de l'homme », *Deutsche Zeits. f. Nervenheilk.*, 1896, vol. X, p. 67.

Gowers : « Sur le noyau dit noyau du facial et de l'abducens », *Centralbl. f. d. med. Wissenschaft.*, 1878, p. 417.

— « Remarques sur la dég. ascendante antéro-latérale dans la moelle », *Neur. Centr.*, 1886, n° 5.

— « *Manuel des maladies nerveuses* », 1892.

Grabower : « Sur les noyaux et racines du vague et leurs rapports réciproques », *Arch. f. Laryngol. u. Rhinol.*, 1894, vol. II et *Neur. Centr.*, 1895.

Grasset : *De la déviation conjuguée de la tête et des yeux*, Montpellier, 1879.

— *Des localisations dans les maladies cérébrales*, Paris, 1880.

— Le chiasma oculo-moteur (semi-décussation de l'oculo-moteur commun), *Rev. Neurol.*, 1877, p. 321, et *Lec. de Clin. méd.*, t. III, 1898, p. 502.

GRASSET : Les contractures et la portion spinale du faisceau pyramidal, *Nouv. Montpellier médical*, janvier à mars 1899.

— Note sur le même sujet, *Rev. Neurol.*, 1899, p. 122.

— *Anatomie clinique des centres nerveux*, Paris, Baillière, 1900.

GRAUX : *De la paralysie du moteur oculaire externe avec déviation conjuguée (Paralysie centrale par lésion du noyau de la VIe paire)*, thèse de Paris, 1898.

GRAWITZ : « Sur les troubles unilatéraux de la respiration dans les paralysies cérébrales », *Zeitsch. f. klin Med.*, 1894.

GRAZIA (DE) : « Dernières recherches sur la fine anatomie de la voie motrice et sensitive », *Riforma medica*, 1895.

GREIWE : « Tubercule solitaire du pédoncule cérébral droit ; dég. du ruban dans les deux sens », *Neur. Centr.*, 1894, n° 4.

GREPPIN : « Contr. à l'étude de la méthode de Golgi », *Arch. f. Anat. u. Physiol., Anat. Abt.*, 1889.

GROMEL : La glande pinéale, *Gaz. hebd. de Montpellier*, 1887.

GROSSGLICK : « Sur la physiologie des lobes frontaux », *Arch. f. Anat. u. Phys., Phys. Abt.*, 1895.

GRUENBAUM : « Note sur les dégénérations consécutives aux sections doubles, longitudinales et transversales, de la corne antérieure de la moelle », *Journ. of Physiolog.*, mai 1894.

GRUETZNER : « Modèles du chiasma optique de l'homme », *XXIe Wanderversamml. d. Südwestd. Neur. u. Irr.; Arch. f. Psych. u. Nervenkr.*, 1896, vol. XXVIII.

— « Remarques critiques sur l'anatomie du chiasma optique », *Deut. med. Woch.*, XXIII, 1897.

GUARNERI et BIGNAMI : « Les centres nerveux chez un amputé », *Boll. del. R. Accad. di Roma*, 1888.

GUDDEN : « Rech. expérimentales sur le système nerveux central et périphérique », *Arch. f. Psych.*, 1870, vol. II.

— « Sur un cordon nerveux non encore décrit dans le cerveau des mammifères et de l'homme », *Arch. f. Psych.*, 1870.

— « Rech. sur la région de la calotte, *Ibid.*, 1877.

— « Sur l'entre-croisement des fibres des nerfs optiques au niveau du chiasma », *Arch. f. Ophthalmol.*, vol. XX, 1874 ; vol. XXI, 1875 ; vol. XXV, 1879.

GUDDEN (V.) : « Nerfs moteurs de l'œil », *Gesammelte Abhandlungen, Edinger's Bericht pro* 1888.

— « Contr. à l'étude du corps mamillaire », *Arch. f. Psych.*, vol. XI.

— « *Œuvres complètes et œuvres posthumes* », publiées par GRASHEY, 1889.

GUDDEN (H.) : « Contr. à l'étude des racines du trijumeau », *Allg. Zeits. f. Psych.*, vol. XLVIII, 1892 et *Arch. de Neurol.*, 1892.

GUIZET : « Le champ ovale de Flechsig et le renflement lombaire de la moelle », *Rev. russe de Psych.*, 1897 ; résumé in *Rev. Neurol.*, 1898.

Guizet : « *Les parties constitutives de la s. blanche de la moelle épinière de l'homme, d'après la méthode d'évolution* », thèse de Pétersbourg, 1898 ; analysé in *Rev. Neurologique*, 1899.

Habel : Topogr. de l'étage supérieur du pédoncule, *Rev. Neurol.*, 1893.

— « Sur l'état du réflexe patellaire dans les sections transverses de la moelle », *Arch. f. Psych.*, 1896, vol. XXIX.

Hagelstram : « Paralysie du trijumeau et dégénération de ses racines à la suite d'une néoformation du ganglion de Gasser », *Deutsche Zeitsch. f. Nervenheilk.*, XIII, 1898.

Hagemann : « Sur la structure de la glande pinéale », *Arch. f. Phys.*, 1872.

Haller (B.) : « Rech. sur l'origine du vague chez les poissons osseux », *Verh. d. Deut. Zool. Gesells.*, 5 *Iahresversamml.*, Strasbourg, 1896.

Haller : « Recherches sur l'hypophyse et les organes de la région de l'infundibulum », *Morphol. Iahrbuch.*, vol. XXV, 1898.

Hamaïde : *Contribution à l'étude clinique des anesthésies résultant de lésions en foyer de l'écorce cérébrale*, thèse de Paris, 1888.

Hamilton : « Sur le corps calleux dans le cerveau de l'adulte », *Journ. of Anat. and Phys.*, vol. XIX, 1885.

— « Sur le corps calleux chez l'embryon », *Brain*, vol. VIII.

Hammarberg : « Atrophie et sclérose du cervelet », *Nord med. Arch.*, 1890, vol. XXII.

— « *Études cliniques et pathologiques sur l'idiotie avec recherches sur l'Anat. normale de l'écorce cérébrale* », traduct. du suédois en allemand par Walter Berger, publiée par Henschen, Leipzig, 1894, Kœhler, et Upsale, 1895.

Hanot et Meunier : Gomme syphilitique double de la moelle épinière, ayant déterminé un syndrome de Brown-Séquard bilatéral avec dissociation syringomyélique, *Nouv. Iconographie de la Salpêtrière*, 1896.

Havet : L'état moniliforme des neurones chez les invertébrés avec quelques remarques sur les vertébrés, *La Cellule*, 1899, t. XVI, p. 37 à 46.

Heard : « Sur les faisceaux anormaux du bulbe de l'homme », *Trav. du labor. du professeur Obersteiner p. l'Anat. et la Phys. du Syst. nerveux*, Vienne, 1894.

Hebold : « Le trajet des fibres dans le nerf optique », *Neurol. Centralbl.*, 1891.

Held : « Origine des fibres blanches de la région des quadrijumeaux », *Neurol. Centralbl.*, 1890, n° 16.

— « Les voies centrales du nerf acoustique chez le chat », *Arch. f. Anat. u. Phys.*, 1891.

— « Mode de terminaison des nerfs sensitifs dans l'encéphale », *Arch. f. Anat. u. Phys., anat. Abt.*, 1892.

— « Les rapports du cordon antéro-latéral avec le cerveau postérieur et le cerveau moyen », *Acad. des Sciences de Saxe*, Leipzig, 1892.

Held : « Recherches sur la structure fine du cervelet et du tronc cérébral »,
Arch. f. Anat. u. Phys., anat. Abt., 1892 et 1893.
— « Sur une voie acoustique corticale directe », Arch. f. Anat. u. Phys.,
anat. Abt., 1892.
— « La voie auditive centrale », Arch. f. Anat. u. Entw., 1893, p. 201.
— « Contr. à l'anatomie fine du cervelet et du tronc cérébral », Arch.
f. Anat. u. Psych., Anat. Abt., 1893.
— « Contr. à l'étude de la myéline », Ibid., 1896, p. 222.
— « Sur la structure des cellules nerveuses et de leurs prolongements »,
Ibid., suppl., p. 273 et 350, 1897.
— « Sur le mode d'union des cellules », IIe Versamml. mitteldeut.
Psych. u. Neurol. zu Halle », oct. 1897, résumé in Arch. f. Psych.,
vol. XXX, 1898, p. 656.
— « Sur la conduction auditive périphérique », Arch. f. Anat. u.
Physiol., anat. Abtheil., 1897, p. 350 et Centralbl. f. med. Wissensch.,
1898, p. 362.
Helweg : « Études sur le système nerveux central », Zeitsch. f. wissensch.
Zool., 1869-1870.
— « Étude sur le trajet central des voies nerveuses vaso-motrices »,
Arch. f. Psych., vol. XIX, 1887.
Henle : « Manuel de Neurologie humaine », 1879.
Henschen : « Contr. cliniques et anatomiques à la pathologie du cerveau »,
Upsale, 1890.
— « Anatomie des voies optiques au point de vue diagnostique », Upsale,
1893.
— Sur le centre optique cérébral, Congr. internat. de médecine de Rome,
1894, et Rev. génér. d'Ophtal., 1894.
— « Sur les localisations à l'intérieur du corps genouillé interne »,
Neur. Centralbl., 1894, p. 194.
Hensen et Voelkers : « Sur l'origine des nerfs de l'accommodation »,
Arch. f. Ophthalmol., 1878, vol. XXIV.
Herrick : « Sur l'architecture du cervelet », Journ. of comp. Neurology,
1891, vol. I.
— « Recherches expérimentales sur la méthode de Weigert », Ibid.,
vol. VIII.
Herwer : « Recherches anatomiques sur le faisceau latéral du pied du
pédoncule ou faisceau de Türck », Nevrol. Westnik von Bechterew et
Popoff 1898 (en russe), résumé in Centralbl. f. Nervenheilk., 1898,
p. 687.
Herzen et Loewenthal : Trois cas de lésion médullaire au niveau du point de
jonction de la moelle et du bulbe, Arch. de Phys., 1886, p. 260.
Hess : « Sur la dégénération de l'écorce cérébrale », Wien. med. Jahrb., 1886.
Heymann : « Contr. à l'anatomie pathol. de la compression de la moelle »,
Virchow's Arch., vol. CXLIX, 1893, p. 563.

Heymann : « Sur la structure fine des ganglions spinaux », *Ibid.*, vol. CLII, p. 298.

— « Sur la structure fine des cellules des ganglions spinaux », *Fort-schritte d. Med.*, 1898.

Hill : « Le mécanisme cérébral de la vue et de l'odorat », *Brit. med. Journ.* 1886.

— « L'Hippocampe », *Phil. Trans.*, 1893.

— « La fasciola cinerea ; ses relations avec le fascia dentata et les nerfs de Lancisi », *Proc. of the R. Society*, 1895, vol. LVIII.

— « Sur les grains de la couche granuleuse du cervelet », *Brain*, 1897.

Hirn : « Hémiatrophie de la langue », *Berlin. kl. Woch.*, 1885.

Hirsch : « La question des fibres sensitives de l'hypoglosse », *The New-York med. Journ.*, 1898.

Hirt : « Sur la localisation corticale du centre du moteur de la mastication chez l'homme », *Berl. klin. Woch.*, 1887.

His : « Histogenèse et connexions des éléments nerveux », *Arch. f. Anat. u. Phys.*, suppl., vol. VII, 1890.

— « Sur le développement du lobe olfactif », *Verh. d. Anat. Gesells.*, 1893.

Hise : « Du faisceau ovalaire dans le renflement lombaire de la moelle », *Soc. Alien. de Pétersbourg*, 1896, analysé in *Presse Med.*, 1897.

Hitzig : « *Recherches sur le cerveau* », Berlin, 1874.

— « Comment interpréter certaines anomalies de la contraction musculaire », *Arch. f. Psych. u. Nervenkr.*, 1872, vol. III, p. 312.

— « Recherches sur la physiologie du cerveau », *Berlin. kl. Woch.*, 1873, et *Arch. de Du Bois Reymond*, 1873.

— « Sur un cas d'absence unilatérale du cervelet », *Arch. f. Psych.*, vol. XV, 1884.

— « Sur les fonctions du cerveau », *Biol. Centralbl.*, VI, p. 569.

Hoche : « Sur les voies centrales des noyaux des nerfs craniens moteurs », *22ᵉ Congrès des Neurol. de l'Allemagne du Sud-Ouest à Baden-Baden*, 1896, et *Neurol. Centralbl.*, 1896, p. 607.

— « Sur les dég. second., spécialement sur celle du f. de Gowers, avec remarques sur l'état des réflexes dans la compressiou de la moelle », *Arch. f. Psych. u. Nervenkr.*, 1896, vol. XXVIII, p. 510.

— « Contr. à l'anatomie de la voie pyramidale et du ruban principal avec remarques sur les faisceaux anormaux du bulbe et du pont », *Ibid.*, vol. XXX, 1897.

— « Trajet et mode de terminaison des fibres du champ ovale des cordons postérieurs dans la moelle lombaire », *Neur. Centr.*, 1896, vol. XV, anal. in *Arch. de Neurol.*, 1897, et *Arch. f. Psych.*, 1896.

— « Sur les variations du trajet des voies pyramidales », *Neur. Centr.*, vol. XVI, 1897.

Hochhaus : « Sur l'absence de corps calleux chez l'homme », *Deut. Zeitsch. f. Nervenh.*, vol. IV, p. 78.

Hoesel : « Les circonvolutions rolandiques comme organe central des cordons postérieurs et du trijumeau », *Arch. f. Psych.*, vol. XXV.
— « Nouvelle contr. à l'étude du trajet du ruban cortical et des racines centrales du trijumeau chez l'homme », *Ibid., ibid.,* 1893.
— « Terminaison du ruban de Reil », *Neurol. Centr.,* 1893, p. 576.
— « Contr. à l'étude anatomique du ruban », *Congrès de Rome,* 1894 et *Neur. Centr.,* 1894, p. 546 à 550.
— « Sur quelques dégénérations secondaires rares, consécutives à des foyers de l'insula et de la couche optique », *Neur. Centr.,* 1898, p. 570.
Holl : « Sur le nerf accessoire de Willis », *Arch. f. Anat. u Phys.,* 1878.
Holm : « Anatomie et pathologie du noyau cortical du vague », *Neur. Centr.,* 1892, et *Rev. Neur.,* 1893, p. 154.
Holmgren : « Sur les ganglions spinaux du Lophius piscatorius », *Anat. Hefte,* 1899, n° 38.
Homen : « Sur les dég. secondaires du bulbe et de la moelle », *Virchow's Archiv,* vol. LXXXVIII.
— « Sur l'hémiatrophie faciale et l'origine du trijumeau », *Neur. Centr.,* 1890, p. 432 à 436.
Honeger : « Rech. d'anatomie comparée sur le fornix », *Recueil Zoologique suisse,* t. V, 1890, p. 281.
Horsley et Schaefer : « Recherches expérimentales sur la physiologie du cerveau », *Proc. Royal Soc.,* XXXVI, 1884 et XXXIX, 1885.
— « Compte rendu d'expériences sur les fonctions de l'écorce cérébrale », *Philos. Trans.,* 1888, vol. CLXXIX.
Hosch : « Sur l'entre-croisement des nerfs optiques chez l'homme », *Correspondenzbl. f. Schweizer Aerzte,* 1894.
Huber : The spinal ganglia of Amphibia, *Anat. Anz.,* 1896.
— « La méthode du bleu de méthylène appliquée aux coupes du système nerveux », *Journ. appl. univers.,* VI.
Huefler : « Sur le trajet des fibres dans le nerf optique de l'homme », *Deuts. Zeitsch. f. Nervenh.,* 1895, vol. VII, p. 96.
Huguenin : « *Pathologie générale des maladies du système nerveux* », Ire partie, Anatomie, Zurich, 1873.
— « Sur la théorie des neurones », *Correspondenzbl. f. Schweizer Aerzte,* 1892.
— « *De l'origine du pathétique et de la racine supérieure du trijumeau* », Bruxelles, 1895.
Hunnius : « *Symptomatologie des maladies de la moelle* », Bonn, 1891.
Jaboulay : *Relations des nerfs optiques avec le système nerveux central,* thèse d'agrégation, Paris, 1886.
Jacob : « *Atlas du système nerveux à l'état sain et pathologique avec les éléments de son anatomie, de sa pathologie et de sa thérapeutique.* »
— « Contr. à l'étude du trajet du ruban », *Neurol. Centr.,* 1895, vol. XIV, p. 308.

Jacobsohn : « Sur la situation des fibres du f. pyramidal antérieur dans le bulbe », *Ibid.*, 1895, p. 348.

— « Sur la question de l'entre-croisement des nerfs optiques », *Ibid.*, 1896, vol. XV, p. 838.

— « Sur les lésions de la moelle lors d'une paralysie périphérique », *Zeitsch. f. klin. Med.* vol. XXXVII.

— « Le centre cilio-spinal », résumé in *Revue Neurol.*, 15 octobre 1899.

Jacqueau : *Des troubles visuels dans leurs rapports avec les tumeurs intéressant le chiasma*, thèse de Lyon, 1896.

Jakowenko : « Sur la structure de la bandelette longitudinale postérieure », *Neurol. Centr.*, 1888.

Jelgersma : « Les voies et les centres nerveux et sensoriels », *Ibid.*, 1895, vol. XIV, p. 290.

— « Origine des nerfs moteurs de l'œil chez les oiseaux », *Psych. en Neurol. Bladen*, afl. I, 1897.

— « Sur la structure du cerveau des mammifères », *Morphol. Jahrb.*, vol. XV.

Jensen : « Sur les différences physiologiques individuelles entre cellules de même espèce », *Pfluger's Arch.*, vol. LXII, 1895, p. 172.

Joukowski : « Les connexions anatomiques des lobes frontaux », *Rev. (russe) de Psych.*, 1897, et *Rev. Neurol.*, 1897, p. 33.

Julin : *De la signification morphologique de l'épiphyse des vertébrés*, *Bull. Scient. du Nord*, 1887, p. 54.

Jung : « *Sur le trigone du cerveau de l'homme* », Bâle, 1845.

Justschenko : « Sur la structure des ganglions sympathiques chez l'homme et les mammifères », *Arch. f. mikr. Anat.*, vol. XLIX, 1897.

Kaes : « L'emploi de la méthode de Wolters pour les fibres fines de l'écorce cérébrale », *Neurol. Centr.*, 1891, p. 456.

— « Sur la teneur de l'écorce cérébrale en fibres myéliniques », *Ibid.*, 1883, et *Münchener Med. Woch.*, 1895 et 1896.

— « Contr. à l'étude de la teneur en fibres myéliniques de l'écorce cérébrale chez les idiots, avec mensurations comparées de l'écorce », *Monatschrift f. Psych. u. Neurol.*, 1897 ; — thèse de Munich, 1894 ; — *Neur. Centr.*, 1894.

— « Sur la masse de l'écorce cérébrale et sur la disposition des systèmes des fibres myéliniques dans l'écorce de l'homme, avec contr. à cette question : l'homme cultivé se distingue-t-il de celui des races inférieures au sujet du calibre et de la richesse des fibres myéliniques », *Wiener Med. Woch.*, année XLV, 1895, nos 41 et 42.

— « Sur la teneur en fibres myéliniques de l'écorce d'un enfant mâle d'un an et demi », *Jahresb. der Hamburger Staatskr.*, 1893-1896.

Kahler : « Sur les lésions secondaires de la moelle consécutives à une compression légère », *Prager Zeitsch. f. Heilk.* 1892.

Kahler et **Pick** : « Sur la syringomyélie et l'hydromyélie », *Prager Vierteljahr. f. prakt. Heilkunde*, 1879.

— « Sur la localisation de la paralysie partielle de l'oculomoteur », *Prager Zeitsch. f. Heilk.*, 1881.

Kaiser : « Les fonctions de la moelle cervicale », *Gekroente Preisschrift. Haag. Mart. Nijhoff*, 1891.

Kam : « Sur les dégénérations secondaires du tronc cérébral », *Arch. f. Phys.*, vol. XXVII.

Kamkoff : « Sur la structure du ganglion de Gasser chez les mammifères », *Intern. Monatsch. f. Anat. u. Phys.*, vol. XIV.

Karusin : « *Sur la systématisation de la moelle d'après son développement* », thèse de Moscou, 1894.

Kaufmann : « Sur l'absence de corps calleux dans le cerveau de l'homme », *Arch. f. Psych. u. Nervenkr.* », 1887 et 1888, vol. XVIII et XIX.

Kausch : « Sur la situation du noyau du trochléaire », *Neur. Centr.*, 1894, n°14.

Kéraval et **Targoula** : Fibres nerveuses intra-corticales du cerveau, *Ann. Médico-Psychol.*, 1890.

Kirchhoff : « Sur les centres trophiques cérébraux et sur le trajet des voies de conduction du trophisme et de la douleur, etc. », *Arch. f. Psych.* 1897, vol. XXIX et *Rev. Neurol.*, 1897, p. 693.

Kirilzeff : « Sur les différents phénomènes qui dépendent de la couche optique », *Neurol. Centralbl.*, 1891.

— « Sur l'origine et le trajet central de l'auditif », *Mediz. Obosrenye*. 1892 (en russe), et *Neur. Centralbl.*, 1892.

— « Nouvelle communication sur le trajet central de l'auditif », *Neur. Centralbl.*, 1894.

— « *La racine cochléaire de l'acoustique et ses centres primaires* », thèse de Moscou, 1894 et *Neur. Centr.*, 1894.

Klemperer : « Recherches expérimentales sur le centre cérébral de la phonation », *Arch. f. Laryngol. u. Rhinol.*, vol. II.

Klimoff : « Connexions du cervelet avec le noyau oculo-moteur commun », *Wratsch*, 1896.

— « *Les voies de conduction du cervelet* » (en russe), Kasan, 1897.

Klinke : « Sur les cellules des olives inférieures », *Neur. Centralbl.*, 1897 et *Arch. de Neurol.*, 1898, p. 486.

— « Contr. à l'étude du trajet des fibres du pied du pédoncule à propos d'un cas de paralysie cérébrale infantile », *Arch. f. Psych.*, XXX, p. 943, 1898.

Klippel : Comment débutent les dégénérescences spinales ? (Étude histologique), *Arch. de Neurologie*, 1896.

— La non-équivalence des deux hémisphères cérébraux, *Presse Médicale*, 29 janvier 1898.

Klippel et **Durante** : Des dégénérescences rétrogrades dans les nerfs périphériques et les centres nerveux, *Rev. de Méd.*, vol. XV, 1895.

Kljatschkin : « Recherches expérimentales sur l'origine du trijumeau », *Neurol. Central.*, XVI, 1897, et *Arch. de Neurol.*, juin 1898. p. 490.

— « *Matériel pour l'étude de l'origine et du trajet central des IVe, VIIe, X^e^, XIe et XIIe paires* » (en russe).

Knies : « Les troubles visuels unilatéraux d'origine centrale et leurs rapports avec l'hystérie », *Neur. Centralbl.*, 1893.

Koch : « Recherches sur l'origine et les connexions de l'hypoglosse dans le bulbe », *Arch. f. mikr. Anat.*, 1888, vol. XXXI.

— « Nouvelles remarques sur l'origine des IXe, X^e^ et XIe paires craniennes », *Centralbl. f. Nervenheilk. u. Psych.*, sept. 1892, p. 399.

Koch et Marie : Contribution à l'étude de l'hémiatrophie de la langue, *Rev. de Méd.*, 1888.

Kohnstamm : « Sur le noyau du phrénique », *23e Congrès de Neurol. de l'Allemagne du Sud-Ouest à Baden-Baden, 22 mai 1898*, résumé in *Neurol. Centralbl.*, 1898.

— « Sur l'anatomie et la physiologie du noyau du phrénique », *Fortschritte der Med.*, vol. XXI, p. 17, 1898.

Koelliker : « Sur la fine anatomie de la moelle », *Zeits. f. wiss. Zool.*, 1890, vol. LI.

— « Sur la fine anatomie du cerveau intermédiaire et de la région hypothalamique », *Anat. Anz.*, vol. VI, 1890.

— « Sur l'origine du nerf oculo-moteur commun chez l'homme », *Sitzb. d. Wurzb. phys. med. Gesells.*, 1892.

— « Sur la fine structure du bulbe olfactif. », *Ibid.*, 1892.

— « Sur le fornix longus ou supérieur de l'homme », *Vierteljahrsch. d. Naturf. Gesells. in Zürich.*

— « Preuve du croisement complet du nerf optique chez l'homme, le chien, le renard et le lapin », *Verhandl. d. anat. Gesells.*, Xe Versam., Berlin, p. 13.

— « Anatomie fine et fonctions du système sympathique », *65e Versamml. der Deut. Naturfors. u. Aerzte zu Wien*, 1894 et *Neur. Centr.*, 1894.

— « Sur le fornix longus de Forel et les radiations olfactives dans l'encéphale du lapin », *Anat. Anz.*, vol. IX, 1894.

— « Critique des hypothèses de Rabl Ruckardt et Lépine sur les mouvements amiboïdes des prolongements des cellules nerveuses », *Sitzb. der Würzburger phys. med. Gesells.*, mars 1895.

— « Sur la fine anatomie du cerveau intermédiaire et de la région hypothalamique », *Berichte der 9e Vers. d. Anat. Gesells.*, 1895.

— « *Manuel d'histologie de l'homme* », Leipzig, 1896, W. Engelmann, *Système nerveux*, vol. II.

Kolster : « Sur des cellules nerveuses particulières de la moelle », *Anat. Anz.*, vol. XIV, 1898.

Koeppen : « Sur la bandelette longitudinale postérieure », *Tagebl. d. deut. Naturf. Versam. in Heidelberg*, 1890.

Kordnyi : « Sur les suites de la section du corps calleux », *Pflüger's Arch.*, vol. XLVII.

Koester : « Contribution à l'étude des lésions histologiques de l'idiotie », *Neur. Centr.*, 1889.

Koshewnikoff : « Prolongement cylindraxile des cellules nerveuses », *Arch. f. mikr. Anat.*, vol. VI, 1870.

Kotelewsky : « Sur le noyau de la branche supérieure du facial », Séances de la Soc. russe de méd. de Varsovie; résumé in *Obozrenye psychiatryi*, n° 10, 1898, p. 810.

Kowaleskaja : « *Recherches sur l'histologie comparée de l'écorce cérébrale* », thèse de Berne, 1886.

Korvalewski : « Rapports du noyau lenticulaire avec l'écorce cérébrale chez l'homme et les animaux », *Sitzb. d. Akad. d. Wissensch.*, III, Abt., vol. LXXXVI, année 1882.

Krause : « Sur les rapports de l'écorce cérébrale avec le larynx et le pharynx », *Du Bois-Reymond's Arch. f. Anat. u. Phys.*, 1884.
— « Une particularité du nerf optique », *Anat. Anz.*, vol. XV, 1898.

Kreidl : « Recherches expérimentales sur le territoire radiculaire du glosso-pharyngien, du vague et de l'accessoire », *Wien. Sitzungsber. d. Akad. de Wiss.*, 1897.

Kreuser : « Un cas de porencéphalie acquise avec dégénération secondaire des fibres optiques et du faisceau latéral du pédoncule cérébral », *Allgem. Zeitsch. f. Psych.*, vol. XLVIII et *Arch. de Neurol.*, 1892, p. 110.

Krönthal : « Histologie des grandes cellules de la corne antérieure », *Neur. Centralbl.*, 1889.
— « Nouvelle méthode de coloration au formiate de plomb pour le système nerveux », *Ibid.*, 1899, p. 196.

Kuithan : « *Structure du cervelet chez les mammifères* », thèse de Munich, 1895.

Kundrat : « *L'arhinencéphalie* », Graz, 1882.

Kupffer : « Le développement des nerfs craniens des vertébrés », *Anat. Anz.*, suppl. au vol. VI, 1891.

Kusick : « Étude expérimentale sur l'innervation corticale des muscles du tronc », *Ges. Abh. aus d. med. Klin. zu Dorpat*, Wiesbaden, 1893.

Laborde : Recherches expérimentales sur quelques points de la physiologie du bulbe rachidien, *Gaz. Méd. de Paris*, 1878.
— Effets de la lésion expérimentale des pédoncules cérébraux, *Trav. du lab. de Phys. de Paris*, vol. I, 1885.
— Les fonctions du cervelet, étude expérimentale et critique, *Soc. de Biol.*, 1890.

LABORDE : *Traité élémentaire de physiologie*, vol. I; *Fonctions du système nerveux*, Paris, Soc. d'édit. scientif., 1892.

LAEHR : « Troubles de la sensibilité à la douleur et à la température consécutifs aux maladies de la moelle », *Arch. f. Psychiatrie*, vol. XXVIII, 3.

LAFFORGUE : *Étude sur les rapports de la lésion de la couche optique avec l'hémianesthésie de cause cérébrale*, thèse de Paris, 1877.

LAHOUSSE : Recherches sur l'ontogénèse du cervelet, *Arch. de Biologie*, 1888, t. VIII.

LAMACQ : *Le sens musculaire*, thèse de Bordeaux, 1891.

— Les centres moteurs corticaux du cerveau humain déterminés d'après les effets de l'excitation faradique des hémisphères cérébraux de l'homme, *Arch. cliniq. de Bordeaux*, nov. 1897.

LAMBERT : *Résistance des nerfs à la fatigue*, thèse de Nancy, 1894.

LANDMEYER : « Dégénérations secondaires après extirpation des centres moteurs », *Zeitsch. f. Biol.*, 1893, vol. XXVIII.

LANDOUZY : De la déviation conjuguée des yeux et de la rotation de la tête, *Bull. de la Soc. anat.*, 1879.

LANGE : « Jusqu'à quel point les symptômes que l'on observe après la destruction du cervelet sont-ils attribuables à la lésion de l'acoustique? » *Arch. f. d. ges. Phy.*, vol. L.

LANGENDORFF : « Études sur l'innervation des mouvements respiratoires », *Arch. f. Anat. u. Phys., phys. Abth.*, 1886-1888.

— « Contribution à l'étude des voies longues de la sensibilité dans la moelle », *Pfluger's Arch.*, vol. LXXI et *Neur. Centralbl.*, fév. 1899.

LANGLEY : « Récentes observations sur les dégénérations et sur les tractus nerveux de la moelle épinière », *Brain*, 1896, vol. IX.

LANGLEY et GRUENBAUM : « Sur les dégénérations résultant de l'excision de l'écorce et des corps striés chez le chien », *Journ. of Physiology*, 1891.

LANNEGRACE : Influence des lésions corticales sur la vue, *Arch. de Méd. expér.*, 1889.

LANNOIS : Y a-t-il un centre cortical du larynx? *Rev. de Méd.*, août 1885.

LANNOIS et JABOULAY : L'hémianopsie dans les abcès cérébraux d'origine otique, *Ibid.*, 1896, p. 659.

LARCHI et DEL ISOLA : La formaline dans la méthode de Golgi, *Arch. Ital. de Biol.*, 1895, t. XXIV, p. 478.

LARIONOFF : « Les voies auditives », *Neurol. Westnik de Bechterew et Popoff*, 1898 (en russe); résumé in *Centralbl. f. Nervenheilk.*, 1898, p. 686.

LAURA : « Recherches sur l'origine réelle des nerfs craniens, IX, VIII, VII, VI, V », *Mémoires de l'Acad. r. des sciences de Turin*, 1878 et 1879, vol. XXXI et XXXII.

— Sur la structure de la moelle épinière, *Arch. Ital. de Biologie*, 1882.

LA VILLA : « Quelques détails concernant l'olive supérieure et les centres acoustiques », *Rev. trim. micr.*, 1898.

LAWDOWSKI : « Sur l'architecture de la moelle », *Arch. f. mikr. Anat.*, vol. XXXVIII, 1891.

LAZURSKY : « Sur la couche du ruban », *Neurol. Bote*, vol. VI (en russe); *Jahresbericht*, 1897.

LEBEDJEFF : « Trajet des cordons antérieurs de la moelle dans le cerveau », *Soc. des natural. de Pétersbourg*, 20 septembre 1872.

LEGOUY et DE BRUN : Troubles de la sensibilité dans l'hémiplégie de cause cérébrale, *Encéphale*, 1884.

LEHMANN : « *Essai de localisation du noyau d'origine du nerf du quadriceps* », thèse de Wurzbourg, 1890.

LEMOS : *Histologie de la région psychomotrice chez le nouveau-né*, Porto, 1882.

LENHOSSEK : « Observations sur le cerveau de l'homme », *Anat. Anz.*, vol. II, 1887.

— « Sur le f. pyramidal de quelques mammifères », *Ibid.*, 1889.

— « Sur le trajet des racines postérieures dans la moelle », *Arch. f. mikr. Anat.*, 1890.

— « *Contr. à l'étude du système nerveux central et des organes des sens* », Wiesbaden, 1894, résumé in *Neur. Centr.*, 1894 :

« Sur les ganglions spinaux » ;

« Sur les cellules superficielles de la moelle du poulet » ;

« Sur les cellules commissurales de Golgi » ;

« Le ganglion géniculé du facial et ses connexions ».

— « *La structure fine du système nerveux central à la lumière des dernières recherches* », 2° édit., Berlin, 1895.

— « Remarques sur la structure des cellules des ganglions spinaux », *Neur. Centr.*, 1898, n° 13.

— « Exposé critique du travail de Bethe : les éléments anatomiques du système nerveux et leur rôle physiologique », *Biol. Centralbl.*, 1898, vol. XVIII, p. 843, *Neur. Central.*, mars 1899, p. 242 et *Rev. Neurol.* 1899, p. 592.

LEONOWA : « Sur le sort des neuroblastes du lobe occipital dans l'anophthalmie et l'atrophie du bulbe de l'œil et ses rapports avec la vision », *Arch. f. Anat. u. Phys., anat. Abt.*, 1893, p. 308-319.

— « Un cas d'anencéphalie combinée à une amyélie totale », *Neur. Centr.*, 1893, p. 218.

LÉPINE : *De la localisation dans les maladies cérébrales*, thèse d'agrégation, Paris, 1875.

— « Un cas d'hystérie à forme particulière », *Rev. de Méd.*, août 1894, et *Soc. de Biol.*, 15 février 1895.

LEVY DORN : « Contr. au polymorphisme des réactions de divers nerfs ou de leurs terminaisons à l'égard d'une même excitation », *Centralbl. f. Nervenh.*, vol. XVII, 1894.

LEWIS : « Rech. comparatives sur la structure de l'écorce cérébrale », *Phil. Trans.*, 1880.

Lewis : « Structure de la première couche de l'écorce cérébrale », *Edinb. med. Journ.*, 1897, p. 573.

Leyden : « *Clinique des maladies de la moelle* », Berlin, 1875.

Leyden et Jastrowitz : « *Contr. à l'étude des localisations dans le cerveau* », Berlin, 1886.

Leydig : « L'organe pariétal des amphibiens et des reptiles ». *Abh. der Senkberg. Gesells.* 1890.

— « L'élément conducteur du tissu nerveux », *Arch. f. Anat. u. Phys.*, anat. Abth., 1897, p. 43.

Libertini : « Sur la localisation du pouvoir inhibiteur de l'écorce cérébrale ; recherches expérimentales », *Arch. per le Sc. med.*, vol. XIX et *Arch. Ital. de Biol.*, vol. XXIV, 1895. p. 438.

Lissauer : « Contr. au trajet des fibres dans la corne postérieure de la moelle de l'homme », *Arch. f. Psych.*, 1886, vol. XVII.

— « Contr. au trajet des fibres des racines postérieures dans l'encéphale », *Anat. Anz.*, 1889.

— « Contr. à l'anatomie pathologique du tabes dorsal, etc. ». Communication préliminaire, *Neur. Centr.*, 1885, n° 11.

Lisso : « *Sur la localisation de la sensibilité dans l'écorce cérébrale*, Berlin, 1892.

Livi : « Notes histologiques sur l'origine réelle de quelques nerfs craniens », *Archivio per Sc. med.*, vol. VII ; résumé in *Iahresber. ub. d. Forch. d. Anat. u. Phys. von Hoffmann u. Schwalbe*, 1883, p. 243.

Lloyd Andriezen : « Morphologie du corps pituitaire », *Brit. med. Journ.*, 1894.

— « Étude sur les lésions trouvées dans un cas de traumatisme de la moelle cervicale et ayant simulé la syringomyélie », *Brain*, 1898, p. 36.

Loewenthal : « Sur les différences qui existent entre les dég. du cordon latéral consécutives à des lésions du cerveau ou de la moelle », *Pflüger's Arch.*, 1883, vol. XXXI, p. 350.

— Dégénérations secondaires ascendantes, dans le bulbe, le pont et l'étage supérieur de l'isthme, *Rev. Méd. de la Suisse romande*, 1885, vol. X.

— *Des dégénérations secondaires de la moelle épinière consécutives aux lésions expérimentales médullaires et corticales*, thèse de Genève 1885, et *Recueil Zool. suisse*, 1885, vol. II.

— Parcours central du faisceau cérébelleux direct, *Bull. de la Soc. Anat. vaudoise*, 1885.

— Contr. expérimentale à l'étude des atrophies secondaires du cordon postérieur, *Recueil Zool. suisse*, vol. IV, n° 1.

— Note relative à l'atrophie unilatérale de la colonne de Clarke après lésion du bulbe rachidien, *Rev. Méd. de la Suisse romande*, 1886.

— La région pyramidale de la capsule interne chez le chien et la constitution du cordon antéro-latéral de la moelle, *Ibid*, 1886.

Loewenthal : « Nouvelles recherches anatomiques et expérimentales sur quelques voies de conduction du cerveau et de la moelle », *Internat. Monatsch. f. Anat. u. Phys.*, 1893, vol. X.

— « Sur l'origine de la racine descendante du trijumeau », *Monit. Zool. Ital.*, 1894.

— « Sur la structure du noyau denté », *Ibid.*, 1895.

— « Sur les connexions réciproques des éléments nerveux de l'écorce cérébelleuse », *Unters. zur Naturlehre des Menschen und der Tiere*, 1896, vol. XV.

Long : Contr. à l'étude des fibres endogènes de la moelle, *Soc. de Biol.*, 30 juin 1898.

— Un cas de tumeur de la protubérance avec dég. du ruban de Reil, du f. longitudinal postérieur et du f. central de la calotte, *Arch. de Phys.*, oct. 1898.

— *Les voies centrales de la sensibilité générale. (Étude anatomo-clinique)*, thèse de Paris 1899.

Longet : *Anatomie et Physiologie du système nerveux*, 1846.

Lotheisen : « Sur les stries médullaires de la couche optique et leurs connexions », *Anat. Hefte*, 1894.

Lubosch : « *Anatomie comparée de l'origine de l'accessoire* », thèse de Berlin, 1898.

Luciani : « Sur les localisations sensorielles dans l'écorce cérébrale », *Brain*, VII, 1884.

— « *Le cervelet. Nouvelles études de physiologie normale et pathologique* », Florence 1891. Le Monnier, résumé in *Arch. Ital. de Biol.*, 1891, vol. XVI, p. 289 à 231.

— De l'influence qu'exercent les mutilations cérébelleuses sur l'excitabilité de l'écorce et sur les réflexes spinaux, *Ibid.*, vol. XXI.

— Les récentes recherches sur la physiologie du cervelet, *Ibid.*, vol. XXIII, p. 217 à 242.

Luciani et Seppilli : « *Localisations fonctionnelles du cerveau* », Naples 1885.

Luciani et Tamburini : « *Sur les fonctions du cerveau* », 1878.

— « Sur les centres psycho-corticaux », *Riv. sper. di fisiologia*, 1879.

Lugaro : « Sur l'origine de quelques nerfs craniens », *Moleschott's Untersuchungen*, vol. XVI.

— « Contr. à la fine anat. du grand pied de l'hippocampe », *Arch. per le Sc. med.*, vol. XVIII, p. 113.

— Sur les cellules d'origine de la racine centrale du trijumeau, *Arch. Ital. de Biol.*, vol. XXIII, p. 78.

— Connexions entre les éléments nerveux de l'écorce cérébelleuse et considérations sur la signification physiologique des rapports entre les éléments nerveux, *Ibid.*, vol. XXIII, p. 86.

— « Sur la structure du noyau denté du cervelet chez l'homme », *Monit. Zool. ital.*, 1895.

Lugaro : « Sur l'histogenèse des grains de l'écorce cérébelleuse », *Anat. Anz.*, 1894, p. 711.

— « Sur la structure des cellules des ganglions spinaux chez le chien », *Riv. di pat. nerv. e mentale*, 1898.

— « Sur les modifications morphologiques et fonctionnelles des dendrites des cellules nerveuses », *Riv. di patol. nerv. e ment.*, vol. III, f. 8, p. 337, 359, 1898 et *Rev. Neurol.*, 1898, p. 884.

— « Critique de l'hypothèse de Cajal sur la signification des entre-croisements sensoriels, sensitifs et moteurs », *Riv. di pat. nerv. e ment.*, vol. IV, p. 241, juin 1899 et *Rev. Neurol.*, 30 octobre 1899.

— « Sur les rapports existant entre le tonus musculaire, la contracture et l'état des réflexes », *Rivista di pat. nerv. e ment.*, vol. III, f. 11, 1898, résumé en *Rev. Neurol.*, 1899.

Lui : « Sur le développement histologique de l'écorce du cervelet dans ses rapports avec la faculté de locomotion », *Riv. sper. di fren. e di med. leg.*, vol. XX, p. 218, 1894 et vol. XXII, p. 27, 1896.

Lussana et Lemoigne : Des centres moteurs encéphaliques, *Arch. de Phys.*, 1877.

Luys : *Recherches sur le système nerveux cérébro-spinal*, Paris 1865.

— « Le cerveau, sa structure et ses fonctions », *Intern. med. Bibl.*, 1877, vol. XXVI.

— Du développement compensateur de certaines régions encéphaliques en rapport avec l'arrêt de développement de certaines autres, *Ann. de Psych. et d'Hypn.*, vol. IV, p. 193.

— Description d'un faisceau de fibres cérébrales descendantes allant se perdre dans le corps olivaire, *Soc. de Biologie*, juillet 1895.

Macédo : De l'encéphale humain avec et sans commissure grise, *Bull. Soc. Anthrop. de Paris*, 1889.

— « Le cerveau sans corps calleux ; contr. à la théorie des circonvolutions », *Neurol. Centralbl.*, IX, 1890.

Mahaim : « Un cas d'affection secondaire du thalamus et de la région sous-optique, atrophie du ruban », *Arch. f. Psych.*, vol. XXV, 1893.

— « Réplique au mémoire de Hoesel : Terminaison du ruban de Reil, (*Neur. Centr.*, 1893) », *Neur. Centr.*, 1893.

— « Recherches sur la structure anatomique du noyau rouge, *Mém. couronnés de l'Acad. de Méd. de Belgique*, 1894, XIII.

— Recherches sur les connexions qui existent entre les noyaux des nerfs moteurs du globe oculaire, d'une part, et d'autre part le faisceau long. postérieur et la formation réticulée, *Bull. Acad. Roy. de Belgique*, 1895.

— Note à propos des récents travaux concernant le trajet du ruban de Reil médian, Liège, 1896.

— Centres de projection et centres d'association du cerveau, *Annales de la Soc. méd.-chir. de Liège*, 1897.

— Le cervelet, *Annales de la Soc. méd.-chir. de Liège*, 1898.

Mann : « La structure fibrillaire des cellules nerveuses », *Anat. Anz.*, suppl. 1892.

— « Sur l'état des réflexes tendineux et des mouvements passifs dans l'hémiplégie », *Monatsch. f. Psych. u. Neurol.*, vol. 1, p. 409.

— « *Sur la nature et le développement de la contracture hémiplégique* », Berlin 1898.

— « Sur la physiologie et la pathologie des neurones moteurs », *Neurol. Centralbl.*, 1898, p. 1021.

Manouélian : Contr. à l'étude du bulbe olfactif; hypothèse des nervi nervorum, *Soc. de Biol.*, 1898.

— Sur un nouveau type de neurone olfactif central, *Sem. Méd.*, 1898, p. 269.

— Cellules du bulbe olfactif, *Soc. de Biologie*, 4 juin 1898.

— Recherches sur l'origine des fibres centrifuges du nerf optique, *Soc. de Biologie*, 18 novembre 1899.

Marchand : « Sur le développement du corps calleux dans le cerveau de l'homme », *Arch. f. mickr. Anat.*, vol. XXXVIII.

Marchi : « Sur la fine organisation des corps striés et des couches optiques », *Riv. sper. di fren.*, 1886.

— « Sur les dégénérations consécutives à l'extirpation totale ou partielle du cervelet », *Ibid.*, 1886, et *Arch. Ital. de Biol.*, 1886.

— « Sur le trajet des cordons postérieurs dans la moelle épinière », *Riv. sper di fren.*, 1888.

— « Sur l'origine du lemnisque », *Riv. di patol. nervosa e ment.*, 1896.

Marguliés : « Contr. à l'étude du trajet des racines postérieures chez l'homme », *Neur. Centralbl.*, 1896.

— « Rech. expérimentales sur l'architecture des cordons postérieurs chez le singe », *Monatsch. f. Psych. u. Neurol.*, vol. I, 1897.

Marie : *Leçons sur les maladies de la moelle*, Paris, 1892.

— « Sur l'origine exogène ou endogène des lésions du cordon postérieur étudiées comparativement dans le tabes et la pellagre », *Sem. Médicale*, 1894.

Marina : « Méthode de fixation permettant l'usage simultané de la méthode de Nissl et de la méthode de Weigert pour la myéline, *Neurol. Centr.*, 1897, p. 166.

Marinesco : « Des connexions du corps strié avec le lobe frontral », *Soc. de Biol.*, 1895.

— Théorie des neurones. Application au processus de dég. et d'atrophie dans le système nerveux, *Presse Méd.*, 1895.

— Localisations sensitives et motrices dans la moelle épinière, *Sem. Méd.*, 1896.

— Constitution et rôle de la bandelette longitudinale postérieure, *Ibid.*, 1896, n° 44.

— « La théorie des localisations en Angleterre », *Ibid.*, 13 mai 1896, p. 197.

Marinesco : Sur la physiologie du cervelet et ses applications. à la neuro-
   pathologie. *Ibid.*, 1895, p. 214.
— Noyaux musculo-lisse et musculo-strié du pneumogastrique, *Soc. de
   Biol.*, février 1897.
— Contr. à l'étude des localisations des noyaux moteurs dans la moelle
   épinière, *Rev. Neurol.*, vol. VI, 1898.
— Sur les paraplégies flasques par compression de la moelle, *Sem. Méd.*,
   1898.
— Recherches sur l'atrophie musculaire et la contracture dans l'hémi-
   plégie organique, *Sem. Méd.*, 1898, p. 465.
— L'origine du facial supérieur, *Rev. Neurol.*, 1898, n° 2.
— Sur le trajet intra-médullaire des racines postérieures, *Roumanie
   Médicale*, 1899, et *Rev. Neurol.*, 1899.
Marique : *Recherches expérimentales sur le mécanisme de fonctionnement des
   centres psycho-moteurs du cerveau*, Bruxelles, 1885.
Marracino : « Contr. à l'histologie comparée de l'écorce cérébrale »,
   Journ. de l'Assoc. napol. des méd. et natural., 4° année, p. 1 à 30.
— Recherches histologiques sur le manteau gris du cerveau des petits
   enfants, *Arch. Ital. de Biol.*, 1892, t. XXIV, p. 472.
Martin : « La terminaison du nerf acoustique dans l'encéphale du chat »,
   Anat. Anz., vol. IX, 1893, p. 181.
— « Sur le développement du corps calleux chez le chat », *Anat. Anz.*,
   vol. IX, p. 156, 1893 et 1894.
— Contr. à l'étude de la structure interne de la moelle épinière chez le
   poulet et chez la truite, *La Cellule*, 1895.
Martinotti : « *Sur la structure du ruban de Vicq d'Azyr* », 1887.
— « Contr. à l'étude de l'écorce cérébrale », *Intern. Monatsch. f. Anat.
   u. Phys.*, vol. VII, 1890.
— « Sur quelques particularités de structure des cellules nerveuses »,
   Ann. di fren., vol. IX, 1899.
Martinotti et Mergandino : « Recherches sur les altérations de la moelle épi-
   nière qui accompagnent les lésions du cervelet », *Il Morgagni*, vol. XXX,
   1888.
Martius : « Les méthodes propres à déceler le trajet des fibres du système
   nerveux central », *Volkmann's Samml. kl. Vortr.*, 1886, n° 276.
Masini : « *Sur les centres corticaux du larynx, études expérimentales et
   cliniques* », Naples, 1888.
Massary (de) : *Le tabes dorsalis, dégénérescence du proto-neurone centripète*,
   thèse de Paris, 1896.
— La théorie des réflexes, *Presse Méd.*, 5 février 1898.
Massaut : « Recherches expérimentales sur le trajet des fibres du réflexe
   pupillaire », *Arch. f. Psych.*, 1896, vol. XXVIII, p. 432.
Matte : « Contr. à l'étude de l'origine des fibres de l'acoustique », *Arch.
   f. Ohrenheilk.*, 1895, vol. XXXIX, p. 17.

Mauthner : « *La paralysie nucléaire des muscles oculaires* », Wiesbaden,
    1885.
Max (Joseph) : « Sur la physiologie des ganglions spinaux », *Arch. f.
    Anat. u. Phys.*, *phys. Abth.*, 1887, p. 296 à 315.
— « Sur la doctrine des nerfs trophiques », *Virchow's Arch.*, vol. CVII,
    p. 119 à 159, 1887.
Mayer : « Sur l'anatomie pathologique des cordons postérieurs de la
    moelle », *Jahrb. f. Psych. u. Neurol.*, 1894.
— « Contr. à l'étude de la dégénération ascendante des nerfs craniens
    chez l'homme », *Ibid.*, 1894, vol. XII, p. 138.
— « Sur le trajet des fibres de la calotte dans le cerveau moyen et le
    cerveau intermédiaire d'après un cas de dégénérescence ascendante
    secondaire », *Zeitsch. f. Psych. u. Neurol.*, XVI, p. 221, 1897.
Mayor : « Histologie de l'insula de Reil », *Monthl. mikr. Journal*, 1877.
Mayser : « Contr. expérimentale à l'étude de la moelle du lapin », *Arch.
    f. Psych.*, vol. VII.
— « Sur le nerf optique du pigeon », *Allg. Zeitsch. f. Psych.*,
    vol. LI.
Mellus : « Note préliminaire sur la dégénération bilatérale de la moelle
    consécutivement à une lésion unilatérale de l'écorce cérébrale chez le
    macacus sinicus », *Proc. of the r. Soc.*, mai 1894.
Mendel : « Dég. secondaires dans le pédoncule cérébelleux supérieur »,
    Neurol. Centralbl., 1882.
— « Sur le faisceau solitaire », *Arch. f. Psych.*, vol. XV, 1884, p. 285.
— « Sur le noyau d'origine du facial oculaire », *Arch. f. Psych.*, 1886,
    vol. XVII, et *Neurol. Centr.*, 1887, vol. VI.
— « Sur l'hémiatrophie faciale », *Neurol. Centr.*, 1888, p. 441.
Mendelssohn : « Recherches sur les réflexes », *Sitzb. d. k. pr. Akad. d.
    Wiss.*, 1882, 1883, 1885.
— Valeur pathogénique et séméiologie des réflexes, *Congrès de Neurol.
    de Bruxelles*, septembre 1897, *Presse Méd.*, 1897.
— Article Cervelet du *Dictionnaire de Physiologie* de Ch. Richet.
Mercier : *Les coupes du système nerveux central*, Paris, 1895.
Merkel : « Les racines trophiques du trijumeau », *Mitt. des anat. Inst.
    zu Rostock*, 1874.
Mershejewski : « Sur quelques particularités du cerveau dans l'idiotie »,
    Arch. szud. Med., 1875 (en russe) et *Arch. de Phys. norm. et pathol.*,
    1875.
Meyer : « Sur un cas d'hémorragie protubérantielle avec dég. secondaire
    du ruban », *Arch. f. Psych.*, vol. XIII, 1882.
— « Rech. sur la dég. du ruban », *Arch. f. Psych.*, 1886, vol. XVII,
    p. 438.
— « Sur la disparition des fibres de l'écorce cérébelleuse », *Arch. f.
    Psych.*, vol. XXI, 1890.

MEYER : « Sur l'homologie de la commissure du fornix et du septum lucidum chez les reptiles et les mammifères », *Anat. Anz.*, 1895, vol. X, p. 474.

MEYER : « *Expériences de section du glosso-pharyngien (Lésions secondaires des bourgeons du goût)*, thèse de Berlin, 1896.

— « Lésions anatomiques dans un cas de paralysie faciale ayant duré cinq jours, chez un paralytique général, avec remarques sur la terminaison du nerf auditif », *Journ. of experiment. Med.*, II, 6, 1897.

MEYNERT : « Le plan médian du tronc cérébral, comme faisant partie de la voie de conduction entre l'écorce cérébrale et les racines des nerfs moteurs », *Wien. Allg. Zeit.*, 1865-1866.

— « Étude sur les parties constitutives des tubercules quadrijumeaux », *Zeits. f. wiss. Zool.*, 1867, vol. XVII.

— « La structure de l'écorce cérébrale et ses variations locales », *Vierteljahrsschr. f. Psych.*, 1867, vol. I.

— « Contr. à l'étude de la projection centrale des surfaces sensorielles », *Sitzb. der wiener Akad.*, 1869, vol. LIX.

— « Nouvelles études sur les faisceaux d'association du manteau cérébral », *Sitzb. d. Akad. d. Wiss. in Wien*, vol. CI.

— « Sur les différences de structure qui existent entre le cerveau de l'homme et celui des mammifères », *Mitteil. d. wien. anthrop. Gesells.*, 1870, n° 4.

— « Sur le cerveau des mammifères », *Manuel d'Histologie de Stricker*, vol. II, Leipzig, 1872.

— « Nouvelles recherches sur les ganglions cérébraux et le tronc cérébral », *Wiener akad. Anz.*, 1879, n° 18.

— « Esquisse du tronc cérébral de l'homme d'après sa forme extérieure et sa structure interne », *Arch. f. Psych.*, 1884, vol. IV.

— « *Psychiatrie. — Introduction anatomique* », Vienne, 1884.

MICHEL : « Sur la dég. et l'entre-croisement du nerf optique », *Festsch. de Wurzbourg*, 1887.

— « Sur la présence des cellules neurogliques dans le nerf optique, le chiasma et la bandelette », *Sitzb. physik med. Gesells.*, Wurzbourg, 1893, p. 23, 24.

— « Sur l'entre-croisement des fibres du nerf optique au chiasma », *24e Versam. d. ophth. Gesells. zu Heidelberg*, 1895.

MINGAZZINI : Sur la fine structure de la s. noire de Soemmering, *Arch. Ital. de Biol.*, XII, 1889.

— « Sur la fine anatomie du noyau arciforme », *Atti della r. Acad. di Roma*, 1889.

— « Sur le trajet des fibres appartenant au pédoncule cérébelleux moyen », *Arch. per le Sc. med.*, 1890.

— « Nouvelles recherches sur les fibres arciformes », *Ibid.*, vol. X.

Mingazzini : « Sur l'origine et les connexions des fibres arciformes ».
Internat. Monatsch. f. Anat. u. Phys., vol. IX.

— « Sur l'origine réelle du nerf abducens », Gazette Méd. di Roma,
vol. XVI.

— « Sur un encéphale avec arrêt de développement », Internat.
Monatsch. f. Anat. u. Phys., 1890.

— « Recherches complémentaires sur le trajet du pédoncule cérébelleux
moyen », Ibid, 1891, vol. VIII.

— « Sur l'origine de l'hypoglosse », Annali di fren., 1891 et Neur.
Centr., 1891, p. 690.

— « Sur les dég. consécutives à l'extirpation unilatérale du cervelet »,
Labor. di Anat. di Roma, 1894, vol. IV.

— « Sur la voie croisée cérébro–cérébelleuse », Neurol. Centralbl., 1895,
n° 15.

— Du rôle du faisceau antéro–latéral ascendant. Riv. sper. di freniatria.
vol. XVIII.

— « Observations anatomiques sur le corps calleux et certaines formations qui ont rapport avec lui », Laboratorio di anat. norm. della r.
Univ. di Roma, 1897.

— « Sur la glande pinéale des mammifères », Monit. Zool. Ital., 1898.

Minor : « Signification et rôle du corps strié », thèse de Moscou, 1882.

— « Recherches cliniques et anatomiques sur les affections traumatiques
de la moelle suivies d'hématomyélie centrale et de formations cavitaires centrales, Sem. Méd., 1897.

— « Dissociation syringomyélique de la sensibilité dans les myélites
transverses », Neur. Centralbl., juin 1898.

Mirallié : Note sur l'état du moteur oculaire commun dans certains cas
d'hémiplégie d'origine cérébrale, Soc. de Biol., 9 juillet 1898,
p. 736.

— Les faisceaux sensitifs du névraxe, Gazette Méd. de Nantes et Indépendance Médicale, 1898.

— Sur l'état du facial supérieur et du M. O. C. dans l'hémiplégie organique, Arch. de Neurol., janvier 1899.

Minto : Contrib. alla fina anatomia della sostanza nera di Soemmering, Riv.
Sperim. de Freniatria, 1896, vol. XXII, p. 197.

— Sulla fina anatomia delle regioni peduncolare e subtalamica del
uomo, Riv. di Pat. nerv. e ment., 1896.

— Sulle degenerazioni secondarie cerebello–cerebrali negli peduncoli
medii e superiori, Arch. per le Sc. med., t. XX, p. 19, 1898.

— « Sur la fine anatomie du toit optique des poissons téléostéens et sur
l'origine réelle du nerf optique », Riv. sper. di fren., vol. XXI.
p. 135.

— « En réponse à la note du Pr Fusari : La terminaison centrale du nerf
optique chez les téléostéens », Riv. di Patol. nerv. e ment., 1896.

Mirto et Pusateri : « Les anastomoses entre le spinal et le vague », *Ibid.* 1895, *The Alienist and Neurolog.*, juillet 1896, résumé in *Arch. de Neurol.*, mai 1897, p. 354.

Misslawski : « *Sur le centre respiratoire* », thèse de Kasan, 1885 et *Centr. f. d. med.Wiss.*, 1885, p. 593 ; *Neur. Centr.*, 1886.

— Sur le rôle physiologique des dendrites (Rech. galvanométriques). *Soc. de Biologie*, 29 juin 1895, p. 488.

Mœli : « Sur la dég. secondaire », *Arch. f. Phys.*, 1883, [vol. XIV, p. 173.

— « Lésions du tractus et du nerf optique secondaires aux lésions du lobe occipital », *Ibid.*, vol. XXII, 1891.

— « Sur les états atrophiques secondaires dans le nerf optique », *Neurol. Centralbl.*, vol. XVII, 1898, et *Arch. f. Phys. u. Nervenkr.*, XXX, 1898.]

Mœli et Marinesco : « Lésions localisées dans la calotte protubérantielle avec remarques sur les voies de la sensibilité cutanée », *Arch. f. Psych.*, 1892, vol. XXIV, p. 655.

Moeller : « Sur une particularité des prolongements des cellules nerveuses de l'écorce cérébrale », *Anat. Anz.*, 1889.

Mollard : Sur un cas d'hémianesthésie organique par lésion localisée à la couche optique, *Lyon Médical*, 27 mai 1900.

Lo Monaco : Sur la physiologie des couches optiques, *Arch. Ital. de Biol.*, 1898, vol. XXX, f. 2.

Monakow : « Stries acoustiques et ruban inférieur », *Arch. f. Psych. u. Nervenkr.*, vol XI.

— Sur certains arrêts de développement provoqués, chez le lapin, par l'abblation de territoires circonscrits de l'écorce », *Arch. f. Psych.*, vol. XII.

— « Contr. expérimentale à l'étude du corps restiforme, du noyau externe de l'acoustique et de leurs rapports avec la moelle », *Ibid.*, vol. XIV.

— « Recherches sur l'atrophie corticale expérimentale », *Neurol. Centralb.*, 1883, n° 22.

— « Contr. expérimentale à l'étude des pyramides et de la couche du ruban », *Correspondenzbl. f. Schweizer Aerzte*, 1884.

— Nouvelle contribution expérimentale à l'anatomie du ruban de Reil », *Neurol. Centralbl.*, 1885.

— « Sur l'origine et le trajet central de l'acoustique », *Correspondenzbl. f. Schweizer Aerzte*, 1887, vol. XVII.

— Rôle des diverses couches de cellules ganglionnaires dans le gyrus sigmoïde du chat, *Arch. des Sciences phys. et naturelles de Genève*, vol. XX, 1888.

Monakow : « Recherches expérimentales et pathologico-anatomiques sur les rapports de la sphère visuelle avec les centres optiques infra-corticaux et le nerf optique », *Arch. f. Psych.*, vol. XIV, fas. 3, et vol. XVI, fas. 1 et 2.

— « Recherches expérimentales et pathologico-anatomiques sur les centres et les voies optiques avec remarques cliniques sur l'hémianopsie corticale et l'alexie », *Ibid.*, vol. XX, XXIII, XIV, 1889, 1892.

— « Recherches expérimentales et anatomo-pathologiques sur la région de la calotte, la couche optique et la région sous-optique », *Ibid.*, t. XXVII, 1895 et *Arch. Neurol.*, 1897, p. 419.

— « Sur les fibres des radiations thalamiques et du segment rétrolenticulaire de la capsule interne », *Neurol. Centralbl.*, XVII, 1898.

— « Lésions médullaires consécutives à l'arrachement du plexus brachial chez l'homme », *Centralbl. f. Nervenheilk. u. Psych.*, nouv. série, vol. IX, suppl., octobre 1898.

— « Anatomie et pathologie du lobule pariétal inférieur », *Arch. f. Psychiatrie*, XXXI, 1898.

Moncorgé : « *Étude sur les laryngoplégies unilatérales*, thèse de Lyon, 1890.

Mondini : *Ricerche macro-e microscopiche sui centri nervosi*, Turin 1887.

Monro : « Sur le nerf optique considéré comme une partie du système nerveux central », *Journ. of Anat. and Physiol.*, 1895, vol. XXX.

— « Valeur clinique de la théorie des quatre racines des nerfs craniens », *Ibid.*, oct. 1896.

Monti : Anat. pathol. des éléments nerveux dans les processus provenant d'embolisme cérébral. Considérations sur la signification physiologique des dendrites, *Arch. Ital. de Biol.*, 1895, p. 21-33.

— Altérations du syst. nerveux dans l'inanition (Rech. au Golgi), *Riforma med.*, août 1895, et *Arch. Ital. de Biol.*, 1895.

Morat : Fonctions vasomotrices des racines postérieures, *Arch. de Physiologie*, oct. 1892.

— Ganglions et centres nerveux, *Ibid.*, 1895, p. 200.

— Sur le pouvoir transformateur des cellules nerveuses à l'égard des excitations, *Ibid.*, 1898, p. 778 à 788.

Mott : « Note sur les cellules de la colonne de Clarke », *Brit. med. Journ.*, 1887.

— « Examen microscopique de la colonne de Clarke chez l'homme, le singe et le chien », *Journ. of Anat. and Phys.*, vol. XXII, 1888.

— « Les cellules bipolaires de la moelle épinière et leurs connexions », *Brain*, 1891.

— « Dég. ascendantes consécutives aux lésions de la moelle épinière chez le singe », *Brain*, 1892, p. 215.

Mott : « Recherches expérimentales sur les faisceaux afférents du système central chez le singe », *Ibid.*, 1895.

— « Les voies afférentes de la moelle au cervelet chez le singe », *Monatsch. f. Psych. u. Neurol.*, vol. I, 1897.

— « Atrophie descendante unilatérale des faisceaux de fibres arciformes et des noyaux de la colonne postérieure par lésion expérimentale chez un singe », *Brain*, Summer, 1898, et *Journal of Physiology*, vol. XXII.

Mott et Schaefer : « Sur les mouvements résultant de l'excitation faradique du c. calleux chez le singe », *Brain*, 1890, XIII, p. 174.

— « Sur les mouvements oculaires associés produits par la faradisation de l'écorce chez le singe, *Ibid*, 1890.

Mott et Sherrington : « Effets consécutifs à la section des racines postérieures chez le singe », *Congrès de Phys. de Berne*, 1895.

Muchin : « Sur la structure microscopique du bulbe », *Arch. psich. Neur. i szud. psich.*, 1892 (en russe).

— « Le noyau dorsal et le noyau sensitif du glosso-pharyngien », *Centralbl. f. Nervenheilk.*, 1893.

Mueller : « *Contributions à la pathologie de la moelle* », Leipzig, 1871.

— « Sur un cas de tuberculose de la moelle lombaire supérieure et spécialement sur les dégénérations secondaires », *Deuts. Zeits. f. Nervenh.*, 1897, vol. X, p. 273-291.

Munk : « Sur la physiologie de l'écorce cérébrale », *Arch. f. Anat. u. Physiol.*, 1878.

— Sur les fonctions des corps striés », *Congrès médical international*, Copenhague, 1884.

— « *Sur les fonctions de l'écorce cérébrale* », Berlin, 1890.

— « Sur la sphère sensitive de l'écorce cérébrale » *Neurol. Centr.*, 1896, vol. XV.

— « Sur le chien décérébré de Goltz », *Phys. Gesell. zu Berlin*, avril 1894.

— « Sur les fonctions de l'écorce », *Akademie der Wiss. zu Berlin*, 1892 à 1896, et *Verhandluugen d. phys. Gesellschaft zu Berlin*, 1894 à 1896.

Muenzer : « Contr. à l'architecture du système nerveux central », *Prag. med. Woch.*, 1895, n° 42.

Muenzer et Wiener : « Contr. à l'anatomie du système nerveux central », *Ibid.*, 1895, n° 14.

— « Contr. à l'analyse des fonctions des cordons postérieurs de la moelle », *Neur. Centralbl.*, 1er oct. 1899.

Muratoff : « Dég. secondaires du corps calleux », *Wratsch*, 1892, n° 42.

— « Dég. ascendante du ruban dans la sclérose latérale amyotrophique », *Westn. klin. i szud. psich.* (en russe), 1888.

Muratoff : « Dég. secondaires à la destruction de la zone motrice du cerveau, dans leurs rapports avec la question de la localisation des fonctions cérébrales », *Arch. f. Anat. u. Entwick*, 1893, p. 97 et 116. et *Zeits. f. wiss. Mikr.*, X, 1893, p. 505.

— « *Dég. secondaires aux lésions en foyer de la zone corticale motrice. Recherches pathologico-anatomiques et expérimentales* », Moscou, 1893 (en russe).

— « Dégénérations secondaires à la destruction du corps calleux », *Neurol. Centralbl.*, 1894.

— « Sur la pathologie des dégénérations cérébrales dans les affections en foyer de la zone motrice de l'écorce », 1895, vol. XIV, p. 482.

— « Sur la localisation de la conscience musculaire, d'après un cas de lésion traumatique de la tête », *Ibid*, 1898, p. 59.

Mushajeff : « Sur les lésions ascendantes des nerfs cérébro-spinaux par lésion de leur extrémité périphérique », *Neurolog. Wjestnik*, vol. II (en russe).

Mya et Lévi : « Étude clinique et anatomique sur un cas de diplégie spastique congénitale », *Riv. di patol. nervosa e ment.* 1896.

Nageotte et Ettlinger : Étude sur les fibres endogènes descendantes des cordons postérieurs de la moelle dans la région lombo-sacrée, *Journ. de Phys. et de Path. générale*, 1899.

Nansen : « *Structure et combinaison des éléments histologiques du système nerveux central* », Bergen, 1897.

Nebelthau : « *Coupes du cerveau pour l'étude du trajet de ses fibres* », Wiesbaden, 1898.

Nedswecki : « Sur la question des modifications produites dans le système nerveux et les viscères par la résection du vague et du sympathique », *Schrift d. Inst. f. allg. Path.*, fas. 2, p. 695, Moscou, 1897 (en russe).

Negro : « Sur l'existence de fibres d'association entre la VIIe et la IIIe paire », *Acad. de Méd. de Turin*, 1897.

Negro et Oliva : « Coexistence des centres moteurs et sensitifs dans la zone rolandique », *Gaz. degli ospedali e delle cliniche*, 30 avril 1899, p. 551, résumé in *Rev. Neurol.*, 30 mai 1899, p. 449.

Nelis : Un nouveau détail de structure du protoplasma des cellules nerveuses. *Bull. de l'Acad. des Sciences*, février 1899.

Neumayer : « L'écorce cérébrale des vertébrés inférieurs », *Sitzb. d. Ges. f. Morph. u. Phys. zu München*, 1895.

Nissl : « Sur une nouvelle méthode de recherche dans les centres nerveux, en particulier pour localiser les cellules nerveuses », *Centr. f. Nervenheilk.*, 1894.

— « Sur les soi-disant granulations des cellules nerveuses », *Neur. Centr.*, 1894, p. 676.

Nissl : « De la nomenclature anatomique des cellules nerveuses et de son but immédiat », *Ibid.*, 1895, vol. XIV.

— « L'état actuel de l'anatomie et de la pathologie des cellules nerveuses », *26ᵉ réunion des psych. de l'Allemagne du sud-ouest*, Carlsruhe, 1895.

— « Les relations des substances de la cellule nerveuse avec les états cellulaires d'activité, de repos et de fatigue », *Ibid.*, 1896. et *Allg. Zeits. f. Pysch.*, 1896, vol. LII, p. 1147.

Nogues et Sirol : Myélite transverse avec paraplégie flasque. *Congrès des aliénistes*, 1899.

Nothnagel : « *Recherches expérimentales sur les fonctions du cerveau* », 1876, anal. par Rendu et Gombault in *Rev. des Sc. méd.*, 1876.

Nussbaum : « Sur les connexions réciproques des noyaux d'origine centrale des muscles de l'œil », *Wiener med. Jahrbucher*, 1887, vol. II, p. 487.

— « Sur la baguette d'harmonie avec remarques sur l'origine de l'acoustique », *Ibid.*, 1888.

Obersteiner : « L'origine centrale du glosso–pharyngien », *Biol. Central.*, 1880, vol. I.

— « Sur l'origine centrale de quelques nerfs craniens », *Wien. med. Woch.*, 1880, vol. XXX, p. 717.

— « Atrophie partielle du cervelet », *Allg. Zeitsch. f. Psych.*, vol. XXVII.

— « *Introduction à l'étude de la structure des organes nerveux centraux* », Vienne et Leipzig, 1896.

Oddi et Rossi : Sur le cours des voies afférentes de la moelle épinière, *Arch. Ital. de Biol.*, 1891.

Odier : Recherche expérimentale sur les mouvements de la cellule nerveuse de la moelle épinière, *Rev. Méd. de la Suisse romande*, février et mars 1898.

Onody : « Le centre de la phonation dans le cerveau », *66ᵉ réunion des natur. et méd. à Vienne*, 1894; *Berl. kl. Woch.*, 1894, et *Neurol. Centrabl.*, 1894, p. 752.

— Pathologie des centres de la phonation, *Rev. hebd. de Laryng.*, janvier 1898.

— « Les faisceaux nerveux du larynx en rapport avec la phonation et la respiration », *Arch. f. Laryngologie*, vol. VII.

Onufrowitsch : « Contr. expérimentale à l'étude de l'origine du nerf acoustique chez le lapin », *Arch. f. Psych.*, vol. XVI.

— « Le cerveau sans corps calleux d'un microcéphale », *Arch. f. Psych.*, 1887, vol. XVIII.

Oppenheim : « Nouvelle contribution à la pathologie du tabes », *Ibid.*, vol. XVIII.

Osborn : « L'origine du corps calleux », *Morph. Jahrb.*, 1887, vol. XII.

Ossipow : « Sur l'origine centrale et la terminaison du nerf accessoire de Willis », *Neurol. Bote*, VI (en russe); résumé in *Rev. Neurol.*, 1898, p. 36.

— « Sur la question des centres corticaux du gros intestin », *Obozrenje Psich.*, 1898, résumé in *Neurol. Centralb.*, 1898, p. 700.

— « Recherches anatomiques sur les terminaisons centrales du nerf vague », *Neurol. Westnik*, vol. III et IV (en russe).

Oulmont : Cécité subite par ramollissement des lobes occipitaux, *Gaz. Hebd.*, 1889.

Owsjanikow : « Revue des travaux faits sur l'œil pariétal », *Westn. Jestesstw.*, 1891 (en russe).

Oyarzum : « Sur la structure fine du cerveau antérieur des amphibiens », *Arch. f. mikr. Anat.*, vol. XXXIV, 1889.

Ozeretzkowski : « Contr. à l'étude du trajet central du nerf auditif », *Arch. f. mikr. Anat.*, vol. XLV, 1895, p. 450.

Pacetti : « Sur le noyau d'origine du nerf abducens », *Lab. d'anat. normale de l'Univ. de Rome*, vol. V, 1895, p. 121.

Page, W. Alay : « *Recherches sur la représentation segmentaire des mouvements dans la moelle lombaire chez les mammifères* », Londres, 1897.

Paladino : « Les effets de la résection des racines sensitives de la moelle épinière et leur interprétation », *Arch. Ital. de Biol.*, t. XXIII, 1895, et *Neurol. Centr.*, 1896.

Panegrossi : « Contr. à l'étude anatomo-physiologique des centres des nerfs oculo-moteurs de l'homme », *Labor. di Anat. normale di Roma*, 1898.

Paneth : « Le champ cortical du facial et ses connexions chez le chien et le lapin », *Pflüger's Arch.*, XLI, 1887.

— « Expériences sur les suites de la section des fibres d'association dans le cerveau du chien », *Pflüger's Arch.*, vol. XLIV, 1889.

Pardo : « Contr. à l'étude du noyau du facial chez l'homme », *Ricerche del labor. di anat. norm. della r. Univ. di Roma*, vol. IV, 1898.

Parrot : Sur le développement du cerveau chez les enfants du premier âge, *Arch. de Phys. normale et pathologique*, 1879, t. VI.

Passow : « Sur la teneur en fibres myéliniques des circonvolutions centrales d'un homme normal », *Neurol. Centralbl.*, n° 6, 1898.

— « La teneur en fibres myéliniques des circonvolutions centrales à l'état normal chez l'enfant d'un an et chez un homme de quarante-trois ans », résumé in *Neurol. Centralbl.*, 1898, p. 616.

Patrick : « Sur les dég. ascendantes consécutives à la section transverse totale de la moelle », *Arch. f. Phys., u. Nervenkr.*, 1893, vol. XXV.

— « Sur le trajet et la destination du faisceau de Gowers », *Journ. of nervous and mental diseases*, 1896, vol. XXI, p. 85.

Pawlowski : « Sur le trajet des fibres dans la commissure postérieure du cerveau », *Zeits. f. wiss. Zoologie*, 1874, vol. XXIV.

Pellizzi : « Contr. à l'étude des dég. secondaires de la moelle épinière »,
Annali di fren. e sc. affini, 1894.

— Sur les dég. secondaires dans le système nerveux central à la suite de
lésions de la moelle et de la section des racines spinales ; contr. à l'anatomie et à la physiologie des voies cérébelleuses, *Arch. Ital. de Biol.*,
vol. XXIV, p. 89 à 134, 1895.

— « Dég. consécutives aux lésions du cervelet », *Riv. sper. di fren.*,
1895, vol. XXI.

— « Sur le trajet dans le bulbe, le cerveau postérieur et le cervelet des
fibres à dég. ascendante des faisceaux périphériques du cordon antérolatéral et sur les rapports que contractent les restes des cordons postérieurs avec le corps restiforme », *Annali di fren.*, 1895.

— « Nouvelles rech. expérimentales sur les dég. secondaires de la
moelle », *Annal. di fren. e sc. affini del manicomio di Torino*, 1896.

Pemberton : « Dernières recherches sur la structure et les relations des
couches optiques », *Journ. of comp. Neurol.*, 1891.

Penzo : « Sur le ganglion géniculé et les nerfs qui en dépendent », *Anat.
Anz.*, 1893.

Perlia : « Sur un nouveau centre optique chez le poulet », *Graefe's Arch.*,
1889, vol. XXXV.

— « L'anatomie du centre de l'oculo-moteur chez l'homme », *Ib., ib.*

— « Sur les rapports du nerf optique avec le système nerveux central »,
Klin. Monatsch. f. Augenheilk. 1891.

Perrier : « Cervelet et ses rapports », *Brain*, 1894.

Personali : « Contr. aux localisations cérébrales, pli courbe et zone visuelle »,
Riforma med., 1899, et *Rev. Neurol.*, 15 oct. 1899.

Petrina : « Troubles de la sensibilité dans les lésions corticales », *Zeitsch.
f. Heilk*, 1881.

Peytoureau : *La glande pinéale et le troisième œil des vertébrés*, thèse de
Bordeaux, 1887.

Pfeiffer : « Deux cas de paralysie des racines inférieures du plexus
brachial », *Deut. Zeitsch. f. Nervenheilk.*, 1891.

Philippe : *Contr. à l'étude anatomique et clinique du tabes dorsalis*, thèse de
Paris, 1897.

Piatot et Cestan : Syndrome de Brown-Séquard avec dissociation syringomyélique d'origine syphilitique, *Ann. de Dermatol. et de Syph.*,
juillet 1897.

Pick : « Sur l'histologie des colonnes de Clarke », *Med. Centralbl.*, 1878,

— « Asymétrie des deux moitiés de la moelle », *Allg. Zeits. f. Psych.*,
1894.

— « Recherches sur les rapports topographiques existant entre la
rétine, le nerf optique et le faisceau croisé de la bandelette chez le
lapin », *Nova Acta d. K. Leop. Carol. Akad. d. Naturf.*, 1895,
vol. LXVI.

PICK : « Un cas de lésion particlle de la couche interolivaire avec remarques sur les fibres arquées antérieures », *Beitraege z. Path. des Centralnervensystems*. Berlin 1898, S. Karger.

— « Sur le faisceau intermédiaire de Loewenthal, avec remarques sur le f. marginal antérieur du même auteur », *Beitraege zur Path. u. path. Anat. des Centralnervensystems*, Berlin, 1898.

— « Sur le faisceau olivaire de Bechterew ou f. triangulaire d'Helweg », *Ibid.*

— « Sur la dég. en virgule des cordons postérieurs », *Ibid.*

PICK et KAHLER : « Nouvelles recherches sur l'anatomie normale et pathologique du système nerveux central », *Arch. f. Psychiatrie*, vol. X, 1880, p. 353 (cellules commissurales).

PIERRET : Note sur la sclérose des cordons postérieurs dans l'ataxie locomotrice (bandelettes externes), *Arch. de Physiologie*, 1871.

— Les myélites systématiques et le développement de la moelle, *Ibid.*, 1873.

— Recherches sur l'origine réelle des nerfs de sensibilité générale dans le bulbe et dans la moelle, *C. R. Acad. Sciences*, 27 novembre 1876.

— Recherches sur la structure de la moelle épinière, du bulbe et de la protubérance, *Soc. Anatomique*, juillet 1876.

— Influence des anomalies d'entre-croisement des fibres pyramidales sur la localisation des paralysies de cause cerébrale; causes de la forme de la moelle, *Tribune Médicale*, janvier 1876.

— Origines centrales du nerf auditif, *Bull. de la Soc. Anat.*, 1876.

— Étude sur le noyau d'origine du nerf hypoglosse, *Ibid.*, 1876.

— *Essai sur les symptômes céphaliques du tabes : anatomie du trijumeau considéré au point de vue spécial de l'ataxie locomotrice*, thèse de Paris, 1876.

— Sur les relations existant entre le volume des cellules motrices ou sensitives des centres nerveux et la longueur du trajet qu'ont à parcourir les incitations qui en émanent et les impressions qui s'y rendent, *C. R. Acad. Sciences*, 1878.

— Sur les relations du système vaso-moteur du bulbe avec celui de la moelle épinière chez l'homme, et sur les altérations de ces deux systèmes dans le cours du tabes sensitif (anatomie du faisceau solitaire), *Acad. des Sciences*, 30 janvier 1882 et thèse de Putnam, Paris 1883.

PINELES : « Lésions de la moelle sacro-lombaire dans le tabes dorsal avec remarques sur le faisceau sacré dorso-médial », *Inst. f. Anat. u. Phys. des Centralnervensysl.*, an d. *Wiener Un.*, Leipzig et Vienne, 1896.

PISENTI : « Sur l'interprétation de quelques particularités histologiques de la pituitaire », *Gaz. degli Osped.*, 1895.

PITRES : Des dég. secondaires de la moelle dans les cas de lésions corticales du cerveau, *Gaz. Méd. de Paris*, 1877.

P_{ITRES} : Nouveaux faits relatifs aux dég. bilatérales de la moelle consécutives à des lésions unilatérales du cerveau, *Progrès Méd.*, 1882, p. 528.

— Distribution topographique des dég. secondaires consécutives aux lésions destructives des hémisphères cérébraux, *Arch. de Phys.*, 1884.

P_{OLIMANTI} : Sur la distribution fonctionnelle des racines motrices dans les muscles des membres, *Arch. Ital. de Biol.*, t. XXIII, p. 333 à 341.

P_{OLLACK} : « La technique de coloration du système nerveux », 2ᵉ édit., augmentée, Berlin, Karger, 172 p. ; résumé in *Jahresbericht*, 1897, traduction française, Paris 1900.

P_{ONJATOWSKI} : « Sur les racines du trijumeau dans l'encéphale de l'homme », *Jahrb. f. Psych. u. Nervenkr.*, 1892, vol. X.

P_{OPOFF} (N.) : « Sur la question du territoire d'origine des fibres de la commissure antérieure », *Neur. Centr.*, 1886.

— « Sur les parties constitutives des cordons postérieurs de la moelle », *Medic. Obosr.*, 1887, nº 14.

— Recherches sur la structure des cordons postérieurs, *Arch. de Neurol.* 1889.

— « Sur le trajet du faisceau connu sous le nom de conductor sonorus », *Nevrolog. Westnick*, vol. III.

— « Contribution à l'étude de la structure du chiasma des nerfs optiques chez l'homme », *Wratsch.*, 1893, nº 3.

P_{OPOFF} et F_{LECHSIG} : « Territoire d'origine des fibres de la commissure antérieure dans l'écorce cérébrale de l'homme », *Neur. Centr.*, 1886, nº 22.

P_{OPOFF} (A.) : « *Sur la structure du cervelet et du bulbe* », thèse de Charkow, 1895 (en russe).

P_{OPOWSKY} : « Sur le développement du facial chez l'homme », *Morphol. Iahrb.*, 1895.

P_{RENANT} : Criteriums histologiques pour la détermination de la partie persistante du canal épendymaire primitif, *Internat. Monatsch. f. Anat. u. Phys.*, vol. XI, 1894.

— Les théories du système nerveux, *Rev. gén. des Sciences*, 1900, 15 et 30 janvier.

P_{RÉVOST} : De la déviation conjuguée des yeux et de la rotation de la tête en cas de lésions unilatérales de l'encéphale, *Vol. jubil. du cinquantenaire de la Soc. de Biol.*, Paris, 1899, p. 99 à 119.

P_{RIBYTKOW} : « Contribution à l'étude du trajet des fibres du nerf optique », *Société des Aliénistes et Neurol. de Moscou*, 1892, et *Arch. de Neurol.*, 1892.

— « *Le trajet des nerfs optiques*, thèse de Moscou, 1895. »

— « Tumeur de la moelle à la limite des régions cervicale et dorsale avec phénomènes pupillaires », *Wratsch*, 1898, p. 264.

Probst : « Recherches expérimentales sur le cerveau intermédiaire et ses connexions, particulièrement sur le ruban dit cortical », *Neur. Centr.*, 1899.

Pugliese et Milla : « Sur la participation du nerf facial supérieur dans l'hémiplégie », *Riv. sper. di fren. e med. leg.*, 1896.

Pugnat : Des modifications histologiques de la cellule nerveuse dans les divers états fonctionnels, *Bibliogr. Anat.*, 1898.
— De l'importance fonctionnelle du corps cellulaire du neurone, *Rev. Neur.*, 1898.

Pupin : *Le neurone et les hypothèses histologiques sur son mode de fonctionnement. Théorie histologique du sommeil*, thèse de Paris, 1896.
— La théorie histologique du sommeil, *Rev. de l'Hypnot. et de Psych. phys.*, 1896.

Pusateri : « Sur la fine anatomie du pont de Varole chez l'homme », *Riv. di patol. nervosa e mentale*, vol. I, 1896.

Quensel : « Un cas de sarcome de la dure-mère rachidienne » (fibres dégénérées allant du Gowers au thalamus par le Reil latéral), *Neur. Centr.*, 1898.

Quioc : Déviation conjuguée des yeux et rotation de la face dans les lésions bulbo-protubérantielles, *Lyon Médical*, 1881.

Rabl : « Sur les précipités qui se produisent dans le traitement des tissus au nitrate d'argent », *Neur. Centr.*, 1894.

Rabl-Ruckardt : « Les cellules ganglionnaires sont-elles amiboïdes ? Hypothèse sur le mécanisme des processus psychiques », *Neur. Centr.*, 1890.

Ramon-y-Cajal (Pedro) : « Structure du bulbe olfactif des oiseaux », *Gaceta san. di Barcelona*, 1890.
— « *L'encéphale des reptiles* », Barcelone, 1891.
— « Structure de l'encéphale du caméléon », *Rev. trim. microgr.*, 1896, vol. I, p. 46 et 149.
— « Centres optiques des oiseaux », *Riv. trim. microgr.*, vol. III, 4 décembre 1898.

Ransonhoff : « Sur les rapports du faisceau de Pick avec la voie pyramidale, avec remarques sur la coloration de la myéline », *Neur. Centr.*, 1er octobre 1899.

Rauber : « *Traité d'anatomie de l'homme* », vol. II, *Névrologie et organes des sens*, Leipzig, 1897.

Raymond : Syndrome de Brown-Séquard d'origine probablement syringomyélique, *Progr. Méd.*, 1895.
— Sur un cas d'hémisection traumatique de la moelle. *Nouv. Iconographie de la Salpêtrière*, 1897, p. 1, 166 et 305.

Raymond et Artaud : Du trajet intra-cérébral de l'hypoglosse, *Arch. de Neurol.*, 1884, vol. VII.

Raymond et Nageotte : Deux cas de tumeur du canal rachidien comprimant la moelle, *Journ. de Neurol. et d'Hypn. de Bruxelles*, 1896.

Redlich : « Sur l'emploi de la méthode de Marchi dans l'étude anatomo-pathologique du système nerveux », *Centralbl. f. Nervenheilk. u. Psych.*, 1892.

— Sur les cellules nerveuses multipolaires et la théorie du neurone de Waldeyer, *Bull. Méd. de Paris*, 1895.

— « Sur les lésions secondaires consécutives aux extirpations de portions étendues des centres corticaux moteurs chez le chat », *Neur. Centr.*, 1897, p. 818.

— « Sur l'anatomie et la physiologie de voies motrices », *Wien. med. Presse*, 1898, p. 840.

Regnault : « Les récentes découvertes sur les cellules psychiques », *Rev. Encyclop.*, vol. V.

Reicher : « Pathologie des lésions du corps strié et du noyau lenticulaire », *Wien. med. Presse*, 8 mai 1898.

Reimers : « Sur les dég. médullaires consécutives à la section des racines antérieures et postérieures », *Cliniq. Neurol. de Pétersbourg*, 1897, *Neurol. Centralbl.*, vol. XVII, 1898, p. 143 (résumé), et *Rev. Neurol.*, 30 novembre 1897.

Renaut : Sur les cellules nerveuses multipolaires et la théorie du neurone de Waldeyer, *Acad. de Méd.*, XXXIII, p. 207, et *Bulletin Médical*, IX, p. 193, 1895.

— Contribution à l'étude de la constitution, de l'articulation et de la conjugaison des neurones, *Presse Méd.*, 1895, p. 297.

— *Traité d'histologique pratique*, Paris, 1899, Rueff et Cⁱᵒ, vol. II, fasc. II, *Système nerveux*.

Rendu : *Des anesthésies spontanées*, thèse d'agrégation, 1875.

Retzius : « Mode de terminaison des nerfs olfactifs », *Biologische Untersuch.*, 1892, vol. III.

— « Les éléments nerveux de l'écorce cérébelleuse », *Ibid.*, 1892.

— « Les cellules de Cajal de l'écorce cérébrale », *Ibid.*, vol. V.

— « *Le cerveau de l'homme. Étude de morphologie microscopique* », Stockholm, 1896, 2 vol.

Richet : *Recherches expérimentales et cliniques sur la sensibilité*, thèse de Paris, 1877.

— Article Contracture in *Dict. de Physiologie*, Paris, 1898.

— La vibration nerveuse, *Rev. Scientif.*, 23 décembre 1899.

Richter : « Sur la question des voies optique du cerveau de l'homme », *Arch. f. Psych.*, vol. XVI, 1885.

Rietz : « *Etude critique des cerveaux sans corps calleux* », thèse de Berlin, 1894.

Rigollet : *Contr. à l'étude de l'hémianesthésie organique*, Thèse de Lyon, 1900.

Rindfleisch : « Sur les terminaisons nerveuses dans l'écorce cérébrale »,
    Arch. f. mikr. Anat., vol. XIII.

Ris : « Sur la structure du lobe optique des oiseaux », *Arch. f. mikr.
    Anat.*, vol. LIII, 1898, p. 106.

Robinson : « Sur la formation et la structure des nerfs optiques, etc. »,
    Journ. of Anat. and Phys., 1896, vol. XXX, p. 319.

Roller : « Une racine ascendante de l'acoustique », *Arch. f. mikr. Anat.*,
    1880, vol. XVIII.

— « Le ruban », *Arch. f. mikr. Anat.*, 1881, vol. XIX.

— « Trajet central du glosso-pharyngien », *Ibid.*, 1881.

— « Trajet central du nerf accessoire de Willis », *Allg. Zeitsch. f.
    Psych.* 1881.

— « Noyau et petites cellules appartenant à l'hypoglosse », *Arch. f.
    mikr. Anat.*, 1881, vol. XIX.

— « Connexions cérébrales et cérébelleuses des XIIIe et XIIe nerfs
    craniens. Les racines spinales des nerfs craniens sensitifs », *Allg.
    Zeitsch. f. Psych.*, 1882, vol. XXXVIII, p. 228.

Romanoff : « Sur les connexions centrales des nerfs craniens moteurs »,
    Neurol. Centr., 1898.

Roncoroni : « Structure du cerveau des épileptiques et des délinquants »,
    Arch. di Psich., 1896, p. 92.

Rosenbach : « Sur l'innervation des mouvements d'expression », *Neur.
    Centralbl.*, 1886.

Rosenbach et Erlitzki : « Structure du tronc cérébral », in « *Éléments
    d'anatomie microscopique de l'homme et des animaux* », publiés par
    Lawdowski et Owsjanikoff, vol. II, 1888 (en russe).

Rosenthal et Mendelsshon : « Sur les voies de conduction médullaires et le
    lieu de réflexion des réflexes », *Neurol. Centr.*, 1897, p. 978.

Rossi : « Étude critique et expérimentale sur les cellules ganglionnaires du
    cerveau », *Ann. di freniatria*, 1893–1894, p. 345.

Rossolymo : « Un cas de dégénération totale du pied d'un pédoncule »,
    Neurol. Centr., 1886, n° 7.

— « Sur la question de l'origine et du trajet intra-médullaire des fibres
    radiculaires postérieures », *Ibid.*, 1886, n° 17.

— « Sur la physiologie du ruban », *Arch. f. Psych.*, vol. XXI, 1890.

— « Trajet central du faisceau de Gowers », *Soc. des Neurol. et Psych.
    de Moscou*, 13 mai 1898, résumé in *Arch. de Neurol.*, 1898, t. II,
    p. 343.

Rothmann : « Sur la dégénération des voies pyramidales après extirpation
    unilatérale des centres des extrémités », *Neurol. Centr.*, 1896, vol. XV,
    p. 494 et 530.

— « Sur le centre de la musculature du tronc situé dans la sphère sensi-
    tive de l'écorce cérébrale », *Ibid.*, 1896, p. 1105 à 1116.

Rothmann : « Sur la dég. secondaire après exclusion de la s. grise de la moelle sacrée et lombaire par embolies expérimentales chez le chien », *Arch. f. Phys.*, 1899, résumé in *Journal de Phys. et Path. gén.*, 1899, p. 599.

Roux : *Des rapports de l'hémianopsie latérale droite et de la cécité verbale*, thèse de Lyon, 1895.

— Double centre d'innervation corticale oculo-motrice, *Arch. de Neurol.*, septembre 1899, p. 177.

Rummo : Récents progrès de la physiopathologie du cervelet, *Congrès Italien de médecine à Rome*, 1896, et *Rev. Neurol.*, 1896, p. 716.

Russell : « Recherches expérimentales sur les fonctions du cervelet », *Brit. med. Journ.*, 1893 ; *Phil. Trans. of the roy. Soc. of London*, 1894, et *Neurol. Centr.*, 1894.

— « Recherches expérimentales sur les mouvements des yeux », *Journ. of Phys.*, XVII, 1894, 1895.

— « Anomalie de développement du système nerveux central chez un chat », *Brain*, printemps 1895.

— Phénomènes résultant de l'interruption des tractus afférents et efférents du cervelet, *Rev. Neur.*, 1896.

Rychlinski : « Un faisceau anormal du plancher du IVᵉ ventricule », *Neurolog. Wjestnik*, vol. II.

— « *La substance myélinique des hémisphères cérébraux de l'homme* », Leipzig, 1892.

Sachs : « *La substance blanche des hémisphères chez l'homme. Le lobe occipital* », Leipzig, 1892.

— « *Sur la structure et l'activité du cerveau* », Breslau, 1893.

— « Sur les processus atrophiques secondaires dans les noyaux d'origine des nerfs moteurs oculaires », *V. Groef's Arch. f. Ophth.*, vol. XLII, p. 40, 1896.

— « Contr. à la question du faisceau d'association fronto-occipital, avec démonstrations », *Allg. Zeits. f. Psych. u. psych. geritchtl. Med.* vol. LIII, p. 181.

Sakovitch : « Influence du tuber cinereum sur la température des animaux », *Clin. des mal. nerv. et ment. de Pétersbourg*, 1897, et *Presse Méd.*. 1897.

Sakussef : Sur les plexus intestinaux des poissons », *Soc. impériale de Pétersbourg*, déc. 1891.

Sala : L'anatomie fine du fascia dentata de Tarin, *Verhandl. d. Xᵉ intern. med. Congr.*, Berlin, 1890.

— « Sur l'origine du nerf acoustique », *Monitore Zool. Ital.*, 1891.

— « Sur l'anatomie du pied de l'hippocampe », *Zeitsch. f. wiss. Zool.*, vol. LII, 1891.

— « *Structure de la moelle épinière des batraciens* », Barcelone, 1892.

— « *L'écorce cérébrale des oiseaux* », Madrid, 1893.

Salzer : « Le nombre des fibres du nerf optique et des cônes de la rétine chez l'homme », *Wiener Sitzber.*, vol. XCI, 1880.

Sanger–Brown et E.-A. Schaefer : « Recherches sur les fonctions des lobes temporal et occipital du cerveau du singe », *Philos. Trans. of the r. Soc. of London*, 1888, vol. CLXXIX, p. 303-327.

Sano : Sur les fibres d'association dans le cerveau humain, *Journ. de Neurol. et d'Hypnol.*, n° 1, 1897.

— Localisations motrices dans la moelle lombo-sacrée, *Journ. Neur. et Hypnol.*, 1897.

— De la constitution des noyaux moteurs médullaires, *Ibid.*, 1898, p. 62.

— Localisations médullaires motrices et sensitives, *Ibid.*, 1898, p. 129.

— Le mécanisme des réflexes ; abolition du réflexe rotulien, malgré l'intégrité relative de la moelle lombo-sacrée, *Ibid.*, 1898, p. 313.

— Les localisations des fonctions motrices de la moelle épinière, *Soc. Méd. chir. d'Anvers*, 1898 et Bruxelles 1898.

— Le noyau du diaphragme, *Journ. de Méd. de Bruxelles*, 1898, n° 42.

Sante de Santis : « Contr. à l'étude du corps mamillaire de l'homme », *Labor. anat. de Rome*, 1894, et *Congrès intern. de méd.*, Rome, 1894.

— « Rech. anatomiques, sur le noyau du funiculus teres », *Riv. sper.*, 1895, vol. XXI.

— « A propos d'un noyau de cellules nerveuses intercalé entre les noyaux d'origine du vague et de l'hypoglosse », *Monit. zool. Ital.*, 1896, vol. VII, n° 1.

— « Noyau du funiculus teres, et noyau intercalaire de Staderini », *Ibid.*, 1896, n° 3, et *Rev. Neur.*, 1896, p. 363.

— « Recherches sur la structure et la myélinisation du cervelet chez l'homme », *Monatschrift. f. Psych. u. Neurol.*, vol. IV, fasc. 3 et 4, 1898.

Sapolini : Étude anatomique sur le nerf de Wrisberg et la corde du tympan, *Journ. de Méd. de Bruxelles*, 1884.

Sappey et Duval : Trajet des cordons nerveux qui relient le cerveau à la moelle épinière, *C. R. Acad. des Sciences*, 17 janvier 1876.

Scarpatetti : « Examen anatomique d'un cas de compression et tuberculose de la moelle », *Iahrb. f. Psych. u. Neur.*, vol. XV, 1897.

Schaefer (E.-A.) : « Sur les centres corticaux moteurs du cerveau du singe », *Beitraege zur Phys.*, Leipzig, 1887.

— « Recherches expérimentales sur les localisations sensorielles de l'écorce cérébrale du singe », *Brain*, 1888.

— « Sur l'excitation électrique du lobe occipital et des parties adjacentes du cerveau chez le singe », *Proc. of the r. Soc.*, 1888, vol. XLIII.

— « Expériences d'excitation électrique de l'aire visuelle de l'écorce cérébrale chez le singe », *Brain*, 1888.

Schaefer (E.-A.) : « Comparaison de la période latente des muscles oculaires par l'excitation des régions frontale et occipitale du cerveau », *Brain*, 1888, et *Internat. Monatsch. f. Anat. u. Phys.*, 1888, vol. V.
— « Nature des centres moteurs corticaux », *IVe Congrès de Phys.*, Cambridge, 1898.

Schaeffer (O.) : « *Sur l'origine du nerf hypoglosse* », thèse d'Erlangen, 1889.
— « Contribution à l'histologie de la corne d'Ammon », *Arch. f. mikr. Anat.*, 1892.
— « Sur la fine anatomie du cervelet des téléostéens », *Anat. Anz.* 1893.
— « La morphologie et le développement du cervelet des téléostéens », *Morph. Iahrb.*, 1894, vol. XXI.

Schaeffer (K.) : « Contr. à l'étude des dég. secondaires multiples », *Virchow's Arch.*, vol. CXXII, p. 125, 1890.
— « Recherches sur l'histologie des dég. secondaires », *Arch. f. mikr. Anat.*, vol. XLIII, 1894.
— « Sur la sériation chronologique des dég. secondaires dans chacun des cordons de la moelle », *Neur. Centr.*, 1895, vol. XIV.
— « Sur la structure fine de l'écorce cérébrale et sur l'importance fonctionnelle des prolongemements des cellules », *Arch. f. mikr. Anat.*, vol. XLVIII, p. 550, 1897.
— « Technique de l'examen histologique des dégénérations des cordons de la moelle à leur premier début », *Neurol. Centr.*, 1898.
— « Recherches sur le trajet des fibres radiculaires postérieures dans la moelle cervicale chez l'homme », *Ibid.*, 1898.

Schiefferdecker : « Contr. à l'étude du trajet des fibres dans la moelle », *Arch. f. mikr. Anat.*, vol. X, 1874.
— « Sur la régénération, la dég. et l'architecture de la moelle », *Virch. Arch.*, 1876, vol. LXVII.

Schiff : Sur la transmission des impressions sensitives dans la moelle épi-nière, *Acad. des Sc.*, 22 mai 1854, *Berner. naturf. Gesells.*, 1857, et *Versam. deut. Naturf.*, Karlsruhe, 1858.
— « *Leçons de physiol. expérim.* », Florence, 1873, Anal. par Carville et Duret in *Arch. de Phys.*, 1875.
— « Sur l'excitabilité de la moelle », *Pflüger's Arch.*, vol. XXX.
— *Recueil des mémoires physiol. de M. Schiff*, Lausanne, 1896.

Schiff et Cassirew : « Contr. à la pathologie des affections chroniques du bulbe », *Travaux du laboratoire d'Obersteiner*, vol. IV, 1896.

Schirmer : « Recherches sur la pathologie de la pupille et sur les fibres pupillaires centripètes », *V. Graef's Arch. f. Opht.*, 1897, vol. XLIV, p. 358.

Schlagenhaufer : « Contr. anatomique au trajet des fibres des voies opti-ques et sur l'atrophie tabétique du nerf optique », *Iahrb. f. Psych. u. Neurol.*, XVI, 1897 et *Wiener klin. Woch.*, 1897, résumé in *Revue Neurol.*, 28 février 1899, p. 132.

Schlapp : « Sur les variations topographiques de la structure de l'écorce cérébrale », *Neurol. Centr.*, 1898, p. 334.

Schlesinger : « Sur le véritable neurone de la moelle », *Arbeiten aus dem Institut f. Anat. u. Phys. des Centralnerven systems*, Vienne, 1895.

— « La syringomyélie, Vienne, 1895.

— « Sur le trajet médullaire des voies de la sensibilité à la douleur et à la température », *Werh. des phys. Clubs zu Wien*, 26 mars 1895, et *Neurol. Centr.*, août 1895.

— « Remarques sur l'architecture du ruban », *Neurol. Centr.*, 1896, vol. XV, n° 4.

Schnopfhagen : « Contr. à l'anat. de la couche optique et de son voisinage immédiat », *Sitzb. d. wiener Akad.*, 1877, vol. LXXVI.

— « *La nature des circonvolutions cérébrales* », Vienne, 1890.

Schrader : « *Sur la place du cerveau dans le mécanisme des réflexes du système nerveux central des vertébrés* », Leipzig, 1891.

Schtscherbach : « Sur le pédoncule du flocculus », *Neurol. Centralbl.*, 1893, n° 7.

Schukowski : « Sur les connexions anatomiques des lobes frontaux », *Neur. Centr.*, vol. XVI, 1897, p. 524.

— « Sur l'influence de l'écorce cérébrale et des ganglions sous-corticaux sur la respiration », *Neur. Centr.*, 1898.

Schuetz : « Rech. anatomiques sur le trajet des fibres de la substance grise du canal central et la disparition des fibres de cette dernière au cours de la paralysie générale », *Arch. f. Psych. u. Nervenkr.*, vol. XXI, 1890, et XXII, 1891, p. 527.

Schultze : « Cont. à l'étude des dég. secondaires dans la moelle de l'homme avec remarques sur l'anatomie du tabes », *Arch. f. Psych.*, vol. XIV, 1883.

Schwalbe : « *Traité de Neurologie* », Erlangen, 1881.

— « Sur la division du noyau du M. O. C. en noyaux secondaires affectés à chaque muscle », *Neurol. Centralbl.*, 1896.

Schwarz : « *Le bouleversement des hypothèses de la perception par la théorie mécanique, avec considérations sur les limites de la psychologie physiologique* », Leipzig, |Duncker et Humblot, 1895.

Sczawinska : Sur la structure réticulaire des cellules nerveuses centrales (cellules de la moelle), *C. R. Acad. des Sciences*, 17 août 1896.

Séguin : Contr. à l'étude de l'hémianopsie d'origine centrale, *Arch. de Neurol.*, 1886.

Sehrwald : « Sur la technique de la coloration de Golgi », *Zeitsch. f. wiss. Mikr.*, 1889, vol. VI, p. 443.

— « Le moyen d'éviter les précipités périphériques dans la méthode de Golgi », *Ibid.*, p. 456.

Sehrwald : « Influence du durcissement sur la grandeur des éléments histologiques du cerveau et l'aspect des images fournies par la méthode de Golgi », *Ibid.*, p. 461.

Sellier et Verger : Physiologie de la couche optique et du noyau caudé, *Soc. de Biol.*, 14 mai 1898.

— Recherches expérimentales sur la physiologie de la couche optique, *Soc. de Biol.*, mai 1898, et *Arch. de Phys.*, oct. 1898, p. 706.

— Les hémianesthésies capsulaires expérimentales, *Journ. de Physiol. et de Pathol. génér.*, 15 juillet 1899, p. 757.

Semi-Meyer : « Sur un mode d'union des neurones », *Arch. f. mikr. Anat.*, 1896, vol. XLVII.

— « Sur les terminaisons centrales des neurites », *Ibid.*, vol. XLIV, p. 296 à 311, 1899.

Semon et Horsley : « Sur l'innervation des muscles du larynx », *Brit. med. Journ.*, 1889.

— « Sur les relations du larynx avec le système nerveux moteur », *Deut. med. Woch.*, 1890, n° 31.

— « Recherches expérimentales sur l'innervation centrale des muscles du larynx », *Philos. Transact.*, vol. CLXXXI, 1890, p. 187-211.

Senator : Deux faits d'abolition complète de la conduction de la moelle avec exagération du réflexe rotulien dans un cas et perte de ce réflexe dans l'autre, *Soc. de Méd. int. de Berlin*, 21 mars 1898 et *Sem. Méd.*, 1898.

Seppilli : « Sur la structure histologique de l'écorce cérébrale », *Rivista filosofica*, 1881.

Shaw et Thompson : « Dég. descendantes par lésion de l'écorce occipitale chez le singe », *Brit. med. Journ.*, 12 septembre 1896.

Sherrington : « Note sur deux faisceaux nouvellement décrits dans la moelle épinière ». *Brain*, 1887.

— « Note sur la dég. bilatérale du faisceau pyramidal », *Brit. med. Journ.*, 1890.

— « Tractus nerveux dégénérés secondairement aux lésions du cortex cérébral », *Journ. of Phys.*, 1890.

— « Nouvelle note sur les dég. consécutives aux lésions du cortex », *Ibid.*, 1890.

— « Sur les cellules situées dans les cordons blancs de la moelle des mammifères », *Philos. Trans. roy. Soc.*, vol. CLXXXI, 1890.

— « Note sur la portion spinale de quelques dég. ascendantes », *Journ. of Phys.*, 1893, vol. XIV, p. 299.

— « Sur les dég. secondaires et tertiaires », *Ibid.*, vol. XIII et XIV.

— « Sur la constitution anatomique des nerfs des muscles du squelette, avec remarques sur les fibres récurrentes des racines ventrales », *Ibid.*, vol. XVII, 1894, 1895.

SHERRINGTON : Note sur la dégénération expérimentale du faisceau pyramidal chez le chien », *Lancet*, 1894.

— « Existe-t-il dans les racines dorsales chez les mammifères des fibres d'origine médullaire? » *Journ. of Phys.*, mars 1897.

SHERRINGTON et HADDEN : « Dég. bilatérale de la moelle », *Brain*, 1888.

SHUKOFF : (Excitations de la zone motrice après excision de certains centres), thèse de Pétersbourg 1895.

SIBUT : *De l'atrophie cérébrale*, thèse de Paris 1890.

SICARD : Neurone et réseaux nerveux, conceptions actuelles, *Revue Médicale*, 1900, n° 28.

SIEBERT : « *Les régions de pénétration des racines postérieures dans la moelle ; ce qu'elles deviennent dans le tabes dorsal* », thèse de Munich, 1895.

SIEMERLING : « *Recherches anatomiques sur les racines médullaires chez l'homme* », 1887.

— « Sur le développement des gaines myéliniques dans le cerveau et son importance pour la localisation », *Berlin. klin. Woch.*, XXXV, 1898 (résumé).

SIEMERLING et BOEDECKER : « Paralysie chronique progressive des muscles de l'œil, etc., » *Arch. f. Psych.*, XXIX, 1897, p. 420.

SILVA : « La localisation corticale du facial supérieur », *Soc. méd.-chirurg. de Pavie*, juin 1898, et *Presse Méd.*, n° 68, 1898.

SIMERKA : Sur le degré de fréquence des paralysies laryngées chez les hémiplégiques, *Rev. Neurol.*, IV, 1896.

SINGER : « Sur les dég. secondaires dans la moelle du chien », *Sitzb. der Wiener Akad. der Wiss.*, vol. LXXXIV, 1881.

SINGER et MUENZER : « Contr. à l'étude de l'entre-croisement des nerfs optiques » *Denksch d. Wiener Akad.*, vol. LV, 1888.

— « Contr. à l'anatomie du système nerveux central et particulièrement de la moelle », *Wiener Denkschrift der math. natur. Classe de K. K. Akad. d. Wiss.*, 1890.

SIOLI : « Sur les systèmes de fibres du pied du pédoncule et leur dégénération », *Allg. Zeitsch. f. Psych.*, 1889, vol. XLIV.

SMIRNOFF : « *Matériel pour l'histologie du système nerveux périphérique des batraciens* », 1891.

— « Sur la structure des ganglions spinaux », *Obozr. psich.*, 1896.

— « Sur une sorte particulière de cellules nerveuses dans la couche moléculaire du cervelet chez les mammifères à l'état adulte et chez l'homme », *Anat. Anz.*, août 1897, p. 636.

— « Quelques remarques sur les fibres nerveuses myéliniques de la couche moléculaire du cervelet chez le chien adulte », *Arch. f. mikr. Anat.*, vol. LII, p. 195 à 202, 1898.

SMITH-ELLIOT : « Connexions entre le bulbe olfactif et l'hippocampe », *Anat. Anz.*, 1894, p. 470, vol. X.

Smith-Elliot : « Morphologie du lobe limbique proprement dit, du corps calleux, du septum lucidum et du fornix », *Journ. of Anatom.*, vol. XXX, 1895.
— « Le fornix supérieur », *Ibid.*, vol. XXXI, 1896, p. 80.
— « Le fascia dentata ». *Anat. Anz.*, 1896.
Smith (R. J. Horton) : Sur les fibres efférentes des racines postérieures de la grenouille », *Journ. of Phys.*, mars 1897, p. 101 à 111.
Soelder : « Communication sur le trajet des fibres du tronc cérébral », *Wien. klin. Woch.*, 1897.
— « Voies dégénérées dans le tronc cérébral consécutivement à une lésion de la moelle cervicale inférieure », *Neurol. Centralbl.*, vol. XVI, 1897.
— « Sur l'anatomie du chiasma optique chez l'homme », *Wien. klin. Wochensch.*, XI, p. 44, 1898.
Soltmann : « Études expérimentales sur les fonctions du cerveau chez les nouveau-nés », *Jahrb. f. Kinderheilk.*, IX, 1875.
Sorensen : « Études comparatives sur l'épiphyse et la voûte du diencéphale », *Journ. of comp. Neurol.*, vol. IV, 1894.
Sottas : *Des paralysies spinales syphilitiques*, thèse de Paris, 1894.
Soukhanoff : Contr. à l'étude de la marche de la dégénérescence des voies pyramidales chez les cobayes. *Journ. de Neurol. et d'Hypnol.*, 1897.
— « De la racine spinale du trijumeau », *Rev. Neurol.*, 1897.
— La théorie des neurones en rapport avec l'explication de quelques états psychiques normaux et pathologiques. *Arch. de Neurol.*, mai 1897, p. 337.
— Contr. à l'étude des modifications que subissent les prolongements dendritiques des cellules nerveuses sous l'influence des narcotiques, *La Cellule*, 1898.
— Contr. à l'étude des dég. secondaires dans la moelle épinière, *Journ. de Neurol. et d'Hypnologie*, 1898, n° 1.
— Sur l'état moniliforme des dendrites des cellules de l'écorce cérébrale, *Rev. Neurol.*, 30 août 1899, p. 731 ; thèse de Moscou, 1899, et *Arch. de Neurol.*, avril 1900, p. 273 à 289 (longue bibliographie de la question).
— « Sur la dég. ascendante dans le tronc cérébral et la dég. descendante dans la moelle après lésion portant sur les régions latérales du tronc cérébral entre le trou occipital et l'atlas », *Neurol. Bote*, vol. VI (en russe).
Souques : Dég. ascendante du f. de Burdach et du f. cunéiforme consécutive à l'atrophie d'une racine postérieure cervicale. *Soc. de Biol.* 1895.
— De l'origine réelle du nerf phrénique. *Sem. Méd.*, 1898, p. 510 (résumé).
Souques et Marinesco : Sur la dég. ascendante de la moelle, consécutive à la destruction par compression lente de la queue-de-cheval et du cône terminal. *Soc. de Biol.*, 1894.

Souques et Marinesco : Lésions de la moelle épinière dans un cas d'amputation congénitale des doigts. *Presse Médicale*, juin 1897.

Soury : *Les fonctions du cerveau; doctrines de l'école italienne; doctrines de l'école de Strasbourg*, Paris, 1888.

— Le faisceau sensitif, *Rev. gén. des Sciences*, 30 mars 1894.

— « Le lobe occipital et la vision mentale, hémianopsie », *Rev. Philos.*, 1895.

— Histoire des doctrines contemporaines de l'histologie du système nerveux central. Théorie des neurones, *Arch. de Neurol.*, févr. 1897.

— Le faisceau pyramidal et la maladie de Little, *Ann. Méd.-Psych.*, 1897, t. V, p. 238.

— L'amiboïsme des cellules nerveuses, théories de Cajal, Rabl-Ruckardt, etc., *Rev. gén. des Sciences*, 15 mai 1898.

— Article Cerveau in *Dict. de Phys.* de Richet, Paris, 1898.

— *Le système nerveux central. Structure et fonctions. Histoire critique des théories et des doctrines*, 1 vol., Carré et Naud, Paris, 1899.

Spirlas et Sclavunos : « Sur les ganglions spinaux des mammifères », *Ant. Anz.*, vol. XI.

Spitzka : « Contr. à l'étude anatomique du ruban », *Americ. Journ. of Neurology*, 1883, vol. II, p. 617; *The Med. Record*, 1884; *Neurol. Centralbl.*, 1885, p. 35.

— « Sur quelques résultats obtenus par la méthodes des atrophies, principalement au sujet de la commissure postérieure », *Neurol. Centralbl.*, 1885.

— « Trajet central de la voie auditive », *Ibid.*, 1886, et *Med. Journ.*, 1886.

— « Anatomie comparée du faisceau pyramidal », *Journ. of comparat. Med. and Surg.*, 1886.

— « Les centres oculo-moteurs et leur coordination », *The Journ. of nerv. and ment. Diseases*, 1888.

Staar : « Ophtalmoplégie externe partielle », *Journ. of nerv. and ment. Diseases*, 1888.

Stacey-Wilson : « Anesthésie dans les lésions corticales », *British med. Journ.*, 1893, III, p. 681.

Staderini : « Particularités de structure de quelques racines nerveuses encéphaliques », *Acad. med. fisica Fiorentina*, 1893.

— « Recherches expérimentales sur l'origine réelle de l'hypoglosse », *Internat. Monatsch. f. Anat. u. Phys.*, vol. XIII, 1895, et *Arch. Ital. de Biol.*, vol. XXIV, 1895, p. 319.

— « Sur un noyau de cellules nerveuses intercalé entre les noyaux d'origine du vague et de l'hypoglosse », *Monit. zool. Ital.*, vol. V, 1894; *Arch. Ital. de Biol.*, 1895, vol. XXIII et *Monit. zool. Ital.*, 1896, vol. VII.

Staderini : « Topographie et rapports de quelques noyaux de substance grise du bulbe (n. triangulaire de l'auditif, n. terminal du vague, n. de l'hypoglosse et n. du funiculus teres) », *Internat. Monatsch. f. Anat. u. Phys.*, 1896, vol. XIII.

— « Sur la glande pinéale des mammifères », *Monitore zool. Ital.*, 1897.

— « Les fibres propres et les fibres arciformes dans l'atrophie expérimentale du noyau de l'hypoglosse », *Ibid.*, 1898.

Staderini et Pierraccini : « Sur l'origine réelle et plus particulièrement sur les racines postérieures du nerf accessoire de l'homme », *Labor. d'Anatomie de l'Université de Rome*, 1898.

Starlinger : « La section des deux pyramides chez le chien », *Neurol. Centralb.*, 1895, vol. XIV, p. 390 et *Jahrb. f. Psych. u. Neurol.*, 1896, vol. XV.

Staurenghi : « Sur le trajet des fibres myéliniques du nerf optique », *Rendiconti d. Real. Ist. Lombardo*, 1891.

— « Note d'anatomie comparée au sujet du voile médullaire antérieur », *Atti della Assoc. med. Lombarda*, 1892.

— « Corps mamillaires externes », *Ibid.*, 1893.

Stefanowska : Les appendices terminaux des dendrites cérébraux et leurs différents états physiologiques, *Ann. de la Soc. roy. des sc. méd. et nat. de Bruxelles*, VI, 1897 et *Trav. du lab. de l'Inst. Solvay*, 1898, résumé in *Rev. Neurol.*, 1898, p. 525.

— Sur le mode d'articulation entre les neurones cérébraux, *Soc. de Biol.*, 1897.

— Évolution des cellules nerveuses corticales chez la souris après la naissance, *Ann. de la Soc. roy. des sc. méd et natur. de Bruxelles*, VI, 1897, résumé in *Rev. Neurol.*, 1898.

Steil : « Sur l'origine spinale du sympathique cervical », *Pflüger's Arch. f. d. gesam. Phys.*, vol. LVIII, 1894.

Steinach : « Fonctions motrices des racines postérieures », *Ibid.*, vol. LX, 1895.

Steiner : Sphères sensorielles et mouvement », *Ibid.*, 1891.

— « Sur le développement des sphères sensorielles et en particulier de la sphère visuelle au niveau de l'écorce chez le nouveau-né », *Neur. Centr.*, vol. XV, p. 741, 1896.

Sternberg : « Sur la branche externe du nerf accessoire », *Arch. f. Physiol.*, vol. LXXI, p. 138.

Stieda : « Sur l'origine des nerfs craniens analogues aux nerfs rachidiens », *Dorpater med. Zeitsch.*, 1873.

Stilling : « *Sur la moelle allongée* », Erlangen, 1843.

— « *Sur la structure de la protubérance annulaire ou pont de Varole* », Iéna, 1846.

— « *Nouvelles recherches sur la structure de la moelle* », 1857-1859.

STILLING : « *Rech. sur la structure du cervelet de l'homme* », Kassel, 1864, 1867, 1878.

— « *Rech. sur la structure des organes centraux de la vue* », Bâle, 1882.

— « Sur l'investigation du système nerveux central », *Schwalbe's morph. Arbeiten*, 1894.

STODDART : « Étude expérimentale sur le faisceau pyramidal direct », *Brain*, 1897, p. 441 et *Rev. Neur.*, 1898.

STOERH : « Sur les petites cellules de l'écorce du cervelet chez l'homme », *Anat. Anz.*, 1897, vol. XII.

STRAUSS : *Des contractures* , thèse d'agrégation, Paris, 1875.

SRICKER : « Recherches sur les nerfs vaso-moteurs du sciatique », *Acad. des Sc. de Vienne*, juillet 1876.

— « Rech. sur l'extension des nerfs vasculaires toniques dans la moelle du chien », *Sitzb. der K. Akad. d. Wiss. in Wien*, LXXV, p. 136.

STRICKER et UNGER : « Recherches sur la structure de l'écorce cérébrale », *Wien. Sitzungsber.*, 1875.

STROEBE : « Histologie générale des processus de dég. ou de régénération dans le système nerveux central et périphérique, d'après les derniers travaux », *Centralbl. f. Allg. Pathologie u. path. Anat.*, vol. VI, 1895.

STRUEMPELL : « Contr. à la pathologie de la moelle », *Arch. f. Psych.*, 1880.

STUDNICKA : « Sur l'histoire du cortex cerebri », *Soc. Anat.*, 8e congrès, Strasbourg, 1894.

STUELP : « Sur la situation et les fonctions de chacun des groupes cellulaires du noyau de l'oculo-moteur », *Arch. f. Ophthal.*, vol. LXI, 1895.

SYMINGTON : « Les commissures cérébrales chez les marsupiaux », *Journ. of Anatomy*, 1892.

TACUSSEL : *Essai sur le tabes moteur*, thèse de Lyon, 1887.

TAKAKS : « Sur le trajet des R. P. dans la moelle, etc. », *Neurol. Centr.*, 1887.

TALATNIK : « Modification à la méthode de Marchi », *Rev. Neurol.*, 1897, p. 63.

TARGOULA : *Les fibres nerveuses intra-corticales*, thèse de Paris, 1890.

TARTUFERI : « *Étude comparative du tractus optique et des corps genouillés* », Turin, 1881.

— « *Contr. anatomique et expérimentale à l'étude du tractus optique et des organes centraux de l'appareil de la vision* », Turin, 1881.

— « Sur la fine anatomie des quadrijumeaux antérieurs », *Arch. Ital. per le mal. nerv.*, 1885.

— « Structure des quadrijumeaux antérieurs chez l'homme », *Mem. prem. d. R. Instit. Lombardo di Milano*, 1885.

— « Étude comparative du tractus optique chez les mammifères », *Mem. dell' Acc. d. Sc. di Bologna* », 1885.

Tedeschi : « Contr. à la connaissance des dég. descendantes de la moelle »,
Policlinico, IV, p. 228, 1897.

Teljatnik : « Sur l'entre-croisement des fibres du nerf optique », Neurol.
Centralbl., vol. XVI, p. 321, 1897.

— « Sur les connexions du cervelet avec le reste du système nerveux
central », Neurol. Bote, vol. VI (en russe), et Neurol. Wjestn., vol. V.

Terterjanz : « La racine supérieure du trijumeau », Arch. f. mikr. Anat.,
vol. LIII, p. 632, 1899.

Thomas : « Contr. à l'étude du développement des cellules de l'écorce
cérébrale par la méthode de Golgi », Soc. de Biol., 1894.

— Contr. à l'étude des déviations conjuguées des yeux, etc., Ibid.,
14 mars 1896.

— Lésion sous-corticale du cervelet, etc., Ibid., 1896.

— Sur un cas de titubation cérébelleuse déterminée chez le chat par une
lésion expérimentale localisée au noyau du toit, Ibid., 1896.

— Fibres cérébelleuses descendantes, Ibid., 1896.

— Sur les fibres d'union de la moelle avec les autres centres nerveux et
principalement sur les faisceaux cérébelleux ascendants, Ibid., 1897.

— Le cervelet ; étude anatomique, clinique et physiologique, thèse de
Paris, 1897.

— Les terminaisons centrales de la racine labyrinthique, Soc. de Biol.,
12 février 1898.

— Dégénérescences secondaires à la section du faisceau longitudinal
postérieur chez le chien, Ibid., 28 mai 1898.

— Étude sur quelques faisceaux descendants de la moelle, Journ. de
Phys. et Path. gén., vol. I, 1899.

— Atrophies cellulaires consécutives aux lésions du cervelet, Soc. de
Biol., 1899.

— Article Coordination in Dict. de Phys. de Richet, Paris, 1898.

Tomasini : « L'excitabilité de la zone motrice après section des racines
postérieures », Lo Sperimentale, 48e année, et Arch. Ital. de Biol.,
vol. XXIII.

— « Séméiotique des lésions corticales chez le chien dans ses rapports
avec quelques questions de physio-pathologie humaine », Riv. sper.
di fren., XXII, 1896, p. 488 et 749.

Tooth : The Gulstonian lectures on secondary deg. of the spinal cord, 1889.

— « Terminaison du faisceau ascendant antéro-latéral », Brain, 1892,
p. 397.

— « Lésion destructive du tronc du nerf de la Ve paire ; étude anatomique », S. Bartholomew's Hospital Reports, XXIX, p. 215, 1893.

Touche : Deux cas de ramollissement des centres corticaux de la vision
avec autopsie, Arch. gén. de Méd., juin 1899.

Tournier : Un cas de paralysie flaccide avec exagération des réflexes rotu-
liens et clonus du pied et du genou, Province Méd., 1896.

Trapeznikoff : « *Lésions et symptômes consécutifs à la destruction expérimentale des centres de la déglutition et de la mastication chez le chien* », thèse de Pétersbourg, 1897 (*Laboratoire anatomo-physiologique de Bechterew*).

Trépinsky : « Systématisation des cordons postérieurs chez le fœtus ; leur dégénération dans le tabes », *Arch. f. Psych.*, vol. XXX, 1898.

Tripier : De l'anesthésie produite par les lésions des circonvolutions cérébrales ; recherches expérimentales et cliniques, *Revue de médecine*, 1880, p. 18 et 131.

Trolard : Appareil nerveux de l'olfaction, *Arch. de Neurol.*, vol. XXI et XXII.

Trouchkofsky : « Sur les rapports du grand sympathique et du système nerveux central », *Moniteur russe zoologique*, vol. VII, résumé in *Revue Neurol.*, août 1899.

Tschermak : « Sur le trajet central des voies ascendantes des cordons postérieurs », *Arch. f. Anat. u. Phys., anat. Abth.*, 1898, p. 291, et *Neurol. Centralbl.*, 1898.

— « Notice sur le champ cortical des cordons postérieurs », *Neurol. Centr.*, 15 février 1898.

— « Sur les suites de la section du corps trapézoïde chez le chat », *Neurol. Centr.*, 1er et 15 août 1899.

Tschisch : « Recherches sur l'anatomie des ganglions de la base du cerveau chez l'homme », *Sitzb. d. math. phys. klasse de K. Saechs. Ges. d. Wiss.*, 1886.

Tuczek : « Sur la disposition des fibres myéliniques dans l'écorce cérébrale », *Neur. Centr.*, 1882.

— « *Contr. à l'anatomie pathologique de la démence paralytique* », Berlin, 1884.

Tuerck : « Sur une lésion de la moelle, non décrite jusqu'à présent, dans l'hémiplégie ». *Zeitschrift der Aerzte zu Wien*, 1850.

— « Sur les lésions secondaires de quelques cordons de la moelle et de leurs prolongements encéphaliques », *Sitzb. d. Akad. d. Wissensch. zu Wien*, 1851, 1853 et 1855.

Turner : *De l'atrophie unilatérale du cervelet*, Paris 1856.

— Atrophie cérébrale avec atrophie et dégénération dans une moitié du corps, *Soc. de Biol.*, 1872.

— « Connexions centrales et relations des nerfs trijumeau, vago-glosso-pharyngien, spinal et hypoglosse », *Journ. of Anat. and Phys. norm. and path.* vol. XXIX, octobre 1894 et vol. XXX.

— « Connexions centrales de certains nerfs craniens », *Brit. med. Journ.*, 1894.

— « Remarques sur les cellules géantes des régions motrices de l'écorce cérébrale à l'état frais (sans durcissement) », *The Journ. of ment. Sc.*, 1898, p. 507.

Turner et Bulloch : « Observations sur les relations centrales des IX°, X°
    et XI° paires », *Brain*, 1894.

Turner et Hunter : « Sur une forme de terminaison nerveuse dans le sys-
    tème nerveux central », *Brain*, 1899.

Usher et Dean : « Recherches expérimentales sur le trajet des fibres du
    nerf optique », *Brit. med. Journ.*, 1896, et *Neur. Centr.*, 1896, vol. XV,
    p. 885.

Valenti : « Sur le développement de l'hypophyse », *Monit. Zool. Italiano*,
    1885.

Vassale : « Modification à la méthode de Weigert pour la coloration du
    système nerveux », *Riv. sper. di fren.*, vol. XV, 1889, et *Arch. Ital.
    Biol.*, 1891, vol. XV, p. 158.
    — « Sur la différence anatomo-pathologique entre les dég. primaires et
    secondaires de la moelle épinière », *Riv. sper. di fren. e med. leg.*,
    1896, p. 788-796.

Véjas : « Contr. expérimentale à l'étude des voies d'union du cervelet et
    du trajet des faisceaux grêle et cunéiforme », *Arch. f. Psych.*, vol. XVI.
    — « *Contr. à l'anatomie et à la physiologie des ganglions spinaux* »,
    thèse de Munich, 1883.

Veratti : « Sur quelques particularités de structure de l'écorce cérébrale
    des mammifères », *Laborat. di Anat. micr. della Univ. di Bologna,
    Boll. d. Soc. med. chir. di Pavia*, 1896, et *Anat. Anz.*, XIII, p. 377.
    — « Sur la structure fine des cellules ganglionnaires du sympathique »,
    Anat. Anz., vol. XV, 20 décembre 1898.

Verger : *Des anesthésies consécutives aux lésions de la zone motrice*, thèse de
    Bordeaux. 1896-97, n° 89.

Veyssière : *Sur l'hémianesthésie de cause cérébrale*, thèse de Paris, 1875.

Vezzilow : « *Sur les fonctions vaso-motrices des racines postérieures* »,
    thèse de Moscou, 1898.

Vialet : *L'appareil nerveux visuel et ses rapports avec la pathologie céré-
    brale*, *Sem. Médic.*, octobre 1893.
    — Note sur l'existence, à la partie inférieure du lobe occipital, d'un
    faisceau d'association distinct, le faisceau transverse du lobule lingual,
    Soc. de Biol., 1893.

Vignal : Sur le développement des éléments de la moelle des mammifères,
    Arch. de Phys., 1884.
    — Sur le développement des éléments de la s. grise corticale, *C. R.
    Acad. Sc.*, 1886.
    — Sur le développement des couches corticales du cerveau et du cervelet
    chez l'homme et les mammifères, *Arch. de Phys.*, 1888.

Viller : *Recherches anatomiques sur la commissure grise*, thèse de Nancy,
    1887.

Villiger : « *Schéma du trajet des fibres dans la moelle* », Bâle, 1894.

Vincenzi : « Sur l'origine réelle de l'hypoglosse ». *Actes de l'Acad. r. de Turin*, 1885.

— « Sur la fine anatomie de l'olive bulbaire chez l'homme », *Atti della r. Accad. med. di Roma.*, 1886–1887, vol. XIII.

Vinkler : « Dégénération secondaire descendante du faisceau latéral du pied du pédoncule », *Weekbl. von het Nederl. Tijdschr. vor geneesk*, 1886, XXIII.

Virchow (H) : « Sur les cellules de la substance gélatineuse de Rolando », *Neur. Centr.*, 1887.

Virenque : *L'hémianesthésie*, thèse de Paris, 1874.

Vogt : « *Sur les systèmes de fibres des portions moyenne et caudale du c. calleux* », thèse de Leipzig, 1894, et *Neur. Centr.*, vol. XVI, p. 208, 1895.

— « Doctrine de Flechsig sur les centres d'association, ses adversaires et partisans », *Zeitsch. f. Hypnot.*, 1897.

— Sur la myélinisation de l'hémisphère cérébral du chat, *Soc. de Biologie*, 1898.

Vulpian : *Leçons sur les maladies du système nerveux*, 1886.

— *Leçons sur l'appareil vaso-moteur*, Paris, 1875.

— Sur la racine postérieure ou ganglionnaire du nerf hypoglosse, *Journ. de Brown–Séquard*, 1862, p. 1 à 34.

Vulpius : « Sur le développement et l'extension des fibres tangentielles dans l'écorce du cerveau de l'homme », *Arch. f. Psych. u. Nervenkr.*, vol. XXIII, 1892.

Waldeyer : « La moelle du gorille », *Abhandl. d. K. Akad. d. Wiss. zu Berlin*, 1888, et *Korr. Bl. f. Anthrop.*, 1889.

— « Sur le trajet des fibres radiculaires postérieures dans la moelle de l'homme et du gorille », *Sitzb. d. Gesel. naturf. Freunde*, Berlin 1889.

— « Les nouvelles idées sur la structure et la nature de la cellule (nerveuse) », *Deut. med. Woch.*, vol. XXI, 1895.

Wallenberg : « Sur les voies secondaires du trijumeau sensitif », *Anat. Anz.*, 1896, vol. XII.

— « Sur la physiologie de la racine spinale du trijumeau », *Neur. Centr.*, vol. XV, p. 873, 1896, et *Arch. de Neur.*, 1898, t. I, p. 50.

— « Le territoire dorsal de la racine spinale du trijumeau et ses rapports avec le faisceau solitaire chez l'homme », *Deutsche Zeitsch. f. Nervenheilk.*, 1897.

— « Les voies secondaires de l'auditif chez le pigeon », *Anat. Anz.*, vol. XIV, 1898.

— « Le faisceau médial du nerf optique chez le pigeon », *Neurol. Centr.*, XVII, p. 552, 1898.

— « Une connexion des régions distales (caudales) du cerveau avec le corps strié chez le pigeon (tractus isthmo-striatus ou bulbo-striatus) », *Neurol. Centr.*, vol. XVII, 1898.

Wallenberg : « Recherches sur la topographie des cordons postérieurs chez l'homme », *Deutsche Zeitsch. f. Nervenheilk.*, vol. XIII, 1898.

— « Sur un faisceau croisé allant du cervelet aux noyaux oculo-moteurs chez le pigeon », *Allg. Zeitsch. f. Psych.*, t. LVI, mai 1899, et *Rev. Neurol.*, 3o nov. 1899.

Waller : Sur la reproduction et sur la structure et les fonctions des ganglions spinaux, *Müller's Arch.*, 1852.

— Nouvelle méthode anatomique pour l'investigation du système nerveux, *C. R. de l'Acad. des Sciences*, avril et juin 1852, vol. XXXIV, *Ibid.*, vol. XXXV et 1853, vol. XXXVI.

— Expériences sur la section des nerfs et les altérations qui en résultent, *Gaz méd.*, n° 14, 1856.

Wana : « Sur le trajet anormal et aberrant de quelques fibres motrices dans un territoire radiculaire », *Arch. f. Phys.*, vol. LXXI, p. 555, 1898.

Weidenhammer : « Sur les dégénérations secondaires aux lésions en foyer de la protubérance », *Neur. Centr.*, 1897.

Weidenreich : « Anatomie des noyaux centraux du cervelet chez les mammifères », *Zeitsch. f. Anat. u. Anthrop.*, 1899.

Weigert : « Sur la coloration des gaînes de myéline », *Deutsche med. Woch.* 1891, et *Ergebnisse der Anat. u. Entwick von Merkel-Bonnet*, 1897.

Wenzel : « Contr. à l'étude de l'ataxie héréditaire et de l'atrophie du cervelet », *Arch. f. Phys.*, vol. XXI, 1890.

Werdnig : « Concrétion dans la substance noire de Soemmering avec dég. du ruban dans les deux sens », *Wiener med. Iahrburch*, nouvelle série, 1888.

Wernicke : « *Traité des maladies du cerveau, Introduction anatomique* », Kassel, 1881, vol. I.

— « *Atlas du cerveau : Coupes du cerveau humain photographiées d'après nature* ».

Wertheimer : Article Bulbe in *Dict. de Physiol.* de Ch. Richet.

Wertheimer et Lepage : Sur les fonctions des pyramides bulbaires, *Arch. de Phys.*, 1896, p. 614.

— Action de la zone motrice du cerveau sur les mouvements des membres du côté correspondant, *Soc. de Biol.*, 1896.

Werziloff : « Les fonctions du cervelet », *Soc. des Neurol. et Psych. de Moscou*, 1898, et *Rev. Neurol.*, 1899.

— « Deux cas de compression de la moelle », *Soc. des Neurop. et Aliénistes de Moscou*, janvier 1898.

Wesley Mills : « Sur la valeur fonctionnelle des centres moteurs corticaux du cerveau chez différents animaux », *New-York med. Journ.*, 17 oct. 1896 et *Arch. de Neurol.*, mai 1897, p. 363.

Westphall : « Sur un cas de paralysie chronique progressive des muscles de l'œil », *Arch. f. Psych.*, 1888, vol. XVIII.

Westphall : « Sur un nouveau groupe de cellules dans le noyau de l'oculo-moteur », *Centralbl. f. Nervenheilkunde*, 1889.

— « Examen anatomique d'un cas de phénomène du genou unilatéral », *Arch. f. Psych.*, vol. XVIII.

— « Conditions de l'excitabilité électrique du système nerveux périphérique de l'homme dans le jeune âge et ses rapports avec la structure anatomique », *Arch. f. Psych.*, vol. XXVI, résumé in *Arch. de Neur.*, 1895, p. 135, t. II.

— « Sur la myélinisation des nerfs craniens de l'homme », *Ibid.*, vol. XXIX, p. 474, 1896 et *Centr. f. Nervenh.*, vol. VII, p. 533, 1896.

— « Un cas de myélite par compression de la moelle cervicale », *Arch. f. Psych.*, vol. XXX, résumé in *Sem. Médic.*, 1898, n° 37.

Westphal : « *Sur l'auditif, le cerveau moyen et le cerveau intermédiaire des oiseaux* », thèse de Berlin, 1898.

Wieting : « Sur l'anatomie du chiasma humain », *Arch. f. Ophthalmol.*, XLV, 1re partie, p. 73, 1898.

Williamson : « Le faisceau pyramidal direct dans la moelle épinière », *British med. Journ.*, 1893, p. 946.

— « Symptomatologie des lésions, tumeurs et abcès des lésions de la région préfrontale du cerveau », *Brain*, 1896 ; résumé in *Arch. de Neurol.*, août 1897, p. 146.

Wittkowsky : « Contr. à la pathologie du cerveau », *Arch. f. Psych.*, 1883, vol. XIV.

Woroschiloff : « Trajet des voies sensitives et motrices dans la moelle lombaire, chez le lapin », *Ber. der math. phys. Kl. d. R. Gesel. d. Wiss. zu Leipzig*, 1874.

Worotynski : « Sur les dég. secondaires dans la moelle », *Neurol. Centr.*, vol. XIV, 1897.

— Sur le début et la marche des dég. secondaires dans les différents systèmes de la moelle du chien, *Revue Neurol.*, 1896, p. 601.

— « *Documents relatifs à l'étude des dég. secondaires de la moelle consécutives aux lésions transverses* », thèse de Kasan, 1897.

Zacher : « Comment se comportent les fibres myéliniques de l'écorce cérébrale dans la paralysie générale et dans d'autres maladies mentales ? », *Arch. f. Psych.*, vol. XVIII, 1887.

— « Sur les fibres myéliniques de l'écorce cérébrale » , *Ibid.*, vol. XVIII.

— « Contribution à l'étude du trajet des fibres dans le pied du pédoncule, etc. », *Ibid.*, vol. XXII, 1891.

Zander : « Sur la disposition des faisceaux radiculaires du M. O. C. à leur sortie du pédoncule », *Anat. Anz.*, 1896, vol. XII, p. 545.

— « Sur la topographie et les dimensions du chiasma optique et leur importance pour le diagnostic des tumeurs de l'hypophyse », *Deutsche med. Woch.*, XXIII, 1897.

Zappert : « Contr. à l'étude de la dég. descendante des cordons posté-
rieurs », *Neur. Centr.*. 1898, p. 102.
Zenner : « Un cas de tumeur cérébrale de la sphère motrice gauche,
hémiplégie gauche, absence de croisement des pyramides », *Neurol.
Centr.*, vol. XVII, p. 202, 1898.
Zernoff : « *Traité d'Anatomie de l'homme* », vol. III de Neurologie,
Moscou, 1891.
Ziehen : « Nouvelle méthode de coloration du système nerveux central »,
Neurol. Centr., 1891.
Ziehen et Kueckenthal : (Sur le trajet central du nerf auditif), *Denksch.
d. Med. u. Naturwiss. zu Iéna*, vol. III, 1889.
Zingerle : « Sur la signification et les conséquences de l'absence du corps
calleux chez l'homme », *Arch. f. Psych.*, vol. XXX, p. 400.
Zinn : « Le champ cortical de l'œil dans ses rapports avec les centres
optiques », *Münch. med. Wochenschr.*, 1892.
Zuckerkandl : « Sur le centre olfactif », Stuttgard, 1887.
— « Le faisceau olfactif », *Anat. Anz.*, 1888.

FIN

A[illegible]
A[illegible]
A[illegible]
A[illegible]
A[illegible]
A[illegible]
A[illegible]
A[illegible]
B[illegible]
B[illegible]
B[illegible]
B[illegible]
B[illegible]
B[illegible]
B[illegible]
B[illegible]
E[illegible]
E[illegible]
E[illegible]
E[illegible]

Meyer, 339, 427.

Meynert, 2, 248, 275, 281, 303, 388, 458, 513, 603, 626.

Michel, 293.

Miescher, 190.

Milla, 664.

Mingazzini, 151, 218, 235, 454, 471, 482, 579, 657.

Minor, 690.

Mirto, 222.

Misslawski, 207, 229, 666.

Miura, 337.

Moeli, 158, 340, 592.

Monakow (v.), 45, 147, 224, 259, 291, 294, 300, 334, 350, 475, 565, 582, 585, 596, 626, 643.

Mollard, 669.

Morat, 33, 270.

Mott, 134, 151, 152, 170, 673, 679.

Muchin, 206.

Muenzer, 39, 65, 147, 338.

Muira, 131.

Mueller, 152, 164.

Munk, 666, 673, 682.

Muratoff, 365, 563, 605, 613, 624, 648, 667.

Mya, 498.

Nageotte, 136.

Nansen, 710.

Narbut, 721.

Navrozki, 190.

Nélis, 21.

Nettelchips, 297.

Nicolajew, 21.

Nissl, 225.

Nothnagel, 666, 674, 691.

Obersteiner, 131, 134, 209, 243, 250, 258, 279, 303, 421, 424, 640.

Oddi, 144.

Onufrowitsch, 260, 605, 624.

Oseretzkowski, 407, 591.

Ossipoff, 172, 240, 246.

Pal, 151.

Parrot, 655.

Passow, 629.

Patrick, 151.

Pellizzi, 151, 152, 469, 479.

Perlia, 281, 303.

Petrina, 676.

Pfeiffer, 61.

Philippe, 130, 134, 135, 151.

Pick, 42, 127, 284, 293, 340, 423.

Pieraccini, 172.

Pierret, 3, 56, 243, 274.

Pinélés, 131, 671.

Pitres, 158, 561, 674, 677.

Ponjatowski, 618, 651.

Popoff, 259, 617.

Prévost, 42, 418.

Pribytkow, 151, 296, 300, 308, 333, 387.

Probst, 143, 153, 154, 276, 351, 382.

Pugliese, 664.

Pusateri, 615, 650.

Quensel, 329.

Rabl–Ruckardt, 616, 719.

Ramon, 239, 351, 647.

Rauber, 209.

Raymond, 164, 192, 236.

Redlich, 131, 154, 307.

Reimers, 62, 129, 171, 622.

Reinhold, 229.

Remack, 14.

Renaut, 10, 11, 12.

Retzius, 171, 248, 305.

Richet, 184.

Righetti, 658.

Rolando, 29, 189.

Roller, 208, 243.

Romanow, 366, 569.

Rossi, 144.

Rossolymo, 145, 337, 362, 427, 574.

Rothmann, 155, 564.

Russel, 147, 150, 478.

Sachs, 589, 633.

Sakussef, 19.

Sala, 257, 537, 543.

Salile, 667.

Samelshon, 297.

Sanderson, 690.

Sano, 43, 44.

Santis (de), 373, 643.

Schaefer, 663, 667, 674, 682.

Schaeffer, 127, 129.

Schaffer, 43, 63, 151, 152, 175, 338, 423, 537, 540.

A

A

A

A
A
A
A
A

B.

B.
B.
B.

TABLE ALPHABÉTIQUE DES MATIÈRES

B *(Suite)*

C

C (Suite)

E *(Suite)*

F

F *(Suite)*

G

G *(Suite)*

H

I, K

L

M

M *(Suite)*

N

Q

R

S

S *(Suite)*

T, U, V, Z

TABLE ANALYTIQUE DES MATIÈRES

CINQUIÈME PARTIE
VOIES DE CONDUCTION DU CERVEAU TERMINAL

SIXIÈME PARTIE
LES VOIES DE CONDUCTION EN GÉNÉRAL

ERRATA

Page 6, ligne 10 d'en bas, au lieu de : sous certaines, lire : *dans certaines.*

Page 55, ligne 2, au lieu de : avons vu pénétrer, lire : *avons vues pénétrer.*

Page 55, ligne 3 de l'article II, au lieu de : les transversales, lire : *les coupes transversales.*

Page 77, légende, ajouter : *ainsi que la zone médiane des cordons de Goll.*

Page 105, légende, au lieu de : b, lire : *f.*

Page 127, ligne 9, au lieu de : Struepell, lire : *Struempell.*

Page 175, au lieu de : chapitre III, lire : *chapitre IV.*

Page 178, ligne 8, au lieu de : branche, lire : *bouche.*

Page 203, légende, ajouter : *nB, noyau de Burdach.*

Page 214, légende de la figure 138, au lieu de : autour desquelles se terminent, lire : *dont naissent.*

Page 217, légende, ajouter : *nrt, noyau réticulé de la calotte.*

Page 219, légende, ajouter : *ftro, fibres du nerf optique.*

Page 225, légende, ajouter : *p, voie pyramidale.*

Page 237, ligne 20, au lieu de : funiculus antérieur, lire : *cordon antérieur.*

Page 236, légende, au lieu de : 165, lire : *156.*

Page 243, ligne 3 d'en bas, au lieu de : noyau l'hypoglosse, lire : *noyau de l'hypoglosse.*

Pages 305, 307, 309, titre courant, au lieu de : fibres papillaires, lire : *fibres pupillaires.*

Page 413, titre de l'article, supprimer : *moteurs.*

Page 509, titre courant, au lieu de : dendrites pyramidales, lire : *dendrites des Pyramidales.*

Page 557, légende, au lieu de fgp, lire *fgf.*

Page 702, note, au lieu de : Prónant, lire : *Prenant.*

LYON

IMPRIMERIE A. STORCK ET Cⁱᵉ

8, Rue de la Méditerranée

EXPLICATION DES FIGURES

DES PLANCHES COLORIÉES

Fig. 1. — Coupe transversale de la moelle.

La moitié droite correspond à peu près à la partie supérieure du renflement lombaire ; la gauche, à la partie inférieure du renflement cervical : a, racines antérieures (R. A.) ; p' et p'' fibres internes et fibres externes des racines postérieures (R. P.) ; kl, colonne de Clarke ; s, zone marginale.

Rouge : 1, cordons de Goll ; 1' faisceau descendant médio-marginal ; 2, portion périphérique ou dorso-latérale du cordon de Burdach ; 2', portion moyenne ; 2'', portion antérieure ; 2''', faisceau en virgule ou zone intermédiaire des cordons postérieurs ; 3, faisceau cérébelleux direct ; 6, faisceau profond du cordon latéral ; 7, faisceau antéro-latéral ; 15, faisceau interne ascendant du cordon antérieur.

Bleu : 5, F. Py. C. ; 5', F. Py. D. ; 8, fibres venant du thalamus, passant par l'entre-croisement de Forel et se plaçant en descendant au-devant du faisceau pyramidal ; 11, faisceau antéro-marginal ou faisceau cérébelleux descendant (de la région du noyau de Deiters) ; 13, faisceau venant du croisement « en fontaine » de la calotte, naissant dans le quadrijumeau antérieur.

Vert : 9, f. fondamental du cordon latéral ; 10, f. fondamental du cordon antérieur.

Noir : Contours de la substance grise, racines et leur continuation dans la substance grise.

Fig. 2. — Coupe transversale du bulbe.

La moitié droite correspond au point de sortie des racines de l'hypoglosse les plus élevées, la gauche au point de sortie de la IXe paire ; nci, noyau central inférieur ; nfc, partie supérieure du noyau du cordon cunéiforme ; nfg, id. du cordon grêle ; nla, n. du cordon latéral ; oi, olive bulbaire ; ois, parolive ; sg (en dedors des fibres du Xe, à droite), substance gélatineuse du Ve ; V, VIII, IX, X, XII, noyaux et racines des nerfs craniens correspondants ; IX et X, f. solitaire ou racine ascendante des IXe et X^e paires.

Rouge : 1, cordon grêle ; 2, cordon cunéiforme ; 2''', fibres allant du noyau de ce cordon au c. restiforme du même côté ; 3, voie cérébelleuse directe située dans le c. restiforme ; 7, f. antéro-latéral ; 14, fibres de la couche inter-olivaire venant des noyaux de Goll ; 15, fibres venant de ce noyau et se rendant au corps restiforme du même côté, et 15' du côté opposé ; 17, fibres du n. de Burdach allant à la couche inter-olivaire ; 18, fibres venues du même noyau et allant au n. central inférieur ; 21, partie latérale du champ externe de la formation réticulée ; 38, éléments du corps restiforme en rapport avec les noyaux du cordon latéral.

Bleu : 5, voie pyramidale ; 8, fibres du cordon latéral venues de la couche optique et passant par l'entre-croisement de Forel ; 39, voie centrale de la calotte.

Vert : 9, fibres de la Réticulée continuant le f. fondamental des cordons antéro-latéraux ; 9', fibres venues de la région du noyau de Deiters ; 10, fibres de la Réticulée provenant de la portion antérieure du f. fondamental ; 40, fibres cérébello-olivaires.

Noir : Contours de la s. grise et racines des nerfs craniens.

Fig. 3. — Coupe transversale du tronc cérébral et du cervelet au niveau du pont de Varole.

La moitié droite représente la portion inférieure de la protubérance au niveau du nerf acoustique ; la moitié gauche, la partie moyenne, au niveau de VIe et VIIe ; *cd*, corps denté ; *nd*, n. de Deiters ; *ng*, n. rond ; *np*, ganglions protubérantiels ; *nrt*, n. réticulé de la calotte ; *nt*, noyau du toit ; *ntr*, n. du trapèze ; *os*, olive supérieure ; *sg*, s. gélatineuse du Ve ; *v*, vermis supérieur ; *VI, VII, VIII*, racines et noyaux des n. craniens. Des deux racines de *VIII* on a représenté à gauche la racine antérieure seule ; à droite, la même (plus en dehors) et une partie de la postérieure (plus en dedans).

Rouge : 2''', fibres du c. restiforme venant des noyaux de Burdach ; 3, voie cérébelleuse directe dans le c. restiforme ; 7, f. antéro-latéral ; 14, fibres du ruban principal venant des noyaux de Goll (continuant la portion correspondante de la couche inter-olivaire, *cf, fig.* 2) ; 15, fibres du c. restiforme venant des noyaux de Goll ; 17, fibres du ruban principal venant des noyaux de Burdach (continuant la partie correspondante de la couche inter-olivaire, *voy. fig.* 2) ; 21, partie latérale du champ externe de la Réticulée ; 22, fibres du trapèze provenant du n. antérieur de l'acoustique et allant à l'olive supérieure du même côté ; 23, *id.* et allant à l'olive opposée et à la s. blanche dorsale de celle-ci qui se rend dans le ruban latéral ; 37, voies allant du n. rond et du n. de l'embole à l'écorce cérébrale ; 38, éléments du c. restiforme unissant le cervelet aux n. du cordon latéral ; 41, éléments semblables du c. denté ; 43, 46, 49, les trois parties constitutives du pédoncule cérébelleux supérieur ; 45, fibres unissant (le trait est interrompu) le noyau vestibulaire au cervelet ; 47, voir 37 ; 48, fibres allant du n. du toit à l'écorce cérébelleuse.

Bleu : 5, voie pyramidale ; 8, fibres venant de la couche optique et descendant dans les cordons latéraux de la moelle ; 39, voie centrale de la calotte ; 44, f. cérébral du pédonc. cérébel. moyen ; 45, union de l'olive supérieure avec les noyaux du toit.

Vert : 9, continuation du Fondamental du cordon latéral ; 10, f. longitudinal postérieur ou continuation du f. fondamental du cordon antérieur ; 24, fibres provenant de la région du noyau de Deiters ; 42, f. spinal du péd. céréb. moyen.

Noir : Contours de la s. grise et racines des nerfs craniens.

Fig. 4. — Coupe transversale de la moitié supérieure de la protubérance.

La moitié gauche de la figure représente une région plus élevée que celle qui est figurée à droite. — *ncl*, n. central supérieur ; *nl*, n. du ruban latéral ; *np*, ganglions pontiques ; *nrt*, n. réticulé de la calotte ; *os*, olive supérieure ; *V, V'*, racines et noyaux du n. cranien correspondant.

Rouge : 7, f. antéro-latéral ; 14, fibres du ruban provenant du noyau de Goll ; 17, *id.* des n. de Burdach ; 21, portion latérale du champ externe de la Réticulée ; 23, ruban latéral ; 26, fibres venant de la région du quadrijumeau postérieur et allant au n. réticulé et au pont ; 43, 46, 49, les trois parties constitutives du péd. cérébel. supérieur.

Bleu : 5, voie pyramidale ; 8, fibres venant de la couche optique et des noyaux rouges par le croisement de Forel et descendant au cordon latéral (faisceau de Monakow) ;

30, ruban accessoire interne (va aux nerfs craniens moteurs); *32*, voie centrale de la calotte; *44*, f. cérébral du péd. cérébel. moyen; *54*, voie fronto- et *55*, voie temporo-occipito=protubérantielles.

Vert : *9*, continuation centrale du f. fondamental latéral et *10*, *id.*, du fondamental antérieur ou bandelette longitudinale postérieure; *28*, fibres ascendantes venues de la s. grise protubérantielle et montant dans le raphé vers la formation réticulée (f. vertical du pont); *42*, f. spinal du péd. céréb. moyen; *50*, f. ventral du péd. céréb. antérieur.

Noir : Contours de la s. grise et racines des nerfs craniens.

Fig. 5. — Coupe transversale du tronc cérébral dans la région des pédoncules cérébraux.

La moitié droite correspond à la région du quadrijumeau postérieur, la moitié gauche à la région du quad. antérieur. — *cc*, Corps mamillaire; *cgi*, corps genouillé interne; *cqi*, quadrijumeau postérieur ou inférieur; *cqs*, quad. ant. ou supérieur; *ni* (en pointillé sur du vert), n. innominé; *nll*, corps parabigéminé; *nr*, n. rouge de la calotte; *sn*, substantia nigra; *III* et *V*, nerfs craniens; près du noyau de III⁰ est le noyau de la commissure postérieure.

Rouge : *14*, fibres du ruban venant du noyau de Goll; *14'*, fibres du ruban passant dans le pied du pédoncule (f. accessoires disséminés de la couche du ruban); *17*, fibres du ruban venues du n. de Burdach; *17'*, fibres du ruban allant à la région du c. parabigéminé; *21*, continuation supposée de la partie latérale du champ externe de la formation réticulée; *23*, fibres du ruban latéral allant au quadrijumeau postérieur; *33*, fibres du bras postérieur venant du quadrijumeau postérieur du même et en partie de l'autre côté; *43, 46, 49*, péd. céréb. supérieur avant sa pénétration dans le noyau rouge; *51, 52*, fibres allant du n. rouge au thalamus et au n. lenticulaire; *60*, fibres allant du quadrijumeau antérieur à l'écorce cérébrale.

Vert : *10*, bandelette longitudinale postérieure; *29'*, pédoncule du corps mamillaire; *31*, f. de Meynert ou rétroflexe; *32* (en bas, sur la ligne médiane), f. de Vicq d'Azyr ou f. thalamo-mamillaire; *22* (à gauche en haut), fibres allant du quadrijumeau postérieur au thalamus; *35*, portion dorsale de la commissure postérieure; *35*, sa portion antérieure.

Bleu : *5*, voie pyramidale; *8*, fibres venues du thalamus et du noyau rouge, et se rendant par l'entre-croisement de Forel au cordon latéral (faisceau de Monakow); *30*, ruban accessoire; *39*, voie centrale de la calotte; *54*, voie fronto- et *55*, voie temporo-occipito=protubérantielles; *62*, fibres allant de la s. grise du quadrijumeau antérieur à l'entre-croisement en fontaine.

Noir : Contours de la s. grise et racines de III⁰ et IV⁰.

Fig. 6. — Encéphale (vu de profil et en transparence) et une partie de la moelle.

a, R. A.; *cc*, c. mamillaire; *cd*, c. denté; *cge* et *cgi*, c. genouillés interne et externe; *cL*, c. de Luys; *cqi* et *cqs*, quadrijumeaux inférieur et supérieur; *cs*, c. strié; *em*, noyau de l'embole; *gi*, ganglion interpédonculaire de Gudden; *gp*, globus pallidus; *gpn*, glande pinéale; *na*, n. antérieur du thalamus; *nci*, n. central inférieur; *ncs*, n. central supérieur; *nD*, n. de Deiters; *nh*, n. de l'habenula; *ni*, n. innominé; *nfc*, n. du cordon cunéiforme; *nfg*, n. du cordon grêle; *nl*, n. latéral du lemnisque; *nla*, n. antérieur du cordon latéral; *nll*, n. du lemnisque latéral; *nlp*, n. postérieur du cordon latéral; *np*, s. grise protubérantielle; *npe*, n. latéral de la couche optique; *nr*, n. rouge; *nrp*, n. du funiculus antérieur ou n. respiratoire; *nt*, n. du toit; *oi*, olive inférieure; *os*, olive supérieure; *p*, R. P.; *sgc*, s. grise du III⁰ ventricule; *sn*, s. noire de Sœmmering; *th*, thalamus. En chiffres romains, les noyaux des nerfs craniens.

Rouge : *1*, cordons grêles ; *2*, cordons cunéiformes ; *2'''*, fibres allant du cordon cunéif. au cervelet ; *3*, f. cérébelleux direct ; *6*, f. profond du cordon latéral ; *7*, f. antéro-latéral ; *14*, fibres du ruban venant des noyaux de Goll ; *14'*, fibres allant du thalamus à l'écorce de l'hémisphère et continuant le ruban ; *15*, f. interne ascendant du cordon anté-rieur ; *17*, fibres du ruban venant des noyaux de Burdach ; *17''*, voies centrales du ruban allant du corps sous-thalamique au globus pallidus ; *17'''*, fibres du ruban allant au quadrijumeau et au c. bigéminé ; *18*, fibres des n. cunéiformes allant au n. central inférieur ; *20*, fibres allant du globus pallidus à l'écorce cérébrale ; *22, 23*, fibres du trapèze provenant du noyau antérieur de l'acoustique et allant à l'olive supérieure et au ruban latéral (voie acoustique centrale) ; *28*, fibres réunissant les noyaux du cordon latéral au cervelet ; *33*, bras postérieur des quadrijumeaux ; *33'*, voies allant du corps genouillé interne à l'écorce du lobe temporal ; *43, 46, 50*, les trois faisceaux du péd. céréb. supérieur ; *45*, union du n. du nerf vestibulaire et du n. de Deiters avec le cervelet ; *47, 48*, union des noyaux centraux du cervelet avec son écorce ; *49, 52*, fibres venant du n. rouge, allant au n. lenticulaire et au thalamus et leur continuation à l'écorce ; *60*, fibres allant du quadrijumeau antérieur et du c. genouillé externe à l'écorce occipitale ; *63*, voies corticales des noyaux des n. craniens (faisceaux disséminés du ruban principal) ; *64*, fibres du ruban allant au n. réticulé ; *VIII* et *IX*, nerfs craniens.

Vert : *9'*, union du n. de Deiters et du f. fondamental du cordon latéral ; *10*, f. fondamental du cordon antérieur et *10'*, la bandelette longitudinale postérieure qui le continue ; *10''*, fibres centrales du f. aberrant entrant dans l'entre-croisement de Meynert ; *15'*, union du cervelet avec le n. de Deiters ; *19*, fibres du Fondamental latéral pénétrant dans la formation réticulée ; *23*, fibres allant de la région du thalamus à la Réticulée ; *24*, fibres allant de l'olive supérieure au noyau de l'abducens ; *25*, union des noyaux du cervelet avec les olives supérieures ; *26*, union du quadrijumeau postérieur avec le n. réticulé ; *27*, f. de Meynert ou f. rétroflexe ; *28*, pédoncule du corps mamillaire ; *29*, f. de la calotte de Gudden ; *32*, fibres allant du quadrijumeau postérieur au thalamus ; *35*, commissure cérébrale postérieure et union de la gl. pinéale avec le ganglion de l'habénula ; *36*, f. de Vicq d'Azyr ou thalamo-mamillaire ; *37*, union du thalamus avec le noyau lenticulaire ; *40*, fibres cérébello-olivaires ; *41*, union du c. denté avec l'écorce cérébelleuse ; *42*, f. spinal du pédoncule cérébelleux moyen et f. vertical de la protubé-rance ; *45*, fibres descendantes de la portion interne du péd. céréb. inférieur, allant au n. de Deiters ; *49*, f. ventral du péd. céréb. supérieur ; *52, 57, 58, 59, 59'*, voies d'union du thalamus et de l'écorce cérébrale ; *64*, fibres venant du ganglion interpédonculaire.

Bleu : *5*, voie pyramidale ; *5* (à gauche), F. Py. D. ; *8*, faisceau venant du thalamus, formant l'entre-croisement de Forel et descendant au cordon latéral de la moelle ; *30*, ruban médial accessoire ; *35*, voie centrale de la calotte ; *44*, f. cérébral du pédoncule cérébelleux moyen ; *52*, union du c. strié avec le globus pallidus ; *54*, fibres situées dans le champ interne du pied du pédoncule (voie fronto-protubérantielle) ; *55*, fibres situées dans le champ externe du pied du pédoncule (voie temporo-occipito=pontique) ; *61*, fornix ; *65*, fornix longus. Les racines antérieures de la moelle (*a*) et les racines du VIIe sont également en bleu.

Noir : contour de la s. grise ; *64*, union de l'écorce cérébrale avec le n. caudé et le putamen du noyau lenticulaire. Voies d'association : *fsc*, f. sous-calleux ; *f.l.sup.* f. longi-tudinal supérieur ; *f.l.inf.* f. longitudinal inférieur ; *cing.*, cingulum ; *f.unc*, fasciculus uncinatus ; *f.vert*, f. vertical.

Fig. 7 et 8. — Topographie des noyaux et trajet intra-encéphalique des nerfs craniens.

rp, n. respiratoire ; *oi*, olive inférieure ; *nD*, n. de *Deiters* ; *cqa, cqp*, quadrijumeaux antérieurs et postérieurs. Les racines sensitives sont en rouge ; les racines motrices en bleu et désignées en outre par le signe ' ajouté au numéro d'ordre du nerf.

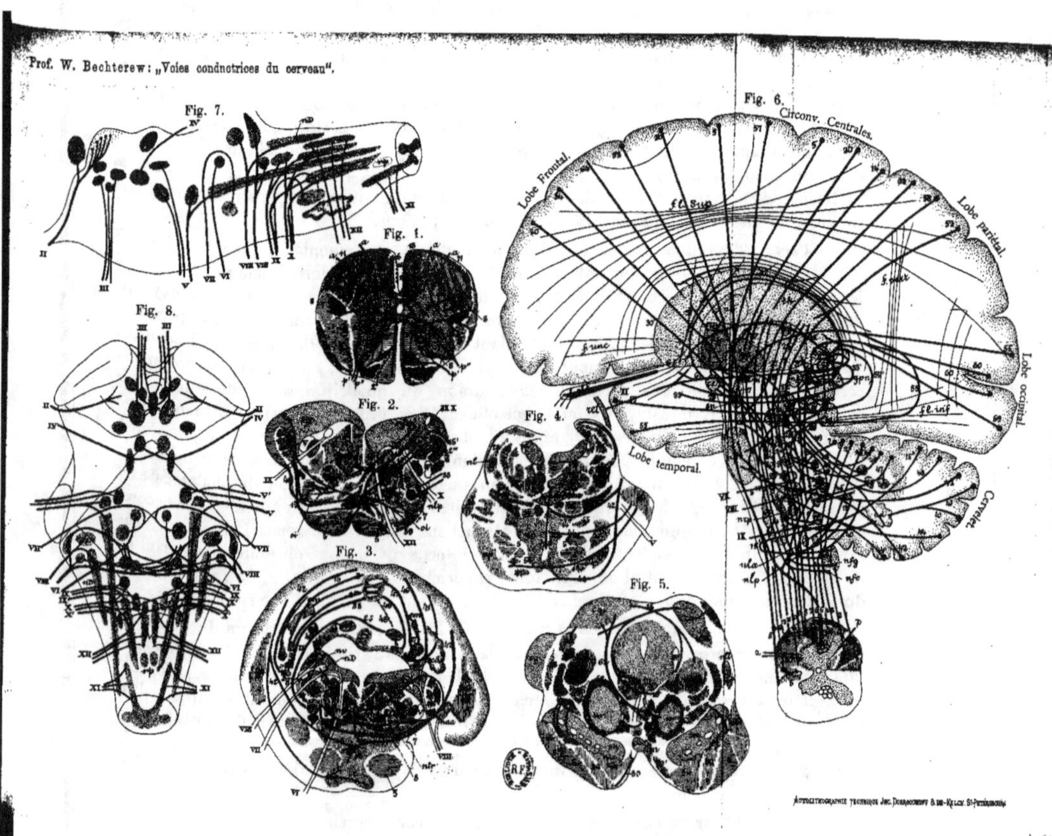
Fig. 7.
Fig. 1.
Fig. 8.
Fig. 2.
Fig. 4.
Fig. 3.
Fig. 5.
Fig. 6.
Circonv. Centrales.
Lobe Frontal.
fl. sup.
Lobe pariétal.
Lobe occipital.
Lobe temporal.
Cervelet.
f. unc.
fl. inf.

BIBLIOTHÈQUE DE CRIMINOLOGIE

Publiée sous la direction du Dr A. LACASSAGNE

(FORMAT GRAND IN-8°)

G. TARDE, *Professeur au Collége de France*. — **La philosophie pénale**, 4ᵉ édition, revue et augmentée. . . . . . . 7 fr. 50

G. TARDE. — **Etudes pénales et sociales**, 2ᵉ édition . 6 fr. »

G. TARDE. — **Essais et mélanges sociologiques** . . . 6 fr. »

A. LACASSAGNE. — **L'affaire Gouffé**, 2ᵉ édition augmentée. 3 fr. 50

A. LACASSAGNE. — **L'assassinat du Président Carnot**. 3 fr. 50

A. LACASSAGNE. — **Vacher l'éventreur et les Crimes sadiques**, autographes et dessins . . . . 6 fr. »

E. RÉGIS. — **Les régicides dans l'histoire et dans le présent**, avec 20 gravures . . . . 3 fr. 50

RAUX. — **Nos jeunes détenus**. Étude sur l'enfance coupable. 5 fr. »

LAURENT. — **Les habitués des prisons**, nombr. illustr. 10 fr. »

SCIPIO SIGHELE, — **Le crime à deux** . . . . . . 5 fr. »

MAC DONALD (du Bureau d'éducation de Washington). — **Le criminel-type dans quelques formes graves de la criminalité**, 3ᵉ édit., 300 pages, illustr. . . 5 fr. »

C. LOMBROSO. — **Les palimpsestes des prisons**, illustr. 6 fr. »

Drs CORRE et AUBRY. — **Documents de criminologie rétrospective** . . . . 9 fr. »

DEBIERRE. — **Le Crâne des criminels**, 137 fig. . . . 9 fr. »

A. RAFFALOVICH. — **Uranisme et unisexualité**, cart. perc. 8 fr. »

HENRY COUTAGNE. — **Précis de médecine légale**. 10 fr. »

R. DE RYCKÈRE. — **L'affaire Joniaux**. . . . . . . 3 fr. 50

R. DE RYCKÈRE. — **La femme en prison et devant la mort**, Préface de A. LACASSAGNE. . . . . . . 6 fr. »

R. DE RYCKÈRE. — **L'alcoolisme féminin** . . . . . 3 fr. 50

S. VENTURI. — **Corrélations psycho-sexuelles** . . . 6 fr. »

J.-J. MATIGNON, *Attaché à la légation de France à Pékin*. — **Superstition, crime et misère en Chine**, nombr. figures, 2ᵉ édition . . . . 6 fr. »

D^r CH. PERRIER, *médecin des prisons*. — **Les criminels**. Etude concernant 859 condamnés. 70 pl. hors texte. . . 7 fr. 50

GUMPLOWICZ. — **Aperçus sociologiques**, traduction de Léon Didier . . . . 5 fr. »

www.ingramcontent.com/pod-product-compliance
Lightning Source LLC
Chambersburg PA
CBHW051246060726
47596CB00001B/3